KB006320

미식 잡학 사전

이 방송 프로그램 진행의 기회를 준 필립 발(Philippe Val) 전 프랑스 앵테르(France Inter) 대표와 로랑스 블로슈(Laurence Bloch) 대표,
이 책의 출간을 기획하고 지속적으로 지원해준 안 쥘리 베몽(Anne-Julie Bémont)과 라디오 프랑스 출판부,
저를 깊이 신임해주고 완벽하리만큼 세심하게 챙겨준 로즈마리 디 도메니코(Rose-Marie Di Domenico)와 마라부(Marabout) 출판팀 식구들,
매주 새로운 내용으로 알찬 프로그램을 만드는 데 온 열정을 쏟아붓는 미셸 비유(Michèle Billoud) 감독과 나디아 슈기(Nadia Chougui) 조감독,
「옹 바 데귀스테(On va déguster)」* 방송에 참여해 화기애애한 분위기 속에서 각 분야 전문가로서의 경험과 또 맛있는 음식을 함께 나눈 모든 출연자 여러분,
리디아 바크리(Lydia Bacrie), 크리스토프 바르비에(Christophe Barbier), 자크 브뤼넬(Jacques Brunel), 피에르와 드니즈 고드리(Pierre et Denise Gaudry),
롤랑 푀이야스(Roland Feuillas), 엠마뉘엘 페로(Emmanuel Perreau), 세바스티엥 피에브(Sébastien Pieve)에게,
끝으로, 많이 인내하고 소중한 조언을 아끼지 않은 알렉상드라(Alexandra)에게,

깊은 감사를 전합니다.

* On va déguster : "맛 좀 봅시다"라는 뜻의 프랑스어. 프랑스의 라디오 채널 프랑스 앵테르에서 매주 일요일 오전 11시에 방송되는 인기 프로그램의 제목.
  매회 다양한 주제에 따라, 미식과 관련된 각 분야의 전문가들이 출연하여 토론하고 정보를 나누며 직접 관련 음식을 시식하는 요리 정보 교양 프로그램으로
  이 책의 저자인 미식 전문 기자 프랑수아 레지스 고드리가 진행을 맡고 있다.

FRANÇOIS-RÉGIS GAUDRY & SES AMIS

프랑수아 레지스 고드리와 친구들

On va deguster

미식 잡학 사전

강현정 옮김

CITRON MACARON

The Kitchen

이 책을 시작하며

2010년 5월, 당시 프랑스 앵테르 (France Inter) 사장으로 갓 취임한 필립 발 (Philippe Val) 대표의 전화를 받았다. "공중파 라디오 채널이라면 음식 주제를 다루는 프로가 하나쯤은 있어야 하는데, 우리 방송국에는 딱히 내세울 만한 게 없습니다. 프로그램을 하나 맡아서 진행해보시면 어떨까요?"
나흘 후, 필립 발 대표와 그 당시 편성국장을 맡고 있던 로랑스 블로슈 (Laurence Bloch)를 만나러 갔다.
우리는 '옹 바 데귀스테 (On va déguster)'라는 프로그램의 기본 틀과 방향을 잡았다. 음식이 우리 몸에 영양을 채워주듯이, 우리도 음식에 대해 깊이 생각하고 의견을 나눌 수 있는, 즐겁고도 맛있는 미식프로그램을 만들기로 했다. 요리사, 제과제빵사, 음식 명장, 먹거리 생산자, 역사학자, 작가 등 미식 관련 전문가들이 '잘 먹는 기쁨' 이라는 공통 주제 하에 매주 방송 스튜디오에 모여 방송을 진행했다. 또한, 발로 뛰는 미식 칼럼니스트 엘비라 마송 (Elvira Masson)이나 와인 전문가인 도미니크 위탱 (Dominique Hutin) 등의 활약이 있었기에 이 방송이 인기 프로그램으로 성공할 수 있었다.

지난 다섯 시즌을 거쳐 오는 동안 「옹 바 데귀스테」 프로그램의 구성은 하나도 달라지지 않았다. 처음 시작할 때와 마찬가지로 식문화 이야기 1/3, 실제 주방에서 만들어지는 이야기 1/3, 다 함께 즐겁게 맛보기 1/3 의 기본 틀로 이루어져 있다. 우리 프로그램은 보이지 않는 라디오 방송이므로 그냥 하는 것처럼 흉내 내어 이야기로만 진행할 수도 있지만, 우리는 실제로 먹고 실제로 마신다.

지금은 잊힌 셰프인 에두아르 니뇽 (Edouard Nignon)의 로스트 치킨, 맥주를 이용한 요리부터 곤충류의 식재료 활용, 베네치아의 요리부터 양키 스타일 파티스리에 이르기까지, 우리의 끝없는 식욕은 미식과 관련된 것이라면 그 무엇이라도, 그 어디라도 찾아 나선다.

이 책은 이렇게 다양한 음식 이야기를 담아낸 것이다. 레시피를 모아놓은 책이냐고 묻는다면, 꼭 그것에만 국한된 것은 아니라고 말하고 싶다. 물론 실제 주방에서 필요한 노하우와 지식도 아주 중요한 것이므로 이 책에 함께 담았다. 바이블이냐고 묻는다면? 아니다. 왜냐하면 요리라는 종교를 제시할 뿐, 그 종교를 꼭 가져야 한다고 말하지는 않기 때문이다. 그럼 백과사전인가? 그렇다. 하지만 다 소화시키지도 못할 엄청난 분량의 그런 딱딱한 문체의 두꺼운 백과사전은 아니다. 미식에 관한 우리의 열정을 거만하지 않은 겸손한 자세로, 그러나 진지한 태도로 세밀히 파헤치고 분석한 우리들만의 아기자기하고 재미있는 요리 잡학서라고 하면 좋겠다.

첫 장부터 마지막까지 한 숨에 읽어 치울 수도 있고, 한 페이지 한 페이지 넘기면서 그 안의 내용을 새가 모이를 쪼아 먹듯 야금야금 습득할 수도 있을 것이다. 딱히 정해진 규칙은 아무것도 없다. 그저 정신으로 우리의 육체를 풍요롭게 가득 채운다는 것 한 가지만 기억하면 된다.

맛있는 독서가 되길 바란다.

프랑수아 레지스 고드리

시골의 한 모텔. 사설 탐정 프란시스 라뇨 (리노 벤추라 분)는 라누아 대령 (노엘 로크베르 분)과 테이블에 앉아 있다.
그는 식욕이 동한다…

여 종업원:
식사 주문하시겠어요?

프란시스 라뇨:
네… 고민 중입니다… 뭐가 있나요?

여 종업원:
오늘 메뉴는 소갈비 요리, 포피예트*, 토끼고기 스튜가 준비되어 있습니다.

프란시스 라뇨:
아… 그러면, 우선 포피예트 주시고 그 다음 소갈비요. 아, 아니 아니, 잠깐만, 포피예트 말고 우선 토끼고기 스튜로 주시고…
그리고 나서 소갈비를 먹죠 뭐… 포피예트도 조금 같이 곁들여 주시고…

라누아 대령:
디저트도 하셔야죠?

프란시스 라뇨:
아, 맞다!… 타르틀레트** 있나요?

여 종업원:
네.

프란시스 라뇨:
아, 그럼, 치즈 먹은 다음에 바로 타르틀레트 좀 먹어보죠 뭐.
그리고 나서, 그 다음에… 크렘 캬라멜이나 아이스크림 같은 것들 조금 주시면 되겠네요 뭐…
자, 주문 끝났습니다. 어서 주세요!

영화 「탐정들 (LES BARBOUZES)」 (1964) 중에서
감독: 조지 로트너 (GEORGES LAUTNER)
극본: 미셸 오디야르 (MICHEL AUDIARD)

* 포피예트 (paupiette) : 송아지나 소고기 등을 얇게 저며 채소나 다진 고기 등으로 채워 싼 후 익히는 프랑스 요리.
** 타르틀레트 (tartelette) : 주로 과일 등을 얹은 개인용 크기의 작은 파이.

오귀스트 에스코피에
AUGUSTE ESCOFFIER

네 명의 뮤즈를 위해 그가 만든 네 가지 특별 메뉴

- 프랑스의 유명 여배우 사라 베르나르 (Sarah Bernhardt)를 위한 요리 : 트러플을 넣은 푸아그라 퓌레 소스의 프레시 파스타와 송아지 흉선 요리 (La timbale de ris de veau aux nouilles fraîches, purée de foie gras à la truffe)
- 러시아의 스타 무용수 카팅가 (Katinga)를 위해 만든 요리 : 민물가재를 곁들인 명태살 무스 (La mousse de merlan aux écrevisses)
- 유명한 오페라 가수 아델리나 파티 (Adelina Patti)를 위해 만든 요리 : 알자스산 푸아그라와 페리고르산 트러플을 넣은 생탈리앙스 (Saint-Alliance au foie gras d'Alsace et truffe du Pérogord)
- 호주의 소프라노 가수 넬리 멜바 (Nellie Melba)의 이름을 붙인 피치 멜바 (La pêche Melba: 복숭아에 라즈베리 소스와 바닐라 아이스크림을 곁들인 디저트)

멜바에 얽힌 이야기

런던 사보이 호텔의 주방장으로 근무하던 시절, 코벤트 가든에서 열린 넬리 멜바의 공연을 보고 깊은 감명을 받은 오귀스트 에스코피에는 1893년 그녀의 이름을 붙인 피치 멜바라는 디저트를 만들었다. 근사하게 얼음 조각한 백조의 양 날개에 설탕을 얇게 흩뿌려 덮은 다음, 아주 알맞게 익은 부드러운 복숭아(시럽에 담근 복숭아는 절대 안 된다)와 라즈베리 퓌레, 바닐라 아이스크림을 은으로 장식된 그릇에 담고 생 아몬드를 얹어 그 사이에 올린다.

왕들의 요리사, 요리사들의 왕

(1846–1935)

그가 처음으로 도입한 것들

프리픽스 코스 메뉴 (Le menu à prix fixe)
영국 귀족들이 식사를 마친 후 계산서를 받아들고 예상치 못한 가격에 놀라지 않도록 에스코피에 셰프는 미리 가격이 정해져 있는 코스 메뉴를 개발했다.

러시아식 서빙 (Le service à la russe)
이것은 하나의 작은 혁명이라 할 수 있다. 그 전까지 모든 요리를 테이블에 한꺼번에 차려내던 방식 (프랑스식 서빙)을 벗어나, 요리를 하나씩 순서대로 서빙하여 최적의 온도에서 맛볼 수 있도록 했다.

주방 조직체계 확립 (L'organisation de la brigade)
그의 스위스 친구인 세자르 리츠 (César Ritz)와 함께 호텔이나 대형 식당 주방에서의 분업과 조직 서열을 체계적으로 정립하고 문서화했다. 주방용 모자 착용을 의무화해야 한다고 명시하기도 했다.

1912년 4월 14일 타이타닉 호의 마지막 만찬

에스코피에 셰프는 유명한 호화 유람선 타이타닉의 일등석 메뉴를 만들었다. 저녁 식사 시간에 유람선이 빙산에 부딪히는 사고가 발생했다. 올가 (Olga)라고 이름 붙인 콩소메와 크레송(물냉이의 일종) 위에 얹은 비둘기 로스트를 사람들이 좋아했었는지는 전혀 알 길이 없다…

오귀스트 에스코피에의 크레프 쉬제트 레시피
La recette de la crêpe Suzette

4인분 재료

반죽
밀가루 130g
우유 350ml
달걀 2개 + 달걀노른자 1개
가염 버터 30g
바닐라 슈거 1 작은 봉지
소금

크림
설탕 30g
상온에서 부드러워진 포마드 버터 30g
오렌지 1개, 레몬 1개
그랑 마르니에 (Grand Marnier) 50ml

만들기

우유를 데우고, 버터를 녹인다. 체에 친 밀가루에 소금을 칼끝으로 조금 집어넣고, 바닐라 슈거, 달걀, 달걀노른자를 모두 넣어 혼합한다. 녹인 버터를 넣는다. 데운 우유를 조금씩 부으며 잘 섞는다. 30분간 휴지시킨다.
오렌지와 레몬 껍질 제스트를 얇게 벗긴다. 오렌지 한 개와 레몬 반 개의 즙을 짠다. 설탕과 포마드 버터를 잘 혼합한 후, 여기에 그랑 마르니에와 오렌지, 레몬 제스트를 넣는다.
팬에 버터 제스트 혼합물을 녹이고, 오렌지즙과 레몬즙을 부어 졸인다. 얇게 부쳐 놓은 크레프를 팬에 놓고 오렌지 소스가 잘 스며들도록 한다. 4등분으로 접어서 가늘게 썬 제스트를 얹어 낸다.

R.M.S. TITANIC.
일등석 코스 메뉴
MENU PREMIÈRE CLASSE

1) CANAPÉS À L'AMIRAL
2) HUÎTRES À LA RUSSE
3) CONSOMMÉ OLGA 4) CRÈME D'ORGE
5) SAUMON POCHÉ ET SA SAUCE MOUSSELINE, CONCOMBRES
6) FILET MIGNON LILI
7) SAUTÉ DE POULET À LA LYONNAISE
8) LÉGUMES FARCIS À LA MOELLE
9) AGNEAU ET SAUCE À LA MENTHE
10) CANETON RÔTI AU CALVADOS ET COMPOTE DE POMMES
11) ALOYAU DE BŒUF FORESTIÈRE ET POMMES CHÂTEAU
12) TIMBALE DE PETITS POIS 13) CRÈME DE CAROTTES
14) RIZ
15) POMMES DE TERRE PARMENTIER & POMMES DE TERRE NOUVELLES BOUILLIES
16) PUNCH À LA ROMAINE
17) PIGEONNEAU RÔTI SUR LIT DE CRESSON
18) SALADE D'ASPERGES ET SA VINAIGRETTE DE CHAMPAGNE ET SAFRAN
19) PÂTÉ DE FOIE GRAS
20) CÉLERI
21) GÂTEAU WALDORF
22) PÊCHES EN GELÉE DE CHARTREUSE
23) ÉCLAIRS AU CHOCOLAT & À LA VANILLE
24) GLACE FRANÇAISE
25) ASSORTIMENT DE FRUITS ET FROMAGES

1) 카나페 아 라미랄 : 토스트에 새우 버터, 데친 새우와 생선 알을 올려 만든 카나페 2) 러시아식 생굴 : 레몬 즙과 보드카, 홀스래디시 등을 넣어 만든 소스를 곁들여 먹는 석화 3) 콩소메 올가 : 맑은 육수에 생 가리비 와 가늘게 썬 채소를 넣고 끓인 콩소메 4) 크렘 도르주 : 비프 스톡에 보리와 향신채소를 넣고 끓인 걸쭉한 크림 수프 5) 포치드 연어, 무슬린 소스, 오이 6) 필레미뇽 릴리 7) 리옹식 닭고기 소테 8) 소골수로 채운 채소요리 9) 양고기와 민트 소스 10) 칼바도스를 넣은 오리 로스트와 사과 콤포트 11) 야생 버섯을 곁들인 소고기 등심과 폼 샤토 12) 완두콩 퓌레 13) 당근 크림 14) 라이스 15) 파르망티에 감자 요리 & 익힌 햇감자 16) 펀치 로멘 : 럼, 달걀흰자, 화이트와인, 시럽, 레몬즙, 오렌지즙, 샴페인 등으로 만든 칵테일 17) 크레송 에 얹은 비둘기 로스트 18) 샴페인과 사프란 비네그레트를 곁들인 아스파라거스 샐러드 19) 푸아그라 파테 20) 셀러리 21) 월도프 케이크 : 초콜릿과 에스프레소를 첨가한 프로마주 블랑 글라사주를 바른 초콜릿 케이크 22) 피치 샤르트뢰즈 즐레 : 껍질 벗겨 계피와 정향을 넣은 시럽에 익힌 복숭아를 젤라틴으로 만든 시 럽 즐레와 함께 내는 디저트 23) 초콜릿 & 바닐라 에클레어 24) 프랑스 아이스크림 25) 모듬 과일과 치즈

독일과의 국경 도시 메츠에서 시작해 로마를 거쳐 미국 피츠버그에 이르기까지 전 세계를 누빈 정상급 셰프 오귀스트 에스코피에의 요리 인생 행로를 소개한다.

메츠 (Metz)
1870–1871
프랑스와 프로이센의 전쟁기간 중 라인 (Rhin) 부대에서 요리사 보직을 맡는다. 마인츠 (Mayence) 수용소의 전쟁 포로였던 그는 빵과 감자 수프, 렌틸콩으로 연명한다.

니스 (Nice)
호텔 뤽상부르 (Hôtel Luxembourg)
1872–1873
프렌치 리비에라 지역에서 처음으로 셰프로 일하게 된다.

파리 (Paris)
르 프티 물랭 루즈 (Le Petit Moulin Rouge)
1873–1878
파리의 사교계 인사들과 교류하기 시작하고, 이때부터 사라 베르나르와의 인맥이 시작된다.

칸 (Cannes)
르 프장 도레 (Le Faisan Doré)
1876–1878
고향인 프랑스 동남부 끝 알프-마리팀 (Alpes-Maritimes) 지방에 자신의 첫 레스토랑을 오픈한다.

파리 (Paris)
라 메종 슈베 (La Maison Chevet)
1878–1884
그는 대규모 외교 만찬을 맡아 총지휘하기 시작했고, 만찬용 음식은 외국에까지 배송되었다. 잡지 「요리의 기술 (L'Art culinaire)」을 창간한다.

불로뉴 쉬르 메르 (Boulogne-sur-Mer)
르 그랑 카지노 (Le Grand Casino)
1884
개업 축하 연회에 모인 기자들 테이블에서 그는 "융숭한 연회는 그 어떤 연설보다 낫다."라고 말한다.

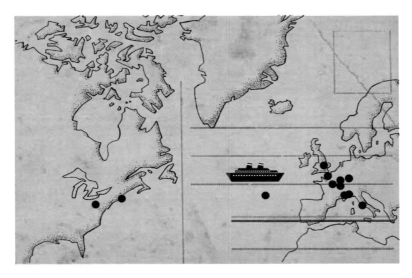

모나코 (Monaco)
르 그랑 호텔 (Le Grand Hôtel)
1884–1890
이 호텔의 주인이자 스위스 사업가인 세자르 리츠 (César Ritz)와의 운명적인 만남이 시작된다. "처음 만난 그날부터 그가 죽는 날까지 우리는 떼려야 뗄 수 없는 가까운 친구로 지냈다."라고 셰프는 회고한다.

루체른 (Lucerne)
호텔 나시오날 (L'Hôtel National)
1885–1890
이 몇 년 동안 셰프 에스코피에는 동절기에는 모나코에, 하절기에는 루체른에 머물렀다. 빅토리아 여왕을 비롯해 브라질 황제, 인도의 바로다 대왕 등 전 세계 최고 거물급 인사들이 당시 그의 고객이었다.

런던 (Londres)
사보이 호텔 (Hôtel Savoy)
1890–1897
프리 픽스 메뉴를 창시하고 프랑스어로 표기한다. 피치 멜바를 비롯한 그의 주요 시그니처 메뉴 몇 가지를 개발한다.

로마 (Rome)
르 그랑 호텔 (Le Grand Hôtel)
1895
에밀 졸라에게 그의 음식을 서빙한다.

엑스 레 뱅 (Aix-les-Bains)
르 샬레 뒤 몽 르바르 (Le Chalet du Mont-Revard)
1895
세자르 리츠와 함께 두 개의 레스토랑을 동시에 오픈한다. 사보이 그룹으로부터 부정 수뢰 혐의를 받고 이 둘은 쫓겨난다.

파리 (Paris)
리츠 호텔 (Le Ritz)
1898
호텔 주방 안에서의 분업 및 조직의 서열 체계를 확립한다.

런던 (Londres)
칼튼 호텔 (Le Carlton)
1899–1920
대영제국 에드워드 7세 국왕의 대관식을 위한 만찬을 준비한다. 1912년, 주방에서 일어난 화재로 호텔이 전소되지만, 그는 기적적으로 피신한다.

대서양을 항해하던 유람선
아메리카호 (L'Amerika)
카이제린 아우구스타 빅토리아호 (Le Kaiserin Augusta Victoria)
임페라토르호 (L'Imperator)
타이타닉호 (Le Titanic)
1906–1913
유람선 내의 주방을 총괄한다. 이들 중 한 유람선에 승선했을 때, 당시 독일제국의 황제 빌헬름 2세가 이 셰프에게 다음과 같은 말을 건넨다. "나는 독일제국의 황제요. 하지만 당신은 요리사들의 황제군요."

뉴욕 (New York)
리츠 칼튼 호텔 (Ritz-Carlton)
1910

피츠버그 (Pittsburg)
르 그랑 호텔 (Le Grand Hôtel)
1910
6주에 걸쳐 이 두 곳의 최고급 호텔 주방을 안정적으로 정비하고, 주방 조직 체계를 확립한다. 뉴욕에서 그는 사라 베르나르와 여러 번 점심 식사를 같이 한다.

에스코피에의 주요 저서 5권

이 위대한 셰프는 요리 실력 못지않게 글을 쓰는 데도 뛰어났다. 그는 지금 읽어도 전혀 시대에 뒤떨어지지 않는 소중한 저서들을 여러 권 남겼다.

Le Guide culinaire – Aide-mémoire de cuisine pratique
1903

요리 안내서 – 실용 요리 정리집
메트르 도텔 버터[1]부터 크렘 샹티이에 이르기까지 5천여 종의 레시피를 총망라한 최고의 참고서.

> 1) 메트르 도텔 버터 (beurre à la maître d'hôtel): 상온의 버터에 다진 파슬리와 레몬즙, 소금, 후추를 섞어 원통 모양으로 굳힌 버터. 원형으로 슬라이스해서 서빙하거나 스테이크에 올려 낸다.

Le Livre des menus
1912

메뉴 안내서
『요리 안내서 (Le Guide culinaire)』를 보충하는 서적으로, 테마별 메뉴가 165쪽에 걸쳐 잘 정리되어 있다. 10명의 게스트를 위한 메뉴, 뷔페 메뉴, 늦은 저녁식사 메뉴, 무도회 메뉴 등 다양한 규모와 행사의 특성에 따라 그에 알맞은 메뉴를 소개한다.

L'Aide-Mémoire culinaire
1919

요리 정리집
요리사, 홀 매니저와 서버 등 레스토랑 전문 종사자들을 위한 이 작은 책은 프랑스 와인 및 외국 와인에 관한 내용도 자세히 소개하고 있다.

Le riz – L'aliment, le meilleur, le plus nutritif. 130 recettes pour l'accomoder / La Morue – 82 recettes pour l'accomoder
1928

쌀 – 최고의 영양 식품, 130가지 요리법 / 염장 대구 – 82가지 요리법
이 두 권의 책은 누구나 쉽게 구할 수 있는 식재료를 사용해 간단하고도 실용적으로 요리할 수 있는 방법을 제시한다. 이 책들은 '알뜰하게 생활하기 (La vie à bon marché)' 카테고리에 분류되어 있다.

Ma Cuisine
1934

나의 요리
그가 세상을 떠나기 일 년 전에 발간된 책으로, 위대한 셰프의 실용적인 레시피를 가정에서도 쉽게 만들 수 있도록 총정리했다.

* 에스코피에의 책들은 2009년 『요리 안내서 (Le Guide culinaire)』를 재출간한 Ernest Flammarion 출판사에서 발행되었다.

프렌치프라이

수지 팔라탱 Suzy Palatin

프랑스어로 복수 명사 "레 프리트 (les frites)" 대신 "라 프리트 (la frite)"라고 단수로 쓰면 뭔가 더 특별하고 고급스러워 보인다. 사실 감자 튀김은 특별하다.
그 누구에게 물어봐도 프렌치프라이를 싫다고 하는 사람은 없을 정도로 인기가 압도적이다. 이렇게 누구에게나 사랑받는 프렌치프라이를 놓친다는 것은 말도 안 되는 일이다.
어떤 종류의 감자를 골라야 할지, 어떤 기름을 사용하여 어떻게 튀겨 익힐지, 우리의 요리사 수지 팔라탱이 3종류의 레시피*를 소개한다.

최고의 레시피 !

"내 마음 속의 프렌치프라이"
수지 팔라탱 (Suzy Palatin)

"세상에서 제일 맛있는
프렌치프라이"
피에르 에르메 (Pierre Hermé)

～ 칼로 대충 썰어 만든 못난이 프렌치프라이 ～

8인분
감자 2.5kg, 품종: bintje 또는 agatha, 모양새가 좋고 길쭉한 감자를 고른다.
해바라기유 4리터, 소금, 후추

만들기
감자의 껍질을 벗기고 깨끗이 씻는다.
왜냐하면 나중에 다시 씻지 않기
때문이다.
깨끗한 행주로 감자를 잘 닦는다.
감자를 칼로 대충 자른다. 완벽하게
크기를 맞추지 않아도 상관없다.
첫 번째 행주로 자른 감자를 꼼꼼히
닦고, 다시 두 번째 행주로 반복해
닦아 물기를 완전히 제거해준다.
튀김기에 기름을 넉넉히 넣는다.
감자가 기름 안에서 움직일 수
있도록 공간이 넉넉해야 한다.
튀김기가 없을 경우에는 냄비에
3리터의 기름을 넣는다.
기름의 온도는 170℃가 되어야 하고,
튀기는 내내 이 온도가 유지되어야
한다. 이런 점에서 볼 때 전기
튀김기를 사용하는 것이 편리하다.
감자를 기름에 넣고 우선 5분간
튀긴다. 튀김 바스켓을 흔들지 않는다.
감자 중 일부는 서로 달라붙을
것이다. 일부러 그렇게 튀기는 것이니
굳이 흔들어 떼어내지 않아도 된다.
큰 쟁반 위에 키친타월을 깔아
준비한다.

튀김 바스켓을 조심스럽게 들어올려
기름을 털어내고, 튀긴 감자를
키친타월 위에 쏟는다.
키친타월로 감자를 살짝 눌러가며
여분의 기름을 흡수해준다.
이렇게 한 번 튀겨낸 감자는 20분간
휴지시킨 후에 다시 170℃의 기름에
넣고 두 번째로 9분간 튀긴다.
조심스럽게 튀김 바스켓을
튀김기에서 들어내 기름을 털어낸다.
서로 달라붙은 프렌치프라이는
일부러 떼지 않는다.
키친타월로 살살 눌러 기름을
흡수해낸다. 감자를 그릇에 담고
즉시 서빙한다. 소금(플뢰르 드 셀)을
솔솔 뿌리면 더욱 맛이 좋다.
황금색으로 튀겨 겉은 바삭하고 속은
부드러운 프렌치프라이를 맛보게 될
것이다. 크기가 일정하지 않고
불규칙하기 때문에 맛과 식감이
다른 점이 더 매력적이다.
첫 번째 튀겨냈을 때 감자가 서로
들러붙지 않았다고 해서 너무 걱정할
필요는 없다. 두 번째 튀기면 그때는
완전히 들러붙어 못생긴 감자 튀김이
될 테니 말이다!

XXL 프렌치프라이

8인분
감자 3kg
품종: bintje 아주 큰 사이즈로 준비
(작은 햇감자는 적합하지 않다)
해바라기유 1.5리터
정제 버터 1.5리터
소금

만들기
감자는 껍질을 벗기고 깨끗이 씻는다.
크기에 따라 4등분 또는
6등분으로 길게 썬다.
한 조각이 대략 손가락 두 개 정도의
굵기가 되도록 한다. 정말로 엄청난
크기의 감자 튀김이 되어야 한다.
괜히 XXL 사이즈라고 이름 붙인 게
아니다! 잘라 놓은 감자를 마른
행주로 한 번, 또는 두 번에 걸쳐
꼼꼼히 닦아 물기를 완전히 제거한다.
튀김기에 기름과 정제 버터를 넣고
온도가 120℃에 이르면 감자를 넣어
20분간 튀긴다. 건져낸 감자의 기름을
닦아준 뒤 적어도 한 시간 이상 두어
완전히 식도록 한다. 먹기 30분
전에 기름과 버터의 온도를 다시 올려
150℃가 되게 한다. 약 10분 정도면
이 온도에 달해 뜨거워질 것이다.
XXL 프렌치프라이를 기름에 넣고
다시 20분간 튀긴다. 키친타월로
살짝 눌러 기름을 빼주고 소금을
뿌린 후 즉시 서빙한다. 로스트 치킨,
프라임 립, 돼지갈비 또는 샐러드에
곁들이면 좋다.

8인분
감자 4kg
품종: 빈체 (bintje, 분이 많은 품종)

만들기
감자의 껍질을 벗기고, 깨끗이 씻은
후, 길쭉한 스틱 모양으로 자른다.
마른 행주로 물기를 두 번 닦고,
세 번째는 키친타월로 꼼꼼히 닦아
물기를 완전히 없앤다.

170℃의 해바라기유에 넣고 7분간
튀긴다. 건져서 기름기를 제거한 후
20분간 식도록 둔다.

두 번째로 170℃의 기름에 넣고
7분간 더 튀겨낸다.

소금을 뿌리고 잘 섞어서
즉시 서빙한다.

*『프렌치프라이 레시피 (Les pommes frites: dix façons de les préparer)』, Suzy Palatin 지음, éd. de l'Epure 출판.

뷔슈 BÛCHE
사방 2cm 굵기
칼로 썬다.

퐁뇌프 PONT-NEUF
사방 1cm 굵기
수동 프렌치프라이 커터 사용

알뤼메트 ALLUMETTE
사방 0.5cm 굵기
수동 프렌치프라이 커터 사용

파이유 PAILLE
사방 0.25cm 굵기
만돌린 채칼 사용

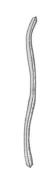

슈브 도르 CHEVEUX D'OR
사방 0.25cm 이하의 굵기
만돌린 채칼 사용

비교해봅시다

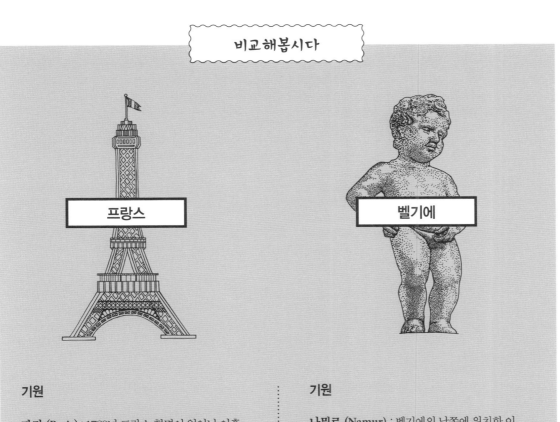

프랑스

벨기에

왜 프렌치프라이라고 부르게 되었을까?

벨기에의 자칭 프렌치프라이 전문가 위그 앙리 (Hugues Henry)*가 설명하는 프렌치프라이라는 명칭의 기원은 의심의 여지가 없다. 때는 제1차 세계대전 당시로 거슬러 올라간다. 서부 플랑드르 지방에 상륙한 연합군은 이 지역 특선 먹거리인 감자 튀김을 맛보게 되었다. 당시 벨기에 군대에서는 프랑스어를 사용하고 있었으므로, 영어의 명칭도 그 기원에 따라 '프렌치프라이'라고 부르게 되었다.
또한, 미국에서 '프렌치하다 (to french)'라는 표현은 속어로 '긴 막대 모양으로 자르다 (couper en batônnets)'라는 뜻으로도 사용된다.

* 『프렌치프라이의 모든 것 (Carrément frites)』, 위그 앙리 (Hugues Henry), 알베르 베르드엔 (Albert Verdeyen) 공저. éd. La Renaissance du livre 출판.

기원

파리 (Paris) : 1789년 프랑스 혁명이 일어난 이후, 파리에서 가장 오래 된 퐁뇌프 다리에서 노점 상인들이 튀김류, 군밤, 튀긴 감자칩 등을 팔기 시작했다.

튀기는 기름

해바라기유

먹는 방법

식사 시간에, 레스토랑에서, 스테이크에 곁들여, 포크로 먹는다.

기원

나뮈르 (Namur) : 벨기에의 남쪽에 위치한 이 도시의 주민들은 뫼즈 (la Meuse) 강에서 잡은 작은 생선 튀김을 즐겨먹었다. 17세기 어느 해 혹독하게 추운 겨울, 이 강은 얼어붙었고, 낚시를 더는 할 수 없게 된 나뮈르 사람들은 대신 감자를 작은 생선 모양으로 잘라 튀겨 먹으며 위안을 삼았다.

튀기는 기름

소기름

먹는 방법

하루 중 아무 때나 수시로, 감자 튀김 노점상에서 파는 원뿔형 봉지에 담아, 손가락으로 집어먹는다.

벨기에식 유머

벨기에 사람들에게 감자란 무엇인가요?
야생 프렌치프라이

시판용 감자 퓌레 파우더 포장에는 무엇이라고 쓰여 있을까요?
가루로 된 프렌치프라이

벨기에식 퐁듀 요리란 어떤 것일까요?
프렌치프라이를 감자 퓌레에 푹 찍어 먹는 것

잃어버린 마들렌을 찾아서

문학 작품에 등장하는 가장 유명한 과자이며, 제대로 잘 만들어졌을 때는 달콤한 간식의
최고봉에 있다고도 할 수 있는 마들렌. 보이는 것처럼 간단한 것만은 아니랍니다!

마들렌의 기원

우리가 그나마 확신하고 있는 유일한 사실은 마들렌이 프랑스 로렌 지방의 코메르시 (Commercy)에서 처음 탄생했다는 점이다. 단, 이것을 처음 만든 사람에 대해서는 '마들렌'이라는 그 이름을 둘러싸고 여러 가지 설이 분분하다.

중세시대에 마들렌이라는 이름을 가진 한 요리사가 가리비 조개 껍질을 틀로 삼아 작은 브리오슈를 구워, 산티아고 콤포스텔라 순례길로 향하는 사람들에게 제공했다고 한다.

17세기에 세비녜 후작 부인[1]의 삼촌이자 극렬 프롱드 운동[2] 가담자였던 레 (Retz)의 추기경 폴 드 공디 (Paul de Gondi)는 자신의 영지인 코메르시에 유배되어 온다. 1661년 그의 요리사였던 마들렌 시모냉 (Madeleine Simonin)은 도넛처럼 튀기는 과자 반죽을 좀 변형하여 새로운 간식을 개발해내고, 이를 맛본 롱그빌 공작부인 (duchesse de Longueville)에게 찬사를 듣게 된다. 요리사는 이를 널리 알리게 되고, 이로서 마들렌과 코메르시는 영원히 뗄 수 없는 관계가 된다.

18세기, 또 한 명의 유명한 유배자였던 스타니슬라스 레친스키[3]에게도 요리사가 하나 있었다(물론 이름은 마들렌이다). 그녀는 레친스키 공작에게 이 잊혀가는 옛날 간식을 만들어주었고 많은 이들이 그 맛에 반했다. 그녀의 이름을 딴 마들렌 과자는 점점 유명세를 얻게 된다.

왜 마들렌은 봉긋 솟은 모양을 하고 있을까?

심지어 물리 화학자들 사이에서조차 이 주제에 대해서는 의견이 분분하여 정확한 답을 찾지 못하고 있다. 다음과 같은 여러 가설이 있다.

- 차가운 반죽과 뜨거운 오븐이 만나면서 생기는 열 쇼크 때문에 볼록하게 솟아오른다는 주장이다. 하지만, 반죽을 냉장고에 넣어 휴지시키지 않고 구웠을 때도 볼록하게 솟아오른다는 사실이 확인되었기 때문에 이 주장은 설득력을 잃고 있다.

- 볼록한 모양이 생성되는 것은 몰드의 가장 깊은 곳으로부터이며, 이는 바로 베이킹파우더 함량이 가장 많이 몰려 있는 부분이기 때문이라는 주장이다.

유명한 파티시에 앙토냉 카렘 (Antonin Carême)에 따르면, 봉긋이 솟아오르는 것은 반죽을 너무 많이 치대서 생긴 실수이며, 이는 마들렌의 표면을 보풀이 일어난 것처럼 더 포슬하게 만든다고 했다.

마들렌 레시피
LA RECETTE DE FABRICE LE BOURDAT*

2014년 피가로스코프*가 엄선한 15곳의 파티스리 중 파리의 최우수 마들렌으로 선정된 것은 「블레 쉬크레 (Blé-Sucré)」의 파브리스 르 부르다** (Fabrice Le Bourdat) 셰프의 마들렌이었다. 그의 마들렌은 완벽 그 자체다. 특히 표면에 살짝 입힌 글라사주 (glaçage)는 깨어 물면 아삭하고 달콤한 맛을 더해준다.

마들렌 12~13개 분량
휴지 시간: 2~3시간
조리 시간: 9~10분

조리도구
마들렌 틀 12구 짜리
(몰드틴 또는 메탈 몰드)

재료
달걀 2개
설탕 100g
우유 40g
밀가루 125g
베이킹파우더 5g
무염 버터 140g
글라사주
슈거파우더 120g
오렌지즙 30g

만들기
달걀과 설탕을 혼합한다.
우유를 넣는다.
밀가루와 베이킹파우더를 체에 쳐서 넣는다.
따뜻하게 녹인 버터를 넣고 혼합물을 잘 섞는다.
냉장고에 넣어 2~3시간 휴지시킨다.
상온에 두어 부드러워진 버터를 틀 안쪽에 바르고,
밀가루를 뿌린 다음 여분은 털어낸다.
반죽을 틀 안에 붓고 210℃ 오븐에서 9~10분가량 구워낸다.
미지근한 온도가 되면 먹는다.
글라사주는 슈거파우더와 오렌지즙을 잘 섞은 뒤, 베이킹용 붓으로 마들렌에 발라주면 된다.

넣지 않아요!
꿀
바닐라
레몬(제스트, 즙)

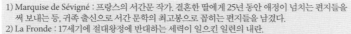

1) Marquise de Sévigné : 프랑스의 서간문 작가. 결혼한 딸에게 25년 동안 애정이 넘치는 편지들을 써 보내는 등, 귀족 출신으로 서간 문학의 최고봉으로 꼽히는 편지들을 남겼다.
2) La Fronde : 17세기에 절대왕정에 반대하는 세력이 일으킨 일련의 내란.
3) Stanislas Leszczynski : 전직 폴란드의 왕, 마리 여왕의 부친이자 루이 15세의 장인. 루이 15세는 그에게 로렌 공작 칭호를 하사했다.

프루스트의 마들렌

마들렌 조각을 먹으며 마르셀은 콩브레 (Combray)에서 보냈던 어린 시절의 추억을 떠올린다.

"어머니는 사람을 시켜서 가리비 조개 모양의 가느다란 홈이 팬 틀에 구운 것처럼 생긴 '프티트 마들렌'이라는 짧고 통통한 과자를 사오게 하셨다. 침울했던 하루와 서글픈 내일에 대한 전망으로 마음이 울적해진 나는 마들렌 조각이 녹아든 홍차 한 숟가락을 기계적으로 입술로 가져갔다. 그런데 과자 한 조각이 섞인 홍차 한 모금이 내 입천장에 닿는 순간, 나는 깜짝 놀라 내 몸속에서 뭔가 특별한 일이 일어나고 있다는 사실에 주목했다. 이유를 알 수 없는 어떤 달콤한 기쁨이 나를 사로잡으며 고립시켰다. 마치 사랑이 그러하듯 아주 소중한 본질로 나를 채운 이 황홀함으로 인해, 잠시나마 나의 불행한 삶이 별거 아닌 듯 느껴졌고, 일련의 재앙 같은 불행들도 그리 험악하지 않다고 여겨졌으며, 삶의 짧음과 덧없음도 헛된 착각이라고 생각하게 되었다. 아니, 그 본질은 내 안에 들어와 자리한 것이 아니라 바로 나 자신이었다."

『잃어버린 시간을 찾아서
(À la recherche du temps perdu)』
「스완네 집 쪽에서
(Du côté de chez Swann)」
1913
마르셀 프루스트 Marcel Proust

* Figaroscope: 프랑스의 유력 일간지 「르 피가로 (Le Figaro)」의 부록으로, 파리 지역의 공연, 미식, 레스토랑 안내 등 전반적인 문화정보를 실은 간행물. 매주 수요일 신문과 함께 발행된다.
** Fabrice Le Bourdat: Blé sucré의 파티시에, 7 rue Antoine-Vollon, 파리 12구.

요리에서는 전혀 다른 뜻으로 쓰이는 프랑스어 표현들

혹시라도 프랑스 명장 요리사 (MOF: Meilleur Ouvrier de France)와 한 테이블에서 대화하며 식사를 하게 된다면, 이런 표현 정도는 알아두는 게 좋지 않을까요?

아베세 (abaisser)

원뜻은 오븐의 온도를 낮춘다는 의미다.
요리 전문용어로는 반죽을 밀대로 밀어 원하는
두께로 만든다는 뜻으로 쓰인다.

풍세 (foncer)

색을 어둡게 한다는 원뜻처럼,
오징어 먹물로 시커멓게 해서 진한 색을 낸다는
의미는 아니다.
베이킹에서 파이 틀이나 무스링 등의 안쪽에
얇게 민 파이반죽을 바닥에 깔고
옆 벽에 붙여 메꾼다는 뜻으로, 슈미제 (chemiser)
라고도 한다.

아파레유 (appareil)

원뜻은 전동기계, 도구 등을 의미한다.
요리 전문용어로는 레시피 상의 재료를 섞은 혼합물로,
조리하기 위해 만들어 놓은 베이스를 뜻한다.

마리즈 (maryse)

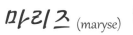

요리 솜씨가 좋은 친척 할머니 이름이 아니다.
아주 요긴한 주방도구의 하나로, 긴 나무 손잡이가 달리고
끝에 직사각형의 실리콘이 부착된 알뜰주걱 이름이다.

카르디날리제 (cardinaliser)

원뜻처럼 홍방울새 통구이를 한다는 뜻이 아니라,
요리에서는 랍스터 등의 갑각류를 마치
성직자의 가운처럼 붉은색이 나도록 익힌다는
뜻으로 쓰인다.

미르푸아 (mirepoix)

프랑스 아리에주 (Ariège) 지방의 특선요리
이름이기도 하지만,
요리 전문용어로서의 미르푸아는 당근, 양파,
셀러리를 깍둑 모양으로 썬 향신채소로
이를 볶아서 베이스를 만들면 음식의 풍미가
더욱 깊어진다.

퀴 드 풀 (cul-de-poule)

직역을 하자면 "닭 궁둥이"라는 뜻이지만,
이것은 성형외과 의사가 발명한 요리 이름은 아니다.
주방도구로서 달걀흰자 거품 등을 낼 때 사용하는
밑이 둥근 스테인리스 볼을 뜻한다.

생제 (singer)

원뜻에 '흉내 내다'라는 의미가 있으나,
유명 셰프의 레시피를 따라하라는 그런 뜻은 아니다.
요리 전문용어로는 고기를 요리할 때
소량의 밀가루를 솔솔 뿌려 익혀줌으로써
소스의 농도를 걸쭉하게 하는 방법을 말한다.

데글라세 (déglacer)

원뜻에 '얼음을 녹이다'라는 의미도 있지만,
조리용어에서는, 음식을 익히고 난 후 조리기구 바닥에 눌어붙어
남아 있는 영양소나 맛을 농축즙이나 소스를 만들 목적으로
육수나 와인 같은 액체를 첨가하여 열에 의해 불려 긁어내는
과정을 뜻한다. 영어로는 디글레이즈라고 한다.

투르네 (tourner)

원래는 식품을 상하거나 변질되게
한다는 뜻이 있다.
조리용어에서는 채소나 과일을
보기 좋은 모양을 내기 위하여 칼로 돌려
깎는 테크닉을 말한다.

플뢰레 (fleurer)

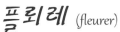

꽃잎을 흩뿌린다는 뜻은 아니다.
베이킹 전문용어로, 반죽을 밀 때 작업대 바닥에
달라붙지 않도록 밀가루를 뿌리는 것을 말한다.

바네 (vanner)

마요네즈 만들기에 실패한 아내를 놀린다는 뜻이 아니다.
조리용어에서는 소스나 크림 등이 분리되지 않도록,
또는 식었을 때 표면에 막이 생기지 않도록
나무주걱으로 잘 저어 섞어주는 것을 의미한다.

염장 대구의 모든 것

포르투갈 사람들이 염장 대구를 조리하는 방법의 가짓수는 한 해의 날짜 수보다 많다고들 말한다. 5세기 전후부터 염장 대구는 모든 요리에 널리 사용되어왔다. 끓이거나, 튀기거나, 팬에 지지거나 굽는 등, 앙티유 (Antilles)에서 지중해 요리에 이르기까지 식탁에 오르는 대구 요리는 무궁무진하다. 소금이 따로 필요 없는 이 생선의 모든 것을 알아본다.

염장 대구와 대구

전 세계 어디서나 염장한 대서양 참대구 (morue:gadus morhua)를 대구라고 부른다. 프랑스에서는 역사적으로 염장 대구 (morue)라 함은 대구 (cabillaud)를 소금에 절여 보존한 상태를 말한다. 최초의 대구 어장은 15세기경 바스크족 바이킹들과 브르타뉴 항해자들에 의해 캐나다의 뉴펀들랜드에서 발견되었다. 영불해협과 북대서양에서도 어장이 발견된 대구는 말려서 딱딱해진 상태로 보관하게 되었다. 이 방법은 훗날 자연풍으로 건조시킨 스칸디나비아의 생선 필레 스톡피시[1]의 원조가 되었다. 어부들은 보존성을 높이기 위해 생선을 잡자마자 배에서 바로 소금을 뿌려 저장하게 되었다. 오늘날에는 대구를 잡아 올린 그 즉시 염장하여, 선상에서 곧바로 냉동한다.

포르투갈과 염장 대구

15세기부터 포르투갈 항해자들이 캐나다 해안의 한류에서 대구 어장을 발견하고, 또 루시타니아[2]의 대구 잡이 어부들이 거대한 선박을 이끌며 뉴펀들랜드를 항해한 후 브르타뉴에 도착하면서 염장 대구는 포르투갈의 가장 대표적인 생선이 되었다. 심지어 포르투갈 사람들은 대구를 '믿음직한 친구 (fiel amigo)'라는 애칭으로 부른다. 가정에서는 보통 대구를 오븐에 익히거나, 끓이거나 혹은 튀겨 먹는데, 그 레시피는 대략 수백 가지에 이른다.

대구를 다루는 방법

납작하게 만들기

대구의 배를 갈라 내장을 제거하고 납작하고 평평하게 눌러 펴는 작업. 잡아 올린 직후에, 생선을 반으로 갈라 열고 몸통의 뼈를 제거한다. 납작하게 삼각형 모양으로 펼쳐진 대구를 물에 담갔다 건져 물기를 턴 후, 소금을 뿌리고 건조시킨다.

소금기 제거하기

흐르는 차가운 수돗물에 대구를 솔로 문질러 씻은 후, 수분이 아래로 잘 빠지도록 껍질이 위로 가게 하여 채망에 놓는다. 채망에 넣은 대구를 그대로 깨끗한 찬물에 담가 24시간 동안 소금기를 뺀다. 조리하기 전에 대구를 건져 물기를 제거한다.

대구의 어장량

대구의 어획이 가능한 지역은 캐나다 해안 어장부터 노르웨이 북극해의 일부인 바렌츠 (Barents)해에 이른다. 현재 대구의 어장량은 이 어종이 지속 가능한 번식을 하기 위한 한계 수위보다 3배나 낮은 수준이다. 프랑스 해양개발연구원 (IFREMER)의 자료에 따르면 어장마다 어장량 상황이 상당한 차이를 보이고 있다. 북해[3], 아일랜드해, 스코틀랜드해에서는 과도한 어획이 이루어지고 있는 반면 북쪽의 노르웨이해와 바렌츠해에서는 비교적 양호한 수준을 유지하고 있으며, 브르타뉴 어선들이 주로 어획 활동을 하는 셀틱해의 어장량은 차츰 회복되어가는 상황이다. 캐나다의 경우는 대구 잡이가 과도하게 이루어져 어종 번식에 악영향을 끼쳤으며, 결국 대구는 위기에 처한 어종이 되기에 이르렀다.

염장 대구의 명칭

프랑스어: **모뤼 (morue)**
포르투갈어: **바칼라우 (bacalhau)**
이탈리아어: **바칼라 (baccala)**
스페인어: **바칼라오 (bacalao)**
영어: **코드 (cod)**

염장 대구 축제

프랑스에서 가장 오래되고 큰 염장 대구 집산지인 베글르 (Bègles) 시에서는 해마다 6월 첫 번째 주말에 대구 축제가 열린다. 주변의 많은 레스토랑들이 각기 특색 있는 대구 요리를 메뉴에 올리며 참가하는데, 이들 중 가장 창의적인 요리를 선보인 식당에 수상의 영예가 주어진다. 이 축제의 가장 인상적인 볼거리는 참가자들이 함께 만드는 거대한 크기의 염장 대구 오믈렛이다.

브랑다드*의 간략한 역사

어떻게 북대서양에서 잡히는 생선이 남쪽 님 (Nimes)에서 유명한 요리로 탄생하게 되었을까? 어획 시즌을 앞두고 캐나다 뉴펀들랜드로 어선을 출항시키기 위해 떠나기 전, 브르타뉴 생 말로 (Saint-Malo)에 기착했던 어부들은 자신들이 잡아 올릴 대구를 염장 보존하기 위해 소금을 준비해야 했다. 천일염 염전이 있는 에그 모르트 (Aigues-Mortes: 아비뇽, 프로방스 지방의 도시로 카마르그 염전이 유명하다) 항구에서 그들은 엄청난 양의 대구와 소금을 물물교환한다. 이렇게 해서 지역 전체에 엄청난 부를 가져다 줄 말린 염장 대구가 지중해 연안 지방에 유입되기 시작한다. 그들은 말린 염장 대구살을 잘게 부숴 기름을 넣고 잘 섞어 조리하기 시작했다. 브랑다드에 관한 최초의 참고문헌은 1782년 샤를르 조제프 팡쿠크 (Charles-Joseph Panckoucke: 프랑스의 작가, 출판인)가 쓴 『분야별로 정리한 백과사전 (L'Encyclopédie méthodique)』에서 찾아볼 수 있지만, 이것이 널리 알려지게 된 것은 19세기 초 샤를 뒤랑 (Charles Durand) 셰프에 의해서다. 님 (Nimes)과 몽펠리에 (Montpellier) 가톨릭 주교들의 요리사로 유명했던 그는 자신의 책 『요리사 뒤랑 (Le Cuisinier Durand, 1930)』에서 브랑다드의 조리법을 체계적으로 명시해 놓았다. 그의 브랑다드 레시피에는 감자는 넣지 않는 것으로 기록되어 있다. 당시에는 대구를 '흔들다 (branler)' 라고 이야기했다 하는데, 프로방스 방언으로 '아주 세게 흔들다'라는 뜻을 지닌 '브랑라도 (branlado)'라는 명칭을 따 오늘날의 '브랑다드'라는 요리 이름이 탄생했다고 전해진다. 한편, 남불 사투리로 '흔들다'라는 의미를 지닌 '브란다르 (brandar)'에서 변형되어 '브랑다드'가 되었다는 설도 있다.

---

1) stockfish : 스칸디나비아의 말린 대구
2) Lusitanie : 포르투갈의 옛 이름
3) north sea: 유럽 대륙 북서쪽에 연한 대서양의 일부로 남으로는 영국, 프랑스, 벨기에, 독일, 네덜란드, 동쪽으로는 덴마크와 노르웨이에 걸쳐 있다.

* brandade: 염장 대구에 올리브오일, 마늘, 크림, 우유 등을 넣어 만든 랑그독과 프로방스 지방의 요리.

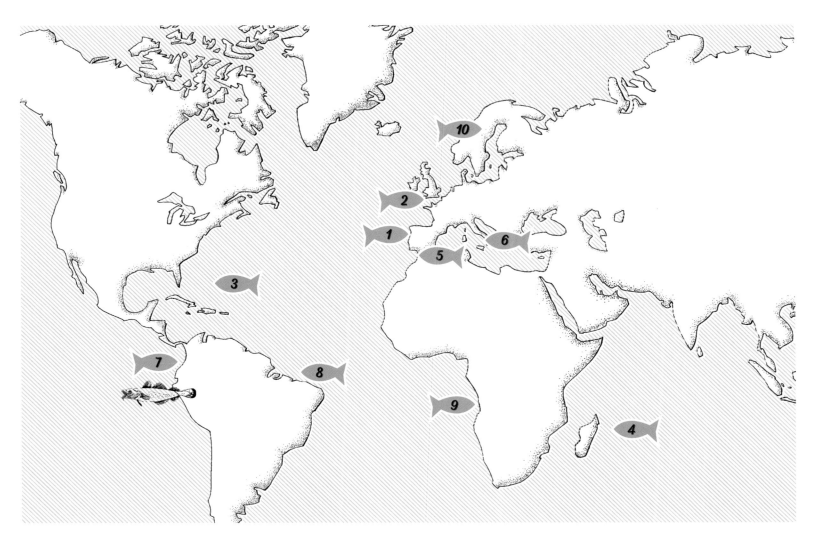

세계 각국의 염장 대구 요리

살부터 간유까지 대구는 모두 다 맛있다! 각 나라를 대표하는 염장 대구 요리를 만나보자.

1 포르투갈
바칼라우 아 브라스
(Bacalhau a bras)

리스본의 바이로 알토 (Bairro Alto) 지역에서 처음 선보인 이 요리는 잘게 뜯은 염장 대구살, 가늘게 채 썰어 볶은 양파와 가늘게 썰어 만든 감자 튀김을 한데 볶다가, 마지막에 달걀을 풀어 넣어 익힌 것이다.

바칼라우 아 고메즈 데 사
(Bacalhau a Gomes de Sà)

이 레시피는 19세기, 포르토 (Porto)에 살던 호세 루이스 고메즈 데 사 (José Luis Gomes de Sà)가 만든 것으로, 감자, 잘게 뜯은 염장 대구, 삶은 달걀, 올리브를 넣고 오븐에 익힌 그라탱 요리이다.

2 프랑스 본토
모뤼 아 라 바요네즈
(Morue à la Bayonnaise)

바스크 지방에서 꼭 먹어봐야 할 요리로 손꼽히는 바욘식 염장 대구 그라탱. 으깬 감자와 잘게 뜯어 살짝 익힌 염장 대구살을 달걀과 빵가루로 덮어 오븐에 익히는 그라탱 요리이다.

메를뤼사 아 라 니사르다
(La merlussa à la nissarda)

염장 대구와 감자, 사프란, 토마토 소스를 넣고 만든 니스풍 스튜. 니스산 올리브 (olive de Nice, AOC)를 곁들여 먹는다.

브랑다드 드 모뤼
(La brandade de morue)

감자, 잘게 부순 염장 대구살, 올리브오일을 넣고 잘 섞어 오븐에 익힌 요리. 지역에 따라 각종 허브를 넣거나, 크림을 추가하는 등 다양한 응용 레시피가 있다.

3 프랑스령 앙티유
시크타이유 드 모뤼
(La chiquetaille de morue)

크레올 토속어로는 수스케이 (souskay)라고도 불리는 이 요리는 잘게 부순 염장 대구살과 다진 양파, 식물성 기름과 식초가 들어가며, 칠리 페이스트로 매콤한 맛을 더한다.

아크라 드 모뤼 (Acras de morue)

대표적인 앙티유 요리 중 하나로, 염장 대구살을 갈아 퓌레로 만들고 튀김 반죽과 잘 섞어 기름에 튀기는 요리.

마카담 드 모뤼 (Macadam de morue)

마르티니크의 대표 요리. 잘게 부순 염장 대구살, 토마토, 양파와 고추를 넣어 만든다.

4 레위니옹섬
루가이유 드 모뤼
(Rougail de morue)

소시지 루가이유¹의 생선 버전이라고 할 수 있다. 잘게 부순 염장 대구살에 토마토, 고추를 넣고 익혀 만든다.

5 스페인
솔다디토스 데 파비아
(Soldaditos de Pavia)

염장 대구살에 튀김옷을 입혀 튀긴 후 붉은 피망을 곁들인 것으로, 마드리드에서 즐겨먹는 아페리티프이자 타파스 메뉴의 단골손님이다.

6 이탈리아
바칼라 만테카토
(Baccalà mantecato)

이탈리아에 염장 대구를 처음 들여온 것은 베네치아 상인들이었다. '만테카투라 (mantecatura)'에서 이름을 따 '만테카토'라고 불리는 이 요리는 리소토처럼 크리미한 식감을 갖고 있다. 이탈리아식 브랑다드라고 할 수 있다.

바칼라 알라 리구레 (Baccalà alla Ligure)

이탈리아 리구리아 (Liguria) 지방의 대표 요리로 염장 대구살과 토마토, 안초비, 잣, 바질 등을 넣고 뭉근하게 끓인 스튜이다.

7 파나마
아로즈 콘 바칼라오
(Arroz con baccalao)

쌀을 곁들인 염장 대구 요리로, 파나마에서 아주 대중적인 메뉴이다. 피망과 고수로 만든 레카이토 (recaito) 페이스트와 붉은 색의 열대나무 열매인 아나토 (roucou. 로쿠) 오일로 맛을 낸다.

8 브라질
모케카 데 바칼라우
(Moqueca de bacalhou)

브라질 북부의 대표 요리. 토기 냄비에 염장 대구살과 감자, 토마토를 넣고 익혀 코코넛 밀크 소스를 곁들여 먹는다.

9 앙골라
에스파레가도 드 모뤼
(Esparregado de morue)

기니 (Guinea)산 고추를 넣고 익힌 염장 대구 요리로 마니옥³ 잎을 곁들여 먹는다.

10 스칸디나비아
대구 간유
(L'huile de foie de morue)

대구의 간을 증기로 쪄낸 후 으깨서 기름을 추출한다. 오메가 3이 풍부하여, 특히 아기들에게 숟가락으로 조금씩 떠먹인다.

---

1) rougail saucisse : 크레올 소시지를 먹기 좋게 잘라 토마토, 양파, 고추로 만든 루가이유 양념에 익힌 레위니옹섬의 대표 요리로 흰 쌀밥을 곁들여 먹는다.
2) mantecato : 거품 내듯 휘젓는다는 뜻.
3) manioc : 고구마 모양의 뿌리를 주로 식용으로 사용하며 카사바라고도 부른다.

대표적인 염장 대구 요리

브랑다드
엘렌 다로즈 (Hélène Darroze)[*]

프랑스 남부 랑드 (Landes) 출신의 이 여성 셰프는 어린 시절부터 할머니인 루이즈 다로즈 (Louise Darroze)에게
요리를 배우며 자랐다. 할머니는 약간의 이국적 터치가 가미된 남서부 지방 요리의 기초를 엘렌에게 전수해주었는데,
그중 하나가 염장 대구 브랑다드 (brandade)다.

6인분
소금 빼기 : 24시간
조리 시간 : 1시간 15분

재료
염장 대구 700g(가능하면 뱃살 쪽도 포함)
묵은 감자 700g
우유 500ml
생크림 500ml
마늘 5톨
월계수 잎 5장
생 타임 1줄기
일반 요리용 올리브오일 200ml
엑스트라 버진 올리브오일 200ml
빵가루 120g
에스플레트 칠리가루[1]
소금

만드는 법
하루 전날, 넓고 납작한 용기에 염장 대구를 넣고, 생선이 잠기도록 찬물을 붓는다. 24시간 동안 냉장고에 넣어 소금기를 뺀다. 중간에 7번 정도 물을 갈아준다. 24시간이 지난 후, 생선을 물에서 건져 마늘 반 톨을 넣은 우유에 담가둔다.

조리 당일, 감자의 껍질을 벗기고 여러 번 깨끗이 씻는다. 냄비에 크림과 마늘 2톨, 월계수 잎 3장을 넣고 약하게 끓기 시작하면 감자를 넣어 15분간 익힌다. 완전히 익어 부서질 정도가 되어야한다. 감자를 조심스럽게 던져내고, 남은 크림에서 마늘과 월계수 잎을 건져낸다. 소금기를 뺀 대구는 생선에서 나온 뽀얀 물을 남겨둔 채 조심스럽게 건져내어, 에스플레트 칠리가루를 뿌린 다음, 오븐용 용기에 담는다. 타임, 마늘,

월계수 잎을 넣고 그 위에 올리브오일을 뿌린다.

생선의 두께에 따라 오븐에서 10~15분 콩피하듯이 은근하게 익힌다. 생선을 건져낸 다음 가시와 껍질조각 등을 꼼꼼히 제거하며 살을 발라 잘게 부순다. 볼에 생선살을 담고 엑스트라 버진 올리브오일을 아주 조금씩 부어가며, 마치 마요네즈를 만드는 것처럼 나무 주걱으로 힘차게 저어 섞는다. 익힌 감자는 곱게 으깨 퓌레를 만들어 대구살과 혼합한다. 여기에 감자를 익히고 남은 크림과 대구의 소금기를 빼면서 남은 뽀얀 물을 조금씩 넣어가며 원하는 농도가 될 때까지 잘 혼합한다. 소금과 에스플레트 칠리가루로 간을 맞추고, 오븐용 토기에 담는다. 빵가루를 뿌려 덮고 오븐 브로일러 아래 넣어 그라탱처럼 구운 후 서빙한다.

볼리노스 데 바칼라우
(LES BOLINHOS DE BACALHAUS
포르투갈식 대구 튀김)
**마리오 데 카스트로
(Mario de Castro)**[*]

8인분
소금 빼기 : 24시간
조리 시간 : 1시간

재료
염장 대구 필레 2장
감자 500g
작은 양파 1개
다진 파슬리
달걀 4~5개
튀김용 기름
소금, 흰 후추

만드는 법
하루 전날, 용기에 찬물을 넣고 염장 대구의 껍질이 위로 오게 담가 24시간 동안 소금을 뺀다. 중간중간 여러 차례 물을 갈아준다.

조리 당일, 감자는 껍질을 벗기고 30분간 삶은 후 건져내 으깨서 퓌레를 만든다. 소금기를 뺀 대구는 가시와 껍질을 제거한 뒤 분쇄기에 슬쩍 돌려 잘게 부순다. 대구살에 감자, 다진 양파와 파슬리, 흰 후추를 넣어 섞은 다음 달걀을 한 개씩 넣어가며 힘차게 저어 혼합한다. 간을 본 후 필요하면 소금으로 조절한다. 숟가락 두 개를 사용하여 달걀만 한 크기로 둥글게 모양을 만든다. 우묵한 팬에 달군 기름에 대구를 튀겨내고, 키친타월로 기름을 제거한 뒤 서빙한다.

* 『포르투갈, 푸짐하고 친근한 요리 (Portugal, Cuisine intime et gourmande)』에서 발췌. 마리오 데 카스트로 (Mario de Castro) 지음. La Martinière 출판.

---

1) piment d'Espelette : 바스크 지방 요리에 주로 쓰이는 고춧가루의 일종

* 『나의 할머니의 레시피 (Les recettes de mes grands-mères)』에서 발췌. Cherche Midi 출판. 엘렌 다로즈는 런던과 파리 두 곳에 있는 레스토랑의 셰프이다.

라이토 소스 염장 대구

카트린 베르나르, 안 소피 테롱 (Catherine Bernard et Anne-Sophie Thérond)*

염장 대구살에 프로방스풍 레드와인 소스인 라이토(raïto)를 접목한 요리.
이 레시피는 1897년에 출간된 전설적인 요리책 『프로방스 요리사 (La Cuisinière provençale)』(J.B.Reboul 지음)에 이미 소개된 바 있다.

6인분

준비 시간 : 1시간
조리 시간 : 40분
소스는 미리 만들어 놓아도 된다.
 (최대 24시간 전)

재료

소금기 뺀 대구살 1kg
밀가루 1테이블스푼
튀김용 기름 300ml

라이토 소스 (raïto)

노란 양파 5개
마늘 8톨
올리브오일 2테이블스푼
밀가루 1테이블스푼
레드와인 500ml (costières-de-nîmes 등
 프랑스 남부의 풀바디 와인)
물 500ml
부케가르니 1개
토마토 페이스트 2테이블스푼
식초에 담근 케이퍼 2테이블스푼
블랙올리브(씨 빼고 다진 것) 2테이블스푼
소금, 후추

만드는 법

냄비에 올리브오일을 두르고, 잘게 다진 양파와 마늘을 볶는다. 밀가루를 넣고 약간 갈색이 나도록 볶은 후, 레드와인과 물을 붓고 잘 섞는다. 토마토 페이스트를 넣고 잘 혼합한 다음, 부케가르니를 넣는다. 중불에서 15분 정도 뚜껑을 닫고 끓인 다음, 뚜껑을 열고 15분 더 끓인다. 소스의 재료가 다 익어 흐물어지고, 숟가락으로 떴을 때 뒷면에 묻어 흘러내리지 않을 정도의 농도가 되어야 한다. 부케가르니를 건져낸 다음, 케이퍼와 올리브를 넣고 잘 섞어준다. 마지막으로 소금과 후추로 간을 맞춘다. 소스를 끓이는 동안 대구살을 6등분으로 자르고 가시와 껍질을 모두 제거한다. 생선에 밀가루를 얇게 묻혀 뜨거운 기름에 양면을 각각 2분씩 튀기듯이 지진다. 튀긴 대구를 소스에 넣고 약한 불에서 10분간 조린다. 삶은 감자나 폴렌타를 곁들여 먹는다.

* 『나의 포도밭 레시피 (Recette de ma vigne)』 카트린 베르나르, 안 소피 테롱 (Catherine Bernard et Anne-Sophie Thérond) 공저. Edition du Rouergue 출판.

아크라 염장 대구 크로켓

수지 팔라탱 (Suzy Palatin)

4인분

준비 시간 : 20분
반죽 휴지 시간 : 1시간
조리 시간 : 30분

재료

염장 대구 400g
우유 6테이블스푼
생 이스트 40g
이탈리안 파슬리 1단
쪽파 6줄기
타임 2줄기
마늘 4쪽
밀가루 200g
달걀 2개
라임즙
앙티유 고추 (piment antillais) 1/4개
튀김용 기름 1리터
소금

만드는 법

하루 전날, 대구 소금 빼기: 우선 토막으로 자른다. 흐르는 찬물에 문질러 씻어 묻어 있는 소금을 제거한 뒤, 커다란 그릇에 찬물을 넉넉히 넣고 대구를 담근다. 2시간 후 물을 갈아준다. 소금기를 빼는 24시간 동안 중간에 물을 3~4번 더 갈아준다. 생선의 두께에 따라 소금기를 빼는 데 하루 더 걸릴 수도 있다.

냄비에 찬물과 소금기 뺀 대구를 넣어 데친다. 물이 약하게 끓는 상태로 5분 정도 데친 다음 건져서 체에 넣고 그 상태로 흐르는 찬물에 헹군다. 껍질과 가시를 제거하고 물이 빠지도록 놔둔다.

작은 냄비에 우유를 따뜻하게 데운 다음, 이스트를 넣는다.

이탈리안 파슬리는 깨끗이 씻어 물기를 제거한 후 잘게 다진다. 쪽파도 잘게 썰고 타임은 잎만 떼어 놓는다.

마늘은 껍질을 까둔다. 푸드 프로세서에 대구살을 잘게 부수어 넣고, 마늘, 밀가루, 이스트를 넣은 우유, 달걀, 라임즙, 고추를 모두 넣는다. 여기에 물 200ml와 소금 한 꼬집을 넣고 1~2분간 갈아준다. 부드러운 반죽처럼 되어야 한다. 너무 되면 물을 추가 하고, 너무 질면 밀가루를 조금 더 넣어 농도를 조절한다.

혼합물을 덜어내어 파슬리, 쪽파와 타임을 넣고 주걱으로 잘 섞는다. 간을 본 후 소금으로 조절한다. 상온에서 1시간 휴지 시킨다.

튀김 기름의 온도가 170℃가 되면 티스푼으로 반죽을 동그랗게 떼어내어 2~3분가량 튀긴다. 중간에 뒤집어가며 골고루 익게 튀긴다. 다 튀겨지면 망국자로 건져 기름을 털고 키친타월에 놓아 다시 기름을 빼준다. 뜨거울 때 먹는다.

셰프의 팁 : 티스푼으로 반죽을 떠서 튀기는 것이 아크라 대구 튀김 사이즈로 가장 적당하다. 이 반죽은 한꺼번에 많이 만든 다음, 적당량씩 나눠 냉동실에 보관해도 좋다.

HISTOIRE DE L'ALIMENTATION

sous la direction de
Jean-Louis Flandrin et Massimo Montanari

Fayard

LE LIVRE DE CUISINE DE Mme E. SAINT-ANGE

Librairie Larousse

PRÉFACE D'ALAIN DUCASSE
SOUS LA DIRECTION DE NICOLAS CHATENIER

MÉMOIRES DE CHEFS

Paul Bocuse
Alain Chapel
Michel Guérard
Paul & Jean-Pierre
Haeberlin
Gaston Lenôtre
Louis Outhier
Jacques Pic
Alain Senderens
Jean & Pierre
Troisgros
Roger Vergé

textuel

GAULT·MILLAU
L'Encyclopédie du Goût

Christian Teubner

Jean-Philippe Derenne

L'AMATEUR DE CUISINE

Révélations
gastronomiques

Hervé This

Belin

LAROUSSE
gastronomique

Plantagenêt – Zuppa inglese

LAROUSSE

toute
GUY
la
MARTIN
cuisine

SEUIL

TOUTE LA CUISINE EXPLIQUÉE SIMPLEMENT
PAR UN MEILLEUR OUVRIER DE FRANCE

OLIVIER NASTI

COMMENT FAIRE LA CUISINE ?

le bonheur
est dans le plat

YOTAM OTTOLENGHI

JÉRUSALEM

SAMI TAMIMI

E. DARENNE · E. DUVAL

TRAITÉ DE PATISSERIE MODERNE

CONFISERIE · GLACES

FLAMMARION

CHRISTOPHE FELDER

PA
TIS
SE
RIE !

210 RECETTES · 3200 PHOTOS
L'ULTIME REFERENCE

Éditions
de La Martinière

Philippe Conticini
SENSATIONS
288 RECETTES DE PÂTISSERIES

Textes de Philippe Boé
Photographies de
Jean-Louis Bloch-Lainé

Éditions
de La Martinière

JULIE
ANDRIEU & P...

confidences sucrées

A

Martha Stewart

biscuits, sablés, cookies
la bible des tout petits gâteaux

Les petits gâte...
d'Alsace

Suzanne ROTH

베스트 요리책 컬렉션

데보라 뒤퐁 Déborah Dupont

요리에 흠뻑 매료된 전직 법학자 데보라 뒤퐁은 파리의 요리책 전문서점 「리브레리 구르망드 (Librairie Gourmande) 」*를 운영하면서
각종 요리 서적, 요리 역사서, 프랑스뿐 아니라 세계 여러 나라의 미식과 관련된 많은 책의 보물창고를 일구어냈다.
그녀의 손길을 거친 2만 권이 넘는 책들 중, 절대로 놓쳐서는 안 될 소중한 추천 목록을 공개한다.

역사 서적

식품의 역사 (*Histoire de l'alimentation*)

장 루이 플랑드랭 (Jean-Louis Flandrin) 지음.
éd. Fayard 출판. 1996.
음식의 시대적 배경이나 의미에 관한 의문이 생겼을 때 더욱
해박하고 자세한 답을 찾고자 한다면 꼭 참고해야 하는 책이다.

라루스 요리사전 (*Larousse gastronomique*)

보다 구체적이고 실질적인 해답을 찾고자 할 때 필요한 책. 1938.

셰프들의 회고록 (*Mémoires de chefs*)

니콜라 샤트니에 (Nicolas Chatenier)지음. éd. Textuel 출판. 2012.
누벨 퀴진의 혁명을 잘 이해하기 위한 최고의 책.

맛 백과사전 (*L'Encyclopédie du Goût*)

크리스티앙 퇴브네르 (Christian Teubner)지음.
éd. Gault & Millau 출판. 2002.
더블 페이지에 걸친 사진이 담긴 대형 사이즈의 책으로 식재료에
관한 최고의 서적.

미식에 관한 새로운 사실 (*Révélations gastronomiques*)

에르베 티스 (Hervé This) 지음. éd. Belin 출판. 1995.
90년대 중반 처음 출간되었을 당시 돌풍을 일으켰던 책으로 지금
까지도 독자들의 사랑을 받고 있다. 요리의 과정 및 현상을 세밀히
분석하고, 조리학의 관점, 물리화학적 관점, 미식학적 관점 등 3가지
각도에서 낱낱이 파헤친 흥미로운 책.

요리 애호가 (*L'amateur de cuisine*)

장 필립 드렌 (Jean-Philippe Derenne) 지음. éd. Stock 출판. 1996.
일반 서적처럼 술술 읽히는 드문 요리책 중의 하나. 해박한 지식과
요리에 관한 열정을 얻을 수 있는 책이다.

요리 서적

마담 생탕주의 요리책 (*Le livre de cuisine de Mme. E. Saint-Ange*)

éd. Larousse 출판. 1927.
두 차례의 세계대전 사이에 만들어진 요리책으로, 프랑스 부르주아
계층의 식문화를 배울 수 있는 교본과도 같은 책이다. 에스코피에의
『요리 정리집 (*Aide-mémoire culinaire*)』이 주로 전문 셰프가 참고
하기 적당한 책이라면, 이 책은 요리를 사랑하는 모든 사람이
오늘날에도 부담없이 참고할 만한 요리 실용서이다.

요리의 모든 것 (*Toute la cuisine*)

기 마르탱 (Guy Martin) 지음. éd. Seuil 출판. 2003.
사진이라고는 한 장도 없는(초판기준) 진정한 요리바이블. 모든
종류의 클래식 메뉴와 준클래식에 해당하는 메뉴가 전부 소개되어
있다. 글로 적힌 내용만을 따라 상상력을 발휘하며 요리할 수 있는
멋진 요리 서적이다.

요리, 어떻게 할까? (*Comment faire la cuisine?*)

올리비에 나스티 (Olivier Nasti) 지음. éd. Menu Fretin 출판. 2013.
책장에 얌전히 꽂혀 있지 않고 늘 나의 부엌에 자리하고 있는
유일한 책. 요리하면서 궁금한 점이 있으면 언제든 즉시 확인할 수
있도록 펴본다.

행복은 요리 안에 있다 (*Le bonheur est dans le plat*)

트리시 데세니 (Trish Deseine)지음. éd. Marabout 출판. 2002.
아일랜드 출신 저자의 대표적 작품으로 이 책에서 그녀는 콤플렉스
없이 자신 있게 만들 수 있는 요리를 제안하는 좋은 친구를 등장
시킨다. 그녀의 디저트 책『초콜릿 주세요 (*Je veux du chocolat*)』에
나오는 대표적 레시피들도 포함되어 있다.

예루살렘 (*Jérusalem*)

요탐 오토렝기 (Yotam Ottolenghi), 사미 타미미 (Sami Tamimi)
공저. éd. Hachette pratique 출판. 2013.
책의 표지도 멋지고, 셰프가 들려주는 요리 이야기도 흥미롭다.
가지나 병아리콩, 미트볼 같은 요리가 먹고 싶어지면 이 책부터
손이 간다. 그 맛을 따라 여행을 떠나고 싶게 만드는 책이다.

파티스리 서적

현대 파티스리 개론 (*Traité de pâtisserie moderne*)

에밀 다렌 (Émile Darenne), 에밀 뒤발 (Émile Duval) 공저.
éd. Flammarion 출판. 1909.
1909년 초판이 출간된 바이블과 같은 책으로 프랑스 부르주아 계층
이 즐겨 먹던 클래식 파티스리 레시피가 총망라되어 있다. 프티푸르
구움과자 류의 레시피들은 그 어떤 것과도 비교할 수 없을 정도로
탁월하여, 다시 살려서 현재의 파티스리에 사용하고 싶을 정도다.

파티스리! 최고의 교본 (*Pâtisserie! L'ultime référence*)

크리스토프 펠데르 (Christophe Felder) 지음.
éd. de la Martinière 출판. 2007.
파티스리 책을 딱 한 권만 고른다면 바로 이 책이다. 기본 테크닉,
반죽하기, 전문가의 팁, 레시피 등 파티스리의 모든 것이 들어 있다.

느낌 (*Sensations*)

필립 콩티치니 (Philippe Conticini) 지음.
éd. de la Martinière 출판. 2009.
아주 잘 만든 책이고, 꽤 난도가 높다. 중급 이상의 파티스리 애호가
들이 한 단계 업그레이드 된 테크닉을 시도해보고자 할 때 아주
유용한 책이다.

달콤한 비밀 (*Confidences sucrées*)

피에르 에르메 (Pierre Hermé), 쥘리 앙드리유 (Julie Andrieu)
공저. Agnès Viénot éditions 출판. 2007.
에르메 셰프의 책들 중 가장 재미있는 책이다. 왜냐하면 레시피마다
'왜냐하면'이라는 설명을 해주기 때문이다. 예를 들어 왜
파운드케이크 반죽을 만들 때는 혼합기 대신 믹서를 사용하는지
등의 소소한 비밀을 알려준다.

비스킷, 사블레, 쿠키. 모든 과자의 바이블
(*Biscuits, sablés, cookies. La bible des tout petits gâteaux*)

마사 스튜어트 (Martha Stewart) 지음. éd. Marabout 출판. 2009.
미국식 간식을 준비하고자 하는 부모들에게 아주 유용한 책.
모든 조리 과정이 완벽하게 설명되어 있다.

알자스의 과자 (*Les petits gâteaux d'Alsace*)

쉬잔 로트 (Suzanne Roth) 지음. éd. La Nuée Bleue 출판. 1986.
크리스마스 시즌에 아이들과 함께 요리를 만들 때 꼭 필요한
따뜻한 책이다. 디저트를 만드는 동안 맛있는 향기가 집 안 가득
풍길 것이고, 특히 계피향을 좋아하는 사람들은 이 책의 매력에
흠뻑 빠질 것이다.

* La Librairie Gourmande, 92-96 rue Montmartre, Paris 2구. www.librairiegourmande.fr

세상의 모든 시트러스

새콤하고, 쌉쌀하고, 달콤한 맛, 껍질과 과육, 즙, 잎사귀까지… 시트러스류 과일이 갖고 있는 맛과 향, 빛깔의 스펙트럼은 정말 무한하다.
전 세계적으로 명성을 떨치고 있는 시트러스 과일 재배자 베네딕트와 미셸 바셰스 (Bénédicte et Michel Bachès)*와 함께 무궁무진하게 많은 종류의 시트러스를 만나본다.
그들이 소개하는 향기로운 보물 리스트를 음미해보자.

베르가모트 (BERGAMOTE)
수목 학명: *Citrus bergamia*
원산지: 터키 페르감 (Pergame).
비터 오렌지와 레몬의 교배종.
특징: 약간 타원형을 띤 노란색 과일로 껍질이 두껍고, 녹색을 띤 과육은 시고 쌉쌀한 즙이 풍부하다.
계절: 11월~12월
용도: 껍질의 제스트는 얼 그레이 티 혼합용으로 사용된다.

클레망틴 귤 (CLÉMENTINE)
수목 학명: *Citrus clementina*
원산지: 알제리 오란 (Oran) 교배종.
특징: 붉은 오렌지 빛깔로 껍질이 얇고, 과육은 향이 진하며 풍부한 즙을 함유하고 있다.
계절: 9월~3월
용도: 주로 신선한 과일로 소비되고, 초콜릿에 사용되기도 한다.

라임 (LIME, CITRON VERT)
수목 학명: *Citrus aurantifolia*
원산지: 말레이시아로 추정.
특징: 껍질의 흰 부분이 거의 없고, 과육은 시트러스 과일 중 가장 신맛이 강한 편이다.
계절: 12월~3월
용도: 일반적으로 레몬 대용으로 많이 쓰이지만, 칵테일을 만들 때는 반드시 라임을 써야만 하는 경우가 많다.

만다린 귤 (MANDARINE, TANGERINE)
수목 학명: *Citrus deliciosa*
원산지: 중국. 이 과일을 중국 왕실의 고위 관료들 (Mandarin)에게 선물했다 하여 만다린이라는 이름이 붙게 되었다.
특징: 주황색의 작은 과일로 향과 즙이 풍부하다.
계절: 12월~3월
용도: 만다린 귤 대신 씨가 더 적은 클레망틴 귤의 소비가 더 늘고 있는 추세다.

비터 오렌지 (BITTER ORANGE, BIGARADE)
수목 학명: *Citrus aurantium*
원산지: 중국
특징: 껍질이 울퉁불퉁하고 주황색을 띠고 있으며, 신맛과 쓴맛이 강하다.
계절: 12월~1월
용도: 마멀레이드 만들기엔 최적의 과일. 껍질은 큐라소 (curaçao) 또는 그랑 마르니에 (Grand Marnier) 등의 리큐어를 만들 때 사용된다.

칼라만시 (CALAMANSI, CALAMONDIN)
수목 학명: *Citrus madurensis*
원산지: 동남아시아, 필리핀
특징: 금귤과 만다린 귤의 교배종으로 '칼라몬딘'이라고도 불린다. 껍질이 얇고 약간 쓴맛을 지닌 오렌지색 작은 과일.
계절: 연중 내내
용도: 마멀레이드 또는 잼, 당과류

부다즈 핸드 (BUDDHA'S HAND, MAIN DE BUDDHA)
수목 학명: *Citrus medica sarcodactylis*
원산지: 인도 동북부, 중국
특징: 가장 특이한 모양을 한 시트러스 과일. 속에 과육이 없고 달콤한 오렌지와 레몬향을 지니고 있다. 풍습에 따르면, 전통적으로 부처에게 바치는 과일이라고 한다.
계절: 11월~12월
용도: 생과일로 먹기도 하고, 콩피 또는 잼을 만들어 먹는다.

자몽 (GRAPEFRUIT, PAMPLEMOUSSE)
수목 학명: *Citrus grandis*
원산지: 말레이시아
특징: 연한 노란색에서 연한 녹색까지 다양한 색을 띠는 큰 사이즈의 과일. 과육은 노란색, 핑크색, 또는 붉은색을 띠고 있으며 즙이 아주 풍부하다.
계절: 12월~3월
용도: 과육을 잘라내어 샐러드에 넣으면 단맛과 짠맛이 어우러지는 대표적 음식이 된다.

오렌지 (ORANGE)
수목 학명: *Citrus sinensis*
원산지: 중국
특징: 전 세계에서 네 번째로 많이 재배되는 과일이다.
계절: 11월~4월
용도: '오렌지를 넣은 오리 요리 (canard à l'orange)'에 꼭 필요한 재료다.

포멜로 (POMELO)
수목 학명: *Citrus paradisi*
원산지: 앙티유 (Antilles)
특징: 껍질은 노란색 또는 핑크색을 띠며 두껍고 매끈하다. 과육은 신맛이 나고, 약간 쓴맛도 있다.
계절: 3월~6월
사용: 주로 신선한 과일로 소비된다. 생선 타르타르에 넣으면 상큼한 신맛을 더해준다.

유자 (YUZU)
수목 학명: *Citrus junos*
원산지: 중국. 일본에서도 천 년 전부터 재배했다.
특징: 가볍고 둥근 모양의 과일로 윗부분이 봉긋 올라온 모양이다. 노란색 껍질은 울퉁불퉁하고 과육에는 즙이 별로 없다.
계절: 11월~12월
용도: 얼려서 그라니타를 만들거나 즙으로 사용. 익힌 흰살 생선에 곁들이면 아주 좋다.

스다치, 영귤 (SUDACHI)
수목 학명: *Citrus sudachi*
원산지: 일본
특징: 익으면 주황색을 띠는 작은 과일. 일본 도쿠시마 현의 특산물이다.
계절: 10월~12월
용도: 생선이나 갑각류와 잘 어울리며 일본 폰즈 소스를 만들 때 넣는다.

금귤, 낑깡 (KUMQUAT)
수목 학명: *Fortunella*
원산지: 중국
특징: 타원형을 띤 주황색의 작은 과일로 껍질이 아주 얇고 달콤 쌉쌀한 맛이 난다.
계절: 1월~3월
용도: 껍질째 먹거나 마멀레이드를 만들기도 한다. 설탕에 졸여 콩피를 만들면 아주 맛이 좋다.

스위트 라임, 스위트 레몬 (SWEET LIME, LIME DOUCE)
수목 학명: *Citrus limetta*
원산지: 인도
특징: 중간 크기의 둥근 모양으로 껍질은 매끈하고 과육은 신맛이 적다.
계절: 11월~3월
용도: 팔레스타인에서는 설탕에 졸여 콩피를 만들어 먹는다.

라임콰트 (LIMEQUAT)
수목 학명: *Citrus aurantifolia x fortunella*
원산지: 미국
특징: 1909년 처음 재배한 금귤과 라임의 교배종. 타원형의 노란색 과일로 껍질이 얇고 달다. 과육은 신맛이 나며 즙이 풍부하다.
계절: 1월~3월
용도: 주로 생과일로 소비되고, 칵테일 만들 때 사용하기도 한다.

카피르 라임, 쿰바야 (KAFFIR LIME, COMBAVA, COMBAWA)
수목 학명: *Citrus hystrix*
원산지: 동남아시아
특징: 작고 둥근 모양을 한 과일로 향이 진하고 과육이 아주 적으며, 겉껍질과 안쪽 흰 부분이 매우 두껍다.
계절: 10월~2월
용도: 껍질의 향이 매우 진하기 때문에 제스트는 생선이나 갑각류 요리에 아주 잘 어울린다. 레위니옹섬에서는 루가이유 (rougail)를 만들 때 카피르 라임 잎을 넣어 향을 낸다.

세드라, 시트롱 (CÉDRAT, CITRON)
수목 학명: *Citrus medical*
원산지: 히말라야
특징: 타원형의 통통한 과일로 과육은 아주 적다. 겉껍질과 안쪽 흰 부분이 매우 두껍다.
계절: 11월~12월
용도: 콩피 또는 잼을 만든다.

캐비아 라임, 핑거 라임, 캐비아 레몬 (CAVIAR LIME, FINGER LIME, CITRON CAVIAR)
수목 학명: *Citrus australasica*
원산지: 호주, 뉴기니
특징: 손가락처럼 길쭉한 모양을 하고 있으며 청동색, 또는 녹색을 띤다. 속은 작은 알갱이로 된 과육 펄프로 가득 차 있으며, 캐비아 알갱이의 모양을 하고 있다.
계절: 12월~4월
용도: 달콤새콤한 맛을 갖고 있어 레몬처럼 사용된다. 달지 않은 일반 요리에 과육 알갱이를 얹어 내기도 한다.

* 바셰스 시트러스 농장 Agrumes Bachès, Eus (Pyrénées-Orientales)

피프라드

'피페 (piper)'는 바스크어로 고추라는 뜻이다.
바스크 지방의 대표 요리인 피프라드는 '피망을 넣지 않는다'는
기본 원칙만 지킨다면 따뜻하게 또는 차갑게, 어떻게 먹어도 맛있다.

피망은 넣지 않는다

통상적으로 많이 쓰이는 것과는 달리,
원래 제대로 된 피프라드에는 피망이
들어가지 않는다.

사용하면 안 되는 재료

피망(당연히). 월계수 잎, 타임, 마늘, 후추

추천 재료

바스크 지방의 작은 청고추, 에스플레트
고추, 또는 수란을 넣기도 한다.

피프라드 오믈렛 La piperade et son omelette

마리 뤼스 리보 (Marie-Luce Ribot)*

4인분

조리 시간

피프라드: 25~30분
오믈렛: 20분

재료

신선한 줄기 양파 또는 쪽파 1단
랑드 (Landes) 또는 앙글레 (Anglet) 지방의 맵지 않은 고추 200g
　(또는 맵지 않은 스위트 바나나 고추로 대체해도 좋다.)
햇빛을 받고 자란 신선한 토마토 큰 것으로 5개
　(껍질을 벗기고 속과 씨를 제거해 준비한다.)
마늘 2톨
다진 파슬리 작은 줄기 10개 정도 분량
에스플레트 칠리가루 1티스푼
소금
올리브오일
달걀 12개
이바이오나 하몽[1] 도톰한 슬라이스 4장

만드는 법

무쇠 팬에 올리브오일을 달군 뒤 얇게 썬 양파를 볶고,
으깬 마늘을 넣어준다. 고추는 씨를 제거한 다음 3~4cm
정도로 길게 잘라 넣고 약한 불에서 수분이 나오도록
볶는다. 5분 정도 지난 뒤, 불을 더 약하게 하고 깍둑 썬
토마토를 넣는다. 소금과 에스플레트 칠리가루로 간을 한
다음 뭉근히 익힌다. 160℃ 오븐에 넣어 졸이듯이 익혀도 된다.
토마토의 즙이 걸쭉해지면 피프라드가 완성된 것이다.
조각 내어 그릴에 구운 닭 요리에 곁들이면 아주 잘 어울린다.
하지만 개인적으로 오믈렛을 만들어 먹는 걸 좋아한다.
일반 오믈렛과 스크램블드 에그의 중간 정도 되는 독특한
텍스처가 특별히 마음에 든다.
오믈렛을 만들려면 우선 달걀을 세게 저어 풀고 소금을
조금만 넣는다. 이것을 피프라드에 붓고 약 20분간 약한 불에서
계속 잘 저어준다. 달걀이 몽글몽글하게 익으면 파슬리를 넣고
불을 끈다. 하몽의 앞뒷면을 팬에 살짝 구운 뒤 곁들여 먹는다.
이 오믈렛은 좀 남겨 두었다가 다음 날 구운 토스트 위에
차갑게 올려 먹으면, 여름날의 행복한 한 끼 식사로 부족함이
없다.

1) jambon Ibaïona: 바스크 지방의 대표적인 샤퀴트리로, 180kg 이상
　되는 돼지의 뒷다리를 1년 이상 자연 건조한 생 햄.

* 마리 뤼스 리보 (Marie-Luce Ribot)는 잡지 Sud Ouest의 기자로, 지역 미식 문화유산을 소개하는 계간지 「쉬드 우웨스트 구르망 (Sud Ouest Gourmand)」을 창간했다.

브라질 요리, 따봉!

엘루이자 바셀라르 Heloisa Bacellar

엘루이자의 브라질 음식은 본토식 그대로의 훈훈하고 넉넉한 이미지를 갖고 있다.
이 상파울루의 셰프가 자신만의 요리 비법을 공개한다. 당신의 냄비들은 삼바 춤을 출지도 모른다.

코코넛을 넣은 디저트

"설탕 225g과 물 250ml를 넣고 5분간 끓여 시럽을 만듭니다. 여기에 버터 25g을 넣은 다음 식힙니다. 그동안 달걀 2개, 달걀노른자 6개를 잘 저어 풀어서 시럽에 넣고, 이때 곱게 간 코코넛 과육도 100g 넣어줍니다. 전부 섞은 혼합물을 머핀 틀에 부어 넣습니다. 오븐용 깊은 용기에 유산지를 두 장 깔고, 머핀 틀을 그 안에 놓은 뒤 용기에 뜨거운 물을 부어 오븐에서 40분간 중탕으로 익힙니다. 반드시 완전히 식힌 후 냉장고에 넣고, 2시간 이상 경과한 후에 먹어야 형태가 흐트러지지 않는답니다. 좀 덜 달게 만들고자 할 때는 설탕 양을 180g 정도로 줄이면 되는데, 그렇다고 설탕을 너무 적게 넣으면 디저트의 모양을 유지하기 어려워지니 주의해야 합니다."

옥수수를 달콤한 디저트에 사용하기

"촉촉하고 입에서 사르르 녹는 부드러운 디저트 '볼로 크레모소 데 밀로 베르데 (bolo cremoso de milho verde : 옥수수 크리미 케이크)'는 할머니에게 배운 레시피입니다. 너무 맛있지만 칼로리를 생각하면 좀 걱정은 되죠. 옥수수 알갱이 간 것 200g (신선한 옥수수를 사용하는 것이 가장 좋지만, 냉동제품을 써도 괜찮아요), 설탕 100g, 달걀 2개, 식용유 120ml, 베이킹파우더 2티스푼, 버터 15g, 우유 120ml를 모두 넣고 잘 혼합하기만 하면 됩니다. 케이크 틀에 넣고 오븐에서 25분간 굽습니다. 저는 가끔 파르메산 치즈를 갈아서 2테이블스푼 정도 넣어주기도 합니다. 그러면 달콤한 맛과 짠맛이 어우러져 너무 맛있거든요!"

종려나무 순을 넣은 파이

"팬에 버터 50g과 올리브오일을 한 바퀴 둘러 달군 뒤, 마늘 한 톨과 양파 한 개를 잘게 잘라 볶습니다. 여기에 통조림 종려나무 순 (hearts of palm) 300g과 토마토 소스 2테이블스푼, 야채 스톡 큐브 1개를 넣습니다. 우유 350ml에 옥수수 전분 1테이블스푼을 잘 푼 다음 혼합물에 넣어 익힙니다. 풍미를 더하기 위해 파슬리도 한 줌 넣습니다. 파트 브리제 (pâte brisée)를 밀어 파이 틀의 바닥과 벽에 깔아준 다음, 준비한 혼합물을 채워 넣습니다. 다시 파트 브리제로 위를 덮고 가장자리를 잘 봉한 후, 달걀물을 전체적으로 골고루 바릅니다. 15분간 휴지시킨 후, 180℃ 오븐에서 45분간 굽습니다. 저만의 비법은 혼합물 소에 설탕을 조금 넣어 맛의 균형을 맞추는 것이죠."

브라질리안 치즈 빵 (pão de queijo)

"이 빵은 저의 특기 메뉴랍니다. 상파울루에서 3차례나 최고의 치즈 빵으로 뽑혀 상을 받았어요. 만드는 방법은 우선, 물 80ml에 식용유 3테이블스푼과 소금을 넣고 끓입니다. 여기에 카사바 전분을 200g 넣고 덩어리 없이 잘 섞이도록 저으며 끓입니다. 달걀 2개와 치즈 간 것 180g을 넣고 잘 섞습니다. 전 콩테 (comté) 치즈를 선호하지만, 에멘탈이나 그뤼예르도 괜찮습니다. 이렇게 만든 반죽을 작고 둥근 모양으로 만들어 오븐에 20분간 구우면 완성입니다."

카이피리냐 만들기

"카이피리냐 (caïpirinha)는 브라질의 대표적인 칵테일입니다. 깍둑 모양으로 자른 신선한 과일이나 코코넛 밀크를 흰 설탕 1스푼과 섞은 다음, 카샤샤 4테이블스푼과 얼음 3개를 넣습니다. 원칙적으로 많은 양의 피처를 한꺼번에 만들지 않고, 일인용 글라스에 개인의 기호에 따라 만드는 것이 더 좋습니다. 저는 가끔 설탕 대신 꿀이나 감미료를 사용하기도 합니다."

1) cachaça: 사탕수수를 증류시켜 만든 브라질 민속주

〜〜〜〜〜 실패하지 않는 페이조아다 레시피 〜〜〜〜〜

브라질의 국민 음식인 페이조아다 (feijoada)는 보통 토요일에 즐겨 먹는 요리다. 지역에 따라 레시피도 다양한데,
브라질 북부 지방에서는 붉은 갈색 콩인 키드니 빈과 고수 잎을 사용하는 반면, 남부 지방에서는 검은콩과 파슬리를 넣는다.
가늘게 채 썬 케일 잎과 오렌지 속살, 그리고 카사바 (cassava: manioc이라고도 불리는 긴 뿌리식물) 가루를 곁들여 먹는다.

8인분

조리 시간: 3시간
하루 전날: 돼지고기 소금에 절이기

재료

돼지고기 (800g정도) 3cm 정사각형으로
　잘라서 준비
돼지고기 염장용 굵은 소금 반 컵
모르토 소시지 (saucisse de Morteau: 프랑스
　콩테 지방 모르토의 유명한 훈제 소시지)
　350g짜리 1개. 2cm 두께의 원형으로
　잘라둔다.
초리조 (300g 짜리) 1개. 2cm 두께의
　원형으로 잘라둔다.
훈제 돼지고기 (400g) 사방 2cm 큐브
　모양으로 잘라둔다.
훈제 돼지갈비 (400g) 뼈 붙은 것. 반으로
　잘라둔다.
훈제 베이컨 라르동 300g
깍둑 썬 양파 큰 것 1개
잘게 다진 마늘 2톨
삶은 검정콩 500g + 삶은 물. 합해서 1kg

익혀 말린 고기 400g. 길게 찢어 놓는다.
월계수 잎 1장
카샤샤 1/4컵
라임즙 1개분
파슬리, 차이브 잘게 썬 것 반 컵
식물성 식용유
필리필리 핫소스 (sauce pili pili: 아프리카의
　매운 고추로 만든 핫소스)

만드는 법

하루 전날, 돼지고기 토막을 볼에 넣고
굵은 소금으로 문질러준 다음, 뚜껑을
덮어 냉장고에 하룻밤 보관한다.
다음 날, 소금에 절인 고기를 흐르는 물에
깨끗이 씻고, 큰 냄비에 넣는다. 고기가
잠기도록 물을 붓고 30분가량 둔다. 물을
새로 갈아준 다음 살이 연해질 때까지
1시간 30분 끓인다. 고기를 건져서 다른
그릇에 옮겨 둔다.
같은 냄비에 소시지와 초리조, 훈제 돼지
고기 토막을 넣고 물을 부은 다음 15분
정도 끓여 건져서 익혀둔 돼지고기와
함께 보관한다.

냄비에 식용유를 두르고 훈제 베이컨
라르동을 노릇하게 익힌 뒤, 양파와
마늘을 넣는다. 향이 나기 시작하면
익힌 검정콩과 콩 삶은 물을 함께 부어
넣는다. 말린 고기와 월계수 잎, 익혀놓은
돼지고기 토막을 모두 넣고 잠길 정도로
물을 붓는다. 국물이 걸쭉해지도록 15분
정도 끓인다 (필요하면 물을 조금 더 넣는다).
간을 맞춘 다음 불에서 내린다.
소스는 검정콩 삶은 물을 한 국자 떠 작은
소스팬에 넣고, 카샤샤와 라임즙을 섞은
뒤 1분간 끓이면 된다. 허브를 넣고,
매운맛을 좋아한다면 필리필리 핫소스도
몇 방울 넣은 후 불에서 내린다.
서빙: 흰쌀밥, 카사바 가루, 가늘게 채 썰어
마늘을 넣고 볶은 사보이 양배추 또는
케일 잎, 오렌지 껍질을 완전히 잘라낸
슬라이스를 곁들여 먹는다. 소스는 따로
낸다.

피에르 가니예르
PIERRE GAGNAIRE

세계 최고의 셰프

2015년 1월, 미슐랭 스타 2개, 3개를 보유한 전 세계 512명의 셰프들이 뽑는 세계 최고의 셰프로 피에르 가니예르가 선정되었다. 해외 주요 도시에 진출해 있는 그의 훌륭한 미식 재능이 인정 받은 것이다.

고유 마크

그가 1981년 생테티엔 (Saint-Étienne)에 정착했을 때, 건축가 노만 포스터 (Norman Foster)와 함께 일하던 덴마크의 디자이너 페르 아놀디 (Per Arnoldi)가 테이블을 형상화해 만든 것으로, 가니예르 셰프의 심벌 마크가 되었다.

쉬르쿠프호

1971~1972년 군복무시절, 그는 쉬르쿠프호 (Surcouf: 프랑스의 순항 잠수함)에 승선한 조리 담당 사령관이었다. 1971년 6월 6일 콜롬비아 카르타헤나 해상에서 소련의 유조선인 제네랄 부샤로프호 (Général-Boucharov)와 충돌하여, 그가 타고 있던 프랑스 잠수함의 함교 뒤쪽과 첫 번째 배기관 사이가 거의 두 동강이 나는 사고가 일어났다. 이 충돌로 인해 10명의 희생자가 발생했는데, 피에르 가니예르는 아슬아슬하게 위기를 모면했다.

생테티엔, 행운과 고통의 명암

가족이 운영하던 식당인 생 프리스트 엉 자레스 (Saint-Priest-en-Jares)의 '르 클로 플뢰리 (Le Clos Fleuri)'에서 3년을 보낸 그는 생테티엔에 정착했다. 마뉘프랑스[1], 축구, 현대 미술박물관 등으로 활기를 띠고 있던 이 도시에서 그는 1981년 10월 21일, 조르주 테시에가 (rue Georges-Teissier)에 레스토랑을 오픈했고, 바로 이듬해인 1982년 첫 번째 미슐랭 별을, 이어서 1986년에는 영예의 두 번째 별을 얻었다. 성공가도를 달리던 그는 리슐랑디에르가 (rue de la Richelandière)에서 1930년대 스타일의 멋진 건물을 발견하고 1992년 9월, 그의 레스토랑을 이전한 후, 다음 해에 드디어 미슐랭 3스타를 받게 되었다. 그러나 점차 경제적으로 침체되어 가는 이 도시에서 오래 버티지 못했고, 이어지는 재정 악화로 결국 파산에 이르렀다. 1996년 5월 정식으로 파산신고를 했고, 고통의 시간을 맞이했으나 이 셰프는 또 다른 비상을 위한 희망을 버리지 않았다. 그해 11월 파리로 올라와 발작가 (rue Balzac)에 정착한 셰프는 재기에 성공했고, 오늘날 세계적으로 사랑받는 위대한 셰프의 한 사람으로 우뚝 서게 되었다.

즉흥적으로 훌륭한 음식을 만들어내는 요리사 · 예술가
(1950년 생)

가자미 요리의 마술사

40년 가까운 세월 동안 가니예르 셰프는 가자미를 사용한 레시피를 백여 개나 만들어냈다. 1977년 생 프리스트 시절, 가자미에 오이와 배를 곁들이고, 차를 이용한 소스와 함께 선보였다. 또한, 1994년 생테티엔에서 그는 가자미를 통째로 익혀 브라운 버터에 볶은 검은 버섯과 오이를 함께 낸다. 이후 파리에서 가자미를 길고 가늘게 잘라 튀기는 구조네트 (goujonnette) 요리를 선보이는데, 옥수수 가루를 입혀 므니외르 방식으로 버터에 튀기듯이 익힌 생선에 애플사이더 (cidre: 노르망디의 사과 증류주) 부이용 소스와 함께 서빙한다.

전 세계를 무대로 뛰는 글로벌 셰프

파리
레스토랑 피에르 가니예르 (1996~)
Le restaurant Pierre Gagnaire
6, rue Balzac, 파리 8구.

런던
스케치 Sketch (2002~)

파리
가야 리브고쉬 by 피에르 가니예르 (2005~)
Gaya Rive gauche par Pierre Gagnaire
44, rue du Bac, 파리 7구

홍콩
피에르 Pierre (2006~)

쿠슈벨
피에르 가니예르 푸르 레제렐
Pierre Gagnaire pour Les Airelles (2007~)

두바이
르플레 바이 피에르 가니예르 Reflets par Pierre Gagnaire (2008~)

서울
피에르 가니예르 서울
Pierre Gagnaire à Séoul (2008~)

라스베가스
트위스트 바이 피에르 가니예르 Twist by Pierre Gagnaire (2009~)

도쿄
피에르 가니예르 도쿄
Pierre Gagnaire Tokyo (2010~)

베를린
레 솔리스트 바이 피에르 가니예르 Les Solistes par Pierre Gagnaire (2013~)

칸
라 브라스리 푸케
La Brasserie Fouquet's (2014~)

고르드
페르 Peir (2015~)

라 볼
라 브라스리 푸케
La Brasserie Fouquet's (2015~)

---

1) Manufrance: 생테티엔에서 시작한 프랑스 최초의 우편 주문 쇼핑 회사.

무스코바도
갈색 설탕을 사용한
캐러멜라이즈드 오믈렛

Omelette caramélisée au
sucre muscovado

4인분

재료
차가운 버터 25g
통조림 복숭아 4조각 (반쪽 짜리)
딸기 10개
달걀 8개
소금 1꼬집
해바라기유 1테이블스푼
무스코바도 갈색 설탕[1] 2테이블스푼

만드는 법
팬에 버터 15g을 녹인 후, 굵직하게 자른
복숭아와 둘로 자른 딸기를 넣고 볶는다.
약한 불로 4~5분가량 익힌 후에 볼에 덜어
놓는다. 달걀에 소금을 한 꼬집 넣고 잘
풀어준다. 팬에 기름과 10g의 버터를 넣고
달군 후, 달걀을 붓고 약한 불로 익힌다.
가장자리는 안으로 잘 정리해준다.
설탕을 조금 뿌리고 오믈렛을 뒤집어
캐러멜라이즈 되도록 계속 익힌다. 따뜻한
접시에 오믈렛을 놓고 따뜻한 과일을 얹어
즉시 서빙한다.

1) sucre brun muscovado: 필리핀, 모리셔스 등지에
서 생산되는 천연 사탕수수 설탕. 진한 브라운 색
을 띠며, 향이 깊다.

메뉴, 감정을 담은 가사로 음악이 되다

피에르 가니예르는 아마도 자신의 요리 이름을 가사로 삼아 노래가 만들어지는 특별한 경험을 한 최초의 셰프일 것이다.

2002년 프랑스의 록 그룹 아스톤빌라
(Astonvilla)는 그들의 앨범 스트레인지
(Strange)에 'Slowfood'라는 독특한 곡을
발표한다. 피에르 가니예르가 구성한 메뉴
를 가사로 하여 여러 아티스트들이 랩으로
불렀고, 이 록그룹이 음악으로 완성했다.
이 노래에 참여한 아티스트들이 부른 가사
내용을 들으며 음식을 상상해보자.

장 루이 오베르 (Jean-Louis Aubert,
프랑스의 싱어 송 라이터, 기타리스트,
작곡가 겸 프로듀서)
"곤들메기 파스칼린; 마다가스카르 후추를
넣은 프레시 허브 인퓨전에 얇게 저며
데친 생선, 노란빛이 도는 뱅 드 파이유
와인으로 만든 즐레; 세드라 레몬 사바용
소스의 민물가재"

알랭 바솅 (Alain Bashung, 프랑스의
가수, 작곡가, 배우)
"1995년산 샤토 클리망을 넣은 바삭바삭
한 밀푀유; 녹인 버터, 처빌, 딸기나무
꿀로 양념한 게살과 양배추를 켜켜이
쌓아 누른 테린; 그린 아스파라거스와
화이트 아스파라거스"

자지 (Zazie: 프랑스의 여가수, 싱어 송
라이터, 모델)
"고티에 비둘기 통구이 붉은 피망 점,
견과류를 넣은 작은 양파 갈레트, 와인을
넣은 카시스 미루아르, 콩피한 샬롯과
쌉싸름한 초콜릿"

자크 란즈만 (Jacques Lanzmann:
프랑스의 저널리스트, 작가, 음유 시인)
"등 푸른 생선: 코코트 냄비에 익힌 다음
바두반 커리를 넣은 고등어 소스를
곁들인 참치 스테이크; 가지를 곁들인
정어리 에스카베슈; 보리새우 소스를 넣은
참치 붉은 살 구이, 양배추 순과 신선한
안초비를 얹은 피살라디에르"

레위노 방게르메즈 (Reuno Wangermez:
파리 출신 메탈 밴드 Lofofora의 멤버)
"랑구스틴; 세 가지 방법으로 조리한
브르타뉴 랑구스틴, 시에나 적토 빛의
양념을 해 구운 랑구스틴, 타르타르
그리고 무슬린; 지롤 버섯과 카로브 콩을
넣은 랑구스틴 소스, 껍질콩 샐러드와
아몬드 튀일, 라임"

모리스 바르텔레미 (Maurice Barthé-
lemy: 프랑스의 영화배우)
"샤퀴트리 요리: 머스터드 씨를 넣은
오리 간 발로틴, 잘게 간 초리조, 프루플
넣은 송아지 파테, 붉은 근대 쉬포나드;
야채 부이용, 셰리 페이스트를 바른
베요타 하몽, 포르투갈 로모 햄, 코르시카
산 코파 햄, 아삭한 식감의 돼지 귀,
콜로나타 라드를 넣은 얇은 파이, 말린
토마토와 배, 계피향을 넣은 수제 부댕
누아르, 바닐라 수플레
비스킷: 타히티산 바닐라, 나폴리탄
카사타 케이크, 나선 모양으로 꼰
안젤리카 캐러멜, 따뜻한 온도의 비스킷"

장 피에르 코프 (Jean-Pierre Coffe:
프랑스의 라디오, TV 진행자, 음식평론가,
미식 작가)
"3번에 걸쳐 서빙되는 랍스터 요리: 즉시
데쳐 브라운 버터와 생강, 베르가못
레몬만 살짝 뿌린 작은 크기의 블루
랍스터, 작고 동그란 모차렐라 보콘치니,
강낭콩, 살과 집게발을 잘라 샐러드처럼
섞은 살피콘, 그린 민트향의 차가운
랍스터 콩소메와 붉은 내장을 넣어 만든
포카치아"

엘리즈 라르니콜 (Elise Larnicol: 프랑스
영화 드라마 연극배우)
"농어: 망통산 레몬을 넣어 통째로 익힌
낚싯줄로 잡은 농어, 보리를 넣은 인도풍
소스, 청사과 소르베, 고수 잎, 잘게 간
코코넛 과육"

로랑 뮐레 (Laurent Muller: 애칭 Doc.
Astonvilla의 전 멤버)
"샤르트뢰즈 리큐어를 넣은 수플레
비스킷, 초록빛을 띤 샤르트뢰 리큐어,
황금처럼 반짝이는 노란빛을 띤 샤르트뢰
즈, 천국의 맛을 지닌 세 가지 파티스리,
꽈배기 페이스트리 사크리스탱, 달콤한
크림이 가득한 슈 페이스트리 클리지외즈,
그리고 초콜릿 맛이 진한 카퓌생"

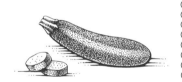

주키니 호박 페스토

1병 분량

재료
주키니 호박 큰 것 1개
잣 25g
바질 5줄기
마늘 1톨
올리브오일 100ml
소금, 통후추 간 것

만드는 법
주키니 호박을 큼직하게 잘라서
끓는 소금물에 10분간 데친다.
흐르는 찬물에 식힌 후 건져 물기를
완전히 뺀다. 호박과 잣, 바질 잎,
마늘을 모두 넣고 믹서에 간다.
올리브오일을 조금씩 넣으며
갈아준다. 소금과 후추로 간을
맞춘 후, 유리병에 담아
냉장고에 보관한다.

가니예르식 세비체

라임과 화이트 럼,
코코넛 워터에 재운
도미 그라니타
Granité de dorade, citron vert,
rhum blanc, eau de coco

6인분

재료
껍질을 벗긴 도미 필레 (300g 정도) 2장
왁스 처리하지 않은 라임 1개
코코넛 워터 100ml
화이트 럼 1테이블스푼
핑크 통후추 1테이블스푼
그린망고 1개
플레인 요거트 1팩
소금, 흰 통후추 간 것

만드는 법
도미 필레를 균일한 크기의 큐브 모양
으로 작게 썰어 볼에 담는다. 라임 껍질
제스트를 갈아 넣고, 즙도 짜 넣는다.
코코넛 워터와 화이트 럼, 핑크 통후추를
넣고, 소금으로 간을 한 다음 살살 섞어
준다. 냉동고에 넣어 2시간 보관한다.
그라니타 (granita: 입자가 비교적 굵은
얼음 셔벗의 일종. 프랑스어로는 그라니
테라고 한다)와 같은 텍스처로 얼도록
중간중간 잘 섞어준다. 그린 망고를
작은 큐브 모양으로 자른다. 접시에
플레인 요거트를 깔고, 도미 그라니타를
놓는다. 망고를 얹은 다음 통후추를 갈아
살짝 뿌린다. 구운 캉파뉴 브레드와 함께
즉시 서빙한다.

맛집 순례로 더욱 즐거운 여행길

1871년 '7번 국도 (Nationale 7)'라고 명명된 이 루트는 고대 로마시대부터 프랑스 지도상의 중추 역할을 담당하였고, 1936년부터는 북쪽에서 남쪽으로 이어지는 전설적인 여정의 도로가 되었다. 파리의 포르트 디탈리 (porte d'Italie)에서 출발하여 남쪽 끝 망통 (Menton)에 이르기까지 996km에 달하는 이 도로상에는 훌륭한 레스토랑을 갖춘 멋진 숙박시설들이 곳곳에 포진해 있다.

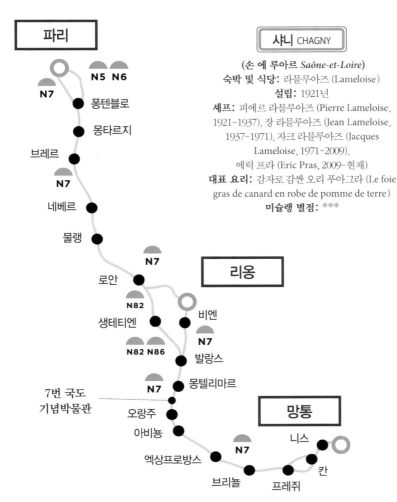

파리

N5 N6
N7
퐁텐블로
몽타르지
브레르
N7
네베르
물랭
N7
로안
리옹
N82
생테티엔
비엔
N82 N86
N7
발랑스
7번 국도 기념박물관
N7
몽텔리마르
오랑주
망통
아비뇽
엑상프로방스
N7
니스
브리뇰
프레쥐
칸

샤니 CHAGNY

(손 에 루아르 Saône-et-Loire)
숙박 및 식당: 라믈루아즈 (Lameloise)
설립: 1921년
셰프: 피에르 라믈루아즈 (Pierre Lameloise, 1921-1937), 장 라믈루아즈 (Jean Lameloise, 1937-1971), 자크 라믈루아즈 (Jacques Lameloise, 1971-2009), 에릭 프라 (Eric Pras, 2009-현재)
대표 요리: 감자로 감싼 오리 푸아그라 (Le foie gras de canard en robe de pomme de terre)
미슐랭 별점: ***

퐁 드 리제르 PONT-DE-L'ISÈRE

(드롬 Drôme)
숙박 및 식당: 미셸 샤브랑 (Michel Chabran)
설립: 1935년
셰프: 미셸 샤브랑 (1970-현재)
대표 요리: 빈티지 에르미타주 와인 소스의 소고기 안심과 트러플 감자 퓌레 (Le médaillon de filet de boeuf au vieux hermitage, purée de pommes de terre aux truffes)
미슐랭 별점: *

니스 NICE

(알프 마리팀 Alpes-Maritimes)
숙박 및 식당: 르 네그레스코 (Le Negresco)
설립: 1913년
셰프: 자크 막시맹 (Jacques Maximin, 1978-1988), 도미니크 르 스탕크 (Dominique Le Stanc, 1988-1996), 알랭 로르카 (Alain Llorca, 1996-2003), 미셸 델 뷔르고 (Michel Del Burgo, 2003-2004), 브뤼노 튀르보 (Bruno Turbot, 2004-2007), 장 드니 리유블랑 (Jean-Denis Rieubland, 2007-현재)
대표 요리: 오렌지 블러섬 워터향의 니스식 근대 파이 (La tourte de blette niçoise à la fleur d'oranger)
미슐랭 별점: **

보나 VONNAS

(앵 Ain)
숙박 및 식당: 라 메르 블랑 (La Mère Blanc), 현, 조르주 블랑 (Georges Blanc)
설립: 1872년
셰프: 엘리자 블랑 (Eliza Blanc, 1902-1934), 폴레트 블랑 (Paulette Blanc, 1934-1968), 조르주 블랑 (Georges Blanc, 1968-현재)
대표 요리: 소렐 라비올리를 곁들인 뱅 존 소스의 랍스터 요리 (L'éclaté de homard au vin jaune et fine ravioli à l'oseille)
미슐랭 별점: ***

모나코 MONACO

(모나코 Monaco)
숙박 및 식당: 오텔 드 파리 (L'Hôtel de Paris)
설립: 1864년
셰프: 알랭 뒤카스 (1987-현재)
대표 요리: 르 루이 캥즈, 크런치 프랄린 위에 얹은 헤이즐넛 무스 (Le Louis XV, une mousse parfumée à la noisette sur un croustillant de pralin)
미슐랭 별점: ***

비엔 VIENNE

(이제르 Isère)
숙박 및 식당: 라 피라미드 (La Pyramide)
설립: 1923년
셰프: 오귀스트 푸엥 (Auguste Point, 1923-1925), 페르낭 푸엥 (Fernand Point, 1925-1955), 폴 메르시에, 기 티바르 (Paul Mercier, Guy Thivard, 1955-1986), 파트릭 앙리루 (Patrick Henriroux, 1986-현재)
대표 요리: 누들을 곁들인 가자미 요리 (Le filet de sole aux nouilles)
미슐랭 별점: **

콜롱주 COLLONGES

(론 Rhône)
숙박 및 식당: 오베르주 뒤 퐁 드 콜롱주 (L'Auberge du Pont de Collonges)
설립: 1958년
셰프: 폴 보퀴즈 (Paul Bocuse, 1958-현재)
대표 요리: VGE 트러플 수프 (La soupe aux truffes VGE, Valéry Giscard d'Estaing 전 프랑스 대통령을 위해 만든 블랙 트러플을 넣은 수프)
미슐랭 별점: ***

발랑스 VALENCE

(드롬 Drôme)
숙박 및 식당: 라 메종 픽 (La Maison Pic)
설립: 1934년
셰프: 앙드레 픽 (André Pic, 1934-1950), 자크 픽 (Jacques Pic, 1950-1995), 알랭 픽 (Alain Pic, 1995-1997), 안 소피 픽 (Anne-Sophie Pic, 1997-현재)
대표 요리: 캐비아를 곁들인 농어 요리 (Le Bar de ligne au caviar)
미슐랭 별점: ***

로안 ROANNE

(루아르 Loire)
숙박 및 식당: 라 메종 트루아그로 (La Maison Troisgros)
설립: 1930년
셰프: 마리 트루아그로 (Marie Troisgros, 1930-1957), 장 & 피에르 트루아그로 (Jean et Pierre Troisgros, 1957-1983), 미셸 트루아그로 (Michel Troisgros, 1983-현재).
대표 요리: 소렐 소스를 곁들인 연어 요리 (L'escalope de saumon à l'oseille)
미슐랭 별점: ***

주아니 JOIGNY

(욘 Yonne)
숙박 및 식당: 라 코트 생자크 (La Côte Saint-Jacques)
설립: 1945년
셰프: 마리 로랭 (Marie-Lorain, 1945-1958), 미셸 로랭 (Michel Lorain, 1958-1993), 장 미셸 로랭 (Jean-Michel Lorain, 1983-현재)
대표 요리: 샴페인에 찐 브레스 닭 요리 (La poularde de Bresse à la vapeur de champagne)
미슐랭 별점: **

무쟁 MOUGINS

(알프 마리팀 Alpes-Maritimes)
숙박 및 식당: 르 물랭 드 무쟁 (Le Moulin de Mougins)
설립: 1969년
셰프: 로제 베르제 (Roger Vergé, 1969-2003), 알랭 로르카 (Alain Llorca, 2003-2009), 세바스티엥 샹브뤼 (Sébastien Chambru, 2009-2013), 에르완 루에질 (Erwan Louaisil, 2013-현재)
대표 요리: 보클뤼즈산 블랙 트러플과 버섯향의 버터소스를 곁들인 호박꽃 요리 (Le poupeton de fleurs de courgette aux truffes noires du Vaucluse et son beurre au fumet de champignons)

투르뉘 TOURNUS

(손 에 루아르 Saône-et-Loire)
숙박 및 식당: 그뢰즈 (Greuze)
설립: 1947년
셰프: 장 뒤클루 (Jean Ducloux, 1947-2004), 요한 샤퓌 (Yohann Chapuis, 2008-현재)
대표 요리: 빵가루를 입혀 구운 비엔나식 민물농어 크넬 (La quenelle de sandre en viennoise)
미슐랭 별점: *

솔리외 SAULIEU

(코트 도르 Côte-d'Or)
숙박 및 식당: 오스텔르리 드 라 코트 도르 (L'Hostellerie de la Côte d'Or), 현, 르 를레 베르나르 루아조 (Le Relais Bernard Loiseau)
설립: 1932년
셰프: 알렉상드르 뒤멘 (Alexandre Dumaine, 1932-1964), 클로드 베르제 (Claude Verger, 1964-1975), 베르나르 루아조 (Bernard Loiseau, 1975-2003), 파크릭 베르트롱 (Patrick Bertron, 2003-현재)
대표 요리: 팬 프라이한 푸아그라와 트러플 감자 퓌레를 곁들인 토종닭 가슴살 요리 (Le blanc de volaille fermière, foie gras poêlé et purée de truffes)
미슐랭 별점: ***

리옹 LYON

(론 Rhône)
숙박 및 식당: 라 메르 브라지에 (La Mère Brazier)
설립: 1921
셰프: 외제니 브라지에 (Eugénie Brazier, 1921-1971), 자코트 브라지에 (Jacotte Brazier, 1971-2004), 야닉 데셀 (Yannick Decelle, 2004-2008), 마티유 비아네 (Mathieu Viannay, 2008-현재)
대표 요리: 브레스 닭 드미 되이유와 채소 가니쉬 (La volaille de Bresse demi-deuil et petits légumes)
미슐랭 별점: **

미오네 MIONNAY

(앵 Ain)
숙박 및 식당: 라 메르 샤를 (La mère Charles), 현, 알랭 샤펠 (Alain Chapel)
설립: 1937년
셰프: 로제 샤펠 (Roger Chapel, 1939-1967), 알랭 샤펠 (Alain Chapel, 1967-1990), 필립 주스 (Philippe Jousse, 1990-2012)
대표 요리: 돼지 방광 안에 넣고 조리한 브레스 닭 요리 (La poularde de Bresse cuite en vessie) 2012년 폐점.

세계의 다양한 샌드위치

급할 때 손쉽게 요기할 수 있는 간식 샌드위치. 1762년 존 몬태규 샌드위치 백작이 카드 게임 테이블에서 자리를 뜨지 않고 먹을 수 있도록
빵 안에 고기 두 장을 넣어달라고 주문한 것이 오늘날 샌드위치가 탄생한 기원이 되었다. 값싸게 먹을 수 있는 길거리 간편식의 상징이 되었지만,
어떤 것들은 정크푸드라는 오명을 쓰기도 한다. 각 나라별로 특징적인 그들만의 샌드위치를 한눈에 살펴보자.

칼로리 지수
👤 낮음   👥 보통   👤 높음

베이글 BAGEL
미국
가운데 구멍이 뚫린 모양의 이 천연 효모
발효 빵은 동유럽 유대인들이 미국 뉴욕에
정착하면서 유입되었다. 크림치즈, 훈제
연어 등을 넣은 뉴욕 스타일 베이글
샌드위치가 유명하다.

반 미 BANH MI
베트남
프랑스 식민지 시절 영향을 받은 이 퓨전
샌드위치는 반 개의 바게트를 길게 갈라,
가늘게 채 썬 당근, 새콤달콤하게 절인
무채 등의 채소와 구운 돼지고기 슬라이스
또는 돼지 간 파테를 채워 넣어 만든다.

바우루 BAURU
브라질
작은 바게트를 반으로 갈라 속을 뜯어
내고, 모차렐라 치즈, 로스트 비프
슬라이스, 토마토, 오이피클을 채워 넣는
바우루는 삼바의 나라 브라질에서 가장
인기 있는 샌드위치다.

보카디요 BOCADILLO
스페인
밀도가 촘촘한 빵 두 장이 가장 좋겠지만,
바게트가 주로 많이 사용된다. 안에는
오로지 이베리코 하몽이나 초리조만 넣고
올리브오일을 살짝 뿌린다.

보키트 BOKIT
프랑스, 과들루프
뉴잉글랜드 개척자들이 원주민들에게
전수해주었으리라 추정되는 동그랗고
작은 이 튀긴 빵은 자니 케이크 (Johnny
Cake)라고도 불린다. 속에는 잘게 부순
염장 대구살, 향신료로 양념한 닭고기
살을 넣거나 혹은 고추를 넣어 만든
오믈렛을 곁들여 먹는다.

브로제 크로켓 BROODJE KROKET
네덜란드
네덜란드식 크로켓을 넣은 노르딕
샌드위치. 감자 퓌레나 간 고기로
만들어 튀긴 크로켓을 바게트와 닮은
작은 빵에 넣고 머스터드를 바른다.

세미타 CEMITA
멕시코
깨를 뿌린 작고 둥근 빵에 고기 (소,
돼지, 또는 닭), 아보카도, 양파, 치폴레
(chipotle: 작은 할라피뇨 고추로 만든 페
이스트 혹은 가루), 오하카 치즈 (oaxaca:
멕시코 남부 오하카 지명을 딴 치즈로
몬터레이 잭과 맛이 비슷하고,
모차렐라처럼 늘어나는 특성을 지닌
스트링 치즈) 등을 넣어 먹는다.

차카레로 CHACARERO
칠레
타임지가 선정한 세계 13대 베스트
샌드위치에 포함된 바 있다.
부드럽고 둥근 빵 사이에 칠레 스타일로
조리한 스테이크 슬라이스 또는
돼지고기, 토마토, 그린빈스와 칠리페퍼를
넣어 만든다.

치비토 CHIVITO
우루과이
햄, 베이컨, 모차렐라 치즈, 양상추,
토마토 슬라이스, 양파, 피망, 달걀을
기본 재료로 하는 샌드위치.
보통 햄버거 번을 사용한다.

초리팡 CHORIPAN
아르헨티나
남미 스타일의 브로제 크로켓 샌드위치.
바게트 대신 우유를 넣어 만든 빵을
사용하고, 튀긴 크로켓 대신 미니
소시지를 넣는다. 아르헨티나에서는
파슬리와 마늘, 홍고추로 만든 치미추리
(chimichurri)를 넣어 먹는다.

클럽 샌드위치 CLUB-SANDWICH
미국, 뉴욕
그릴 자국 나게 구운 얇은 식빵에
닭 가슴살 슬라이스, 삶은 달걀, 토마토
슬라이스, 양상추 그리고 베이컨을 넣은
풍성한 샌드위치.

크로크무슈 CROQUE-MONSIEUR
프랑스, 파리

구운 식빵 두 장 사이에 햄을 넣고,
에멘탈 치즈를 듬뿍 얹어 그릴에 굽는다.
베샤멜 소스를 추가하기도 한다.
여성 버전인 크로크 마담에는 달걀이
추가로 올라간다.

도네르 케밥 DONER KEBAB
터키

둥글고 흰 피타 브레드 안에, 꼬치에 꿰어
구운 양고기, 양파, 양배추 등의 야채를
넣고, 프로마주 블랑과 마늘 베이스의
화이트 소스를 뿌려 먹는다.

프란세지냐 FRANCESINHA
포르투갈

두 장의 식빵 사이에 마늘과 파프리카를
넣어 만든 훈제 소시지 링귀사
(linguiça)나 햄, 소고기를 넣고 치즈를
녹인 다음, 토마토와 맥주, 고추로 만든
소스를 뿌려 먹는다.

햄버거 HAMBURGER
미국

브리오슈를 닮은 질감의 둥근 햄버거 번
사이에 육즙이 살아 있는 다진 소고기
패티를 넣는 것이 가장 일반적이다.
닭고기나 생선, 심지어 두부를
사용하기도 한다. 여기에 체다치즈,
토마토 슬라이스, 양상추, 양파
슬라이스를 함께 넣어 먹는다.

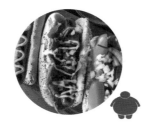

핫도그 HOT DOG
미국

길쭉한 모양의 브리오슈 빵에 소시지와
렐리시 (relish: 피클이나 생야채, 과일 등
여러 재료를 잘게 다져 만든 양념), 양파,
머스터드, 케첩을 뿌려 먹는다.
'도그 (Dog)'라는 단어는 19세기 이래로
소시지의 동의어로 사용되고 있다.

햄, 버터 바게트 샌드위치
JAMBON-BEURRE
프랑스

바게트를 반 갈라서 무염 버터 또는
가염 버터를 바르고 슬라이스 햄을 넣어
먹는 샌드위치로 파리지앵의 허기를 채워
주는 최고의 간식. 경우에 따라 코르니숑
(cornichon: 작은 오이로 만든 달지 않은
프랑스식 피클)을 넣기도 한다.

가츠 샌드 KATSU-SANDO
일본

가장자리를 잘라낸 두 장의 식빵 사이에
가늘게 채 썬 양배추와 돈가스를 넣은
샌드위치. 튀긴 돈가츠를 이용한 간식으로
일본에서 아주 인기가 높다.

팽 부숑 (만두 샌드위치)
PAIN BOUCHON
프랑스, 레위니옹섬

따뜻하게 구운 바게트 안에 부숑
(bouchon, 돼지고기나 닭고기 소를 넣고
찐 작은 만두)을 넣고, 중국 고추, 케첩
또는 마요네즈를 뿌려 먹는다.

팽 바냐(프로방스식 참치 샌드위치)
PAN-BAGNAT
프랑스, 니스

꼭 지켜야 할 수칙! 달걀 이외의 모든 속
재료는 익히거나 데우지 않은 것을 쓴다.
신선한 생 채소(토마토, 어린 잠두콩,
청피망, 양파, 블랙올리브 등)와 참치,
안초비, 삶은 달걀 등 니스풍 샐러드에
들어가는 모든 재료를 넣는다.

파니니 PANINI
이탈리아

긴 모양의 화이트 브레드에 기본적으로
치즈와 햄 종류를 넣고, 파니니 프레스로
눌러 구워 따뜻하게 먹는 샌드위치.
색다른 재료를 넣어 다양한 의외의 조합을
만들어내기도 한다.

파니노 콘 라 밀자
PANINO CON LA MILZA
이탈리아, 팔레르모

깨가 붙은 부드러운 빵에 송아지 비장과
리코타 치즈를 넣고, 파르메산 치즈를
뿌려 먹는다.

피스톨레 PISTOLET
벨기에

원래 피스톨레는 브뤼셀에서 만드는 작고
둥근 빵을 뜻한다. 또한 이 빵에 버터, 치즈,
햄 등의 샤퀴트리, 다진 돼지고기를 넣은
샌드위치를 통칭한다.

프레고 PREGO
포르투갈

기본적으로, 아주 연한 소고기 스테이크를
빵 사이에 넣고 머스터드를 바른다.
포르투갈의 대표적인 또 하나의 길거리
음식인 비파나 (bifana: 캉파뉴 빵에 얇게
구운 돼지고기 슬라이스와 치즈를 넣은
샌드위치)의 사촌 격이라 볼 수 있다.

풀드 포크 샌드위치 PULLED PORK
미국

이 샌드위치 안에 들어가는 풀드 포크를
만들려면, 돼지고기를 낮은 온도에서 아주
오래 익혀야 한다. 미국인들은 이렇게
부드럽게 익은 돼지고기를 잘게 뜯어서
코울슬로와 함께 브리오슈 번에
넣어 먹는다.

루벤 샌드위치 REUBEN
미국, 뉴욕

뉴욕의 델리에 가면 꼭 맛봐야 하는
샌드위치. 구운 빵 사이에 콘비프와 사워
크라우트 (독일식 배추 절임), 에멘탈
치즈를 넣은 이 유명한 샌드위치는 찰리
채플린과 가까이 지내던 한 여배우가 무척
배가 고프다고 하여 그녀를 위해 특별히
만들어진 것이 시초라고 한다.

트라메치노 TRAMEZZINO
이탈리아

베네치아에서 인기가 많은 이
샌드위치는 치즈, 햄, 익힌 버섯, 해산물 등
다양한 속 재료를 사용한다. 언제나
식빵을 사용하고 가장자리를 잘라내며,
삼각형으로 잘라 서빙한다.

식탁에서 만나는 사탕 단풍나무, 메이플 시럽

단풍나무 잎사귀는 한눈에 모든 것을 말해주는 캐나다의 상징이다.
사탕 단풍나무에서 추출한 진액으로 만든 메이플 시럽을 맛보면 온몸을 웅크리게 하는 겨울 추위도 잊을 수 있을 것이다.
오로지 팬케이크에 뿌려먹는 것만이 전부가 아닌, 이 달콤한 보물의 모든 것을 파헤친다.

메이플 시럽이란?

사탕 단풍나무의 수액을 끓인 것이다. 색깔은 연한 노란색부터 캐러멜 빛 황갈색까지 다양한데, 이는 끓이는 시간에 따라 달라지는 것은 아니고, 시럽의 순도와 관련이 있다.

어디서 생산되나?

캐나다이다. 캐나다는 사탕 단풍나무가 많이 자랄 뿐 아니라, 일교차가 커서 수액 채취의 최적의 조건을 갖고 있다. 수액의 흐름, 재배 방식 등은 공기의 온도와 매우 밀접한 연관을 갖고 있기 때문이다. 밤에는 기온이 내려가 얼고, 낮에는 온도가 올라가는 이같은 환경은 좋은 메이플 시럽을 만들기 위해 꼭 필요한 자연조건이다. 수액은 가지가 영하의 추위에 제일 많이 노출되었을 때 나무 꼭대기 쪽 방향으로 긁어 올린다. 온도가 영상 5℃까지 올라가면 이 수액이 녹아서 나무 아래로 흘러 내리는 것이다.

가짜에 주의하세요.

흔히 메이플 향을 낸 콘시럽을 많이 볼 수 있는데, 퀘벡 사람들은 이를 "시로 드 포토 (sirop de poteau)"라고 부른다. 최근에는 순도가 낮고 가격도 비교적 저렴한 중간급의 호박색을 띤 메이플 시럽이 점점 많아지고 있다.

메이플 시럽 감별법

캐나다에서는 메이플 시럽의 색과 투명도에 따라 5단계로 분류한다.

1 매우 밝은 황금색 (EXTRA CLAIR)
투명도: 75% 이상 80~82%까지.
풍미, 용도: 매우 섬세한 맛. 그대로 사용.

2 밝은 황금색 (CLAIR)
투명도: 61~74%
풍미, 용도: 은은하고 섬세한 맛. 그대로 사용.

3 보통 (MÉDIUM)
투명도: 44~60%
풍미, 용도: 두드러지는 향미. 소스 또는 육류 캐러멜라이즈 용으로 적합.

4 호박색 (AMBRÉ)
투명도: 27~43%
풍미, 용도: 비교적 강한 향. 케이크 등 디저트용으로 가장 좋음.

5 진한 갈색 (FONCÉ)
투명도: 27% 이하
풍미, 용도: 미네랄이 풍부한 매우 강한 맛으로, 당과류용으로 사용하기 적합하다.

메이플 시럽을 이용한 레시피

마르탱 쥐노 (Martin Juneau)*

* Martin Juneau: 레스토랑「파스타가 (Pastaga)」의 셰프. 6389 boulevard Saint-Laurent, Montréal.

메이플 시럽으로 글레이즈한 새끼돼지 삼겹살 구이
Poitrine de porcelet croustillante laquée au sirop d'érable

4인분
준비 시간 : 12시간
조리 시간 : 4시간 30분

재료
새끼 돼지 통 삼겹살 1덩어리
 (껍질이 붙어 있는 것) 1인당 150g 준비
오리기름 또는 라드 2kg
굵은 소금

검은 통후추
타임
마늘 1톨
메이플 시럽 50ml
비정제 황설탕 (cassonade) 50g

만드는 법
통삼겹살 덩어리에 굵은 소금, 황설탕, 검은 후추, 타임, 다진 마늘을 골고루 묻혀 12시간 재운다. 흐르는 물에 헹군 후 기름에 넣고 아주 낮은 온도로 4시간가량 익힌다. 고기가 익으면 연골과 뼈를 제거하고 껍질 쪽을 아래로 가게 납작하게 펴서 냉장고에 넣어 식힌다. 완전히 식으면 적당한 크기로 토막 낸다.

서빙: 무쇠 팬에 삼겹살을 놓고 껍질 쪽을 은근한 불에 20분 정도 바삭하게 지진다. 완전히 바삭해지면 메이플 시럽을 넣고 잘 입혀가며 윤기나게 글레이즈한다.

푸딩 쇼뫼르
Le pudding du chômeur (실업자의 푸딩이라는 뜻의 이름을 가진 퀘벡 지방의 대표인 디저트)

4인분
준비 시간 : 5분
조리 시간 : 45분

재료
케이크
밀가루 200g
베이킹파우더 1/2봉지
설탕 220g

우유 150ml
시럽 소스
비정제 황설탕 (cassonade) 130g
물 150ml
버터 10g
메이플 시럽 1티스푼

만드는 법
믹싱볼에 체에 친 밀가루를 넣고 설탕, 베이킹파우더와 섞는다. 우유를 붓고 나무주걱으로 잘 저어 섞는다. 작은 내열 용기에 설탕과 물, 메이플 시럽, 버터를 넣고 전자레인지에 1분간 돌린다. 파운드 케이크 틀이나 라자냐용 사각 용기에 반죽을 부은 다음, 녹인 소스를 반죽과 섞지 않고(이것이 아주 중요한 포인트!) 그 위에 그대로 부어준다. 틀 밖으로 넘치지 않도록 주의한다. 200℃ 오븐에서 45분간 굽는다.

영화에 등장한 음식들

영화 시나리오 작가들의 요리에 관한 상상력은 일반 주방 수준을 뛰어넘는다.
영화에 등장한 기상천외한 음식 중 최고의 레시피들을 간추려 보았다. 단, 일반 가정에서 이대로 요리하는 것은 꿈도 꾸지 않는 게 좋을 것이다.

반지의 제왕 The Lord of the Rings
감독: 피터 잭슨 (Peter Jackson), 2001
영화에서 먹은 것: **렘바스 (Lembas) 빵**
요정들이 밀가루로 만든 아주 영양이
풍부한 빵. 주인공 프로도의 탐험 여정 동안
중요한 식량이 되었다.

누벨 퀴진 Nouvelle Cuisine
감독: 프루트 챈 (Fruit Chan), 2006
영화에서 먹은 것: **메이의 만두**
(les jiaozi de Mei)
늙지 않는 묘약으로 나오는 이 중국식
만두는 인간의 태아로 만든 소를 채워
넣었다.

산타는 못 말려
Le Père Noël est une ordure
감독: 장 마리 푸아레 (Jean-Marie Poiré),
1982
영화에서 먹은 것: **도비추 (Le Dobitchu)**
극중에서 불가리아의 특산물 일종인
트러플 초콜릿으로 나오는데, 인공 카카오,
마가린, 설탕, 그리고 보존제인 브로마이드
를 넣고 수작업으로 겨드랑이 밑에 넣어
동그랗고 길쭉하게 굴려 만든다.

인디아나 존스, 저주 받은 신전
Indiana Jones and the Temple of Doom
감독: 스티븐 스필버그 (Steven Spielberg),
1984
영화에서 먹은 것: **원숭이 골**
(La cervelle de singe)
원숭이 두개골에 골 셔벗을 담아 디저트로
서빙하는 장면이 나온다.

총잡이들 Les Tontons flingueurs
감독: 조지 로트너 (Georges Lautner),
1963
영화에서 마신 것: **비트리올**
(Le Vitriol)
"이건 심하군!" 이물질이 섞인 싸구려
술을 마신 그들은 감자와 비트를 넣어
술을 만들었음을 알아챘다.

해저 이만 리
Vingt mille lieues sous les mers
감독: 리처드 플레이셔
(Richard Fleicher), 1954
영화에서 먹은 것: **디저트 크림**
(La crème dessert)
가정에서 흔히 먹는 디저트 크림이 쥘
베른에 의해 재탄생된 것으로, 고래
우유와 북해 해초 설탕으로 만들었다.

스타트랙 Star Trek
감독: 진 로덴베리
(Gene Roddenberry), 1979
영화에서 먹은 것: **플로믹 수프**
(La soupe au Plomik)
벌칸족 (Vulcains)이 좋아하는 음식으로
붉은 비트색이 나는 야채 수프다.

맛있게 드세요 L'Aile ou la cuisse
감독: 클로드 지디 (Claude Zidi), 1976
영화에서 먹은 것: **트리카텔 치킨**
(Le poulet Tricatel)
트리카텔 공장에서 바로 만들어져
나오는 인공 닭.

아스테릭스 Astérix le Gaulois
감독: 레이 구센 (Ray Goossens), 1967
영화에서 마신 것: **마법의 약물**
(La potion magique)
제조법이 비밀이라고는 하지만, 여기에
겨우살이풀, 생선, 석유, 네잎 클로버가
들어간다는 것을 우리는 알고 있다. 이
약물은 힘을 열배나 강하게 하여, 천하
무적으로 만들어주는 효험이 있다.

최후의 수호자 Soylent Green
감독: 리차드 플레이셔
(Richard Fleischer), 1973
영화에서 먹은 것: **소일렌트 그린**
(Le Soylent Green)
플랑크톤을 원료로 해 만들었다는 비스킷
모양의 특수 식량. 이것은 사실 인간
시체의 살로 만들어진 네모난 태블릿
이었다.

아이들의 섬 L'Ile aux enfants
감독: 크리스토프 이자르
(Christophe Izard), 1974
영화에서 먹은 것: **글루비 불가**
(Gloubi-Boulga)
이 어린이 프로의 마스코트인 카시미르
(Casimir)가 무척 좋아하는 음식. 딸기잼,
초콜릿 가루, 으깬 바나나, 익히지 않은
미지근한 툴루즈 소시지 그리고
머스터드를 넣어 만든다.

오브젝티프 닐 Objectif Nul[1]
연출: Les Nuls (코미디언 그룹), 1987
영화에서 먹은 것: **레 무크렌 알라 글라비**
우스 (Les Moukraines à la Glaviouse)
리베라토르 (Liberator)호의 요리사
자이툰 (Zeitoun)이 오랜 시간 끓여 만든
이것은 먹을 수 없는 음식이다. 이 외에도
그는 스핑크투즈 (Sfinktouzes)라는
난해한 음식을 먹어보라고 제안하기도
한다.

해리포터와 마법사의 돌
Harry Potter and the Sorcerer's Stone
감독: 크리스 콜럼버스
(Chris Columbus), 2001
영화에서 먹은 것: **개구리 초콜릿**
(Le Chocogrenouille)
초콜릿으로 만든 개구리는 튀어오르는
재주가 있어, 이를 먹으려면 잘 잡아야
한다.

후크 Hook
감독: 스티븐 스필버그 (Steven Spielberg),
1991
영화에서 먹은 것: **알록달록 크림**
(La crème colorée)
상상의 나라 연회 테이블에서의 식사
장면. 피터팬과 어린이들의 상상으로,
비어 있던 접시가 무지개색 크림들로
채워진다.

1) 프랑스 TV 카날플뤼스 Canal+의 코미디 시리즈물

31

황금같이 귀한 버터

빵에 발라먹거나 요리할 때 주방에서 절대 없어서는 안 되는 재료가 바로 버터다.
프랑스 미식 문화의 가장 아름다운 꽃이라 할 수 있는 이 식재료에 관해 자세히 알아보자.

최고의 명품 버터

보르디에 해초 버터
LE BEURRE AUX ALGUES DE BORDIER
브르타뉴 지방 생말로 (Saint-Malo)
에서 만드는 이 유명한 버터는 프랑스
고급 레스토랑의 테이블을 장악하고
있다. 해초 버터도 그중 한 종류이다.

라 바라트 뒤 크레미에
LA BARATTE DU CRÉMIER

일 드 레 (île de Ré)의 천일염 결정
알갱이를 넣어 만든 생버터 (beurre
cru: 비멸균 생우유로 만든 버터).
버터 안의 소금이 살짝 씹히는
식감의 밸런스가 아주 훌륭하다.

라 비예트 버터
LE BEURRE DE LA VIETTE

샤랑트 마리팀 (Charente-Maritime)
에 위치한 유제품 생산업체 라 비예트
가 만드는 신선한 천연 버터. 피에르
에르메는 그의 마카롱에 넣는 솔티드
버터 가나슈 (ganache au beurre salé)
를 만들 때 이 버터를 사용한다.

르 퐁클레 버터
LE BEURRE DU PONCLET

브르타뉴의 아레 (Arrée) 산 속 피니
스테르 (Finistère)에서 다비드 아크
파막보 (David Akpamagbo)가
만드는 천연 수제 버터. 프로망 뒤
레옹 (Froment du Léon: 브르타뉴 레
옹의 질 좋은 젖소 종)과 제르시에즈
(Jersiaises: 저지섬의 질 좋은 젖소 종)
등 선별된 최고의 젖소에서 갓 짠
생우유로 만든다.

좋은 버터 10계명

1 우수한 토양과 기후 등의
환경 조건 (테루아 terroir).

2 버터의 재료인 우유를
생산하는 젖소의 품종.

3 소의 젖은 하루에 한 번만 착유한다.

4 비멸균 생우유를 사용한다.

5 재빨리 크림을 분리 (écrémage) 한다.

6 느린 속도의 처닝 (churning,
barratage: 둥근 나무통과 같은
용기에 크림을 넣고 회전시켜
지방구를 파괴한 후 응집시켜
버터 알갱이를 형성하는 것).

7 깨끗한 물.

8 반죽 (malaxage)은
살살하기.

9 방목하는 젖소가 먹은 풀과 계절에
따라 색이 달라진다.

10 포장지로 잘 밀봉한 상태로
냉장 보관한다.

버터 제조 공정

여기 소개하는 방법은 멸균 과정 (pasteurisation)을 거치지 않은 크림 (crème crue)으로 만드는 생버터 (beurre cru)
제조 공정이다. 이렇게 만든 버터는 보관상 더 까다롭고 세심한 주의를 요하지만, 맛에 있어서는 훨씬 월등하다.

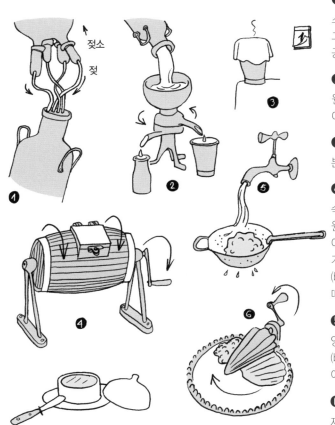

❶ 착유 (La traite)
소에서 젖을 짜낸 후, 그 상태의 온도를 거의
그대로 유지한 채로 (약 33℃) 즉시 우유 가공
공장으로 옮긴다.

❷ 크림 분리 (L'écrémage)
원심분리법으로 우유와 크림으로 분리한다.
이 중 크림으로 버터를 만들게 된다.

❸ 숙성 (La maturation)
분리해서 얻은 크림을 12시간 동안 숙성한다.

❹ 처닝 (Le barratage, churning)
숙성된 크림을 바라트 (baratte) 라는 나무통 또는
원통형 기계에 넣고 물리적인 충격을 주어 유지방
이 엉겨 붙어 결합하게 하는 과정이다. 이 과정을
거치면 노란색의 유지방 즉 버터 알갱이가 바뵈르
(babeurre)라고 불리는 남은 액체인 탈지유 사이에
떠다니게 된다.

❺ 세척 (Le lavage)
엉겨 붙은 유지방 알갱이를 남은 버터 밀크
(babeurre)로부터 분리하고, 깨끗한 정수로 세척하
여 버터 밀크가 묻은 것을 완전히 제거한다.

❻ 반죽 (Le malaxage)
제조의 마지막 과정으로, 버터가 부드럽고 균일한
질감이 되도록 반죽한다.

계절에 따라 달라지는 버터

봄과 여름에는 버터가 좀 더 진한 노란색을 띠는데, 이는 젖소가 뜯어 먹는 풀에 함유된 클로로필과 베타카로틴 성분 때문이다. 질감은 좀 더 부드럽고, 맛은 풀 특유의 식물성 향이 더 풍부해진다. 겨울철 버터는 색깔이 좀 연해져 아이보리 색을 띠게 되며, 텍스처가 좀 더 거칠다. 향이 비교적 연하고, 맛도 좀 덜하다.

무염 버터와 가염 버터

예전에는 버터의 보존성을 높이기 위해 소금을 넣었다. 무염 버터는 크림의 처닝 (churning) 과정을 마치면 바로 만든다. 가염 버터 (salé, salted)는 처닝 과정을 마친 후 3%의 소금을, 반가염 버터 (demi-sel, semi-salted)는 0.5~3%의 소금을 넣어 만든다.

바닐라 버터

하루 전날 바닐라 빈 줄기를 길게 갈라 크림에 넣고 냉장고에 보관한다. 다음 날, 샹티이 크림을 만들 듯이 휘핑한 다음 바닐라 빈 줄기와 함께 절구에 넣는다. 버터와 같은 텍스처로 변할 때까지 절구에 놓고 빻는다. 면포에 걸러 액체는 제거한다. 이 버터는 달콤한 디저트용 또는 짭짤한 일반요리용으로 모두 사용할 수 있으며, 특히 온도에 주의하여야 한다. 온도를 잘 조절하지 못하면 약간 탄 듯한 너트향이 바닐라의 섬세한 향을 해칠 수 있다.

원산지 명칭 보호
AOP
(Appellation d'origine protégée)

원산지 명칭 보호는 해당 제품의 특성을 보호하고, 그 고유의 가치를 더 높여준다.

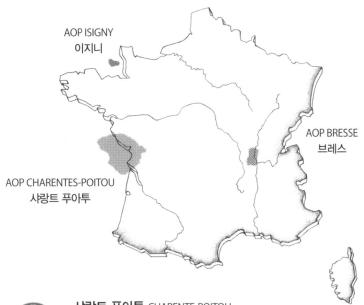

AOP ISIGNY
이지니

AOP BRESSE
브레스

AOP CHARENTES-POITOU
샤랑트 푸아투

샤랑트 푸아투 CHARENTE-POITOU

이 원산지 명칭 보호 인증은 샤랑트 (Charente), 샤랑트 마리팀 (Charente-Maritime), 되세브르 (Deux-Sèvres), 방데 (Vendée), 비엔 (Vienne)에서 생산된 유제품에만 부여할 수 있다. 고소한 헤이즐넛향이 은은히 감도는 단단한 버터이며, 파티스리용으로 이상적이다.

이지니 ISIGNY

베생 (Bessin)과 코랑탱 (Corentin) 사이의 베스만 (la baie des Veys) 지역이 포함한다. 부드러운 질감과 밝은 노란색을 지닌 버터이다.

브레스 BRESSE
앵 (Ain)과 손 에 루아르 (Saône-et-Loire)에서 쥐라 (Jura) 인근에 이르는 지역에서 생산되는 제품을 말한다. 이 버터는 질감이 부드러우며 풀, 꽃, 헤이즐넛과 호두 등의 견과류향이 나는 것이 특징이다.

솔티드 버터 캐러멜 Le caramel au beurre salé
실뱅 기유모 (Sylvain Guillemot)*

한 병 분량
준비 시간 : 20분

재료
가염 버터 (demi-sel) 75g
설탕 75g
꿀 40g
우유 50ml + 20ml

만드는 법
버터를 1cm로 깍둑썰기 하여 설탕, 꿀, 우유 50ml와 함께 냄비에 넣는다. 불에 올리기 전에 잘 저어서 설탕을 녹인다. 거품기로 계속 저으며 약한 불로 데운다.

온도가 155°C에 달하면 밝은 갈색을 띠게 된다. 이때 불에서 내리고 계속 저어준다. 나머지 우유 20ml를 넣고 잘 섞는다. 이때 주의할 점은 우유를 한 번에 넣지 말고, 거품기로 잘 저으며 아주 조금씩 넣어 주어야 한다는 것이다. 뜨거운 캐러멜에 액체를 넣으면 열 쇼크 현상으로 냄비 밖으로 튀어서 화상을 입게 될 수도 있기 때문이다. 캐러멜을 잘 섞어 균일한 질감이 되면 유산지를 깐 바트에 붓고 식힌다. 식은 후에 네모로 자른다. 병에 넣어 보관해도 좋다.

우수한 젖소 품종

아봉당스 L'abondance
고원지대 초장에 방목하는 붉은 얼룩 빛깔을 띤 젖소 품종으로 주로 사부아 (Savoie)지방에 많이 분포한다.

보르들레즈 La bordelais
검은 얼룩무늬의 지롱드산 품종인 보르들레즈는 아주 오래된 토종 젖소 다. 좋은 질의 젖을 생산하는 이 품종 은 개체수가 점점 줄어들고 있다.

브르통 피 누아르 La bretonne pie noir
검은 얼룩소인 이 브르통 품종은 유지 방 함량이 풍부한 젖을 생산한다. '슬로 우 푸드 지킴이 (Les sentenelles Slow Food)' 운동 단체가 선정한 리스트에 올라 있다.

프로망 뒤 레옹 La froment du Léon
켈트해 인근 지역의 이 젖소는 백 년 넘게 이어져 온 재래 품종이다. 카로틴이 풍부한 젖을 이용하여 황금빛 나는 버터를 만들 수 있다.

제르시에즈 La jersiaise
영국에서 온 품종인 이 저지 젖소는 칼슘과 카로틴이 풍부한 우유를 생산한다.

루즈 플라망드 La rouge flamande
프랑스에서 가장 오래된 젖소 품종 중 하나다. 붉은색을 띤 이 젖소는 단백질이 풍부한 우유를 생산한다.

---

* Sylvan Guillemot : Auberge du Pont d'Acigné (Noyal-sur-Vilaine)의 셰프. 저서: 『버터 혹은 그냥? (Beurre ou ordinaire?)』 Menu Fretin 출판.

디톡스 레슨

La Guinguette d'Angèle

프랑스에서 최근에 붐을 일으키기 시작한 디톡스 유행은 보보 스타일(보헤미안 부르주아의 줄임말)이기도 하지만, 간과하기 쉬운 좋은 점도 많다.
목표는 몸에 해로운 음식과 나쁜 식습관으로부터 벗어나 건강한 식생활을 하는 데 있다. 앙젤이 제안하는 음식을 통해 디톡스의 세계를 발견해보자.

앙젤은 누구인가…

웰빙 푸드계의 떠오르는 신세대 주자인 앙젤 페뢰 마그
(Angèle Ferreux-Maeght)*.
호주의 그린 주스와 샌프란시스코의 유기농 마켓에서 영감을 받은 후
프랑스로 돌아온 앙젤은 자연요법에 대해서 연구했다. 2002년 파리에
유기농 케이터링 서비스인 '갱게트 당젤 (La Guinguette d'Angèle,
앙젤의 작은 식당이라는 뜻)'을 오픈한 그녀는 유기농, 디톡스, 글루텐
프리 음식을 만들어 제공하고 있으며, 특히 다양한 꽃, 베리류, 식물성
단백질을 많이 사용하고 있다.

더욱 건강에 좋은 음식을 만들기 위해 앙젤은 기존에 사용하던 몇몇 식재료를 바꿔서 사용하고 있다.

이전에 사용하던 식재료	현재 바꿔서 쓰고 있는 식재료
소금	깨소금
버터	코코넛 버터
간장	일본 다마리 간장
발사믹 식초	유기농 애플사이더 (cidre) 식초
흰 설탕	비정제 설탕, 코코넛 설탕, 꿀, 아가베 시럽, 메이플 시럽
젤라틴	한천
유제품	식물성 밀크와 요거트

앙젤이 제안하는 레시피

프리마베라 롤

LES PRIMAVERA ROLL

"꽃으로 장식한 이 스프링롤은 샐러드를 롤 안에 넣고 돌돌 만 것이라 생각하면
됩니다. 늙은 호박과 밤의 중간 정도인 질감과 맛을 내는 단호박은 맛도 좋을 뿐
아니라, 섬유소가 풍부하여 내장기관의 소화를 도와줍니다."

롤 10개분

준비 시간 : 40분
조리 시간 : 20분

재료

적채 1/4개
라임 1개
단호박 1개
루콜라 두 줌
민트 잎 4줄기
새싹 채소 75g
라이스 페이퍼 10장
식용 팬지꽃 30송이 정도

소스

참기름 4테이블스푼
피넛 버터 5테이블스푼
레몬즙 1개분
다마리 간장 4테이블스푼
(tamari: 밀이 들어가는 일본의 일반
간장과 달리 콩만을 사용하여 만든 흑색
의 농후한 간장으로 약간의 단맛이 있고
특유한 향기가 있다.)
마누카 꿀 1테이블스푼

만드는 법

오븐을 180℃로 예열한다. 적채는
가늘게 채 썰어 라임즙과 라임 껍질
제스트를 넣어 잘 섞는다. 단호박은 씻어

반으로 자른 후, 숟가락으로 속의 씨를
제거한다. 껍질의 줄무늬를 따라 얇고
길게 썰어 유산지 위에 놓고 오븐에서 20
분간 굽는다. 익히는 동안 작업대를 정리
한다. 이 레시피에서는 모든 재료를 전부
손이 편하게 닿도록 꺼내두어야 한다.
구운 단호박, 레몬에 절인 적채, 루콜라,
썰어 놓은 민트 잎, 새싹 채소, 라이스
페이퍼를 모두 작업대에 꺼내 정렬한다.
큰 샐러드 볼에 따뜻한 물을 채운다.
라이스 페이퍼를 물에 담가 말랑해지면
작업대에 3장씩 펴놓는다.
라이스 페이퍼의 맨 앞쪽 1/3 부분에
루콜라 약간과 민트 잎, 새싹 채소,
단호박, 그리고 적채를 놓는다. 잘 눌러
가면서 반 바퀴를 굴리며 만든다. 양 가장
자리를 안쪽으로 접고 꽃잎을 앞쪽이
바닥으로 향하게 뒤집어 놓는다.
나머지를 말아 마무리한다. 차갑게
먹는다. 스프링롤을 반으로 잘라서 빙
둘러 놓고, 작은 그릇에 담은 소스를
가운데 곁들여 서빙한다.

소스

참기름, 피넛 버터, 레몬즙, 다마리 간장,
마누카 꿀을 모두 넣고 섞는다.
농도가 너무 되면 애플사이더 식초로
조절한다. 마누카 꿀(가격대가 높다)이
없다면, 아카시아 꿀이나 다른 종류의
잡화꿀을 사용해도 무방하다. 단호박은
키우기 아주 쉽다. 마당에 씨를 뿌려두면
이듬해 예쁜 호박이 자라는 모습을 볼 수
있을 것이다.

* La Guinguette d'Angèle, 1 rue Coquillère, 파리 7구.
* 『맛있는 채소 요리(Délicieusement Green. Les recettes déltox et sans gluten de La Guinguette d;Augèle)』, ed. Marabout 출판.

두부 아보카도 크림
LA CRÈME CÉLESTE TOFU AVOCAT

"제 친구 셀레스트 캉디도 (Céleste Candido: 프랑스의 단식,명상, 운동 웰빙 전문가)의 지도로 디톡스에 관해 실습할 때 이 디저트를 개발했어요. 지방, 정제한 식재료, 전분이 함유되어 있지 않은 비건 (vegan) 생식으로 식사 메뉴를 짜보라는 과제가 주어졌었죠. 그 이후로 이 디저트는 저의 대표 메뉴가 되었답니다! 마치 마스카르포네와 같은 식감의 스무디라고나 할까요?"

4-6인분
준비 시간 : 10분

재료
잘 익은 아보카도 2개
라임즙 1개분
배 1개
연두부 150g
아가베 시럽 3테이블스푼

데코레이션
민트 잎
새싹 허브 가루
작은 식용꽃

만드는법
아보카도의 살을 분리해 내고 레몬즙을 뿌린다. 배는 껍질을 벗기고 속을 자른다. 믹서에 아보카도, 레몬즙, 연두부, 아가베 시럽, 배를 모두 넣고 크림처럼 될 때까지 간다. 컵에 일 인분씩 담고 즉시 먹거나 냉장고에 보관한다. 서빙하기 전, 민트 잎, 허브가루 한 꼬집, 식용꽃으로 장식한다. 브라질 너트를 갈아서 뿌려주면 더욱 맛있다. 바나나, 파인애플, 살구, 복숭아, 패션푸르트, 무화과 등 다른 과일을 사용해도 된다. 단, 베이스는 아보카도로 해야 한다. 이 레시피를 바탕으로 아이스크림을 만들어도 좋다.

챔피언 그라놀라
LE GRANOLA DES CHAMPIONNES

"이 레시피는 누구나 좋아한답니다. 만들기도 쉽고 밀폐용기에 넣어두면 오랫동안 보관할 수 있을 뿐 아니라 만들 때 온 집 안에 좋은 냄새가 가득하거든요. 오트밀은 아주 좋은 에너지원으로 우리 몸을 따뜻하게 해줍니다. 겨울철 아침식사로 최고랍니다."

그라놀라 400g
준비 시간 : 10분
조리 시간 : 15-20분

재료
오렌지 2개
글루텐프리 오트밀 플레이크 180g
아몬드 100g
통깨 50g
해바라기씨 50g
메이플 시럽 4테이블스푼
올리브오일 6테이블스푼

만드는 법
오븐을 200℃로 예열한다. 오렌지 껍질 제스트를 갈아내고, 즙을 짠다. 큰 볼에 오트밀, 아몬드, 통깨와 해바라기씨, 메이플 시럽, 올리브오일, 오렌지 제스트와 즙을 모두 넣고 섞는다. 손으로 살살 섞으면 마른 재료와 액체 재료가 골고루 잘 섞이는지 촉감으로 알 수 있어 더욱 좋다. 골고루 잘 섞여 모든 재료에 액체 재료가 묻은 촉촉한 상태여야 한다. 베이킹 팬에 유산지를 깔고 혼합물을 납작하게 깔아 편다. 오븐에 넣고 구우면서 5분마다 골고루 저어 섞어주고, 타지 않도록 잘 살핀다. 식물성 요거트나 라이스 밀크와 함께 차갑게 먹는다. 오트밀 대신 쌀 튀밥 또는 메밀 튀밥을 사용해도 좋다.

바바의 모든 것

폭신한 제누아즈를 향기로운 술에 적신 바바 오 럼을 입에 넣으면 감탄이 절로 나온다.
프랑스의 가장 위대한 디저트 중 하나인 바바의 역사 속으로 들어가보자.

위대한 디저트의 탄생

낭시 (Nancy)의 스타니슬라스 광장에 서 있는 동상을 통해 이 위대한 이름이 역사적으로 전승되고 있기도 하지만, 스타니슬라스 레츠진스키는 이 밖에도 역사적으로 아주 중요한 파티시에 탄생의 배경이 되었다.

1737년부터 로렌 지방의 왕궁이라 할 수 있는 샤토 드 뤼네빌 (Château de Lunéville)에 유배되었던 전 폴란드 국왕 스타니슬라스 레츠진스키 (Stanislas Leszczynski)는 쿠겔호프가 너무 뻑뻑하다며 그의 파티시에 니콜라 슈토레르 (Nicolas Stohrer)에게 좀 더 맛있게 만들어보라고 한다. 슈토레르는 스페인의 달콤한 리큐르 와인인 말라가 (malaga)를 브리오슈에 넉넉히 뿌린 다음, 사프란으로 향을 내고 코린트 건포도와 크렘 파티시에를 얹었다. 이것이 최초의 바바의 탄생이다. 레츠진스키 왕의 딸인 마리 레츠진스키가 루이 15세와 결혼하자 파티시에 슈토레르는 그녀를 따라 베르사유궁으로 들어가고, 그 후 이 바바 디저트는 널리 알려져 인기를 얻게 되었다. 그는 크렘 파티시에를 크렘 샹티로 바꾸고, 바바를 럼주에 적시는 새 레시피를 만들었으며, 훗날에는 럼 시럽에 브리오슈를 적셨다. 이렇게 해서 오늘날의 바바 오 럼 (baba au rhum)이 탄생하게 된 것이다.

왜 이름이 바바 오 럼일까?

아라비안 나이트를 열심히 읽던 스타니슬라스 레츠진스키가 이 디저트를 맛 보고는 알리바바의 이름을 따서 붙인 것이 아닐까 추정하고 있다. 하지만 실제로는 폴란드어로 브리오슈를 뜻하는 밥카 (babka)라는 단어에서 따 왔을 것이라는 가능성이 더 크다.

바바의 이동 경로

폴란드에서 로렌, 베르사유를 거쳐 나폴리까지

마리 앙투아네트의 언니인 오스트리아의 마리 카롤리나 공주가 나폴리와 시칠리아 왕국의 왕 페르디난도 1세와 결혼하면서 프랑스 파티시에 몇 명과 이 유명한 바바의 레시피가 함께 넘어왔고, 곧 바바 오 럼은 이탈리아 상류 귀족층의 대표적인 디저트가 되었다. 현재까지 인기 있는 것은 럼으로 만든 바바 오 럼이지만, 나폴리탄 바바 (baba napolitain)는 나폴리 연안의 레몬으로 만든 리큐어인 리몬첼로를 사용해서 더욱 특별한 맛이 있다.

오리지널 바바 레시피

니콜라 슈토레르 (Nicolas Stohrer)*

4인분

준비 시간 : 45분

재료

크렘 파티시에
우유 500ml
바닐라 빈 1줄기
설탕 100g
달걀노른자 4개
밀가루 50g
말라가 와인
(Malaga: 스페인 말라가의 스위트한 강화와인으로, 페드로 히메네즈와 모스카텔 포도로 만든다)

시럽
설탕 600g
물 2리터
말라가 와인 200ml

바바
밀가루 500g
달걀 8개
소금 10g
설탕 45g
이스트 25g
버터 125g
건포도 (raisins de Corinthe) 25g

*Stohrer, 51, rue Montorgueil, 파리 2구.

문서 기록으로 처음 남겨진 바바

18세기에 디드로 (Didrot: 프랑스의 철학자, 문학자. 18세기 프랑스의 대표적 계몽주의 사상가)가 사랑하는 그의 연인 소피 볼랑 (Sophie Volland)에게 보낸 편지에서 처음 '바바'라는 단어가 언급되었다.

"나는 아직 일주일은 더 여기서 머물러야 하오. 부디 소화불량으로 죽게 되지 않길 기도해주오. 매일 샹피니 (Champigny)에서 엄청난 장어가 들어오고, 아스트라캉 (Astracan)의 작은 멜론, 사우어크라우트, 배추를 넣어 요리한 자고새, 날개와 다리를 펼쳐서 구운 새끼자고새, 바바, 파테, 파이 등을 가져온다오. 위가 12개라도 모자랄 지경이구려. 다행이 술은 적당히 조절해 가며 마시고 있으니, 다 잘 지나갈 것이오."

Le Grandval에서 보내는 편지
1767년 9월 24일

만드는 법

크렘 파티시에 만들기: 길게 가른 바닐라 빈 줄기를 우유에 넣고 데운다. 달걀노른자는 설탕과 밀가루를 넣고 잘 혼합한다. 데운 우유를 넣고 잘 섞으며 끓인다. 말라가 와인을 몇 방울 넣는다.

바바만들기: 밀가루와 설탕, 소금을 섞은 다음 혼합기에 넣고 돌리면서 달걀을 하나씩 넣는다. 계속 반죽하면서 이스트와 깍둑 모양으로 썬 버터를 넣어준다. 반죽을 휴지시키고 두 배 정도로 부풀어 오르면 건포도를 넣고 잘 섞는다. 바바 틀 안쪽에 버터를 바르고, 반죽을 채워 넣는다. 180℃로 예열된 오븐에서 15분간 굽는다. 틀에서 바바를 꺼낸 후 하룻밤 동안 둔다.

시럽 만들기: 물과 설탕을 넣고 끓인다. 불에서 내린 후, 말라가 와인을 넣는다. 바바를 시럽에 담가 흠뻑 스며들게 한다. 크렘 파티시에를 얹어서 서빙한다.

삼겹살이냐 등갈비냐?

돼지고기 중 이 두 부위는 갈비뼈와 붙어 있다. 이 부위의 매력은 기름지면서도 바삭한 맛이다.
양념한 돼지 등갈비 립과 크리스피한 삼겹살 중 어느 것을 택할까?

따뜻하게 양념에 재운 돼지 등갈비

수지 팔라탱 (Suzy Palatin)*

재료

돼지 등갈비 2kg
레몬 1개
양파 1개 (정향 4개 박은 것)
생강 (3cm 정도) 1뿌리
마늘 2톨
팔각 1개
계피가루 1꼬집
포 스파이스 1꼬집
(quatre épices: 후추, 정향, 계피, 생강 파우더 믹스)
통후추 10알
소금 1티스푼

재움 양념 (marinade)

마늘 2톨
양파 3개
라임즙 3개분
비정제 사탕수수 설탕 2테이블스푼
참기름 1티스푼
해바라기유 3테이블스푼
간장 2테이블스푼
현미식초
소금

만드는 법

반으로 자른 레몬으로 고기 표면을
문질러 준다. 흐르는 물에 한번 헹군 다음
다시 레몬을 문질러 둔다. 냄비에 고기와
정향 박은 양파를 넣은 다음 물을 붓고,
준비한 향신 재료를 모두 넣어 끓인다.
끓어오르면 거품을 건진다.
불을 약하게 줄이고 30분 정도 익힌다.
양파와 마늘은 껍질을 벗기고 잘게
다진다. 재움 양념 재료를 모두 볼에 넣고
섞는다. 돼지갈비를 냄비에서 꺼내 뜨거울
때 양념장을 붓으로 바르고 한 시간 동안
재운다. 150℃로 예열한 오븐에서 30분
구운 다음 브로일러에서 5분간 더 구워
완성한다. 채소와 쌀밥, 매운
쥐똥고추 등을 곁들여낸다.

돼지 삼겹살 요리

에릭 오스피탈 (Eric Ospital)*

1985년 에릭 오스피탈을 포함한 3명
의 양돈업자와 3명의 돈육 가공업자
(샤퀴트리 제조업)들은 의기투합해
바스크 전통을 잇는 돼지고기를
생산하기로 합의했다. 본래 이바이
요나 (Ibaïona)라는 이름의 매우 우
수한 품종인 이 돼지는 최근 이바이
아마 (Ibaïama)라고 명칭이 바뀌었
는데, 프랑스어로 '모태가 되는 근원
(source mère)'이라는 뜻이다.

재료

돼지고기 삼겹살 (Ibaïama) 1 덩어리
주니퍼베리 1알
타임, 월계수 잎
당근 2개
양파 2개
리크 (서양 대파) 1대
버터 30g
닭육수
통후추

만드는 법

당근은 씻어 껍질을 벗기고 동그랗게
자른다. 양파를 반으로 잘라 불에
태운다. 이렇게 하면 국물에 색을 낼
수 있다. 큰 냄비에 돼지 삼겹살 덩어
리와 주니퍼베리, 타임, 월계수 잎을
넣고 닭육수를 붓는다. 채소와 통후추
를 넣고 끓인다. 약한 불로 12시간
익힌 후 식혀서 냉장고에 보관한다.
다음 날, 통삼겹살을 두툼하게 슬라이
스한다. 팬에 버터를 넣고 약한 불로
녹인 다음, 돼지고기를 넣어 20-30분
간 은근하게 지진다. 삼겹살이 갈색이
나고 크리스피해지면 완성된 것이다.

* Eric Ospital: 샤퀴트리 전문점 운영 Charcutier
à Hasparren (Pyrénées-Atlantiques)

* 수지 팔라탱의 책 『돼지고기를 요리하는 열 가지 방법 (Le cochon, dix façons de le préparer)』에서 발췌. L'Epure 출판.

하몽, 하몽

파타 네그라와 세라노는 세계적으로 손꼽히는 이베리코 하몽이다.
최고라는 명성 뒤에는 매 공정마다 세심한 정성을 들이는 스페인 사람들의 장인 정신이 있다.

개요

더 이상 두 가지를 혼동하지 마세요!

파타 네그라 (Pata Negra)

100% 이베리코종 돼지로 도토리를 먹고 자란다. 관목이 무성한 초원 지대인 데헤사 (dehesa) 1헥타르당 2마리의 돼지를 자유롭게 방목한다.

세라노 (Serrano)

세라노 햄의 숙성기간은 36개월 이상 이다. 스페인 안달루시아 지방 시에라 산맥에서 만드는 세라노 햄은 성장 속도가 매우 빠른 튼튼한 품종인 흰 돼지로 만드는 생햄이다.

2014년 1월 11일
왕립 법령으로 정하다

정부에서 발행하는 데일리 뉴스는 처음으로 파타 네그라 명칭을 공식 정의했다. 파타 네그라는 오로지 도토리와 풀을 비롯한 그 어떤 외부의 첨가도 없는 초원의 자연 식품만을 섭취하여 기른 후 도축한 돼지를 말한다.

이베리코 돼지는
어디에 서식하나?

이베리코 돼지라는 명칭은 다음 4곳의 산지에서 생산되는 돼지에만 붙일 수 있다.

에스트레마두라 Estremadura
살라망카 Salamanca
로스 페드로체스 Los Pedroches
우엘바 Huelva

다양한 스페인 돼지 품종

이베리코 엔트레펠라도 Iberico entrepelado
이베리코 람피노 Iberico lampino
이베리코 레틴토 Iberico retinto
이베리코 토르비스칼 Iberico torbiscal
이베리코 만차도 데 하부고
Iberico manchado de jabugo

하몽 슬라이스하기

이베리코 하몽을 얇게 자르는 기술은 조상 대대로 내려온 노하우이다. 파리 9구에 위치한 '그랑 데스파뉴 (Grands d'Espagne)' 부티크에서 마에스트로 노에 보니요 라모스 (Noé Bonillo Ramos)가 하몽 슬라이스하기 세계 신기록을 수립했다. 무려 72시간 동안 154.33kg의 하몽을 얇게 자르는 대기록을 세웠다.

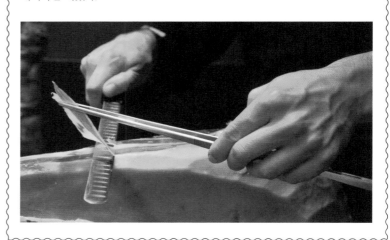

비교해봅시다

파타 네그라

외형

근육질이 많고, 모양이 길쭉하다. 이베리코 햄은 발굽 모양이 가늘다.

지방

질감이 부드럽고 은은한 단맛이 나며, 도토리 사육과 오랜 숙성기간으로 인해 색이 약간 노르스름하다.

맛

지방질이 촘촘히 박혀 있는 이 하몽을 아주 얇게 썰어 먹으면 섬세한 견과류의 맛과 고소한 헤이즐넛 향의 풍미를 느낄 수 있다.

세라노

외형

전체적으로 더 살집이 많고, 발이 짧다.

지방

사육기간이 짧고, 기름지지 않은 사료를 먹고 자란 돼지로 만든 이 햄은 하얀 지방을 갖고 있으며, 질감이 약간 단단하고 탄력이 적다.

맛

투박하게 썰어서 씹는 맛과 짭짤한 맛을 즐긴다.

* José Luis Bilbao에게 감사를 전한다. Les Grands d'Espagne, 47, passage des Panoramas, Paris IIe.

파타 네그라, 양돈에서 하몽 숙성에 이르기까지

1 돼지는 코르크참나무(굴참나무)와 녹색 떡갈나무가 곳곳에 심어져 있는 초원 (dehesa)에서 자유롭게 자라고, 주로 도토리 (bellota)를 먹고 산다.

2 몬타네라 기간 (la montanera: 도축 전 살을 찌우는 시기로, 돼지들은 긁어온 도토리와 풀만을 먹으며 일정 몸무게에 도달해야 한다)인 11월부터 3월까지는 지방의 올레산이 살 속에 침투하여 퍼지면서, 노르스름하고 섬세한 마블링과 특유의 향미가 생기게 된다. 돼지는 하루에 도토리를 10kg까지 먹을 수 있다.

3 4~5년이 지나 돼지의 무게가 150~180kg에 달하게 되면 도축한다.

4 돼지를 도축하고 분할 절단한 뒤 3개월이 지난 후, 하몽용 뒷다리를 15일 정도 소금에 넣어 염장하고, 0℃~5℃에 보관한다. 이 과정 동안 수분이 빠지고 더 단단해진다.

5 하몽의 발한 과정 (sweating, sudation)은 봄철에 시작한다. 건조실에 6~9개월 동안 매달아 두면 지방이 살 속으로 스며든다.

6 이어서 숙성과정이 시작된다. 3년의 여름을 지나는 동안 시에라산의 바람을 맞으며 숙성된 하몽은 특유의 향미를 띠게 된다.

바비야 (앞부분)
LA BABILLA
다리에서 살이 가장 없는 부위다. 지방이 적어 맛이 깔끔하고 담백하다.

카나 (뒷다리 발목 부분)
LA CANA
가장 힘줄이 많은 부위로 선호도가 제일 떨어진다.

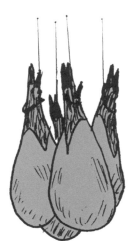

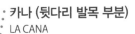

푼타 (끝부분)
LA PUNTA
다른 부위에 비해 더 짜고, 향도 강하고 지방도 많다. 바로 이곳이 돼지의 풍미가 가장 집중되어 있는 곳이다.

콘트레마자 (넓적다리 위쪽)
LA CONTREMAZA
이 부위는 지방이 비교적 적고 너트향이 진하게 나는 고소하고 섬세한 맛을 지니고 있다.

마자 (넓적다리 안쪽)
LA MAZA
살이 가장 많은 부위로 고기가 촉촉하고 부드러우며 맛이 집중되어 진한 풍미가 있다.

7 하몽의 숙성이 끝나면, 소뼈로 된 고정 링을 발에 박아 넣어 파타 네그라 품질을 표시한다.

파스타

라우라 자반 Laura Zavan*

프랑스에서 활동하는 라우라는 인기 있는 이탈리아 여성 요리사 가운데 하나다. 아마도 실질적으로 가장 유용한 레시피를 제안하는 요리사일 것이다.
베네치아 출신인 라우라는 프랑스인들에게 전반적인 이탈리아 요리, 특히 파스타에 관해 많은 것을 알려주기 위해 노력하고 있다.

파스타 익힐 때 알아두어야 할 5가지 수칙

일 인분은 100g을 넘지 않도록 한다.

"프랑스에서 파스타는 일품요리로 먹는 경우도 많기 때문에 일 인분이 200g에 달하기도 합니다. 제 경우에는 주로 앙트레 (entrée), 즉 프리모 피아토 (primo piatto)로 먹기 때문에 일 인당 70~80g, 아주 배고픈 경우라 해도 100g이면 충분합니다."

삶는 물과 소금은 충분히 넣는다.

"믿기 어렵겠지만, 파스타 100g당 1리터의 물이 필요합니다. 안 그러면 파스타에 밀가루 전분 냄새가 남아요. 소금도 마찬가지로 많이 들어갑니다. 가능하면 굵은 소금으로 파스타 100g당 한 테이블스푼씩 넉넉히 넣어주세요."

삶을 때 올리브오일은 넣지 않는다.

"국수가 서로 들러붙지 않도록 올리브오일을 넣는 게 좋지 않을까 생각하는 분들이 많은데, 넣지 않는 게 좋아요. 왜냐하면 파스타 표면에 오일이 얇은 막을 형성해 소스가 잘 묻지 않기 때문이지요. 삶으면서 나무주걱으로 잘 휘저으면 충분합니다."

파스타는 알 덴테 (al dente)로 익힌다.

"알 덴테란 파스타를 씹었을 때 치아에서 약간의 단단함을 느낄 수 있는 상태를 말합니다. 그러나 이것은 주관적이어서, 알덴테로 익혀 먹는 정도도 북부와 남부 이탈리아의 선호도가 서로 다르답니다. 알 덴테로 익히는 데 자신이 없다면, 파스타 포장지에 표시된 조리 시간보다 조금 줄이면 됩니다. 그리고 의외로 알 덴테로 삶은 파스타는 먹을 때 더 많이 씹게 되므로, 완전히 익힌 것보다 소화가 더 잘 된다고도 해요."

파스타 삶은 물을 활용한다.

"이것은 꼭 필요한 재료이므로, 삶을 때 큰 국자로 떠서 볼에 따로 보관해 두세요. 파스타를 삶은 후 준비해 둔 소스에 넣어 섞을 때, 이 삶은 물을 조금 넣으면 전분기가 있어 파스타와 소스가 골고루 잘 섞인답니다."

단호박과 모스타르다* 라비올리

"이 라비올리는 어린 시절 내가 보는 앞에서 즉석으로 만들어주시던 비제 (Vige) 고모 할머니의 추억이 깃든 요리다."

6–8인분

(1인당 라비올리 8–10개 정도)
준비 시간 : 50분
조리 시간 : 1시간
휴지 시간 : 30분–2시간

재료

파스타 반죽
유기농 달걀 (상온) 4개
유기농 밀가루 (T60) 400g

라비올리 소
단호박 1kg (퓌레 500g)
아마레티 (amaretti : 아몬드 맛이 나는 이탈리안 비스킷) 50g
사과 또는 모과 퓌레
모스타르다 50g
파르메산 치즈 간 것 100g
넛멕 4꼬집
계피가루 2꼬집
소금, 후추

양념
버터 60g
세이지 잎 12장 정도
파르메산 치즈 100g

만드는 법

파스타 반죽
밀가루를 쏟아 가운데를 오목하게 만들어준 후 달걀을 깨어 넣는다. 포크로 대충 섞은 다음 손가락으로 섞는다. 작업대에 반죽을 놓고 손바닥으로 최소한 10분 이상 치대며 반죽한다. 너무 질면 밀가루를 조금 더 넣으며 반죽하고, 너무 되면 손바닥에 물을 조금씩 묻혀가며 반죽한다. 반죽이 균일하고 매끈하게 되면 둥글게 덩어리를 만들어 랩으로 잘 싼 후 상온에서 30분~2시간가량 휴지시킨다. 그동안 라비올리의 소를 준비한다.

라비올리 소
오븐을 180℃로 예열한다. 단호박을 잘라 속의 씨를 파내고 결 모양대로 자른다. 오븐용 용기에 넣고 알루미늄 포일로 덮어 호박의 두께에 따라 오븐에서 40분~1시간 동안 익힌다. 단호박이 완전히 무르도록 익혀야 한다. 식힌 다음 숟가락으로 호박의 살만 긁어낸다. 아마레티 비스킷을 믹서에 간다. 모스타르다도 믹서에 갈아 퓌레를 만든다.

단호박을 으깨 퓌레로 만든 다음 소금, 후추, 넛멕, 계피가루를 넣어 간을 맞춘다. 아마레티, 모스타르다, 파르메산 치즈를 모두 넣고 잘 섞는다. 맛을 보고 간을 조절한다.

라비올리 만들기
반죽을 밀대로 밀어 얇게 펴거나 파스타 기계에 넣어 원하는 두께로 얇게 민다. 밀어 놓은 반죽이 마르지 않도록 그때그때 필요한 만큼씩만 밀어서 사용한다. 밀어놓은 반죽에 소를 4~5cm 간격으로 떠놓은 다음 반죽을 접고, 소의 가장자리 부분을 눌러 공기를 뺀다. 두 겹의 반죽을 잘 눌러 붙인다. 반죽이 마르면 물이나 달걀흰자를 묻혀가며 꼼꼼히 붙인다. 라비올리 커터로 밀어 사각형으로 자른다. 약하게 끓는 물에 소금을 넣고 라비올리를 알 덴테로 익힌다. 삶는 시간은 반죽의 두께에 따라 조절한다. 버터를 녹여 세이지로 향을 낸 다음 파스타 삶은 물을 조금 넣고 잘 섞어 에멜전화 한다. 익힌 라비올리를 넣어 세이지 버터와 버무린 다음, 가늘게 간 파르메산 치즈를 뿌려 서빙한다.

* 모스타르다 (mostarda)는 머스터드 에센스와 과일조림을 재료로 하여 만든 양념으로 이탈리아 식재료 상점에서 구입할 수 있다.

* 라우라 자반 (Laura Zavan)은 『파스타 요리 수업 (Mon Cours de cuisine pasta)』, 『나의 작은 이탈리아 (My little Italy)』, 『라우라의 라비올리 (Les raviolis de Laura)』의 저자이다. Edition Marabout 출판.

토마토와 아몬드를 넣은 루오테

"바퀴 모양의 파스타인 루오테 (ruote)를 사용한 따뜻한 남쪽 시골의 소박한 레시피"

4인분

준비 시간 : 20분
조리 시간 : 20분

재료

루오테 (ruote) 또는 다른 모양의 쇼트 파스타 350g
토마토 (roma) 5개
올리브오일에 저장한 선드라이드 토마토 100g
오레가노 (말린 것) 1테이블스푼
마늘 1톨
껍질 벗긴 아몬드 100g
올리브오일 6–8테이블스푼
페코리노 로마노 치즈 (또는 파르메산 치즈) 60g
잎을 뜯어 다듬은 루콜라 1줌
소금, 후추

만드는 법

파스타를 알 덴테로 삶는다.
신선한 토마토의 껍질을 벗기고, 속과 씨를 뺀 후
작은 큐브 모양으로 자른다. 올리브오일, 반을 갈라
싹을 제거하고 빻은 마늘, 오레가노를 넣고 잘 섞은 뒤,
소금과 후추로 간한다. 샐러드 볼에 양념한 토마토와,
선드라이드 토마토, 아몬드 2/3와 가늘게 간 치즈를
모두 넣는다.
익혀 건진 파스타에 올리브오일을 한 바퀴 뿌린 다음,
준비해 놓은 토마토 믹스와 루콜라를 얹는다.
나머지 아몬드를 뿌려 서빙한다.

브로콜리 오르키에테

"풀리아 (Puglia) 주의 소박한 파스타 요리로, 저렴한 비용으로 손쉽게 만들 수 있는 실용 레시피"

4인분

준비 시간 : 30분
조리 시간 : 20분

재료

오르키에데 (orechiette: 작은 귀 모양을 따서 만든 파스타)
또는 콘킬리에 (conchiglie: 작은 조개 모양 파스타) 400g
브로콜리 (중간 크기) 2송이
소금기를 뺀 안초비 필레 3마리
껍질을 깐 마늘 1톨
올리브오일 4테이블스푼
빵가루 30g
마른 고추 1꼬집 (선택 사항)
소금, 후추

만드는 법

빵가루를 팬에 기름 없이 바삭하게 볶는다.
마늘은 반을 갈라 속의 싹을 제거하고, 잘게 썬다.
브로콜리는 깨끗이 썻어 송이를 떼어 분리한 다음
먹기 좋은 크기로 2-3등분한다.
끓는 물에 소금을 넣고 브로콜리를 살캉하게 데쳐 건져
둔다. 브로콜리 데친 물에 파스타를 알 덴테로 삶는다.
올리브오일 3테이블스푼에 안초비와 마늘, 고추를 넣고
약한 불에서 녹여 으깬다.
파스타가 익으면 건져서 함께 버무린다.
브로콜리와 빵가루를 얹어 낸다.

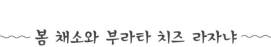

봄 채소와 부라타 치즈 라자냐

"나의 친구들 모두가 제일 좋아하는 봄철 요리 레시피"

6–8인분

이 라자냐는 하루 전에 만들어 놓아도 좋다.
먹기 전에 오븐에 살짝 그라탱처럼 구워내면 된다.

재료

라자냐 파스타 8-10장
그린 아스파라거스 1단
완두콩 (껍질째) 1kg (또는 껍질 깐 완두콩 300g)
주키니 호박 (중간 크기) 3개
리코타 치즈 500g (물소젖 치즈 또는 산양젖 치즈가 좋다)
부라타 치즈 500g
파르미지아노 레지아노 치즈 100g
올리브오일
버터 20g
소금, 후추

만드는 법

아스파라거스와 주키니를 동그랗게 슬라이스하여
각각 따로 올리브오일에 잘 저어주며 볶는다. 소금, 후추로
간한다. 아스파라거스의 머리 부분은 따로 잘라내 끓는 물
500ml에 소금을 넣고 2-3분간 데친다. 깍지를 깐 완두콩은
끓는 물에 소금을 넣고 완전히 익힌다. 라자냐 파스타는
끓는 물에 소금을 넣고 2-3분간 익힌다. 한번에 3-4장 이상
넣지 않고 삶는다. 한꺼번에 너무 많이 넣으면 파스타끼리
붙을 우려가 있다. 건져서 찬물에 헹궈 식힌 다음 물기를
제거하고 깨끗한 행주나 유산지 위에 겹치지 않게 펼쳐
놓는다. 그라탱용 오븐 용기에 버터를 바르고 라자냐
파스타를 한 켜 깐다. 그 위에 리코타와 부라타 치즈를
골고루 떼어 놓고, 볶아놓은 채소를 흩뿌린다.
파르미지아노 치즈를 뿌린 다음, 이 과정을 두 번 더
반복하며 층층이 쌓는다. 맨 위는 각종 치즈와 잘게 썬
버터 조각으로 마무리한다. 180-200℃로 예열한 오븐에
넣고 그라탱처럼 익힌다. 따로 데쳐 놓은 아스파라거스
머리 부분은 버터를 넣고 살짝 볶은 후, 완성된 라자냐에
얹어서 서빙한다. 뜨거울 때 먹는다.

문학 작품에 등장하는 레시피

아름다운 문학 세계에서도 음식을 다루고 미식을 예찬하는 글들을 많이 찾아볼 수 있다. 작품 속에 나왔던 아름답고도 독특한,
또 흥미로운 요리 레시피들을 정리해보았다. 그들 중 맛있는 몇몇은 실제로 시도해볼 만하다.

La Pièce Montée
피에스 몽테

마담 보바리 MADAME BOVARY
귀스타브 플로베르 Gustave Flaubert 1857
완벽한 바로크 스타일의 모양으로 사람들의 마음을
사로잡았던 케이크.
실현가능성: 3/10

"이브토 (Yvetot)에서 우리는 투르투 (tourte) 파이와 누가 (nougat)를 만들어 줄 파티시
에를 찾고 있었다. 그는 이 고장에서 처음 일을 시작하는 것이라 모든 것에 혼신의 노력을
다했다. 디저트로 만든 피에스 몽테 (pièce montée)는 보는 이들의 탄성을 자아냈다.
맨 아래는 우선 사원을 상징하는 푸른색의 정사각형 보드 받침을 깔고 회랑과 기둥을 빙
둘러 배치한다. 금색 종이로 만든 별들로 반짝이는 벽에는 회반죽 조각상들을 장식한다.
이어서 두 번째 단에는 사부아 케이크 (gâteau de Savoie)로 만든 망루탑이 올라간다.
케이크는 아몬드, 건포도, 오렌지 과육 조각으로 만든 안젤리카 장식의 작은 요새들로 빙
둘러싸여 있다. 마지막으로, 잼으로 만든 호수와 헤이즐넛 껍질로 만든 배, 바위들이 장식
되어 있는 녹색 평원을 나타내는 마지막 상단에는, 초콜릿 그네를 타고 있는 사랑의 신
아모르 (Amour) 모습이 보인다. 그네 기둥 꼭대기는 동그란 모양의 장미 생화
장식으로 마무리하였다."

La maman aux Roses blanches
흰 장미와 어머니 샐러드

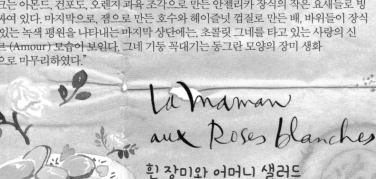

야만적인 음식 LA CUISINE CANNIBALE
롤랑 토포르 Roland Topor 1970
어머니를 사랑하기 때문에 이것을 먹어야 하는 것은
아니다.
실현가능성: 0/10. 어머니를 손대지 마세요!

"어머니의 양 볼에 입을 맞춘 뒤 둘로 자른다. 끓는 물에 넣는다. 선한 웃음을 짓는 머리는
잘라낸다. 그것은 식욕을 떨어뜨릴 것이 분명하기 때문이다. 척추 및 모든 뼈들은 제거
해도 된다. 물에 삶아낸 감자를 둥글게 잘라 샐러드에 넣는다. 어머니 작은 조각들을
샐러드에 넣는다. 먹기 전에 올리브 오일을 뿌린다. 접시 밑에 흰 장미 몇 송이를 깔아
놓는 것을 잊지 않는다. 식탁보를 더럽히지 않을 것이고, 어머니가 아주 좋아할 것이다."

Le Koulibiac
쿨리비악

죽은 영혼 ÂMES MORTES
니콜라 고골 Nicolas Gogol 1842
러시아의 유명한 파테 앙 크루트 (pâté en croûte:
페이스트리 반죽으로 감싸 구운 파이의 일종) 레시피의
비법을 엿볼 수 있다.
실현가능성: 4/10

"우선 사각형 모양으로 만들게나, 페트루크 (Petroukh)는 입맛을 다시며 말했다. 사각형의
한쪽 구석에는 철갑상어의 볼살과 연골을 넣고, 다른 쪽에는 양파와 버섯을 넣고 익힌
메밀을, 그리고 곤이와 골과 (…) 한쪽 끝은 노릇한 색이 나도록 익히고 다른 한쪽은 색이
좀 더 연하게 나도록 구워야 한다네. 겉을 감싸는 반죽이 꽉 차도록 소를 넉넉히 채워 넣어,
조각으로 흩어지지 않도록 신경을 써야 하지. 입에 넣었을 때 알갱이로 부서지는 게
아니라, 봄날에 눈이 녹듯이 입 안에서 사르르 녹아내리도록 말일세."

Le Lobe de Cervelle
골 요리

한니발 HANNIBAL
토마스 해리스 Thomas Harris 1999
이 공포 소설, 읽어보셨나요? 애들은 멀리
가라고 하세요.
실현가능성: 0/10.
재판장에 출두하기를 원하시나요?

Les Poires Confites
배 설탕절임

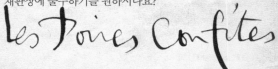

노스트라다무스 NOSTRADAMUS 1555
여러 가지 진귀한 레시피를 알고자 하는 모든
이들에게 아주 유용한 책.
위대한 예언가였던 그는 집안 살림에 대한
조언도 해줄 줄 아는 사람이었다.
실현가능성: 6/10

"뮈스카델이나 (muscadelle) 포르미골 (formigole) 종자의 작고 맛있는
배를 골라 (…) 꼼꼼히 씻는다. 껍질을 벗긴 후 깨끗한 찬물에 담가 색이
갈변되는 것을 막는다. 껍질을 벗긴 배를 맑은 샘물에 넣고 끓이며, 꼬챙이로
찔렀을 때 부드럽게 들어갈 수 있을 정도로 익힌다. 익으면 망뜨개로 배를
건져 깨끗한 찬물에 담가 식힌 다음 (…) 유리병에 넣는다. 설탕에 동량의
물을 넣고 녹인다. 설탕이 녹으면 맑게 젓는다. 끓여서 시럽을 만들고 식힌
다음 배가 담긴 유리병에 붓는다. 배를 시럽에 절여서 이틀이 지나면,
시럽을 따라내어 다시 한 번 끓인 후, 식혀서 다시 배에 붓는다. 이렇게
4일 동안 놔둔다. 배를 그릇에 덜어내고, 배 한 개당 정향 한두 개,
통계피를 넣는다. 시럽은 다시 끓여 배를 다시 담은 병에 붓고 밀봉한다.
왕자님 앞에라도 대령할 만큼 훌륭한 배 절임이 완성되었다."

Le biscuit
비스쿼

백과사전 I 또는
과학, 예술, 직업에 관한 이론 사전
Encyclopédie I ou Dictionnaire raisonné des
sciences, des arts et des métiers
디드로 DIDEROT 1751
파티스리의 기초가 되는 이 레시피는 당연히
그의 백과사전집 1권에 들어 있다.
실현가능성: 9/10

"비스퀴, 단수 남성명사, (파티스리). 포실포실한 케이크의 일종인 파티스
리로 만드는 방법은 다음과 같다. 달걀 8개를 납작한 용기에 깨어 잘 풀어
준 다음, 설탕 반 파운드와 동량의 밀가루 (더하지는 말고 약간 덜하게 넣는
편이 낫다)를 넣고 섞는다. 잘 치대어 뭉친 덩어리 없이 매끈한 흰색의 반죽
이 되도록 한다. 여기에 오렌지 블러섬 워터를 조금 뿌리며 반죽을 완성한
다. 정사각형이나 직사각형의 틴 몰드를 준비해 안쪽에 버터를 얇게 바르
고, 반죽을 채워 넣는다. 위에 설탕을 뿌리고, 오븐의 문을 열어둔 채 오븐에
서 굽는다. 다 익으면 꺼내서 설탕을 뿌려 윤기 나게 한 다음 식힌다."

La Mousseline aux Fraises

딸기 무슬린
인생 사용설명서 La Vie mode d'emploi
조르주 페렉 Georges Perec 1978
딸기 레시피가 없다면 진정한 인생 지침서가 아닐 것이다.
실현가능성: 6/10

"책은 악보대에 놓여 있다. 1890년 래드노 경 (Lord Radnor)이 롱포드 (Longford) 성에서 주최한 연회의 모습을 묘사한 그림이 펼쳐져 있다. 모던한 스타일의 꽃무늬 테두리로 장식된 왼쪽 페이지에는 딸기 무슬린 레시피가 잘 설명되어 있다. 야생 숲딸기 또는 일반딸기 300g을 준비하여 고운 체에 으깨 거른다. 크림 반 파운드를 단단하게 휘핑해 섞어준다. 종이로 만든 동그란 컵 모양 틀에 딸기와 크림 혼합물을 담아 벽면에 얼음이 살짝 서린 아이스크림 보관고(또는 냉동실)에 두 시간 시원하게 넣어둔다. 각 무슬린 위에 탐스러운 딸기를 하나씩 올려 서빙한다."

L'andouillon au Dortomusqué

머스크 포트와인 앙두이용
세월의 거품 L'ÉCUME DES JOURS
보리스 비앙 Boris Vian 1947
비앙이 제안하는 앙두이용 (andouillon: 작은 앙두이유. 순대와 같은 소시지 종류)을 가장 맛있게 요리하는 방법.
실현가능성: 5/10

"만드는 방법은 다음과 같다. 앙두이용의 질긴 껍질을 벗긴다. 벗긴 껍질은 잘 보관한다. 랍스터 집게발을 뜨거운 버터에 재빨리 익혀낸 다음, 살을 썰어 앙두이용에 박아 넣는다. 가벼운 냄비에 앙두이용을 넣고 볼을 올린다. 동그랗게 잘라 뭉근히 익힌 흉선살을 넣는다. 앙두이용이 묵직한 소리를 내면 재빨리 불에서 내리고 질 좋은 포트와인을 끼얹는다. 백금 주걱으로 잘 휘저어 섞는다. 눌어붙지 않도록 기름칠한 틀에 앙두이용을 채워 넣고 오븐에 넣어 익힌다. 수산화리튬 한 봉지와 신선한 우유 1/4리터를 넣어 소스를 만든다. 흉선살을 곁들여 먹는다."

La tarte Amandine

타르트 아망딘
시라노 드 베르주락 CYRANO DE BERGERAC
제 Ⅱ막, Ⅳ장
에드몽 로스탕 Edmond Rostand 1897
파티스리는 때로 시가 된다.
실현가능성: 8/10

라그노 (Ragueneau):
달걀 몇 개를 무스처럼 부드러운 거품이 나도록 저어 풀어주세요.
잘 고른 세드라 레몬의 즙을
달걀 거품에 넣어주세요.
달콤한 아몬드 밀크를 부어주세요.
플랑 반죽을 타르틀레트 틀 벽면에 채워 넣고,
능숙한 손가락으로 가장자리에 살구 시럽을
윤기 나게 바릅니다.
반죽 틀 안에 무스를 조금씩 넣어 채워줍니다.
오븐에 넣어 고운 황금색이 나도록 구워주세요.
모든 재료가 하나의 디저트로 완성되어
오븐에서 나오면 이것이 바로 타르틀레트
아망딘입니다.

L'Omelette aux Tomates

토마토 오믈렛
마르셀의 추억
CHÂTEAU DE MA MÈRE
마르셀 파뇰 Marcel Pagnol
1957
프랑수아 데그랑샹 저
『문학과 미식』에서 발췌.
Littérature et gourmandise,
François Desgrandchamps,
Ed. Minerva 출판.

〰〰〰 **레시피** 〰〰〰

4인분
재료
잘 익은 줄기 토마토 2줄기
올리브오일 5테이블스푼
타임 1줄기
로즈마리 1줄기
달걀 12개
우유 40ml
올리브오일에 절인 토마토 콩피 125g 짜리 2병
버터 100g (오믈렛 조리용)
소금, 후추

작은 오븐용 용기에 줄기 토마토를 넣고(물로 살짝만 헹궈둔다), 올리브오일과 타임, 로즈마리, 소금을 뿌린다. 180℃ 오븐에서 15분간 익힌다. 익힌 토마토를 건져 키친타월에 놓아둔다. 큰 볼에 달걀과 우유를 넣어 거품기로 잘 휘젓고, 소금, 후추로 간한다. 작은 사이즈의 코팅팬에 버터를 두르고 풀어놓은 달걀을 붓는다(크레프 부칠 때 보다 약간 더 많은 양). 중불에서 각각 2분간 양면을 익힌 후, 유산지를 깐 쟁반에 옮겨 놓는다. 이렇게 총 12장의 얇은 오믈렛을 부친다. 4인분으로 나눠 오믈렛 사이사이에 올리브오일에 절인 토마토 콩피를 넣고 밀푀유처럼 쌓는다. 오븐에 익혀둔 줄기 토마토를 얹고, 차갑게 서빙한다.

테린

로돌프 파캥 Rodolphe Paquin[*]

아무리 열심히 찾아보아도, 테린의 단점은 발견할 수가 없다. 이 푸짐하고도 맛있는 비밀병기는 우리를 결코 배신하지 않을 것이다. 4개의 레시피가 이를 증명한다.

테린의 3대 장점

올인원 TOUT-EN-UN

테린이란 직사각형의 모양의 뚜껑이 있는 토기를 말하며, 이는 음식을 익히고 보관하는 기능까지 갖추고 있다. 담는 내용물과 용기가 하나의 이름 즉 '테린' 이다. 테린에 관한 한 아마도 노르망디 출신의 전문가 로돌프 파캥보다 더 뛰어난 아티스트를 찾기는 힘들 것이다. 전통적인 클래식 테린부터 시작하여 생선을 이용한 것, 짭짤한 테린부터 달콤한 디저트용에 이르기까지 모든 테린의 세계를 두루 섭렵하며 훌륭한 솜씨를 보이고 있다.

1. 경제적인 비용
10유로 이하의 비용으로 10인분을 만들 수 있다. 일 인당 1유로인 셈이다.

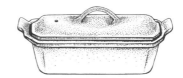

2. 최소한의 도구
1.2리터 용량의 토기로 된 '테린 드 캉파뉴 (terrine de campagne)'용 용기만 있으면 된다. 패밀리 사이즈로 가장 적당하다.

3. 첨가제, 아질산염 등 기타 방부제를 넣지 않는다.
그래도 일주일 정도는 냉장고에 보관하고 먹을 수 있다.

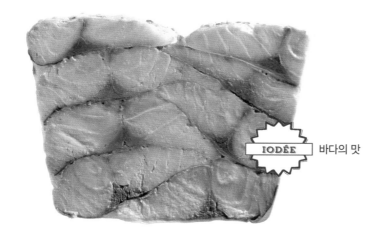

IODÉE 바다의 맛

샬롯을 넣은 프레스드 고등어 테린
Pressé de maquereaux à l'échalote

CLASSIQUE 클래식

테린 드 캉파뉴
Terrine de campagne

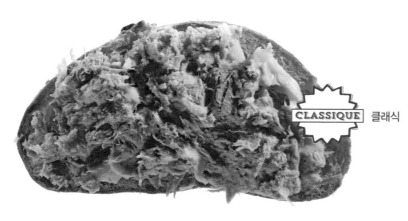

CLASSIQUE 클래식

파캥 스타일 리예트
Rillettes à la Paquin

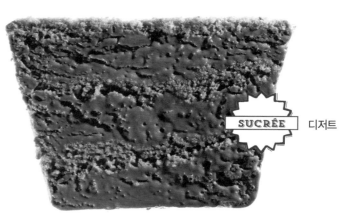

SUCRÉE 디저트

럼을 넣은 초콜릿 테린
Truffiade au rhum

* 로돌프 파캥. Rodolphe Paquin, 르 르페르 드 카르투슈 Le Repaire de Cartouche, 8, bd des Filles-du-Calvaire, 파리 11구. 여기 소개된 레시피들은 그의 책 『테린 (Terrines)』에서 발췌한 것이다. Keribus 출판.

샬롯을 넣은 프레스드 고등어 테린
Pressé de maquereaux à l'échalote

조리 시간 : 50분
마리네이드 : 1시간
휴지 시간 : 24시간

재료

중간 크기의 고등어 (300g 짜리) 6마리
잘게 썬 샬롯 1개
판 젤라틴 8장 (16g)
화이트와인 100ml
소금 12g
후추 5g

만드는 법

고등어는 살만 필레를 뜨고 껍질을 벗긴다 (혹은 생선 살 때 미리 손질해 온다). 샬롯과 화이트와인, 소금, 후추를 넣고 한 시간 동안 재운다. 젤라틴을 찬물에 담가 부드럽게 한다. 유산지나 포일 등으로 바닥과 안쪽 벽을 댄 테린 용기 맨 바닥에 물기를 꼭 짠 젤라틴을 한 장 깐다. 그 위에 고등어를 한 켜 깔아주는데, 머리와 꼬리 쪽이 서로 엇갈리게 놓으며 촘촘히 메꾼다. 두장의 젤라틴을 덮어준다. 다시 고등어를 놓고, 젤라틴으로 덮는 과정을 반복하며 쌓아올린다. 마지막 층 역시 두 장의 고등어 필레와 두 겹의 젤라틴으로 마무리한다. 180℃로 예열한 오븐에서 50분간 중탕으로 익힌다. 꺼내서 식힌 뒤, 묵직한 것으로 살짝 눌러서 냉장고에 보관한다. 주의! 즙이 흘러 나오지 않을 정도로 살짝만 눌러야 한다. 틀에서 꺼내 도톰한 크기로 썬다. 3일 이내에 소비하는 것이 좋다.
서빙: 화이트와인 비네그레트로 양념하고, 잘게 썬 파슬리나 차이브를 뿌린 감자 샐러드를 함께 곁들인다. 또는 따뜻한 렌틸콩 샐러드와 함께 먹어도 좋다.

파캥 스타일 리예트
Rillettes à la Paquin

조리 시간 : 3–4 시간
휴지 시간 : 24 시간
7mm 짜리 절삭망을 장착한
고기 그라인더

재료

뼈를 제거한 돼지 앞다리살 600g
껍데기를 제거한 돼지 삼겹살 600g
라드 300g
화이트와인 150ml
애플사이더 식초 60ml
껍질 벗긴 마늘 5g
타임 2줄기
월계수 잎 3장
소금, 후추

만드는 법

고기는 모두 큼직하게 썰어 라드 덩어리와 함께 냄비에 넣는다. 여기에 화이트와인, 마늘, 타임, 월계수 잎을 넣고 뚜껑을 덮은 다음 아주 약한 불로 3–4시간 익힌다. 고기가 흐물흐물해질 정도로 푹 익혀야 한다. 타임 줄기와 월계수 잎을 꺼내고, 고기를 망국자로 건져 따로 보관 한다. 냄비에 남아 있는 기름은 10분 정도 더 끓여 캐러멜라이즈화 되도록 졸인다. 여기에 식초 60ml와 물 100ml를 넣어 디글레이즈한다. 몇 분을 그대로 두어 기름이 분리되도록 한다. 기름기가 너무 많으면 윗부분에 뜬 기름을 숟가락으로 떠낸다. 고기를 포크로 가늘게 찢어 큰 볼에 담고. 소금, 후추로 간한다. 졸여서 디글레이즈한 농축즙을 붓는다. 주걱으로 잘 섞어 하나의 큰 테린 용기, 또는 여러 개의 작은 테린 틀에 옮겨 담는다. 먹기 전에 최소 24시간 냉장고에 보관한다.
서빙: 캉파뉴 빵과 코르니숑 (cornichon: 작은 오이로 만든 달지 않은 프랑스식 피클)을 곁들여 먹는다. 랩으로 잘 밀봉하여 냉장고에 두면 15일 이상 보관 가능하다.

테린 드 캉파뉴
Terrine de campagne

조리 시간 : 1시간 10분
마리네이드 : 3–24시간
휴지 시간 : 24–48시간
7mm 짜리 절삭망을 장착한
고기 그라인더

재료

돼지 간 330g
돼지 목살 400g
돼지비계 250g
생크림 150ml
아르마냑 40ml
소금 12g
통후추 간 것 5g
에스플레트 칠리가루 1g

오븐은 200℃로 예열해둔다.

만드는 법

고기 재료는 모두 큼직한 큐브 모양으로 썰어서 소금, 후추, 에스플레트 칠리가루, 아르마냑을 넣고 3–24시간 동안 냉장고에 넣어 재워둔다. 고기 그라인더에 7mm 절삭망을 끼우고 돼지 간, 목살, 비계 순으로 넣고 모두 갈아준다. 볼에 넣고 생크림과 섞는다. 1.2리터 용량의 테린 용기에 옮겨 담는다. 물을 끓여서 넓은 그라탱 용기에 붓고, 테린 용기를 놓은 다음, 예열된 오븐에 넣어 뚜껑을 닫은 상태로 35분, 뚜껑을 연 상태로 다시 35분간 중탕한다. 익었을 때 테린의 표면이 약간 단단한 껍질처럼 굳어야 하고, 구운 색이 나야 한다. 식힌 다음 냉장고에 넣고, 24–48시간 보관한 다음 먹는다.
조리팁: 고기 그라인더가 없으면 정육점에서 갈아온다. 아니면 칼로 잘게 다져도 된다.

럼을 넣은 초콜릿 테린
Truffiade au rhum

조리 시간 : 30분
휴지 시간 : 48시간

재료

제누아즈 (스펀지)
달걀 4개
설탕 125g
체에 친 밀가루 125g
무가당 코코아 가루 20g

오븐은 180℃로 예열해둔다.

가나슈와 시럽
카카오 70% 다크 초콜릿 250g
휘핑크림 500ml
설탕 100g
물 200ml
다크 럼 200ml

만드는 법

제누아즈 (génoise): 밑이 둥근 내열 믹싱볼에 달걀과 설탕을 넣고, 약하게 끓으려고 하는 온도의 (약 70℃) 물이 든 냄비 위에 올린 후 중탕으로 잘 저어, 거품이 있는 무스 상태로 만든다. 불에서 내리고, 체에 친 밀가루와 코코아 가루를 넣어 섞는다. 오븐용 베이킹 팬에 유산지를 깔고 혼합물을 1cm 두께로 깔아 펴준다. 테린 용기 바닥면 사이즈의 3배 크기 직사각형으로 만든다. 10분간 오븐에서 구워내 식혀둔다.
가나슈 (ganache): 믹싱볼에 초콜릿을 잘게 잘라 넣는다. 크림 250ml를 끓여 초콜릿에 넣고 잘 섞어 녹인다. 나머지 크림은 휘핑해 샹티이 (chantilly)를 만든다. 가나슈가 식어 37℃ 정도가 되면 (손가락을 댔을 때 체온과 같은 온도) 샹티이 크림을 넣고 잘 섞는다.
시럽 (sirop) : 설탕 100g을 물 200ml에 잘 녹여둔다.
제누아즈를 테린 크기에 맞춰 3장으로 자른다. 테린의 바닥과 안쪽 벽을 유산지로 대준다. 가나슈의 1/3을 붓고 주걱으로 고르게 편다. 제누아즈를 한 장 덮는다. 시럽과 다크 럼 분량의 1/3을 붓으로 바르며 제누아즈를 적셔준다. 이 과정을 두 번 더 반복하여 맨 윗면을 제누아즈로 마무리한다. 랩을 씌워 밀봉한 다음, 럼의 향이 전체적으로 잘 스며들도록 냉장고에 최소 48시간 이상 보관한다.
서빙: 적당한 두께로 잘라서 크렘 앙글레즈를 곁들여 먹는다.
이 디저트를 조금 색다른 맛으로 만들고자 한다면, 시럽 만들 때 물 대신 오렌지즙을 사용해도 좋다.

부이야베스

마르세유에는 요리사들 수만큼이나 많은 종류의 부이야베스 (Bouillabaisse)가 있다고들 한다. 프랑스 남부의 오래된 항구도시를 대표하는 이 메뉴는 그야말로 각기 개성 있는 다양한 레시피들을 선보이고 있다. 인기 많은 이 특별한 생선요리를 자세히 파헤쳐보자.

간략한 역사

고대 그리스에서 유래된 이 생선 스튜 요리법은 지중해 연안 지역에 널리 퍼지게 되었다. 기원전 6세기에 포카이아의 그리스인들이 마살리아 (Massalia)를 세웠고, 이는 현재의 마르세유 (Marseille)가 되었다. 어부들이 팔고 남은 생선으로 끓인 이 음식도 그들과 함께 이곳에 유입된 것이다.

이름은 어디서 왔을까?

남프랑스 옥시타니아어 전문학자이며 작가인 프레데릭 미스트랄 (Frédéric Mistral)에 따르면, 프로방스어인 '부이 아베소 boui abaisso'에서 부이야베스라는 명칭이 유래했고, 그 의미는 '끓으면, 불을 줄여야 한다 (quand ça bout, il faut baisser)'라는 뜻이다.

부이야베스 헌장

1980년, 옛 포카이아인들의 도시인 마르세유의 여러 식당업자들은 그들의 부이야베스를 보존하기 위한 헌장을 제정했다.

마르세유의 특산 명물 요리인 부이야베스는 전통을 존중하고 고객에게 신뢰를 주기 위해, 요리에 사용하는 재료를 정확하게 명시해야 한다.

이 헌장의 목적은 부이야베스 전문가의 기술을 존중하는 한편, 양질의 부이야베스 재료를 명시함으로써 소비자층에 이 지역 특산 메뉴를 널리 홍보하는 데 있다.

부이야베스의 기원은 생선을 잡아온 어부들이 판매용으로 좋은 것들을 추려내고 나서, 자신과 가족들이 먹으려고 남겨두었던 생선 몇 마리로 끓이던 스튜였다.

본래 이렇듯 소박한 가정요리에서 시작된 부이야베스는 세월이 흐름에 따라 완성도도 더 높아져서 현재는 국물을 걸쭉하게 하는 재료나 심지어 갑각류 등도 넣는 레시피로 발전하게 되었다.

부이야베스에는 쏨뱅이 (rascasse), 날개횟대 (vive), 성대 (rouget grondin), 달고기 (saint-pierre), 아귀 (lotte), 붉은 쏨뱅이 (chapon) 등의 생선들 중 최소 4가지 이상은 꼭 들어가야 한다.

마르세유 부이야베스를 서빙하는 방식은 식당들마다 다르겠지만, 일반적으로 이 요리는 둘로 나뉘어 서빙된다. 한 그릇에는 생선을, 다른 한 그릇에는 국물을 낸다. 손님의 취향에 따라 우묵한 접시에 국물과 생선을 덜어 함께 먹기도 하고, 따로 즐기기도 한다.

그렇지만 반드시 준수해야 하는 규정은 생선을 반드시 손님이 보는 앞에서 잘라 서빙한다는 점이다.

루이유와 크루통을 함께 낸다.

공인된 부이야베스 레시피

6인분

준비 시간 : 1시간 30분
조리 시간 : 1시간 30분

재료

쏨뱅이 1.5kg
달고기 (존 도리) 1kg
붕장어 6토막
성대 3마리
날개횟대 4마리
아귀 6토막
기타 지중해 연안의 작은 생선 2kg
감자 6개
토마토 4개
양파 2개
마늘 2톨
펜넬 1/2개
펜넬 시드
파슬리
사프란
소금, 후추, 올리브오일
루이유 (rouille: 올리브오일, 빵가루, 마늘, 사프란, 칠리 등을 넣고 만든 소스)

만드는 법

올리브오일에 양파와 마늘, 토마토를 넣고 갈색이 나도록 센 불에 볶는다.
여기에 깨끗이 씻어 토막 낸 잔 생선들을 넣고 약 15분 정도 잘 저어 섞어 걸쭉한 페이스트와 같은 질감을 만든다. 끓는 물을 붓고 1시간 정도 끓인다. 펜넬과 파슬리, 소금, 후추를 넣는다. 그라인더에 갈고 체에 거른다. 거를 때 국자로 꾹꾹 눌러주며 맛있는 농축액을 끝까지 짜준다. 거른 국물을 냄비에 담고 감자를 두툼하게 썰어서 넣는다. 주재료인 생선들도 그 크기와 살의 단단한 정도에 따라 순서대로 넣는다 (쏨뱅이, 달고기, 붕장어, 아귀 순). 20분 정도 끓인 후, 서빙하기 5분 전에 성대와 날개횟대를 넣고 끓인다. 완성되면 생선과 감자를 건져낸다. 소금, 후추, 사프란으로 간을 한 뒤 서빙용 플레이트에 담고 다진 파슬리를 뿌려낸다.

부이야베스에는 어떤 와인이 어울릴까?

역시 그 지방에서 나는 와인이 잘 어울린다. 주로 마르산 (marsanne)과 클레레트 (clairette) 품종의 포도로 만든 카시스 (Cassis)산 화이트와인을 추천한다. 야생 꽃향기와 입에서 살짝 맴도는 바다 내음이 부이야베스의 풍미를 한층 더 살려줄 것이다.

부이야베스용 생선

넣는 생선

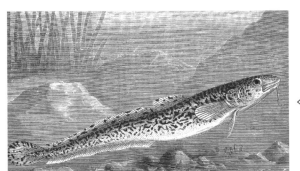

쏨뱅이 *Rascasse*

아귀 *Lotte (baudroie)*

성대 *Rouget grondin (galinette)*

붉은 쏨뱅이 *Chapon*

달고기 *Saint-pierre*

 날개횟대 *Vive*

바다 붕장어 *Congre (fielas)*

넣지 않는 생선

 농어 *Loup*

대구 *Merlu*
(유러피안 메를루사, 헤이크)

명태 *Merlan*

가다랑어 *Bonite*

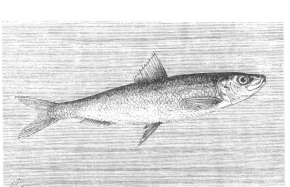

정어리 *Sardine*

 도미 *Dorade*

부이야베스의 기본 수프에 들어가는 작은 생선들

작은 놀래기 *Girelle*
줄망둑 *Gobie*
작은 농어 *Serran*
작은 도미 *Pataclet*
게 *Crabe*

각국의 생선 스튜

칼데이라다 (caldeirada) 포르투갈
포르투갈식 생선 수프. 각종 생선, 오징어, 조개 등을 넣어 끓인다.

치오피노 (cioppino) 미국 캘리포니아
샌프란시스코에서 처음 선보인 던저니즈 크랩 (Dungenese crab)
을 넣고 끓인 생선 스튜.

슈케 토 페슈 (suquet au peix) 프랑스 카탈로니아 지방
문자 그대로 생선 수프를 뜻한다. 감자와 지중해의 생선을 재료로
한 프랑스 카탈로니아 지방의 음식.

토로 (ttoro) 프랑스 바스크 지방
대구 혹은 명태 토막과 바닷가재, 홍합을 넣고 끓이는 바스크식
생선 수프.

어디 가면 맛있는
부이야베스를 먹을까?

본고장인 마르세유에서 대충 흉내만 낸 어설픈 부이야베스를 먹는다는 건 말도 안 된다.
여기 소개한 네 곳은 결코 놓쳐서는 안 될 이 음식을 가장 제대로 훌륭하게 만드는 곳이다.

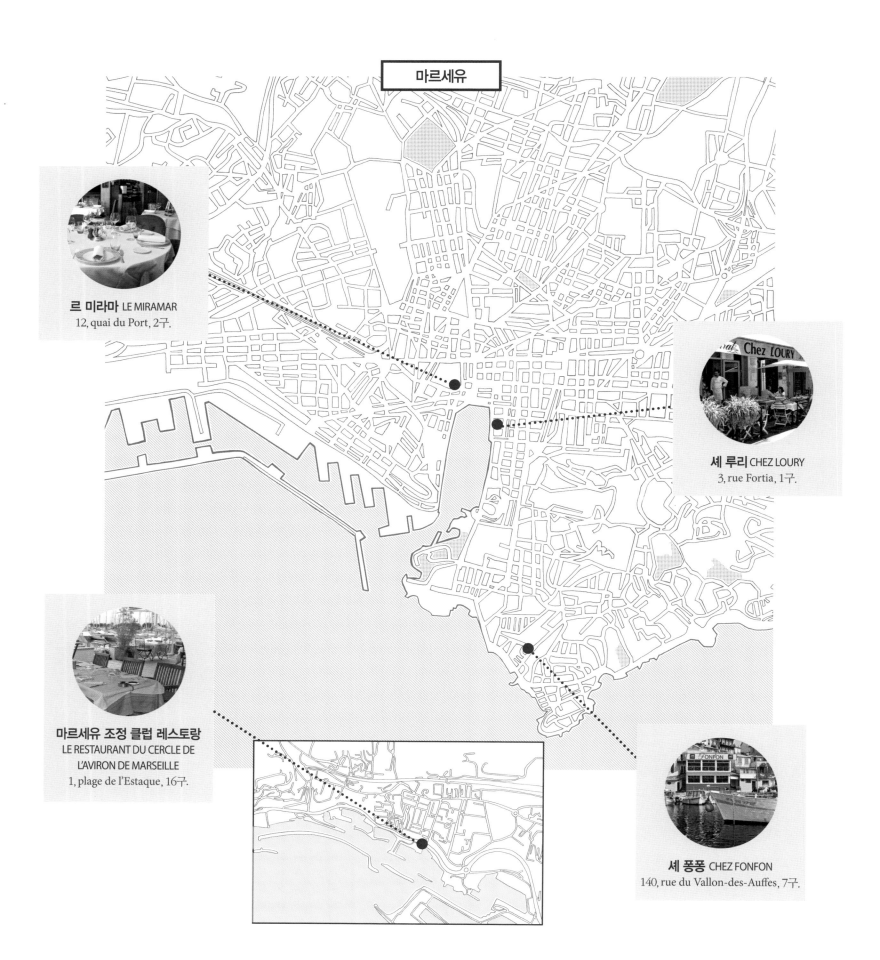

마르세유

르 미라마 LE MIRAMAR
12, quai du Port, 2구.

셰 루리 CHEZ LOURY
3, rue Fortia, 1구.

마르세유 조정 클럽 레스토랑
LE RESTAURANT DU CERCLE DE
L'AVIRON DE MARSEILLE
1, plage de l'Estaque, 16구.

셰 퐁퐁 CHEZ FONFON
140, rue du Vallon-des-Auffes, 7구.

파리에서도 맛있는 부이야베스를 먹을 수 있다.

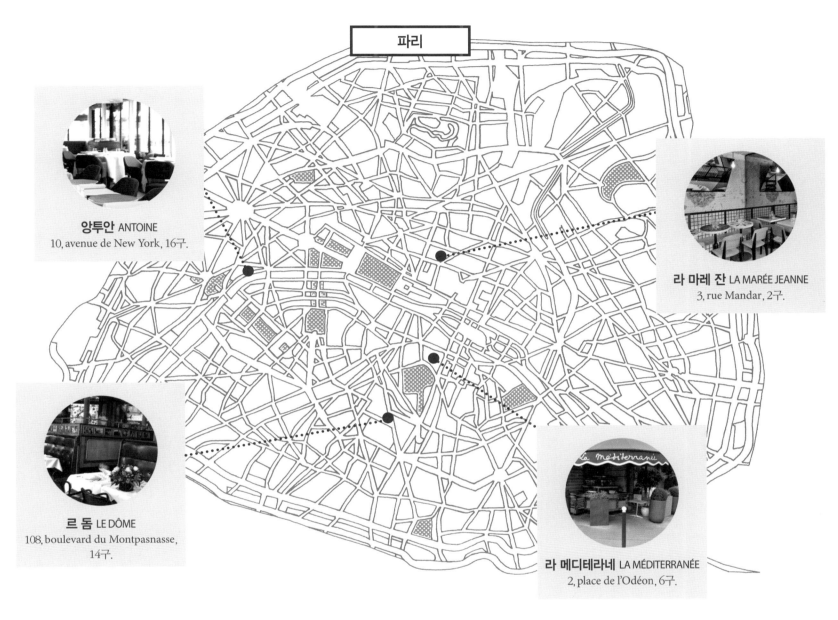

파리

앙투안 ANTOINE
10, avenue de New York, 16구.

라 마레 잔 LA MARÉE JEANNE
3, rue Mandar, 2구.

르 돔 LE DÔME
108, boulevard du Montpasnasse, 14구.

라 메디테라네 LA MÉDITERRANÉE
2, place de l'Odéon, 6구.

페르낭델*의 노래 가사로 배우는 부이야베스 레시피, 1950

맛있는 부이야베스를 만들려면
아침에 일찍 일어나야 한다네.
파스티스를 준비하고 끊임없이
손짓을 하며 우스갯소리를 하곤 하지.

자신 있는 사람들은 낚싯대를 메고
직접 생선을 잡으러 나간다네.
하지만 생선들은 비웃기라도 하는 듯 다 빠져나가고,
하는 수 없이 시장에 가서 생선을 사야 한다네.

아! 부이야베스는 정말 맛있어.
아! 세상에, 정말 정말 맛있네.
아! 부이야베스는 정말 맛있어.
아! 세상에, 정말 정말 맛있네.

바닷가재 한 마리가 필요하다네.
아귀와 작은 게,
쏨뱅이 12마리와 작은 달고기 한 마리,
기름, 사프란, 마늘, 펜넬도 있어야 한다네.

어여쁜 마리 루이즈나
니농을 초대해
연신 가볍게 입 맞추며
함께 냄비를 저으면 좋겠네.

숯을 뒤적여 불을 일으켜야지.
니농은 아주 화끈하게 할 줄 안다네.
마르세유 사람들의 기질을 보여주는 거지.

부이야베스는 끓으라고 좀 두고,
페탕크 놀이를 하러 동네에 나갔지.
공을 잘 던져 내기에서 이기고
돌아오니 더 이상 국물이 안 보이는구나!

아! 부이야베스는 정말 맛있어.
아! 세상에, 정말 정말 맛있네.
아! 부이야베스는 정말 맛있어.
아! 세상에, 정말 정말 맛있네.

* Fernand-Joseph-Désiré Contandin: Fernandel로 더 잘 알려진 마르세유 출신의 배우 겸 가수.

내가 사랑하는 20가지 포도주

로라 비달 Laura Vidal

소믈리에 로라 비달이 세계의 유수 와이너리를 여행하며 찾아낸 가장 아끼는 와인 20종을 소개한다.
그녀의 마음과 미각은 언제나 포도와 인간을 존중하는 자연의 선물인 내추럴 와인을 향한다. 그녀가 소개하는 이 와인들, 믿고 마셔도 좋을 것이다. 치어스!

우리의 가이드

로라 비달에게 여행이란 바이러스와도 같다. 2010년 파리로 이주한 퀘백 출신의 로라는 그레고리 마르샹 (Grégory Marchand)의 비스트로 「프렌치 (Frenchie)」에서 소믈리에로 근무했다. 식당의 와인 리스트를 30종에서 300종으로 키우는 기염을 토하기도 했다. 2014년에는 친구인 해리 커민스 (Harry Cummins: 프렌치의 전 수셰프)와 함께 교육적이고 명상적이며 모험적인 와인 투어를 목적으로, 와인 따개를 주머니에 넣고 세계 여행을 떠났다. 그들은 또한 배낭 안에 '파리 팝업'이라는 임시 레스토랑 프로젝트를 넣고 여행했다. 페스에서 아를, 런던에서 바르셀로나, 오클랜드에서 교토에 이르기까지 그들은 가는 곳마다 식탁을 차렸고 세계의 와이너리를 순례하면서 그들의 마음에 드는 와인을 땄다.

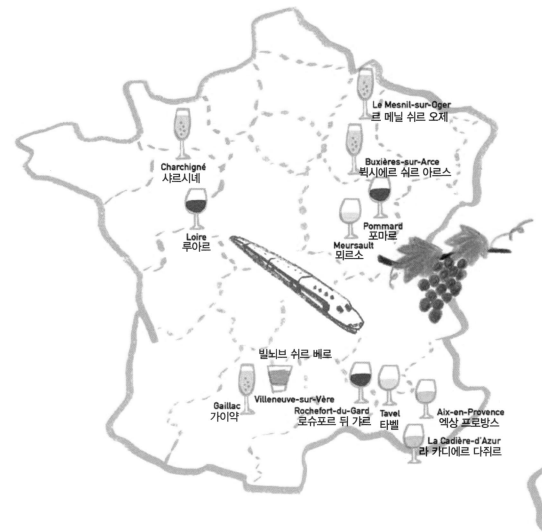

Le Mesnil-sur-Oger
르 메닐 쉬르 오제

Charchigné
샤르시녜

Buxières-sur-Arce
뷕시에르 쉬르 아르스

Loire
루아르

Pommard
포마르

Meursault
뫼르소

빌뇌브 쉬르 베르

Gaillac
가이약

Villeneuve-sur-Vère

Rochefort-du-Gard
로슈포르 뒤 갸르

Tavel
타벨

Aix-en-Provence
엑상 프로방스

La Cadière-d'Azur
라 카디에르 다쥐르

부르괴유 클로 세네샬 2011
Bourgueil Clos Sénechal 2011
카트린과 피에르 브르통 Catherine & Pierre Breton, 프랑스 (루아르 Loire)

"나의 정신적 어머니 카트린 브르통은 나를 문하생으로 받아주었고, 파리에서 내추럴 와인 세계에 입문시켜 준 첫 번째 와인 메이커였다. 그녀의 열정과 비전, 넘치는 에너지는 처음 만난 이후 줄곧 나와 함께 해왔다. 그녀의 포도주를 자주 맛보았지만, 언제나 나에게 인상 깊게 다가오고, 또 내가 다시 찾게 되는 것은 늘 클로 세네샬 부르괴유였다. 점토와 석회질 언덕 위의 이 40년 된 포도나무들은 부르괴유의 고운 백토에서 자라며 카베르네 프랑 (cabernet franc) 특유의 순수함을 고스란히 갖고 있었다. 오래된 빈티지에서는 그 특별한 맛과 향이 아주 조화롭게 튀어 오른다."
가격대: 약 20유로
어디서 구할 수 있나요? Les Caves Augé (파리 8구) 또는 www.domainebreton.net 에 직접 주문 가능.

푸아레 그라니 매그넘
Poiré Granit en magnum
에릭 보르들레 Eric Bordelet, 프랑스 (샤르시녜 Charchigné)

"브레즈 카페 (Breizh Café)에서 크레프와 푸아레 그라니 매그넘 (magnum: 매그넘은 일반 와인병 용량의 두 배인 1500ml 사이즈)을 즐기던 파리에서의 일요일은 너무도 즐겁고 행복한 추억으로 남아 있다. 옆 테이블에 앉은 사람들이 놀라는 눈빛으로 쳐다보긴 했지만, 대부분의 경우 이 거대한 병을 둘이서 다 마시곤 했다. 이것은 미네랄향이 있고, 동물의 털에서 느낄 수 있는 스위트한 애니멀 뉘앙스를 풍기면서도 아주 상큼한 맛이 매력적인 와인이다. 일주일간 바쁘게 일하면서 쌓인 피로를 싹 물러가게 해주는 아주 좋은 약이다."
가격대: 약 65유로
어디서 구할 수 있나요? Breizh Café (파리 3구), Les Caves Augé (파리 8구) 또는 www.ericbordelet.com

랑주 루 L'Ange Lou
제롬 갈로 Jérôme Galaup, 프랑스 (가이약 Gaillac)

"빌뇌브 쉬르 베르 (Villeneuve-sur-Vère)에 있는 로랑 카조트 (Laurent Cazotte)의 집을 방문했을 때, 아페리티프로 이 와인을 마셔보는 감탄했었다. 2013년에 시작한 작은 와이너리가 벌써 그 결실을 보여주고 있었던 것이다. 이곳의 주인인 제롬 갈로는 모작 청포도 (mauzac vert) 종을 베이스로 하여 아주 드라이하고 산도가 있으며 갈증을 풀어주는 멋진 내추럴 스파클링 와인을 생산하고 있다. 도멘 플라졸 (Domaine Plageoles: 1805년부터 6대에 걸쳐 가이약 와인을 생산해 오고 있는 와이너리)에서 경력을 쌓은 제롬은 신선함과 고유의 특성을 살리는 전통방식으로 와인을 제조하고 있다. 부담 없는 가격으로 즐길 수 있는 훌륭한 맛의 스파클링 와인이다."
가격대: 약 12유로

호두 리큐어 Liqueur de Noix
로랑 카조트 Laurent Cazotte, 프랑스 (빌뇌브 쉬르 베르 Villeneuve-sur-Vère)

"타른 (Tarn) 지방 가이약 (Gaillac)의 로랑 카조트는 윌리암 페어 리큐어를 비롯한 개성있고 품질좋은 오드비나 리큐어에 깊은 애착을 갖고 있다. 자신의 와이너리에서 만드는 와인과, 호두, 그리고 오드비*를 결합해 공들여 만든 이 식전주는 쌉쌀한 맛을 내면서도 훌륭한 밸런스를 자랑한다. 차갑게 해서 그냥 마시거나, 독특한 칵테일을 만들 때 넣으면 좋다."
가격대: 약 20유로
어디서 구할 수 있나요? Les Caves Augé (파리 8구)

---

* 오드비 (eaux-de-vie): '생명의 물'이라는 뜻으로 과일 등을 증류해 만든 무색 투명한 독한 술을 총칭한다.

샹파뉴 엑스트라 브륏 1996
Champagne extra-brut 1996
파스칼 도케 Pascal Doquet, 프랑스
(르 메닐 쉬르 오제 Le Mesnil-sur-Oger)

"샴페인 병 목을 칼로 딸 때는 단 하나의 좋은 핑계만 있으면 된다. 나에게는 샴페인하면 떠오르는 아주 기억에 남는 추억이 하나 있다. 나의 친구 해리와 내가 처음으로 팝업 행사를 치른 날, 우리는 무척 피곤했지만, 나름대로 자축하고 싶다는 의욕이 있었다. 우리가 갖고 있던 이 멋진 샴페인 병목을 나는 빵 칼로 쳐내 땄고, 이 환상의 과일즙을 커다란 부르고뉴 글라스에 따라 마셨다. 그 황홀한 맛이란! 꿀과 레몬 콩피 노트, 순수한 활석의 뉘앙스는 와인에 더 생기를 불어넣어 주면서 신선함과 힘을 유지해준다. 꽤 오래된 나이에 비해 젊고 활기찬 샴페인이었다. 참고로, 1996년산을 구할 수 없다면 2002년 빈티지도 아주 훌륭하다."
가격대: 약 65유로로
어디서 구할 수 있나요?
La Dernière Goutte (파리 6구)

뱅 드 프랑스 부르불랑 2014
Vin de France Bourboulenc 2014
도멘 드 랑글로르, 에릭 피페를링 Domaine de l'Anglore, Eric Pfifferling, 프랑스 (타벨 Tavel)

"나에게 의미 있는 와이너리인 이곳은 실험적이면서도 정체성을 잃지 않는 독특한 와인을 만들어낸다. 이 와인을 처음 맛본 것은 아를에서 팝업 행사를 할 때였다. 에릭과 마리는 화이트와인의 포도 껍질 침출법'에 관심과 열정을 갖고 있는 아들 티보 피페를링이 처음으로 만들어낸 이 부르불랑을 우리에게 아주 자랑스럽게 소개해주었다. 색은 연한 오렌지빛을 띠고 있으며, 밀랍 (beewax), 살구, 복숭아 향이 나서 스위트와인 같은 느낌을 준다. 하지만 입 안에서는 꽤 풍부한 염도뿐 아니라 쌉쌀함을 가진 복합적인 맛을 낸다. 약간 차갑게 (13℃), 미리 디캔터에 옮겼다가 마시면 좋다."
가격대: 약 20유로
어디서 구할 수 있나요? Les Caves Augé (파리 8구) 또는 Domaine de l'Anglore, 81, route de Vignobles, 30126 Tavel.

뫼르소 레 그뤼야슈 2013
Meursault Les Gruyaches 2013
장 필립 피셰 Jean-Philippe Fichet, 프랑스 (뫼르소 Meursault)

"뫼르소에서 내가 아주 좋아하는 포도 재배지인 이곳은 토양이 점점 더 석회질화 되어가고 있는 퓔리니 몽라셰 (Puligny-Montrachet) 근처이며, 프르미에 크뤼 레 샤름 (Les Charmes) 바로 아래쪽에 있다. 이곳의 포도나무는 80년 이상 된 것으로, 자연스럽게 농축된 맛과 강한 미네랄의 풍미를 지닌 와인을 만들어내고 있다. 뫼르소 프르미에 크뤼 (premier cru de Meursault) 명칭을 부여받은 이 와인은 가성비도 훌륭하다."
가격대: 약 40유로
어디서 구할 수 있나요?
Aux Anges (파리 11구)

* 화이트와인 포도 껍질 침출법 macération pelliculaire: 화이트와인을 만들 때 일반적으로 껍질과 과육을 처음에 분리하는 것과 달리, 맛이 농축되어 있는 껍질 부분도 함께 오랜 시간 침출하는 방법.

샹파뉴 블랑 다르질, 엑스트라 브륏 부에트 에 소르베
Champagne Blanc d'Argile extra-brut
Vouette et Sorbée
베르트랑과 엘렌 고테로 Bertrand & Hélène Gautherot, 프랑스 (뷕시에르 쉬르 아르스 Buxières-sur-Arce)

"활기 넘치는 이 와이너리의 주인장 부부는 바이오다이내믹 농법 (biodynamie: 유기농 재배법을 극대화 시킨 것으로, 땅과 나무의 근본적 체질을 강화해 포도나무에 질병이나 문제가 생겼을 때 자연에서 해답을 찾는 것을 목표로 한다.)으로 포도를 재배한다. 2013년 그들의 포도밭을 방문했을 때 이 독특한 포도재배 농법을 보고 깊은 인상을 받았다. 본래 샹파뉴 지방 출신이 아닌 베르트랑과 엘렌은 지속가능하고 건강한 포도재배의 비전을 갖고 있다. 그들이 만드는 샹파뉴 블랑 다르질 (Blanc d'Argile)은 어린 샤르도네 포도를 원료로 하며, 오크통에 장시간 숙성해 만든다. 따로 단맛을 첨가하지 않은 이 샹파뉴는 미네랄향이 있으며 샤프한 산미와 활기를 띠고 있다. 아페리티프로 훌륭하며 해산물에도 잘 어울린다."
가격대: 약 40유로
어디서 구할 수 있나요? Les Caves Augé (파리 8구)

퐁포네트 2014 Pomponette 2014
도멘 드 쉴로즈 코토 엑상프로방스 Domaine de Sulauze Côteaux d'Aix-en-Provence, 기욤과 카리나 르페브르 Guillaume & Karina Lefèvre

"여름엔 로제 와인! 2015년 여름 아를의 노르 피뉘스 (Nord Pinus)에서 진행한 우리의 팝업 레스토랑에서 이 로제를 마셨다. 그르나슈 (grenache), 생소 (cinsault)와 베르멘티노 (vermentino) 품종을 혼합해 만든 이 와인은 뜨거운 여름 저녁 파티에서 아를 사람들에게 최고로 많은 인기를 끌었다. 소박하지만 개성 있는 이 와인은 일반 용량의 병뿐 아니라 매그넘 (magnum: 1.5리터)이나 제로보암 (jéroboam: 3리터)으로도 많이 마신다."
가격대: 약 10유로
어디서 구할 수 있나요? Ma Cave Fleury (파리 2구), L'Insolite (파리 11구), Le Verre Volé (파리 10구)

포마르 비에이유 비뉴 2013
Pommard Vieilles Vignes 2013
파니 사브르 Fanny Sabre, 프랑스 (포마르 Pommard)

"이 샴페인을 처음 맛본 것은 스페인의 산 펠리우 데 귀솔스 (San Feliu de Guixols)에 있는 레스토랑 빌라 마스 (Villa Mas)에서였다. 카탈루냐의 이 식당에는 부르고뉴의 화이트와 레드와인이 포진한 화려한 와인 리스트가 구비되어 있었다. 어떤 부르고뉴 와인을 고르냐 하는 것은 그 어떤 식도락가라 할지라도 쉽지 않은 일이었다. 유명한 엘 세에 데 칸 로카 (El Celler de Can Roca: World's 50 Best Restaurants 어워드에서 1등으로 선정된 바 있는 스페인의 유명한 레스토랑)에서의 견습을 앞두고 여러 가지 결정을 해야 했던 어느 봄날, 우리는 파니 사브르 와이너리의 포마르 비에이유 비뉴 (Pommard vieilles vignes)를 골랐다. 이 와인은 포도송이 통째로부터 스며나오는 순수한 풍미와 결코 흔하지 않은 맛을 지니고 있었다. 인생에서 중요한 결정을 해야 할 때 도움이 되었던 와인이다!"
가격대: 약 36유로로
어디서 구할 수 있나요?
Les Caves Augé (파리 8구)

방돌 로제 2014 Bandol rosé 2014
도멘 뒤 그로노레 Domaine du Gros'Noré, 알랭 파스칼 Alain Pascal, 프랑스 (라 카디에 르 다쥐르 La Cadière d'Azur)

"프랑스 남부의 랭쉬 (Lynch: 명품급 와인들을 미국으로 수출한다.) 패밀리의 하우스에서 휴가를 보내고 있을 때, 알랭 파스칼 와이너리의 방돌 로제를 대접받았다. 그 옆에는 작은 멍게와 미더덕의 중간쯤 되어 보이는 해산물 (violet, figue de mer: 지중해 연안에서 식용으로 소비하는 작은 멍게 종류로 바다 무화과라고도 불린다)이 볼에 담겨 있었다. 흔하지 않은 음식이었으나 맛이 아주 좋았고, 이 풍향기와 미네랄의 맛을 지닌 상큼한 와인과의 마리아주는 완벽했다. 기억에 남았던 이 프로방스에서의 하루는 양 어깨살 요리와 로즈마리를 깔고 익힌 홍합, 그리고 마음껏 마셨던 이 로제와인으로 행복하게 마무리되었다."
가격대: 약 15유로로
어디서 구할 수 있나요?
Les Caves Augé (파리 8구)

코트 뒤 론, 클로 데 그리용 2014
Côtes du rhône Clos des Grillons 2014
니콜라 르노 Nicoas Renaud, 프랑스 (로슈포르 뒤 갸르 Rochefort-du-Gard)

"우리가 좋아하는 포도 재배지들 중 무작위로 아무 곳에나 질문을 해본다. 좋은 와인을 만드는 주변의 신생 와이너리를 추천한다면 어디가 있을까요? 에릭 피페를링 (Eric Pfifferling)의 답은 '니콜라 르노 (Nicholas Renaud)'였다. 교수 출신인 그는 로슈포르 뒤 갸르의 백 년 된 포도원을 인수해 그르나슈와 시라를 재배하고 있으며, 그의 모든 포도에는 이산화황을 첨가하지 않는다. 그가 생산하는 와인은 과일 본연의 훌륭한 맛을 느낄 수 있을 뿐 아니라 가격대도 부담 없는 편이라 모든 소믈리에들의 마음을 설레게 한다."
가격대: 약 11.50 유로로
어디서 구할 수 있나요?
와이너리에서 직접 구매가능하다.

프로프리에타 스페리노 2010
Proprieta Sperino 2010
파올로와 루카 데 마르키 Paolo & Luca de Marchi, 이탈리아 (레소나, 피에몬테 Lessona, Piemonte)

"피에몬테 출신이지만 토스카나 지방에서 포도재배를 하던 루카 데 마르키와 그의 아버지 파올로는 1999년 레소나 (Lessona)에서 7헥타르에 이르는 와이너리를 인수한다. 강한 산성의 모래질 토양인 이 지역은 미네랄 노트가 강한 아주 섬세하고 우아한 와인을 생산하고 있으며, 이 와인들은 바롤로 (barolo)나 바르바레스코 (barbaresco)보다 숙성 기간이 짧아 더 일찍 마실 수 있다. 95% 네비올로 (nebbiolo) 포도 종으로 만드는 이 와인의 2010년산은 제 기량을 다 발휘하려면 아직 좀 더 기다려야 했지만, 피에몬테의 훌륭한 와인을 발견해낸 것은 아주 기분 좋은 일이었다."
가격대: 약 45유로로
어디서 구할 수 있나요?
www.artedelvino.fr (방대한 이탈리아 와인 셀렉션)

도멘 파네비노 Domaine Panevino
지안프랑코 만카 Gianfranco Manca, 이탈리아 (사르데니아 Sardegna)

"먹고 마시면 그만이죠! 아무 와인이나 상관없어요! 한번 가보면 기존의 와인에 대한 생각이 완전히 바뀌는 곳? 그런 곳이 진짜 있다. 사르데냐 지방 여행을 떠난 우리는 꼬불꼬불한 길을 한참 운전해 간 끝에 드디어 지안프랑코 만카의 와이너리에 도착했다. 숲 속 외진 곳에 위치한 이곳에서 우리는 독특한 와인들을 맛보았다. 이곳의 와인은 매년 라벨과 아상블라주 (assemblage: 여러 품종의 포도를 혼합하는 블렌딩 기법)가 달라진다. 항상 일정한 와인인 아닌 그때그때마다 달라지는 영감이 반영된 것이라 할 수도 있겠다. 자신의 포도밭을 화가의 팔레트로 보는 사람이 그린 그림을 음미한다고 생각하고 그의 와인을 즐겨보자."
기존에 선보인 그의 와인들: Pikade (레드), Billuke (레드와 화이트 혼합)
가격대: 약 30유로로
어디서 구할 수 있나요?
www.lacavedespapilles.com

포르토 콜레이타 1934
Porto Colheita 1934
더크 니푸르트 Dirk Niepoort,
포르투갈 (포르투 Porto)

"포르투갈을 여행하는 동안 우리는
더크 니푸르트의 와이너리에 들러,
인심 좋은 주인장과 함께 아주
기억에 남는 저녁을 보냈다. 그의
지하 저장고는 오래된 나무통에서
세월과 함께 천천히 숙성되어가는
엄청난 포트와인들로 가득 차
있었다. 니푸르트 와이너리는
장인의 전통 수공업 방식을 그대로
이어오고 있는 포르투의 마지막
가문이다. 현재 이 와이너리의 수장
을 맡고 있는 더크는 파인 와인의
굉장한 애호가이며 프랑스 와인뿐
아니라 세계 각국의 와인을 수입하
고 있다. 그는 감사하게도 우리에게
콜레이타 (Colheita) 1934년산 포트
와인을 맛볼 기회를 주었다.
여러분들도 기회가 된다면 니푸르
트의 오래된 빈티지 포트와인을 꼭
찾아서 맛보시길 권한다. 그러면
오랜 기다림의 시간만이 선사할 수
있는 순수함, 우아함, 정숙함이 어떤
것인지 바로 이해하게 될 것이다."
가격대: 약 50유로로
어디서 구할 수 있나요?
www.artedelvino.fr 또는
www.douro-vins.fr

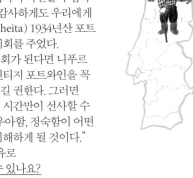

라 보타 데 만자니야 no.42
La Bota de Manzanilla no.42
에퀴포 나바조스 Equipo Navazos, 스페인 (헤레즈 Jerez)

"헤레스를 여행하면서, 나는 에퀴포 나바조스 (Equipo
Navazos)의 보타 (botas) 와인을 여러 종류 시음할 기회가
있었다. 이 팀은 여러 종류의 와인 숙성 나무통을 선별해
사용하는 열정적인 친구들의 모임이다. 몇 년 전부터 그들은
와인을 숙성한 나무통 이름을 붙여 병입하고 있다. 라 보타 데
만자니야 42번… 알이 작은 팔로미노 피노 (palomino fino)
품종으로 만들어진 이 셰리와인은 아주 미세한 필터링은 하지
않았으며, 산루카르 데 바라메다 (Sanlucar de Barrameda)에서
만들어졌다. 상큼하면서도 염도가 느껴지는 이 셰리와인은
누구나 마시기 쉽고, 특히 가벼운 바다감과 바다의 내음이
느껴지는 맛이 아주 매력적이다."
가격대: 약 40유로로
어디서 구할 수 있나요? La Maison du Whisky (파리 8구)

그란 레제르바 수틸 2007
Gran Reserva Subtil 2007
카바 레카레도 Cava Recaredo,
스페인 (지로나 Girona)

"스페인 지로나의 엘 세예 데 칸 로카
(El Celler de Can Roca) 레스토랑에서
견습생으로 일하는 동안 그 근처의 와인
생산지 몇 군데를 방문할 기회가 있었다.
톤 마타 (Ton Mata)가 총괄 관리하고 있는
산트 사두르니 다노이아 (Sant Sadurni
d'Anoia)의 레카레도 (Recaredo) 와이너
리도 그중 하나다. 여기서 생산하는 카바
(Cava: 스페인에서 생산되는 스파클링
와인)는 셰렐로 (xarello) 품종의 포도로
만들어진다. 르뮈아주 (remuage: 병을
하루에 한 번씩 한 방향으로 돌려 무거운
침전물을 병 입구 쪽으로 가라앉히는 작업)
와 데고르주망 (dégorgement: 병목 부분에
쌓인 침전물을 제거하는 작업)은 반드시
손으로 직접하고, 바이오다이내믹 제조법
을 사용해 이산화황을 최소한의 양만 주입
하는 등 아주 세밀한 디테일까지 깐깐하게
샹파뉴 제조방식을 그대로 고수한다.
어떤 면에서는 샹파뉴 지방의 최고 와이너
리보다 더 정성을 다해 까다롭게 작업을
하는 수준이다. 그 결과 크리미한 거품과
부드러운 맛을 가진 동시에 산도의 밸런스
가 완벽한 카바가 탄생하게 되는 것이다."
가격대: 약 40유로로
어디서 구할 수 있나요?
www.vindumonde.com

시드르 드 글라스 네주 2012
Cidre de glace neige récolte d'hiver 2012
라 파스 카셰 드 라 폼 La Face cachée de la pomme,
캐나다 (헤밍포드, 퀘백 Hemmingford, Quebec)

"퀘백에서는 포도보다 사과가 더 잘 자란다.
이 아름다운 퀘백 출신인 나는 파리에 도착하면
서 라 파스 카셰 드 라 폼 '아이스 애플사이더
(cidre de glace)'의 홍보대사가 되다시피했다.
한 겨울 추위가 정점에 달하는 시기, 후지,
풀리오, 골덴, 러세트, 허니골드 등의 다양한
품종의 사과들은 헤밍포드의 차갑고 거센 바람을
버티며, 아직 나무에 매달려 있다. 꽁꽁 언
상태의 사과를 따서 착즙하여 이 달콤하고도
신맛이 나는 사과 와인을 만든다. 이 맛의
밸런스는 아주 특별하여 소테른이나 독일의
아이스와인과 견줄 만하다."
가격대: 약 50유로로
어디서 구할 수 있나요?
https://domaineneige.com

도멘 드 라 코트 블룸스필드 2013
Domaine de la Côte Bloom's Field 2013
라자트 파 Rajat Parr,
미국 (산타 바바라 Santa Barbara)

"라자트 파는 세계적으로 유명한 소믈리에다.
부르고뉴 애호가인 그는 2013년 캘리포니아의
산타 리타 힐스 (Santa Rita Hills)라는 이름의
와이너리를 사들였다. 규석질이 풍부한 이곳의
토양에 적합한 피노 누아 품종 포도를 엄선해
빽빽이 심은 이 와이너리에서는 블룸필드
테루아를 잘 살린, 캘리포니아에서는 보기 드문
순도의 와인을 생산한다. 포도송이 전체를 100%
그대로 사용하는 이 맛좋은 와인은 숙성시킬 때
절대로 새 오크통을 사용하지 않는다. 즙이
풍부하고 알코올 함량이 낮은(12.5%) 이 와인은
부르고뉴 애호가가 캘리포니아 와인에 입문하는
데 가장 이상적인 선택이 될 것이다."
가격대: 50유로로
어디서 구할 수 있나요? 와이너리에서 직접 구입.

외프 블랑 2013   OEuf Blanc 2013
도멘 루치 Domaine Lucci,
호주 (애들레이드 Adelaide)

"루아르에서 열리는 내추럴 와인 박람회인 「디브
부테이유 (Dive Bouteille)」에서 시음하던 중
매우 독특한 괴짜가 만든 이 엄청난 와인을 만나
게 되었다. 와인 제조업자 안톤 (Anton)은 젖가
슴 부분에 구멍이 난 티셔츠를 입고 와인을 많이
마셔댔으며, 파티 분위기를 띄우는 데 능수능란
했고, 언제나 짓궂은 미소를 띠고 있었다. 그는
호주 최고의 소비뇽 블랑을 재배하는 사람
이었다. 그의 포도밭은 호주 남부 애들레이드의
언덕에 자리하고 있다. 그는 이 지역에서 살충제
와 제초제로 토양을 파괴하지 않는 몇 안 되는
생산자들 중의 하나다. 그는 더 자연적이고 논리
적인 방법을 선호한다. '흰 달걀'이라는 이 와인
의 이름에서 알 수 있듯이 포도를 손으로 따서
수확한 다음, 달걀 모양의 세라믹 통에서 이산화
황 첨가 없이 발효시킨다. 이렇게 하여 패션푸르
트, 새콤한 파인애플, 청사과 향과 맛을 뿜어내는
놀라운 와인이 탄생하게 되는 것이다."
가격대: 18유로로
어디서 구할 수 있나요?
La Pangée, société de Laurent Cazottes

쓴맛에 대하여

엠마뉘엘 지로 Emmanuel Giraud[*]

대부분의 프랑스인들이 싫어하는 이 특이한 맛이 최근 다시 각광을 받고 있다.
이 미스터리를 파헤치기 위해 엠마뉘엘 지로는 우리가 쓴맛에 빠지는 생리학에 대해 분석해보았다.

왜 쓴맛을 싫어하는가?

단맛은 즉각적으로 기쁨과 연관되어 있는 반면, 쓴맛은 인상을 찌푸리게 만들고 구역질을 유발하는 나쁜 맛의 대명사다. 그 이유는 간단하다. 설탕은 인체에 쉽게 흡수되는 에너지원으로 우리 몸이 인식하고 있는 데 반해 쓴맛은 알칼로이드(질소를 함유하고 있는 염기성 유기화합물) 계열의 입자가 품고 있는 독성에 대한 위험 경고 역할을 하기 때문이다. 결국 우리는 태생적으로 쓴맛을 경계하게 되어 있다.
하지만, 이 맛 또한 훈련되어진다. 이탈리아처럼 쓴맛이 음식 문화에서 꽤 많은 부분을 차지하고 있는 나라에서는 어릴 때부터 쌉쌀한 맛을 가진 식재료를 광범위하게 먹어보면서 그 맛을 익힌다.

동물적인 쓴맛 L'amertume animale

바다와 쓸개즙을 동시에 삼킨 듯한 맛을 느낄 수 있는 노랑촉수 (red mullet, rouget)의 간, 멧도요의 내장을 바른 토스트와 수렵육의 냄새가 물씬 풍기는 육수, 빵 속에 송아지 허파와 비장을 넣고 리코타 치즈로 내장의 비린 맛을 잡은 샌드위치인 팔레르모의 길거리 간식 '파니 카 메우사 (pani câ mèusa)'… 이 세 가지 특이한 음식을 경험해보면 동물적인 쓴맛도 얼마나 맛있을 수 있는지 깨닫게 될 것이다.

껍질의 쓴맛 L'amertume échorchée

시트러스류 과일을 보면 우리는 자동적으로 그 즙의 신맛을 먼저 떠올리는데, 껍질 속에 숨겨진 기분 좋은 쌉쌀한 맛을 묵과하면 안 된다. 좀 더 정확히 말하자면 껍질 바로 안쪽에 붙은 하얀색 부분에 쓴맛의 대부분이 농축되어 있는데, 비터 오렌지, 자몽, 또 몇몇 종류의 레몬 등이 여기에 포함된다. 이탈리아에서는 베르가모트나 키노토 등의 쌉싸름한 시트러스를 즐겨먹는다. 특히, 중국이 원산지인 작은 오렌지인 키노토 (chinotto)는 리구리아 (Liguria) 해안에서 많이 자라는 품종으로 달콤쌉싸름한 탄산음료 이름에도 사용되었다.

*Emmanuel Giraud, 미식학 박사. 프랑스 La Fresnoy 국립현대미술 스튜디오 졸업. Villa Medicis 연구원 역임. '미식의 기억'이라는 테마로 퍼포먼스, 비디오, 소리를 이용한 설치미술 등을 선보였다. 저서: 『쓴맛 (L'Amer)』 éditions Argol 출판. 2011.

～ 다양한 종류의 쓴맛 ～

쓴맛은 그저 한 가지 종류라고 알고 있다면 그것은 큰 오산이다. 그 다양성, 복합성, 미묘함 등을 정확히 구분하고 이해하려면, 여러 종류의 쓴맛에 대해 이야기해보아야 할 것이다.

우려내거나 증류한 쓴맛
L'amertume infusée et distillée

프랑스에서 쓴맛을 가진 아페리티프 (식전주)는 사실 별 인기가 없다. 오베르뉴 지방의 비스트로에 가면 먼지 쌓인 선반 위에 아직도 쉬즈 (Suze: 용담 뿌리로 만든 독특한 쓴맛의 식전주), 아베즈 (Avèze: 프랑스 캉탈 지방에서 제조되는 용담 뿌리 원료의 리큐어)나 장티안 드 살레르스 (Gentiane de Salers: 프랑스 마시프 상트랄 지방에서 처음 만들어진, 가장 오래된 용담 뿌리 리큐어)병들이 놓여 있긴 하지만, 피콩 (Picon: 오렌지 껍질을 말린 다음 알코올에 절였다가 증류하여 만든 리큐어로 쌉쌀한 맛이 나며 주로 마르세유에서 제조된다)은 아무도 손대는 사람이 없고, 페르네 브랑카 (Fernet-Branca: 이탈리아에서 처음 만들어진 쓴맛의 허브 리큐어)도 술주정꾼이 찾을 때를 대비하여 바의 찬장 한 귀퉁이에나 겨우 처박아 둔 실정이다. 반면 이탈리아에서는 캄파리 (Campari: 창시자의 이름을 딴 이탈리아의 붉은색 리큐어로 쓴맛을 갖고 있다), 푼테메스 (Punt-e-mes:이탈리아의 베르무트로 짙은 갈색의 쓴맛을 가진 리큐어) 또는 아티초크 베이스의 리큐어인 치나르 (Cynar: 달콤하면서도 강한 쓴맛을 가진 이탈리아의 리큐어로 아티초크를 비롯한 13종류의 허브와 식물을 주원료로 한다) 등을 아페리티프로 즐긴다. 최근 아페롤 (Apérol)과 화이트와인 그리고 사이폰으로 쏘아 넣는 탄산수 오드셀즈 (eau de Selz)를 섞어 만드는 베네치아의 유명한 칵테일 스프리츠 (Spritz)가 다시 인기몰이를 하고 있는 것으로 보아, 앞으로 쓴맛에 대한 애정도 다시 부활하지 않을까?

쓴맛의 정도를 측정할 수 있을까?

맥주 제조업계에서는 맥주의 쓴맛을 IBU (International Bitterness Unit)로 표시하고 있다. 예를 들어, 약간 쓴 맥주 (23 IBU), 홉의 쓴맛이 매우 강한 맥주 (70 IBU) 등 쓴맛의 정도를 숫자로 매긴다. 하지만, 감각신경생물학 연구소 창립자인 패트릭 맥레오드 (Patrick McLeod) 교수는 "맛을 판별함에 있어서 기준이 되는 관찰자는 없다."라고 강조한다. 인지의 경계는 1에서부터 1000까지 광범위하고, 각 개인들마다 그만큼의 광범위한 유전적인 차이가 존재하기 때문에 냄새나 맛에 관한 합의점에 도달하기는 불가능하다는 것이다.

발효된 쓴맛 L'amertume fermentée

대부분의 포도주 전문가에게 쓴맛은 나쁜 점으로 인식되고 있다. 그러나 드라이 셰리와인이나 샤토 샬롱 (château Chalon)의 옐로와인 뱅 존 (vin jaune), 아폴리아 (Apulia)의 네그로아마로 (negroamaro: 이탈리아의 적포도 품종), 아마로네 델라 발폴리첼라 (amarone-della-valpolicella) 등 섬세하면서도 파워풀한 와인들을 마셔보면 그 맛의 얼개를 확실히 보여주는, 개성 넘치는 쌉쌀한 뉘앙스에 감탄하게 될 것이다. 맥주의 세계에서도 마찬가지다. 최근 들어 자가 제조 맥주를 선보이는 마이크로 브루어리 (micro brewery: 소형 양조장)가 다시 늘어나는 추세인데, 이들은 뚜렷한 개성을 가진 이국적 과일향의 쓴맛이 나는 홉을 사용해 매력 있는 인디아 페일에일 맥주 (IPA)를 만들기도 한다. 특히 몽트뢰유 (Montreuil)의 덱 앤 도나후 (Deck & Donohue)나 피카르디 (Picardie)의 크레그 알란 (Craig Allan) 등이 쓴맛의 영역을 새롭게 확장하는 데 기여하고 있다.

식물 자체의 쓴맛 L'amertume nue

종류가 다양한 쓴맛의 공통 줄기는 생채소에서 나는 식물성 쓴맛이다. 우선 이탈리아의 다양한 샐러드용 채소를 살펴보자. 루콜라는 후추향의 쓴맛을 낸다. 치커리의 종류도 무척 다양한데, 그들 중 트레비스 (Trévise), 키오지아 (Chioggia), 카스텔프란코 (Castelfranco)산 라디치오는 강렬한 붉은색을 띠고 있으며 날카로운 쓴맛이 있다. 또 다른 치커리 종류인 푼타렐라 (puntarella)는 두꺼운 줄기 부분을 가늘게 썰어 마늘과 안초비를 넣은 비네그레트로 버무리면 그 특유의 매력적인 쌉싸름한 맛을 살릴 수 있다. 또 함초를 연상시키는 쫄깃한 텍스처와 시금치와 비슷한 맛을 지닌 치커리의 일종인 아그레티 (agretti)는 미네랄의 풍미를 띤 상큼하고도 쌉싸름한 맛을 자랑한다. 그 밖에도 엔다이브, 아티초크, 그린 아스파라거스가 있다. 이 채소들을 날것으로 혹은 아주 살짝만 익힌 상태로 먹으면 놀라울 정도로 풍부한 향을 지닌 쌉싸름한 맛을 느낄 수 있으며, 여기에 뜨거운 태양빛을 받고 자란 올리브오일을 뿌리면 더할 나위 없이 완벽해진다.

로스팅한 쓴맛 L'amertume torréfiée

커피에 쓴맛을 내는 데는 사용된 원두 품종 자체보다 로스팅이 더 큰 영향을 미친다. 원두가 본래 지닌 산미와 로스팅으로 얻어지는 매력적이면서도 절제된 쌉쌀함이 최적의 밸런스를 이루어 풍미가 좋은 커피를 만들려면 섬세한 고도의 로스팅 기술이 관건이다. 다크 초콜릿의 쓴맛도 카카오 원두 로스팅 과정에서 생긴다. 여기서도 마찬가지로 밸런스가 가장 중요하다. 아마도 부드러운 카카오 버터가 이 쓴맛을 상쇄해주며 이상적으로 균형을 이루고 있는 것이 가장 맛있는 초콜릿일 것이다.

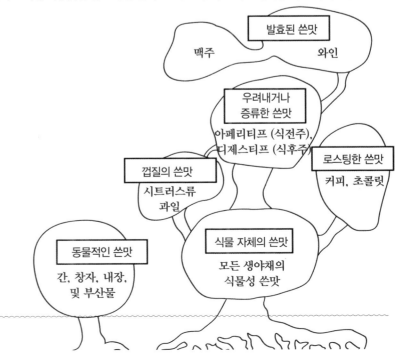

레몬

레몬은 모든 것을 다 가지고 있다. 이 시트러스 과일의 장점이나 효능은 더 이상 이야기하지 않아도 될 정도이다. 게다가 레몬은 달콤한 디저트뿐 아니라
짭짤한 일반 음식에도 좋은 재료가 된다. 더 이상 무엇을 바라겠는가? 단, 좋은 레몬을 주의해서 잘 골라야 한다.

～ 초간단 파스타 ～

레몬-파르메산 스파게티

4인분

재료

스파게티 500g
즉석에서 간 파르메산 치즈 4테이블스푼
올리브오일 4테이블스푼
레몬 2개
로스팅한 잣 2테이블스푼
소금, 후추

만드는 법

볼에 파르메산 치즈와
올리브오일을 넣고 섞는다.
레몬은 깨끗이 씻어, 껍질 제스트를 갈고
즙을 파르메산 치즈와 오일 혼합물에
넣어준다.
로스팅한 잣을 넣어 잘 섞은 후
간을 맞춘다.
끓는 물에 소금을 넣고,
스파게티 면을 알 덴테로 삶는다.
스파게티를 건져,
삶은 물 1테이블스푼을
넣고 소스와 잘 버무려 섞는다.
주키니 호박을 가늘게 채 썰어 넣거나,
다진 파슬리 또는 바질을 넣으면
더욱 좋다.

레몬을 소금에 절일 것인가, 오일에 담글 것인가?

프랑스, 이탈리아를 비롯한 지중해 연안의 국가에서는 이 두 가지 저장법의 장단점에 대한 의견이 분분하고, 논쟁도 치열하다. 단 한 가지 확실한 점은 이 두 방법이 그 식감에서 확연히 차이가 난다는 것이다.

소금

레몬을 깨끗이 씻어 세로로 4등분한다. 이때 완전히 자르지 않고 끝은 붙어 있는 상태로 남겨둔다. 자른 레몬 속에 정제 처리 하지 않은 좋은 질의 굵은 천일염을 각각 1테이블스푼씩 넣어 채운다. 밀폐 가능한 유리병 안에 소금이 빠지지 않도록 레몬의 열린 부분이 위로 가게 해서 촘촘 하게 채워 넣는다.
고무 패킹이 달린 밀폐뚜껑을 잘 닫아 봉한 뒤 4-7일간 두어 레몬의 즙이 다 빠져나오도록 한다. 냄비에 물을 끓인 다음 식힌다. 레몬이 들어 있는 병에 물을 부어 잠기게 한 뒤 다시 밀봉하여 최소 3주간 발효시킨다.

장점: 먹었을 때 입안에서 레몬 본연의 상큼함을 그대로 느낄 수 있다.
단점: 짠맛이 아주 강하기 때문에 먹기 전에 헹궈 사용하고, 조리 중 추가로 간을 하지 않는다.
로스트 치킨과 그린 올리브를 넣은 전통 모로코식 타진 (Tagine) 요리에 넣는다.

올리브오일

레몬을 씻어 원형으로 슬라이스 하거나 세로로 등분해 자른다. 볼에 넣고 소금을 넉넉히 뿌려 살살 섞어준다. 냉장고에 하룻밤 넣어둔다.
다음 날, 깨끗한 면포로 레몬을 조심스럽 게 짠 다음, 유리병에 켜켜이 쌓아 넣는다. 올리브오일로 덮고 밀봉한다.

장점: 레몬이 아주 말랑말랑해져 그냥 씹어 먹어도 될 정도가 된다.
단점: 이미 오일에 담겨 있으므로 조리시 넣는 기름의 양을 줄인다.
병아리콩 샐러드에 넣거나 오븐에서 통째로 구운 생선요리에 곁들인다.

레몬 제스트

그레몰라타 (gremolata)

이탈리아식 다용도 양념인 그레몰라타는 이탈리안 파슬리 반 단, 레몬 또는 오렌지 제스트 1개분, 다진 마늘 1-2톨을 섞은 일종의 페르시야드 (persillade: 다진 파슬리와 마늘, 허브, 오일, 식초를 혼합한 양념)이다. 전통적으로 밀라노식 오소부코 (osso-buco: 송아지 뒷다리 정강이 찜요리. 밀라노식 리소토를 곁들인다)를 서빙할 때 마지막에 얹어낸다. 이 그레몰 라타에 올리브오일을 섞으면 렌틸콩 샐러드의 드레싱으로 사용할 수도 있고, 로스트 치킨을 구울 때 닭의 표면에 발라 줘도 좋다.

레몬을 고르는 법
'처리하지 않은 레몬 (citron non traité)'표시는 수확 후 어떠한 첨가물 처리도 하지 않았음을 뜻한다. 일반적으로 농약 처리는 그 이전에 한다.

유기농 레몬 (citron bio)은 수확하기 전과 후 모두 어떠한 처리도 하지 않은 것이다. 껍질 제스트를 사용한다면 유기농을 선택하는 것이 바람직하다.

레몬 타르트의 산미 비교
세 곳의 유명 파티스리에서 만드는 레몬 타르트 (tarte au citron). 이들의 레몬 크림 산도를 각각의 레시피를 바탕으로 비교해보았다. 가장 새콤한 것에서 신맛이 순한 순서로 소개한다.

자크 제냉, 신맛이 강한 레몬 타르트
Jacques Genin*
산도: 80 %
레몬 제스트와 레몬즙 6개분
설탕 170g
달걀 3개
버터 200g

80%

블레 쉬크레, 중간 맛 레몬 타르트
Blé Sucré*
산도: 60 %
레몬즙 4개분
레몬 제스트 3개분
설탕 150g
달걀 3개
버터 200g

60%

레몬 커드 Lemon Curd

스콘, 크레프, 제누아즈에 얹어 발라 먹거나, 타르트 안에 충전물로 넣기도 하고, 또 요거트에도 곁들이는 이 새콤한 레몬 크림은 아주 손쉽게 그리고 빨리 만들 수 있다.

작은 유리병 1개 분량
준비시간: 20분

재료
레몬 제스트 2개분
레몬즙 4개분
설탕 150g
옥수수 전분 (Maïzena) 1테이블스푼
달걀 3개

만드는 법
레몬을 씻어 2개 분량의 제스트를 곱게 갈아 작은 냄비에 넣는다.
레몬즙을 짜서 냄비에 넣는다.
설탕과 옥수수 전분을 넣고 잘 섞은 후 약한 불로 데운다.
달걀은 잘 풀어서 레몬이 들어 있는 냄비에 넣고 거품기로 잘 저으며 섞는다.
불을 올리고 크림이 타지 않도록 계속 저으며, 농도가 되직해질 때까지 익힌다.
작은 유리병에 붓고 식힌 후 냉장고에 보관한다. 냉장고에서 3주간 보관 가능하다.

세바스티엥 고다르, 신맛이 순한 레몬 타르트
Sébastien Gaudard*
산도: 40 %
레몬 제스트, 레몬즙 2개분
설탕 150g
달걀 3개
버터 200g

40%

* Jacques Genin, 133, rue de Turenne, 파리 3구.
* Blé sucré, 7, rue Antoine-Vollon, 파리 12구.
* Sébastien Gaudard, 22, rue des Martyrs, 파리 9구.

에두아르 니뇽

ÉDOUARD NIGNON

제대로 평가받지 못했던 셰프

탄탄대로를 걸어왔고 훌륭한 책들을 집필했으나 그는 스타 셰프 반열에선 항상 뒷자리였다. 오귀스트 에스코피에와 동시대를 살았던 낭트 출신의 에두아르 니뇽은 9살의 어린나이에 요리를 시작했다. 그는 명실상부한 20세기 전반의 가장 위대한 셰프 중 한 사람이다.

도전하라, 창조하라, 여행하라

오귀스트 에스코피에와 마찬가지로 에두아르 니뇽은 요리에 있어서 놀라우리만큼 현대적인 면모를 보여주었다. 그 당시 프랑스에서 전혀 쓰이지 않던 생소한 식재료들도 과감히 시도해보는 실험정신을 보였다. 음식의 쓴맛에 대한 열렬한 추종자였던 그는 생강이나 용담 뿌리를 재료로 사용하여 그 특유의 향을 뽑아냈고, 향을 우려내는 인퓨전 기법을 적용해 카모마일이나 키니네를 사용하기도 했다. 그는 요리의 창조 정신을 항상 강조했다. "우물 안 개구리로 안주하여 머물지 말고, 공부해라, 명상하라, 항상 찾아보아라, 창조자가 되어라." 또 그는 해외로 나갈 것을 적극적으로 권장했다. "여행하라! 각 나라들이 가진 특징적인 방법을 비교하라. 그럼으로써 그 기술들을 배워 습득할 수 있는 것이다."
누벨 퀴진이 탄생하기 70년 전부터 이미 그는 요리를 좀 더 가볍고 담백하게 만들었고, 자신이 생각하기에 너무 무겁고 느끼해 부담스럽다고 생각되는 소스는 과감히 밀가루를 빼고 조리했으며, 심지어 향신 가루를 사용하기도 했다.

아방가르드한 요리사이자 미식 작가였던 에두아르 니뇽
(1865–1934)

~~~ **카망베르와 굴** ~~~

에두아르 니뇽의 레시피

2인분

재료

콜체스터 (영국, 엑세스)산 굴 12개
버터 500g
카망베르 치즈 2개
카옌페퍼 약간

만드는 법

"굴과 곁들이기 위해서 다음과 같이 토스트를 준비한다. 우선 버터와 카망베르를 섞어 포마드처럼 부드럽게 만든 다음, 카옌페퍼를 칼끝으로 떠서 아주 조금 집어넣는다. 토스트에 듬뿍 바르고 샌드위치처럼 빵 두 장을 마주 붙여서 먹는다."

고위급 인사들의 요리사

파리와 생 페테르부르그에서 에두아르 니뇽은 당시 최고위급 인사들의 요리사였다.
또한, 프랑스 엘리제 왕궁의 대규모 연회를 진두지휘했으며, 윌슨 대통령이 프랑스에 머무르는 동안 그의 요리를 담당했다.

1884
파리 불르바르 데지탈리앵 (boulevard des Italiens)의 「라 메종 도레 (La Maison Dorée)」 레스토랑 시절, 로스차일드 (Rothschild) 백작은 그의 요리를 맛보기 위해 종종 이곳에 들렀다.

1890
벨기에의 레오폴드 2세 (Léopold II)국왕은 레스토랑 「르 마리보 (Le Marivaux)」에서 맛본 니뇽 셰프의 '모르네 소스와 아티초크를 곁들인 뿔닭 요리 (Blancs de pintadeau, fond d'artichaut et sauce mornay)'를 아주 좋아했다.

1892
오스트리아 비엔나 트리아농 (Le Trianon) 주방의 수장이 된다. 프랑수아 조제프 (François-Joseph) 황제는 생크림 소스와 버섯, 송아지 흉선과 콩팥으로 만든 투르 (Tours)의 대표 요리인 뵈셸 (beuchelle)을 맛보고 감탄했다.

1898
사보이 호텔의 오귀스트 에스코피에처럼, 그 역시 런던 클라리지 (Claridge's) 호텔의 오픈과 동시에 주방을 맡게 되었다. 당시 에드워드 7세 (Edouard VII) 국왕은 그 레스토랑의 단골이었다.

1900
생 페테르부르그 에르미타주 (Ermitage) 궁의 주방 책임자가 된 그는 니콜라이 2세의 모든 연회를 총괄 지휘한다. 심지어 차르 (tsar)의 주문에 따라 프랑스 베이커리도 오픈하게 된다.

1908
레스토랑 「로르 (Laure)」를 다시 인수한다. 이 식당은 빠른 속도로 인기를 끌며 파리 사교계의 중심지로 떠오른다. 마르셀 프루스트, 아나톨 프랑스, 에드몽 로스탕, 장 콕토, 아리스티드 브리앙 등이 자주 드나들었으며, 심지어 자신들의 전용 냅킨링도 있었다.

카망베르와 굴

크리스토프 생타뉴* 셰프가 재해석한 레시피

4인분

준비 시간: 1시간 30분

재료

굴 24개
카망베르 치즈 1개
가늘게 자른 김 한줌
샬롯 1개
와인식초 2테이블스푼

<u>튀일 (tuile)</u>
물 180g
갈색이 나게 데운 버터 (beurre noisette) 160g
밀가루 30g
소금 4g
설탕 10g

만드는 법

굴은 껍질을 까서, 증기에 3초간 찐다. 잘게 썬 샬롯을
식초에 넣고 약 30분간 재운다. 카망베르 치즈는 24조각
으로 자른다. 튀일 반죽 재료를 모두 섞어, 팬에 작은 튀일
24개를 바삭하게 구워낸다. 서빙할 때 튀일을 데워 말랑한
상태로 만든 다음 속에 굴을 집어넣고 동그랗게 만든다. 김과
샬롯, 카망베르 치즈도 함께 넣어준다.

*Christophe Saintagne: 전 호텔 뫼리스의 총주방장, Le Meurice, 228, rue de Rivoli, 파리 1구. 현재 레스토랑 「파피용」의 오너 셰프. Papillon, 8 rue Meissonier, 파리 17구.

미식 작가 니뇽

에두아르 니뇽은 25년에 걸쳐 미식
문학의 대표적 작품 3권을 집필했다.

7일간의 미식 이야기
(*L'Heptaméron des gourmets*)
1919

7일로 나뉘어져 있는 이 책은 각각 기욤
아폴리네르 (Guillaume Appolinaire),
로랑 타일라드 (Laurent Tailhade),
앙리 드 레니에 (Henry de Régnier) 등
의 작가가 하루씩 소개하고 있다.
미식가들의 점심과 저녁 메뉴가 해당
레시피와 함께 자세히 기록되어 있다.

식탁의 기쁨
(*Les Plaisirs de la table*)
1926

그의 스승인 앙토냉 카렘 (Antonin
Carême)에게 헌사한 책으로 다음과
같은 부제가 붙어 있다. "이 책에서
저자는 새로운 방식으로 맛있는 요리
레시피와 그 비법을 공개하였고,
유명한 미식가들과 예리한 비평가 및
미식 전문가, 잘 먹는 기술에 대한
확신을 가진 신뢰할 만한 조언자들의
고견을 기록하였다."

프랑스 미식 예찬
(*Éloges de la cuisine française*)
1933

미식 문학의 기념비가 된 이 책은 그가
죽기 1년 전에 세상의 빛을 보게 되었
으며, 3부로 나뉘어져 있다. 요리 교습,
요리의 기본 노하우, 그리고 1876년
런치와 디너 메뉴에서 뽑아낸 세트
메뉴 코스 (formule)로 이루어져 있다.
사샤 기트리 (Sacha Guitry: 프랑스의
배우이자 희곡작가)는 서문에 이렇게
썼다. "나는 쓸데 없는 것들이라고 증오
하진 않는다. 하지만 꼭 필요한 것들은
아주 사랑한다. 이 아름다운 책은 꼭
필요한 것이었고, 우리의 교과서로,
사전으로, 지도서로 아주 중요한
자리를 차지한다. 이것은 요리사의
책이 아니라 주인장의 책이다. 이것은
또한 지출의 책이 아니라 수익의
책이다."(이 책은 2014년 Menu Fretin
출판사에서 재출간되었다.)

그라탱 도피누아

기 사부아 Guy Savoy

살살 녹는 감자와 부드러운 크림, 딱 맞게 조절된 간. 그라탱 도피누아 (gratin dauphinois)는 간단하면서도 고유의 정통성을 가진 요리다.
이 셰프의 레시피를 따라 한번 해보면, 평생 이대로 만들어 먹을 게 분명하다.

알고 넘어갑시다

사실 치즈를 얹어 그라티네 (gratiné: 그라탱처럼 치즈가 녹도록 브로일러에 익히는 방법) 하지 않음에도 불구하고 이것을 사부아 지방의 치즈 그라탱쯤으로 생각하는 경우가 아주 많다. 감자 품종을 잘못 선택하기도 하고, 생크림이 뚝뚝 흐르는 비주얼을 상상하기도 한다. 하지만 그라탱 도피누아는 오히려 잘 구워진 케이크에 비교하는 것이 더 정확하다. 우리 같은 아마추어 요리사들이 믿고 따라할 만한 황금 레시피를 얻기 위해서는, 평생 몸무게의 열 배 이상 되는 양의 그라탱 도피누아를 먹어본, 진짜 도피네 지방 출신 토박이에게 그 방법을 물어보는 것이 최선의 길일 것이다. 미슐랭 3스타 셰프 기 사부아 (Guy Savoy)가 바로 그런 사람이다.
그의 이름은 사부아지만 이것은 사부아 요리가 아니다!

3가지 비결

1

감자 품종: 단언컨대, 샤를로트 (charlotte: 프랑스의 감자 품종 중 하나로 긴 타원형을 하고 있으며 껍질이 얇고 질감은 단단한 편이다) 품종이 가장 좋다.

2

익히기: 약한 불에 천천히 익힌다. 이것이 제대로 콩피 (confit: 은근한 불에 오래 졸이듯이 익힘)하는 중요한 포인트다.

3

마늘: 드라큘라는 싫다고 도망갈 수도 있겠지만, 우유와 크림에 향이 은근히 배어든다. 은은하지만 확실한 존재감을 주는 향이다.

셰프의 레시피

6인분

준비 시간: 45분
조리 시간: 1시간

재료

샤를로트 품종의 감자 800g
생크림 300g
저지방 우유 (lait demi-écrémé) 300g
마늘 1톨
소금, 후추

만드는 법

감자는 껍질을 벗겨 물에 헹군다. 마늘은 껍질을 깐 다음 반을 갈라 속의 싹을 제거한다. 그라탱 용기의 안쪽을 반 자른 마늘로 문질러준다. 나머지 마늘 반쪽은 잘게 다진다.
요리 팁: 마늘에 고운 소금을 조금 묻히면 도마에서 미끄러져 도망가는 것을 막을 수 있다.
냄비에 우유와 크림을 붓고 다진 마늘을 넣는다. 감자는 2mm 두께로 얇게 썬다. 고운 소금과 후추로 간을 한다. 간을 한 감자를 우유와 크림 혼합물에 넣고 끓인다. 감자를 그라탱 용기에 정렬해 놓는다. 끓인 우유와 크림 혼합물을 감자 위에 붓는다. 150℃로 예열된 오븐에 넣어 1시간가량 익힌다.
요리 팁: 다 익고 난 겉면이 노르스름하게 그라티네 (granité)되지 않았을 경우에는 브로일러 아래에 넣고 몇 분간 더 구워낸다. 이 그라탱은 약간 자극적인 매콤한 맛이 나도 좋으니, 후추를 넉넉히 뿌려 먹는다.

무엇을 추가할까요?

넛멕 (육두구) 간 것을 한 꼬집 넣어도 되나요?
아무도 뭐라 불평하지 않을 것 같은데요. 물론 기 사부아 셰프도요.
포치니 버섯을 넣어도 되나요? 네. 얇게 썰어 볶은 후 넣으면 크림에 버섯의 향이 배어 더 풍부한 맛을 냅니다. 효과 만점입니다.
에멘탈 치즈를 넣어도 되나요? 네. 하지만 그럴 경우엔 이름을 그라탱 사부아야르 (gratin savoyard 사부아식 그라탱)라고 불러야 되겠네요.

프랑스의 위대한 셰프들

요리사의 광기와 열정

여기 소개된 프랑스 오트 가스트로노미 (*haute gastronomie*)의 대표 주자들은 공통점이 하나 있다.
모두 60세 이전에 세상을 떠났다는 점인데, 심장마비와 자살로 목숨을 잃은 경우가 가장 많았다.

프랑수아 타벨 FRANÇOIS TAVEL

샹티유성 (château de Chantilly, Oise)의 주방 총책임자였던 그는 1671년 4월 24일 40세의 나이에 자살로 생을 마감했다.

앙토냉 카렘 ANTONIN CARÊME

널리 이름을 날린 요리사이자 파티시에이며, 『프랑스 요리의 기술 (*L'Art de la cuisine française*)』이라는 백과사전의 저자인 그는 1833년 1월 12일 파리에서 49세의 나이로 세상을 떠났다. 주방에서 일하는 기간 내내 석탄 오븐에서 나오는 독성 연기를 계속 마셔왔던 것이다.

페르낭 푸엥 FERNAND POINT

비엔 (Vienne, Isère)의 레스토랑 「라 피라미드 (La Pyramide)」의 셰프였던 그는 1955년 3월 5일 비엔에서 오랜 지병 끝에 58세의 나이로 세상을 떠났다.

자크 라콩브 JACQUES LACOMBE

스위스 콜로니 (Cologny, Suisse)의 미슐랭 2스타 레스토랑 「르 리옹 도르 (Le Lion d'Or)」의 셰프였던 그는 1974년 10월 23일, 교통 사고로 51세의 생을 마감했다.

폴 라콩브 PAUL LACOMBE

미슐랭 1스타 레스토랑 「레옹 드 리옹 (Léon de Lyon)」의 셰프였던 그는 당뇨병과 심장병을 앓았으며 세금 문제로 세무서의 압박에 시달려 왔다. 결국 극도로 쇠약해진 그는 1972년 4월 29일, 57세의 나이에 숨을 거두었다.

장 트루아그로 JEAN TROISGROS

로안 (Roanne)의 트루아그로 형제 중 하나인 그는 57세였던 1983년 8월 9일 심장마비로 세상을 떠났다.

알랭 샤펠 ALAIN CHAPEL

미오네 (Mionnay, Ain)의 미슐랭 3스타 셰프였던 그는 1990년 7월 10일 생 레미 드 프로방스 (Saint-Rémy-de Provence)에서 심근경색으로 52세의 생을 마감했다.

자크 픽 JACQUES PIC

미슐랭 3스타 레스토랑인 「라 메종 픽 (La maison Pic)」의 셰프였던 그는 59세의 나이에 발랑스 (Valence, Drôme)에서 심장마비로 사망했다.

베르나르 루아조 BERNARD LOISEAU

솔리외 (Saulieu, Côte d'Or)의 레스토랑 「라 코트 도르 (La Côte d'Or)」의 셰프였던 그는 2003년 2월 24일 스스로 목숨을 끊어 52세의 나이에 생을 마감했다.

내 사랑 검보

이 음식이 아직 좀 낯선 것을 보니, 아무래도 세계적 유행에 좀 뒤처지는 느낌이다. 이 희한하게 생긴 채소가 거의 모든 곳에서 소비되고 있다.
하지만 서양인들의 입맛에는 좀 미스터리한 음식이다. 생김새도 독특할 뿐 아니라 미끈거리는 질감과 그 특이한 맛은 모두 낯설고 새로운 경험이다. 하지만 우리는 검보를 사랑한다.

검보란 무엇인가?

*Abelmoschus esculentus*라는 학명을 가진 열대 화본 식물의 열매로, 아프리카가 원산지인 아욱과 (malvaceae)에 속한다. 끝이 뾰족한 코르니숑 (cornichon: 작은 오이로 만든 달지 않은 프랑스식 피클)처럼 생겼으며, 5개의 면이 있는 길쭉한 형태다. 아프리카와 앙티유에서 검보 (gombo)라고 불리는데, 이 이름은 앙골라의 반투어에서 생겨났다. 서아프리카에서 두 번째로 많이 생산되는 채소다.

맛은 어떤가?

주키니 호박에 가까운 맛으로 은은한 훈연 맛도 감돈다. 질감은 끈적끈적한 점액질로, 확실히 호불호가 갈린다. 좀 덜 끈적이게 하는 방법은 익히기 전에 동그랗게 송송 썰어주는 것이다. 아니면 카메룬식으로, 익혀서 믹서에 간 다음 손가락으로 먹는다.

어디에서 구할 수 있나?

인도, 모리셔스 또는 아시아 식품 전문 매장에서 구매 가능하다.

어떤 효능이 있나?

우선 영양학적 측면에서 몸에 이롭다. 섬유질이 풍부할 뿐 아니라 비타민 A, C, K, B6 및 칼슘, 마그네슘, 망간, 철, 구리 등의 무기질도 많이 함유되어 있다.

어떻게 사용하나?

검보를 고를 때는 너무 크지 않고 연한 녹색을 띠는 것이 좋으며, 특히 검은 반점이 없어야 한다. 너무 큰 검보는 섬유질이 많아서 익히면 질기고 단단해질 수 있다. 끝의 뾰족한 부분을 살짝 부러뜨려 보았을 때 탁 부러지지 않고 힘없이 휘어지면 신선한 것이 아니다. 검보는 찬물에 씻지 않는 것이 좋다. 그러면 끈적끈적한 특성이 금방 그 위력을 발휘할 것이다. 조리하는 방법은 다른 채소와 같다.

전 세계에서 부르는 명칭

레위니옹: **카보** (Cabou)
프랑스령 기아나: **칼루** (Calou)
콩고: **동고동고** (Dongo dongo)
튀니지: **그나위아** (Gnawia)
터키: **바미야** (Bamyia)
브라질: **키아보** (Quiabo)
미국: **오크라** (Okra)
영국: **레이디핑거즈** (Ladyfingers)
인도: **빈디** (Bhindi)
일본: **오크라** (Okura)

루이지애나식 검보
LE GUMBO DE LOUISIANE

검보와 닭고기, 소시지를 넣은 수프

4인분

준비 시간 : 45분

재료

식용유 (향이 약한 것) 60ml + 2테이블스푼
밀가루 60g
셀러리 4줄기
청피망 1개
다진 양파 2개분
마늘 4톨
검보 (오크라) 500g
훈제 소시지 (예를 들어 Morteau) 둥글게 썰어서 1개분
닭고기 (가슴살, 북채, 넓적다리살) 4조각
생새우 20마리
신선한 타임
월계수 잎 1~2장
소금, 후추
닭육수 1리터
카옌페퍼 (없으면 타바스코)
껍질 벗겨 씨를 뺀 토마토 2개
줄기 양파 또는 쪽파 4개
파슬리

만드는 법

소스팬에 식용유를 넣고 센 불에 달군 후, 밀가루를 한꺼번에 넣고 잘 저어가며 색이 나도록 볶아 루 (roux)를 만든다. 보기 좋게 갈색이 나면 불을 끄고 다시 1분간 잘 저어주어 타지 않게 한다. 무쇠냄비에 식용유 2테이블스푼을 넣고 중불에 달군 다음, 소시지를 넣고 뒤집어 가며 약 5분간 노릇하게 지진다. 소시지를 꺼내고, 닭고기를 넣어 각 면에 골고루 색이 나도록 익힌다. 소시지의 간이 이미 충분하므로, 소금은 넣지 않는다. 닭고기가 노릇하게 익으면 다져 놓은 양파, 피망, 셀러리를 모두 넣고 잘 섞으며 5분간 색이 나지 않게 익힌다. 다 익으면 지져 놓았던 소시지를 넣고, 미리 만들어 놓은 루를 넣어주는데, 스튜를 만들 경우에는 분량 전부, 좀 묽은 수프를 만들 때는 반만 넣는다. 검보는 꼭지를 따고 냄비 위에서 직접 자르며 넣어준다. 아주 작은 것은 통째로 그냥 넣는다. 타임, 월계수 잎을 넣고, 카옌페퍼를 칼끝으로 조금만 집어 넣어준다. 잘 섞고, 닭육수(1리터 정도)를 부은 다음 다시 잘 저어 섞는다.
뚜껑을 닫고 아주 약한 불에서 약 10분간 뭉근히 끓인다. 간을 보고 필요하면 소금, 후추로 조절한다. 생새우를 넣고 색이 붉게 변할 때까지 잘 섞으며 익힌다. 큐브 모양으로 잘라놓은 토마토와 잘게 썬 쪽파, 다진 파슬리를 넣고 마무리한다. 쌀밥과 함께 서빙한다.

세계 각국의 검보 요리

나라	요리	레시피
튀니지	그나위아 Gnaouia	고기와 검보, 토마토를 넣은 타진
쿠바	킴봄보 Quimbombo	플랜테인 바나나 크넬과 검보를 넣은 스튜 (bananes plantain: 달지 않은 바나나 종류로 주로 익혀서 사용한다)
앙티유	크레올식 검보 샐러드	아래 레시피 참조
인도	빈디 바지 Bhindi Bhaji	검보, 양파, 마늘, 고수, 큐민, 토마토, 참기름을 넣은 야채 커리
레바논	베미에 비 자이트 Bémié bi zeit	올리브오일에 마늘과 함께 볶은 검보, 토마토, 양파, 레몬, 고수로 만든 샐러드
서아프리카	마페 칸디아 Maffé Kandia	낙화생 페이스트, 토마토, 가지, 양파, 고구마, 검보를 넣은 고기 스튜
카메룬	훈제 생선과 검보 소스	훈제 생선, 검보 소스, 생강을 넣고 끓인 스튜
카메룬	검보 소꼬리 스튜	아래 레시피 참조
미국	검보	왼쪽 페이지 레시피 참조
일본	오크라노 오이타시	데친 검보에 간장 드레싱을 넣은 샐러드.

검보와 소꼬리 스튜
LES GOMBOS À LA QUEUE DE BOEUF
알렉상드르 벨라 올라 Alexandre Bella-Ola*

6인분
조리 시간 : 1시간 10분

재료
검보 1kg
소꼬리살 1.2kg
토마토 큰 것 2개
야채 스톡 큐브 2개
양파 1개
부케가르니 1개
마늘 3톨
고추 2개
소금, 후추

만드는 법
소꼬리는 정육점에서 일정한 크기로 잘라온다. 검보는 꼭지를 따고 끝의 뾰족한 부분을 잘라낸 다음 둥근 모양을 살려 송송 썬다. 고추 한 개의 끝부분을 자르고 속의 씨를 전부 빼낸 다음 잘게 다진다. 토마토는 껍질을 벗기고 속씨를 제거한다. 마늘과 양파는 다진다. 큰 냄비에 물을 붓고 소꼬리를 넣어 끓인다. 부케가르니와 야채 스톡 큐브, 토마토, 마늘, 양파, 고추를 모두 넣고 소금 후추로 간을 한다. 처음 끓기 시작한 후 약 45분 동안 센 불에서 끓인다. 썰어 놓은 검보를 넣는다. 다시 끓기 시작하면 중불로 줄이고, 재료가 바닥에 눌어붙지 않도록 중간중간 뒤적이면서 끓인다.
서빙: 요리 위에 나머지 고추 하나를 얹어 낸다.

앙티유식 검보 샐러드
LA SALADE DE GOMBOS DES ANTILLES

4인분
준비 시간: 20분

재료
검보 1kg
라임 2개
쪽파 5줄기
또는 줄기 양파 3개
마늘 1톨
올리브오일 4테이블스푼
소금, 후추

만드는 법
검보를 씻어 끓는 물에 소금을 넣고 크기에 따라 약 8-10분간 통째(꼭지 포함)로 데쳐 익힌다. 검보가 터지지 않게 주의한다. 익힌 물을 반 컵 정도 떠내어 따로 보관한다. 검보를 건진다. 마늘은 껍질을 까고 반을 갈라 속의 싹을 제거한 다음 다진다. 볼에 다진 마늘과 소금 한 꼬집, 즉석에서 간 통후추를 넣고 잘 섞는다. 라임 두 개의 즙을 짜 넣고 잘게 썬 쪽파도 넣어 준다. 올리브오일을 넣고 잘 혼합한 다음, 따뜻한 검보 익힘물을 넣고 다시 잘 섞어준다. 따뜻한 검보를 넣고 잘 버무린다. 검보 꼭지를 손으로 잡고, 연한 부분을 먹는다. 소스에 강황가루를 조금 넣어도 좋다.

* 『검은 아프리카, 오늘날의 음식 (Cuisine actuelle de l'Afrique noire)』에서 발췌한 레시피, Alexandre Bella-Ola, Joëlle Cuvilliez 공저, Edition First 출판.

프로방스의 셰프, 렌 사뮈

의학 공부를 중단하고 요리가 좋아 독학으로 셰프가 된 렌 사뮈 (Reine Sammut)에게 프로방스는 제2의 고향이자 테루아이며, 자신의 꿈을 멋지게 펼친 곳이다.
그녀가 가장 좋아하는 식재료인 아티초크, 딸기, 정어리, 브루스 치즈를 이용한 4개의 레시피를 여기 소개한다.

프로방스의 여왕*

기와 렌 사뮈 (Guy & Reine Sammut)
는 35년 전부터 그들의 단골손님들과
뤼베롱을 여행하는 방문객들을 맞이
하고 있다. 루르마랭 (Lourmarin)으로
가는 길목에 자리한 호텔「로베르주
라 페니에르 (L'Auberge La Fenière)」
는 온 가족이 평생 일궈온 역사다.
보주 (Vosge) 출신의 렌 사뮈는 시어
머니에게 아시아와 프로방스의 음식을
배웠고, 1995년에 미슐랭 별 하나를
받았다. 2015년에는 딸 나디아도
주방에 합류하여 두 모녀는 전체가
글루텐 프리로 구성된 메뉴를
선보인다.
*L'Auberge La Fenière, route de Lour-
marin, Cadenet (Vaucluse)*

* 프랑스어로 여왕이라는 뜻의 단어 렌 (reine)과
이 셰프의 이름이 같다.

레몬을 뿌린 아티초크 카르파치오
Le carpaccio d'artichaut au citron

6인분

재료

바이올렛 아티초크 (줄기째로 준비) 18개
(artichaut violet: 프로방스에서 많이 나는
보라색의 작은 아티초크로 프와브라드 (poivrade)
라고도 불린다)
레몬즙 1개분 (물에 넣는 용도)
파르메산 치즈 (얇게 셰이빙한 것) 40g
토마토 콩피
토마토 3개
마늘 1톨
타임 작은 것 1송이
올리브오일 1테이블스푼
설탕 10g
플뢰르 드 셀
(fleur de sel: 소금의 꽃이라는 뜻으로, 염전에 결정이
가라앉기 전 표면에 뜬 소금이다.
고급 소금의 대명사로 통한다)
소스
올리브오일 100ml
레몬즙 2개분
소금, 후추
데코레이션
보리지 식용꽃 (borage, bourrache)

만드는 법

토마토 콩피 Les tomates confites
하루 전날 준비한다.
끓는 물에 살짝 데쳐 토마토의 껍질을
벗기고 반으로 자른다. 숟가락이나 손가락
으로 속의 씨를 빼낸 다음, 토마토 살만
세로로 등분하여 꽃잎 모양으로 자른다.
베이킹 팬에 실리콘 패드 또는 유산지를
깔고, 잘라 놓은 토마토를 볼록한 면이
위로 올라오게 하여 한 켜로 놓는다.
올리브오일을 뿌린다. 손바닥으로
토마토를 납작하게 눌러준다. 플뢰르 드
셀, 타임, 설탕을 뿌리고 얇게 저민 마늘을
골고루 얹는다.
낮은 온도(90℃)의 오븐에서 4-5시간
가량 천천히 익혀 콩피한다. 시간이 다
되면 토마토를 뒤집어 다시 오븐에
넣는다. 토마토가 색이 나면 오븐 온도를
줄인다. 낮은 온도의 오븐에 넣어놓고
잊어버려도 괜찮다. 거의 건조될 때까지
천천히 콩피한다. 완성된 토마토 콩피는
병에 넣고 올리브오일로 덮어 냉장고에
보관한다. 단, 오일에 담가 냉장고에 보관
해도 토마토에 물기가 많으면 상할 수
있으니 주의한다.

아티초크 Les artichauts
두 개의 큰 볼에 레몬물을 준비한다.
아티초크의 줄기는 약 2cm 정도 남기고
잘라낸다. 아티초크의 아랫부분을 잡고
질긴 부분을 제거한 다음, 위쪽으로 올라
가며 껍질을 깎는다.
아티초크를 가로로 잡고, 남아 있는
잎의 밑동 부분에 칼날 끝을 넣어 둥글게
돌려가며 가장자리의 잎을 도려내어
다듬는다. 꽃 부분의 위쪽 반은 잘라
버리고, 아티초크의 밑동 속살은 색이
갈변하지 않도록 얼른 레몬물에 담근다.
만돌린 슬라이서로 얇게(2mm 이하)
슬라이스한다. 만돌린을 또 하나의
레몬물 볼 위에 얹고 슬라이스하여 직접
레몬물로 떨어지게 한다. 사용하기 직전
까지 레몬물에 담가둔다.

카르파치오 Le carpaccio
레몬즙과 올리브오일을 혼합해 소스를
만든다. 소금과 후추로 간한다. 서빙하기
바로 전 레몬물에 담가 놓은 아티초크
슬라이스를 건져 꼭 짜서 키친타월에 놓고
물기를 제거한다. 아티초크를 각 접시에
소복하게 쌓아 놓고 토마토 콩피를 한 두
조각 올린 다음, 레몬 드레싱을 뿌린다.
감자 필러나 만돌린으로 얇게 자른
파르메산 치즈를 얹는다.

서빙: 각 접시마다 보리지 식용꽃을
한 송이씩 얹어 색감을 더한다.
응용: 카르파치오하면 우선 얇게 저민
생고기 요리를 떠올린다. 이 요리에서도
재료를 아주 얇게 썰어서 카르파치오라는
이름이 붙었다. 이 레시피를 좀 더
색다르게 응용하고 싶으면, 세라노
하몽을 아주 얇게 슬라이스해서
아티초크 위에 구겨놓듯이 풍성하게
얹어도 좋다. 색깔과 맛의 훌륭한 대조를
즐길 수 있을 것이다.

* 여기 소개된 레시피는 『렌 사뮈의 요리 수업 (Mes cours de cuisine, Reine Sammut, à La Fenière de Lourmarin)』에서 발췌하였다. 글 Anne Garabedian, Edition du Chêne 출판.

정어리와 토마토 콩피를 얹은 토스트
Les tartines de sardine et tomates confites

무엇보다 식감의 대조가 훌륭하다! 셰프 렌이 좋아하는 이 요리는 바삭한 토스트와 새콤한 맛의 토마토 콩피, 그리고 소금에 절인 정어리 살이 주는 단단함이 잘 어우러져 있다.
에스카베슈 (escabèche: 데치거나 튀긴 생선을 신맛이 도는 소스에 재웠다가 먹는 지중해 연안의 요리) 스타일로 요리한 정어리의 부드러움과는 전혀 다른 질감이다.

6인분

재료

정어리 15마리
바게트 빵 (사선으로 얇게 썬 것) 30조각
굵은 소금 200g
올리브오일 400ml
드라이 펜넬 1줄기
토마토 콩피 3테이블스푼
검은 후추

데코레이션
보리지 식용꽃

만드는 법

정어리 Les sardines
비늘을 제거하고 살만 필레를 뜬다.
꼬리는 잘라버린다. 물에 헹구고 키친
타월로 물기를 뺀다. 우묵한 용기에 굵은
소금 100g을 펼쳐 놓고, 그 위에 정어리
필레를 놓는다. 드라이 펜넬 줄기를 얹은
다음 나머지 소금으로 덮고, 냉장고에
2시간 넣어둔다. 흐르는 물에 정어리를
헹군 다음, 키친타월에 놓고 물기를
제거한다. 소금에 절여 살이 단단해진
것을 느낄 수 있을 것이다.
올리브오일과 검은 후추를 조금 뿌린 후
냉장고에 보관한다.

토스트 Les tartines
바게트 슬라이스에 올리브오일을 바른
후 200℃ 오븐에서 약 10분간 굽는다.
구운 토스트 위에 토마토 콩피 1-2
조각과 소금에 절인 정어리 필레 한 쪽을
얹는다. 보리지 식용꽃으로 장식한다.

조리팁
1. 긴 모양의 바게트 토스트.
정어리 필레를 올리기에 넉넉한 긴
모양으로 빵을 준비하려면 사선으로
자르면 된다. 긴 타원형의 보기 좋은
바게트 토스트를 만들 수 있다. 바삭한
토스트를 만들려면 두께는 1cm 정도가
가장 적당하다.

2. 정어리는 통에 넣어 보관한다. 절인
정어리를 겨울 내내 보관하기 위해서는
작은 플라스틱 밀폐용기에 넣고 올리브
오일로 덮은 다음 냉동실에 보관한다.
3. 빵에 올리브오일을 바를 때 붓을 사용
하면 훨씬 편리하고 팬 바닥으로 흘러
낭비하는 기름의 양도 줄일 수 있어 일석
이조다. 주방용 붓은 꼭 한 개쯤은 갖춰
두어야 할 기본 도구다. 가지나 주키니
호박 등의 야채를 구울 때도 오븐에 넣기
전에 붓으로 올리브오일을 발라준다.
오일을 병째로 들고 직접 뿌리면 기름이
오븐팬 바닥으로 다 흘러내려 정작
채소에는 얼마 묻어 있지 않게 된다.

그린 페퍼를 넣고 구운 딸기
Les fraises rôties au poivre vert

6인분

재료

딸기 700g
설탕 120g
버터 70g
그린 페퍼 (병조림) 30g
레몬즙 1개분

만드는 법

딸기 익히기
딸기를 씻어 꼭지를 따고 반으로 자른다.
팬에 버터를 녹이고 딸기와 설탕, 그린
페퍼를 넣고 2분 동안 재빨리 볶는다.
레몬즙을 넣고 디글레이즈한다. 우묵한
접시나 디저트용 컵에 일 인분씩 담는다.
서빙: 따뜻하게 먹는다.
응용: 따뜻한 딸기와 아이스크림을 같이
먹으면 대조적인 온도차로 더욱 맛있게
즐길 수 있다. 바질, 처빌, 딜 등의 허브

아이스크림과 잘 어울린다. 아이스크림
을 얹어서 내거나 따로 서빙한다.
요리팁
1. 드라이 그린 페퍼보다 소금물에 저장
된 병조림을 사용하는 것이 좋다. 후추
향이 은은하게 배지만, 디저트에 매운
맛은 강하게 남지 않는다. 건조된 그린
페퍼를 사용한다면 후회할 수도 있다.
2. 색다른 식감을 추가하고 싶으면
바삭한 튀일 (tuile)을 만들어 딸기 위에
꽂아준다. 설탕 40g, 녹인 버터 40g,

밀가루 40g과 거품 낸 달걀흰자(2개분)
를 혼합하고 굵게 부순 검은 후추를 조금
넣는다. 오븐팬에 실리콘 패드를 깔고
반죽을 숟가락으로 얇게 펴 놓는다.
200℃ 오븐에서 2분간 굽는다. 튀일이
노릇하게 구워지면 꺼내서 아직 뜨거울
때 얼른 베이킹용 밀대나 유리잔에 말아
둥그렇게 휜 모양을 만든다.

브루스 치즈와 레몬 콩피를 채운 바삭한 카놀리

Les cannoli croustillants farcis de brousse aux citrons confits

6인분

재료

<u>튀일 반죽</u>
설탕 75g
다진 아몬드 45g
녹인 버터 25g
레몬 제스트 간 것 1개분
오렌지 제스트 간 것 1개분
오렌지즙 25g
밀가루 25g

<u>카놀리 필링</u>
양젖으로 만든 브루스 치즈* 400g
레몬 제스트 콩피 100g
설탕 20g

<u>데코레이션용 쿨리</u>
설탕 50g
라즈베리 250g

<u>도구</u>
단단한 원통 막대 (지름 2.5cm, 길이 12cm)
빗자루 손잡이나 물주는 호스를 잘라
사용해도 괜찮다.

만드는 법

카놀리
오븐을 170℃로 예열한다. 볼에 설탕,
다진 아몬드, 녹인 버터, 오렌지와 레몬
제스트를 넣고 잘 섞은 다음 밀가루를
넣고 혼합한다. 오렌지즙을 넣고 잘 개어
주며 섞는다. 베이킹팬에 유산지를 깔고
튀일 반죽을 동그라미 모양으로 얇게
펴준다. 숟가락의 뒷면을 이용하면
편리하다. 튀일이 노릇하게 될 때까지
약 7분간 오븐에 굽는다. 오븐에서 꺼낸 뒤
스패츌러로 튀일을 조심스럽게 떼어낸다.
아직 뜨거울 때 재빨리 딱딱한 원통형
막대에 말아서 카놀리 형태를 만든다.
식혀 굳으면 떼어낸다.

카놀리 필링
브루스 치즈에 설탕와 레몬 제스트 콩피를
넣고 거품기로 휘저어 섞는다. 짤주머니에
넣은 다음, 카놀리 튀일의 속을 채운다.
<u>서빙</u>: 라즈베리는 장식용으로 몇 개
남겨두고, 설탕과 함께 믹서에 간다.
각 접시에 카놀리 한 개를 놓고 라즈베리
쿨리를 빙 둘러준 다음, 남겨둔 라즈베리
로 장식한다.

*brousse: 프로방스의 대표적인 훼이 치즈. 치즈 제조 과정의 부산물인 유청(whey)을 다시 활용하며 만들며,
소, 양, 염소젖을 사용한다.

"장 봐온 것은 모두 냉장고에 넣으세요." 1950년대 냉장고 광고 슬로건은 이렇게 말한다.
음식이 상하거나 맛이 떨어질 수 있으니 모든, 아니 거의 모든 식재료는 냉장고에 보관하는 게 맞을 것이다.
하지만, 논리적으로 본다면 시장에서 상온에 두고 파는 식재료들을 굳이 냉장고에 넣을 필요가 있을까?

냉장고에 넣을 것인가 말 것인가?

바질
YES 물에 적신 키친타월에 싸서 지퍼락에 잘 밀봉한 다음 넣는다. 또는 잘게 잘라서 병에 넣은 다음 냉동실에 보관한다.

커피
NO 냉장고 안 습기와 주변 음식들의 냄새는 커피의 최대의 적이다. 밀폐용기에 넣어 잘 밀봉한 다음, 직사광선이 들지 않는 찬장 안에 보관하는 것이 좋다.

꿀
NO 너무 차가운 온도로 인해 꿀이 굳고 결정화하여 덩어리질 수 있다. 일단 개봉한 병이라도 냉장고에 넣지 말고, 건조하고 서늘한 곳에 보관한다.

감자
YES 아주 신선한 햇감자는 잘 싸서 냉장고 야채 칸에 2-3일 정도 보관할 수 있다.
NO 일반 감자는 냉장고에 두면 전분이 당분으로 변화되어 익혔을 때 식감이 떨어진다. 직사광선이 들지 않는 서늘한 곳에 보관한다.

양파
NO 양파와 습기는 상극이다. 직사광선이 들지 않는 시원한 곳에 보관하고 특히 감자와 함께 보관하지 않도록 한다. 이 둘은 화학반응 작용으로 서로 빨리 상하게 한다.

시트러스 과일류, 아보카도, 바나나, 키위, 망고, 멜론, 복숭아, 배, 사과, 자두, 토마토?
YES 잘 익은 경우는 냉장고 야채 칸에 넣어두면 며칠 더 신선하게 보관할 수 있다.
NO 과일이 아직 단단하면 완전히 익을 때까지 바구니에 넣어 상온에 둔다.

초콜릿
YES & NO 일반적으로 상온에 두어도 문제없다. 그러나 아주 더운 날씨에는 포장한 채로 밀폐용기에 담아 냉장고에 보관했다가 먹기 20분 전에 꺼내 놓는다. 초콜릿을 먹을 때 가장 이상적인 온도는 18-20℃이다.

머스터드
YES 톡 쏘는 매콤한 맛을 보존하려면 일단 개봉한 병은 냉장고에 보관하는 것이 좋다.
NO 반대로 매운 향이 좀 빠지기를 원한다면 상온의 찬장에 두어도 좋다. 머스터드의 재료인 식초, 소금, 향신료 등이 천연 방부제 역할을 한다.

달걀
YES & NO 포장을 그대로 둔 채로 냉장고나 서늘한 곳에 보관한다.

건조 소시지, 살라미
YES & NO 깨끗한 행주로 감싸 냉장고 야채 칸에 넣어두거나, 14-18℃ 온도의 지하실(또는 와인 저장실)에 매달아둔다.

와인
YES 서빙 온도가 8-10℃인 화이트나 로제와인은 냉장고에 넣어둔다. 와인을 얼음을 넣은 버킷에 담가두면 냉동실에 넣어두는 것보다 더 빠르고 균일하게 칠링할 수 있다.
NO 레드와인의 경우 너무 찬 온도는 맛을 변하게 할 수 있으므로, 와인 저장고에 보관하여 14-18℃로 서빙할 수 있도록 한다.

잼
YES 일단 개봉한 병은 냉장고에 보관하는 것이 안전하다. 열고 닫기를 반복하면 곰팡이가 생기기 쉽다.
NO 소독한 용기에 병입했고, 아직 개봉 전이라면 냉장고에 넣지 않아도 된다. 잼 속에 들어 있는 충분한 양의 설탕이 보존제 역할을 한다. 직사광선이 들지 않는 찬장 안에 보관한다.

쥘리 앙드리외*의 디저트

배낭을 메고 세계 곳곳을 돌아다니며 수많은 음식을 맛본 쥘리 앙드리외에게도 레시피를 선정하는 일은 쉽지 않았다. 우리의 마음을 설레게 할 세 가지 달콤한 음식을 소개한다.

*Julie Andrieu: 프랑스의 방송 진행자. 미식 저널리스트. 현재 「쥘리의 요리 노트 (Carnet de Julie)」라는 미식 프로그램을 진행하며 프랑스 전역의 다양한 음식을 소개하고 있다.

바닐라 향의 가지 타르트 타탱
La tarte Tatin d'aubergines vanillées

잠깐! 이것은 제가 사랑하는 채소로
만든 달콤한 디저트랍니다.

우리의 미식 가이드 쥘리

저널리스트이자 미식 크리에이터인 쥘리 앙드리외는
여러 권의 요리책을 썼고, 많은 팬을 거느린 방송 프로그램을
진행하였으며, 전 세계의 맛있는 음식을 찾아다니며 여행을 했다.
요리와는 관련 없는 교육을 받았지만, 그녀는 뒤늦게 미식의 세계에 빠졌다.
흥미로운 요리책과 군침이 도는 맛있는 음식과의 만남을 통해
그녀는 누구나 즐길 수 있는 '잘 먹는 문화'를 만들어 가고 있다.
유명 셰프들의 조언, 여행의 추억, 살림의 지혜들이 잘 혼합되어 있는
그녀의 제안은 언제나 톡톡 튀는 좋은 아이디어로 넘치고,
실제 따라해보기도 전혀 어렵지 않다.

6인분

홈메이드 파트 사블레* 300g
가지 (약 300g 짜리) 3개
설탕 125g
버터 90g
바닐라 에센스 3티스푼
또는 길게 갈라서 긁은 바닐라 빈 1줄기분
소금, 후추
슈거파우더

* pâte sablée: 유지와 가루를 섞어서 모래 상태로
만드는 기법의 반죽. 입안에서 바삭하게 부서지는
맛이 좋아 주로 쿠키반죽으로 많이 사용하며 타르트
시트 반죽으로도 좋다.

만드는 법

가지는 씻어서 수분을 제거한다. 가지의 양쪽 끝을 잘라
내고 2.5cm 두께로 동그랗게 썬다. 팬을 두 개 준비하여
설탕, 버터, 바닐라를 넣고 센 불에서 흔들어가며 잘 섞이
도록 한다. 가지를 한 켜로 촘촘히 넣고, 소금을 조금
뿌린다. 뚜껑을 닫고, 중간에 2~3번 뒤집어주면서 약한
불에 20분가량 익힌다. 다 익혔을 때 버터와 설탕이
캐러멜라이즈되어야 하고, 가지는 갈색으로 완전히
흐물흐물한 상태로 익어야 한다. 미지근한 온도로 식힌다.
오븐을 200℃로 예열한다. 파트 사블레 반죽을 지름
22cm 정도 크기로 민다(사용할 틀 사이즈에 알맞게 밀면
된다). 논스틱 코팅된 파이 틀에 익힌 가지를 조금씩 포개
듯이 빽빽하게 채워 넣는다. 밀어놓은 파트 사블레를 그

위에 얹고 가장자리는 파이 틀 안쪽으로 접어 넣어준다.
표면을 손바닥으로 살짝 눌러 공기를 빼고 가지를
균일한 높이로 평평하게 해준다. 반죽 가운데에 칼로
작은 십자 표시를 내어 굽는 동안 공기가 빠져나올 수
있게 한다. 오븐에 넣고 25분간 굽는다. 파이 크러스트가
노릇한 색으로 구워져야 한다. 색이 덜 나면 몇 분 더
굽는다.
오븐에서 꺼내 바로 접시에 뒤집어 담는다. 따뜻하게,
또는 식혀서 상온의 온도로 서빙한다. 슈거파우더를
솔솔 뿌리고 바닐라 아이스크림을 곁들인다.
쥘리의 조언: 타르트를 얇게 잘라 일 인당 3쪽씩 포개
놓으면 좀 더 색다른 플레이팅을 즐길 수 있다. 발사믹
식초를 살짝 두른 캐러멜과 같이 서빙해도 좋다.

올리브 오일과 사프란을 넣은 오렌지 케이크
LE GÂTEAU MOELLEUX À L'ORANGE, HUILE D'OLIVE ET SAFRAN

스페인 여행 중 맛있게 먹었던 올리브오일과 사프란 드레싱의 오렌지 샐러드를 상상하면서, 같은 재료를 사용하여 케이크를 만들어 보았어요. 오렌지가 아주 달고, 껍질이 얇아서 과육과 제스트 모두 사용하여 그 맛과 향을 최대한 살렸답니다. 만일 무인도에 단 하나의 케이크만 가져가야 한다면, 저의 선택은 바로 이 케이크입니다. 게다가 이것은 오래두고 먹을 수 있으니 더 이상 좋을 수 없겠죠?

쥘리의 팁
이 레시피의 관건은 질 좋은 오렌지를 선택하는 일이다.
하루 전날 사프란, 오렌지 퓌레, 올리브오일을 잘 섞어 향이 최대한 배도록 준비한다. 오렌지 블러섬 워터를 2테이블스푼 추가하거나, 스위트와인 대신 럼주를 넣어도 좋다. 시럽에 절인 오렌지 콩피를 잘게 잘라 반죽에 섞어주어도 좋다. 개인용 오븐 용기 (ramekin: 수플레 등에 사용하는 오븐 용기)에 케이크 반죽을 넣어 구울 경우 약 40분 정도 필요하다. 이 케이크는 하루 지나서 먹는 게 더 맛있다. 꼭 냉장고에 넣어둘 필요는 없으나 시원한 곳에 보관한다. 만든 지 48시간이 지나면, 냉장고에 넣어 두고 먹는다.

8인분
오렌지 4개
(왁스 및 화학 처리하지 않은 것.
작은 크기의 껍질이 얇은 것으로 준비)
흰색 밀가루 또는 5분도 통밀
(semi-complète) 250g
입자가 굵은 아몬드 가루 130g
비정제 황설탕 400g
올리브오일 (향이 강하지 않은 것) 150ml
이스트 또는 베이킹소다 한 봉지 (10g)
달걀 큰 것 3개
사프란 3dose (1 dose = 0.1g)
스위트와인 3테이블스푼
소금 한 꼬집

만드는 법
하루 전날, 사프란과 올리브오일을 섞어 놓는다. 2.5개 분량(약 500g)의 오렌지를 씻어 물기를 제거한다. 껍질을 그대로 둔 채로 등분해 믹서에 갈아 퓌레를 만든다. 올리브오일과 사프란 (2 dose), 설탕 300g, 스위트와인 2테이블스푼을 퓌레에 넣고 냉장고에 넣어 하룻밤 재운다.
다음 날, 오븐을 160℃로 예열한다. 오렌지 퓌레 믹스에 달걀을 한 개씩 깨어 넣고 잘 섞는다. 밀가루와 아몬드 가루, 이스트, 소금을 잘 섞어 오렌지 믹스에 넣어 혼합한다. 스프링폼 팬에 기름을 바르고 설탕을 뿌린 다음, 반죽을 부어 넣는다. 파운드케이크 틀 두 개에 나누어 넣어도 된다. 굽는 틀의 모양에 따라 1시간 정도 굽는다(스프링폼 팬 또는 파운드케이크 틀일 경우 50분, 깊은 사바랭 틀인 경우는 1시간).
오븐에서 꺼낸 뒤 그대로 식힌다. 오렌지 한 개를 아주 얇은 원형으로 슬라이스한다. 나머지 반 개의 오렌지는 즙을 짜고, 여기에 설탕 100g과 물 50ml를 넣어 끓인다. 불을 줄이고 오렌지 슬라이스를 넣은 뒤 남은 사프란을 넣어준다. 약한 불로 30분간 졸이듯이 콩피한다. 불에서 내려 스위트와인을 한 방울 넣은 뒤 잘 섞는다. 케이크가 미지근해지면 틀에서 분리하고, 졸여놓은 오렌지 시럽을 부어준다. 그대로 식히고 졸인 오렌지 슬라이스를 얹어 장식한다. 크림 치즈에 꿀을 넣고 잘 섞어 곁들여도 좋다.

꿀에 졸인 살구 콤포트, 피스타치오를 곁들인 아몬드 블랑망제
LE BLANC-MANGER AUX AMANDES, COMPOTE D'ABRICOTS AU MIEL, PISTACHES CROQUANTES

8인분
블랑망제
아몬드 밀크 200ml
껍질을 벗기지 않은 아몬드 125g
설탕 125g
코코넛 밀크 800ml
판 젤라틴 4장
오렌지 블러섬 워터 1테이블스푼
소금 한 꼬집
살구 콤포트
잘 익은 살구 1kg
꿀 (아카시아 꿀, 기타 잡화꿀) 2테이블스푼
바닐라 빈 2줄기
데코레이션
무염 피스타치오 100g
설탕 40g

만드는 법
블랑망제 Le blanc-manger
찬물에 판 젤라틴을 한 장씩 떼어 담가 놓는다. 아몬드를 곱게 간다. 소스팬에 코코넛 밀크, 아몬드 밀크, 설탕, 곱게 간 아몬드를 넣고 끓인다. 잘 저어 섞고 소금을 넣는다. 불에서 내린 뒤 오렌지 블러섬 워터를 넣고 3분간 그대로 식힌다. 젤라틴을 건져 꼭 짠 다음 여기에 넣고 잘 저어 녹인다. 개인용 글라스나 위가 넓은 샴페인 잔에 나눠 붓고 식힌 뒤, 냉장고에 3시간 이상 보관한다.

살구 콤포트 La compote d'abricots
살구의 씨를 빼고 8등분으로 자른다. 소스팬에 넣고 꿀, 길게 잘라 긁은 바닐라 빈 가루와 줄기를 모두 넣는다. 잘 섞은 뒤 뚜껑을 덮고, 중불에서 20~30분 정도 (살구의 단단함 정도에 따라 조절) 익힌다. 식혀서 블랑망제 위에 얹는다. 170℃로 예열한 오븐에 피스타치오를 넣고 10분간 로스팅한다. 작은 팬에 설탕을 넣고 녹인 다음, 피스타치오를 넣고 흔들

어 캐러멜라이즈해준다. 불에서 내려 식힌다. 뭉친 피스타치오를 작게 분리해준다. 미리 올려놓으면 눅눅해지므로 먹기 바로 전에 피스타치오를 조금씩 올려 낸다.

만들기 아주 쉽고, 보기에도 아름다운 이 디저트는 풍부한 맛과 다양한 식감을 가진 제가 특별히 아끼는 레시피랍니다.

쥘리의 팁
주의하세요! 젤라틴은 끓는 온도의 뜨거운 액체에 넣으면 안 돼요. 열기로 인해 젤라틴의 굳는 성질이 줄어든답니다. 개인 잔들을 미리 쟁반에 올려놓고 준비해두세요. 그 상태에서 블랑망제 크림을 부어 채우면 크림이 흔들리는 것을 최소화할 수 있지요. 냉장고에 넣을 때 좀 안정적이고 편하게 옮길 수 있답니다.

미라벨 자두 클라푸티

프레데릭 앙통, 크리스텔 브뤼아 *Frédéric Anton & Christelle Brua*

프랑스 조리명장 (MOF)이자 미슐랭 3스타 레스토랑 「르 프레 카틀랑 (*Le Pré Catelan*)」의 셰프인 프레데릭 앙통과 그의 파티스리 셰프가 제안하는
이 새로운 버전의 클라푸티는 전통적인 체리 클라푸티를 별로 좋아하지 않는 사람들에게도 꽤 매력적인 디저트다.

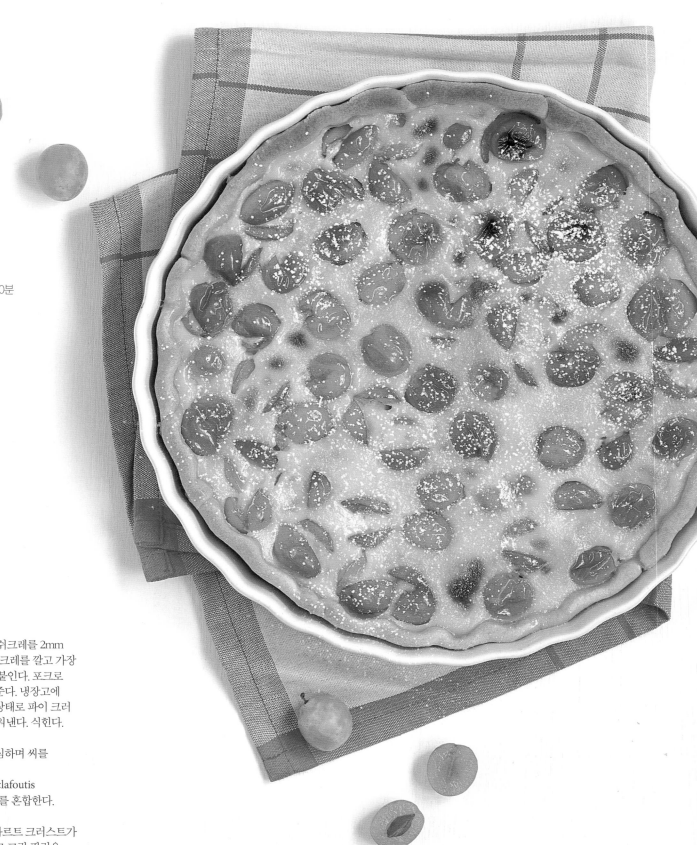

4-6인분

준비 시간 : 2시간 15분 (반죽) + 20분
휴지 시간 : 1시간
조리 시간 : 30분

재료

타르트 시트
파트 쉬크레 300g[1]
밀가루 (반죽 밀 때 사용) 40g

과일 필링
미라벨 자두 400g[2]

클라푸티 크림 필링
휘핑크림 100ml
달걀 1개
설탕 40g
미라벨 오드비 2테이블스푼

만드는 법

오븐을 160℃로 예열한다.

타르트 시트 La pâte
작업대에 밀가루를 뿌리고, 파트 쉬크레를 2mm
두께로 민다. 타르트 틀에 파트 쉬크레를 깔고 가장
자리를 손으로 찝어가며 눌러 잘 붙인다. 포크로
파이 시트 바닥을 군데군데 찍어준다. 냉장고에
1시간 보관한다. 속을 넣지 않은 상태로 파이 크러
스트만 160℃ 오븐에서 8분간 구워낸다. 식힌다.

과일 필링 La garniture
자두의 살이 손상되지 않도록 조심하며 씨를
제거한다. 냉장고에 보관한다.

클라푸티 크림 필링 L'appareil à clafoutis
크림과 달걀, 설탕, 미라벨 오드비를 혼합한다.
체에 걸러둔다.
오븐의 온도를 180℃로 올린다. 타르트 크러스트가
식으면 미라벨 자두를 골고루 넣고 크림 필링을
붓는다. 오븐에서 20분간 굽는다. 즉시 서빙한다.

---

* 이 레시피는 『타르트 (*Tartes*)』에서 발췌했다. Frédéric Anton & Christelle Brua 공저. Edition Chêne 출판.
1) pâte sucrée: 계란, 버터, 밀가루, 설탕, 소금을 주재료로 한 기본 반죽으로 타르트 시트로 많이 사용된다.
2) mirabelle: 프랑스의 자두 품종 중 하나로 크기가 작고 짙은 노란색을 띠고 있다. 살이 연하고 단맛이 강하며 향도 풍부해 주로 잼이나 파이를 만들 때 많이 쓰인다.

스코빌 척도

미국의 약사 윌버 스코빌 (Wilbur Scoville)에 의해 최초로 개발된 이 지표는 고추의 매운 정도를 나타낸다. 마치 리히터 (Richter)가 지진의 강도를 표시하는 것과 같다. 피망이나 고추류의 캡사이신 농도가 높을수록 입에서는 매워서 불이 난다. 가장 순한 것부터 지옥불과 맞먹는 매운맛을 가진 고추까지 그 강도 순으로 분류해 놓았다.

매운맛이 없음 neutre
0*

피망
POIVRON
샐러드나 콩피 (confit) 등에 무리 없이 사용 가능하다. 더 이상 설명할 필요는 없을 듯하다.

달큰한 매운맛 doux
100 * 500

스위트 파프리카
PAPRIKA DOUX
헝가리의 굴라쉬 (goulash), 모로코의 타진 (tajine), 스페인의 문어 요리 풀포 알라 가예가 (pulpo à la gallega)에 이 고추를 건조시켜 분쇄한 가루를 넣는다. 깊고 부드러운 채소 본연의 맛을 내준다.

따뜻한 매운맛 chaleureux
500 * 2500

애너하임 고추
PIMENT D'ANAHEIM
또는 녹색 고추, 캘리포니아 고추. 원뿔형의 뾰족한 모양을 하고 있으며 중간 정도의 매운 강도를 낸다. 텍스 멕스 (tex-mex) 요리에 꼭 들어가는 재료 이기도 하다.

약간 얼얼한 매운맛 relevé
1000 * 1500

포블라노 고추
PIMENT POBLANO
크기는 작지만 꽤 독하다. 멕시코 요리에 등장하는 고추이다.

핫한 매운맛 chaud
1500 * 2500

에스플레트 고추
PIMENT D'ESPELETTE
말려서 빻아 고춧가루로 사용하며, 바스크 지방의 후추로 통한다. 부댕 (boudin)에서 피프라드 (piperade)에 이르기까지 조금만 넣으면 음식을 매콤하게 해준다.

강한 매운맛 fort
2 500 * 5 000

타바스코 소스
SAUCE TABASCO
멕시코 타바스코주의 이름을 딴 고추로 만드는 유명한 소스.

화끈한 매운맛 ardent
2 500 * 8 000

할라피뇨 고추
PIMENT JALAPEÑO
중간 정도 매운맛의 멕시코 고추. 이 고추 안을 치즈로 채우고 베이컨을 둘러 오븐에 구운 요리가 '우에보스 데 아르마디요 (huevos de armadillo)'이다.

타는 듯한 매운맛 brûlant
10 000 * 30 000

세라노 고추
PIMENT SERRANO
이것 또한 멕시코 고추이다. 이 고추를 절여서 시카고 핫도그에 넣은 것을 '스포츠 페퍼 (Sport Pepper)'라고 부른다.

땀이 뻘뻘 나는 매운맛 torride
30 000 * 50 000

카옌 고추
PIMENT DE CAYENNE
원산지인 기니아보다 남미나 아시안 요리에 더 많이 쓰인다. 이 고추의 별명이 '열 받는 고추'임을 보면 얼마나 그 강도가 센지 알 수 있을 것이다.

화산 폭발처럼 매운맛 volcanique
50 000 * 100 000

쥐똥 고추 PIMENT OISEAU
앙티유 고추 (piment antillais)라고도 불린다. 작지만 엄청난 매운맛을 지닌 이 고추는 레위니옹섬의 요리 루가이유 (rougail)의 화끈한 매운맛을 담당하고 있으며, 포르투갈과 브라질의 필리필리 소스 (sauce pili-pili) 재료로도 사용된다.

폭발하는 매운맛 explosif
100 000 * 325 000
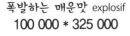

하바네로 고추 PIMENT HABANERO
멕시코가 원산지인 이 고추는 카리브해 연안 지역에서 널리 재배된다. 식재료에 살짝 문질러 매운맛을 낸다. 단 한 방울이면 입술과 혀에 불이 난다.

맹렬한 매운맛 violent
1 200 000 * 2 009 231
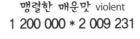

트리니다드 모루가 스콜피온 고추
PIMENT TRINIDAD MORUGA SCORPION
2013년까지 세계에서 가장 매운 고추였다.

원자폭탄급 매운맛 atomique
1 569 300 * 2 200 000

카롤리나 리퍼 고추
PIMENT CAROLINA REAPER
2013이후로 스코빌 지수 일등을 기록하고 있다. 미각 돌기가 견딜 수 없을 정도이다.

장애 후유증이 걱정되는 매운맛 handicapant
2 000 000 * 5 300 000

참고로 이 수치는 경찰이 사용하는 최루탄 가스의 스코빌 지수다.

* 스코빌 매움 단위 (SHU: Scoville Heat Unit) : 0에서 2백만 이상까지 있다. 이 수치는 고추에 함유된 캡사이신의 분자 수를 나타낸다. 순수 캡사이신의 경우 그 수치는 1,600만이다.
참고로 캡사이신은 지방질을 함유한 물질(익힌 쌀, 빵, 요거트 등)에서 용해되는 성질을 갖고 있으며, 물에서는 녹지 않는다.

굴의 비밀을 벗겨봅시다

강한 맛이나 은은한 맛, 날것으로 또는 익혀서, 납작한 것 또는 움푹한 것, 아페리티프로 또는 결혼식 피로연 파티 음식으로…
바다의 보물인 굴은 귀한 음식이라는 칭호가 아깝지 않은 특별한 음식이다. 굴의 모든 것을 알고 먹자.

메이드 인 차이나

굴은 선사시대부터 고대 그리스 로마인들의 사랑을 받아왔다고 전해진다. 하지만 대나무 말뚝에 굴을 처음으로 양식하기 시작한 것은 중국인들이다. 현재 전 세계적으로 약 백여 종의 굴이 있다.

어떤 굴이 더 좋을까?

움푹굴 L'huître creuse
품종: *Crassostrea gigas*
원산지: 일본, 캐나다
모양: 길쭉하다.
생산량: 매년 10만 톤 정도
양식장: 모든 연안지대
양식기간: 3-4년
굴 크기: $n°0 - n°5$

납작굴 L'huître plate
품종: *Ostrea edulis*
원산지: 포르투갈
모양: 동그랗다.
생산량: 매년 1,500톤 정도
양식장: 토 (Thau, Hérault 지방)
호수 연안, 브르타뉴 (bouziques 굴),
북 브르타뉴 (belon 굴),
아르카숑 (gravette 굴).
양식기간: 3-4년
굴 크기: $n°000 - n°6$

굴 해부도

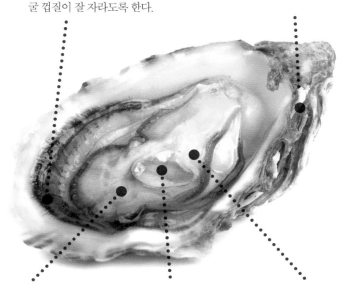

외투막 manteau
보호막 역할을 하는 물렁물렁한 부분으로 굴 껍질이 잘 자라도록 한다.

접합근 charnière
굴 껍질 맨 뒤쪽에 있는 뾰족한 부분.

아가미 branchies
굴의 호흡기관이며 작은 섬유 조직으로 이루어져 있다. 여기서 물속의 산소와 영양분을 걸러 입 쪽으로 가져간다.

내전근 muscle adducteur
수축과 이완을 통해 두 개의 껍질을 열었다 닫았다 하는 기능을 한다.

심장 coeur
산소 공급을 하는 아가미로 피를 혈류하는 기관.

굴의 크기별 분류

움푹굴
업계에서 정한 무게에 따른 분류 기준에 의거, 0호에서 5호까지 숫자로 구분해 표시한다. 숫자가 작을수록 무거운 것을 뜻한다. 0호는 굴의 무게가 151g 이상 되는 것이다.

납작굴
납작굴의 크기 분류는 좀 더 복잡하다. 굴 100마리의 무게에 따라 000호부터 6호까지 나뉜다. 6호 납작굴의 경우 100마리의 무게가 2kg 이하이고, 000호는 10-12kg이다.

핀과 스페시알 (fine ou spéciale)
'핀 (fine: 얇다는 뜻)'과 '스페시알 (spéciale: 특)'을 명시한 것은 일종의 굴 품질 규정 표시로 소비자들은 이를 통해 굴의 속이 얼마큼 알찬지 알 수 있다. 스페시알은 살이 많고, 핀은 훨씬 적다.

클레르 (claire)
'핀' 또는 '스페시알' 표시와는 별도로, 이 명칭은 바다에서 양식한 굴을 대서양 연안의 가두리로 옮겨와 더 키웠다는 표시다. 이 자연 가두리를 '클레르 (claire)'라고 부르는데, 수로를 이용해 해수를 끌어들임으로써 굴의 성장을 돕는 영양분을 공급한다. 굴은 채취하기 전 이렇게 2-6개월 간 영양 공급을 받고 자란다. 마렌 올레롱 (Marennes-Oléron) 지방의 가두리 양식장에서 사용하는 특별한 방법이다.

굴을 맛있게 즐기는 방법

1 굴 까기

① 왼손에 장갑을 끼거나 행주를 간다.
② 굴의 뾰족한 부분을 몸 쪽으로 오게 하여 장갑 위에 쥔다.
③ 두 껍질 사이 2/3 높이가 되는 지점으로 굴 전용 칼의 날을 집어넣고, 내전근을 자른다. 손목의 스냅을 이용하여 칼을 돌려 지렛대처럼 누른 다음 껍질을 연다.
④ 살을 조심스럽게 떼어 먹는다.

2 굴에 간이나 양념하기

레몬을 뿌리지 않는 사람들도 물론 있지만, 대부분 레몬즙을 몇 방울 뿌려 산미를 더해 먹는다. 샬롯을 넣은 식초를 아주 조금 뿌려 먹기도 한다. 또 다른 방법은 말라바르 통후추 (Malabar black pepper: 인도의 말라바르 해안에서 생산되는 검은 후추)를 그라인더로 살짝 갈아 뿌리는 것인데, 이는 굴의 풍미를 해치지 않으면서 맛에 활기를 더해준다. 좀 더 이국적인 터치를 더하고자 한다면 피에르 가니예르 (Pierre Gagnaire)의 레시피에서 영감을 받아 석류알이나 약간의 생강을 가미해도 좋다.

3 빵

빵을 꼭 곁들여야 한다면 호밀빵이 가장 잘 어울린다. 버터(반드시 가염 버터를 선택하라!)를 발라서 굴과 함께 동시에 먹기보다는, 굴을 즐기는 사이사이에 먹는 것이 좋다.

4 굴을 잘 씹어 먹자

굴을 입에 넣으면 후루룩 삼키지 말고 오랫동안 씹어야 한다. 이것은 물론 그 풍미를 더 즐기기 위한 목적도 있지만, 굴을 완전히 죽게 하기 위해서다. 조금이라도 살아 있는 상태로 위 속에 들어가면 방어를 위한 반사 작용으로 독성 물질을 배출하여 배탈을 일으킬 수 있기 때문이다. 굴 속의 단단한 내전근(발)을 꼭 함께 먹자. 고소한 맛이 일품이다.

가리 도르 (Garry Dorr)*가 제안하는 그랑 크뤼 명품굴

라 스페시알 이지니 쉬르 메르
La spéciale Isigny-sur-Mer
실뱅 페롱 n°3 Sylvain Perron n°3
산지 : 노르망디 Normandie
단맛이 나며 크리스피한 풍미가 있다.

라 핀 드 릴드레
La fine de l'île de Ré
세바스티엥 레글랭 n°3
Sébastien Réglin n°3
산지 : 일드레 Ile de Ré
바다의 풍미가 인상적이며,
맛의 밸런스가 좋다.

라 봉봉 로즈 세븐 스페시알
La bonbon rose Seven spéciale
타르부리슈 n°5 Tarbouriech n°5
산지 : 지중해 Méditerranée
작지만 살이 많고, 은은하고 고소한
너티향이 난다.

라 핀 드 클레르 La fine de claire
다비드 에르베 n°2 David Hervé n°2
산지 : 푸아투 샤랑트
Poitou-Charentes
살이 많지 않으며, 짭조름한 바다향이
비교적 강하다.

일 오주아조의 자연산 굴
L'huître sauvage de l'île aux Oiseaux
올리비에 라방 n°3 Olivier Laban n°3
산지 : 아키텐 Aquitaine
숲 내음과 볶은 곡류의 향이 난다.

라 블롱 카도레 La belon cadoret
카도레 패밀리 n°00000
Famille Cadoret n°00000
산지 : 브르타뉴 Bretagne
살이 아주 많고 바다향이 풍부하다.

* Garry Dorr. 굴 전문 레스토랑 「Le Bar à huitres」를 운영하고 있는 오너 셰프.

프랑스의 대표적 굴 양식장과 그 품종

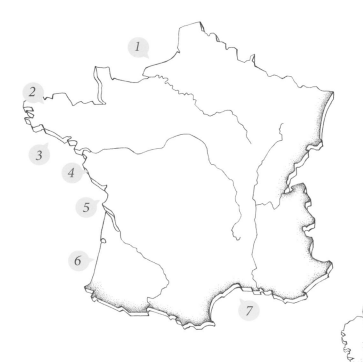

1 노르망디 / 북해 / 영불 해협
코트 우에스트 뒤 코탕탱
Côte ouest du Cotentin
생 바스트 라우그 Saint-Vaast-la-Hougue
이지니 쉬르 메르 Isigny-sur-Mer
코트 드 나크르 Côte de Nacre

2 브르타뉴 북부
라드 드 브레스트 Rade de Brest
나크르 데 자베르 Nacre des Abers
모를레 팡제 Morlaix-Penzé
리비에르 드 트레기에 Rivière de Tréguier
팽폴 Paimpol
프레엘 Fréhel
아르그농 Arguenon
캉칼 Cancale

3 브르타뉴 남부
아벤 블롱 Aven-Belon
리데텔 Rid'Etel
베드 키브롱 Baie de Quiberon
골프 뒤 모르비앙 Golfe du Morbihan
페르네프 Pernef
크루아지케즈 Croisicaises

4 루아르 지방
베드 부르뇌프 Baie de Bourgneuf
누아르무티에 Noirmoutier
탈몽 생틸레르 Talmont-Saint-Hilaire
베드 레귀용 Baie de l'Aiguillon

5 푸아투 샤랑트 지방
샤랑트 마리팀 Charente-Maritime
마렌 올레롱 Marennes-Oléron (IGP)
(IGP:Indication Géographique
Protégée. 지역 표시 보호 인증)

4 아르카숑 / 아키텐 지방
푸엥트 뒤 캅 페레
Pointe du Cap Ferret
일 오주아조 Ile aux Oiseaux
그랑 블랑 Grand Blanc
아르갱 Arguin

7 지중해
뢰카트 Leucate
방드르 Vendres
그뤼상 Gruissan
포르 생 루이 뒤 론
Port-Saint-Louis-du-Rhône
툴롱 Toulon
코스시카 Corse

이름에 알파벳 'R'이 들어간 달에 굴을 먹어요

굴을 먹는 제철이 존재할까? 이것은 굴의 맛의 문제이기도 하지만, 굴의 생존주기를 감안해야 하는 사안이다. 5월에서 8월은 굴이 번식하는 기간이라 우윳빛의 액체를 많이 함유하고 있어 먹기에 적당하지 않다. 오랫동안 여름에 굴을 먹는 것을 금지해온 이유는 이렇듯 천연 자원을 보존하는 데 있을 뿐 아니라, 운송 시 더운 날씨로 인해 상할 가능성이 있어 식중독이 우려되기 때문이었다. 현재 상황에서는 굴이 번식하여 온전하게 더 자라도록 기다리는 게 상식에 맞는 일일 것이다. 이 기간은 지역에 따라 달라진다. 하지만, 트리플 로이드 (triploïde) 굴은 이런 문제와 상관없이 사계절 언제나 먹을 수 있다.

삼배체 굴 L'HUÎTRE TRIPLOÏDE

2007년 프랑스 해양개발 연구소 (Institut français de recherche pour l'exploitation de la mer)는 2000년부터 이루어지고 있는 트리플로이드 (triploïde: 염색체 3기성) 삼배체 굴 생산에 관한 특허 등록을 했다. 이것은 염색체 2기성의 일반 굴 암컷과 염색체 4기성의 굴 수컷의 교배종이다. 본래 굴이 갖고 있는 유전자 형질에 영향을 미치지는 않으므로 GMO (유전자 변형)라고 보지는 않는다. 트리플로드 굴은 번식하지 않는다. 닭으로 치자면 샤퐁 (chapon:거세한 수탉)에 비유할 수

있다고 생산자들은 말한다. 여름철은 일반 양식굴이 번식하는 시기라 우윳 빛의 액체를 많이 함유하고 있어 먹기에 적당치 않기 때문에 굴 소비의 비수기다. 번식을 하지 않는 트리플로이드 굴은 이런 공백기를 채워줄 수 있다. 또한 이 굴은 모든 에너지 소비를 번식이 아닌 오로지 성장에만 집중할 수 있어 성장 속도도 더 빠르다는 장점이 있다. 특수 연구소의 부화장에서 양식되는 이 굴은 오늘날 굴 생산 전체의 80%를 차지하고 있다. 업계에서는 이러한 염색체 조작을 부정적인 시각으로 보기도 하고,

몇몇 단체들은 자연환경이 아닌 부화장에서 획일적으로 생산되는 이러한 방식을 비판하기도 한다. 그들은 소비자에게 이러한 굴의 생산 환경에 대해 제품 표시 등을 통해서 명확하게 알리는 것을 규정화해야 한다고 주장한다. 전통 굴 양식업 조합은 굴은 바다에서 생산되는 자연의 산물이어야 한다고 목소리를 높이고 있다.

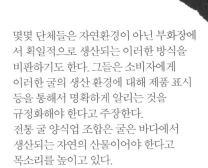

다양한 굴 요리

오이즙과 연어알을 얹은 굴

베르트랑 그레보 (Bertrand Grébaut)[*]

아뮈즈부슈 : 1인당 1마리

애피타이저 : 1인당 4–6마리

재료

굴 (Fines de claire n°2)
오이 1개 (굴 12마리에 적당한 분량)
레몬즙 1/2개분
수영 (소렐) 잎 1장
연어알 1테이블스푼
소금, 후추
메이플시럽 50ml
비정제 황설탕 50g

만드는 법

굴을 까서 살을 떼어낸 다음 다시 껍질
안에 넣는다. 오이는 껍질을 벗기고 믹서
에 간다. 감자 필러 등으로 오이 껍질을
벗길 때 두 번에 한 줄 정도로 녹색 부분을
남긴다. 이렇게 하면, 쓴맛은 제거되면서
갈았을 때 녹색이 조금 나게 된다. 오이와
레몬즙, 소금을 핸드 블렌더로 갈아준다.
간을 본다. 신맛이 비교적 강하면서, 너무
짜지 않아야 한다. 굴에 소스를 한 숟갈씩
뿌리고 연어알을 조금씩 얹는다.
수영 잎을 가늘게 채 썰어 장식한다.

[*] 레스토랑「셉팀 (Septime)」의 셰프.
　80, rue de Charonne, 파리 11구.

전 세계인들이 즐기는 굴 요리

굴 소스 (오이스터 소스)

중국, 광동성

이 소스는 중국의 광동성 사람이 맨 처음
만든 것으로, 우연히 자신이 끓이던 굴
국물을 불 위에 한참 두어 끈적끈적한
갈색으로 변한 것이 그 시초가 되었다고
한다. 오늘날 굴 소스는 동남아와
중국에서 널리 쓰이는데 주로 고기와
생선, 국수류와 채소를 볶을 때 넣으면
캐러멜 효과를 내준다.

굴 구이 (야키가키)

일본 미야지마

미야지마, 히로시마와 미야기현은 일본의
대표적인 굴 산지다. 미야지마섬에서는
굴을 바비큐로 구워 즐긴다. 생굴을
껍질째 그릴에 구워 바다향이 나는
뜨거운 과자처럼 익혀 먹는다.

록펠러 오이스터

미국, 뉴올리언스

이 레시피는 19세기 마르세유 출신의
주인이 운영하던 뉴올리언스의 레스토랑
「앙투안 (Antoine's)」에서 처음 선 보였다.
굴 위에 시금치와 베샤멜 소스를 얹어
미국 달러화 지폐의 색을 연상케 하는
이 요리는 맨 위에 빵가루를 조금 뿌린 후
그라탱처럼 노릇하게 구워 서빙한다.
한 손님이 이 음식을 맛본 후 "록펠러처럼
리치 (rich)한 맛이군요."라고 말해,
록펠러 오이스터라는 이름이 붙여졌다.

엔젤스 온 홀스백 (Angels on horseback)

영국

이름만 듣고서는 어떤 레시피일지
상상하기 힘든 이것은, 영국 에섹스
(Essex) 지방의 납작굴 품종인 콜체스터
(Colchester) 굴에 베이컨을 감아 그릴에
구운 요리다. 나무 꼬치로 꽂거나
토스트 위에 얹어 서빙한다. 짭짤한
아페리티프로 최고다.

이미 깐 굴은 어떻게 할까?

　　해산물 플레이트의 양이 너무 많아 굴이 좀 남았을 때, 절대 버리지 말자. 다음 날 재활용해 따뜻한 요리로 먹을 수 있다.
물론 다음 날까지 랩이나 알루미늄 포일로 잘 덮어서 냉장고에 보관한다.

오이스터 수프

4인분

만드는 법

냄비에 버터를 녹인 후 잘게 썬 리크 (서양 대파)와 얇게
슬라이스한 감자, 당근, 셀러리를 넣고 볶는다. 재료가 잠길
정도의 물을 붓고, 채소가 익을 때까지 끓인다. 굴과 굴에서
나온 물을 함께 넣고, 간을 맞춘다. 생크림 2테이블스푼을
넣고 블렌더로 간다. 버터에 구운 크루통을 곁들여 먹는다.
그 맛에 놀랄 것이다.

굴 튀김 꼬치

4인분

만드는 법

굴을 하나씩 밀가루에 묻히고, 풀어놓은 달걀(1개)에
담근 다음 빵가루에 굴린다. 팬에 버터를 녹이고 준비한
굴을 양면 모두 노릇한 색이 나게 튀기듯이 몇 분간 지진다.
이쑤시개나 나무 꼬치에 3개씩 끼운다. 타르타르 소스를
곁들여 낸다.

따뜻한 적채와 크림 소스를 곁들인 생굴 요리

이브 캉드보르드 (Yves Camdeborde)*

4인분

재료

큰 사이즈 굴 (n°2) 8마리
가늘게 채 썬 적채 1/4개분
작은 큐브 모양으로 썬 사과 1개분
잘게 썬 샬롯 3테이블스푼
얇게 썬 양송이버섯 3개분
휘핑크림 500ml
화이트와인 200ml
샴페인 100ml
버터, 소금, 후추, 와인석초
올리브오일

하루 전날 준비하기

냄비에 올리브오일을 조금 두르고 적채를
수분이 나오도록 천천히 볶는다. 재료가
잠길 정도로 물을 붓고, 식초 50ml를
넣는다. 3-4분정도 익힌다. 적채를
건지고 익힌 국물은 따로 보관한다.
건진 적채에 사과와 샬롯을 섞는다.
간을 맞춘 다음, 냉장고에 넣어 24시간
숙성시킨다.

만드는 법

굴의 살이 찢어지지 않도록 조심스럽게
껍질/뚜껑을 깐다. 키친타월에 올려 냉장
고에 보관한다. 굴에서 나온 즙은 따로
보관한다. 소스팬에 버터를 녹이고 샬롯과

버섯을 색이 나지 않게 천천히 볶는다.
굴의 즙과 화이트와인을 넣는다. 완전히
졸아들면 물 250ml를 넣어 디글레이즈
한다. 다시 줄여 1/4로 줄어들면 휘핑
크림을 넣는다. 한 번 끓어 오르면 불을
끄고, 5-6분간 그대로 두어 향이
우러나게 한다.

마무리

적채는 익혔던 물을 조금씩 넣어가며
물렁물렁하게 될 때까지 데워준다. 접시
중앙에 적채를 담고 그 위에 굴을 얹는다.
소스는 다시 한 번 끓이고 샴페인을 넣은
다음 핸드 블렌더로 갈아 거품을 낸다.
이 소스를 굴 위에 뿌리고 즉시 서빙한다.

*「르 콩투아 뒤 흘레 생제르맹 (Le Comptoir du Relais Saint-Germain)」의 셰프. 9, carrefour de l'Odéon, 파리 6구.

그로플랑 와인 즐레와 펜넬, 라임, 딜을 곁들인 움푹굴

크리스토프 프랑수아
(Christophe François)[1]

4인분

재료

큰 사이즈 굴 (n°2) 24마리
1인당 6마리
펜넬 1kg
라임 4개
딜 한 단
그로플랑 와인[2]
판 젤라틴 2장
쿠베브[3] 흑후추

만드는 법

펜넬은 씻어서 굵직하게 썬 다음,
레몬과 소금을 넣은 물에 익힌다.
익으면 믹서에 갈아 고운 퓌레를
만들고, 가는 망에 걸러 물기를 뺀다.
굴을 까고, 즙은 따로 받아둔다.
껍질도 보관한다. 팬에 굴을 살짝
단단해질 정도로만 익힌다
(약 10-15초 정도). 굴에서 나온
즙은 고운 체에 거른 다음 끓인다.
그로플랑 와인을 넣는다. 미리
찬물에 넣어 말랑하게 불린
판 젤라틴을 건져 꼭 짠 다음, 굴즙에
넣고 잘 섞는다. 라임은 속살만
모양대로 저며 놓는다.

플레이팅: 굴 껍질에 펜넬 퓌레를
1티스푼 놓고 간을 한다. 그 위에
살짝 익힌 굴을 얹고, 라임 과육
한 조각, 딜 잎을 떼어서 한 조각
놓는다. 와인과 굴즙 즐레 (gelée)를
뿌린다. 검은 후추 그라인더를
한 번만 돌려 뿌린다. 나머지 23개의
굴도 이와 같은 순서로 반복한다.
냉장고에 2시간 넣어둔다.

서빙: 접시에 굵은 소금을 넉넉히
깔고, 그 위에 굴이 흔들리지 않도록
보기 좋게 놓는다.

와인: 미셸 브르종 그로플랑
와인을 곁들인다. (gros plant du
Domaine Michel Bregeon, Gorges,
Loire-Atlantique)

1) Christophe François 「레 샹 다브릴 (Les Chants d'Avril)」의 셰프. 2, rue Laennec, 44000 Nantes
2) gros plant: 루아르 지방의 특산 화이트와인.
3) cubeb, cubèbe : 자바 섬에서 주로 재배되는 검은 후추 종류로 꼭지가 달려 있다. 향이 강하고, 정향과 비슷한 잔향이 있다.

훈제 장어와 코르니숑을 곁들인 굴과 애플 주스 에멀전 소스

앙토니 카이요 (Anthony Caillot)[1]

3인분
재료

노르망디 굴 (n° 3) 18마리
훈제 장어 200g
코르니숑[2] 100g
양파 500g
고수 1단
헤이즐넛 100g
버터 50g
해초 50g
시판용 애플 주스 1리터

만드는 법
양파, 장어, 코르니숑

양파는 껍질을 벗겨 얇게 채 썬다.
팬에 버터를 넣고 약한 불에 볶는다.
작게 썬 장어와 코르니숑을 넣는다.
로스팅한 헤이즐넛을 굵직하게 썰어
넣고 잘 섞는다.

굴

껍질째로 끓는 물에 넣어 2분간
데친 다음, 굴 껍질을 깐다. 굴에서
나오는 즙은 따로 보관했다가 소스
만들 때 사용한다.

애플 주스 에멀전

애플 주스에 굴에서 나온 즙과
해초를 넣고 함께 끓여 반으로
줄인다. 핸드 블렌더로 갈아 거품이
나는 에멀전을 만든다.

서빙

접시에 해초를 깔고 그 위에 굴
껍질을 놓는다. 장어, 코르니숑과
함께 볶은 양파를 껍질에 담고,
굴을 올린 다음, 애플 주스 에멀전
소스를 뿌린다.

1) 「아 콩트르 상스 (A contre sens)」의 셰프
   8, rue des Croisiers, 14000 Caen.
2) cornichon: 작은 오이로 달지 않게 만든
   프랑스식 피클.

라임 금귤과 생강 비네그레트 소스의 굴 Les huîtes limequat, vinaigrette gingembre

윌리엄 르되이유 (William Ledeuil)*

재료

살이 통통한 굴 (spéciale Marennes-Oléron n°3) 12마리
라임콰트 (limequat: 금귤과 라임의 교배종) 2개
또는 포멜로 1/2개
연한 햇생강 50g
사과식초 50ml
레몬즙 2테이블스푼
맑은 간장 3테이블스푼
고수 잎 1테이블스푼
올리브오일 1테이블스푼
참기름 1티스푼
단감 1/2개
해초

만드는 법

생강은 껍질을 벗긴 후 가늘게 채 썬다.
단감은 껍질을 깎아 작은 큐브 모양으로 썬다.
사과식초, 맑은 간장, 올리브오일, 레몬즙,
참기름을 잘 섞어준다. 채.썬 생강과 잘게 썬
고수 잎을 넣는다. 굴을 까고 맨 처음 흘러
나오는 물은 버린다. 접시에 해초를 깔고
그 위에 굴을 놓는다. 라임 금귤은 아주 얇게
슬라이스한다. 각 굴 위에 생강 비네그레트를
1티스푼씩 뿌리고, 단감과 라임 금귤
슬라이스를 얹어 낸다.

*「더 키친 갤러리 (Ze Kitchen Galerie)」의 셰프. 4, rue des Grands-Augustins, 파리 6구.

팔방미인 헤이즐넛

얀 브리스 Yann Brys

달로와요 (Dalloyau) 출신 셰프 파티시에인 프랑스 제과 명장 (MOF) 얀 브리스는 평범한 수준을 훨씬 뛰어넘는 테크닉과 정확한 맛으로 많은 사랑을 받고 있다. 그가 좋아하는 견과류인 헤이즐넛을 이용한 놀라운 맛의 레시피는 무궁무진하다. 멈출 수 없는 그 달콤함의 매력에 빠져보자.

헤이즐넛 사블레

재료

헤이즐넛 50g
버터 160g
슈거파우더 65g
달걀노른자 20g
밀가루 150g
유기농 레몬 제스트 1/4개분
유기농 오렌지 제스트 1/4개분

만드는 법

헤이즐넛을 믹서에 갈아 가루로 만든다. 상온에 두어 부드러운 포마드 상태가 된 버터와 슈거파우더를 혼합한 다음, 헤이즐넛 가루, 달걀노른자, 레몬 제스트, 오렌지 제스트를 넣고 잘 섞는다. 체에 친 밀가루를 넣고 섞는다. 2시간 휴지시킨 후, 1cm 두께로 반죽을 민다. 8cm x 1cm 크기의 스틱 모양으로 자른다. 170℃ 오븐에서 15분간 굽는다. <u>맛있게 먹는 법</u>: 사블레를 헤이즐넛 캐러멜에 찍어먹는다.

헤이즐넛 페이스트

재료

통 헤이즐넛 100g
슈거파우더 60g

만드는 법

헤이즐넛을 오븐에 넣어 타지 않을 정도로 구운 후 껍질을 벗긴다. 슈거파우더와 함께 믹서에 넣어 분리되지 않고 잘 혼합되도록 간다.

헤이즐넛 아몬드 프랄리네

재료

통 헤이즐넛 300g
아몬드 100g
천연 사탕수수 설탕 250g
물 50ml
바닐라 빈 1줄기

만드는 법

헤이즐넛과 아몬드를 오븐에 넣어 타지 않을 정도로 구워 낸 다음 껍질을 벗긴다. 물과 설탕을 118℃가 될 때까지 끓인다. 여기에 헤이즐넛과 아몬드를 넣고 골고루 섞는다. 혼합물이 모래와 같은 상태가 된다. 불을 약하게 하고 계속 저어주며 캐러멜라이즈한다. 유산지 위에 넓게 펴서 쏟아 붓고, 식힌다. 조각으로 깨트려 믹서에 넣고 매끈하고 고운 텍스처가 될 때까지 분쇄한다.

헤이즐넛 캐러멜

재료

헤이즐넛 페이스트 45g
천연 사탕수수 설탕 125g
바닐라 빈 1/2줄기
생크림 135g
버터 15g

만드는 법

바닐라 빈 줄기를 길게 갈라 속을 긁어 함께 크림에 넣고 우려낸다. 설탕을 물기 없이 가열해 캐러멜을 만든다. 여기에 크림을 넣어 잘 섞고, 5분간 끓인다. 버터와 헤이즐넛 페이스트를 넣고 믹서로 갈아 혼합한다. 냉장고에 보관한다.

밀크 초콜릿 크림

재료

헤이즐넛 페이스트 50g
생크림 150ml + 360ml
설탕 50g
밀크 초콜릿 150g

만드는 법

크림 150g에 설탕을 넣고 중불에 데운다. 잘게 자른 초콜릿에 데운 크림을 붓고 잘 섞는다. 여기에 차가운 크림과 헤이즐넛 페이스트를 넣고 혼합한다. 냉장고에 최소 3시간 이상 넣어 두었다가, 믹서에 돌려 너무 단단하지 않게 휘핑한다.

홈메이드 잔두야

재료

헤이즐넛 페이스트 160g
카카오 버터 14g
밀크 초콜릿 (카카오 40%) 50g

만드는 법

헤이즐넛 페이스트 160g에 카카오 버터와 밀크 초콜릿을 넣고 섞는다. 믹서에 넣고 5분간 갈아 혼합한 다음, 냉장고에 1시간 동안 넣어둔다.

홈메이드 헤이즐넛 스프레드

재료

홈메이드 잔두야 200g
우유 25ml
물 50ml
설탕 65g
옥수수 시럽 25ml
꿀 (아카시아 꿀) 10g
탈지분유 35g
다크 초콜릿 (카카오 66%) 25g
포도씨유 25ml

만드는 법

냄비에 우유와 물, 설탕, 옥수수 시럽, 꿀을 모두 넣고 중불로 가열한다. 끓으려고 살짝 거품이 일면 탈지 분유를 넣고 끓인다. 이것을 초콜릿과 잔두야에 부어 섞는다. 믹서로 갈고, 포도씨유를 넣어 섞는다. 유리병에 넣고 뚜껑을 잘 덮은 후 냉장고에 보관한다.

헤이즐넛 선택법

전 세계 생산량의 75%를 차지하는 터키의 헤이즐넛이 가장 보편적이다. 파티시에들이 선호하는 피에몬테(이탈리아)산은 가장 고급으로 통한다. 특별히 소비자의 마음을 끄는 것은 2014년에 지역 표시 보호 (IGP) 상품으로 인증을 받은 코르시카섬, 세르비온 (Cervione, Haute-Corse)산 헤이즐넛이다. 하트 모양을 하고 있고, 맛이 아주 섬세한 이 헤이즐넛은 화학 처리 없는 친환경농법으로 재배하고 있다. 한 가지 단점이라면 생산에 관한 자세한 사항이 많이 알려져 있지 않다는 점이다. 즉, 구하기 쉽지 않다.

* 이 레시피들은 『얀 브리스의 초콜릿 (Le chocolat de Yann Brys, Edition First 출판)』에서 발췌한 것이다.

클로드 샤브롤
CLAUDE CHABROL

미식 프로필

그의 어린 시절은?
유당불내증으로 우유를 먹을 수 없어, 소고기 국물을 대신 먹고 자랐다. 그의 비프 스테이크에 대한 열정은 이로부터 생겨난 것이 아닐까?

그에게 최초로 깊은 인상을 남긴 음식은?
그가 13세 때 아버지를 따라간 라 크뢰즈 (La Creuse)에서 처음 맛본 할아버지의 단골 요리사 아나스타샤의 가재볶음과 프랄린 크리스피 크림이었다.

가장 좋아하는 조리도구는?
프라이팬이다. 꽤 많은 종류의 프라이팬을 갖고 있었다.

외국 음식 중 좋아하는 것은?
파리의 브로카가 (rue Broca)에 있는 작은 식당에서 70년대에 처음 먹었던 베트남 요리.

싫어하는 것은?
소뼈 골수의 질감. 하지만 송아지 머리나 돼지 족발은 아주 좋아했다.

단 음식 중 좋아하는 것은?
아이스크림이다. 소르베보다는 아이스크림을 특히 더 좋아한 그는 초콜릿, 바닐라, 코코넛, 프랄리네 아이스크림의 광팬이었다.

좋아하는 요리사는?
그의 마지막 부인이었던 오로르 (Aurore). 그녀가 해주던 바싹 익힌 가자미구이, 아티초크 마리네이드, 주키니 케이크를 아주 좋아했다.

최악의 요리사는?
어머니. 그의 어머니는 송아지 간을 너무 오래 익혔고, 그린빈스도 새까맣게 익혀 주었다.

선호하는 와인은?
루아르 (Loire), 소뮈르 (Saumur) 와인을 특히 좋아했으며 프랑스 남서부 와인이나, 보르도, 부르고뉴 와인들도 즐겼다.

가장 기억에 남았던 와인은?
뉘 생 조르주 (nuits-saint-georges) 1947년산.

그만의 커피 사랑

"저는 커피 마니아입니다. 세상에서 제일 맛있는 커피를 만들 수 있어요. 비법이요? 공개하면 안 되는데… 한 가지 힌트만 드리지요. 저는 주로 케냐산 아라비카 원두를 90%로 사용하고 거기에 베트남 커피를 섞습니다. 그러면 살짝 카카오 맛이 도는 훌륭한 맛의 커피를 즐길 수 있지요."
- 2007년 9월 8일자 피가로 지 (Le Figaro)

프랑스의 영화감독. 자타 공인 미식가
(1930–2010)

영화 촬영 장소

전해오는 말에 따르면, 그는 영화 촬영지를 물색할 때 주변의 식당들을 기준으로 결정했다고 한다. 한 가지 분명한 것은, 영화 「마담 보바리 (Madame Bovary)」나 「둘로 잘린 소녀 (La Fille coupée en deux)」를 촬영할 때 스태프 식사를 책임졌던 카트린 마르탱 (Catherine Martin)을 비롯한 몇몇 여성 요리사들과 아주 친밀한 관계를 유지했다는 점이다. 그 외에도 그의 영화감독 활동 기간 중 줄곧 음식을 담당했던 것으로 이름을 날린 앙리에트 (Henriette)를 꼽을 수 있는데, 그녀는 뼈째 요리한 가자미를 동시에 60인분이나 만들어내곤 했다. 2009년 11월 26일자 리베라시옹 지 (Libération: 프랑스의 일간지)에서 클로드 샤브롤은 다음과 같이 고백했다. "내가 애용하는 식당은 아주 맛있다. 종종 그 덕에 배우들을 좀 더 낮은 개런티에 캐스팅해 올 수도 있었다. 그들은 나와 함께 영화작업을 하면 언제나 잘 먹고 마실 거라는 것을 알기 때문에 스스로 알아서 개런티를 낮추기도 했다. 그리고 나는 식사 중에 꼭 물만 마셔야 한다고 강요하지는 않았다. 배우가 와인도 한잔하고 식사 후에 기분 좋다면, 그것도 꽤 괜찮은 일이니까."

소렐을 넣은 송아지 정강이 프리캉도
Le fricandeau à l'oseille

클로드 샤브롤 감독의 영화 「모자 상인의 환상 (Les Fantômes du chapelier)」에서 주인공 미셸 세로 (Michel Serrault)가 옛날 메뉴인 이 요리를 먹는 장면이 있다. 이 프리캉도 (fricandeau: 송아지 정강이 살에 베이컨을 넣어 익힌 스튜) 요리는 또한 벨기에 출신의 유명한 작가 조르주 시므농 (Georges Simenon)의 베스트셀러 연작 추리소설 『수사반장 매그레 (Le commissaire Maigret)』 시리즈의 주인공이 좋아하던 음식으로, 부인인 마담 매그레의 주 특기 메뉴였다.

4–6인분
조리시간: 2시간 30분

재료
송아지 고기 자른 것 (정강이살, 뒷다리, 볼기살) 1.2kg
돼지비계 껍질 (또는 라드 비계) 4장
소렐 (수영) 250g (두 단 정도)
양파 2개
당근 2개
부케가르니 1개
육수 (물 + 스톡 큐브) 750ml
버터 30g
소금, 후추

만드는 법
육수를 준비한다. 양파와 당근은 껍질을 벗겨 잘라둔다. 소렐을 다듬어 씻어 건져놓는다.
돼지비계 껍질을 적당히 잘라 냄비 바닥에 깔고, 그 위에 송아지 고기, 채소, 부케가르니를 넣고 소금, 후추로 간을 한다. 준비한 육수의 반을 붓고 중불로 끓인다. 끓으면 뚜껑을 덮고 불을 약하게 줄여 한 시간 동안 뭉근히 익힌다. 그동안 팬에 버터를 녹이고 소렐을 몇 분간 볶아 놓는다. 한 시간 동안 끓인 고기와 채소에 소렐을 넣고 나머지 육수를 넣어준다. 뚜껑을 닫고 다시 1시간 30분 정도 더 끓인다.
서빙: 아주 뜨거울 때 매쉬드 포테이토 또는 팬에 소테한 감자를 곁들여 먹는다.
응용: 국물을 잡을 때 육수와 화이트와인을 반반씩 섞어도 좋다.

그의 단골 레스토랑과 셰프들

클로드 샤브롤은 친분을 나눈 셰프들의 맛있는 음식을 먹으러
파리뿐 아니라 지방까지 자주 미식여행을 다녔다.

캉칼 Cancale

올리비에 룈랭제 Olivier Roellinger

룈랭제 셰프와 오랜 친분을 가진 샤브롤은
섬세한 향신료의 향과 바다의 맛이 물씬
나는 그의 음식을 아주 좋아했다. 이 레스토
랑이 있는 캉칼을 자주 찾았고, 심지어 그의
영화 중 여러 편의 촬영을 이곳에 머물며
진행하기도 했다. 결국 캉칼에서 멀지 않은
르 크루아직 (Le Croisic)에 주택을 매입했다.

솔리외 Saulieu

베르나르 루아조 Bernard Loiseau

클로드 샤브롤은 이 부르고뉴의 미슐랭
3스타 셰프가 보여준 진솔한 열정과 단순함
을 사랑했다. 그의 대표 요리로는 레드와인
소스의 민물 농어 (sandre au vin rouge), 마늘
퓌레와 파슬리 소스의 개구리 뒷다리 요리
(jambonnettes de grenouilles à la purée d'ail et
au persil)가 유명하다.

로안 Roanne

메종 트루아그로 La Maison Troisgros

피에르 트루아그로와 친구였던 그는 셰프의
잘게 찢은 오리고기 샐러드를 무척 좋아했다.
샤브롤은 부인 오로르의 생일에 트루아그로
형제의 대표 요리인 비둘기 구이 (pigeon-
neau au sable doré)를 직접 만들기도 했다.

파리 Paris

로돌프 파캥 Rodolphe Paquin

언제나 활기에 찬 레스토랑 「르 르페르 드
카르투슈 (Le Repaire de Cartouche)」는 샤브
롤 감독이 그의 부인 오로르와 함께 최소
일주일에 한 번은 꼭 들르던 곳이다. 바로
근처 보마르셰가 (boulevard Beaumarchais)
에 살았던 이 커플은 주로 테린, 소꼬리 스튜,
돼지 머리고기 등의 요리와 루아르산 레드와
인을 즐겼다.

미셸 로스탕 Michel Rostang

샤브롤은 이 식당에서 처음으로 멧새 요리를
먹어보았다고 고백했다. 그 당시는 이 작은
새의 사냥이 아직 금지되기 전이었다.

알랭 파사르 Alain Passard

천하의 식도락 클로드 샤브롤은 채소 요리로
유명한 셰프 알랭 파사르의 음식에 매료되었
으며 특히 뱅 존 소스의 랍스터 요리
(aiguillettes de homard sauce vin jaune)에
깊은 감명을 받았다.

알랭 뒤투르니에 Alain Dutournier

샤브롤 감독 군단의 스태프 식사 중 거의
2/3는 이 랑드 (Landes) 출신 셰프의 네오
클래식 요리 레스토랑에서 이루어졌다고
해도 과언이 아니다. 주로 즐기던 메뉴로는
푸아그라. 수렵육 요리와 프랑스 남서부
와인이다.

클로드 샤브롤의 영화에서
만나는 요리 12가지

영화에서 배우들은 먹는 연기만 하는 것이 아니라
실제로 먹었다.

메르 쇼니에의 파테
(Le pâté de la mère Chaunier)
영화 「미남 세르주 (Le Beau Serge, 1959)」

프로방스풍의 토마토 (Les tomates à la provençale)
영화 「사촌들 (Les Cousins, 1959)」

셰퍼드 파이 (Le hachis parmentier)
영화 「푸른 수염 (Landru, 1963)」

크렘 오 쇼콜라 (La crème au chocolat)
영화 「붉은 결혼식 (Les Noces rouges, 1973)」

블랑케트 드 보 (La blanquette de veau)
영화 「플레져 파티 (Une partie de plaisir, 1975)」

부이야베스 (La bouillabaisse)
영화 「더러운 손 (Les Innocents aux mains sales,
1975)」

소렐을 넣은 프리캉도 (Le fricandeau à l'oseille)
영화 「모자 상인의 환상 (Les Fantômes du chapelier,
1982)」

식초 소스의 닭 요리 (Le poulet au vinaigre)
영화 「닭 초절임 (Poulet au vinaigre, 1985)」

꿩고기 테린 (La terrine de faisan)
영화 「마스크 (Masques, 1987)」

애플 타르트 (La tarte aux pommes)
영화 「마담 보바리 (Madame Bovary, 1991)」

보르도식 장어 요리 (La lamproie à la bordelaise)
영화 「악의 꽃 (La Fleur du mal, 2002)」

배추를 넣은 뿔닭 찜 (La pintade au chou)
영화 「벨라미 (Bellamy, 2008)」

7번 국도

비엔 Vienne

페르낭 푸엥 Fernand Point

7번 국도 상에 위치하고 있어, 샤브롤 감독이
자동차 여행 시 중간에 꼭 들렀던 옛 미슐랭
3스타 레스토랑 「라 피라미드 (La Pyramide)」.
이곳의 전설적인 셰프인 페르낭 푸엥의 음식
중 특히 파스타를 곁들인 가자미요리 (filet de
sole aux nouilles)를 즐겨 먹었다.

장 얀 JEAN YANNE
영화 속의 못 말리는 미식가

클로드 샤브롤 감독의 영화 「야수의
최후 (Que la bête meure, 1969)」에서
장 얀은 극도로 비열한 악역 폴 데쿠
르 역을 맡는다. 이 영화의 명장면인
식사 테이블에서 그는 아누크 페르작
(Anouk Ferjac)이 연기한 그의 아내
에게 양고기 스튜에 대해 불만을 토로
하며 화낸다.

"아, 정말! 이 스튜 너무 맛없어서 못
먹겠네. 소스가 멀게서 따로 놀잖아!
왜 소스를 오래 졸이지 않은 거야,
대체?"폴 델쿠르가 묻는다.

"4시간이나 끓였는데…." 부인이
대답한다.

"아니, 다섯 시간이고 여섯 시간이고
내 알 바 아니라고! 일단 고기가 익으
면 꺼내서 따뜻하게 보관한 다음, 소스
는 따로 소스팬에 넣고 졸여야 한다고
내가 수도 없이 말했잖아! 따로! 소스
팬에! 내가 말했어 안했어?"
"말했어요…."
또한, 영화 「도살자 (Le Boucher,
1970)」에서 그는 마을의 도축자 포폴
(Popaul) 역으로 출연한다. 스테판
오드랑 (Stéphane Audran)이 연기한
그의 아내 엘렌에게 양 다리 구이에
대해 지적한다. "양고기에 특히
마늘은 절대 넣으면 안 되지!"

달걀 완전정복

기본을 다시 한 번 돌아보는 일은 언제나 좋은 생각이다. 우리 식생활에 가장 기본이 되는 식재료인 달걀을 다시 한 번 파헤쳐본다.
닭이 먼저냐 달걀이 먼저냐 하는 문제는 철학자들의 몫으로 남겨두자.

일반적인 달걀 익히기

물에 익히기: 퍼펙트 에그 (외프 파르페 oeuf parfait: 65℃의 저온에서 익힌 달걀로 맛과 텍스처가 뛰어나다. 주로 레스토랑 메뉴에 자주 선보인다), 완숙, 반숙, 수란, 스푼으로 떠먹는 달걀…
팬에 익히기: 달걀 프라이, 기름 약간 필요함.
기름 없이 팬에 익히기: 물을 넣고 하는 달걀 프라이. 이 방법은 레스토랑「르 프레 되제니 (Le Prés d'Eugénie)」의 셰프 미셸 게라르 (Michel Guérard)가 선보인 기발한 테크닉이다. 논스틱 코팅팬에 물을 1테이블스푼 넣고, 끓으려고 할 때 달걀을 깨트려 넣는다.

기타 달걀 익히기

유대교식 익히기 (oeuf amine)
그리스, 터키 유대인들의 전통 조리 방법으로, 안식일 전에 달걀을 약한 숯불에서 낮은 온도로 6시간 익힌다. 완숙과 비슷하게 익지만, 덜 단단하고 질감이 덜 쫀득하다.

온센 타마고 (onsen tamago)
저온 조리 달걀의 선조격인 익힘 방법. 타마고는 일본어로 달걀을, 온센은 온천을 뜻한다. 약 70℃의 일본의 천연 온천수에 달걀을 놓아 두어 익히는 방법이다.

발롯 에그 (oeuf balut)
일부 아시아 지역에서 행해지는 특별한 방법으로, 이미 수정체가 거의 태아의 모습을 갖추고 부화해서 깨지기 전 상태의 달걀을 삶은 것이다. 전 세계 거의 대부분의 사람들에게 혐오감을 주는 이것은 고단백 간식으로, 또는 정력제로도 알려져 있다.

피단, 송화단 (oeuf de cent ans)
중국에서는 달걀을 숯의 재, 차, 소금, 석회 등으로 채운 항아리에 묻어둔다. 몇 주일이 지나면 달걀이 발효된다. 오랜 시간 저장해 발효시킨다는 뜻에서 백 년 달걀이라는 이름으로도 불린다. 발효되면 껍질은 갈색으로 변하고, 흰자는 호박색을 띠게 되며 노른자는 투명한 녹색으로 변한다.

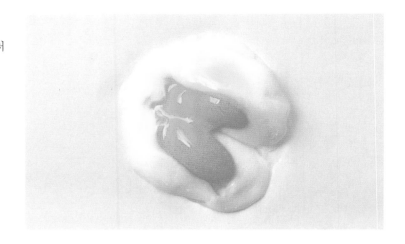

퍼펙트 에그
L'oeuf parfait

약 65℃의 낮은 온도에서 익힌 퍼펙트 에그 (외프 파르페)는 일반 완숙 달걀보다 부드럽고 말랑하며, 반숙 달걀보다는 좀 더 단단하다. 흰자는 탱글탱글하면서 부드러운 감촉을 지니고, 노른자는 크림처럼 흐르는 텍스처가 되어, 이름 그대로 가장 완벽하게 익은 상태를 보여준다.

익히는 법
65℃의 물이 담긴 냄비에 달걀을 넣어 한 시간 동안 둔다. 조리용 온도계를 이용하여 물이 항상 이 온도를 유지하도록 해야 한다. 냄비를 불에서 떼어놓았다가, 얼른 다시 불 위에 올리거나 따뜻한 물을 더 부어주거나 한다. 물을 데우는 소형 전열기나 정확한 온도계가 달린 최첨단 만능 조리기를 사용하기도 한다. 혹은 달걀을 용기에 넣고 65℃로 예열한 오븐에 직접 넣어도 된다.

끓는 물에 달걀을 삶는 시간

3분 : 스푼으로 떠먹는 삶은 달걀
모든 것은 삶는 시간에 따라 달라진다. 끓는 물에 넣어 3분간 삶으면 흰자와 노른자가 거의 비슷한 텍스처가 된다. 4분이 되면 흰자가 좀 더 군어지고 노른자는 흐르는 상태를 유지한다.

4분 : 수란, 포치드 에그
국자에 달걀을 조심스럽게 깨트려 넣고 숟가락으로 냄비의 끓는 물을 휘저어 회오리를 만든 다음, 그 가운데 달걀을 넣는다. 흰 식초를 1티스푼 넣어주면 흰자가 더 잘 응고된다.

5분 : 반숙
끓는 물에 넣어 5분간 삶는다. 노른자가 약간 더 응고되지만, 그래도 흐르는 텍스처를 유지한다.

10분 : 완숙
물에 식초를 조금 넣고 끓인다. 달걀이 충분히 잠기도록 물의 양을 넉넉히 한다.

여러 가지 식용 조류알

메추리알
길이 : 3.4cm
지름 : 2.5cm
무게 : 약 10g
달걀 1개 = 메추리알 5개

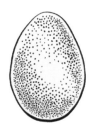

비둘기알
길이 : 4.5cm
지름 : 3cm
무게 : 약 18.5g
달걀 1개 = 비둘기알 약 2개

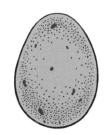

꿩알
길이 : 4.5cm
지름 : 3cm
무게 : 약 30g
달걀 1개 = 꿩알 약 2개

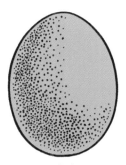

달걀
길이 : 8 cm
지름 : 5.5 cm
무게 : 45~80g
달걀 1개의 무게는 평균 65g

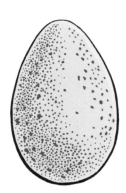

칠면조알
길이 : 7.5cm
지름 : 6cm
무게 : 약 85g
달걀 1개 = 칠면조알 1개

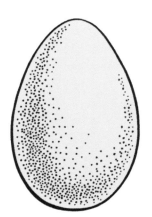

오리알
길이 : 8cm
지름 : 7cm
무게 : 80 ~120g
오리알 1개 =달걀 1.5개

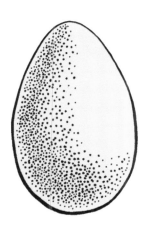

거위알
길이 : 8cm
지름 : 6cm
무게 : 120g
거위알 1개 = 달걀 2개

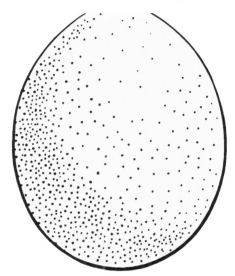

타조알
길이 : 13~16cm
지름 : 11cm
무게 : 1.1 ~ 1.9kg
타조알 1개 = 달걀 20~30개

달걀 선택과 조리 요령

신선한 달걀을 어떻게 확인하나?

달걀을 찬물이 담긴 용기에 빠트려 본다.
신선한 달걀일수록 깊이 가라앉고,
덜 신선한 달걀은 위로 뜬다.

완숙 달걀의 껍질을 흠 없이 깨끗하게 까는 방법은?

찬물에 몇 분간 담가둔다. 달걀을 감싸고
있는 막과 껍질 사이로 물이 스며들어
쉽게 까진다.

익히는 도중 달걀이 터지지 않게 하려면?

물에 소금을 조금 넣으면 된다.

달걀 정보 해독법

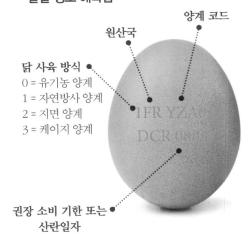

양계 코드

원산국

닭 사육 방식
0 = 유기농 양계
1 = 자연방사 양계
2 = 지면 양계
3 = 케이지 양계

1FR YZA0
DCR 089

권장 소비 기한 또는
산란일자

갈매기알 먹어 보셨나요?

갈매기알을 구할 수 있는 계절은 봄철 약 3주에 불과하고,
아주 극소수의 인원에게만 그 채집이 허용된다. 영국해 연안
가파른 절벽에 위치한 새둥지 안에서 알을 채집해야 하기
때문에 등산용 밧줄을 사용하여 절벽을 타고 올라가야 하는
위험이 따르기도 한다. 이렇게도 귀하게 채집된 것은 검은
머리 갈매기의 알로 매년 시즌이 되면 영국의 유명한 식당
메뉴에 오른다. 이와 같은 채집 방식은 친환경적이며, 종의
보존 규제에 위반되지 않는다. 가격이 엄청나게 비싸긴
하지만 (알 한 개의 가격이 7.50파운드 (약 10유로 이상)
이므로, 12개 한 판의 가격이 얼마일지 한번 계산해보세요.)
그 맛은 매우 훌륭하다. 짙은 오렌지색을 띤 노른자는 입안에
서 크리미한 감촉과 풍부한 맛을 선사한다. 맛에 열광하는
푸디들은 심지어 소금기와 생선의 맛도 느낄 수 있다고
평가한다.

베네치아의 대표 칵테일, 스프리츠

최근 몇 년 사이에 다시 유행이 된 아페리티프인 스프리츠 (spritz)는 약간 쌉싸름한 맛이 매력인 이탈리아의 클래식 칵테일이다.

비엔나에서 베네치아로

오스트리아가 점령하고 있었던 18세기 당시 베네치아에는 비엔나에서 온 군인, 상인, 공직자, 외교관들의 행렬이 이어졌다. 이들은 이탈리아 현지 와인이 너무 독하다고 느꼈는지 바의 종업원에게 와인에 물을 타(정확히 말하면 '분사해') 희석해달라고 주문하는 습관을 갖게 되었다. 1900년부터는 이 초기의 스프리츠에 일반 물 대신 스파클링 워터 (eau de Seltz)를 분사해 섞어 마시게 되었고, 이는 여성들의 인기를 끌게 되었다. 그 이후 지방에 따라 여러 가지 스프리츠로 변형되었으나, 가장 널리 알려진 것은 캄파리 (Campari) 또는 아페롤 (Aperol)을 베이스로 만드는 베네치아의 스프리츠다. 파도바 (Padova)에서는 시나르 (Cynar)를, 트렌토 (Trento)에서는 페라리 스파클링 와인 (vin mousseux Ferrari)을 사용하여 스프리츠를 만든다.

베네치안 스프리츠 만드는 법

알 메르카 (Al Merca)*

글라스 : 와인용
얼음
비터 리큐어 (아페롤 또는 캄파리) 1/3
프로세코 1/3
스파클링 워터 (eau de Seltz) 1/3
레몬이나 오렌지 슬라이스 한 조각
그린 올리브 1개

스프리츠 마니아들의 선택

캄파리 혹은 아페롤?
롬바르디아주 밀라노에서 생산되는 캄파리 (Campari)는 선명한 붉은색을 띠고, 쌉쌀한 맛을 갖고 있으며 주로 남성들이 선호한다. 한편 피에몬테주의 카날레에서 주로 생산되며 오렌지 빛깔을 띤 달콤한 맛의 아페롤 (Aperol)은 여성들에게 인기가 많다.

일반 와인 혹은 스파클링 와인?
베네치안 스프리츠 레시피 중 어떤 것들은 일반 드라이 화이트와인을 쓰는 것도 있지만, 요즘 추세는 보통 프로세코 스파클링 와인을 주로 많이 사용한다. 베네토 지방에서 생산되는 스파클링 와인인 프로세코는 슈페리어, DOC (원산지 명칭 통제), 그리고 아솔로 (Asolo) 등의 세 가지 명칭으로 분류된다.

스파클링 워터를 꼭 넣어야 하는가?
경우에 따라 생략하기도 하지만, 일반적으로 스파클링 워터를 섞는 것을 선호한다.

오렌지 혹은 레몬?
아페롤을 넣는 경우는 오렌지 한 조각, 캄파리 베이스일 경우에는 레몬 한 조각을 곁들인다.

올리브를 곁들여야 하는가?
씨를 빼지 않은 큰 사이즈의 그린 올리브 (balla di cerignola des Pouilles 또는 nocellara del belice de Sicile) 한 개를 칵테일 꼬챙이에 꽂아서 장식한다.

시나르를 넣은 스프리츠

시나르 (Cynar)는 아티초크 잎과 여러 식물 및 허브로 만든 이탈리아의 리큐어로 쓴맛이 특징이다. 아페롤보다 쌉쌀하고 옅은 갈색을 띠고 있으며 알코올 도수는 약 16.5 %에 이른다. 오렌지 빛깔 스프리츠 대신, 시나르를 동일한 비율로 (1/3) 넣은 스프리츠를 만들어 레몬 한 조각과 함께 즐겨보자.

* Al Merca, campo Bella Vienna 213, San Polo, Venise. 리알토 다리에서 약 30m.

베네치아의 시크릿 플레이스

라우라 자반 Laura Zavan

이탈리아 출신 유명 요리사가 공개하는 숨겨진 맛의 명소들을 찾아다니며, 관광객이 아닌 진짜 베네치아 현지인처럼 이 도시를 즐겨보자.

레스토랑

1 비니 다 지지오
VINI DA GIGIO

"바칼라 만테카토 피시볼 튀김 (baccala mantecato), 소프트 셸 크랩 (moeche)등 모든 메뉴가 훌륭한 맛이다. 와인과 그라파 리스트도 잘 갖추어져 있다."
1 Fondamenta San Felice, Cannaregio 3628a. www.vinidagigio.com

2 안티케 카람파네
ANTICHE CARAMPANE

"가족적인 분위기의 이 식당은 생선 크루도, 베네치아식 송아지 간 요리 등 잊을 수 없는 전채요리를 맛볼 수 있는 곳이다. 해산물 요리 솜씨가 아주 좋고, 서비스도 그에 못지않게 친절하다."
Calle delle Carampane, San Polo, 1911. www.antichecarampane.com

3 라 칸티나
LA CANTINA

"자가 제조 맥주, 치즈와 돼지 가공육이 훌륭하다. 수줍어하지 말고 주인장 프란체스코에게 오늘 제일 싱싱한 생선이 무엇인지 물어보시라. 산테라스모 (Sant'Erasmo)의 채소를 곁들인 멋진 요리를 만들어줄 것이다."
Campo San Felice, Cannaregio 3689

와인바 bacaro

4 에스트로
ESTRO

"이곳은 작은 식당을 겸한 와인바로 베네치아뿐 아니라 이탈리아 최고의 생산품을 제공하려는 주인의 의지가 담긴 활기찬 매장이다. 500여 종에 이르는 와인을 구비하고 있으며 대부분이 내추럴 와인이다."
하루 종일 오픈하며, 점심에 제공하는 샌드위치 등의 간단한 메뉴부터 저녁식사를 위한 풀코스 메뉴까지 다양한 음식을 즐길 수 있다.
특히 속을 채운 포카치아와 생선으로 만든 아페리티프 스낵은 높은 점수를 줄 만하다.
오픈 11:00~24:00
Dorsoduro 3778
(Crosera San Pantalon, vaporetto San Tomà, Scuola Grande di San Rocco 근처)

치케티 바[*]

5 알라르코
ALL'ARCO

"마리 할머니의 레시피로 만든 식초에 절인 정어리 (sarde in saor)와 염장 대구살인 바칼라를 얹은 크로스티니가 가장 유명하다. 다양한 메뉴와 좋은 퀄리티의 음식, 친절한 서비스가 있어 내가 항상 좋아하는 곳이다."
Calle dell'Occhialer, San Polo 436

6 알라 베도바
ALLA VEDOVA

"소고기 미트볼 (polpette) 튀김이 대표 메뉴다. 그 밖에 다양한 치케티 메뉴와 베네치아 와인을 맛볼 수 있는 대표적인 식당이다."
Calle del Pistor (la Strada Nova 교차로에 위치), Cannaregio 3912

7 반코지로
BANCOGIRO

"아치형의 천장을 한 홀과 그랑 카날 (Grand Canal) 쪽을 향한 테라스를 가진 이곳은 멋진 환경뿐 아니라 생선 무스를 채운 피망, 검은 폴렌타 위에 얹은 속 채운 오징어 등 새롭게 개발된 치케티 메뉴로 많은 사랑을 받고 있다."
Campo San Giacometto, San Polo 122. www.osteriabancogiro.it

식재료 전문점

8 판타그루엘리카
PANTAGRUELICA

"무엇을 골라야 할지 결정하기 어려운 프리미엄급 식재료상. 특히 와인과 고급 오일류 셀렉션을 추천할 만하다."
Campo San Barnaba, Dorsoduro 2844

9 카사 델 파르미지아노
CASA DEL PARMIGIANO

"알리아니 (Aliani) 패밀리가 1936년 부터 운영하고 있는 샤퀴트리, 치즈 전문점으로, 이탈리아 최고 품질의 특산품을 소비자에게 선보이고 있다."
Campo Bella Vienna,
San Polo 214-215-218,
www.aliani-casadelparmigiano.it

10 토놀로
TONOLO

"베네치아 최고의 파티스리 부티크. 샹티이 크림을 얹은 부드러운 머랭과 사바용 크림을 넣은 슈 페이스트리가 특히 맛있다."
Calle San Pantalon, Dorsoduro 3764

[*] cicchetti : 스페인의 타파스 바와 비슷한 형태로 안주나 스낵으로 즐길 수 있는 여러 가지 음식을 작은 양으로 골라 먹을 수 있도록 했다.

체리

신석기시대 조상들도 이미 체리 씨를 뱉었다고 전해진다. 하지만 예전엔 그저 지금의 야생 벚나무와 비슷한 나무에 달려 있던 열매였다.
체리는 오랜 세월 재배 방식의 발전과 품종 개량이 이루어져 지금처럼 붉은색의 달고 살이 통통한 과일이 되었다. 꼭지부터 씨까지 황홀한 이 과일의 모든 것을 알아보자.

다양한 체리 품종

뷔를라 (burlat)
시즌이 되면 제일 먼저 시장에 나오는
품종으로 프랑스에서 재배되는
체리의 30%를 차지한다.
형태: 약간 납작한 모양을 하고 있으며,
밝은 붉은색을 띤다.
맛: 달고 살이 연하며 즙이 풍부하다.
사용: 일반 식용, 디저트용

서미트 (summit)
뷔를라보다 15~20일 후에 나오기
시작하는 이 품종은 90년대 초 이후로
계속 품종이 개량되고 있다.
형태: 알이 굵으며 하트 모양을 하고 있다.
표면이 윤이 나고 붉은색을 띤다.
맛: 살이 연하고 즙이 많으며 달다.
사용: 일반 식용, 디저트용

르베르숑 (reverchon)
나무에서 열매가 익는 시기는
6월 말에서 7월 초다.
형태: 약간 길쭉한 하트 모양으로
연한 붉은색을 띤다.
맛: 살이 아삭하며 신맛이 있다.
사용: 일반 식용, 달지 않은 일반 요리.

헤델핑겐 (hedelfingen)
독일의 체리 품종으로 가장 늦게 수확되어
시장에 나온다.
형태: 하트 모양을 하고 있으며, 색깔은
붉은색 또는 짙은 붉은색을 띤다.
맛: 살이 연하고 즙이 많으며 달다.
사용: 일반 식용, 디저트용

나폴레옹 (napoléon)
6월 말에 수확된다.
형태: 알이 크고 살은 흰색이며,
표면은 노란색과 붉은색이 섞여 있는
품종으로 즙은 색이 없다.
맛: 살이 아삭하고 즙이 많으며
당도가 아주 높다.
사용: 통조림, 당과류

몽모랑시 (montmorency)
7월에 익어 수확된다.
형태: 꼭지가 길고 색은 밝으며
껍질이 얇고 즙은 무색이다.
맛: 살이 연하고 아주 매력적인
신맛을 갖고 있다.
사용: 잼, 오드비

에스코트 받아 비행기로 운송되는 체리

프랑스 남부의 세레 (Céret)는 체리의 수도라 일컬어지는
곳이다. 피레네 오리앙탈 (Pyrénées-Orientales) 지방의
이 마을은 체리 시즌의 시작을 알린다. 1932년 이래로
매년 체리를 담은 바구니가 항공편으로 에스코트를
받으며 대통령 관저인 엘리제 (Elysée) 궁으로 직송된다.

체리와 관련된 4가지 숫자

40 000 톤
프랑스에서 매년 평균적으로 수확하는 체리의 양이다. 프랑스는 세계 최대 체리 생산국인
터키와 폴란드, 이탈리아에 이어 유럽에서 4번째로 체리를 많이 생산하고 있다.

600 그램
프랑스인 한 사람이 평균적으로 연간 소비하는 체리의 양이다.

70 칼로리
체리 100g당 평균 열량이다. 붉은색 과일 중 가장 칼로리가 높다.

28.51 미터
미국인 브라이언 크라우즈가 미시간 오클레어에서 열린 체리 씨 멀리 뱉기 세계 챔피언 대회에서 세운 기록이다.

블랑딘 부아예의 레시피
Blandine Boyer

그녀는 몬트리올에 가면 맛있는 베이글을 먹고, 스톡홀름에서는 각종 버섯을 찾아다니며, 가르 (Gard) 의 집에서는 돼지를 잡는다. 또 체리 철이면 바구니를 들고 나무 밑으로 가서 체리를 딴다. 우리가 좋아하는 이 시대의 여성 요리사들 중 하나인 블랑딘 부아예. 그녀가 좋아하는 체리를 이용한 레시피들을 소개한다.

체리 콩포트

스칸디나비아와 독일에서 즐겨먹는다
(Rote Grütze).

1인분 기준
씨를 제거한 잘 익은 체리 1공기
설탕 2테이블스푼
옥수수 전분 깎아서 1테이블스푼

만드는 법
소스팬에 체리와 설탕, 물 반 컵을 넣고
콤포트(과일 졸임)가 될 때까지 10분 정도
끓인다. 소량의 물에 미리 개어 놓은
전분을 여기에 넣고 걸쭉해지도록 약한
불로 끓인다. 식힌다.
전통적으로 이 디저트를 먹는 방법을
소개한다. 체리 콤포트를 우묵한 접시에
담고 차가운 우유를 가장자리에 부어서
두 재료를 섞지 않은 상태로 큰 스푼으로
떠먹는다.

아이스 요거트
시중에서 파는 과일 요거트와는
비교할 수 없는 맛이다.

4인분
체리 700g
(잘 익은 체리를 씻어서 꼭지를 따고
씨를 제거한 후, 깨끗한 행주에 놓아
물기를 빼둔다)
그릭 요거트 또는 양젖 프레시 치즈
500g
꿀 2테이블스푼

만드는 법
체리를 넓은 쟁반에 펴 놓고 냉동실에
최소 3시간 넣어 얼린다.
먹기 직전에 언 체리와 요거트, 꿀을
넣고 믹서기에 곱게 간다. 부드러운
식감으로 즉시 서빙하거나 다시
냉동실에 30분 정도 넣었다 먹는다.

초간단 소르베
아이스크림 메이커를 사용하지 않아도
아주 쉬운 방법으로 부드러운 소르베를
성공적으로 만들 수 있다.

4~6인분
얼린 체리 700g과 슈거파우더 1~2테이블
스푼, 달걀흰자 1/2개분, 레몬즙 1개분을
모두 넣고 거품이 일 정도로 곱게 믹서에
간다. 가장자리의 내용물을 실리콘 주걱
으로 긁어 모아가며 2~3회 정도 반복하여
갈아준다.

체리를 곁들인 오리 가슴살 요리
Magret de carad aux cerises

디저트가 아닌 일반 요리에도 체리를 사용할 수 있다.

2인분
오리 가슴살 (큰 것) 1조각
체리 300g
(체리를 씻어서 꼭지를 따고 씨를 제거한 후, 깨끗한 행주에 놓아 물기를 빼둔다)
식초 (Banyuls 비네거) 2테이블스푼
황설탕 1테이블스푼
소금, 통후추 간 것
로즈마리 한 줄기 (3cm 정도로 작은 것)

만드는 법
오리 가슴살의 껍질 면에 바둑판 모양으로 칼집을 낸다. 살까지 칼날이 닿지 않도록
조심한다. 소금 간을 약간 해준다.
달구지 않은 차가운 팬에 가슴살의 껍질 쪽이 아래로 가게 놓고 익힌다. 뚜껑을
덮고 아주 약한 불로 아무 소리도 나지 않고, 색도 나지 않게 익힌다. 15~10분 정도
껍질의 기름이 녹도록 익히면서, 중간중간 기름을 제거한다.
마지막에 불을 세게 올려 1~2분간 껍질이 바삭해지도록 뚜껑을 열고 익힌다.
가슴살을 찌르지 말고 꺼내서 접시에 놓고 또 다른 접시 하나를 덮은 상태로
레스팅한다. 그동안 체리를 준비한다.
오리를 익힌 팬에서 기름을 제거한다. 팬을 닦지 않은 상태로 황설탕을 넣어 살짝
캐러멜라이즈시킨다. 식초를 넣어 디글레이즈하고 체리와 로즈마리를 넣는다.
센 불에서 체리를 골고루 흔들어가며 몇 분간 익힌 뒤 로즈마리 줄기는 꺼내고,
통후추를 살짝 갈아 뿌린다. 오리 가슴살을 도톰한 두께로 어슷하게 썰고, 체리
콤포트를 곁들인다.
응용: 꿩 가슴살이나 팬 프라이한 송아지 간에 이 체리 콤포트를 곁들여도 좋다.

계피향의 체리 즐레 Gelée à la cannelle
아침 식사용으로 토스트에 발라 먹거나
잘 숙성된 양젖 치즈에 곁들여 먹으면 좋다.

1병 분량
씨를 뺀 체리 500g
설탕 250g
레몬즙 1개분
잼 제조용 펙틴 (Vitpris®) 깎아서
1테이블스푼 + 설탕 1테이블스푼 섞은 것
통계피 스틱 작은 것 1개

만드는 법
체리에 레몬즙과 설탕을 넣고 굵직하게
간다. 냉장고에 하룻밤 넣어 재운다.
다음 날, 체에 즙을 거르고 과육은 따로
보관해 요거트 등에 곁들여 먹는다. 거른
즙에 통계피를 넣고 5분간 끓인 다음
설탕과 섞은 펙틴을 넣고 5분 더 끓인다.
통계피를 건져내고, 끓는 물에 열탕
소독한 병에 담아 보관한다.

체리 피클
새콤한 맛을 띠는 피클은 테린류와
함께 먹으면 상큼함을 더해준다.

1병 분량
체리 1kg
(씻어서 꼭지를 그대로 둔 채로
물기를 제거해둔다)
레드와인 식초 750ml + 설탕 300g
소금 2테이블스푼
오렌지 껍질 1개
통후추 1티스푼
통계피 스틱 2개
코리앤더 시드 1테이블스푼
월계수 잎 1장

만드는 법
체리를 제외한 모든 재료를 한꺼번에
냄비에 넣고 끓인다. 끓는 물에 열탕
소독해둔 병에 체리를 채워 넣고, 끓인
피클액을 그대로 붓는다. 뚜껑을
닫아 밀봉한 뒤 최소 일주일이 지난
후에 먹는다. 이 피클은 냉장고에서
한 달 정도 보관하고 먹을 수 있다.

최고의 클라푸티를 찾아라

19세기 중반 무렵 프랑스 리무쟁 (Limousin) 에서 처음 선보인 디저트 클라푸티 (clafoutis) 는 체리에 대한 무한한 사랑을 보여준다.
클래식 레시피가 언제나 가장 인기가 많지만, 반죽에 조금씩 변화를 주면 좀 더 색다른 클라푸티를 즐길 수 있다.

촉촉하고 부드러운 클라푸티

설탕과 밀가루의 양을 줄인
블랑딘 부아예 (Blandine Boyer) 의 이 레시피는
좀 더 가벼운 텍스처를 즐길 수 있다.

4~6인분

준비 시간: 20분
조리 시간: 25분

재료

체리 700g
(씻어서 꼭지를 떼어내고 씨를 그대로 둔 채로
마른 행주 위에 올려 물기를 빼 놓는다)
달걀 2개 + 달걀노른자 1개
설탕 3테이블스푼
휘핑크림 250ml
밀가루 2테이블스푼
가염 버터 얇게 조각낸 것
황설탕
버베나, 레몬밤, 또는 타라곤 등의 허브
잘게 다진 것 (선택사항) 2티스푼

만드는 법

달걀, 달걀노른자, 설탕, 크림, 밀가루를 모두 넣고
믹서나 핸드 블렌더로 혼합한다. 오븐용 용기에 체리를
촘촘히 넣는다. 혼합한 반죽을 붓고, 얇게 자른 가염
버터 조각을 올려준 다음 황설탕을 솔솔 뿌린다.
200℃로 예열한 오븐에 넣고 25분간 굽는다.
완성되면 다진 허브를 뿌리고 따뜻하게 서빙한다.

클래식 클라푸티

밀도가 높은 식감의 오리지널 레시피는, 건자두
(프룬)를 넣고 만드는 파르 브르통 (Far Breton) 의
체리 버전이라고 할 만큼 비슷한 맛이다.

4~6인분

준비 시간: 20분
조리 시간: 30~35분

재료

체리 750g
우유 400ml
생크림 100ml
밀가루 150g
설탕 100g
달걀 4개 + 달걀노른자 1개
바닐라 슈거 작은 포장 1봉지
버터 20g + 10g (몰드용)

만드는 법

오븐을 180℃로 예열한다.
그라탱용 용기 안쪽에 버터를 바른다. 체리는 씻어서
물기를 닦고 꼭지를 딴다. 용기에 체리를 넣는다.
달걀과 설탕, 바닐라 슈거를 거품기로 쳐서
잘 혼합한다. 밀가루를 넣고, 이어서 우유와 크림을
넣고 잘 섞는다. 체리 위에 붓고, 버터를 작게 잘라
군데군데 얹는다. 오븐에서 30~35분간 굽는다.

이국적인 맛의 클라푸티

코코넛 밀크의 부드러움과 라임의 상큼함이
돋보이는 이 클라푸티는 열대의 맛을 떠올리는
매력적인 디저트다.

4~6인분

준비 시간: 20분
조리 시간: 용기에 따라 25~45분

재료

체리 500g
밀가루 100g
설탕 120g
버터 65g + 10g (몰드용)
달걀 2개
코코넛 밀크 200ml
우유 100ml
유기농 라임 제스트 간 것 1/2개분

만드는 법

오븐을 210℃로 예열한다. 오븐용 용기 또는
1인용 틀의 안쪽에 버터를 바른다.
체리는 씻어서 꼭지를 딴다. 볼에 달걀, 녹인 버터, 우유,
코코넛 밀크, 밀가루, 설탕, 라임 제스트를 모두 넣는다.
거품기로 골고루 혼합한다.
오븐용 용기에 체리를 넣고 반죽을 붓는다.
큰 용기의 경우 오븐에서 약 45분, 여러 개의 개인용
작은 용기일 경우는 25분간 굽는다.

왜 체리의 씨를 제거하지 않을까?

 체리의 씨를 빼고 나면 오븐에
익히는 동안 즙이 흘러나와
클라푸티 반죽에 붉은 물이
들 수 있다.

 체리 씨를 빼지 않고 클라푸티를
구우면 익는 동안 씨에서 특유의
쌉쌀한 아몬드 맛이 은은히
배어나온다.

쇠비름을 아시나요?

어디에서나 잘 자라는 이 식물은 그리스 크레타섬의 식문화에서 그 영양학적 효능이 증명된 이후 인기가 점점 높아져가고 있다.
상큼하면서도 신맛을 지닌 쇠비름 (*pourpier*)은 다양한 요리에 사용할 수 있는 훌륭한 야생 식물이다. 마당에 텃밭이 있다면 키워볼 만하다.

쇠비름이란?

라틴 학명: *Portulaca Oleracea*
계열: 쇠비름과 (portulacea)
통칭: 텃밭 쇠비름, 여름 쇠비름
형태: 위로 타고 올라가는 성질의 줄기는 붉은색을 띠고 있고, 잎은 통통하고 윤기 나는 타원형으로 연한 녹색을 띤다(그래서 흔히 다육식물과 혼동하는 경우도 있다). 노란색의 작은 꽃이 핀다.
서식지: 프랑스 남부 등 따뜻한 지방에서 잘 자라고, 아시아(중국, 인도), 아메리카, 호주 등에서도 자란다. 정원에 심으면 쉽게 자라고 번식력이 강하며, 특히 모래질의 토양에서도 잘 자란다.
계절: 5월 말부터 11월

쇠비름의 놀라운 효능

심혈관 기능을 보호해주는 **감마리놀렌산 오메가 6**가 풍부하다. 글루타시온이 함유되어 **강력한 항산화제** 역할을 한다. **비타민** E, A, C가 풍부하다 (100g당 비타민 함유량이 하루 권장량의 26%에 육박한다). 포타슘, 마그네슘, 칼슘, 인 등의 **무기질**이 풍부하다. **지질 함량**은 0.1%로 매우 **낮다.** 100g당 16칼로리로 **저열량** 식품이다.

은은하고 섬세한 맛

식감은 아삭하면서도 연하고 약간의 점액질이 느껴진다. 달콤 쌉싸름하면서 새콤한 맛, 그리고 은은한 짠맛도 느낄 수 있다.

여름철 수확

줄기와 잎은 여름 내내, 특히 꽃이 필 무렵에 재배할 수 있다. 공해가 심한 곳은 당연히 피하는 것이 좋으며, 깨끗한 물에 흰 식초를 타서 희석하여 잎을 닦아주면 좋다.

겨울철 쇠비름

수확하고 난 이후 쇠비름은 얼마 못 가서 수명을 다하기 때문에, 여름에 수확을 마치고 나면 찾아 보기 힘들고, 몇몇 식당에서만 겨우 만나볼 수 있다. 셰프들은 추위에도 견딜 수 있는 겨울 쇠비름 클레이톤 드 쿠바 (Clayton de Cuba: *Montia perfoliata*)를 선호한다. 이 식물은 여름 쇠비름과는 전혀 다른 종류로, 아주 긴 줄기와 마름모꼴의 넓적한 잎을 갖고 있어 '닭발'이라는 애칭으로도 불린다. 우리가 일반적으로 알고 있는 여름 쇠비름에 비하면 맛과 향이 훨씬 떨어진다.

쇠비름을 먹는 방법

아주 간단하면서도 효과적인 방법들을 소개한다. 쇠비름은 어떻게 해도 맛있다.

샐러드

가장 간단하면서도 영양소를 제일 잘 섭취할 수 있는 방법이다. 생 쇠비름에 약간 매콤한 비네그레트(머스터드와 쇠비름은 아주 잘 어울린다)를 드레싱하여 먹는다. 잘 익은 완숙 토마토, 루콜라, 크레송, 양상추와도 잘 어울린다. 그리스에서는 쇠비름 줄기와 잎을 올리브 오일에 튀겨서 페타 치즈, 토마토, 마늘, 마조람과 함께 먹는다. 쇠비름과 잘 익은 아보카도의 궁합도 환상적이다.

수프

쇠비름은 차가운 음식, 더운 음식 만들기에 모두 적합하다. 여름용 쇠비름 수프를 만들어보자. 쇠비름 넉넉히 한 줌과 껍질을 벗겨 썬 오이, 민트 잎 4장, 마늘 반 톨에 올리브오일을 한 바퀴 휘 둘러 넣고 믹서로 간다. 이 녹색의 상큼한 가스파초에 페타 치즈를 잘게 부수어 얹어 먹으면 여름철 애피타이저로 완벽하다.

오믈렛

팬에 올리브오일을 달구고 잘게 썬 샬롯을 볶다가 쇠비름을 넉넉히 한 줌 넣어 센 불에 빨리 볶는다. 소금으로 간을 하고 팬에서 덜어 놓는다. 달걀 5~6개를 풀어 소금으로 살짝 간을 한 다음, 같은 팬에 붓는다. 익어서 가장자리가 굳기 시작하면 볶아놓은 쇠비름을 가운데 넣고 오믈렛을 반으로 접는다. 뜨겁게 즉시 서빙한다.

채소 가니시

시금치 볶음과 마찬가지로, 팬에 버터를 조금 녹이고 쇠비름을 재빨리 볶아낸다. 생선이나 갑각류 요리에 곁들이면 최상의 궁합이며, 돼지고기 또는 오리 가슴살 요리와도 아주 잘 어울린다. 그린빈스, 완두콩, 주키니호박 등과 함께 볶아 조리해도 맛있다.

소스

적양파, 케이퍼, 마늘, 차이브(서양 실파), 파슬리, 올리브오일과 함께 프레시 쇠비름을 섞어 그린 살사 (salsa verde)를 만들어도 좋고, 쇠비름에 크림을 넣고 익혀서 연어 스테이크의 소스로 서빙해도 잘 어울린다. 레스토랑 트루아그로 (Troisgros)의 시그니처 음식인 소렐 소스의 야생 버전이라 감히 말할 수 있을 것이다.

그 밖에도… 스무디, 차지키 (tzatziki: 요구르트에 오이, 마늘, 허브, 식초 등을 넣어 만든 그리스 전통 소스), 템푸라 등을 만들 수 있고, 혹은 닭에게 사료로 먹이면 오메가 3가 풍부한 달걀을 얻을 수 있지 않을까?

빅토르 위고
VICTOR HUGO

대식가였던 대문호

점심시간, 그는 그랑 불르바르 (Grands Boulevards) 근처의 한 식당에서 식사를 한다. 저녁 때도 아주 긴 시간 동안 풍성한 식사를 한다. 그리고 작업 중에도 이『루크레치아 보르자 *Lucrèce Borgia*』(빅토르 위고가 쓴 희곡 작품)의 작가는 두 시간마다 차가운 콩소메 테린을 크게 썰어 간간이 먹는다.

건지섬 (Guernesey)에서의 식사
망명지에서의 기쁨과 행복

빅토르 위고는 그의 시집 가운데 최고의 걸작으로 꼽히는 정관시집 (Contemplations, 1856)의 성공으로 많은 수입이 생기자 건지섬[1]에 주택을 구입했다. 그곳에 체류하는 동안 차려진 저녁상은 마치 "마을의 사제가 주교에게 베푸는 만찬 같았다."고 에드몽 드 공쿠르[2]는 평가했다. "메뉴로는 토끼 프리카세 (gibelotte de lapin)에 이어 로스트 비프 (rosbif)가 나왔고, 연이어 로스트 치킨이 나왔다." 빅토르 위고의 손자인 조르주 위고 (Georges Hugo)는 할아버지와의 식사 시간을 회상한다. "할아버지는 식사가 아무리 늦게 시작되고 오래 계속 되어도 매번 저녁 식사 때마다 우리가 모두 테이블에 함께 있길 바라셨습니다. 오직 할아버지 한 사람을 위해 손주들이 전부 자리를 지켜야 했어요. 모든 손님들 앞에서요 (…). 식사 도중 졸기도 했고, 목소리에 놀라 긴장하기도 했습니다. 할아버지는 본인이 말씀하시는 동안 우리가 잠들면 꿈을 계속 꿀 수 있도록 그냥 조용히 놔두라고 말씀하셨어요. 에드몽 드 공쿠르는 할아버지가 식사하고 가라고 해서 같이 저녁을 먹던 어느 날, 잔이 식사 도중 한 손에 닭기 뼈를 들고 뺨은 접시에 댄 채 잠들었는데, 아무도 깨우지 않았다는 일화를 제게 이야기해주었습니다. 하지만 졸다가 놀라서 벌떡 일어나 잠자리에 들러 올라갈 때에는 테이블을 한 바퀴 돌며 모든 디너 손님들에게 성실하지만 엉겁결에 나오는 굿나잇 인사를 했답니다. 어른들 대화의 가장 클라이막스를 끊는 줄도 모르면서 말이죠."

– 『나의 할아버지 (*Mon grand-père*)』, 1902 출간.

1) Guernesey: 프랑스 서부 해안에서 가까운 영국령 채널 제도의 섬으로 빅토르 위고가 유배되었던 곳이기도 하다. 1859년 사면령이 내렸지만, 위고는 거부하고 이곳 망명지에서 한동안 생활하였다.
2) Edmond de Goncourt: 프랑스의 문학평론가. 에드몽과 쥘, 이 두 형제를 추모하기 위해 제정한 공쿠르상은 오늘날 프랑스에서 가장 값진 문학상으로 명성을 얻었다.

그의 식욕은 작품에 비례한다.
(1802-1885)

빅토르 위고의 나눔

의식 있는 정치가에게 있어 먹는다는 행위는 가난을 인간의 존엄성의 수준으로 올리는 것이기도 하다.

어린이들. 아이들의힘든 처지를 안쓰러워한 위고는 1862년 3월부터 자신의 집으로 40여 명의 가난한 아이들을 불러 정기적으로 고기와 포도주를 대접했다. "우리가 먹는 것과 똑같은 식사를 대접할 겁니다. 아이들은 식탁에 앉으며 '하나님, 찬양합니다.'라고 할 것이고, 식탁에서 일어나면서 '하나님, 감사합니다.'라고 하겠지요. 첫 식사는 월요일에 있습니다."

동물… 위고의 선한 마음은 그가 식사하는 접시 위의 내용물을 향해서도 나타난다. 그는 비둘기로부터 다정함의 영감을 얻었고, 랍스터가 "끓는 물에 담가져 내는 소리를 들은 이후부터" 이를 불쌍히 여기게 되었다. 하루는 양고기가 서빙되자 같이 식사하던 친구에게 물었다. "이 불쌍한 짐승을 우리가 먹지 않는다면 무엇에 쓸 수 있을까요?"

장 발장의 저녁식사: "하지만 마글루아르 부인은 저녁을 차려주었습니다. 물과 기름, 빵, 소금을 넣어 만든 수프와 돼지비게 조금, 양고기 한 조각, 무화과, 프레시 치즈, 그리고 커다란 호밀빵 한 덩이를 주셨죠." 『레 미제라블 (*Les Misérables*)』

미식가이기보다는 대식가였던 빅토르 위고

대식가의 식탐

문학평론가 생트 뵈브 (Sainte-Beuve)는 다음과 같이 정리한다. "세상에는 가장 거대한 위를 가진 세 부류가 있다. 그것은 바로 오리, 상어, 그리고 빅토르 위고이다."

괴상한 식사 습관

랍스터를 껍데기째로, 오렌지를 껍질째로 먹는다고? 빅토르 위고에게는 하나도 이상한 일이 아니다. 그는 또 밀크 커피에 식초를 넣어 마신다거나, 브리 치즈에 머스터드를 발라 먹는 등 조합이 불가능한 재료를 함께 먹기도 하였다. 또한 식사 테이블에 서빙된 모든 음식을 한 접시에 전부 담고 섞어 먹는 스타일을 아주 좋아했다.

단맛 애호가

이 대문호가 단 음식과 단 와인을 아주 좋아했다는 것은 널리 알려진 사실이다. "아이스크림을 자주 먹었는데, 서빙되면 거의 대부분 그가 가장 많이 먹었습니다." 리샤르 레클리드 (Richard Lesclide)는 그의 책『빅토르 위고의 식탁이야기 (*Propos de table de Victor Hugo*, 1885)』에서 이렇게 말하고 있다. "그는 아주 흰 건치를 자랑하며 모든 음식을 깨물어 먹는 것을 좋아했습니다. 자녀들이 아무리 말려도 호두와 아몬드 껍질을 이로 깨물어 까는 것은 말할 것도 없고, 사과도 이로 깨물어서 보는 사람 등골이 오싹할 정도로 무시무시하게 씹어 먹었지요. 오렌지도 마찬가지입니다. 귀찮게 껍질을 벗기지 않고, 사과처럼 통째로 깨물어 먹곤 했답니다."

오리고기 파르망티에

Le parmentier de canard

"마리는 저녁거리로 오리를 두 마리 사 들고 왔다. 오리를 잡으려고 하는 순간 우리 딸이 구출해냈다. 지금 오리는 연못에서 평화롭게 놀고 있다." 1860년 8월 25일자 그의 일기에는 이렇게 쓰여 있었다. 그러나 사실 대문호 빅토르 위고는 붉은색 육류, 특히 오리고기를 아주 좋아한다. 단, 마음이 연약해서 오리가 냄비에 들어가기 전에는 그 모습을 보면 안 된다….

4인분

준비 시간 : 1시간

재료

오리 다리 콩피 4개 (살을 잘게 뜯어 놓는다.)
쪽파 1단 (얇게 송송 썰어 놓는다.)
야생버섯 250g (잘게 다진다.)
샬롯 4개 (잘게 썰어 놓는다.)
마늘 2톨 (반을 갈라 싹을 제거하고 곱게 다진다.)
오리 기름 20g
또는 올리브오일 20ml
소스
오리 몸통뼈 잘게 썬 것 1개
또는 다리 2개
올리브오일
버터 50g
얇게 썬 샬롯 4개
마늘 으깬 것 4톨
검은 통후추 10알
밀가루 또는 녹말가루 1테이블스푼
레드와인 20ml
갈색 송아지 육수 200ml
타임 1줄기
블랙 올리브 동그랗게 썬 것 50g
감자 퓌레
감자 (큰 것) 4개
우유 200ml
버터 100g
로즈마리 1줄기
마늘 2톨
소금, 통후추 간 것

만드는 법

소스

냄비에 오일을 뜨겁게 달구고 오리 뼈를 지져 색을 낸다. 여기에 샬롯과 마늘을 넣고 몇 분간 수분이 나오게 볶아준다. 냄비 바닥의 기름은 큰 숟가락으로 떠내어 제거하고, 버터와 밀가루를 넣는다. 레드와인을 넣고 냄비 바닥에 눌어붙은 육즙을 잘 긁어내며 디글레이즈한다. 통후추와 송아지 육수, 타임을 넣고 약한 불에서 20~25분간 뭉근히 끓인다. 원뿔체로 거른 다음 시럽 농도가 될 때까지 다시 졸인다. 올리브를 넣는다.

퓌레

감자는 껍질을 벗기고 4등분으로 자른다. 찬물에 소금과 감자를 넣고 불에 올려 삶는다. 다른 냄비에 우유와 로즈마리, 마늘을 넣고 끓인다. 칼끝으로 감자를 찔러보아 익었으면 꺼내서 야채 그라인더에 넣고 돌린다. 버터를 깍둑 썰어 감자 퓌레에 넣고 녹인 다음 잘 섞는다. 데운 우유는 원뿔체에 거르고, 감자에 조금씩 넣어주면서 잘 섞는다. 부드럽고 매끈한 감자 퓌레가 완성되면 소금과 흰 후추로 간을 맞춘다.

오리 다리 살 익히기

팬을 센 불에 올리고 오리기름을 넉넉히 녹인다. 버섯을 볶다가 샬롯과 마늘, 파를 넣고 함께 볶는다. 마지막으로 잘게 뜯어놓은 오리 다리살을 넣는다. 소금, 후추로 간을 맞춘다.

플레이팅

스테인리스 원형틀을 접시에 놓고 맨 밑에 오리고기와 버섯볶음을 깐다. 그 위에 감자 퓌레를 넉넉히 올린다. 틀을 빼고, 올리브를 넣은 소스를 주위에 둘러 서빙한다.

생강향의 딸기 샐러드, 레이디핑거 비스킷, 샹보르 크림
La salade de fraises au gingembre, biscuits à la cuiller, crème au Chambord

"내가 편지를 접어 봉투에 넣었을 때, 열차 객실의 한 남자는 수프와 딸기를 주문했다.
바로 그 때문에 특별했던 '저녁식사'로 기억된다." 빅토르 위고, 노르망디 여행 중, 1836

5인분
준비 및 조리 시간: 1시간 15분

재료
딸기 500g
 (잘 익은 딸기를 크기에 따라 2등분
 또는 4등분한다.)
생크림 250ml
슈거파우더 20g
샹보르 리큐어 10ml (또는 딸기나 기타
 붉은 베리류 과일로 만든 리큐어)
(liqueur de Chambord: 프랑스 루아르 지방에서
만드는 라즈베리 리큐어. 산딸기, 오디, 꿀, 바닐라,
코냑 등을 넣어 만든다)

만드는 법
레이디핑거 비스킷
달걀노른자와 설탕 90g을 세게 저어 혼합한다. 달걀흰자는 거품을 올린 뒤, 나머지 설탕
(40g)을 넣고 다시 1분간 거품기를 돌려 잘 섞는다. 노른자와 설탕 혼합물에 거품 낸
흰자를 넣고 살살 섞어준다. 여기에 밀가루와 전분을 넣어 혼합한 다음 짤주머니에
넣는다. 베이킹 팬에 유산지를 깔고 살짝 기름을 바른 후, 길이 5~6 cm, 폭 1~2 cm
크기의 손가락 모양으로 반죽을 짜 놓는다. 슈거파우더를 뿌리고, 180℃로 예열한
컨벡션 오븐에 넣어 15분간 굽는다. 꺼내서 베이킹 팬 위에 그대로 둔 채로 식힌다.
딸기즙
딸기와 설탕, 생강, 레몬즙을 내열 유리볼에 넣고 딸기의 즙이 잘 우러나도록 약한 불에
중탕으로 올려 천천히 데운다(또는 전자레인지를 사용하여 딸기가 너무 익지 않도록
주의하면서 천천히 데워도 된다). 물을 조금씩 넣어주며 맛의 농도를 조절한다. 물의
양은 딸기의 양에 따라 달라진다. 원뿔체에 걸러 식힌 후 냉장고에 보관한다.
플레이팅
차가운 딸기즙에 잘라놓은 딸기를 넣고 적어도 한 시간 이상 재운다. 생크림에 슈거
파우더를 넣고 휘핑한다. 크림이 단단해지기 시작하면 샹보르 리큐어를 넣는다. 냉장고에
넣어둔다. 볼에 딸기 수프를 담고 샹보르 크림과 레이디핑거 비스킷을 곁들여 서빙한다.

딸기즙
잘 익은 딸기 500g
가늘게 채 썬 생강 100g
설탕 100g
생수 100ml
레몬즙 1개분

레이디핑거 비스킷
달걀노른자 100g
설탕 130g
달걀흰자 150g
체에 친 밀가루 60g
체에 친 녹말가루 60g
슈거파우더 50g

펼쳐 구운 로스트 치킨
Le poulet en crapaudine

빅토르 위고가 좋아했던 요리로, 메르 사게 (Mère Saguet)의 카바레에서 서빙하는 장면
이 『레미제라블』에 나오기도 한다. "훨훨 타는 숯불에 닭을 담은 팬을 올린다", "끓는 마
크 (marc: 와인을 만들고 남은 포도 찌꺼기로 만든 증류주, 오드비)를 부어 플랑베한다".
버터와 파프리카 가루를 바른 이 로스트 치킨은 펴서 납작하게 구워진 채로 서빙되는데
마치 그 모양이 두꺼비 (프랑스어로 crapaud)와 비슷하다고 해서 '크라포딘 로스트 치킨
(crapaudine)'이라는 이름이 붙었다.

4인분
준비 시간: 1시간

재료
토종닭 (작은 토종닭 또는 영계) 2마리
카옌페퍼 또는 에스플레트 칠리가루
올리브오일 50ml
 (올리브오일에 다진 마늘 1개, 다진 로즈
 마리 2줄기, 맵지 않은 고추 2개를 넣어
 향을 우려낸다)
소금, 후추
적양파 콤포트
얇게 썬 적양파 6개
싹을 제거한 마늘 6톨

포도씨유 50ml
쓰촨 페퍼 10g
디아블 소스
버터 20g
얇게 썬 샬롯 4개
싹을 제거하고 으깬 마늘 4톨
씨를 빼고 얇게 썬 홍고추 2개
(또는 홍피망 1개 + 카옌 페퍼)
화이트와인 20ml
치킨 (또는 송아지) 육수 농축액 100ml
레몬즙 1개분
우스터 소스 1테이블스푼
소금, 후추

만드는 법
디아블 소스
작은 냄비에 버터를 녹이고 샬롯, 마늘,
고추를 색이 나지 않고 수분이 나오도록
볶는다. 화이트와인을 넣어 디글레이즈
한 다음, 육수 농축액을 넣고 15분 정도
약한 불로 끓인다. 믹서로 갈아 매끈한
크림 농도의 소스를 만든다. 레몬즙과
우스터소스를 넣고, 소금, 후추로 간을
맞춘다.
양파 콤포트
팬에 기름을 아주 뜨겁게 달군 후
양파와 마늘을 넣고 색이 나지 않도록
몇 분간 볶는다. 쓰촨 페퍼를 넣고
뚜껑을 닫은 다음, 양파가 투명해질
때까지 익힌다. 소금으로 간을 맞춘다.
닭 익히기
가위를 이용하여 닭의 등 쪽을 가른다.
펴서 살이 뭉개지지 않게 조심하며 납작
하게 누른다. 향이 우러난 올리브오일을
닭 앞뒷면에 골고루 발라준 다음 최소
15분 이상 재워둔다. 긴 막대기나 바비큐

용 쇠꼬챙이 2개를 목이나 가슴뼈를
통과해 양쪽 날개를 가로지르도록 끼워,
굽는 동안에도 닭의 형태가 평평하게
유지되게 한다. 그릴팬을 달구고 키친
타월로 기름을 바른다.
닭의 껍질 쪽을 먼저 놓고 6~8분간 구워
그릴 자국을 낸 다음, 90도 회전하여 격자
모양으로 다시 7~8분간 구워 그릴 자국
을 낸다. 닭을 뒤집어서 180℃로 예열된
오븐에 넣어 8분간 익힌다. 방향을
틀거나 뒤집을 때 사이사이 향을 우려낸
올리브오일을 계속 발라준다. 닭이 다
익으면 꺼내서 따뜻한 상태로 5분간
레스팅한다.
플레이팅
닭을 4등분으로 잘라, 일 인당 2조각씩
양파 콤포트를 곁들여 서빙한다. 또는
큰 서빙 플레이트에 닭을 잘라 전부
담고 양파를 가장자리에 둘러 서빙해도
좋다. 소스는 따뜻하게 데워 소스 용기에
따로 낸다.

---

* 레시피와 인용 글들은 모두 『미식 명상 (Contemplations gourmandes)』에서 인용한 것이다.
 Florian V. Hugo 지음. 서문 Alain Ducasse, éd. Michel Lafon 출판.

레드와인 소스 포치드 에그

Les oeufs en meurette

집에 있는 재료만으로도 맛있는 클래식 요리를 만들 수 있다. 쉬우면서도 결과는 아주 훌륭한 이 레시피를 익혀둔다면
이 부르고뉴 대표 음식을 언제나 자신 있게 만들 수 있을 것이다.

4인분

준비 시간: 1시간
조리 시간: 25분

재료

신선한 달걀 8개
당근 4개
양파 4개
레드와인 500ml
샬롯 (큰 것) 2개
양조식초 200ml
버터 100g
소금, 통후추 간 것

만드는 법

양파 콩포트 : 양파는 껍질을 벗기고 얇게 채썬다. 팬에 버터 50g을 달구고 양파를 넣어 약한 불에서 20~25분간 완전히 익어 연하고 투명해질 때까지 충분히 볶는다.

레드와인 소스 : 중간 크기의 소스팬에 레드와인을 붓고 끓여 반으로 졸인다. 잘게 썬 샬롯을 와인에 넣고 다시 반으로 졸인다. 시럽 농도의 소스가 되어야 한다.

당근 퓌레 : 당근은 껍질을 벗기고 썰어서 소금을 넣은 끓는 물에 30분간 삶는다. 건져서 믹서에 갈아 고운 퓌레를 만든다. 당근 퓌레와 졸여 놓은 레드와인 소스를 조심스럽게 섞는다. 더 매끈한 텍스처를 원하면 한 번 더 믹서로 간다. 버터 50g을 넣고 거품기로 잘 섞는다. 간을 맞춘 다음 따뜻하게 보관한다.

수란 익히기 : 물 1리터에 소금을 넣고 끓인다. 식초를 넣고 불을 줄여 물이 아주 약하게 끓는 상태를 유지한다

(simmering). 달걀을 한 개씩 작은 잔에 깨트려 놓은 다음, 물의 중앙(끓는 거품이 가장 많이 발생하는 부분)에 조심스럽게 하나씩 넣는다. 아주 약한 불에서 이 상태로 3분간 익힌다. 망국자로 건져 낸 다음 손가락으로 살짝 눌러보아 익힘 정도를 확인한다. 흰자가 어느 정도 단단하면서 탄력이 있어야 한다. 망국자에 얹은 채로 미지근한 물에 얼른 담가 식힌 다음 건져낸다. 좀 더 깔끔한 모양을 원한다면 가위를 사용하여 흰자의 너덜너덜한 가장자리를 잘라낸다.

서빙 : 달걀을 키친타월에 놓고 물기를 뺀 다음 따뜻한 상태로 재빨리 서빙해야 한다(식었을 경우에는 약하게 끓는 물에 2분 정도 담가 따뜻하게 데운 후 서빙한다). 따뜻한 접시에 양파 콩포트를 맨 밑에 깔고 그 위에 레드와인 소스를 뿌린 다음 수란 2개를 조심스럽게 얹어 바로 서빙한다.

* 『나의 포도나무 레시피 (Les Recettes de ma vigne)』에서 발췌.
카트린 베르나르, 안 소피 테롱 공저. Catherine Bernard, Anne-Sophie Thérond. éd. du Rouergue 출판.

맛의 조합

종이 위에 쓰인 것을 읽으며 상상해보면 도저히 어울리지 않을 것 같은 조합이다. 오히려 둘이 만나자마자 서로 밀어낼 것 같은 느낌을 줄 정도다.
하지만 이런 예상을 뒤엎고 뜻밖의 반전을 보여 준다. 생각지도 못했던 홀딱 반할 정도로 환상의 궁합을 보이는 것이다.
요리란 재료들이 서로 어울려 만들어내는 예술이라 하지 않았나? 영국인 니키 세그니트 (Niki Segnit)*가 쓴 독특한 책
『맛 동의어 사전 (The Flavour Thesaurus. 프랑스어 판은 Le Répertoire des saveurs)』이 바로 이를 증명해주고 있다.
2010년 출간되자마자 베스트셀러가 된 이 흥미로운 책은 99가지의 기본 식재료를 바탕으로 우리가 전통적으로 잘 아는 클래식 매칭부터
전혀 불가능해 보이는 생소한 조합에 이르기까지 1000가지나 되는 예를 제시하고 있다.
흔히 상상하기 힘든 특이한 음식 조합을 소개해본다. 그런데 이대로 먹어보면 의외로 꽤 만족스럽다.

■ 블루치즈와 포멜로

에어로트레인 (Aérotrain) 또는 날 수 있는 자동차처럼 구식인 것 같으면서도 새로운 조합이라 하겠다. 이 두 재료를 적양파, 비트, 아삭하면서도 쌉싸름한 양상추와 함께 샐러드에 넣어 먹는다. 포멜로 마멀레이드(구할 수 있다면)와 블루치즈로 샌드위치를 만들면 환상의 맛이다.

■ 오렌지와 체다치즈

치즈가 포도나 사과, 배, 모과 등 웬만한 과일과 잘 어울린다는 사실에는 누구나 동의할 것이다. 치즈 케이크에도 물론 시트러스 과일이 잘 어울린다. 하지만 체다치즈와 오렌지 마멀레이드를 상상해보면 이건 좀 아니다 싶은 생각이 든다. 그러나 마멀레이드의 쌉쌀한 단맛이 숙성된 체다치즈의 짭조름한 풍미와 멋진 대조를 이룰 수 있을 것이라 생각해보자. 이거야말로 바로 맛의 밸런스가 아닐까? 샌드위치에 체다치즈를 갈아 넣고, 얇게 저민 오렌지 마멀레이드를 발라 먹어보자. 오렌지 마멀레이드 조각이 너무 두꺼우면 쌉쌀한 맛이 너무 강해진다. 여기에는 호두 빵을 사용하는 것이 가장 좋겠다. 아니면 오렌지 마멀레이드와 체다치즈 간 것을 섞어서 타르트를 만들어도 좋다. 타르트 시트에 속을 채워 넣고 200℃ 오븐에 넣어 타지 않도록 주의하면서 약 15분간 구워내면 된다.

■ 바닐라와 해산물

과연 어울릴까 하는 의구심이 들긴 하지만, 알랭 상드랑스 (Alain Senderens) 셰프가 처음으로 선보인 이 둘의 조합이야말로 프렌치 누벨 퀴진에서 많은 호평을 받았다. 그는 당시 일하던 레스토랑 와인 저장고에 있던 최상급 부르고뉴 화이트와인과의 완벽한 마리아주를 위해 뵈르블랑 소스의 랍스터 요리 메뉴를 개발했다고 한다. 소스에 들어간 바닐라 향과, 버터, 또 오크통에서 숙성된 와인에서 풍기는 달콤한 캐러멜과 토스트향이 아주 잘 어울린다.

■ 올리브와 화이트 초콜릿

보주 (Vosges)의 쇼콜라티에들은 말린 칼라마타 (Kalamata) 올리브 조각을 넣은 화이트 초콜릿 바를 만들어낸다. 라테 살 데 도모리 (Latte Sal de Domori: 소금 알갱이를 넣은 밀크 초콜릿)와 같이 초콜릿과 소금을 조합한 것에 비교한다면 그렇게 놀랄 만한 의외의 조합은 아니다.

■ 달걀과 바나나

일본에서는 오믈렛에 간장과 설탕을 넣어 만드는 '타마고야키'라는 계란말이를 만들어 스시 바에서 디저트가 아닌 식사로 곁들여 먹는다. 프랑스 요리에서 단맛의 오믈렛이란 잼이나 과일 콤포트 또는 잣을 뿌려 먹기도 하는 디저트다. 바나나와 달걀의 조합은 아주 좋은 아이디어다. 아침 식사로 후다닥 만들어 먹기에 딱 좋은 아주 간단한 레시피를 소개한다. 달걀을 풀어 설탕 1테이블스푼과 소금 한 꼬집을 넣고 잘 섞은 후 평상시 오믈렛처럼 팬에 버터를 두르고 부어 익힌다. 으깨거나 얇게 썬 바나나를 가운데 넣고 반으로 접는다.

■ 딸기와 아보카도

프뤼 리스 (Prue Leith라는 애칭으로 불리는 Prudence Margaret Leith는 영국의 레스토랑 사업가, 방송인, 기자, 요리작가이다)는 딸기 드레싱과 아보카도 샐러드의 조합이 좀 낯설 것이라는 사실을 인정하긴 했지만, 딸기와 오일을 혼합해 비네그레트 같은 드레싱을 만들 수 있다고 강조했다. 딸기가 기존 비네그레트의 식초나 와인을 대신한 것이다. 딸기 250g을 곱게 간다. 올리브오일 100ml와 해바라기유 100ml를 혼합해 딸기 퓌레에 조금씩 넣어주며 혼합해 균형이 잘 맞는 드레싱을 만든다. 소금, 후추, 설탕을 넣어 기호에 따라 간을 맞춘다. 아보카도 3개를 준비하여 반으로 잘라 씨를 빼고 껍질을 벗긴 다음 얇게 썬다(6인분). 딸기 드레싱을 뿌리고 구운 아몬드 슬라이스를 뿌려 서빙한다.

■ 커피와 소고기

붉은살 육류와 카페인의 조합? 특별한 식이요법에 열광하는 친구들에게 권해볼 만할 것이다. 여기에 불붙인 담배도 곁들이면 좋겠다. 남미에서 커피는 고기를 재우는 마리네이드에 넣거나 고기에 문질러 잡내를 없애는 데 종종 쓰인다. 최첨단 레스토랑에서도 이러한 방법을 쓰곤 하는데, 이것은 아마도 로스팅한 커피 원두와 구운 고기가 주는 맛과 향 사이에 서로 가까운 연계성이 있다고 느끼기 때문일 것이다. 내 개인적인 경험에 따르자면 이것은 좀 억지스러운 결합이다. 스테이크를 커피에 재웠다가 구웠더니 고기에서 꿩의 풍미가 강하게 느껴졌다. 저녁 모임에 커피에 재운 스테이크를 대접하려고 한다면 아마도 다른 대안이 될 음식도 예비해 두는 편이 안전할 것이다.

■ 양고기와 안초비

내가 아주 좋아하는 조합 중의 하나다. 안초비는 고기의 맛을 한층 더 끌어 올려주는 역할을 한다. 양 어깨살 덩어리나 뒷다리에 군데군데 칼을 찔러 넣은 다음 그 사이에 소금에 절인 안초비를 건져 끼워 넣으면 된다. 나는 보통 2kg 짜리 로스트용 양고기에 8~12마리의 안초비를 넣는다. 여기에 칼로 몇 군데 더 찔러 그 사이에 로즈마리나 마늘을 끼워 놓으면 굽는 동안 향이 고기에 은은하게 배면서 잘 어우러진다. 이렇게 준비를 마친 양고기를 평소와 마찬가지 방법으로 굽는다. 안초비가 고기 안으로 녹아들면서 풍미를 더 좋게 해주고, 적당히 입맛을 돋우는 염도도 자연스럽게 맞춰준다. 특히 고기가 익는 동안 흘러나오는 육즙으로 만드는 농축 소스 (jus)의 맛을 배가시켜 준다.

■ 비트와 초콜릿

초콜릿과 비트를 사용하여 만드는 인기 있는, 아니 적어도 꽤 알려진 케이크 레시피가 하나 있다. 이 레시피를 옹호하는 이들은 이 케이크가 아주 촉촉하고 초콜릿 맛도 풍부하다고 강조하고 있지만, 나는 아직도 인정할 수 없다. 예를 들어 당근의 경우는 단맛이 있고, 색도 예쁘면서 특유의 향이 있을 뿐 아니라 가늘게 갈아 넣은 조각들이 입에서 쉽게 씹혀 사라지기 때문에 케이크를 만드는 데 아주 적합하다. 초콜릿 비트 케이크의 경우에는 카카오가 비트의 향을 전부 덮어버려 겨우 흙냄새만 남게 된다. 결과적으로 화단에 떨어뜨려도 아깝지 않을 저가의 초콜릿케이크 맛이 난다. 익히기 전 반죽마저도 너무 맛이 없어 아무도 볼에 남은 초코 반죽을 손으로 긁어먹지 않는다. 어쨌든 나의 부엌에서는 더 이상 만들 일이 없어 보인다.

■ 딸기와 오이

옛날 프랑스 시골에서는 신혼부부에게 결혼식 날 아침에 딸기와 보리지 (borage: 오이 맛이 나는 향신용 허브), 라이트 크림, 설탕으로 만든 수프를 만들어 주는 풍습이 있었다고 한다. 정원에서 보리지는 주로 딸기 옆에 심었는데 이는 두 식물이 서로 잘 자라도록 영향을 주기 때문이라고 믿었기 때문이다. 아마도 이러한 의미가 있어서 결혼한 부부에게 두 재료를 넣어 수프를 만들어준 듯하다. 오랫동안 이어져 온 관계가 모두 그러하듯이, 한 재료의 맛은 다른 한 가지의 맛을 더 좋게 해준다. 딸기를 신부 잠옷처럼 얇게 썬다. 가장자리를 잘라내고 크림 치즈를 바른 두 장의 식빵 사이에 딸기와 보리지 잎을 교대로 켜켜이 집어넣는다.

완두콩
달걀
바닐라
아보카도
비트
커피
굴
양고기
포멜로
올리브
서양 고추냉이,
와사비, 홀스래디시
닭고기
망고
바나나
오렌지
아보카도
블루베리
오이
해산물
라드, 베이컨
수박
초콜릿
안초비
화이트 초콜릿
초콜릿
블루치즈
버섯
부댕 누아르
캐비아
딸기
아보카도
체다치즈
장미
딸기
소고기
바나나

■ 아보카도와 베이컨

조나단과 제니퍼 하트 (Jonathan et Jennifer Hart, 1979-1984년에 인기를 끌었던 TV 시리즈「부부탐정 (Hart to Hart)」의 주인공 백만장자 탐정 커플)에 비유할 만큼 리치할 뿐 아니라 멋지기까지 한 조합이다. 이 둘이 만난다고 즉각적으로 치명적인 것은 아니다. 하지만 당신의 심장 주치의 전화번호가 핸드폰에 제대로 저장되어 있는지 확인을 해두는 게 좋을 것이다. 채소로서는 좀 기름지긴 하지만 녹색 아보카도의 상큼한 맛이 베이컨의 짭짤하고도 무거운 육향과 좋은 대조를 이룬다. 어린 시금치 잎과 이 두 재료를 함께 넣고 샐러드를 만들거나 통밀빵에 마요네즈를 바르고 이 둘을 넣어 든든한 샌드위치를 만들어보자.

■ 부댕 누아르와 초콜릿

(boudin noir: 돼지의 피를 섞어 순대처럼 만든 프랑스식 소시지의 일종)
초콜릿과 크림을 섞어 돼지피에 넣고, 이것을 재료로 하여 만든 이탈리아의 부댕 누아르가 바로 산구이나치오 (sanguinaccio)다. 너무 느끼하다면, 설탕이나 과일 콩포트, 계피, 바닐라 등을 넣어 먹기도 한다. 산구이나치오는 종종 여타 부댕 누아르처럼 소시지 모양을 띤 것도 있고, 그냥 크림이나 액체 상태로 떠 먹거나 마시기도 한다. 그 외에 또 하나 떠오르는 레시피가 있는데, 토끼 피에 다크 초콜릿을 섞고, 그 국물에 고기를 넣어 익히는 야생 토끼 스튜다.

■ 수박과 굴

수박에서 스치는 오이향은 굴과 잘 어울린다. 또 굴은 수박의 달콤함과 시원한 즙의 풍미를 더 살려준다. 비릿한 바다향으로 너무 강하게 압도하는 대신 아주 적절하게 상호보완적인 역할을 하는 것이다. 보스턴의 일식 레스토랑「오 야 (O Ya)」의 팀 커슈먼 (Tim Cushman) 셰프는 구마모토산 굴에 작은 구슬처럼 동그랗게 도려낸 수박을 얹고 잘게 썬 오이 소스를 뿌린 요리를 선보이고 있다. 비슷한 예로, 2006년 레스토랑「엘 불리 (El Bulli)」의 메뉴 중 접시 중앙에 수박 조각을 놓고 그 주변에 해초를 길게 둘러놓은 다음, 바다 내음이 물씬 풍기는 거품을 올린 요리도 있었다. 해초의 맨 바깥쪽의 덜 짠 것부터 시작하여 점점 짭짤한 순서로 먹고 마지막에 달콤한 맛의 수박으로 미각의 위안을 느낄 수 있게 한 창의적인 요리다.

■ 완두콩과 고추냉이 (와사비)

영국인과 일본사람들은 말려 쭈글쭈글한 완두콩이라는 같은 재료를 어쩌면 이리도 다르게 만들어 팔 수 있을까? '매로우팻 (marrowfat)'이라고 부르는 완두콩을 영국인들은 끓여서 연두색 수프처럼 만들어 국자로 떠서 스티로폼 컵에 담아준다. 수프의 표면에는 콩의 껍질이 떠 있어 악어의 눈꺼풀 같은 하나의 막을 만들어내고 있다. 일본인들은 이 완두콩을 통통하게 만들어 튀겨서 겉에 와사비를 묻힌 다음, 마치 25파운드도 넘는 고급 디자인 잡지에나 나올 법한 세련된 작은 알루미늄 봉지에 넣어 진공 포장해서 판다.

■ 아보카도와 망고

이 두 재료가 함께 만나면 정말 맛있다. 하지만 타이밍을 잘 맞춰야 한다. 아보카도는 나무 위에서 익지 않는 후숙 과일이다. 아보카도의 잎은 과일을 익게 하는 화합물인 에틸렌의 생산을 억제시킨다. 그렇기 때문에 녹색의 단단한 아보카도를 산 다음, 손으로 눌러 어느 정도 말랑해질 때까지 익혀 먹어야 하는 것이다. 망고는 나무에 달린 상태로 익긴 하지만, 일반 매장에서 판매하는 망고의 대부분은 아주 단단하므로, 구매 후 상온에 보관하여 약간 물러지고 복합적인 망고의 향기가 뿜어져 나올 때까지 기다렸다 먹어야 한다. 아보카도와 망고가 둘 다 가장 완벽한 상태로 적당하게 동시에 익는다면 더 이상 좋을 수 없다. 둘 중 하나가 먼저 익으면 냉장고에 넣어 두어 더 이상 익는 것을 중지시킨다. 이렇게 공들여 두 재료를 준비한 보상으로 신선한 게를 사는 것도 좋은 생각이다. 수플레용 용기의 맨 밑에 마요네즈에 버무린 게살을 눌러 담고, 작게 자른 망고 조각을 한 켜 놓는다. 그 위에 갈아서 퓌레로 만들거나 포크로 대강 으깬 후 라임즙과 섞은 아보카도를 얹는다. 이것을 뒤집어 분리해 접시에 담는다. 연한 크레송 잎으로 장식하고, 금방 만들어 따뜻한 게살 튀김을 곁들여 낸다.

■ 닭고기와 장미

닭고기 요리에 장미 꽃잎이나 로즈워터를 넣어 서빙하는 것은 몽골, 북아프리카 모어족 사이에서 혹은 중세시대에 흔히 사용하던 방식이었다. 멕시코의 작가 로라 에스퀴벨 (Laura Esquivel)의 소설『달콤쌉싸름한 초콜릿 (Como agua para chocolate)』에서 여주인공 티타는 여동생 게르투르디스에게 메추리와 장미 꽃잎으로 요리를 해주는데, 이것을 맛본 여동생은 거의 오르가슴에 가까운 희열을 느낀다. 아마 브리야 사바랭 (Brillat-Savarin)은 이를 인정하지 않았을지도 모른다. 그가 생각하기에는 메추리가 수렵육 중 가장 섬세한 맛을 지녔지만 너무 작아 별로 먹을 것이 없기 때문에 로스트하거나 파피요트 (papillote: 유산지나 포일에 향신료와 함께 싸서 오븐에 익히는 법)로 익히는 방법 이외에는 달리 우아하게 먹을 조리법이 없다는 것이다. 이 의견에 동의한다면 소스를 곁들인 모든 메추리 요리를 편하게 대치할 재료로, 많은 요리사들이 그렇게 해 왔듯이, 닭고기를 사용하면 될 것이다. 심리학자 홀링워스 (Leta Hollingworth: 미국의 심리학자 1886-1939)와 포펜버거 (Albert Poffenberger: 미국의 심리학자 1885-1977)는 접촉을 통해서 느끼는 감각을 제외한다면 대부분의 사람은 단순히 맛만으로는 닭과 칠면조, 메추리의 차이를 느끼지 못한다고 주장했다. 하지만 촉각, 식감을 무시할 수는 없다. 게르투르디스가 과연 껍질 벗긴 흰 닭가슴살을 씹어 먹고도, 살이 얼마 없는 가냘픈 메추리 다리를 쪽쪽 뜯어먹었을 때만큼의 황홀함을 느꼈을까?

■ 블루베리와 버섯

이탈리아 북부지방에서는 과일과 버섯을 함께 조리하는 경우가 흔하고, 또 많은 사람이 좋아한다. 마르크 베트리 (Marc Vetri) 셰프는 그의 라자냐에 포르치니 버섯과 블루베리를 넣는데 이것은 아주 현명한 방법이다. 과일의 맛이 고기를 연상시키는 버섯과 좋은 대조를 이루면서 잘 어울리기 때문이다. 군데군데 블루베리의 짙은 보라색이 눈에 띄는 그의 라자냐는 손님들에게 많은 인기를 끌었다. 또 하나의 성공적인 메뉴는 버섯과 블루베리 리소토인데, 보통 소고기 육수를 넣어 만든다.

■ 캐비아와 바나나

아침 식사로 베이컨 에그를 먹으면서, 맛있지만 이건 좀 너무 과한 게 아닌가 하는 생각이 든다면, 혁명기 이전의 제정 러시아를 떠올려보시라. 차르 (tsar: 제정 러시아 시대의 황제의 칭호)의 아이들은 아침 식사로 바나나 퓌레에 캐비아를 올려 먹으며 하루를 시작했다.

───────────────────────

새로운 음식의 발견은 우주의 별을 발견하는 것보다 인간을 더 행복하게 한다.

브리야 사바랭

───────────────────────

┌─────────────────────────┐

셰프들의 이색 요리

유명 셰프들이 선보이는 신기한 맛의 결합. 전혀 예상치 못한 기상천외한 맛의 조합으로 우리의 입맛을 유혹한다. 가장 새로운 (물론 주관적인 판단이다) 몇 가지 맛 조합들을 골라 소개한다. 다들 비위가 좋으신지?

굴과 커피 – 외제니 레 뱅 (Eugénie-les-Bains)의 미슐랭 3스타 셰프 **미셸 게라르 (Michel Guérard)**는 누벨 퀴진이 유행할 당시 굴에 그린 페퍼를 쓰곤 했다. **안 소피 픽 (Anne-Sophie Pic,** Valence의 미슐랭 3스타 셰프)은 한 술 더 떠서, 부르봉 푸엥튀 커피 (Bourbon Pointu: 아라비카 커피나무 교배종의 하나로 레위니옹섬에서 재배되는 커피)를 우려낸 일본산 위스키에 감초를 비롯한 향신료를 넣은 다음 굴에 뿌린 '핑크 오이스터 요리 (huître de Tarbouriech)'를 선보였다. 파리의 레스토랑 샤토브리앙 (Châteaubriand)의 셰프 **이나키 에즈피타르테 (Inaki Aizpitarte)**는 가끔 커피와 함께 기발한 미냐르디즈를 내놓는데 바로 생굴도 아닌 생 홍합이다.

양파와 개미 – 코펜하겐의 레스토랑 노마 (Noma)의 수장인 **르네 레드제피 (René Redzepi)**는 캐러멜라이즈한 스위트 양파에 배를 슬라이스해 얹고 말린 개미를 뿌린 요리를 서빙하는데, 개미에서 놀랄 만한 산미가 느껴진다.

양파와 초콜릿 – 메종 뒤 쇼콜라의 셰프 파티시에 **니콜라 클루아조 (Nicolas Cloiseau)**는 흰 양파를 넣어 향을 우려내고 발사믹 식초를 살짝 가미한 가나슈를 채워 전혀 새로운 맛의 초콜릿 봉봉을 만들었다. 결과는 성공적이었다.

초콜릿과 케이퍼 – 천재 쇼콜라티에 **자크 제냉 (Jacques Genin)**은 그의 친구인 포도재배업자 가브리오 비니 (Gabrio Bini)가 이탈리아 판텔레리아 (Pantelleria)에서 생산하는, 소금에 절인 케이퍼를 발로나 초콜릿 안에 채워 넣어 독특한 맛의 초코바를 만들어냈다. 가히 역사에 남을 만한 기발한 레시피다.

바나나와 모렐버섯 – 생 보네 르 프루아 (Saint-Bonnet-le-Froid, Haute-Loire)의 미슐랭 3스타 셰프인 **레지스 마르콩 (Régis Marcon)**은 버섯을 아주 좋아한다. 그는 아주 과감한 시도를 한 메뉴를 선보였는데, 바로 바나나와 생 모렐버섯을 바닐라 빈 줄기에 꼬치처럼 꿴 다음 캐러멜라이즈하여 바삭하게 구운 얇은 팽 데피스와 함께 내는 디저트다.

└─────────────────────────┘

포 토 푀

에릭 트로숑 Eric Trochon

어린아이들도 이 음식과 친해지도록 하기 위해서는 2011년 프랑스 명장 요리사로 뽑힌 이 셰프의 레시피대로 만들어 볼 것을 권한다.
그리고 맛있는 캉파뉴 브레드에 골수를 바른 다음, 굵은 소금을 살짝 뿌려 아이들에게 주는 것도 꼭 잊지 말아야 한다.

꼭 알아두어야 할 5가지 기본 팁

1 고기 1kg당 물은 3리터를 잡는다.

5 뚜껑을 항상 열고 끓인다.

2 찬물에 넣고 끓이기 시작할 필요는 없다. 손으로 만졌을 때 적당히 미지근한 상온의 물을 사용하면 온도를 올리는 시간을 단축할 수 있다.

3 가능하면 큰 사이즈의 무쇠냄비나 주석 도금한 냄비를 사용한다. 알루미늄 냄비는 피한다.

4 감자는 언제나 따로 익혀 넣어야 포토푀의 국물이 혼탁해지지 않는다.

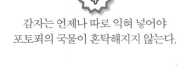

∽ 에릭 트로숑의 레시피* ∽

6인분

준비 시간: 45분
조리 시간: 4시간

재료

소 찜갈비살 500g
소 사태 (아롱사태) 또는 부채살 600g
소 꾸리살 500g
부케가르니 1개
(bouquet garni: 타임, 월계수 잎,
파슬리 줄기를 리크의 녹색 부분으로
감싸 묶은 향신 재료)
정향을 찔러 박은 양파 1개
리크 (서양 대파) 흰 부분 6개
당근 큰 것 6개
균일한 크기의 동그란 순무 6개
셀러리악 작은 것 1개
기타 계절 채소: 돼지감자,
루타바가 (rutabaga: 뿌리 속살이 노란 스웨덴 순무),
셀러리, 사보이 양배추 등
사골뼈 자른 것 4조각
살이 단단한 감자 (작은 것) 10개 정도
검은 통후추 1티스푼
굵은 소금
캉파뉴 브레드 구운 것

만드는 법

소고기를 주방용 실로 묶어 큰 냄비에 담고
약 5리터의 미지근한 물을 넣어 끓인다.
조금씩 거품이 올라오면 꼼꼼히 건진다.
부케가르니와 정향을 꽂은 양파를 넣는다.
굵은 소금을 조금만 넣고, 통후추를
넣는다. 약 2시간 30분간 끓인다.
준비한 채소와 사골 뼈를 넣고 1시간 정도
더 끓인다. 중간에 필요하면 물을 좀 보충해
준다. 포토푀 국물을 조금 덜어내 그 국물에
감자를 따로 삶아놓는다.

서빙 Service

부케가르니와 정향을 박은 양파는 건져낸다.
국물을 수프 용기에 담고 간을 맞춘다.
기름이 뜨면 건져낸다.
고기를 건지고 묶은 실을 푼 다음 크고 우묵한
서빙용 플레이트에 담는다.
채소도 건져서 고기 가장자리에 보기 좋게 담는다.
사골 뼈를 건져 안의 골수를 숟가락으로 떠낸 다음
구운 빵에 발라먹는다.
머스터드, 코르니숑 (cornichon: 달지 않은 프랑스식 작은 오이 피클),
굵은 소금을 곁들여 낸다.

*『포토푀 (Pot-au feu)』에릭 트로숑 지음. éd. Mango 출판.

파에야

파에야 (paella)는 프랑스인들이 무척 좋아하는 요리다. 하지만 정작 제대로 된 맛있는 파에야를 만나기는 쉽지 않다.
전자레인지에 데워 먹는 파에야, 단체 급식에 나오는 파에야는 모두 잊자. 쌀로 만든 이 음식을 잘 만드는 것은 마치 예술의 경지와도 같다.

파에야라는 이름은 어디서 온 것일까?

작은 그릇이란 뜻의 라틴어 '파텔라 (patella)'가 프랑스어의 파엘 (paële), 발렌시아어로 파에야 (paella)가 되었다. 프라이팬이라는 뜻이다. 지중해 지방의 티앙 (tian), 모로코의 타진 (tajine)처럼, 전설적인 요리인 파에야도 그 그릇 이름 자체가 요리명이 되었다.

파에야 익히기

역사적으로, 또 가장 이상적으로 파에야는 장작불에 익히는 방식으로 전해져 왔다. 열을 골고루 분산시켜 주기 때문이다. 파에야를 익히는 바비큐 장작불을 파예로 (paellero)라고 하는데, 익히는 동안 연기가 입혀져 음식에 특유의 풍미를 더해 준다. 가정에서 파에야를 만들 때는 불 위에서 일단 익히기 시작한 후 재료들이 자리를 잡으면 오븐에 넣어 마무리한다.

파에야를 만드는 도구

양쪽에 손잡이가 달리고, 광택 낸 철로 만든 팬을 사용한다. 팬의 쇠판이 얇아 열이 빨리 전달되고, 바닥 표면은 약간 오목하며, 벌집처럼 작은 구멍들이 옴폭하게 나있어 쌀의 질감을 더 고슬고슬하게 살려준다. 팬의 크기는 인원수에 따라 선택한다.

파에야의 간략한 역사

16세기 초, 궁정 요리사였던 로베르토 데 놀라 (Roberto de Nola)는 오븐에 넣어 만드는 쌀 요리 (arroz en cassola al forn)용 육수에 색을 내기 위하여 사프란을 사용하기 시작했다. 19세기부터 발렌시아의 시골에서는 쌀이 가장 중요한 농산물이 되었고, 사프란을 넣어 밥을 지어먹는 만드는 법이 번성하게 되었다. 파에야는 농사일을 하는 사람들의 식습관에서 비롯되었다. 팬은 들고 다니기 편리했으며, 야외에서 장작불을 때면 쉽게 조리해 먹을 수 있었다. 발렌시아 지방의 농민들은 알부페라 만(灣)에서 수확하는 쌀을 사용했다. 프란시스 프랑코 장군은 스페인 전쟁이 끝나자 파에야를 스페인의 상징적 음식으로 선정했고, 그 이후로 스페인을 대표하는 세계적인 요리가 되었다. 발렌시아의 오리지널 레시피만 파에야라는 명칭으로 부르고, 그 이외는 그냥 파에야 팬에 만든 쌀 요리이다.

쌀

스페인의 쌀 생산 역사는 8세기 아랍인들이 유입되던 시기로 거슬러 올라간다. 쌀농사에 관한 지식이 있었던 그들은 스페인 동부와 남부, 정확하게 말하면 발렌시아 왕국에서 쌀농사를 발전시켰고 10세기부터는 점차 널리 확대되었다. 쌀의 종류는 크게 인디카종 (indica)과 자포니카종 (japonica) 두 가지로 나뉜다. 인디카종 쌀은 낱알이 가늘고 길쭉하며, 주로 메인 요리의 가니쉬로 많이 쓰인다. 자포니카종의 쌀은 좀 더 짧은 타원형을 하고 있고, 특유의 향미는 덜하지만 맛을 잘 흡수하는 장점이 있기 때문에 파에야에 가장 적합하다. 발렌시아 남쪽 알부페라 (Albufera)에서 1913년부터 생산하기 시작한 재래종인 봄바 (arroz bomba) 쌀은 발렌시아의 파에야를 만드는 데 주로 사용된다. 흡수력이 아주 좋으며 익히는 동안에도 변형되지 않고 열을 잘 견딘다. 발렌시아 원산지 명칭 통제 인증 (AOC)을 받은 식품이다.

파에야에 사용하기 좋은 쌀

봄바 (Bomba)
바이야 (Bahia)
타이보네 (Thaibonnet)

이 쌀들은 노, 노, 노!

바스마티 (Basmati)
타이 안남미 (Thai)
와일드 라이스 (riz sauvage)
현미 (riz complet)

꼭 알아두어야 할 5가지 원칙

파에야를 만들 때는 양쪽에 손잡이가 달린 팬을 사용한다.

파에야는 젓지 않는다. 익힌 팬 그대로 서빙하여 먹는다.

파에야를 먹을 때는 나무로 된 숟가락을 사용한다. 금속으로 된 커틀러리는 맛을 변화시킨다.

파에야는 삼각형 포션으로 나누어 서빙한다. 재료 중 원하지 않는 것이 있으면 다시 팬의 중앙에 놓는다.

파에야는 다시 데워먹지 않는다.

파에야의 친구들

피데우아 fideua

피데우아 역시 발렌시아에서 온 것으로 파에야와 가장 비슷하다고 볼 수 있다. 쌀 대신 가는 국수를 생선 육수에 익히고 오징어, 갑오징어를 넣은 어부들의 음식이다.

파에야 아 반다 paella a banda

문자 그대로 '쌀은 따로' 먹는다. 스페인 알리칸테 (Alicante)에서 처음 선보인 이 요리는 바닷가에서 잡은 여러 생선의 육수를 베이스로 한 파에야로 우선 생선을 다 먹고 난 후에 쌀만 따로 먹는다.

파에야 브루타 paella bruta

스페인 마요르카 섬에서는 파에야에 생선의 가시를 발라내지 않고 그냥 넣는다. 먹다가 가시나 조개류 껍질을 만날 수 있으니 조심해야 하고, 좀 불편하긴 하지만 맛은 더할 나위 없이 좋다.

파에야 시에가 paella ciega

직역하면 '장님 파에야'다. 파에야 브루타와는 정반대로 생선 가시나 조개껍질 등 들어가는 모든 재료가 완벽히 손질되어 있어, 그야말로 눈 감고 먹어도 아무 이상 없다는 뜻이다.

파에야 엔 코스트라

paella en costra

그대로 직역하면 앙 크루트 (en croûte), 즉 껍데기로 덮은 파에야라는 뜻이다. 다 익었을 때 파에야 위에 달걀을 풀어 덮은 뒤, 브로일러에 그라탱처럼 구워 낸다.

파에야에 넣는 재료

흔히들 이야기 하는 궁중 파에야 (paella royal)라는 것은 존재하지 않는다. 파에야에 넣는 재료는 4가지를 초과하지 않는다. 재료의 수가 너무 많으면 음식의 맛이 너무 복잡하고 과하기 때문이다.

파에야에 넣을 수 있는 재료

닭고기
토마토
흰 강낭콩
토끼고기
조개류
갑각류
살이 단단한 생선

절대로 넣지 않는 재료

샤퀴트리 (돼지가공육)
완두콩
롱 그레인 라이스

단계별 파에야 만들기

1
소프리토 만들기
(sofrito: 파에야의 기본 소스)

모든 종류의 파에야를 만들 때 출발점이 되는 것으로 올리브오일에 재료를 볶다가 끓인 베이스 소스를 말한다. 발렌시아 지방의 소프리토는 다진 마늘과 생 토마토, 올리브오일로 만든다. 미리 만들어 두었다가 파에야를 만들 때 넣는다.

2
재료 초벌 익히기 (marquage)

파에야에 들어가는 재료(레시피에 따라 닭고기, 생선, 해물 등)는 마늘과 스페인 고추를 넣은 기름에 일단 초벌로 익힌 다음 따로 두었다가 파에야가 거의 다 익었을 때 마지막에 넣어준다.

3
쌀 투명하게 볶기 (nacrage)

팬에 쌀을 넣고 골고루 기름이 코팅되도록 저으면서, 반투명한 정도가 될 때까지 볶는다.

4
익히기 (cuisson)

소프리토를 쌀에 넣고 파프리카 가루(pimenton: 긴 모양의 말린 스페인 고추를 빻아 가루로 만든 다음 체에 친 것)를 넣어준다. 훈제 파프리카 가루를 쓰기도 하지만, 발렌시아에서는 일반 파프리카 가루를 넣는다.

5
밥물 넣기 (mouillage)

생선 육수를 아주 뜨겁게 해서 넣는다. 발렌시아 전통방식은 발렌시아의 물로 끓인 갑각류나 생선 육수를 사용하는 것이다. 육수를 넣고 난 다음에는 더 이상 파에야를 젓지 않는다.

6
사프란 (safran)

육수를 넣고 나서 끓으면 얼른 사프란을 집어넣는다.

7
소카라트 (socarrat)

파에야 바닥에 눌어붙어 바삭해진 쌀 층, 즉 누룽지를 말한다. 너무 두꺼우면 안 되고 쌀 한 톨의 두께만큼만 생겨야 한다. 물기가 모두 증발하면 파에야를 센 불에 올린다. 흰 연기가 올라오며 매캐한 냄새가 나기 시작하면 얼른 불에서 내린다.

8
모든 재료 넣기

익혀서 준비해 둔 주재료(닭고기, 생선 및 해산물)를 뜨거운 파에야에 넣고 따뜻하게 해준다.

파에야 레시피

알베르토 에라이즈 (Alberto Herràiz)*

～～～ 오징어 먹물 파에야 ～～～

2인분

생선 육수 400ml
올리브오일 100ml
다진 마늘 2톨
뿔나팔버섯 (trompettes-des-morts) 200g
갑오징어 살 (씻어서 1cm 큐브 모양으로 자른다) 200g
봄바 쌀 (bomba) 200g
(또는 다른 종류의 낱알이 둥근 쌀)
토마토 소프리토 200g
오징어 먹물 40g (작은 포장 2봉지)
파프리카 가루 1/2티스푼

만드는 법

생선 육수를 끓지 않게 데운다. 오븐을 150℃로 예열한다. 파에야 팬에 기름을 달구고 마늘을 볶다가 색이 노르스름해지면 썰어 놓은 버섯을 넣는다. 버섯의 수분이 모두 증발하면 갑오징어 살을 넣고 약한 불로 볶는다. 오징어의 물기가 다 증발하면 오징어와 버섯을 팬 가장자리로 밀어 놓고 가운데 쌀을 부어준다. 쌀을 저어가며 반투명해질 때까지 볶는다. 타지 않도록 주의한다. 토마토 소프리토와 오징어 먹물을 넣고, 팬 바닥을 잘 긁어가며 모든 재료를 나무주걱으로 잘 섞는다. 파프리카 가루를 넣고 타지 않게 잘 섞으며 볶는다. 뜨거운 생선 육수를 붓는다. 소금으로 간을 한 다음, 쌀을 평평하게 골고루 펴 놓고 끓인다. 타이머로 17분을 맞추어 놓는다. 센 불에서 5분 정도 끓이고 나면 쌀이 표면으로 올라오게 된다. 국물을 떠 맛을 본 다음, 육수가 증발하면 맛이 농축될 것을 감안하여 간을 조절한다. 쌀을 고르게 표면에 펴 놓은 다음 오븐에 넣어 12분간 더 익힌다. 완성되면 꺼내서 3분 정도 뜸들인 후 서빙한다.

녹차와 팥을 넣은 스위트 파에야

6인분

준비 시간: 1시간

재료

티백에 넣은 중국 녹차 4g
화이트 카다멈 열매 4개
팔각 1개
코리앤더 씨 6알
낱알이 둥근 쌀 150g
우유 600ml
설탕 100g
말차 가루 20g
말차 1/2티스푼
익힌 팥 125g

만드는 법

파에야 팬에 물 600ml를 넣고 데운다. 끓기 바로 전에 불에서 내린 다음 녹차와 향신료들을 넣고 5분간 우려낸다. 녹차 티백을 꺼내고 다시 불에 올려 데운다. 끓기 바로 전에 쌀을 넣고 고르게 펼쳐놓는다. 불을 약하게 줄이고 45분간 익힌다. 처음 10분이 경과한 후 우유를 소스팬에 넣고 끓인다. 설탕과 말차 가루를 넣고 잘 저어 녹인 후 파에야에 붓는다. 다시 10분이 지나면 물기를 뺀 익힌 팥을 넣어준다. 향신료는 건져낸다. 쌀이 딱 알맞게 익었는지 중간중간 확인한다. 필요하면 물을 좀 보충해준다. 25분이 지나면 불에서 내린다. 팬의 가장자리를 깔끔히 닦고 상온에서 식힌다. 냉장고에 보관한다.

서빙: 말차 가루를 체에 쳐 전체에 골고루 뿌린 후 서빙한다.

* Alberto Herràiz : 레스토랑「포공 (Fogon)」의 셰프. 파리 6구. 저서『파에야 (Paella)』, Phaidon 출판.

홈메이드 마요네즈

마요네즈를 먹어야 한다면 각종 향료와 방부제 및 인공색소를 첨가한 대량생산 공장제품보다는 그래도 홈메이드가 훨씬 낫다.
프랑스 요리에서 가장 많이 알려진 이 소스를 심층 분석해보자.

마요네즈라는 이름은 어디서 왔을까?

이 주제에 있어서는 서로 원조라는 여러 가설이 분분하다.

스페인 발레아레스 제도 메노르카섬의 수도인 **마온** (Mahón)에서 처음 탄생했다고 하는 설이 있다. 1756년 이곳을 정복한 리슐리외 제독의 요리사가 달걀과 기름, 단 두 가지의 재료만 가지고 이 지명을 딴 '마요네즈 (mahonnaise)'란 이름의 소스를 만들었다고 전해진다.

프랑스 요리의 아버지라 불리는 앙토냉 카렘 (Antonin Carême)에 따르면, 동사 망제 (manger, 먹다) 또는 마니에 (manier, 섞어 빚다)에서 비롯된 '**마뇨네즈** (ma-gnonaise)'가 그 시초라고 전해진다.

프로스페르 몽타네 (Prosper Montagné: 프랑스의 요리사. 1938년 출판된 『라루스 요리백과 Larousse Gastronomique』 초판의 저자로 유명하다)에 따르면 옛 프랑스어로 달걀 노른자를 뜻하는 무아외 (moyeu) 혹은 무아엥(moyen)에서 파생된 '**무아외네즈** (moyeunaise)'가 그 시초라고 한다.

마뇽 (Magnon, 프랑스 Lot-et-Garonne 지방의 마을 이름)에서 이름을 딴 '**마뇨네즈** (magnonnaise)'가 그 시초로, 마뇽의 한 요리사에 의해 남 프랑스 지방에서 먼저 대중화되었다고 한다.

마옌 (Mayenne) 지방의 이름에서 'e'가 'o'로 변형되었다는 설이 있다. 1589년 아르크 전투 전날 마옌의 공작이 이 맛있는 소스로 양념한 닭 요리를 너무 과식한 결과 다음 날 말에서 낙마해 전투에 패배했다는 설이 전해진다.

프랑스 남서부의 도시 **바욘** (Bayonne)의 에멀전 소스 바요네즈에서 비롯되었다는 주장이 있다.

마요네즈 소스 실패의 원인

- 기름을 섞을 때 **너무 빠른 속도로** 넣는다.
- **너무 차가운** 온도의 기름을 사용한다.
- 사용된 달걀노른자의 양에 비해 **너무 많은** 양의 기름을 넣는다.

마요네즈 만드는 방법 비교

정통 레시피

할머니 세대부터 내려오는 전통적 방식으로, 어떤 이는 거품기조차 사용하지 않고 포크로 만들기도 한다. 시간이 좀 걸리긴 하지만 소스를 만드는 데는 무리가 없다.

볼 한 개 분량
준비 시간: 4~5분

도구
믹싱볼 또는 샐러드볼
손 거품기

재료
달걀노른자 1개
해바라기유 200ml
와인식초 1테이블스푼
머스터드 (향이 강한 것) 2티스푼
소금 3꼬집
통후추 그라인드 6회전

만들기
커다란 볼 밑에 행주를 깔아 미끄러지지 않게 고정시킨 다음 달걀노른자를 넣는다. 머스터드와 소금, 후추를 넣고 거품기로 살살 섞은 뒤 1분간 둔다. 기름을 아주 조금씩 넣어주며 쉬지 않고 잘 섞어 걸쭉한 농도의 마요네즈를 만든다. 마지막으로 식초를 넣고 다시 잘 혼합한다. 상온에 둔다.

초간단 레시피

이 편리한 방법으로 한 번 만들어 보면 다시 손으로 만드는 옛 방식으로 돌아가기 힘들어진다. 여기서는 달걀을 전체 다 사용한다. 결과는 훌륭하다. 색이 더 하얗고 농도도 아주 훌륭한 마요네즈가 만들어진다.

볼 한 개 분량
준비 시간: 1분 30초

도구
방망이형 핸드 블렌더
깊이가 있는 용기

재료
달걀 1개
해바라기유 250~300ml
와인식초 1테이블스푼
머스터드 (향이 강한 것) 2티스푼
소금 3꼬집
통후추 그라인드 6회전

만들기
모든 재료를 깊이가 있는 용기에 담고 핸드 블렌더를 돌려 혼합해 균일한 질감의 마요네즈를 만든다. 농도도 단단하고 달걀흰자로 인해 색이 밝은 마요네즈가 완성된다.

YES OR NO?

마요네즈는 냉장고를 싫어한다?
YES
온도가 낮으면 기름이 굳으며 마요네즈가 분리된다. 프랑스의 요리사 미셸 올리베르 (Michel Oliver)는 "맛있는 마요네즈란 식사 후 소스 그릇에 하나도 남지 않는 것을 뜻한다."라고 말하곤 했다.

모든 재료는 상온이어야 하나?
YES
재료의 온도가 낮을수록 기름이 굳기 쉬우므로 수분과 섞이기 힘들어진다.

달걀을 머스터드와 함께 반드시 몇 분간 휴지시켜야 하나?
NO
이 두 재료를 함께 휴지시킨 방법과 그냥 만든 방법 모두 실험해본 결과 별 차이가 없었다.

실패한 마요네즈를 소금 몇 알갱이와 레몬즙 몇 방울로 다시 회생시킬 수 있나?
YES
이 두 재료를 넣으면 표면 활성력이 높아져 마요네즈가 잘 혼합된다.

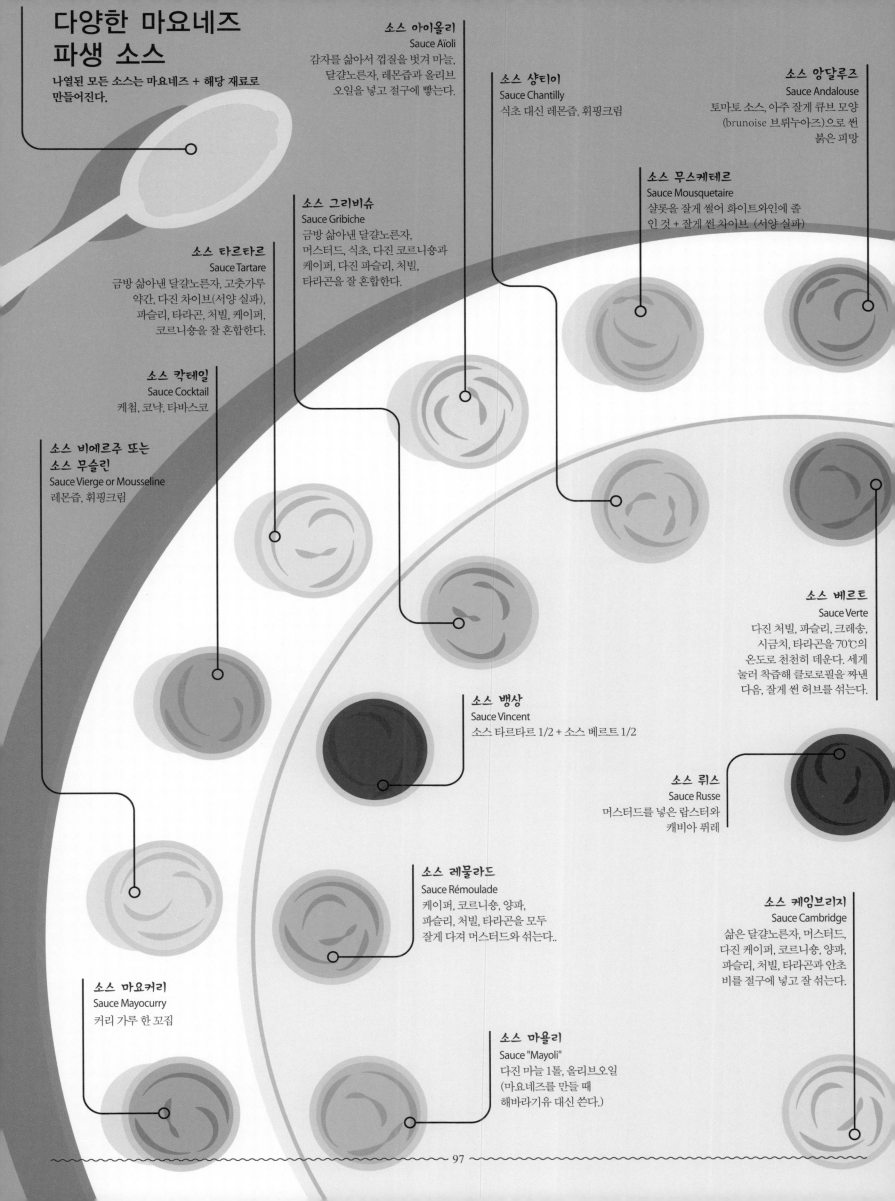

다양한 마요네즈 파생 소스

나열된 모든 소스는 마요네즈 + 해당 재료로 만들어진다.

소스 아이올리
Sauce Aïoli
감자를 삶아서 껍질을 벗겨 마늘, 달걀노른자, 레몬즙과 올리브 오일을 넣고 절구에 빻는다.

소스 샹티이
Sauce Chantilly
식초 대신 레몬즙, 휘핑크림

소스 앙달루즈
Sauce Andalouse
토마토 소스, 아주 잘게 큐브 모양 (brunoise 브뤼누아즈)으로 썬 붉은 피망

소스 무스케테르
Sauce Mousquetaire
샬롯을 잘게 썰어 화이트와인에 졸인 것 + 잘게 썬 차이브 (서양 실파)

소스 그리비슈
Sauce Gribiche
금방 삶아낸 달걀노른자, 머스터드, 식초, 다진 코르니숑과 케이퍼, 다진 파슬리, 처빌, 타라곤을 잘 혼합한다.

소스 타르타르
Sauce Tartare
금방 삶아낸 달걀노른자, 고춧가루 약간, 다진 차이브(서양 실파), 파슬리, 타라곤, 처빌, 케이퍼, 코르니숑을 잘 혼합한다.

소스 칵테일
Sauce Cocktail
케첩, 코냑, 타바스코

소스 비에르주 또는 소스 무슬린
Sauce Vierge or Mousseline
레몬즙, 휘핑크림

소스 베르트
Sauce Verte
다진 처빌, 파슬리, 크레송, 시금치, 타라곤을 70℃의 온도로 천천히 데운다. 세게 눌러 착즙해 클로로필을 짜낸 다음, 잘게 썬 허브를 섞는다.

소스 뱅상
Sauce Vincent
소스 타르타르 1/2 + 소스 베르트 1/2

소스 뤼스
Sauce Russe
머스터드를 넣은 랍스터와 캐비아 퓌레

소스 레뮬라드
Sauce Rémoulade
케이퍼, 코르니숑, 양파, 파슬리, 처빌, 타라곤을 모두 잘게 다져 머스터드와 섞는다..

소스 케임브리지
Sauce Cambridge
삶은 달걀노른자, 머스터드, 다진 케이퍼, 코르니숑, 양파, 파슬리, 처빌, 타라곤과 안초비를 절구에 넣고 잘 섞는다.

소스 마요커리
Sauce Mayocurry
커리 가루 한 꼬집

소스 마욜리
Sauce "Mayoli"
다진 마늘 1톨, 올리브오일 (마요네즈를 만들 때 해바라기유 대신 쓴다.)

올리비에 뢸랭제

OLIVIER ROELLINGER

요리는 여행이다

고향인 브르타뉴에서 시작해 아시아의 땅끝까지 수많은 곳을 여행한 캉칼 (Cancale) 출신의 이 셰프는 바다의 맛과 이국적인 향이 어우러지는 요리를 만들어냈다. 향신료에 심취하다가 바닷가의 요리사가 된 그는 자신만의 미식세계를 세상에 선보인다. 프랑스 가스트로노미의 가장 위대한 바다 요리사로 꼽힌다.

주요 경력

1955 프랑스 캉칼 (Cancale, Ile-et-Vilaine) 출생. 그는 이 항구도시를 떠나지 않고 살고 있다.
1982 가족이 살고 있던 거주지에 식당 「라 메종 드 브리쿠르 (La Maison de Bricourt)」를 연다.
1984, 1988 미슐랭 1스타, 미슐랭 2스타 획득
2006 미슐랭 3스타 획득
2008 미슐랭 스타를 반납하고, 파인 다이닝 레스토랑을 닫는다. 현재 그는 자신의 해산물 전문 비스트로 「르 코키아주 (Le Coquillage, Saint-Méloir-des-Ondes 소재)」의 주방을 지키고 있다.

열정의 탄생

왜 그는 향신료에 빠지게 되었나?
몇 가지 배경을 살펴보자.
– 그의 외조부 외젠 슈앙 (Eugène Chouan)은 세계대전 이전에 브르타뉴에서 제일 가는 식료품상 주인이었다.
– 「라 메종 드 브리쿠르」는 17세기 유럽 식민지의 향신료를 수입해 들여오던 주역인 동인도회사 출신 선주들에 의해 설립되었다.
– 자동차로 여행을 즐겼던 그의 부모는 여행 트렁크에 모로코, 케냐의 향신료 등을 싸들고 돌아왔고, 그로 인해 어릴 적 어머니가 요리를 해주던 부엌의 찬장에는 언제나 이국의 향기가 가득했다.

그의 향신료 분류

매운맛의 향신료 (Les épices du feu)
고추, 후추 또는 후추 계열의 열매들, 생강
아니스 계열 향신료 (Les épices anisées)
팔각, 딜, 야생 펜넬 잎 (fenouillette sauvage)
독특한 향의 향신료 (Les épices caractérielles) 정향, 자마이카 페퍼 (bois d'Inde, allspice), 통카 빈
부드러운 맛의 향신료 (Les épices tendres)
바닐라, 넛멕(육두구), 계피

> 씨앗, 잎, 꽃의 마술사
> **(1955년 출생)**

대표적인 소스 "르투르 데 쟁드"

La sauce de retour des Indes

달고기에 곁들이면 환상적이다. 그의 시그니처 메뉴이기도 하다.

4인분
재료

달고기 (존 도리) 대가리 및 뼈 1마리분
설탕 40g
라이스 비네거 (또는 현미식초) 80g
카다멈 열매 5개
Retour des Indes* 가루 3티스푼
물 1리터
코코넛 밀크 100g
생강 1조각 (약 2cm)
고수 1줄기
민트 1줄기
버터 40g
고운 소금
라이스 비네거, 고춧가루

만드는 법

물기 없는 소스팬에 설탕과 으깨 부순 카다멈을 넣고 데워 색깔이 나면 식초를 넣는다.
잘게 썰어 깨끗이 헹궈 둔 생선 대가리와 뼈를 모두 넣는다. 향신료 믹스와 물, 코코넛 밀크를 넣고 약한 불로 45분간 끓인다. 민트, 고수와 으깬 생강, 버터 분량의 2/3를 넣고 10분간 더 끓인 후 고운 체에 거른다. 불에서 내린 상태로 나머지 버터를 넣고 잘 섞는다. 소금, 고춧가루로 간을 맞춘 다음, 식초를 살짝 뿌린다.

* '인도에서의 귀환'이라는 이름의 이 양념은 셰프 뢸랭제의 대표적인 향신료 믹스로 강황, 코리앤더, 팔각, 육두구 껍질, 쓰촨 페퍼, 큐민 등을 섞은 이국적 향의 향신료 가루이다.

메종 드 브리쿠르

LES MAISONS DE BRICOURT

1760년 캉칼 (Cancale)에 지어진 대규모 별장으로 당시 생 말로 (Saint Malo)의 거물급 해적왕이었던 로베르 쉬르쿠프 (Robert Surcouf)가 어린 시절을 보낸 곳이다. 올리비에 뢸랭제는 이 저택에서 나고 자랐으며, 1982년 식당을 열어 훗날 유명한 가스트로노미 레스토랑으로 발전시킨 곳도 바로 이곳이다. 그는 샤토 드 리슈 (château de Richeux)에 그의 두 번째 식당인 '르 코키아주 (Le Coquillage)'도 열었다. '메종 드 브리쿠르'는 이후 별장의 여러 건물로 확장되었고, 이 저택은 다양한 향신료와 허브를 사용한 그의 매력적인 음식을 맛보고자 하는 여행객들의 큰 사랑을 받는 장소가 되었다.

향신료 제조사

"향신료는 그 자체로만 따로 사용되지 않는다." 그가 이 분야를 전문적으로 개발하게 된 것은 바로 이러한 이유에서다. 여행객들이 찾는 그의 저택은 향신료 연구소가 되었고, 그곳에서 그는 향신료 원재료를 말리고, 로스팅하고, 찧고, 빻고, 갈고, 적정량을 재서 이상적으로 배합한다. 그가 사용하는 향신료의 85%는 공정무역을 통해 들여온 것들이다.

인도의 향신료

그가 배합한 인도 향신료 믹스는 생선이나 갑각류 등의 해산물에 뿌리거나, 소스에 사용한다. 셰프 뢸랭제는 18세기 일 드 프랑스 (île de France: 모리셔스)와 일 드 부르봉 (île de Bourbon 레위니옹)의 총독이었던 마에 드 라 부르도네 (Mahé de la Bourdonnais: 인도 지배권을 둘러싼 프랑스와 영국의 싸움에서 중요한 역할을 한 프랑스의 해군 사령관)를 기리기 위해 '인도풍의 이국적 향신료를 넣은 달고기 (le saint-pierre Retour des Indes)'라는 메뉴를 개발했다. 르루르 데 쟁드 (Retour des Indes)에는 강황, 코리앤더, 팔각, 메이스(육두구 껍질), 쓰촨 페퍼, 큐민 등의 향신료가 들어간다.

불가리아 향신료

올리비에 뢸랭제는 16세 때 경오토바이를 타고 불가리아, 루마니아, 헝가리를 여행한다. 그가 동유럽을 누비는 동안 그토록 매혹되었던 사프란, 로즈워터, 오렌지나무의 향은 오래도록 기억에 남았다. 몇 년이 지난 후 보헤미안과 관련한 정치적 토론을 할 때에도, 그는 오히려 이 나라 사람들이 발효우유를 먹는 방식과 문화에 더 깊이 심취한다. 매일 아침 플레인 요거트를 먹는 습관을 가진 그는 불가리아 향신료 믹스를 개발하기에 이른다. 아침에 엄마가 쓰다듬으며 잠자리에서 깨우는 듯한 부드러움과 따뜻함을 선사하는 향으로, 야자나무 수액, 볶은 참깨, 볶은 아마 씨, 이란산 사프란, 바닐라, 오렌지 껍질, 다마스크 장미꽃 (Damask rose) 말린 것 등을 혼합해 만든다.

바닐라 로드

릴랭제 셰프는 최상의 바닐라 빈를 찾아 멕시코에서 바누아투에 이르기까지 전 세계를 누볐다.

1 멕시코
품종: 야생 바닐라 콜리브리 (Colibri)
향: 식물성 향, 풀 숲, 흙.
사용: 크렘 앙글레즈 만들기에 가장 이상적이다.

2 마다가스카르
품종: 고메 바닐라 앙치라브 (Antsirabe)
향: 초콜릿, 무화과.
사용: 입안에서 잔향이 오래 가는 이 품종은 파티스리에 가장 적합한 바닐라 중 하나이며, 특히 아이스크림과 수플레용으로 아주 좋다.

3 코모로
품종: 그랑드 코모르 (Grande Comore)
향: 풀 숲, 흙, 도금양 (늘푸른떨기나무), 부드럽고 깊은 달콤함.
사용: 초콜릿과 최상의 궁합을 보인다. 달지 않은 일반요리 중에는 수프 (potage)에 사용하기 좋다.

4 레위니옹 섬
품종: 레위니옹섬의 바닐라. 부르봉 바닐라를 최상급으로 친다.
사용: 가장 쉬운 레시피는 바로 뜨거운 우유에 넣어 먹는 것.

5 콩고
품종: 콩고산 바닐라
향: 진한 카카오 향, 캐러멜라이즈 향.
사용: 케이크 등의 디저트 용으로 좋다.

6 우간다
품종: 우간다산 바닐라
향: 섬세하면서도 살짝 훈연된 뉘앙스의 주니퍼베리 향.
사용: 버터를 베이스로 한 소스에 넣어 향을 우려낸 뒤 생선요리에 사용한다.

7 인도
품종: 인도산 바닐라
향: 사과, 스파이스 노트의 매우 섬세한 향.
사용: 라이스 푸딩, 특히 노르망디 지방의 계피향 라이스 푸딩인 '퇴르굴 (teurgoule normande)' 만들 때 사용하면 좋다.

8 타히티
품종: 라이아테아 (Raiatea)섬 바닐라
향: 감초향이 뚜렷한 팽 데피스.
사용: 사바용이나 복숭아 수프 등 차가운 디저트용으로 적합하다. 유명 향수 제조사에서도 이 바닐라를 사용한다.

9 폴리네시아
품종: 타하 (Tahaa)섬의 바닐라 골든 라벨 (Golden Label)
향: 복합적이고 풍부한 향.
사용: 샹티이 크림에 넣으면 좋다.

10 스리랑카
품종: 유기농 재배한 실론 (Ceylan) 바닐라
향: 구운 프랄린 향.
사용: 캐러멜 소스나 크림 파티시에 만들 때 사용한다.

11 뉴칼레도니아
품종: 표면에 분이 묻은 크리스탈 라이즈드 바닐라 (vanille givrée)
향: 부드러운 캐러멜, 설탕에 졸인 과일 향.
사용: 우유에 넣어 향을 우려내면 아주 좋다(아래 레시피 참조).

12 바누아투
품종: 바누아투산 바닐라
향: 일랑일랑 (ylang-ylang) 노트의 플로랄 향.
사용: 산미가 있는 소스에 넣어 생선요리에 곁들이면 좋다.

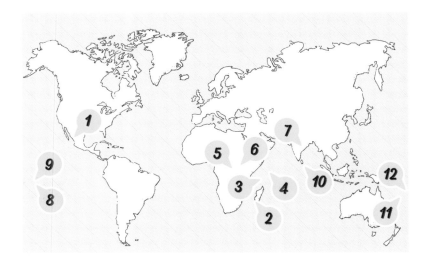

뉴칼레도니아산 바닐라와 솔티드 버터 캐러멜을 넣은 따뜻한 우유

4인분
재료

설탕 150g
글루코스 시럽 (콘시럽, 올리고당 등) 150g
뉴칼레도니아 바닐라 (vanille givrée) 1/4 줄기
가염 버터 100g
생크림 100g
저지방우유 500ml

만드는 법
소스팬에 설탕과 옥수수 시럽을 넣고 끓여 밝은 갈색의 캐러멜을 만든다. 불에서 내린 후 버터와 크림을 넣고 잘 섞는다. 바닐라 빈 줄기 1/4개를 세로로 길게 갈라 긁어 넣고 다시 불 위에 올려 120℃까지 끓인다. 스텐 용기에 부어 식힌다. 캐러멜이 식으면 칼로 1cm 크기의 큐브 모양으로 자른다. 우유에 넣고 불에 올려 거품기로 잘 저어주며, 고르게 에멀전화된 농도가 될 때까지 끓인다.

납작굴을 색다르게 먹는 3가지 마법
(굴은 당연히 캉칼산 굴)

후추를 뿌린다.
산지가 다른 다양한 통후추 알갱이를 잘게 으깨 부수어 '미뇨네트 (mignonette)'를 만든다. 굴 하나 하나마다 손으로 후추를 한 꼬집씩 뿌리고, 가염 버터를 바른 토스트를 곁들여 먹는다.

따뜻하게 데운다.
낮은 온도의 오븐에 5분정도 데워 먹으면 굴의 풍미가 한층 더 살아난다. 단, 온도가 60℃ 이상 되지 않도록 해야 굴이 익어 단단해지지 않는다.

뜨거운 육수에 데친다.
생선 육수에 셀러리와 중동의 향신료 믹스인 라스엘하누트 (ras-el-hanout)를 넣고 끓여 국물을 만든다. 껍질을 깐 생굴을 우묵한 접시에 담고, 뜨거운 육수를 부어 즉시 서빙한다.

돼지에서 햄으로

양돈용 돼지는 좋은 가축이다. 어떤 산지의 품종인지 잘 파악하고, 그에 따른 사육법과 성장 상태를 잘 숙지해 키운다면 이 가축은 한번 키워볼 만하다.
어느 부위를 사용해도 맛있는 요리로 만들 수 있는 돼지의 세계를 간략히 살펴보자.

다양한 돼지의 족보

전 세계의 돼지 종류는 모두 350종이 넘는다. 프랑스의 돼지 품종은 크게 두 개의 계열로 구분하는데
대량 양돈에 적합한 일반 집돼지 품종과, 최근 들어 다시 몸값이 점점 높아지고 있는 토종돼지 품종이다.

일반 집돼지 품종

라지 화이트 LARGE WHITE
프랑스에 가장 많은 품종이다.
원산지: 영국 북동부
프랑스 도입: 1880년
형태: 전체적으로 밝은 흰색을 띠고 있으며 얼룩무늬가 하나도 없다. 흰 가죽 위에 얇은 흰 털 층이 있다.
귀의 모양: 뾰족 선 모양.
사용: 교배종으로 쓰인다. 고기의 지방이 적은 편.

랜드레이스 LANDRACE
프랑스에서 두 번째로 많이 볼 수 있는 돼지 품종이다.
원산지: 덴마크, 스웨덴
프랑스 도입: 1930년
형태: 가죽이 흰색이고 털이 적다.
귀의 모양: 앞으로 늘어짐.
사용: 교배종으로 쓰인다. 성장이 비교적 빠르고, 살에 지방이 적으며 대규모 식품회사에서 원하는 기준에 적합한 품종이다.

재래 토종돼지 품종

바이외 PORC DE BAYEUX
원산지: 노르망디
양돈지: 26개
형태: 핑크색 몸통에 검은색의 둥근 반점이 있다.
귀의 모양: 얼굴 쪽으로 늘어짐.
사용: 1944년 6월 노르망디 상륙작전 당시 많이 폐사되기도 했던 이 재래종 돼지는 껍질이 매우 두꺼우며 유제품을 사료로 먹는다. 아주 좋은 품질의 고기를 얻을 수 있다.
구매장소: 윌프리드 레제 농장 (Wilfried Leger, Hudimesnil, Basse-Normandie)

가스코뉴 PORC GASCOGNE, NOIR DE BIGORRE
원산지: 오트 피레네
양돈지: 60개
형태: 검은색을 띠고 있으며 털은 길고 철사처럼 억세다. 특히 등쪽 라인을 따라 더 굵은 털이 촘촘히 나 있다.
귀의 모양: 얼굴 쪽으로 늘어짐.
사용: 고급 정육 또는 샤퀴트리 (돼지 가공육).
구매장소: 피에르 그로 농장 (Pierre Grau, Mongauzy, Gers), 프레데릭 메나제의 페르므 드 라 뤼쇼트 (Frédéric Ménager, Ferme de la Ruchotte, Bligny-sur-Ouche, Côte-d'Or)

바스크 PIE NOIR DU PAYS BASQUE
원산지: 바스크 지방
양돈지: 29개
형태: 머리와 엉덩이만 검은색을 띠며 나머지는 흰색이다.
귀의 모양: 얼굴 쪽으로 늘어짐.
사용: 산에 서식하는 순수 혈통의 이 돼지는 도토리, 잡초, 밤 등을 먹고 자란다. 프랑스 남서부의 염장육 (salaisons) 돼지의 대표적 품종이다. 지역 농가들은 점점 사라져가는 이 품종의 돼지를 킨토아 (Kintoa)라는 이름으로 다시 활성화하기 시작했다.
구매장소: 피에르 오테이자 (Pierre Oteiza, Les Aldudes, Pyrénées-Atlantiques), 크리스티앙 아게르 (Christian Aguerre, Itxassou, Pyrénées-Atlantiques).

피에트레인 PIÉTRAIN
원산지: 벨기에
프랑스 도입: 1955년
형태: 밝은 색의 가죽에 검은색 또는 붉은 갈색의 반점이 있다.
귀의 모양: 앞으로 쫑긋 선 모양
사용: 살에 지방이 적어 무게에 비해 살코기의 양이 아주 많고, 도체율*이 높다.

두록저지 DUROC
원산지: 미국
프랑스 도입: 1960년
형태: 몸이 전체적으로 붉은 갈색을 띤다.
귀의 모양: 앞으로 처짐.
사용: 성장 발육이 우수하고 번식력이 좋아 교배종으로 가장 많이 쓰인다.

코르시카 뉘스트랄 PORC NUSTRALE
원산지: 코르시카섬
양돈지: 33개
형태: 갈색과 검정 중간의 어두운 색을 띠고 있다.
귀의 모양: 얼굴 쪽으로 늘어짐.
사용: 여름엔 산에서 풀을 먹고, 겨울엔 도토리와 밤을 먹고 자란다. 코르시카 섬에서만 사육되는 돼지 품종으로 아주 훌륭한 등급의 샤퀴트리를 생산해내고 있다.
구매장소: 앙투안 포지올리와 세바스티앙 마리아니 (Antoine Poggioli & Sébastien Mariani, Ucciani, Corse-du-Sud), 프랑수아 알베르티니 (François Albertini, Loreto-di-Casinca, Haute-Corse)

리무쟁 CUL NOIR LIMOUSIN
원산지: 리무쟁
양돈지: 23개
형태: 흰색 몸통에 검은 반점이 있으며 털이 아주 가늘다.
귀의 모양: 얼굴 쪽으로 늘어짐.
사용: 지방 함량이 높은 이 품종은 샤퀴트리용으로 인기가 많다. 살코기는 붉은색을 띠며 아주 연하다.
구매장소: 장 클로드와 클레르 뒤푸르 (Jean-Claude et Claire Dufour, La Meyze, Haute-Vienne)

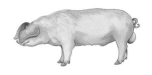

웨스트 프렌치 화이트 PORC BLANC DE L'OUEST
원산지: 노르망디
양돈지: 27개
형태: 전체적으로 연한 핑크빛이 도는 흰색을 하고 있으며, 가는 털이 등줄기를 따라 이삭 줄기 모양으로 나 있다.
귀의 모양: 얼굴 쪽으로 늘어짐.
사용: 샤퀴트리용으로 아주 우수한 품종이며, 예전부터 이 돼지로 장봉 드 파리 (jambon de Paris)를 만들어 오고 있다.
구매장소: 이봉 레브리에 (Yvon Lévrier, Maël-Pestivien, Côte-d'Armor)

* 도체율 (rendement en carcasse, carcass percent) : 가축의 생체무게에 대한 도체무게의 비율. 가축을 도살하기 바로 전의 몸무게를 생체무게라고 하고, 도살하여 박피한 다음 발목·머리·내장을 제거한 나머지를 도체라고 한다. 도체에서 뼈를 빼고 진짜 먹을 수 있는 고기를 정육이라고 하고, 도체무게와 정육무게와의 비율을 정육률이라고 한다. 도체율은 가축의 품종, 소화기관에 남은 음식물, 비육 정도, 도살하는 방법 등에 의하여 결정된다.

유럽의 다양한 생 햄

유럽 전체적으로 염장 햄의 인기가 예전만 못한 경향이다.
다양한 생 햄 (프로슈토), 훈제 햄을 한눈에 비교해 볼 수 있도록 정리해보았다. (알파벳 순)

햄	원산지	국가	돼지품종	염장	훈제	건조	숙성	색깔
아머란더 햄 Jambon d'Ammerland	니더작센주	독일	아머란더 에델슈바인 종	10주		자연건조		붉은색
아르덴 햄 Jambon d'Ardenne	룩상부르주	벨기에			경우에 따라 저온 훈연*		9개월	짙은 갈색
아르데슈 햄 Jambon d'Ardèche	아르데슈	프랑스		후추로 문지른다.	경우에 따라 밤나무 훈연		7개월	어두운 붉은색
오베르뉴 햄 Jambon d'Auvergne	오베르뉴	프랑스		건조 염장			9개월	짙은 갈색
바랑쿠스 햄 Jambon de Barrancos	알렌테조	포르투갈	이베리코 종				24개월	밝은 갈색
바욘 햄 Jambon de Bayonne	베아른	프랑스		아두르 (Adour) 소금으로 염장			최소 7개월	짙은갈색
보스 햄 Jambon de Bosses	발레다오스타주	이탈리아					최소 12개월	짙은 붉은색
보른 햄 Jambon de la Borne	프리부르	스위스				장작불 건조		밝은 갈색
포레 누아르 햄 Jambon de la Forêt-Noire	슈바르츠발트	독일		주니퍼베리, 코리앤더 씨로 문질러 2~3개월 염장	저온 전나무 훈연			짙은 갈색
라콘 햄 Jambon de Lacaune	랑그독	프랑스					9~12개월	짙은 갈색
뤽쇨 햄 Jambon de Luxeuil	오트 손	프랑스		아르부아 (Arbois) 와인에 담가 재워둔다.	훈연화덕 수지 훈연		8개월	밝은 갈색
마인츠 햄 Jambon de Mayence	마인츠	독일						짙은 붉은색
엔제거시 햄 Jambon de Njegusi	엔제거시	몬테네그로				자연 건조 장작불 건조	10개월	짙은 붉은색
파르마 햄 Jambon de Parme	에밀리야 로마냐	이탈리아					10~12개월	핑크빛 갈색
사부아 햄 Jambon de Savoie	사부아 오트 사부아	프랑스			경우에 따라 너도밤나무 훈연		6개월	밝은 갈색
테루엘 햄 Jambon de Teruel	아라곤	스페인					26개월	핑크빛 갈색
토스카나 햄 Jambon de Toscane	토스카나	이탈리아					10~12개월	핑크빛 붉은색
방데 햄 Jambon de Vendée	방데와 그 주변지역	프랑스		허브에 문질러 오드비 (증류주)에 담가 둔다.				핑크빛 갈색
베스트팔렌 햄 Jambon de Westphalie	베스트팔렌	독일						짙은 갈색
이베리코 햄 Jambon Iberico	안달루시아 살라망카 에스트레마두라	스페인	이베리코 종				18개월	짙은 붉은색
비고르 햄 Jambon de Bigorre	오트 피레네 제르스 오트 가론	프랑스	가스코뉴 종	아두르 (Adour) 소금으로 염장		10개월간 건조	10개월	짙은 붉은색
산 다니엘 햄 Jambon San Daniel	프리울리	이탈리아					13개월	핑크빛 갈색
차베스 햄 Jambon de Chaves	노르트	포르투갈					8~12개월	짙은 붉은색
프리슈투 Prisuttu	코르시카	프랑스	코르시카 종		경우에 따라 밤나무 훈연		12~18개월	붉은색
노르시아 프로슈토 Prosciutto di Norcia	페루자	이탈리아					24개월	핑크빛 갈색
스펙 달토 아디제 Speck dell'Alto Adige	볼차노	이탈리아			저온훈연		20~24개월	짙은 갈색

파리 햄, 요크 햄, 프라하 햄 (jambons de Paris, York, Prague)은 햄이 만들어지는 지역이 아니라 익히는 테크닉에 따라 붙은 명칭이다.

* 저온 훈연 (fumaison à froid) : 훈연기의 온도를 올려 예열하지 않고, 고운 톱밥에 불을 붙여 연기가 나도록 한 다음
30~50℃의 낮은 온도에서 주로 날고기 또는 생선을 그릴에 올리거나 매달아 천천히 훈연 향을 입혀 보존하는 방법.

사라진 시인들의 모임

도미니크 위탱 Dominique Hutin[1]

나는 샤를리가 2015년 1월 7일 죽지 않았음을 알고 있다.

나는 아직도 제라르 데크랑브 (Gérard Descrambe)[2]의 와인을 마시며 샤를리를 위해 건배한다.
언제나 웃음이 넘치고, 멋진 콧수염을 가진 이 포도밭 주인장의 보르도 와인, 생 테밀리옹 와인병 라벨에는 샤를리 에브도 (Charlie Hebdo)[3] 모든 멤버들의 그림이 그려져 있다. 40년 가까운 세월 동안 연필로 때로는 와인병따개로 긴 세월의 이야기를 그림으로 담아 놓았는데, 그 라벨들 중 여러 우여곡절의 모습을 담은 몇몇은 나도 와인을 마시면서 접해볼 기회가 있었다.
보르도 출신이면서도 역설적으로 어떤 면으로는 그에 대한 애향심은 그다지 없는 듯 보이는 이 와이너리 주인은 일 년에도 몇 차례씩 와인 배송을 핑계 삼아 파리에 올라

와 한 쿠스쿠스 식당에서 그의 와인을 선보이는 파티를 주최했다. 장소는 아주 전형적이다. 미테랑 전 대통령이 단골이었고 심지어 그의 이름이 새겨진 냅킨 홀더도 있다. 이렇게 생 제라르 (Saint-Gérard)와 생테밀리옹 (Saint-Emilion)의 후원 하에 샤를리는 넘치는 풍자와 해학, 예리한 감각의 필력이 넘치는 식사 모임을 정기적으로 갖게 되었고, 나도 이따금 이 점심 식사에 참여하곤 했다. 물론 오후 업무 일정에 지장을 줄 정도의 오류는 한 번도 범하지 않을 정도에서 즐기긴 했지만, 가끔 식사가 끝나고 "자, 이제 쇼롱 교수 (Professeur Choron)[4]한테 갑시다." 하면서 계속 이어질 땐 더욱 빠져나오기 힘들었다. 거구 제베 (Gébé)[5]와 악수한 지 얼마 되지 않아 아직 손이

따뜻한 채로 우리는 출발했다. 도중에 예상치 못하게 방향을 틀어 카바나 (Cavanna)[6]의 작은 아지트로 향하기도 했다. 제라르 데크랑브가 앞장서면 일단 정신을 바짝 차려야 한다. 오후 일정이 파리 명소를 찾는 즉석 프로그램으로 바뀌기 십상이기 때문이다. 1995년부터 파리에서 내가 주최하고 있는 와인 시음회 초창기에 제라르 덕분에 뤼즈 (Luz)[7], 샤르브 (Charb)[8], 그리고 삽화가인 카랄리 (Carali)[9]를 만날 수 있었다. 그 이후에 티뉴스 (Tignous)[10]도 그를 통해 소개받았다. 샤를리와 함께 길을 걸어온 동반자인 제라르 데크랑브가 그의 몇몇 빈티지 와인을 소개하고 라벨의 배경이야기를 들려준다. 친구들이 그려준 라벨 그림 값은 물론 와인으로 지불했다.

제라르 데크랑브의 와인과 샤를리 에브도

"샤를리 에브도의 만화가들이 그린 와인병 라벨은 우리와 같은 보르도의 영세한 포도 생산자들에게는 역사적인 상황에 의해 탄생하게 되었다. 1970년 미국인들은 생 생 테밀리옹에 상륙해 와인을 대거 매입한다. 아주 높은 가격이었다. 1971년에도 계속 매입하는데 이번에는 가격이 떨어졌다. 그리고 1972년 미국인들의 투자는 멈춘다. 환율이 요동치고, 와인의 숙성통당 단가가 1/5까지 떨어졌다. 그 당시 우리는 와인 저장고를 다 털어봤자 은행 대출의 1/4도 상환할 수 없는 상황에서, 생존하기 위해서는 무슨 수라도 내야만 했다. 샤를리는 그 당시 환경보호에 관심을 둔 나의 유일한 지원군이었다. 아버지가 돌아가시고 와이너리를 물려받게 되면서 형과 함께 우리는 보르도에서 최초로 유기농 포도 재배를 시작하게 되었다. 나는 쇼롱 교수에게 편지를 썼다. 나에게 와인을 주문해주시면, 대금 청구서는 보내지 않고 우리 화장실에 걸어놓겠다고 써서 보냈다. 쇼롱 교수는 "제일 좋은 것으로, 제일 비싼 것으로 60병을 보내주게."라고 답했다. 나는 와인을 보냈고, 청구서는 내가 약속한 그곳에 아직 붙어 있다. 그리고 나서 나는 그들을 만날 것에 흥분되어 쿵쿵 뛰는 가슴을 안고 파리로 올라갔다. "

1972 - 레제르 Jean-Marc Reiser

에피소드
"1972년과 1973년은 이 라벨 시리즈가 시작된 초창기다. 1970년 탄생한 샤를리 에브도 창간호부터 편집에 참여했던 언론인이자 만화가인 레제르는 나의 와인 라벨을 그려주겠다고 제안했다."

빈티지
"라벨에 용량 75 cl가 적혀 있고, 포도를 일일이 손으로 수확해 나무통에 담던 옛 시절의 와인. 풍부하면서도 가벼운 맛. 72, 73, 74년 산은 와인의 농도가 좀 연하지만, 살짝 도는 산미로 인해 그래도 20년 정도 무리 없이 보관할 수 있었다. 70, 71년의 바디감 넘치는 와인과는 전혀 딴판이다."

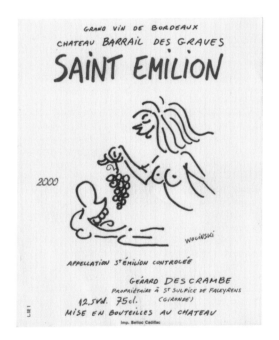

1977 - 볼랭스키 Georges Wolinski[11]

에피소드
"레제르가 와인 라벨을 그려주자 볼랭스키도 부러웠는지 자신도 그림을 그려주겠다고 했다. 아주 균형이 잘 잡힌 아름다운 라벨이었다. 처음에 그려준 그림에서 여자는 하나도 흐트러짐 없이 아주 정숙한 모습이었다. 그러나 그 그림은 최종 선택되지 않았다. 그림을 살짝 손 본 볼랭스키는 "이렇게 하지 않으면 잘 안 팔릴지도 몰라."라고 말했다. 원래의 그림을 다시 살리는 데 약간의 상상력을 발휘하는 것만으로 충분했다. "

빈티지
"그해에는 열매가 제대로 영글지 못했고, 냉해도 있었으며, 갖은 종류의 저해 요소가 많았다. 수확하는 당일도 전신주가 날아갈 정도의 태풍이 몰아쳤다. 끔찍했던 재앙이었다."

1988 - 카바나 François Cavanna

1990 - 티뉴스 Bernard Verlhac

1995 - 샤르브 Stéphane Charbonnier

에피소드

"나는 프랑수아 카바나에게 내 아들 올리비에의 정식 대부가 되어줄 것을 부탁했고, 이를 위한 파티를 집에서 열었다. 많은 사람이 아직도 그 파티를 기억하고 있다. 라벨 그림에서 보면 나의 아내보다는 내가 서로 아는 척하지 말자고 하는 것 같다."

빈티지

"노균병의 부담이 있었지만 포도수확이 성공적인 해였다. 재배가 무리 없이 전부 순조롭게 이루어졌다."

에피소드

"티뉴스는 반 국민전선 (anti-Front National) 도서 박람회를 지원해주면 나에게 라벨을 그려주겠다고 약속했다. 나도 재정적으로 지원하기 위해 원가보다 10% 낮은 가격으로 와인을 납품했다. 썩 훌륭한 거래는 아니었던 것 같다…"

빈티지

"'88, 89, 90 이 3년은 아주 성공적인 해였다. 우리는 알아서 잘 발효가 되고 있는 와인을 꺼냈다. 그 와인들은 그 자체만으로도 훌륭했다."

에피소드

"리부른 (Libourne)의 경찰서장은 와인 라벨 수집가였는데, 나에게 와인 라벨 좀 달라고 끊임없이 부탁했었다. 나는 '내 불찰의 파트너 (Le partenaire de mes bavures)'라는 재미있는 이 라벨 그림을 아주 의기양양하게 그에게 가져다 주었다. 그림 속의 경찰이 바로 그임을 강조했다."

빈티지

"아직도 기억하는데, 나에게 4시간 동안 좌골 신경 주사를 놓아준 의사가 그해 우리 포도 수확을 도와 주러 왔었다. 1995년산은 아주 훌륭한 빈티지다. 아직도 쌩쌩하다. 게다가 「옹 바 데귀스테 (On Va Déguster)」 프로에서 직접 시음까지 했으니 잘 알지 않겠는가?"

2003 - 제베 Georges Blondeau

에피소드

"모든 노동에는 보상이 따르듯이, 새로운 빈티지의 첫 박스는 언제나 라벨을 그려준 만화가들의 몫이다. 단 이 해만은 예외가 되었다. 운송업자가 평소와는 다른 경로로 운송하는 바람에 와인이 제베의 장례식 하루 전에야 도착한 것이다. 마치 그의 죽음을 예견하기라도 했던 것인지…"

빈티지

"포도가 너무 빨리 자라 익고, 폭풍우와 우박, 또 폭염 등으로 매우 힘든 한 해였다. 63, 73, 93, 03 년산도 아주 형편없는 빈티지였는데, 역시나 2013년산도 불행은 비켜가지 않았다. 역사는 반복된다."

1) 도미니크 위탱 (Dominique Hutin): 프랑스의 와인 평론가.
2) 제라르 데크랑브 (Gérard Descrambe): 보로도 생테밀리옹 와이너리 오너. 유기농 포도 재배의 선구자. 샤를리의 여러 만화가들이 그의 와인 라벨의 그림을 그렸으며, 그는 샤를리 에브도와 아주 가까운 관계를 오랫동안 유지했다.
3) 샤를리 에브도 (Charlie Hebdo): 프랑스의 주간 풍자잡지. 2015년 1월 7일 이슬람 무장 총기난사 사건으로 편집장을 비롯한 여러 명이 희생되는 참사를 겪었다.
4) 쇼롱 교수 (professeur Choron): 본명은 Georges Bernier. 프랑스의 기자, 풍자 작가로 잡지 샤를리 에브도, 아라키리 (hara-kiri)의 창간 멤버이다. 당시 아라키리의 사옥이 있던 파리의 쇼롱가 (rue Choron)의 이름을 따 '쇼롱 교수'라는 애칭으로 불렸다.
5) 제베 (Gébé): Georges Blondeau. 프랑스의 만화가, 삽화가. 아라키리와 샤를르 에브도의 편집장 역임. 이후에도 샤를리 에브도의 출판국장을 맡으며 활발한 활동을 보였다.
6) 카바나 (Cavanna): François Cavanna. 프랑스의 언론인, 편집자. 풍자잡지 아라키리와 샤를르 에브도의 창립 멤버이다.
7) 뤼즈 (Luz): Renald Luzier. 샤를리 에브도 객원 만화가. 2015년 1월 7일 샤를리 에브도 총기테러 사건 당일, 마침 생일을 맞이한 그는 원래 예정된 편집 회의에 조금 늦게 도착해 목숨을 건질 수 있었다. 사무실로 가는 도중 자신을 알아보지 못하는 테러리스트들과 사옥 앞길에서 맞닥 뜨린 그는 외부에 처음으로 이 참사를 알렸다.
8) 샤르브 (Charb): Stéphane Charbonnier 샤를리 에브도의 편집장. 2015년 1월 7일 이슬람 무장 총기 테러로 사망.
9) 카랄리 (Carali): Paul Carali 샤를리 에브도, 아라키리 잡지에 기고하는 만화가.
10) 티뉴스 (Tignous): Bernard Verlhac 프랑스의 만화가, 캐리커처 삽화가. 샤를르 에브도에 만화 기고. 2015년 1월 7일 이슬람 무장 총기 테러로 사망.
11) 볼랭스키 (Georges Wolinski): 샤를리 에브도의 만화가. 2015년 1월 7일 이슬람 무장 총기 테러로 사망.

라타투이

픽사 스튜디오의 애니메이션 영화 「라타투이 (ratatouille)」가 인기를 끈 이후 아마도 이것은 전 세계에 가장 널리 알려진 프랑스 음식이자 먹거리가 풍요로운 프로방스의 상징이 되었을 것이다. 여름 음식인 이 채소 요리를 잘 만들려면 나름대로의 비법이 있다. 재료를 따로 익힐 것인가? 함께 익힐 것인가? 논쟁을 시작해보자….

그 계절에 한창인 신선한 채소를 고른다. 가급적 농약을 뿌리지 않고, 햇빛을 듬뿍 받은 것으로 선택한다. 껍질째로 조리하기 때문에 유기농 농산물이 좋다. 이러한 모든 이유로 겨울에는 라타투이를 만들지 않는다.

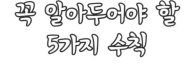

꼭 알아두어야 할 5가지 수칙

전통적으로 라타투이는 만들고 난 후 한참 두었다가 차갑게 먹는 음식이다. 하지만 따뜻하게 먹어도 맛있다, 특히 만든 다음 날 다시 데워 먹으면 더욱 좋다.

라타투이에 들어가는 채소는 가지, 주키니 호박, 양파, 토마토 그리고 마늘이다. 셀러리, 펜넬, 당근은 잊자.

간혹 어떤 식당에서는 라타투이에 베이컨을 넣어 맛을 낸다고 한다. 희한한 방법이지 않은가? 화이트와인을 넣는 경우도 종종 볼 수 있는데, 이것도 안 된다.

라타투이의 조리법은 은근히 익혀 콩피 (confit)하는 것이지 튀기는 게 아니다. 다시 말해 올리브오일을 넣긴 하지만, 각 재료를 익히는 데 아주 조금 한 번만 둘러주는 양으로 충분하다는 뜻이다.

라타투이를 둘러싼 논쟁과 진실

기원

이 음식은 프로방스 더 자세히 말하자면 옛 니스의 한 마을에서 처음 탄생했으며, 남프랑스 오크 어인 라타투이오*에서 파생된 명칭이다. 이 이름은 그다지 입맛을 돋우는 아름다운 요리 명칭이 아니었다. 프레데릭 미스트랄 (Frédéric Mistral)의 오크어 사전 (Lou Tresor dou Felibrige)에 따르면, 이는 잡탕, 찌꺼기 음식 등을 뜻하는 말이다. 1778년 이 단어 라타투이는 프랑스어로 대충 섞어 익힌 요리라는 뜻으로 인정되었다. 군대에서 쓰는 은어로 이 단어를 줄인 '라타 (rata)'는 콩과 감자를 섞은 음식, 그리고 채소와 고기를 섞은 음식이란 뜻으로 맛없는 군대 스튜를 상징한다. 지금의 라타투이의 의미로 통용되고 그 인기가 높아진 것은 20세기에 이르러서이다.

만드는 법

대부분의 사람들은 각 채소를 따로 팬에 익혀서 마지막에 냄비에 한데 모아 뭉근히 익히는 로제 베르제**셰프의 방식을 많이 쓰고 있다. 이 방법이 좀 번거로운 건 사실이지만, 잘 익은 먹음직스러운 모습의 라타투이를 만드는 가장 확실한 방법이다. 물론 큰 냄비에 모든 채소를 한꺼번에 넣고 익히는 방법이 금지된 것은 아니지만, 이렇게 만든 라타투이는 국물이 흥건하게 된다. 라타투이는 여름 채소 콤포트라고 하지 않았던가?

진정한 프로방스 음식인가?

잘 생각해보면 라타투이에 들어가는 채소 대부분은 외부에서 유입된 것이다. 가지는 인도가 원산으로 16세기에 프랑스에 처음 선보였다. 비슷한 시기에 남미 정복자들이 멕시코에서 토마토를 처음 들여왔으며, 피망과 주키니 호박도 콜럼버스 발견 이전에 유입된 것이다. 이 재료들을 빼고 나면 식욕을 돋구는 색깔이라고는 찾아볼 수 없는 양파, 마늘, 올리브오일밖에 남지 않는다.

* ratatouio, 바르 (Var) 지방에서는 retatoulho라고 불렀다.
** Roger Vergé(1930-2015): 프랑스 남부를 대표하는 누벨 퀴진의 선구자. 그의 레스토랑 「Moulin de Mougins」은 미슐랭 3스타를 획득한 바 있다.

보헤미안 라타투이

에두아르 루베 (Edouard Loubet)*

아비뇽 (Avignon)과 옛 콩타 베네생 (Comtat venaissin) 스타일의 라타투이로 주키니 호박을 넣지 않는 게 특징이다.

4인분

준비 시간: 45분

재료

가지 3개
청피망 1개
홍피망 1개
마늘 한 통
양파 2개
올리브오일 250ml
토마토 4개
블랙올리브 5개
소금, 후추
고수 잎 4장
월계수 잎 2장
로즈마리 1줄기
타임 1줄기
파슬리 1줄기
넛멕 갈아서 조금
발사믹 식초 3테이블스푼

만드는 법

가지는 껍질을 벗기지 않은 채로 큐브 모양으로 썬다. 피망은 속의 씨를 빼낸 후, 감자 필러로 두꺼운 껍질을 대충 벗기고, 큐브 모양으로 썬다.
넓은 냄비에 올리브오일을 달구고 다진 마늘 2톨과 양파를 넣어 볶는다. 가지와 피망을 넣고 나무주걱으로 잘 저으며 익힌다. 작게 자른 토마토 4개를 넣고 약한 불에서 뭉근히 익힌다. 씨를 빼고 잘게 썬 올리브와 껍질을 벗기지 않은 마늘 3톨을 넣는다. 소금, 후추로 간을 한 뒤, 고수, 월계수 잎, 로즈마리, 타임, 파슬리 줄기, 넛멕 가루를 넣고 약한 불로 15분 정도 더 익힌다.

환상의 짝꿍

라타투이와 달걀

미슐랭 3스타를 받았던 레스토랑 「물랭 드 무쟁 (Moulin de Mougins)」의 전 셰프인 로제 베르제가 알려주는, 간단하지만 맛있는 레시피다. "라타투이 5테이블스푼을 데워 우묵한 그릇에 넣고 숟가락 뒷면으로 눌러 두 군데를 움푹하게 만들어준다. 여기에 달걀 2개를 하나씩 깨트려 넣고 소금, 후추로 간을 한 다음 불 위에 올려 2분간, 이어서 오븐에서 2분간 익힌다."

* 『나의 태양의 요리 (Ma cuisine au soleil)』, Roger Vergé 지음, éd. Robert Laffont 출판.

정석 레시피

프레데릭 자크맹*

각각의 채소를 그에 맞는 허브와 함께 따로 익힌다.

6인분

준비 시간: 1시간

재료

보라색 가지 2개
피망 3개 (녹색, 노란색, 붉은색 각 1개씩)
노란색 주키니 호박 (Gold Rush) 6개
토마토 5개
흰 양파 큰 것 2개
보라색 마늘 4톨
바질 2송이
민트 잎 10장
프레시 타임 약간
월계수 잎 1장
마조람 약간
세이지 잎 5장
프레시 타라곤 1줄기
로즈마리 1줄기
토마토 페이스트 2테이블스푼
올리브오일
소금, 통후추 그라인드

만드는 법

채소를 씻어서 물기를 닦고 씨를 제거한다. 모든 허브는 잘 씻어둔다. 마늘과 양파는 껍질을 벗기고 잘게 썬다. 주키니 호박과 가지는 반달 모양으로 썰고, 피망은 사각형으로 썬다. 토마토는 모양대로 등분한다. 가지를 소금물에 5분간 익혀 건져 물기를 빼 놓는다. 커다란 팬에 올리브오일을 두른 후 다진 마늘과 소금을 넣고 채소를 각각 따로 중불에서 볶는다. 양파는 타임과 월계수 잎으로 향을 내어 익히고, 피망은 마조람과 세이지, 주키니 호박은 바질, 그리고 가지는 민트를 함께 넣어 익혀준다. 각각의 재료에 따로 따로 소금, 후추 간을 한다. 모든 재료는 완전히 무르고 약간 색이 날 정도로 익혀야 한다. 가능하면 코팅된 팬을 이용해 재료가 눌어붙지 않도록 주의한다. 냄비에 올리브오일을 달군 뒤, 마늘을 넣고 볶다가 토마토 페이스트를 넣고 잘 저어준다. 여기에 토마토와 로즈마리, 타라곤을 넣는다. 따로 볶아놓은 채소들의 간을 확인한 후, 섞지 말고 각각의 고유의 향 그대로 식힌다.

서빙: 큰 용기에 모든 재료를 넣고 뭉그러지지 않도록 조심스럽게 섞는다. 냉장고에 24~48시간 넣어둔다.

응용: 각 재료를 말랑할 정도로만 조금씩 덜 익힌 후 냄비에 한데 모아 약한 불에서 같이 익혀 맛을 혼합하고 간을 맞춰도 좋다. 또한, 토마토 등 사용한 채소가 완숙되지 않아 맛이 제대로 나지 않으면 설탕 1티스푼을 넣어 맛을 보충한다.

익스프레스 레시피

에두아르 루베*

이 셰프는 채소가 너무 뭉그러지지 않을 정도로 부드럽게 익은 식감과 블랙 올리브의 맛을 좋아한다. 완성하는 데 30분도 안 걸리는 간단한 레시피의 라타투이를 만들어보자.

6인분

준비 시간: 30분

재료

가지 2개
주키니 호박 2개
피망 2개 (붉은색, 녹색 각 1개씩)
토마토 3~4개
양파 큰 것 1개 (또는 작은 양파 4개)
마늘 3톨
니스산 블랙 올리브 10개
올리브오일 6테이블스푼
타임
소금, 후추

만드는 법

피망은 속의 씨를 빼낸 후 길게 자르고 다시 1 cm 크기의 사각형으로 썬다. 주키니 호박과 가지, 토마토도 비슷한 크기로 썬다. 마늘과 올리브는 얇게 썰고, 양파도 잘게 썬다. 줄기 달린 작은 양파의 경우는 녹색 줄기 부분도 함께 썬다. 소테팬에 올리브오일을 두른 뒤, 썰어놓은 모든 채소를 넣고 중불에서 볶는다. 소금, 후추로 간하고 타임을 넣은 뒤 30분간 약한 불에서 뚜껑을 닫고 익힌다. 재료가 바닥에 눌어붙지 않도록 중간중간 저어준다.

셰프의 팁: 제철이라면, 세이지를 넣고 미리 구워 낸 작은 알감자를 라타투이에 섞어도 맛있다.

* Edouard Loubet: 프로방스 보니외 (Bonnieux)의 레스토랑 「도멘 드 카펠롱그 (Domaine de Capelongue)」의 셰프. 저서: 『프로방스 요리사의 100가지 레시피 (Le Cuisinier provençal, les 100 recettes incontournables)』, Srika 출판.

* Frédérique Jacquemin: 마르셀 파뇰 전문가. 저서: 『마르셀 파뇰과 함께 하는 식사 (À table avec Marcel Pagnol: 67 recettes du pays des collines)』, Agnès Viénot 출판.

라타투이의 사촌들

카포나타
Caponata

라타투이의 이탈리아 시칠리아 버전으로, 주키니 호박과 피망은 덜 넣는 대신 케이퍼, 올리브, 건포도, 잣을 더 넣는다. 애피타이저로 아주 좋으며, 고기나 생선 바비큐에 곁들이기에도 안성맞춤이다. 또한, 새콤달콤한 맛 때문에 디저트로 먹어도 좋지 않을까 하는 의문이 들 정도다.

6인분

준비 시간: 1시간 20분

재료

가지 굵은 것 3개
양파 2개
마늘 1톨
셀러리 1줄기
토마토 다이스 통조림 1캔 (400g)
케이퍼 2테이블스푼
씨를 뺀 블랙 올리브 80g
건포도 2테이블스푼
로스팅한 잣 2테이블스푼
식초 1스푼
설탕 1스푼
올리브오일, 소금, 후추

만드는 법

가지를 썰어서 물기를 닦은 후 사방 2cm 큐브 모양으로 자른다. 양파를 잘게 썬다. 셀러리 줄기를 1cm 크기로 썬다. 냄비에 올리브오일을 두르고 가지를 넣어 색이 나도록 볶아준다. 또 다른 팬에 올리브오일을 두르고 양파와 셀러리를 넣어 너무 색이 나지 않도록 중간에 물을 아주 조금 넣어가며 익혀서 가지와 혼합한다. 토마토와 설탕, 식초, 케이퍼, 동그랗게 저민 올리브를 넣고 소금, 후추로 간을 한다. 약 1시간 동안 약한 불로 뭉근히 익힌다. 재료가 바닥에 눌어붙지 않도록 중간중간 잘 저어준다. 완성되기 15분 전에 건포도를 넣는다. 서빙할 때 잣을 얹어준다.
서빙: 뜨겁게, 미지근하게, 차갑게 모두 가능하다. 라타투이와 마찬가지로 다음 날 데워 먹으면 더욱 맛있다.

라타투이와 비슷한 다양한 요리들

삼파이나 XAMFAINA
(스페인, 카탈루냐)
가지, 주키니 호박, 토마토,
양파, 후추

툼베스 TUMBES
(스페인, 마요르카)
감자, 가지, 주키니 호박, 피망,
토마토, 마늘. 채소를 튀기듯이
익힌다.

카푸나타 KAPUNATA
(몰타)
토마토, 가지, 청피망, 케이퍼

피스토 PISTO
(스페인)
청피망, 홍피망, 토마토, 가지,
양파, 마늘. 채소를 튀기듯이
익힌다.

레초 LESCO
(헝가리)
피망, 토마토, 양파, 파프리카

브리아미 BRIAMI
(그리스)
주키니 호박, 가지, 토마토,
피망, 양파, 마늘, 오레가노

기베치 GHIVECI
(루마니아, 불가리아)
양파, 당근, 피망, 양배추,
토마토, 감자, 단호박, 오이,
완두콩, 허브

쥐베취 ĐUVEC
(크로아티아, 세르비아)
라타투이에 넣는 기본 채소 +
그린빈스, 쌀

샥슈카 CHAKCHOUKA
(북아프리카)
피망, 고추, 양파, 토마토

타스티라 TASTIRA
(튀니지)
샥슈카와 동일하다.

피프라드 PIPERADE
(프랑스, 바스크 지방)
맵지 않은 고추 (녹색, 붉은색),
에스플레트 고추, 양파, 토마토

콩피 비얄디
CONFIT BYALDI
(프랑스)
미셸 게라르 (Michel Guérard : 미슐랭 3스타 레스토랑 Les Prés d'Eugénie의 셰프)가 처음 개발한 이 레시피는 애니메이션 영화 「라타투이」의 요리 자문을 맡은 토마스 켈러 (Thomas Keller: 캘리포니아 욘트빌의 French Laundry, 뉴욕의 Per Se 두 곳에서 모두 미슐랭 3스타를 받은 미국 유일의 셰프) 에 의해 널리 알려졌다. 채소(양파, 토마토, 주키니 호박, 가지, 마늘)를 얇게 썬 다음, 기름을 넣지 않고 오븐에서 뭉근히 익힌다. 발사믹 식초 비네그레트와 함께 서빙한다.

미식가의 컬렉션

포장지나 식당 메뉴, 와인 코르크 마개 등을 마치 성배라도 되는 듯 수집하는 미식가들이 많다. 접시에서부터 진열대까지, 그들이 가장 많이 찾는 물건들을 모아보았다.

정어리 통조림 케이스 수집
puxisardinophilie

정의: 정어리 통조림. 빈 것, 또는 내용물이 있는 새 것을 수집함.
가장 아름다운 컬렉션: 라 프티트 샬루프 (La Petite Chaloupe), 파리 13구.

치즈 포장 라벨 수집
tyrosémiophilie

정의: 치즈 케이스에 붙은 라벨을 수집함. 특히 카망베르 케이스 라벨.
가장 아름다운 컬렉션: 라 메종 뒤 카망베르 (La Maison du camem-bert, Camembert, Calvados)

코르크 마개 수집
tappabotuphilie

정의: 와인 병의 코르크 마개를 수집함.
가장 아름다운 컬렉션: 리옹의 부숑 르 사토네 (Le Sathonay)의 쇼윈도 진열대에 모아놓은 코르크 마개 컬렉션.

설탕 포장 수집
glycophilie

정의: 설탕이 들어 있는 봉지 및 상자를 수집함.
가장 아름다운 컬렉션: 라 메종 뒤 쉬크르 (La Maison du sucre, Frasnes-Lez-Buissenal, Wallonie), 벨기에

와인병 라벨 수집
oenographilie

정의: 와인 병에 붙어 있는 라벨을 수집함.
가장 아름다운 컬렉션: 샤토 무통 로칠드의 뮈제 드 뱅 (le musée du Vin dans l'art, château Mouton Rothschild), Pauillac, Gironde

커피 밀 수집
molafabophilie

정의: 커피 원두 그라인더, 커피 밀을 수집함.
가장 아름다운 컬렉션: 뮈제 드 라방튀르 푸조 (Musée de l'Aventure Peugeot), Sochaux, Doubs

샴페인 병뚜껑 쇠 마개 수집
placomusophilie

정의: 샴페인 병의 코르크를 감싸고 있는 쇠 마개를 수집함.
가장 아름다운 컬렉션: 뮈제 세레 (musée Serret), Saint-Amarin, Haut-Rhin

호두까기 수집
cassanuxiphilie

정의: 다양한 호두까기를 수집함.
가장 아름다운 컬렉션: 레스토랑 르 카스 누아 (Le Casse Noix), 파리 15구

스푼 수집
cochliophilie

정의: 각종 스푼을 수집함.
가장 아름다운 컬렉션: 장 메츠게르 (Jean Metzger)의 컬렉션 (3,000점 이상). 2014년에 파리에서 전시됨.

맥주 코스터 수집
tégestophilie

정의: 맥주 컵 받침, 더 광범위하게는 맥주에 관련된 모든 물건을 수집함.
가장 아름다운 컬렉션: 유럽 맥주 박물관 (musée européen de la Bière), Stenay, Meuse

갈레트 데 루아 페브 수집
fabophilie

정의: 갈레트 데 루아 (Galettes des Rois) 파이 안에 들어 있는 자그마한 인형인 페브를 수집함.
가장 아름다운 컬렉션: 뮈제 드 블랭 (musée de Blain), Blain, Loire-Atlantique

메뉴 수집
libellocénophilie

정의: 레스토랑의 메뉴를 수집함.
가장 아름다운 컬렉션: 디종 시립 도서관 (bibliothèque municipale de Dijon), Côte d'Or

특별한 생선 안초비

동네 배달 피자를 시키면 너무 짠맛 때문에 일일이 골라내기에 바쁘지만, 정말 맛있는 안초비는 거의 모든 음식과 잘 어울리며,
입안에서 터지는 바다향의 짭조름한 맛은 그 무엇과도 비교할 수 없다.

콜리우르의 안초비

프랑스에서 안초비하면 지중해 코트 베르메유 (Côte Vermeille: Argelès-sur-Mer로부터 스페인 국경까지 이르는 연안지대)의 콜리우르 (Collioure, Pyrénées-Orientales)라는 작은 어촌을 떠올리게 된다. 그곳에서는 안초비를 염수에, 혹은 기름에, 특히 소금에 절인다. 콜리우르의 안초비는 2004년부터 IGP(지역 표시 보호) 상품으로 등록되었는데, 이 경우는 식품의 원산지가 아닌 안초비에 염장 등의 가공을 하거나 통조림으로 '생산한 곳'의 인증만을 표시하고 있다. 왜냐하면 지중해 지역의 안초비 어획량이 급감하고 있을 뿐 아니라 그 크기도 작아서 상품성이 떨어져, 큰 안초비들을 거의 아르헨티나에서 들여오기 때문이다. 얼마 남지 않은 안초비 어장 시설 및 장비들은 포르방드르 (Port-Vendres)에서 찾아볼 수 있다.

전 세계의 안초비 어획

지중해 연안, 대서양 북동부, 북해 등에 대부분의 안초비 어장이 형성되어 있어 주로 이 지역에서 어획이 이루어지고 있다.

안초비 젓국

발효된 안초비 젓국은 오래전부터 모든 나라에서 요리에 사용되고 있다.

시쿠 (siqqu)는 메소포타미아 문명시대부터 알려진 것으로 젓산 발효된 생선으로부터 만들어진다. 맛과 향이 아주 강한 이 양념은 아직도 중동 요리에 많이 사용된다.

가룸 (garum)은 그리스인, 특히 로마인들에 의해 변형된 시쿠이며, 생선(아마 안초비도 포함되었을 것으로 추정)의 피, 알, 내장으로 만들어졌다. 맛은 베트남의 피시소스 느억맘 (nuoc-mâm)과 비슷한 것으로 전해진다.

피살라 (pissalat)는 니스 방언으로 소금에 절인 생선을 뜻하는 '페이 살라 (peis salat)'가 그 어원으로, 피살라디에르 (pissaladière: 안초비를 넣은 니스 스타일의 피자)를 만드는 데 없어서는 안 될 니스의 소스다. 정어리와 안초비에 소금, 후추, 계피, 정향을 넣고 몇 주 동안 숙성시켜 만든다.

콜라투라 디알리치 (colatura di alici)는 투명한 갈색의 소스로 냄새가 아주 강하다. 이탈리아 캄파니아 주의 체타라 (Cetara)에서 잡은 안초비를 소금에 절여 나무통에 넣고 숙성시킨 다음 눌러 짜서 체에 거른다. 파스타의 베이스 소스로 많이 사용한다.

앙슈아야드 L'anchoïade

에두아르 루베 (Edouard Loubet)*

차갑게 해서 토스트에 발라 먹어도 맛있고,
신선한 계절 채소를 찍어 먹기에도 아주 좋다.

4인분

준비시간: 15분

재료

오일과 소금에 절인 안초비 250g
양파 1/2개
마늘 1통
이탈리안 파슬리 2줄기
셀러리 잎 5장
설탕 1/2티스푼
올리브오일 330ml

만드는 법

양파와 마늘은 껍질을 벗긴다. 마늘을 반으로 갈라 속의 싹을 제거한다. 파슬리, 셀러리 잎, 설탕(필수! 이 레시피의 키 포인트다)과 함께 모두 믹서에 넣고 간 후, 안초비를 넣고 다시 간다. 올리브오일을 넣고 농도를 조절한다. 마지막으로 얼음을 한 개 넣고 갈아 농도가 살짝 굳게 한다. 그릇에 덜어낸다.

셰프의 팁: 소고기를 지지고 난 후 팬에 눌어 붙은 육즙을 디글레이즈할 때 앙슈아야드 한 스푼을 넣어주면 맛있는 아비뇽 스타일의 소고기 요리 소스를 만들 수 있다.

병아리콩, 펜넬, 안초비 샐러드*

4인분

준비 시간: 30분

재료

익힌 병아리콩 100g
기름에 절인 안초비 12조각
가늘게 썬 펜넬 1뿌리
얇게 썬 줄기 양파 또는 쪽파 2줄기
잘게 썬 파슬리 1단
껍질을 벗기고 과육만 얇게 자른 오렌지 1개
레몬 제스트 1/2개분
올리브오일 4테이블스푼
소금 (먼저 안초비의 간을 본 다음 조절한다.)
후추

만드는 법

안초비를 제외한 모든 재료를 섞는다.
서빙: 개인 접시에 샐러드를 담고, 안초비 필레를 3조각씩 얹어낸다.

* 『안초비 요리법 (Anchois; dix façons de le préparer)』, Vincent Amiel 지음. éd. de l'Epure 출판.

안초비와 좋은 궁합은?

안 어울릴 것 같은 의외의 조합 3가지

- 얇게 썬 **펜넬**과 오렌지 과육 샐러드
- 살짝 토스트한 캉파뉴 브레드에 얹은 **모차렐라** (혹은 부라타) 치즈
- 케이퍼를 넣은 **비프 타르타르**

---

* Edouard Loubet의 저서: 『프로방스 요리사의 100가지 레시피 (Le Cuisinier provençal, les 100 recettes incontournables, Srika 출판)』에서 발췌한 레시피. 에두아르 루베는 프로방스 보니외 (Bonnieux, Vaucluse)의 레스토랑 『도멘 드 카펠롱그 (Domaine de Capelongue)』의 셰프다.

안초비 베스트 초이스

오일에 절인 안초비
프랑스: 콜리우르 안초비 (Collioure. IGP)
스페인: 칸타브리에 안초비 (Cantabrie)
이탈리아: 체타라 안초비 (Cetara),
칼라브레 안초비 (Calabre)
포르투갈: 브리케이라우 안초비 (Briqueirao)

식초에 절인 안초비
스페인: 보케로네스
(boquerones 익힌 안초비)

소금에 절인 안초비
프랑스: 콜리우르 안초비
(Collioure. IGP)
이탈리아: 시칠리아 알리치 살라테
안초비 (alici salate)

설탕에 절인 안초비
스웨덴: 안초비스
(Ansjovis)

바냐 카우다
bagna cauda

이탈리아 피에몬테의 대표적 디핑 소스로, 니스에서도 이것을 응용한 레시피를 많이 사용하고 있다. 중독성 있는 맛의 니스식 바냐 카우다를 소개한다.

3인분
준비 시간: 1시간

소스 재료
안초비 필레 10조각
우유 1컵 + 1/2컵
싹을 제거한 마늘 6톨
식빵 1쪽
완숙 달걀노른자 1개분

소금, 후추
올리브오일 500ml

만드는 법
안초비는 깨끗한 물에 헹군 뒤 차가운 우유에 담가 소금기를 뺀다. 마늘은 껍질을 벗기고 반으로 갈라 안의 싹을 제거한 다음 얇게 저민다. 우유 반 컵에 식빵을 넣어 적신다. 달걀을 완숙한 다음, 노른자만 분리해 잘게 부순다. 도기 냄비 또는

바닥이 두꺼운 소스팬에 올리브오일 500ml를 넣고 약한 불에 데운다. 마늘, 안초비를 넣은 다음 50℃의 온도에서 30분 정도 향이 우러나도록 한다. 마늘과 안초비를 포크로 으깨고, 우유에 적신 빵과 곱게 부순 달걀노른자를 넣는다. 소금, 후추로 간하고 거품기로 잘 섞어 가볍게 에멀전화 시킨다.
서빙: 만든 용기 그대로 테이블용 워머에 올려 서빙한다. 각종 채소를 스틱으로

썰어 바구니에 보기 좋게 담아낸다.

응용
- 케이퍼를 으깨서 소스에 넣어도 좋다.
- 크리스마스 시즌 식사 때, 미리 소금물에 데쳐 익힌 겨울 채소들에 바냐 카우다를 곁들여 애피타이저로 서빙하면 아주 좋다.
- 피에몬테식으로 만들려면 우유 대신 생크림을 사용하고, 곱게 으깬 호두를 추가한다.

맛의 도시, 리옹

리옹에는 수많은 요리사가 맛있는 음식을 준비하고 여러분을 기다리고 있습니다.

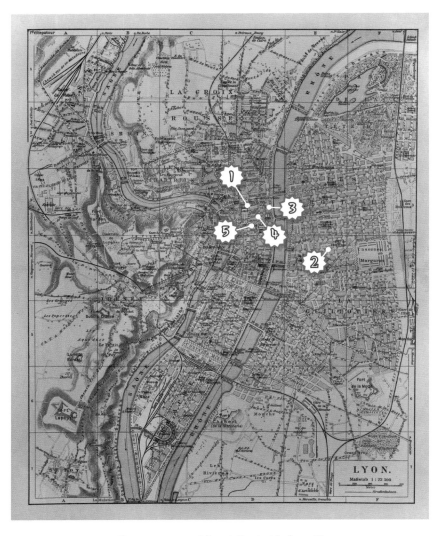

개요

1935년 음식 평론가 퀴르농스키 (Curnonsky: 본명은 Maurice Edmond Sailland, 가스트로노미의 왕자로 불리는 프랑스의 미식가)가 말한 대로, 리옹은 명실 상부한 세계 미식의 중심지다. 프랑스에 관한 거라면 비꼬기 좋아하는 영국계 언론들마저도 이를 인정한다. 리옹이 갈리아 (Gaules)족의 중심지, 또는 맛 (gueules)의 수도가 된 것은 우연한 일이 아니다. 우선 지리적으로 중앙에 위치하여 남북을 이어주는 전략적으로 아주 유리한 요충지이고, 두 개의 강이 흐르고 있으며, 각 지방 미식 전통의 교차로 역할을 하고 있다. 음식 문화를 이끄는 도시로서 이보다 더 이상 좋은 조건이 있을 수 없다.

레알 드 리옹, 폴 보퀴즈 *Les Halles de Lyon-Paul Bocuse*

파르 디외 (quartier de la Part-Dieu)에 있는 이 시장 건물은 리옹의 '배 속'이라 불린다. 옛날에 있던 코르들리에 (Cordeliers) 시장을 허물고 새로 건축해 1971년 그 문을 열었으며, 2006년에는 이곳에서 주로 장을 보던 리옹 출신의 전설적인 셰프 폴 보퀴즈의 이름을 붙였다. 이 시장에는 메르 리샤르 (mère Richard)의 치즈부터 메종 시빌리아 (maison Sibilia)의 샤퀴트리, 트롤리예 (Trolliet) 정육점의 고기부터 클루네 (Clugnet)의 가금류, 지로데 (Giraudet)의 크넬부터 메종 메를 (maison Merle)의 굴과 조개류, 메종 세브 (maison Sève)의 파티스리부터 리샤르 (Richart) 초콜릿에 이르기까지 이 지역에서 유명한 48개의 대표 상점들이 모두 집결되어 있어 미식가들의 마음을 설레게 하는 가르트로노미의 성지로 꼽힌다.

리옹의 전통요리를 맛보려면 부숑(bouchon)으로

진짜 부숑 (bouchon)인지 어떻게 구분할 수 있을까? 구리 냄비들이 걸려 있고, 마리오네트 인형과 오래된 포스터 등으로 가득한 향수 어린 인테리어 장식, 흰색과 붉은색 체크무늬 식탁보를 씌운 다다다닥 붙은 테이블, 활기찬 주인장, 격식을 차리지 않은 소박한 분위기에서 사람들 틈에 섞여 전통 요리를 먹는 풍경… 이런 모습이야말로 바로 리옹의 전통 식당을 통칭하는 '부숑'의 이미지가 아닐까? 부숑에서 먹을 수 있는 전형적인 음식으로는 돼지고기 가공식품 (cochonnaille), 크넬 (quenelles), 타블리에 드 사퍼르 (tablier du sapeur), 리옹산 흰 치즈인 세르벨 드 카뉘 (cervelle de canut), 타르트 아 라 프랄린 (tarte à la praline)과 리옹식 유리병 (pot lyonnais)에 부어 서빙하는 보졸레 (Beaujolais), 코트 뒤 론 와인 (Côte-du-Rhône) 등이 있다.

꼭 가보아야 할 리옹의 부숑 5곳

레옹 드 리옹
Léon de Lyon
1, rue Pleney, 1구

르 가레
Le Garet
7, rue Garet, 1구

르 카페 뒤 쥐라
Le Café du Jura
25, rue Tupin, 2구

다니엘 에 드니즈
Daniel et Denise
156, rue de Créqui, 3구

라 뫼니에르
La Meunière
11, rue Neuve, 1구

메르 브라지에의 드미 되이유 닭 요리
LA VOLAILLE DEMI-DEUIL DE LA MÈRE BRAZIER
마티유 비아네 (Mathieu Viannay*)가 리메이크한 전설의 메뉴

리옹의 유명한 여성 요리사 메르 브라지에 (mère Brazier)가 그녀만큼이 이름이 알려지지 않았지만 윗세대에서 활약했던 선배 요리사 메르 필리우 (mère Fillioux)에게서 전수받은 대표적 메뉴. 브레스산 닭의 껍질 안으로 트러플 버섯을 얇게 저며 넣은 뒤 육수에 익혀서, 쉬프렘 소스를 곁들여 먹는 요리다. 2008년부터 레스토랑「라 메르 브라지에 (La Mère Brazier)」의 총괄 셰프를 맡고 있는 마티유 비아네 (Matthieu Viannay)가 이 요리를 재해석하여 다시 내 놓은 이후로 시그니처 메뉴로 인기를 얻게 되었다. 이 전설적인 요리의 자세한 레시피는 메르 브라지에 편에서 참조할 수 있다.

* Matthieu Viannay, 레스토랑「라 메르 브라지에 (La Mère Brazier)」의 셰프, 리옹 1구.

놓쳐서는 안 될 리옹의 전통음식

세르벨 드 카뉘 (cervelle de canut : 직역하면 '리옹 견직물 공장 직공의 골'이라는 뜻)는 이름만 들으면 끔찍하지만, 실상은 흰 크림치즈나 염소치즈 또는 크림에 허브 등으로 양념을 한 리옹의 대표적 치즈 디핑 소스다. **타블리에 드 사퍼르** (tablier de sapeur : 직역하면 '공병의 앞치마'라는 뜻)도 이름만 들으면 과연 어떤 음식일지 상상이 되지 않는데, 이것은 **소의 2번째 위막**(벌집 양, 기름이 적은 부분)을 넓적하게 펴 밀가루와 달걀, 빵가루에 묻혀 튀겨낸 요리다. 나폴레옹 3세 치하의 리옹 군대 총사령관이었던 카스텔란 (Castellanne) 장군은 소 내장 요리를 매우 좋아했는데, 재치 있는 그의 공병 한 명이 작업 시 입던 가죽으로 된 앞치마에 이 음식을 비유한 것이 요리 이름의 기원이 되었다고 한다. 돈육 가공식품 (cochonnailles)도 리옹의 부숑 메뉴에 단골로 등장하는

데, **리옹 소시지** (saucisson de Lyon)는 돼지고기로 만든 생 소시지로 종종 피스타치오나 트러플을 넣기도 한다. 주로 감자 샐러드나 렌틸콩 샐러드와 곁들여 서빙된다.
또 한 가지 리옹의 특색 소시지인 **사보데**(sabodet)는 주로 와이너리에서 삶은 돼지 머리 고기로 만든 소시지를 말한다. 포도주를 만들 때 맨 처음 프레스한 레드와인을 졸여 만든 소스와 감자 샐러드를 곁들여 먹는다.
또한 아티초크 과에 속하는 엉겅퀴 종류인 **카르둔** (cardon)이라는 이름의 채소도 리옹에서 즐겨먹는 음식으로, 주 생산지인 보앙벨랭 (Vaulx-en-Velin)에서는 카르둔 축제도 열린다. 주로 그라탱으로 조리해 먹는 이 채소는 리옹 사람들의 크리스마스 전통 식사에 빠져서는 안 되는 음식이다.

리옹의 음식 유산으로 차리는 진수성찬

장 폴 라콩브 (Jean-Paul Lacombe)*

리옹식 샐러드 SALADE LYONNAISE

그 원조는 치커리 상추를 넣는 겨울 샐러드다.
보통 치커리의 연한 속잎 부분을 사용하는데 햇빛이 직접 닿지 않아 색이 연하다.
계절에 따라 샐러드용 채소에 변화를 줄 수 있다.

8인분

치커리 1송이
샐러드용 잎채소 200g
달걀 8개
베이컨 500g
와인식초 20ml
바게트 1/2개
마늘 1톨
올리브오일 20ml
파슬리 3줄기
흰색 식초 150ml
비네그레트 드레싱 150ml
입자가 굵은 소금, 후추

만드는 법

샐러드용 채소를 다듬어 씻은 뒤 물기를 뺀다. 껍질을 벗긴 마늘로 바게트 표면을 문질러준다. 빵을 1.5 cm 크기의 크루통으로 잘라 베이킹시트에 한 켜로 깔고 올리브오일을 살짝 뿌린 후 오븐에 넣어 노릇하게 굽는다.
파슬리는 씻어서 줄기를 떼고 다진다. 냄비에 물 2리터와 식초를 넣고 끓인다. 달걀 8개를 작은 그릇에 하나씩 깨트려 넣는다. 물을 아주 약하게 끓는 상태로 유지하면서 달걀을 한 개씩 조심스럽게 집어넣는다. 3분간 익혀 흰자는 응고되고 노른자는 흐르는 상태의 수란을 완성한다. 8개의 달걀을 마찬가지 방법으로 모두 익힌다. 건져낸 수란은 물기를

빼고, 흰자의 가장자리를 깔끔히 잘라내 동그랗게 모양을 다듬는다. 베이컨은 잘라서 물에 넣고 끓여 데친다. 건져서 찬물에 식힌 후 뜨겁게 달군 팬에 색이 나도록 볶는다. 크루통을 넣고 같이 볶아낸다. 와인 식초를 넣고 디글레이즈한다. 샐러드용 잎채소를 비네그레트 드레싱으로 살살 버무리고 간을 맞춘다.
서빙: 각 접시에 샐러드 채소를 소복히 담고, 뜨거운 베이컨과 크루통을 얹는다. 맨 위에 따뜻한 수란을 올린다. 달걀 위에 소금을 뿌리고, 후추 그라인더를 한 바퀴만 돌려 뿌린다. 다진 파슬리를 뿌려 서빙한다.

세르벨 드 카뉘 CERVELLE DE CANUT

리옹 토박이가 아니면 도저히 이름의 해석만으로는 상상할 수 없는 음식이다. 어떤 재료로 만든 음식인지를 반드시 물어봐야 할 것이다. 19세기에 리옹에서 호황을 누리던 견직물 공장의 직공들을 카뉘 (canut)라고 하는데, 종종 이들의 식사는 프로마주 블랑 (fromage blanc) 뿐이었다고 한다. 프로마주 블랑이나 크림 등에 허브를 섞은 이 음식은 오늘날 애피타이저나, 또는 식사 끝 무렵 치즈 코스에 서빙된다. 클라크레 (claqueret)라는 이름으로 불리기도 하는데, 이는 프레시 치즈를 허브와 소리 나게 섞는다는 뜻의 '클라케 (claquer)'에서 유래되었다.

8인분

프로마주 블랑 (또는 리코타 치즈, 크림치즈) 200g
생크림 100ml
샬롯 40g
마늘 작은 것 1톨
처빌 1/4단
이탈리안 파슬리 1/4단
차이브 (서양 실파) 1/2단
올리브오일 200ml
보졸레 와인 식초 80ml
소금, 후추

만드는 법

하루 전날, 프로마주 블랑을 체에 받쳐 물기를 뺀다. 샬롯은 껍질을 벗기고 잘게 썬다. 마늘도 껍질을 벗기고 으깨 놓는다. 허브는 줄기를 다듬고, 모두 다진다. 생크림을 너무 단단하지 않도록 가볍게 휘핑한다. 볼에 물기를 뺀 프로마주 블랑을 넣고 거품기로 저어 매끈하게 풀어준다. 살짝 휘핑한 크림과 허브, 샬롯, 마늘을 넣고 올리브오일과 식초를 넣은 후 잘 섞는다. 소금과 후추로 간을 한다. 실리콘 주걱으로 바닥에서 위로 둥그렇게 떠올리듯 잘 섞어준다. 마지막으로 간을 맞춘다.

* Jean-Paul Lacombe: 『레옹 드 리옹 (Léon de Lyon)』의 셰프.
　저서: 『리옹의 비스트로 (Le Bistrot de Lyon, 40 ans rue Mercière: 40 recettes de bistrot)』 éd. Glénat 출판.

크넬 드 브로셰, 소스 낭튀아 Les quenelles de brochet sauce Nantua

장 폴 라콩브 (Jean-Paul Lacombe)*

독일의 크뇌델 (Knödel: 고기, 감자, 빵가루 등으로 만드는 경단)처럼 반죽해 동그랗게 만드는 과정으로 시작하는 이 요리를 만드는 것은 원래 파티시에의 일이었다. 크넬이라는 이름도 크뇌델에서 파생된 것으로, 동브 (Dombes) 호수의 민물 생선, 특히 그중에서도 강꼬치고기 (brochet, pike: 민물농어의 일종)의 살을 갈아 파나드 (panade)라 불리는 슈 페이스트리와 섞어 만들었다.

8인분

슈 페이스트리
물 380ml
버터 150g
밀가루 230g
달걀 6개

크넬
강꼬치고기 (brochet) 살 1.5kg
달걀흰자 250ml
헤비크림 900g
정제버터 80g
소금 60g
후추 20g
넛멕 15g
롱 그레인 라이스 400g

소스 낭투아
민물가재 (écrevisses) 1.2kg
당근 100g
양파 100g
마늘 5톨
토마토 페이스트 70g
휘핑크림 2리터
코냑 100ml
드라이 화이트와인 150ml
올리브오일 50ml

만드는 법

슈 페이스트리

냄비에 물과 버터를 넣고 끓인다. 불을 낮춘 다음 밀가루를 한 번에 넣고 주걱으로 잘 저어 섞는다. 계속 저어주어 반죽의 습기가 다 날아가게 한 다음, 불에서 내리고 달걀을 한 개씩 넣으며 잘 섞는다. 냉장고에 보관한다.

소스 낭투아

올리브오일을 달군 다음 민물가재를 넣고 볶는다. 향신 채소 (당근, 양파, 마늘)를 넣고 같이 볶는다. 코냑을 넣고 불을 붙여 플랑베 한 다음, 화이트와인, 토마토 페이스트를 넣는다. 재료의 높이만큼 물을 넣고 약 20분간 끓인다. 밀대나 방망이를 이용하여 가재를 으깨고 체에 거른다. 소스를 다시 불에 올린 후 크림을 넣어 졸인다.

크넬

생선 살을 그라인더에 넣어 아주 곱게 간 다음, 가는 체에 긁어 내린다. 푸드 프로세서에 생선 살과 소금, 후추, 넛멕을 넣고 잘 혼합한다. 생선 살의 알부민으로 인해 끈적끈적한 반죽이 완성된다. 여기에 슈 페이스트리 반죽을 넣고 잘 섞는다. 생선 살의 온도가 높아지지 않도록 이 모든 과정을 아주 재빨리 해야 한다. 달걀흰자와 크림을 넣고 섞는다. 마지막으로 정제 버터를 넣고 섞은 다음, 냉장고에 넣어둔다. 약하게 끓고 있는 물에 큰 스푼 두 개로 크넬 모양을 만들어 넣어 데친다. 개인용 테린 용기에 데친 크넬을 하나씩 담는다. 소스를 부어 뜨거운 오븐에 25~30분 정도 익힌다. 롱 그레인 라이스로 밥을 짓는다. 오븐에서 꺼낸 크넬을 개인용 용기 그대로 서빙한다. 라이스를 곁들인다.

*Jean-Paul Lacombe: 「레옹 드 리옹 (Léon de Lyon)」의 셰프. 리옹 2구.

리옹에서만 통하는 조리 용어

바라방 baraban
민들레 잎 (pissenlit)

뷔뉴 bugne
전통적으로 사순절 (mardi gras) 때 만들어 먹는 튀김과자인 베녜 (beignet)의 일종

붉은 당근 carotte rouge
비트 (betterave)

클라포통 clapotons
비네그레트 소스 또는 레물라드를 곁들여 내는 삶은 양 족요리.

두아 드 모르 doigts de mort
(직역하면 '죽음의 손가락'이란 뜻) 셀서피, 서양 우엉 (salsifis)

그라통 gratons
돼지고기나 비계를 서서히 녹여 바싹 구운 것.

마숑 mâchon
아주 풍성한 아침식사를 뜻함. 여기에서 파생된 동사 마쇼네 (mâchonner)는 넓은 의미로 '부숑에서 식사를 하다'라는 뜻으로 통용된다.

뽀 리요네 pot lyonnais
밑바닥이 아주 두꺼운 유리병으로 용량은 460ml이다. 이 병에 와인을 넣어 서빙한다.

뿔 그라스 poule grasse
콘샐러드 (mâche) 또는 마타리 상추 (doucette)

로제트 rosette
천연 창자에 고기와 돼지비계를 채워 만든 소시지

프랄린 타르트 TARTE À LA PRALINE
리샤르 세브 Richard Sève*

붉은색의 프랄린 브리오슈로 유명한 생 제니 (Saint-Genix). 이곳의 프랄린은 전통적으로 살구 씨 안에 들어 있는 쌉싸름한 맛의 작은 아몬드로 만든다. 일반 아몬드보다 단맛이 덜한 살구씨 아몬드로 만든 프랄린은 리옹식 타르트에도 많이 사용된다.

8인분

버터 120g
슈거파우더 60g
아몬드 가루 60g
아카시아 꿀 1테이블스푼
달걀흰자 (작은 것) 1개분
밀가루 150g
붉은색 프랄린 200g
휘핑크림 (유지방 35%) 200g
베이킹용 누름돌

만드는 법

하루 전날, 푸드 프로세서에 상온의 버터 120g, 슈거파우더 60g, 아몬드 가루 60g, 아카시아 꿀 1테이블스푼, 달걀흰자 1개를 넣고 잘 혼합한다. 여기에 밀가루 150g을 넣은 다음, 너무 많이 치대지 않고 반죽한다. 반죽을 둥그렇게 만들어 랩에 싼 다음 냉장고에 보관한다. 프랄린 200g을 밀대로 눌러 부순다. 유지방 35%의 휘핑크림을 끓인 다음, 불에서 내리고 여기에 프랄린을 부어 거품기로 잘 섞는다. 잘 덮어서 냉장고에 다음 날까지 보관한다. 당일, 오븐을 180℃로 예열한다. 작업대에 밀가루를 뿌리고, 반죽을 5mm 두께로 민다. 지름 28cm의 타르트 틀에 버터를 칠한 다음, 반죽을 올린다. 유산지를 얹고 베이킹용 누름돌을 넣어 오븐에서 10~15분간 굽는다. 누름돌과 유산지를 꺼내고, 프랄린 크림을 부어 다시 오븐에서 크림이 완전히 끓을 때까지 25~30분간 굽는다. 미지근한 온도로 식으면 서빙한다. 바닐라 아이스크림을 곁들이기도 한다.

*Richard Sève: 쇼콜라티에 명장, 파티시에, 리옹 2구, 3구.

리옹의 여성 요리사들

역사적으로 산업이 발달한 도시였던 리옹에는 평범한 계층의 일하는 여성들이 많았다. 특히 부르주아 계층 가정에서 주방 일을 하는 경우가 많았는데, '메르 (mère :엄마라는 뜻)'라는 호칭은 리옹의 미식사에 큰 역할을 한 이 여성 요리사들을 일컫는 말이다. 화려하진 않지만, 고급스럽고 기품 있는 부르주아 계층의 음식을 레스토랑으로 가져와 선보이기 시작한 것이다. 이것이 처음으로 기록된 것은 18세기로 거슬러 올라가는데, 진짜 전성기는 두 차례의 세계대전 사이, 경제 상황이 악화되었던 기간이다. 어려워진 경제 상황으로 인해, 주방 일을 하던 여성들이 해고되는 일이 많았다. 그들이 독립해 하나둘씩 레스토랑을 열기 시작한 것이다.

메르 기
LA MÈRE GUY
레스토랑: 라 필라티에르 (La Mulatière)의 선술집
대표메뉴: 포도주와 양파로 양념한 장어 요리 (matelote d'anguilles)

메르 필리우
LA MÈRE FILLIOUX
레스토랑: 필리우 (Fillioux, marchand de vin, rue Duquesne)
대표요리: 드미 되이유 닭 요리 (poularde demi-deuil)

메르 브라지에
LA MÈRE BRAZIER
레스토랑: 라 메르 브라지에 (La Mère Brazier, rue Royale)
대표메뉴: 아티초크와 푸아그라 (artichaut au foie gras)

메르 비테
LA MÈRE VITTET
레스토랑: 르 카페 사주 (Le Café Sage, cours de Verdun)
대표메뉴: 크넬 드 브로셰 (quenelles de brochet)

메르 블랑
LA MÈRE BLANC
레스토랑: 로베르주 드 라 메르 블랑 (L'Auberge de la mère Blanc, Vonnas)
대표메뉴: 허브를 넣은 민물가재 요리 (écrevisses de la Dombes aux herbes)

연대기로 보는 프랑스 요리의 역사

세계에서 최고인가? 이것은 주관적 판단이니 다루지 않겠다. 가장 오래된 미식 문화인가? 가장 풍성하고 화려한 음식인가? 가장 기상천외한 것일까?
이들 질문에 대해서는 아마도 긍정적으로 그렇다고 답할 수 있을 것이다. 5세기에 걸친 기간 동안 프랑스 음식 역사에 큰 획을 그었던 사건들을
미식 역사의 대가인 로랑 세미넬 (Laurent Semnel)*이 정리했다.

*Laurent Seminel: 출판사 Menu Fretin의 창립자.

1393
『파리 살림백과 (Le Ménagier de Paris)』 출간.
1574
앙리 3세의 궁정에 포크가 처음 등장함.
1582
현존하는 유럽에서 가장 오래된 식당인 「투르 다르장 (La Tour d'Argent)」 완공.
1651
위셀 (Uxelles) 후작의 총주방장이었던 프랑수아 피에르 라 바렌 (François-Pierre La Varenne)이 『요리사 프랑수아 (Cuisinier François)』를 출간함.
1660
루이 14세 궁정 요리에 완두콩이 처음 등장함.
1669
오스만투르크 제국의 술탄, 메흐메드 4세의 사절인 쉴레이만 아아 (프랑스에서는 Soliman Aga라고 부름)가 베르사이유 궁전 접견 시 루이 14세에게 커피를 소개함.
1735
뱅상 라 샤펠 (Vincent La Chapelle)의 『근대의 요리사 (Le Cuisinier Moderne)』 출간.
1742
메농 (Menon)의 『누벨 퀴진 (La Nouvelle Cuisine)』 출간.
1784
팔레 루아얄 정원에 「카페 드 샤르트 (Café de Charte)」 오픈. 이곳은 현재 레스토랑 「그랑 베푸르 (Le Grand Véfour)」가 되었음.
1786
앙투안 파르망티에 (Antoine Parmentier)가 파리 근교 사블롱 (Sablons) 평원 2아르팡 (arpent 옛 측량 단위)에 해당하는 밭에 감자를 심음.
1795
니콜라 아페르 (Nicolas Appert)가 음식물을 통조림으로 저장하는 방법을 최초로 고안해 냄.
1801
'가스트로노미 (gastronomie)'라는 단어가 조세프 베르슈 (Joseph Berchoux)의 동명 시 안에 처음 등장함.
1803
그리모 드 라 레니에르 (Grimod de la Reynière)의 『미식 연감 (Almanach des gourmands)』 첫 호가 발간됨. 이로써 미식 평론과 지침서의 첫 지평을 열게 됨.
1825
브리야 사바랭 (Brillat-Savarin)의 『맛의 생리학 (Physiologie du goût)』 출간.
1833
앙토냉 카렘 (Antonin Carême)의 『19세기 프랑스 요리 (L'Art de la cuisine française au XIXe siècle)』 출간.
1835
리볼리가 (rue de Rivoli)에 파리 최초의 팔라스 (palace) 급 최고급 호텔인 르 뫼리스 (Le Meurice) 오픈.
1846
프랑스 요리를 체계적으로 집대성한 오귀스트 에스코피에 (Auguste Escoffier) 출생. 그는 왕들의 요리사, 요리사들의 왕으로 불림.
1855
런던에서 가장 유명한 프랑스 요리사 알렉시스 수아예 (Alexis Soyer)가 『일반인을 위한 1실링 요리 (A Shilling Cookery for the people)』를 출간. 이 책은 발행 4개월 만에 11만 부나 팔렸음.

1873
알렉상드르 뒤마 (Alexandre Dumas)의 『요리 대사전 (Grand Dictionnaire de cuisine)』 출간.
1897
최초로 미슐랭 3스타를 받은 레스토랑 「라 피라미드 (La Pyramide, Vienne, Isère)」의 셰프 페르낭 푸엥 (Fernand Point) 출생.
1898
미슐랭의 상징, 타이어 맨 비벤둠 (Bibendum)이 마리우스 로시용 (Marius Rossillon)에 의해 탄생함. 슬로건인 '눈케스트 비벤둠 (Nunc est bibendum)'은 '자, 지금 마셔야 해'라는 의미.
1900
운전자들에게 무료로 배포되었던 미슐랭 가이드 첫 호 발간.
1903
오귀스트 에스코피에 (Auguste Escoffier)의 『미식 안내서 (Guide culinaire)』 출간.
1908
에두아르 니뇽 (Edouard Nignon), 레스토랑 「라뤼 (Larue)」의 오너가 됨. 그 이후로 13년간 운영함.
1912
오귀스트 에스코피에가 "미식가들의 만찬 (Diner d'Epicure)", 첫 번째 행사를 개최함. 프랑스 미식의 우수성을 알리는 동일한 메뉴가 유럽 37개 도시에서 동시에 서빙됨.
1914
테오도르 그랭구아르 (Thódore Gringoire)와 루이 솔니에 (Louis Solnier)의 『요리총람 (Le Répertoire de la cuisine)』 출간.
1920
미슐랭 가이드북 유료화 (7프랑).
1924
뤼시엥 클로츠 (Lucien Klotz)에 의해 MOF (프랑스 명장, Meilleurs ouvriers de France) 선발대회가 창설됨.
1926
미슐랭 가이드의 별점제가 처음으로 도입됨.
1927
퀴르농스키 (Curnonsky)라는 이름으로 더 잘 알려진 모리스 에드몽 사이앙 (Maurice-Edmond Sailland)은 요리사들과 식당업자들이 뽑은 '미식가의 왕자 (Prince des gastro-nomes)'로 선출됨.
1933
외제니 브라지에 (Eugénie Brazier)와 마리 부르주아 (Marie Bourgeois)가 각각 뤼 루아얄 (Rue Royale, Lyon), 꼴 드라 뤼에르 (Le Col de la Luère)와 프리에 (Priay)의 식당으로 최초의 미슐랭 3스타 여성 요리사의 영예를 얻음.
1936
앙드레 픽 (André Pic)은 자신의 식당 오베르주 데팽 (L'Auberge des pins)을 생 페레 (Saint-Péray)에서 발랑스 (Valence)로 옮김. 현, 메종 픽 (Maison Pic)의 시초가 됨.
1938
프로스페르 몽타녜 (Prosper Montagné) 『라루스 요리백과 (Larousse Gastronomique)』 초판 출간.
1953
요리사 레몽 올리베르 (Raymond Oliver)는 카트린느 랑제 (Catherine Langeais)가 진행하는 TV 프로 「요리의 기술과 마법 (L'Art et magie de la cuisine)」에 출연하여 요리 시범을 보임.
1956
테팔에서 논스틱 코팅 프라이팬을 처음 출시.

1961
롤랑 바르트 (Roland Barthes)가 저술지에 「현대 식생활의 사회 심리학 (Psyco-sociologie de l'alimentation contemporaine)」이라는 제목의 기사를 발표함.
1963
최초로 32cm 사이즈의 작은 접시에 서빙하기 시작함.
줄리아 차일드 (Julia Child)가 미국 TV 프로 「프렌치 셰프 (The French Chef)」를 진행함.
1964
클로드 레비 스트로스 (Claude Lévi-Strauss)가 그의 저서 『신화론 (Mythologiques)』의 제1부 「날것과 익힌 것 (Le cru et le cuit)」을 출간.
1965
콜롱주 오 몽도르 (Colloges-au-Mont-d'Or)에 위치한 폴 보퀴즈 (Paul Bocuse)의 식당이 미슐랭 3번째 별 획득.
1968
로안 (Roanne)에 위치한 트루아그로 (Trois-gros) 형제의 식당이 미슐랭 3번째 별을 획득.
1973
10월 앙리 고 (Henri Gault)와 크리스티앙 미요 (Christian Millau)가 그들의 잡지 통권 54호의 누벨 퀴진 십계명 (dix commendements de la nouvelle cuisine)을 명시함.
장 폴 아롱 (Jean-Paul Aron)은 『19세기의 먹는 자 (Le Mangeur du XIXe siècle)』를 출간.
1974
조르주 프랄뤼스 (Georges Pralus)가 최초로 수비드 (sous-vide) 만드는 법을 고안해 냄.
1975
2월 25일 폴 보퀴즈는 발레리 지스카르 데 스탱 대통령으로부터 레지옹 도뇌르 훈장을 받음. 폴 보퀴즈는 그의 이름을 딴 트러플 수프를 개발함.
1976
미셸 게라르 (Michel Guérard)가 타임 매거진 표지를 장식함. 같은 해 『살찌지 않는 요리 (La Grande Cuisine minceur)』 출간.
조엘 로뷔숑 (Joël Robuchon)이 MOF (프랑스 조리 명장)에 선정됨.
1979
맥도날드가 스트라스부르 (Strasbourg)에 첫 매장을 오픈하며 프랑스에 상륙함.
1981
보나스 (Vonnas)에 위치한 조르주 블랑 (Georges Blanc)의 레스토랑이 미슐랭 3번째 별을 획득.
1987
폴 보퀴즈는 세계적인 요리 경연대회인 '보퀴즈 도르 (Bocuse d'Or)'를 창설함.
1988
니콜라 쿠르티 (Nicholas Kurti)와 에르베 티스 (Hervé This)에 의해 '분자 미식 (gastronomie moléculaire)'의 개념이 최초로 도입됨.
1989
알랭 상드랭스 (Alain Senderens)가 이끄는 국립 미식 문화 위원회가 창설됨. 1999년 폐지됨. 현지에서 생산되는 식재료를 사용하자는 '슬로우 푸드 (Slow Food)' 운동이 프랑스에 선보임.
1991
베르나르 루아조 (Bernard Loiseau)가 미슐랭 3번째 별을 획득.
미셸 로트 (Michel Roth)가 보퀴즈 도르 (Bo-cuse d'Or) 대상 수상.

1992
이브 캉드보르드 (Yves Camdeborde)가 「라 레갈라드 (La Régalade)」를 오픈함. 비스트로노미의 첫 번째 식당으로 자리매김함.
장 피에르 코프 (Jean-Pierre Coffe)가 카날 플뤼스 (Canal+) TV 프로에 출연해서 에르타 (Herta: 상표명) 소시지를 무대에 던지며 "이건 똥이야." 라며 최초로 방송 중 욕설을 함.
1998
마크 베라 (Marc Veyrat), 미셸 브라스 (Michel Bras), 자크 시부아 (Jacques Chibois), 피에르 가니에르 (Pierre Gagnaire), 장 미셸 로랭 (Jean-Michel Lorain), 올리비에 뢸랭제 (Olivier Roellinger), 알랭 파사르 (Alain Passard), 미셸 트루아그로 (Michel Troisgros) 등 8명의 셰프가 단합하여 프랑스 미식의 해외 전파를 지지하는 운동을 펼침.
2000
푸드 (food)와 필링 (feeling)을 축약한 제목의 미식 가이드 『르 푸딩 (Le Fooding)』 창간.
2001
알랭 파사르 (Alain Passard)가 그의 레스토랑 「아르페주 (Arpège)」에서 더 이상 붉은 살 육류 요리를 서빙하지 않기로 함.
2002
영국 미식 잡지 『레스토랑 (Restaurant)』에서 세계 50대 레스토랑 선정.
2004
전 미슐랭 가이드 암행 평가단 멤버였던 파스칼 레미 (Pascal Rémy)의 『조사원, 비밀을 말하다 (L'inspecteur se met à table)』 출간. 이 책으로 인해 미슐랭 가이드 평가의 이면이 세상에 공개되어 충격을 주었음.
2005
알랭 상드랭스 (Alain Senderens)는 그의 레스토랑 「루카 카르통 (Lucas Carton)」의 미슐랭 별 3개를 반납. 레스토랑 이름도 상드랭스 (Senderens)로 변경.
TV 채널 M6에서 시릴 리냑 (Cyril Lignac)과 함께하는 요리 프로 「위 셰프 (Oui Chef)」 방송 시작. 이를 계기로 요리 프로그램 방송의 전성시대가 부활하게 됨.
2007
파스칼 바르보 (Pascal Barbot)의 식당 「아스트랑스 (L'Astrance)」와 안 소피 픽 (Anne-Sophie Pic)의 레스토랑이 각각 미슐랭 3번째 별을 획득.
2009
외식업의 부가세가 19,6%에서 5.5%로 내려감.
2010
'프랑스인의 미식 다이닝 (repas gas-tronomique des Francais)'이 유네스코 무형문화재 목록에 등재됨.
2011
프랑스 경제부가 주관하는 미식 페스티발 (La Fête de la gastronomie) 첫 행사가 9월 4번째 주말에 프랑스 전역에서 열림. 프랑스에서 푸드트럭이 첫 선을 보임.
2014
폴 보퀴즈는 그의 미슐랭 3스타 획득 50주년을 맞이함.
2015
야닉 알레노 (Yannick Alléno) 미슐랭 3번째 별 획득.
샹파뉴 지방의 포도 경작지 비탈 지대, 가옥, 와인 저장고와 부르고뉴 지방 와인 재배지의 분할지면 (les Climats de Bourgogne)이 유네스코 세계 문화유산에 등재됨.

전 세계의 귀한 꿀 10종류

일단 꿀단지의 뚜껑을 열면 우리는 황금색 또는 갈색의 아름다운 빛깔, 타바코 향기, 감초향, 송로 버섯, 열대과일향에 이르기까지 다양하고 복잡한 매력을 띤 그 황홀한 세계에 빠져든다. 프랑스의 꿀 전문매장 「라 메종 뒤 미엘 (La maison du miel à Paris)」 의 쥘리엥 앙리 (Julien Henry)가 4대륙의 귀한 꿀들을 전부 모아보았다.

태국의 리치 꿀

중국과 베트남이 원산지인 리치나무는 큰 것은 12미터까지 이르는 대형 수종으로 레위니옹섬과 마다가스카르에서도 흔하게 볼 수 있다. 리치나무 꿀은 채집 시 황금빛을 띠고 있으나 금방 흰색으로 결정화된다. 꿀의 향이 무척 강렬하며, 장미향, 모과향, 그리고 약간의 훈연향도 느낄 수 있다. 전 세계에서 가장 맛있는 꿀 중 하나다.
<u>사용</u>: 과일 (파인애플, 망고)에 곁들이거나 버터에 구울 때 넣는다. 레위니옹 섬에서는 오리 가슴살 요리에 사용하기도 한다.

액체 상태   크림 상태   결정화된 상태   단단한 상태

캐나다의 블루베리 꿀

크랜베리 (붉고 새콤한 베리 종류)과에 속하는 블루베리는 캐나다 어디에서나 잘 자란다. 약간 붉은 기를 띤 옅은 보라색의 이 꿀은 놀랍게도 과일의 맛을 그대로 느낄 수 있는 아주 드문 꿀 중 하나다. 나에게 이 꿀은 마치 프루스트의 마들렌처럼 할머니가 만들어주시던 블루베리 타르트의 추억에 잠기게 한다. 이 꿀은 그냥 먹어도 맛있고, 베이킹용 붓으로 타르트에 얇게 발라주면 좋다.

액체 상태   크림 상태   결정화된 상태   단단한 상태

칠레의 울모나무 꿀

울모 (ulmo) 나무는 칠레의 열대 숲이나 칠로에 (Chiloé)섬에서만 자라는 아주 큰 수종으로 (무려 높이가 40m가 넘는다). 흰색 꽃에 꿀이 아주 풍부하다. 꿀은 연한 노란색이며, 살짝 굳어 결정화되어 있는 상태다. 쌉쌀한 아몬드, 감초 (하리보 젤리를 상상하면 된다). 달콤한 오렌지향이 나며, 입안에서는 은은한 아니스향이 맴돈다. 산티아고의 유명한 아이스크림 집인 엠포리오 라 로사 (Emporio La Rosa)에서는 울모꿀 아이스크림을 파는데, 여행 중 이것을 먹어본 이들은 몇 년이 지나도 그 맛을 잊지 못한다.

액체 상태   크림 상태   결정화된 상태   단단한 상태

노르웨이의 헤더꽃 꿀

커먼 헤더 (common heather) 또는 칼루나 (Calluna) 라 불리는 이 작은 관목은 고지대에서 많이 볼 수 있으며, 노르웨이의 국화이기도 하다. 진한 농도의 시럽과도 같은 이 꿀은 향이 강렬하며, 쌉싸름하고 약간 캐러멜라이즈된 냄새가 나기도 한다. 감초향과 타바코 잎의 향내도 은은하게 느낄 수 있다.
<u>사용</u>: 사과에 이 꿀과 가염 버터를 넣고 오븐에 굽는다. 팽 데피스 (pain d'épices)나 핫 초콜릿에 넣어도 아주 좋다.

액체 상태   크림 상태   결정화된 상태   단단한 상태

헝가리의 아카시아 꿀

평원에서 서식하는 아카시아 나무는 보통 작은 숲 군락을 이루고 있는 경우가 많으며, 작은 다발로 뭉쳐 있는 꽃은 향기가 매우 좋다. 투명한 노란색의 아카시아 꿀은 액체 상태로 있는 몇 안 되는 꿀 중의 하나다. 은은한 향으로 섬세한 미각을 자극하는 아카시아 꿀에서는 바닐라의 뉘앙스도 느낄 수 있다. 설탕 대신에 타 먹으면 차의 향기를 그대로 살리면서 단맛을 즐길 수 있다.

액체 상태   크림 상태   결정화된 상태   단단한 상태

이탈리아의 사과나무 꿀

이탈리아 북부 온화한 지대가 원산지인 사과나무는 선사시대부터 그 흔적을 찾아볼 수 있는 아주 오래된 수종이며, 그 꿀은 아주 귀하다. 그 맛은 좀 의외인데, 우선 아티초크 속살의 맛이 나서 깜짝 놀라고, 그 다음에는 와인 양조장 냄새, 발효된 사과, 시드르 (cidre: 사과 발효주)의 향이 이어진다.
<u>사용</u>: 가리비를 칼바도스로 플랑베한 다음, 사과나무 꿀을 넣어 졸인 소스를 곁들여 먹으면 환상적이다.

액체 상태   크림 상태   결정화된 상태   단단한 상태

스페인의 세이보리 꿀

프랑스어로 사리에트 (sariette)라고 불리는 세이보리 (savory)는 꿀풀과에 속하는 허브로 6월에서 10월까지 꽃이 핀다. 꿀은 호박색을 띤 액체 상태, 또는 약간 결정화된 상태이고, 톡 쏘는 매콤한 맛이 있으며 향이 오래간다. 프레시 염소치즈에 곁들이거나 오리엔탈 계열의 비네그레트 드레싱을 만들 때 넣으면 잘 어울린다. 또한, 무화과에 발라서 구워 먹어도 아주 맛있다.

액체 상태   크림 상태   결정화된 상태   단단한 상태

멕시코의 아보카도나무 꿀

아보카도 나무는 중간 크기의 (약 10m) 과실수로 멕시코와 과테말라 산악지대에 널리 분포되어 있다. 아보카도 나무 꿀은 붉은 톤을 띠고 있으며 끈적끈적한 수액 같은 텍스처를 갖고 있다. 내가 처음 맛보았던 것은 11월이었는데, 9개월 동안 그냥 놔두었다 맛을 보니 블랙 트러플 향이 났다. 트러플이 들어 있는 브리치즈에 발라 먹거나 흰색 살 육류 조리시 디글레이즈용. 또는 졸임 소스용으로 잘 어울린다.

액체 상태   크림 상태   결정화된 상태   단단한 상태

타즈마니아의 레더우드 꿀

레더우드 (leatherwood)는 유칼립투스 계열의 소관목으로, 타즈마니아 고생대의 습한 숲 지대에서 자란다. 꿀은 스파이스, 키위, 망고 등의 열대과일향이 나며, 끈적끈적한 수액 같은 텍스처를 갖고 있다. 메종 뒤 미엘 (Maison du Miel)의 주력 상품인 이 꿀은 사탕을 연상시키는 자연의 맛으로 어린이들에게 인기가 높고, 특히 라즈베리 (산딸기)와 잘 어울린다. 2014년 프랑스 잼 명장으로 선정된 스테판 페로트 (Stéphane Perrotte)가 만든 레더우드 꿀이 들어간 라즈베리 잼을 메종 뒤 미엘 매장에서 만나볼 수 있다. 가히 천상의 맛이다.

액체 상태   크림 상태   결정화된 상태   단단한 상태

뉴질랜드의 마누카 꿀

티트리 (tea tree) 계열의 소관목인 마누카는 뉴질랜드에서 자라며, 마오리족 원주민들은 특히 전통적인 약용으로 이 꿀을 수세기 전부터 사용했다고 한다. 크림 상태와 하얀 결정화 상태의 중간 정도인 독특한 농도를 가진 이 꿀은 스파이스, 감초의 향이 나고 그 맛이 뚜렷한 편이다. 수많은 효능이 알려진 마누카 꿀은 과일 주스, 시리얼, 또는 요거트를 곁들인 건강한 아침식사에 빠져서는 안 되는 파트너다.

액체 상태   크림 상태   결정화된 상태   단단한 상태

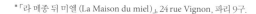

*「라 메종 뒤 미엘 (La Maison du miel)」, 24 rue Vignon, 파리 9구.

★ ★ ★
미슐랭 3스타 셰프들이 제안하는 꿀 요리법

꿀을 사용해서 뚝딱 근사한 요리를 완성할 수 있는 이 레시피들은 하나도 어렵지 않다.

스파이스와 꿀 양념의 오리 가슴살 구이
Les magrets de canard au miel épicé

에릭 프레숑 (Eric Frechon)*

4인분
준비 시간: 20분

재료
오리 가슴살 800g
아카시아 꿀 200g
카다멈 8g
코리앤더 씨 5g
팔각 10g
주니퍼베리 5g
통후추 10g
통계피 스틱 2개 (작은 것)
소금. 후추

만드는 법
오리 가슴살의 껍질 면에 격자로 칼집을 낸다.
소금과 후추로 양면에 간을 한다. 냄비에 꿀을 넣고 끓인 다음,
향신료(카다멈, 코리앤더 씨, 팔각, 주니퍼베리, 계피, 통후추)를 모두 넣는다.
2분간 더 끓인다. 논스틱 코팅팬에 기름을 넣지 않고 뜨겁게 달군 후,
오리 가슴살의 껍질 쪽이 아래로 가게 놓고 서서히 기름이 녹도록 익힌다.
5분간 구운 후 뒤집어 3분을 더 굽는다.
흘러나온 기름을 제거한 다음, 스파이스 향이 우러난 꿀을 붓고
오리살에 골고루 입혀가며 2분간 익힌다.

*에릭 프레숑 (Eric Frechon): 레스토랑 「레피퀴르 (L'Epicure)」의 셰프
Hôtel Bristol, 112, rue du Faubourg-Saint-Honoré, Paris 8구.

스위트 앤 사워 비네그레트 La vinaigrette aigre-douce

알랭 파사르 (Alain Passard)*

샐러드나 생 채소, 익힌 비트 등과 아주 잘 어울리는 중독성 있는 소스

만드는 법
볼에 라임즙 2개 분량과 향이 강하지 않은 꿀(예를 들어 아카시아 꿀) 70g을
넣고 핸드 블렌더로 잘 섞는다. 여기에 올리브오일 150ml를 아주 조금씩
넣어주며 핸드 블렌더로 혼합해 마요네즈처럼 만든다. 소금, 후추로 간한다.

*알랭 파사르 (Alain Passard): 레스토랑 「라르페주 (L'Arpège)」의 셰프
84, rue de Varenne, 파리 7구.

미셸 게라르
MICHEL GUÉRARD

또 하나의 미식 세계

미셸 게라르의 이력은 좀 특이하다. 1933년 베퇴이 (Vétheuil, Val-d'Oise)에서 태어난 그는 먼저 파티시에로서 MOF(프랑스 명장) 타이틀을 얻는다. 그 후 건강식의 선구자이자 전도사로 명성을 얻게 되었으며 40년 전부터 「레 프레 되제니 (Les Près d'Eugénie, Eugénie les-Bains, Landes)」를 운영하고 있는 셰프다. 이곳은 온천으로도 유명한 휴양지이다.

레스토랑 「포토푀 (Le Pot-au-feu)」로 출발

요리사로서의 그의 행보가 시작된 이 식당은 파리 외곽 아니에르 (Asnières, Haute-de-Seine)의 한 주점을 1965년 그가 경매로 매입한 곳이다. 범죄 사건이 발생했던 곳이라 파리의 손님들을 끌어 모으기 힘들었다.
그는 노동자들을 위한 음식으로 출발해서 점점 그 메뉴를 고급화시켜 나갔다. 1968년 푸아그라를 넣은 '살라드 구르망드 (salade gourmande)'를 선보인다. 누벨 퀴진의 창시자 중 하나로 꼽히는 그는 소스를 더 가볍게 에멀전화하고, 채소를 주로 사용하는 메뉴를 많이 개발했으며, 디저트를 식사 초반부에 함께 주문하는 방식을 도입하기도 하였다. 그의 레스토랑 「포토푀」는 가장 인기 있는 식당 중 하나가 되었다. 마를레네 디트리히 (Marlène Dietrich: 독일에서 태어난 미국의 영화배우, 가수)가 이곳에 와서 주방에 들어가 굵은 소금과 굵게 으깬 미뇨네트 후추 위에 얹어 구워낸 립아이 스테이크 레시피를 배워갔다는 일화도 전해진다. 1971년 드디어 미슐랭의 두 번째 별을 받게 되지만, 도시화 사업의 일환으로 그 지역 건물이 철거되면서 문을 닫는다.

건강을 생각하는 요리

1974년 미셸 게라르 부부는 랑드 지방의 온천 명소인 외제니 레뱅 (Eugénie-les-Bains)으로 내려가 정착한다. 그는 치료를 목적으로 온천을 찾은 손님들을 위한 고급 건강식 메뉴를 개발하게 되고, 그의 레스토랑은 미슐랭 3스타를 획득한다. 그의 부엌은 마치 실험실과도 같다. 건강을 염두에 둔 식재료 및 레시피 연구에 몰두함은 물론, 냉동식품 업체와 손잡고 자신의 메뉴를 제품으로 개발해 대중에게 선보이기도 하였다. 1976년 그는 타임 매거진의 표지를 장식하고, 2013년에는 건강식 요리학교 「미셸 게라르 인스티튜트 (Institut Michel Guérard)」를 설립한다.

그가 개발한 메뉴들

살라드 구르망드 (salade gourmande)
1968년 그의 레스토랑「포토푀」에서 처음 선보인 메뉴로 당시 논란의 대상이 되었다. 아스파라거스, 그린빈스, 푸아그라를 넣고 비네그레트로 드레싱한 샐러드다. 비네그레트와 푸아그라라는 조합이 당시에는 상상조차 힘든 것이었겠지만, 지금은 그의 대표적인 클래식 메뉴가 되었다.

외프 오 플라 알로 (oeuf au plat à l'eau: 물을 넣어 익힌 달걀 프라이)
기름을 넣지 않은 팬에 물을 조금 넣고 뚜껑을 덮어 달걀을 익히는 방법.

오마르 알라 슈미네 (homard à la cheminée: 장작 훈연 랍스터 구이)
1976년 프레 되제니 (Le Près d'Eugénie)에서 소개된 랍스터 구이 요리인데, 살을 익히기 전에 랍스터를 껍데기째 장작불에 그슬려 연기를 입힌다.

오마르 이브르 데 페쉐르 드 륀 (homard ivre des pêcheurs de lune: 술에 담근 랍스터)
2007년 프레 되제니 (Le Près d'Eugénie)에서 개발한 메뉴로 랍스터를 오드비 (eau-de-vie: 브랜디 등의 증류주)에 담가 살까지 향이 배게 한 다음, 카르파치오로 얇게 썰어 서빙한다.

베스트셀러
『살찌지 않는 요리백과 (La Grande Cuisine minceur)』(éd. Robert Laffont 출판)
1976년 초판이 발행되어 100만 부 이상 판매되고, 13개국의 언어로 번역된 이 책은 프랑스 미식 출판 역사상 가장 많이 팔린 책 중 하나다. 모든 레시피는 미셸 게라르 셰프가 개발했으며 새로운 만드는 법과 훨씬 가벼워진 소스 등을 총망라하고 있다.

프랑스 건강식의 기수
(1933년 출생)

건강을 생각하는 식이요법이 유행처럼 번진 70년대

누벨 퀴진의 창시자 중 한사람인 미셸 게라르는 기존 부르주아 요리에 혁신을 일으킨다. 크리스티앙 미요 (Christian Millau)와 앙리 고 (Henry Gault)는 누벨 퀴진의 10계명을 제정한다. 기존의 전통 요리가 흔들리기 시작하고, 지방이 훨씬 감소된 가벼운 요리가 등장한다.

누벨 퀴진의 10계명

너무 오래 익히지 않는다.

양념에 재우기, 사냥육의 숙성, 발효 등은 피한다.

신선하고 질 좋은 재료를 사용한다.

너무 기름진 소스는 사용하지 않는다.

식당의 메뉴 가짓수를 줄인다.

건강식을 항상 염두에 둔다.

모든 요리를 최신식 방법으로 조리할 필요는 없다.

요리의 외형을 변조하지 않는다.

하지만 새로운 조리 기법의 좋은 점을 찾아 응용한다.

창의적인 메뉴를 개발한다.

TV 요리 프로에 출연한 첫 번째 스타 셰프

1977년 10월 1일부터 1981년 12월 26일까지 매주마다 15분씩 프랑스 국영 TV채널 1번(현재 TF1)에서 방영된 요리 프로 「가벼운 요리 (La Cuisine légère)」에 출연했다. 장 페르니오 (Jean Ferniot: 프랑스의 기자, 작가)와 클로드 르베 (Claude Lebey: 프랑스의 기자, 미식 평론가. 미식 가이드 Guide Lebey의 창시자)의 아이디어로 편성된 이 요리 프로는 안 마리 페송 (Anne-Marie Peysson: 프랑스의 기자, 방송인, 내레이터)가 진행했는데, 미셸 게라르와 아주 멋진 콤비를 이루었다. 배 절임과 아몬드 그라탱 (poires pochées et gratin d'amandes), 후추로 양념한 고등어 (maquereaux aux poivres), 레드와인 소스 정어리 (sardine glacées au vin rouge), 슈 페이스트리 튀김 (pets-de-nonne) 등 다양한 메뉴를 선보여 인기를 끌었다.

가볍게 재해석한 클래식 메뉴들

헬시 비네그레트 VINAIGRETTE SANTÉ
10g당 26칼로리

재료
치킨스톡 큐브 (고형 부이용) 10g
물 500ml
레몬즙 6테이블스푼
옥수수 전분 15g
 (찬물을 조금 넣고 풀어 놓는다)
머스터드 2테이블스푼
올리고당 1/2티스푼
셰리와인 식초 1테이블스푼
포도씨유 (또는 카놀라유) 120ml
올리브오일 100ml
고운 소금 1/2티스푼

만드는 법
냄비에 물과 치킨스톡 큐브를 넣고 끓인다.
불에서 내린 뒤 물에 개어 둔 옥수수 전분을
넣고 잘 섞어 식힌다.
우묵한 볼에 머스터드, 소금, 후추, 올리고당,
레몬즙, 셰리와인 식초를 모두 넣고 잘 섞는
다. 올리브오일과 포도씨유를 섞어 조금씩
넣으며 거품기로 잘 섞어준다.
식혀 놓은 치킨스톡을 넣어주며 세게 휘저어
잘 혼합한다. 간을 맞춘다.

물을 넣어 익힌 달걀 프라이
L'OEUF AU PLAT À L'EAU

1인분

도구: 달걀용 둥근 용기 2개 (같은 사이즈)

재료
신선한 달걀 2개
물 1테이블스푼
소금, 후추

만드는 법
달걀 용기에 물 1테이블스푼을 넣고
데운다. 물이 끓으면 불에서 내린다.
2개의 달걀을 깨서 접시에 담은 뒤,
물이 살살 끓고 있는 달걀 용기에
조심스럽게 흘려 넣는다.
또 하나의 용기로 뚜껑을 덮고,
달걀을 찌듯이 익힌다.
그 상태로 뜨거운 오븐에 넣고 흰자가
굳기 시작하면 꺼낸다.

푸아그라를 얹은 샐러드 구르망드 LA SALADE GOURMANDE

2인분

재료
그린빈스 (가는 것. 끝을 다듬어 놓는다) 180g
아스파라거스 (껍질을 벗겨 놓는다) 12개
샐러드용 상추 (꽃상추, 트레비스 등) 4장
푸아그라 (프레시 또는 한 번 익힌 것) 60g
송로버섯 (프레시 또는 병조림. 얇게 슬라이스한다) 20g 짜리 1개
샬롯 다진 것 1개
비네그레트 소스
 소금, 후추
 레몬즙 1티스푼
 낙화생유 2티스푼
 올리브오일 2티스푼
 셰리 와인 식초 1티스푼
 처빌 1티스푼
 타라곤 1티스푼

만드는 법
채소 익히기
냄비에 물 1리터와 소금 30g을 넣고 끓인 다음, 그린빈스를
넣고 뚜껑을 열어둔 채로 굵기에 따라 4~8분간 살캉하게
데친다. 물에서 재빨리 건져 얼음물에 약 10초간 넣어 식힌
다음 건져둔다. 껍질을 벗기고 질긴 부분을 잘라내어
다듬은 아스파라거스도 마찬가지 방법으로 끓는 물에
5~6분 데친다.
소스
일반 비네그레트 소스와 마찬가지 방법으로 만든다. 소금,
후추, 레몬즙, 두 가지 오일, 셰리 와인 식초, 처빌과 타라곤
순서로 넣으면서 작은 거품기로 잘 섞어준다.
서빙
3개의 볼에 각각 그린빈스, 아스파라거스, 얇게 슬라이스한
송로버섯을 따로 넣고 비네그레트 소스로 살살 버무린다.
깨끗이 씻어서 물기를 뺀 샐러드 상추를 접시에 깔고, 그린빈
스를 소복이 담은 후 다진 샬롯을 뿌린다. 아스파라거스를
군데군데 꽂는다. 칼날을 뜨거운 물에 담갔다 뺀 다음, 푸아그
라를 얄팍하게 슬라이스하여, 샐러드 위에 보기 좋게 담는다.
얇게 슬라이스한 송로버섯을 얹어 서빙한다.

파리 브레스트 오 카페 LE PARIS-BREST AU CAFE

1인분 당 195 칼로리

재료
슈 페이스트리 링 모양으로 구운 것 4개
달걀흰자 2개분
생크림 130ml
올리고당 수북히 2티스푼
인스턴트 커피 수북히 1테이블스푼
민트 4송이
코코아 가루

만드는 법
믹싱볼에 생크림과 커피를 넣고 거품기로 단단하게 휘핑한 뒤
냉장고에 넣어둔다.
다른 볼에 달걀흰자를 거품 낸 다음 올리고당(과당)을 넣어 잘
섞는다. 이것을 휘핑한 생크림에 넣고 달걀흰자가 꺼지지 않도
록 주의하면서 조심스럽게 돌려 섞는다. 빵 칼을 이용하여 슈
페이스트리를 가로로 반 자른다. 커피 크림으로 슈를 채우고
나머지 슈로 덮은 다음 코코아 가루를 솔솔 뿌린다. 냉장고에
보관한다. 스패출러로 조심스럽게 파리 브레스트를 개인 접시에
담고, 민트로 장식해 서빙한다.

* 위에 소개된 레시피들은 『건강식 레시피 (Minceur essentielle: la grande cuisine santé)』에서 발췌한 것이다. éd. Albin Michel 출판.

쿠스쿠스

쿠스쿠스 (couscous)는 푸짐한 일품요리의 장점을 모두 갖추고 있다. 나눔과 화합, 잔치 분위기의 상징이 된 이 음식을
본토 분위기를 내며 제대로 즐기려면 여기 소개한 조언을 참조하시라. 멋진 미식 여행이 될 것이다.

세몰리나

쿠스쿠스 세몰리나는 듀럼밀(부드러운 일반 밀과는 다르다)의 낟알을 건조시켜 알곡과 밀가루의 중간 정도 크기로 잘게 부순 것이다. 빻은 정도에 따라 알갱이 크기가 마이크로미터 (μm) 단위로 표시되어 제일 고운 것부터 굵은 것까지 나뉘고, 요리에서 사용되는 용도도 다르다.

세몰리나 (semouline)
알갱이 크기가 250μm 미만(참고로 밀가루는 125μm 미만이다).

엑스트라 파인 세몰리나 (semoule extrafine)
알갱이 크기 150~335μm에 해당하는 알갱이가 80%.

파인 세몰리나 (semoule fine)
일반적으로 파스타를제조할 때 많이 사용되며 80% 정도가 알갱이 사이즈 180~400μm에 해당된다.

올바른 선택

중간 굵기의 세몰리나
쿠스쿠스용으로 가장 적합하며, 알갱이 크기는 300~650μm이다.

굵은 세몰리나
알갱이를 그대로 살려서 먹는 만드는 법에 적합하며, 크기는 500~1000μm이다.

쿠스쿠스 익힐 때 꼭 알아야 할 5가지 팁

세몰리나에 물을 너무 많이 적시지 말 것. 익혔을 때 덩어리로 뭉칠 수 있다.

쿠스쿠스용 찜기 아래 냄비의 물이 끓어오르면 그때 세몰리나를 넣은 찜기 윗부분을 올린다. 물이 끓기 전에 처음부터 같이 불에 올리면 쿠스쿠스가 바닥에 눌어붙을 수 있다.

찜기의 상하부를 잘 맞춰 놓고 뚜껑을 꼭 닫아 증기가 빠져나가지 않도록 한다.

익히는 시간은 조금 넉넉히 잡는 게 좋다. 덜 익은 세몰리나는 건조할 뿐 아니라 식감도 좋지 않다.

다 익은 쿠스쿠스는 절대로 그대로 놓아두지 말고 뭉치지 않게 재빨리 포크나 숟가락으로 알알이 분리해준다.

나디아 하맘*의 쿠스쿠스 만들기

대대로 이어져 내려오는 마을의 풍습으로, 심지어는 바닥에 앉아서도 손바닥과 손가락으로 능숙하게 만들어내는 솜씨를 보여준다. 초보자는 잘못하다간 체에 발을 넣는 실수를 할 수도 있다.

쿠스쿠스 페스티발

1997년부터 이탈리아 시칠리아섬 북서쪽 해변의 산비토 디카포 (San Vito di Capo) 해수욕장에서는 매년 9월 말이면 국제 쿠스쿠스 페스티발이 개최된다. 쿠스쿠스를 직접 맛보고, 관련 업종의 전시, 각종 컨퍼런스, 콘서트 및 세계 최고의 쿠스쿠스를 뽑는 경연대회도 열린다. 하필이면 왜 시칠리아에서일까? 북아프리카와 지리적으로 가까운 시칠리아섬에는 튀니지 정복의 흔적이 아직도 남아 있다. 생선과 해산물을 넣은 쿠스쿠스 요리 (cuscus di pesce)는 트라파니 (Trapani, 시칠리아 서부 해안에 위치한 도시)의 명물이 되어 연중 내내 사랑을 받고 있다.

8~10인분

재료
중간 굵기의 쿠스쿠스 500g
세몰리나 (semouline) 500g
소금 한 꼬집
물 1컵
올리브오일 60ml

도구
쿠스쿠스를 촉촉이 적실 용도의 커다란 스텐볼 또는 나무볼 (kasaa)
첫 번째 체 내림용 입자가 굵은 체 (kharredj)
두 번째 체 내림용 입자가 고운 체 (ghorbal)
쿠스쿠스용 찜기
쿠스쿠스를 익혀서 담은 후 알갱이를 분리하고 손으로 작업할 커다란 토기 그릇
주방용 큰 칼
세몰리나 알갱이를 분리할 포크
절구
국자

만드는 법

물에 적셔 고르기 (le roulage)
세몰리나 분량의 일부(200g)를 넓은 그릇에 붓고 가장자리로 밀어 놓은 뒤 가운데 물 3테이블스푼을 넣는다. 손가락을 벌린 채 손바닥을 이용하여 재빨리 가장자리의 세몰리나를 가운데로 끌어 모아 물을 골고루 적신다. 나머지 쿠스쿠스 세몰리나도 이런 방법으로 몇 번에 나누어 물에 적신다.
팁: 세몰리나가 너무 많이 젖었을 경우에는 약 5~15분간 건조시킨다.

체에 내리기 (le tamisage)
세몰리나를 입자가 굵은 체에 놓고 손바닥으로 눌러 밀어가며 내린다. 체 위에 남은 굵은 입자나 덩어리들은 버리고, 걸러진 세몰리나는 입자가 고운 체로 옮겨 흔들면서 돌려준다.
체 위에 남은 알갱이들은 쿠스쿠스용으로 사용하고 밑으로 떨어진 입자는 다시 물에 적신다.

첫 번째 익히기 (la première cuisson)
쿠스쿠스 찜기 아랫냄비에 물을 넣고 끓인다. 물이 끓으면 준비한 쿠스쿠스를 찜기에 넣어 위에 올리고 뚜껑을 닫아 20분간 증기로 찐다. 익으면 즉시 쿠스쿠스를 불에서 내려 큰 그릇에 쏟고 포크를 이용해서 알갱이를 분리해준다. 소금 1티스푼을 넣어 간을 하고, 물 500ml를 아주 조금씩 넣어주며 손으로 고루 잘 섞는다.

두 번째 익히기 (la deuxième cuisson)
쿠스쿠스를 다시 20분간 쪄서 그릇에 쏟아 포크로 알갱이를 분리한 다음 올리브오일을 뿌려 바로 서빙한다.

* Nadia Hamam: 저널리스트. 『쿠스쿠스의 세계, 엄마가 딸에게 주는 레시피 100선 (Les Mondes du couscous, 100 recettes nouvelles et anciennes du Maghreb et d'ailleurs transmises de mère en fille)』, éd. Encre d'Orient 출판.

세계 각국의 쿠스쿠스

쿠스쿠스는 전 세계인들이 즐겨 먹는 음식이다. 각기 다른 세몰리나와 다양한 곁들임 식재료로 나라마다 개성 있고 풍성한 맛을 즐기고 있다.

브라질
쿠스쿠즈 CUSCUZ
세몰리나: 노란색 옥수수 가루
곁들이는 음식: 닭고기나 새우, 채소

모로코
부텔 BOUTTEL
세몰리나: 옥수수 가루 또는 보리 가루
곁들이는 음식: 올리브오일 또는 버터로 버무려 차갑게 서빙

인도
움마 UPMA
세몰리나: 아주 고운 밀 세몰리나
곁들이는 음식: 스크램블드 에그

팔레스타인
마프툴 MAFTOUL
세몰리나: 통밀 세몰리나
곁들이는 음식: 닭고기, 채소

레바논
무그라비 MOUGHRABIEH
세몰리나: 세몰리나를 동그랗게 뭉친 것
곁들이는 음식: 닭고기, 육류

세네갈
바시 쌀테 BASSI SALTÉ
세몰리나: 조
곁들이는 음식: 미트볼

이스라엘
프티팀 PTITIM
세몰리나: 듀럼밀 과립
곁들이는 음식: 튀긴 양파

코트디부아르
아티에케 ATTIÉKÉ
세몰리나: 마니옥(카사바) 세몰리나
곁들이는 음식: 소고기, 닭고기 또는 생선

이탈리아
프레굴라 사르다 FREGOLA SARDA
세몰리나: 듀럼밀 세몰리나를 2~3mm 정도 크기로 동글게 굴려 빚어 알갱이로 만든 다음 오븐에서 로스팅하여 사용한다.
곁들이는 음식: 해산물

말리
바시 BASI
세몰리나: 포니오 (fonio: 알갱이가 아주 작은 아프리카의 곡물)
곁들이는 음식: 미트볼

도미와 모과를 곁들인 쿠스쿠스
나디아 하맘 Nadia Hamam

4~6인분

재료
도미 1kg
입자가 고운 쿠스쿠스 (couscous fin) 750g
익힌 병아리콩 (통조림) 400g
다진 양파 300g
물에 씻어 건져둔 건포도 100g
토마토 페이스트 2테이블스푼
모과 2개
레몬 1/2개
홍피망 2개
청피망 2개
말린 장미꽃 봉우리 3개 (가루)
올리브오일 20ml
가염 버터 1조각
강황 1티스푼 (색 내기용)
계피가루 1/2티스푼 + 통계피 스틱 1개
고춧가루 1/2티스푼
튀김용 기름 500ml
소금, 후추

만드는 법
생선의 비늘을 긁어내고 지느러미를 잘라 다듬은 후 배를 갈라 내장을 제거한다. 속까지 깨끗이 씻고 필요하면 반으로 자른다. 소금과 후추로 밑간을 한다. 냄비에 기름을 두르고 뜨겁게 달군 후, 씨를 빼고 잘게 썬 피망과 양파를 넣고 볶는다. 토마토 페이스트를 물 500ml에 풀어 냄비에 넣는다. 병아리콩, 강황, 고춧가루를 넣고 잘 섞어 15분 정도 끓인다. 모과를 모양대로 등분하여 껍질을 벗기고 씨와 속을 제거한다. 레몬 반 개를 모과에 문지른다. 모과, 건포도, 생선을 모두 냄비에 넣는다. 15~20분간 익힌다. 쿠스쿠스는 익혀서 계피, 장미꽃가루, 가염 버터로 맛을 낸다. 소스를 부어 적신 다음 소금으로 간을 맞추고 큰 서빙 접시에 담는다. 생선 토막과 모과, 병아리콩, 건포도를 얹어서 서빙한다.

그린 쿠스쿠스
앙드레 자나 뮈라 (Andrée Zana-Murat)[*]

양고기 또는 생선요리에 곁들이면 아주 좋다.

2인분

재료
쿠스쿠스 (작은 입자) 250g
줄기 양파 또는 쪽파 1단 (잘게 썬다)
고수 1묶음
버터 100g
유기농 완두콩 500g (냉동 또는 프레시)
코리앤더 씨 1/2테이블스푼 (굵직하게 으깬다)
올리브오일 3테이블스푼
소금, 통후추 간 것

만드는 법
버터는 냉장고에서 꺼내둔다. 소테팬에 올리브오일을 두르고 줄기 양파의 흰 부분을 먼저 넣어 색이 나지 않게 중불에서 볶은 다음, 녹색 부분을 넣어 함께 볶는다. 소금으로 간을 하고 코리앤더 씨를 넣는다. 냉동 완두콩을 넣고 뚜껑을 연 상태로 콩이 살강거리면서 녹색을 그대로 유지하도록 센 불에 5분, 약한 불로 줄여 다시 15분간 익힌다. 익히는 동안 채소가 바닥에 달라붙으면 물을 조금 넣는다. 쿠스쿠스가 익으면 뜨거울 때 즉시 큰 그릇으로 옮겨 버터와 섞는다. 여기에 소테 팬에 익힌 채소를 넣고 잘 섞은 다음, 굵직하게 다진 고수 잎을 뿌린다.
응용: 잠두콩(150g), 완두콩(400g)을 섞어서 넣어도 좋다. 잠두콩(프레시 또는 냉동)은 끓는 물에 데친 다음, 얇은 껍질을 벗겨서 마지막에 완두콩과 함께 넣어주면 된다.

[*] Andrée Zana-Murat: Café Guitry 총 책임자. 10, square Edouard VII, 파리 9구.
저서: 『쿠스쿠스를 만드는 10가지 방법 (Couscous: 10 façons de la préparer)』, éd. de l'Epure 출판.

7가지 채소를 넣은 쿠스쿠스

파테마 할 Fatéma Hal

~~~ 파테마의 레시피 ~~~

4인분

재료

쿠스쿠스 500g
양고기 어깨살 또는 목심 600~800g
 (6조각으로 등분한다)
양파 큰 것 2개
토마토 2개
주키니 호박 2개
동그란 순무 4개
당근 4개
단호박 한 조각 (약 300g)
사보이 양배추 1/4통
병아리콩 100g
물 1.5리터
버터 100g (익힌 쿠스쿠스용)

향신료와 허브

생강 1티스푼
사프란 한 꼬집
이탈리안 파슬리 1단
고수 1단
소금 2티스푼
후추 1/2티스푼
셀러리 1줄기
녹색 고추 2개

만드는 법

하루 전날, 병아리콩을 물에 담가 불린다.
당일날, 쿠스쿠스를 넓은 그릇에 담고 물을 조금씩 넣어 손으로 알갱이를 분리해가며 적셔 불린다.
쿠스쿠스 찜기의 밑 냄비에 고기와 병아리콩, 물, 양파 1개, 향신료, 미리 썻어둔 파슬리와 고수를 통째로 넣는다. 소금, 후추를 넣고 30분간 끓인다. 국물이 끓기 시작하면 쿠스쿠스를 넣은 찜기 윗부분을 얹는다.
쿠스쿠스 위로 김이 올라오면 윗 찜기를 내린 뒤 넓은 그릇에 담고 소금을 1티스푼 넣어 간을 한다. 덩어리져 뭉치지 않게 포크로 알갱이를 분리해주면서 다시 물을 묻혀 촉촉하게 한다. 다시 찜기 냄비 위에 올려 익힌다.
아래 냄비에 토마토, 나머지 양파, 그 밖의 채소를 모두 썻어서 썰어 넣는다. 간을 보고 취향에 맞게 소금과 향신료로 조절한다. 쿠스쿠스에 김이 다시 올라오면 찜기를 내려 다시 넓은 그릇에 쏟고 버터를 넣어 녹이며 잘 섞는다. 이때도 역시 포크로 저어 뭉친 곳 없이 고르게 섞어준다. 냄비의 채소들이 익었는지 확인한다.
서빙: 우묵한 큰 접시에 쿠스쿠스를 가장자리에 빙 둘러 담는다. 가운데 고기를 담고 주변에 채소를 놓는다. 병아리콩을 골고루 흩뿌린 다음, 국물을 붓는다. 청고추를 곁들여 뜨겁게 서빙한다.

* Fatéma Hal: 모로코 식당 「망수리아 (Mansouria)」의 셰프. 11 rue Faidherbe, 파리 11구.

세계 각국의 콩 요리

꼬투리가 있는 깍지콩과에 속하는 강낭콩은 천 년이 넘는 역사를 가진 식물이며, 그 맛과 우수한 영양가로 전 세계적으로 많이 소비되는 음식이다.
각 나라마다 이 식재료를 어떤 음식에 사용하고 있는지 알아보고, 콩으로 만드는 맛있는 요리를 찾아 세계 일주를 떠나보자.

1 메이플 베이크드 빈
FÈVES AU LARD
국가: 캐나다 (퀘벡)
콩 종류: 흰색 둥근 콩
파바콩(잠두콩)이라는 명칭과는 달리, 이 캐나다 농촌의 대표 음식은 사실 강낭콩, 베이컨 그리고 메이플시럽으로 만든다.

2 서코태시
SUCCOTASH
국가: 미국
콩 종류: 리마 콩
아메리카 인디오들의 음식에 그 기원을 둔 강낭콩, 옥수수 요리인 서코태시는 버터와 라드를 넣고 익힌다.

3 칠리 콘 카르네
CHILI CON CARNE
국가: 미국 (텍사스)
콩 종류: 붉은 강낭콩, 키드니 빈
다진 소고기에 칠리 가루를 넣고 뭉근히 익힌 이 매콤한 음식은 텍스 멕스 (tex mex) 요리의 대표적 상징이 되었다.

4 문어 스튜
RAGOÛT DE CHATOU
국가: 프랑스(앙티유)
콩 종류: 붉은 강낭콩
프랑스령 앙티유에서 즐겨 먹는 이 문어 스튜는 붉은 강낭콩을 넣고 만들며, 주로 흰 쌀밥을 곁들인다.

5 페이조아다
FEIJOADA
국가: 브라질
콩 종류: 검은 강낭콩
포르투갈어로 콩이란 뜻의 '페이자오 (feijao)'에서 이름을 딴 브라질의 국민 음식인 페이조아다는 프랑스의 카술레와 비슷한 스튜이며, 쌀밥, 오렌지 슬라이스, 파로파 (farofa: 볶은 카사바 가루)를 곁들여 먹는다.

6 강낭콩 크로켓
ACCRAS DE NIÉBÉS
국가: 아프리카의 국가들
콩 종류: 니에베 (niébé: 블랙 아이드 피 black eyed pea)
세네갈, 가나, 나이지리아 등지에서 즐겨 먹는 음식으로, 불린 콩의 껍질을 제거하고 빻은 뒤 청고추를 넣고 손으로 둥글게 모양을 빚어 튀겨낸다.

7 브카일라
BKAILA
국가: 튀니지
콩 종류: 흰 강낭콩
유대인의 스튜요리인 하민 (hamin)이 변형된 음식으로 강낭콩과 줄기 시금치를 주재료로 한 스튜이다.

8 파바다 아스투리아나
FABADA ASTURIANA
국가: 스페인
콩 종류: 파바콩
모르시야 (morcilla: 스페인의 부댕), 초리조, 돼지 어깨살, 비계를 넣고 사프란으로 향을 낸 스페인 풍 카술레.

9 파스타와 강낭콩 미네스트로네
MINESTRONE DI PASTA E FAGIOLI
국가: 이탈리아
콩 종류: 붉은 강낭콩
두툼한 채소를 넣고 끓인 수프. 주로 파스타를 곁들이고 파르메산 치즈를 뿌려 먹는다.

10 리볼리타
RIBOLLITA
국가: 이탈리아
콩 종류: 카넬리니 콩 (cannellini)
토스카나주의 농민들이 즐겨먹던 푸짐한 수프로, 딱딱해진 빵과 콩, 양배추, 각종 채소를 넣고 뭉근히 오래 끓여 만든다.

11 카술레
CASSOULET
국가: 프랑스 (랑그독)
콩 종류: 흰 강낭콩
(tarbais 또는 lingot de Castelnaudary)
토기 냄비에 끓이는 유명한 스튜 요리로, 16세기 강낭콩이 처음 유럽으로 유입되었을 때부터 파바콩 대신 이 콩을 넣어 만들었다.

12 베이크드 빈즈
BAKED BEANS
국가: 영국
콩 종류: 흰 강낭콩 (coco)
영국식 아침식사에 빠져서는 안 되는 메뉴. 흰 완두콩을 토마토 소스와 함께 익힌 베이크드 빈을 구운 빵에 얹어 먹는다.

13 로비오
LOBIO
국가: 조지아
콩 종류: 흰 강낭콩
코카서스 남부에서 즐겨먹는 음식으로 보통 증기에 찌거나 삶아낸 콩에 고수, 호두, 마늘, 양파 등을 넣어 만든다.

14 라즈마
RAZMA
국가: 인도
콩 종류: 붉은 강낭콩, 키드니 빈
인도 북부 지방에서 널리 즐겨먹는다. 향신료를 넣은 걸쭉한 소스와 콩으로 만드는 매콤한 맛의 베지테리언 요리다.

15 와카시
WAGASHIS
국가: 일본
콩 종류: 아즈키(팥)
다양한 일본 전통 과자에 팥앙금을 넣어 만든다.

이탈리아식 식당 문화

스테판 솔리에 Stéphane Solier*

트라토리아, 오스테리아, 바카로 등 제각기 그들만의 고유한 관례, 풍습, 특징을 가진 특정한 장소에서 우리는 장화 모양의 반도 이탈리아의 미식을 다양하게 즐길 수 있다.
이탈리아에 해박한 고전 문학 교수가 안내하는 이탈리아의 미식 세계로 떠나본다.

이탈리아 식사의 구성

모든 종류의 식당에서 동일하다.

안티파스티 (Antipasti 애피타이저)
프리모 피아토 (Primo piatto 파스타 또는 수프)
세콘도 피아토 (Secondo piatto 육류/생선)
콘토르노 (Contorno 채소나 감자 등의 곁들임, 가니쉬)
전통적으로 이것은 프랑스 정찬의 경우와 좀 다르다.
곁들임 음식은 손님이 자신의 두 번째 메인 요리에 따라
선택할 수 있다.
돌치 (Dolci 디저트) 또는 **포르마지** (formaggi 치즈)

이탈리아인들은 특별한 경우에만 이러한 풀코스의
식사를 한다. 평상시에는 점심으로 프리모, 저녁으로는
세콘도와 콘토르노 코스만 선택하는 게 일반적이다.
때때로 안티파스티나 돌치를 함께 즐기기도 한다.
이탈리아 식문화의 경험이 없는 여행객의 경우, 종종
이 긴 정찬 코스를 전부 주문해다 먹어야 하는
괴로움을 겪기도 하는데, 마치 영화「그랜드 뷔페 (La
Grande Abbuffata)」(마르코 페레리 감독의 1973년
영화)에서 나오는 엄청난 미식 마라톤의 한 장면을
연상시킨다.

손님이 왕이다.

프랑스식 피제리아와는 달리 이탈리아의 피제리아에서는 대부분
손님이 왕이다. 우선 손님에게 피자 로사 (pizza rossa 토마토 소스
베이스)와 피자 비앙카 (pizza bianca 소스를 바르지 않거나 모차
렐라만을 얹음) 중 어느 것을 선택할 것인지 묻는다. 그다음, 손님
은 본인이 원하는 토핑을 전부 골라 구성하거나 부분적으로 선택
할 수 있다. 그야말로 맛 선택의 완벽한 자유다! 프랑스의 경우, 재
료가 모두 이미 익혀져 있는 반면 이탈리아에서는 재료에 따라 익
힐 것인지 생으로 올릴 것인지 달라진다. 프랑스인들이 그 탱탱한
질감을 좋아하는 물소젖 모차렐라 (mozzarella di bufala) 치즈는
화덕에서 구워져 나와야 하고, 루콜라나 바질 등의 채소나 허브는
생생한 식감과 질감을 살려야 하니 생으로 마지막에 올려주며 체
리토마토 (pomodorini, ciliegini, pacchini 등)는 그 종류에 따라
뜨거운 피자에 올라가 그 신선한 맛을 전달해주어야 제맛이 난다.

～ 카페 바에서 간단히 즐기는 아침식사 ～

이탈리아인들은 아침에 크림 (con crema), 초콜릿 (con ciocco-
lato), 살구잼 (con marmellata) 등을 채운 비에누아즈리(페이스트
리 빵류)를 먹거나, 지방에 따라 각기 다른 플레인 빵을 즐긴다. 북부
지방에서는 부오티 (vuoti 속이 빈 빵), 남부 지방에서는 셈플리치
(semplici 플레인 기본 빵)를 주로 먹는다. 비에누아즈리 빵들의
이름은 베네치아, 밀라노, 피렌체, 로마, 나폴리 등 도시마다 달라
진다. 그렇기 때문에 코르네토 (cornetto: 크루아상)나 브리오슈
(briosse 라고 쓰여 있는 곳도 있으니 이것도 주의해야 한다)를 주문
하는 것이 가장 안전하다. 게다가 가끔은 크루아상을 주문해도 속에
햄과 치즈가 든 샌드위치인 경우가 있으니 잘 확인하자. 베네치아에
서는 종종 코르네토 셈플리치 (cornetto semplice)에 살구잼이
살짝 발라져 있다.

식당에서 필요한 이탈리아어

두 사람입니다: 시아모 인 두에 (siamo in due)
두 사람용 테이블: 운 타볼로 페르 두에
(un tavolo per due)
원합니다: 보레이 (vorrei)
마실 것: 다 베레 (da bere)
하우스 와인: 비노 델라 카사 (vino della casa)
와인병: 보틸리아 디 비노 (bottigila di vino)
일반 생수: 아쿠아 나투랄레 (acqua naturale)
탄산수: 아쿠아 프리잔테 또는 에페르베센테
(acqua frizzante o effervescente)
계산서 주세요: 일 콘토 페르 파보레
(il conto per favore)
디스카운트: 로 스콘토 (lo sconto)
팁: 라 만치아 (la mancia)

*스테판 솔리에 (Stéphane Solier):
니스 (Nice)의 대학에서 강의하고 있는 고전 문학 교수.
식문화 연구원이기도 한 그는 로마 주재 프랑스 대사관에서
8년간 예술 및 대학 문화 협력관을 지냈다(1999-2007).

솔리에 교수가 추천하는 로마 맛집

트라토리아 TRATTORIA
로마
리스토란테 다 부카티노
 (Ristorante Da Bucatino)
식당과 바들이 밀집된 번화가인 테스타
치오 (Testaccio)에 위치한 이곳은
이름은 레스토랑이지만 실상 트라토리
아에 가깝다. 활기 넘치는 분위기에서
맛있고 푸짐한 전통 로마 음식들을 맛
볼 수 있다.
Via Luca della Robbia, 84, 00153 Roma

피제리아 PIZZERIA
로마
다르 포에타 (Dar poeta)
언제나 관광객이 넘쳐나는 트라스테베
레 (Trastevere)에 위치한 이곳은 로마에
서 최고로 손꼽히는 피자집 중 하나로
언제나 기다리는 줄이 길다.
Vicolo del Bologna, 45, 00153, Roma
피자 델 테아트로 (Pizza del teatro)
길모퉁이의 작은 피자집인 이곳에서는

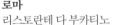

그 유명한 로마식 직사각형 피자인 가브리
엘레 본치 (Gabriele Bonci)의 스크로키아
렐라 (scrocchiarella)를 원하는 만큼 무게
를 달아 사 먹을 수 있다. 바삭한 크러스트
의 이 피자는 일반 밀가루와 유기농 스펠
타 (spelt: 독일 소맥) 밀가루를 섞어 만든
반죽에 현지에서 생산되는 신선한 야채를
토핑으로 사용하여 큰 인기를 끌고 있다.
피자 이외에도 꼭 먹어봐야 하는 것이 바로
쌀과 파르미지아노를 넣고 구운(그렇다.
튀기지 않았다) 크로켓 '수플리 (suppli)'
인데, 가히 환상적인 맛이다.
Via di San Simone, 70, Roma (Piazza
Navona에서 아주 가까움)

에노테카 ENOTECA
로마
에노테카 와인바 콰트로 치아케레
(Enoteca-Wine Bar Quattro Chiacchere)
주인장 로셀라 귀포 (Rosella Guipo)가
그녀의 와인과 어울리는 개성 있고 푸짐한
음식을 선보인다. 산 파올로 푸오리레 무라

(San Paolo fuori le mura)에 있다.
Via G. Chiabrera 61, 00145 Roma
에노테카 베르나베이 (Enoteca Bernabei)
테스타치오 지역에 자리하고 있는
로마의 명소로, 이곳에서는 와인만
구입할 수 있다.
Via Luca della Robbia 24, 00153 Roma

비레리아 BIRRERIA
로마
안티카 비레리아 페로니
 (l'Antica Birreria Peroni)
유적지 중심부에 위치한 맥주 바
Via S. Marcello 19, 00187 Roma
테스타치오의 오아지 델라 비라
 (l'Oasi della Birra)
Piazza Testaccio 40, 00153 Roma
이탈리아에서는 펍 (pub)도 많이 생겨
났으나, 맥주 바와는 좀 다르다.

바 BAR
로마
파스쿠치 바 (Bar Pascucci)
이곳은 파니니 (Panini) 샌드위치로
유명한데, 특히 라디치오, 고르곤졸라,
배를 넣은 것이 일품이다. 또한 우유나
아몬드 밀크에 생과일을 넣고 만든 밀
크셰이크 '프루라티 (frullati)'도 꼭 맛
봐야 한다. 시내 중심에 있다.
Via di Torre Argentina 20
칸티아니 바, 카페테리아, 파스티체
리아 (Bar Caffetteria Pasticceria
Cantiani)
이곳의 파티스리 메뉴는 모두 추천하
고 싶을 정도로 훌륭한데, 특히 트라메
치노 (tramezzini :식빵 샌드위치)와
파니니 (panini)의 신선도는 타의
추종을 불허한다. 아침과 점심시간,
또 아페리티프를 즐기러 모여드는
단골들이 끊이지 않는 명소다. 바티칸
성당 근처에 있다.
Via Cola di Rienzo 234-236

리스토란테 RISTORANTE

이탈리아뿐 아니라 전 세계적으로 레스토랑이라는 장소는 아주 광범위한 식음업장을 포괄적으로 의미한다. 경우에 따라 큰 호텔 등의 건물에 부속되어 있기도 한 레스토랑은 소박하고 실속 있는 식당으로서 근처의 직장인들에게 간단하고 비싸지 않은 식사를 제공하기도 하고, 또는 좀 더 멋진 장소에서 격식을 갖춘 식사를 할 수 있게 해준다. '리스토란테'라는 명칭은 1877년 이탈리아어로 처음 인증되었으며 한 세기가 지난 후 프랑스에서 비로소 레스토랑이라는 이름으로 처음 사용되었다. 이탈리아에서 리스토란테는 종종 가족 모임이나 비즈니스 다이닝 등 연회나 특별한 모임의 식사를 하는 곳이라는 의미를 내포한다. 가격대와 메뉴는 리스토란테의 형태나 규모에 따라 달라진다. 서빙되는 음식은 대체로 다른 종류의 식음업장보다 제대로 된 식사의 형태를 갖춰 공들여 만든 전통음식, 또는 국제적 메뉴이며, 가격대도 30유로에서 비싼 곳은 수백 유로에 이르기까지 다양하다.

트라토리아 TRATTORIA

리스토란테보다 훨씬 방문 빈도가 높은 식당의 형태로 시내의 인기 있는 장소에서는 점점 더 트라토리아가 리스토란테를 대신하는 추세다. 몇몇 트라토리아는 우수한 질의 재료를 사용한 수준 높은 지역 특산 요리를 선보여 명성이 높다. 리스토란테만큼 화려하지 않지만 좋은 질의 음식을 선보이는 트라토리아는 이탈리아인들의 취향과 정신을 잘 반영하고 있다. 더 간단하고, 자연친화적이며 본연의 맛을 살리는 음식을 제공하기 위해 최상의 식재료를 사용하여 전통의 맛을 이어가는 곳이 많다. 이곳의 주방에서는 많은 경우에 주인의 부인이나 어머니가 직접 홈메이드 스타일의 요리를 만들어 그들만의 비법 요리를 손님에게 선보이고 있다. 즉시 만들어 서빙하는 요리가 대부분이다 보니 일반적으로 메뉴의 가짓수는 그다지 많지 않다. 서비스나 분위기가 아주 세련되진 않아도, 꽤 합리적인 가격대(20~30유로 안팎)는 트라토리아의 가장 큰 매력이다. 한눈에 보기에도 약간 키치풍이거나 낡은 듯한 인테리어, 옛날 신문이나 흘러간 스타들의 오래된 사진 액자가 붙어 있으며, 천장에는 마늘이 매달려 있고, 대나무 술병 바구니들이 곳곳에 놓여 있는 공간, 다닥다닥 붙은 테이블에서 시끄럽게 떠들며 다양한 세대의 손님들이 즐겁게 식사를 하는 모습… 이탈리아의 영혼이 이곳에 다 있다.

오스테리아 OSTERIA

오스테리아는 오늘날 트라토리아와 거의 비슷한 성격을 띠는 추세지만, 그래도 몇몇은 아직 그 특별함을 고수하고 있다. 어원에서 알 수 있듯이(옛 프랑스어의 oste 또는 hoste, 라틴어의 hospitis는 '접대'라는 의미다) 본래는 여행자에게 숙박을 제공하고 와인과 간단한 요깃거리만을 서빙하던 게스트하우스 개념이었다. 그래서 오스테리아는 주로 자동차 도로상이나 큰 교차로, 시장이 서는 광장 근처 등에서 많이 찾아볼 수 있다. 13세기에서 20세기 중반까지 특히 남자들의 만남의 장소이자 사교의 중심지(매춘의 장소이기도 했다)였던 오스테리아는 제 2차 세계대전 이후에는 그 자취를 감춘 듯하다가, 최근 20년간 다시 부활해 와인과 안주를 중심으로 남녀 모두 즐길 수 있는 만남의 장소로 각광받고 있다. 물론 숙소의 기능은 없어지고 식당의 형태로서 다시 인기를 끌게 된 것이다. 메뉴와 서비스 모두 심플한 편이며 따라서 높지 않은 가격대도 매력적이다.

피제리아 PIZZERIA

세계적으로 이탈리아를 대표하는 기수인 피제리아는 사실 이탈리아 내에서는 여러 형태로 분류된다.

- 레스토랑 스타일의 피제리아에서는 주메뉴인 피자, 칼조네 (calzoni: 밀가루 반죽 사이에 채소 등을 넣고 큰 만두처럼 만들어 구운 피자의 한 형태), 프리티 (fritti: 채소, 모차렐라, 올리브 등의 다양한 튀김류)뿐 아니라 파스타도 함께 판매하는 경우가 많다. 이곳에서는 주방에서 긴 피자 삽을 들고 능숙하게 화덕이나 오븐에 피자를 넣고 빼는 피자이올로 (pizzaiolo)가 주방을 지휘한다.
- 대부분의 피제리아에서는 접시 크기의 기본 피자 형태를 내 놓지만, 어떤 곳에서는 피자 사이즈를 대, 중, 소, 또는 길이로 구분해 놓아 원하는 대로 선택할 수 있다. 피자의 요람인 나폴리 시내 역사 관광지의 여러 피제리아에서는 피자 아 포르타폴리오 (pizza a portafoglio 또는 pizza a libretto)를 파는데, 이는 '접은 피자'라는 뜻으로, 보통 마가리타 피자를 4등분으로 접어서 종이에 싸주어 들고 다니면서도 먹을 수 있게 한 것이다.
- 스낵바 형태의 피제리아에서는 한 판 사이즈의 피자는 물론이고 조각 (a trancio), 혹은 지역에 따라 원하는 크기로 잘라서 (al taglio) 판매하기도 한다. 매장에서 간단히 먹을 수도 있고, 테이크 아웃으로 포장해 가기 편리하다. 피자는 이미 구워져 진열대에 전시되어 있고, 손님들은 원하는 것을 고르면 된다. 조각의 경우는 이미 정해진 규격으로 커팅되어 있거나, 손님이 원하는 만큼 잘라주는데 이때는 무게에 따라 값을 매긴다.
- 마지막으로 오직 테이크 아웃이나 배달만을 전문으로 하는 피제리아가 있다. 매장에서 먹을 수 있는 테이블은 없으며, 일반적으로 배달료 1유로가 추가로 붙는다.

에노테카 ENOTECA

어원으로 해석해보자면 와인 라이브러리라는 뜻의 에노테카는 와인 애호가나 방문객, 여행자들에게 지역 와인들을 정직한 가격에 제공하는 것을 주목적으로 이탈리아에서 처음 만든 형태의 업장을 뜻한다. 그렇기 때문에 보통 와인 생산자나 포도 재배지 주인들과 연계해서 운영하고 있는 경우가 많고, 그들로부터 다양하고 각기 개성 있는 와인들을 공급받는다. 와인을 소개하고 시음하는 업장의 형태이기 때문에 와인 보유량 재고는 그렇게 많지 않다. 마음에 드는 와인이 있어 대량으로 구매하고자 하는 고객은 직접 생산자와 연계해주기도 한다.

종종 에노테카에서는 와인 이외에도 그 지역의 특산 식품을 팔기도 하고, 샤퀴트리나 치즈 등 와인과 곁들여 먹을 수 있는 간단한 안주를 판매한다. 이를 모델로 하여 오늘날 와인바의 형태로 널리 퍼진 에노테카에서는 와인을 병으로 또는 나무로 된 와인통에서 직접 따라 (alla mescita) 잔으로 주문해 안주를 곁들여 즐길 수 있다.

많은 인기를 끌고 있는 와인바 몇 곳에서는 약 15년 전부터 아페리세나 (apericena)라는 밀라노식 아페리티프를 제공하고 있는데, 이는 뷔페로 차려놓은 다양한 아페리티프 안주들(파스타 샐러드, 피자, 케이크, 샤퀴트리 등)을 와인과 함께 즐기는 형태이다. 음식의 수준이 언제나 아주 높다고 할 수는 없다.

비레리아 BIRRERIA

이탈리아 최초의 브라스리 (birrerie 비레리에)는 20세기 초에 탄생했다. 이후 맥주 (birra)와 식사를 함께 즐길 수 있는 좀 더 현대적인 콘셉트로 발전한 것은 70년대 후반에 이르러서였다. 그때부터 이 맥주바는 젊은이들의 만남의 장소로 인기를 끌었고, 이탈리아인들의 생활 풍습에 젖어들게 되었다. 아일랜드 맥주, 스코틀랜드 맥주, 벨기에 맥주, 독일 맥주, 영국맥주, 이탈리아 맥주, 블론드, 다크, 레드 등 수많은 종류의 다양한 맥주가 80년대 이후로 많은 이들의 사랑을 받고 있다. 캔맥주 (in lattina), 병맥주 (in bottiglia) 또는 생맥주 (alla spina)에 간단한 음식, 또는 때때로 근사한 요리를 곁들여 먹게 되었다. 와인의 나라 중 하나인 이탈리아에서도 소형 양조장을 갖춘 마이크로 브루어리 (microbirreria)가 유행처럼 우후죽순 생겨나 자가 제조한 맥주를 제공하는 곳이 늘고 있다.

바 BAR

이탈리아에서 바를 빼놓고는 식문화를 논할 수 없다. 이것은 프랑스나 영국에서는 똑같은 형태를 찾아보기 힘든 이탈리아만의 상징이기도 하다. 물론 주류도 팔긴 하지만, 이탈리아의 바는 아침이면 직장인들이 와서 커피를 마시고, 크루아상 (지역에 따라 코르네토 또는 브리오슈)을 곁들인 카푸치노를 마시며 하루의 일과를 시작하는 곳이다. 점심시간에는 피제타 (pizzeta: 속을 채운 작은 피자), 파니니, 트라메치노 (tramezzino: 식빵으로 만들어 삼각형으로 자른 샌드위치) 등으로 간단한 식사를 할 수 있다.

바에는 내부와 바깥에 테이블이 있어 앉아서 식사할 수 있도록 되어있는 곳도 있다. 한 가지 알아두어야 할 점! 이탈리아의 카페는 카운터에 서서 아주 뜨겁게 홀짝 마신다. 천천히 마시고 있다면 아마도 커피를 만들어 준 카메리에레 (cameriere : 바리스타)는 커피가 맛이 없나 하고 생각할 것이다. 자주 드나들다 보면 이 이탈리아의 바에 자연스럽게 익숙해질 것이다. 아주 진한 커피, 진한 커피, 연한 커피, 아메리카노, 카페오레, 카푸치노(거품의 유무도 선택 주문할 수 있다), 라테, 마키아토 (찬 우유, 따뜻한 우유 선택 가능), 호피무늬 커피 (우유와 초콜릿을 넣은 커피), 보리차 커피, 카페 코레토 (caffè corretto 독한 술을 한 방울 넣은 커피) 등, 그 종류가 매우 다양하다.

이탈리아어로 커피 주문을 하려면, 카페 리스트레토 (caffè ristretto 진한 커피), 카페 코르토 (caffè corto: 에스프레소), 카페 룽고 (caffè lungo: 연한 커피), 카페 아메리카노 (caffè americano), 카페 라테 (caffè latte), 카푸치노 (cappucino, con o senza schiuma 거품 유무), 카페 마키아토 (caffè macchiato), 카페 마키아토 칼도 또는 프레도 (caffè macchiato caldo o freddo 차가운 우유 또는 따뜻한 우유 마키아토), 카페 티그라토 (caffè tigrato), 카페 도르조 (caffè d'orzo), 카페 코레토 (caffè corretto) 등의 이름을 익혀둔다. 손님들마다 취향과 주문 사항이 다른데, 단골들은 말하지 않아도 바리스타들이 알아서 척척 서빙한다.

최근 몇 년 사이에는 다양한 종류의 샌드위치만을 전문으로 파는 '파니노테카 (paninoteca)'로 변신한 바들도 속속 등장하고 있다.

팽 데피스 이야기

지방 특산의 독특한 음식인 팽 데피스는 사용하는 밀가루와 꿀, 스파이스 그리고 셰프의 비법에 따라 그 맛의 특징이 달라진다.
각 지방마다 제각기 원조라고 주장하는 4가지 레시피를 소개한다.

팽 데피스의 본 고장

렝스 REIMS

호밀가루 사용
아카시아 꿀 사용
대표적 부티크: 포시에
(Fossier) 1756년 개업

제르빌레르 GERTWILLER

호밀가루 사용
밤나무 꿀 사용
대표적 부티크: 포르트뱅제
(Fortwenger) 1768년 개업
립스 (Lips) 1806년 개업

디종 DIJON

밀가루 사용
아카시아 꿀 사용
대표적 부티크: 뮐로 에 프티장
(Mulot & Petitjean) 1796년 개업

원조는 중국

꿀을 넣어 만든 빵의 흔적을 고대에서 찾아볼 수 있지만, 그 기원은 아마도 이미 5세기에 문자 그대로 꿀 빵이라는 뜻의 '미콩 (mi-kong)'을 처음 만들어 먹었던 중국일 것이다.
13세기에 칭기즈칸이 어깨에 메고 다니던 가방에서도 이 빵이 발견되었고, 아랍인들이 중국인들과 물물교환할 때도 이 빵이 있었다. 유럽인들은 십자군 운동 때 이 빵을 처음 접하게 된다.

알고 계신가요?

팽 데피스 (pain d'épices)의 에피스 (épice: 스파이스, 향신료)를 단수로 쓰는 것과 복수로 쓰는 것 중 어느 것이 맞나? 둘 다 허용된다. 단수로 쓸 경우는 한 종류의 스파이스, 복수로 썼을 경우에는 두 가지 이상의 향신료를 썼다고 이해하면 된다. 주로 사용되는 스파이스는 계피, 아니스, 넛멕, 생강, 정향 등이다.

팽 데피스의 기본 모체 반죽은 밀가루, 물, 그리고 꿀로 만든다. 이 반죽을 3주~6개월간 숙성시킨 후 레시피에 따라 만드는 것이 전통적인 수제 제조 방식인데, 오늘날 일반 가정에서 그대로 하긴 쉽지 않다.

'순수한 꿀 (pur miel)'이라는 표시가 되어 있는 것은 이 빵의 단맛을 내는 재료로 100% 꿀만을 사용했음을 뜻한다. 반면 '꿀을 넣은 (au miel)'이라고 명시된 경우는 다른 설탕류도 함께 사용했다는 의미다. '팽 데피스'라는 이름을 붙이려면 단맛을 내는 재료로 꿀을 최소 50% 이상 사용해야만 한다.

디종의 팽 데피스는 전통적인 원형 과자인 노네트 (nonnette: 수녀원에서 부터 만들기 시작한 둥근 모양의 향료가 든 작은 과자)의 형태로 주로 많이 생산되고 있으며, 그 인기가 아주 높다.
이 밖에도 랭스와 로렌에서 리옹에 이르는 여러 지방에서도 팽 데피스를 만나볼 수 있다. 원래 가톨릭 수녀원에서 만들었던 둥근 모양의 작은 과자인 노네트는 겉에 글라사주를 입혔고, 전통적으로 안에는 오렌지잼을 채워 넣었다.
알자스 지방에서는 마치 진저 브레드 쿠키처럼 팽 데피스를 사람 모양으로 작게 만들어 형형색색의 아이싱으로 장식하기도 하는데, 이를 마넬르 (Mannele)라고 부르며, 크리스마스의 전야제 격인 성 니콜라우스 축제 때 서로 주고받는다.

프랑스를 대표하는 지방별
팽 데피스 레시피

렝스 REIMS

에릭 손탁 (Eric Sontag)*

맛의 특징: 촉촉하고 아니스향이 난다.
비밀 레시피: 파스티스 (pastis: 아니스향이 나는 프랑스의 식전주로
알코올 도수는 보통 40도~45도이다)

작은 파운드케이크 사이즈 한 개 분량

조리 시간: 40분

재료

설탕 30g
아카시아 꿀 60g
스파이스 (계피, 아니스, 넛멕) 2.5g
마가린 30g
물 80g
파스티스 20g
오렌지 콩피 30g
레몬 콩피 30g
밀가루 108g
베이킹파우더 9g

만드는 법

냄비에 마가린과 꿀, 설탕, 향신료와
물을 모두 넣고 녹인 뒤 끓인다. 불에서
내린 냄비를 차가운 물에 담가 식힌다.
밀가루를 베이킹파우더와 혼합해 식은
혼합물에 넣는다. 파스티스와 오렌지,
레몬 콩피를 넣고 잘 섞는다. 미리 버터를
바른 파운드케이크 틀에 반죽을 붓고
230℃로 예열한 오븐에 넣어 30분,
오븐의 온도를 160℃로 낮춘 뒤 다시
10분간 굽는다.

* 아틀리에 에릭 L'Atelier d'Eric, 32 rue de Mars,
51100 Reims

알자스 ALSACE

립스 (Lips)*

맛의 특징: 촉촉하며 견과류가 씹힌다.
비밀 레시피: 굵게 다진 아몬드

파운드케이크 사이즈 한 개 분량

휴지 시간: 48시간
조리 시간: 5~10분

재료

밀가루 500g
밤나무 꿀 350g
설탕 150g
팽 데피스용 스파이스 믹스 10~15g
다진 아몬드 170g
레몬 콩피 50g
오렌지 콩피 50g
레몬즙 1~2개분
베이킹소다 10g
물 1컵

만드는 법

약한 불에 꿀을 데우고 물, 설탕, 레몬즙과
모든 재료를 넣는다. 베이킹소다는 맨
마지막에 넣는다. 잘 혼합한 후, 서늘한 곳
(냉장고에는 넣지 않는다)에서 최소
48시간 동안 휴지시킨다. 반죽이 너무
단단하면 물을 조금 넣은 후 다시 반죽한
다. 원하는 두께로 민다. 모형틀로 찍거나
칼로 잘라 원하는 모양을 만들어 버터를
바른 쿠키팬에 놓고, 200℃로 예열한 오븐
에서 팽 데피스가 잘 부풀 때까지 약 5~10
분간 굽는다.
글라사주, 아이싱 (glaçage): 달걀흰자와
슈거파우더, 키르슈 (kirsch: 체리를
증류한 브랜디)를 잘 섞는다.

* Lips, 110 rue Principale, 64140 Gertwiller

프랑슈 콩테 FRANCHE-COMTÉ

베르셀 (Vercel)*

맛의 특징: 꿀의 맛이 강하다.
비밀 레시피: 오리지널 레시피에는 단 한가지의 스파이스, 아니스만 사용된다.

6인분

조리 시간: 50분

재료

밀가루 250g
황설탕 125g
녹색 아니스 가루 1티스푼
베이킹소다 1티스푼
전나무 꿀 150g
(중탕으로 약 30℃ 정도로 데운다)
우유 125g (중탕으로 따뜻하게 데운다)
달걀 1개

만드는 법

오븐을 160℃로 예열한다. 밀가루와
베이킹소다, 설탕, 아니스를 혼합한다.
중탕으로 따뜻하게 녹인 꿀을 넣어 섞는
다. 따뜻하게 데운 우유와 달걀을 넣고
힘있게 잘 섞어 뭉친 덩어리 없이 매끈한
반죽을 만든다. 파운드케이크 틀에 넣고
오븐에 넣어 160℃에서 10분, 이어서
오븐의 온도를 올려 180℃에서 다시
40분간 구워낸다.

* 백 년이 넘는 세월 동안 전해 내려오는 베르셀
(Vercel-Villedieu-le-Camp, Doubs)의 특산물
이다.

디종 DIJON

뮐로 에 프티장 (Mulot & Petitjean)*

맛의 특징: 밀도 높은 텍스처가 쫀쫀한 식감을 주고, 향이 진하다.
비밀 레시피: 달걀 1개

파운드케이크 중간 사이즈 한 개 분량

조리 시간: 약 30분

재료

꿀 250g
밀가루 200g
베이킹파우더 작은 1봉지
비정제 황설탕 50g
물 2테이블스푼
달걀 1개
소금 한 꼬집
스파이스 믹스 10g
(계피, 생강, 정향, 넛멕 가루)

만드는 법

오븐을 190℃로 예열한다. 따뜻한 물에
꿀을 넣어 갠다. 밀가루를 넣고 덩어리
없이 매끈하게 잘 섞는다. 베이킹파우더,
황설탕, 달걀, 소금을 넣고 잘 혼합한 후,
스파이스 가루를 넣는다. 반죽을 잘 섞어
파운드케이크 틀에 넣고 예열된 오븐에
넣어 30~35분 구워낸다. 완성되면 꺼내서
어느 정도 식힌 다음 틀에서 분리한다.

* 뮐로 에 프티장 Mulot & Petitjean,
1 place Notre-Dame, 21000 Dijon.

세상의 기상천외한 음식들

숨을 크게 한번 몰아쉰 다음 이를 꽉 물고 준비하시라. 너무나도 낯선 미식 경험이 될 것이다.
과연 먹을 수 있을지조차 의심되는 전 세계의 희귀한 음식들을 모아보았다.

1 아쿠탁 AKUTAQ
알래스카
순록의 지방, 바다표범 또는 고라니의 기름, 눈(설빙), 베리류로 만든 에스키모의 아이스크림.

2 바다표범의 생 간
캐나다 북극지대
바다표범을 포획한 빙하에서 즉석으로 생 간을 먹기도 한다. 그 맛은 송아지 간과 비슷하고 질감이 꽤 아삭하며 철분 냄새가 강하다.

3 키비악 KIVIAK
그린란드
이누이트들의 전통 식품으로, 바다표범을 잡아 내장을 빼낸 뒤 그 안에 펭귄의 살을 넣고 몇 달 동안 발효시킨 것.

4 케이준 악어 요리
ALLIGATOR CAJUN
미국 뉴올리언스
루이지애나 케이준 스타일 음식. 악어 꼬리를 잘라 마늘 가루를 묻혀 기름에 튀긴다.

5 구사노스 데 마게이
GUSANOS DE MAGUEY
멕시코 와하카
엄지손가락 크기의 흰 애벌레로 바삭하고 얇은 껍질이 있다. 속은 액체이며 단맛이 난다.

6 에스카몰레스 ESCAMOLES
멕시코
개미유충으로 만든 것으로, 아주 귀한 고급 요리로 꼽힌다.

7 이구아나 옥수수 핫도그
PINOL D'IGUANE
니카라과 마나구아
핫도그 빵 속에 이구아나 고기, 파충류의 알, 채소와 구운 옥수수를 넣어 만든다. 붉은색 육류를 먹지 않는 사순절 기간에 니카라과에서 먹는 특별 메뉴.

8 기니피그 튀김, 쿼 착타오
CUY CHACTAO
페루 아레키파
인도의 돼지 품종 중 하나인 쿼 (cuy, co-baye: 기니피그)를 기름에 튀겨서 감자, 옥수수를 곁들여 먹는 이것은 향신료가 들어간 매콤한 요리다. 기니피그는 페루에서 굽거나 훈제해서도 먹는다.

9 하우카르틀, 하칼 HAKARL
아이슬란드
그린란드의 고래 고기를 5~6개월간 땅에 묻어 두었다가 꺼낸 다음, 큼직하게 잘라 2~4개월 동안 매달아 말린다. 현지의 오드비(증류주)인 브레니빈 (Brennivin)과 곁들여 먹는다. 아주 지독한 암모니아 냄새가 난다.

10 블로드플라타르
BLODPLATTAR
스웨덴령 라플란드
순록의 피를 넣은 짭짤한 팬케이크로 그 맛이 아주 강해 물을 넣어 희석해 반죽한다. 팬에 얇게 부쳐 먹는 이 팬케이크는 사육자들의 대표 간식이다.

11 카수 마르주 CASU MARZU
이탈리아, 사르데냐
문자 그대로 썩은 치즈를 뜻하는데, 살아 있는 파리 유충 구더기를 치즈에 넣어 숙성시킨다. 코르시카의 카지유 메르주 (casgiu merzu)도 이와 비슷하다.

12 꿀 개미
중앙 아메리카, 호주, 아프리카
배 속이 꿀로 가득 찬 개미 종류, 바삭하고 달콤한 과자 같은 맛이다.

13 말린 송충이
카메룬, 중앙 아프리카
송충이 애벌레의 내장을 빼내고 훈제하거나 볶아 저장한다. 파스타나 오믈렛에 넣어 먹는다.

14 영양 스튜
RAGOÛT DE KOUDOU
남아프리카 공화국
사바나 대초원의 큰 영양을 말레이식 전통 음식에 넣은 것으로 아프리카의 백인들은 '브레디 (bredie)'라고 부른다. 장시간 끓여 만든 스튜이다.

15 훈제 원숭이 고기
콩고
훈제한 원숭이 고기를 양파, 토마토, 낙화생 페이스트를 넣고 튀긴다. 쌀밥과 플랜테인 바나나를 곁들여 먹는다.

16 박쥐 커리
세이셸 군도
박쥐의 살을 화이트 식초와 레몬에 3시간 동안 담가 재운 뒤, 냄비에 양파, 토마토, 계피 잎, 생강, 마늘, 강황, 가람마살라와 함께 넣고 20분간 익힌다. 작은 뼈가 아주 많고 식감은 토끼 고기와 비슷하며, 닭고기 맛이 난다.

17 파샤 PACHA
이라크 바그다드
양 머리, 양의 발과 내장을 넣고 오랫동안 끓인 음식을 가리키며, 빵 안에 부어 서빙한다.

18 곰 발바닥 튀김
러시아
식초에 곰의 발을 담가 이틀간 재워 놓았다가 익힌 후 라드를 바른다. 밀가루, 달걀, 빵가루를 입혀 튀겨서 매콤한 소스와 레드 커런트 즐레를 곁들인다.

19 마르모트 찜
몽고 대초원
마르모트(다람쥐과 마르모트 속의 설치류)의 대가리를 자르고 피부가 상하지 않도록 조심해서 내장을 빼낸다. 그 안을 고기와 뜨거운 돌로 채운다. 기름과 고기가 골고루 섞인 맛을 내나, 그렇게 동물 특유의 비린 냄새가 강하진 않다.

20 참치 눈알
일본
식료품점에서 주로 한번 끓여 낸 것을 판매한다. 오징어 맛이 난다.

21 고래고기 튀김 (타츠타 아게)
일본
고래의 살을 밀가루, 달걀, 빵가루 튀김옷을 입혀 튀긴 것. 소고기와 참치의 중간 맛이 난다.

22 곰 스테이크
일본 홋카이도
일본에서 귀한 음식으로 치는 수렵육으로 그 소비는 비밀리에 행해지고 있다. 소고기와 오리의 맛이 난다.

23 제비집
홍콩
정확히 말하자면 제비가 아니고 명매기의 아종인 귀제비(제비과의 여름 철새)가 지은 둥지로, 새들이 분비한 점액질로 이루어져 있다. 반투명한 흰색을 띤 이 반구형 둥지는 말려서 채집한 것을 시장에서 구입할 수 있으며, 주로 수프나 콤포트를 만들어 먹는다. 자체의 맛은 무미이지만, 다른 재료의 향이 잘 배어든다.

24 말벌 유충
중국
코코넛 크림에 섞어 먹는 간식으로, 이미 옛 황제들이 즐겨먹었던 별미 음식이다.

25 생쥐 술
중국, 한국
쌀로 만든 술에 생후 3일 미만의 생쥐 새끼를 넣어 담근다. 원기회복에 좋은 약용 음료로 알려져 있다.

26 보신탕
한국 서울
개고기와 채소를 넣고 끓인 탕. 개고기가 더위를 물리치는 데 좋다고 알려져 있어 주로 여름에 즐겨 먹는다.

27 코브라 볶음
베트남 르 맛
생강, 마늘, 목이버섯, 피망 등과 함께 팬에 볶는다. 뱀에 독이 많을수록 살이 더 맛있다고 한다.

28 고양이 볶음
베트남 타이빈
살코기를 작게 잘라서 채소와 함께 볶아, 쌀로 만든 술을 곁들여 먹는다.

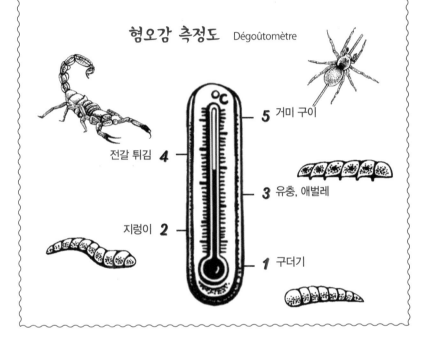

곤충을 식품으로 L'entomophagie

인간이 식용으로 곤충을 먹는 것을 뜻한다. 전통적으로 이 식습관은 라틴아메리카, 아시아, 아프리카에서 주로 행해졌다. 프랑스는 어떠한가? 1997년 유럽 연합은 곤충을 새로운 식재료로 인정해 판매할 수 있도록 법령으로 허가했다.
곤충의 섭취가 점점 더 일반화되고 있는 추세이긴 하지만, 아직도 벌레를 먹는다는 것은 비위가 상한다고 생각하는 이들이 많다. 한편에서는 식용 곤충이야말로 친환경 측면에서 좋은 선택일 뿐 아니라 경제적으로도 상당히 매력적이라고 확신하고 있다. 곤충을 기르는 것은 환경을 덜 오염시킬 뿐 아니라, 그리 큰 투자도 필요로 하지 않는다. 게다가 단백질이 풍부하고 콜레스테롤이 없으니 영양 측면에서도 아주 우수하다. 이러한 장점을 그대로 보존하기 위해서는 곤충을 끓이거나 튀겨야 한다. 프랑스에서 가장 많이 소비되는 곤충 종류로는 집 귀뚜라미와 거저리(밀가루에 꼬이는 벌레)가 있다.

혐오감 측정도 Dégoûtomètre

- 5 거미 구이
- 전갈 튀김 4
- 3 유충, 애벌레
- 지렁이 2
- 1 구더기

29 거미 튀김
캄보디아
땅거미를 튀겨서 그냥 먹거나 소스에 찍어 먹는다. 바삭하고 고소한 헤이즐넛 맛이 살짝 나며, 게살, 나무의 향미를 풍긴다.

30 병아리 꼬치
필리핀 부수앙가섬 코론
주로 수컷 병아리를 바비큐 양념에 재워 굽거나 튀긴다. 식감이 건조하고 별로 맛이 없다.

31 캥거루 꼬리 수프
호주
캥거루 꼬리는 수프의 베이스로 아주 좋은 식재료다. 살은 아주 연하고 기름이 많지 않아 콜레스테롤 함량이 낮다. 어린 노루 고기와 비슷한 맛이 난다.

상원의원 테스틀랭*의 풍뎅이 포타주

"풍뎅이는 해가 거의 없을 뿐 아니라 오히려 장점이 많습니다. 풍뎅이를 이용하여 맛있는 포타주 만드는 방법을 알려드리겠습니다 (웃음소리와 약간의 웅성거림). 우선 풍뎅이를 으깬 다음 체에 넣습니다. 농도가 연한 포타주를 원한다면 체 위로 물을 부어 주십시오. 보다 진한 풍미의 포타주를 원한다면 여기에 육수를 넣어줍니다. 이렇게 만든 포타주는 맛이 훌륭하여 미식가들이 아주 좋아하지요." (감탄과 웃음)

* 아쉴 테스틀랭 (Achille Testelin). 1878년 2월 12일 상원의회에서. 프랑스 공화국『주르날 오피시엘 (Journal Officiel)』

보리에서 맥주로

엘리자베스 피에르 Elisabeth Pierre

소규모 수제 맥주 생산, 새로운 맛 개발, 친환경 보리 재배, 지역 맥주 소비 등 맥주 제조 관련 분야가 전성기를 맞아 더욱 활기를 띠고 있다.
맥주 전문 소믈리에가 추천하는 병맥주의 세계로 초대한다.

Made in France

그녀가 추천하는 지역 맥주 베스트 20

맥주 안내자

보리 소녀라는 애칭으로 더 알려진 맥주 소믈리에 엘리자베스 피에르. 그녀는 맥아 곡류의 즙을 발효시켜 얻은 음료인 맥주의 맛을 감별하는 전문가이다. 20여 년간 맥주업계 전문가를 양성해 오고 있을 뿐 아니라, 대중들에게 맥주를 소개하는 책*을 출간하였고, 양조장이 있는 곳이면 어디나 직접 발로 뛰어 찾아다니고 있다. 특히 마이크로 브루어리(소규모 자가 양조업체)가 점점 늘고 있는 프랑스의 여러 지방을 직접 방문하며 그들이 만든 고품질의 수제 맥주를 시음하고 소개하고 있다.

지역 맥주 살리기

1985년부터 맥주 양조업이 부활하기 시작하여 2000년대 이후로는 북미를 비롯한 거의 모든 나라에서 그렇듯이 프랑스도 그 성장속도가 점점 빨라지고 있다. 2015년에는 730개의 지역 양조장이 맥주 애호가들의 많은 사랑을 받았다. 선두 주자인 론 알프 (Rhône-Alpes) 지방을 브르타뉴가 바짝 뒤쫓고 있다.
단순한 양적 팽창을 떠나서, 다양한 개성과 경험을 가진 개인 양조업자들의 창의력도 이 맥주의 새로운 인기몰이에 한 몫을 하고 있다. 대부분이 소규모인 이 생산자들은 전통 맥주뿐 아니라, 이를 새롭게 개발하여 더욱 선택의 폭이 넓어진 맛을 선사하고 있다. 공통적인 특징은 모두 한 특정 지역에 속해, 가능하면 가까운 거리에서 생산하고 소비하는 사이클을 추구한다는 것이다. 이들은 또한 고품질의 맥아를 얻기 위한 보리 재배 및 기술 개발에 노력을 기울이고 있고, 더 나아가 지역 일자리 창출에도 기여함으로써 각 지방 경제 활성화의 원동력이 되고 있다.

블랑슈 누아르 Blanche Noire
아르말테 양조장 Brasserie Artmalté, Annecy (Haute-Savoie)
흰색, 담황색(페일, 바이젠weizen), 또는 호박색 (dunkelweizen)의 맥주를 생산한다. 로스팅한 보리 맥아가 이 맥주의 어두운 색을 낸다. 리미티드 에디션.

알코올 도수: 5%
분류: 로스팅 맥아 맥주
외형: 불투명한 검은색, 짙은 베이지색의 밀도 높은 거품
향: 로스팅한 곡류, 바나나, 이스트
맛: 약간의 산미를 지닌 부드러움, 로스팅한 맛, 스파이스 터치
느낌: 부드러우며, 초콜릿이 연상됨.
시음 온도: 6~8℃
맛 접근성: 쉬움
음식 매칭: 데친 흰살 생선, 톰 드 사부아 (tomme de Savoie) 치즈, 산딸기 트리플 (triffle: 유리병이나 컵에 과일과 케이크, 크림 등을 층층이 넣어 만드는 디저트)

그리요틴 Griottines
루제드 릴 양조장 Brasserie Rouget-de-Lisle, Bletterans (Jura)
프랑슈 콩테 지방의 이 맥주는 쥐라 (Jura)의 양조업자와 오트 손 (Haute-Saône)의 체리 생산자의 협업으로 만들어졌다.

알코올 도수: 5%
분류: 과일향이 나는 보리맥주
외형: 산딸기색, 핑크색의 고운 거품
향: 곡류, 체리, 건자두, 스파이스, 계피
맛: 부드러운 목 넘김, 고운 거품, 가벼운 산미, 로스팅한 맛, 스파이스, 아몬드 페이스트
느낌: 과일향의 새콤함.
시음 온도: 8℃
맛 접근성: 쉬움
음식 매칭: 오리 가슴살 타다키, 닭간 샐러드, 반 숙성 염소치즈 (chèvre demi-frais), 초콜릿 무스

케르쥐 Kerzu
안알라슈 양조장 Brasserie AnAlach, La Feuillée (Finistère)
흑맥주는 모두 무겁고 쓰다는 편견을 깨트린 크리미 스타우트의 대표주자.

알코올 도수: 7%
분류: 스타우트 맥주의 모든 특성이 다 살아 있음.
외형: 불투명한 검은색, 에스프레소 색깔의 크리미한 거품
향: 로스팅한 향, 다크 초콜릿, 붉은 베리류 과일, 스파이스, 바닐라, 숲의 향기
맛: 크리미한 텍스처, 우마미(감칠맛)와 다크 초콜릿의 쓴맛, 로스팅한 맛, 훈연의 맛
느낌: 초콜릿의 쌉싸름함.
시음 온도: 8~10℃
맛 접근성: 애호가
음식 매칭: 그릴드 비프, 블루 치즈, 크렘 브륄레

스테파니 알테르마트 (Stéphanie Altermatt)는 프랑스의 클래식 맥주이면서 잘 알려지지 않은 종류에 대해 연구하기 시작했다. 스모크 비어(라우흐비어 rauchbier, 하면발효), 이탄 맥주(하면발효), 필스너 맥주 등이 해당되는데 특히 필스너 스타일은 단순한 일반 라거 맥주 종류로 가볍게 인식되지만, 사실 맥아와 호프의 함량이 정확히 명시되어 있어, 호프가 더 많이 함유된 다른 맥주나 진한 색의 맥주들과는 달리 양조업자의 작은 실수도 용납되지 않는 맥주이다. 그녀는 양조 입문 강의와 현장 실습 등을 이끌고 있으며, 양조 기술 전수와 교육에 힘쓰고 있다.

브뤼노 망쟁 (Bruno Mangin)은 레스토랑 운영자 출신의 양조업자다. 그는 1994년 쥐라 (Jura) 지역에서 생산되는 재료인 용담 뿌리, 쓴 쑥의 일종인 압생트, 그리요틴 체리 등을 사용하여 맥주를 생산하기 시작했는데, 심지어 오크통도 쥐라 지방의 포도주(뱅존, 사바냉 등)를 숙성했던 것으로 선택했다. 그는 프랑스에서 나무통에 3년 이상 숙성시킨 맥주를 만들어낸 최초의 양조업자 중 하나다.

지역의 독립 양조장을 옹호하는 선두주자인 자비에 르프루스트 (Xavier Leproust)는 1998년부터 바디감 있고 부드러운 흑맥주 등 개성있는 맛의 맥주를 생산해 오고 있다. 「트리 마르톨로 (Tri Martolot)」양조장에 붙어 있는 그의 양조시설은 라 푀이예 (La Feuillée)의 넓은 공간에 자리하고 있어, 영국 맥주의 전통 안에서 더 많은 맥주를 생산할 수 있는 좋은 환경에 있다.

* Le Guide Hachette des Bières et Bièrographie. Comprendre tout l'univers de la bière en un clin d'oeil, Anne-Laure Pham, Mélody Denturck과 공저. Hachette 출판.
Bière. Leçons de dégustations, Elisabeth Pierre 지음. La Martinière 출판. www.filledelorge.com

페일 에일 Pale Ale

생 제르맹 양조장 Brasserie Saint Germain, Aix-Noulette (Pas-de-Calais)
호프의 함량이 아주 높은 일드가르드 (Hildegarde)로 유명한 이 양조업체는 파주24 블랙 에디션 (Page24 Black Edition)라인 출범을 통해 페일 에일, IPA, 스타우트, 포터, 발리 와인 (Barley Wine: 상면 발효방식으로 생산되는 높은 도수의 영국식 스트롱 에일 맥주)등 영국의 전통 스타일 맥주를 본격적으로 선보이게 되었다.

알코올 도수: 4.9%
분류: 영국식 페일 에일
외형: 밝은 호박색을 띤 황금색, 흰색의 섬세한 거품
향: 풀향기, 과일(오렌지, 레몬), 로스팅한 맥아
맛: 바디감 있는 부드러운 텍스처, 로스팅한 곡류, 구운 빵, 헤이즐넛, 과일과 풀의 쌉쌀함, 피니시가 짧음.

IPA 레 트루아 루 Les Trois Loups

레 트루아루 양조장 Brasserie Les Trois Loups, Trélou-sur-Marne (Marne)
전형적인 IPA 스타일을 개성 있게 재해석해, 호프 (hop)를 넉넉히 넣으면서도 맥아가 전체를 압도하는 스타일의 맥주를 만들고 있다.

알코올 도수: 7%
분류: 프랑스식 IPA
외형: 황금색, 크리미한 흰색 거품
향: 풀향기, 과일(포도), 꽃향기
맛: 진하고 부드러운 텍스처, 아삭한 곡류 베이스의 맛, 길게 이어지는 쌉싸름한 맛, 복합적인 맛.
느낌: 쌉싸름함, 과일향.
시음 온도: 6℃
맛 접근성: 쉬움

트리플 호프 Triple Houblon

도피네 아티장 양조장 Brasserie artisanale du Dauphiné, Saint-Martin-d'Hères (Isère)
양조장 개업 10주년 기념 맥주. 호프의 종류는 양조통에 따라 다르게 사용하고 있으며, 아로마 호프 추가 작업을 3번에 걸쳐 진행하는데 그중 한 번은 콜드 방식으로 한다. 호프가 추가로 들어간 이 에일 맥주는 참나무 조각을 넣어 보관하여 향이 배어 있다.

알코올 도수: 6.5%
분류: 호프 첨가 호박색 에일
외형: 호박색. 아이보리색 거품
향: 과일(열대과일), 스파이스
맛: 강한 맛, 곡류 베이스, 쓴맛이 풍부하고 여운이 길다. 복합적인 맛.
느낌: 과일풍미, 쌉싸름함.
시음 온도: 6℃
맛 접근성: 쉬움
음식 매칭: 생선 세비체, 타르티플레트 (Tatiflette:

아발랑슈 헤페 바이젠 Avalanche Hefe Weizen

갈리비에 양조장 Brasserie Galibier, Valloire (Savoie)
프랑스에서 흔하지 않은 타입인 효모를 넣은 밀맥주 중의 하나로, 라벨에 헤페 바이젠 (hefe weizen)이라고 맥주 타입이 명시되어 있다.

알코올 도수: 5%
분류: 효모를 넣은 밀맥주(헤페 바이젠)
외형: 뿌연 우윳빛깔, 오래 지속되는 거품.
향: 과일(바나나, 사과), 스파이스, 바닐라
맛: 적당한 산미, 시트러스, 과일의 달콤한 맛, 끝맛의 여운이 짧은 편이다.

느낌: 달콤 쌉싸름함.
시음 온도: 6℃
맛 접근성: 애호가
음식 매칭: 연어 그라블락스, 꿀을 발라 구운 돼지갈비, 숙성된 염소 톰 치즈 (tomme de chèvre affinée).
생 제르맹 양조장의 3명의 양조업자 **뱅상과 스테판 보가에르** (Vincent et Stéphane Bogaert), **에르베 데캉** (Hervé Descamps)은 2003년 이후 프랑스 플랑드르 지방에 속한 지역 양조장임을 자처하며, 북부지역에서 생산되는 원재료만을 사용하여 맥주를 생산하고 있다. 최근 유행하는 높은 호프 함량의 맥주보다 훨씬 더 이전에 유행했던 쓴맛이 돋보이는 맥주를 만들기 시작했다.

음식 매칭: 스파이시 새우 요리, 태국 소스 생선요리, 크리미한 연성 치즈
실뱅 앙리에 브느이스트 (Sylvain Henriet-Benoist)는 2009년 트레루 쉬르 마른 (Trélou-sur-Marne)의 앤 (Aisne)에서 가장 큰 샹파뉴 포도밭이 있는 작은 마을에 그의 양조장을 만들고 정착한다. 조용한 성격에 검손하지만 열정만큼은 최고인 양조업자 실뱅은 제빵사 장인들과 마찬가지로 자신도 맥주를 만드는 장인으로 인정받기를 원한다. 그는 맥아와 호프의 매력을 모두 즐길 수 있는 맥주를 생산하여 대중들에게 큰 인기를 얻고 있다.

감자와 르블로숑 치즈, 양파, 베이컨 등을 넣은 그라탱 요리), 르블로숑 치즈 (reblo-chon), 크레프 쉬제트 (crêpe suzette: 크레이프에 버터와 설탕, 버터, 오렌지즙으로 만든 소스를 곁들인 프랑스 디저트. 그랑 마르니에로 플랑베하여 서빙하기도 한다).
뱅상 가셰 (Vincent Gachet)는 2002년부터 지역 특색이 강한 개성 있는 맥주 제조에 열중하고 있다. 그중 가장 독특한 것은 최초로 선보인 호두맥주이며, 이 밖에도 마른 솔잎을 넣은 에일 맥주, 도피네 (Dauphiné) 꿀을 넣은 맥주, 샤르트뢰즈 산악지대 (massif de la Chartreuse)의 7가지 식물을 넣은 밀맥주 등이 있다. 이 지역에서 생산되는 치즈류와 아주 좋은 궁합을 이룬다.

느낌: 과일풍미, 달콤 쌉싸름함, 가벼운 산미의 청량함.
시음 온도: 6℃
맛 접근성: 쉬움
음식 매칭: 생선 커리, 르블로숑 치즈, 레몬 타르트
브리스 르 게넥 (Brice Le Guennec)이 발로아르 (Valloire)의 빙하수로 만드는 이 고지대의 맥주는 그가 특별히 좋아하는 호프를 맥아만큼이나 세심하게 조절해 넣어가며 여러 번의 시행착오를 거쳐 만들어냈다.

앵솜뉘 Insomnuit

라 랑트 루즈 양조장 Brasserie La Rente Rouge, Chargey-les-Gray (Haute-Saône)
부르고뉴 와인 뉘 생 조르주 (Nuit-Saint-Georges)를 숙성한 오크통에서 6개월간 숙성시킨 아름다운 갈색의 맥주.

알코올 도수: 7%
분류: 브라운 에일
외형: 검은색, 오래 지속되는 베이지색 거품
향: 로스팅 향, 포도주 풍미.
맛: 부드러움, 로스팅 풍미, 커피, 나무향, 흙냄새
느낌: 드라이, 나무향
시음 온도: 12~14℃
맛 접근성: 전문가
음식 매칭: 푸아그라, 망고 판나코타

아주 깊은 시골 라 랑타 루즈 (La Renta Rouge)라는 마을에 정착한 **마티유 베르나르** (Mathieu Bernard)는 그의 양조장을 거주지로 삼아 생활하고, 맥주 강의도 하고 있으며, 양조통의 맥주가 숙성되는 때에 맞춰 방문하는 고객들을 맞이하거나 테마를 정한 파티를 열기도 한다. 지역 양조업자들이 함께 마을에 활기를 더하고, 맥주를 더 널리 알리는 역할을 하고 있다.

망뒤비엔 브륀 Mandubienne brune

트루아 퐁텐느 양조장 Brasserie des Trois Fontaines, Bretenière (Côte-d'Or)
망뒤비엔 맥주의 이름은 이 지역의 옛 갈리아 (Gaules) 부족인 망뒤비엥의 이름을 따온 것이다. 브루고뉴의 파인 다이닝 식당 대부분이 메뉴에 갖추고 있는 맥주다.

알코올 도수: 7%
분류: 브라운 에일
외형: 짙은 갈색, 카페오레 색깔의 풍부한 거품
향: 캐러멜, 커피, 붉은 과일류
맛: 부드러운 맛, 로스팅 맛, 가벼운 산미
느낌: 커피의 쌉쌀한 맛
시음 온도: 6℃
맛 접근성: 쉬움
음식 매칭: 연어 타다키, 소고기 조림 찜, 브리야 사바랭 치즈, 브라우니

양조업자 **페기**와 **비르질 베르티오** (Peggy et Virgile Berthiot)를 만나려면 부르고뉴 와이너리의 메인 로드를 따라 가다가 즈브레 샹베르탱 (Gevrey Chambertin)에서 몇 킬로미터 떨어진 곳에 위치한 트루아 퐁텐느 양조장으로 가면 된다. 이곳에서 그들은 2001년부터 직접 수작업으로 맥주 제조를 하고 있다.

졸리 루즈 들장미 에일
Joli Rouge ambrée au cynorhodon

졸리 루즈 양조장 Brasserie Joli Rouge, Canals (Tart-et Garonne)

이 양조장 제품 중 레드라벨 라인에 속하는 이 맥주는 특별한 아로마가 첨가된 것 중 하나다. 같은 계열 제품으로 이 밖에도 히비스커스 화이트 에일, 오트밀과 카카오를 첨가해 양조한 흑맥주인 코코아 오트밀 스타우트 등이 있다.

알코올 도수: 5%
분류: 호박색 가향 에일
외형: 약간 뿌연 호박색
향: 씨앗, 스파이스, 과일
맛: 달콤함, 과일의 쌉쌀한 맛, 풀과 꽃향기
느낌: 드라이, 산미.

시음 온도: 6℃
맛 접근성: 쉬움
음식 매칭: 채소 파이, 생선 구이, 시트러스 과일을 넣은 치즈케이크.

프롱통 (Fronton) 포도밭 중앙에 둥지를 튼 **얀 강뉴롱** (Yann Gangneron)은 계절에 따라 필스너, 비터, IPA 맥주를 번갈아 생산한다. 또한 프랑스에서 많이 사용하지 않는 들장미 열매, 히비스커스, 카카오 등 독특한 아로마를 첨가해 마치 요리사처럼 독창적인 그만의 맥주를 만들어내고 있다.

고질라 Gose'illa

쉴로즈 양조장 Brasserie de Sulauze, Miramas (Bouches-du-Rhône)
북미 출신의 양조업자들이 옛 독일 스타일의 맥주를 오늘날의 입맛에 맞게 재해석해 만들어낸 것으로, 밀 맥아, 소금, 코리앤더로 만들었고 유산균을 추가해 산미를 더했다.

알코올 도수: 5%
분류: 고제 비어 (Gose)
외형: 연한 황색
향: 포도주, 백포도, 소비뇽 블랑
맛: 강한 첫 맛, 신맛, 짠맛, 스파이스
느낌: 뚜렷한 맛, 짭쪼름함.

시음 온도: 6℃
맛 접근성: 쉬움
음식 매칭: 레몬과 고수로 마리네이드한 연어, 프레시 염소치즈 (brousse) 샐러드.

기욤 다비드와 쥘리엥 공다르 (Guillaume David et Julien Gondard)는 장작불을 사용하며, 바이오다이내믹 방식으로 항상 일정하고 오차 없는 맥주를 제조한다. 또한 그 지역에서 생산되는 재료만을 사용하는 것을 철칙으로 삼고 있다.

코스나르드 스타우트 Caussenarde Stout

라 코스나르드 마스 앙드랄 농장 및 양조장
Ferme brasserie La Caussenarde Mas Andral, Saint-Beaulize (Aveyron)
프랑스식 농가에서 양조한 스타우트 맥주.

알코올 도수: 4.5%
분류: 스타우트
외형: 불투명한 검은색, 오래 지속되는 베이지색 거품.
향: 커피, 엔다이브, 뿌리 채소, 흙, 나무
맛: 크리미한 텍스처, 밀크 커피 맛, 카카오의 쓴맛, 생생한 초콜릿의 풍미가 오래간다.
느낌: 가벼움, 상큼함.

시음 온도: 6℃
맛 접근성: 쉬움
음식 매칭: 그릴드 비프, 로크포르 치즈, 초콜릿 타르트.

2009년부터 **아망딘**과 **바티스트 오게** (Amandine et Baptiste Augais)는 농장과 양조장을 함께 운영하고 있다. 젖을 짜는 양 500마리를 키우고 있으며, 직접 곡식을 재배해 맥아를 만들고 양조한다. 홉도 직접 재배하고 여름엔 판매도 한다. 진정한 테루아 (terroir) 맥주를 만드는 곳이다.

트리플 버즈 Triple Buse

질베르 양조장 Brasserie Gilbert's, Rabastern (Tarn)
새로운 타입의 맥주를 만들어내는 것은 흔치 않은 일이다. 이 맥주는 타른 (Tarn)의 트리플 호프 라거 맥주라고 불러야 할 것이다.

알코올 도수: 9%
분류: 트리플 인디아 라거 (triple india lager)
외형: 뿌연 오렌지 톤의 황금색
향: 과일, 꽃
맛: 부드러운 목 넘김, 뚜렷한 쓴맛, 과일향, 시트러스향
느낌: 부드러움, 쌉쌀한 맛.
시음 온도: 6~8℃
맛 접근성: 애호가
음식 매칭: 아스파라거스, 마요네즈 소스의 연어

마르시알 방담 (Martial Vandamme)의 맥주는 그의 창조적 아이디어와 엄격한 정확성을 바탕으로 하고 있다. 스타우트 임페리얼 (Stout Impérial)이나 발리 와인 (Barley Wine: 상면 발효방식으로 생산되는 높은 도수의 영국식 스트롱 에일 맥주) 등 개성 있고 실험적인 맥주를 만들어 대중들에게 선보이고 있다.

발미 블랑슈 Valmy blanche

오르주몽 양조장 Brasserie d'Orgemont, Sommepy-Tahure (Marne)
샹파뉴 지방 출신의 양조업자가 보리 맥아, 귀리, 밀을 섞어 재탄생시킨 밀맥주.

알코올 도수: 5%
분류: 벨기에 스타일 밀맥주 (위트비어 witbier)
외형: 밝은 황색, 풍부한 흰색 거품
향: 곡류, 스파이스
맛: 크리미한 텍스처, 산미, 곡류, 빵, 풀향기
느낌: 달콤 쌉싸름함.
시음 온도: 6~8℃
맛 접근성: 쉬움
음식 매칭: 아스파라거스, 해산물, 프레시 염소치즈

2001년부터 농작물 재배와 양조업을 함께 해오고 있는 **장 베르트랑 귀요** (Jean-Bertrand Guyot)는 원재료 생산부터 에너지 공급 등 모든 과정을 자율적으로 해내고 있다. 태양광 발전 패널, 바이오매스 맥주 제조기, 정화 시설, 펌프관 등을 자체적으로 갖추고 있으며, 자급형 생태순환적 농림축산업 방식인 아그로포레스트리 (Agroforestry) 농법을 사용하는 등 고정관념을 깬 새로운 방식을 도입한 양조업의 선구자다.

생 조르주 블롱드
Saint-Georges blonde

생 조르주 양조장 Brasserie Saint-Georges, Guern (Morbihan)
페일 에일 스타일을 재해석한 브르타뉴의 블론드 맥주

알코올 도수: 4.7%
분류: 페일 에일
외형: 황금색, 풍부한 흰색 거품
향: 꽃, 과일, 열대과일, 붉은 베리류 과일
맛: 뚜렷한 맛, 풀 향기의 쌉쌀한 맛, 곡류
느낌: 쌉쌀함, 곡류의 단맛.
시음 온도: 6~8℃
맛 접근성: 쉬움

음식 매칭: 훈제 연어, 뮌스터 치즈, 초콜릿 디저트

제롬 쿤츠 (Jérôme Kuntz)가 이 지역에서 생산된 원재료로 만드는 맥주에는 "자연과 발전 (Nature et progrès)"이라는 라벨이 붙어 있다. 그는 프랑스어 명칭을 붙여 전통적인 생산 스타일을 라벨에 명확히 표시하는 몇 안 되는 양조업자 중 하나이다. 적갈색 (rousse)의 맥주는 알트비어 (altbier), 갈색 (brune) 맥주는 포터 (porter), 호박색 (ambrée)을 띤 맥주는 스코치 에일 (scotch ale)이다.

비자주 팔 그리즐리
Visage Pâle Grizzly

그리즐리 양조장 Brasserie du Grizzly, Aubière, Puy-de-Dôme
미국 방식으로 제조한 오베르뉴 지방의 페일에일 맥주.

알코올 도수: 5.1%
분류: 미국 페일 에일
외형: 짙은 구리빛을 띤 호박색
향: 과일꽃 향, 열대과일
맛: 강렬한 맛, 풀의 쓴맛, 곡류, 시트러스, 팽 데피스, 캐러멜, 호두
느낌: 곡류의 쌉싸름함과 단맛
시음 온도: 6~8℃
맛 접근성: 쉬움
음식 매칭: 생강과 고수를 넣은 생선 요리, 뮌스터 치즈, 피스타치오 민트 케이크

캘리포니아 출신인 **저스틴 로트** (Justin Lott)는 클레르몽 페랑 (Clermont-Ferrand)에 자신의 양조장 '그리즐리 브루어리'를 열었다. 이전에 요리사였던 그는 모든 스타일의 맥주에 관심이 많았고, 마치 요리할 때와 동일한 열정과 테크닉, 정확성으로 훌륭한 질의 맥주를 만들어내고 있다.

블랑슈 테레네즈 Blanche Térénez

르 부뒤몽드 양조장
Brasserie du Bout du monde, Rosnoën, presqu'île de Crozon, Finistère
바닷가에서 아페리티프로 즐기거나 갑각류 등의 해산물에 곁들이기에 이상적인 맥주 스타일.

알코올 도수: 4.7%
분류: 벨기에 타입의 밀맥주 (위트비어 witbier)
외형: 뿌옇고 연한 황색, 크리미한 흰색 거품
향: 곡류, 시트러스, 스파이스
맛: 벨벳같이 부드러운 텍스처, 산미, 과일 맛, 시트러스, 스파이스 맛이 도드라짐.
느낌: 부드러운 산미

시음 온도: 6~8℃
맛 접근성: 쉬움
음식 매칭: 해산물, 생선 구이, 샐러드, 염소치즈

지구를 몇 바퀴 여행한 항해사 출신인 **올리비에 랄르망** (Olivier Lallemand)은 2013년 크로종 반도 (presqu'île de Crozon)에 정착해 맥주 양조를 시작했다. 특이하게도 옛날 군수품 지하 창고를 개조해 만든 그의 양조장은 넉넉한 공간과 이상적인 보관 온도 등으로 좋은 환경이지만, 방문하여 둘러보기는 그리 쾌적하지 않은 단점이 있다.

비에이유 브륀 빈티지 2014
Vieille Brune millésime 2014

티리에 양조장
Brasserie Thiriez, Esquelbecq, Nord
레드와인을 숙성했던 오크통에 넣어 6개월간 숙성한 2014년 2월 제조 다크 에일 맥주.

알코올 도수: 5.8%
분류: 오크통 숙성 다크 에일
외형: 짙은 갈색, 베이지색 거품
향: 초콜릿, 붉은 베리류 과일, 나무 향
맛: 로스팅한 맥아 맛, 신맛, 과일, 블랙베리류 과일, 발사믹 터치
느낌: 나무향, 로스팅.

시음 온도: 10~12℃
맛 접근성: 전문가
음식 매칭: 테린류, 수렵육

다니엘 티리에 (Daniel Thiriez)는 1996년부터 에스켈벡 (Esquelbecq)에서 호프가 첨가되고, 알코올 농도는 그리 높지 않은 드라이하고 개성 넘치는 맥주를 생산해내고 있다. 작은 것이 아름답다는 철학을 가진 그는 벨기에, 미국, 퀘벡, 영국의 맥주들로부터 영감을 얻어 지금 유행이 번지기 훨씬 이전부터 동료들과 의기투합하여 호프 첨가 맥주를 생산해 온 1세대 양조업자다.

라 페를르 당레비뉴
La Perle dans les vignes

아르츠네르 양조장 Brasserie Artzner, Strasbourg (Bas-Rhin)
알자스 지방의 와이너리와 크래프트 비어 브루어리가 만들어 낸 맥주로 전통 방식의 보리 맥아즙 3/4과 말렌하임 (Marlenheim)의 와인 메이커 로맹 프리츄 (Romain Fritsch)가 수확한 2012년산 리슬링과 게부르츠트라미너 포도즙을 1/4을 넣어 만든 맥주다.

알코올 도수: 7.7%
분류: 가향 페일 에일
외형: 황금색, 입자가 미세한 흰색 거품
향: 과일, 멜론, 포도
맛: 과일의 단맛
느낌: 리큐어와 같은 단맛, 과일향
시음 온도: 6~8℃
맛 접근성: 쉬움
음식 매칭: 푸아그라, 스투르델 (strudel: 필로 페이스트리에 주로 사과를 채워 넣고 말아 구운 디저트), 치즈 타르트

크리스티앙 아르츠네르 (Christian Artzner)는 2009년 자신의 고조부의 맥주였던 페를 맥주를 다시 선보였다. 그는 스트라스부르에 맥주 양조장을 열어 꿈을 구체적으로 실현해 나가고 있다.

테켈 불 Teckel Bull

오 뷔에슈 양조장 Brasserie du Haut Buëch, Lus-la-Croix-Haute, Drôme
발트 해 연안 국가의 전통 스타일인 포터맥주 (porter).

알코올 도수: 9.5%
분류: 발트식 포터 맥주, 하면발효
외형: 검은색, 모카색 거품
향: 로스팅 향, 말린 과일, 커피
맛: 부드러움, 리큐어의 단맛, 커피와 풀의 쓴맛, 블랙 베리류 과일
느낌: 리큐어와 같은 달콤함

시음 온도: 10~12℃
맛 접근성: 애호가
음식 매칭: 푸아그라, 비프 스튜, 로크포르 치즈

농작물을 재배하던 **다비드 데마르** (David Desmars)는 맥주의 매력에 이끌려 라 자르자트 (La Jarjatte)라는 마을 산골에 양조장을 만든다. 여러 가지 맥주 스타일을 연구한 그의 열정적인 노력으로 스모크 밀맥주인 프랑스식 그라체 (Grätzer)가 최초로 탄생했다.

오리엔탈 요리

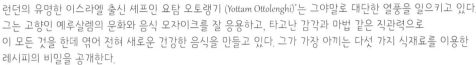

런던의 유명인 이스라엘 출신 셰프인 요탐 오토랭기 (Yottam Ottolenghi)'는 그야말로 대단한 열풍을 일으키고 있다. 그는 고향인 예루살렘의 문화와 음식 모자이크를 잘 응용하고, 타고난 감각과 마법 같은 직관력으로 이 모든 것을 한데 엮어 전혀 새로운 건강한 음식을 만들고 있다. 그가 가장 아끼는 다섯 가지 식재료를 이용한 레시피의 비밀을 공개한다.

가지
거의 태우다시피 익힌다.

"가지는 반드시 오래 익혀야만 한다. 나는 가지를 세로로 이등분하거나 길게 슬라이스한 뒤 올리브오일을 넉넉히 뿌려 200~220℃ 오븐에서 45분 정도 굽는다. 다진 양고기와 향신료, 잣, 소량의 토마토 페이스트를 팬에 넣고 볶는다. 이것으로 구운 가지의 속을 채운다. 혹은 가지를 가스 불에 직접 그을려 거의 태우다시피 익혀도 좋다. 특히 가지 캐비아 (caviar d'aubergine)를 만들 때는 이렇게 불에 구운 스모크향이 꼭 필요하다. 여기에 석류 알갱이, 마늘, 레몬을 넣고 섞어 서빙한다. 아마도 금방 접시가 깨끗하게 비워질 것이다!"

병아리콩
갈아서 또는 통째로 사용한다.

"물론 마른 병아리콩을 하룻밤 물에 담가 불려 사용하는 것을 훨씬 더 좋아하지만, 급할 때는 이미 익힌 통조림 콩을 사용해도 무방하다. 우리가 아주 좋아하는 레시피를 공개한다. 팬에 올리브오일을 두르고 병아리콩을 다진 양파, 큐민, 레몬즙, 소금과 함께 넣고 볶는다. 프레시 염소치즈와 곁들여 먹으면 훌륭한 애피타이저가 될 것이다."

자타르(zhatar)
만능 향신료

"말린 허브와 스파이스 믹스. 수막 (sumac: 옻나무 열매), 타임, 마조람, 오레가노, 흰 참깨를 혼합해 만든다. 톡 쏘는 듯한 복합적인 향이 특징이다. 따뜻한 피타 브레드에 올리브오일을 살짝 뿌리고 그 위에 자타르를 뿌려 먹으면 든든한 간식이 된다. 또한 자타르를 레몬즙에 섞어 닭고기나 양고기에 발라 재웠다가 구워도 맛있고, 호박 등 제철 채소를 도톰하게 잘라 자타르를 골고루 얹고 올리브오일을 듬뿍 뿌린 뒤, 마늘을 껍질째 넣고 오븐에 구워도 아주 좋다."

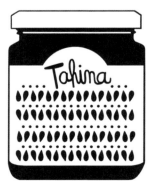

고추와 마늘을 넣은 브로콜리 구이
Brocolis grillés au piment et à l'ail

2~4인분

재료

브로콜리 2송이 (500g 정도)
올리브오일 115ml
얇게 저민 마늘 4톨
맵지 않은 붉은 고추, 잘게 썬 것 2개
굵은 천일염
흑후추
데코레이션
구운 아몬드 슬라이스
껍질째 얇게 썬 레몬 슬라이스

만드는 법

브로콜리는 줄기를 조금 남긴 채 먹기 좋은 크기로 잘라 준비한다. 냄비에 물을 끓인 후 브로콜리를 넣어 2분간 데친다. 건져서 재빨리 얼음물에 넣어 더 이상 익지 않도록 한 다음 식으면 건져 물기를 완전히 뺀다. 볼에 브로콜리를 담고 올리브오일 40ml와 소금, 후추를 넉넉히 뿌려 잘 섞어준다. 무쇠 그릴팬을 5분 정도 센 불에 올려 아주 뜨겁게 달군 다음, 브로콜리를 굽는다. 골고루 구운 자국이 나도록 중간중간 뒤집어준다. 내열 용기에 브로콜리를 담고 나머지 브로콜리도 계속해서 구워낸다.
브로콜리를 굽는 동안 작은 소스팬에 나머지 올리브오일과 마늘, 고추를 넣고 중불에서 데워 마늘이 노릇하게 변하기 시작하면 불에서 내린다. 마늘과 고추가 타지 않도록 주의한다. 불에서 내린 후에도 계속 익는다. 향이 우러난 기름을 뜨거운 브로콜리에 뿌리고 잘 섞는다. 간을 맞춘다.
서빙: 뜨겁게 또는 상온의 미지근한 온도로 먹는다. 아몬드 슬라이스를 뿌리거나 레몬 슬라이스를 곁들이면 좋다.
팁: 이 요리에 좀 더 개성 있는 킥을 주려면, 고추와 마늘을 넣고 올리브오일을 데울 때 안초비 필레 4조각을 잘게 잘라 넣는다.

par Yotam Ottolenghi

가지와 레몬을 넣은 리소토
Risotto à l'aubergine et au citron

4~6인분

재료

중간 크기의 가지 4개
올리브오일 1/2컵
중간 크기의 양파 1개 (잘게 다진다)
으깬 마늘 2톨
좋은 질의 리소토용 쌀 200g

화이트와인 1/2컵
채소 육수 750ml
레몬 제스트 1개분
레몬즙 1~2테이블스푼
버터 2테이블스푼
파르메산 치즈 간 것 50g
가늘게 썬 바질 잎 1/2컵
소금, 흑후추

만드는 법

오븐용 그릴팬에 알루미늄 포일을 씌운다. 오븐을 200℃로 예열한다. 그릴팬 위에 가지 2개를 올려놓고 오븐에 넣어 껍질이 까맣게 될 때까지 매 15분마다 골고루 돌려가며 약 1시간 동안 익힌다. 오븐에서 꺼낸 가지를 세로로 길게 이등분하고, 숟가락으로 속의 살을 파낸 다음 칼로 굵직하게 다진다.

나머지 2개의 가지는 사방 1.5cm 크기의 큐브 모양으로 썬다. 팬에 올리브오일 1/3컵을 달군 뒤 썰어 놓은 가지를 노릇하게 볶는다. 체에 쏟은 다음 소금을 골고루 뿌리고 식힌다. 바닥이 두꺼운 냄비에 나머지 올리브오일을 달군 후 양파를 넣고 반투명해질 때까지 약한 불로 천천히 볶는다. 으깬 마늘을 넣고 3분 정도 더 익힌다. 불을 세게 올리고 쌀을 넣은 다음 골고루 기름이 코팅되도록 잘 저어주며 2~3분간 볶는다. 와인을 붓고 2~3분 정도 졸여 거의 물기가 없어지면 중불로 줄이고, 뜨거운 채소 육수를 조금 붓는다. 한 번에 한 국자씩만 붓고 계속 저어준다. 육수가 쌀에 다 흡수되면 다시 육수를 한 국자씩 부어 익힌다. 육수를 마지막까지 다 넣어 쌀이 익으면 불에서 내린다.

레몬 제스트 분량의 반, 레몬즙 1~2테이블스푼(기호에 따라 조절 가능), 구운 가지 속살 다진 것, 버터, 파르메산 치즈, 소금 3/4티스푼을 넣고 잘 섞는다. 뚜껑을 덮고 5분간 둔다. 간을 보고 필요하면 소금과 후추로 조절한다.

서빙: 우묵한 접시에 리소토를 담고 그 위에 볶아놓은 가지와 나머지 파르메산 치즈를 얹는다. 가늘게 썬 바질잎과 레몬 제스트를 뿌려 서빙한다.

레시피는 요탐 오토렝기의 저서 『플렌티(Plenty)』에서 발췌함. Ebury Press 출판.

* 그는 또한 사미 타미미(Sami Tamimi)와 함께 『예루살렘(Jérusalem)』을 출간했다. Hachette Cuisine 출판.

타히니 (tahini)
세계적인 차세대 식재료

"깨를 곱게 간 페이스트로 진하고 풍부한 맛을 내는 타히니는 중동 음식에 널리 쓰이는 재료다. 한 번 사용법을 익혀 두면 더 이상 없어서는 안 될 아주 활용도가 높은 양념인 타히니는 우선 사용하기 전에 물이나 레몬즙, 또는 요거트를 조금 넣어 개어놓아야 한다. 그다음 식초를 섞어 오이 샐러드의 드레싱으로 사용하거나, 구운 채소에 뿌리면 맛있고, 벌거(bulgur: 씨눈이 있는 듀럼밀을 쪄서 말려 빻은 것) 요리에 살짝 넣어 맛의 포인트를 주기에도 아주 좋다. 타히니는 모든 음식에 잘 어울리는 소스로 실패할 확률이 거의 없다."

요거트
차갑게 혹은 따뜻하게

"터키나 아르메니아, 팔레스타인에서는 요거트를 데워서 소스나 수프에 이용한다. 쌀과 요거트로 만드는 아르메니아의 전통 수프를 응용해 보리를 넣은 수프를 만들어보자. 수프의 국물은 요거트, 달걀, 보리 삶은 물을 넣어 만드는데, 여기에 신선한 민트를 한 줌 넣으면 가히 환상적인 맛을 낸다. 또한, 요거트, 물, 소금, 타히니를 섞어 만든 소스를 구운 육류 요리에 곁들이면 아주 잘 어울린다."

보호해야 할 생선류

어류는 거의 75%가 어획되어 소비된다. 한 가지 확실한 것은 바닷속 물고기의 개체 수를 보호하고 환경을 보존하는 선순환 과정 안에서
어획을 해야만 우리가 계속하여 좋은 생선을 먹을 수 있다는 사실이다. 신중하게 현명한 소비를 해야 할 어종을 살펴보자.

전갱이 La chinchard

Trachurus trachurus
어획 지역: 영국해협,
브르타뉴, 대서양, 지중해
어획 시기: 2월~6월
생선의 살: 아마 가장 덜 알
려진 생선 중 하나일 것이다.
고등어의 사촌 격인 이 생선
의 살은 반투명하고 아주 맛
있으며 단단하다.
먹는 방법: 날로 먹거나
오븐에 굽기도 하며, 파피요
트로 싸서 찌듯이 오븐에
익혀 먹는다.

회색 도미 La dorade grise

Spondyliosoma cantharus
어획 지역: 영국해협, 지중해
어획 시기: 연중 내내.
1월~5월이 성수기
생선의 살: 흰색의 살은
그리 단단하지 않고, 같은
어종의 귀족 도미만큼 고급
생선은 아니지만, 값도
그만큼 저렴하다.
먹는 방법: 타르타르 또는
구이
.

귀족 도미
La dorade royale

Sparus aurata
어획 지역: 지중해
어획 시기: 9월~11월
생선의 살: 살이 매끈하고
흰색을 띠며 지방이 적다.
부드럽고 고급스러운 맛이
다.
먹는 방법: 3가지 바질을
넣고 살짝 익힌다.
(레시피 참조)

해덕 대구
L'églefin, Haddock Cod

Melanogrammus aeglefinus
어획 지역: 영국해협
어획 시기: 연중 내내.
9월~5월이 성수기
생선의 살: 흰색. 지방이 적
으며 섬세한 감칠맛이 있다.
먹는 방법: 영국에서 아주
많이 소비된다. 영국의 대표
음식인 피시 앤 칩스를 만드
는 생선 중 하나다.

청어 Le hareng

Clupea harengus
어획 지역: 영국해협,
브르타뉴, 대서양
어획 시기: 연중 내내. 3월
~5월이 성수기. 전 세계에
서 가장 많이 잡히는 어종 중
하나다.
생선의 살: 살이 담백하고 수
분이 적으며 지방산이 많다.
훈제용으로 이상적이다.
먹는 방법: 훈제한 청어와 감
자를 넣은 샐러드. 특히 청어
알은 스칸디나비아 국가에
서 즐겨먹는다.

북대서양 대구
Le lieu noir

Pollachius virens
어획 지역: 영국해협,
브르타뉴
어획 시기: 연중 내내.
2월~9월이 성수기
생선의 살: 살은 지방이 적고
특별한 맛이 없다. 가장 값이
저렴한 생선 중 하나다.
먹는 방법: 염장하여 말린다.
모뤼(morue: cabillaud로
만든 염장 대구)의 대용으로
많이 소비된다.

가자미 La limande

Limanda limanda
어획 지역: 영국해협,
브르타뉴, 대서양
어획 시기: 5월~10월
생선의 살: 지방이 적으며,
같은 가자미 종류인 도버 솔
(Dover sole)보다 맛도
덜하고 값도 싸다.
먹는 방법: 팬 프라이
하거나 구워먹는다.

레지우스 보구치
Le maigre

Argyrosomus regius
어획 지역: 브르타뉴,
대서양, 지중해
어획 시기: 연중 내내.
12월~2월이 성수기.
생선의 살: 백조기속 민어과
의 생선으로 살이 부드럽고
흰색을 띤다. 살에 지방이 적
어 이름도 매그르(maigre:
기름지지 않다는 뜻)라고
불린다.
먹는 방법: 오븐에 구워 먹
는다.

고등어 Le maquereau

Scomber scombrus
어획 지역: 브르타뉴,
대서양, 지중해
어획 시기: 3월~5월
생선의 살: 흰색을 띤 기름
진 살은 날로, 또는 익혀서
먹어도 아주 맛이 좋다.
먹는 방법: 화이트와인에 절
인다. 대표적인 통조림용 생
선. 에스카베슈(escabèche:
생선을 산미가 있는 양념에
마리네이드한 요리). (레시
피 참조)

명태 Le merlan

Merlangius merlangus
어획 지역: 영국해협,
브르타뉴, 대서양
어획 시기: 연중 내내
생선의 살: 기름이 적고 부드
러운 살은 겹겹이 층을 이루
고 있으며 맛도 섬세하다.
먹는 방법: '메를랑 콜베르
(merlan Colbert)*'라는 빵
가루를 입힌 튀김이 유명
하다.

유럽 메를루사,
헤이크(명태의 일종)
Le merlu, hake

Merluccius merluccius
어획 지역: 영국해협,
브르타뉴, 대서양
어획 시기: 3월~7월
생선의 살: 희고 단단하여
조리 시 형태를 잘 유지한다.
콜랭(colin)이라고도 부른다.
먹는 방법: 단체 급식에 단골
메뉴로 나오는 생선으로 주로
데쳐 익히거나 생선 커틀렛 등
으로 조리한다.

숭어 Le mulet

Liza ramada
어획 지역: 지중해
어획 시기: 3월~11월
생선의 살: 희고 단단하
며 연한 식감과 감칠맛을
지닌다.
먹는 방법: 알주머니를 염
장해 말려서 어란(보타르
가)을 만든다.

노랑 촉수
Le rouget barbet

Mullus surmuletus
어획 지역: 지중해
어획 시기: 5월~7월,
9월~12월
생선의 살: 살이 부서지기 쉬
우며 맛이 좋다. 붉은색이 선
명할수록 더 싱싱한 것이다.
먹는 방법: 팬 프라이 또는
필레를 구워서 펜넬 루이유
(rouille de fenouil) 소스를
곁들인다. (레시피 참조)

달고기, 존도리
Le saint-pierre

Zeus faber
어획 지역: 영국해협,
브르타뉴, 대서양, 지중해
어획 시기: 4월~7월
생선의 살: 섬세한 식감의
살로 미식가들의 사랑을 받
는 생선이다. 생선 판매대에
서 가장 아름다운 생선 중
하나다.
먹는 방법: 생선 구이, 또는
부이야베스

정어리 La sardine

Sardina pilchardus
어획 지역: 영국해협,
브르타뉴, 대서양
어획 시기: 10월~2월
생선의 살: 살에 어느 정도
지방이 있으며, 가시가 가늘
다. 정어리는 작은 것일수록
상품으로 친다.
먹는 방법: 통조림용. 날로
먹거나 굽는다.

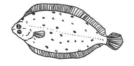

도버 솔, 도버 서대기
La sole commune

Solea solea
어획 지역: 영국해협,
브르타뉴, 대서양, 지중해
어획 시기: 12월~3월
생선의 살: 매끈하고 단단
하다. 필레를 뜨기 쉬우며,
시중에서 가장 인기 있는
생선 중 하나다.
먹는 방법: 뵈르 블랑(beurre
blanc) 소스를 곁들인 도버
솔 구이는 브라스리의 대표
메뉴다.

유럽 대구 Le tacaud

Trisopterus luscus
어획 지역: 영국해협,
브르타뉴, 대서양, 지중해
어획 시기: 연중 내내
생선의 살: 살이 섬세하고
부서지기 쉽다. 아주 신선한
상태로 먹어야 한다.
먹는 방법: 오븐에 살짝 익히
거나 팬 프라이한다.

대문짝 넙치 Le turbot

Psetta maxima
어획 지역: 지중해
어획 시기: 연중 내내.
4월~7월
생선의 살: 촉촉하고 부드러
운 흰 살로 지방이 적다.
납작한 형태를 가진 생선류
중 가장 고급으로 친다.
먹는 방법: 오븐에 굽는다.
(레시피 참조)

* merlan Colbert: 명태의 등을 갈라 아래쪽 껍질을 손상하지 않은 상태로
가시와 내장을 제거한 뒤, 밀가루, 달걀, 빵가루를 입혀 튀긴 요리. 크림
또는 레몬을 곁들여 낸다.

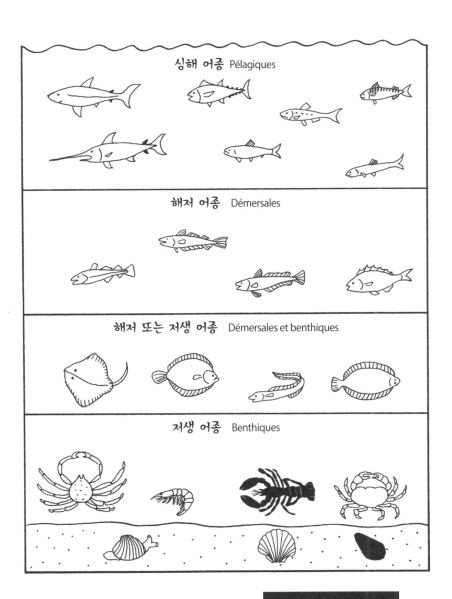

어류의 해양 서식지

심해 어종
해수면에 가장 가까운 심해에 사는 어종이다. 청록색의 등을 갖고 있어 새나 바다의 포획자들로부터 스스로를 보호할 수 있다. 정어리, 고등어, 청어, 참치 등의 등푸른 생선이 해당된다.

해저 어종
바다 밑바닥 바로 위에 서식하는 어종으로, 유영이 매우 활발하지만 먹이를 얻을 수 있는 해저면에 상당히 의존하고 있다. 유럽 메를루사, 명태, 도미 등이 이에 해당한다. 이 어류의 색깔은 은빛나는 회색에서 붉은색까지 다양하다.

저생 어종
해저면 밑바닥에 서식하는 어종으로 모양이 납작한 특징이 있다. 가오리나 아귀의 경우는 배, 가자미의 경우는 측면이 바다에 붙어 있으며 이 부분이 흰색을 띤다.

인증
지속 가능한 어획
Pêche durable
프랑스 농수산 공식기구 (France AgriMer)가 제정한 해양어획 수산물 환경인증이다. 2015년 그르넬 환경협약 (Grenelle de l'environnement)에 따라 처음 시행되었다.
지속 가능한 어획 MSC
Pêche durable MSC
1997년 WWF (World Wildlife Fund: 세계 자연 기금)와 유니레버에 의해 제정되었으며, MSC (Marine Stewardship Council 해양 관리 위원회)는 상업화된 어류의 개체수 보호가 지속적으로 이루질 수 있도록 관리하는 역할을 맡게 된다. 프랑스의 노시카 (Nausicaa), 이탈리아 아쿠아리오 디 제노바 (Acquario di Genova), 스페인의 아쿠아리움 피니스테레 (Aquarium Finisterrae), 이 세 곳의 대형 해양박물관은 월드 오션 네트워크 (World Ocean Network)의 후원 하에 '**미스터 굿피쉬 (Mr. Goodfish)**'라는 프로젝트를 만들었다. 해양 자원을 보존하면서 물고기를 구매할 수 있도록 하는 운동이다.

전통 수작업 어획
환경을 보존하기 위해서는 전통 수작업의 낚시법이 가장 바람직하다. 해저면을 손상시키지 않을 뿐 아니라 폐기율도 훨씬 낮출 수 있다. 트롤망 어획의 폐기율이 어획량의 75%인 것에 반해, 이 방식의 폐기율은 5% 미만이다.

무공해 양식
소비되는 생선의 절반은 양식으로 기른다. 무공해 양식법의 목적은 유전자 변형 조작 없는 사료 공급과 항생제 사용 금지 및 제초제와 같은 약품을 통한 수질관리 금지 등을 통해 자연의 서식환경과 가장 가까운 조건을 충족시켜 주는 데 있다. 양식에도 물론 한계는 있다. 육식 어종의 경우 양식 물고기 1kg을 건지려면, 야생 물고기 3kg이 필요하다.

어획 방식의 종류

어떤 어획 방식은 환경에 최악의 영향을 미치고, 생태계를 해치기도 하지만, 자연 환경을 훼손하지 않는 방법들도 있다. 다양한 어획 방식을 살펴본다.

해저 트롤망 Le chalut de fond
움푹 팬 깔대기 모양의 그물망이다. 바다에서 대규모로 물고기를 포획할 때 사용되는 방법으로 해저에 사는 어종을 구분없이 혼획한다.
<u>대상</u>: 해저 어종
<u>영향</u>: 작은 크기의 어종이나 치어를 모두 잡아 올린다. 해저 환경을 훼손한다.(서식지, 해초, 산호)

심해 트롤망 Le chalut pélagique
심해에 유영하며 서식하는 어종을 잡아 올리기 위한 넓은 그물망이다.
<u>대상</u>: 심해 어종
<u>영향</u>: 해저면을 훼손하진 않지만, 심해 어종을 무작위로 혼획한다.

회전 그물망 Les filets tournants
느슨한 그물눈의 커다란 주머니 형태로 된 그물망이다.
<u>대상</u>: 심해 어종
<u>영향</u>: 해저면을 훼손하진 않지만, 심해 어종을 무작위로 혼획한다.

철봉 트롤망 Le chalut à perche
주머니 모양의 그물망으로 예인선 양쪽에 견인하는 장치가 달려 있다. 그물이 모래를 휘저어 물고기들을 바다에서 이탈하게 한다.
<u>대상</u>: 해저 또는 저생 어종
<u>영향</u>: 해저에 서식하는 어종을 잡아 올리고, 해저면을 훼손한다.

저인망 Les dragues
쇠로 된 프레임으로 고정된 주머니 형태의 그물망이다. 뾰족한 갈퀴가 해저면을 긁는다.
<u>대상</u>: 조개류
<u>영향</u>: 해저면을 훼손시킨다. 저인망이 무거울수록 훼손이 더 심해진다.

낚싯줄 Les lignes
낚싯줄에 낚싯바늘을 달고 배로 끌어 어획하는 방식.
<u>대상</u>: 심해 어종
<u>영향</u>: 환경에 영향을 미치지 않는다.

주낙* 기법 La palangre
낚싯줄에 군데군데 미끼를 꿰어 해저에 늘어 놓는 방식. 두 개의 부표 사이에 띄워 다랑어를 잡을 때도 사용한다.
<u>대상</u>: 해저 어종
<u>영향</u>: 주낙이 바닷속에서 분리되어 분실될 경우, 물고기들에게 위협이 된다. 바다의 조류를 포획할 수도 있다.

통발 미끼 기법 Les pièges
통발과 칸막이 안에 미끼가 될 만한 생선을 넣어 물고기나 갑각류를 유인하여 잡는 방식.
<u>대상</u>: 저생 어류
<u>영향</u>: 친환경적인 어획 방식이라고 볼 수 있다.

* 주낙 long line: 낚싯줄에 여러 개의 낚시 미끼를 달아 얼레에 감아 물살을 따라서 감았다 풀었다 하는 낚시 어구.

에스카베슈 스타일로 마리네이드한 고등어
프랑수아 파스토[*]

6인분

고등어 6마리
건포도 (raisins de Corinthe) 125g
잘게 썬 양파 125g
올리브오일 250ml
레몬즙 250ml
물 500ml
코리앤더 씨 4테이블스푼
흑후추 3티스푼
커리가루 1티스푼

만드는 법

하루 전날, 고등어를 제외한 모든 재료를 냄비에 넣고 끓여 15분 정도 익힌 다음 식혀서 냉장고에 넣어둔다.
고등어는 살만 필레를 뜨고 얇은 껍질막을 벗겨낸 후, 흐르는 차가운 물에 헹궈 쟁반에 나란히 놓는다. 살 쪽에 소금을 뿌려 간한다.

냉장고에 보관했던 마리네이드 재움 양념을 다시 끓여 생선 필레에 붓는다. 식혀서 냉장고에 12시간 넣어둔다. 접시에 가늘게 채썬 당근과 펜넬을 깔고 생선을 담아 서빙한다.

[*] François Pasteau:「레피 뒤팽(L'Epi Dupin)」의 셰프, 파리 6구.

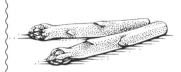

넙치 구이와 본 매로우
프레데릭 E. 그라세 에르메[*]

6인분

대문짝넙치 1마리 (내장은 제거한 상태)
사골뼈 24토막 (전부 높이가 같은 크기로 준비한다)
플뢰르 드 셀 (fleur de sel) 넉넉히 1꼬집
흰 통후추 3g (굵직하게 으깬다)
가염 버터 50g
향이 강하지 않은 올리브오일 3테이블스푼
굵은 천일염 1줌
레몬즙 1/2개분
흰색 식초 1테이블스푼
구운 빵 4장

만드는 법

사골을 깨끗한 물에 담가 약 3시간 동안 핏물을 제거한다. 중간에 여러 번 물을 갈아준다.
큰 냄비에 물을 붓고 굵은 소금을 넣은 다음, 사골을 넣고 끓인다. 끓기 시작하면 불을 줄이고 15분간 약하게 끓여 사골을 익힌다. 넙치에 올리브오일을 발라 문지른다. 오븐을 230℃로 예열한다. 오븐용 우묵한 팬에 사골뼈를 건져 나란히 놓고, 그 위에 생선을 얹는다. 소금과 후추로 간을 하고, 생선의 껍질 위에 가염 버터 조각을 군데군데 얹어준다. 오븐에 넣어 30분간 굽는다. 꺼내서 10분간 휴지시킨다. 오븐 용기에 눌어붙은 육즙은 레몬즙과 식초를 넣고 센 불에서 디글레이즈하여 소스를 만든다. 사골 위에 생선을 통째로 올려 서빙한다.
구운 식빵을 곁들여 사골의 골수를 발라먹는다.

[*] 그녀의 저서「La cuisinière du cuisinier」에서 발췌한 레시피. éd. Alain Ducasse 출판.

지중해산 노랑 촉수 구이와 펜넬 루이유
LES FILETS DE ROUGET DE MÉDITERRANÉ RÔTIS EN ROUILLE DE FENOUIL
세르주 슈네[*]

4인분

노랑촉수 필레 4장
펜넬 1개
캉파뉴 브레드 슬라이스 4장
감자(작은 것) 1개
달걀노른자 1개
마늘 1/2톨
소금, 후추, 사프란 가루
올리브오일 100ml

만드는 법

소금물에 감자를 껍질째 삶은 다음 건져 껍질을 벗긴다. 볼에 감자를 넣어 포크로 으깨고 곱게 다진 마늘을 넣는다. 달걀노른자, 사프란 가루를 넣고 올리브오일을 조금씩 넣어가며 거품기로 세게 돌려 마요네즈처럼 혼합된 루이유 (rouille)를 만든다. 농도가 너무 되면 물을 한 방울씩 넣어 조절한다. 펜넬은 슬라이서를 이용하여 얇게 썬다. 빵은 구워놓는다. 펜넬의 물을 꼭 짠 다음 루이유를 한 스푼 넣어 섞는다. 소금과 후추로 간을 맞춘다. 구운 빵 위에 펜넬 루이유를 얹는다. 달라붙지 않는 코팅팬에 올리브오일을 조금 달군 후 생선 필레를 익힌다. 생선을 익힐 때는 껍질 쪽이 먼저 바닥에 닿도록 놓고 반쯤 익으면 뒤집어준다. 생선을 펜넬 루이유 위에 얹어 서빙한다.

[*] Serge Chenet: MOF(프랑스 요리명장)「앙트르 비뉴 에 가리그(Entre Vigne et Garrigue)」의 셰프, Pujaut.

세 가지 바질 잎을 넣고 살짝 익힌 귀족 도미
쥘리엥 르마리에[*]

4인분

귀족 도미 1마리
(1~2kg 짜리. 필레를 떠 준비한다)
생선육수 400g
3종류의 바질 각각 1줄기씩
(녹색 바질, 타이 바질, 계피 바질)
레몬 제스트 1개분
레몬즙 1개분
프레시 쥐똥고추 반 개
소금

만드는 법

뜨거운 생선 육수에 바질과 레몬 제스트, 고추를 넣고 20분간 향을 우려낸 다음, 뚜껑을 닫고 다시 5분간 향이 배게 한다. 육수를 원뿔체에 거르고, 소금과 레몬즙으로 간을 맞춘다.
우묵한 접시에 생선살과 바질 잎을 담고 향이 우러난 뜨거운 생선 육수를 붓는다.

[*] Julien Lemarié:「라 코크리(La Coquerie)」의 셰프, Rennes.

천연 설탕

설탕은 단순히 감미료의 역할만 하는 것이 아니다. 정제하지 않은 천연 설탕은 그것 자체로 향미를 가진 향신료도 되고, 양념도 될 수 있다. 부드러운 것, 아삭 씹히는 것, 황갈색을 띤 것, 어두운 색을 가진 것, 캐러멜향이 나는 것, 감초향이 나는 것, 사탕수수에서 추출한 것, 단풍나무에서 얻은 것 등 그 종류도 다양하다. 세계 각지에서 생산되는 최고의 천연 설탕을 정리해본다.

1 메이플 슈거 그래뉼 (퀘벡)
Granulated Maple Sugar

타입: 봄에 단풍나무 줄기에서 추출한 메이플 수액을 끓인 시럽으로 만든 굵은 입자의 설탕.
외형: 오렌지빛 다갈색
맛: 메이플
사용법: 생선, 고기 요리, 팬케이크, 과일 샐러드, 요거트

2 천연 황설탕 (레위니옹)
Sucre roux nature

타입: 비정제 사탕수수당
외형: 다갈색
맛: 살짝 바닐라향이 난다.
사용법: 요거트, 잼, 과일 소르베, 파티스리

3 팜 슈거파우더 (캄보디아)
Poudre de sucre de palme

타입: 팜 슈거. 자연의 나무 수액으로 만드는 이 설탕은, 팜트리(종려나무)의 꼭대기까지 올라가 꽃 봉우리의 액을 채취해 끓인 다음 굳혀서 가루로 만든다.
외형: 오렌지 빛 다갈색
맛: 약간의 스파이스향, 캐러멜향
사용법: 라이스 푸딩에 넣으면 아주 좋다.

4 코코넛 플라워 슈거 (인도, 남미, 태평양 연안 국가)
Sucre de fleur de coco

타입: 코코넛 나무(Coco Nucifera) 꽃의 수액을 가열해 만든 설탕.
외형: 다갈색
맛: 코코넛, 캐러멜
사용법: 음료에 타 먹거나 요거트에 뿌려 먹는다.

5 무스코바도 슈거 (모리셔스)
Muscovado

타입: 비정제 사탕수수당
외형: 짙은 갈색, 약간 축축하다.
맛: 캐러멜향, 당밀 함량이 높아 감초향이 두드러진다.
사용법: 팽 데피스 만들 때 꿀과 섞어서 사용한다. 그 밖에 각종 과일디저트에 사용(과일 샐러드, 콤포트, 밀크셰이크 등)

6 라파두라 슈거 (브라질)
Rapadura

타입: 비정제 사탕수수당
외형: 아주 짙은 호박색. 완전히 결정화 되지 않아 축축하고 부드럽다.
맛: 캐러멜, 감초
사용법: 파운드케이크, 머핀, 아침 식사용 그라놀라 등 파티스리에 두루 사용됨. 잼 만들 때 넣으면 젤리화를 돕는 기능을 한다.

7 오키나와 흑당 (일본)
Okinawa

타입: 비정제 사탕수수당
외형: 갈색, 결정화한 설탕
맛: 카카오 맛이 감도는 감초향
사용법 : 마리네이드, 소스용

8 갈라베 슈거 (레위니옹)
Galabé

타입: 비정제 사탕수수당
외형: 짙은 호박색, 꿀과 같은 텍스처를 갖고 있으며, 입안에서 풍미가 오래간다.
맛: 대추야자 콩피, 캐러멜, 감초, 말린 과일, 초콜릿, 커피, 뒷맛은 둘세데레체(dulce de leche: 우유를 캐러멜 상태로 만든 것), 꿀, 바닐라향을 느낄 수 있다.
사용법: 파인애플, 망고 등의 열대과일과 잘 어울린다. 그냥 씹어 먹어도 좋다.

9 아가베 시럽 (멕시코)
Sirop d'agave

타입: 용설난(선인장)에서 추출한 수액으로 만든 천연 감미료. 선인장 추출액을 필터에 걸러 가열한다.
외형: 밝은 황금색 액체
맛: 꿀과 비슷하다.
사용법: 설탕 대용으로 두루 사용할 수 있다.

10 키툴 시럽 (스리랑카, 인도남부)
Sève de kitul

타입: 나무에 올라가 키툴 야자나무 꽃의 가지를 자르고 거기에서 수액을 추출한다. 단맛이 아주 강한 이 즙을 끓여서 시럽을 만든다. 전통적으로, 줄기를 자르기 전 껍질에 작게 칼집을 내어 향신료, 고추, 레몬그라스 등을 끼워 넣는다.
외형: 갈색, 호박색
맛: 캐러멜라이즈된 맛
사용법: 디저트나 음료에 정제 설탕 대용으로 두루 사용된다.

이탈리아 디저트 여행

2015년 이탈리아 자전거 경주 (Giro d'Italia 2015) 챔피언인 알베르토 콘타도르 (Alberto Contador)가 만일 승리만을 위해 전력질주하지 않고
맛을 따라 이탈리아 일주를 했다면 과연 어디 어디를 통과했을까? 우리도 이 챔피언처럼 맛을 따라 핸들을 잡고 달려보자.
자전거를 타고 맛길을 따라 달리는 이탈리아 일주, 멈추는 곳마다 그들만의 개성 있는 달콤한 먹거리들이 우리를 기다린다. 준비 ~ 출발 !

티라미수 Tiramisu

이탈리아에서 가장 인기있는 디저트. '나를 끌어 올려 주세요'라는 이름의 이 디저트는 달걀, 설탕, 커피의 맛이 어우러져 환상적인 맛을 선사한다.
<u>지역</u>: 베네토 (트레비소)
<u>계절</u>: 연중 내내

판나 코타 Panna cotta

플랑을 연상시키는 레시피지만, 달걀을 넣지 않는다. 바닐라, 커피, 붉은 베리류 과일 쿨리, 피스타치오 등으로 맛을 낸다.
<u>지역</u>: 피에몬테
<u>계절</u>: 연중 내내

토르타 델라 논나 Torta della nonna

파트 사블레와 달걀, 우유, 잣을 베이스로 만든 이 타르트는 이탈리아 북부의 유명한 디저트다. 두 지역이 서로 원조라고 주장하고 있다.
<u>지역</u>: 리구리아, 토스카나
<u>계절</u>: 연중 내내

프레골로타 Fregolotta

이름 그대로 파트 사블레 소보로(크럼블, 이탈리아어로 fregola)로 만든 케이크다. 커피, 스위트 와인, 마스카르포네 크림을 곁들이면 좋다.
<u>지역</u>: 베네토
<u>계절</u>: 연중 내내

토르타 사비오사 Torta sabbiosa

감자 전분과 슈거파우더를 베이스로 만드는 이 독특한 레시피의 기원은 19세기로 올라간다. 이 케이크는 모래(이탈리아어로 sabbia)와 같은 텍스처를 갖고 있다.
<u>지역</u>: 롬바르디아
<u>계절</u>: 연중 내내

토르타 카프레제 Torta caprese

전설에 따르면, 카프리 섬의 대표 디저트인 이 초콜릿 아몬드 케이크는 1920년대에 한 파티셰가 단순히 밀가루를 깜빡 잊고 만들어 탄생하게 되었다고 한다.
<u>지역</u>: 소렌토 반도 (아말피 해안)
<u>계절</u>: 연중 내내

카사타 시칠리아나 Cassata siciliana

시칠리아의 인기 디저트로 리코타 치즈, 아몬드 페이스트, 과일 콩피를 넣고, 스펀지 케이크에 설탕 글라사주를 발라 만든다.
<u>지역</u>: 시칠리아
<u>계절</u>: 봄. 부활절 시즌

판도로 Pandoro

프랑스의 크리스마스 케이크로 뷔슈 드 노엘이 있다면, 이탈리아에는 판도로가 있다. 버터를 듬뿍 넣은 바닐라향의 브리오슈를 별 모양으로 쌓아 만든다.
<u>지역</u>: 베네토 (베로나)
<u>계절</u>: 겨울, 크리스마스, 연말연시

파네토네 Pannettone

판도로와 더불어 건포도와 설탕에 졸인 과일 콩피를 가득 채운 이 두툼한 브리오슈도 전통적인 이탈리아의 크리스마스 디저트다.
<u>지역</u>: 롬바르디아
<u>계절</u>: 겨울, 크리스마스, 연말연시

판돌체 Pandolce

크리스마스에 먹는 디저트 중 빼놓을 수 없는 제노바의 대표적 케이크. 초창기의 레시피는 천연 효모를 사용해 발효시키는 것으로 준비 시간이 오래 걸렸으나, 최근엔 베이킹파우더로 대치해 쉽게 만들 수 있다.
<u>지역</u>: 리구리아(제노바)
<u>계절</u>: 겨울, 크리스마스, 연말연시

크로스톨리 베네치아니 Crostoli veneziani

프리톨레 (fritole)와 비슷한 이 작은 모양의 튀긴 과자는 베네치아 카니발 기간 중에 즐겨먹는 간식이다. 밀가루, 버터, 사탕수수 설탕으로 만드는 반죽에 그라파 (grappa:이탈리아 특산의 증류주 브랜디)를 한 방울 넣는다.
<u>지역</u>: 베네토
<u>계절</u>: 2월

프리톨레 Fritole

건포도와 잣이 들어간 이 작은 튀김 과자 없는 베네치아 카니발은 상상할 수 없다. 베네치아의 유명한 스타급 디저트다.
<u>지역</u>: 베네토
<u>계절</u>: 2월

카놀리 시칠리아니 Cannoli siciliani

시칠리아의 가장 대표적인 디저트인 카놀리는 이탈리아어로 갈대라는 뜻이다. 옛날에는 카놀리 반죽을 대나무를 잘라 만든 원통형 막대로 둥글게 말았다고 전해진다. 그 안에 프레시 리코타 치즈를 채워 넣는다.
<u>지역</u>: 시칠리아(팔레르모)
<u>계절</u>: 연중 내내

아마레티 Amaretti

마카롱과 비슷한 이 과자는 설탕에 살구씨 아몬드 가루를 섞어 만든다. 부드럽게 혹은 바삭하게 두 가지로 즐길 수 있다.
<u>지역</u>: 리구리아(사셀로), 롬바르디아(사로노)
<u>계절</u>: 연중 내내

칸투치니 Cantuccini

비스코티 디 프라토 (biscotti di prato)라고도 불리는 이 바삭한 과자는 주로 아몬드로 만들고, 스위트 와인을 곁들이거나 커피에 적셔 먹는다.
<u>지역</u>: 토스카나(프라토)
<u>계절</u>: 연중 내내

바치 디 다마 Baci di dama

아몬드와 헤이즐넛을 주재료로 만드는 이 동글동글한 과자는 19세기 중반에 처음으로 선보였다.
<u>지역</u>: 피에몬테(토르토나)
<u>계절</u>: 연중 내내

티라미수

전설과 기원

티라미수(tiramisu)가 처음으로 만들어진 것은 16세기 토스카나 대공국의 군주였던 메디치 가문의 코시모 3세가 시에나를 방문했을 때로 추정된다. 이 디저트를 매우 마음에 들어 한 코시모 3세는 피렌체의 궁으로 그 레시피를 가져간다. 마스카르포네 치즈를 넣게 된 것은 트레비소에서 시작되었다고 주장하는 이들도 있다.
이 디저트의 원조에 대하여 많은 설들이 분분하지만, '나를 끌어 올려주세요'라는 뜻의 티라미수라는 이름이 처음 붙게 된 것은 트레비소의 유명한 레스토랑인 「베케리에(Beccherie)」라고 전해진다. 이 디저트의 재료인 달걀, 설탕, 커피가 모두 기운을 돋우는 성분이라 이같은 이름으로 불렀다고 한다. 또 다른 전설에 의하면 르네상스 시대에 베네치아 사람들은 티라미수가 강장제 역할을 한다고 믿어 연인과의 잠자리 전에 즐겨 먹었다고 주장하기도 한다. 또한, 베네치아의 소녀들이 에너지를 얻기 위해 티라미수를 사 먹었다고도 전해진다. 가장 단순한 가설은 남은 과자와 식은 커피를 낭비하지 않기 위해 이를 활용해 만들었다고 하는 것이다.

*Laura Zavan 은 『돌체, 이탈리안 파티스리(Dolce, la pâtisserie italienne)』의 저자다. éd. Marabout 출판.

레시피

라우라 자반*

8~10인분

준비 시간: 20분
냉장 시간: 2시간

재료

달걀노른자 6개
사탕수수 황설탕 140g
마스카르포네 치즈 500g
레이디핑거 비스킷 250g
　(또는 savoiardi 비스킷 30~40개)
진한 에스프레소 커피 (식힌 것) 300ml
무가당 코코아 가루 2테이블스푼

만드는 법

달걀노른자와 설탕을 거품이 날 때까지 거품기로 저어 섞는다. 마스카르포네 치즈를 넣고 부드러운 크림 텍스처가 되도록 잘 혼합한다. 원래 오리지날 티라미수의 형태인 둥근 용기를 준비하고, 비스킷을 커피에 재빨리 적셔 바닥에 한 켜 깔아준다. 그 위에 준비한 크림의 반을 얹어 펴준 다음 다시 커피에 적신 비스킷을 놓는다. 마지막으로 크림을 덮은 다음, 무가당 코코아 가루를 뿌려 냉장고에 보관한다. 24시간 내에 먹는다.

팁

좀 더 오래 보관하기 위해서는 설탕에 물 40ml를 넣고 끓여 시럽이 120℃가 되면 불에서 내려 풀어놓은 달걀노른자와 섞는다. 비스킷은 레이디핑거나 이탈리안 비스킷 두 가지 종류 모두 사용가능하다. 굵은 아몬드 비스킷 카니스트렐리 (canistrelli), 말라 굳은 브리오슈, 심지어 팽 데피스를 사용하는 사람들도 있다.

다른 비스킷을 사용하고자 한다면?

일반적으로 가장 많이 사용하는 사보이야르디 (Savoiardi)를 대신해 아래의 비스킷 250g을 사용해도 좋다.

비스퀴 아 라 퀴에르
BISCUITS À LA CUILLÈRE

레이디핑거 비스킷이라도 불리며 티라미수용으로 가장 많이 쓰이는 과자 중에 하나일 것이다. 당연하다. 왜냐하면 이것은 카트린드 메디치의 요리사들이 처음 만든 것으로 전해지기 때문이다. 바삭하면서도 입에서 사르르 녹으며 겉에는 슈거파우더가 묻어 있다. 이 비스킷을 사용하면 가벼우면서도 입안에서 녹는 티라미수를 만들 수 있다.

렝스의 핑크 비스킷
BISCUITS ROSES DE REIMS

아주 유명한 샹파뉴 지방의 특산물로 아름다운 분홍색을 띠고 있으며 슈거파우더가 넉넉히 뿌려져 있다. 커피에 적셔도 금방 녹아 부서지지 않고 그 형태를 잘 유지하는 편이지만, 색깔이 빠지는 경향이 있다.

카니스트렐리
CANISTRELLI

코르시카섬의 유명한 과자로 입안에서 사르르 녹는 식감과 약하게 느껴지는 짠맛이 특징이며, 티라미수에 아주 좋은 재료다. 가장 맛있는 브랜드는 'Cuggiulelle de Zilia'이다.

로제 베르제
ROGER VERGÉ

누벨 퀴진의 기수

라 투르 다르장*에서 자메이카를 거쳐 모로코까지, 그야말로 세계를 무대로 뛴 글로벌 셰프 로제 베르제는 알프 마리팀 (Alpes-Maritimes) 지방의 무쟁(Mougins)에 자신의 레스토랑을 오픈하며 정착한다. MOF(프랑스 요리 명장)인 그는 1969년부터 2003년까지 르 물랭 드 무쟁(Le Moulin de Mougins, 미슐랭 3스타)의 셰프로서 지중해 음식을 선보이며 니스 뒤편의 이 작은 도시를 빛나게 해준 장본인이다. 미셸 게라르, 알랭 상드랭스와 함께 누벨 퀴진의 기수였던 그는 요리 교본이 되는 여러 권의 저서를 남겼다. 대표적인 것으로『나의 태양의 요리 (Ma Cuisine du Soleil)』, (Robert Laffont 출판),『내 주방의 채소들 (Les Légumes de mon moulin)』(Flammarion 출판)이 있다. 2015년 6월 5일 그가 세상을 떠났을 때 뉴욕 타임즈는 지면 한 장을 온전히 그의 기사에 할애했다. "대담한 용기도 그의 레파토리의 일부분이었다. 그는 전혀 주저함 없이 그 당시까지 미슐랭 3스타 레스토랑에서는 상상할 수조차 없었던 단순하고 소박한 식재료들을 요리로 선보이곤 했다."

미키마우스의 나라, 미국으로 진출

진정한 프랑스 요리의 전도사였던 로제 베르제는 프랑스 미식의 노하우를 외국에 선보인 제1세대 셰프 중 한 명이다. 가스통 르노트르, 폴 보퀴즈와 함께 그는 1982년 플로리다 디즈니 월드 프랑스 관 내에 「레 셰프 드 프랑스 (Les Chefs de France)」라는 레스토랑을 오픈한다. 메뉴는 파슬리 버터에 구운 부르고뉴식 에스카르고, 프렌치 어니언 수프, 뵈프 부르기뇽, 블랑케트 드 보 등 클래식한 요리들이 주를 이룬다.

현대미술에 대한 애정

시간이 흐르면서 옛날 방앗간이었던 그의 레스토랑은 하나의 작은 현대미술 박물관으로 변신해갔다. 수많은 아티스트, 특히 니스파 (École de Nice) 예술가들과 가까웠던 로제 베르제는 그들의 예술 작업을 지원하기 위해 문을 활짝 열었다. 실험적 작업실을 제공했고, 그곳에서는 세자르 (César), 장 미셸 폴롱 (Jean-Michel Folon), 아르망 (Arman), 장 클로드 파리 (Jean-Claude Farhi) 등의 작품이 전시되기도 했다.

*La Tour d'Argent: 파리에 위치한 유럽에서 가장 오래된 식당 중 하나로, 특히 오리 요리가 유명하다.

태양의 요리사
(1930–2015)

시그니처 메뉴

- 보클뤼즈산 블랙 트러플을 넣은 호박꽃과 버섯 육수로 맛을 낸 트러플 버터 소스
  Le poupeton de fleurs de courgette aux truffes noires du Vaucluse et son beurre au fumet de champignons
- 핑크페퍼 소스의 랍스터 프리카세
  La fricassée de homard au poivre rose
- 프로방스산 팔레트 와인 소스를 곁들인 넙치와 모듬 야채
  Le Blanc de turbot de ligne en matignon de légumes, sauce au vin de Palette
- 아티초크 바리굴
  Les artichauts à la barigoule

요리의 전수

그의 레스토랑「르 물랭 드 무쟁 (Le Moulin de Mougins」은 항상 젊은 요리사들이 모이는 양성소였다. 이곳에서 탄탄한 내공을 쌓고 성장한 미슐랭 3스타 셰프들은 다음과 같다.

알랭 뒤카스 (Alain Ducasse): 르 플라자 아테네, 파리 (Le Plaza Athénée, Paris), 르 루이 캥즈, 몬테카를로 (Le Louis XV, Monte-Carlo)
자크 막시맹 (Jacques Maximin): 르 브리스톨 드 라 마린, 카뉴 쉬르 메르 (Le Bristol de la marine, Cagnes-sur-mer)
자크 시부아 (Jacques Chibois): 라 바스티드 생 앙투안, 그라스 (La Bastide Saint-Antoine, Grasse)
다니엘 불뤼 (Daniel Boulud): 다니엘, 뉴욕(Daniel, New York)
브뤼노 시리노 (Bruno Cirino): 로스텔르리 제롬, 라 튀르비 (L'Hostellerie Jérôme, La Turbie)
질 구종 (Gilles Goujon): 로베르주 뒤 비외 퓌, 퐁종쿠즈 (L'Auberge du Vieux Puits, Fontjoncouse)

속을 채운 호박꽃 요리
Le poupeton de fleurs de courgette

4인분
준비 시간 : 40분

재료
양송이버섯 500g
레몬 1개
다진 샬롯 1테이블스푼
버터 250g
생크림 5테이블스푼
달걀노른자 2개
블랙 트러플 6조각
호박꽃 6개
어린 시금치 잎 500g

만드는 법
양송이버섯을 곱게 다져 레몬즙을 뿌려 놓는다. 팬에 버터를 녹인 후 다진 샬롯을 볶다가 버섯을 넣고 볶는다. 건져 놓고, 버섯에서 나온 물은 따로 보관한다. 생크림, 달걀노른자, 버섯을 잘 섞은 뒤, 센 불에서 2분간 익힌다. 넓은 그릇에 쏟아 식힌다.
호박꽃 가운데 트러플(송로버섯)을 하나씩 넣고 버섯 혼합물을 한 스푼씩 떠 채워 넣는다. 속을 채운 호박꽃을 증기에 15분간 찐다. 흘러나온 트러플 즙은 버섯 국물과 섞어서 줄인 후, 버터 (약 200g)를 넣고 거품기로 잘 섞어 소스를 만든다.
서빙 접시에 신선한 시금치를 깔고 호박꽃을 보기 좋게 담은 후, 트러플 버터 소스를 뿌린다.

세상의 모든 악취

미식의 세계에서는 모든 감각이 예민하게 깨어 있다. 때로는 음식에서 나는 냄새가 아주 지독한 경우가 있다.
참을 수 없는 냄새로 악명이 높은 식재료와 요리의 순위를 매겨보았다.

냄새 레벨

- ●●●●● 이미 늦었음
- ●●●●○ 냄새가 매우 강하게 남
- ●●●○○ 냄새가 강하게 남
- ●●○○○ 냄새가 뚜렷이 남
- ●○○○○ 슬슬 냄새가 남

잭 푸르트 Jack Fruit ●●●●○
원산지: 인도
빵나무와 비슷한 종류인 잭 푸르트 나무의 열매.
냄새: "가장 악취가 심한 화장실의 냄새도 이 과일보다는 덜 고약하다."
– 보리 드 생 뱅상 (Bory de Saint-Vincent), 18세기 자연주의자.

뤼앙 드 릴 Puant de Lille ●●●●○
원산지: 프랑스
이미 그 냄새로 악명이 높은 마루알 (Maroilles) 치즈를
염수에 담가 3개월간 숙성시킨 것.
냄새: 마라톤 경기를 반쯤 뛰고 난 후의 양말 냄새.

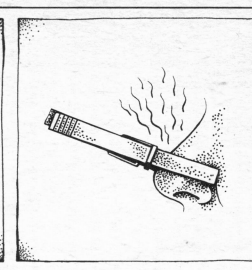

올라무츠 트바루스키 ●●●○○
Olomoucké Tvarůžky
원산지: 체코
소금물로 세척하여 숙성시킨 소젖 치즈.
냄새: 마늘과 양파를 오랫동안 절인 냄새.

취두부, 처우또우푸 臭豆腐 ●●●○○
원산지: 중국
콩물을 응고시켜 만든 두부를
소금에 절여 발효시킨 것.
냄새: 더운 곳에 한참 놓아둔
뮌스터 치즈 냄새.

앙두이예트 Andouillette ●●●○○
원산지: 프랑스
돼지 창자로 만든 샤퀴트리의 일종.
냄새: "정치란 자고로 앙두이예트와 같다.
악취가 나긴 하지만 그리 심하진 않다."
– 에두아르 에리오 (Edouard Herriot: 프랑스의 총리를
두 차례 역임한 정치가. 전 리옹 시장)

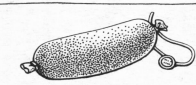

브뤼셀 미니 양배추 Chou de Bruxelles, Brussels Sprout ●○○○○
원산지: 벨기에
냄새: 양배추 중 가장 작은 종류로 물에 삶으면 유황
냄새가 난다.

레치나 Retsina ●○○○○
원산지: 그리스
숙성하는 동안에 송진을
첨가한 그리스의
수지 가공 와인.
냄새: 아세톤 냄새.

블랙 레몬, 루미 Citron noir, Loomi ●○○○○
원산지: 이란
나무에 달린 채 자연적으로 건조되어
검은 색을 띠는 라임 종류.
냄새: 축구 경기장 하프 타임
휴식 시간의 화장실 냄새.

키비악 Kiviak
● ● ● ● ●
원산지: 그린란드
바다표범의 내장을 빼낸 몸체에 펭귄을
통째로 넣어 발효시킨 것.
냄새: 죽음이다…

두리안 Durian
● ● ● ● ●
원산지: 말레이시아, 인도네시아
두리안 나무의 열매로, 심한 냄새 때문에 동남아 국가들의
공공장소에는 반입이 금지되어 있다.
냄새: "5년 정도 방치한 할머니의 시신을 꽉 끌어안는다면 아마도 이런
냄새가 날 것이다." – 앤서니 보댕(Anthony Bourdain), 뉴욕의 유명 셰프.

라 푼 La Foune
● ● ● ● ○
원산지: 프랑스
프랑스의 코미디 영화「선탠하는 사람들
시리즈, 스키장 편(Les Bronzés font du
ski)」에 등장한 가상의 치즈로, 일 년 동안
먹다 남은 치즈를 모두 모아 돼지비계 껍
질을 넣고 돼지기름과 메탄올에 절인 것.
냄새: "돼지기름 냄새가 풀풀 나네요,
그냥 지나칠 수 없을 정도로요."
– 극중 나탈리 역(조지안느
발라스코 분)의 대사.

수르스트뢰밍 Surströmming
● ● ● ○ ○
원산지: 스웨덴
청어를 몇 달간 발효시킨 음식
냄새: 캔을 따면 지독한 사향
냄새가 난다.

비외 불로뉴 Vieux Boulogne
원산지: 프랑스
영국 크랜필드 대학의 한 연구에 따르면, 세상에서 가장
냄새가 심한 치즈라고 한다.
냄새: 마라톤 완주 후의 양말 냄새.
● ● ● ● ○

카수 마르주 Casu Marzu
● ● ● ● ○
원산지: 사르데냐, 코르시카
말 뜻 그대로 해석하면 '썩은 치즈'라는
뜻이다. 코르시카의 '카지우 메르주
(casgiu merzu)'는 살아 있는 벌레의
유충을 넣어 발효시킨다.
냄새: 부패한 냄새, 토사물 냄새.

피단, 송화단
원산지: 중국, 일본
달걀을 진흙, 쌀겨, 재와 찻잎을 섞은 것에
몇 주간 묻어둔다.
냄새: 야생의 냄새. 땀과 사향이 섞인 냄새.
● ● ○ ○ ○

하칼 Hakarl
● ● ● ○ ○
원산지: 아이슬란드
상어를 잡아서 통째로 땅에
묻어 6개월간 썩힌 것.
냄새: 소변 냄새.

해기스 Haggis
● ● ○ ○ ○
원산지: 스코틀랜드
암양의 내장과 오트밀, 양파, 향신료, 소금 등의 혼합물을
섞어 양의 위장에 채워 넣고 삶은 음식.
냄새: 아우기아스의 외양간(les écuries d'Augias)* 냄새.
*그리스 신화「헤라클레스와 아우기아스의 외양간」에 나오는 이야기로,
아우기우스가 수천 마리의 소를 키우던 외양간은 30년간 청소를
하지 않아 너무나 지저분해서 사람이 들어갈 수 없었다.

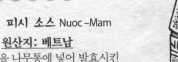

느억맘, 피시 소스 Nuoc–Mam
● ● ○ ○ ○
원산지: 베트남
절인 생선을 나무통에 넣어 발효시킨
동남아의 액젓.
냄새: 썩은 냄새가 오래 남는다.

미식 문화의 또 하나의 주역, 가스트로크라트

음식 평론가인 엠마뉘엘 뤼뱅 (Emmanuel Rubin)은 레스토랑 및 미식 행사 가이드 르 푸딩 (Le Fooding)의 공동 창시자이며, 피가로스코프 (Figaroscope)의 레스토랑 지면에 글을 기고하는 미식 전문 저널리스트다. 그는 또한 BTM (라디오, TV 방송국)의 프로그램에도 고정 출연하고 있으며, 종종 논란이 되는 화두를 언론에 던져 대중의 관심과 비판을 모으기도 한다. 이렇듯, 미식이라는 재미있는 특정 분야를 관찰하는 위치에서 제 역할을 하고 있는 그를 비롯한 모든 미식 작가와, 직접 요리를 먹어보고 평가하는 미식 관련 전문가들의 군락을 '가스트로크라트(gastrocrates)'라고 부르고자 한다. 미식에 관한 생각, 견해와 주제를 놓고 그들은 말과 글로 풀기도 하고 더 복잡하게 꼬아놓기도 한다.

개요

『르 프티 라루스(Le Petit Larousse)』 사전에 따르면 미식가(gastronome)란 '맛있는 음식을 좋아하고 높이 평가하는 사람'이라고 정의한다. 미식가라는 폭넓은 범위를 정의하기엔 너무 짧은 설명일 수 있겠지만, 좀 상투적인 표현을 쓰자면, '살기 위해 먹는 게 아니라 먹기 위해 사는 이들'이라고 할 수 있을 것이다. 그들이 음식의 맛에 대해 늘어놓는 평가는 경우에 따라 오만하게 비치기도 하고, 이에 대해 불공정하다는 판단도 불러 일으킨다. 하지만 이러한 약점에도 불구하고 한편으로는 인간을 좀 더 세련된 문명인으로 만들어준다는 점을 부인할 수 없다.

'가스트로크라트(gastrocrate)'라는 개념을 어디에서 시작하여 어디까지로 규정해야 할 것인가? 그 범위는 방대하고, 수준도 천차만별이다. 여기 열거된 이 희한한 그룹의 주요 인물을 통해 그 해답을 구해보자. 이들 중에는 누락된 이름들도 있음을 밝혀둔다.

미식의 천재들

에피쿠로스 EPIKUROS, ÉPICURE (BC 431년-BC 270년)

고대의 대표적인 철학 학파인 에피쿠로스 주의(쾌락주의)의 시조. 플라토니즘과 아리스토텔레스 주의에서 탈피한 그는 고통을 벗어난 상태란 의미로서의 '쾌락(plaisir)'과 경험, 즉 지식을 만들어주는 유일한 것으로서의 '감각(sensation)'을 예찬했다. 미식의 초석이 되었다.
『문학과 잠언집(Lettres et maximes)』, éd. Puf 출판.

클로드 레비 스트로스 CLAUDE LÉVI-STRAUSS (1908-2009)

프랑스의 인류학자이며 20세기 인문학에 결정적 영향을 미친 세계적 석학인 그는 4부작으로 이루어진 『신화학』을 저술했다. 이 분야 서적의 원형이 된 그의 책은 「날것과 익힌 것(Le Cru et le Cuit)」, 「꿀에서 재까지(Du miel aux cendres)」, 「테이블 매너의 기원(L'Origine des manières de table)」, 「벌거벗은 인간(L'Homme nu)」의 4부작으로 되어 있으며, '인류란 무엇인가'라는 문제를 규명하려는 고민을 민족 철학적 차원에서 음식과의 연계로 풀어냈다. 기념비적인 작품이라 할 수 있다.
『신화학(Les Mythologiques)』 éd. Plon 출판.

미식 저술의 창시자들

라블레 RABELAIS (1494년경-1553)

뛰어난 어조와 인간미 넘치는 희극으로 천재성을 발휘한 유명한 인문주의자 라블레는 식욕에 대한 열망을 끌어내는 서사시를 써서 문학적 기념비를 이뤘다. 독창적인 발상으로 풍부한 문체와 어조를 구사했던 이 거장의 영향으로 오늘날까지 프랑스어에는 일상에서 '라블레풍의(rabelaisien)', '가르강튀아식의(gargantuesque)', '팡타그뤼엘식의(pantagruélique)'라는 단어가 통용되고 있을 정도다.
『가르강튀아(Gargantua)』, éd. Gallimard 출판.

알렉상드르 발타자르 로랑 그리모 드 라 레니에르 ALEXANDRE BALTHAZAR LAURENT GRIMOD DE LA REYNIÈRE (1758-1837)

변호사, 칼럼니스트, 작가, 중개업자 등 지적 창작 활동과 비즈니스 면에서 다재다능한 모습을 보였던 이 모험심 많은 작가는 깜짝 놀랄 정도로 속임수의 대가였으며, 손가락이 없이 태어나 항상 의수를 착용하고 다녔다. 그는 우선 언론 매체에 요리 연대기를 기고함으로써 요리에 관한 정보를 체계적으로 전문화시키는 작업을 했고, 이후에는 음식 안내서, 시식 위원회 등을 만들었으며, 라벨을 만드는 아이디어를 내는 등 미식 문화 발전에 빠져서는 안 될 인물로 역사에 남게 되었다.

장 프랑수아 레벨 JEAN-FRANÇOIS REVEL (1924-2006)

탁월한 지성을 지닌 사상가이자 수필가이며 우상 파괴론자였고, 때때로 정신 이상을 보이기도 했던 레벨은 1979년 고대 미식을 고찰한 결과인 그의 방대한 지식을 우리 시대에 맞게 저술한 책을 펴냈다. 당시로서는 처음 선보인 문학적 접근과 감각적 시각으로 저술한 이 책은 역사에 남는 새로운 형식이 되었다.
『말로 즐기는 향연(Un festin en parole)』, éd.Texto 출판.

미셸 옹프레 MICHEL ONFRAY (1959)

그는 맛있다는 것을 완전하게 독립된 하나의 철학적 사유의 장으로 설정하면서 작업을 시작했다. 그로부터 이 철학자는 자신의 사상을 쾌락주의, 무신론, 유물론으로 발전시켜 나간다. 이러한 사상의 연장선상에서 그는 2006년 '맛의 대중 대학 (université populaire du goût)'이라는 강연 모임을 창설하기도 했다.
『미식 이성(La Raison gourmande)』, éd. Grasset 출판.

미식의 천재들

『미식연감(Almanach des gourmands)』, éd. Menu Fretin 출판.

아피키우스 APICIUS (4세기)

실제로 어떤 아피키우스를 말하는가? 고대 로마시대에는 세 명의 아피키우스가 있었는데 모두 식탐과 사치스럽고 화려한 생활로 유명했다. 현실과 환상을 분리해 생각하기 어려운 이 아피키우스들의 신화는 아직도 미식의 집단 무의식에 양분을 제공하고 있다.
『미식의 기술(L'Art culinaire)』 éd. Les Belles Lettres 출판. 확실하진 않지만, 『마르쿠스 가비우스 아피키우스(Marcus Gavius Apicius)』의 저서로 알려져 있다.

장 앙틀렘 브리야 사바랭 JEAN-ANTHELEM BRILLAT-SAVARIN (1755-1826)

행정관료이자 제3계급 의원을 지낸 브리야 사바랭은 프랑스 혁명기의 공포정치 시절 스위스와 미국에 은거하며 망명생활을 했다. 그는 죽기 두 달 전까지 인생의 대작을 집필하고 있었다. 그의 해박한 지식의 총체를 담은 이 책은 시대를 초월하는 탁월한 미식 명상의 교본이 되었다. 역사적인 그의 책 『미각의 생리학』은 레시피, 추억뿐 아니라 멋진 문구들로 가득한데, 그 중 유명한 하나는 다음과 같다. "동물들은 먹이를 욱여넣고, 사람은 먹는다. 영민한 인간만이 제대로 먹을 줄 안다."
『미각의 생리학(La Physiologie du goût)』, coll. 「Champs」, éd. Flammarion 출판.

기발한 미식 작가들

모리스 에드몽 사이양 (필명, 퀴르농스키) MAURICE EDMOND SAILLAND, CURNONSKY (1872-1956)

배가 나온 모습을 하고 과장된 어법을 구사한 그는 전형적인 구닥다리 스타일이지만, 미식에 관한 책, 연대기 저술 및 미식 연합, 미식 아카데미 창설, AOC 와인 로비스트 활동 등에 쏟아 부은 노력과 추진력에 대해서는 충분히 재평가할 만한 가치가 있다. 댄디즘이 몸에 밴 멋쟁이였던 그는 '미식계의 황태자 (prince des gastronomes)'로 뽑혔다.
『미식의 나라 프랑스(La France gastronomique)』, 『프랑스의 미식가들(Les Fines Gueules de France)』, 『문학과 미식의 추억(Souvenirs littéraires et gastronomiques)』, 초판, 희귀본.

모리스 데 종비오 MAURICE DES OMBIAUX (1868-1943)

희곡, 시, 수필 등의 많은 작품을 집필했고, 왈로니아 (Wallonia) 문화의 열렬한 지지자였던 벨기에 출신의 이 작가는 특히 미식에 관한 책을 여러 권 발간했다. 그는 퀴르농스키가 미식계의 왕자로 선출된 날 '포도 덩굴의 왕자(prince de la treille)'로 선출되었다.
『작은 미식 지침서(Petit Bréviaire de la gourmandise)』, éd. Figuière 출판.

에두아르 드 포미안 EDOUARD DE POMIANE (1875-1964)

본명은 에두아르 포제르스키 (Edouard Pozerski). 파스퇴르 연구소의 의사이자 연구원이었던 그는 미식과 식품위생에 관심이 많았다. 그의 과학적이고도 차별화된 연구와 접근으로, 『잘 먹고 잘 살기 (Bien manger pour bien vivre)』, 『10분 만에 만드는 요리(Cuisine en dix minutes)』 등 당시에는 드문 스타일의 미식 서적을 집필했다. 또한 라디오 프로그램에 요리 비평가로 출연해 이 분야의 선구자가 되었다.
『라디오 요리(Radio Cuisine)』, éd. Albin Michel 출판.

마르셀 루프 MARCEL ROUFF (1877-1936)

미식 아카데미의 공동 창립자이며 시인이자 소설가인 마르셀 루프는 미식과 식탐의 논쟁을 재미있게 담은 도댕 부팡 (Dodin Bouffant)의 이야기로 마침내 큰 명성을 얻는다. 이 책은 1972년에 각색되어 TV로 방송된 바 있으며, 2014년 마티유 뷔르니아 (Mathieu Burniat)의 만화책으로도 출간되었다 (Dargaud 출판).
『미식가 도댕 부팡의 일생과 열정(La vie et la passion de Dodin Bouffant, gourmet)』, éd. Le Serpent à plume 출판.

주목해야 할 미식 작가들

바롱 브리스 BARON BRISSE (1813-1876)

행정직으로 직업 초창기를 보낸 프로방스 출신의 바롱 브리스는 파리로 올라와 글을 쓰면서 행복을 찾는다. 이후 글 쓰는 열정에 미식에 대한 열망을 더하여 당시 가장 널리 인정받던 신문 중 하나인 「라 리베르테 (La Liberté)」의 고정 칼럼을 맡아 글을 기고한다. 큰 성공을 거둔 그는 호텔 스크리브 (hôtel Scribe)를 매입했고, 그가 머물던 레스토랑 호텔 로베르주 지구 (L'Auberge Gigout, Fontenay-aux-Roses)에서 일생을 마쳤다.
『바롱 브리스의 366가지 메뉴(Les 366 menus)』, 초판, 희귀본.

샤를 몽슬레 CHARLES MONSELET
(1825–1888)

희곡, 시, 소설, 신문 잡지 기사 등 다방면의 글을 두루 써 온 그는 특히 미식 작가로 각광을 받았으며, 1858년 주간지 「르 구르메 (Le Gourmet)」를 창간함으로써 미식 저널리즘의 선구자가 되었다.
『**미식 교본, 식탁에서 지켜야 할 매뉴얼**(*Lettres gourmandes, manuel de l'homme à table*)』, 초판, 희귀본.

장 카미유 퓔베르 뒤몽테이 JEAN-CAMILLE FULBERT-DUMONTEIL (1831–1912)

페리고르 테루아의 양분을 먹고 자란 야심 만만한 출세 지향주의자였던 그는 언론에 뛰어들어 미식에 대한 관심과 요리과학을 소재로 한 글을 여러 편 저술했다. 탄탄하고도 개성 있는 글 솜씨로 심지어 염장 대구마저도 시로 표현한 그는 프랑스 미식 문화의 한 페이지를 장식했다.
『**미식의 프랑스**(*La France gourmande*)』, 초판, 희귀본.

조제프 파브르 JOSEPH FAVRE (1849–1903)

바쿠닌의 절대 자유주의 이상을 신봉하던 이 스위스 출신 요리사는 주방 밖에서도 여러 권의 미식 서적을 집필하여 요리를 이론화하려는 강한 의지를 보였고, 언론에 기사를 기고함으로써 요리를 대중화시키는 데 기여했으며, 미식 박람회 개최를 추진하는 데도 앞장섰다. 다이어트라는 개념을 화두로 던지며 건강을 위한 요리를 주창했던 첫 세대이다.
『**종합 요리사전 및 식품 위생 그림백과**(*Dictionnaire universel de cuisine et encyclopédie illustré d'hygiène alimentaire*)』, 초판, 희귀본.

제임스 드 코케 JAMES DE COQUET (1898–1988)

1930~40년대의 유명한 대기자 (grand reporter) 였던 그는 프랑스 언론인으로는 드물게 히틀러를 인터뷰했으며, 1939년에는 종군기자로 활약했다. 알베르 롱드르 (Albert-Londres) 언론인 상을 수상한 이후 승승가도를 달렸으며 「피가로 매거진 (Figaro Magazine)」에 수준 높은 연극, 미식 비평을 기고했다. 그의 저서 『식탁 이야기』는 미식 표현의 백미로 꼽는다.
『**식탁 이야기**(*Propos de table*)』, éd. Albin Michel 출판.

로베르 쥘리엥 쿠르틴 (필명, 라 레니에르) ROBERT JULIEN COURTINE, LA REYNIÈRE (1910–1998)

나치 독일 점령기에 비시(Vichy)에서 기자 생활을 했고, 전후에는 「르 몽드 (Le Monde)」의 요리 칼럼에 기고했던 쿠르틴은 위베르 뵈브 메리 (Hubert Beuve-Méry, 프랑스의 언론인, 르 몽드의 창업자)가 '나의 가장 좋은 동역자'라고 칭했던 인물이다. 그는 전후 30년간 이어지던 호황기 시절, 미식 관련 정보 전파에 큰 몫을 담당했으며, 몇몇 작품에서는 역사적으로 대중화된 미식 문화를 재미있게 다루기도 했다.

『**새로운 미식법**(*Un nouveau savoir manger*)』, éd. Albin Michel 출판.

장 페르니오 JEAN FERNIOT (1918–2012)

드골파의 영향력 있는 프랑스 정치 기자이자, 저명한 문인이었던 페르니오는 미식 관련 언론 활동에 많은 관심을 가졌으며 특히 퀴르농스키가 창간한 잡지「퀴진 에 뱅 드 프랑스(Cuisine & Vins de France)」의 대표 및 편집장을 역임하기도 했다.
『**미식 수첩**(*Carnet de croûte*)』, éd. Robert Laffont 출판.

미디어에서 활약한 미식 전문가들

장 피에르 코프 JEAN-PIERRE COFFE (1938–2016)

광고 모델, 연기자, 성공한 외식업자 등 수많은 타이틀을 지닌 장 피에르 코프는 미식 전문가로 출연했던 프랑스 카날 플뤼스 (Canal+) TV 방송 프로그램에서 직설적인 언행으로 무대를 초토화시키기도 했다. 방송과 부풀린 광고의 이면에 온갖 포장과 미사여구로 가려진 실상을 대중에게 드러내 경각심을 일깨워 주었으며, 이를 통해 많은 사람들이 제대로 된 진짜 맛을 원한다는 욕구를 깨우는 데 일조했다.
『**코프의 인생** (*Une vie de Coffe*)』, éd. Stock 출판.

장 뤽 프티르노 JEAN-LUC PETITRENAUD (1950)

서커스 학교를 거친 어릿광대이자 배우였던 프티르노는 라디오에서 요리 프로를 진행했고, 90년대 TV 미식기행 프로에 출연해 음식을 맛보며 익살스런 연기력과 열정을 맘껏 발휘했다. 이를 통해 요리 프로그램이 새로운 형식으로 발전하게 되었고, 일반 대중과 미식을 친숙하고 가깝게 연결해주는 계기가 되었다.
『**간식의 나라 프랑스** (*La France du casse-croûte*)』, éd. Hachette 출판.

프랑수아 시몽 FRANÇOIS SIMON (1953)

프레스 오세앙 (Presse-Océan), 르 마탱 드 파리 (Le Matin de Paris), 고미요 (Gault et Millau)를 거쳐 1987년 피가로스코프 (Figaroscope)의 창간 멤버가 된 유명한 미식 평론가. 완벽하게 신분을 감춘 암행 사찰로 유명하다. 타의 추종을 불허할 정도의 신랄한 비평과 철저한 독립성으로 오늘날 미식 비평계의 수장으로 꼽히고 있다.
『**아무것도 모르면서 요리 평론가 행세를 하는 법**(*Comment se faire passer pour un critique gastronomique sans rien y connaître*)』, éd. Albin Michel 출판.

페리코 레가스 PERICO LÉGASSE (1959)

주간지 에베느망 뒤 죄디 (Événement du jeudi)에 이어 마리안 (Marianne)에서 저널리스트로 일했을 뿐 아니라 종종 방송에도 미식 전문가로 출연해 활동하는 페리코

레가스는 나쁜 음식의 퇴치를 부르짖고, 테루아, 원산지 통제 명칭 (AOC), 더 나아가 프랑스 토종 음식을 보호하고 지지하는 미식 평론가이다.
『**건방진 미식 사전**(*Dictionnaire impertinent de la gastronomie*)』, éd. Bourin 출판.

뱅상 페르니오 VINCENT FERNIOT (1960)

TV 방송이 요리, 음식 관련 프로그램으로 넘쳐나기 한참 전부터 뱅상 페르니오(장 페르니오의 아들)는 순수한 우직함과 왕성한 호기심으로 영화, 방송 등을 통해 대중들에게 좋은 재료와 미식을 즐기는 법을 소개해오고 있다.
『**우리 땅에서 나는 귀한 음식** (*Trésors du territoire*)』, éd. Stock 출판.

쥘리 앙드리외 JULIE ANDRIEU (1974)

영화배우 니콜 쿠르셀 (Nicole Courcel)의 딸로, 클로드 르베 (Claude Lebey: 요리 평론가. 미식 가이드 Guide Lebey 발행인)의 미식 모임 멤버인 쥘리 앙드리외는 미식 여행으로 각지를 돌아다니며 촬영한 레시피를 TV방송 프로에 소개하고 있으며, 특유의 여성적인 스타일과 톡톡 튀는 진행으로 요리 프로그램을 한층 더 세련되고 모던하게 변모시켰다.
『**쥘리의 요리 수첩**(*Les Carnets de Julie*)』, éd. Alain Ducasse 출판.

미식을 사랑했던 다른 분야의 천재들

알렉상드르 뒤마 ALEXANDRE DUMAS (1802–1870)

『삼총사 (*Les Trois Mousquetaires*)』의 작가이자 엄청난 미식가였던 알렉상드르 뒤마가 그의 천재적인 필력을 발휘해 쓴 『요리대사전 (*Grand Dictionnaire de cuisine*)』은 그가 세상을 떠난 후 출간되었다. 요리 레시피들을 고유한 문학 장르의 책으로 소개하고 있다.
『**요리대사전**(*Grand Dictionnaire de cuisine*)』, éd. Phébus, éd. Menu Fretin 출판.

조제프 델테이 JOSEPH DELTEIL (1894–1978)

시인, 수필가, 소설가, 초현실주의 문인이었으며 언제나 대지의 소중함을 강조했던 그는 1964년 자연과 가장 가까운 음식의 도래를 예찬하고 희망하는 미식서를 발표했다.
『**구석기 시대의 음식**(*La cuisine paléolithique*)』, éd. Arléa 출판.

베르나르 프랑크 BERNARD FRANCK (1929–2006)

프랑스 문학가인 베르나르 프랑크는 앙투안 블롱댕 (Antoine Blondin), 미셸 데옹 (Michel Déon), 로제 니미에 (Roger Nimier), 자크 로랑 (Jacques Laurent) 등의 작가에게 후사르 칭호를 붙여주었다.

미식에도 관심이 많아 수준 높은 미식 평론을 쓰기도 했던 그는 파리 8구의 한 식당에서 포크와 나이프를 손에 쥔 채 77세의 나이로 생을 마감했다.
『**초상과 격언** (*Portraits et aphorismes*)』, éd. Le Cherche Midi 출판.

피에르 데프로주 PIERRE DESPROGES (1939–1988)

웃음과 해학을 주는 문학가이자 방송 진행자였으며 라 브뤼에르 (Jean de La Bruyère), 생시몽 (Henri de Saint-Simon), 쥘 르나르 (Jules Renard)의 영향을 간접적으로 받은 데프로주는 음식 접시야말로 우리의 오늘날의 관습이 투영된 거울이라고 이해했다. 이러한 그의 생각을 담은 짧은 칼럼이 잡지 「퀴진 에 뱅 드 프랑스(Cuisine et Vins de France)」에 1년 동안 실렸다.
『**국수 한 번 더** (*Encore des nouilles*)』, éd. Échappés 출판.

새롭게 떠오른 음식 평론가들

앙리 고 HENRI GAULT (1929–2000) 크리스티앙 미요 CHRISTIAN MILLAU (1928)

이 두 사람은 각각 법률 전문가와 정치부 기자 출신이다. 평소 맛있는 음식을 즐기던 이들은 1960년대에 자신들의 이름을 딴 진정한 미식 출판의 틀을 만든다. 현대적인 접근과 탄탄한 조사결과를 바탕으로 선보인 미식 가이드 고미요는 1971년 누벨 퀴진을 추구하는 셰프들과 새로운 미식 세대에 큰 반향을 일으킨다. 미식 분야에서는 처음 선보이는 혁명적인 미식 안내서로 80년대까지 그 인기를 누리며 선구자적인 역할을 한 이 두 사람은 결별하게 되고, 점차 이 분야와 멀어지게 되었다.
『**안내서: 종업원, 들것 부탁해요** (*Les Guides; Garçon, un brancard!*)』, éd. Grasset 출판.

클로드 르베 CLAUDE LEBEY (1923–2017)

주간지 파리 마치 (Paris Match)와 렉스프레스 (L'Express)에 고정적으로 음식 칼럼 기사를 기고하며 미식 평론가로 활동했고 이어서 유수 출판사의 편집장을 지낸 그는 80년대부터 2000년에 이르기까지 미식계의 가장 영향력 있는 인물 중 하나로 꼽힌다. 그는 또한 알랭 샤펠과 미셸 게라르에 이르는 누벨 퀴진을 대표하는 셰프들의 책을 출간했고, 미식 유산을 일목요연하게 정리하는 작업을 추진했으며, 그의 레스토랑 가이드에 비스트로 편을 추가하기도 하고 이들에게 조언과 충고를 아끼지 않았다. 오랫동안 미식계의 큰 인물이었다.
『**프랑스 미식 유산 목록, 전 22권.** (*L'Inventaire du patrimoine culinaire de la France, 22 volumes*)』, éd. CNAC-Albin Michel 출판.

* 후사르 문학 사조: Movement littéraire Hussards: 1950-60년대의 문학사조로 사르트르의 실존주의 문학과 드골 우파에 반대했다.

필립 쿠데르 PHILIPPE COUDERC (1932)

신랄한 비판을 서슴지 않고, 강한 주장을 내세웠던 80년대의 음식 평론가.
아주 가혹한 평가를 하는 것으로 유명했던 그는 미뉘트 (Minute)와 누벨 옵세르바퇴르 (Nouvel Observateur)의 미식 칼럼을 담당했다. 오만한 어조와 음모를 꾸미는 듯한 독선적인 평론방식을 이어오던 그는 결국 차츰 소외되어 갔다.
『프랑스를 만든 요리들 (*Les plats qui ont fait la France*)』, éd. Julliard 출판.

질 퓌들로브스키 GILLES PUDLOWSKI (1950)

고미요 세대와 비슷한 성향을 가진 이 로렌 출신의 파리지엥은 80-90년대에 탄탄한 글솜씨와 촘촘한 네트워크를 무기로 미식 평론계의 거물로 자리 잡았다. 맛있는 것을 찾아 어디든지 달려가고, 르 푸앵 (Le Point)에 오랫동안 글을 기고하는 등 출판 및 미디어와도 친숙하며 최근에는 블로그 활동도 활발히 하고 있다.
『퓌들로 가이드(*Les guides Pudlo*)』, éd. Michel Lafon 출판.
『음식평론가는 과연 어디에 필요할까?(*À quoi sert vraiment un critique gastronomique?*)』, éd. Armand Colin 출판.

젊은 미식 평론가 및 단체

세바스티엥 데모랑 SÉBASTIAN DEMORAND (1969)

고미요에서 실력을 쌓고, 푸딩(Fooding), 옴니보어 (Omnivore) 등을 거친 그는 새롭게 떠오르는 신랄한 비평가이다. 마스터 셰프 (TF1 채널)의 심사위원단에 합류해 거침없이 가혹한 비평을 쏟아놓으면서 프로그램의 시청률을 올리기도 했다.
『음식 비평가의 요리 (*Les cuisines de la critique gastronomique*)』, 베네딕트 보제(Benedict Beaugé)와 공저. éd. Seuil 출판.

르 푸딩 COLLECTIF FOODING (2000)

푸드 (food)와 필링 (feeling)을 축약한 신조어로 1999년 저널리스트 알렉상드르 카마스 (Alexandre Cammas)가 만든 이름이다. 푸딩은 이듬 해 엠마뉘엘 뤼뱅 (Emmanuel Rubin)이 합류함으로써 가스트로노미에 활기를 불어넣어, 새로운 시대에 맞는 미식 문화 발전의 중심 기지로 탄생하게 된다. 잡지 뉴요커 (The New Yorker)는 "프랑스 영화계에 누벨 바그가 있었다면, 가스트로노미에는 르 푸딩이 있다."라고 평가했다.
『푸딩 사전(*Fooding le Dico*)』, éd. Albin Michel 출판.

옴니보어 OMNIVORE (2003)

옴니보어는 라디오 방송국 유럽1(Europe1)과 고미요의 저널리스트 출신인 뤽 뒤방셰 (Luc Dubanchet)가 르 푸딩의 발자취를 따라 만들었으며 '젊은 요리'라는 콘셉트를 기본으로 하고 있다. 미식 관련 출판과 페스티발 행사 등을 통하여 창의력이 넘치는 셰프들이 만들어내는 자유분방하면서도 친숙하게 다가갈 수 있는 음식을 전 세계에 알리고자 노력하고 있다.
『옴니보어 푸드북(*Omnivore Foodbook*)』, 6개월마다 발행됨.

트립어드바이저 TRIPADVISOR (2000)

인터넷판 미식 가이드라 할 수 있다. 소비자들이 레스토랑에 관한 의견과 조언을 직접 게시할 수 있는 이 거물급 웹사이트는 미국에서 처음 탄생했으며 전 세계인이 사용하는 완전히 혁신적인 형태의 여행 사이트다. 누구나가 의견을 게재해 평론가가 될 수 있는 반면 각기 다른 의견으로 혼란을 초래해 선택의 어려움을 줄 수도 있다.

가상의 인물들

페페 카르발로 PEPE CARVALHO

스페인의 작가 마누엘 바즈케즈 몬탈반 (Manuel Vàzquez Montalban, 1939-2003)이 만들어 낸 가상의 인물인 이 사설 탐정은 식탁을 깨끗이 닦는 데 그의 수사 시간의 절반이나 할애한다. 이 책에서는 그가 좋아하는 요리 장면이나 그 이야기가 수사관으로서 통찰력을 발휘하는 활약만큼이나 흥미롭다. 매 에피소드마다 이베리아의 음식 문화를 잘 보여주고 있다.
『페페 카르발로의 수사 (*Les enquêtes de Pepe Carvalho*)』, éd. Points Seuil 출판.

시로 야마오카 SHIRO YAMAOKA

일본뿐 아니라 전 세계적으로 큰 인기를 얻고 있는 요리 만화『맛의 달인』의 주인공인 시로 야마오카는 미식 전문 기자다. 현재 110권까지 발행되었고, 후쿠시마 원전 사고 이후 이 만화의 입장에 대한 정부의 비난으로 발행이 잠정 중단된 상태다.
『맛의 달인 (*Oisinbo à la carte*)』, 영문판 총 7권 éd. Viz Media 출판.

샤를 뒤슈맹 CHARLES DUCHEMIN

공장에서 대량으로 생산되는 식품을 풍자하며 비꼬는 클로드 지디 (Claude Zidi) 감독의 코미디 영화「맛있게 드세요 (L'Aile ou la Cuisse)」에서 배우 루이 드 퓌네스 (Louis de Funès)는 과장된 태도의 뒤슈맹 가이드 대표 샤를 뒤슈맹 역으로 출연한다. 이 영화는 시니컬한 면과 열정이 혼재된 비평이라는 시각을 대중에게 전달하며 흥행에 성공한다.

앙통 에고 ANTON EGO

(애니메이션「라타투이」에 나오는 가상의 음식평론가)
그는 환상적인 만화 세계에 나오는 평론가다. 건방지고 오만하며 속물 근성을 가진 앙통은 어린 시절로 돌아가 추억의 라타투이 그리고 디즈니 마법의 호사를 누린다.

해외의 미식 평론가

리차드 올니 RICHARD OLNEY (1927-1999)

50년대에 활동하던 보헤미안 풍의 화가. 이후 그는 미국판 '퀴르농스키'로 변신하여 프랑스와 미국의 미식 문화에 관한 책들을 저술하고 양국의 미식 문화 발전에 다양한 공헌을 한다.
『심플 프렌치 푸드 (*Simple French Food*)』, Houghton Mifflin Harcourt 출판.

파트리시아 웰스 PATRICIA WELLS (1946)

프랑스 요리 문화에 관심이 있는 가장 미국적인 인물이라 할 수 있는 그녀는 여러 권의 요리책을 저술했으며 렉스프레스 (L'Express)와 인터내셔널 헤럴드 트리뷴 (International Herald Tribune)에 글을 기고하며, 묵시적으로 남성들의 독무대인 이 분야에서 오랫동안 최초의 여성 음식 평론가로 활약하고 있다.
『미식가의 프랑스 여행 가이드 (*The Food Lover's Guide To France*)』, éd. Workman 출판.

니나와 팀 자갓
NINA(1940) & TIM ZAGAT(1940)

이 적극적인 뉴욕의 부부는 인터넷이 대중화되기 이전부터 일반 대중이 평가 위원이 되는 참여형 가이드 콘셉트를 염두에 두면서 레스토랑 가이드 시장을 흔들어 놓았다. 뉴욕에서 시작하여 미국 전역 대도시들에 이르기까지 자갓 서베이 (Zagat)는 오늘날 명실상부한 미국 최고의 가이드가 되었다. 유럽판은 그리 성공하지 못했다.
『자갓 가이드(*Les guides Zagat*)』

스테파노 볼리니 STEFANO BOLLINI (1945-2014)

80년대부터 그는 혼자서 이탈리아판 고미요 가이드 격인 '감베로 로소(Gambero Rosso)'를 운영하고 있다. 레스토랑 가이드, 잡지, 텔레비전 채널 등 거대한 가스트로노미 미디어 왕국을 이루며 성공을 거둔 감베로 로소는 로마, 나폴리, 카타니아, 팔레르모 등을 진정한 미식의 도시로 만드는 데 기여했다.
『감베로 로소 가이드 (*Les guides Gambero Rosso*)』

카를로 페트리니 CARLO PETRINI (1949)

이탈리아의 사회학자이며 저널리스트인 프롤레타리아 연합당원 출신 카를로 페트리니는 80년대 중반 먹거리도 정치라는 것을 깨닫게 된다. 그는 소비 형태의 변화와 친환경적 식문화를 주장하는 슬로우 푸드 운동을 창시한다. 이러한 맥락에서 그는 테라 마드레 (Terra Madre) 네트워크를 조직하여 식품 생산자들과의 소규모 모임을 운영하고, 정기 간행물도 발행하고 있다.
『슬로우 푸드 잡지, 맛과 생물 다양성을 표방하다(*Revue Slow Food, manifeste pour le goût et la biodiversité*)』, éd. Yves Michel 출판.
『테라 마드레 (*Terra Madre*)』, éd. Alternatives 출판.

미슐랭 타이어의 비벤둠 BIBENDUM MICHELIN (1900)

1900년 클레르몽 페랑 (Clermont-Ferrand)의 이 유명한 타이어 제조사가 만들어낸 미슐랭 가이드는 타이어를 구매하는 소비자에게 광고용으로 배부하던 가이드북이었다. 현재 미슐랭 가이드는 독립적인 레스토랑 가이드로서 매년 최고의 레스토랑을 선정하는 독보적인 위치를 갖고 있다. 오랜 세월 거의 일방적인 평가에 정신이 혼미해진 가르트로노미 업계에 별을 수여하면서, 이 가이드북은 강력한 영향력을 지닌 비밀스러운 조직으로 변모했다. 21세기로 접어들면서 프랑스에서 그 지위가 약해진 미슐랭 가이드는 전 세계로 그 영역을 확장하고 있다. 여전히 영향력 있는 레스토랑 안내서로서 이 레드 가이드북은 시대에 맞는 변혁을 기다리고 있다.

매년 발간되는 가이드 북
부정적인 시각의 책:『평가원, 테이블에 앉다 (*L'Inspecteur se met à table*)』, 파스칼 레미(Pascal Rémy) 지음, éd. Equateurs 출판.
긍정적인 시각의 책:『미슐랭 3스타: 프랑스 파인 다이닝의 역사 (*Trois étoiles au Michelin: une histoire de la haute gastronomie française*)』, 장 프랑수아 메스플레드(Jean-François Mesplède) 지음, éd. Gründ 출판.

정크 푸드의 기상천외한 7가지 조합

예민한 미각을 지녔다면 이 음식들은 삼가는 게 좋을 것이다. 정크 푸드로 만든 세상에서 제일 역겨운 음식들을 소개한다.
기름, 설탕, 첨가제로 버무린 공장 제조 식품들, 스모 챔피언도 울고 갈 만한 어마어마한 양… 웬만한 비위로는 먹기 힘들지 않을까?

푸틴 샌드위치 Sandwich à la poutine

원산지: 몬트리올(캐나다)
열량: 900 Kcal 이상
체다치즈가 줄줄 녹아내리는 프렌치
프라이에 식물성 기름, 밀가루와
치킨 스톡을 베이스로 만든 그레이비
소스를 뿌린 푸틴은 그 자체로 엄청난
몬트리올의 대표적 칼로리 폭탄 음식이다.
이것을 샌드위치로 만들어 먹는다고 생각
해보시라… 혐오감으로 현기증이
날 정도의 조합이 될 것이다!
도전해볼까? Yes, 프렌치프라이에 케첩을
좀 찍어서 먹어보자.

맥 앤 치즈 그릴드 샌드위치
Grilled cheese au Mac'n'cheese

원산지: 뉴욕(미국)
열량: 600 Kcal
유명한 마카로니 치즈 그라탱을 심지어
길거리에서도 간편하게 먹을 수 있도록
고안한 것으로, 녹아 내리는 체다치즈가
듬뿍 든 마카로니를 버터 발라 구운
식빵 사이에 넣어 먹는다. 느끼할수록
더 맛있다.
도전해볼까? 뉴욕 스타일에 맞추려면
이 정도는 감수할 수 있다.

크라운 크러스트 피자
Crown Crust Pizza

원산지: 중동
열량: 2880 Kcal
치즈 버거와 피자를 좋아하는 분들,
이 둘을 한데 합친 것은 어떠신지? 중동의
피자헛에서 판매 중인 대형 사이즈의
피자로 가장자리 크러스트 부분에
꽃잎처럼 치즈 버거를 집어넣었다.
토할지도 모르니 주의하시길!
도전해볼까? 이 피자와 구더기 한 접시
중 하나만 선택해야 한다면 살아 있는
것을 택하라. 그것이 더 건강식이다.

누텔라자냐 Nutelasagna

원산지: 뉴욕(미국)
열량: 1500 Kcal 이상
뉴욕의 파티스리 로비첼리(La pâtisserie
Robicelli's)에서 처음 선보인 것으로
라자냐 파스타 사이사이에 리코타
치즈로 만든 크림, 누텔라, 로스팅하여
부순 헤이즐넛, 초콜릿 셰이빙을 넣고
층층이 쌓은 다음, 체리와 구운
마시멜로로 장식한다.
도전해볼까? No. 다른 사람에게
양보하겠습니다.

도넛 버거 Donut burger

원산지: 캐나다
열량: 1500 Kcal
두 가지의 대표 음식이 만나
하이브리드를 이룬다면 결과는? 웩!
설탕 글레이즈를 바른 도넛에 소고기
패티, 베이컨, 달걀을 넣어 만든 버거.
들기만 해도 역겨운 단맛과 짠맛의
조합인 이 버거가 캐나다에서 인기를
끌고 있다니 아연실색할 뿐이다.
도전해볼까? 본격적으로 굶은 지
3개월이 지났다면 한번 먹어볼 수도
있겠으나… 다시 굶기 시작했다는
이야기가 들린다.

메이플 베이컨 선데
Maple Bacon Sundae

원산지: 캐나다, 미국
열량: 810 Kcal
시트콤 「프렌즈」에 나오는 레이첼이
디플로마트 (diplomate: 스펀지 케이크
시트 사이에 과일 절임 등을 넣고,
크림으로 장식한 케이크)와 셰퍼드 파이
레시피를 혼동하면서 주걱을 마구
휘젓던 장면을 기억하는가? 결과는?
고기가 든 추수감사절 디저트가 탄생했다.
데니스 (Denny's)에서 내놓은 메이플
베이컨 선데도 비슷한 조합이다. 바닐라
아이스크림에 메이플 시럽을 뿌리고
구운 베이컨을 얹는다.
도전해볼까? 시트콤 프렌즈를 보면서
다이어트를 하는 편이 낫겠다.

치킨 카르보나라 브레드볼 파스타
Chicken Carbonara Breadbowl Pasta

원산지: 미국
열량: 1480 Kcal
왜 이탈리아 사람들이 자신들의 대표
음식인 피자와 카르보나라를 조합한
이 음식을 진작 생각하지 못했을까?
도우를 우묵하게 만든 다음 크림과 치즈,
닭고기, 베이컨, 양파, 버섯, 그리고
파스타를 넣어 채운다. 다행히도
도미노 피자가 개발한 이 피자는
프랑스에 상륙하지 않았다.
도전해볼까? No. 그냥 카르보나라
너무 좋아요.

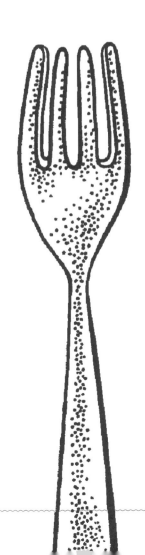

스파게티에 대해 배워봅시다

알레산드라 피에리니 Alessandra Pierini

알렉산드라 피에리나가 예전에 레스토랑을 열었던
장소에서 운영하고 있는 파리 최고의 이탈리아 식료품 전문점 RAP.
이곳에서 가장 인기 있는
아티장 스파게티 파스타를 소개한다.
주인장이 일러주는 파스타 고르는 요령도
귀담아 들어보자.

아티장 파스타를
고르는 5가지 팁

기본 정보는 포장지에 쓰여 있다. 그 외의 것들은
매장 직원의 도움과 소비자의 안목이 필요하다.

밀의 퀄리티
오로지 듀럼 밀가루와 물로만
반죽한 것이어야 한다.

단백질 함량이 높을수록
좋은 밀가루다.
(최소 10.5%, 최대 15%)

파스타를 뽑아내는 형틀이 결정적인
역할을 한다. 반드시 동으로 된 몰드에서
뽑아낸 파스타여야만 표면 질감이 거칠거칠해서
소스가 더 잘 달라붙는다. 공장에서
대량 생산용으로 사용하는 스테인리스나
테프론 몰드와는 차이가 많이 난다. 포장지에
'트라필라타 알 브론조 (trafilata al bronzo:
동으로 된 형틀로 뽑아냄)'라고 명시되어
있는지 꼭 확인하자.

밝고 번들거리지 않는 매트한 색
파스타는 색이 고르고 얼룩이나 지저분한
오염이 없어야 한다. 예를 들어 흰색
점들이 보이면 듀럼밀이 아닌 무른
일반 밀 가루를 사용했다는 증거다.

건조는 50℃를 넘지 않는 온도에서 천천히
(36~72시간) 이루어진 것이 좋다. 이렇게 말린
파스타는 그대로 보호되고, 글루텐과 단백질도
잘 보존되어 조리를 하는 과정에서도
그 형태를 잘 유지한다.

알레산드라 피에리니의 선택

젠틸레 GENTILE
원산지: 그라뇨노 (Gragnano),
캄파니아주
설립: 1876
특징: 잠피노 (Zampino) 패밀리가 가업
으로 이어오고 있다. 이탈리아 남부 마테
라(바실리카타주)의 이르시나 (Irsina)에
서 재배되는 세라토레 카펠리 (serratore
cappelli)라는 독특한 밀을 사용한다.
팬클럽: 에르네스토 자카리노(레스토
랑 돈 알폰소 Don Alfonso Sorrento,
Sant'Agata sui due Golfi), 제나로 에스
포지토(리스토란테 토레 델 사라치노
Ristorante Torre del Saracino, Torino)
익히는 시간: 16분

파스티피치오 아르티지아노 파브리
PASTIFICIO ARTIGIANO FABBRI
원산지: 스트라다 인 키안티 (Strada in
Chianti), 토스카나주
설립: 1893
특징: 섬유질이 풍부하고, 거의 통밀에
가까운 재래종 세나토레 카펠리 밀을
사용하여 파스타의 색이 진하다.
익히는 시간: 11분

카사 바로네 CASA BARONE
원산지: 토레 아눈지아타
(Torre Annunziata), 캄파니아주
설립: 1900
특징: 이곳에서 7월에 재배하는
최상품 토마토인 베수비오 체리토마토
(Pomodorino del Piennolo del Vesuvio)
도 아주 유명하다.
익히는 시간: 9~10분

파엘라 FAELLA
원산지: 그라뇨노 (Gragnano),
캄파니아주
설립: 1907
특징: 파엘라 (Faella) 패밀리가 100년이
넘는 세월을 가업으로 이어오고 있다.
파스타를 건조하는 온도는 48℃를
넘지 않는다.
익히는 시간: 10~12분

제라르도 디 놀라 GERARDO DI NOLA
원산지: 그라뇨노 (Gragnano),
캄파니아주
설립: 1874
특징: 나폴리에서 명성을 얻은 이 기업
은 옛 가로팔로 (Garofalo) 공장이 있는
그라뇨노 마을로 다시 돌아와 아티장
파스타를 만들고 있다.
팬클럽: 마시모 보투라(오스테리아 프
란체스카나 Osteria Francescana, Mod-
ena), 니노 디 콘스탄조(일 미사우치, 미
슐랭 2스타 Il Misauci, Ischia), 로베르토
리스폴리(일 카르파치오, 미슐랭 2스타
Il Carpaccio, Paris)
익히는 시간: 9~10분

세타로 SETARO
원산지: 토레 아눈지아타
(Torre Annunziata), 캄파니아주
설립: 1939
특징: 아티장 파스타를 생산하지만,
80종류의 다양한 모양을 만들어낸다.
팬클럽: 뉴욕의 유명 셰프인 마크 래드
너(델 포스토 Del Posto), 조너선 베노
(퍼 세 Per Se)
익히는 시간: 10~11분

만치니 MANCINI
원산지: 페르모 마세라타
(Fermo Macerata), 마르케주
설립: 60여 년 전 창업했고,
2001년 인수됨.
특징: 몬테 산 피에드란젤리 (Monte San
Pietrangeli)에서 직접 밀을 재배해
쓰고 있다.
팬클럽: 지안프랑코 파스쿠치(파스쿠치
알 포르티촐로 Padcucci al Porticciolo,
Roma)
익히는 시간: 9~11분

아페트라 AFETRA
원산지: 그라뇨노(Gragnano),
캄파니아주
설립: 1848
특징: 1900년부터 창업자 비첸조
(Vicenzo)의 아들인 주제페 아페트라
(Giuseppe Afetra)는 이미 파스타를
미국에 수출하고 있었다.
최초의 파스타 수출이다.
익히는 시간: 8~10분

파스티피치오 데이 캄피
PASTIFICIO DEI CAMPI
원산지: 그라뇨노 (Gragnano),
캄파니아주
설립: 1912. 2007년 인수됨.
특징: 모든 제품의 포장에 이력증명
표시가 되어 있다. 파스타 건조 시간은
28~60시간이다.
팬클럽: 알폰소 이아카리노(돈 알폰
소 Don Alfonso, Napoli), 아니 페올데
(에노테카 핀쵸리 Enoteca Pinchiorri,
Firenze), 안토니노 카나바치우올로(빌라
크레스피 Villa Crespi, Novara), 크리스
티나 바우어맨(글라스 모스타리아 Glass
Mostaria, Roma), 제나로 에스포지토
(리스토란테 토레 델 사라치노 Ristoran-
te Torre del Saracino, Torino)
익히는 시간: 8분

마르텔리 라리 MARTELLI LARI
원산지: 피사, 토스카나주
설립: 1926
특징: 가족들로 이루어진 직원들이 동으
로 만든 형틀이 장착된 옛날 기계를 사용
해 파스타를 만들고 있다. 수작업으로
일일이 포장을 하고 있으며, 건조는 아주
천천히 이루어진다. 약 33~36℃의 온도
에서 최소 55시간 이상 말린다.
팬클럽: 셰프 클라우디오 가르지올
리(아르만도 알 판테온 Armando Al
Pantheon, Roma)는 파스타 아마트리치
아나 (amatriciana)를 만들 때 꼭 이 제품
을 사용한다.
익히는 시간: 9~10분

오로지알로 파스티피치오
OROGIALLO PASTIFICIO
원산지: 카바데티레니
(Cava de Tirreni), 캄파니아주
설립: 1998
특징: 비교적 신생인 이 브랜드는
성장을 거듭하여 특히 콘투르시 테르메
(Contursi Terme, Salerno) 지방을 중심
으로 자리를 잡았다. 건조 파스타와 생
파스타 모두 생산하고 있으며, 소비 기한
은 30~60일 이내이다.
팬클럽: 셰프 치로 데 시모네 (Ciro de
Simone, Chef & Co.)
익히는 시간: 11~12분

펠리체티 FELICETTI
원산지: 프레다초 (Predazzo), 트렌티노
알토 아디제주
설립: 1908
특징: 풀리아주와 시칠리아에서 재배하
는 유기농 듀럼밀 마트 (matt) 만을 사용
한다. 반죽에 사용하는 물은 라트마르산
(돌로마이트 산맥 중심부로부터 2000m)
에서 내려오는 천연 샘물이다.
팬클럽: 다비스 스카빈(콤발 제로,
Combal Zero, Rivoli)
익히는 시간: 10분(생산자는 파스타를
익힐 때 물에 소금을 아주 조금만
넣으라고 조언한다.)

베네데토 카발리에리
BENEDETTO CAVALIERI
원산지: 레체 (Lecce), 풀리아 주
설립: 1918
특징: 깔때기 모양으로 구멍을 뚫은
형틀을 사용하여 파스타 모양을 뽑을 때
압력을 최소화했다.
팬클럽: 마시밀리아노 알라이모(칼란드
레 Calandre, Padova), 디노 데 벨리스
(살로티 쿨리나리오 Salotti Culinario,
Roma)
익히는 시간: 15~16분

파스타이 사니티 PASTAI SANNITI
원산지: 산 마르티노 산니타
(San Martino Sannita), 캄파니아주
설립: 1928
특징: 파스타 생산지로부터 30km 떨어
진 곳에서 밀을 재배한다. 전형적인
캄파니아 스타일의 파스타이며 두껍기
때문에 익히는 시간을 좀 더 길게 잡아
야한다.
익히는 시간: 13~14분

* RAP(Ristorante Alessandra Pierini). 알레산드라
피에리니가 운영하는 이 이탈리아 전문 식료품점에서
는 베키오 발사믹 식초 (12년 숙성), 파르미지아노
래지아노 DOP, 카파렐 (Caffarel) 초콜릿 등 이탈리아
최고의 먹거리를 구입할 수 있다.
4, rue Fléchier, 파리 9구. www.rapparis.fr

매력적인 미식의 나라, 베트남

향신료로 맛을 낸 뜨끈한 국물, 신선한 허브 향기, 놀랍도록 다양한 식감의 조화,
베트남 요리는 아시아에서 가장 매력적인 음식들 중 하나다. 베트남의 대표 요리를 훌쩍 둘러보고,
빠트려서는 안 될 필수 코스는 더 깊이 공부해보자.

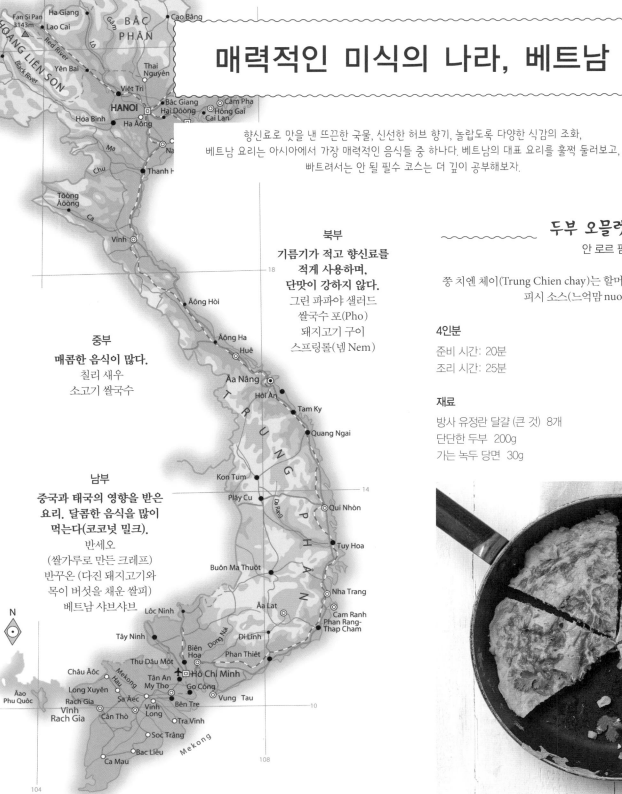

북부
기름기가 적고 향신료를
적게 사용하며,
단맛이 강하지 않다.
그린 파파야 샐러드
쌀국수 포(Pho)
돼지고기 구이
스프링롤(넴 Nem)

중부
매콤한 음식이 많다.
칠리 새우
소고기 쌀국수

남부
중국과 태국의 영향을 받은
요리. 달콤한 음식을 많이
먹는다(코코넛 밀크).
반세오
(쌀가루로 만든 크레프)
반꾸온 (다진 돼지고기와
목이 버섯을 채운 쌀피)
베트남 샤브샤브

우리의 베트남 안내자들

베트남 전역에 걸쳐 가장 맛있는 음식을 소개하기 위해 둘째가라면
서러워할 미식 군단을 소환했다. 베트남 출신의 저널리스트이자 라디오
프로그램「옹 바 데귀스테 (On va déguster)」의 패널로 활약 중인
안 로르 팜 (Anne-Laure Pham), 역시 베트남 출신의 훌륭한 요리사 셀린
팜 (Céline Pham), 파리에서 식당을 운영하고 있는 비르지니 타 (Virginie
Ta),「라 베르티칼 아 하노이 (La Verticale à Hanoi)」의 주방장인
브르타뉴 출신의 디디에 코를루 (Didier Corlou), 남부 베트남 출신의
요리 연구가 린 레 (Linh Lê), 이들과 함께 숨겨진 베트남의 문을 열고
들어가보자. 또 요리의 팁도 챙겨듣자.

두부 오믈렛 Omelette au tofu
안 로르 팜 & 셀린 팜*

쫑 치엔 체이(Trung Chien chay)는 할머니가 저녁때 자주 만들어 주시던 음식으로
피시 소스(느억맘 nuoc-mâm)를 뿌려 먹는다.

4인분

준비 시간: 20분
조리 시간: 25분

재료

방사 유정란 달걀 (큰 것) 8개
단단한 두부 200g
가는 녹두 당면 30g

말린 목이버섯 4개
당근 1개
숙주 30g
식물성 식용유 4테이블스푼
짙은 색의 간장 3테이블스푼
꿀 3테이블스푼
신선한 고수 1/2단
쪽파 4줄기 (또는 차이브 1/2단)

만드는 법

목이버섯은 따뜻한 물에 넣어 불린다.
녹두 당면도 볼에 물을 넣고 불린다.
두부를 얇게 썬다. 넓은 팬에 기름을
2테이블스푼 넣고 달군 후, 두부를 넣고
양면을 각각 2분씩 노릇하게 지진다.
간장과 꿀을 섞어서 팬에 넣고 두부에
끼얹어 주면서 윤기나게 조린다.
접시에 덜어놓는다. 포크로 달걀을 잘
풀어준 다음, 간장과 꿀 졸인 양념을
넣는다.
숙주는 깨끗이 씻어 물기를 뺀다.
녹두 당면도 건져서 물기를 뺀다.
불린 버섯은 두 손으로 꼭 짜 최대한
물기를 제거한 다음, 잘게 썬다. 당근의
껍질을 벗기고 작은 큐브 모양으로 썬다.

두부도 마찬가지로 썬다. 파를 잘게
송송 썬다. 큰 프라이팬이나 중국식 웍을
중불에 올리고 기름 2테이블스푼을
달군 후, 숙주, 버섯, 당근을 넣고 2분간
볶는다. 두부와 파, 당면을 넣고 잘
섞으며 볶는다. 풀어 놓은 달걀을 붓고
5분 정도 익힌다. 조심스럽게 뒤집은
다음 4분간 더 노릇하게 익힌다.
서빙: 고수를 곁들인다.

_* Anne-Laure Pham & Céline Pham의 저서
『베트남(Viet Nam)』, La Plage 출판._

반 미 Banh mi

린 레*

프랑스 식민지 시절의 유산으로 바게트와 똑같은 모습을 한 베트남식 샌드위치.
베트남의 향이 물씬 풍기는 속 재료를 넣어 만든다. 몇 년 전부터 유럽에서도 간단히
먹을 수 있는 길거리 간식으로 인기를 끌고 있다.

샌드위치 3개분

준비 시간: 30분
조리 시간: 20분
마리네이드: 20분

재료

보통 사이즈의 바게트 1개
오이 1개
고수 1단
간장
고추 (프레시 또는 칠리 소스)
양념 돼지고기
돼지 목살 200g
설탕 1티스푼
오향가루 1꼬집
잘게 썬 마늘 1톨
간장 1티스푼
중국 식초 1티스푼
통후추 그라인드 2회전
소금 1꼬집
물 2테이블스푼
붉은색 식용 색소 2방울
당근 초절임
당근 2개
소금 1티스푼
설탕 1테이블스푼
흰 식초 3테이블스푼
마요네즈
달걀노른자 1개
매운 머스터드 1테이블스푼
라임즙 1/2개분
소금 1/2티스푼
식용유 200ml

만드는 법

돼지고기
양념 재료를 모두 섞는다. 고기를 양념에
20분간 재워둔다. 냄비에 넣고 양념이
고기에 전부 스며들도록 천천히 졸이듯이
익힌다. 고기를 꺼내 2~3mm 두께로 썬다.

당근
당근의 껍질을 벗기고 채칼로 가늘게
썬다. 먼저 소금물에 담가 30분간 절인 뒤
건져서 키친타월로 물기를 꼭 짠다.
설탕과 식초를 넣고 잘 섞는다.

마요네즈
깊은 용기에 달걀노른자와 머스터드를
넣고 핸드 블렌더로 혼합한다. 식용유를
조금씩 넣으면서 계속 잘 섞는다. 소금을
넣는다. 농도가 너무 되면 라임즙을 조금
넣어 희석한다. 나머지 식용유를 조금씩
흘려 넣으며 혼합한다. 마지막으로 남은
라임즙을 살짝 뿌려 섞어준다.

오이
오이는 세로로 길게 이등분한 다음 속을
파낸다. 감자 필러를 이용해 오이의 껍질
을 길게 1/3 정도만 벗겨낸다. 오이를
세로로 길게 4장의 슬라이스로 썰고, 다시
3등분으로 짧게 자른다.

샌드위치 만들기
바게트를 3등분한다. 반을 갈라 속을 적당
히 떼어낸다. 마요네즈를 바르고 당근 1/3,
고기 1/3을 넣고 오이 3조각과 고수를 넣
는다. 기호에 따라 간장이나 칠리 소스를
더한다. 반미는 음과 양이 조화를 이루는
음식으로 허브, 소스, 당근과 오이가 '음
(yin)'이라면 '양(yang)'은 고기, 달걀 또는
생선 중 자유롭게 선택하면 된다.

코코넛과 콩을 넣은 찹쌀 라이스 푸딩

Riz gluant aux cornilles et lait de coco

안느 로르 팜 & 셀린 팜

한눈에 봐도 든든해 보이는 디저트 체 다우 짱(Che dau trang).
베트남 사람들은 검은눈 콩이라고도 불리는 동부콩을 아주 즐겨먹는다.

4인분

준비 시간: 1시간 45분
콩 불리기: 하룻밤
조리 시간: 1시간 20분

재료

동부콩 400g
찹쌀 100g
팜슈거 150g
바닐라 빈 1줄기
코코넛 소스
코코넛 크림 200ml
소금 1꼬집
백설탕 1테이블스푼

만드는 법

하루 전날 콩을 깨끗이 씻어서 넉넉한 양의 찬물에 담가 하룻밤 불린다. 다음 날 콩을
건져 한 번 헹군 다음 냄비에 넣고 찬물을 콩보다 3cm 위로 올라오게 부어 끓인다. 10분
간 센 불에서 끓인 다음 뚜껑을 덮고 중불에서 30분간 더 끓인다. 중간중간 저어준다.
익으면 건져 놓는다. 콩을 삶는 동안 찹쌀을 흐르는 찬물에 씻고, 넉넉한 양의 물을 부어
20분간 불린다. 쌀을 건져 다시 헹군 다음 냄비에 넣고 물을 쌀보다 3cm 위까지 붓고
끓인다. 끓으면 뚜껑을 덮고 약불로 다시 20분간 익힌다. 10분쯤 지났을 때 바닐라 빈을
길게 갈라 넣는다. 다 익으면 마지막에 바닐라 빈 줄기를 꺼낸 다음 팜슈거를 넣고 잘
섞는다. 콩을 넣어 찹쌀과 잘 섞고, 바닥에 눌어붙지 않도록 저어주며 약한 불에서 다시
10분간 익힌다. 불을 끄고 미지근한 온도로 식힌다. 코코넛 소스를 준비한다. 우선
작은 냄비에 코코넛 크림을 넣은 다음 백설탕과 소금 한 꼬집을 넣고 약한 불로 5분간
데운다. 끓지 않도록 주의한다. 설탕이 녹으면 불을 끄고 식힌다.
서빙: 적당히 식어 따뜻한 라이스 푸딩을 작은 볼에 담고 코코넛 소스를 뿌려 서빙한다.
또는 차갑게 먹어도 좋다.

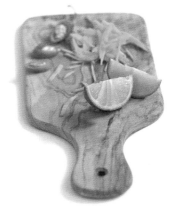

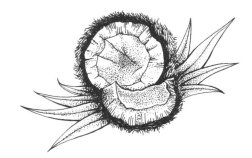

*Linh Lê의 저서 『하늘과 땅 사이의 베트남 요리(Vietnam Exquise, une cuisine entre ciel et terre)』, La Martinière 출판.

말고 접어서 소스에 찍어 먹는 스프링롤

스프링롤 만들기

스프링롤을 만들 때 가장 중요한 것은 꼼꼼하고 조심스럽게 그러나 단단하게 말아서
모양을 잘 잡아야 하고, 한입 베어 물었을 때 흐트러지지 않도록 하는 것이다.

 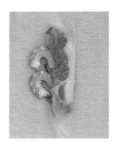  

1 소 넣기
라이스페이퍼 아래쪽에
속 재료를 놓는다.

2 첫 번째 접기
라이스페이퍼의 아래
쪽을 한 번 접는다.

3 두 번째 접기
양쪽 끝을 가운데로
접는다.

4 마무리
스프링롤을 앞으로
굴려 말아준다.

넴 Nems
비르지니 타*

2인분 (10개)

준비 시간: 1시간
당면 불리는 시간: 20분
휴지 시간: 2시간
조리 시간: 40분

재료

사각형 라이스페이퍼 1봉지
(4등분으로 잘라 놓는다)
달걀 1개 (풀어 놓는다)
상추
신선한 민트 잎

속 재료

가는 당면 10g (마른 당면 기준)
숙주 70g
게살 30g
다진 돼지고기 살 100g
가늘게 채 썬 당근 30g
작은 큐브로 자른 양파 70g
설탕 10g
피시 소스 (nuoc-mâm) 150ml
소금 3g
후추 2꼬집

만드는 법

소 만들기

가는 당면을 미지근한 물에 20분간 담가
부드럽게 불린다. 건져서 깨끗한 면포로
물기를 제거한 후 2.5cm 길이로 잘라놓는다.
숙주도 비슷하게 잘라둔다. 게살은 덩어리
없이 잘게 부순다. 큰 볼에 당면과 숙주, 게살,
다진 돼지고기, 당근, 양파를 넣고 골고루 잘
섞는다. 설탕, 피시 소스, 소금과 후추를 넣고
잘 혼합한 뒤 상온에 둔다.

라이스페이퍼 (쌀피)

깨끗한 면포에 라이스페이퍼를 한 장씩
떼어 올려놓는다. 5장의 쌀피를 하나씩 따뜻
한 물에 담가 적신 다음, 각각 마른 쌀피 위에
1.5cm씩 엇갈리게 놓는다. 면포로 덮어둔다.
같은 방법으로 원하는 수만큼의 라이스페이
퍼를 적셔 말랑하고 촉촉하게 준비해둔다.

넴 싸기

면포를 조심스럽게 들어낸다. 두 겹의 쌀피
의 중앙에 소를 한 1테이블스푼씩 놓는다.
주방용 붓을 이용하여 쌀피의 가장자리에
달걀 푼 물을 조금씩 발라준다. 가장자리를
가운데 쪽으로 접고 스프링롤을 조심스럽게
말아서 약 2.5cm x 7.5cm 크기로 만든다.
튀김용 기름을 10분정도 데워 100℃가
되면 넴을 넣고 약 10분간 튀긴다. 서로 달라
붙지 않게 조금씩 여러 번에 나눠 튀긴다.
망국자로 건져 2시간 동안 식힌다. 서빙하기
바로 전에 기름을 다시 달궈 한번 튀겨놓은
스프링롤을 10~12분간 노릇하게 튀겨낸다.
상추와 신선한 민트 잎, 홈메이드 피시 소스
를 곁들여 서빙한다.

* Virginie Ta: 카페 「오 쿠앵 데 구르메(Au coin des
gourmets)」, 5 rue Dante, 파리 5구.
저서: 『베트남, 캄보디아, 라오스 음식(*La Cuisine du
Vietnam, Cambodge, Laos*)』, éd. Mango 출판.

마법의 스프링롤 소스
LA SAUCE MAGIQUE
디디에 코를루**

튀긴 넴이나 프레시 스프링롤을 찍어
먹는 오렌지색의 새콤달콤한 소스다.
채 썬 당근, 그린 파파야, 심지어 단순
한 그린 샐러드의 드레싱으로
사용해도 아주 좋다.

재료

피시 소스 (느억맘) 6테이블스푼
설탕 3테이블스푼
식초 3테이블스푼(애플사이더 식초
또는 화이트와인 식초)
물 18스푼
가는 당근 채 약간
잘게 다진 마늘 1톨
다진 마른고추 1개(기호에 따라 조절)
통후추 갈아서 약간

만드는법

볼에 식초와 설탕을 넣고 녹인 후 피시
소스, 고추, 후추, 마늘, 물과 당근을 넣
고 섞는다. 짠맛, 단맛, 신맛, 매콤함이
완벽히 균형을 이룬 소스가 탄생한다.
기호에 따라 맛을 조절할 수 있다.

** Didier Corlou : 「라 베르티칼 아 하노이
(La Verticale à Hanoi)」의 셰프.

월남쌈, 스프링롤 Rouleaux de printemps

린 레*

세계적으로 널리 알려진 고이 꾸온 (goi cuon)이라는 이름의 이 음식은 남부 베트남이 그 원조이며, 샐러드 롤이라는 뜻이다. 베트남 남부 출신인 린 레 (Linh Lê)가
자신의 패밀리 레시피를 공개한다. 땅콩 가루를 뿌린 호이신 소스를 찍어 먹으면 소스의 짭짤함과 달콤함이 스프링롤의 풍미를 더욱 살려준다.
소스에 생 고추를 조금 넣어주면 또 다른 매콤함을 즐길 수 있다.

월남쌈 12개분

준비 시간: 1시간 45분

재료

라이스페이퍼 12장 (지름 18cm 원형)
속재료
중하 12마리
돼지고기 목살 250g
민트 잎 24장
타이 바질 잎 24장
쪽파 6줄기 (세로로 길게 이등분한다)
숙주 넉넉히 두 줌
가는 쌀국수 2뭉치
(새 둥지처럼 말아 놓은 것)
식초 1티스푼 (선택사항. 쌀국수를 삶은 뒤
넣으면 흰색을 유지시켜준다)
상추 잎 큰 것 4장
소스
호이신 소스 3/4공기 분량
물 3테이블스푼
각설탕 2개
서빙
땅콩 빻은 것 2테이블스푼
고추 (기호에 따라)

만드는 법

고기는 끓는 물에 삶아 식혀둔다. 이 과정
은 몇 시간 전이나 하루 전날 미리 준비해
놓아도 된다.
새우는 끓는 물에 2분간 데쳐낸다. 너무
오래 익히면 살이 단단해 질겨진다. 데친
후 재빨리 찬물에 넣어 식힌다. 새우 살이
찬 물에서 수축되면 껍질에 달라붙지 않아
서 더 쉽게 껍질을 깔 수 있다. 허브와 숙주,
상추는 깨끗이 씻는다.
고기는 3mm 두께로 얇게 슬라이스한다.
새우는 껍질을 벗기고 가로로 납작하게
이등분한다. 쌀국수는 끓는 물에 저어주
며 삶는다. 익히는 시간은 각기 다른 국수
의 포장에 명시된 것을 참조한다. 국수가
익으면 건져 찬물에 헹군다.

라이스페이퍼

깨끗한 면포를 따뜻한 물로 적신다. 라이
스페이퍼를 한 장씩 따뜻한 물에 담갔다가
면포 위에 놓는다. 면포 한 장당 6장의
라이스페이퍼를 놓는다. 그 위에 또 다른
면포를 적셔 놓고 6장의 라이스페이퍼를
적셔 놓는다. 이렇게 3분 동안 두면 스프링
롤을 싸기 좋은 상태로 촉촉해진다.

스프링롤 싸기

(왼쪽 페이지 그림 참조)
라이스페이퍼 아래쪽에 상추 1/2장, 민트
잎 2장 (나란히), 타이 바질 잎 2장 (나란히),
숙주 3~4줄기, 쌀국수 (손가락 2개 굵기
분량), 돼지고기 1~2조각을 순서대로
놓는다. 이 재료들의 뒷면에 새우를 붉은
색 면이 쌀피에 닿게 놓는다. 쌀피의
양쪽 끝을 가운데로 모아 접고 꼭꼭 눌러
가며 말아준다. 꼼꼼하고 단단하게 싸서
모양이 잘 잡히도록 한다. 한 번 접고 중간
에 쪽파를 넣고 마무리한다.

서빙: 소스를 작은 종지에 담고 땅콩가루를
뿌린다. 고추는 잘게 잘라 따로 낸다.
스프링롤은 먹기 2시간 전에 만들어 젖은
면포를 덮어 냉장고에 보관할 수 있다.

*Linh Lê의 저서 『하늘과 땅 사이의 베트남 요리
(Vietnam Exquise, une cuisine entre ciel et terre)』,
La Martinière 출판.

153

요리의 명가 트루아그로

프랑스 미식의 중심지 로안 (Roanne)에서 4대에 걸친 가업을 이어오며 프랑스 요리를 계승 발전시키고 있는 트루아그로 패밀리를 만나보자.

과거, 현재, 그리고 미래

프랑스 미식 유산을 가업으로 이어가는 트루아그로 가문의 역사는 마리와 장 바티스트 트루아그로 (Marie & Jean-Baptiste Troisgros)로부터 시작되었다. 독학으로 요리를 익히고 식당을 운영하던 이 부부는 샬롱 쉬르 손 (Chalon-sur-Saône)을 떠나 1930년에 로안 (Roanne) 역 건너편에 위치한 오텔 레스토랑 데 플라탄 (Hôtel-restaurant des Platanes)에 정착한다. 1935년부터 오텔 모데른 (Hôtel Moderne)으로 이름을 바꾼 이곳에서 두 아들 피에르 (Pierre)와 장 (Jean)이 주방을 맡게 되고, 1955년에 미슐랭의 첫 번째 별을, 이어서 1965년에 2스타, 1968년에 마침내 미슐랭 3스타를 획득한다. 미식 평론가 크리스티앙 미요 (Christian Millau)는 1968년 "세상 최고의 레스토랑을 발견했다."라고 극찬을 아끼지 않았다. 2015년 현재 이 레스토랑은 아직도 미슐랭 3스타를 유지하고 있으며, 그의 시그니처 요리인 '소렐 소스를 곁들인 연어 (l'escalope de saumon à l'oseille)'는 벌써 해외에서도 여러 번 선보였다. 장 트루아그로가 사망한 1983년 로안 시는 역 앞 광장 이름에 그의 이름을 붙여 '플라스 장 트루아그로(la place Jean-Troisgros)'로 명명함으로써 경의를 표하기도 했다. 미셸은 아버지 피에르를 도와 주방으로 들어갔고, 그 이후로 그는 아들 세자르와 함께 메종 트루아그로의 메뉴들을 한 단계 끌어올리는 노력을 하고 있다. 이 패밀리의 발전과 전진은 계속되고 있으며, 요리 명가의 신화는 좀처럼 꺼질 조짐이 보이지 않는다. 브라질에서도 그의 명성이 빛나고 있을 정도다.

누벨 퀴진

70년대에 셰프 미셸 게라르, 폴 보퀴즈, 로제 베르제, 알랭 샹드랭스 등과 함께 트루아그로 형제는 당시 고미요 (Gault et Millau)가 기존 프랑스 음식을 새롭게 혁신한 누벨 퀴진의 정신을 추구하는 요리를 만들었다. 그중 몇몇은 아직까지도 그의 식당의 대표 메뉴로 자리하고 있다.

산미가 돋보이는 그의 요리

트루아그로 레스토랑의 신맛은 식초와 머스터드가 발달하고 붉은색 베리류 과일이 풍부한 부르고뉴의 지역적 특성 덕분이다. 가장 널리 알려진 그의 대표 메뉴인 '소렐 소스를 곁들인 연어' 요리의 산미가 대표적이며, 이탈리아 출신인 미셸의 어머니 올랭프의 영향을 받아 이탈리아산 시트러스 과일을 적절히 사용해 산미를 강조한 것도 그의 요리에서 큰 존재감을 나타냈다. 이러한 특색 있는 맛의 계보가 이어져 미셸 트루아그로는 붉은 소스의 랍스터와 소 염통 요리 (homard et cœur de bœuf, sauce ardente), 고등어와 파인애플 (maquereau à l'ananas), 밤 크림 머랭과 카시스(mikimoto au marron et au cassis) 등의 메뉴를 개발했다.

트루아그로 셰프들의 가계도

마리와 장 바티스트 트루아그로 Marie et Jean-Baptiste Troisgros
오텔 레스토랑 데 플라탄(1930) Hôtel-restaurant des Platanes

올랭프 트루아그로 Olympe Troisgros

피에르 트루아그로 Pierre Troisgros (1928)
메종 트루아그로의 셰프
Chef de La Maison Troisgros

장 트루아그로 Jean Troisgros (1927-1983)
메종 트루아그로의 소스 담당 셰프
Maître saucier de La Maison Troisgros

클로드 트루아그로 Claude Troisgros (1956)
리우데자네이루 올랭프의 셰프
Chef à l'Olympe

미셸 트루아그로 Michel Troisgros (1958)
메종 트루아그로의 셰프
Chef de La Maison Troisgros

마리 피에르 트루아그로
Marie-Pierre Troisgros

토마 트루아그로 Thomas Troisgros
리우데자네이루 올랭프의 셰프
Chef à l'Olympe

세자르 트루아그로 César Troisgros (1986)
메종 트루아그로의 수셰프
Second de cuisine La Maison Troisgros

레오 트루아그로 Léo Troisgros (1993)
메종 트루아그로
La Maison Troisgros

시그니처 메뉴

피에르와 장 트루아그로   Pierre et Jean Troisgros

1963 소렐 소스를 곁들인 연어 L'escalope de saumon à l'oseille
납작한 연어 토막과 소렐(수영) 한 줌으로 만들어낸 기념비적 요리. 소스용 스푼은 이 요리를 먹기 위해 생겨났다고 말할 정도이다. 레스토랑 바로 맞은 편에 위치한 로안 역 건물은 연어의 핑크빛으로 다시 도색되었는데, 이는 프랑수아 미테랑 대통령과 당시 로안 시장이었던 장 오루 (Jean Auroux)의 아이디어였다고 한다.

1975   차이브 소스의 가자미 요리 Sole à la ciboulette
두툼한 가자미 필레에 샬롯과 베르무트 (Vermouth), 화이트와인을 넣어 맛을 낸 크리미한 소스를 곁들이고 잘게 썬 차이브(서양 실파)를 뿌려낸 요리.

1976 플뢰리 와인 소스의 립아이 스테이크 Côte de bœuf au fleurie
로안은 최상급 소로 유명한 샤롤레 (Charolais)와 아주 가까운 곳에 위치하고 있다. 트루아그로 형제는 이 소고기를 이용하여 훌륭한 립아이 스테이크를 선보였고, 치즈를 넣지 않은 푀르 (Feurs) 스타일 감자 그라탱과 함께 서빙했다.

미셸 트루아그로   Michel Troisgros

2007   트러플을 넣은 프레시 치즈 Lait caillé à la truffe
루치오 폰타나 (Lucio Fontana)의 회화 콘체르토 스파치알레 (Concerto spaziale)를 보고 영감을 받은 요리. 트러플(송로버섯)에 올리브오일과 소금을 조금 넣고 절구로 빻아 페이스트를 만들고, 그 위에 얇게 응고된 프레시 치즈를 덮은 예술 작품과도 같은 요리. 프랑스 명장 타이틀을 지닌 치즈 장인 에르베 몽스 (Hervé Mons)가 특별히 개발한 얇은 치즈를 사용했다.

세자르 트루아그로   César Troisgros

2011 단호박 타르트 Tarte au potimarron
단호박 무스를 채운 타르트 위에 얇은 커피 젤리를 덮어 만든 디저트. 트루아그로 요리사 집안 증손자의 첫 번째 창작 레시피 중 하나다.

미셸 트루아그로   Michel Troisgros
1983년 이후 줄곧 미슐랭 3스타를 유지하고 있으며, 모스크바에서 도쿄에 이르기까지 세계를 무대로 뛰는 글로벌 스타 셰프. 트루아그로의 요리 가업을 미래지향형으로 이끌어 나가고 있다.

2017년, 새로운 도약의 터전

요리 명가의 새 역사가 시작됐다. 미셸 트루아그로 부부는 2017년 초 오픈을 위한 새 장소를 마련했다. 또 하나의 전설이 될 이들의 레스토랑은 로안에서 몇 킬로미터 떨어지지 않은 우슈 (Ouches)에 있다. 1930년부터 머물던 곳을 떠나 17헥타르에 이르는 넓은 터에 과수원과 농장, 채소밭을 갖춘 멋진 저택에서 새로운 미식 역사를 써나가기 시작했다. 실내에는 중앙에 오픈 키친을 두고, 약 50여 석 규모의 홀과 10개의 숙박 객실도 마련했다. 이게랑드 (Iguerande)에 오픈한 그의 레스토랑 「라 콜린 뒤 콜롱비에 (La Colline du Colombier)」와 「오베르주 르 그랑 쿠베르 (auberge Le Grand Couvert)」의 리모델링을 담당했던 건축가 파트릭 부생 (Patrick Bouchain)이 설계시공을 총괄했다.

* La Maison Trois Gros 2017년 2월 오픈.
728 Route de Villerest, 42155, Ouches.

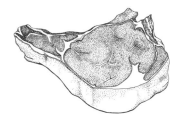

플뢰리 와인 소스의 립아이 스테이크
CÔTE DE BOEUF AU FLEURIE
피에르와 장 트루아그로
Pierre et Jean Troisgros

4인분

손질을 마친 본 인 립아이 (bone in ribeye)
1.3kg
플뢰리 (fleurie) 레드와인 250ml
샬롯 2개
사골 골수 120g
버터 180g
육수 농축액 (글라스 드 비앙드) 4스푼 정도
(glace de viande: 육수를 거의 꿀의 농도에 가깝게
진하게 졸인 농축액. 육수(fond)의 기름을 제거한 뒤
반으로 졸이고 이것을 체에 걸러 다시 걸쭉한 농도가
될 때까지 졸인다)
소금, 후추

만드는 법

사골 골수를 찬물에 담가 12시간 동안
핏물을 뺀다. 샬롯은 잘게 다진다.
립아이는 소금, 후추로 간을 한다. 구리로
된 소테팬에 버터 40g을 갈색이 나도록
녹인 후, 고기를 지진다. 스푼으로 버터를
끼얹어가며 양면을 각각 15분씩 익힌다.
그릇에 접시를 뒤집어놓은 후, 그 위에
고기를 놓아 레스팅한다. 이렇게 하면
고기에서 흘러나오는 육즙이 접시 아래로
흘러내려 고기가 잠기지 않는다.
그동안 골수를 데친다. 골수를 1cm 두께로
슬라이스해 냄비에 차가운 소금물과 함께
넣고 약한 불로 천천히 가열해 데치고
끓기 시작하면 불에서 내린다.
고기를 지지며 나온 기름은 덜어낸다.
소테팬에 샬롯을 넣고 약한 불에서 천천히
볶아 익힌다. 플뢰리 레드와인을 부어
디글레이즈한 다음, 글라스 드 비앙드를
넣고 끓여 반으로 졸인다. 소테팬을 불에
서 내린 다음, 작은 조각으로 자른 버터를
조금씩 넣고 거품기로 천천히 저으며 잘
섞는다. 이렇게 만든 소스를 끓이지 않고
데워 70℃로 따뜻하게 유지한다. 간을
맞춘 후 고운 체에 거른다. 립아이는 버터
와 함께 팬에 넣고 다시 뜨겁게 데운다.
서빙용 플레이트에 고기를 담는다. 플뢰리
와인 소스와 레스팅하는 동안 나온 육즙을
섞어 립아이에 뿌린다.
골수를 건져 면포에 놓고 물기를 뺀 다음,
립아이 위에 살짝 얹는다. 뼈와 평행한
방향으로 고기를 8조각으로 자른다.

소렐 소스를 곁들인 연어   Escalope de saumon à l'oseille
피에르와 장 트루아그로 (Pierre et Jean Troisgros)

4인분
재료

연어 900g
소렐(수영) 80g
샬롯 2개
베르무트 40ml
(Vernouth: 원료인 포도주에 브랜디나 당분을 섞고, 향쑥, 용담,
키니네, 창포 뿌리 등의 향료나 약초를 넣어 향미를 낸 리큐어)
화이트와인 80ml
생선 육수 300ml
생크림 (헤비크림) 400ml
레몬 1/2개
소금

만드는 법

연어 필레를 4토막으로 등분한다. 2장의 유산지에 기름을 바르고
그 사이에 연어를 놓은 뒤 살짝 눌러 납작하게 한다. 소렐은 깨끗이 씻어
꼬리를 떼어 다듬은 후 잎을 3등분으로 찢어놓는다.
샬롯은 잘게 다진다. 냄비에 생선 육수, 화이트와인, 베르무트, 샬롯을
넣고 졸인 다음, 크림을 넣는다. 마지막에 소렐을 넣고 약 10초정도
끓인 후, 불을 끄고 레몬즙을 몇 방울 떨어뜨린다. 뜨겁게 달군 팬에
연어를 놓고 양면을 각각 10초 정도 지져 익힌다. 접시에 소스를 담고,
익힌 연어 토막을 얹어 낸다. 소금으로 간한다.

모차렐라

이탈리아 치즈 중 가장 널리 알려진 모차렐라 (*mozzarella*)는 그 원산지나 숙성 방법 및 노하우 등이 엄격하게 보호되고 있다.
보통 토마토와 단짝을 이루지만, 그 외에도 다양하게 요리에 사용되는 모차렐라를 그 산지별로 살펴보자.

개요

모차렐라는 물소나 소의 젖을 원료로 하여 발효시킨 반죽을 손으로 길게 반복하여 잡아 늘려 만드는 '파스타 필라타 (pasta filata)' 방식의 이탈리아 전통 치즈로, 캄파니아, 풀리아, 바실리카타, 칼라브리아, 아브루초, 몰리세, 마르케 주와 라치오 주 남부에서 주로 생산된다. 이 치즈는 유장 (whey, petit-lait: 젖 성분에서 단백질과 지방을 빼고 남은 액체) 또는 약간의 염도가 있는 물에 넣어 저장한다. 우리가 흔히 알고 있는 것과 달리 모차렐라 치즈는 단단할수록 신선한 것이다. 나폴리 사람들은 신선한 모차렐라는 먹지 않고, 항상 냉장고에 하루 이틀 정도 보관했다 먹는다고 한다.

오리지널 모차렐라 논쟁

캄파니아 정통파들은 전통 모차렐라는 캄파니아 물소젖으로 만든 것 (mozzarella di bufala campana)이라고 명명해야 한다고 주장한다. 왜냐하면 이것이 오로지 캄파니아주에서 생산되는 물소의 젖을 사용하여 아티장 방식으로 만들어지기 때문이다. 게다가 이 치즈는 프랑스의 AOP에 해당하는 DOP(원산지 명칭 보호) 인증을 받은 식품이다.

한편 다른 지방에서는 소젖을 사용하여 모차렐라를 만드는데,이는 모차렐라 생산량 전체의 90%에 이른다. 이러한 방식으로 만든 모차렐라는 피오르 디 라테 (fior di latte)라는 이름으로 시중에 판매된다.

공식 인증된 모차렐라

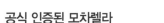

이 로고는 DOP(Denominazione di origine protetta 원산지 명칭 보호) 인증을 받은 정품 모차렐라 디 부팔라 캄파나 (mozzarella di Bufala Campana 캄파니아산 물소젖 모차렐라)라는 표시다. 이 치즈는 1998년부터 그 재료 구성과 제조에 있어 전통 방식을 따랐다는 표시인 STG (Specialita Tradizionale Garantita 전통 특산품 보증) 인증을 받고 있다.

모차렐라 디 부팔라 캄파나 MOZZARELLA DI BUFALA CAMPANA

DOP 인증, 품질보증, 전통 특산품으로 등록된 최고 품질의 치즈인 캄파니아 물소젖 모차렐라는 그 생산과 제조, 가공이 모두 특정 지역에서 이루어진 것만을 지칭한다. 전통적으로 캄파니아는 물론이고 카세르타, 살레르노, 라치오 남부, 풀리아와 몰리세에서 생산되며 그 특별한 제조 노하우와 만드는 정확한 과정은 하나하나 공식적으로 인정받고 있다. 이 치즈는 물소의 젖을 사용하여 수작업으로 만들어진다.

모차렐라 제조 과정

물소의 생 젖을 저온 살균한 다음 레닛 (rennet: 응유 효소)을 넣고 응고시킨다. 이렇게 얻은 물소젖 커드를 잘라서 80~90℃ 온도의 물에 넣는다.

사발과 막대기를 이용하여 커드 반죽을 물에서 잡아당겨 실처럼 길게 늘인다. 이 과정이 가장 중요한 단계다. 잡아당겨 실을 뽑듯이 늘리는 작업을 해줌으로써 반죽에 심줄이 촘촘해지고 쫀득한 탄력이 생기며 균일해진다.

반죽을 동그란 덩어리 모양으로 자른다. 이것을 이탈리아어로 '모차레 (mozzare)'라고 하는데 '끊어 자르다'라는 뜻으로, 모차렐라라는 이름도 여기서 유래했다고 볼 수 있다. 수작업으로 만들어진 이러한 모차렐라는 십자 모양의 자국이 작게 나 있다.

소금으로 간을 하기 전에 찬물에 담가 치즈의 모양이 유지되도록 한다. 모차렐라를 만드는 공정은 그리 길지 않아, 약 8시간 조금 넘게 소요된다.

모차렐라 치즈 레시피

야니그 사모 & 라우라 베스트루치*

모차렐라 튀김
LES MOZZARELLINE FRITTE

4인분

준비 시간: 20분
조리 시간: 10분

재료

미니 모차렐라 16개
세이지 잎 8장
달걀 2개
빵가루 6테이블스푼
밀가루 3테이블스푼
튀김용 식용유

만드는 법

미니 모차렐라를 건져 키친타월로 닦아 물기를 제거한다. 세이지 잎을 깨끗이 씻어 물기를 제거한다. 우묵한 용기에 달걀을 풀고, 밀가루와 빵가루도 각각 다른 접시에 담는다. 모차렐라에 밀가루, 달걀, 빵가루 순으로 튀김옷을 입힌다. 같은 순서로 한 번 더 반복해 튀김옷을 입힌다. 세이지 잎도 마찬가지 방법으로 튀김옷을 입힌다. 튀김용 냄비에 기름을 넣고 뜨거워지면 모차렐라와 세이지 잎을 튀겨낸다. 건져서 키친타월 위에 얹어 기름을 흡수한 다음 서빙한다.

구운 가지 치즈 말이
INVOLTINI DI MELANZANE

4인분

준비 시간: 25분
휴지 시간: 30분
조리 시간: 10분

재료

가지 2개
모차렐라 치즈 250g
햄 100g
체리토마토 8개
바질 잎
파슬리
소금, 후추, 올리브오일

만드는 법

가지는 깨끗이 씻어 1cm 미만의 두께로 길게 슬라이스한다. 접시에 놓고 소금을 뿌린 다음 가지에서 물기가 나오도록 30분 정도 절여 놓는다. 물로 헹구고 키친타월로 물기를 제거한다. 그릴팬을 달군 뒤 가지를 놓고 양면을 각각 3분씩 굽는다. 모차렐라 치즈는 얇게 썬다. 햄도 마찬가지로 썰어둔다. 체리토마토는 씻어서 반으로 잘라 놓는다. 오븐을 180℃로 예열한다. 가지를 펴서 넓은 쪽 끝에 치즈와 햄, 체리 토마토와 바질 잎을 놓고 소금, 후추를 뿌린 뒤 돌돌 만 다음, 이쑤시개를 꽂아 고정시킨다. 오븐용 용기에 말아놓은 가지를 모두 넣고, 올리브오일과 파슬리를 뿌린다. 오븐에서 10분간 구워 뜨거울 때 서빙 한다.

* Yannig Samot et Laura Vestrucci : Épicerie Mmmozza, 57 rue de Bretagne, 75003 Paris. 레시피는 『모차, 모차렐라를 이용한 레시피 30가지 (Mmmozza: 30 recettes à base de mozzarella)』 에서 발췌, éd. Hachette Pratique 출판.

다양한 종류의 모차렐라

모차렐라 직계 가족

스트라치아텔라 straciatella
<u>풀리아, 캄파니아</u>
포지아 (Foggia) 지방의 어린 물소
젖으로 만든 이 치즈는 속 부분이 거의
흐를 정도로 크리미한 텍스처를 가지고
있으면서도 모차렐라의 특징인
스트링 조직을 잘 유지하고 있다.

부팔라 DOP buffala DOP
<u>캄파니아, 라치오</u>
물소의 젖으로 만든 무게 200~500g의
모차렐라 덩어리. 크기가 클수록
말랑말랑하다.

아푸미카타 affumicata
<u>캄파니아</u>
젖은 짚단 위에서 훈연한 스모크
모차렐라로 훈제향이 아주
짙으며, 겉은 밝은 밤색을
띠고 있다.

모차렐라의 가까운 사촌

부라타 안드리아나 burrata Andriana
<u>풀리아</u>
모차렐라의 가까운 사촌 뻘 되는 치즈로
속이 아주 크리미하다. 가장 맛있는
계절은 봄이다.

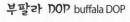

보콘치노 bocconcino
<u>캄파니아</u>
50g 짜리 작은 원형의 모차렐라로
말랑말랑하다. 수작업으로
모양을 만들어낸다.

트레치아 treccia
<u>캄파니아, 라치오</u>
전통방식의 수제 물소젖 모차렐라를
꼬아놓은 것으로, 스트링 조직이
뚜렷하다.

모차렐라의 먼 사촌

스카모르차 scamorza
<u>아브루초, 풀리아, 몰리세, 캄파니아</u>
저온 살균한 우유로 만든 파스타
필라타 (pasta filata) 생 치즈로 15일의
숙성기간을 거친다. 소의 젖 또는 소젖과
양젖을 섞어서 사용하기도 한다.
이탈리아의 '전통 농산물 가공식품'으로
분류되어 판매된다.

프로볼로네 발파다나 provolone valpadana
<u>이탈리아 북부 포(Pò) 평원</u>
원통형 또는 서양배처럼 생긴 독특한 모양을
하고 있는 이 치즈는 우유에 송아지, 염소,
양의 응유 효소를 첨가하여 응고시킨 후,
모차렐라와 같이 잡아당겨 늘이는 방식
(pasta filata)으로 반죽한 다음
틀에 넣어 모양을 만든다.

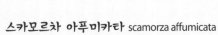

스카모르차 아푸미카타 scamorza affumicata
<u>아브루초, 풀리아, 몰리세, 캄파니아</u>
스카모르차의 훈제 버전으로,
15일간 숙성되며 모차렐라와 비슷하지만
껍질이 두껍고 갈색을 띤다. 조직은
반경성을 띠어 모차렐라보다 단단하고,
고소한 헤이즐넛 향이 은은하게 난다.

라구자노 ragusano
<u>시칠리아</u>
시칠리아의 전통 치즈. 소의 젖으로
만든 파스타 필라타 (pasta filata)
경성 치즈이며 직육면체 모양을
하고 있다.

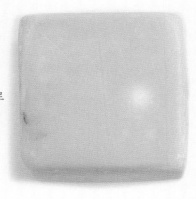

아페리티프용 미니 브레드

안초비 미니 빵, 올리브 미니 빵 Les navettes aux anchois et aux olives
조르지아나 비우*

"놀랄 수도 있겠지만, 나는 오렌지 블라섬을 좋아하지 않는다. 그래서 짭짤한 미니 빵을 만들어보았다."

약 20개분

준비 시간: 20분
휴지 시간: 15분
조리 시간: 15분

재료

상온의 부드러운 버터 25g
슈거파우더 25g
파르메산 치즈 가늘게 간 것 25g
우유 25ml
달걀 1/2개 (달걀 한 개를 풀어서
무게를 잰 다음 반만 사용한다)
밀가루 150g
베이킹파우더 2.5g
씨를 뺀 블랙올리브
소금기를 뺀 안초비 필레 4~5장
소금 한 꼬집

만드는 법

오븐을 180℃로 예열한다. 볼에 버터와 슈거파우더를 넣고 거품기로 세게 섞어준다. 우유, 달걀 반 개, 파르메산을 넣고 잘 섞는다. 밀가루와 베이킹파우더를 체에 친 다음 혼합물에 넣고 소금도 한 꼬집 넣는다. 잘 섞는다. 반죽을 둘로 나눠 한 쪽에는 굵직하게 자른 올리브를, 나머지 반에는 다진 안초비를 넣고 잘 섞는다. 지름 1.5cm 정도의 가는 원통형으로 밀어, 한 조각에 20g 정도의 크기로 자른다. 굴려서 타원형으로 모양을 낸 다음 기름을 바른 오븐용 베이킹 팬에 놓는다. 냉장고에 넣어 15분간 휴지시킨다. 오븐에 넣기 전에 칼집을 살짝 내어 작은 배 모양을 만든다. 오븐에서 10~15분간 굽는다. 과자 보관용 틴에 넣어두면 일주일가량 보관할 수 있다.

* Georgiana Viou : 『Chez Georgiana』의 셰프, 72 rue de la Paix-Marcel-Paul, Marseille 6구.
레시피는 『나의 마르세유 요리 (Ma cuisine de Marseille)』에서 발췌. HC éd. 출판.

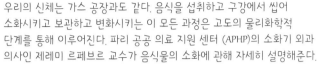

음식과 소화

제레미 르페브르 Jérémie Lefevre

우리의 신체는 가스 공장과도 같다. 음식을 섭취하고 구강에서 씹어 소화시키고 보관하고 변화시키는 이 모든 과정은 고도의 물리화학적 단계를 통해 이루어진다. 파리 공공 의료 지원 센터 (APHP)의 소화기 외과 의사인 제레미 르페브르 교수가 음식물의 소화에 관해 자세히 설명해준다.

일반적인 소화 과정

저작
음식물이 치아에 의해 씹혀 분쇄되고 침과 섞이면 침 속의 소화 효소가 기능한다.

연하(삼킴)
입안에서 저작된 음식물이 인두, 이어서 식도로 넘어간다(30초).

위
위의 연동 운동으로 음식물이 위액과 섞이고 2~3mm 크기로 잘게 분쇄된다. 위산은 음식물의 분해를 돕고, 음식물에 섞인 미생물을 죽여 음식의 부패를 막는다(약 2시간).

간
간에서는 장에 흡수된 탄수화물의 25~30%를 저장하여 식사 사이 공복 시에 안정적인 혈당치를 유지하게 한다.

쓸개즙
간에서 분비되어 쓸개에 저장되며, 지방 소화에 꼭 필요하다.

췌장(이자)
탄수화물, 지방, 단백질을 분해하는 효소(리파아제, 프로테아제)가 포함된 이자액을 분비한다.

소장
분해된 영양소를 흡수하는 주요 기관이다(3~5시간).

식이 섬유
곡식의 겨, 밀기울, 씨, 과일의 껍질 등은 소화되지 않고 그대로 결장에 도달한다.

결장
여기서 수분의 흡수가 완전히 이루어진다. 결장에 도달하는 지방은 소화도, 흡수도 되지 않는다.

발효
결장의 대장균이 소화되지 않은 탄수화물을 발효시키는 대사 과정에서 가스가 생기게 된다.

흡수되지 않은 모든 잔여물은 8~48시간 내에 배출된다.

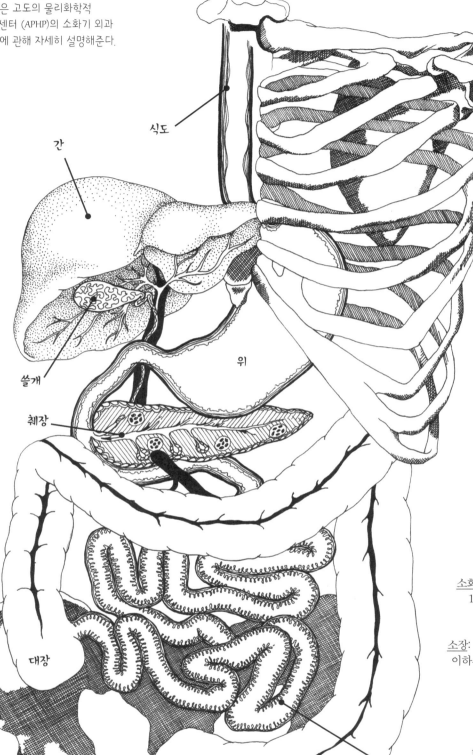

식도

간

쓸개

췌장

위

대장

소장

숫자로 보는 소화

물: 하루에 2리터를 섭취한다 (음료와 음식물)

침: 하루에 1.5리터의 침이 분비된다.

반추동물의 위는 더 크고 4개의 부위로 나뉘어 연결되어 있다.

위는 하루에 2~2.5리터의 위액을 분비한다.

미생물 : 장내에는 약 100조 마리의 박테리아가 있으며, 그 종류는 150가지가 넘는다.

간은 하루에 500ml의 쓸개즙을 분비한다.

췌장은 하루에 1.5리터의 이자액을 분비한다.

소화 분비: 소장 대사 초입에 매일 10리터가 도달해 이중 9리터는 소장에 의해 흡수된다.

소장: 길이는 4~7m이고, 길이 1mm 이하의 융모로 덮여 있으며 이것이 영양분을 흡수하는 표면적은 약 20제곱미터에 이른다.

결장: 길이는 1.5~2m

박테리아: 왼쪽 결장은 내용물 1그램당 1조 마리의 박테리아를 포함하고 있다.

방귀: 평균 용량 70ml. 방출 속도: 초당 0.1~1m 하루 평균 횟수: 20회 병리학적 세계 기록: 하루에 5.2리터

대변: 평균 무게: 하루에 100~200g

괴로운 음식, 좋은 음식

음식물을 먹을 때는 기분이 좋기도 하지만, 어떤 것들은 먹고 난 다음 괴로움을 주기도 한다. 좋은 것과 나쁜 것을 잘 구분해야 한다.

입에서 악취가 나는 음식

재료	원인	안전 거리
마늘, 생 양파	마늘의 싹이 주원인이다. 소화되는 과정 내내 장내에서 발생되는 황 화합물 가스에서 냄새가 난다.	최소… 5미터!
커피	잘 알려진 바대로 커피는 그 산미로 인해 박테리아의 번식을 돕는 역할을 한다. 악취가 나는 것은 당연하다.	1미터면 충분하다. 아침일 경우엔 3미터는 확보하는 게 안전하다.
단백질	단백질은 침의 pH 농도를 높인다. pH가 높아질수록(7초과) 산도가 줄어 악취의 원인이 되는 박테리아에 대항하지 못하게 된다. 유제품이 이에 해당하는데, 이는 다른 형태의 단백질인 알부미노이드를 함유하고 있기 때문이다.	1미터면 충분하다.
알코올	맥주, 와인, 위스키 등의 알코올은 구강을 건조하게 한다. 입이 마른다 = 악취가 난다.	혈중 알코올 농도에 따라 다르겠지만, 새벽 3시라면, 도망가라!
냄새 강한 치즈	설명할 필요도 없이 냄새가 지독한 치즈일수록 숨쉴 때마다 입에서 그 냄새가 나는 것은 당연한 일이다.	로크포르 5미터, 카망베르 7미터
고추	구강을 건조하게 할 뿐 아니라, 불쾌한 냄새를 남긴다.	매운맛 척도인 스코빌 지수에 따라 달라진다(p.69 참조)
안초비	잘 알려진 바대로 생선은 입 냄새의 최대의 적이다. 이중에서도 특히 안초비는 입안에 악취를 남기는 것으로 유명하다.	3미터
롤몹스(절인 청어)	절인 생선과 식초의 조합으로 입안 악취의 주범이 된다. 가히 가공할 만한 냄새를 풍긴다.	최소 5미터

입안을 상쾌하게 해주는 음식

재료	원인	신뢰도
플레인 요거트	악취의 원인인 황 화합물을 배출하는 나쁜 박테리아는 죽이고, 이로운 박테리아는 늘려준다.	20%
오렌지	시트르산을 함유하고 있는 이 과일은 침 분비를 촉진한다. 입이 덜 마르므로 당연히 악취도 줄어든다.	35%
향신료(정향, 아니스, 펜넬 씨 등)	정향은 강한 살균제 역할을 하는 '유제놀(eugénol)'이라는 물질을 함유하고 있다. 마찬가지로 펜넬 씨, 회향풀, 카다멈은 나쁜 냄새를 가려준다. 아니스도 박테리아를 감소시키는 역할을 한다.	55%
프레시 파슬리	입안과 장내에서 생성되는 황 화합물을 잡는 역할을 한다. 또한 클로로필을 함유하고 있어 일종의 천연 구강 악취 제거제라고 할 수 있다.	90%
치즈	연구에 따르면 치즈는 침의 분비를 촉진함으로써 악취를 유발하는 당분의 분해를 도와, 입 냄새를 없애준다고 한다. 하지만 카망베르나 르블로숑 등의 치즈도 과연 이런 기능으로 추천할 만한지는 명시되지 않았다.	80%
녹차	항산화 식품으로도 잘 알려진 녹차는 악취 입자가 날아가는 것을 방지하는 폴리페놀 성분을 함유하고 있다.	75%

음식물 가스가 날아가는 강도

섭취된 음식물은 소화기관 내에서 분해되어 구강 내의 유산균과 장내 박테리아에 의한 발효 과정을 거치게 되는데, 바로 이 단계에서 소화기관에 가스가 쌓이게 된다. 복합 단백질을 많이 섭취할수록, 발효가 활발히 일어나고 따라서 복부 팽만증의 원인이 되는 장내 가스가 더 많이 생성되는 것이다.

강도 1									강도 9

뭉개감자
바람 강도 2 - 가벼운 미풍

유제품
바람 강도 3 - 약한 미풍

생 채소
바람 강도 4 - 쾌적한 미풍

살구
바람 강도 4 - 쾌적한 미풍

콩류
바람 강도 5 - 적당한 바람

양배추
바람 강도 6 - 시원한 바람

맥주
바람 강도 6 - 시원한 바람

카술레(Cassoulet)
바람 강도 8 - 센 바람

칠리 콘 카르네(Chili con carne)
바람 강도 9 - 아주 센 바람

파스닙 퓌레(Purée de panais)
바람 강도 9 - 아주 센 바람

* 렌틸콩, 마른 강낭콩,
플라젤렛 빈(flageolets:
연한 녹색의 작고 부드러
운 프랑스 강낭콩) 병아
리콩 등.

프랑스 국민 빵 바게트

프랑스의 대통령 관저이자 집무실인 엘리제 궁에는 매일 아침 15개의 바게트가 배달된다. 이 빵을 공급하는 사람들은 누구일까? 파리 시가 매년 주최하는 경연대회에서
우승을 차지한 전통 방식의 아티장 베이커가 그 주인공이다. 프랑스의 국민 빵인 바게트에 관한 규정, 명가 및 만드는 법을 자세히 살펴보자.

그랑프리 드 라 바게트 LE GRAND PRIX DE LA BAGUETTE

1994년 처음 시작된 경연대회로, 빵과 사과를 무척 좋아했던
당시 파리 시장 자크 시라크 (Jacques Chirac) 전 대통령의
제안으로 창설되었다.

심사 위원

아티장 베이커, 전년도 수상자, 프랑스 제빵 명장 (MOF),
엘리제 궁 총괄 셰프 등 이 분야의 전문가들로 구성되며,
2015년에는 추첨을 통해 선정된 네티즌 6명이 포함되기도
했다. 이들은 파리 4구에 모여 출품된 바게트들을 심사한다.

심사 기준

바게트의 길이는 55~70cm, 무게는 250~300g이어야 하며,
소금 함량은 밀가루 1kg당 18g이어야 한다. 익힘 상태, 맛,
빵의 부스러기 상태, 향, 외관, 이 다섯 가지 항목으로 평가한다.

시상

우승자는 메달과 4천 유로의 상금, 그리고 일 년간 대통령
관저인 엘리제 궁에 공식적으로 빵을 납품하는 영예를 얻게
된다. 이같은 수상의 결과로 해당 베이커리 매출은
평균 15% 증가하게 되었고, 몇몇은 세계적으로
명성을 얻기도 했다.

몽마르트르는 빵의 명당?

5회에 걸쳐 파리 18구에 있는 빵집에 이 대회 수상의 영광
이 돌아갔다. 각자 한 마디씩 자신들이 생각하는 이유에 대
해 설명한다. 파스칼 바리용 (Pascal Barillon, 2011년 우승
자)은 "몽마르트르 사크레 쾨르 성당 급수탑의 물을 사용하
기 때문이지요. 최고의 물이거든요."라고 했고, 아르노 델몽텔
(Arnaud Delmontel, 2007년 우승자)은 '지대가 높아서'라는
이유를 들었다. 다니엘 바이앙 (Daniel Vaillant) 전 파리 18구
청장은 "18구 주민들이 아마도 인심이 넘치고 심성이 좋아서
빵들도 훌륭한 게 아닌가 싶네요."라고 말했다.

"전통" 바게트의 조건

아무 바게트나 다 전통 바게트는 아니다. 1993년 9월 법령
이 공시된 이후, '프랑스 전통 바게트 (Baguette de tradition
française)'라는 공식 명칭을 부여받기 위해서는 반드시 다음
과 같은 조건을 갖춰야 한다. 우선 재료는 일체의 첨가물이
없는 밀가루와 이스트, 소금, 물만을 사용하고, 만드는 방식도
매장에서 직접 반죽, 성형해 구워야 한다. 거기에 은은한
향기와 크림색의 빵 부스러기 등, 이 모든 조건을 갖춘 전통
바게트는 일반 평범한 바게트와는 차별된다. 하지만 '전통'
이라는 명칭이 꼭 최고의 맛과 품질을 의미하는 것은 아니다.
사실 아주 형편 없는 품질의 밀가루를 가지고도 얼마든지
전통 방식의 바게트를 만들 수는 있는 것이다. 가장 중요한 건
이를 만드는 제빵사가 고민해야 할 몫이다.

역대 우승자 (1994-2015)

1994 **르네 생투앙, 오 팽 비엥 퀴 Rene Saint-Ouen, Au Pain bien cuit**
111, boulevard Haussmann, 파리 8구.

1995 **장 노엘 쥘리엥, 불랑주리 쥘리엥 Jean-Noel Julien, Boulangerie Julien**
75, rue Saint-Honoré, 파리 1구.

1996 **필립 고슬랭 Philippe Gosselin**
123-125, rue Saint-Honoré, 파리 1구.

1997 **르네 생투앙, 오 팽 비엥 퀴 Rene Saint-Ouen, Au Pain bien cuit**
111, boulevard Haussmann, 파리 8구.

1998 **필립 고슬랭 Philippe Gosselin**
123-125, rue Saint-Honoré, 파리 1구.

1999 **스테판 푸제 Stephane Pouget**
104, rue Bobillot, 파리 13구.

2000 **라울 메데르, Raoul Maeder**
불랑주리 파티스리 알자시엔 Boulangerie-pâtisserie alsacienne
158, boulevard Berthier, 파리 17구.

2001 **오 상카랑트 Au 140**
140, rue de Belleville, 파리 20구.

2002 **라울 메데르 Raoul Maeder**
불랑주리 파티스리 알자시엔 Boulangerie-pâtisserie alsacienne
156, boulevard Berthier, 파리 17구.

2003 **로랑 코낭 Laurent Connan**
38, rue des Batignolles, 파리 17구.

2004 **라 푸르네 도귀스틴 La Fournée d'Augustine**
96, rue Raymond-Losserand, 파리 17구.

2005 **로랑 뒤셴 Laurent Duchêne**
238, rue de la Convention, 파리 15구.

2006 **장 피에르 코이에르 Jean-Pierre Cohier**
270, rue du Faubourg-Saint-Honoré, 파리 8구.

2007 **아르노 델몽텔 Arnaud Delmontel**
57, rue Damrémont, 파리 18구.

2008 **아니스 부압사, 오 뒥 드 라 샤펠 Anis Bouabsa, Au Duc de la chapelle**
32-34, rue Tristan-Tzara, 파리 17구.

2009 **프랑크 토바렐, 르 그르니에 드 펠릭스**
Franck Tobarel, Le Grenier de Félix
64, avenue Félix-Faure, 파리 15구.

2010 **지브릴 보디앙, 르 그르니에 아 팽 Djibril Bodian, Le Grenier à pain**
38, rue des Abbesses, 파리 18구.

2011 **파스칼 바리용, 오 르뱅 당탕 Pascal Barillon, Au Levain d'antan**
6, rue des Abbesses, 파리 18구.

2012 **세바스티앙 모비외 Sébastien Mauvieux**
159, rue Ordener, 파리 18구.

2013 **리다 카데르, 오 파라디 구르망 Ridha Khadher, Au Paradis gourmand**
156, rue Raymond-Losserand, 파리 14구.

2014 **앙토니오 텍세이라, 오 델리스 뒤 팔레**
Antonio Teixeira, Aux Délices du palais, 60, boulevard Brune, 파리 14구.

2015 **지브릴 보디앙, 르 그르니에 아 팽 Djibril Bodian, Le Grenier à pain**
38, rue des Abbesses, 파리 18구.

2016 **미카엘 레들레 & 플로리앙 샤를, 라 파리지엔**
Michael Reydelet et Florian Charles, La Parisienne
48, rue Madame, 파리 6구.

2017 **사미 부아투르, 불랑주리 브룅 Sami Bouattour, Boulangerie Brun**
193, rue des Tolbiac, 파리 13구.

1 재료 Ingrédients
밀가루, 생 이스트, 소금, 물

2 혼합하기 Frasage
재료를 5분간 잘 혼합한다.

3 반죽하기 Pétrissage
시간: 4분

4 첫 번째 발효 Pointage
첫 번째 발효를 위해 반죽을
휴지시킨다.
시간: 3시간

5 반죽 덩어리 소분하기
Division en pâtons

6 휴지 Détente
소분한 반죽을 30~40분간
휴지시킨다.

7 성형 Façonnage
바게트 모양으로 길게 만든다.

8 두 번째 발효 Apprêt
성형을 마친 반죽을 다시 30~40분
휴지시킨다.

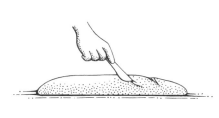

9 칼집 내기 Grignage
칼날을 이용해 반죽에 사선으로
칼집을 낸다.

10 굽기 Cuisson
22분간 구워낸다.

초콜릿 케이크

갸토 오 쇼콜라의 레시피는 실로 무궁무진하다. 한 가지 확실한 사실은 그 누구도 이 초콜릿 케이크의 유혹을 물리치기 힘들다는 사실이다.
절대 실패하지 않는 레시피들을 소개한다. 어떤 것이 베스트인지는 여러분의 판단에 맡긴다.

방송 후일담

「옹 바 데귀스테(On va déguster)」프로그램이 진행되어 오면서 청취자들에게 가장 사랑을 많이 받았던 2가지 레시피가 있는데 그중 하나는 수지 팔라탱 (Suzy Palatin) 의 것이다. 한 번 들으면 외울 정도로 놀랍도록 간단한 레시피인데, 그 맛은 우리의 미각을 춤추게 한다. 파티시에 피에르 에르메는 "이 세상에서 가장 맛있는 초콜릿 케이크"라고 고백했다. 또 하나의 레시피는 '살인자(L'assassin)'라는 이름을 붙인 베르나르 로랑스(Bernard Laurence)의 초콜릿 케이크다. 이름 그대로 늘어날 허리 둘레를 생각하면 끔찍할 정도이지만, 그 맛은 기절할 정도다. 그만의 비법은? 갈라진 얇은 표면과 안쪽의 살살 녹는 텍스처, 그리고 설탕 대신 솔티드 버터 캐러멜을 사용한 것이다.

초콜릿 케이크 "살인자 (L'assassin)"

베르나르 로랑스 (Bernard Laurence)*

4~6 인분

준비 시간: 25분
조리 시간: 45분
휴지 시간: 하룻밤

도구

전동 스탠드 믹서
지름 15cm 스프링폼 팬 또는
분리형 케이크 틀

재료

설탕 250g
가염 버터 150g
달걀 180g (60g 짜리 대란 3개)
밀가루 10g
다크 초콜릿 (카카오 60%) 125g

만드는 법

전동 스탠드 믹서에 거품기를 장착하고 달걀과 밀가루를 5분간 돌려 혼합한다. 공기가 주입되어 거품이 날 정도로 섞는다.
소스팬에 설탕과 물(설탕을 완전히 적실 정도의 양, 약 50g)을 넣는다. 냄비 가장자리에 설탕이 묻어 있으면 일정 온도를 넘었을 때 설탕이 다시 굳어 결정화할 우려가 있으니 설탕이 묻어 있지 않도록 주의한다. 그대로 불에 올리고 시럽이 끓기 시작하면 그때 숟가락으로 저어준다. 그 이전에는 절대 젓지 않는다. 갈색의 캐러멜이 되면 불에서 내리고 차가운 버터를 조금씩 넣어가며 섞는다. 버터를 넣을 때마다 온도가 조금씩 낮아지면서, 버터의 수분이 증발하지 않고 캐러멜에 유입되므로, 조심스럽게 잘 섞어주면서 천천히 버터를 넣는다. 차가운 수분이 뜨거운 캐러멜과 만나서 소리를 내며 튈 수도 있으니 조심한다. 탁탁 소리를 내다가 저어주면 금방 사그러든다. 버터를 모두 넣고 충분히 섞어준다.
전동 스탠드 믹서 볼의 밀가루 달걀 혼합물을 가장 낮은 속도의 거품기로 돌린다. 돌리면서 즉시 캐러멜을 가늘게 붓는다. 캐러멜이 굳을 수 있으니 뜨거울 때 부어주어야 한다. 캐러멜 색이 나는 반죽이 완성되었다.
초콜릿을 중탕 또는 전자레인지로 녹인 후 반죽에 붓고 잘 섞는다. 케이크 틀에 유산지로 바닥과 옆면을 대준다. 바닥은 원형으로 잘라서 깔고, 옆면은 긴 띠 모양으로 잘라 둘러주면 된다. 반죽을 붓고 145℃로 예열한 오븐에서 45분간 굽는다. 케이크가 많이 부풀기 때문에 거의 틀의 높이 끝까지 올라올 것이다. 다 익었는지 확인하려면, 틀을 살짝 흔들어보았을 때 가운데 부분이 액체는 아니지만 약간 흔들리는 상태면 된다. 막 굳으려고 하는 젤리와도 같은 상태다. 식으면서 케이크는 원래의 사이즈로 돌아온다. 상온에서 식힌 후 냉장고에 하루 두었다가 다음 날 틀에서 분리한다.
서빙: 아주 얇게 잘라 먹는다. 이름 그대로 이 케이크는 '살인자'이기 때문이다.

셰프의 팁

먹기 최소 20분 전에는 냉장고에서 꺼낸다.
더욱 부드러워진다.

캐러멜을 만들 때 설탕만 녹이는 것보다, 물과 함께 시럽을 만드는 것이 더 좋다. 왜냐하면 설탕만 녹여서 캐러멜을 만들면, 색이 너무 빨리 진해지기 때문이다. 시럽으로 만드는 캐러멜은 갈색으로 변해가는 과정을 보면서 더 쉽게 조절할 수 있다.

더 큰 사이즈의 살인자를 만들려면?

각 재료의 양을 그에 비례해서 늘려주면 된다.
지름 20cm 틀의 경우는 설탕 250g x 1.77 = 442.5g이 필요하다.
무게를 잴 때 물론 소수점 아래는 반올림해 사용해도 좋다.
다른 사이즈의 틀을 사용할 경우,
아래 배율에 맞춰 재료의 양을 조절한다.

16cm 틀: 1.14배
18cm 틀: 1.44배
20cm 틀: 1.77배
22cm 틀: 2.15배
24cm 틀: 2.56배

* 베르나르 로랑스는 「베르나르의 디저트(Desserts de Bernard)」의 저자이다. éd. Flammarion 출판

초콜릿 케이크 Le gâteau au chocolat
수지 팔라탱 (Suzy Palatin)*

4~6인분

준비 시간: 10분
조리 시간: 25분

도구

지름 23cm 짜리 원형틀

재료

초콜릿 250g
버터 250g
사탕수수 설탕 250g
밀가루 70g
달걀 4개

만드는 법

오븐을 150℃로 예열한다.
초콜릿을 전자레인지에 3분간 돌려 녹인 다음, 버터를 넣고 다시 1분간 함께 돌려 녹인다.
거품기로 잘 섞고, 설탕을 넣어 혼합한다. 체에 친 밀가루를 넣고 다시 잘 섞어준다. 볼에 달걀을 잘 풀어준 다음 초콜릿 혼합물에 넣는다. 잘 혼합하여 매끈한 반죽을 만든다.
원형틀에 버터를 바르고 밀가루를 입힌 후 털어낸다. 반죽을 틀에 붓고 25분간 굽는다. 실리콘 몰드를 사용할 경우에는 30분간 굽는다. 최소 10분 이상 지난 후 틀에서 분리한다.
<u>비법 포인트</u>: 반드시 재료 넣는 순서를 지켜야 한다.

* 수지 팔라탱은 『크레올 요리 (*Cuisine créole: les meilleures recettes*)』, éd. Hachette 출판. 등 여러 권의 요리책을 펴냈다.

딩섬 Dim sum
국적: 중국
크기: 소
피 반죽: 밀가루
소 재료: 돼지고기, 채소,
생선 및 해산물

보즈 Buuz
국적: 몽골
크기: 중
피 반죽: 밀가루
소 재료: 소고기, 양고기

코주카타이 Kozhukkatai
국적: 인도
크기: 중
피 반죽: 쌀가루
소 재료: 코코넛과
사탕수수 설탕

STEAMED

만티 Manti
국적: 터키, 아르메니아
크기: 소
피 반죽: 밀가루
소 재료: 양고기, 소고기

샤롱바오 Xialongbao
국적: 중국
크기: 소
피 반죽: 밀가루
소 재료: 돼지고기 또는 채소

만두 Mandoo
국적: 한국
크기: 중
피 반죽: 쌀가루와 밀가루
소 재료: 채소, 소고기, 돼지고기

모모 Momo
국적: 네팔, 티베트
크기: 중
피 반죽: 밀가루
소 재료: 채소, 소고기, 야크 치즈
또는 야크 고기

모닥 Modak
국적: 인도
크기: 중
피 반죽: 쌀가루와 밀가루 혼합
소 재료: 코코넛

피로슈키, 피에로기 Pierogi
국적: 폴란드
크기: 중
피 반죽: 밀가루
소 재료: 감자, 크림치즈,
소고기, 양고기, 돼지고기, 채소

교자 Kyoza
국적: 일본
크기: 중
피 반죽: 밀가루
소 재료: 돼지고기, 채소

반 꾸온 Banh cuon
국적: 베트남
크기: 대
피 반죽: 쌀가루와 타피오카
소 재료: 돼지고기, 버섯, 튀긴 양파

FRIED

세계의 다양한 만두

라비올리 (ravioli) : 남성 명사. 고기, 채소, 치즈 등을 넣고 작은 피로 감싼 음식. 반달 모양, 원형, 네모 등으로 만들고 튀기거나, 삶거나 증기에 쪄서 먹는다. 중국, 이탈리아, 또는 옛 실크로드의 국가에서 많이 먹으며, 그 종류는 이루 헤아릴 수 없을 정도로 다양하다.

토르텔리니 Tortellinis
국적: 이탈리아
크기: 소
피 반죽: 밀가루
소 재료: 돼지고기, 파르메산 치즈

마울타셴 Maultaschen
국적: 독일
크기: 대
피 반죽: 밀가루
소 재료: 양고기, 시금치, 양파

마타즈 Mataz
국적: 코카서스
크기: 소
피 반죽: 밀가루
소 재료: 양고기, 소고기, 채소, 양파

펠메니 Pelmeni
국적: 러시아
크기: 소
피 반죽: 밀가루
소 재료: 소고기, 양고기, 돼지고기

아뇰로티 Agnolottis
국적: 이탈리아
크기: 소
피 반죽: 밀가루
소 재료: 소고기, 채소

바레니키 Vareniki
국적: 우크라이나
크기: 대
피 반죽: 밀가루
소 재료: 채소, 감자, 치즈, 붉은 베리류 과일

BOILED

라비올 뒤 도피네 Ravioles du Dauphiné
국적: 프랑스
크기: 소
피 반죽: 밀가루
소 재료: 콩테 치즈, 프로마주 블랑, 파슬리

힌칼리 Khinkali
국적: 조지아
크기: 대
피 반죽: 밀가루
소 재료: 소고기, 양고기, 돼지고기, 마늘

추츠바라 Chuchvara
국적: 우즈베키스탄
크기: 소
피 반죽: 밀가루
소 재료: 돼지고기

구르즈 Gurze
국적: 아제르바이잔
크기: 중
피 반죽: 밀가루
소 재료: 양고기

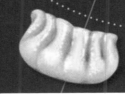

훈툰 Wontons
국적: 중국
크기: 중
피 반죽: 밀가루
소 재료: 돼지고기, 생선 및 해산물, 향신료, 마늘, 파

자오즈 Jiaozi
국적: 중국
크기: 대
피 반죽: 밀가루
소 재료: 돼지고기, 채소, 버섯

맛있는 도시 마르세유

짙리아 사뮈 *Julia Sammut*

전직 미식 전문 기자 출신으로, 마르세유에서 식품매장을 운영하고 있는 그녀가 공유하는 맛집 리스트.

* Julia Sammut 쥘리아 사뮈는 『황무지의 대형마차 (*Les Grandes Carrioles de la Friche*)』의 저자이다. éd. Le Bec en l'air 출판.

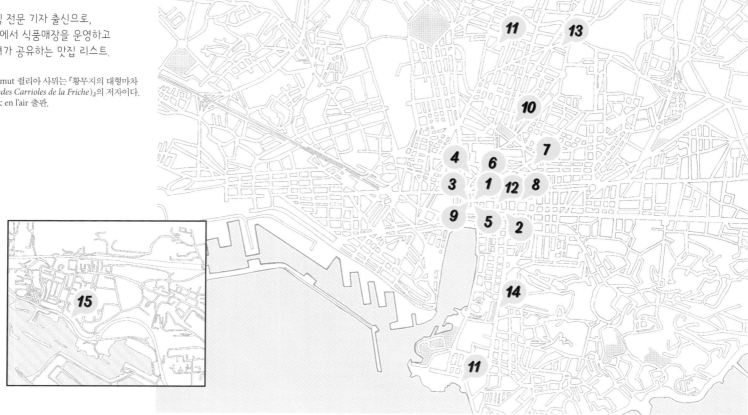

1 마르세유에서 피자 딱 한 개만 먹어야 한다면 「셰 소뵈르(Chez Sauveur)」에서 에멘탈 치즈 반, 안초비 반 피자를 시킨다. 타의 추종을 불허하는 맛.
Chez Sauveur, 10 rue d'Aubagne, 1구.

2 가늘게 썬 빈체 (bintje) 감자를 올리브오일에 튀긴 다음 소금을 솔솔 뿌린다. 샤퀴트리 전문점 「파야니 (Payani)」에서는 홈메이드 감자칩도 판다. 절대 놓칠 수 없다. Charcuterie Payany, 72 rue de Breteuil, 6구.

3 우리가 더 이상 구할 수 없다고 생각하는 물건들도 이 유명한 잡화 매장 「앙프뢰르(Empereur)」의 요리 관련 상품 코너에는 다 있다. 정말 찾기 힘든 것들만 다 모아놓았다. Empereur, 4 rue des Récolettes, 1구.

4 마성의 허브티, 대대로 내려오는 블렌딩, 진짜 프로방스산 프로방스 허브 등 믿을 수 있는 제품들로만 가득한 허브 전문 약국 「셰 르 페르 블레즈(Chez le Père Blaize)」는 200년 동안 변하지 않고 그 전통을 지켜오고 있다. Père Blaize, 4~6 rue Meolan, 1구.

5 프레시 치즈, 생우유, 발효우유 등을 판매하고 있는 「셰 쟈크 (Chez Jacques)」는 오바뉴가의 작은 부티크에서 이탈리아 가족들이 50년째 운영하고 있는 상점이다.
Chez Jacques, 14 rue d'Aubagne, 1구.

6 "뜨거운 오븐에서 매일 9시와 11시 사이에 피타 브레드를 꺼내는 모습을 보고 오마 샤리프가 온 줄 알았어요!" 수염에 밀가루를 묻힌 모습의 주인장은 정말 멋있고, 그가 만든 피타 브레드는 너무 맛있답니다."
Le Cèdre du Liban, 39 rue d'Aubagne, 1구.

7 "차칼리안 가족이 없었다면 어쩔 뻔 했을까? 그들이 만드는 파스트라마 (pastrama, bastrama: 짭짤하게 양념하여 건조 숙성한 소고기로 과거 오스만투르크 국가들의 전통 음식), 마늘 크림소스(toum), 타라마, 페이스트리, 레바논과 아르메니아식 파티스리를 먹지 못한다는 것은 상상도 할 수 없는 일이다."
Exosud, 26 rue Saint-Michel, 6구.

8 "미나 (Mina)의 레스토랑에서는 대표 음료인 레몬에이드로 시작하여 뵈뢱 (beurek: 필로 페이스트리 안에 다진 고기와 치즈, 시금치 등을 넣고 삼각형으로 싸서 오븐에 구운 아르메니아 전통 음식) 신부 케이크(gâteau de la mariée), 거기에다 바클라바까지… 멈출 수가 없다."
Minakouk, 21 rue Fontange, 6구.

9 "튀니스가 어디 있냐요? 바로 여기군요. 튀니지 파티스리 숍인 르 카르타주 (Le Carthage)에서는 설탕에 묻힌 베녜 (Ftaïrs: beignet tunisiens 튀니지식 튀긴 빵)로 아침을 시작해서 점심에는 바냐 (pan bagnat: 참치와 채소, 올리브오일을 넣은 니스식 샌드위치)보다 맛있는 샌드위치를 먹을 수 있다. 이곳에서는 직접 만든 필로 페이스트리를 구입할 수도 있다.
Le Carthage, 8 rue d'Aubagne, 1구.

10 이 지역 생선요리의 대가인 크리스티앙 쿠이 (Christian Qui)는 최고의 생선을 찾아 비유포르 (Vieux-Port) 시장부터 카로 (Carro) 어시장뿐 아니라 마르티그 (Martigues)만까지 분주히 돌아다닌다. 미소된장을 넣은 생선 수프, 부라타 치즈를 곁들인 대서양 가다랑어, 올리브오일과 유자 소스의 카르토 (Cartaux)산 굴 등의 신선한 요리를 갱스부르의 LP판을 들으며 맛보고 있으면 어느덧 하늘로 붕 뜨는 기분이다. 메뉴를 딱히 고를 필요는 없다. 그날의 싱싱한 낚시에 맡기면 된다.
Sushi Qui, 31 rue Goudard, 5구.

11 "부이야베스는 작은 별장에 둘러 앉아 즉석에서 불에 올려 끓여가며 먹는 것이 최고입니다. 이렇게 한번 먹어보면 다른 곳에서는 웬만해서는 만족할 만한 부이야베스를 찾아보기 힘들지요. 「칼립소(Calypso)」와 「발레이유 아 라 빌라 마리 잔 (Valeilles à la Villa Marie-Jeanne)」두 곳만 제외하고 말입니다. 맛있는 부이야베스를 드시려면 미리 예약 주문하세요."
Calypso, 3 rue des Catalans, 7구.
Villa Marie-Jeanne, 4 rue Chicot, 12구.

12 시장에서 장을 봐온 뒤, 컵에 담긴 로브 (Rove)산 브루스 치즈 (brousse: 소, 양, 염소젖의 탈지유를 원료로 만드는 프로방스식 리코타 치즈)에 진짜 천연 설탕과 딸기를 얹어 먹는 그 맛이란… 과연 천국이다.
유기농 마켓 Marché Bio, 매주 수요일 아침, Place du Cours-Julien, 6구.

13 딸기가 한창인 계절에 또 하나의 기쁜 소식은 「오 루아욤 드 라 샹티이(Au Royaume de la Chantilly)」의 특별한 레시피로 만든 달콤하고 바닐라향 가득한 크렘 샹티이가 있다는 것이다. 물론 전통에 따라 슈케트와 함께 판매한다.
Au Royaume de la Chantilly, 2 rue Granoux, 4구.

14 나베트, 돌처럼 딱딱한 비스킷이 아닌, 오렌지 블러섬 워터의 향이 너무 강하지 않고 적당히 은은한 시트러스 향이 감도는 그런 진짜 나베트를 먹으려면 「푸르 데 나베트 (Four des navettes)」(1781년에 창업한 마르세유에서 가장 오래된 베이커리. 이 곳을 세운 M. Aveyrous가 나베트를 가장 먼저 창시했다)에 갈 것이 아니다. 한 수 위인 파티스리 생 빅토르 (Pâtisserie Saint-Victor)가 정답이다.
Pâtisserie Saint-Victor, 2, avenue de la Corse, 7구.

15 파니스 (panisse: 병아리콩 가루로 반죽해 튀긴 스낵으로 이탈리아 리구리아가 원조다)를 먹으러 다들 에스타크 (Estaque) 비치에 간다. 다른 곳에선 찾아보기 힘들다. 병아리콩 가루, 소금, 후추, 올리브오일을 반죽해 긴 원통형으로 밀고 동그랗게 잘라서 튀긴 다음 소금을 뿌려 먹는다. 바닷가의 바에 앉아서 종이 봉투에 담아 주는 파니스를 먹을 때는 물론 파스티스 한 잔을 곁들여 마신다.
Chez Thierry & Enzo, Chez Magali, 또는 Chez Freddy 46~80, plage de l'Estaque, 16구.

* navette: 작고 길쭉한 모양의 프로방스 빵. 마치 작은 배처럼 생겼다고 해서 나베트(배)라는 이름이 붙었다.

단어 끝에 ~재배자 또는 ~양식자 (~culteur)라고 붙는 접미사는 모든 소스와 향을 다 넣어 만든 듯 맛있게 느껴진다.
라틴어 쿨투스 (cultus)라는 어원에서 파생된 단어인 쿨토르 (cultor)는 '재배하다'라는 뜻을 가진 동사 콜로 (colo)의 분사다.
펙티니퀼튀르 (pectiniculture: 가리비 조개 양식) 또는 앙세리퀼튀르 (ansériculture: 거위 기르기)라는 단어를 들어보았는가? 상식 테스트를 해보자.

땅

AGRICULTEUR 아그리퀼퇴르
땅, 논, 밭(라틴어 *agri*)

PERMACULTEUR 페르마퀼퇴르
영속 농경업 (permaculture) 방식으로
농작물을 수확하는 사람.
영속 농법은 상호보완 역할을 하는
다른 종의 식물들을 함께 키우거나,
야생동물의 도움을 받는 등 최대한
인위적인 개입을 줄여 자연친화적이고
친환경적인 생태계를 유지하고자 하는
농업방식이다.

나무

FRUITICULTEUR 프뤼티퀼퇴르
과일

ARBORICULTEUR 아르보리퀼퇴르
나무(라틴어 *arbor*)

ACÉRICULTEUR 아세리퀼퇴르
메이플 시럽(라틴어 *acer*, 메이플)

AGRUMICULTEUR 아그뤼미퀼퇴르
시트러스 과일(이탈리아어 *agrume*)

CERISICULTEUR 스리지퀼퇴르
체리

CAFÉICULTEUR 카페이퀼퇴르
커피

NUCICULTEUR 뉘시퀼퇴르
호두, 헤이즐넛(라틴어 *nux*)

KIWICULTEUR 키위퀼퇴르
키위

OLÉICULTEUR 올레이퀼퇴르
올리브나무(라틴어 *oleum*)

POMICULTEUR 포미퀼퇴르
사과나무, 씨가 있는 과일 나무(라틴어 *pomum*)

THÉICULTEUR 테이퀼퇴르
차

동물

APICULTEUR 아피퀼퇴르
꿀벌 양봉(라틴어 *apis*)

ANSÉRICULTEUR 앙세리퀼퇴르
거위

CUNICULICULTEUR (cuniculteur)
퀴니퀼리퀼퇴르(또는 퀴니퀼퇴르)
토끼(라틴어 *cuniculus*)

ENTOMOCULTEUR 앙토모퀼퇴르
곤충(그리스어 *entoma*)

HÉLICULTEUR 엘리퀼퇴르
달팽이(그리스어 *helix*, 나선형을 뜻함.
hélice는 달팽이의 한 종류)

OVICULTEUR 오비퀼퇴르
양(라틴어 *ovinus*)

RANICULTEUR 라니퀼퇴르
개구리(라틴어 *rana*)

식물

CRESSICULTEUR 크레시퀼퇴르
크레송 (독일어 *kresse*)

FRAISICULTEUR 프레지퀼퇴르
딸기

MYCICULTEUR 미시퀼퇴르
버섯(그리스어 *myco*)

RIZICULTEUR 리지퀼퇴르
쌀

TRUFFICULTEUR 트뤼피퀼퇴르
트뤼프(송로버섯)

VITICULTEUR 비티퀼퇴르
포도나무(라틴어 *vitis*)

VINICULTEUR 비니퀼퇴르
와인(와인 제조를 위한 모든 작업 해당.
라틴어 *vinis*에서 유래)

바다

AQUACULTEUR 아쿠아퀼퇴르
바다에 사는 모든 동물 (라틴어 *aqua*)

DULÇAQUICULTEUR 뒬사키퀼퇴르
민물에 사는 동물

ALGOCULTEUR 알고퀼퇴르
해초류

ASTACICULTEUR 아스타시퀼퇴르
민물가재, 크로우피시
(라틴어 astacus에서 유래)

CREVETTICULTEUR 크르베티퀼퇴르
새우

ESOCICULTEUR 에조시퀼퇴르
민물꼬치고기(강꼬치고기, 쏘가리 등)

PECTINICULTEUR 펙티니퀼퇴르
가리비 조개, 국자 가리비(라틴어
pecten, 빗이라는 뜻)

PISCICULTEUR 피시퀼퇴르
생선(라틴어 *piscis*)

SALMONICULTEUR
연어(라틴어 *salmonis*)

TRUITICULTURE 트뤼티퀼퇴르
송어

CONCHYLICULTEUR 콘칠리퀼퇴르
조개류(라틴어 *conchylium*)

MYTILICULTEUR 미틸리퀼퇴르
홍합(라틴어 *mytilus*)

OSTRÉICULTEUR 오스트레이퀼퇴르
굴(라틴어 *ostrea*)

SALICULTEUR 살리퀼퇴르
소금(라틴어 *sal*)

VÉNÉRICULTEUR 베네리퀼퇴르
대합조개(라틴어 *venerupis*)

누벨 퀴진, 10명의 셰프, 10가지 요리

니콜라 샤트니에 Nicolas Chatenier*

70년대에 미셸 게라르 셰프는 "새가 노래하듯이 요리하라."고 외쳤다. 그를 비롯한 열 명 남짓한 셰프들은 전후 풍요로운 30년을 누리던 이 시기 프랑스 요리에 새 바람을 몰고 왔다. 기존 전통과는 좀 떨어져서 새로운 요리와 미식의 즐거움을 위해 노력을 기울인 이 셰프들은 손님들에게 좀 더 가볍고 아름답고 더욱 맛있는 레시피를 선보였다. 누벨 퀴진은 더 이상 감추는 것 하나 없이 전부 그대로 보여준다. 급속한 산업화가 이루어진 역동적인 경제 호황기를 반영하듯, 누벨 퀴진을 지향하는 셰프들은 그 시대가 제공하는 최신 기술을 사용할 줄 알았으며, 기존 레시피에 기술적인 혁신을 더해 새로운 요리로 변모시켜 놓았다.

누벨 퀴진의 창시

1960~70년대의 유력 일간지 파리 프레스 (Paris-Presse)에서 이름을 날리던 두 명의 기자 앙리 고 (Henri Gault)와 크리스티앙 미요 (Christian Millau)는 자신들이 '가스트로노미의 요새'라 명명한 미슐랭 가이드에 대해 다음과 같이 그들의 입장을 밝힌다. "우리가 '안티 미슐랭'을 주장하는 것은 아니다. 이는 마치 아카데미 프랑세즈 (Académie Française: 1635년에 설립된, 단 40명의 회원으로 이루어진 프랑스 지식인들의 학술단체로 문학상을 수여하고 프랑스어 사전을 편찬한다)에 반대하는 것만큼이나 의미 없는 일이다. 다만 우리의 야심찬 목표는 뭔가 다른 것을 만들어내는 것, 여태껏 언론에서 큰 관심의 대상으로 여기지 않았던 요리 분야에 대해 한번 제대로 다루어보자는 것이다. 이런 맥락에서 우리의 기존 미식 문화의 구태의연한 것들을 새롭게 쇄신하고, 편견에서 벗어나 보고자 한다.

기성세대에 대한 반항자, 전통 미식 문화의 초 부르주아적이고 너무도 시대착오적인 이미지를 온통 흔들어 놓으려는 선동자로 치부되는 시련을 원하는 것은 아니다." (『고와 미요의 식탁 (Gault et Millau se mettent à table)』중에서, 1973) 그들이 만들어내고자 하는 이 '뭔가 다른 것'이 바로 '누벨 퀴진'이다. 1973년 이 두 사람은 『프랑스의 누벨 퀴진을 위하여 (Vive la nouvelle cuisine française)』라는 제목의 기사에서 오귀스트 에스코피에 시절부터 이어져오고 있는 올드 퀴진의 경직된 계율과는 차별되는 '누벨 퀴진 10계명'을 발표한다(page 116 참조). 그들은 새로운 요리 스타일을 창조해내는 것이 아니라 신세대 셰프들의 이러한 흐름에 뜻을 함께 하는 것이라고 조심스럽게 명시하고 있다.

★★★★★
훗날에도 계승할 수 있는 잠재력. 별 5개 만점

폴 보퀴즈 Paul Bocuse

리옹 근처 콜롱주 오 몽도르 (Collonges-au-Mont-d'Or)에 정착한 폴 보퀴즈는 누벨 퀴진의 전초 역할을 했다. 앙리 고와 크리스티앙 미요 이 두 미식 평론가에게 아주 신선하고 심플한 그린빈스 샐러드 (salade de haricots verts)를 선보여 누벨 퀴진이 도래할 것을 예고했다. 프랑스 요리계의 독보적인 위치를 차지하고 있는 이 셰프는 너그러우면서도 엄격하고, 익살스러운 유머 감각을 지닌 남다른 캐릭터로 늘 언론의 주목을 받았으며, 프랑스 미식사에 오랫동안 그의 존재감을 과시하고 있다.

VGE 수프
LA SOUPE VGE (1975)
★★★★★

폴 보퀴즈의 전설적인 여러 메뉴 가운데 가장 유명해진 음식일 것이다. 이 수프는 새로운 창작이라기보다 그의 친구였던 알자스의 셰프 폴 애베를랭 (Paul Haeberlin)의 아이디어에서 따온 레시피라 할 수 있다. 동유럽의 요리인 수바로프 (souvarov)에서 영감을 얻은 이 수프에 폴 보퀴즈는 각 개인 그릇마다 퍼프 페이스트리로 덮고 오븐에 넣어 구워 바삭하게 부푼 크러스트와 뜨거운 수프를 같이 먹도록 만들었다. 노릇하게 부푼 퍼프 페이스트리가 덮고 있는 비주얼은 그 어떤 음식도 압도한다. 나머지는 역사적인 스토리텔링이다. 이 수프는 1976년 발레리 지스카르 데스탱 당시 대통령이 폴 보퀴즈에게 레지옹 도뇌르 국민 훈장을 수여할 때 엘리제 궁에서 처음 소개되었다. 이 수프를 어떻게 먹는지 물어본 대통령에게 보퀴즈 셰프는 "대통령님, 이제 껍질을 깨시죠 (on casse la croûte : 직역하면 '빵의 크러스트를 깨다'라는 뜻으로 '식사합시다'라는 의미로

통용된다. 여기서는 스프 위의 페이스트리를 스푼으로 깬 다음 먹는다는 의미와 중첩되어 쓰였다.)"라고 말했다고 한다.

미셸 게라르 Michel Guérard

미셸 게라르와 그 주변의 동료 및 친구들은 언제나 재능과 상상력이 풍부했다. 처음에 파티시에로 훈련을 받은 이 셰프는 1968년 파리 근교 아니에르가 (rue d'Agnière)에 포토푀 (Le Pot-Au-Feu)라는 이름의 비스트로를 열고 요리사로 비상한다. 전통 요리인 '포토푀'라는 식당 이름과 실제로 그 안에서 만들어지는 누벨 퀴진 콘셉트의 요리와는 좀 차이가 있었으나, 이 비스트로는 당시 시대를 앞서가는 아방가르드한 명소로 급속히 인기를 얻게 된다. 언제나 고객들과 즐겁게 담소하길 즐기는 이 셰프의 대표 요리로는 오이를 곁들인 닭날개 요리, 잊을 수 없는 캐러멜을 곁들인 배 페이스트리 등이 있지만 그 중 새로운 시도를 보이며 가장 깊은 인상을 남긴 것은 다름 아닌 '살라드 구르망드 (salade gourmande)'이다.

살라드 구르망드
LA SALADE GOURMANDE (1968)
★★★★★

단순하지만 혁신적인 아이디어에서 시작된 레시피다. 미셸 게라르는 각각의 재료를 가장 신선한 상태로 준비해 아삭하고 상큼한 맛의 샐러드를 만들었는데 특히 새로웠던 것은 기존의 비네그레트인 식초와 올리브오일 대신에 생 푸아그라를 얇게 저며 얹음으로써 간을 맞추게 한 것이다. 누벨 퀴진의 기본 아이디어인 '빼고, 단순화하고, 가볍게 한다'는 요소가 다 들어 있는 셈이다.

알랭 샤펠 Alain Chapel

1990년 향년 53세의 젊은 나이로 세상을 떠난 알랭 샤펠은 프랑스 요리 역사에 불멸의 자취를 남긴 위대한 셰프였다. 신중하고 과묵한 성격으로 언제나 솔선수범을 보여주던 미오네 (Mionnay, Ain)의 셰프였던 그는 화려한 명성을 추구하지 않았다. 한 번도 언성을 높이지 않고 직접 서비스를 총괄했으며, 항상 앞서가는 감각을 잃지 않았다. 완벽함을 위하여 늘 노심초사했던 그는 특히 음식의 간을 중시해 가장 정확한 맛의 음식을 만들기 위해 노력했고, 결벽에 가까울 정도로 최상의 식재료만을 고집했던 요리사였다. 이러한 그의 노력은 미오네의 레스토랑을 찾는 모든 이들에게 언제나 깊은 인상을 남겼다. 알랭 뒤카스 (Alain Ducasse), 프레데릭 바르동 (Frédéric Vardon), 프랑수아 가니에르 (François Gagnaire), 필립 주스 (Philippe Jousse) 등의 요리사뿐 아니라 그의 음식을 사랑하던 모든 고객들의 마음 속엔 이 장소와 이 훌륭한 요리사가 특별한 기억으로 남아 있다.

닭간 플랑과 민물가재 소스
LE GÂTEAU DE FOIES BLONDS COULIS D'ECREVISSES (1980)
★★★★★

이 레시피는 누벨 퀴진의 영역에 속한다고 보기는 어렵다. 단, 아주 맛있는 요리라고 해야 할 것 같다. 그 정도면 충분하지 않은가? 이 요리를 통해서 알랭 샤펠은 브리야 사바랭 (Brillat-Savarin)의 조카인 뤼시엥 탕드레 (Lucien Tendret)의 역사적인 레시피를 재현해냈다. 브레스산 닭의 간을 사용해 부드러운 질감과 깊은 맛의 플랑을 만들어 냈고, 당시 주변의 동브 (Dombes) 호수에 아주 흔하던 민물가재(크로피시)

를 곁들여 냈다. 그의 요리는 화려한 장식보다는 재료가 지닌 본래의 맛을 최고로 끌어내는 것이었다.

폴 애베를랭 Paul Haeberlin

폴 보퀴즈의 동지였던 폴 애베를랭은 2차 대전 이후 알자스의 일레위제른 (Illhaeuserne)이라는 작은 마을에 오베르주 드 릴 (L'Auberge de l'Ill)을 오픈해 주방을 맡고, 그의 동생 장 피에르는 홀을 담당했다. 말이 없던 그는 오로지 요리에 혼신을 다했고, 결과는 정직하게 나타났다. 크림, 버터를 사용한 그의 요리는 전통의 맛과 최상의 질을 보여 주었으며, 그의 메뉴에는 알자스식 레시피로 만든 푸아그라 요리도 몇 가지 포함되어 있었다.

개구리 무슬린
LA MOUSSELINE DE GRENOUILLE (1967)
★★★★★

레시피는 예전과 하나도 변하지 않았고, 아직도 매주 열 명이 넘는 손님들이 40년 전과 마찬가지로 이 요리를 즐기고 있다. 맛있는 소스를 곁들인 가벼우면서 부드러운 무슬린을 이보다 더 완벽하게 만들기는 힘들다. 혀를 간질이는 듯한 이 요리를 맛보면 폴 애베를랭 셰프에게서 풍기던 인자함을 상상해볼 수 있다.

루이 우티에 LOUIS OUTHIER

루이 우티에의 프로필은 마치 모험가와 같다. 브장송 (Besançon)에서 출생한 그는 리옹 근처 비엔 (Vienne)의 풍채 좋은 천재 요리사 페르낭 푸엥 (Fernand Point)의 레스토랑 '라 피라미드 (la Pyramide)'에서 수련하면서 요리에 눈을 뜨게 된다. 2차 대전 이후 페르낭 푸엥의 거침없는 행

보와 대중을 사로잡는 그의 요리는 루이 우티에에게 깊은 인상을 남긴다. 이곳에서 수련을 마친 그는 칸에서 가까운 나폴 (Napoule)에 정착한다. 50년대 후반부터 페르낭 푸엥의 영향을 받은 훌륭한 부르주아 요리를 선보였으며, 80년대에 접어들면서는 동남아에서 온 식재료들을 요리에 사용하기 시작했다.

태국 허브로 맛을 낸 랑구스트
LA LANGOUSTE AUX HERBES THAÏES (1983)
★★☆☆☆

루이 우티에는 2000년대 해외로 진출하기 시작한 셰프들의 선구자라 할 수 있다. 피에르 가니에르, 조엘 로뷔숑, 알랭 뒤카스 보다 한참 앞서서 이미 80년대에 10곳의 레스토랑을 개척해 놓은 선배인 셈이다. 첫 번째로 진출한 곳은 1982년 방콕이었다. 수차례의 여행을 통해 그는 현지 식재료에 관심을 갖게 되었고 자신의 프랑스 레스토랑 메뉴에도 이들을 도입하여 쓰기 시작했다. 지중해에서 잡아 올린 랑구스틴에 고수, 생강, 타이 바질을 접목시킨 요리를 선보였다. 퓨전 요리는 이미 이때부터 루이 우티에가 시작한 것이라 할 수 있다. 누벨 퀴진의 또 하나의 돌풍을 일으킨 요리사다.

자크 픽 Jacques Pic
1936년부터 미슐랭 3스타에 빛나는 발랑스 (Valence, Drôme)에 위치한 유서 깊은 메종의 셰프인 자크 픽은 50년대부터 요리를 시작했다. 그는 고급 식재료, 특히 귀한 고급 생선으로 요리 만드는 것을 좋아했다. 그의 아내 쉬잔은 포플라 나무가 드리워진 안마당에서 손님들을 맞이한다. 엄청난 성공을 거둔 이 레스토랑은 당시의 고즈넉함을 그대로 간직한 채 끊임없이 사랑을 받고 있다. 완벽주의자이고 신중한 성격의 소유자였던 자크 픽은 민물가재 그라탱과 같은 전설의 레시피에 자신만의 혁신적인 요소를 접목하여 잘 녹여냈다. 묵묵히 자신만의 스타일로 요리에 열중한 그는 시대를 초월하여 꾸준히 사랑받는 메뉴들을 탄생시켰다.

캐비아를 곁들인 농어 요리
LE LOUP AU CAVIAR (1973)
★★★★★

어느 날 아침 쉽게 떠오른 아이디어로 만든 이 요리는 그가 좋아하는 두 가지 재료인 지중해산 농어의 두툼한 필레 살과 이란산 캐비아를 사용한다. 캐비아의 짭조름한 바다향이 농어살의 부드러운 맛과 대조를 이루며 서로 보완해주는 균형감이 돋보이는 요리다. 그는 또한 흰색의 생선 위에 얹은 검은색의 캐비아가 자아내는 아름다운 색의 대조를 잘 살려냈고, 샴페인을 넣은 크림 소스로 요리에 매혹적인 감미로움을 더했다. 하루 아침 문득 떠오른 조리법이 시대를 초월하는 전설적인 그의 시그니처 메뉴가 되었다.

알랭 상드랭스 Alain Senderens
미셸 게라르와 마찬가지로 파리지앵인 알랭 상드랭스는 1968년 4월 그의 첫 레스토랑을 오픈한다. 이 당시 파리에서는 대규모 학생 혁명이 일어나 혼란한 시기였으나, 그의 식당은 승승장구한다. 알랭 상드랭스는 그의 접시 위에서 혁명을 일으켰다. 파리 7구의 엑스포지시옹가 (rue de l'Exposition)에서 시작해 유서 깊은 바렌가 (rue de Varenne)로 옮긴 레스토랑에서 그는 아주 지적이며 번뜩이는 아이디어의 레시피들을 선보이는데, 이는 그의 폭넓은 독서로부터 영감을 받은 것이었다. 누벨 퀴진의 바람이 불던 시기에 그는 끊임없이 고민하고 시도하고 연구하여 새로운 요리를 만들어냈다. 그는 새로운 메뉴를 개발할 때마다 그의 친구 미셸 게라르에게 시식을 권했다.

양배추로 감싼 푸아그라 찜
LE FOIE GRAS AU CHOU (1970)
★★★☆☆

이 요리의 아이디어는 파리의 어느 골목길에서 떠올랐다. 산책을 좋아했으며 학식이 깊었던 지적인 요리사 알랭 상드랭스는 파리 시내를 걷던 중 어느 날 이 두 재료의 조합을 떠올렸다. 푸아그라가 갖고 있는 본연의 기름진 맛에 어울리는 것이 무엇일까 골똘히 생각한 끝에 찾아낸 사보이 양배추는 완벽한 조합이었다. 아삭한 사보이 양배추의 잎이 오리 간의 지방을 흡수해 두 재료가 잘 어우러지는 것이다. 미식가들을 사로잡은 이 메뉴 역시 누벨 퀴진의 혁신 정신을 잘 반영한 것이었다. 게다가 그 시대에 이미 증기로 찌는 조리법을 사용했다.
더 이상 모던할 수 있을까?

피에르와 장 트루아그로
Pierre et Jean Troisgros
누벨 퀴진의 역사적 중심지는 아마도 다름 아닌 로안 (Roanne)일 것이다. 리옹에서 한 시간 떨어진 이 도시에서 60년대 초부터 두 형제 요리사는 프랑스 전통 요리에 변화를 일으키기 시작했다. 맛에 대한 확고한 신념이 뚜렷했던 아버지 장 바티스트 트루아그로는 이들에게 과거의 조리법은 잊고 과감하게 새로운 모험을 시작해보라고 권유했다. 피에르와 장은 논스틱 코팅팬, 초고속 믹서 등 당시 혁신적인 테크닉을 사용한 새로운 장르의 요리를 만들기 시작했다.

소렐 소스를 곁들인 연어
L'ESCALOPE DE SAUMON À L'OSEILLE (1963)
★★★★★

이 요리는 그 자체가 누벨 퀴진을 대변한다 해도 과언이 아니다. 모든 것이 새롭다. 기존의 연어는 몸통 가시와 수직 방향으로 굵은 토막을 내어 사용했던 반면 이 요리에서는 얄팍한 에스칼로프 토막으로 쓴다.

에스칼로프 (escalope)라는 단어부터가 이전까지는 고기에나 사용했지 생선에는 잘 쓰지 않던 용어였다. 이렇게 생선에도 에스칼로프라는 이름을 붙인 이후로 대인기를 끌었다.
이 요리에서 생선은 뜨거운 코팅팬에 앞뒤로 몇 초씩만 살짝 익혀 최대한 그 부드러움을 유지한다. 크림 베이스의 소스에는 소렐(수영)을 넣어 산미를 더한다. 더블 크림과 기름진 생선의 풍부한 부드러움에 소렐의 산미가 어우러져 완벽한 자연의 균형을 이루는 맛이다. 기존에 없었던 재료의 조합, 새로운 익힘 방법, 변화를 준 플레이팅(기존의 방법과는 반대로 소스를 먼저 접시에 부은 후 그 위에 생선을 올린다)으로 이 메뉴는 누벨 퀴진의 창시가 되었으며, 오늘날까지 이어져오는 불멸의 요리로 남았다.

로제 베르제 Roger Vergé
그 당시 이미 누벨 퀴진의 도래를 이해하고 있었던 무쟁 (Mougins)의 요리사 로제 베르제는 지중해 요리를 단순한 지방 음식에서 진정한 가스트로노미 요리로 발전시키는 혁신을 일으킨 장본인이다. 호남형의 이 요리 대가는 프렌치 리비에라의 매력을 알리는 요리로 그의 왕국을 이루었다. 항상 최고의 재료를 고집했고, 전통 요리로 오랜 경험을 쌓은 그는 결국 자신만의 요리 세계를 열어나가게 되었고, 태양의 요리라 칭한 지중해 미식 문화의 거장이 되었으며, 오늘날까지도 지중해 연안의 대표적인 요리사로 기억된다.

미카도 샐러드
LA SALADE MIKADO (1975)
★★☆☆☆

동양의 이름이 붙은 이 샐러드의 레시피는 아주 간단하다. 누벨 퀴진은 아주 단순한 조리법의 음식이 대부분을 이루고 있었다. 치커리와 양송이버섯, 아보카도, 체리토마토로 이루어진 이 샐러드는 신선함과 상큼함의 대명사가 되었다. 로제 베르제는 그의 저서『태양의 요리 (Cuisine de Soleil)』에서 이 샐러드에 대해 언급한다. "이 샐러드는 화려한 음식은 아니지만 각 재료가 가진 섬세한 맛과 식감이 잘 어우러진 요리다. 때로는 아주 맛있는 음식을 만들기 위해 이보다 더 이상 필요하지 않은 경우도 있다."

프레디 지라르데 Frédy Girardet
누벨 퀴진을 표방했던 스위스 출신의 프레디 지라르데는 로잔 근처에 있는「오텔 드 빌 크리시에 (L'Hôtel de Ville de Crissier)」의 셰프였으며, 프랑스 출신 요리사들과도 긴밀한 관계를 유지했다. 과묵한 성격의 완벽주의자였던 그는 테루아를 중시하고, 언제나 최상의 식재료에 집착했으며, 이 재료들을 가장 자연의 상태에 가깝도록 소박하게 접시에 담아내

는 데 열정을 기울였다. 다시 말해 모든 재료의 본연의 맛을 최대한 살리고자 끊임없이 노력했던 셰프다.

리크 쿨리와 트러플을 곁들인 닭날개 요리
L'AILE DE VOLAILLE AU COULIS DE POIREAU ET À LA TRUFFE (1975)
★★☆☆☆

이 요리는 크리시에의 레스토랑에서 오랫동안 인기 있었던 메뉴다. 최고급 파인 다이닝에서는 흔히 볼 수 없었던 대중적인 재료에 고급 식재재인 검은 송로버섯을 더한 이 음식은 누벨 퀴진의 콘셉트에 딱 맞는 신선한 변화를 보여주는 상징이 되었다.

* 니콜라 샤트니에 Nicolas Chatenier : 미식 전문가, 타블르 롱드(Table Ronde, 파리 3구) 창업자, 세계 파인 다이닝 연합 (Association des Grandes Tables du Monde) 대표 회원, 다큐멘터리 제작자. 저서: 『셰프들의 추억 (Mémoires de chefs)』 éd. Textuel 출판.

나폴리 피자

알바 페조네 | Alba Pezone

전통과 노하우를 지닌 피자, 2008년부터는 유럽에서 인증 라벨이 붙은 나폴리 피자.
믿을 수 있는 진짜 나폴리 피자의 레시피와 그 맛집들을 소개한다.

우리의 안내자

아름답고 인심이 좋으며 특별한 개성을 지닌 알바 페조네는 마치 나폴리 피자와도 같은 인상을 준다. 파리에 살고 있는 그녀는 고향인 이탈리아 캄파니아를 자주 찾고 있는 요리 연구가로 이탈리안 쿠킹 클래스 '파롤레 인 쿠치나 (Parole in cucina)'*를 진행하고 있다. 피자에 관한 책*을 펴내기도 한 그녀는 우리를 위해 누구도 흉내 낼 수 없는 손맛이 담긴 피자를 만들어낸다.

완벽한 피자 반죽을 만드는 방법

"반죽을 반대로 하는 이 테크닉은 유명한 나폴리 피자이올로들이 사용하는 방법이다. 보통 밀가루 가운데 움푹하게 우물을 만들어 놓고 그 안에 물과 이스트를 넣지만 나는 거꾸로 이스트를 넣은 물 안에 밀가루를 넣는다. 촉촉하고 탄력이 있으면서도 약간 물렁물렁한 반죽을 만들어 잘 부풀어 오르게 하고 숙성도 잘 되게 하려면, 레시피에 나온 분량의 밀가루를 다 사용하지 않는 것이 요령이다. 베테랑 피자이올로들이 하는 방식대로 만들어보자. 우선 밀가루를 정확히 계량한다. 하지만 반죽을 마친 후엔 항상 조금 남아 있어야 한다."

피자 1〜2개분

(피자 종류와 사이즈에 따라)
준비 시간: 30분
발효 시간: 8〜10시간

재료

밀가루 450〜480g
(00 타입: 피자반죽용 이탈리아 밀가루,
글루텐 함량이 높은 Manitoba 타입)
나폴리 물 (또는 프랑스 물) 250ml
고운 천일염 10g
생 이스트 8〜10g

만드는 법

큰 볼에 물을 붓고 소금과 이스트를 넣어 풀어준다. 밀가루를 넣는다. 공기를 불어 넣는 느낌으로 주먹으로 골고루 누르며, 손바닥으로 반죽하여 매끄럽게 만든다. 밀가루가 다 스며들면 반죽을 볼에서 꺼내 작업대에 놓고 탁탁 치대며 다시 반죽한다. 잡아 늘려 들었다 다시 접기를 반복한다. 이렇게 15분을 치대면 반죽이 더 이상 달라붙지 않게 된다. 다시 10분간 더 반죽한 다음 둥근 덩어리를 만들어 밀가루를 묻힌 큰 볼(부풀어 오를 것을 감안해 큰 사이즈로 준비한다)에 넣는다. 랩으로 씌운 후 바람이 통하지 않는 건조한 상온에서 8〜10시간 동안 발효시킨다. 시간이 지나 부풀어 오르면 작업대에 밀가루를 뿌리고 반죽을 재빨리 얇게 편다. 손가락으로 가운데에서 가장자리로 늘려가며 피자 모양으로 얇게 만든다. 피자 토핑을 넣고 오븐에 넣어 굽는다.

* 파롤레 인 쿠치나 (Parole in cucina) 이탈리안 쿠킹 스쿨,
  5 impasse du Curé, 파리 18구.

전통 피자 La pizza traitionnelle

" DOP(Denominazione di origine protetta: 원산지 명칭 보호) 마르게리타 피자에 들어가는 재료는 신선한 바질, 모차렐라 치즈 그리고 토마토 소스로, 이탈리아 국기를 상징하는 녹색, 흰색, 붉은색의 식재료들이다. 1889년 피자이올로 라파엘레 에스포지토 (Raffaele Esposito)가 사부아 공국 마르게리타 여왕의 나폴리 방문을 기념하여 처음 만든 피자이다."

4〜6 인분

준비 시간: 10분
조리 시간: 15분

재료

피자 도우 반죽 250g
토마토 소스 60〜70g
(passata di pomodoro san marzano DOP)
물소젖 모차렐라 치즈 뜯어 놓은 것 60〜80g
(mozzarella di bufala DOP)
카쵸카발로 포돌리코 치즈 가늘게 간 것 20〜30g
(caciocavallo podolico: 포돌리카 품종의 소젖으로 만든
이탈리아 치즈의 일종)
바질 잎
아주 질 좋은 올리브오일
플뢰르 드 셀 (fleur de sel)

만드는 법

오븐을 250℃로 예열한다. 볼에 토마토 소스(파사타)를 넣고 올리브오일을 한 바퀴 둘러준 다음, 플뢰르 드 셀을 넣어 간을 맞춘다. 작업대에 밀가루를 조금 뿌리고 피자 반죽을 최대한 얇게 편다. 손가락으로 중앙에서 가장자리로 눌러가며 편 다음, 손바닥으로 돌리며 점점 큰 원반 모양을 만든다. 오븐용 팬에 붓으로 기름을 얇게 바르고 피자 도우를 놓는다.
피자 도우에 올리브오일을 가늘게 뿌린다. 양념한 토마토 소스를 둥글게 펴 바른 다음 오븐에 넣어 10분간 굽는다. 모차렐라 치즈를 골고루 얹고 다시 5분간 구워낸다. 피자가 노릇하고 바삭하게 구워지면 오븐에서 꺼내 바질 잎을 얹고 카쵸카발로 포돌리코 치즈를 뿌려 서빙한다.

독창적인 피자 La pizza créative
프로슈토와 루콜라를 얹은 피자

"새로운 작품을 만들거나 기존의 것에 변화를 주어 재탄생시키는 것은
나폴리에서 얼마든지 가능한 일이다. 나폴리의 많은 피자이올로들은 오늘도 이를 위해
땀 흘리고 있다. 단, 재료와 맛이 균형을 이루어야 한다는 조건이 있다.
개성이 있으면서도 조화로운 맛, 이 레시피라면 합격이다."

4인분

준비 시간: 20분
조리 시간: 15분

재료

피자 도우 반죽 280g
IGP 스펙* 프로슈토 얇은 슬라이스 5~6장
스모크 프로볼라 치즈 뜯어놓은 것
80~100g
(provola affumicata di bufala)
단단한 식감의 배 (conférence 품종) 1개
이탈리아 소렌토산 호두 8~10개
(또는 프랑스 그르노블산 호두)
파르메산 치즈 간 것 20g
루콜라 한 움큼
아주 좋은 질의 올리브오일

만드는 법

배를 씻어서 껍질을 벗긴 다음 세로로
얇게 썬다. 루콜라는 잎을 분리해 씻은
다음 물기를 털어 제거한다. 호두는 굵게
다진다.
오븐을 250℃로 예열한다.
작업대에 밀가루를 조금 뿌리고, 피자 반
죽을 최대한 얇게 편다. 오븐용 팬에 붓으
로 기름을 아주 얇게 바르고 피자 도우를
놓는다. 올리브오일을 가늘게 뿌린 후 오
븐에 넣어 10분간 굽는다. 프로볼라 치즈
와 스펙 프로슈토, 배를 골고루 얹은 다음
다시 오븐에서 5분간 구워낸다. 배는 오븐
의 열기에 살짝만 익어 촉촉한 상태를 유
지해야 하고, 햄은 말랑말랑해져야 한다.
오븐에서 꺼낸 뒤 파르메산 치즈와 호두를
뿌리고 루콜라 잎을 골고루 얹는다. 올리
브오일을 몇 방울 뿌려 서빙한다.

*speck : 훈제하여 건조한 이탈리아 티롤 (Tyrol)
지방의 생 햄. speck dell'Alto Adige, IGP가 유명하다).

프라이드 피자 La pizza fritta

"그렇다, 피자를 기름에 튀겼다! 물론 화덕에 구운 피자만큼 유명하진 않지만, 나폴리에서는 튀긴 피자도 먹는다."

6인분

준비 시간: 10분
조리 시간: 5분

재료

피자 도우 반죽 110~120g
물소젖 모차렐라 작은 것 3개 (각 25g 짜리)
대추토마토 12~15개
루콜라 넉넉히 한 움큼
플뢰르 드 셀, 검은 통후추 간 것

튀김용
낙화생 기름 1리터

도구
건짐 망
거품 국자
키친타월

만드는 법

루콜라는 씻어서 잎을 분리해 떼어
내고 물기를 털어 둔다. 대추토마토는
씻어서 반으로 자른다. 튀김 용기에
기름을 넣고 적당한 온도로 데운다.
작업대 위에 밀가루를 조금 뿌리고
반죽을 얇게 편다. 튀기는 동안 잘
부풀도록 칼집을 낸다. 반죽을 재빨리
들어 가장자리를 늘리며 기름에 넣는
다. 거품 국자를 이용하여 기름에
잠기지 않은 부분에 기름을 골고루
부어주며 튀긴다. 뜨거운 열기로
반죽이 부풀고 아랫면이 노릇하게
튀겨지면 뒤집어 반대면도 거의 캐러
멜라이즈 색이 나도록 노릇하고 바삭
하게 튀긴다. 건져서 기름을 털어낸
다음 키친타월에 놓고 나머지 기름을
뺀다. 루콜라와 토마토를 골고루 얹고
모차렐라를 그 위에 놓는다. 올리브
오일을 가늘게 뿌리고, 소금(플뢰르
드 셀)과 후추를 뿌려 먹는다.

* 이 레시피들은 『피자(Pizza)』에서 발췌함.
Alba Pezone 지음. éd. Marabout 출판.

나폴리의 피자 명소
알바 페조네

나폴리의 맛 지도를 손바닥 보듯 훤히 꿰고 있는 알바 페조네가 적극 추천하는 일곱 군데의 피자 맛집을 자세히 소개한다.

1 라 노티지아
LA NOTIZIA

피자이올로: 엔조 코치아 (Enzo Coccia)
Pizzaria La Notizia 53, Via Michelangelo
da Caravaggio, 53/55
Pizzaria La Notizia 94, Via Michelangelo
da Caravaggio, 94/A
www.pizzarialanotizia.com

"피자는 신중하게 만들어야 합니다."
이탈리아에서뿐 아니라 해외에서도 나폴리 피자의 홍보대사 역을 자처하고 있는 엔조 코치아는 대로 이어져 내려오는 피자이올로 집안의 자손이다. 나폴리 역 근처에 있던 할머니의 피제리아 폰타나 (Fontana)에서 처음 피자 일을 배우기 시작한 그는 1995년 자신의 피자리아 (pizzaria, 피제리아 대신 옛날식으로 피자리아)를 오픈한다. 오손 웰스의 영화 「시민 케인(Citizen Kane)」의 분위기를 살린 듯한 '라 노티지아'는 카라바지오 거리 (via Caravaggio)의 위쪽에 자리하고 있어 포실리포 (Posillipo) 언덕의 멋진 경관이 한눈에 들어온다. 그의 혁신은 계속 진행 중이다. "반죽만 잘 한다고 되는 게 아닙니다." 그는 마치 셰프처럼 피자 도우 반죽 재료의 양과 비율을 까다롭고 세밀하게 체크한다. 그의 피자는 맛보는 이들 앞에 놓인 수평적 건축물 같다. 맛에 관심을 가진 시식자들이 잘라 먹는 동안 그 맛의 본색을 드러낸다. 그에게 있어 피자란 신중하게 다뤄야 하는 대상이다. 엔조는 피자 한 판을 시켜 그것만 다 먹는 일반적 규율과 습관을 바꿔놓았다. 그의 피자리아에서는 골고루 시식하듯 피자를 맛보는 즐거움이 있다.
<u>장소</u>: 모던한 분위기의 La notizia 94는 약 30석 규모다. 냉장 케이스에 보관된 각종 신선한 토핑 재료를 한눈에 볼 수 있으며, 와인 셀러와 수제 맥주들을 갖추고 있다. 맞춤형으로 설계된 오픈 키친과 화덕에서 손님들은 피자가 만들어져 나오는 모습을 볼 수 있다.
<u>메뉴</u>: 맛에 있어서 완벽 그 자체. 나폴리 피자라는 하나의 문화와 정체성을 맛볼 수 있다.

2 피제리아 소르빌로
PIZZERIA SORBILLO

피자이올로: 지노 소르빌로
(Gino Sorbillo)
Via dei Tribunali, 32
www.sorbillo.it

빨리 만드는 피자, 맛있는 피자
1935년 이 피제리아를 창업한 지노, 루이지, 카롤리나의 조부모는 자손 21명이 모두 피자이올로다. 심지어 딸들인 에스테리나, 아드리아나, 엘레나, 마리사, 카르멜라, 마리아로사리아도 피자이올로가 되었다. 그 3세대인 40세의 지노 (Gino)는 지칠 줄 모르는 열정을 가진 피자 장인이다. "피자 이올로라는 직업은 정확함이 생명입니다. 이미 망친 피자는 다시 되돌릴 수 없으며, 이미 올려 구운 토핑도 나중에 다시 뺄 수 없습니다. 오로지 한 번에 정확한 맛을 내야만 하지요."
그의 피제리아 앞에는 언제나 피자 마니아들의 긴 줄이 늘어선다. "항상 100명이 넘어요." 선착순으로 대기자 명단에 이름을 적고 있는 그의 어머니가 말한다. 하루에 얼마나 많은 피자가 나가냐는 질문에 그 대답은 놀라울 정도다. "600, 800, 1200 개…."
<u>메뉴</u>: 모든 종류의 피자가 훌륭한 맛을 자랑한다. 빠른 속도로 아주 잘 만들어진 피자다. 피자이올로의 높은 수준이 그대로 드러난다. 가끔씩 지노는 피자 도우를 공중에 휙휙 날리며 반죽한다. "작업대에 공간이 모자라서요." 접시 밖으로 삐져나올 정도로 큰 사이즈인 그의 피자는 보는 즐거움과 먹는 즐거움을 동시에 선사한다.

3 마사르도나
MASARDONA

피자이올로: 엔조 피치릴로
(Enzo Piccirillo)
Via Capaccio Giulio Cesare, 27

튀긴 피자의 팬이 되어보세요.
피자를 튀겨 만든다는 게 왠지 생소하고, 아무래도 장작 화덕에 구운 근사한 피자만 못할 거라고 생각할 수도 있겠으나, 이는 틀린 판단이다. 나폴리 역 근처에는 프라이드 피자 (pizza fritta)의 왕, 엔조 피치릴로 (Enzo Piccirillo)가 있다. 이곳에서는 오로지 튀긴 피자만 판매한다. 튀김으로는 별 3개를 주어도 아깝지 않을 정도로 참을 수 없는 맛이다. 단언컨대 '마사르도나'의 튀긴 피자는 장작화덕에 구운 피자보다 오히려 더 나폴리 스타일이다. 왜냐하면 화덕에 구운 나폴리 피자는 세계 어느 곳에서나 만날 수 있지만, 피자 프리타는 오로지 나폴리에서만 맛볼 수 있기 때문이다.
<u>장소</u>: 새하얀 앞치마, 깨끗이 닦인 스테인리스, 맑고 투명한 튀김 기름 등 소소한 것까지 놀랍도록 완벽하게 청결함을 유지한다. 이웃 단골들, 시장 인부들, 역 직원들, 동네 상인들이 자아내는 정겨운 분위기 또한 매력적이다. 이곳의 팬들은 길을 좀 돌아가더라도 일부러 이집에 들른다. 고속도로에서 빠져나와 얼른 튀긴 피자를 사들고 다시 로마로 향한다.
<u>메뉴</u>: 콤플레타 (completa)를 추천한다. 두 장의 피자 반죽 사이에 리코타 치즈, 치치올리 (ciccioli: 돼지고기 베이컨을 층층이 쌓아 누른 것), 프로볼라 치즈, 토마토와 후추를 넣고 반죽 가장자리를 잘 붙여 만든다. 기름에 넣으면 탁탁 소리를 내며 튀는다. 피자는 곧 부풀어 올라 노르스름하고 통통한 공 모양이 된다. 건져서 기름을 흡수하는 종이 포장에 싸서 들고, 뜨거울 때 후후 불며 손으로 조금씩 잘라 먹는다. 손가락을 쪽쪽 빨아먹는 것도 좋다.
매주 화요일에는 속을 채운 브리오슈인 파니우티엘로 (pagniuttiello), 토요일에는 아란치니 (arancini)와 파스타 튀김 크로켓 (crocchè frittatine di pasta)을 놓치지 말자.

4 다 콘체티나 아이 트레 산티
DA CONCETTINA AI TRE SANTI

피자이올로: 치로 올리바 (Ciro Oliva)
Via Arena della Sanità, 7
www.pizzeriaoliva.it

기적 같은 맛의 피자
나폴리 피자의 신동인 치로 올리바는 4대째 이어온 피자이올로다. 국립 고고학 박물관 아래쪽의 럭셔리하고 인기 많은 동네인 사니타 (Sanità)에 자리 잡은 그의 매장은 맛있는 피자로 유명한 집이다. 화끈하고 급한 성격을 가졌으며, 맛의 세계를 피자라는 언어로 표현해내는 재능을 가진 치로는 나폴리 피자의 넉넉하고 대중적인 그 뿌리를 잘 간직하면서도 미식의 정점을 보여준다. 이곳에서는 피자 한 판을 주문하고 두 판의 가격을 지불하여 하나는 저소득층의 식사를 위하여 기부하는 '피자 소스페사 (pizza sospesa)' 프로그램에 참여할 수도 있다.

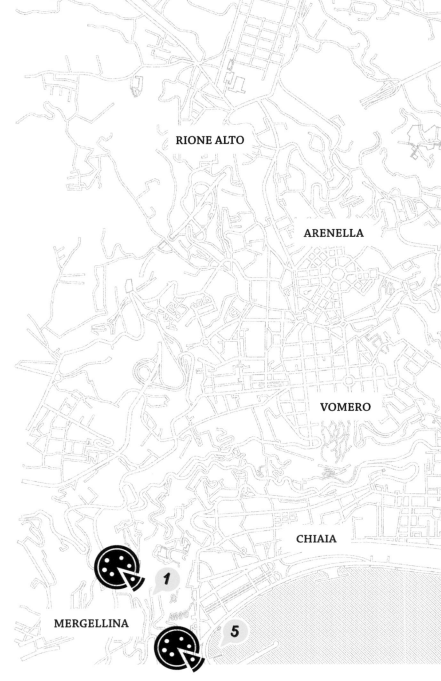

SAN CARLO ALL'ARENA

STELLA

VASTO

DECUMANI

MERCATO

SANTA LUCIA

Piazza Sannazzaro, 201/B
www.50kalo.it

최고를 지향하는 도우의 맛

오랜 세월 이어져온 나폴리의 피자 역사에서 맛있는 도우 반죽으로 유명한 50 칼로 (50 kalò)의 피자이올로 치로 살보 (Ciro Salvo)는 40년 삶을 이미 밀가루에 헌신한 진정한 장인이다. 베수비오 (Vesuvio)산 아래 마을에 할머니 세대에 창업하여 아버지가 운영하고 있던 피제리아에서 치로는 어릴 때부터 밀가루로 반죽을 하며 놀았다. 그 이후로 그는 좋은 밀가루를 구하는 데 엄청난 노력을 기울였고, 더 좋은 피자 만드는 기술을 개발하는 데 열정을 바쳤다. 50 칼로 (50 Kalò: 50은 나폴리에서 빵을 의미하는 숫자이고, Kalò는 그리스어로 '좋다'는 뜻이다)라고 이름 붙인 그의 피제리아에서 만드는 도우 반죽은 단순히 맛있는 수준을 뛰어 넘는 최고의 음식이라 할 수 있다.

장소: 그의 매장은 해안 산책로에서 멀지 않은 피아자 산나자로 (piazza Sannazzaro)에 있다. 그의 피자와 마찬가지로 푸근하고 여유 있는 나폴리의 또 다른 얼굴을 보여주는 곳이다. 이곳에 들어서면 모던한 인테리어와 오픈 키친이 우리를 반긴다. 두 군데 설치되어 있는 장작화덕은 피자를 만드는 데 있어 불이 얼마나 중요한지를 말해주고 있다. 줄이 너무 길어 오래 기다려도 낙심하지 말자. 일단 테이블에 앉으면 맛있는 피자 굽는 냄새가 진동해 기분이 금세 좋아질 것이다.

메뉴: 기존에 흔히 먹던 피자와는 전혀 다르다. 단백질 함량이 적고 수분이 많은 장시간 숙성한 반죽에 최상급의 제철 식재료 토핑을 사용하며, 정확하고 완벽한 맛의 조화를 추구한다. 특히 굽는 시간과 온도는 미세한 오차도 용납하지 않는다. 심지어 마늘조차도 에센스 오일이 풍부한 이르피니아 (Irpinia)의 우피타 (Ufita)산 명품을 사용한다. 폭신하고 쫄깃한 식감을 자랑하는 도우는 가볍고 소화도 잘 된다. 클래식과 창작이 조화를 이루는 피자들을 맛볼 수 있고 ('Nduja di Spilinga, pizza dell'Alleanza), 특히 '50 칼로 피자 (la 50 Kalò)'는 단순하게 상추와 채소를 토핑하여, 도우 본연의 담백한 맛을 즐길 수 있다.

6 레 필리에 디 이오리오
LE FIGLIE DI IORIO

피자이올로: 테레사 이오리오
(Teresa Iorio)
Via Conte Olivares, 73

영광의 여성 피자이올로

테레사 이오리오는 전 세계 500여 명의 피자이올로가 참가한 세계 피자경연대회에서 2015년 누구나 가장 탐내는 STG (spécialité traditionnelle garantie: 클래식 부문) 부문에서 우승을 차지한 최초의 여성 피자이올로다. 그녀는 이 수

상의 영광을 피자 기술을 물려준 부모에게, 그리고 모든 여성들에게 돌렸다. 남자들의 성역으로 여겨졌던 분야에서, 20명 중 막내에서 두 번째였던 42세의 이 나폴리 출신 여성은 12세 때부터 이미 피자 반죽을 하고 굽기 시작했다고 한다.

장소: 언제나 함박웃음에 장난기가 넘치는 테레사는 항구 근처 번화가에 고풍스러운 피제리아를 운영하고 있고, 이곳의 직원은 그녀의 언니 파올라와 루시아나, 조카인 키아라와 마리 등 모두 여성들이다.

메뉴: 그녀는 '사랑'이 담긴 '가정식 피자'를 선보인다. 그녀는 "맛있는 피자는 그것을 만든 피자이올로의 가슴을 뛰게 만듭니다."라고 말한다. 피자는 물론이고 전통식 리피에노 (ripieno: 속을 채우고 반죽을 접어 구운 피자)와 매일 바뀌는 음식들도 추천할 만하다.

나폴리 외곽 지역

7 페페 인 그라니
PEPE IN GRANI

피자이올로: 프랑코 페페 (Franco Pepe)
Vico San Giovanni Battista, 3
81013 Caiazzo
www.pepeingrani.it

슬로우 피자

프랑코 페페는 전통 나폴리 피자 이외에 내가 유일하게 좋아하는 피자를 만든다. 1931년부터 대대로 가업을 잇고 있는 이 피자이올로의 매장은 번화한 나폴리에서 북쪽으로 40킬로미터 떨어진 곳에 있다. 더 이상 나폴리가 아닌 이곳 나름의 테루아가 스며들어 있는 그의 피자는 큰 호평을 받고 있다.

장소: 18세기에 지어진 대저택으로 두 개의 층에 식당, 연구 개발실 및 전문 클래스를 운영하고 있다. 테라스에서는 멋진 경치를 감상할 수 있으며, 이곳을 방문하는 손님들은 아름다운 저택에 초대받은 듯한 서비스를 누릴 수 있다.

메뉴: 프랑코는 이 지역에서 생산되는 좋은 농산물을 장려하는 데 앞장서고 있다. 기본적으로 지역에서 생산되는 밀가루로 만든 반죽을 장시간 숙성시켜 정확하게 구워내는 그의 슬로우 피자는 토핑 재료를 포함한 모든 식재료를 모두 지근거리에 있는 것으로 사용하고 있다. 토마토, 모차렐라, 올리브오일과 바질이 완벽한 조화를 이루는 그의 마르게리타는 그 본질적 특성을 가장 잘 보여주는 훌륭한 피자다. 팽팽히 잘 부푼 모양에 스모키한 향이 풍기는 칼조네 (calzone) 역시 아주 독특한 맛을 보여준다. 카이아자나 올리브 (oliva caiazzana)와 케이퍼, 세타라 안초비 (alici di Cetara)로 양념한 신선한 꽃상추를 얇은 도우 안에 넣고, 파피요트 방식으로 유산지에 싸서 오븐에 익힌다. 도우 속 재료의 향과 맛이 그대로 살아 있다.

장소: 기분 좋고 편한 분위기의 식당이다. 입구에 있는 장작 화덕은 증조할머니가 개업할 당시부터 그 자리를 지키고 있다. 테이블은 적당한 간격을 유지하고 있지만, 나폴리식 밀도에 맞게 그다지 여유 있는 편은 아니다. 옆에는 테이크 아웃 전용 코너가 있어 끊임없이 피자를 만들어 구워내고 있다.

메뉴: 나폴리에서 부담 없는 가격으로 맛있는 피자를 먹을 수 있는 곳이다. 다양한 토핑의 정통 피자로 치로는 자신의 직업에 더 자긍심을 갖게 되었고, 그 동네에서 꽤 유명세를 타게 되었다. 그의 피자 메뉴 중 몇몇은 아름다운 전통의 레시피를 그대로 이어온 것들이며, 그 밖에 아주 창의적인

메뉴들도 있다. 이들 모두 완벽한 맛으로 서빙된다. 특히 소렌티나 피자 (pizza alla sorrentina: 레몬, 피오르딜라테 (fiordil-atte) 치즈, 올리브오일), 옛날 식탁에서나 찾아볼 수 있던 프레젤라 (Frezzella: 장시간 발효한 후 늘여 만든 피자 도우, 오븐에 두 번 굽는 방식, 붉은살 참치, 물소젖 치즈, 칠렌토 올리브 (oliva salella ammaccata del Cilento), 야생 루콜라 등의 토핑)는 이곳에서 꼭 맛봐야 할 시그니처 메뉴다.

5 50 칼로
50 KALO

피자이올로: 치로 살보 (Ciro Salvo)

Les beignets de Fleurs

식용꽃 튀김

코끝을 스치는 감미로운 꽃향기는 화창하고 따뜻한 계절이 돌아왔음을 알린다.
오래 지속되지는 않지만, 잊을 수 없는 즐거움이다. 계절에 따라, 또 좋아하는 향기에 따라
선택한 다섯 가지 꽃을 이용한 달콤한 튀김 레시피를 소개한다.

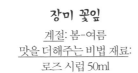

장미 꽃잎
계절: 봄-여름
맛을 더해주는 비법 재료:
로즈 시럽 50ml

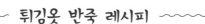

튀김옷 반죽 레시피

튀김 25개분
준비 시간: 15분
반죽 휴지 시간: 1시간

재료
반죽
밀가루 150g
달걀 1개 + 거품 낸 달걀흰자 1개
설탕 1테이블스푼
해바라기유 1테이블스푼
소금 한 꼬집
물 150ml
꽃 (취향에 따라 선택)
아카시아, 엘더베리, 라일락, 주키니 호박꽃, 장미 꽃잎
(줄기째로 튀기거나 하나씩 떼어서 튀긴다.)

주키니 호박꽃
계절: 봄-여름
맛을 더해주는 비법 재료:
바닐라 슈거 1봉지

만드는 법
달걀흰자를 제외한 반죽 재료에 물을 조금씩 넣어가며
모두 섞는다. 1시간 동안 휴지시킨다.
꽃은 물로 조심스럽게 씻은 후, 망에 받쳐 물기를 뺀다.
달걀흰자를 거품내서 반죽 혼합물에 넣고
주걱으로 살살 섞는다.
튀김기름을 170℃로 데운다. 꽃을 하나씩 반죽에
담가 튀김옷을 입힌 후,
한 번에 4개씩 노릇하게 뒤집어가며 튀긴다.
10초 정도 튀긴 후 건져서 키친타월에 놓아 기름기를
뺀다. 설탕을 솔솔 뿌려서 즉시 서빙한다.

라일락
계절: 봄
맛을 더해주는 비법 재료:
오렌지 블러섬 워터 1/2티스푼

엘더베리 꽃 (덧나무 꽃)
계절: 봄
맛을 더해주는 비법 재료: 꿀
20g

아카시아 꽃
계절: 4월-5월 (아주 짧다)
맛을 더해주는 비법 재료:
오렌지즙 1개분

달콤한 튀김 과자를 찾아 떠나는 프랑스 일주

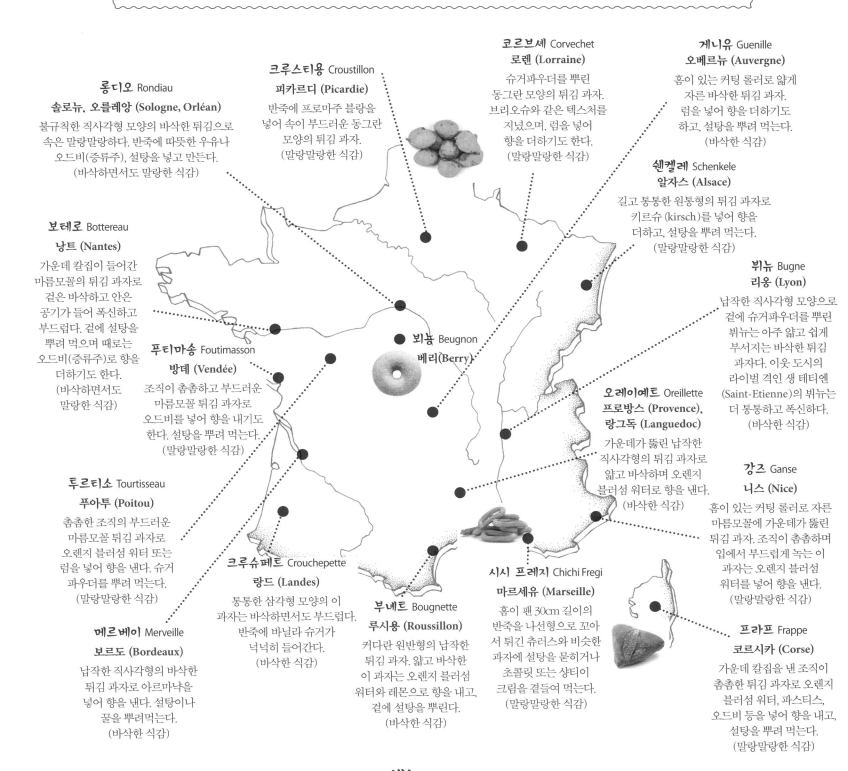

코르브셰 Corvechet
로렌 (Lorraine)
슈거파우더를 뿌린
동그란 모양의 튀김 과자.
브리오슈와 같은 텍스처를
지녔으며, 럼을 넣어
향을 더하기도 한다.
(말랑말랑한 식감)

게니유 Guenille
오베르뉴 (Auvergne)
홈이 있는 커팅 롤러로 얇게
자른 바삭한 튀김 과자.
럼을 넣어 향을 더하기도
하고, 설탕을 뿌려 먹는다.
(바삭한 식감)

크루스티용 Croustillon
피카르디 (Picardie)
반죽에 프로마주 블랑을
넣어 속이 부드러운 동그란
모양의 튀김 과자.
(말랑말랑한 식감)

롱디오 Rondiau
솔로뉴, 오를레앙 (Sologne, Orléan)
불규칙한 직사각형 모양의 바삭한 튀김으로
속은 말랑말랑하다. 반죽에 따뜻한 우유나
오드비(증류주), 설탕을 넣고 만든다.
(바삭하면서도 말랑한 식감)

쉔켈레 Schenkele
알자스 (Alsace)
길고 통통한 원통형의 튀김 과자로
키르슈 (kirsch)를 넣어 향을
더하고, 설탕을 뿌려 먹는다.
(말랑말랑한 식감)

보테로 Bottereau
낭트 (Nantes)
가운데 칼집이 들어간
마름모꼴의 튀김 과자로
겉은 바삭하고 안은
공기가 들어 폭신하고
부드럽다. 겉에 설탕을
뿌려 먹으며 때로는
오드비(증류주)로 향을
더하기도 한다.
(바삭하면서도
말랑한 식감)

뷔뉴 Bugne
리옹 (Lyon)
납작한 직사각형 모양으로
겉에 슈거파우더를 뿌린
뷔뉴는 아주 얇고 쉽게
부서지는 바삭한 튀김
과자다. 이웃 도시의
라이벌 격인 생 테티엔
(Saint-Etienne)의 뷔뉴는
더 통통하고 폭신하다.
(바삭한 식감)

뵈뇽 Beugnon
베리(Berry)

푸티마송 Foutimasson
방데 (Vendée)
조직이 촘촘하고 부드러운
마름모꼴 튀김 과자로
오드비를 넣어 향을 내기도
한다. 설탕을 뿌려 먹는다.
(말랑말랑한 식감)

오레이예트 Oreillette
프로방스 (Provence),
랑그독 (Languedoc)
가운데가 뚫린 납작한
직사각형의 튀김 과자로
얇고 바삭하며 오렌지
블러섬 워터로 향을 낸다.
(바삭한 식감)

강즈 Ganse
니스 (Nice)
홈이 있는 커팅 롤러로 자른
마름모꼴에 가운데가 뚫린
튀김 과자. 조직이 촘촘하며
입에서 부드럽게 녹는 이
과자는 오렌지 블러섬
워터를 넣어 향을 낸다.
(말랑말랑한 식감)

투르티소 Tourtisseau
푸아투 (Poitou)
촘촘한 조직의 부드러운
마름모꼴 튀김 과자로
오렌지 블러섬 워터 또는
럼을 넣어 향을 낸다. 슈거
파우더를 뿌려 먹는다.
(말랑말랑한 식감)

크루슈페트 Crouchepette
랑드 (Landes)
통통한 삼각형 모양의 이
과자는 바삭하면서도 부드럽다.
반죽에 바닐라 슈거가
넉넉히 들어간다.
(바삭한 식감)

부네트 Bougnette
루시용 (Roussillon)
커다란 원반형의 납작한
튀김 과자. 얇고 바삭한
이 과자는 오렌지 블러섬
워터와 레몬으로 향을 내고,
겉에 설탕을 뿌린다.
(바삭한 식감)

시시 프레지 Chichi Fregi
마르세유 (Marseille)
홈이 팬 30cm 길이의
반죽을 나선형으로 꼬아
서 튀긴 츄러스와 비슷한
과자에 설탕을 묻히거나
초콜릿 또는 샹티이
크림을 곁들여 먹는다.
(말랑말랑한 식감)

메르베이 Merveille
보르도 (Bordeaux)
납작한 직사각형의 바삭한
튀김 과자로 아르마냑을
넣어 향을 낸다. 설탕이나
꿀을 뿌려먹는다.
(바삭한 식감)

프라프 Frappe
코르시카 (Corse)
가운데 칼집을 낸 조직이
촘촘한 튀김 과자로 오렌지
블러섬 워터, 파스티스,
오드비 등을 넣어 향을 내고,
설탕을 뿌려 먹는다.
(말랑말랑한 식감)

뷔뉴 Les Bugnes

스테판 레노 (Stéphane Reynaud)*

6인분

준비 시간: 30분
조리 시간: 30분

재료

밀가루 500g
소금 5g
베이킹파우더 1 작은 봉지
설탕 4테이블스푼
달걀 4개
버터 200g
식용유 (낙화생 기름) 1리터

우유 2테이블스푼
다크 럼 2테이블스푼
슈거파우더 100g

만드는 법

작은 소스팬에 버터, 우유와 럼, 식용유 1테이블스푼을 넣어 녹인다.
밀가루는 소금, 베이킹파우더, 설탕과 혼합한다. 여기에 달걀을 하나씩
넣고, 녹인 버터를 넣어 섞는다. 믹싱볼에 더 이상 붙지 않을 때까지
잘 반죽한다. 반죽을 냉장고에 넣고 6시간 휴지시킨다.
반죽을 얇게 민 다음, 모양을 내어 자른다. 뜨거워진 튀김용 기름에 담가
튀겨 기름 위로 떠오를 때까지 기다린다. 중간중간 뒤집어가며 노릇하게
튀겨낸다. 슈거파우더를 뿌린다.

*Stéphane Reynaud는 『진수성찬(Ripailles)』의 저자이다. éd. Marabout 출판.

소스의 모든 것

에릭 트로숑 Eric Trochon

고기, 생선, 채소를 더욱 빛나게 해주는 마지막 터치는 바로 소스다. 또한 빵 조각으로 마지막까지 접시를 싹싹 긁어먹게 만드는 것도 맛있는 소스다.
프랑스 미식 역사와 뗄 수 없는 밀접한 관계에 있는 다양한 소스에 대해 에릭 트로숑 셰프가 자세히 설명하고, 불멸의 레시피들을 소개한다.

개요

"영국에는 두 종류의 소스와 300개의 종교가 있다. 반대로 프랑스에는 두 가지 종교가 있는데, 소스의 종류는 300개가 넘는다."라고 탈레랑 (Talleyrand, 1754~1838. 프랑스의 정치가, 성직자)은 말했다.
퐁 (fond:육수), 루 (roux), 쥐 (jus:육즙 소스)는 요리라는 구조물의 핵심축이라고 할 수 있다. 프랑스 요리의 소스 목록을 체계화하는 데 크게 공헌한 사람들 중 대표적인 인물은 바로 오귀스트 에스코피에 (Auguste Escoffier)이다.

우리의 안내자

셰프이자 교수인 2011년 프랑스 요리 명장 (MOF: Meilleur Ouvrier de France.) 에릭 트로숑은 브리앙 르메르시에 (Brian Lemercier)와 함께 『소스 총람 (Répertoire des sauces』(Flammarion 출판)을 펴냈다. 그는 프랑스 요리의 중요한 유산인 방대한 소스를 퐁 블랑 (fond blanc: 흰색 육수)을 베이스로 한 소스, 퐁 브룅 (fond brun: 갈색 육수)을 베이스로 한 소스, 베샤멜 (Béchamel)에서 파생된 소스, 그리고 베아르네즈 (Béarnaise)에서 파생된 소스들로 크게 4개 계열로 분류했다. 특히 베샤멜, 모르네 (Mornay), 쇼롱 (Choron) 등의 소스 이름이 요리에서 잊혀져 사장되지 않게 하기 위해 세심한 노력을 기울였다.

퐁(육수) LE FOND

프랑스 요리에 등장하는 수많은 소스의 근본에는 '익힘 육수 (fonds de cuisson)'라고 부르는 것이 있다. 이것은 고기와 채소, 향신 재료 등을 넣고 몇 시간 동안 끓여 체에 거른 국물 또는 농축 육수를 말한다. 기름진 것 또는 맑은 것 모두 포함된다. 이 육수들은 소스를 만드는 데 사용되거나 스튜 요리의 국물을 잡을 때 사용된다. 다음과 같이 3종류로 분류한다.
- 퐁 블랑 (fond blanc: 흰색 육수): 일반적으로 흰 살 육류(송아지 또는 닭)와 향신 재료를 직접 국물이 되는 액체(주로 물)에 넣어 끓여 만든다.
- 퐁 브룅 (fond brun: 갈색 육수): 소, 송아지, 또는 닭과 향신 재료를 기본으로 하는데, 이 경우 재료를 먼저 오븐에 넣어 색이 나도록 구운 다음, 국물이 되는 액체를 넣어 끓인다.
- 퐁 드 푸아송 (fond de poissons: 생선 육수): 퓌메 드 푸아송 (fumet de poisson) 이라고도 불린다.

루 LE ROUX

루 (roux)는 밀가루와 버터를 동량으로 넣고 중불에서 섞어 익힌 혼합물이다. 익히는 정도에 따라 흰색 루 (roux blanc), 황금색 루 (roux blond), 갈색 루 (roux brun)로 분류된다.
- 흰색 루(roux blanc): 블루테 (velouté) 라고도 불리며, 화이트 소스와 베샤멜 소스의 베이스가 된다.
- 황금색 루 (roux blond): 너티향의 고소한 맛이 특징이며, 흰살 육류나 생선 요리에 필요한 여러 가지 소스의 리에종 (농후제), 또는 베샤멜 소스의 베이스로 사용된다.
- 갈색 루 (roux brun): 주로 붉은 살 육류에 곁들이는 브라운 소스류의 베이스로 사용된다.

꼭 알아두어야 할 소스 레시피

소스 아메리켄 또는 아르모리켄

Américaine ou armoricaine?

미식 평론가 라 레니에르 (La Reynière)는 소스 아메리켄 (américaine)이라는 명칭이 소스 아르모리켄 (armoricaine)을 실수로 잘못 표기한 것이라고 주장한다. 브르타뉴산 갑각류를 사용했기 때문에 최초의 명칭인 아르모리켄 (armorica는 브르타뉴를 포함한 이 일대 지역의 옛 이름이다)이 맞는다는 설명이다. 이와 반대로 요리 비평가 퀴르농스키 (Curnonsky)는 소스 아메리켄 (américaine)이 맞다고 주장한다. 이 소스를 처음 개발한 세트 (Sète) 출신 요리사 피에르 프레스 (Pierre Fraisse)는 미국에서 경력을 쌓고 (레스토랑 「르 카페 아메리켕 Le Café Américain」, 시카고) 돌아와 1860년 자신의 식당 「페터스(Peter's: Peter는 Pierre의 영어식 이름)」를 파리에 오픈한다. 그는 이곳에서 에스코피에의 '프로방스풍 바닷가재 (Langouste à la provençale)'에서 영감을 얻은 랍스터 요리를 미국인 손님들에게 서빙했는데, 이런 배경으로 인해 '미국식 (à l'américaine)' 소스라는 명칭이 붙은 것이라는 설명이다.

소스 1리터 분량
재료

주름꽃게 또는 녹색 참게 750g
샬롯 50g
양파 100g
당근 100g
올리브오일 100ml
생선 육수 (또는 갑각류 육수) 1.5리터
마늘 15g

토마토 콩카세 250g
(tomates concassées: 토마토의 껍질을 벗기고 속과 씨를 제거한 다음 깍둑 썰어 놓은 것.)
부케가르니 1개
코냑 50ml
화이트와인 200ml
토마토 페이스트 20g
버터 100g
에스플레트 칠리가루

만드는 법

게는 깨끗이 씻어놓고, 향신 채소는 잘게 썬다. 끓는 물에 게를 넣고 몇 분간 데친 다음 건져낸다. 넓은 냄비에 올리브오일을 달군 후, 향신 재료를 넣고 수분이 나오게 천천히 볶는다. 여기에 게를 넣고 밀대나 방망이 등을 이용해서 눌러 으깬다. 볶다가 코냑과 화이트와인을 넣고 디글레이즈한다. 생선 육수를 붓고 마늘, 토마토 콩카세, 토마토 페이스트, 부케가르니를 넣는다. 거품을 건져가며 20~25분간 끓인다. 분쇄기로 갈고 원뿔체에 거른다. 원하는 농도가 되도록 다시 졸인다. 필요하면 감자 전분이나 옥수수전분을 넣어 농도를 조절한다. 간을 맞춘다.
매칭: 랍스터, 생선, 갑각류 요리

뵈르 블랑인가 뵈르 낭테인가?

Beurre blanc ou nantais?

논쟁을 벌일 필요가 없다. 이 둘은 같은 것이다. 아니, 거의 같다. 뵈르 블랑 (beurre blanc: 흰색 버터라는 뜻의 소스)은 버터와 샬롯, 식초, 화이트와인을 혼합한 에멀전 소스이다. 뵈르 낭테 (beurre nantais: Nantes식 버터라는 뜻)도 마찬가지로 버터와 샬롯, 식초, 화이트와인을 혼합한 에멀전 소스이긴 한데, 단, 뮈스카데 (muscadet), 그로플랑 (gros plan)등과 같은 낭트 지방(pays nantais)의 드라이 화이트와인만을 사용한다. 이 소스는 1890년 낭트 초입에서 불과 몇 킬로미터밖에 떨어지지 않은 루아르 (Loire) 경계 지역에 위치한 마을인 생 쥘리엥 드 콩셀 (Saint-Julien-de-Concelles)의 레스토랑 「라 뷔베트 드 라 마린 (La Buvette de la marine)」에서 처음 선보였다고 전해진다. 굴랭 후작 (marquis de Goulaine)의 요리사였던 클레망스 르퍼브르 (Clémence Lefeuvre)는 루아르 지방의 생선요리에 곁들이기 위하여 뵈르 블랑 소스를 만들어냈다. 또한, 전해지는 설에 따르면 강꼬치고기 (brochet, 민물 농어의 일종) 요리에 쓸 베아르네즈 소스를 만들던 중 깜빡하고 타라곤과 달걀노른자를 넣지 않아 실수로 탄생한 것이 최초의 뵈르 블랑이라고도 한다.
그래서 아직도 이 지역에서는 '망친 버터 (beurre raté)'라고 불린다고 한다.

소스 약 250g 분량
재료

드라이 화이트와인 100ml
(가능하면 낭트 지방 와인)

식초 50ml
버터 400g
샬롯 2개
소금. 후추

만드는 법

소스팬에 화이트와인, 식초, 다진 샬롯을 넣고 끓여 약 1/4로 졸인다.
깍둑 썬 차가운 버터를 넣고 거품기로 잘 저어 녹이면서 혼합한다.
간을 맞춘다.
매칭: 쿠르부이용 (court-bouillon: 물에 식초, 와인, 소금, 후추, 향신 재료를 넣고 끓인 국물로 주로 생선이나 갑각류를 데칠 때 사용한다)에 넣어 익힌 생선, 또는 구운 생선.

랍스터 버터, 또는 민물가재 버터 Beurre de homard(ou d'écrevisse)

250g 분량 : 버터 200g을 중탕으로 녹인 다음 랍스터의 몸통 껍데기, 다리, 집게발 등을 250g 정도 넣고 잘 저어주며 맛을 우려낸다.
버터에 색이 나고 향이 배면 체에 걸러 식힌다.
되도록 빠른 시일 내에 사용한다(2~3일).

흰색 육수 계열

La Famille FOND BLANC

2 리터 분량

조리 시간: 송아지 육수의 경우 5시간
닭 육수의 경우 1시간

재료

송아지 뼈와 기름기를 제거한 자투리 고기 1kg
(또는 닭의 살을 발라낸 몸통뼈와 나머지 뼈)
당근 150g
양파 150g
정향 1개
리크(서양 대파) 150g
셀러리 50g
부케가르니 1개
마늘 1/2톨

만드는 법

두꺼운 냄비에 뼈를 넣고 상온의 물을
붓는다. 약하게 끓인다. 향신 재료를 넣는다.
중간중간 거품을 건지며 끓인다.
원뿔체에 걸러 보관한다.

레시피

퐁 블랑 (fond blanc : 흰색 육수)은
작게 토막 낸 뼈에 국물을 넣고
향신 재료를 넣어 만든다.

Sauce SUPREME

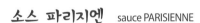

+ 크림 + 버터

소스 쉬프렘 sauce SUPRÊME

흰색 닭 육수 500ml에 흰색 루 (roux) 30g
(버터 15g + 밀가루 15g)을 넣고 잘 혼합
한다. 이 블루테를 끓인 다음 크림 100ml
를 넣고 다시 끓여 스푼 뒷면에 흐르지 않
고 묻어 있을 정도의 나팡트 (nappante)
농도가 될 때까지 졸인다. 레몬즙 30ml와
버터 25g을 넣고 잘 섞는다. 소금, 후추로
간하고 카엔 페퍼 (piment de Cayenne)
를 칼끝으로 아주 조금, 그리고 넛멕
(육두구) 가루를 조금 집어넣는다.
매칭: 닭 요리

Sauce PARISIENNE

+ 크림 + 달걀노른자

소스 파리지엔 sauce PARISIENNE

흰색 송아지 육수 900ml에 흰색 루 120g
(밀가루 60g + 버터 60g)을 넣고 혼합한다.
달걀노른자 60g에 레몬즙 5ml, 크림 200ml
를 넣고 잘 섞은 다음, 육수와 루 혼합물의
일부를 넣어 혼합한다. 잘 섞은 다음
나머지 육수, 루 혼합물을 전부 넣고
섞는다. 약하게 끓여 원하는 농도를
만든다. 간을 맞춘다.
매칭: 볼로방(vol-au-vent: 구운 퍼프
페이스트리 안에 각종 재료를 넣고
소스를 뿌린 음식)

Sauce ALBUFERA

+ 글라스 + 고춧가루를
비앙드   넣은 버터

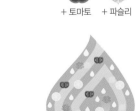

소스 알뷔페라 sauce ALBUFERA

소스 쉬프렘 500ml, 글라스 드 비앙드
(glace de viande: 고기 육수를 시럽 농도가
될 때까지 졸인 농축액) 100ml, 고춧가루를
넣은 버터 (beurre pimenté) 50g
매칭: 삶은 닭 또는 자작하게 국물에 익힌
닭 요리

Sauce AURORE

+ 토마토 + 파슬리

소스 오로르 sauce AURORE

소스 쉬프렘 400ml, 토마토 소스
100ml, 버터 75g
매칭: 달걀, 흰살 육류, 닭

Sauce POULETTE

+ 버섯 + 파슬리 + 레몬

소스 풀레트 sauce POULETTE

버섯에서 나온 즙 50ml를 졸인 다음
소스 파리지엔 500ml를 넣고 5분간 끓
인다. 불에서 내린 후 버터 75g을 넣으
며 거품기로 잘 섞는다. 다진 파슬리
10g을 넣고 레몬즙을 한 줄기 뿌린다.
매칭: 양 발 요리, 달걀, 채소

La Famille
FOND BRUN

Sauce BORDELAISE

+ 샬롯　+ 후추　+ 타임　+ 월계수 잎　+ 레드 와인　+ 송아지 데미글라스

레시피

퐁 브룅 (fond brun : 갈색 육수)은 색이 나게 오븐에 구운 뼈(여기에서 갈색이 나온다)에 물을 붓고 향신 재료를 넣어 만든다.

Sauce MATELOTE

+ 쿠르 부이용　+ 버섯　+ 송아지 데미글라스　+ 버터

Sauce BRETONNE

+ 양파　+ 화이트 와인　+ 송아지 데미글라스　+ 토마토　+ 버터　+ 파슬리

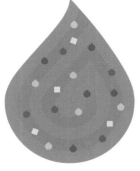

Sauce ESPAGNOL

+ 베이컨　+ 당근　+ 양파　+ 타임　+ 월계수 잎

Sauce GÉNEVOISE

+ 레드와인　+ 안초비　+ 양파　+ 당근

Sauce BERCY

+ 샬롯　+ 화이트 와인　+ 송아지 데미글라스　+ 버터　+ 파슬리

Sauce ROBERT

+ 양파　+ 버터　+ 화이트 와인

Sauce CHASSEUR

+ 버섯　+ 버터　+ 꼬냑　+ 화이트와인
+ 송아지 데미글라스　+ 처빌　+ 타라곤　+ 샬롯

Sauce DIABLE

+ 화이트 와인　+ 식초　+ 샬롯　+ 후추　+ 타라곤

Sauce MADÈRE

+ 송아지 데미글라스　+ 마데이라 와인

갈색 육수
FOND BRUN

2 리터 분량
조리 시간: 뼈를 고아 만드는 경우 5시간, 고기 부위 (꼬리, 양지 등)를 끓여 만드는 경우 2시간

재료
송아지 뼈, 양지, 정강이, 족,
기름을 제거한 자투리 살 1kg
당근 150g
양파 150g
셀러리 75g
신선한 토마토 (선택사항) 200g
토마토 페이스트 20g
부케가르니 1개
마늘 1/2통
굵은 소금 한 꼬집

만드는 법
송아지 뼈와 자투리 살을 오븐에 넣어 겉면에 색이 나도록 굽는다. 기름기를 제거한 다음, 향신 재료와 토마토 페이스트를 넣고 볶으며 졸인다. 물을 조금 부어 바닥에 붙은 육즙까지 다 긁어낸 다음 모두 큰 냄비로 옮긴다. 4리터의 물을 붓고 끓인다. 갈색 육수가 완성되면 원뿔체에 걸러 보관한다.

졸인 농도에 따라 달라지는 갈색 육수
글라스 드 비앙드 (glace de viande): 갈색 육수를 시럽의 농도가 되도록 졸인 것.
만드는 법: 갈색 육수 2리터를 1시간 30분 정도 졸이면 약 200ml의 글라스드 비앙드를 얻을 수 있다.
데미 글라스 (demi-glace): 갈색 육수를 졸여 진한 농축액 (concentré) 상태로 만든 것.
만드는 법: 갈색 육수 2리터에 포트와인 또는 마데이라 와인 100ml, 양송이버섯 150g, 버터 15g을 넣고 1시간~1시간 30분간 졸이면 500ml의 데미글라스를 얻을 수 있다.

소스 보르들레즈 sauce BORDELAISE

갈색 육수 + 샬롯 30g에 후추, 타임, 월계수 잎을 넣고 볶은 후 보르도 레드와인 500ml를 넣고 1/4이 되도록 졸인다. 송아지 데미글라스 400ml를 넣는다. 원뿔체에 거른 다음 데쳐 익힌 소골수를 잘게 잘라 넣는다.
매칭: 작은 덩어리의 고기 요리

소스 브르톤 sauce BRETONNE

갈색 육수 + 잘게 썬 양파 100g을 버터에 노릇하게 볶은 후 화이트와인 250ml를 넣고 졸인다. 송아지 데미글라스 300ml를 넣는다. 토마토 퓌레 200ml, 큐브로 썬 생 토마토 200g, 으깬 마늘 10g을 넣고 잘 섞은 후 7~8분간 끓인다. 원뿔체에 거른 다음 버터 20g을 넣고 거품기로 잘 섞은 후, 다진 파슬리 20g을 넣는다.
매칭: 강낭콩 또는 기타 말린 콩류 음식의 리에종(농후제)

소스 에스파뇰 sauce ESPAGNOLE

갈색 육수 + 갈색 루, 미르푸아 (mirepoix: 당근, 양파, 셀러리 등의 향신채소를 주사위 모양으로 썬 것) + 토마토.
갈색 육수 4리터를 끓인 다음 갈색 루 (roux) 300g을 넣어 농도를 맞춘다(리에종 liaison). 약한 불로 끓이면서 거품을 계속 건진다. 팬에 잘게 썬 베이컨을 녹이고 미르푸아(당근 125g, 양파 75g), 타임, 월계수 잎을 넣고 볶은 다음 소스에 넣는다. 향신 재료를 볶은 팬에 화이트와인을 넣어 디글레이즈한 다음 반으로 졸여 소스에 넣는다. 소스를 1시간 끓인 후 건더기를 꾹꾹 눌러가며 원뿔체에 걸러준다. 여기에 갈색 육수 1리터를 붓고 다시 1시간을 끓인다. 다음 날, 갈색 육수 1리터와 토마토 퓌레 500g을 넣고 거품을 건져가며 약한 불로 1시간 동안 끓인다. 고운 체에 거른다.
매칭: 흰 살 육류, 수렵육, 생선

소스 제네부아즈 sauce GÉNEVOISE

소스 에스파뇰 + 레드와인 1리터, 안초비 25g, 양파 100g, 당근 100g을 넣고 졸인다.
매칭: 연어, 송어

소스 로베르 sauce ROBERT

갈색 육수 + 버터 30g을 달군 뒤 양파 100g을 넣고 수분이 나오도록 볶은 후, 화이트와인 150ml와 식초 50ml를 넣고 1/3이 될 때까지 졸인다. 송아지 데미글라스 400ml를 넣고 다시 졸인 후 디종 머스타드 20g과 설탕 5g을 넣는다. 원뿔체에 거른 후 소금, 후추로 간한다. 이후엔 더 이상 끓이지 않는다.
매칭: 혀, 작은 수렵육, 포치드 에그

소스 샤쇠르 sauce CHASSEUR

갈색 육수 + 버터 25g을 녹인 후 양송이버섯 250g을 볶고, 다진 샬롯 30g과 코냑 50ml를 넣고 졸인 다음, 화이트와인 500ml를 붓고 끓인다. 소스를 졸인 후 송아지 데미글라스 400ml를 넣고 버터 10g 넣은 뒤 거품기로 세게 저어 혼합한다. 처빌 10g과 다진 타라곤을 넣고 소금, 후추로 간한다.
매칭: 닭, 토끼, 송아지, 송아지 흉선

소스 디아블 sauce DIABLE

갈색 육수 + 화이트와인 50ml, 식초 20ml, 잘게 다진 샬롯 40g, 후추 3g, 타라곤 10g을 소스팬에 모두 넣고 졸인다. 송아지 데미글라스 400ml를 넣고 2분간 끓인다. 불에서 내리고 재료의 향이 우러나도록 15분간 그대로 둔다. 원뿔체로 거른 후 버터 40g을 넣고 거품기로 잘 저어 혼합한다. 카옌 페퍼를 칼끝으로 아주 조금 넣는다.
매칭: 닭, 생선 구이

소스 마틀로트 sauce MATELOTE

갈색 육수 + 레드와인을 넣은 생선 쿠르 부이용 300ml에 다진 양송이버섯 30g을 넣고 졸인다. 송아지 데미글라스 200ml를 넣는다. 체에 거른 후 버터 30g을 넣어 거품기로 잘 혼합한다. 소금, 후추로 간한다.
매칭: 장어, 생선

소스 베르시 sauce BERCY

갈색 육수 + 샬롯 30g을 수분이 나오도록 볶은 후 화이트와인 50ml를 넣고 1/10이 되도록 졸인다. 송아지 데미글라스 500ml를 넣고 다시 2/3로 졸인 다음, 버터 100g을 넣어 거품기로 잘 혼합한다. 다진 파슬리 10g과 화이트와인 50ml를 넣어준다. 소금, 후추로 간한다.
매칭: 스테이크, 안심

소스 마데르 sauce MADÈRE

갈색 육수 + 송아지 데미글라스 200ml를 데운 후, 마데이라 와인 3테이블스푼을 넣는다. 절대 끓지 않도록 주의한다.
매칭: 작은 덩어리의 고기 요리

La Famille BÉCHAMEL

1리터 분량 (10인분)

재료

버터 70g
밀가루 70g
우유 1리터
넛멕 (육두구)
고운 소금, 흰 후추

레시피

베샤멜 소스는 루이 14세의 집무 대신이었던 귀족 루이 드 베샤메이 (Louis de Béchameil)의 이름에서 유래했다. 시간이 지나면서 베샤메이 (Béchameil)에서 'i'가 빠지고, 오늘날에는 베샤멜 (Béchamel)로 통용되고 있다. Béchamelle은 쓰지 않는다.

만드는 법

소스팬에 버터를 녹이고 밀가루를 넣어 거품기로 잘 섞는다. 차가운 우유를 루 (roux)에 조금씩 붓는다. 재빨리 저으며 풀어준다. 계속 저어가며 4~5분간 끓인다. 넛멕, 소금, 후추로 간을 맞춘다. 원뿔체에 거르고 식힌다.
매칭: 햄을 곁들인 엔다이브 요리, 크로크 무슈, 무사카, 라자냐, 채소 그라탱

Sauce MORNAY

+ 달걀노른자

소스 모르네
sauce MORNAY

베샤멜 1리터에 달걀노른자 3개와 에멘탈 치즈 간 것 100g을 넣는다.
매칭: 달걀, 근대 그라탱 등의 채소 요리

Sauce CRÈME

+ 크림

소스 크렘   sauce CRÈME

베샤멜 400ml와 크림 200를 혼합해 '나팡트 (nappante: 스푼을 담갔다 뺐을 때 흐르지 않고 묻어 있는 상태)' 농도가 될 때까지 졸인다. 소금, 후추로 간한다.
매칭: 채소, 닭, 달걀

Sauce CARDINAL

+ 생선육수   + 트러플 에센스

소스 카르디날
sauce CARDINAL

베샤멜 200ml에 생선 육수 100ml와 트러플 에센스 50ml를 넣고 끓인다. 크림 100ml를 넣고 랍스터 버터 (beurre de homard) 50g을 넣어 거품기로 잘 혼합한다. 간을 한 다음, 카옌 페퍼를 칼끝으로 조금 집어넣는다.
매칭: 고급 생선요리

소스 수비즈   sauce SOUBISE

버터에 잘게 썬 양파 125g을 수분이 나오게 볶다가 설탕 20g, 베샤멜 250ml를 넣고 잘 섞는다. 끓으면 불에서 내려 원뿔체에 거른다. 생크림 120ml를 넣고 걸쭉한 농도가 될 때까지 졸인다. 소금, 후추로 간한다.
매칭: 송아지 로스트, 삶은 달걀, 채소

Sauce SOUBISE

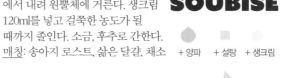

+ 양파   + 설탕   + 생크림

Sauce L'ÉCOSSAISE

 + 카옌 페퍼   + 넛멕   + 달걀흰자   + 달걀노른자

소스 에코세즈
sauce L'ÉCOSSAISE

베샤멜 500ml에 카옌 페퍼와 넛멕가루를 칼끝으로 아주 조금, 잘게 썬 삶은 달걀흰자 4개분과 체에 친 달걀노른자를 넣고 섞는다.
매칭: 염장 대구

Sauce NANTUA

 + 민물가재   + 코냑

소스 낭튀아
sauce NANTUA

소스 크렘 200ml 에 민물가재 익힌 국물 (또는 생선 육수 졸여 농축한 것) 100ml를 넣고 졸인다. 민물가재 버터 (beurre d'écrevisse: p.178 참조)를 넣고 거품기로 저어 잘 혼합한다. 코냑 120ml와 카옌 페퍼 한 꼬집을 넣고 섞은 후 원뿔체에 거른다.
매칭: 리옹식 크넬

베아르네즈 소스 계열

400ml 분량 (8인분)

재료

화이트 식초 100ml
잘게 다진 샬롯 50g
다진 타라곤 20g
달걀노른자 5개
정제 버터 300g
다진 처빌 10g

레시피

베아르네즈 소스는 에멀전 소스 (émulsionnée) 또는 따뜻한 반응고 소스 (semi-coagulée chaude) 계열에 속한다.

만드는 법

화이트식초에 샬롯, 후추, 타라곤을 넣고 졸인다. 달걀노른자를 넣고 사바용 (sabayon)과 같은 농도가 되도록 잘 저어준다. 정제 버터를 아주 조금씩 넣어주면서 거품기로 잘 저어 섞는다. 원뿔체로 거른 다음, 남겨둔 타라곤과 처빌을 넣는다.
<u>매칭</u>: 고기, 생선 구이

Sauce CHORON

+ 토마토

소스 쇼롱 sauce CHORON

베아르네즈 300g에 토마토 콩카세 100g을 넣는다.
<u>매칭</u>: 소고기 립아이, 등심 스테이크 등 구운 붉은 살 육류

Sauce FOYOT OU VALOIS

+ 글라스 드 비앙드

소스 푸아요(소스 발루아)
sauce FOYOT (sauce VALOIS)

베아르네즈 400ml에 글라스 드 비앙드 50ml를 넣는다.
<u>매칭</u>: 구운 붉은 살 육류

Sauce TYROLIENNE

+ 토마토 퓌레

소스 티롤리엔
sauce TYROLIENNE

베아르네즈 300g에 토마토 퓌레 100g을 넣고 버터 대신 해바라기유를 넣고 잘 혼합한다.
<u>매칭</u>: 등심, 안심 등 구운 붉은 살 육류

+ 민트

소스 팔루아즈
sauce PALOISE

베아르네즈 400ml에 타라곤 대신 다진 민트 20g을 넣는다.
<u>매칭</u>: 구운 양고기

베아르네즈 소스는 베아른 출신이 아니다.

이 소스는 1837년 파리 근교 생제르맹 앙레 (Saint-Germain-en-Laye)의 호텔 레스토랑 '파비용 앙리 4세 (Pavillon Henri IV)'에서 처음 만들어진 것으로 알려져 있다. 베아르네즈라는 이름이 붙은 이유는 베아른 (Béarne) 출신의 위대한 인물인 앙리 4세를 기리는 데서 비롯되었으며, 이 소스를 처음 선보인 요리사는 바로 폼 수플레 (pommes soufflées)를 처음 만든 콜리네 (Collinet)라는 이름의 셰프였다.

가리비 조개

아름다운 색깔과 섬세하고 고급스러운 맛을 지닌 가리비 조개는 보석 같은 통통한 살과
붉은 내장을 감추고 있다. 프랑스 북서부 바다의 보물인 가리비를 파헤쳐본다.

개요

가리비는 굴과 홍합에 이어 가장 많이 소비되는 해산물이다. 우리가 흔히 가리비 (saint-jacques)라고 부르는 조개들 중에서 진짜 가리비 조개는 왕 가리비 (Pecten maximus) 단 한 종류이다. 자웅동체인 이 쌍각연체동물은 노르웨이에서 스페인에 이르는 대서양에서 주로 잡히며, 산티아고 데 콤포스텔라 순례길 해안을 따라 그 서식지가 분포되어 있다. 고대부터 가리비 조개는 여러 가지 용도로 사용되었는데, 이집트에서는 빗으로 썼다고 전해진다. 가리비의 라틴어 학명인 펙텐 막시무스 (pecten maximus)는 '빗'이라는 뜻에서 유래했다.

이름의 유래

12세기에 쓰인 성 야고보 성지 순례길을 자세히 묘사한 칼릭스티누스 고사본 (Codex Calixtinus)의 「베네란다 축일 (veneranda dies)」 강론 내용을 보면, 이 조개는 넓게 편 손과 같은 모양으로 하나님에게 영광을 돌리는 상징이라고 전해진다. 산티아고 데 콤포스텔라 순례길에서 멀지 않은 갈리시아 해안에는 가리비의 서식지가 널리 분포되어 있다. 전통적으로 이 길을 걷는 순례자들은 집으로 돌아가기 전에 순례길을 걸었다는 표시로 이 조가비들을 모아서 모자에 꿰매 다는 풍습이 있었다고 한다.

예술작품에서 볼 수 있는 가리비 조개

장수의 상징인 가리비 조개는 루이15세 양식의 특징적인 장식 모티프로 옷장이나 서랍장 등의 가구에서 많이 찾아볼 수 있다. 헤시오도스 (Hesiodos: BC 8세기. 고대 그리스의 서사시인)에 따르면, 아버지 우라노스(Uranos)를 증오했던 크로노스 (Cronos)는 어머니 가이아(Gaïa)의 도움을 받아 우라노스의 성기를 잘라 바다에 던져버린다. 바다 위로 떨어진 성기는 바다를 떠돌아다니며 흰 거품을 만들어냈고, 이 거품에서 사랑과 미(美)의 여신 비너스 (Venus)가 탄생한다. 조개를 밟고 나신으로 키프로스섬에 떠오른 비너스는 신들의 찬미의 대상이 되었다.

가리비 조개 해부도 L'anatomie

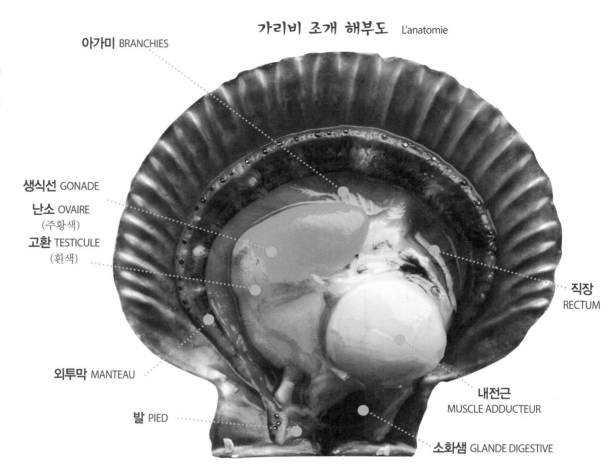

- 아가미 BRANCHIES
- 생식선 GONADE
- 난소 OVAIRE (주황색)
- 고환 TESTICULE (흰색)
- 외투막 MANTEAU
- 발 PIED
- 직장 RECTUM
- 내전근 MUSCLE ADDUCTEUR
- 소화샘 GLANDE DIGESTIVE

어휘

프랑스의 가리비 서식지

프랑스의 왕 가리비(Pecten maximus) 서식지는 노르망디부터 브르타뉴 지방에 걸쳐 분포되어 있다.

솜만(灣) Baie de Somme
센만(灣) Baie de Seine
몽 생 미셸만(灣) Baie du Mont-Saint-Michel
생 브리외만(灣) Baie de Saint-Brieuc
브레스트항과 이루아즈해 Rade de Brest et mer d'Iroise
키브롱 Quiberon
앙티오슈 해협 Pertuis d'Antioche

어획 시기

프랑스에서 가리비 조개를 잡을 수 있는 기간은 10월 1일부터 5월 15일까지다. 영국은 연중 내내 가능하다.

쓰레그물(저인망): 프랑스와 스코틀랜드 서식지의 왕 가리비 조개는 쓰레그물로 잡아들인다. 배에 장착되어 견인되는 무거운 쓰레그물은 바다 밑바닥을 갈퀴로 긁어 조개류를 끌어낸다. 이 방식은 해저면을 훼손시킬 뿐 아니라 작은 어류까지 무작위로 잡아 올리게 되어 환경에 악영향을 미치고 있다. 이를 개선하기 위하여 최근에는 뾰족한 갈퀴를 없애고 용수철을 사용한 그물을 쓰기도 한다.

갯벌 어획: 조수간만의 차이로 해안의 물이 빠져나갔을 때 어부들이 직접 갯벌이나 수초로 덮인 자갈밭, 해초 밑 부분 또는 웅덩이 등에 나가 조개를 잡는다.

왕 가리비 혹은 국자 가리비?

1993년 프랑스 농수산부는 오로지 펙텐 막시무스 (pecten maximus)와 야코베우스 (Jacobeus)에만 코키유 생자크 (Coquille Saint-Jacques)라는 명칭을 허용한다고 규정했다. 그 외의 가리비 조개류는 페통클 (pétoncle: 국자 가리비)이라는 명칭으로 부르기로 했다. 그러나 1996년 세계 무역기구(WTO)가 국자 가리비 종류를 포함한 모든 가리비류를 생자크 (Saint-Jacques)라고 통칭함으로써 일대 혼란을 가져왔다. 다시 정리하자면, 프랑스에서 코키유 생자크는 왕 가리비(pecten maximus)만을 뜻하고, 생자크는 가리비류를 통칭한다. 프랑스의 한 상원의원은 "일반 국자가리비와 왕 가리비를 같은 종류로 놓고 혼동한다는 것은 마치 도치알을 캐비아라 부르는 것과 다를 바 없다."고 개탄했다. 원조 왕 가리비를 보존하고 옹호하는 차원에서, 노르망디 지방의 코키유 생자크는 2002년 비가공 식품으로는 처음으로 레드 라벨 (Label Rouge: 프랑스 농수산 식품법 기준에 의거하여 우수한 품질로 인증받은 표시) 인증을 받게 되었다.

가리비의 (먼) 사촌들
가리비와 비슷한 조개들을 살펴보자.

아르고펙텐 푸르푸라투스
ARGOPECTEN PURPURATUS
페루, 칠레
바다에서 양식

펙텐 예소엔시스 PECTEN YESSOENSIS
일본
양식, 낚시

클라미스 노빌리스 CHLAMYS NOBILIS
베트남
양식

지고클라미스 파타고니카
ZYGOCHLAMYS PATAGONICA
아르헨티나
트롤망 낚시

플라코펙텐 마젤라니쿠스
PLACOPECTEN MAGELLANICUS
미국, 캐나다
저인망 낚시, 또는 트롤망 낚시

Arne Ghys의 컬렉션, www.pectensite.com

땅콩을 넣은 가리비와 새우 Saint-Jacques, gambas et cacahuètes
스테판 레노 Stéphane Reynaud*

4인분

재료
껍질 벗긴 가리비조개 8개
껍질 벗긴 왕새우 8마리
양파 2개
깍지를 깐 신선한 완두콩 200g
생선육수 100ml
코코넛 크림 100ml
커리가루 1티스푼
땅콩 50g
이탈리안 파슬리 2줄기
올리브오일 3테이블스푼
소금, 후추

만드는 법
양파는 껍질을 벗기고 적당한 크기로 등분한다. 냄비에 올리브오일을 달군 후 양파, 완두콩, 커리가루를 넣고 볶는다. 손질해둔 새우와 가리비 살을 넣는다. 생선육수와 코코넛 크림을 넣고 5분 정도 끓인다. 소금, 후추로 간을 맞춘다. 굵게 다진 땅콩과 파슬리 잎을 뿌린다.

* Stéphane Reynaud : 요리사. 쉽고도 맛있는 레시피를 수록한 여러 권의 요리책을 저술하였다.

가리비의 내장 활용
흔히 가리비의 내장인 생식선을 버리는 실수를 하는데, 이것을 활용하는 방법을 알아보자.

리에종 (liaison: 소스의 농후제)
육수를 넣고 믹서에 갈아서 생크림을 넣어 혼합하면 소스를 리에종할 때 요긴하게 쓰인다.

타라마 (tarama)
우유에 담근 식빵과 대구알로 클래식 타라마를 만든다. 가리비의 주황색 내장을 데쳐서 식힌 후 섞어준다. 오일을 조금씩 넣으며 거품기로 잘 혼합한다.

파우더
가리비 내장을 유산지에 올려놓고 80℃의 오븐에 넣어 8시간 건조시킨다. 말린 후 믹서에 갈아 가루로 만든다. 해산물 리소토에 아주 잘 어울리는 양념으로 사용할 수 있다.

다양한 가리비 요리 레시피

왕 가리비 카르파치오와 라임 비네그레트
Carpaccio de coquille Saint-Jacques et citron vert

디미트리 로고프 (Dimitri Rogoff)

포르 앙 베생 (Port-en-Bessin)의 어부였으며 노르망디 수협 (Normandie Fraîcheur Mer) 회장인 디미트리 로고프는 진정한 왕 가리비 전도사이다.

1인분

재료

왕 가리비 1.5마리 (노르망디산 레드라벨)
라임 1/2개
질이 좋은 올리브오일 3테이블스푼
말라바르 (Malabar) 백후추
하와이 검은 소금

만드는 법

가리비는 내장을 떼어내고 살만 준비해 살살 헹군 다음, 물기를 완전히 제거한다. 껍질의 평평한 쪽을 떼어 깨끗이 씻은 다음 물기를 제거하고, 가리비 살을 넣어 냉장고에 2시간 넣어둔다.

비네그레트 : 올리브오일 3테이블스푼에 라임즙을 넣어 혼합한다.

가리비 껍질 안쪽 면에 비네그레트를 붓으로 발라준다. 잘 드는 칼로 가리비 살을 3mm 두께로 얇게 저며 껍질 위에 놓는다. 그 위에 붓으로 비네그레트를 바르고 흰 후추와 검은 소금을 뿌린다. 라임 제스트를 조금 뿌려 장식한다.

가리비 타르틀레트 Les tartes fines aux saint-jacques
플로라 미퀼라*

4인분

재료

퍼프 페이스트리 2장
가리비 조개 12마리
돼지감자 500g
잣 50g
세이지 잎 몇 장
헤이즐넛 오일 6테이블스푼
셰리와인 식초 2테이블스푼
우유 500ml

만드는 법

퍼프 페이스트리를 펴 넣고 원형틀 (지름 9cm 정도)로 잘라낸 다음, 포크로 군데군데 찍어둔다. 2장의 베이킹 팬 사이에 놓고 눌러 170℃로 예열한 오븐에서 10분간 굽는다. 돼지감자는 껍질을 벗기고 굵직하게 썬다. 우유에 넣고 30분간 익힌 후, 믹서로 간다. 헤이즐넛 오일 1테이블스푼을 넣어준다.

잣을 기름 없이 팬에 볶아 로스팅한 다음, 칼로 굵직하게 다지고, 세이지 잎은 가늘게 썬다.

잣과 세이지를 섞고 셰리와인 식초와 나머지 헤이즐넛 오일을 넣는다. 가리비 살은 얇게 저민다. 오븐에 구운 퍼프 페이스트리에 돼지감자 크림을 바르고 가리비 살을 꽃 모양으로 올린다. 잣 세이지 비네그레트를 뿌린 후 브로일러에 2분간 윤기 나게 데워 서빙한다.

스위트 양파와 가리비 구이
SAINT-JACQUES SUR LA TRANCHE ET OIGNONS DOUX
필립 에마뉘엘리 Philippe Emanuelli

4인분

재료

가리비 살 16개 또는 가리비 16마리
스위트 양파 4개
   (oignons doux des Cévennes)
올리브오일 1테이블스푼
버터 1조각

만드는 법

오븐을 220℃로 예열한다. 양파는 이등분하여 오븐용 용기에 엎어 놓고 기름을 바른 유산지로 덮어, 오븐에서 20분간 익힌다. 가리비 살을 헹궈 물기를 완전히 제거하고 꼬치에 4개씩 끼운다. 양파가 노르스름하게 익으면, 버터를 녹인 팬에 가리비 꼬치를 넣고 버터가 갈색이 날 때까지 센 불에서 익힌다. 겉은 색이 나게 캐러멜라이즈되고, 속살은 아주 살짝만 익을 정도로 정확히 익혀 (cuisson 'sur la tranche'), 대조적인 식감이 나게 한다.

* 필립 에마뉘엘리의 저서 『조개와 갑각류 (Coquillages et crustacés)』에서 발췌. éd. Marabout 출판.

* Flora Mikula : 「로베르주 드 플로라(L'Auberge de Flora)」의 셰프. 파리 11구.

햄과 소테른 와인을 넣은 가리비 조개
Saint-Jacques jambon sauternes

스테판 레노 Stéphane Reynaud

6인분

재료
겁질 벗긴 가리비 조개 12개
바욘 생 햄 (jambon de Bayonne) 슬라이스 2장
노란색 둥근 순무 (Boule d'or) 3개
스위트 양파 2개
딜 2줄기
채소 육수 400ml
소테른 (Sauternes)
 스위트 와인 100ml
버터 80g

만드는 법
양파는 껍질째 적당한 크기로 등분한다. 햄은 가늘게 썬다. 순무는 껍질을 벗긴 뒤 둥근 모양을 살려 썬다. 냄비에 채소육수와 소테른 와인을 넣고 섞는다. 순무와 양파, 마늘, 햄을 넣고 약한 불로 15분간 끓인다. 가리비 살과 버터를 넣어준 다음, 5분간 더 익힌다.
딜의 잎을 떼어 뿌린 뒤 서빙한다.

리크와 트러플 버터 소스의 가리비
SAINT-JACQUES AUX POIREAUX ET BEURRE DE TRUFFE
레지스 마르콩*

4인분

재료
셀러리악 200g
어린 리크(서양 대파) 4줄기
가리비 살 8개
가염 버터 100g
채소 육수 500ml
트러플(송로버섯) 40g
올리브오일 40ml
셀러리 1줄기 (잎 달린 녹색줄기)
소금

만드는 법
물 1리터에 소금 1테이블스푼을 넣고 끓인다. 셀러리악은 껍질을 벗기고 가늘게 채 썰어, 끓는 물에 2분간 데친 다음, 재빨리 얼음물에 식힌다. 리크는 반으로 잘라 끓는 물에 2분정도 익혀 건져 마찬가지로 얼음물에 식힌다. 셀러리 줄기도 마찬가지로 데쳐둔다. 가리비 살은 씻어서 깨끗한 면포에 놓는다. 중간 크기의 소테 팬을 약불에 올리고 버터를 녹인다. 가늘게 썬 셀러리악과 리크를 넣고 익혀 숨이 죽으면, 채소 육수를 붓는다. 국물을 졸이고 마지막에 다진 트러플을 넣는다. 팬에 올리브오일을 달구고 가리비 살을 센 불에 지진다. 양면에 색이 나게 한 면당 1~2분씩 익힌다. 물을 한 스푼 넣어 디글레이즈한다.
접시 가운데 셀러리악과 리크를 담고, 그 위에 가리비 살을 얹는다. 채소와 트러플을 익힌 즙을 뿌려 완성한다.

* Régis Marcon : 생 보네 르 프루아(Saint-Bonnet-le-Froid, Haute-Loire)의 미슐랭 3스타 셰프. 레시피는 그의 저서 『버섯(*Champignons*)』에서 발췌. éd. La Martinière 출판.

니스풍 샐러드

파리의 수많은 식당에서 제모습을 점점 잃어가며 고생하고 있고, 마스터 셰프 방송에서도 끊임없이 변질되고 있으며
심지어 오귀스트 에스코피에의 요리서 (*Aide-mémoire culinaire*)에서마저 그 명성이 왜곡된 샐러드 니수아즈 (*salade niçoise*). 그 진짜 모습은 과연 어떤 것일까?

꼭 들어가야 하는 재료

잠두콩(파바콩), 보라색 아티초크,
피망, 신선한 양파, 쪽파, 마늘, 소금, 후추,
삶은 달걀, 니스산 블랙 올리브, 니스산
올리브오일, 루콜라, 참치

넣어도 좋은 재료

토마토, 래디시, 쇠비름, 샐러드용 상추,
안초비, 오이

넣으면 안 되는 재료

그린빈스, 감자, 쌀, 옥수수, 종려나무순,
식초

두 가지 불문율

이것은 계절음식이다.
봄에만 먹는다.

이 음식은 재료를 생으로 먹는 요리다.
삶은 달걀을 제외한 그 어떠한
재료도 익히지 않는다.

～～～ 가장 이상적인 레시피 ～～～

아마도 니스의 시장을 지낸 자크 메드생
(Jacques Médecin)의 레시피가 아닐까 한다.
음식에도 관심이 많았던 그는 1972년 『니스의 요리
(*La Cuisine du comté de Nice*)』 (Julliard 출판)를
펴내기도 했는데, 컬렉터 한정판인 이 책은
오늘날에도 애호가들이 소장하고 싶어하는 책이다.

6인분

재료

토마토 10개
오이 1개
껍질을 깐 잠두콩 200g
니스산 작은 아티초크 12개
청피망 2개
신선한 양파 작은 것 6개
바질 잎 6장
마늘 1톨
삶은 달걀 3개
오일 캔 참치 1통
안초비 필레 12개
니스산 블랙 올리브 100g
올리브오일, 소금, 후추

> **셰프 자크 막시맹 (Jacques Maximin)은**
> **그의 레스토랑에서 이 레시피 그대로**
> **니스식 샐러드를 선보이고 있다.**
> 비스트로 드 라 마린(Bistrot de la marine)
> 96, promenade de la Plage, Cagnes-sur-Mer.

영화로 보는 추수감사절

칠면조 구우려면 다섯 시간은 익혀야 하는데···

안 그래요?

꼭 그렇진 않아!

메뉴로는, 생 양파와 전자레인지에 익힌 속 채운 칠면조가 있습니다.

칠면조 요리가 등장하는 영화 장면 5선

추수감사절은 미국 최대의 명절이다. 매년 11월 마지막 목요일이 되면 추수감사절 음식을 준비한다. 속을 채운 칠면조 구이, 크랜베리 소스, 펌프킨 파이가 바로 대표적인 음식이다. 양고기가 부활절 전통 음식이라면, 칠면조는 추수감사절에 빼 놓을 수 없는 음식이다.
영화 속에 등장한 추수감사절의 식사 장면을 모아보았다.

미스터 빈 BEAN
멜 스미스 감독 (1997)
메뉴: 생 양파와 전자레인지에 익힌 속 채운 칠면조.
대사: "칠면조 익히려면 다섯 시간은 구워야 하지 않나요?", 데이비드 랭글리(피터 맥니콜 분)가 확신에 차 말한다. "꼭 그럴 필요는 없지요!", 미스터 빈(로완 앳킨슨 분)이 대답한다.

한나와 그 자매들 HANNAH AND HER SISTERS
우디 앨런 감독 (1986)
메뉴: 스푼으로 파낸 멜론과 칠면조 구이
대사: "중요한 질문이 4가지 있어요: 우리는 어디서 오나요? 우리는 누구인가요? 우리는 어디로 가나요? 그리고 오늘 저녁에 우리는 무엇을 먹나요?" 미키 (우디 앨런 분)가 말한다.

록키 ROCKY
존 G. 아빌드센 감독 (1976)
메뉴: 창문 밖으로 버린 칠면조
대사: "추수감사절이네요.", 애드리안 페니노(탈리아 샤이어 분)가 말한다. "네, 당신한테는 추수감사절이겠지만, 나한테는 그저 목요일일 뿐이죠.", 록키 발보아(실베스터 스탈론 분)가 대답한다.

아담스 패밀리 THE ADDAMS FAMILY
배리 소넨필드 감독 (1993)
메뉴: 첫 번째 추수감사절에 창시자들이 만든 첫 번째 칠면조.
대사: "내가 칠면조다, 나를 먹어라!", 퍽슬리 아담스(지미 워크만 분)가 과장스러운 말투로 외친다.

아이스 스톰 THE ICE STORM
이안 감독 (1997)
메뉴: 칠면조와 코카콜라
대사: "신이시여, 우리에게 이 같은 휴식의 날을 주시고 아시아의 어린이들을 생각하지 않고 돼지처럼 마음껏 먹을 수 있게 하심을 감사합니다", 웬디 후드 (크리스티나 리치 분)가 말한다.

펌프킨 파이 PUMPKIN PIE
캐리 솔로몬*

4인분
조리 시간: 1시간 45분

재료
주황색 큰 호박 1개
버터 50g
무스코바도(muscovado) 설탕 120g
연유 400g
달걀 2개
넛멕 (육두구) 가루 1/2티스푼
정향 가루 1/2티스푼
바닐라 에센스 1/2티스푼

크러스트
로터스 비스코프 쿠키 100g

만드는 법
호박을 반으로 잘라 속의 씨를 파낸다. 녹인 버터 50g과 설탕 50g을 뿌린 뒤 알루미늄 포일로 덮어 200℃로 예열한 오븐에 넣고 1시간 익힌다. 로터스 쿠키를 믹서에 분쇄하여 파이 크러스트를 만든다. 익은 호박은 믹서에 곱게 갈아 퓌레를 만들고, 여기에 연유, 무스코바도 설탕 70g을 넣어 섞는다. 달걀은 하나씩 넣어 섞어주고, 넛멕, 정향가루와 바닐라 에센스를 넣는다. 파이 틀에 크러스트를 눌러 펴고 호박 혼합물을 채운다. 200℃ 오븐에서 45분간 굽는다. 휘핑한 크림을 곁들여 서빙한다.

* 『파리의 미국인, 100가지 정통 레시피 (Une Americaine a Paris, 100 recettes authentiques)』 Carrie Solomon 지음, éd. la Martinière 출판.

조르주 상드
GEORGE SAND

작가, 최상급의 식사 접대를 즐겼던 미식가
(1804~1876)

생활의 예술, 미식

프랑스의 소설가이자 문학평론가였던 그녀의 작품 중 특별히 주목을 끄는 것은 드물지만, 오히려 그녀의 미식에 대한 사랑은 최우선적으로 회자된다. 특히 르 베리 (Le Berry)의 노앙 (Nohant)에 있던 그녀의 작은 성에서 『악마의 늪 (La Mare au diable)』의 저자이자 미식가인 이 여류 소설가는 그의 가족과 친구들을 자주 초대했다. 풍요로운 인심과 맛난 음식이 넘쳐났던 이 미식의 안식처로 들어가보자.

그녀의 미식 프로필

수첩에 기록되어 있던 700개가 넘는 그녀의 레시피에서는 세 가지의 뚜렷한 특징을 찾아볼 수 있다.

테루아, 나의 아름다운 테루아: 자신이 살던 아름다운 고장 르 베리에 애정이 깊었던 그녀는 특히 채소 포타주나 수렵육 요리 등이 주를 이루었던 메뉴를 통해 그 지방 특유의 투박한 맛을 잘 살려냈다.

외국의 맛을 가미하다: 영국의 기숙 학교에서 교육을 받은 그녀는 앵글로 색슨 요리(스콘, 푸딩, 아메리칸 소스의 랍스터)의 맛에 익숙했고, 특히 브라질식 비프 스테이크나 홍차 수플레, 타피오카 등 이국적인 요리도 종종 소개했다.

끊을 수 없었던 그녀의 애호 식품: 설탕. 그녀는 과일 콩피, 바닐라를 넣은 초콜릿 태블릿, 케이크, 파티스리(파운드케이크, 브리오슈, 머랭, 팽 데피스, 사블레, 레몬 타르트) 등 단 것을 매우 좋아했다.

그녀가 좋아했던 레시피

감자와 프로마주 블랑 갈레트* La galette de pommes de terre et fromage blanc

르 베리에서 꼭 먹어봐야 할 음식으로, 반죽은 파트 푀이유테(pâte feuilletée: 퍼프 페이스트리)와 비슷하다. '플루아예(ployer)'는 여러 겹으로 접는 것을 의미한다.

8인분

준비 시간: 45분
휴지 시간: 2시간
조리 시간: 30분

재료

반죽
밀가루 500g
달걀 2개
버터 325g
소금, 후추
퓌레
감자 1.5kg
프로마주 블랑 250g
그뤼예르 (gruyère) 치즈 간 것 250g

만드는 법

작업대에 밀가루를 놓고 가운데를 우묵하게 만든 다음, 달걀 1개와 소금을 넣는다. 찬물 250ml를 넣고 잘 섞은 후 매끈하게 될 때까지 반죽한다. 2시간 휴지시킨다. 반죽을 얇게 밀어 편다. 조각으로 자른 버터를 골고루 뿌리고, 반으로 접어 다시 밀어준다. 다시 접는다. 이렇게 밀고 접는 (ployer) 과정을 최소 5번 반복한다. 감자는 껍질을 벗기고 물에 삶는다. 곱게 체에 내려 퓌레로 만든 다음, 물기를 뺀 프로마주 블랑, 그뤼예르 치즈와 잘 섞는다. 소금, 후추로 간한다. 오븐을 180℃로 예열한다. 반죽을 둘로 나눈 뒤 각각 원형으로 민다. 하나의 반죽 위에 감자 퓌레를 채워 넣고 나머지 반죽으로 덮는다. 달걀을 풀어 가장자리를 꼭 눌러 붙여 봉합한다. 갈레트의 표면에 달걀물을 바른 후, 오븐에 넣어 30분간 굽는다.

체리 꼬치* Les brochettes de cerises

8인분

준비 시간: 10분
휴지 시간: 48시간
조리 시간: 3분

재료

체리 1kg
설탕 1kg

만드는 법

체리는 씻어서 꼭지를 따고 씨를 제거한다. 용기에 체리와 설탕을 교대로 한 켜씩 놓는다. 반복하여 맨 위는 설탕으로 마무리한다. 랩으로 밀봉한 후 냉장고에 48시간 넣어둔다. 잼을 만드는 냄비에 옮겨 담고, 2~3분 끓인다. 식힌다. 나무 꼬지에 체리를 꽂는다(19세기에는 지푸라기를 사용했다). 그냥 먹거나 시원한 곳에 놓고 약 1주일간 건조시켜 먹어도 좋다.

---

* 레시피는 『조르주 상드의 요리수첩: 식도락가의 80가지 레시피(Carnets de cuisine de George Sand: 80 recettes d'une épicurienne)』에서 발췌함, Muriel Lacroix와 Pascal Pringarbe 지음, éd. du Chêne 출판.

노앙 영지와 저택 DOMAINE DE NOHANT

이곳에서는 마치 착한 곰들처럼 함께 지낸다. 격식을 차려 정장을 입지 않아도 되고, 서로 불편해하지도 않으며 서로를 좋아한다.
– 귀스타브 플로베르

정원에는 각종 채소 텃밭이 있어 신선한 식재료를 직접 얻을 수 있었고, 영지 안의 공원에서는 그녀가 종종 피크닉을 주선했다. 또한 과수원과 온실도 갖추고 있어서 고구마나 파인애플 등을 재배하기도 했다.

그녀의 부엌은 최고의 시설을 갖추고 있었다. 전문가용 오븐, 각종 냄비 풀세트, 구리로 된 냄비와 팬들은 벽난로의 불꽃이 비칠 정도로 완벽하게 닦인 상태로 정리되어 있었다.

화려한 다이닝룸의 커다란 식탁 위에는 고급 본차이나 식기와 쇼팽이 선물한 크리스털 잔들, 그리고 파티의 호스트인 조르주 상드의 이니셜 GS가 수 놓아진 냅킨이 놓여 있었다.

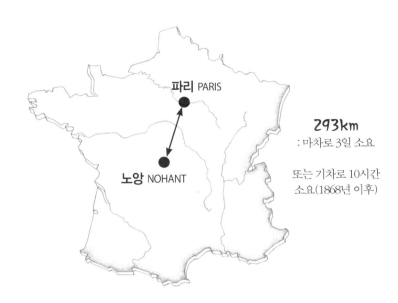

파리 PARIS

노앙 NOHANT

293km
: 마차로 3일 소요

또는 기차로 10시간 소요 (1868년 이후)

"노앙은 거쳐 지나며 들르는 곳이 아니다. 바로 이곳이 목적지이다"
조르주 상드

연례행사인 잼 만들기

그녀는 해마다 팔을 걷어붙이고 자신이 좋아하는 잼 만들기에 열정을 쏟아부었다. 저택에서 일을 돕는 6명의 하인들과 함께 그녀는 과수원에서 딴 과일(딸기, 자두, 레드커런트 등)의 씨를 빼고 썰어 거대한 크기의 냄비에 넣고 잼을 끓였다. 이렇게 만든 잼은 병에 담아 친구들이나 마을의 이웃들에게 선사했다. 그녀에게 잼을 만드는 일은 '책을 쓰는 일만큼이나 중요한 일'이었다고 말한다. 전문가의 말이다.

프란츠 리스트 (Franz Liszt: 헝가리 출생의 피아니스트, 작곡가)와 그의 연인 마리 다구 백작부인 (Marie d'Agoult: 작가)은 조르주 상드에게 쇼팽 (Chopin)을 소개시켜 주었다. 둘은 연인이 되었다.

흉내를 잘 내는 숨겨진 재주를 갖고 있었던 쇼팽은 친한 이들 사이에서 쇼피네 (Chopinet)라고 불렸으며, 금세 노앙 만찬의 인기 스타로 떠올랐다.

1838년 발자크 (Balzac)의 노앙 방문으로 두 소설가의 친밀한 교류가 시작되었다.

외젠 들라크르와 (Eugène Delacroix)는 조르주 상드의 초상화를 그려 주었을 뿐 아니라 1823년 태어난 그녀의 아들 모리스에게 미술 교습을 해주기도 했다.

프란츠 리스트
Franz Liszt

프레데릭 쇼팽
Frédéric Chopin

오노레 드 발자크
Honoré de Balzac

외젠 들라쿠르아
Eugène Delacroix

오로르 뒤팽 일명 조르주 상드
Aurore Dupin dite George Sand

상상으로 그려본 그녀의 식탁 배치도

당대의 문인, 음악가, 화가… 이 모든 이들이 이 남작부인의 식탁에서 함께 식사를 즐겼다.

테오필 고티에
Théophile Gautier

귀스타브 플로베르
Gustave Flaubert

이반 투르게네프
Ivan Tourgueniev

알렉상드르 뒤마, 아들
Alexandre Dumas fils

1863년 식사에 참석했던 테오필 고티에는 "음식이 맛있긴 한데, 수렵육 고기와 닭 요리가 너무 많다."라고 평가했다.

귀스타브 플로베르는 1869년과 1873년 두 차례 방문하여 이곳에서의 식사를 즐겼다.

작가인 투르게네프는 고향인 러시아에서 가져온 캐비아와 라플란드 순록의 혀를 들고 나타나 식사에 참석한 손님들을 깜짝 놀라게 했다.

알렉상드르 뒤마의 동명의 아들은 종종 여름에 와서 머물며 글을 쓰기도 하고 강가에서 수영을 즐기기도 했다. 그는 모인 사람들과 낱말 맞추기 게임을 즐겼는데, 조르주 상드는 언제나 모든 사람들이 다 맞힌 후에야 답을 이해하곤 했다.

프레뇌즈 순무

LE NAVET de Fréneuse

퐁투아즈 양배추

LE CHOU de Pontoise

몽모랑시 체리

LA CERISE de Montmorency

푸아시 누아요

LE NOYAU de Poissy

아르장퇴이 아스파라거스

L'ASPERGE d'Argenteuil

HAUTS-DE-SEINE 오 드 센

우당의 닭

LA POULE de Houdan

YVELINES 이블린

파리의 양송이버섯

LE CHAMPIGNON de Paris

마르쿠시스 딸기

LA FRAISE de Marcoussis

ESSONNE 에손

메레빌 크레송

일 드 프랑스의 특산물   Trésors d'ILE-DE-FRANCE

LE CRESSON de Méréville

프랑스의 수도 파리를 중심으로 하여 광범위하게 퍼져 있는 광역 수도권 지역인
일 드 프랑스 (Ile-de-France)는 비스트로와 브라스리가 밀집되어 있는 지역이라는 특징 이전에 우선 아주 뛰어난
식재료들이 넘쳐나는 곳이다. 아르장퇴이 (Argenteuil)의 아스파라거스에서부터 푸아시 (Poissy)의 누아요
(Noyau: 살구 씨 아몬드를 원료로 하여 만든 증류 리큐어)에 이르기까지 센강을 따라 맛있는 지도가 펼쳐져 있다.

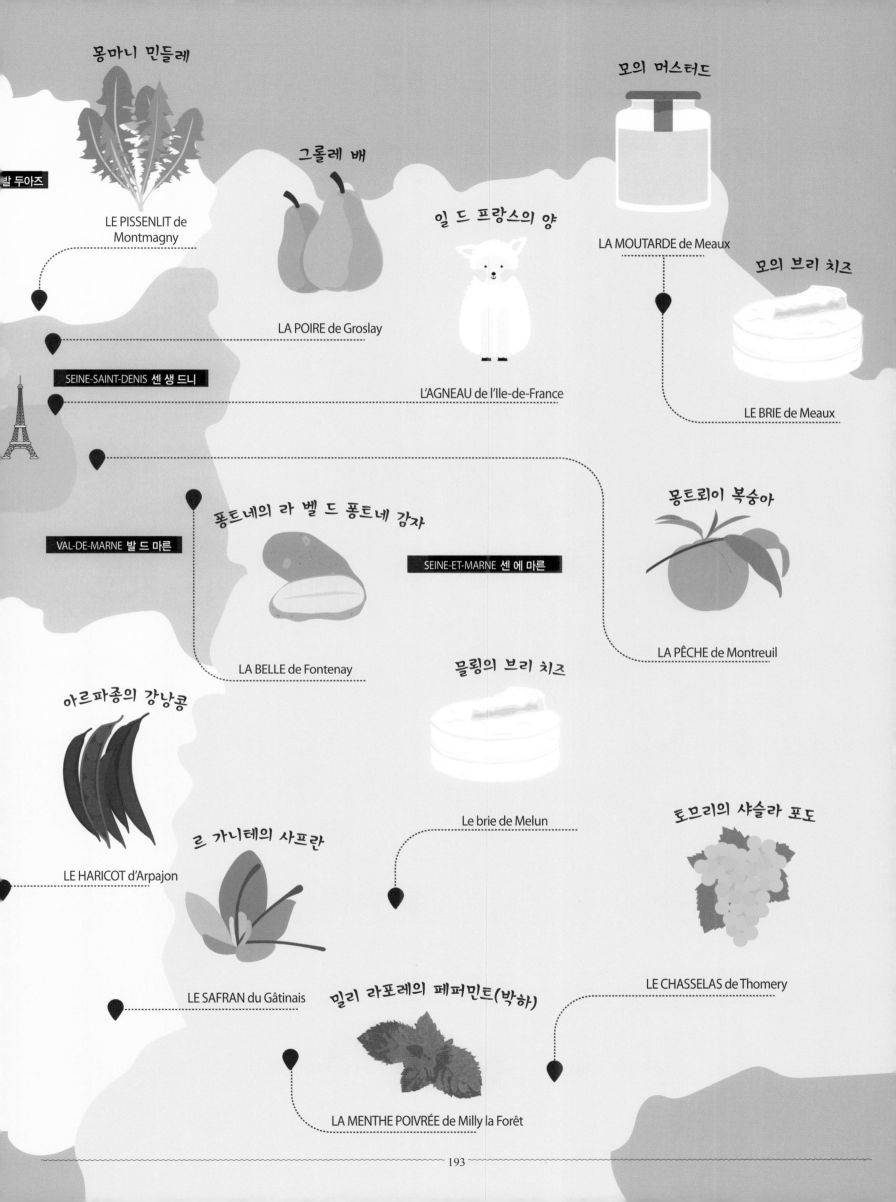

몽마니 민들레

모의 머스터드

그롤레 배

일 드 프랑스의 양

발 두아즈

LE PISSENLIT de
Montmagny

LA MOUTARDE de Meaux

모의 브리 치즈

LA POIRE de Groslay

SEINE-SAINT-DENIS 센 생 드니

L'AGNEAU de l'Ile-de-France

LE BRIE de Meaux

몽트뢰이 복숭아

폽트네의 라 벨 드 퐁트네 감자

VAL-DE-MARNE 발 드 마른

SEINE-ET-MARNE 센 에 마른

LA PÊCHE de Montreuil

아르파종의 강낭콩

LA BELLE de Fontenay

믈룅의 브리 치즈

토므리의 샤슬라 포도

Le brie de Melun

르 가니테의 사프란

LE HARICOT d'Arpajon

밀리 라포레의 페퍼민트(박하)

LE CHASSELAS de Thomery

LE SAFRAN du Gâtinais

LA MENTHE POIVRÉE de Milly la Forêt

일 드 프랑스 사람들의 장바구니

양념, 향신료

아쉽게도 AOP나 명품 라벨 인증 생산품은 하나도 없다.

르 가티네의 사프란 Le safran du Gâtinais
(센 에 마른, 에손)

무엇일까요? 사프란. 학명 *Crocus sativus*. 가티네의 유명한 특산품. 사프란 꽃의 암술에서 추출되는 이 향신료는 세상에서 가장 섬세한 맛을 가진 향료 중 하나다.
역사: 부안 (Boynes, Loiret) 영지의 소유주였던 조프루아 포르셰르 (Geoffroy Porchaires)가 십자군 전쟁에서 돌아오면서 사프란 꽃 알뿌리를 몇 개 가져온다. 이 향신료는 점점 퍼져나가 르 가티네의 명물이 되었고, 1698년 루이 14세 왕은 가티네의 사프란 재배에 관련한 칙령을 발표하기에 이르렀다.
지명도: 2/5. 1987년부터 생산자들의 노력으로 사프란 재배가 더욱 활기를 띠게 되었고, 그 명성도 더 높아졌다.
계절: 연중 내내 구할 수 있으며, 재배는 10월에 이루어진다.

모의 머스터드 Le moutarde de Meaux
(센 에 마른)

무엇일까요? 라틴어 *mustum ardens* (불타는 즙이라는 뜻)에서 온 이 양념은 머스터드 씨를 베이스로 만든다. 브리야 사바랭은 모의 머스터드를 가리켜 '미식가들의 머스터드'라 칭했다.
역사: 이 훌륭한 머스터드는 18세기까지 모 (Meaux)의 가톨릭 수도사들에 의해 만들어졌고, 이후에 그들은 만드는 비법을 포므리 (J-B Pommery:moutarde de Meaux 로 유명한 Pommery사의 창업주)에게 전수했다.
지명도: 4/5. 레자세존느망 브리야르 (Les Assaisonne-ments Briards)는 이 머스터드를 꾸준히 생산하고 있는 유일한 브랜드이다.
계절: 연중 내내

밀리 라포레 페퍼민트(박하) La menthe poivrée de Milly-la-Forêt
(에손)

무엇일까요? 학명이 *Mentha piperita* 인 페퍼민트(박하)는 그 향이 아주 진한 풀로 수생박하 (Mentha aquatica)와 녹양박하 (Mentha spicata)의 교잡종이다.
역사: 민트는 이미 수세기 전부터 재배되어 왔으며, 19세기 말부터 아르망 다르본 (Armand Darbonne)은 식물을 마 포대로 된 선반 위에서 건조시키는 자연 건조 시설을 밀리에서 개발해 허브 생산에 박차를 가한다.
지명도: 1/5. 1930년대에 활성화되었고, 단 한 곳의 생산자에 의해 재배되고 있다.
계절: 재배 시기는 6월~8월이다.

과일, 채소류

마르쿠시스 딸기 La fraise de Marcoussis
(에손)

무엇일까요? 학명 *Fragaria Vesca*. 숲딸기 (fraise des bois)와의 교배종.
역사: 19세기에 세계적으로 명성을 얻게 된 파리 지역의 딸기는 마르쿠시스의 특산물로 자리매김한다. 하지만 1950년대부터 농민들은 이 딸기 재배를 점점 줄이면서 좀 더 소득이 높은 작물 영농으로 전환하게 된다.
지명도: 1/5. 현재 마세티(Mascetti) 형제가 운영하는 '라 페르므 드 쿠아르(La Ferme de Couard)' 농장만이 유일하게 재배를 이어가고 있다.
계절: 6월~9월

몽모랑시 체리 La cerise de Montmorency
(발 두아즈)

무엇일까요? 학명 *Prunus cerasus*. 줄기가 짧고 색이 선명한 그리요트 (griottes) 계열 품종.
역사: 몽모랑시에서 체리를 재배하기 시작한 것은 18세기부터다. 19세기에는 이 얇은 껍질과 연한 살, 새콤한 즙을 가진 몽모랑시의 체리가 파리지엥들의 인기를 끌게 되었다. 이 체리는 특히 오드비 (발효주를 증류하여 만든 브랜디)를 만드는 데 아주 적합한 품종이다.
지명도: 4/5. 캐나다 퀘벡이나 미국에서도 이 체리를 구할 수 있다.
계절: 6월 중순 ~ 7월 중순

샹부르시의 렌 클로드 자두 La reine-claude de Chambourcy
(이블린)

무엇일까요? 학명 *Prunus domestica*. 늦여름에 출시되는 작은 자두로 당도가 아주 높다.
역사: 1840년 샹부르시의 한 사람이 이 과일을 발견했고, 이를 뇌이 쉬르 센 (Neuilly-sur-Seine)의 묘목업자에게 전해준 이후 프랑스 전역에 급속하게 전파되었다. 1950년대에는 가장 많이 판매된 품종이기도 했다.
지명도: 3/5. 이 품종 및 재배 변종은 대규모로 유통되고 있다.
계절: 8월~9월

그롤레 배 La poire de Groslay
(발 두아즈)

무엇일까요? 학명 *Pyrus communis*
역사: 본래 그롤레(Groslay)에서는 포도를 재배했었다. 그러나 포도나무 뿌리 진디병이 유행하여 식물이 고사하자, 이 지역 농민들은 다른 과실수 농사로 전환했고, 코미스 (comice)와 미국에서 상륙한 윌리엄 (Williams) 품종의 배를 재배하게 되었다. 윌리엄 배는 유명 식당에서 맛볼 수 있는 고급 과일이 되었다.
지명도: 2/5. 현재 그롤레에서 단 두 곳의 농가에서만 생산되고 있고, 일 드 프랑스 지방 전체에서는 약 100여 곳의 생산지가 있다.
계절: 10월~11월

퐁트네의 라 벨 드 퐁트네 감자 La Belle de Fontenay

무엇일까요? 학명 *Solanum tuberosum*. 가장 오래된 감자 품종 중 하나다.
역사: 이 품종은 19세기 말 퐁트네 수 부아 (Fontenay-sous-Bois)에서 처음 발견된 것으로 추정된다. 1935년부터 품종 목록에 기재된 이 감자의 생산지는 좀 더 남쪽 루아레 (Loiret) 지방으로 옮겨갔다.
지명도: 5/5. 아름다운 그 이름에 걸맞게 이 감자는 찌거나 볶는 요리를 만들 때 가장 선호하는 품종이 되었다.
계절: 3월~6월
인증 제품: 레드 라벨 (Label Rouge)

파리의 양송이버섯 Les champignons de Paris

무엇일까요? 학명 *Agaricus bisporus*. 갈색, 또는 핑크색이 도는 버섯
역사: 오스만(Haussemann) 남작이 한창 파리 도시개발을 하던 시절 지하 채석장에서 재배된 이것은 나폴레옹 1세 치하의 파리를 대표하는 버섯이 된다. 오늘날 이 양송이버섯은 전 세계적으로 가장 많이 생산되는 버섯 품종이다.
지명도: 5/5. 일 드 프랑스의 옛 버섯 재배지에서 양송이버섯을 키우는 생산자는 현재 다섯 곳만 남아 있다.

프레뇌즈 순무 Le navet de Fréneuse
(이블린)

무엇일까요? 학명 *Brassica rapa*. 수분이 적으며 달콤하고 연한 살을 가진 작은 순무로, 노지에서 재배한다.
역사: 중세시대부터 순무는 이블린 (Yvelines)과 센 생 드니 (Seine-Saint-Denis)에 널리 분포되어 있었으며, 프레뇌즈 (Fréneuse)라는 품종이 처음 재배된 것은 1745년 이블린에서였다. 이 품종은 즉시 포토푀의 대표적 재료로 자리 잡았다.
지명도: 1/5. 이 순무 품종의 경작에 대해서는 그리 널리 알려지지 않았지만, 순무와 베샤멜로 만든 유명한 포타주의 이름이 되었다.
계절: 10월~12월

몽마니 민들레 Le pissenlit de Montmagny
(발 두아즈)

무엇일까요? 학명 *Taraxacum*. 줄기가 우묵하고 잎에서 약간 쌉싸름한 맛이 난다.
역사: 19세기 말 처음 선보인 민들레 잎은 파리에서 판매되는 샐러드 채소의 1/3을 차지한다.
지명도: 4/5. 이 종자의 채소는 현재 대량 유통되고 있다.
계절: 3월~6월

토므리의 샤슬라 포도
Le chasselas de Thomery
(센 에 마른)

무엇일까요? 학명 *Vitis vinifera*. 파리보다 무아삭 (Moissac)에서 더 유명한 백포도 품종 (chasselas de Moissac은 1996년 AOC(원산지 명칭 통제) 인증을 받았다).
역사: 왕을 위한 포도를 재배하고 있던 퐁텐블로의 밭에, 1730년 샤슬라를 처음 심기 시작했다. 이 포도는 와인을 만들기보다는 일반 식용으로 더 우수하다는 평가를 받았다. 돌로 담장을 쌓아 포도 덩굴이 자라도록 했으며, 이는 울타리에 과일을 키우는 재배법의 기초가 되었다. 좀 더 보존성을 높이기 위해 통에 물과 숯을 함께 넣고 포도 덩굴의 끝부분을 담가두어 당도를 높이기도 했다.
지명도: 1/5. 최근에는 몇몇 개인 영농업자들만이 재배하고 있다.
계절: 9월~10월

퐁투아즈 양배추
Le chou de Pontoise
(발 두아즈)

무엇일까요? 학명 *Brassica oleracea*. 밀라노 양배추의 한 품종으로 쭈글쭈글한 녹색 잎을 가졌으며, 약간 보랏빛을 띤 속이 꽉 찬 이 양배추는 특유의 뚜렷한 맛을 내며, 소화도 아주 잘 된다.
역사: 일 드 프랑스에서 이것을 재배하기 시작한 것은 16세기부터이며, 그 규모는 세르지 (Cergy) 평야의 거의 절반을 차지할 정도였다고 한다. 전통적으로 각 농가마다 그들만의 종자를 가지고 있어 이를 대대로 이어 재배하고 있다.
지명도: 4/5. 2010년부터 다시 식탁에서 각광받고 있어, 퐁투아즈 지방을 중심으로 다시 재배농가가 늘어나고 있다.
계절: 10월~3월

아르파종의 강낭콩
Le haricot d'Arpajon
(에손)

무엇일까요? 학명 *Phaseolus vulgaris*. 녹색을 띤 플라젤렛 (flageolet) 강낭콩의 일종으로 슈브리에 강낭콩 (haricot chevrier)이라고도 부르며, 일반 강낭콩보다 맛이 진하다.
역사: 17세기경부터 파리 근교에서 재배된 이 강낭콩은 프랑스 최고라는 명성을 얻고 있었다. 브르티니 쉬르 오르주 (Bretigny-sur-Orge)의 원예 전문가 가브리엘 슈브리에 (Gabriel Chevrier)는 흰 플라젤렛 강낭콩을 완전히 익기 전에 조금 일찍 따서 밀짚 위에 놓고 건조시키던 중 콩의 녹색이 그대로 유지된다는 사실을 발견했다. 그의 이름을 따서 슈브리에 강낭콩이 탄생했다. 이 지역에서 이 강낭콩의 재배는 더욱 확대되었고, 아르파종 (Arpajon)이 그 중심지가 되었다.
지명도: 3/5. 아르파종에서는 1922년부터 강낭콩 축제가 열린다.
계절: 연중 내내. 전통적으로 부활절 시즌에 많이 소비된다.

몽트뢰이 복숭아
La pêche de Montreuil
(센 생 드니)

무엇일까요? 학명 *Prunus persica* 몽트뢰이라는 이름이 붙은 것은 복숭아의 특정 품종을 지칭하는 것이 아니라 생산 방식을 의미한다.
역사: 몽트뢰이 복숭아의 기원은 17세기로 올라간다. 이 지역은 왕에게 진상되는 최상품 복숭아를 재배하던 곳이었다. 이곳에 600km에 달하는 벽을 건축해 복숭아 나무가 담장을 타고 자랄 수 있도록 했다.
지명도: 1/5. 전통적인 울타리 방식의 복숭아 재배자 연합은 현재 울타리 벽이 17km밖에 남지 않게 되자, 이 전통 문화유산을 지키기 위해 고군분투하고 있다.
계절: 6월~9월
라벨 인증은 없음.

아르장퇴이 아스파라거스
L'asperge d'Argenteuil
(발 두아즈)

무엇일까요? 학명 *asparagus officinalis*. 비교적 늦게 출하되는 화이트 아스파라거스의 한 품종으로 쌉싸름한 맛이 특징이다.
역사: 19세기에는 굵은 화이트 아스파라거스가 그린 아스파라거스보다 더 큰 인기를 얻었다. 아르장퇴이의 루이 레로 (Louis Lhéraut)는 1860년부터 아스파라거스의 재배 방법을 더 개선하였고, 이때부터 더 좋은 품질의 아스파라거스가 재배되기 시작했다.
지명도: 3/5. 현재 이 아스파라거스를 더 이상 아르장퇴이에서는 찾아볼 수 없지만, 뇌빌 쉬르 우아즈 (Neuville-sur-Oise)에서 퐁투아즈 (Pontoise)에 이르는 일 드 프랑스 지방에서 계속 재배되고 있다.
계절: 4월~6월

메레빌 크레송
Le cresson de Mereville
(에손)

무엇일까요? 학명 *Nasturtium officinale* 물 속에서 자라는 십자형의 화관을 가진 식물인 물냉이는 다른 크레송류보다 더 달콤한 맛이 나고 매콤한 맛이 약간 덜하다.
역사: 크레송이 프랑스에서 재배되기 시작한 것은 19세기 초로 거슬러 올라간다. 주로 에손 지방에서 많이 재배했으며, 특히 메레빌의 여러 하천 지대에 많이 길렀다.
지명도: 4/5. 예전에 비해 수확은 줄어들고 있지만, 35곳의 생산자가 재배하는 양이 전국 생산량의 40%를 차지한다.
계절: 6월~11월
인증 라벨: 맛 고장 인증마크 획득 (Site remarquable du Goût: 프랑스 환경문화관광부와 농림부가 제정한 전통 맛 지역 인증 마크)

모의 브리 치즈 Le brie de Meaux (센 에 마른)

무엇일까요? 소의 젖으로 만든 흰색 외피의 연성 치즈로, 브리(Brie) 평야부터 뫼즈강(la Meuse)에 이르는 지역에 걸쳐 생산되어 왔다. 약하게 발효된 연한 짚 빛깔의 이 치즈는 고소한 헤이즐넛 향을 지녔다.
역사: 노트르 담 드 주아르 (Notre-Dame-de-Jouarre) 수도원 사제들에 의해 처음 만들어진 브리 치즈의 기원은 774년 샤를마뉴 대제의 식탁에서 찾아볼 수 있다.
지명도: 5/5. 1815년 개최된 비엔 (Vienne) 의회에서 브리는 치즈의 왕이라는 칭호를 받게 되었다.
계절: 연중 내내
인증 라벨: 1980년 AOC (원산지 명칭 통제), 1996년 AOP (원산지 명칭 보호) 인증 획득.

믈룅의 브리 치즈 Le brie de Melun (센 에 마른)

무엇일까요? 소의 젖으로 만든 흰색 외피의 연성 치즈로 믈룅 (Melun) 평야에서 욘강(l'Yonne)에 이르는 지역에서 생산되었다. 라이벌인 모(Meaux)의 브리보다 크기는 좀 작으나, 향은 더 강하다. 풍미도 더 깊으며, 약간 짭짤하다.
역사: 모의 브리 치즈와 기원이 같다.
지명도: 4/5. 연간 생산량은 300톤에 이르나, 모의 브리 치즈 생산량 8천 톤에 비하면 미미한 수치다.
계절: 연중 내내
인증 라벨: 1980년 AOC (원산지 명칭 통제), 2009년 AOP (원산지 명칭 보호) 인증 획득.

일 드 프랑스의 양
L'agneau d'Ile-de-France

무엇일까요? 학명 *Ovis aries*, 비트 잎과 건초를 먹여 키운 양.
역사: 파리 지역에서 양을 사육하기 시작한 것은 중세로 거슬러 올라간다. 18세기에 샤를 오귀스트 이바르(Charles-Auguste Yvart)는 랑부이예 (Rambouillet)의 메리노스와 영국의 양 품종인 디슐리의 교배종인 디슐리 메리노스 (Dichley-Mérinos) 종을 탄생시켰다. 1841년 파리에서 소비된 양고기의 1/3은 일 드 프랑스에서 생산된 것이었다.
지명도: 5/5. 양의 사육 규모가 전국적으로 27만 마리에 달하는데 이 중 2만 5천 마리가 일 드 프랑스에 몰려 있다. 그 외의 양 사육지는 프랑스 전역에 골고루 분포되어 있다.
계절: 부활절 시즌인 4월은 양이 성숙기에 접어들어 그 맛이 가장 좋을 때다.

우당의 닭
La poule de Houdan
(이블린)

무엇일까요? 학명 *Gallus gallus domesticus*, 아주 오래된 토종 닭 품종.
역사: 이블린 (Yvelines)에서 이 붉은 벼슬을 단 닭을 키우기 시작한 것은 17세기부터이다. 1863년에 이 닭 품종은 '프랑스 우수 닭'의 칭호를 받게 된다. 파브롤 (faverolle) 닭과 함께 이것은 발가락이 5개 있는 유일한 닭 품종이다.
지명도: 4/5. 멸종 위기에 처했던 이 품종은 1975년 양계업자들이 늘어나면서 다시 활기를 띠었다. 현재 이 닭을 사육하고 있는 농가는 약 20곳이다. 일 드 프랑스 레스토랑의 셰프들은 주로 이 닭 요리를 메뉴에 올린다.
계절: 연중 내내
인증 라벨: 레드 라벨 (Label Rouge), IGP (Indication Géographique Protégée 지역 표시 보호)

일 드 프랑스 사람들의 식탁

어디에서 찾을까?

미래의 테루아
TERROIRS D'AVENIR

2008년 알렉상드르 드루아르
(Alexandre Drouard)와 사뮈엘 나옹
(Samuel Nahon), 이 두 젊은이는 옛
농사 품종들을 찾아서 일 드 프랑스의
논밭을 구석구석 살피고 다녔다.
그들은 미래의 테루아라는 뜻의
'테루아 다브니르(terroirs d'avenir)'에
자신들이 찾은 보물을 모두 모아들였다.
당시 파리 뫼리스 호텔의 미슐랭 3스타
레스토랑 셰프였던 야닉 알레노 (Yannick
Alleno)는 그들이 발굴한 잊힌 식재료에
매료되었고, 다른 셰프들도 적극적으로
관심을 보였다. 그 이후로 이들은 파리의
100여 개의 유수 레스토랑에 식재료를
공급하게 되었고, 일반 소비자를 위한
코너도 오픈하여 파리의 양송이버섯,
아르장퇴이의 아스파라거스,
퐁투아즈의 양배추 등을 모두 시식도
하고 구매할 수 있도록 했다.
Terroirs d'Avenir 5, rue du Nil, 파리 2구.

이들 음식과 함께
무엇을 마실까?

누아요 드 푸아시
Le Noyau de Poissy
(이블린)

무엇일까요? 살구씨 아몬드를
최상급 알코올에 담가
숙성시키거나 증류한 리큐어.
역사: 여인숙 주인이었던 마담 쉬잔은
1698년부터 살구씨를 증류하여 만든
리큐어를 손님들에게 내 놓았다고
전해진다. 그 이후, 주변의
여관이나 호텔에서도 이와 같은
리큐어를 서빙했다고 한다.
지명도: 2/5. 푸아시 누아요 증류소
(Distillerie du Noyau de Poissy)는
일 드 프랑스의 몇 안 남은
마지막 전통 방식의 소규모
증류소 중 하나다.
매년 2만 5천 병을 생산한다.
계절: 연중 내내

모 머스터드 소스의 송아지 혀 샐러드
La salade de langue de veau à la moutarde de Meaux

스테판 레노 (Stéphane Reynaud)*

6인분

송아지 혀 3개
부케가르니 1개
당근 3개
노란 양파 3개
셀러리 2줄기
스위트 양파 2개
딜 1단
토마토 4개
오일에 절인 아티초크 6개
둥근 주키니 호박 2개
신선 완두콩 깍지 간 것 100g
머스터드 (moutarde de Meaux) 1테이블스푼
식초 (vinaigre Melfor) 1테이블스푼
카놀라유 2테이블스푼
올리브유 2테이블스푼
소금, 후추

만드는 법

송아지 혀를 물에 넣고 5분간 끓인 다음, 거품을 건져내고 헹군다.
채소는 껍질을 벗겨 큼직하게 썬다. 냄비에 찬 물을 채우고, 송아지 혀, 당근, 노란 양파,
부케가르니와 셀러리를 넣는다. 약한 불에서 2시간 동안 끓인다. 송아지 혀를 건져 껍질을
벗기고 얇게 슬라이스한다. 스위트 양파의 껍질을 벗기고 얇게 썬다. 딜은 잎만 떼어 놓고,
토마토와 아티초크의 살은 길게 썰어둔다. 호박은 모양대로 작게 등분한다. 끓는 물에
소금을 넣고 완두콩을 3분간 삶아낸 다음, 재빨리 찬물에 식혀 녹색을 유지한다.
머스터드와 식초를 섞고 오일을 조금씩 넣어 잘 혼합한 후 소금, 후추로 간한다.
잘라 준비해둔 모든 재료를 소스와 잘 섞어 즉시 서빙한다.

* Stéphane Reynaud ; La Villa 9 trois의 셰프, Montreuil (93)
레시피는 그의 책 『창자, 내장류에 관한 요리책(Livre de la tripe)』에서 발췌. éd. Marabout 출판.

크레송 쿨리를 곁들인
에그 코코트
L'OEUF COCOTTE AU COULIS DE CRESSON

야닉 알레노 (Yannick Alléno)*

4인분

크레송 2단
줄기 양파 4대
버터 10g
흰색 닭 육수 250ml
달걀 4개
식빵 50g
정제 버터 10g
생크림 200ml
통후추 간 것
플뢰르 드 셀

만드는 법

흐르는 물에 크레송을 깨끗이 씻어,
잎과 줄기를 분리해 떼어놓는다. 버터를
녹이고 송송 썬 줄기 양파를 수분이
나오도록 약한 불에 볶는다. 크레송
줄기를 넣는다. 닭 육수를 넣고 10분간
끓인다. 믹서에 갈고 체에 걸러 육수를
받아둔다. 크레송 잎은 끓는 물에 살짝
데친 후 재빨리 얼음물에 넣어 식힌다.
꼭 짜서 믹서에 갈아 퓌레를 만든다.
플라스틱 컵에 달걀을 각각 하나씩
깨트려 넣는다. 랩으로 잘 밀봉하여
70℃ 오븐에서 30분간 익힌 다음,
온도를 60℃로 낮추어 그대로 따뜻하게
보관한다. 식빵을 1cm 크기의 큐브
모양으로 잘라 정제 버터를 달군 팬에
넣어 노릇하게 굽는다. 크레송 퓌레와
육수를 함께 데운 다음, 생크림을 넣는
다. 우묵한 접시 가운데 달걀을 놓고
뜨거운 크레송 쿨리를 둘러 부어준다.
달걀노른자 위에 통후추를 살짝 갈아서
뿌리고 플뢰르 드 셀을 조금 얹는다.
접시 가장자리에 크루통을 올리고
서빙한다.

* 미슐랭 3스타 셰프.
『파리의 테루아 (Terroir parisien)』의 저자.
éd. Glénat 출판.

그리비슈 소스를 곁들인 송아지 머리와 벨 드 퐁트네 감자

La tête de veau sauce gribiche et belle de Fontenay *

6인분

뼈를 제거한 송아지 머리 (약 1.4kg) 1개
물 3리터
밀가루 100g
레몬즙 1개분

향신 재료

부케가르니 1개
당근 3개
리크(서양 대파) 1개
양파 2개
샬롯 3개
셀러리악 100g
셀러리 1줄기
마늘 3톨
굵은 소금
흰색 통후추

가니쉬

감자 (belles de Fontenay) 750g
굵은 소금
다진 파슬리 1/8단

그리비슈 소스 SAUCE GRIBICHE

달걀 3개
머스터드 60g
고운 소금
흰 후추
낙화생 기름 250ml
샬롯 1개
타라곤 1/8단
차이브(서양 실파) 1단
이탈리안 파슬리 1/8단
처빌 1/8단
케이퍼 10g
코르니숑 10g

만드는 법

송아지 머리를 깨끗하게 긁어내 씻은 다음, 뼈를 꼼꼼히 발라낸다. 흐르는 물에서 솔질을 하며 헹군다. 혀를 분리해내고 마찬가지로 깨끗이 씻는다. 얼굴과 혀를 단단히 말아 묶거나 망에 넣는다. 혹은 정육점에서 이미 손질해 단단히 말아 놓은 것을 구매한다. 이렇게 말아 놓은 송아지 머리를 넉넉한 양의 찬물과 함께 냄비에 넣고, 거품을 건져가며 끓인다. 머릿고기를 건져서 흐르는 찬물에 식힌 후 다시 큰 냄비에 넣는다. 밀가루를 원뿔체 안에 넣고 그 위로 찬물을 부어 냄비를 채운다. 레몬즙을 넣는다. 다시 끓이면서 거품을 계속 건진다. 부케가르니와 굵직하게 썬 향신 채소를 넣어준다. 굵은 소금과 통후추를 넣고 뚜껑을 덮은 다음 약한 불에서 살짝 끓는 상태로 1시간 30분 익힌다. 손가락으로 살짝 눌러보아 익었는지 확인한다. 손으로 눌렀을 때 머릿고기가 쉽게 찢어질 정도로 익어야 한다. 불을 끄고 서빙하기 직전까지 그대로 냄비 안에 둔다. 감자의 껍질을 벗기고 필요하면 모양을 내어 갸름하게 돌려 깎는다. 찬물에 감자와 굵은 소금을 넣고 약한 불로 삶아 칼끝이 쉽게 들어갈 정도로 익힌다. 감자 서빙 시 위에 뿌릴 이탈리안 파슬리를 다져 놓는다. 끓는 물에 달걀을 넣고 9분간 삶아 완숙을 만든다. 건져서 껍질을 깐 다음, 달걀노른자를 분리하여 머스터드, 소금, 후추와 잘 섞는다. 여기에 식용유를 조금씩 넣으며 거품기로 잘 혼합해 마요네즈처럼 소스를 만든다. 다진 샬롯, 잘게 썬 허브와 기타 양념 재료들, 다진 달걀흰자를 모두 넣고 잘 섞어 그리비슈 소스를 완성한다.

* 레시피는 『페랑디 요리 수업(Le Grand Cours de cuisine Ferrandi)』에서 발췌.
 Michel Tanguy 편저. éd. Hachette Pratique 출판. 국내에서는 2016년 출간(시트롱 마카롱 출판).

크레송 샐러드

La salade de cresson des guinguettes

안 마르티네티 (Anne Martinetti)*

4인분

크레송 400g (중간 크기 3단 정도)
달걀 3개
잣 100g
해바라기유 3테이블스푼
애플사이더 식초 (vinaigre de cidre)
  1테이블스푼
머스터드 1티스푼
소금, 후추

만드는 법

냄비에 물을 넣고 끓인다. 물이 끓으면 달걀을 조심스럽게 넣고 8분간 삶는다. 크레송은 깨끗이 씻고 살살 털어 물기를 완전히 빼놓는다.
샐러드 볼에 오일, 식초, 머스터드를 넣고 잘 혼합해 비네그레트를 만든다. 소금, 후추로 간한다. 잣과 크레송을 넣는다.
삶은 달걀은 껍질을 벗기고 흰자와 노른자를 분리하여, 흰자는 잘게 썰어둔다.
샐러드에 달걀흰자를 넣고 잘 섞는다. 노른자는 으깨 퓌레를 만든다. 접시에 샐러드를 담고 으깬 달걀노른자를 뿌려 서빙한다.
응용: 기호에 따라 사과, 비트, 염소 치즈, 견과류(호두, 헤이즐넛, 아몬드)를 넣어도 좋다.

* Anne Martinetti: 여러 권의 레시피북을 펴낸 요리 작가로 블로그를 활발히 운영하고 있다.
www.cuisineinsolite.com

코티지 치즈, 감자칩 크럼블을 곁들인 화이트 아스파라거스

LES ASPERGES BLANCHES À LA PLANCHA FAISSELLE ET CRUMBLE DE CHIPS

베아트리즈 곤잘레스 (Beatriz Gonzales)*

2인분

화이트 아스파라거스 8개
코티지 치즈 250g
밀가루 50g
버터 50g
짭짤한 감자칩 250g
레몬 1개
버터 20g
올리브오일
플뢰르 드 셀
굵게 부순 통후추

만드는 법

감자 필러를 이용하여 아스파라거스의 껍질을 뾰족한 부분에서 뿌리 쪽 방향으로 벗긴다. 끓는 물에 소금을 넣고 아스파라거스를 조심스럽게 넣은 뒤 5~6분만 익히고 건져 식혀 마른 면포에 놓아 물기를 뺀다. 팬에 올리브오일을 달구고 데친 아스파라거스를 약 1분간 굴려준다. 여기에 으깬 마늘과 타임을 넣고 간을 한다. 노릇하게 색이 날 때까지 익힌다. 코티지 치즈의 물을 빼고 레몬 제스트, 올리브오일, 플뢰르 드 셀, 레몬즙 몇 방울을 넣어 잘 섞는다. 감자칩 크럼블을 만든다. 우선 상온의 버터와 밀가루, 감자칩을 볼에 넣고 잘 섞는다. 부수고 으깨서 오븐용 팬에 펴놓고 180℃ 오븐에 넣어 10분간 굽는다. 접시의 한쪽에는 양념한 코티지 치즈를, 다른 한쪽에는 구운 아스파라거스를 놓고 손으로 감자칩 크럼블을 뿌려 서빙한다.

* Beatriz Gonsales :
레스토랑 「Neva Cuisine」의 셰프. 파리 8구.

프로방스 퀴퀴롱

엽서에나 나올 법한 아름다운 모습을 한 뤼베롱 남쪽의 작은 마을 퀴퀴롱 (Cucuron).
이곳의 한 오래된 레스토랑에서는 태양을 가득 머금은 요리의 재주꾼 에릭 사페 (Éric Sapet) 셰프가 훌륭한 지중해 음식을 선보이고 있다,
그중 가장 인기있는 세 가지 레시피를 소개한다.

우리의 안내자

마르셀 파뇰의 영화에서 튀어나온 듯한 넉넉한 식도락가 외모에 탄탄한 요리사 경력을 가진 에릭 사페의 레스토랑은 옛 모습을 그대로 간직한 황갈색 외벽의 아름다운 주택이다. 뤼베롱 한가운데 있는 퀴퀴냥 (Cucugnan)의 플라타너스 나무들로 둘러싸여 있는 이곳은 마치 그림엽서와도 같은 소박하고도 멋진 풍광을 자랑하고 있다. 미슐랭 가이드의 별 한 개를 받은 이 셰프는 프로방스 요리를 이어가고자 노력하는 대표적인 셰프들 중 하나다.

「라 프티트 메종 드 퀴퀴롱(La Petite Maison de Cucuron) 」, place de l'Etang, Cucuron (Vaucluse).

토끼고기 콤포트와 토스트, 가을 채소 샐러드
La compote de lièvre à la royale, pain grillé et bouquet de salade d'automne

라이트 폴렌타
POLENTA "LÉGÈRISSIME"

6인분
재료
폴렌타 100g
우유 1리터
물 250ml
큐브 스톡 1개
파르메산 치즈 100g
버터 50g
소금, 후추

도구
소다사이폰 (휘핑기)
가스 카트리지 2개

만드는 법
냄비에 물과 우유를 붓고 버터, 큐브 스톡을 넣는다. 간을 맞추고 폴렌타 가루를 넣은 다음 중불에서 20분간 저어가며 익힌다. 폴렌타가 익으면 파르메산 치즈 간 것을 넣고 거품기로 잘 저어준 다음, 블렌더로 곱게 간다. 원뿔체에 걸러 아주 고운 퓌레를 만든 뒤 소다사이폰에 부어 넣는다. 가스 카트리지 2개를 끼운 다음, 중탕으로 따뜻하게 두었다가 사용한다.

6인분
재료

토끼고기 콤포트
조리 시간: 3시간
토끼의 상체와 앞다리 부분 2개
올리브오일, 소금, 후추
베이컨 100g
양파 2개
마늘 6톨
양송이버섯 4개
부케가르니 1개
레드와인 1리터

발사믹 식초 200ml
걸쭉한 송아지 육수 200ml
푸아그라 100g
트러플오일 200ml

가니쉬
캉파뉴 브레드 슬라이스 6장
엔다이브 1개
레드 엔다이브 1개
콘샐러드 잎 (마타리 상추) 100g
올리브오일

만드는 법
콤포트 compote

토끼의 염통과 허파를 몸통에서 떼어내 피와 함께 믹서에 갈아 놓는다. 베이컨, 양파, 양송이버섯, 마늘을 작은 큐브 모양으로 썰어 올리브오일을 달군 냄비에 넣고 수분이 나오도록 천천히 볶는다. 발사믹 식초를 넣어 디글레이즈하고 수분이 완전히 없어질 때까지 졸인다. 레드와인을 붓고 2/3가 되도록 졸인다. 토막 낸 토끼고기와 송아지 육수를 넣는다. 140℃ 오븐에서 3시간 동안 익힌다. 다 익은 토끼고기를 뼈에서 발라내어 큐브 모양으로 잘게 썬다. 소스는 약 200ml 정도가 될 때까지 계속 졸인다. 여기에 허파, 염통, 피 간 것을 넣어 섞는다. 끓지 않도록 불을 줄인 상태로 5분간 익힌다. 체에 거른다. 이때 채소 건더기들을 국자로 꾹꾹 눌러주며 걸러 걸쭉한 퓌레처럼 추출되도록 한다. 잘게 썬 토끼 살코기를 볼에 넣고 얼음 위에 올린다. 소스를 조금씩 넣어가며 주걱으로 잘 혼합한다. 혼합물이 완전히 식으면, 큐브 모양으로 썬 푸아그라와 트러플오일을 넣어 섞는다.

토스트 tartines

빵에 올리브오일을 조금 뿌리고 굽는다. 엔다이브를 굵직하게 썰고 마타리 상추와 섞는다. 올리브오일을 한 번 둘러주고, 발사믹 식초 몇 방울을 넣어 살살 버무린다. 토스트한 빵에 크넬 모양으로 만든 토끼고기 콤포트를 올리고, 샐러드를 곁들여 즉시 서빙한다.

6인분

재료

<u>브리오슈</u>

밀가루 1kg

제빵용 생 이스트 20g

우유 100ml

달걀 12개

버터 600g

소금 10g

설탕 40g

달걀 (달걀물 용) 1개

올리브오일

<u>샌드위치 소 재료</u>

굵게 으깬 후추

플뢰르 드 셀

펜넬 씨 : 푸가스 빵을 굽기 전에 뿌린다.

신선 참치 500g

마늘 6쪽

올리브오일 500ml

가지 1개

주키니 호박 1개

토마토 3개

케이퍼 12개

올리브 (taggiasca) 24개

스위트 양파 2개

로메인 상추 6장

올리브오일

소금, 후추

만드는 법

브리오슈 반죽 pâte à brioche
<u>휴지 시간: 3시간</u>

반죽기 믹싱 볼에 밀가루, 소금, 설탕을 넣고 갈고리 모양의 도우 훅 핀을 장착한 후 속도 1로 천천히 반죽한다. 우유에 생 이스트를 푼 다음 반죽 볼에 넣어준다. 달걀을 넣고 반죽이 볼에서 떨어질 정도가 될 때까지 계속 같은 속도로 돌린다. 깍둑 썬 차가운 버터를 넣는다. 버터가 반죽에 완전히 혼합될 때까지 계속 속도 1로 돌린다. 도우 훅 핀을 꺼내고 믹싱 볼을 행주로 덮은 다음 상온에서 1시간 휴지시킨다. 주걱으로 반죽을 4~5번 뒤집어 섞은 다음 다시 3시간 동안 냉장고에 넣어 휴지시킨다. 발효가 끝난 반죽을 꺼내 레시피에 따라 원하는 모양을 만든다.

푸가스 fougasse
<u>조리 시간: 10분</u>

반죽을 80g짜리 6조각으로 등분한 다음 밀대로 각각 밀어 타원형을 만든다. 부채 모양으로 3개의 칼집을 낸 다음 반죽을 잡아당겨 늘인다. 상온에서 약 1시간 휴지시킨다. 반죽이 부풀면 달걀과 올리브오일을 섞어 붓으로 바르고, 플뢰르 드 셀, 으깬 통후추, 펜넬 씨를 뿌린다. 170℃로 예열한 오븐에서 10분간 구워낸다.

참치 콩피 thon confit
<u>조리 시간: 45분</u>

생 참치에 소금을 뿌리고 5분간 재운다. 팬에 참치와 껍질을 까지 않은 마늘, 올리브오일을 넣고 중간불로 52℃가 될 때까지 데운다. 온도계를 사용하여 이 온도를 45분간 유지하도록 조절한다. 불을 끄고 참치를 그대로 오일에 둔 채 식힌다.

채소 콩피 légumes confits
<u>조리 시간: 10분</u>

만돌린 슬라이서를 이용해 채소를 얇게 썰어 오븐용 팬에 놓는다. 올리브오일을 뿌리고 소금, 설탕을 뿌려 180℃ 오븐에서 10분간 익힌다. 구운 색이 나고 말랑하게 익으면 꺼낸다.

서빙: 푸가스 빵을 가로로 반을 가른 다음 준비한 재료를 골고루 넣는다. 참치와 채소의 맛이 밴 올리브오일을 뿌린다.

감자 이야기

유식하게 학명으로 말하자면 솔라눔 투베로숨 (Solanum tuberosum),
친근한 단어로는 파타트 (patate), 요리사들 사이에서는 샤를로트, 벨 드 퐁트네,
BF15 또는 빈체 등 품종 이름으로 불리는 식재료인 감자.
프랑스 요리 재료 중 가장 소박하면서도 친숙한 이 덩이줄기 식물의 모든 것을 알아보자.

품종

소비자에게 판매되는 모든 종류의 감자는 공식 품종 목록에 명확히 등록되어 있는
것이어야 한다. 2012년에 조사된 가장 최근의 명세 목록에 정식 등록된 프랑스의 감자
품종은 200여 종이 넘는다. 각 종류마다 그 모양과 식감의 특징이 다르다.

~~ 살이 단단한 감자 ~~

벨 드 퐁트네 belle de Fontenay

(1935)

끝이 통통한 타원형으로 껍질은 노란색,
살은 진한 노란색이다.
찌거나 샐러드용으로 사용.

로즈발 roseval

(1950)

끝이 통통한 타원형으로 껍질은 진한
분홍색, 살은 노란색이며 때로 분홍색
줄무늬를 갖고 있다. 껍질째 쪄서 먹는다.

샤를로트 charlotte

(1981)

길쭉한 모양으로 얇은 껍질과 속살 모두
노란색을 띠고 있다.
껍질째 쪄서 샐러드에 넣거나, 노릇하게
굽거나 지져먹는다.

아망딘 amandine

(1994)

샤를로트와 비슷한 품종으로 길쭉한
모양과 노란색 껍질, 연한 미색의 살을
갖고 있다. 찌거나 노릇하게 구워 먹는다.
뭉근하게 끓이는 요리에 넣기도 한다.

~~ 분이 많은 감자 ~~

빈체 bintje

(1935)

균일하게 굵고 길쭉한 모양을 하고 있으며
껍질과 살은 모두 노란색이다.
프렌치프라이를 만드는 대표적 감자이고,
퓌레나 포타주에도 사용된다.

~~ 살이 부드러운 감자 ~~

모나리자 monalisa

(1982)

균일하게 굵고 길쭉한 모양을 하고 있으며
껍질과 살이 모두 노란색이다.
프렌치프라이, 퓌레, 수프에 적합하다.

~~ 인기몰이 중인 감자 3종류 ~~

라트 ratte

원산지: 프랑스(상테르 Santerre).
길쭉한 모양으로 살짝 휘어 있다. 껍질은
황갈색이고 살은 크림색이며 고소한
헤이즐넛 향이 살짝 난다.
샐러드용으로 아주 좋고, 찌거나
노릇하게 구워 먹는다.

쥘리에트 데 사블르
juliette des sables

원산지: 프랑스
(솜만(灣) baie de Somme).
길쭉한 모양으로 거친 껍질과 노란색의
살을 갖고 있다.
찌거나 스튜에 넣는다.

비올레트 violette

원산지: 미상
작고 가는 길쭉한 모양과 보라색 껍질을
가진 이 감자는 살이 단단하고 분이 많아
포근포근하며 밤 맛과 비슷하다.
껍질째로 얇게 슬라이스해서
칩을 만든다.

감자에 관해 박식해지려면 이 책들을 참조하세요.

『감자 (Pommes de terre)』, 프레데릭 앙통 (Frédéric Anton)지음, éd. du Chêne 출판.
『프렌치프라이, 다양한 레시피 (Les pommes frites: dix façons de les préparer)』,
수지 팔라틴 (Suzy Palatin)지음, éd. de L'Epure 출판.
『완벽한 프렌치 프라이 (Carrément frites)』, 위그 앙리 (Hugues Henry) ,
알베르 베르데엥 (Albert Verdeyen) 공저, éd. La Renaissance du livre 출판.

감자 갈레트

폼 안나 POMMES ANNA
기원: 19세기에 파리의 유명한 레스토랑이었던 「카페 앙글레
(Café Anglais)」의 셰프 아돌프 뒤글레레 (Adolphe Dugléré)가
사교계의 유명 인사였던 안나 넬리옹 (Anna Deslions)에게
경의를 표하기 위해 만든 요리.
만들기: 감자를 얇고 동그랗게 슬라이스해 버터를 바르고 그라
탱 용기에 꽃 모양으로 한 장 한 장 겹쳐 담아 오븐에 굽는다.

라페 RÂPÉE
기원: 생테티엔 (Saint-Étienne), 오베르뉴 (Auvergne)
만들기: 살이 단단한 생감자를 가늘게 채 썰어 달걀과 섞은 후
팬에 버터를 두르고 부쳐낸다.

뢰스티 RÖSTI
기원: 스위스, 프랑스 동부지역에 널리 퍼짐 (Alsace, Savoie,
Franche-Comté)
만들기: 익힌 감자를 가늘게 채 썰어 팬에 버터를 두르고 지진다.

샤부아식 감자 그라탱
LE GRATIN SAVOYARD
프레데릭 앙통 *

4~6인분
준비 시간: 20분
조리 시간: 1시간 15분

재료
감자 (샤를로트 품종) 800g
우유 200ml
헤비크림 150g
에멘탈 치즈 간 것 120g
마늘 1톨
버터 50g
고운 소금, 후추, 넛멕 (육두구)

만드는 법
감자의 껍질을 벗긴다. 감자의 전분이
있어야 끈기가 생기므로 씻지 않는다.
감자를 4mm 두께로 얇고 동그랗게 썬다.
냄비에 우유를 끓이고 헤비크림과 에멘탈
치즈 100g을 넣는다. 소금, 후추, 넛멕으로
간한다. 감자를 넣고 약한 불로 약
15분간 익힌다. 감자가 부서지지 않도록
살살 저어주고, 간을 본다. 마늘의 껍질을
벗겨 오븐용 그라탱 용기 안쪽을 문질러
준다. 냄비의 감자를 그라탱 용기에 붓고
평평하게 놓는다. 그 위에 남은 에멘탈
치즈와 버터 조각을 몇 개 올린 후 180℃
오븐에서 1시간 익힌다. 겉은 노릇하고
속은 부드럽게 익어야 한다. 그라탱 용기
그대로 서빙한다.

* Frédéric Anton : MOF (프랑스 요리 명장),
「르 프레 카탈랑 (Le Pré Catalan)」의 셰프
파리 16구. 레시피는 그의 저서 『감자 (Pomme de
terre)』에서 발췌. éd. du Chêne 출판.

미슐랭 3스타 셰프의 감자 요리 레시피

매쉬드 포테이토
La purée
조엘 로뷔송 (Joël Robuchon)*

가스트로노미 레스토랑에서 감자 요리를 부활시키는 데 기여한 프랑스 유명 셰프 조엘 로뷔송. 1986년 그는 살이 단단한 품종인 라트 감자를 이용해 이 퓌레의 레시피를 개발했다.

6인분
준비 시간: 10분
조리 시간: 45분

재료
감자 (ratte) 1kg
차가운 버터 250g
우유 250ml
굵은 소금

만드는 법
감자를 씻는다. 껍질은 벗기지 않는다. 냄비에 찬물 2리터를 넣고 굵은 소금 1테이블스푼을 풀어 녹인 뒤, 감자를 넣고 뚜껑을 덮은 채로 삶는다. 약 25분간 삶아 칼끝으로 찔렀을 때 쉽게 칼날이 빠져나올 정도로 익힌다. 버터는 잘게 깍둑 썰어 냉장고에 보관한다. 감자가 익으면 건져서 따뜻할 때 껍질을 벗긴다. 채소 그라인더에 가장 촘촘한 분쇄망을 끼우고 커다란 냄비 위에 걸쳐 놓은 상태로 감자를 돌려 간다. 냄비를 중불에 올리고 약 5분 정도 감자 퓌레를 나무주걱으로 세게 휘저으며 물기를 날려 보낸다. 작은 소스팬을 흐르는 물에 헹구고 물을 닦지 않은 상태로 우유를 부어 끓인다. 약불에 올려져 있는 감자 퓌레 냄비에 차갑고 단단하게 깍둑 썰어둔 버터를 조금씩 넣는다. 세게 저어가며 매끈하고 걸쭉하게 되도록 혼합한다. 감자 퓌레 냄비를 계속 약불에 올린 상태에서 뜨거운 우유를 조금씩 흘려 넣으며 세게 휘저어 섞어 감자에 완전히 흡수되도록 한다. 간을 맞추고 뜨겁게 서빙한다.

* 그의 레스토랑은 파리 8구를 비롯해, 라스베가스, 도쿄 등지에 여러 곳 있다.

폼 수플레
Les pommes soufflées
안 소피 픽 (Anne-Sophie Pic)*

통통하게 부풀어 오른 노릇노릇한 비주얼만으로도 흠뻑 매력에 빠지게 만드는 폼 수플레는 도저히 참을 수 없는 바삭하면서도 부드러운 맛을 약속한다. 만드는 과정을 보면 마치 마술과 같다.

셰프가 알려주는 4단계 팁

<u>도구</u>: 만돌린 슬라이서, 커팅틀, 조리용 온도계, 망뜨개, 튀김기
재료: 감자(모나리자 품종), 낙화생유, 소금

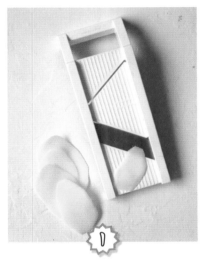

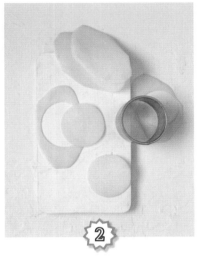

감자의 껍질을 벗기고 썻은 뒤, 만돌린 슬라이서를 사용하여 3~4mm 두께로 얇게 썬다.

커팅틀을 사용하여 지름 3cm 크기의 원형으로 찍어낸다. 키친타월로 물기를 완전히 제거한다.

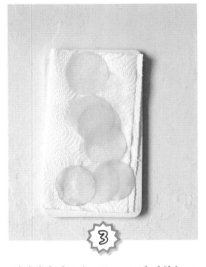

튀김기의 기름 온도를 130℃에 맞춰 놓고 첫 번째로 감자를 튀긴다. 한꺼번에 너무 많이 넣지 말고 몇 개씩만 넣어 잘 저어주며 튀긴다. 감자가 위로 떠오르면 색이 나기 전에 재빨리 건져 30초간 식힌다.

두 번째로 튀길 때는 기름의 온도를 180℃로 올린다. 감자를 넣고 계속 잘 저어주며 튀긴다. 감자가 부풀고 노릇한 색이 나면 건진다.

* 레스토랑 「메종 픽 (Maison PIC)」, 발랑스(Valence), 「라 담 드 픽 (La Dame de Pic)」, 파리 1구.

파테 앙 크루트

송아지와 돼지고기를 기본으로 닭이나 수렵육을 섞고 파트 브리제 또는 파트 퓌유테로 단단히 감싸 만든 파테 앙 크루트 (pâté en croute)는
돼지 가공육 즉 샤퀴트리의 모든 기술이 종합된 음식이라 할 수 있다. 이 전설적인 요리에 대해 좀 더 자세히 알아보자.

다양한 파테 앙 크루트

프랑스의 각 지방에는 저마다의 특별한 파테 앙 크루트 레시피가 있다.
프랑스 미식사에 오래전부터 깊이 뿌리를 내리고 있는 전통의 음식인 것이다.

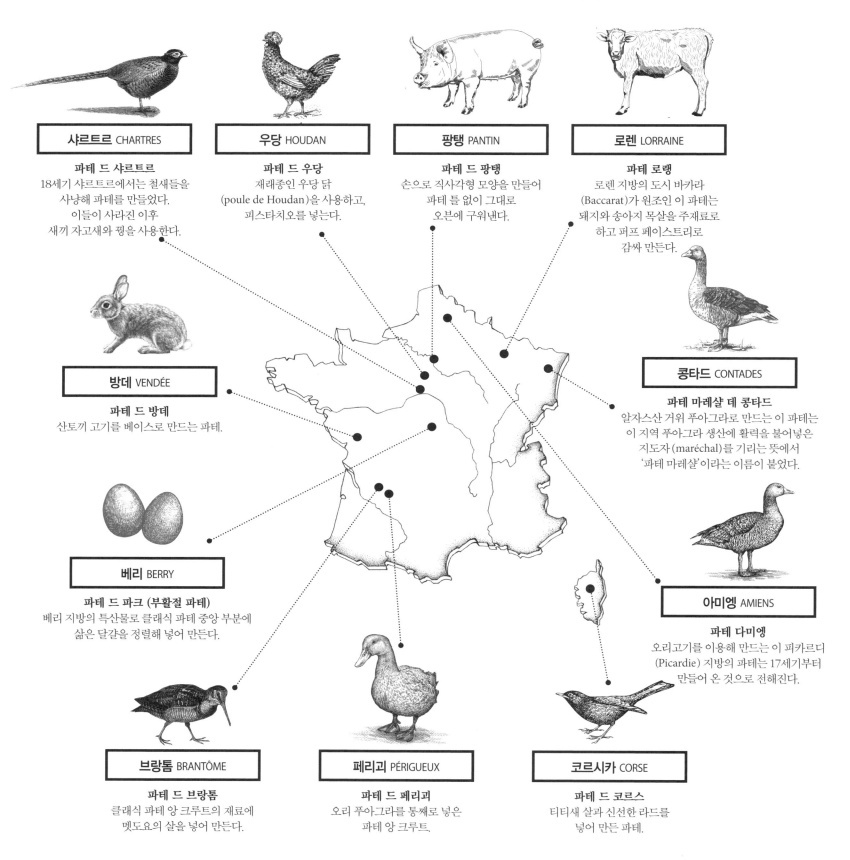

샤르트르 CHARTRES

파테 드 샤르트르
18세기 샤르트르에서는 철새들을
사냥해 파테를 만들었다.
이들이 사라진 이후
새끼 자고새와 꿩을 사용한다.

우당 HOUDAN

파테 드 우당
재래종인 우당 닭
(poule de Houdan)을 사용하고,
피스타치오를 넣는다.

팡탱 PANTIN

파테 드 팡탱
손으로 직사각형 모양을 만들어
파테 틀 없이 그대로
오븐에 구워낸다.

로렌 LORRAINE

파테 로랭
로렌 지방의 도시 바카라
(Baccarat)가 원조인 이 파테는
돼지와 송아지 목살을 주재료로
하고 퍼프 페이스트리로
감싸 만든다.

방데 VENDÉE

파테 드 방데
산토끼 고기를 베이스로 만드는 파테.

콩타드 CONTADES

파테 마레샬 데 콩타드
알자스산 거위 푸아그라로 만드는 이 파테는
이 지역 푸아그라 생산에 활력을 불어넣은
지도자 (maréchal)를 기리는 뜻에서
'파테 마레샬'이라는 이름이 붙었다.

베리 BERRY

파테 드 파크 (부활절 파테)
베리 지방의 특산물로 클래식 파테 중앙 부분에
삶은 달걀을 정렬해 넣어 만든다.

아미엥 AMIENS

파테 다미엥
오리고기를 이용해 만드는 이 피카르디
(Picardie) 지방의 파테는 17세기부터
만들어 온 것으로 전해진다.

브랑톰 BRANTÔME

파테 드 브랑톰
클래식 파테 앙 크루트의 재료에
멧도요의 살을 넣어 만든다.

페리괴 PÉRIGUEUX

파테 드 페리괴
오리 푸아그라를 통째로 넣은
파테 앙 크루트.

코르시카 CORSE

파테 드 코르스
티티새 살과 신선한 라드를
넣어 만든 파테.

역사를 통해 본 파테 앙 크루트

이 음식을 처음 만들어 먹기 시작한 것은 중세로까지 거슬러 올라간다. 12세기에는 고기를 감싸고 있는 페이스트리를 파테 (pâté)라고 불렀다. 처음에는 파테 속을 유지 보존하기 위해 페이스트리 반죽 껍질인 크루트 (croûte)를 사용했던 것이 오늘날에는 어엿한 샤퀴트리의 한 종류로 자리 잡게 되었다. 궁정 요리사 기욤 티렐 (Guillaume Tirel, 일명 타이유방 Taillevent)이 쓴 중세 프랑스 요리책 『르 비앙디에 (Le Viandier)』에서 그는 25가지 이상의 파테 레시피를 소개해 이 요리를 널리 알렸다. 그중 파테 앙 크루트에는 귀족 작위를 부여했다.

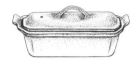

파테 앙 크루트로 유명한 곳

르 114 포부르 Le 114 Faubourg
에릭 프레숑 (Éric Fréchon) 셰프의 고급 브라스리인 이곳에서 송아지고기와 오리를 섞어 만드는 이 파테는 2011년 세계에서 가장 맛있는 파테 앙 크루트로 선정되었다.
114, rue du Faubourg-Saint-Honoré, 파리 8구.

라믈루아즈 Lameloise
2014년 세계 최고의 파테 앙 크루트로 뽑힌 이것을 만든 셰프는 일본 요리사인 히데유키 카와무라 (Hideyuki Kawamura)로, 피스타치오, 오리고기, 푸아그라를 넣어 만든다.
36, place d'Armes, Chagny (Saône-et-Loire)

질 베로 Gilles Vérot
파리의 샤퀴트리 전문점인 이곳에서는 여러 종류의 파테를 만들고 있는데 그중 피스타치오를 넣은 '파테 드 우당 (pâté de Houdan)'은 이 분야의 최고로 꼽힌다.
3, rue Notre-Dame-des-Champs, 파리 6구.

르 르페르 드 카르투슈
Le repaire de Cartouche
테린에 조예가 깊은 셰프 로돌프 파캥 (Rodolphe Paquin)이 직접 수제로 만드는 파테 드 팡탱 (pâté de Pantin)은 천국의 맛이다.
8, boulevard des Filles-du-Calvaire, 파리 11구.

로레이에 드 라 벨 오로르
L'OREILLER DE LA BELLE AURORE
('아름다운 오로르의 베개'라는 뜻, 역주)

프랑스 가스트로노미의 기념비가 된 파테 앙 크루트

이 요리를 만들어낸 사람은 프랑스 미식의 거장 브리야 사바랭 (Brillat-Savarin)이다. 그는 어머니 클로딘 오로르 레카미에 (Claudine Aurore Récamier)에게 경의를 표하는 이 음식을 만들고 아름다운 이름을 붙였다. 그의 조카 뤼시앵 탕드레 (Lucien Tendret)가 쓴 책 『브리야 사바랭의 나라의 식탁 (La Table au pays de Brillat-Savarin)』(1892)에서 그 레시피를 자세히 소개하고 있다. "베개와 같은 모양으로 만드는 이 파테에는 두 종류의 소가 들어간다. 그중 한 가지는 닭의 간, 새끼 자고새의 살, 버섯, 트러플로 만들고, 다른 하나는 송아지 양지, 돼지 목살, 마리네이드한 송아지 안심, 브레스산 닭 가슴살, 데쳐 익힌 송아지 흉선, 자고새와 오리 가슴살 그리고 산토끼의 허리 등심살을 넣어 만든다."

리옹에서는 크리스마스와 연말연시 시즌에 이 파테를 먹는 풍습이 있다. 이 복잡한 요리를 맛보는 대열에 합류하기 위해서는 리옹의 샤퀴트리 전문점 「레농(Reynon, 13, rue des Archers, 리옹 2구)」 앞에 줄을 서서 기다리는 수고를 감수해야 할 것이다. 이 파테 앙 크루트의 크기는 사방 60cm의 정사각형으로 높이는 무려 25cm에 이른다. 파테 소는 메추리, 비둘기, 푸아그라, 염주 비둘기, 새끼 자고새, 뇌조, 브레스산 닭, 집오리, 꿩, 청둥오리, 산토끼, 집토끼, 노루, 암사슴, 새끼 멧돼지, 송아지 흉선 그리고 트리카스탱 (Tricastin)산 트러플을 넣어 만든다.

파테 앙 크루트
Le pâté en croûte

알렉상드르 뒤멘 Alexandre Dumaine (1895-1974)

그레이스 켈리, 개리 쿠퍼, 오손 웰스 등 1930년부터 1950년 사이 웬만한 유명 인사들은 거의 모두 솔리외의 미슐랭 3스타 레스토랑 「오스텔르리 드 라 코트 도르 (l'Hostellerie de la Côte-d'Or, Saulieu)」의 셰프였던 알렉상드르 뒤멘의 파테 앙 크루트를 맛보러 이곳을 방문했다.

6인분
하루 전날 만들어 놓는다.
마리네이드: 하룻밤
조리 시간: 1시간

재료

송아지 안심 300g
돼지 안심 300g
돼지 목구멍살 500g
푸아그라 100g
밀가루 500g
버터 300g
달걀 4개
라드 (돼지비계) 2장
잘게 썬 트러플 6개분
껍질을 깐 피스타치오 한 줌
돼지족 1개 또는 돼지껍데기
화이트와인 1잔
아르마냑 1잔
포 스파이스 1꼬집
(quatre-épices: 후추, 정향, 육두구, 생강 가루를 혼합한 향신료)
소금, 후추
달걀노른자 (파테 겉에 바르는 달걀물 용)

만드는 법

송아지와 돼지의 안심을 작은 큐브 모양으로 썰고 화이트와인, 아르마냑, 소금, 후추, 포 스파이스에 넣어 하룻밤 재운다. 돼지 목구멍살을 다져 마리네이드한 고기에 섞고, 깍둑 썰어 놓은 푸아그라도 넣어 섞는다. 밀가루, 달걀, 버터, 소금으로 파트 브리제 (pâte brisée)를 만든다. 밀대로 밀어 편다.
오븐은 250℃로 예열한다. 파테 틀 맨 밑에 얇은 돼지비계 한 장을 깔고 그 위에 파트 브리제로 틀 안과 벽을 깔아준다. 준비한 소의 반을 채운 다음, 껍질을 깐 피스타치오와 트러플을 채워 넣고 나머지 소로 덮어준다. 나머지 라드 한 장으로 덮어 마무리한다. 반죽을 잘 붙여 틀을 밀봉한 다음 표면에 구멍을 두 개 뚫어준다. 겉면에 붓으로 달걀물을 바른다. 오븐에 넣어 1시간 동안 익힌다. 식힌 다음, 익히면서 생긴 젤리 같은 국물이 두 개의 구멍으로 흘러나오도록 한다. 다음 날 먹는다.

세계 파테 앙 크루트 경연대회
(Championnat du Monde de Pâté-Croûte)

2009년부터 매년 열리고 있는 이 경연대회는 전 세계의 지원자들이 참가해 최고의 파테 앙 크루트를 만들어 겨루는 행사이다. MOF (프랑스 요리 명장) 및 저명 셰프들로 구성된 심사위원단의 전문적인 평가 하에 그해의 가장 훌륭한 파테 앙 크루트가 선정된다.

파테 앙 크루트

크리스티앙 에체베스트 Christian Etchebest, 에릭 오스피탈 Eric Ospital

프랑스 남서부를 대표하는 100% 바스크 스타일 파테 레시피.
이곳의 셰프, 샤퀴트리 전문가가 돼지고기, 그리고 에스플레트 칠리가루를
사용하여 만들어내는 파테 레시피를 소개한다.

그들만의 레시피

12인분
서빙 하루 전에 만들어 놓는다.
조리 시간: 1시간 30분

재료
돼지 어깨살 600g
돼지 목구멍살 450g
에스플레트 칠리가루
생크림 50g
달걀 1개 + 달걀노른자 1개
샬롯 1개
양송이버섯 100g
올리브오일
코냑 20ml
파트 브리제 (pâte brisée) 250g
소고기 육수 또는 닭 육수 200g
판 젤라틴 5장
소금, 후추

만드는 법
샬롯은 껍질을 벗기고 얇게 썬다. 양송이버섯도 씻어서 얇게 썬다. 냄비에 올리브오일을 조금 두르고 샬롯과 버섯을 넣어 수분이 나오도록 천천히 볶는다.
파테 소를 준비한다. 돼지 어깨살은 큐브 모양으로 썰고, 목구멍살은 분쇄기에 간다. 큰 볼에 담고 소금, 후추, 에스플레트 칠리가루, 생크림, 달걀 1개, 코냑을 넣어 잘 섞는다. 여기에 샬롯과 버섯을 넣고 조심스럽게 저어 균일한 소가 되도록 고르게 섞는다. 파트 브리제를 밀대로 밀어 펴고, 파운드케이크 용 직사각형 틀에 가장자리가 2cm 정도씩 남아 틀 밖으로 넘치도록 깔아준다. 자르고 남은 반죽은 잘 보관한다. 틀 안에 소를 채우고 공기가 빠져나가도록 탁탁 쳐서 표면을 평평하게 해준다. 남은 반죽으로 위를 덮고, 가장자리 여유분에 달걀 노른자를 발라 꼭꼭 눌러 붙여 파테를 완전히 밀봉해준다. 윗면에 지름 1cm 크기의 구멍을 내어 익히는 동안 공기가 빠져나가도록 한다.

210℃의 오븐에서 20분간 익히고, 온도를 180℃로 낮춘 후 다시 1시간 30분을 더 익힌다.
소고기 육수나 닭 육수를 냄비에 붓고, 젤라틴을 담가 녹인다. 파테 앙 크루트가 따뜻한 온도로 식으면, 따뜻한 육수를 파테의 공기 구멍으로 조심스럽게 부어넣는다. 냉장고에 최소 12시간 이상 넣어두었다가 서빙한다.

* 『돼지는 전부 맛있다 (*Tout est bon dans le cochon*)』, Christian Etchebest, Eric Ospital 공저. éd. First 출판.

사망을 불러온 음식들

건강한 삶을 영위하기 위해서는 당연히 잘 먹어야 한다. 하지만 이러한 먹는 행위로 인해 치명적인 사망에까지 이르는 경우를 보면 의심과 두려움을 갖게 된다.
사고였든, 남용이었든, 음식으로 인해 사망에 이른 예를 연대기별로 살펴본다.

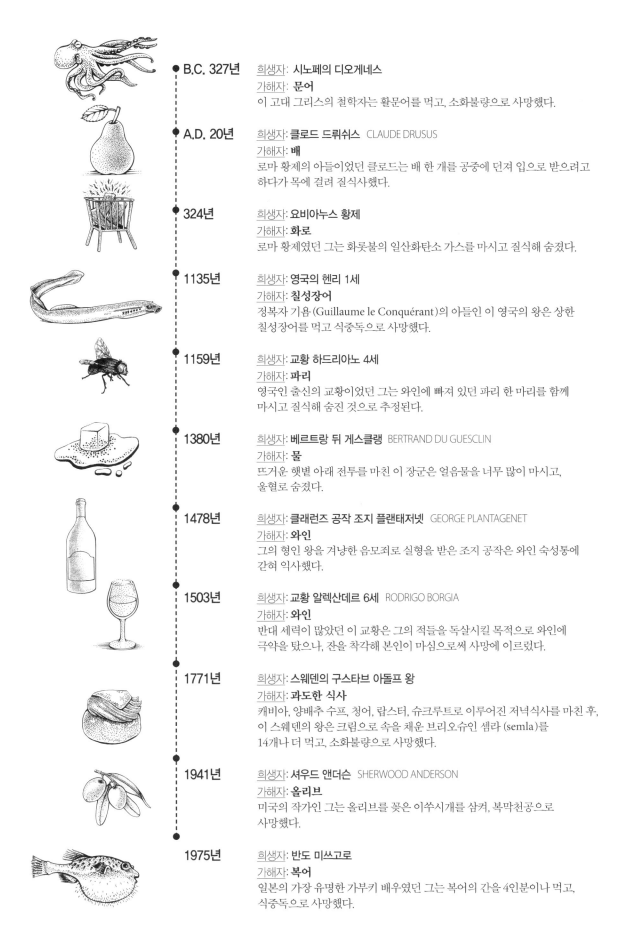

B.C. 327년

희생자: **시노페의 디오게네스**
가해자: **문어**
이 고대 그리스의 철학자는 활문어를 먹고, 소화불량으로 사망했다.

A.D. 20년

희생자: **클로드 드뤼쉬스** CLAUDE DRUSUS
가해자: **배**
로마 황제의 아들이었던 클로드는 배 한 개를 공중에 던져 입으로 받으려고
하다가 목에 걸려 질식사했다.

324년

희생자: **요비아누스 황제**
가해자: **화로**
로마 황제였던 그는 화롯불의 일산화탄소 가스를 마시고 질식해 숨졌다.

1135년

희생자: **영국의 헨리 1세**
가해자: **칠성장어**
정복자 기욤 (Guillaume le Conquérant)의 아들인 이 영국의 왕은 상한
칠성장어를 먹고 식중독으로 사망했다.

1159년

희생자: **교황 하드리아노 4세**
가해자: **파리**
영국인 출신의 교황이었던 그는 와인에 빠져 있던 파리 한 마리를 함께
마시고 질식해 숨진 것으로 추정된다.

1380년

희생자: **베르트랑 뒤 게스클랭** BERTRAND DU GUESCLIN
가해자: **물**
뜨거운 햇볕 아래 전투를 마친 이 장군은 얼음물을 너무 많이 마시고,
울혈로 숨졌다.

1478년

희생자: **클래런즈 공작 조지 플랜태저넷** GEORGE PLANTAGENET
가해자: **와인**
그의 형인 왕을 겨냥한 음모죄로 실형을 받은 조지 공작은 와인 숙성통에
갇혀 익사했다.

1503년

희생자: **교황 알렉산데르 6세** RODRIGO BORGIA
가해자: **와인**
반대 세력이 많았던 이 교황은 그의 적들을 독살시킬 목적으로 와인에
극약을 탔으나, 잔을 착각해 본인이 마심으로써 사망에 이르렀다.

1771년

희생자: **스웨덴의 구스타브 아돌프 왕**
가해자: **과도한 식사**
캐비아, 양배추 수프, 청어, 랍스터, 슈크루트로 이루어진 저녁식사를 마친 후,
이 스웨덴의 왕은 크림으로 속을 채운 브리오슈인 셈라 (semla)를
14개나 더 먹고, 소화불량으로 사망했다.

1941년

희생자: **셔우드 앤더슨** SHERWOOD ANDERSON
가해자: **올리브**
미국의 작가인 그는 올리브를 꽂은 이쑤시개를 삼켜, 복막천공으로
사망했다.

1975년

희생자: **반도 미쓰고로**
가해자: **복어**
일본의 가장 유명한 가부키 배우였던 그는 복어의 간을 4인분이나 먹고,
식중독으로 사망했다.

미국식 디저트

마크 그로스먼 Marc Grossman

파리에 사는 미국인, 호의가 가득한 미국인, 밥스 (Bob's) 주스바, 밥스 키친, 밥스 베이크 숍의 수장인 뉴욕 출신의 마크 그로스먼은
파리지엥들에게 미국 정통의 달콤한 디저트를 선보이고 있다. 그의 팬케이크보다 더 맛있는 것은 먹어보지 못했다.

치즈케이크

비행기를 타지 않아도 뉴욕에 있는 것처럼 느낄 수 있는 가장 좋은 방법, 바로
뉴욕 치즈케이크다. 가장 클래식한 미국식 베이킹의 대표주자인 이 케이크는 딱 두 가지
기본 원칙만 잘 지키면 아주 만들기 쉽다. 크러스트를 미리 구운 후 케이크 틀의
안쪽 벽에 버터를 바르는 것, 케이크를 툭 쳐서 중앙 부분이 아직 흔들리는 상태일 때
오븐에서 꺼내는 것, 이 두 가지만 잘 기억하자.

12인분
준비 시간: 25분
조리 시간: 1시간 40분
 (작은 사이즈는 45분)
냉장 보관: 4시간

재료
크러스트
차와 함께 주로 먹는 쿠키, 크래커 부순 것
 180g
무염 버터 녹인 것 90g
설탕 20g
치즈 크림
크림 치즈 (유지방 함량 25%, 필라델피아
 크림 치즈) 540g
설탕 160g
소금 1/2티스푼
밀가루 40g
레몬즙, 레몬 제스트 간 것 1개분
생크림 (유지방 함량 30%) 360ml
중간 크기의 달걀 5개
달걀노른자 1개
바닐라 에센스 1/2티스푼
글라사주 (선택)
생크림 225ml
설탕 2테이블스푼

도구: 지름 22cm 원형 케이크 틀 또는
지름 12cm 작은 틀 6개

만드는 법
크러스트
오븐을 175℃로 예열한다(컨벡션 오븐).
부순 비스킷에 녹인 버터와 설탕을 넣고
섞어서 케이크 틀(스프링폼 팬이 좋다)
바닥에 컵 바닥 면으로 꾹꾹 눌러가며
깐다. 오븐에 15분 굽는다(작은 틀은
10분). 오븐에서 꺼낸 다음, 온도를 225℃
로 올린다.
치즈 크림
레시피 재료에 쓰여진 순서대로 넣고
거품기로 잘 혼합하여 매끈하고 균일한
질감의 크림을 만든다. 미리 구워낸
크러스트 위에 붓는다.
굽기
오븐에 10분간 굽는다(작은 틀은 5분).
오븐의 문을 열지 말고 온도를 120℃로
낮춘다(작은 틀의 경우는 150℃). 1시간
15분간 더 굽는다(작은 틀은 30분). 틀을
탁 쳤을 때 중앙 부분이 살짝 흔들리는
상태여야 한다. 식힌 후 냉장고에 최소
4시간 이상 넣어둔다.
글라사주
생크림과 설탕을 잘 섞는다. 치즈케이크가
다 구워지기 15분 전에(작은 것은 5분 전)
오븐에서 꺼낸다. 스패출러로 글라사주를
표면에 바른 다음 다시 오븐에 넣고, 남은
시간 동안 구워 완성한다.

팬케이크

팬케이크는 흔히들 위안을 주는 따뜻한 음식인 '컴포트 푸드(comfort food)'라고
말한다. 마크 그로스먼의 팬케이크 중 두 가지 베스트 메뉴인 발효우유 베이스로 반죽한
팬케이크와 유제품을 넣지 않은 멀티그레인 팬케이크 만드는 법을 소개한다.

큰 사이즈 팬케이크 7장 분량
준비 시간: 15~20분
조리 시간: 팬케이크 한 장당 4~5분

발효우유 팬케이크
밀가루 (중력분 T65 또는 T55) 190g
베이킹소다 2 꼬집
베이킹파우더 2티스푼
설탕 1테이블스푼
소금 1/2티스푼
발효우유 220g
중간 크기의 달걀 2개
버터 녹인 것 80g
바닐라 에센스 1/2티스푼
블루베리, 바나나, 체리 등

멀티그레인 팬케이크
밀가루 (중력분 T65 또는 T55) 65g
메밀가루 30g
오트밀 가루 100g
베이킹소다 2꼬집
베이킹파우더 2티스푼
설탕 1테이블스푼
계피가루 1/2티스푼
소금 1/2티스푼
물 225ml
애플사이더 식초 10ml
중간 크기의 달걀 2개
해바라기유 80ml
바닐라 에센스 1/2티스푼
블랙커런트, 바나나, 체리 등…

만드는 법(공통)
반죽
가루로 된 재료를 모두 섞는다. 액체로 된
재료를 모두 섞어 가루 혼합물에 넣고 손
거품기로 섞는다. 너무 많이 치대 섞지 않
는다. 완전히 풀어지지 않은 알갱이들이
어느 정도 남아 있는 상태가 적당하다.
아주 매끈한 반죽이 될 때까지 너무 저어
섞으면 팬케이크가 단단해지니 주의한다.

굽기
팬을 중불에 올리고 기름을 조금 둘러
달군다. 개인적으로 코코넛 오일을 선호
하지만, 해바라기유도 괜찮다. 스푼으로
반죽을 조금 떨어뜨려 보아 팬의 온도를
체크한다. 칙 소리가 나지 않으면 아직
팬이 덜 뜨겁다는 표시다. 윗표면에
기포가 생기기도 전에 아랫면이 너무
색이 나게 구워진다면 너무 팬이 뜨겁다는
뜻이다. 아랫면이 적당히 노르스름하게
구워지고, 윗면은 기포가 생기되 완전히
건조되지 않아야 적당한 온도다. 기름을
두른 팬에 반죽을 한 국자 떠 놓고, 원하는
과일을 얹는다. 아랫면이 색이 나게 구워
지면 스패출러를 이용해 팬케이크를
뒤집고 30~40초간 더 익힌다(뒤집기 전
아랫면을 구울 때보다 훨씬 시간이 짧다).

* 레시피는 그의 저서 『뉴욕의 간식 (Un goûter à New York)』에서 발췌.
 éd. Marabout 출판.

초코칩 쿠키

쿠키 중 인기가 높은 것들은 대부분 공장 제품으로 개발되어
대량으로 출시되고 있다. 물론 이들 중에도 가끔은
제대로 만들어 먹을 만한 것들이 있긴 하지만, 촉촉한 식감과
넉넉한 크기의 초콜릿 조각을 넣은 홈메이드 초코칩
쿠키와는 비교가 안 된다.

쿠키 20개 분량
준비 시간: 20분
조리 시간: 9분
냉장 시간: 1시간
휴지 시간: 10분

액체로 된 재료
상온에 두어 부드러워진 무염 버터 250g
설탕 125g
갈색 설탕 125g
(또는 설탕 120g + 당밀 5g)
바닐라 에센스 1티스푼
소금 2꼬집
중간 크기의 달걀 2개

마른 재료
밀가루 (중력분 T65 또는 T55) 400g
베이킹소다 3꼬집
잘게 썬 초콜릿 200g
다진 호두 50g

만드는 법
반죽
전동 거품기 또는 손 거품기로 버터와 설탕을 가볍고 크리미한
질감이 될 때까지 잘 혼합한다. 다른 액체 재료들을 넣으면서
계속 섞어 균일한 혼합물을 만든다. 마른 재료들을 섞은 다음,
액체 재료 혼합물과 골고루 섞어준다. 냉장고에 넣어 최소
한 시간 이상 휴지시킨다.

굽기
오븐을 205℃로 예열한다. 반죽을 20개의 작은 공 모양으로
나눈 후, 유산지를 깐 베이킹 팬 위에 놓는다. 오븐에 넣어
약 9분간 굽는다. 오븐에서 꺼낼 때 쿠키는 아직 말랑한
상태여야 한다. 상온에서 최소 10분 이상 식힌 후 먹는다.

치즈케이크의 여행 경로
이것은 과연 미국이 원조일까?

잘게 부순 비스킷으로 한 켜를 깔고 그 위에 두꺼운 치즈 크림을 얹어 만든 치즈케이크는 미국을 대표
하는 상징적인 음식이다. 그 유래를 살펴보자. 뉴욕 리틀 이탈리 (Little Italy)의 이민자 후손들은
자신들의 리코타 치즈케이크와 똑같다고 주장한다. 물론 이탈리아 사람들의 기분을 상하게 할 의도는
없지만, 사실은 유대인들이 그 기원이라는 가설이 더 신빙성이 있다. 동유럽 이민자들이 이주해 오면서
자신들의 치즈 타르트 레시피를 갖고 왔으며, 그들 중 뉴욕 브로드웨이에 레스토랑을 연 아놀드 루벤
(Arnold Reuben, Jr.)이 '현대판' 치즈케이크의 레시피를 개발한 것으로 추정되고 있다. 이 오리지널
레시피의 재료는 크림화한 치즈(즉 크림 치즈), 달걀, 설탕, 레몬, 그리고 그레엄 (Graham) 크래커이다.

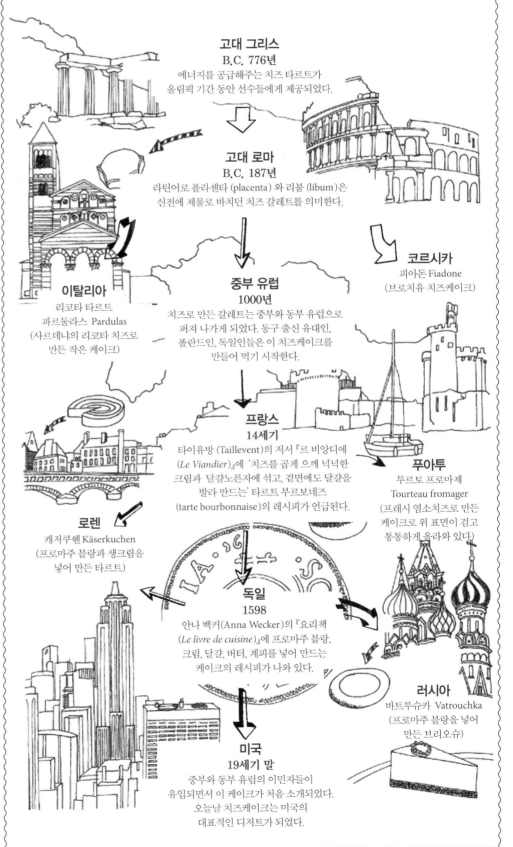

고대 그리스
B.C. 776년
에너지를 공급해주는 치즈 타르트가
올림픽 기간 동안 선수들에게 제공되었다.

고대 로마
B.C. 187년
라틴어로 플라센타 (placenta)와 리붐 (libum)은
신전에 제물로 바치던 치즈 갈레트를 의미한다.

코르시카
피아돈 Fiadone
(브로치유 치즈케이크)

이탈리아
리코타 타르트
파르둘라스 Pardulas
(사르데냐의 리코타 치즈로
만든 작은 케이크)

중부 유럽
1000년
치즈로 만든 갈레트는 중부와 동부 유럽으로
퍼져 나가게 되었다. 동구 출신 유대인,
폴란드인, 독일인들은 이 치즈케이크를
만들어 먹기 시작한다.

프랑스
14세기
타이유방 (Taillevent)의 저서 『르 비앙디에
(Le Viandier)』에 '치즈를 곱게 으깨 넉넉한
크림과 달걀노른자에 섞고, 겉면에도 달걀을
발라 만드는' 타르트 부르보네즈
(tarte bourbonnaise)의 레시피가 언급된다.

로렌
캐저쿠헨 Käserkuchen
(프로마주 블랑과 생크림을
넣어 만든 타르트)

푸아투
투르토 프로마제
Tourteau fromager
(프레시 염소치즈로 만든
케이크로 위 표면이 검고
통통하게 올라와 있다)

독일
1598
안나 벡커(Anna Wecker)의 『요리책
(Le livre de cuisine)』에 프로마주 블랑,
크림, 달걀, 버터, 계피를 넣어 만드는
케이크의 레시피가 나와 있다.

러시아
바트루슈카 Vatrouchka
(프로마주 블랑을 넣어
만든 브리오슈)

미국
19세기 말
중부와 동부 유럽의 이민자들이
유입되면서 이 케이크가 처음 소개되었다.
오늘날 치즈케이크는 미국의
대표적인 디저트가 되었다.

야생 식물에 대해 알아봅시다

우선 이 잡초들은 비호감의 요소를
모두 갖추고 있다고 해도 과언이 아니다.
뾰족하고 날카로워 따끔따끔 찌르고,
해를 입히기도 한다.
그렇지만, 요리로 접시에 올라오면
훌륭하게 변신한다.
5가지 야생 식물 요리를 한 번 시도해보자.

느릅나무 덤불 잎
학명: *Rubus ulmifolius*

이 뾰족한 덤불가시 밭에서 처음 놀다보면 언제나 상처가 남는다.
하지만 이 잎을 식용으로 먹으면 따갑게 찌르지는 않는다.

야생의 상태: 숲 속의 빈터나 가장자리 구석에서 많이 볼 수 있다.

맛: 블랙베리 맛이 나며 약간 신맛이 돈다.

요리 방법: 어린 싹의 껍질을 벗겨낸 다음 끓는 물에 데친다.
생강을 조금 넣고 믹서에 갈아 닭 가슴살에 바른다.
120℃의 오븐에 넣어 15분간 익히면 맛있는 닭 가슴살 요리가 탄생할 것이다.

차로 즐기기: 이 잎을 말려두면 차로 우려 마시기 아주 좋다.
90℃의 물에 넣고 5분간 우린다.
탄닌이 풍부한 이 잎은 일반 찻잎과 비슷한
떫은맛을 갖고 있다.

서양 산사나무
학명: *Crataegus monogyna*

꼭 한번 먹어보길 권한다.
하얀 가시라는 별명이 붙은 이 식물은 들판 한 구석에 널려 있는
작은 약국과도 같다. 심장에 이로울 뿐 아니라 심리적인 안정을 도와준다.

야생의 상태: 울타리 또는 숲 속 빈터에서 많이 찾아볼 수 있다.

맛: 아몬드향이 나며, 약간 떫은 맛이 느껴진다.

요리 방법: 날로 먹어도 맛있다. 산사나무 꽃을 기름기 많은
생선 타르타르에 넣으면 아주 잘 어울린다.
물론 단맛으로도 즐길 수 있다. 붉은색의 호손 (Hawthorn) 베리 열매는
꼭지를 떼어내고 과육이 터질 때까지 끓인다.
체에 거른 다음 동량의 설탕을 넣고 잼처럼 다시 끓여 식힌다.
아주 맛있는 즐레 (gelée)가 될 것이다.

밀크 시슬, 흰 무늬 엉겅퀴
학명: *Silybum marianum*

스코틀랜드를 상징하는 문장이 흰 무늬 엉겅퀴가 된 데는
역사적으로 사연이 있다. 오랜 세월, 이 뾰족한 가시가 있는
엉겅퀴 밭 덕분에 바이킹의 침입을 막을 수 있었던 것이다.
이 식물은 부케로 만들어 테이블을 장식하는 것보다는
요리해서 먹는 편이 훨씬 더 좋다.

야생의 상태: 들판, 광야, 황무지, 덤불숲, 잡목 숲, 도로변 등에서 찾아볼 수 있다.

맛: 아티초크와 같은 맛이 나며, 쓴맛은 덜하다.

요리 방법: 영국에서 하는 식으로, 장갑을 낀 다음
이파리를 벗겨 줄기만 남긴다. 병에 넣은 다음,
끓인 식초(와인 식초 2/3, 흰 식초 1/3)를 부어준다.
한 달간 기다리면 뾰족한 피클이 완성된다.

손바닥 선인장, 백년초
학명: *Opuntia ficus indica*

손바닥 모양으로 생긴 가시 있는 선인장.
지중해 연안지역에는 아즈텍이 원산지인 이 선인장이 많이 자란다.
야만의 무화과나무 (figuier de barbarie)라는 거칠고 투박한 이름을 지녔지만,
사실 이 식물은 아주 달콤한 열매를 갖고 있다.

야생의 상태: 프랑스 남부, 코르시카섬, 해안지대에 분포되어 있다.

맛: 수박 맛이 나며, 더 달고 상큼하다.

요리 방법: 선인장의 작은 가시가 아주 뾰족하다.
찔리지 않게 주의하면서 껍질을 벗긴다(준비물: 신문지, 칼, 포크).
열매인 백년초는 신선한 상태로 그냥 먹어도 아주 맛있고,
또 잼을 만들어도 좋다. 백년초 열매 20개의 껍질을 벗기고
체에 걸러 씨를 제거한 다음 설탕 200g과 레몬즙 1개분을 넣고
중불에서 끓인다. 뜨거울 때 병입한다.

아기 쐐기풀
학명: *Urtica dioica*

할머니를 쐐기풀밭으로
밀어서는 안 된다는 말이 있다. 현명한 충고다.
할머니가 이 영양가(철분, 단백질, 비타민 C) 덩어리인
특별한 식물을 뭉개 망쳐버리면 안 되기 때문이다.

야생의 상태: 아주 생명력이 강한 식물로 모든 유형의 토지나
정원, 숲 등에 널리 분포되어 있다.

맛: 맛이 아주 순하고 마치 시금치와 비슷하다.

요리 방법: 뾰족한 가시에 찔리지 않도록
쐐기풀을 다룰 때는 꼭 장갑을 착용한다.
흰 살 육류에 곁들이면 그 맛을 살려줄 수 있고,
또 페스토를 만들어도 아주 좋다.
잎을 데쳐낸 다음 물기를 제거한다.
잘게 다져서 마늘 약간, 올리브오일,
레몬즙, 아몬드 가루, 소금, 후추와
잘 섞어 페스토를 만든다.

치즈를 이용한 레시피

빵과 치즈의 완벽한 조화를 마다할 사람은 없을 것이다. 때로는 단단하고 혹은 말랑하기도 한
깊은 풍미의 식재료인 치즈. 치즈 전문가와 치즈 애호가가 제안하는 다양한 치즈 레시피를 소개한다.

프레시 염소치즈 Le chèvre frais

염소치즈 소프트 테린 LE VELOURS DE CHÈVRE

피에르 게 (Pierre Gay)*

8인분
준비 시간: 30분

테린 재료
프레시 염소치즈 800g
생 모르 치즈 (saint-maure de Touraine AOP) 1개
진공포장 밤 250g
단호박 식빵
길게 자른 단호박 250g
버터 50g
소금, 후추, 넛멕
타바스코

* Pierre Gay: 프랑스 치즈 명장. MOF (Meilleur ouvrier de France 2011) 47, rue Carnot, 74000 Annecy.

만드는 법
버터를 갈색이 날 때까지 녹인 다음,
소금을 넣고 밤을 볶아 익힌다. 식혀서
차갑게 보관한다.
결대로 길게 자른 단호박은 소금을
조금 넣은 물에 10분간 데쳐 익힌다.
차갑게 보관한다.
프레시 염소치즈에 소금, 후추, 넛멕
1/4개 간 것, 타바스코 7방울을 넣고 잘
으깨 부드럽게 섞는다. 깍지를 끼운 짤주
머니에 치즈 650g을 넣고 냉장고에 보관
한다. 생 모르 치즈를 가로로 자른 뒤
단호박을 중간에 샌드위치처럼 채운다.
단호박 50g은 남겨두었다가 남은 염소치
즈에 색을 내는 용도로 사용한다.
테린 틀에 랩을 깔고, 짤주머니의 치즈를
500g 정도 짜 넣는다.
단호박을 채우고 다시 덮은 생 모르
치즈를 틀 중앙에 넣고 양 옆으로 볶아둔
밤을 한 줄로 놓는다. 짤주머니로 나머지
치즈를 짜 넣어 채운다. 단호박 식빵을
1cm 두께로 틀 크기에 맞게 잘라 윗면을
덮어준다. 램으로 잘 씌워 냉장고에 10분
간 넣어둔다.
남겨둔 단호박을 포크로 으깬 뒤 짤주머
니에 남아 있는 염소치즈와 섞는다.
테린을 틀에서 분리한다.
서빙: 단호박을 섞어 색을 낸 프레시
염소치즈로 테린의 윗면과 옆면을 장식
한다. 남은 밤을 테린 위에 얹고, 구운
식빵 조각을 뿌려 마무리한다.

사부아의 에멘탈
L'emmental de Savoie

사부아산 에멘탈 치즈 페이스트리
LES BRICKS À L'EMMENTAL DE SAVOIE

피에르 게

4인분
조리시간: 8분

재료
필로 페이스트리 4장
사부아산 에멘탈 치즈 200g
사부아산 사과 2개
소금, 후추, 향신료

만드는 법
필로 페이스트리 중앙에 얇게 썬
에멘탈 치즈 슬라이스 4장을 놓고
그 위에 얇게 썬 사과를 놓는다.
간을 한 다음 이 과정을 두 번
반복해 재료를 쌓아준다.
페이스트리를 접어 정사각형을
만든 다음 200℃ 오븐에서 8분간
굽는다. 브로일러에 1분간 구워
노릇하게 색을 낸다.
서빙: 접시에 샐러드를 담고 그
위에 구운 치즈 페이스트리를
얹는다. 동그랗게 구슬모양으로
도려낸 사과와 얇게 썬 사부아 햄을
곁들인다.

캉탈 Le cantal

캉탈 치즈와 감자
LES POMMES DE TERRE AU CANTAL

나디아 슈기 (Nadia Chougui)

나의 이모 시몬의 추억이 깃든 음식.

4인분
준비 시간: 30분

재료
감자 (bintje) 1.2kg
캉탈 치즈 (cantal entre-deux) 500g
후추

만드는 법
감자는 껍질을 벗기고 증기에 찐 다음,
동그랗게 슬라이스한다. 캉탈 치즈는 얇게
썬다. 큰 팬에 기름을 두르지 않은 상태로
(치즈에서 기름이 나온다), 감자를 깔고
그 위에 치즈를 얹는다. 후추를 조금
뿌리고 뚜껑을 닫는다. 치즈가 녹으면
뒤집고 나머지 치즈를 얹는다.
다시 뚜껑을 덮고 아랫면이 노릇한 색이
나면서 바삭해질 때까지 굽는다.
짭짤하게 드레싱한 샐러드와 본인햄
슬라이스를 곁들여 먹는다.

모렐 버섯과 콩테 치즈를 넣은 송아지 요리
LA MORILLADE COMTOISE
파비엔과 마리오 갈루치 (Fabienne et Mario Gallucci)

4~6인분
조리시간: 1시간 30분

재료
송아지 삼겹살 또는 목살 (뼈 제거) 1kg

<u>소 재료 (스터핑)</u>
송아지 다짐육 100g
돼지 다짐육 100g
큐브로 자른 콩테 치즈 150g
모렐 버섯 50g
뱅 존 50g
(vin jaune: 프랑스 쥐라(Jura) 지방의 특산 화이트와
인으로 노란색을 띠고 있으며 독특한 향을 갖고 있다)
샬롯 2개
소금 8g
후추 1g

<u>모리야드 morillade</u>
양파 1개
샬롯 1개
허브 (타임, 파슬리, 월계수 잎)
큐브 스톡 1개

만드는 법
<u>모렐 버섯</u>
잘게 썬 샬롯을 노릇한 색이 나게 볶은 후
모렐 버섯과 뱅 존 (vin jaune) 와인을
넣고 5분간 익혀 식힌다. 모렐 버섯이 식으
면, 다진 송아지 고기, 다진 돼지고기, 콩테
치즈에 버섯을 익힌 뱅 존을 넣고 잘
섞는다. 뼈를 제거한 송아지 고기 위에
다짐육 소의 반을 놓고, 모렐 버섯 한 켜,
나머지 소를 덮은 다음 단단하게 말아서
주방용 실로 묶어 모리야드를 만든다.

<u>모리야드</u>
두꺼운 냄비에 기름을 조금 달군 후, 송아
지 모리야드를 넣고 골고루 색이 나게
지진다. 다진 양파와 샬롯, 허브(파슬리,
타임, 월계수 잎), 큐브 스톡과 물 한 컵을
넣는다. 소금, 후추는 넣지 않는다. 아주
약한 불로 1시간 30분 정도 익힌다. 중간
중간 살펴보아 바닥에 수분이 없으면 물을
조금씩 보충해준다. 1시간 20분이 지났을
때 나머지 모렐 버섯과 뱅 존 한 컵을 넣고
10분간 더 끓인다.

* Fabienne et Mario Gallucci 의 정육점, 샤퀴트리
전문점, Bouchers-charcutiers-traiteurs,
53 avenue Jean-Jaurès, 90000 Belfort.

퐁 레베크
Le pont-l'évêque

신선한 채소와
퐁 레베크 치즈 크림
LES BROCHETTES DU JARDIN À
CROQUER ET SA CRÈME DE
PONT-L'ÉVÊQUE
티에리 그랭도르주

(Thierry Graindorge)*

4인분
준비 시간 : 15분

재료
퐁 레베크 치즈 200g
생크림 100ml
붉은 래디시 1단
오이 1개
브로콜리 1송이
당근 3개
체리토마토

만드는 법
채소는 껍질을 벗기고 씻어둔다.
큰 것은 길쭉한 스틱 모양으로 썬다.
전동 믹서를 이용해 치즈와 생크림을
혼합하고 후추를 조금 넣는다.
<u>서빙</u>: 차갑게 준비한 이 치즈 크림에
채소를 찍어 먹는다.

* 치즈 전문점 Fromagerie Graindorge de
père en fils depuis 1910.
42, rue du Général-Leclerc, 14140 Livarot.

카이유보트 La caillebotte
카이유보트 치즈 만들기
마리 클레르 프레데릭 (Marie-Claire Frédéric) *

카이유보트를 아시나요?
라블레 (Rabelais)는 이미 그의 책에서 이
디저트에 대해 언급했다. 옛날에 가정에
서 여름에 만들어 먹던 이 디저트는 소에
서 갓 짜낸 따뜻한 우유에 야생 아티초크
엉겅퀴 꽃인 샤르도네트 (chardonnette)
를 넣고 기다렸다가 응고되면 먹었던 음식
이다. 오늘날에는 응유 효소를 사용한다.
아무 첨가물 없이 플레인으로 차갑게 먹으
며, 크림, 붉은 베리류의 과일을 곁들여
먹기도 한다. 방데 (Vendée) 지방에서는
설탕을 넣은 달콤한 냉커피를 뿌려 먹기도
한다. 발효 전문가인 마리 클레르 프레데릭*
이 그 비법을 공개한다.

6인분
준비 시간: 15분

재료
유기농 우유 1리터
설탕 3테이블스푼
굵은 소금 3알갱이
황설탕
응유 효소 1/2티스푼
(레닛 rennet, présure : 약국이나 슈퍼에서
구입할 수 있다)
원하는 향: 커피, 오렌지 블라섬, 코냑 등…

만드는 법
우유의 온도가 37℃가 되도록 따뜻하게
데운다. 설탕 3테이블스푼과 소금, 응유
효소를 넣고 큰 용기에 옮긴다. 우유가
응고되기를 기다린 후, 냉장고에 넣는다.
응고된 우유를 칼로 십자로 자르면, 유청
액체 (petit-lait)가 올라온다. 이를 숟가락
으로 떠낸다. 응고된 카이유보트에 원하는
향을 첨가하고 기호에 맞게 설탕을
넣어 먹는다.

* Marie-Claire Frédéric 의 저서 : 『날것도 익힌 것
도 아닌 것, 발효 음식의 역사와 문화(Ni cru ni cuit.
Histoire et civilisation de l'aliment fermenté)』,
éd. Alma 출판.

놓치지 말아야 할 풍경과 와인

많이 알려지지 않은 이 멋진 장소들에 가보면 눈과 혀가 정화되고, 그 멋진 풍광 앞에 서면 떡 벌어진 입을 다물지 못하게 된다.
비밀스러운 계곡과 아찔한 습곡들이 도처에 숨어 있는 여섯 군데의 멋진 포도밭을 소개한다. 이곳에서는 눈과 입이 동시에 행복해질 것이다.

루시용 지방의 콜리우르와 바닐스
En Roussillon, Collioure & Banyuls
바다에 빠져드는 와인의 뿌리

추천 와이너리는?
라 투르 비예이 La Tour Vieille
메무아르 도톤 Mémoire d'Automne: 산소
처리한 드라이 화이트와인 (blanc sec oxidatif),
16유로.
66190 Collioure, www.latourvieille.com

관련 도서는?
『랑그독 루시용의 포도밭과 추천 경관 (Vigne en
Languedoc-Roussillon. Parcours paysagers)』,
공동집필. éd. Cardabelle 출판.

왜 이곳에 가야 하나?
왜냐하면…대답의 키워드는 바다, 산, 태양 등의 마법의 단어들이다.
'정확하게 태양 바로 아래서는' 바보처럼 선탠하기(그리고 마시기)가
불가능하겠지만, 담장과 테라스를 따라 수백 킬로미터는 되어 보이는
규모로 홈이 패인 줄처럼 늘어선 포도밭을 항구에서 바라보고
있노라면 최면에 걸린 듯하다. 언덕 꼭대기에서 바라보는 풍경은
이와는 반대로 지중해 바다로 빠져드는 듯한 모습이다.
당장 베르메이유 (Vermeille) 해안으로 달려가 푸른 바닷속으로
풍덩 뛰어들고 싶게 만드는 경관이다.

이곳에서는 무엇을 마실까?
편암의 왕국에 오신 것을 환영합니다. 층층이 겹을 이루고 있는 구조의
이곳 바위들은 포도나무가 지하 가장 깊은 곳까지 뿌리를 내리게
해주고, 완전히 다른 특별한 맛의 포도즙을 생산하게 해준다. 이곳의
와인들(화이트, 로제, 레드)은 바다에 인접한 지형적 요인으로 그리
강한 개성을 띠고 있지는 않지만, 바닐스 와인이 주종을 이루고
있듯이, 주로 천연 스위트 와인의 인기가 높다.

소중한 여행 팁?
와이너리 주인과 친구가 되라. 피레네 산자락 아래에 펼쳐진 포도밭의
작은 별장에서 즐기는 아페리티프는 잊을 수 없는 경험이 될 것이다.

루아르 지방의 부브레
Dans La Loire, Vouvray
내면의 아름다움

추천 와이너리는?
세바스티엥 브뤼네 Sébastien Brunet
부브레 브륏 2009년산 Vouvray Brut 2009, 15유로.
37210 Chançay

관련 도서는?
『포도밭 기행, 발레 드 라 루아르(Le Chemin des
vignes, Vallée de la Loire)』 프랑수아 모렐 지음.
éd. Sang de la terre 출판.

왜 이곳에 가야 하나?
밖에서 보이는 것만큼이나 그 안도 아름답기 때문이다. 언덕에는
포도밭이 드리워져 있고, 루아르 강은 조용히 흐르고 있으며 그곳을
따라 서 있는 고성들은 엽서에나 등장하는 아름다운 경치를 책임지고
있다. 이곳에서는 색다른 경험을 해볼 수 있다. 포도주 저장고의 나무
문을 밀고 들어가 지하 동굴 갤러리에 늘어서 있는 수많은 와인들과
유유자적하게 만나보는 것이다. 햇볕이 들지 않으니 주의할 것.
이곳에서는 시간이 흐르는 것을 느낄 수 없다.

이곳에서는 무엇을 마실까?
이곳의 대표적인 포도종으로 카멜레온 같은 다양한 매력을 보이는
것은 바로 슈냉 (chenin)이다. 석회질 토양에서 오는 독특한 산미가
특징인 이 포도품종으로 드라이한 와인, 또는 농도 있는 리큐어나
스파클링 와인을 만든다. 누구나 좋아할 만한 와인, 특히 부브레
주변에서 식사를 하게 된다면 투르의 리예트 (rillettes de Tours)와
곁들여 먹기에 아주 좋은 와인이다.

소중한 여행 팁?
다른 이들이 슈퍼마켓에서 하룻밤을 보내고 싶다는 꿈을 꿀 때, 그
대신 부브레의 포도주 저장고에 갇히는 상상을 실현해보면 어떨까?

론 지방의 코르나
Dans le Rhône, Cornas
모래밭으로 내려오세요.

추천 와이너리는?
뱅상 파리 Vincent Paris
코르나스 그라니트 30° Cornas Granit 30° 2013,
20유로.

관련 도서는?
『신의 작은 땅, 코르나 (*Cornas. Le petit arpent du Bon Dieu*)』 Hélène de Mongolfier, Franck Jules 공저, éd. Françoise Baudez 출판.

왜 이곳에 가야 하나?
포도 재배지로서 그리 각광을 받지 못했지만 아르데슈 (Ardèche)는 그 매력적인 자연 경관 덕에 포도밭까지 인기가 한 단계 올라가고 있다. 이웃인 에르미타주 (hermitage)에 버금가는 경사면을 자랑하는 화강암 모래밭 언덕에 펼쳐진 이 포도밭에서 생산되는 와인 가격은 에르미타주 와인의 절반에 불과하다. 별로 주목받지 못했으나 거품이 없는 진짜 실력자인 이 와인들을 제대로 즐기기 위해서, '불탄 대지'라고도 불리는 이 포도밭을 둘러싸고 있는 나무의 향기를 맡으며 와이너리 곳곳을 누벼보자.

이곳에서는 무엇을 마실까?
이 주변의 명품 와인인 코트 로티 (côte-rotie)나 에르미타주는 시라 (syrah)에 화이트 포도종을 15%까지 블렌딩하여 맛을 순화시킨다. 코르나 (Cornas) 와인은 시라 100%의 순수한 붉은 포도품종으로 거친 탄닌의 맛을 지닌다. 화려한 라벨이 좋은 와인이라는 의견에 반하는 증명을 하기 위해서는 이 와인은 어느 정도 더 기다려봐야 할 것이다. 이 레드와인은 수렵육 요리와 잘 매칭될 만한 잠재력을 갖고 있다.

소중한 여행 팁?
좋은 와인이란 점토와 석회질로 이루어진 토양에서 자란 포도로 만든 것이라는 고정관념은 코르나의 화강암 토양의 반격을 받게 되었다.

알자스 지방의 니데르모르슈이르
En Alsace, Niedermorschwihr
공백의 두려움

추천 와이너리는?
도멘 드 로리엘 Domaine de l'Oriel
그랑 크뤼 소머베르그, 피노 그리 레 테라스 2013
Grand Cru Sommerberg, pinot gris Les Terrasses,
2013, 18유로. 68230 Niedermorschwihr
www.domaine-oriel.fr

관련 도서는?
『알자스 와인 기행 (*La Route des vins d'Alsace*)』
Frantisek Zvardon, Marc Grodwohl 공저,
éd. du Signe 출판.

왜 이곳에 가야 하나?
꽃이 만발하고 깔끔한 알자스 마을의 그림 같은 풍경은 관광객들에게 황홀한 행복감을 선사한다. 그러나 고개를 들어 니-데르-모르-슈이르 (휴!) 마을을 바라볼 줄 아는 이들은 더욱 놀라운 또 다른 만남으로 보상받을 수 있을 것이다. 거대한 소머베르그 (Sommerberg)가 바로 그것이다. 명품 와인을 만드는 이 거대한 와이너리는 경사가 45도에 이르는 아찔한 언덕에 펼쳐져 있다. 제일 먼저 꼭대기에 올라가보고 싶지 않은가?

이곳에서는 무엇을 마실까?
여름의 언덕이라는 뜻의 소머베르그는 더위와 척박한 토양으로 인해 "소머베르그는 포도나무뿐 아니라 포도 재배자까지 괴롭게 만든다."라고 소문이 나 있다. 이 진통을 감내하고 탄생하는 것이 바로 태양을 머금은 짙은 맛의 레이트 하비스트 화이트와인 (vins blancs de vendanges tardive: 일반 수확시기를 지나 더 오래 익은 포도를 늦게 따서 만드는 당도가 높고 향이 진한 와인)이다.

소중한 여행 팁?
소머베르그의 언덕에서 시작해 아래쪽으로 내려오다 보면 포도밭 구획 바로 맞은 편에 위치한 잼의 여왕 크리스틴 페르베르 (Christine Ferber)의 부티크에 도달한다.

쥐라 지방의 샤토 샬롱
Dans le Jura, Château-Chalon
산꼭대기에 위치한 와이너리

왜 이곳에 가야 하나?

방법은 악마의 그것만큼이나 간단하다. 바위를 타고 마을에서부터 출발해 앞으로 돌출된 언덕으로 올라가보자. 정상에 도달하면 끝없이 펼쳐진 풍광을 감상하며 콩테 치즈 한 조각을 먹거나, 장딴지를 주물러 보자. 아니 뱅 존 와인을 마시며 목을 축이는 것이 좋겠다. 마치 닭에 뿌려 적셔주듯이 말이다. 계절이 바뀔 때마다 이곳에 다시 방문하여 가을의 흔적, 아름답게 쌓인 눈을 감상하는 것도 탁월한 선택이다.

이곳에서는 무엇을 마실까?

이 푸른 이회암 토지에서는 프랑스 최고의 와인 중 하나가 생산된다. 좀 더 구체적으로 설명하자면, 6년 동안 나무 숙성 통에서 조용히 세월을 기다리며, 엔젤스 셰어 (angel's share: '천사의 몫'이라는 뜻으로 코냑이 나 브랜디, 위스키 등을 나무통에서 숙성시키는 과정에서 증발해버린 알코올의 분량을 말한다.) 효과를 동반한 귀한 와인이 탄생하는 것이다. 아주 드라이하고 여러 스파이스의 향을 갖고 있으며, 주로 상온에서 마시 는 옐로우 와인 뱅 존은 필히 오래 보관해야 하는 와인이다. 한 병의 와인 으로 막내의 20살 생일에도, 할머니의 백세 기념 파티 때도 마실 수 있다.

소중한 여행 팁?

전통적인 옛것이 맛있다는 생각이 고루하다고만 치부하지 말자. 모렐 버섯, 영계, 콩테 치즈, 민물가재… 가슴이 떨린다.

추천 와이너리는?

베르테 봉데 Berthet-Bondet
샤토 샬롱 2008, Château-Chalon 2008, 34.20유로.
39210 Château-Chalon.
www.berthet-bondet.net

관련 도서는?

『샤토 샬롱, 와인, 테루아 그리고 사람들
(*Le Château Chalon, un vin, son terroir et ses hommes*)』Jean Berthet-Bondet, Marie-Jeanne Roulière-Lambert 편저 . éd. Mêta-Jura 출판.

보졸레 지방의 우앙
Dans le Beaujolais, Oingt
황금을 찾는 이들을 위하여

왜 이곳에 가야 하나?

황금색 돌 (Pierres Dorées)이라고 불리는 석회암이 많은 보졸레 지방 남부 빌프랑슈 쉬르 손 (Villefranche-sur-Saône)은 마치 프랑스의 투스카나라고 표현해도 될 만하다. 그중 대표적인 도시인 우앙 (Oingt) 은 마을의 성탑을 비롯해 '트랜 퀴 (Trayne-cul)' 또는 '쿠프자레 (coupe-jarret)'라는 이름이 붙은 좁고 경사진 길들이 매우 아름다운 곳이다. 황금빛 돌 벽 위로 드리워진 아름다운 석양이 프랑스에서 가장 아름다운 마을 중 하나인 이곳을 더욱 황홀하게 물들인다.

이곳에서는 무엇을 마실까?

일반적인 보졸레 중 가장 좋은 것은 북쪽에서 생산된다. 그곳은 화강암 토양에서 자라는 포도나무를 주로 재배하는 곳이다. 경도가 좀 약한 황금빛 돌 토양에서 자란 가메 (Gamay) 포도종은 카페나 선술집에서 누구나 즐길 수 있는 상큼한 보졸레를 만드는 주인공이다.

소중한 여행 팁?

보졸레와 함께 이곳의 다양한 먹거리를 고루 음미해 볼 것을 권한다. 생 소시지를 구워 먹거나 생선 크넬을 함께 즐기는 것도 좋다. 서빙 온도만 잘 조절하면 된다.

추천 와이너리는?

도멘 롱제르 Domaine Longère
보졸레 빌라주 2014 Beaujolais-Villages 2014, 6유로.
69460 Le Perreon.
www.domaine-longere.com

관련 도서는?

『쥘 쇼베의 와인 평전 (*Jules Chovet, naturellement*)』
Evelyne Léard-Viboux 편저.
éd. Jean-Paul Rocher 출판.

브리야 사바랭의 어록

브리야 사바랭 (Brillat-Savarin)의 이름을 딴 치즈마저 있을 정도로 그는 미식사에서 빼 놓을 수 없는 인물이다.
사법관이자 대단한 미식가였던 앙텔름 브리야 사바랭은 1826년 『맛의 생리학 또는 탁월한 미식에 대한 명상
(Physiologie du goût ou méditations de gastronomie transcendante)』이라는 책을 썼다.
전 세계 미식 문학사의 가장 중요한 저술 중 하나로 꼽히고 있는 이 책의 서문에 나오는 20개의 명언을 정리해본다.

I
우주는 살아있음에만 그 의미가 있으며, 모든 생물은 음식을 섭취한다.

II
동물들은 먹이를 욱여넣고, 사람은 음식을 먹는다.
영민한 인간만이 음식을 제대로 먹을 줄 안다.

III
국가의 운명은 그들이 음식을 먹는 방식에 달려 있다.

IV
당신이 무엇을 먹는지 말해주면, 나는 당신이 어떤 사람인지 말해주겠다.

V
조물주는 인간으로 하여금 생을 영위하기 위해 먹도록 만들었고,
또한 식욕으로 음식을 탐하게 하였으며, 기쁨이라는 보상을 주었다.

VI
맛있는 음식을 먹는다는 것은 상대적으로 맛이 더 좋은 것을 선호하는
우리의 판단의 결과로 나타나는 행동이다.

VII
식탁의 즐거움은 모든 나이, 조건, 국적, 시간에 상관없이 누구에게나 같다.
다른 종류의 모든 쾌락과 연결될 수도 있지만,
결국 기쁨의 상실을 위로해줄 수 있는 가장 마지막 요소는 먹는 즐거움이다.

VIII
식탁은 맨 처음 한 시간 동안 전혀 지루하지 않은 유일한 장소다.

IX
새로운 요리의 발견은 새로운 별의 발견보다도
인류의 행복에 더 많이 기여한다.

X
소화를 잘못 시키거나 술에 아주 약한 이들은
먹는 것과 마시는 것의 즐거움을 알지 못한다.

XI
음식물을 먹을 때는 가장 풍성한 것으로부터 가장 가벼운 순서로 한다.

XII
음료를 마실 때는 가장 순한 것에서 점점 알코올 도수가 높은 것으로,
점점 향이 진한 것 순서로 한다.

XIII
와인을 바꾸면 안 된다고 주장하는 것은 잘못된 생각이다.
마시다보면 혀의 미각은 무뎌진다.
석 잔 이상 마시면 아무리 좋은 와인이라도 느끼는 맛과 향이 둔해지기 마련이다.

XIV
치즈가 없는 후식은 눈 한 쪽이 없는 미녀와 같다.

XV
요리사는 노력으로 이루어지지만, 고기를 굽는 사람은 타고 난다.

XVI
요리사가 갖추어야 할 가장 중요한 덕목은 정확함이다.
이것은 요리에 초대된 사람에게 있어서도 마찬가지다.

XVII
식사에 늦는 일행을 너무 오래 기다리는 것은
이미 도착한 사람들에 대한 존중이 결여된 행동이다.

XVIII
친구들을 초대해 놓고 그들에게 대접하는 음식에 대해
어떠한 개인적인 신경도 쓰지 않는 사람은 친구를 가질 자격이 없다.

XIX
초대한 측의 안주인은 언제나 훌륭한 커피를 서빙하도록 준비해야 하고,
바깥주인은 주류를 가장 좋은 것으로 대접해야 한다.

XX
누군가를 초대해 대접한다는 것은 그 사람이 우리 집에 있는 동안
그의 행복을 책임지는 것이다.

주방의 여인들

파스칼 오리 Pascal Ory

파리 소르본 대학, 파리 정치대학원 (Science Po Paris), 국립 시청각 대학원 (Ina Sup)의
현대사 교수인 파스칼 오리는 미식과 음식의 역사에 조예가 깊다.
왜 이 음식 분야에서 여성의 두각이 뚜렷이 나타나지 않는지 자세히 소개한다.

실제로 음식은 두 종류가 있다. 맛있는 것과 맛없는 것, 고급 음식과 소박한 음식, 공장에서 생산된 음식과 수제로 만든 음식으로 나누는 분류만을 말하는 것이 아니다. 이보다 더 심층적으로 들어가 보면, 공적인 음식과 사적인 음식으로 나뉜다. 전자는 공공장소에서의 대중 전체를 위한 음식을, 후자는 일반적으로 가정에서 이루어지는 개인적인 것을 말한다. 개인적인 요리 문화가 주부들, 어머니들에 의해(비록 필요한 경우 전자레인지의 도움을 받을지언정) 변함없이 꿋꿋하게 지켜져나가고 있었던 반면, 18세기 대혁명 이후에는(1789년 7월 14일 시작된 프랑스 대혁명을 말하는 것이 아니라, 그보다 4반세기 전, 앙시앙 레짐 (ancien régime: 구정권)의 몰락을 예고하면서 레스토랑을 처음 만들어낸 의미에서의 혁명을 의미한다.) 대중을 위한 요리, 즉 단체 식사 등을 포함한 '레스토라시옹(restauration:식당 운영)'의 시초가 처음으로 그 구체적인 모습을 선보인다. 바로 이런 배경에서 우리는 부담스럽고도 당혹스러운 사실을 명확히 확인할 수 있다. 수세기를 거치는 동안, 심지어 현재 살고 있는 21세기에도 공적 요리 분야는 남성들의 영역, 사적 요리 분야는 여성들의 영역이라는 공식이 기본적으로 그대로 유지되고 있는 실정이다. 물론 변화의 모습이 전혀 없는 것은 아니다. 아주 가정적인 아빠들은 요리를 하기 시작했고, 남자들도 주말에 '맛있는 음식'을 만들어 먹는다고 두 팔을 걷어붙였다. 하지만 이것은 아주 작은 일부에 지나지 않는다. 반대로 공적 측면을 살펴보았을 때, 전문 직업인으로서의 여성 요리사는 과연 몇 명이나 될까? 특히 훌륭한 실력을 인정받은 유명 여성 셰프는 과연 얼마나 될까? 현실은 미슐랭 가이드 별 총 609개 중 겨우 16개밖에 안 되는 정말 미미한 수준이다. 이미 백 년 전 '메르 (Mère)'라는 호칭으로 대표되던 리옹의 전설적인 여성 요리사들을 비롯해 멜라니 (Mélanie), 메르 풀라르 (Mère Poulard) 등 남성들과 대등한 인기를 누리던 이들이 숲 속 곳곳에 숨은 나무처럼 전국에 포진해 있었지만, 그들의 존재감은 빠른 속도로 사라져갔다. 1970년대를 휩쓸었던 누벨 퀴진의 열풍은 모든 것이 늘 그러했듯이 남성 요리사들이 중심이 된 그들만의 과업이었고, 현대적인 '유명 셰프 (grand chef)'라는 존재가 떠오르기 시작하면서 카렘에서 에스코피에, 레몽 올리베르 (Raymond Oliver)에서 페란 아드리아 (Ferran Adria)로 이어지는 전반적인 요리계에는 커다란 변화의 물결이 휘몰아쳤다. 프랑스에서 1968년 학생 혁명이 일어난 직후 젊은 여성 요리사 올랭프 베르시니 (Olympe Versini)는 유명 남성 셰프들만이 장악하던 이 분야에서 당당히 존재감을 과시하며 한동안 장안의 화제가 되었다. 그러나 그녀의 전성기는 오래가지 못했다. 그 이후로 프랑스 미식계에 다시 여성의 이름이 등장하기까지는 한 세대 이상을 기다려야 했다. 현재 프랑스에는 단 한 명의 미슐랭 3스타 여성 셰프 안 소피 픽 (Anne-Sophie Pic)만이 있을 뿐이고, 이탈리아에는 두 명이 있는데 그들 중 하나는 피렌체의 프랑스 여성 셰프 아니 페올드 (Annie Féolde)이다. '선지자는 제 본토에서는 인정받지 못한다 (Nul n'est prophète dans son pays)'는 옛 속담이 맞는 듯하다.

가정에서 요리를 담당하는 사람이 대부분 여성이라는 사실을 놓고 보았을 때, 요리계에서의 여성 혐오 문제가 논란의 도마 위에 오르는 것은 당연하다. 사실 이 문제는 여성 요리사의 지위가 남성과 동등한 상황에 이를 때까지 계속 논란의 대상이 될 것이며, 이것은 하루아침에 이루어지지 않을 요원한 일이다. 여성 요리사에 대한 반감의 기저에는 과연 어떤 이유가 있을까? 남성들이 오랫동안 이 문제에 대해 늘상 하는 답변이 있다. 주방에서의 일이 힘들기 때문이라는 것이다. 보기에도 가혹하다 싶을 정도로 살벌한 이 작업 현장에서 일부 분별없는 이들이 벌이는 가치 없는 신입 군기잡기 행태도 이를 잘 나타내주고 있다. 그러나 오늘날 요리 기술 및 설비와 기기의 발전으로 이와 같은 남성 위주의 주장은 더 이상 먹히지 않게 되었다. 게다가 "위대한 셰프들의 배경에는 종종 그들의 어머니, 할머니, 아주머니의 가르침과 영감이 있었다."라는 모순도 설득력을 잃는 요소로 한몫한다. 그렇다면 이러한 보이지 않는 유리 천장을 어떻게 설명해야 할 것인가?

근본적인 해답은 인류학적 측면에 있다. 태초부터, 또 오늘날까지도 많은 전통 문명을 살펴보면, 정치 등의 대외적 분야는 남성이 장악해왔고, 가정 분야는 여성에게 맡겨져 왔다. 물론 여성들이 가정 일에만 얽매여 있었다는 뜻은 아니다. 이런 전통을 고수하고자 하는 층과 요리사의 세계는 별반 다를 게 없다. 동업 협동 주의 정신으로 행해지는 교육방식, '대장 (chef)'의 지휘 하에 '분대 (brigade)' 조직 내에서 '발포 (coup de feu)' 명령에 따라 동원되듯 움직이는 군대식 조직 서열 체계, 남자들 위주의 인간관계 등이 아직까지도 근간을 이루는 요소이다. 그러나 이런 상황에서도 여러 가지 긍정적인 변화들이 감지되고 있다. 최근에는 주방을 홀에서 볼 수 있도록 개방한 오픈 키친이 도입됨으로써 주방 안에서의 고함이나 욕설 등을 자제 할 수 있게 되었고, 특히 질 슈크룬 (Gilles Choukroun, 전 Générations C* 멤버)과 제라르 카냐 (Gérard Cagna. 2014년 「우리 막내를 건드리지 마 (Touche pas à mon commis!)」라는 제목으로, 주방에서 일어나는 폭력과 인신공격 등을 폭로하고 이에 대한 성명서를 작성함) 같은 젊은 셰프들의 파격적인 실천으로, 공공연한 묵계인 주방에서의 폭력에 종지부를 찍게 되었다. 이러한 선순환적인 변화가 계속 이어져 주방에서의 남성 편향적 요소가 줄어들고, 여성 요리사들이 결국 맨 처음부터 자신들의 자리였던 그곳에 더 많이 진출하기를 기대한다.

리옹을 비롯한 다른 도시의 여성 요리사들

여성 요리사의 역사가 시작된 것은 20세기 초 메르 필리우 (Mère Fillioux)가 리옹에 문을 연 부숑에서부터이며, 이는 메르 브라지에 (Mère Brazier)가 1차 세계대전 종전 이후 서민의 거리였던 라 쿠르와 루스 (la Croix-Rousse)와 부촌이었던 시청 근처 (l'Hôtel de Ville) 사이에 자신의 부숑을 열면서 그 맥이 이어지게 되었다. 시골 농민 출신인 이 여성 요리사들의 성공은 리옹의 급진 사회주의파 시장이었던 에두아르 에리오 (Edouard Herriot) 등 프랑스 유력 인사들의 지원이 큰 몫을 차지했다. 그 이후에도 리옹의 메르 레아 (Mère Léa), 메르 비테 (Mère Vittet)를 비롯해 콩드리외 (Condrieu)의 메르 카스탱 (Mère Castaing), 옆 마을인 브레스 (Bresse)의 메르 부르주아 (Mère Bourgeois), 메르 블랑 (Mère Blanc) 등이 그 명맥을 이어나가게 된다.

'미식의 황태자'라고 불리던 퀴르농스키 (Curnonsky)의 연설은 그들의 음식을 잘 표현했다. 지역색이 강하고 가족을 위한 식사 위주이며 거친 듯 소박한 음식을 서빙하는데, 그 재료는 아주 고급이다(푸아그라, 트러플, 닭, 바닷가재), 간단히 말해 외제니 브라지에 (Eugénie Brazier)나 레아 비도 (Léa Bidaut)가 그들의 주인을 위해 만들던 음식인 것이다. 왜냐하면 이 메르(여성 요리사를 지칭)들 대부분은 원래 부르주아 계층 가정의 주방에서 요리를 담당하던 이들이었기 때문이다. 마치 마르셀 프루스트의 프랑수아즈처럼 말이다. 여기에 몽 생 미셸의 메르 풀라르 (Mère Poulard), 라모트 뵈브롱의 타탱 (Tatin) 자매의 단 한 가지 스페셜 음식을 맛보기 위해 베를린형 세단 드라주 (Delage)를 타고 맛있는 음식을 먹으러 다닌 새로운 미식가 층의 영향도 한몫을 한다. 심지어 퀴르농스키는 제2차 대전 중 나치 독일 점령기에 브르타뉴 리엑 쉬르 블롱 (Riec-sur-Belon)에 있는 요리사 멜라니 루아 (Mélanie Rouat)의 레스토랑 겸 호텔에 장기간 머물기도 했다. 그에게 그곳은 마치 엄마의 배 속으로 들어온 것과 같았다.

그러나 이들의 전성기는 오래가지 못했다. 너무 기름지고, 계속 비슷한 음식만 반복되던 이 요리들은 새로운 흐름에 그 자리를 내주게 된다. 고미요 (Gault & Millau)를 필두로 하여, 프랑스 7번 국도를 타고 남불 지중해까지 이어지는 곳에 위치한 7명의 셰프가 새롭게 주창하는 누벨 퀴진이 각광을 받기 시작한 것이다. 그러나 새로운 요리 트렌드가 곳곳에서 환호를 받고 있는 가운데서도 당시 이름 없던 한 젊은 요리사는 자신에게 요리를 가르쳐주었던 외제니 브라지에 여사의 따뜻한 감성이 담긴 음식 만들기를 꿋꿋이 고수한다. 그의 이름은 폴 보퀴즈다.

남성이 와인을 독점하는 시대는 끝난 것일까?

남성들은 아마도 이런 변화를 감지하지 못했을 수도 있겠지만, 오늘날 여성들이 두각을 나타내는 이 분야는 이미 떠오르기 시작했다. 바로 와인이다. 전 세계 어디에서나 세대 간의 계승이 이루어질 때 여성이 남성에게 가업을 물려받아 포도 재배자, 와인 전문가, 소믈리에 등이 되는 경우를 요즘은 종종 볼 수 있다. 이 현상을 설명하는 것은 쉬운 일은 아니다. 향과 맛을 분별하는 데는 여성의 후각과 미각이 더 예민하고 정확하다는 선천적인 특성을 내세운 주장만을 이유로 들기에는 좀 더 신중한 접근이 필요하다. 오히려 전 세계 경제 분야에서 나타나는 여성들의 약진이나 문화적 요인이 더 설득력 있을 것이다. 즉, 여성들이 필연적으로 남성과 동등하게 성장하고 있다는 것이다. 더구나 포도 재배와 와이너리 운영은 '약한 여성'의 불리함과는 아무 관계가 없다. 오히려 와인 자체의 속성으로 인해 여성들의 활약과 발전이 더 빨라지는 것을 뚜렷이 감지할 수 있다. 마찬가지로 소비 측면에서 보아도 여성이 와인 소비에 큰 부분을 차지하는 것이 오늘날의 현실이다.

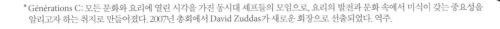

* Générations C: 모든 문화와 요리에 열린 시각을 가진 동시대 셰프들의 모임으로, 요리의 발전과 문화 속에서 미식이 갖는 중요성을 알리고자 하는 취지로 만들어졌다. 2007년 총회에서 David Zuddas가 새로운 회장으로 선출되었다. 역주.

상한 발효 액젓

코를 막지 않고는 이 페이지를 읽기 힘들 것이니 주의 요망!
하지만 오랜 세월 전 세계에서 널리 사용되어 온 보존 기술인 젖산 발효 (lactofermentation)는 그 효능도 많다고 알려져 있다.
유산균 발효의 장점과 요리에서 이용할 수 있는 방법 등을 알아보자.

개요

베트남의 느억맘 (nuoc-mam), 스웨덴의 수르스트뢰밍 (surström-ming), 타히티의 파파루 (fafaru)에 들어 있는 생선은 싱싱한 상태의 그것이 아니다. 소금에 절여 발효시킨 이 생선이 뿜어내는 냄새는 구역질이 날 정도로 지독해서 먹기가 아주 힘들다. 그러나 생선을 발효시키는 식문화는 어느 나라에서나 찾아볼 수 있다. 메소포타미아에서부터 북유럽 국가들과 동남아시아에 이르기까지, 발효는 냉장고가 발명되기 이전까지 생선을 보관하는 데 가장 흔하게 쓰인 기술이었다.

젖산 발효의 좋은 점 5가지

그 어떤 에너지의 소비도 필요로 하지 않는다. 그러므로 매우 환경 친화적인 저장 방법이라 할 수 있다.

방부제의 사용이 필요 없다.

젖산 발효란?

싱싱한 생선을 공기 중에 놓아두면 그 살 속에 있는 미생물(곰팡이, 박테리아 등)의 활동으로 곧 부패하기 시작한다. 하지만 공기를 차단하고 소금을 첨가한 상태라면 이야기는 달라진다.

젖산 발효되는 과정에서 비타민, 효소, 프로바이오틱스 등의 함량이 증가하여 영양학적 질도 높아진다.

소금이 발효균의 활동을 억제시키고, 유산균 군의 발효 미생물이 대신 그 자리를 차지한다. 이를 유산균 발효, 또는 젖산 발효라고 한다. 이 박테리아들은 생선에 있는 당질 (glucide)을 흡수해 젖산으로 변환시키는 속성을 갖고 있다. 발효 과정이 진행되는 동안 젖산의 양이 점점 늘어

큰 입자의 영양소를 잘게 분해하여 인체에서의 대사를 용이하게 함으로써 소화력을 높인다. 이는 젖산 발효의 작은 단점 중 하나로도 볼 수 있다.

락토오즈(젖당)와 같이 다소 좋지 않은 성분을 파괴시킨다.

나고 액체는 점점 산성을 띠게 된다. 이 산성이 부패 진행을 중화시키는 역할을 한다. 매질이 충분히 산성이 되면(pH 4 정도), 유산균은 자체적으로 활동이 억제된다. 이때부터 물질은 안정화되고, 따라서 장기 보존이 가능한 것이다.

고대의 황금 액젓, 가룸 (Garum)

가룸은 고대 로마시대의 유명한 생선 액젓으로 로마인들은 거의 모든 음식에, 심지어 디저트에도 양념으로 이것을 넣어 먹었다. 이 소스는 대규모로 판매되었으며 로마 제국의 영토 전역에 수출되었다. 로마의 학자이며 작가였던 대 플리니우스(Gaius Plinius Secundus)는 그의 대저작 『박물지(Naturalis Historia)』에 다음과 같이 기록해 놓았다. "오랫동안 원해왔던 새로운 종류의 이 액체를 가룸이라고 명명한다. 가룸은 생선의 내장과 버리는 다른 부위를 사용해서 만든다. 소금에 담가 절여 발효시켜 만드는 이 유명한 가룸은 재료들이 부패되어 생기는 혈농이라 할 수 있다."

특히 폼페이에서 발견된 가룸의 찌꺼기를 분석해 본 결과 MSG 또는 글루탐산 모노나트륨의 주성분인 아미노산이 풍부하게 들어 있음을 발견했다. 이 액젓은 그 악취를 포함하여 오늘날의 베트남 피시 소스인 느억맘과 매우 흡사한 것이었다.

가룸 제조법 3단계

1 항아리나 단지 맨 밑에 딜, 고수, 펜넬, 세이보리, 클라리 세이지, 민트, 러비지, 오레가노, 아그리모니 등 향이 나는 허브를 깐다. 그 위에 장어, 연어, 청어, 고등어, 멸치, 정어리 등 기름기가 많은 생선을 한 켜 깐다. 손가락 두 개 정도의 두께로 소금을 덮는다. 이런 순서로 계속 쌓아 항아리 맨 위까지 채워 넣는다.

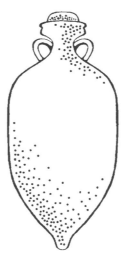

2 항아리의 뚜껑을 닫고, 햇빛이 드는 곳에 두어 약 3개월간 발효시킨다. 중간중간 뒤적여준다. 열에 의해 내용물의 양이 줄어든다.

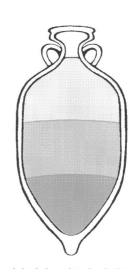

3 체나 필터로 거른다. 맨 위층의 맑은 액체가 가장 상품으로 치는 가룸 (garum)이다. 중간층의 리쿠아멘 (liquamen)은 좀 더 걸쭉한 즙이고, 발효 후 맨 아래 가라앉는 앙금, 또는 침전물은 알레크 (allec)라 했으며 이는 주로 서민들이 가룸 대신 양념으로 사용했다. 당시에는 사회적 신분에 따라 이 생선 발효 액젓을 달리 선택해서 소비했다.

세계 각국의 발효 생선

다양한 발효 생선 액젓

발효 생선 액젓이 처음 발견된 흔적은 기원전 2000년 메소포타미아의 생선액젓 시쿠 (siqqu)로 거슬러 올라간다.
고대 그리스에는 가로스 (garos)가 있었고, 알제리에서는 미리 (miri)라는 이름의 발효 액젓을 18세기까지 만들어 먹었던 것이 밝혀졌다.
물론 가룸도 빼 놓을 수 없다. 그 이후, 전쟁과 식민지 역사가 이어지면서 이 생선 발효 액젓은 전 세계로 확산되어 각국의 음식에 활용되었다.
각 나라마다 다른 이 액젓의 이름과 다양한 형태를 정리해보았다.

중동

페지크 Fesikh (이집트) 숭어
마야와 Mayawah (이란) 모든 생선

유럽

지중해 연안
라케르다 Lakerda (그리스, 터키)
고등어, 가다랑어
멜레 Melet (프랑스, 프로방스)
각종 치어류, 새끼 물고기들
피살라 Pissalat (프랑스, 니스) 멸치
콜라투라 디 알리치 Colatura di alici
(이탈리아, 캄파니아) 멸치

북유럽

우스터 소스 Sauce Worcestershire
(영국) 멸치

수르스트뢰밍 Surströmming (스웨덴)
발트해의 청어
하칼 Hakarl (아이슬란드)
그린란드의 상어
래크피스크 Rakefisk (노르웨이)
연어과의 생선류
루테피스크 Lutefisk (노르웨이)
대구, 몰바 대구

북극지방

이구나크 Igunaq (그린란드) 바다코끼리
테파 Tepa (유픽, 중부 알래스카)
코레고누스(coregonus 백송어속) 대가리

아프리카

아주에반 Adjuevan (코트디부아르)
모든 종류의 생선

케티아크 Kethiakh (세네갈)
모든 종류의 생선
페지크 Fessikh (수단) 숭어
스팅크피시 Stinkfish (시에라리온)
염장 대구

아시아

느억맘 Nuoc-mâm (베트남)
생선, 새우, 오징어
툭트레이 Teuk Trey (캄보디아)
느억맘 + 망고
프라혹 Prahok (캄보디아)
아미아고기(보우핀)
파덱 Pa dek (라오스) 모든 종류의 생선
남푸 Nampou (라오스) 게
바궁 Bagoong (필리핀) 생선과 새우
파티스 Patis (필리핀) 생선, 해산물

남플라 Nam pla (태국) 멸치, 오징어
테라시 Terasi (인도네시아) 새우
응아피 Ngapi (미얀마) 새우
페카삼 Pekasam (말레이지아)
캣피시(메기목), 스네이크헤드(가물치류)
혼나레, 나레즈시 Hon nare, Narezushi
(일본) 발효 스시
쿠사야 Kusaya (일본) 이즈 제도와
오가사와라 제도의 생선
이시리 Ishiri (일본) 오징어, 정어리

폴리네시아

파파루 Fafaru (타히티) 노랑촉수, 열대
해수어류, 새우

수르스트뢰밍
SURSTRÖMMING

"가열 살균하지 않은 통조림 용기에 청어를 넣고 발효시킨 것이다. 스웨덴 북부 사람들은(…) 매년 8월 3번째 목요일에 수르스트뢰밍 파티를 연다. 통조림을 여는 순간 풍기는

악취 때문에 이 연례 행사는 반드시 야외에서 이루어진다. 특히 통을 딸 때 내부의 압력으로 인해 액체가 뿜어 분출되는 사태를 미연에 방지하려면 아주 조심해야 하는 절차이다.

(…) 2006년부터 스웨덴 사람들에게는 아주 불편하겠지만, 많은 항공

사들이 이 통조림의 폭발 위험을 감안하여 무기 소지와 같은 이유로 수르스트뢰밍의 기내 반입을 금지하고 있다. 반면, 발트해 청어 살의 다이옥신 함량 수치가 너무 높아 상업화를 금지한다는 유럽 의회의 결정이 있었으나 스웨덴은 핀란드와 함께 예외 조항 자격을 얻어냈다. 스웨

덴 농업부 장관이 직접 나서 스웨덴의 문화유산인 수르스트뢰밍의 중요성을 적극 호소함으로써 얻어낸 결과이다."

*『날것도 아니고 익힌 것도 아닌 것, 발효식품의 역사와 문화 (Ni cru ni cuit, histoire et civilisation de l'aliment fermenté)』에서 발췌. Marie-Claire Frédéric 지음. Alma Éditeur 출판.

파리의 특별한 미식 명소

프랑스의 수도 파리는 역사적 기념물로 지정된 수많은 레스토랑이 오랜 시간 그 명맥을 유지하며 많은 이들의 사랑을 받고 있다.
고풍스럽고 아름다운 건축 양식과 실내 장식으로도 유명한 이곳들은 꼭 한 번 방문해볼 만한 가치가 있다.

세계에서 가장 오래된 레스토랑은?

그르넬가(街)의 「라 프티트 셰즈 (La Petite Chaise)」에서부터 앙시엔 코메디가(街)의 「르 프로코프 (Le Procope)」에 이르기까지 파리에는 미식 역사상 최초의 레스토랑이라고 주장하는 곳이 여러 곳 있다. 역사학자들의 설에 따르면 1765년 모험심과 추진력이 있었던 로즈 드 샹투아조 (Roze de Chantoiseau)라는 사람이 생토노레가(街)에 건강을 '회복시켜주는(프랑스어 restaurer의 의미)' 국물류 (bouillon)의 음식을 파는 새로운 형태의 상점을 연 것을 그 시초로 보고 있다. 개인 테이블, 개인이 선택한 음식, 각 고객을 담당하는 서버 등 기존에는 보지 못했던 러시아 식 개별 서빙을 제공한 새로운 개념의 이곳은 '부이용 레스토랑 (bouillon restaurant)'이라는 이름으로 불리게 되었다. 세월이 흘러 '부이용'이라는 명칭은 사라졌고 '레스토랑'이라는 단어는 일반명사가 되었다.

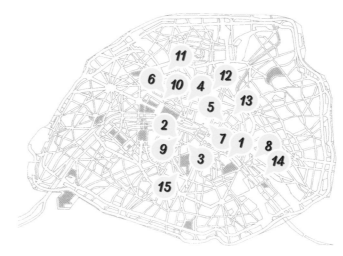

1 라 투르 다르장 LA TOUR D'ARGENT
15, quai de la Tournelle, 파리 5구.
설립연도: 1582
건축양식: 르네상스 양식에 1930년대 윈도우 양식이 결합됨.
대표메뉴: 오리의 피 소스를 곁들인 오리 요리 (le canard au sang)
단골 저명인사: 오손 웰스(Orson Wells)

2 라 프티트 셰즈 LA PETITE CHAISE
36, rue de Grenelle, 파리 7구.
설립연도: 1680
건축양식: 루이 14세 양식
대표메뉴: 그랑 브뇌르 소스의 멧돼지 요리 (le civet de sanglier sauce Grand Veneur)
단골 저명인사: 툴르즈 로트렉 (Toulouse-Lautrec)

3 르 프로코프 LE PROCOPE
13, rue de l'Ancienne-Comédie, 파리 6구.
설립연도: 1686
건축양식: 19세기 양식
대표메뉴: 송아지 머리 코코트 (la tête de veau en cocotte)
단골 저명인사: 볼테르 (Voltaire)

4 르 그랑 베푸르 LE GRAND VÉFOUR
17, rue de Beaujolais, 파리 1구.
설립연도: 1784
건축양식: 루이 16세 양식
대표메뉴: 베르쥐 소스의 송아지 흉선 요리 (le ris de veau au verjus)
단골 저명인사: 장 콕토 (Jean Cocteau)

5 레스카르고 몽토르괴이 L'ESCARGOT MONTORGUEIL
38, rue Montorgueil, 파리 1구.
설립연도: 1832
건축양식: 아르누보 양식
대표메뉴: 부르고뉴 달팽이 요리 (les escargots de Bourgogne)
단골 저명인사: 찰리 채플린 (Charlie Chaplin)

6 뤼카 카르통 LUCAS CARTON
9, place de la Madeleine, 파리 8구.
설립연도: 1845
건축양식: 아르누보 양식, 마조렐 (Majorelle)이 디자인한 가구와 장식
대표메뉴: 아피키우스 오리 요리 (le canard Apicius)
단골 저명인사: 나폴레옹 3세 (Napoléon III)

7 르 로셰 드 캉칼 LE ROCHER DE CANCALE

78, rue Montorgueil, 파리 2구.

설립연도: 1846

건축양식: 프랑스 제2제정 시대 양식

대표메뉴: 굴

단골 저명인사: 오노레 드 발자크 (Honoré de Balzac)

8 보팽제 BOFINGER

5-7, rue de la Bastille, 파리 4구.

설립연도: 1864

건축양식: 아르누보 양식

대표메뉴: 슈크루트 (la choucroute)

단골 저명인사: 조르주 퐁피두 (Georges Pompidou)

9 브라스리 리프 BRASSERIE LIPP

151, boulevard Saint-Germain, 파리 6구.

설립연도: 1880

건축양식: 아르누보 양식

대표메뉴: 속을 채운 돼지 족발 요리 (les pieds de porc farcis)

단골 저명인사: 기욤 아폴리네르(Guillaume Apollinaire)

10 막심 MAXIM'S

3, rue Royale, 파리 8구.

설립연도: 1893

건축양식: 아르누보 양식

대표메뉴: 페리괴 소스의 안심 스테이크, 폼 막심 (le filet de boeuf sauce Périgueux, pommes Maxim's)

단골 저명인사: 마르셀 프루스트 (Marcel Proust)

11 몰라르 MOLLARD

113-115, rue Saint-Lazare, 파리 8구.

설립연도: 1895

건축양식: 아르누보 양식. 벨 에포크 시대의 유명한 건축가 에두아르 장 니에르만 (Edouard-Jean Niermans)이 설계.

대표메뉴: 테르미도르 랍스터 (le homard thermidor)*

단골 저명인사: 기욤 아폴리네르 (Guillaume Apollinaire)

12 부이용 샤르티에 BOUILLON CHARTIER

7, rue du Faubourg-Montmartre, 파리 9구.

설립연도: 1896

건축양식: 아르누보 양식

대표메뉴: 비프 타르타르 (le tartare de boeuf)

단골 저명인사: 페르낭델 (Fernandel : 프랑스의 배우, 가수)

13 쥘리엥 JULIEN

16, rue du Faubourg-Saint-Denis, 파리 10구.

설립연도: 1901

건축양식: 아르누보 양식

대표메뉴: 프렌치 어니언 수프 (la soupe gratinée à l'oignon)

단골 저명인사: 에디트 피아프 (Edith Piaf)

14 르 트랭 블루 LE TRAIN BLEU

Gare de Lyon, place Louis Armand, 파리 12구.

설립연도: 1901

건축양식: 네오바로크 양식

대표메뉴: 바바 오 럼 (le baba au rhum)

단골 저명인사: 사라 베르나르 (Sarah Bernhardt : 프랑스의 유명 연극배우)

15 라 쿠폴 LA COUPOLE

102, boulevard du Montparnasse, 파리 14구.

설립연도: 1927

건축양식: 아르데코 양식

대표메뉴: 크레프 쉬제트 (la crêpe Suzette flambée)

단골 저명인사: 파블로 피카소 (Pablo Picasso)

*le homard thermidor : 1880년 오귀스트 에스코피에가 처음 개발한 레시피로, 랍스터에 베샤멜 소스, 가늘게 간 치즈와 머스터드를 얹어 오븐에 구운 요리. 역주.

구아카몰레

'으깬 아보카도'라는 뜻의 나우아틀어 '아후아카물 (ahuacamull)'이 그 어원이며, 카스틸라어(현재의 표준 스페인어)로는 '후아카몰레 (houacamolé)'라고 발음한다.
멕시코 음식의 기본인 구아카몰레 (guacamole) 만드는 법을 마스터해보자.

아보카도 : 어떤 품종을 선택하든지
(hass 품종 선호), 적당히 익은 것을 골라야 한다.
큰 사이즈의 열대지역 아보카도도 좋다.

구아카몰레의
5대 원칙

구아카몰레의 맛을 가장 잘 살려주는
신선 허브는 **고수**이다. 민트는 잘 안 어울려
실패할 확률이 높다.

절대로 블렌더에 갈지 않는다.
우선 구아카몰레는 아보카도 조각이 씹히는 것이
좋고, 두 번째 이유는 분쇄날의 열로 인해
아보카도의 색이 검게
변할 수 있기 때문이다.

구아카몰레의 색을 유지하며 보관하기 위해서는
씨를 중간에 박아 놓는다. 멕시코의 할머니들로부터
전해 내려오는 비법인데, 효과가 있다.

고추가 빠진 구아카몰레는 트러플이 빠진
트러플 오믈렛과도 같다. 생 고추를 다져 넣거나,
그린 타바스코와 같은
매운 소스를 몇 방울 넣어도 좋다.

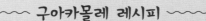

~~~ 구아카몰레 레시피 ~~~

재료

잘 익은 아보카도 3개
줄기 양파 (또는 쪽파) 2개
고수 한 움큼 (약 100g)
토마토 1개
세라노 고추 (작은 청고추) 씨를
제거한 것 1/2개
라임즙 1테이블스푼
소금

만드는 법

줄기 양파, 고추, 고수를 잘게 썬다. 토마토의
껍질을 벗기고 씨를 뺀 다음 작은 큐브
모양으로 썬다. 아보카도의 씨를 뺀 다음, 살을
포크로 대충 으깬다. 라임즙과 소금을 넣고 잘
섞는다. 여기에 줄기 양파, 고추, 고수, 토마토를
모두 넣고 섞는다.

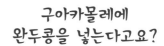

구아카몰레에
완두콩을 넣는다고요?

"구아카몰레 레시피에 완두콩을
추가해보세요. 믿어보세요." 2015년 6월
뉴욕 타임즈의 한 요리 전문 기자가
트위터에 올린 제안이다.
이유는 구아카몰레에 콩을 넣으면 씹는
식감이 좋아진다는 것이다. 이는 곧
순수한 오리지널 레시피 추종자들의
거센 비난을 받았다. 텍사스주의
공화당원들은 분개했다. 버락 오바마
대통령도 한 수 거들었다. "뉴욕
타임즈를 존중하기는 하지만,
구아카몰레에 완두콩을 넣는 것에는
동의할 수 없다. 양파, 마늘, 고추만을
넣은 클래식이 진짜 구아카몰레다."
그런데 여기서 문제점 하나. 진짜 멕시코
오리지널 레시피 추종자들에 의하면
마늘은 특히 넣어서는 안 된다고 한다.
정통 구아카몰레를 옹호하려다 또 하나의
구설수를 낳았다.

디저트로 즐기는 아보카도

아보카도를 디저트로 먹는다는 것은 생소하긴 하지만 가능한 일이다. 심지어 아주 맛있다.
과일로 분류되며, 크리미하고 감미로운 식감을 가진 아보카도로 만든 디저트는
달콤함을 찾는 이들의 입맛을 유혹하고 있다.

아보카도, 머랭, 말차 그라니타

마티유 로스탱 타야르 (Mathieu Rostaing-Tayard)

리옹 비스트로노미계의 어린 왕자로 불리는 셰프가 소개하는 이 매력적인 디저트는
새콤달콤한 맛과 부드러움, 바삭함을 동시에 지닌 새로운 맛을 선사한다.

4인분
만드는 법

아보카도
아보카도 4개에 설탕 70g 레몬즙 1개분을 넣고
믹서에 갈아 냉장고에 넣어둔다.

머랭
달걀 흰자 3개분을 저어 거품을 올린다.
설탕 200g을 3번에 나누어 넣으며 계속 거품기를 돌리다가
머랭이 단단해지면 실리콘 패드에 얇게 펴 놓는다.
60℃로 맞춰 놓은 오븐에 넣고
오븐 문을 열어 놓은 상태로 4시간 동안 건조시킨다.

말차 레몬 그라니타
물 200ml와 설탕 40g을 데우고,
레몬즙 1개분과 말차 가루 10g을 넣는다.
냉동실에 넣고 6시간 동안 얼린 다음, 포크로 긁어준다.

서빙: 접시에 아보카도를 크넬 모양으로 담는다.
머랭을 적당한 크기로 깨트려 아보카도 퓌레 위에 놓은 다음,
그 위에 그라니테를 얹어 낸다.

*Mathieu Rostaing-Tayard: Café Sillon의 셰프. 리옹 7구.

전설의 칵테일

역사적으로 유명한 칵테일들은 저마다 그에 어울리는 작품이나 분위기가 있다.
이 칵테일을 홀짝홀짝 음미하면서 함께 하면 좋을 파트너를 소개한다.

벨리니
잔: 샴페인 플루트
프로세코 100ml, 백도 퓌레 50ml

맨 처음 어디서? 베니스
언제? 1948
환상의 파트너: 조반니 벨리니
(Giovanni Bellini)의 성화 「음악 천사와 함께
한 성모와 아기 예수 (La Vierge à l'Enfant avec
l'ange musicien, 1505)」
즐기는 법: 주세페와 카운터에 팔꿈치를
괴고 앉아서 이탈리아의 거장이 남긴
르네상스 명화의 섬세한 색채에 대해
끊임없이 이야기한다.

모스코우 뮬
잔: 텀블러 글라스
보드카 45ml, 진저 비어 120ml, 라임즙 5ml

맨 처음 어디서? 로스앤젤레스
언제? 1941
환상의 파트너: 제임스 P. 존슨
(James P. Johnson, 미국의 재즈 피아니스트)
의 LP 중 「The Mule Walk Stomp (1939)」
즐기는 법: 모두 잠든 뉴욕. 감각적으로 장식
한 맨해튼의 아파트 거실에서 매혹적이고
몽환적인 재즈의 선율에 취한다.

블러디 메리
잔: 텀블러 글라스
보드카 45ml, 토마토 주스 90ml, 레몬즙
15ml, 우스터 소스 2대시*, 타바스코 1대시,
셀러리 소금**. 후추

맨 처음 어디서? 파리
언제? 1921
환상의 파트너: 어니스트 헤밍웨이의
『파리는 날마다 축제
(Paris est une fête, 1964)』
즐기는 법: 저녁이 끝나가는 무렵
한숨을 돌리며…

블루 라군
잔: 마티니 글라스
보드카 40ml, 큐라소 리큐어 30ml,
레몬즙 20ml

맨 처음 어디서? 파리
언제? 1960
환상의 파트너: 비요르크 (Björk)의 앨범
「호모제닉 (Homogenic, 1997)」
즐기는 법: 아이슬란드의 뜨거운 온천에서
이 음악을 듣고 있노라면. 화산의 이름들은
한 편의 시가 된다.

코스모폴리탄
잔: 마티니 글라스
보드카 40ml, 쿠엥트로 15ml, 라임즙 15ml,
크랜베리 주스 30ml

맨 처음 어디서? 샌프란시스코
언제? 1987
환상의 파트너: 대런 스타 (Darren Star)의
TV시리즈 「섹스 앤 더 시티 (1998)」
즐기는 법: 매니큐어를 깔끔히 바른 손. 완벽
하게 세팅한 헤어스타일, 여기에 지미 추의
하이힐을 신고 햇볕이 내리쬐는 테이블에
극 중의 캐리 브래드쇼와 마주 앉는다.

프렌치 75
잔: 샴페인 플루트
드라이진 30ml, 레몬즙 15ml, 사탕수수 설탕
시럽 2대시*, 샴페인 60ml

맨 처음 어디서? 파리
언제? 1915
환상의 파트너: 마이클 커티즈 감독의 영화
「카사블랑카 (1947)」
즐기는 법: 카사블랑카의 나이트 클럽에서
나치 당원 행세를 하는 이의 품에 안겨
전쟁의 그림자가 드리운 칵테일을 음미한다.

마가리타
잔: 마가리타 글라스
테킬라 35ml, 쿠엥트로 20ml, 라임즙 15ml

맨 처음 어디서? 아카풀코
언제? 1948
환상의 파트너: 마크 체리
(Marc Cherry)의 TV 시리즈 「위기의 주부들
(Desperate Housewives, 2004)」
즐기는 법: 위스테리아 잔디밭에 앉아
가브리엘과 그녀의 친구들과 함께 즐긴다.
왜냐하면 당신은 그들만큼 위기의 상황은
아닐 테니까.

민트 줄렙
잔: 올드패션드 글라스 또는 스텐 머그
버번 위스키 60ml, 민트 잎 4~5장.
설탕 1티스푼, 물 2티스푼, 잘게 부순 얼음.

맨 처음 어디서? 워싱턴
언제? 1803
환상의 파트너: 잭 클레이튼 감독의 영화
「위대한 개츠비(1974)」
즐기는 법: 햄튼 빌라의 테라스에 선
당신은 눈부시도록 멋지다.

* dash: 칵테일 제조 시 소량 넣는 재료의 단위로, 1dash는 약 1/6티스푼 정도이다.
** sel de céleri : 셀러리나 러비지 씨를 분쇄한 가루를 섞은 양념 소금.

모히토
잔: 텀블러 글라스
쿠바산 럼 40ml, 라임즙 30ml, 민트 잎 6장,
설탕 2티스푼, 탄산수

맨 처음 어디서? 하바나
언제? 1942
환상의 파트너: 부에나비스타 소셜 클럽의
기타와 보컬리스트인 콤페이 세군도의 앨범
중 「찬찬 (Chan Chan, 1986)」
즐기는 법: 실링팬 아래 앉아 시가를 입에
물고 마지막 살사 리듬에 흠뻑 취해본다.

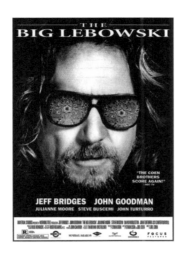

블랙 러시안
잔: 위스키 글라스, 올드패션드 글라스
보드카 50ml, 커피 리큐어 20ml, 얼음
화이트 러시안의 경우는
생크림 20ml 추가.

맨 처음 어디서? 브뤼셀
언제? 1949
환상의 파트너: 조엘과 에단 코엔 감독의
영화 「위대한 레보스키
(The Big Lebowski, 1998)」
즐기는 법: 손에 화이트 러시안을 든 채
제프 레보스키의 긴 소파에 무기력하게
늘어진다.

네그로니
잔: 텀블러 글라스, 올드패션드 글라스
드라이진 30ml, 캄파리 30ml,
레드 베르무트 30ml

맨 처음 어디서? 피렌체
언제? 1919
환상의 파트너: 그레고리 라토프 감독의
영화 「블랙 매직 (Cagliostro, 1949)」
즐기는 법: 로마의 한 카페 테라스에
오손이라는 아첨꾼과 함께 앉아 있다.
그에게는 더 이상 아메리카노 칵테일을
가져다주지 않는다.

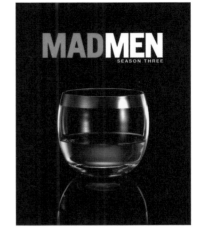

올드패션드
잔: 올드패션드 글라스
버번위스키 45ml, 앙고스투라 비터
(Angostura bitter) 2대시, 각설탕 1조각,
물 약간, 얼음

맨 처음 어디서? 루이빌
언제? 1860
환상의 파트너: 매튜 라이너 감독의
TV 시리즈 「매드맨 (2007)」
즐기는 법: 어둡고 연기가 가득한
스피크이지 바에서 회의적인 애정사에
관해 곱씹어 생각해본다.

사이드 카
잔: 칵테일 글라스
코냑 50ml, 트리플 섹 (triple sec) 20ml,
레몬즙 20ml

맨 처음 어디서? 런던
언제? 1920
환상의 파트너: 톰 울프의 「허영의 불꽃
(The Bonfire of the Vanities, 1987)」
즐기는 법: 의사의 권고를 무시한 채
럭셔리 레스토랑의 사교 모임에 참석해,
쿠르부아지에 VSOP 코냑을 만난다.

피냐콜라다
잔: 와인 글라스
화이트 럼 30ml, 파인애플 주스 90ml,
코코넛 밀크 30ml

맨 처음 어디서? 푸에르토리코
언제? 1954
환상의 파트너: 브라이언 드 팔마 감독의
영화 「스카페이스 (1983)」
즐기는 법: 마이애미 비치 베이비!
품위 있으면서도 어딘지 불안하고 근심에 찬
주인공 토니 몬태나와 친근하게 만나본다.
얼굴의 칼자국을 보면 섬뜩한 기분이
들지도 모른다.

싱가포르 슬링
잔: 텀블러 글라스 또는 허리케인 글라스
드라이진 30ml, 체리 리큐어 15ml,
쿠엥트로 7.5ml, 베네딕틴 7.5ml,
파인애플 주스 120ml, 라임즙 15ml, 그레나
딘 시럽 10ml, 앙고스투라 비터 1대시

맨 처음 어디서? 싱가포르
언제? 1913
환상의 파트너: 테리 길리엄 감독의 영화
「라스베가스의 공포와 혐오
(Fear and Loathing in Las Vegas, 1998)」
즐기는 법: 애비에이터 선글라스와
모자를 갖춘 여행차림.

테킬라 선라이즈
잔: 텀블러 글라스 또는 허리케인 글라스
테킬라 45ml, 오렌지 주스 90ml,
그레나딘 시럽 15ml

맨 처음 어디서? 피닉스
언제? 1972
환상의 파트너: 이글스의 앨범 중
「테킬라 선라이즈 (1973)」
즐기는 법: 캘리포니아의 한 호텔 낮은
계단에 석양을 마주하고 앉아서 깁슨
블랙뷰티 기타 줄을 손가락으로
튕기며 즐긴다.

뉴욕, 파리 햄버거 대결

뉴욕 VS 파리
이론상으로는 당연히 이 두 도시 중 누구나 생각하는 그곳이 승리할 것이라
장담하겠지만, 생각보다 그리 간단한 승부는 아닌 것 같다.
대서양을 사이에 둔 이 두 도시의 베스트 수제 버거 레스토랑을 살펴보자.

NEW YORK

5 NAPKIN BURGER
5 냅킨 버거
2315 Broadway
대표 메뉴: **오리지널 5 Napkin 버거**

burger joint new york
버거 조인트 뉴욕
119 W 56th Street
대표 메뉴: **더블 치즈버거**

CORNER BISTRO
코너 비스트로
331 W 4th Street
대표 메뉴: **비스트로 버거**

SHAKE SHACK
셰이크 섁
Southeast corner of Madison
Avenue & 23rd Street
대표 메뉴: **더 섁 버거**

THE FAT RADISH
더 팻 래디시
17 Orchard Street
대표 메뉴: **베이컨 치즈버거**

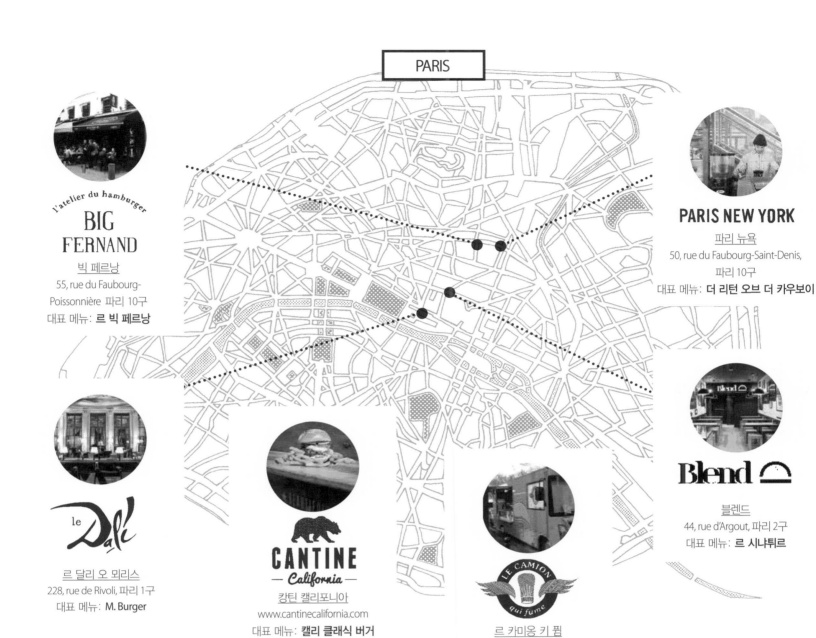

PARIS

l'atelier du hamburger
BIG FERNAND
빅 페르낭
55, rue du Faubourg-Poissonnière 파리 10구
대표 메뉴: **르 빅 페르낭**

le Dali
르 달리 오 뫼리스
228, rue de Rivoli, 파리 1구
대표 메뉴: **M. Burger**

CANTINE — *California* —
캉틴 캘리포니아
www.cantinecalifornia.com
대표 메뉴: **캘리 클래식 버거**

LE CAMION qui fume
르 카미옹 키 퓜
www.lecamionquifume.com
대표 메뉴: **르 클라시크**

PARIS NEW YORK
파리 뉴욕
50, rue du Faubourg-Saint-Denis, 파리 10구
대표 메뉴: **더 리턴 오브 더 카우보이**

Blend
블렌드
44, rue d'Argout, 파리 2구
대표 메뉴: **르 시나튀르**

햄버거를 먹기 좋게 쥐는 법

검지, 중지, 약지로 윗부분의 중앙을 누르고

엄지와 새끼손가락으로 아래쪽을 받쳐준다.

수치로 본 햄버거
일주일에 평균 3개의 햄버거를 먹는 미국인들은 연간 총 130억 개의 햄버거를 소비한다. 이는 지구를 32바퀴 돌고도 남는 양이다.

프랑스는 영국에 이어 유럽에서 두 번째로 햄버거를 많이 소비하는 나라가 되었다.

퍼펙트 햄버거

이 미국식 따뜻한 샌드위치는 종종 정크푸드의 대명사로 불린다.
하지만, 좋은 재료를 사용해 조금만 신경 써서 만들면 길거리 음식의 베스트로 등극할 수 있다.

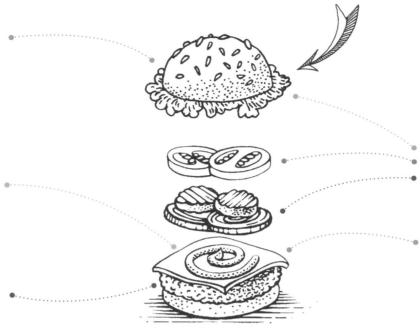

버거용 빵, 번 (BUN)
브리오슈와 비슷한 질감의 빵으로 위에는
깨가 붙어 있고, 껍질은 노르스름한 색을
띤다. 속이 부드러울수록 좋다.
팁 하나 : 팬에 버터를 조금 녹인 후, 빵의
자른 면을 데운다.

기타 속 재료
동그랗게 썬 오이 피클 몇 조각, 아삭하고
신선한 양상추 잎, 얇고 둥글게 썬 생 양파
2장, 둥글게 썬 토마토(제철!) 2장.

소스
머스터드를 넣지 않고 만든 순하고 고운
질감의 홈메이드 마요네즈 한 테이블스푼.

패티
소고기 다짐육 150g(지방 함유량 20%.
프랑스에서는 5%이다). 육즙을 살린
웰던으로 굽는다.
팁 하나: 구울 때 설탕을 한 꼬집 뿌려준다.

치즈
잘 녹아 흐르는 샤프 체다치즈.
팁 하나: 치즈를 고기 패티에 얹어 녹을 때
까지 함께 익힌다.

─── 레시피 ───

르 카미옹 키 퓜 Le camion qui fume
크리스틴 프레데릭 (Kristin Frederick)[*]

햄버거 1개 기준
준비시간: 5분
조리시간: 10분

재료
버거용 빵 1개
버터 5g
레터스(양상추) 작은 것 1개
설탕 2 작은 꼬집
소고기 다짐육 150g
해바라기유 1테이블스푼
샤프 체다치즈 1장
머스터드를 넣지 않고 만든 마요네즈 2테이블스푼
얇고 둥글게 썬 양파 2장, 얇고 둥글게 썬 토마토 2장
동글게 썬 오이 피클 몇 조각
소금

만드는 법
빵을 가로로 이등분 한다. 팬에 버터를 두르고 빵의 안쪽 면을 노릇하게 굽는다.
양상추를 씻어 잘게 썬다. 소고기 패티 양쪽 면에 소금과 설탕을 골고루 뿌린다.
뜨겁게 달군 팬에 기름을 두르고 소고기 패티를 한쪽 면당 3분씩 굽는다
(기호에 따라 고기가 아주 완전히 익기를 원하면 시간을 늘린다). 마지막 1분을
남겨 놓고 고기 위에 치즈를 얹는다. 뚜껑을 닫고 치즈가 녹아내릴 때까지 익힌다.
빵의 아랫면에 마요네즈를 바르고 양상추, 양파, 토마토, 오이 피클,
고기 패티 순으로 놓은 다음, 나머지 빵으로 뚜껑을 덮는다. 뜨거울 때 먹는다.

* Kristin Frederick: 『버거, 카미옹 키 퓜므의 레시피(Burgers. Les recettes du Camion qui fume)』의 저자.
éd. Tana 출판. 이 이동식 푸드트럭의 판매 위치를 팔로우하려면 www.camionquifume.com 참조.

보면 화나는 도표

싱글 섹 버거
(Shake Shack)
490 Kcal

빅 맥
(McDonald's)
509 Kcal

자이언트
(Quick)
535 Kcal

더 빅 보스
(KFC)
600 Kcal

와퍼
(Burger King)
650 Kcal

다양한 버거 소스 레시피
빅토르 가르니에 (Victor Garnier)*

케첩 (Ketchup)

조리 시간: 2시간 30분

재료

토마토 1kg, 양파 2개, 마늘 1톨, 정향 1티스푼, 맵지 않은 칠리가루 한 꼬집, 소금 1티스푼, 후추 1티스푼, 설탕 200g, 식초 200ml

만드는 법

잘게 썬 토마토, 얇게 썬 양파, 으깬 마늘, 정향, 칠리 가루, 소금, 후추를 냄비에 넣고 45분간 약한 불에서 뭉근히 끓인다. 중간에 토마토를 으깨준다. 설탕과 식초를 넣고 농도가 걸쭉해질 때까지 1시간 30분간 약한 불로 끓인다. 완성된 소스를 체에 걸러 고운 즙을 병에 보관한다.

치포틀레 소스 (Chipotle)

조리 시간: 2시간

재료

양파 125g, 마늘 1톨, 케첩 250g, 마리네이드 한 치포틀레 고추(시중 판매용) 40g, 애플사이더 식초 50ml, 황설탕 80g, 물 70ml

만드는 법

모든 재료를 냄비에 넣고 중불에서 저으며 끓인다. 약 2시간 동안 끓인 후 믹서로 갈아 매끈하고 고운 질감의 소스를 완성한다.

바비큐 소스 (BBQ)

조리 시간: 15분

재료

식초 50ml, 케첩 240g, 물 240ml, 우스터 소스 1테이블스푼, 비정제 황설탕 115g, 다진 양파 1개, 소금 1티스푼, 후추 1티스푼, 버터 1테이블스푼, 타바스코 몇 방울, 셀러리 씨 1/4티스푼

만드는 법

모든 재료를 한데 넣고 15분간 잘 저으며 끓인다.

*Victor Garnier: Blend Hamburger의 창업자, 44, rue d'Argout, 파리 2구.

버거의 변신, 최상에서 최악까지

바오 버거 (Bao Burger)
주로 고기 등의 소를 넣어 먹는 하얗고 부드러운 중국식 찐빵을 버거용 빵 대신 사용한 햄버거의 아시아 버전.

블랙 버거 (Black Burger)
식용 대나무 숯가루를 넣어 검게 만든 빵과 오징어 먹물로 색을 낸 치즈를 사용한다.

누들 버거 (Noodle Burger)
햄버거 빵 대신 라면을 사용한 퓨전 버거. 안에 넣는 재료는 일반 버거와 같다. 전혀 새로운 이 조합의 맛이 좋은지에 대해선 별 이야기가 없다.

도넛 버거 (Donut Burger)
호머 심슨이라면 분명히 좋아할 햄버거라 할 수 있겠다. 미국인들이 사랑하는 튀긴 도넛 두 개 사이에 달걀 한 개와 베이컨, 고기 패티를 넣어 만들었다. 양키 푸드의 끝판왕.

로스트 치킨의 모든 것

타닥타닥 굽는 소리, 바삭한 껍질과 위안을 주는 향기, 전통적인 일요일 가족 런치의 단골 메뉴인 로스트 치킨은 나눔의 상징이다.
앞마당에서 뛰놀던 닭이 오븐에서 구워지기까지 로스트 치킨의 모든 것을 알아보자.

로스트 치킨 10가지 황금 원칙

아주 질 좋은 진짜 토종닭이나
유기농 닭을 고른다.

로스팅하기 전
한 시간 동안 상온에 놓아둔다.

닭의 크기에 적당한
내열유리 용기나 무쇠 용기를 준비한다.

닭을 굽는 용기 바닥에
물은 절대 넣지 않는다.

후추는 굽기 전이나, 굽는 도중에
절대로 뿌리지 않는다.
후추가 익으면 쓴맛이 난다.

굽기 전, 닭의 표면에 소금을 뿌려
문질러준다. 이는 껍질의 수분을
흡수하는 역할을 한다.

닭의 껍질을 더욱 바삭하게 굽기 위해서는
기름을 발라 문질러준다.

굽는 도중 닭의 위치를 바꿔준다.

닭이 익었는지 확인해보려면
다리 살을 찔러본다. 반투명한 즙이
흘러나오면 다 익은 것이다.

그리고, 특히, '바보나 남기는 부위
(sot-l'y laisse)'라고 이름 붙여진 최고의
진미, 골반뼈 살을 잊지 말고 꼭 챙기자.

로스트 치킨을 익히는 두 가지 방법

센 불에 굽기

프레데릭 메나제 Fréderic Ménager
요리사, 양계업자

닭 무게 약 2kg
사용하는 기름 버터 150g
익히는 시간 1시간
조리 온도 250℃ 오븐

조리법

<u>닭의 안쪽</u>: 레몬 한 개, 타임, 마늘과
굵은 소금 1티스푼을 닭 속에 넣어준다.
<u>닭의 겉면</u>: 소금으로 간을 하고 버터 150g을 바른다.
<u>익히기</u>: 두꺼운 무쇠 냄비에 닭의 등 쪽이 아래로 가게 놓고
10분 정도 굽는다. 왼쪽 다리가 아래로 가게 위치를 바꾸어
10분을 굽고 그 다음 반대쪽 다리로 뒤집어 굽는다.
오븐의 온도를 150℃로 낮춘다. 다시 등이 아래로
가게 놓은 다음 매 5분마다 흘러내린 기름과 육즙을
끼얹어주며 30분간 익힌다. 꺼내서 따뜻하게 30분간
휴지시킨다. 서빙 직전 다시 100℃ 오븐에 넣어
10분간 데운다.

결과: 1시간을 구운 통닭은 껍질이 바삭하다. 육즙이 적어
촉촉한 식감이 덜할 수 있으나, 살은 아주 연하고 부드럽다.

약불로 천천히 굽기

아르튀르 르 켄 Arthur Le Caisne*

*『요리는 또한 화학이다 (La cuisine c'est aussi de la chimie)』의 저자.
éd. Hachette Cuisine 출판.

닭 무게 약 2kg
사용하는 기름 버터와 올리브유
익히는 시간 2시간
조리 온도 140℃ 오븐

조리법

<u>닭의 안쪽</u>: 버터, 마늘, 허브를 채운다.
<u>닭의 겉면</u>: 살과 껍질 사이에 버터를 밀어 넣고,
겉면엔 올리브오일을 발라준다. 소금을 뿌린다.
<u>익히기</u>: 닭의 크기에 알맞은 내열용기를 준비한다.
닭의 한쪽 다리가 아래로 가게 놓고 15분간 익힌다.
다른 쪽 다리로 위치를 바꾼 뒤 다시 15분을 익힌다.
이번에는 닭의 위치를 바꾸어 가슴쪽이
아래로 가게 놓고 1시간 30분간 익힌다.
소금, 후추를 뿌리고 커팅하여 서빙한다.

결과: 2시간 동안 낮은 온도에서 천천히 구운 통닭은 껍질의
바삭함은 좀 덜 하지만, 닭의 육즙은 그대로 살아 있어
아주 촉촉하다.

골반뼈 살 (sot l'y laisse)이란 무엇인가?

이 질문에 대해선 오랫동안 의견이 분분해왔다. 어떤 이들은 엉덩이 꼬리 부분 살이라고 잘못 알고 있기도 하다. 르 그랑 로베르 (Le Grand Robert) 사전에 따르면 솔리레스 (sot l'y laisse)를 엉덩이 바로 위쪽 꽁무니뼈에 길쭉하게 패인 부분에 붙어 있는 섬세한 맛을 가진 흰색의 살점이라고 정의하고 있다. 실제로 이것은 닭의 몸통뼈 양쪽에 움푹 들어간 공간에 붙어 있는 살 부위이다. 이것을 놓친다는 것은 바보짓이다.

가슴 용골뼈, 위시본
(wishbone, bréchet, os des voeux)

V자 모양으로 생긴 이 가는 뼈를 떼어낸 뒤, 두 사람이 이 뼈를 양쪽에서 잡고 각기 자신 쪽으로 끌어당긴다. 뼈가 부러지면, 이때 더 큰 조각을 가진 사람의 소원이 이루어진다는 전설이 있다.

날개, 다리, 아니면 가슴살?

닭은 흔히 4, 4 (quatre quarts)로 통한다. 보통 한 마리로 4명이 먹을 수 있고, 4조각으로 커팅한다는 뜻이다. 그렇다면 날개, 다리, 가슴살 중 선택을 해야 하는데, 이것도 먹고 싶고, 저것도 먹고 싶고… 쉽지 않은 딜레마다.
주의할 점! 프랑스에서는 햇빛은 보지도 못하고 배터리 케이지 양계장에서 사육된 닭도 카트르 카르 (poulet quatre quarts*)라고 부른다. 혼동하지 말아야 한다.

* poulet quatre quarts : 배터리 케이지 양계시설에서 대규모로 사육되고 빨리 성장시켜 약 45일 만에 잡은 무게 1kg 정도의 닭. 살이 연하고 풍미가 없으며, 뼈도 단단하지 않아 휠 정도이고 관절에 핏기가 남아 있다.

날개

가슴살과 다리의 중간에서 절충점을 찾는다면 바로 이 부위다. 날개는 로스트 치킨 중에서 제일 바삭한 부위이지만, 가장 선호도가 낮은 부위이기도 하다.

다리

다리 살은 뼈에 붙어 있기 때문에 더 맛이 좋고, 촉촉하다. 이 맛을 좋아하는 사람은 다리만 찾는다.

가슴살

쉬프렘(닭가슴 안심살)이라고도 하는 이 부위는 가장 연하고 기름기가 적다. 닭 중에서 가장 고급으로 치는 살로, 일반적으로 가격도 가장 비싸다.

1 대형 요리 포크와 나이프로 다리를 분리하고 다리와 몸통 사이에 칼집을 넣는다.

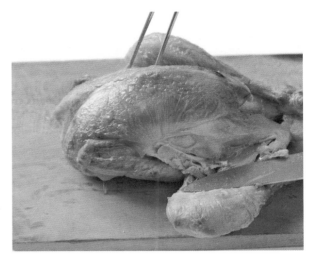

2 다리 연골 조인트를 자른다.

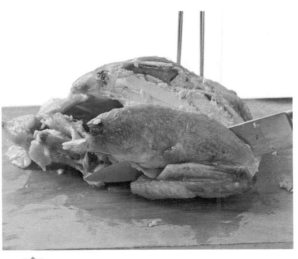

3 몸통뼈를 따라 가슴살을 길게 잘라내기 위해 가슴 용골뼈의 양쪽 부분 껍질에 조심스럽게 칼집을 넣는다.

4 가슴살을 날개에서 분리해 잘라내고, 윗다리 살과 드럼스틱(북채) 사이의 관절을 자른다.

5 몸통뼈 양쪽에 붙어 있는 살 (huîtres)을 분리한다.

6 움푹 패인 골반뼈에 붙어 있는 골반뼈 살을 잊지 말고 떼어낸다.

최고의 로스트 치킨

어머니가 해주시는 로스트 치킨 다음으로 맛있는 통닭구이를 즐길 수 있는 곳들을 소개한다.

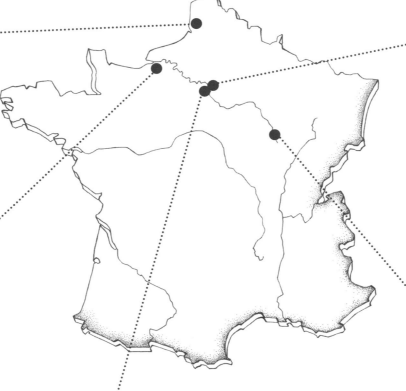

프로기즈 태번 FROGGY'S TAVERN
프랑스 북부 지방에 위치한 이 그릴 전문 레스토랑에서는 셰프 알렉상드르 고티에 (Alexandre Gauthier)가 릭크 (Licques)의 닭으로 로스트 치킨을 구워 낸다.
51 bis, place du Général-de-Gaulle, Montreuil-sur-Mer (Pas-de-Calais)

셰 라미 루이 CHEZ L'AMI LOUIS
파리의 대표적 명소인 오트 마레에 자리한 이 레스토랑에서는 렌의 재래 토종닭 품종 (coucou de Rennes)으로 구운 로스트 치킨이 마리당 100유로 선에 판매되고 있다.
32, rue du Vertbois, 파리 3구.

로베르주 데 되 토노 L'AUBERGE DES DEUX TONNEAUX
오주 지방 (Pays d'Auge) 한 가운데 위치한 이곳에서는, 지역에서 생산되는 닭을 구운 로스트 치킨과 속을 채운 치킨 요리를 사전 예약을 받아 서빙하고 있다. 한 마리 통째로 서빙되므로, 4인이 함께 즐기는 것이 좋다.
Pierrefitte-en-Auge (Calvados)

르 코크 리코 LE COQ RICO
몽마르트르에 있는 이곳에서는 셰프 앙투안 웨스테르만 (Antoine Westermann)이 랑드 (Landes)산 황계와 투렌산 암탉 (Géline de Touraine)을 로스팅 꼬치에 꿰어 전기 오븐에 구운 통닭을 서빙한다.
98, rue Lepic, 파리 18구.

라 페름 드 라 뤼쇼트 LA FERME DE LA RUCHOTTE
프레데릭 메나제 (Frédéric Ménager)가 운영하는 이 농장에서는 직접 키운 재래 품종 닭 (La Flèche, Barbezieux, Le Mans 등)으로 만든 훌륭한 로스트 치킨을 맛볼 수 있다.
Bligny-sur-Ouche (Côte-d'Or)

닭의 조리법은 로스트 치킨만 있는 게 아니다.

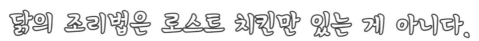

이를 대신할 재미있는 조리법을 소개한다.

자동차 엔진 치킨 Le poulet moteur
프랑수아 시몽[*]

차에 시동을 걸어 열이 오르게 한다. 오일과 허브를 닭에 발라 마사지한 다음 알루미늄 포일로 잘 감싼다. 차의 보네트를 열고(아주 빠른 미국 차를 추천한다), 닭을 엔진 근처에 놓은 다음 출발! 약 4시간쯤 지난 후에(이것은 대략 파리를 출발해 낭트까지 가는 운전 시간), 잘 익은 치킨을 먹을 수 있을 것이다.

맥주 캔 통닭 구이 Le poulet sur une canette de bierre

오븐을 180℃로 켜고 예열하는 동안 우선 맥주 캔의 반을 마신다. 맥주 캔을 오븐용 로스팅 팬에 놓는다. 그 위에 다리가 아래쪽으로 오게 앉아듯이 닭을 얹어 놓고, 오일을 발라준 다음 오븐에서 1시간 30분간 굽는다. 오븐에서 꺼낸 뒤 10분간 휴지시킨다. 맥주 캔에서 닭을 빼낸 다음, 익히면서 흘러나온 육즙 (jus)을 졸여 소스를 만든다.

[*] François Simon: 음식평론가. 이 엉뚱한 레시피를 그의 블로그 simonsays.fr에 올렸다.

고급 닭 품종

우리는 개량된 교배종 닭보다는 토종 재래종을 선호한다. 블리니 쉬르 우슈 (Bligny-sur-Ouche, Côte d'Or)에서 닭 사육 농장을 운영하고 있는
닭 전문가 프레데릭 메나제 (Frédéric Ménager)가 알려주는 프랑스 전통 품종의 닭을 살펴보자.

르 망 La Le Mans

원산지: 르 망 (Le Mans, Sarthe). 라 플레슈 (La Flèche) 종의 사촌격인 이 닭은 2000년대부터 다시 사육이 활성화되었다.
외관상의 특징: 녹색을 띤 검은색 깃털을 갖고 있으며, 붉은색의 벼슬은 꼬불꼬불하다.
무게 : 2.5~3kg
살 : 갈색을 띠고 있으며, 밀도가 촘촘하다.

라 플레슈 La Flèche

원산지: 라 플레슈 (La Flèche, Sarthe). 가장 오래된 재래종 닭 중 하나. 그 유명한 앙리 4세의 치킨 팟 (poule au pot d'Henri IV)요리를 만들 때 사용되던 품종의 닭이다.
외관상의 특징: 검은색의 깃털을 갖고 있으며 뿔처럼 생긴 두 개의 벼슬이 있다.
무게 : 3kg
살 : 갈색의 살로, 탄력이 있으며 맛이 뛰어나다.

쿠쿠 드 렌
La coucou de Rennes

원산지: 렌 (Rennes, Ille-et-Vilaine). 1914년 첫선을 보인 품종으로, 약 20여 년 전부터 다시 사육이 활성화되었다.
외관상의 특징: 얼룩덜룩한 회색 깃털을 갖고 있으며, 곧은 벼슬 모양을 하고 있다.
무게 : 2kg
살 : 고소한 너트향이 도는 섬세한 맛을 지니고 있다.

골루아즈 도레
La gauloise dorée

원산지: 골루아 닭 (le coq gaulois)은 프랑스를 상징하는 대표적인 동물로, 교회 종 탑이나 풍향계에서도 흔히 볼 수 있다. 이것은 유럽에서 가장 오래된 닭 품종이다.
외관상의 특징: 여러 가지 색의 깃털을 가진 전형적인 시골 농가의 토종닭.
무게 : 1.8kg
살 : 아주 섬세한 맛.

바르브지외
La Barbezieux

원산지: 바르브지외 (Barbezieux, Charente)
외관상의 특징: 몸집이 큰 토종닭으로 검은색 깃털과 단순한 모양의 붉은 벼슬을 갖고 있다.
무게 : 3.5kg
살 : 연하다.

코탕틴 La Cotentine

원산지: 코탕탱 반도 (presqu'île du Cotentin, Manche)
외관상의 특징: 검은색의 깃털과 단순한 모양의 붉은 벼슬을 가진 아름다운 외관의 토종닭.
무게 : 2~2.5kg
살 : 약간 투박하나 아주 부드럽고 연하다.

부르보네즈
La Bourbonnaise

원산지: 르 부르보네 (le Bourbonnais, Allier)
외관상의 특징: 검은 반점 무늬가 있는 흰색 깃털과 단순한 모양의 붉은 벼슬을 갖고 있다.
무게 : 2.5kg
살 : 식감이 좋고 탄력이 있다.

샤롤레즈 La Charollaise

원산지: 샤롤 (Charolles, Saône-et-Loire) 1966년 첫선을 보인 품종이다.
외관상의 특징: 흰색의 깃털과 꼬불꼬불한 붉은 벼슬을 갖고 있다.
무게 : 2.5kg
살 : 살이 통통하며 탄력이 있다.

쿠뉘 뒤 포레즈
La cou nu du Forez

원산지: 르 포레즈 (le Forez, Loire) 제2차 세계대전 이후 처음 선보인 품종이다.
외관상의 특징: 목에 털이 없는 것이 특징이며, 흰 깃털과 단순한 모양의 붉은 벼슬을 갖고 있다.
무게 : 2.3~2.8kg
살 : 섬세하고 쫄깃한 맛.

브레스 골루아즈
La Bresse Gauloise

원산지: 베니 (Bény, l'Ain) 1957년부터 AOC(원산지 명칭 통제) 인증을 받은 품종이다.
외관상의 특징: 흰색 깃털과 단순한 모양의 붉은 벼슬을 갖고 있다.
무게 : 2~2.5kg
살 : 탄력이 있으며, 가슴살 안심이 기름지다.

부르부르 La Bourbourg

원산지: 부르부르 (Bourbourg, le Nord). 1850년에 처음 선보인 품종.
외관상의 특징: 검은 반점이 있는 흰 깃털과 단순한 모양의 붉은 벼슬을 갖고 있다.
무게 : 2.5~3kg
살 : 연하다.

코몽 La Caumont

원산지: 코몽 (Caumont, Calvados)
외관상의 특징: 날씬하고 우아한 외모를 자랑하는 이 품종은 푸른빛이 도는 검은 깃털과 물컵처럼 우묵한 왕관 모양의 화려한 벼슬을 갖고 있다.
무게 : 2.5kg
살 : 탄력이 있으며 맛이 아주 뛰어나다.

파브롤 La Faverolles

원산지: 파브롤 (Faverolles, Eure-et-Loir)
외관상의 특징: 육중한 외모가 단연 돋보이는 이 품종은 발가락이 다섯 개 있으며 깃털은 연한 주황색을 띠고 있다. 벼슬은 단순한 모양의 붉은색이다.
무게 : 2.8~3.5kg
살 : 아주 섬세한 맛이다.

갸티네즈 La Gâtinaise

원산지: 르 갸티네 (le Gâtinais, Ile de France 남부) 부르보네즈 품종의 조상이라 할 수 있다.
외관상의 특징: 흰색 깃털과 붉은색 벼슬을 가진 토종닭 품종.
무게 : 2.5~3kg
살 : 탄력이 있어 쫄깃하다.

젤린 드 투렌
La Géline de Touraine

원산지: 투렌 (la Touraine)
외관상의 특징: 검은색 깃털과 붉은 벼슬을 가진 토종닭.
무게 : 2.5~3kg
살 : 밀도가 매우 촘촘하고 섬세한 맛을 지닌 흰색 살.

구르네 La Gournay

원산지: 구르네 앙 브레 (Gournay-en-Bray, Seine-Maritime)
외관상의 특징: 흰색 무늬가 있는 검은 깃털이 촘촘히 박힌 작은 몸집의 토종닭 품종.
무게 : 2kg
살 : 뛰어난 섬세한 맛을 지닌 이 품종은 '노르망디의 브레스 닭'이라고 불린다.

우당 La Houdan

원산지: 우당 (Houdan, Yvelines). 이 품종이 처음 선보인 것은 14세기로 거슬러 올라간다.
외관상의 특징: 이 품종은 파브롤과 더불어 유일하게 발가락이 다섯 개인 닭이다. 깃털이 얼굴을 둘러싸고 있으며 상추 잎 모양의 벼슬을 갖고 있다.
무게 : 2~2.5kg
살 : 쫄깃하고 맛이 뛰어나다.

죽기 전에 먹어봐야 할 파리의 파티스리 10가지

중독성이 있다, 맛이 풍부하다, 고도의 테크닉으로 만들었다, 떠들썩하게 화제가 된다...
그 어떤 최고의 찬사도 이 맛있는 디저트를 표현하기엔 부족하다.
파리의 달콤한 맛을 대표하는 영예의 파티스리 10선을 추려보았다.

La tarte au citron
de Jacques Genin
자크 제냉의 타르트 오 시트롱

L'éclair au caramel
de Cyril Lignac
시릴 리냑의 에클레르 오 카라멜

Le Mussipontain
de Sébastien Gaudard
세바스티엥 고다르의 뮈시퐁탱

Le mont-blanc
d'Angelina
앙젤리나의 몽블랑

L'Ispahan
de Pierre Hermé
피에르 에르메의 이스파앙

La tarte au pamplemousse
de Hugues Pouget
위그 푸제의 타르트 오 팡플르무스

La tarte au chocolat
de Jean-Paul Hévin
장 폴 에벵의 타르트 오 쇼콜라

Le Kashmir
de Claire Damon
클레르 다몽의 카쉬미르

Le paris-brest
de Philippe Conticini
필립 콩티치니의 파리 브레스트

Le millefeuille vanille
de Carl Marletti
카를 마를레티의 밀푀유 바니유

234

에클레르 오 카라멜 (캐러멜 에클레어)

시릴 리냑

탄생: 2011년

스타 셰프인 시릴 리냑은 그의 분신과도 같은 동료 파티시에 브누아 쿠브랑 (Benoît Couvrand)과 함께 완벽한 에클레르를 상상했었다. 공기처럼 가벼운 슈 페이스트리에 솔티드 캐러멜 크림을 가득 채운 다음 캐러멜로 반짝이게 윗면을 덮어준 이 에클레르는 한입 베어 물자마자 입안 가득 그 풍미를 남기며 녹아내린다. 대 히트를 친 이 파티스리는 에클레르(프랑스어로 '번개'라는 뜻)라는 이름처럼 번개와 같은 속도로 절찬리에 판매중이다.

단맛 지수: 2/5

몽블랑

앙젤리나

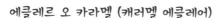

탄생: 1903년

드라이하고 바삭한 프렌치 머랭으로 베이스를 만든 후 크렘 샹티이를 돔처럼 둥그렇게 짜올린다. 그 위에 밤 크림과 퓌레를 혼합하여 가는 국수 모양의 짤주머니로 짜 덮어준다. 처음 선보인 지 백 년이 지난 이 엄청나게 달콤한 파티스리는 그 칼로리 면에서도 고지를 점령하고 있다.

단맛 지수: 2/5

타르트 오 팡플르무스 (자몽 타르트)

위그 푸제

탄생: 2003년

아몬드 가루를 넣어 만든 파트 사블레로 타르트 크러스트를 만들고, 그 안에 자몽 크림을 채운 다음, 속껍질까지 잘라낸 신선한 자몽 과육을 풍성하게 얹어준다. 파티스리 위고 에 빅토르 (Hugo et Victor)의 셰프 위그 푸제는 그만의 섬세한 감각과 테크닉을 동원하여, 과일을 이용한 새로운 파티스리 제품 개발에 혼신의 노력을 기울이고 있다.

단맛 지수: 1/5

파리 브레스트

필립 콩티치니

탄생: 2009년

1891년에 처음 선보인 파리 브레스트는 자전거 경주를 기념하여 그 바퀴 모양을 본떠 만든 파티스리다. 슈 페이스트리로 만든 왕관 같은 원 안에 프랄린 크림을 채운다. 필립 콩티치니는 이에 더해 크림 안쪽에 프랄린 쿨랑 (coulant de praline: 걸쭉하게 흐르는 농도의 프랄린)을 추가해 넣는 묘수를 부렸다. 멈출 수 없는 악마의 파티스리지만. 날렵하게 자전거 안장에 올라타려 한다면 그리 추천하지 않는다.

단맛 지수: 4/5

카쉬미르

클레르 다몽

탄생: 2007년

이 프티가토는 이국적인 향이 물씬 풍긴다. 과감하게 사프란 꽃술을 사용하여 만든 크림 (최초이다)과 인도산 바닐라 무스, 아몬드 비스퀴와 시칠리아산 오렌지 콩포트, 북아프리카 사하라 사막의 대추 야자 (datte deglet nour)를 조합하여 만든 섬세한 파티스리다. 마치 조향사가 향을 배합하듯 정교한 감각이 살아 있는 젊은 여성 셰프 파티시에의 세련된 보석과도 같은 디저트다.

단맛 지수: 1/5

타르트 오 시트롱 (레몬 타르트)

자크 제냉

탄생: 2001년

머랭을 듬뿍 얹은, 역하다 싶을 정도로 단맛이 강한 큰 사이즈의 레몬 케이크는 잊자. 마레 지구 뒤렝가(街)의 마법사 자크 제냉은 이 클래식 파티스리에 과감히 메스를 대어 작은 사이즈로 선보였다. 샤삭하고 깨지는 완벽에 가까운 사블레 베이스에 예리한 새콤함을 주는 진한 레몬 크림을 채워 넣고, 그 위에 라임 껍질 제스트를 뿌려 이국적인 상큼함을 더했다. 서둘러 가서 맛보아야 할 것이다.

단맛 지수: 1/5

뮈시퐁탱

(*mussipontain 은 지명 Pont-à Mousson 의 형용사다)

세바스티엥 고다르

단맛에 매료된 젊은이 세바스티엥 고다르는 퐁 타 무송 (Pont-à-Mousson, Meurthe-et-Moselle)의 파티시에였던 아버지의 대표적인 이 디저트를 자신의 것으로 재탄생시켰다. 바닐라 크림 베이스에 캐러멜라이즈한 아몬드를 조합해 만든 이 파티스리는 금방 내린 눈처럼 사르르 녹아내리며, 달콤한 구름 같은 행복감을 준다.

단맛 지수: 4/5

이스파앙

피에르 에르메

탄생: 1997년

이것은 최근 수십 년 간 파티스리계에서 가장 큰 반향을 일으킨 대박 아이템임이 분명하다. 장미 마카롱에 장미 꽃잎, 라즈베리, 리치를 넣은 크림으로 채워 넣은 이스파앙은 이름만 들어도 군침이 도는 황홀한 디저트다.

단맛 지수: 3/5

타르트 오 쇼콜라 (초콜릿 타르트)

장 폴 에뱅

탄생: 1999년

완벽한 타르트는 바로 이런 것이다. 아몬드와 다크 초콜릿으로 만든 사블레 베이스에 초콜릿 가나슈를 채워 넣고 오븐에 구워 쌉싸름한 맛을 한껏 끌어올린 다음. 그 위를 다시 다크 초콜릿 가나슈 미루아르로 매끈하고 윤기 나게 덮었다. 엘레강스가 어떤 것인지를 보여주는 세련되고 우아한 디저트라고 할 수 있다.

단맛 지수: 3/5

밀푀유 바니유 (바닐라 밀푀유)

카를르 마를레티

탄생: 2007년

'요리사 프랑수아 (Le Cuisinier Fraçois)'*에 따르면, 파트 푀유테 3층 사이사이에 크렘 파티시에르를 넣어 만드는 이 클래식 파티스리의 황금률은 1651년에 라 바렌 (La Varenne)에 의해 처음 만들어졌다고 한다. 이 기본 레시피를 잘 존중하여 만든 카를 마를레티의 밀푀유는 납작하게 눌러 아주 바싹 구운 밀도 높고 바삭한 푀유타주와 마다가스타르산 바닐라를 아낌없이 넣은 풍부한 맛의 바닐라 크림이 완벽한 균형을 이루고 있다.

단맛 지수: 2/5

* 『요리사 프랑수아(Le Cuisinier Fraçois)』: 17세기 프랑스 샬롱 쉬르 손(Chalon-sur-Saône)의 군주 니콜라 샬롱 뒤 블레(Nicolas Chalon du Blé)의 요리사였던 프랑수아 피에르 드 라 바렌 (François Pierre de la Varenne)이 쓴 책으로, 옛 중세요리에서 현대의 오트 가스트로노미를 이어주는 중요한 자료이다.

페스토 제노베제

알레산드라 피에리니 Alessandra Pierini*

절구에 찧은 신선한 소스, 페스토. 투박하고 아주 단순한 소스이지만, 정확하게 만들어야 하는 나름의 법칙을 갖고 있다. 알레산드라 피에리니가 그 비법을 공개한다.
그녀는 페스토의 본고장 제노바에서 출생한 토박이로 페스토 제노베제 (pesto alla genovese) 월드 챔피언 경연대회 공동 주최자이다.

제노바에서 맛있는 페스토를 맛볼 수 있는 식당 6곳

일 제노베제 IL GENOVESE
특선 메뉴: 트레네테* 페스토 (trenette al pesto),
감자와 그린빈스, 테스타롤리** 알 페스토 (testaroli al pesto),
뇨키, 미네스트로네 알 페스토 (절구에 직접 빻아 만든다.)
Via Galata, 35

* trenette: 면발이 얇고 판판한 파스타로 제노바, 리구리아주에서 많이 먹는다.
** testaroli: 듀럼밀과 일반 밀가루를 섞어 반죽하여 팬에 얇고 넓적하게 부친
파스타. 리구리아주 루니지아나의 특산물이다.

라 마누엘리나 LA MANUELINA
특선 메뉴: 페스토 소스 통밀 트로피에*
Via Roma, 296

* trofie: 꼬인 모양의 짧고 가는 파스타로 리구리아 주에서 많이 먹는다.

볼타라카르타 VOLTALACARTA
특선 메뉴: 베네데토 카발리에리*의 파스타를 사용한
페스토 소스 통밀 탈리아텔레.
Via Assarotti, 60

* Benedetto Cavalieri: 1918년 설립된 파스타 제조업체로 유기농
통밀 파스타가 유명하다.

일 이포캄포 IL IPPOCAMPO
특선 메뉴: 절구에 직접 빻아 만든 페스토
소스의 라자냐, 밤을 갈아 넣어 만든
테스타롤리와 페투치네.
Salita alla Chiesa di Fontanegli, 59

제노바 외곽지역

라 브린카 LA BRINCA
특선 메뉴: 절구에 직접 빻아 만든 페스토 소스의 만딜리 데 세아*
Via Campo di Né, 58 NE Genova

* mandilli de Saea: 아주 얇은 라자냐 파스타.

오스테리아 바치친 두 카루
OSTERIA BACCICIN DU CARU
특선 메뉴: 붉은 고추를 넣은 매운 페스토 소스와 수제 감자 뇨키
Via Fado 117, strada del Turchino, Mele Genova

페스토 재료

제노바 바질 Basilico genovese
이탈리아 리구리아주에서 생산되는 바질
로 2005년부터 DOP (denominatione di
origine protetta: 원산지 명칭 보호) 인증
을 받았다. 향이 아주 진하고, 프로방스산
바질과는 달리 민트향이 없다.

베살리코 마늘 Aglio di Vessalico
리구리아의 작은 마을 베살리코의 산등성
이 밭에서 재배되는 마늘로 DOP 인증 및
슬로우 푸드 라벨 인증을 획득했다.

피사의 잣 Pinoli di Pisa
토스카나주 피사 인근 지방에서 재배되는
이 잣은 최고의 품질을 자랑한다. 살에
유분이 적으며, 쓴맛이 없는 달콤한 풍미
는 입안에 오래 남는다.

리구리아 리비에라산 올리브오일
Olio di oliva Riviera della Liguria
DOP 인증을 받은 올리브오일로 황금빛
색깔을 띠고 있으며, 과실의 향이 짙고,
너무 강하지 않은 은은한 맛이 일품이다.

파르메지아노 레지아노
Parmeggiano reggiano
에밀리아로마냐주의 파르마와 레지오
에밀리아가 원산지인 유명한 파르메산
치즈이다.

페코리노 사르도 Pecorino sardo
사르데냐섬에서 생산하는 양젖으로 만든
경성 치즈 (페코리노 로마노와 혼동하지
말 것). 어떻게 사르데냐 치즈가 리구리아
까지 와서 이곳의 대표 음식 재료가 되었
을까? 이는 지중해섬을 통합했던 제노바
공화국 시절, 무역 교류가 활발했던 역사
에서 그 기원을 찾을 수 있다.

천일염
굵은 소금을 사용하면 바질을 더 잘 으깰
수 있다.

페스토 혹은 피스투?
이탈리아 리구리아의 페스토 (pesto)와
프랑스 프로방스의 피스투 (pistou)는
매우 닮아 있다. 둘 다 라틴어원 pistare
(짓이기다)에서 유래했고, 바질의 녹색을
띠고 있다. 사용법도 비슷하다. 프랑스
남부에서는 전통적으로 피스투 소스를
파스타에 사용하지 않고 주로 채소
수프에 넣어 먹는다. 리구리아에도 이것
과 비슷한 것으로 제노바식 미네스트로네
(minestrone alla genovese)가 있다.
하지만 비슷한 점은 여기까지다. 프랑스의
피스투는 오로지 바질, 마늘, 올리브오일
로만 만드는 반면, 이탈리아의 페스토에는
잣과 치즈가 추가로 더 들어간다. 프랑스
와 이탈리아 중 누가 상대의 레시피를
따라 만든 것일까?

절구 혹은 믹서?
절구에 찧으면 입자가 불규칙하여 자연스
럽게 거친 질감을 느낄 수 있다. 또한 바질
잎의 에센스 오일을 추출해내고 다른 재료
와 잘 혼합하는 데도 절구와 공이로 짓이
겨 빻는 방법이 최고다. 진정한 고수는 이
것도 간간하게 고르는 기준이 있다. 카라
레 (Carrare)산 대리석으로 만든 절구와
나무로 된 공이가 최고로 인정받는다. 그
러나 점점 더 많은 이탈리아 사람들이(심
지어 고급 레스토랑에서조차도) 힘든 수
고 대신 믹서나 전기 분쇄기, 블렌더와 같
은 가전용품을 사용하고 있다. 이와 같은
도구를 사용할 때는 재빨리 돌려갈고 얼른
멈추는 동작을 반복해 과열된 날의 온도가
재료에 전달되지 않도록 해야 한다. 바질
은 열에 약한 허브이기 때문에 너무 세게
갈면 열에 의해 손상될 수도 있다.

월드 챔피언 할머니
2007년 로베르토 파니자 (Roberto
Panizza: 레스토랑 일 제노베제 오너)에
의해 창시된 이 대회는 매 2년마다 세계 최
고의 페스토를 뽑는다. 100명의 출전자가
참가해 경합을 벌이는데 절반은 제노바 주
민이고, 4분의 1은 이탈리아 각지에서 온
참가자, 나머지 4분의 1은 세계 각국에서
몰려온 참가자들이다. 모든 참가자들에게
는 동일한 재료와 절구가 주어진다.
요리사와 미식가, 미식 전문 기자들로 구
성된 심사위원단은 맛의 균형을 가장 잘
이룬 페스토를 선별한다. 배합하는 각
재료의 비율과 손끝의 기술이 관건이다.
2014년 대회에서는 리구리아 출신의 90
세 알폰시나 트루코(Alfonsina Trucco) 할
머니가 모든 참가자들을 물리치고 영예의
챔피언이 되었다.

* 이탈리아 식품 전문점 Epicerie RAP, 9, rue Fléchier, 파리 9구.

페스토 소스와 잘 어울리는 파스타 종류

트로피에 (trofie), 트위스트 형태로 돌돌 말린 짧은 파스타. 보통 감자와 그린빈스를 함께 넣는다.

뇨키 (gnocchi), 밀가루와 감자 퓌레로 만든 폭신한 파스타.

코르제티 (corzetti), 떡살과 같은 무늬틀로 찍어 누른 동그란 형태의 제노바 전통 건조 파스타.

테스타롤리 (testaroli), 그 기원이 고대로까지 거슬러 올라가는 전통 스타일로, 넓적하게 부친 전병 모양의 파스타를 마름모꼴로 잘라 만든다.

링귀네, 스파게티 (linguine, spaghetti), 이탈리아 이외의 다른 나라에서 가장 보편적으로 만날 수 있는 페스토 파스타는 대부분이 두 가지 면을 사용한다. 제노바 사람들도 페스토 소스를 이들 파스타에 섞어 즐겨먹는다.

페스토 소스의 다양한 활용법

- 삶은 감자 위에 뿌린다.
- 살캉하게 익힌 채소에 곁들인다.
- 증기에 찐 생선 요리에 곁들인다.
- 마요네즈에 한 테이블스푼 넣어 녹색을 낸다.
- 미네스트로네(채소 수프)에 넣어 먹는다.

포카치아 제노베제
FOCACCIA GENOVESE

제노바의 또 하나의 명물인 포카치아 빵에 페스토를 발라 먹으면 환상의 듀오를 즐길 수 있다. 알레산드라가 제시하는 간단한 레시피를 따라해보자. 오븐에서 꺼내는 즉시 먹는 게 최고다.

4인분
휴지 시간: 총 2시간
조리 시간: 15분

재료

물 280g
밀가루 500g
(중력분과 박력분을 반반씩 혼합)
올리브오일 30g
맥주용 생 이스트 15g
고운 소금 12g
<u>정확한 계량팁</u>: 60cm x 40cm 크기의 베이킹 팬 한 장에 구울 수 있는 반죽양은 1kg이다.

만드는 법

소금을 제외한 모든 재료를 볼에 넣고 반죽한다. 소금을 넣은 다음 다시 몇 분간 반죽한다. 매끄러운 둥근 덩어리를 만든 후 20분간 휴지시킨다. 오일을 바른 오븐용 베이킹 팬 한 장 또는 여러 장에 나누어 놓는다. 올리브오일을 반죽 위에 바른다. 랩으로 씌운 다음 45분간 발효시킨다. 반죽이 부풀면 손가락으로 반죽을 펴서 베이킹 팬 사이즈에 맞춰 늘여 펴 놓는다. 물, 올리브오일, 소금을 혼합해 반죽 위를 덮는다. 다시 한 시간 동안 발효시킨다. 플뢰르 드 셀을 한 꼬집 뿌린 다음 200℃로 예열한 오븐에 넣어 15분간 굽는다.

알레산드라의 페스토 레시피

4~6인분

재료

리구리아산 (DOP) 프레시 바질 4송이
잣 30~45g (기호에 따라 조절)
파르메산 치즈 간 것 60g
(24개월 숙성된 것 선호)
페코리노 사르데 치즈 간 것 20~40g
(다른 양젖 경성 치즈로 대치하거나, 파르메산 치즈를 더 추가해 넣어도 된다)
마늘 2톨
굵은 천일염 10g
리구리아 리비에라산 엑스트라 버진
올리브오일 60~80ml

만드는 법

<u>절구에 찧기</u>: 절구에 마늘을 제일 먼저 넣어 찧고 이어서 잣을 넣어 함께 으깬다. 바질 잎을 송이채로 넣고 굵은 소금을 몇 알갱이 넣은 다음 페이스트를 만들 듯이 공이를 둥글게 돌려가며 계속 으깬다. 바질 잎에서 녹색즙이 나와 윤기가 나면 치즈 가루를 넣는다. 올리브오일을 가늘게 부으며 조금씩 넣고 계속 으깨며 섞어 크리미한 텍스처를 만든다. 재료가 산화되지 않도록 가능한 빠른 동작으로 짧은 시간 내에 끝내도록 한다.

<u>믹서로 갈기</u>: 우선 마늘과 잣을 넣고, 믹서 작동을 짧게 끊어가며 갈아준다. 나머지 재료를 모두 넣고 마찬가지로 재료에 믹서 날의 열이 전달되지 않도록 짧게 끊어가며 간다. 너무 오래 갈아서 페이스트가 너무 고운 입자가 되지 않도록 주의한다.

다양한 사과 종류와 그 활용법

케다 블랙 Keda Black

케다 블랙은 어릴 때부터 사과에 흠뻑 빠졌고, 그 이후로 사과 예찬론자가 되었다. 사과로 모든 종류의 소스를 만들 정도이다.
그녀가 특별히 좋아하는 사과 다섯 종류와 그에 가장 잘 어울리는 레시피를 소개한다.

렌 드 레네트 La reine des reinettes, Queen of pippin

"이 사과는 아마 제가 처음으로 이름을 기억하고 즐겨 먹었던 사과 종류일 거예요. 결과적으로 제가 가장 좋아하는 사과가 되었지요. 특히 작고 단단한 것을 좋아하는데, 맛이 더 농축되어 있기 때문이에요. 이 사과로 저는 노르망디식 사과 파이인 '타르트 말리투른 (tarte Malitourne)'을 만듭니다. 이거야말로 진짜 사과 파이죠. 다른 레시피는 필요 없어요. 저의 어머니가 잡지에서 오려 놓은 레시피를 조금 변형해서 만드셨어요. 차를 타고 가면서도 먹을 수 있죠. 더위가 한풀 꺾여 시원해지고 들녘이 붉게 물들기 시작하는 늦여름 주말에 즐겨 만들어 먹는 디저트입니다. 가을을 맞이하는 맛이랍니다."

그래니 스미스 La granny-smith

"이 사과는 애증의 대상입니다. 대량 생산의 대명사인 이 품종은 너무 선명한 색깔, 왁스를 칠한 듯 번들거리는 껍질, 희미한 맛 등 제가 싫어하는 요소는 다 갖추고 있어요. 하지만 역설적으로 이것은 그나마 믿을 수 있는 사과이기도 합니다. 어디서나 쉽게 구할 수 있고, 제 생각에는 새콤한 맛 덕분에 일반 슈퍼에서 파는 사과들 중 그래도 최악은 아니니까요. 일반적으로 사과를 이용해 만든 디저트들이 소박한 시골풍인 데 반해 그래니 스미스로 만든 소르베는 꽤 우아한 디저트라고 할 수 있습니다. 이 소르베는 베리 종류로 장식한 후 그냥 먹거나, 어른들이라면 보드카나 드라이 진을 살짝 뿌려 먹어도 좋아요."

노르망디식 사과 파이
La tarte Malitourne

4~6 인분
준비 시간: 2시간 45분
조리 시간: 1시간
휴지 시간: 1시간

재료
파트 브리제 (pâte brisée) 250g
사과 (reine des reinettes) 5개
아몬드 가루 50g
버터 (상온) 50g + 10g
(버터는 미리 냉장고에서 꺼내둔다)
칼바도스* 또는 압생트** 1티스푼
달걀 1개
설탕 50g
바닐라 빈 1줄기
계피가루 약간

만드는 법
약간 높이가 있는 타르트 틀(지름 22cm)에 파트 브리제를 깐다. 사과는 껍질을 벗기고 4등분하여 속과 씨를 제거한다. 소테팬이나 프라이팬, 또는 큰 냄비에 사과를 넣고 버터 10g, 바닐라 빈, 계피가루와 함께 약 6~7분간 중불에서 익힌다. 사과가 황금색을 띠고 약간 말랑해질 때까지 익힌다. 너무 익어 살이 뭉그러지면 안된다. 타르트 틀에 채워 넣고 220℃로 예열해둔 오븐에 넣어 35분간 굽는다. 오븐에서 꺼낸 후 30분간 상온에서 식힌다. 숟가락으로 사과 윗면을 눌러 평평하게 한다. 기다리는 동안 나머지 버터와 설탕을 섞고 달걀, 아몬드 가루, 술을 넣고 잘 혼합해둔다. 사과 위에 이 아몬드 크림을 펴 바른 후 다시 오븐에 넣어 10~15분간 굽는다. 표면이 노릇하게 색이 나야 한다.

그래니 스미스 소르베

4~6인분
준비 시간: 1시간
조리 시간: 5분
소르베기계 사용 시 냉각 시간: 30분
기계가 없을 경우: 3시간 추가

재료
사과 6개(가능하면 유기농 선호)
레몬 1개
설탕 50g
베리류 과일 또는 보드카

만드는 법
작은 소스팬에 설탕과 물 50ml를 넣고 불에 올린 다음, 저어주며 설탕을 녹인다. 시럽이 완성되면 불에서 내려 식힌다. 사과를 깨끗이 씻은 후 주서기를 이용해 착즙한다. 바로 레몬즙을 넣어준다. 사과즙의 맛을 본 후 시럽을 넣는다. 기호에 따라, 그리고 사과 본래의 맛에 따라 시럽과 레몬즙의 양을 조절한다. 차가운 소르베가 되면 단맛의 느낌이 좀 약해진다는 것을 감안해 원하는 맛보다 조금 더 달게 당도를 맞추는 것이 좋다. 기계에 넣어 소르베를 만든다. 보드카를 뿌려 먹는다.
소르베 기계가 없을 경우: 냉동실에 들어갈 만한 너무 깊지 않은 플라스틱 직사각형 용기에 시럽과 레몬즙을 넣은 사과즙을 붓는다. 1시간 30분 정도 냉동실에서 얼린 뒤, 포크로 살짝 언 소르베를 세게 저어 섞어준다. 다시 냉동시켜 1시간 30분 후 마찬가지로 포크로 섞어주고, 같은 과정을 한 번 더 반복해준다 (총 3번). 그라니테와 같은 질감의 소르베가 완성될 것이다.
기계 사용 유무에 관계없이 언제나 먹기 30분 전에는 소르베를 냉동실에서 꺼내 냉장실로 옮겨 놓는다.

---

* 칼바도스 (Calvados): 프랑스 칼바도스 지방에서 생산한 사과주를 증류하여 오크통에 숙성해 만든 브랜디.
** 압생트 (Absinthe): 향쑥, 살구씨, 회향, 아니스 등의 향신료를 써서 만든 독한 리큐어.

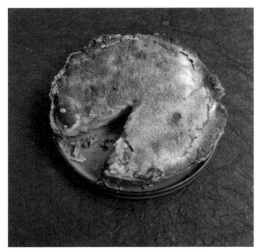

* 레시피는 『하루에 사과 한 개 (Une pomme par jour)』에서 발췌. Keda Black 지음. éd. Marabout 출판.

파트 드 루 La patte de loup, Wolf's paw apple

"이 품종은 회색 레네트와 아주 비슷한데 색이 좀 더 갈색을 띠고 있으며, 홈이 패인 특별한 모양 때문에 '늑대의 발'이라는 이름으로 불립니다. 좀처럼 찾아보기 힘든 이 사과를 발견할 때면 저는 너무 반갑습니다. 껍질째 그냥 먹어도, 껍질을 벗겨 먹어도 다 좋고, 애플 크럼블을 만들어도 아주 맛있어요. 캐러멜라이즈해서 크레프에 곁들이거나 짭조름하게 볶아 부댕과 함께 먹어도 그만이지요. 건과일, 오렌지 필, 사과, 위스키 등을 채워 만드는 달콤한 민스파이, 영국에서 크리스마스에 즐겨 먹는 이 맛있는 디저트에 이 사과를 소로 넣으면 천상의 맛이 따로 없답니다."

콕스 오렌지 La cox orange

"이른 철에 나오는 품종인 이 사과는 즙이 많고 단단하며 살이 아삭하여 그냥 깨물어 먹으면 아주 맛있답니다. 제겐 또 하나의 사과의 나라인 영국을 떠올리는 맛이지요. 그곳에서는 브램리 (bramley) 사과와 더불어, 익히는 조리법에 많이 사용하기도 합니다. 브램리는 신맛이 강해서 그냥 먹기보다는 익혀서 콤포트나 파이를 만들면 그 맛이 훨씬 좋습니다. 여러 품종의 사과를 혼합해 레시피에 응용하는 것은 생각보다 훨씬 더 큰 효과가 있답니다. 서로 다른 맛이 합쳐져 훌륭한 밸런스를 이루고, 또 각기 다른 텍스처가 어우러져 변화 있는 식감을 주니까요. 이 애플파이 레시피에서는 콕스 오렌지 한 종류의 사과만을 사용해도 되지만, 그래니 스미스나 캐나다 품종과 섞어서 사용하면 더 좋아요."

메이의 민스파이 소 만들기
May's mincemeat

큰 병 한 개 분량
준비 시간: 15분
재우기: 12시간

재료
갈색 건포도 350g
작게 깍둑 썬 사과 125g
(껍질과 속을 제거한 사과 약 1개 분량)
오렌지 껍질 콩피 50g
(설탕에 졸인 오렌지 껍질)
코린트 건포도 175g
(raisins de Corinthe: 그리스, 남아프리카, 호주, 캘리포니아, 터키 등지에서 재배되는 적포도)
황금색 건포도 125g
깍둑 썬 버터 75g
포 스파이스* 1/4티스푼
레몬 1개 (곱게 간 제스트와 레몬즙)
황설탕(갈색 조당) 250g
럼, 코냑, 시드르 또는 맥주 3테이블스푼

*quatre-épices: 생강, 정향, 넛멕, 후추를 혼합한 향신료 믹스.

만드는 법
모든 재료를 섞어 맛이 배게 하룻밤 재워 둔다. 소독한 병에 담고 냉장고에 보관한다. 민스파이의 소로 또는 크럼블 재료로 사용한다. 사과를 더 추가해 넣고 파트 푀유테로 감싸 다르투아 (Dartois)와 같은 애플파이를 만들어도 좋다.

애플파이

4~6인분
준비 시간: 2시간 25분
조리 시간: 1시간
휴지 시간: 1시간

재료
밀가루 150g
버터 75g + 틀에 바를 용도로 조금
순한 캉탈(cantal) 치즈 간 것 30g
사과 1.5kg
설탕 50g
정향 3개
넛멕 1꼬집
계피가루 1꼬집
달걀 1개

만드는 법
파이 반죽: 밀가루와 치즈를 섞은 후, 깍둑 썬 차가운 버터를 넣고 손가락으로 부수어가며 섞어 알갱이 상태로 만든다. 찬물 3테이블스푼을 넣고, 끝이 뭉툭한 칼이나 파티스리용 스크래퍼로 잘 섞는다. 필요하면 물을 조금 더 추가한다. 반죽을 너무 오래 치대지 말고 대충 섞은 후 랩으로 잘 싸서 냉장고에 최소 1시간 이상 휴지시킨다(물론 전날 만들어 놓아도 된다). 오븐을 180℃로 예열한다. 사과는 껍질을 벗기고 반으로 잘라 속과 씨를 제거한 다음 얇게 저며 썬다. 버터를 발라 놓은 파이 틀에 사과를 촘촘하게 놓고 사이사이 설탕을 뿌린다. 넛멕과 계피, 정향도 군데군데 뿌린다. 반죽을 밀어 사과를 덮은 다음, 달걀물을 발라준다. 가운데 구멍을 내고 오븐에 넣어 1시간 동안 굽는다. 반죽의 양을 두 배로 늘려 파이 바닥에 베이스로 한 켜 깔아 주어도 좋다.

그리고 또 하나…

레네트 뒤 카나다 La canada grise

"저는 새콤한 맛과 부드러운 식감, 광택이 없는 껍질을 가진 이 사과를 달고 즙 많은 사과보다 더 좋아합니다. 캐내디언 레네트 또는 레네트 그리즈 뒤 카나다 (reinette grise du Canada)라고 부르는 이 품종은 원래 종주국이 영국입니다. 맛있게 먹는 비법을 하나 알려드릴게요. 치즈 키슈 (quiche au fromage)를 만들 때, 소 혼합물에 이 사과를 가늘게 갈아 넣으면 너무 맛있답니다. 파트 브리제 위에, 키슈에 들어가는 기본 재료, 즉 달걀, 크림, 우유, 소금, 후추, 넛멕을 섞어 만든 소를 채운 다음, 프레시 치즈(소, 염소, 양젖)와 가늘게 간 경성 치즈(순한 캉탈 cantal, 염소젖으로 만든 톰 tomme 치즈)를 넣어줍니다. 그리고 가늘게 채칼로 썬 사과와 다진 이탈리안 파슬리를 얹어주면 끝. 오븐에 굽기만 하면 되지요!"

스시 완전정복

길모퉁이 작은 스시집에서 파는, 진짜인지 의심스러운 연어를 얹은 벽돌 같은 흰 쌀밥은 잊어라. 스시는 최상의 생선으로 내는 풍부한 맛과 나름의 정확한 규칙과 법도를 갖고 있다. 스시 장인 앞에서 당황하지 않고 능숙하게 그 맛과 분위기를 즐기기 위한 기본 지식을 습득하자.

스시의 형태

사시미
얇게 썬 생선회.

니기리즈지
쌀밥을 먹기 좋은 크기로 쥔 다음 생선회를 얹은 것.

치라시즈시
단촛물로 양념한 밥을 볼에 담고, 그 위에 날 생선 또는 익힌 생선을 얹은 것.

마키즈시
밥에 속 재료를 넣고 김으로 말아 싼 스시.

호소마키
밥에 생선을 넣고 김으로 가늘게 말아 싼 스시.

후토마키
밥과 여러 가지 속 재료 (야채 초절임, 달걀말이 등)를 넣고 김으로 두껍게 말아 싼 스시.

캘리포니아 롤
속에 오이, 아보카도, 게살 등을 넣고 밥이 김 밖으로 나오도록 말아 싼 스시.

군함말이
밥 위에 생선 알이나 다른 재료를 얹고 김 띠로 둘러 싼 형태의 스시.

오시즈시
나무 틀에 초밥과 생선을 넣고 눌러 만든 스시.

스가타즈시
생선을 통째로 초절임한 다음 밥을 넣어 채운 스시.

데마키즈시
밥과 날 생선 등의 재료를 넣고 김으로 콘 모양을 만들어 싼 스시. 손으로 들고 먹는다.

이나리즈시
단촛물로 양념한 밥을 유부에 채워 넣은 스시.

스시 생선 종류

흰살 생선

真鯛
마다이
일본 도미

鰤
부리
방어

鱸
스즈키
일본 농어

등 푸른 생선

鯵
아지
전갱이

鯖
사바
고등어

鰯
이와시
정어리

연체류 (8각류)

蛸
타코
문어

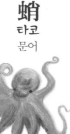

烏賊
이카
오징어

海老
에비
새우

조개류, 갑각류

鮑
아와비
전복

平貝
타이라가이
키조개

帆立
호타테
가리비조개

ずわい蟹
즈와이가니
킹크랩

기타

穴子
아나고
붕장어

鰻
우나기
장어

イクラ
이쿠라
연어알

卵
타마고
달걀

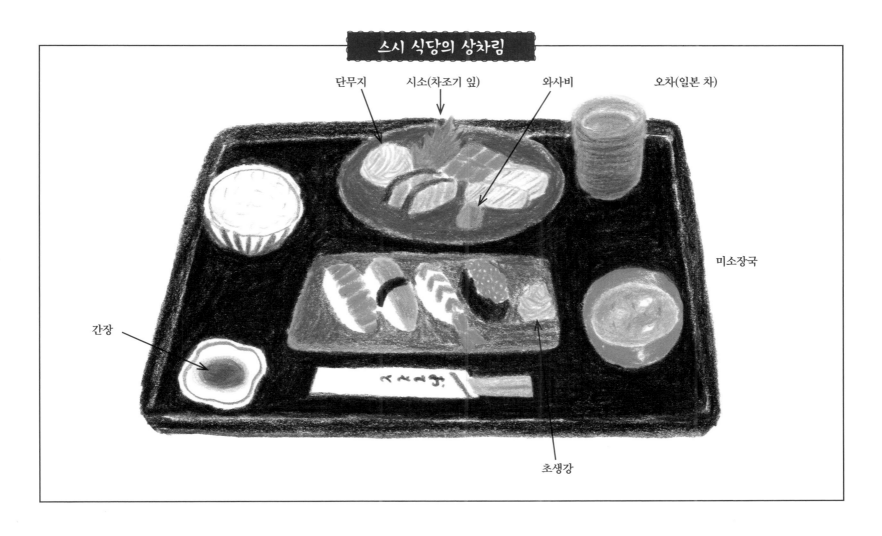

스시 식당의 상차림

- 단무지
- 시소(차조기 잎)
- 와사비
- 오차(일본 차)
- 미소장국
- 간장
- 초생강

스시를 먹는 방법

젓가락 사용하기

1. 주변에 튀지 않도록 조심스럽게 간장을 종지에 따른다.

2. 젓가락으로 생선과 밥이 분리되지 않도록 조심하면서 스시를 기울여 옆으로 집는다.

3. 생선 쪽에 간장을 살짝 찍는다. 밥은 알갱이가 흐트러질 수 있으니 절대로 간장에 닿지 않도록 주의한다.

4. 스시를 이로 자르지 않고 한입에 넣는다.

손으로 집어 먹기

1. 긴장을 푼다. 스시는 손으로 집어먹을 수 있는 음식이다. 준비된 따뜻한 물수건에 손을 깨끗이 닦아 손으로 먹을 준비를 하자.

2. 생선의 양쪽을 엄지와 중지로 잡고 검지로 밥을 살짝 쥔다.

3. 생선 쪽을 간장에 살짝 찍는다.

4. 입으로 가져가 한입에 넣는다.

일본식 식사 예절

⁓ 젓가락 사용 시 주의할 점 ⁓

스시나 공기의 밥에
젓가락을 꽂아 놓지 않는다.

젓가락을 이쑤시개로
사용하지 않는다.

젓가락으로 볼이나 접시를
끌어 이동하지 않는다.

옆 사람과 젓가락으로
음식을 교환하지 않는다.

젓가락을 핥지 않는다.

⁓ 전통식 방에 앉을 때 ⁓

세자
무릎을 꿇고 똑바로 앉은 자세.

아시오 쿠즈스
서양식으로 편하게 앉은 자세.

다다미에 올라갈 때는
신발을 벗는다.

스시에 관한 다섯 가지 역사 이야기
파트릭 뒤발 (Patrick Duval)[*]

일본어로 알아두세요.

칼
나이후

포크
호크

숟가락
스푼

실례합니다
스미마셍…

1 **스시는 원래 중국에서 처음 생겼다** 자그마한 밥 뭉치에 날 생선을 얹은 카나페 같은 스시는 아마도 서기 초창기에 중국에서 생겨난 것이라 추정된다. 날 생선이라기보다는 밥 위에서 발효된 생선이라는 설이 더 설득력이 있다. 그 당시 생선이나 고기를 쌀로 덮었고, 젖산 발효 작용으로 인해 몇 달간 저장이 가능했던 것이다. 이것이 나레즈시[*]의 원조다. 이후 쌀로 만든 식초를 가미하여 발효를 최적화하게 되었다. 오늘날의 스시 아이디어는 이로부터 시작되었다고 볼 수 있다.

[*]나레즈시 (熟鮨, なれずし): 생선을 소금에 절인 후에 간을 한 밥과 함께 발효시켜 만드는 초밥. 역주.

2 **도쿄인들의 스시** 우리가 알고 있는 스시가 등장한 것은 19세기에 이르러서이다. 당시 에도마에 스시라고 부르던 이것은 옛날 도쿄에서 처음 생겨났는데, 식초로 간을 한 밥에 날 생선을 얹어 간장에 살짝 찍어 먹었다.

3 **스시는 길거리표 간식이었다** 1800년대 항구 근처의 몇몇 노점 상인들은 손님들에게 식초로 간한 밥에 갓 잡은 싱싱한 생선을 얹어 간식으로 판매했다.

4 **마키는 어떻게 탄생했을까?** 재미난 전설이 있다. 1930년대에 야쿠자들이 카드놀이를 계속 하면서 먹을 수 있는 음식을 원해서 만들어진 것이 마키라고 전해진다. 김으로 재료를 감싸 밥을 손에 묻히지 않고 손쉽게 먹을 수 있었다.

5 **캘리포니아 롤은 캘리포니아에서?** 1970년대 로스앤젤레스의 한 일식당 주인인 이시로 마나시타는 날 생선에 대해 거부감을 가진 미국인들에게 스시의 맛을 알려주고자 롤 스시를 개발했다. 그 결과는 대성공이었다.

[*] Patrick Duval은 레스토랑 운영자이자 잡지 「와사비(Wasabi)」의 편집장이며, 와사비 스시학교 대표를 맡고 있다.

⁓ 나의 도쿄 스시 맛집 ⁓

스시의 성지: 스키야바시 지로, 4-2-15 Ginza, Chuo-ku
가족 대대로 운영하는 스시집: 미야코스시, 3-1-3 Higashinihonbashi, Chuo-ku
뛰어난 장인의 스시: 이치가와, 4-27-1 Nakamachi, Setagaya-ku
스시의 새로운 강자: 스시 타쿠미 신고, 2-2-15 Minami-Aoyama, Minato-ku
점심때 자주 가는 스시바: 스시 사이토, ARK Hills South Tower, 1-4-5- Roppongi, Minato-ku
저렴하면서도 신선한 스시 체인점: 우메가오카 스시노 미도리, Shibuya Mark City East Mall 4F, Shibuya-ku.

거품 위의 예술, 라테 아트

2008년과 2010년 두 번에 걸친 프랑스 바리스타 대회 우승, 2015년 프랑스 라테 아트 대회 우승의 주인공인 앙토니 칼베 (Anthony Calvez)는 카페 리샤르 (maison Cafès Richard)의 바리스타다. 우유 거품을 이용하여 순식간에 커피 위에 아름다운 무늬를 만들어낸다. 그의 라테 아트 9가지를 감상해보자.

라테 아트란?

이탈리아어로 카페라테 (caffè latte)란 에스프레소 커피에 스팀으로 데워 거품낸 우유를 넣어 만든 것이다. 라테 아트란 에스프레소 커피 표면 위에 뾰족한 침을 사용하여 우유 거품으로 그림이나 무늬를 만들어내는 기술을 말한다. 1990년대 '커피의 선지자' 데이비드 쇼머 (David Schomer)에 의해

인기를 끌기 시작했던 이 테크닉은 바리스타들이 좋아하는 취미가 되었고, 급기야 세계 챔피언 경연대회까지 생기기에 이르렀다.
'바리스타'란 이탈리아어로 본래 '카운터 뒤에 있는 사람'을 뜻하는 말이다. 지금은 커피를 만들고 서빙하는 일을 하는 전문가를 지칭한다.

완벽한 우유 거품을 만들려면

- 차가운 우유를 사용하면 거품을 더 쉽게 낼 수 있다. 스테인리스 피처에 우유를 반 정도 채워 담고, 스팀 노즐을 우유의 표면 바로 아래까지만 담근다(노즐을 바닥에 닿도록 깊이 담그면 우유를 데우는 효과만 낼 뿐이다).

- 스팀 레버를 최대로 열고, 노즐은 돌아가거나 위 아래로 움직이지 않도록 잘 잡는다.
- 온도계를 이용하여 온도가 60℃를 넘지 않도록 조절한다. 왜냐하면 스팀 레버를 잠근 이후에도 온도가 약간 올라가기 때문이다(우유를 태우지 않으려면 온도가 70℃를 넘지 않아야 한다).

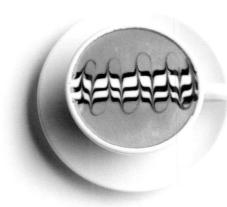

장 지오노
JEAN GIONO

파리의 집 LA MAISON DU PARAÏS

"마당에는 종려나무, 월계수나무, 살구나무, 감나무, 포도나무, 커다란 못과 분수가 있었다." 작가 장 지오노는 자신의 소설 『언덕(Colline, 1929)』이 큰 성공을 거둔 이후 구입한 자택을 이렇게 묘사했다. '파리'라는 뜻의 '루 파라이스 (Lou Paraïs)라는 이름이 붙은 이 집은 그의 고향인 마노스크(Manosque)에서 멀지 않은 몽도르 (Mont d'Or) 남쪽 언덕 비탈에 자리하고 있다. 이곳에서 그는 글쓰기 작업을 계속했고, 그의 소설에서는 이 집에 관한 묘사를 생생하게 찾아볼 수 있다. 거칠고 투박하면서도 자부심이 깊은 농촌인 프로방스의 깊숙한 내면이다.

언덕 위의 스타, 올리브

향기: 그의 집 루 파라이스에서는 심지어 서재의 책에서도 올리브오일 향기가 난다. 금방 짜낸 신선한 올리브오일은 진하고 향기로우며 선명한 녹색을 띠고 있다. 그의 주방에서 사용한 기름이라고는 이것과 라드밖에 없었다.
어린 시절 추억의 음식: 어린 장이 학교에서 돌아올 때쯤이면 사랑하는 그의 어머니는 간식으로 올리브오일을 바르고 소금을 뿌린 토스트를 준비해 놓고 아들을 기다리곤 했다.
수확: 매년 11월말이 되면 이 소설가는 그의 부인과 두 딸과 함께 올리브를 따러 나가곤 했다. 하지만 겨우 산책을 나간 지 얼마 되지도 않아 장 지오노는 급한 일을 핑계로 작업실로 되돌아갔다.

지오노식 달걀 LES OEUFS "À LA GIONO"

이것은 지오노 가족의 별미이자 주특기인 소박한 음식이다. 직접 기른 닭이 낳은 달걀을 살짝만 익도록 반숙하여 에그 홀더에 껍질째 놓거나, 접시에 깨어놓는다. 굵은 소금과 통후추를 갈아서 뿌리고 올리브오일을 듬뿍 두른 다음 무이예트 (mouillette: 빵을 길고 가늘게 잘라 구워 소스나 달걀을 찍어먹기 좋도록 만든 것)로 찍어먹는다. "그는 책상 서랍을 뒤져 달걀 3개, 벽난로 상자에서 또 3개를 찾아냈다. 불을 붙이고 땔감 나무를 집어넣은 다음 기름에 식초를 조금 뿌리고 달걀 6개를 프라이했다."
– 『엄청난 행복 (Le bonheur fou)』, 1957

음식을 사랑했던 프로방스의 문학가
(1895–1970)

그의 대지, 그의 천국

풍성한 과수원

"룸 (Roume) 평원은 통통한 과일들로 뒤덮여 있었다. 밭에는 수박과 멜론, 둥근 호박이 지천이고, 지면에서 1.5미터 위로는 복숭아와 살구, 청사과와 청자두가 나무에 주렁주렁 매달려 있었다. 과수원은 이 과일의 무게에 신음했을 것이고, 작은 과실수들도 그 잎사귀와 열매들로 빽빽했다. 이 나무들 아래 서면 그늘이 어둡고 시원했으며, 땅바닥은 풀이 촘촘히 나 있어 푹신했다. 날씨가 너무 더워 견디기 힘들었다. 여인네들은 과수원 깊숙한 곳으로 들어와 나무 밑에 자리 잡고 담요를 깔았다. 그리고는 그 위에 3개월 남짓 된 아기부터 2살까지 온 동네 아기들을 다 내려놓았다. 아이들은 반은 벗은 상태로 풀밭 위를 기어다녔는데, 엉덩이는 통통했으며, 그 갈라진 곳은 푸르스름한 색을 띠었다."
– 『영원한 기쁨 (Que ma joie demeure)』, 1935

충만한 행복

"우리는 최고로 맛있는 것들을 먹고 마심으로 최고의 충만함을 느낄 수 있는 것이다. 입과 치아로 얻는 이런 풍요로움을 통해 우리는 세상에 더 큰 기쁨이 있다는 사실을 발견하게 된다. 우리가 따라가지 못할 것은 이 세상에 하나도 없다. 우리가 신이 되는 경우는 그리 많지는 않다."
– 『인생의 승리 (Triomphe de la vie)』, 1942

송로버섯 음미하기

"오후 두 시경 나의 점심 식사는 아주 소박하다. 예를 들어 송로버섯의 경우, 나는 올리브오일과 약간의 소금, 넉넉한 후추만 있으면 충분하다. 송로버섯을 그대로 마치 사과처럼 깨문다. 한입 깨물 때마다 여기에 소금, 후추로 간한 올리브오일에 빵을 찍어 곁들이면 천국이 따로 없다. 그야말로 황홀하다고밖에 말할 수 없다. 물론 우선 송로버섯이 있어야 하겠지. 이걸 얻으려면 희생이 필요하다. 이것을 캐려고 송로버섯 채취의 대가들은 사방을 휘젓고 다녔을 것이다. 이런 희생이 거듭됨에 따라 나도 차츰 일종의 전원생활의 이상향을 조금씩 구축하게 되었다."
– 『쉬즈의 아이리스 (L'Iris de Suse)』, 1970

그의 미식 프로필

소박한 맛 취향

『지붕 위의 경기병 (Le Hussard sur le toit)』을 쓴 이 작가가 사랑했던 것은 세련된 가스트로노미와는 거리가 멀어도 한참 먼 소박한 가족 음식, 불 한켠에서 오래 끓여 진한 맛이 나는 그런 따스한 음식이었다.

텃밭에서 딴 채소

병아리콩, 흰 강낭콩, 렌즈콩, 카르둔, 주키니 호박, 가지와 양배추 등의 풍성한 채소로 수프를 끓이거나, 샐러드, 그라탱을 만들어 즐겨먹었다.

양고기부터 수렵육까지

그는 대단한 육식 애호가는 아니었으나, 깃털 달린 수렵육은 아주 좋아했다. 꼬치에 꿰어 구운 작은 새나 마리네이드한 메추라기 등은 그가 사랑한 요리였다. 그는 이것을 좋아한 대가를 톡톡히 치러야 했는데, 특히 잦은 통풍으로 인해 엄지손가락을 쓸 수 없어 우울한 나날을 보내기도 했다. 신경이 날카로워진 아버지를 위해 그의 딸들은 송로버섯 요리를 만들어 달래주곤 했다. 당시만 해도 송로버섯은 사치스러운 최고급 식재료라기보다는 그저 마을에서 쉽게 구할 수 있는 친근한 음식이었고, 특히 농민들도 거의 매일 먹을 수 있을 정도로 흔했다.

어머니의 음식

피카르디 출신인 그의 어머니 폴린은 남 프랑스의 기후와 먹거리를 음식에 잘 반영하여 활용한 최고의 요리를 만들어주었고, 장 지오노는 어머니의 음식을 통해 진짜 좋은 것은 어떤 맛인지를 알게 되었다. 어머니의 바닐라 향기 나는 빵에 입 맞추기를 좋아했던 그는 자신의 친구이자 미국의 유명한 시인인 T. S. 엘리엇이 그의 어머니가 만든 푸딩을 맛보고는 "내가 한 번도 먹어보지 못한 최고의 맛, 이건 노벨상 감이야."라고 칭찬했던 것을 기억한다.

홈메이드 비네그레트 소스

지오노의 집에서 만드는 모든 샐러드에는 올리브오일로 만든 비네그레트 소스를 뿌려먹었다. 여기에는 그의 가족 네 명의 재미난 레시피가 있다.
- 식초에 인색한 구두쇠 1명
- 소금과 후추에 대한 사려가 깊은 현자 1명
- 올리브오일을 펑펑 낭비하는 사람 1명
- 이것을 휘휘 젓는 미치광이 1명

소박한 부이야베스 La bouillabaisse du pauvre*

당시만 해도 해안가에서 잡은 생선을 구해다가 쓰기가 너무 비쌌다. 이 부이야베스에는 생선이 단 1그램도 들어가지 않는다. "이것은 만들기 쉽고, 값이 싸지만 맛은 아주 좋은 레시피입니다."라고 이 소설가의 작은 딸인 실비 지오노 (Sylvie Giono)는 말한다.

6인분
조리 시간: 45분

재료

감자 1.5kg
리크(서양 대파) 2대
토마토 2개
양파 1개
마늘 4톨
달걀 6개
구운 후 마늘을 문지른 빵 6장
올리브오일 반 컵
오렌지 껍질 한 쪽
사프란 꽃술
펜넬, 월계수 잎
소금, 통후추 간 것

만드는 법

맨 처음 단계는 진짜 부이야베스를 만드는 방법과 동일하다.
리크를 씻어 썰고, 양파도 잘게 썬다.
토마토는 껍질을 벗기고 속을 뺀 후 잘게 썰어둔다. 냄비에 올리브오일 한 테이블스푼을 두르고 이 재료들을 볶는다.
여기에 마늘과 1.5cm 두께로 둥글게 자른 감자를 넣고 소금, 후추를 넣어 간한다. 펜넬과 잘게 뜯은 월계수 잎을 넣고 오렌지 껍질도 넣어준다.
물 2리터를 넣고 20분간 약한 불로 뭉근하게 끓인 다음, 사프란을 넣는다. 끓는 국물에 달걀을 넣고 3분간 익혀 수란을 만든다.
서빙: 수프용 우묵한 그릇에 빵을 한 장씩 넣고 그 위에 수란을 조심스럽게 얹어 낸다. 감자를 주위에 빙 둘러 놓은 다음 국물을 붓는다.

속을 채운 양배추 말이 찜
Les choux farcis*

장 지오노가 좋아했던 메뉴 중 하나인 이 요리는
해가 짧고 온통 회색빛인 혹독한 겨울을 녹여주는 따뜻한 음식이었다.

8인분
조리 시간 : 2시간

재료

사보이 양배추 1통
돼지고기 다짐육 200g
염장 삼겹살 200g
당근 2~3개
셀러리 1줄기
양파 1개
마늘 3톨
올리브오일 3테이블스푼
육수 500ml
(또는 고체형 스톡 큐브 1개)
토마토 소스 1컵
주니퍼베리 4알
파슬리, 타임, 월계수 잎
소금, 통후추 간 것

만드는 법

사보이 양배추는 속까지 한 잎 한 잎 떼어 분리한다. 맨 겉쪽의 큰 잎은 버리고, 나머지 잎은 굵은 잎맥을 잘라낸다. 속잎은 다진다. 끓는 소금물에 양배추 잎을 10분간 데친 후 건져 물기를 털어내고 깨끗한 행주 위에 잘 펴 놓는다. 소를 준비한다. 소테팬에 올리브오일을 달군 후 센 불에 돼지고기 다짐육(또는 다진 햄으로 대치해도 좋다)과 얇게 썬 양파, 다진 양배추 속, 작은 큐브 모양으로 썬 염장 삼겹살 분량의 반을 볶는다. 소금과 후추로 간을 맞춘다(염장 삼겹살은 간이 이미 되어있으니 소금량에 주의한다). 타임과 잘게 찢은 월계수 잎, 으깨 부순 주니퍼베리를 넣어 향미를 더한다. 양배추 잎에 소를 넣고 단단히 말아준다 필요하면 끈으로 묶어 고정시킨다. 토기 냄비에 올리브오일을 넣고 나머지 염장 삼겹살을 작은 큐브 모양으로 썰어 담는다. 여기에 얇게 썬 당근과 셀러리, 으깬 마늘도 같이 넣어준다. 속을 채운 양배추 롤을 그 위에 놓고, 토마토 소스와 주니퍼베리 2알, 다진 파슬리를 조금 얹는다. 육수를 재료의 높이의 반까지 오도록 붓고 220℃ 오븐에 넣어 약 2시간 익힌다. 양배추 표면이 살짝 갈색이 날 때까지 익히면 완성된다.

* 레시피는 『장 지오노의 맛있는 프로방스 (La Provence gourmande de Jean Giono)』에서 발췌. Sylvie Giono 지음. éd. Belin 출판.

홍합 이야기

이 쌍각류 연체동물은 싱싱한 바다의 산물이고, 매우 환경 친화적이며
가격도 저렴한 먹거리이다. 게다가 그 어떤 소스와도 잘 어울린다.

몽생미셸만(灣)의 홍합

이것은 유럽에서 유일하게 AOP (원산지 명칭 보호) 인증을 받은 해산물이다. 최소 4cm 이상의 크기로 오렌지빛의 아름다운 색을 가진 이 홍합은 어패류 중 으뜸으로 대우받는다. 먹을 수 있는 살 부분은 홍합 전체 무게의 25%를 차지하며, 부쇼(bouchot)라고 불리는 말뚝에 붙어 조수간만을 이용하여 양식되고 있다. 7월 중순부터 2월까지 싱싱한 홍합을 맛볼 수 있다.

세계 각지의 특별한 홍합 요리

샤랑트 마리팀 (Charente-Maritime): 솔잎을 덮고 그 연기로 훈연하여 익힌 홍합인 에클라드 (éclade).

코르시카섬 (Corse): 디안 (Diane)이나 우르비노 (Urbino) 라군의 홍합을 캅 코르스 (cap corse : 키니네를 주원료로 하여 만든 아페리티프용 스위트 와인)로 디글레이즈하여 만든 요리.

프랑스 북부 지방 (le Nord)과 벨기에: 더 이상 말이 필요없는 환상 궁합 홍합과 감자 튀김 (moules-frites).

브뤼셀: 마늘 비네그레트를 뿌려 생으로 먹는 양식 홍합 (moules parquées).

이스탄불: 길거리표 간식으로 인기가 높은 속을 채운 홍합 (moules farcies). 쌀, 양파, 잣, 건포도, 파슬리, 딜, 말린 민트 잎, 계피가루, 레몬, 설탕 등을 채워 넣는다.

나폴리: 마늘, 파슬리, 양파, 토마토, 화이트와인을 넣어 만든 홍합 스파게티 (spaghetti con cozze).

스페인: 파에야

덴마크: 딜과 아쿠아비트 (aquavit: 스칸디나비아 반도에서 생산되는 증류주로 알코올 도수가 40%에 이르며 캐러웨이향이 난다)를 넣어 만든 홍합 요리.

중국: 블랙빈 소스를 넣고 볶은 홍합 요리.

그리스: 토마토, 와인, 페타 치즈를 넣고 만든 홍합 사가나키 (saganaki).

포르투갈: 토마토와 초리조를 넣고 익힌 홍합찜 카타플라나 (cataplana).

홍합 해부도

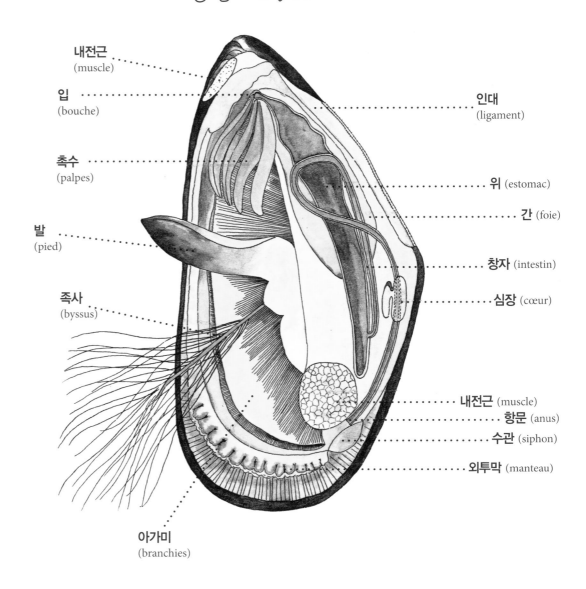

- 내전근 (muscle)
- 입 (bouche)
- 촉수 (palpes)
- 발 (pied)
- 족사 (byssus)
- 아가미 (branchies)
- 인대 (ligament)
- 위 (estomac)
- 간 (foie)
- 창자 (intestin)
- 심장 (cœur)
- 내전근 (muscle)
- 항문 (anus)
- 수관 (siphon)
- 외투막 (manteau)

홍합을 고르는 요령

신선도

홍합으로 식중독에 걸릴 위험은 크지 않으니 그리 걱정하지 않아도 된다. 껍질이 꽉 닫혀 있는 것을 고르되, 살짝 벌어진 것은 눌러보아 닫혔다가 다시 살짝 틈이 열리듯 반응을 보이면 홍합이 살아 있다는 증거이니 안심해도 좋다.

족사

홍합의 껍데기 밖으로 삐져나온 수염을 가리킨다. 이것은 홍합을 바위나 양식용 말뚝에 잘 달라붙어 있도록 해주는 가느다란 망이라 할 수 있다. 시장에서 손질된 홍합을 구입하면 이미 이 수염이 제거된 상태로 가져올 수 있다. 만일 손질이 안 된 홍합을 구입했을 경우는 직접 수염을 떼어내면 되는데 이는 그리 어렵지 않다.

분량

메인 식사용으로 준비할 때는 1인당 1리터 정도를 잡는 것이 적당한데, 무게로는 약 700~800g에 해당한다. 개인의 식성에 따라 1kg까지 감안하면 넉넉하다. 전채 요리로 낼 때는 1인당 500g 정도 준비한다.

미셸 브리앙의 레시피
Les recettes de Michel Briens*

바다의 파도 속에서 바로 나온 그대로의 홍합

2013년 5월 '옹 바 데귀스테 (On va déguster)' 팀은 코탕탱 (Cotentin) 반도의 쿠탕스 (Coutances)에서 식사 준비를 위해 테이블을 차리고 있었다. 몽생미셸만(灣)을 마주하고 있는 그곳에는 제라르 르그뤼엘 (Gérard Legruel)이 해안가에 양들을 방목하는 초장이 있었다. 바닷물의 짭조름함을 머금은 풀을 먹고 자라 그 맛이 일품인 프레 살레 양들이 한가롭게 노니는 푸른 초원에서, 눈부신 햇빛 아래 미식 향연이 펼쳐졌다. 이때 미셸 브리앙이 삶아 준 홍합은 아직도 기억이 난다. 아무것도 가미하지 않은 자연 그대로 서빙해 주어서 요리사는 좀 민망했을지 모르나, 홍합 본연의 맛을 느끼기에는 최고였다.

전혀 가미되지 않은 자연 그대로의 홍합

있는 그대로의 어패류, 그 자체이다.
냄비 뚜껑을 닫고 약한 불로 익히면 조개는 입을 연다. 너무 휘저어 섞지 않고 주걱으로 조심스럽게 살살 저어준다. 몇 분간 끓여 껍질이 모두 입을 벌리면, 바로 그때가 맛있게 먹을 때다.

홍합 샐러드

홍합 1kg를 아무 양념 없이 삶아 껍질을 벗겨 살만 꺼내고, 익힌 홍합 국물은 체에 받쳐둔다. 당근 2개, 둥근 순무 2개, 콜라비 1개, 검은 무 반 개, 완두콩 한 줌, 그린빈스 한 줌을 모두 작은 큐브 모양으로 썬 다음, 끓는 물에 넣고 살캉거리게 약 7~9분 정도 익혀 건진다. 찬물에 넣어 식힌다. 무 줄기와 다른 녹색 잎에 올리브오일 몇 스푼, 마늘 약간, 소금, 후추를 넣고 갈아 프레시한 소스를 만든다. 생 채소는 가늘게 채 썬다. 모든 재료에 홍합국물과 소스를 넣고 잘 섞는다.

홍합 마리니에르

홍합 껍데기를 솔로 문질러 씻고, 수염을 제거한다. 샬롯 2개의 껍질을 벗기고 잘게 다진다. 큰 냄비에 버터를 넉넉히 녹인 후, 다진 샬롯을 볶는다. 여기에 이탈리안 파슬리 줄기를 잘게 썰어 넣는다. 타임 몇 줄기와 월계수 잎 1/2장을 넣고 드라이한 화이트와인 200ml를 넣는다. 샬롯이 투명하게 익으면, 홍합을 넣고 뚜껑을 닫은 다음 센 불로 익힌다. 중간중간 홍합 냄비를 흔들어가면서 골고루 익도록 해준다. 홍합이 모두 입을 열면, 큰 볼에 담고 다진 이탈리안 파슬리를 뿌린다. 기호에 따라 버터를 조금 넣어 윤기와 풍부한 맛을 더한다.

크림 소스 홍합

마리니에르 식으로 요리한 홍합에 마지막으로 생크림 4스푼을 넉넉히 넣어 준다. 만일 크림을 넣었을 때 홍합 국물과 섞여 농도가 너무 묽어지면, 우선 익은 홍합만 건져낸 다음, 소스를 체에 한 번 걸러 졸인다. 원하는 농도의 크림 소스가 완성되면, 미리 건져놓은 홍합에 부어 서빙한다.

무클라드 (mouclade)

샤랑트 지방의 유명한 요리이자, 내가 아주 좋아하는 홍합 레시피이다. 이것은 크림 소스 홍합과 비슷한데, 처음에 샬롯을 볶을 때 곱게 다진 마늘을 함께 넣어 주고, 마지막에 생크림을 넣을 때 커리 가루를 한 꼬집 넣어주면 된다. 또 한 가지 중요한 마지막 터치는, 잘게 다진 차이브(서양 실파)를 듬뿍 뿌려 서빙 한다는 것이다. 가히 환상의 맛이다.

커리 크림 소스 홍합 La crème de moules au curry
필립 아르디*

6인분
조리 시간: 20분

재료

홍합 2kg
농축한 닭 육수 500ml
크림 500ml
무 100g
차이브 (서양 실파) 30g
바질 12g
버터 40g
커리 가루 7g

만드는 법

홍합은 껍데기를 솔로 긁고 깨끗이 씻는다. 닭 육수를 센 불에 올리고 홍합과 커리를 넣은 다음, 뚜껑을 덮고 끓인다. 중간중간 저어 섞어준다. 무를 아주 잘게 큐브 모양으로 썰어 버터에 볶고, 잘게 썬 허브를 모두 넣는다. 홍합의 살을 발라내어 서빙할 접시에 담는다. 익힌 국물을 체에 거른 다음 크림을 넣고 잘 혼합해 에멀전화한다. 홍합살에 크림 소스를 넉넉히 붓고, 볶아 놓은 무를 올린다.

---

* Michel Briens : 「La Satrouille」의 셰프, Cherbourg (Manche).

* Philippe Hardy : 「Le Mascaret」의 셰프, Blainville-sur-mer (Manche).

카술레 원조 논쟁

카술레 (cassoulet)는 프랑스에서 가장 많이 소비되는 저장 식품 중 하나다.
그러나 전통을 자랑하는 이 훌륭한 향토 음식에 관한 논쟁은 끝이지 않고 있다.

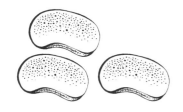

기원

역사에 따르면 카술레는 영국과의 백년전쟁 중 프랑스 남부의 랑그독 지방 카스텔노다리 (Castelnaudary)에서 처음 유래했다고 한다. 곤궁했던 주민들은 소박한 식재료인 소시지, 돼지비계, 잠두콩 등을 큰 냄비에 한데 넣고 끓여 군인들에게 제공했다. 이를 먹고 기운을 낸 병사들이 영국군을 로라게 (Lauragais) 밖으로 몰아내고 영불해협까지 북상해 격퇴시켰다고 전해진다. 사실 잠두콩을 넣어 스튜를 끓여먹기 시작한 것은 14세기경부터다. 그러나 정식 카술레의 형태로 처음 만들어지기 시작한 것은 로라게의 백작부인 카트린 드 메디치가 이탈리아에서 오자마자 재배하기 시작한 강낭콩을 수확한 이후로 볼 수 있다.

이름의 유래

카술레는 고기류와 흰 강낭콩을 넣고 푹 끓인 음식이다. 이것을 끓이는 용기인 유약을 칠한 토기 카술 (cassole)에서 그 이름이 유래되었으며, 이 토기 냄비는 카스텔노다리 근처 마을인 이셀 (Issel)에서 아직도 전통 방식 그대로 만들어지고 있다. 이 카술은 프랑스어 카스롤 (casserole 소스팬, 냄비)의 어원이 되었다.

백 년간의 종주 다툼

1890년. 남프랑스의 잡지『라 르뷔 메리디오날 (La Revue méridionale)』은 진짜 카술레의 원조는 카스텔노다리라는 기사를 발표했다.
1903년. 소설가 아나톨 프랑스(Anatole France)는 그의 저서『희극 이야기 (Histoire comique)』에 "카스텔노다리의 카술레는 그저 단순한 양고기와 강낭콩 스튜인 카르카손 (Carcassone)의 카술레와 혼동해서는 안 된다"고 쓴 대목이 있다.
1913년. 유명한 미식가인 에드몽 리샤르댕 (Edmond Richardin)이『잘 먹는 기술 (L'Art du bien manger)』에서 진정한 카술레에 대한 의문을 제기함으로써 이 논쟁은 전국적으로 커진다.
1970년. 카스텔노다리에 대규모 카술레 조합이 창설된다.
1998년. 카르카손에서 카술레 총연맹 (Académie universelle du Cassoulet)이 창설된다. 회원은 모두 8명이었다.

모두를 만족시키는 평화적 결론

두 차례의 세계대전 사이 큰 명성을 얻었던 카르카손 출신의 셰프이자 라루스 요리사전 (Larousse gastronomique)을 집필한 프로스페르 몽타녜 (Prosper Montagné)는 1929년 그의 저서『남불의 성찬 (Le Festin occitan)』에서 이 논쟁의 평화협정이 될 초석을 제시했다.
"카술레는 남프랑스 랑그독 요리의 신이다. 이 신은 세 개의 머리를 가졌는데, 성부인 카스텔노드리, 성자인 카르카손, 그리고 성신인 툴루즈가 바로 그것이다."

카술레의 사촌들

알자스

흰 강낭콩에 거위 고기, 송아지 정강이와 족, 알자스 햄과 모르토 소시지 (saucisse de Morteau)를 넣어 만든다.

브라질

페이조아다 (feijoada). 검은 강낭콩과 돼지고기 앞다리살, 말린 소고기와 소시지 등을 넣어 만든다.

카탈루냐

파베스 오페가데스 (faves ofegades). 잠두콩에 훈제 베이컨과 세라노 햄을 넣고 뚜껑을 닫아 뭉근히 익힌 스튜이다.

아스투리아스

파바다 아스투리아나 (fabada asturiana). 아스투리아 지방에서 나는 강낭콩, 사프란, 스페인 산 돼지고기(부댕, 초리조, 비계, 목심, 족, 꼬리)를 넣고 만든 카술레.

카술레 만들 때 지켜야 할 10가지 수칙

프랑스 남서부에서 생산되는 좋은 품종의 흰 강낭콩을 선택한다.

고기는 최소한 재료의 1/3 이상 넣어야 한다고 1966년 프랑스 미식 협회에서 명시하고 있다.

프랑크 소시지는 절대 넣지 않는다.

돼지껍질은 꼭 넣어야 하는 재료다. 콜라겐이 녹아 나와 스튜의 농도를 걸쭉하게 해준다.

카술레는 언제나 토기로 된 냄비에 끓인다.

카술레는 절대로 젓지 않는다.

절대로 빵가루를 덮어 그라탱처럼 익히지 않는다. 거위 기름을 사용하는 것을 권장한다.

눌어 굳은 스튜의 표면을 찔러 뚫어 평평하게 눌러 주기를 적어도 6차례 이상 반복한다.

토기 냄비째로 아주 뜨겁게 서빙한다.

서빙할 때도 카술레를 휘젓지 않는다.

세 도시의 카술레 비교

카술레가 처음 탄생한 곳은 카스텔노다리로 알려져 있지만, 주변 도시들도 자신만의 고유한 카술레가 원조임을 주장하고 있다.

카스텔노다리 CASTELNAUDARY	카르카손 CARCASSONNE	툴루즈 TOULOUSE
콩 마제르산 흰 강낭콩 (Lingot de Mazères), 로라게산 흰 강낭콩 (Lingot du Lauragais), 파미에산 흰 강낭콩 (coco de Pamiers)	**콩** 100% 로라게산(lauragais) 흰 강낭콩	**콩** 100% 타르베(tarbais) 흰 강낭콩
고기 **돼지:** 정강이, 비계 껍질, 소시지 **양:** 뒷다리살 또는 어깨살 **수렵육:** 붉은 자고새	**고기** **돼지:** 등심, 정강이, 비계 껍질, 소시지, 삼겹살 **거위:** 거위 다리 콩피	**고기** **돼지:** 정강이, 비계 껍질, 소시지, 염장 삼겹살 비계 **오리:** 콩피한 다리 **양:** 뒷다리살 또는 어깨살, 툴루즈 소시지
전통방식 익히는 동안 그라탱처럼 노르스름하게 눌은 스튜의 표면 껍질을 찔러 평평하게 눌러주고, 다시 표면이 형성되면 또 찌르기를 7차례 반복한다.	**전통방식** 익히는 동안 그라탱처럼 노르스름하게 눌은 스튜의 표면 껍질을 찔러 평평하게 눌러주고, 다시 표면이 형성되면 또 찌르기를 최소한 6차례 반복한다.	**전통방식** 익히는 동안 그라탱처럼 노르스름하게 눌은 스튜의 표면 껍질을 찔러 평평하게 눌러주고, 다시 표면이 형성되면 또 찌르기를 8차례 반복한다.

카스텔노다리 카술레 조합의 전통 레시피
La recette de la confrérie du cassoulet de Castelnaudary

4인분

준비 시간: 2시간
조리 시간: 2시간 30분
하루 전날: 콩 불리기

재료

로라게산 흰 강낭콩 400g
거위 다리 콩피 2개(이등분으로 자른다).
돼지고기 소시지 80g짜리 조각 4개
돼지고기(정강이살. 어깨살. 또는 삼겹살) 50g짜리 조각 4개
돼지 껍데기 250g
(이중 반은 재료를 모두 익힌 후 카술레 냄비에 넣을 때 사용)
염장 돼지비계 약간
돼지 뼈 1개
마늘 몇 톨
양파 2개
당근 2개

만드는 법

마른 콩을 찬물에 담가 하룻밤 불린다. 다음 날, 불린 콩에 찬물을 붓고 끓인다. 5분간 끓인 후 건져둔다. 냄비에 물 3리터, 돼지 껍데기, 돼지 뼈, 양파, 당근을 넣고 1시간 끓여 육수를 만든다. 체에 거르고 돼지 껍데기는 건져둔다. 이 육수에 콩을 넣고 1시간 동안 끓여 익힌다. 소테팬에 거위 다리 콩피를 넣고 기름이 나오도록 약한 불에 지진다. 다리를 꺼내고 그 기름에 소시지와 돼지고기를 차례로 지진다. 콩을 건져내고, 지진 고기는 따로 보관한다. 콩을 익힌 육수는 보관한다. 콩에 마늘과 믹서로 간 염장비계를 넣고 잘 섞는다. 카술레용 토기 냄비인 카솔 (cassole)을 준비한다. 없으면 토기로 된 우묵한 그릇이면 된다. 맨 밑에 돼지 껍데기를 깔고, 콩의 1/3과 고기를 넣고 다시 콩, 소시지의 순서로 차곡차곡 재료를 넣는다. 위 표면은 건더기 재료가 보여야 한다. 여기에 육수를 붓고, 남은 거위 기름 한 스푼을 넣는다. 150℃로 예열한 오븐에 넣고 2시간 30분간 익힌다. 익히는 동안 윗면에 막이 형성되면 찔러 납작하게 눌러주고 다시 생기면 또 찔러주기를 최소 6번 이상 반복한다.

카술레와 함께 무얼 마실까?

> "와인 없는 카술레는 라틴어를 모르는 사제와도 같다"

피에르 데프로주
(Pierre Desproges: 프랑스의 유머리스트, 풍자가)

말페르 (malepère) : 랑그독 루시용 지방의 가장 서쪽에서 만드는 와인으로 메를로와 카베르네 프랑을 블렌딩해 만들며 블랙베리류 과일의 향이 난다.

카바르데스 (cabardès) : 복합적이며 강한 향과 맛을 지닌 이 와인은 메를로, 카베르네, 시라, 그르나슈 품종을 섞어 만든다.

잼 만들기

직접 수확한 과일로 정성껏 잼을 만들고, 손으로 쓴 라벨을 병에 붙여 나란히 정리해 놓는
일은 즐거운 추억이다. 물론 이것을 만드는 데는 많은 정성과 노력이 필요하다.
잼이 과일에서 우리 입으로 오기까지의 자세한 과정을 잼 마스터에게 배워보자.

이상적인 비율
과일 1kg당 설탕의 양은 700~800g 정도로 잡는다.
1985년 제정되고 1991년 개정된 법령에 따르면 과일, 물, 설탕만으로 만든 것을 잼 (confiture)이라고 부를 수 있으며, 이때 설탕의 함량은 반드시 55% 이상이 되어야 한다고 명시되어 있다.

완벽한 잼 만들기
꼭 지켜야할 두 가지 테크닉

과일 재우기: 만들기 하루 전, 과일을 작게 잘라 설탕과 레몬즙을 넣고 젖은 면포나 랩으로 덮어 재워둔다.

설탕 시럽 만들기: 우선 물 200g과 설탕 700g, 레몬즙 반 개를 데워 시럽을 만든 후 과일을 넣고 끓인다. 시럽은 과일에 따라 달라진다. 온도계를 이용하여 즙이 별로 없는 과일(바나나)의 경우 시럽 온도 105℃ (sirop, filet), 수분 함량이 중간 정도인 과일(살구)은 110℃ (petit boulé), 즙이 많은 과일(딸기, 체리, 블루베리)의 경우는 121℃ (boulé, gros boulé)의 시럽을 만든다.
과일을 넣은 다음, 조금 센 불에서 끓이고, 계속 저어주면서 상태를 살핀다. 잘게 자른 과일 또는 작은 과일의 경우는 끓기 시작한 후 10~15분, 좀 큰 조각의 과일이나 시트러스류 과일은 20~30분 동안 끓인다.

잼을 실패하는 이유
너무 오랜 시간 (30분 이상) 끓여
잼이 굳어 결정화되거나, 혹은 설탕량이 적어 농도가 너무 묽은 상태가 된 경우는 성공한 잼이라고 할 수 없다. 또한 **너무 많이 익은** 과일을 사용했거나 **잼이 차갑게 식은 상태에서 병입**한 경우, **또 병을 너무 조금밖에 채우지 않은** 경우에도 곰팡이가 날 수 있다.

잼 만들기 7계명

과일
너무 덜 익어 녹색을 띠거나 너무 많이 익은 것은 피한다. 딱 알맞게 잘 익은 과일을 선택해야 적당한 농도의 잼을 만들 수 있다.

끓이는 냄비
스텐 냄비보다 구리가 열전도율이 높을 뿐 아니라, 과일을 더 쉽게 젤리화시키는 데 좋다. 구리 냄비가 없으면 바닥이 두꺼운 일반 냄비를 사용해도 무방하다.
팁: 과일 양의 두 배 정도 되는 용량의 냄비를 선택해야 수분의 증발이 효율적이다.

설탕
잼을 보존할 수 있는 요소는 바로 설탕이다. 황설탕보다 백설탕을 사용하는 것이 좋다. 황설탕은 잼의 색깔에 영향을 줄 수 있고, 불순물이 더 많아 끓이는 동안 거품도 더 많이 올라오며 이로 인해 곰팡이가 더 잘 생길 수 있는 위험이 있다. 유기농 천연 사탕수수 설탕의 경우, 물론 건강에는 더 좋지만 보존성이 떨어져서 잼 제조용으로는 적당하지 않다.

레몬의 역할
펙틴이 풍부한 레몬은 맛을 더 증대시켜줄 뿐 아니라 향을 잡아주는 역할도 한다. 또한 펙틴 성분은 잼의 농도를 걸쭉하게 하는 데도 도움을 준다.
팁: 레몬 껍질을 사용하기 적합하도록 말랑하게 만들려면 끓는 물에 5분간 끓인 후 찬물에 헹구고 냉동시킨다. 사용하기 전에 해동한다.

겔화제 (gélifiant)
펙틴질 함량이 적은 과일(체리, 무화과, 딸기, 루바브 등)로 잼을 만들 때는 한천(2g), 또는 사과 2개의 속과 껍질을 거즈 주머니에 싸서 넣는 등 겔화제를 첨가할 수 있다.

끓이기
잼을 끓이는 시간은 정확하게 정하기 어렵다. 이는 사용한 과일, 수분의 증발, 펙틴의 젤화성 등에 따라 달라진다.
팁: 잼이 적당한 농도가 되었는지 확인하려면, 미리 5분간 냉장고에 넣어둔 차가운 접시 위에 한 방울 떨어뜨려보면 된다. 이때 떨어뜨린 잼이 굳으면 완성된 것이다. 만일 잼이 흘러내린다면 좀 더 끓여야 한다.

거품 건지기
끓이면서 표면에 올라오는 흰색 거품을 건져준다. 이 거품은 설탕과 과일의 불순물이다. 잼을 다 끓이면, 거품층 아래 떠 있는 펙틴 성분이 가라앉도록 기다린다. 불을 끈 후, 2분 정도 그대로 둔 다음 마지막 거품을 건지고 병입한다. 버터를 넣으면 거품을 제거하는 데 효과적이라고 알려져 있지만, 이는 몇 달 후 잼에서 나는 산패한 냄새의 원인이 되기도 한다. 선택은 각자 알아서 하시길!

연간 71톤
프랑스의 잼 소비량은 연간 71톤으로 1위 독일(102톤)에 이어 2위이다.

잼 선호도
1위: 딸기
2위: 살구
3위: 산딸기(라즈베리)

엘리자베트 드 뫼르빌*이 선택한 잼 베스트 5

못 말리는 미식가이며 지칠 줄 모르는 맛에 대한 호기심을 지닌 이 음식 전문 기자는 언제나 최고만을 추천한다.

라 트랭클리네트 (La Trinquelinette)
모르방 (Morvan)의 잼 장인 베르나르 베릴레 (Bernard Bérilley)가 만드는 잼. 라즈베리 즐레*가 유명하다.
(* gelée: 잼 만드는 방법과 같으나, 즐레는 일반적으로 재워둔 과일, 또는 한 번 끓인 과일을 걸러낸 후, 그 즙만을 이용해 설탕과 함께 끓여 만든다. 약간 묽은 농도의 젤리와 비슷하다.)

르 자르댕 드 리디 (Le Jardin de Lydie)
일 드 레 (Île de Ré)의 리디 콜랭 (Lydie Colin)이 만드는 잼. 과일 90%의 야생딸기 잼이 유명하다.

레 콩피뛰르 드 스타니슬라스 (Les confitures de Stanislas)
로렌 (Lorraine) 지방의 세실 리비에르 (Cécile Rivière)가 만드는 잼. 시칠리아산 베르가모트 잼이 유명하다.

라 메종 페르베르 (La Maison Ferber)
알자스 출신의 크리스틴 페르베르 (Christine Ferber)가 만드는 잼. 무화과 처트니가 유명하다.

레 델리스 드 플로 (Les Délices de Flo)
멘 에 루아르 (Maine-et-Loire)의 플로랑스 테시에 (Florence Tessier)가 만드는 잼. 사프란을 넣은 배 잼이 유명하다.

* Elisabeth de Meurville: 『미식가들을 위한 안내서 (Guide des gourmands)』의 저자. éd. Sang de la terre 출판. www.guidedesgourmands.fr

---

잼을 활용한 디저트
아침식사용 토스트를 넘어, 잼이 주는 또 다른 다양한 맛의 세계를 경험해보자.

크로스타타 디 마르멜라타 (La crostata di marmellata): 파트 사블레 시트에 잼을 채운 뒤 반죽을 격자 모양 띠로 잘라 덮은 이탈리아 타르트.

롤 케이크: 미리 구워놓은 스펀지 시트에 잼을 바르고 돌돌 만 케이크.

뤼네트 드 로망 (Les lunettes de Romans): 도피네 지방의 오래된 전통 과자로 가장자리를 톱니 모양으로 찍어낸 사블레 과자 사이에 잼을 넣고 샌드처럼 붙인 것. 안경 모양으로 구멍을 낸 위쪽 사블레 사이로 잼이 드러나는 모양을 하고 있어 뤼네트 (lunette, 프랑스어로 안경)라는 이름이 붙었다.

계피향의 야생 블랙베리 잼
La confiture de mûres de ronce à la cannelle

리즈 비에네메*

'블랙베리 잼'하면 긁힌 상처가 떠오른다고 그 누가 이야기 했던가? 누가 뭐래도 야생 가시덤불 속에서 직접 딴 블랙베리는 일반 시중에서 사는 것보다 훨씬 향이 진하고 맛있다.

4병 분량
재료

야생 블랙베리 1.5kg
설탕 1kg
레몬 1개
계피 스틱 1개

만드는 법
블랙베리
찬물에 블랙베리를 담가두지 말고 재빨리 씻어 헹군다. 줄기를 따고 냄비에 담는다. 물 250ml를 넣고 뚜껑을 닫은 다음 중불에서 중간중간 저어가며 10분정도 끓여 블랙베리 살이 터지게 한다. 가는 그라인더에 갈아내려 즙과 펄프를 최대한 짜낸다.
끓이기
준비한 블랙베리를 잼을 만들 구리 냄비로 옮긴다. 설탕과 계피 스틱, 레몬즙을 넣고 중불에서 계속 저어주며 약 20분간 끓인다. 농도를 확인한다.
병입
계피 스틱을 꺼내고 열탕 소독해 둔 병에 담는다. 뚜껑을 닫고 완전히 식을 때까지 병을 거꾸로 놓아둔다.

살구 잼 La confiture d'abricot
리즈 비에네메*

만드는 법
하루 전날, 살구 준비
살구를 씻어서 씨를 빼낸다. 살구 과육 2kg이 필요하다. 반으로 쪼갠 살구를 다시 4등분한 뒤 용기에 켜켜이 설탕을 뿌리며 담는다. 랩으로 씌운 뒤 하룻밤 동안 재워둔다.
다음 날, 끓이기
재료를 잼 끓이는 용도의 냄비에 옮겨 붓고, 거즈로 싼 레몬 씨 주머니를 넣어준다. 약한 불로 20~25분간 끓인다. 처음 끓어오르기 시작하면 불을 세게 올리고 나무주걱으로 계속 저어주며 수분이 증발하게 한다. 불에서 내리고 레몬 씨 주머니를 건져낸 다음, 핸드 블렌더로 원하는 입자 크기가 되도록 갈아준다.
병입
열탕 소독해둔 병에 나누어 담고 뚜껑을 닫은 뒤, 완전히 식을 때까지 병을 거꾸로 놓아둔다.

4병 분량
루시용 (Roussillon)산 살구 2.2kg
설탕 1kg
레몬 씨 1티스푼
(거즈 주머니에 싸서 준비)

* Lise Bienaimé : 파리의 잼 전문점 『라 샹브르 오 콩피튀르 (La Chambre aux confitures)』 운영.
레시피는 그녀의 저서 『전통 잼, 색다른 잼 (Confitures insolites et traditionnelles)』에서 발췌. éd. Marabout 출판.

레드와인 딸기 잼 La confiture de fraises au vin rouge
프랑시스 미오*

만드는 법
잼을 만들기 가장 좋은 딸기는 속이 아주 빨간 마라 데 부아 (mara des bois) 또는 플루가스텔 (Plougastel) 품종이다. 디저트용으로 많이 쓰이는 가리게트 (gariguette)나 시플로레트 (sifflorette)는 열을 잘 견디지 못하므로 잼을 만드는 데 적합하지 않다.
우선 딸기를 씻은 후, 꼭지를 딴다. 모양이 손상되지 않은 싱싱한 것만 사용한다. 잘려 있거나 부분적으로 너무 무르고 상한 것은 골라낸다. 설탕과 물, 레몬 반 개를 통째로 넣고 끓여 121℃ 시럽을 만든다. 여기에 반으로 잘라둔 딸기와 와인을 넣은 후 센 불에서 15~20분간 끓인다. 20분 후에 딸기즙이 물처럼 액체 상태가 되면 남은 레몬 반 개의 즙을 짜넣고 다시 5분간 끓인다. 레몬즙이 산도를 더해 잼의 pH를 재조정해준다.
불을 끄고 1분간 기다린 후 거품을 건지고, 레몬을 꺼낸다. 열탕 소독해둔 병에 가득 나누어 담고, 뚜껑을 닫는다. 병을 거꾸로 놓고 10분간 그대로 둔다. 차가운 물에 병을 담가 빨리 식힌 후, 빛이 들지 않는 서늘한 곳에 보관한다.
레드와인의 역할은 무엇일까? 딸기와 접촉하면 레드와인은 소독살균 작용을 하고, 곰팡이가 피는 것을 막아주어 잼을 오랫동안 보존하게 해준다.

4병 분량
재료
딸기 1kg
백설탕 800g
물 200g
레몬 1개
레드와인 30ml

* 메종 프랑시스 미오 Maison Francis Miot, Uzos (Pyrénées-Atlantiques)
레시피는 『15분 만에 만드는 사계절 잼 (Quatre saisons de confitures en 15 minutes)』, ID l'édition 출판.

꿀을 넣은 무화과 잼
La confiture de figues au miel

크리스틴 페르베르*

4병 분량
재료

흰색 작은 무화과 1kg
계피가루 한 꼬집
바닐라 빈 1/2줄기
설탕 500g
레몬즙 1개분
꿀 (크리미한 농축꿀) 250g

만드는 법
하루 전날
무화과를 씻어서 꼭지를 따고 6등분으로 썬다. 계피가루, 바닐라 빈 길게 가른 것, 설탕, 레몬즙을 넣고 잘 섞는다. 랩을 씌우고 냉장고에 넣어 12시간 재운다.
다음 날
재료를 잼 끓이는 냄비로 옮긴 다음 꿀을 넣고 살살 섞는다. 약불에 올려 끓인다. 거품을 건지고 불을 세게 올려 10분간 끓인 뒤, 잼이 걸쭉해지고 무화과가 시럽에 섞이듯이 흐물흐물해질 정도가 되면, 설탕용 온도계를 사용하거나(105℃) 차가운 접시에 잼을 떨어뜨려 농도를 확인한다. 불에서 내린다.
소독한 병에 나누어 담고 뚜껑을 닫는다.

* Maison Ferber, Niedermorschwihr (Alsace)
레시피는 『라루스 잼 백과사전(Larousse des confitures)』에서 발췌. éd. Larousse 출판.

용도에 맞는 칼 사용법

칼 가방은 절대 내 손을 떠나지 않는다. 실습 초년생부터 셰프에 이르기까지 모든 요리사의 파트너인 칼은 요리사의 성패를 좌우한다고 해도 과언이 아니다. 와인 분야와 마찬가지로 칼에도 그만의 전문 용어가 있다. 칼날 (lame), 예리한 날 끝인 블레이드 (tranchant), 칼날과 손잡이의 연결 부위 뒤축인 힐 (garde), 손잡이와 칼날의 몸통을 잇는 받침인 볼스터 (mitre), 칼날의 연장선으로 손잡이 안에 들어가 있는 강철부분인 탱 (soie), 그리고 칼의 손잡이인 핸들 (manche) 등으로 세분화된 부분 명칭들이 통용된다. 그리고 이 모든 부분의 밸런스 또한 아주 중요하다.

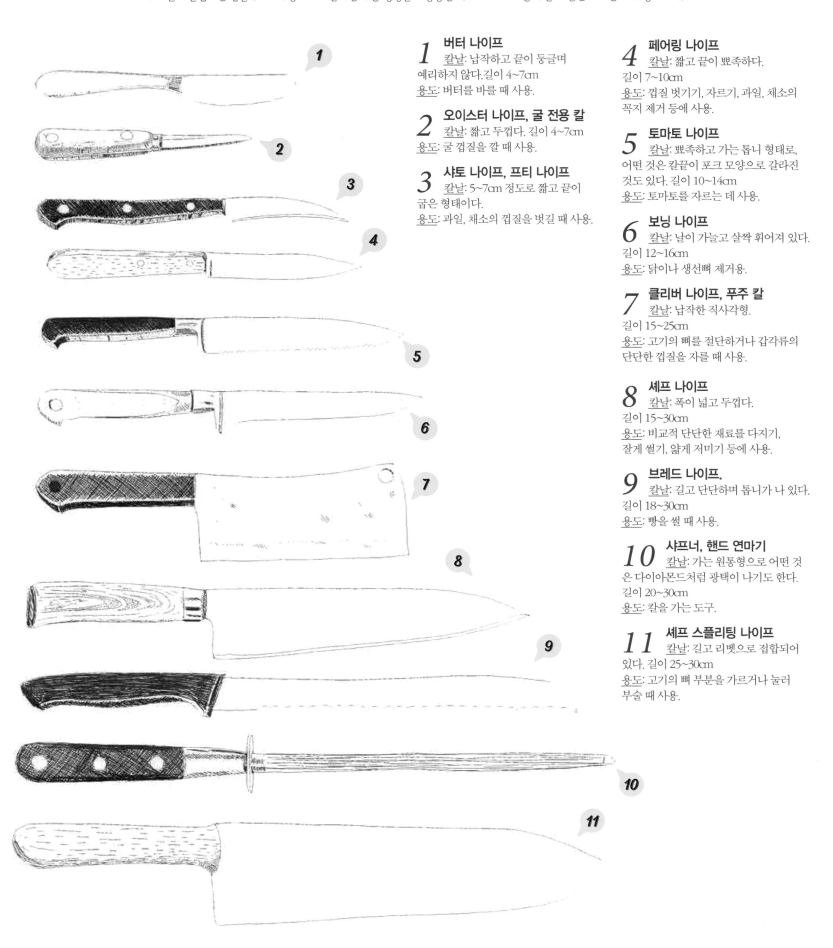

1 **버터 나이프**
칼날: 납작하고 끝이 둥글며 예리하지 않다. 길이 4~7cm
용도: 버터를 바를 때 사용.

2 **오이스터 나이프, 굴 전용 칼**
칼날: 짧고 두껍다. 길이 4~7cm
용도: 굴 껍질을 깔 때 사용.

3 **샤토 나이프, 프티 나이프**
칼날: 5~7cm 정도로 짧고 끝이 굽은 형태이다.
용도: 과일, 채소의 껍질을 벗길 때 사용.

4 **페어링 나이프**
칼날: 짧고 끝이 뾰족하다.
길이 7~10cm
용도: 껍질 벗기기, 자르기, 과일, 채소의 꼭지 제거 등에 사용.

5 **토마토 나이프**
칼날: 뾰족하고 가는 톱니 형태로, 어떤 것은 칼끝이 포크 모양으로 갈라진 것도 있다. 길이 10~14cm
용도: 토마토를 자르는 데 사용.

6 **보닝 나이프**
칼날: 날이 가늘고 살짝 휘어져 있다.
길이 12~16cm
용도: 닭이나 생선뼈 제거용.

7 **클리버 나이프, 푸주 칼**
칼날: 납작한 직사각형.
길이 15~25cm
용도: 고기의 뼈를 절단하거나 갑각류의 단단한 껍질을 자를 때 사용.

8 **셰프 나이프**
칼날: 폭이 넓고 두껍다.
길이 15~30cm
용도: 비교적 단단한 재료를 다지기, 잘게 썰기, 얇게 저미기 등에 사용.

9 **브레드 나이프.**
칼날: 길고 단단하며 톱니가 나 있다.
길이 18~30cm
용도: 빵을 썰 때 사용.

10 **샤프너, 핸드 연마기**
칼날: 가는 원통형으로 어떤 것은 다이아몬드처럼 광택이 나기도 한다.
길이 20~30cm
용도: 칼을 가는 도구.

11 **셰프 스플리팅 나이프**
칼날: 길고 리벳으로 접합되어 있다. 길이 25~30cm
용도: 고기의 뼈 부분을 가르거나 눌러 부술 때 사용.

양파 잘게 썰기 5단계

① 껍질을 벗긴다.

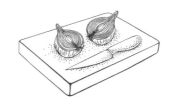

② 양파를 도마에 놓고 반으로 자른다.

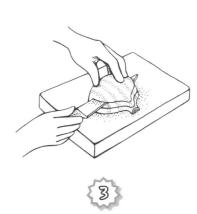

③ 반으로 자른 양파의 단면이 아래로 가게 놓은 다음 손가락으로 잘 잡고 칼날을 가로로 넣어 얇게 썬다. 이때 뿌리까지 완전히 자르지 않고 끝부분은 붙어 있는 상태를 유지한다.

④ 방향을 바꿔 세로로 썬다.

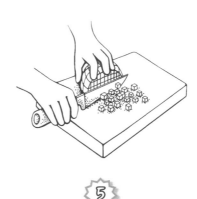

⑤ 다시 방향을 바꿔 잘게 썰어준다.

채소 썰기 테크닉

브뤼누아즈 brunoise
사방 2mm 크기의 작은 큐브 모양으로 썰기. 소스, 가니시 또는 스터핑 재료로 사용.

마세두안 macédoine
사방 3mm 크기의 큐브 모양으로 썰기. 곁들임 채소 또는 여러 채소를 섞어 조리할 때 많이 사용.

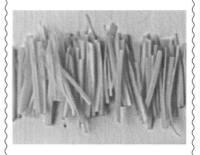

미르푸아 mirepoix
사방 1cm 크기의 큐브 모양으로 썰기. 고기나 생선 요리의 가니시 용으로 사용.

쥘리엔 julienne
길이 5cm, 두께 2mm 크기의 가느다란 막대 모양으로 채썰기. 장식용 가니시 또는 샐러드에 사용.

생선 필레 뜨기

단계 1
생선을 깨끗이 헹구고 비늘을 벗긴 뒤, 내장을 모두 제거한다. 도마에 놓는다.

단계 2
잘 드는 생선용 필레 나이프를 들고, 손을 생선에 딱 붙인 채로 아가미 아래쪽에 칼집을 넣는다.

단계 3
머리 쪽에서 꼬리 쪽 방향으로 뼈를 따라 칼집을 낸다.

단계 4
칼날이 중앙 가시뼈에 닿도록 하면서 조심스럽게 살을 잘라낸다. 생선을 뒤집어 꼬리 쪽에서부터 시작해 마찬가지 방법으로 필레를 떠낸다. 가시 제거용 핀셋을 사용해 생선의 큰 가시를 모두 뽑아낸다.

당근 케이크

채소를 넣어 만든 이 케이크의 두 가지 레시피를 공개한다.
미국과 프랑스 양국에서 나름 치열한 경쟁을 뚫고 최종 선발된 최고의 레시피다.

계피를 넣은 당근 케이크 Le cake aux carottes à la cannelle

에릭 브리파르 (Eric Briffard)[*]

기원

당근 케이크의 기원은 설이 분분하다. 스위스라고 주장하기도 하고 어떤 이들은 스웨덴이라고도 하는 등 여러 가지 설이 있다. 또, 이 케이크가 제일 처음 만들어진 것은 중세로 올라가야 한다는 주장도 있다. 한 가지 확실한 사실은 당근 케이크가 오늘날과 같은 맛을 내게 된 것이 2차 대전 중 영국에서부터라는 것이다. 당시 식료품 배급이 한정적이었기 때문에 설탕이 절대적으로 부족했던 상황에서 주부들이 당분이 풍부한 당근을 파티스리에 사용한 것이다.

당근을 먹으면 기분이 좋아요!

이는 단지 당근을 싫어하는 어린이들에게 귀가 닳도록 해주는 말뿐이 아니다. 하버드대와 위스콘신 매디슨 대학의 연구 발표[*]에 따르면 카로틴 성분은 정말로 기분을 더 좋게 해주는 효과가 있다고 한다. 1000명의 남녀를 대상으로 혈중 항산화물질 수치와 긍정적인 느낌, 심리적으로 느끼는 평안함 사이의 상관관계를 분석해보았다. 긍정적인 기분은 나이, 수입 정도, 운동 여부, 흡연 등과 밀접한 상관 관계가 있을 뿐 아니라 과일, 채소의 섭취량과도 연관이 있는 것으로 나타났다. 카로틴 양이 높아질수록 인간은 더 기분이 좋아진다고 볼 수 있다.

[*] 잡지 「심리 측정 의학 (Psychometric Medicine)」, 2013

4인분

준비 시간: 10분
조리 시간: 35~40분

재료

밀가루 175g
설탕 230g
소금 4g
가늘게 간 당근 150g
베이킹파우더 5g
계피가루 2g
달걀 2개
오렌지즙 75g
해바라기유 75g
로스팅해서 굵직하게 다진 피칸 100g
생강 간 것 20g

만드는 법

전동 스탠드 믹서에 달걀, 설탕, 소금을 넣고 돌려 혼합한다. 믹서의 속도를 줄이고 밀가루, 베이킹파우더, 계피, 생강, 해바라기유, 피칸, 오렌지즙, 당근을 조심스럽게 넣고 섞는다. 버터를 칠하고 밀가루를 뿌려놓은 파운드케이크 틀에 혼합물을 붓고, 180℃로 예열한 오븐에 넣어 35~40분 굽는다. 오븐에서 꺼내 틀에서 분리한다.

평가

간단하고 쉽고 빠른 레시피로 만든 촉촉한 케이크다. 전형적인 클래식 당근 케이크.

[*] Eric Briffard : 전 레스토랑 「르 생크(Le Cinq)」의 셰프. Hôtel Georges V, Paris.

당근 케이크 The Carrot Cake*

마크 그로스먼 (Marc Grossman)*

4인분

준비 시간: 30분
조리 시간: 45분

재료

밀가루 240g
비정제 설탕 130g
소금 1티스푼
가늘게 간 당근 240g
베이킹파우더 10g
계피가루 10g
달걀 (중간 크기) 4개
오렌지즙 2테이블스푼
해바라기유 120ml
다진 호두 30g
오렌지 껍질 제스트 3/4개분
바닐라 에센스 1/2티스푼
건포도 30g
넛멕 (육두구) 가루 1/2티스푼
카다멈 가루 1/2티스푼
검은 통후추 간 것 1/2티스푼

글라사주 (아이싱)

버터 65g
크림 치즈 (필라델피아 치즈 또는 생 모레 치즈) 100g
슈거파우더 50g

만드는 법

오븐을 175℃로 예열한다(컨벡션 오븐).
액체 재료들을 모두 넣고 힘차게 저어 잘 섞는다.
가루와 기타 마른 재료들을 모두 섞고 액체 혼합물에 넣어 살살 섞는다. 버터를 칠하고 밀가루를 뿌려 놓은 파운드케이크 틀에 반죽 혼합물을 3/4 정도 채운다. 오븐에 넣고 약 45분간 구운 뒤 꺼내 식힌다.

<u>글라사주</u>: 재료를 모두 믹서에 넣고 매끈하고 균일하게 혼합한다. 스패츌러나 나이프를 사용하여 식은 케이크 표면에 펴 발라 얹는다.

평가

스파이스의 향이 풍부하고, 당근의 양도 넉넉하며 부드럽고 촉촉하고 쫀득한 식감이다. 전형적인 미국식 당근 케이크.

왜 당근은 주황색일까?

페르시아가 원산지인 야생 당근의 학명은 *Daucus carota*이며 본래 흰색, 보라색 또는 노란색의 길쭉한 모양을 가진 덩이줄기 식물이다. 16세기 네덜란드의 한 온실 농가에서 우연히 자란 붉은색의 당근과 기존의 흰색 당근을 교배하여 오렌지색의 당근을 수확하게 되었고 이는 새로운 유행이 되었다. 이 새로운 색깔의 당근은 당시 네덜란드 왕가인 오렌지 가문 왕자에게 진상되었고, 본래의 당근보다 더 맛이 뛰어나 왕자의 식탁에 자주 오르는 메뉴가 되었다. 그 이후 전 세계에 주황색 당근이 널리 퍼지게 되었다.

* 미국식 블랑제리-파티스리 「Bob's Bake Shop」 오너. 12 esplanade Nathalie-Sarraute, 파리 18구.
* 레시피는 『뉴욕의 간식 (Un goûter à New York)』에서 발췌, éd. Marabout 출판.

추억의 아이올리

아이올리 (aïoli)는 프로방스의 태양과 온기가 가득한 나눔의 음식이다. 클래식한 레시피부터
새로운 모험도 겁내지 않고 도전하는 참신한 레시피까지 골고루 즐기고 비교해보자.

개요

아이올리하면 마르셀 파뇰, 장 지오노, 그리고 미스트랄이 떠오른다. 이것은 잔치의 음식, 가족의 음식이다. 아이올리의 어원은 마늘 (ai, ail)과 오일 (oli, huile)의 합성어로 마늘 퓌레에 올리브오일을 넣고 섞어 에멀전화한 소스를 말한다. 주변 국가인 이탈리아, 포르투갈, 스페인에도 이와 비슷한 종류의 소스가 있다. 지중해를 대표하는 이 소스는 니스에서 프로방스를 거쳐 랑그독 지방에 이르기까지 널리 즐겨먹는 음식 이름이기도 한데, 주로 염장 대구나 각종 채소, 삶은 달걀을 곁들여 먹는다. 남쪽 지방에서 하도 많이 먹는 음식이라 그들에게는 조금 식상한 면도 있다.

알고 계셨나요?

프레데릭 미스트랄 (Frédéric Mistral: 19세기에 오크어 문학의 진흥을 일으킨 프로방스 출신의 시인)은 1869년 아비뇽에서 아이올리 (L'Aïoli)라는 이름의 잡지를 발간했다. 프로방스의 테루아를 깊이 옹호했던 그는 이 음식에 대해 "프로방스 태양의 온기와 힘, 환희가 녹아있는 정수"라고 표현했다.
19세기 말 프로방스의 마을 시장에서 각 조합원들은 제각기 다른 복장으로 구분되었는데, 마늘 장수들 (marchand d'aulx)의 옷에서 샹다이 (chandail: 스웨터라는 뜻)라는 단어가 유래되었다.

소스

마요네즈와 마찬가지로 아이올리도 에멀전 소스다. 물리화학적으로 풀어 말하면 에멀전(유화)이란 혼합될 수 없는 성질의 두 액체가 섞여 있는 상태를 말한다. 첫 번째 액체가 바로 올리브오일이다. 그렇다면 두 번째는? 어원을 풀어보면 아이올리는 오로지 오일과 마늘만을 함유하고 있다. 그러므로 마늘의 즙 성분이 여기서 두 번째 액체 역할을 한다고 볼 수 있다. 그러나 실제로 대부분의 요리사들은 이 재료들이 좀 더 잘 혼합되도록 하기 위해 달걀노른자 또는 레몬즙 등의 다른 액체 재료를 추가한다.

정통 스타일

볼 1개 분량
재료
마늘 6쪽
올리브오일 400ml, 소금
<u>도구</u>: 큰 돌절구에 나무로 된 공이

만드는 법

마늘의 껍질을 까서 절구에 넣은 다음, 소금을 몇 꼬집 넣는다. 공이로 빻아 페이스트가 되면 올리브오일을 가늘게 조금씩 넣으며 공이를 세게 돌린다. 같은 방향으로 돌리며 찧어 에멀전 소스를 완성한다. 공이를 절구 가운데에 박아 세웠을 때 쓰러지지 않고 지탱하면 적당한 농도가 된 것이다. 다 완성하고도 손목이 아프지 않다면 당신은 운이 좋은 것이다.

모던 스타일

볼 1개 분량
재료
마늘 6쪽
올리브오일 350ml
달걀노른자 1개
레몬즙 반 개분
소금
<u>도구</u>: 절구, 손 거품기

만드는 법

마늘의 껍질을 벗긴 후 절구에 넣고 공이로 찧어 페이스트를 만든다. 여기에 달걀노른자와 소금을 넣고 올리브오일을 가늘게 조금씩 넣으며 한 방향으로 계속 저어 섞는다. 올리브오일을 50ml 정도 넣었을 때 물 1티스푼과 레몬즙을 넣는다. 계속하여 나머지 올리브오일을 넣으며 저어 섞는다. 거품기를 사용하여 걸쭉한 에멀전이 될 때까지 소스를 잘 저어 혼합한다.

간편 스타일

볼 1개 분량
재료
마늘 4쪽
올리브오일 300ml
달걀 1개, 소금
<u>도구</u>: 핸드 블렌더와 깊숙한 믹싱용 용기

만드는 법

마늘의 껍질을 벗긴 후 으깨 퓌레를 만들어둔다. 달걀, 올리브오일, 소금을 깊은 용기에 넣는다. 핸드믹서를 짧게 끊어가며 작동시켜 마요네즈와 같은 농도의 균일한 에멀전이 될 때까지 간다. 여기에 마늘 퓌레를 넣고 다시 갈아준다.

또 무엇을 첨가할까?

다른 식물성 오일?
올리브오일이 너무 쓴맛이 나고 무겁다고 생각하는 사람들은 주저하지 말고 해바라기유나 포도씨유로 대치하면 된다.

사프란?
아름다운 주황색을 내고 은은한 향도 더할 수 있으므로 좋은 아이디어다. 단, 사프란 꽃술 2개 이상은 넣지 않는다.

감자?
어떤 이들은 마늘 퓌레에 작은 감자를 익혀 체에 거른 퓌레를 섞어 사용하기도 한다. 감자의 전분이 더해져 소스가 더욱 폭신하고 부드러워 질 것이다.

빵가루와 우유 약간?
감자와 마찬가지로 우유에 빵가루를 불려 넣어주면 에멀전에 전분을 더해주는 효과를 낼 수 있다.

신선한 허브?
타라곤, 처빌, 바질 등의 허브를 넣어도 나쁠 건 없다. 단, 이때 마르세유 토박이 손님은 식사에 초대하지 않는 게 좋겠다.

채소

정통파 아이올리에 곁들일 수 있는 채소 명단은 명확히 정해져 있다.
하지만 각자 기호에 따라 자유롭게 선택할 수 있도록 다른 종류의 채소도 추천해본다.

필수 기본 재료

당근   그린빈스   감자   콜리플라워

자유로운 응용 선택

 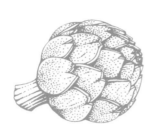  

리크(서양 대파)   아티초크   양파   펜넬

 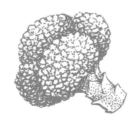  

비트   브로콜리   주키니 호박   고구마

동물성 단백질

아이올리 상차림의 주빈은 염장 대구이다. 여기에 삶은 달걀, 또는 경우에 따라
에스카르고(식용 달팽이)가 곁들여진다. 옛날에는 축대 근처에서 잡아다 굶겨서
식용으로 사용했던 달팽이를 요즘엔 고둥으로 많이 대체하는 추세다.
<u>아주 좋은 아이디어:</u> 염장 대구 대신 생물 대구를 준비해 아주 짠 염수(물 1리터당 굵은
소금 2움큼)에 2시간 동안 담가두었다가 썻지 말고 그대로 증기에 찐다. 염장 대구처럼
단단해진 식감과 생물 대구의 신선한 맛을 동시에 느낄 수 있다.

생선

기타 동물성 단백질

삶은 달걀   식용 달팽이   고둥

영화 「마리우스와 자넷 (Marius et Jeannette)」에서의 아이올리

로베르 게디기앙 (Robert Guédiguian) 감독의 이 영화에서 데데(장 피에르 다루생
분), 마리우스(제라르 멜랑 분)와 쥐스탱(자크 부데 분)은 진짜 아이올리 레시피를
놓고 왈가왈부한다.
- 데데: 대체 저 아가씨는 아이올리에 펜넬을 곁들여 내는 걸 어디서 본 거야?
- 마리우스: 펜넬을 좋아하나?
- 쥐스탱: 진정한 아이올리는 그린빈스, 당근, 감자, 콜리플라워, 삶은 달걀, 염장
대구와 함께 먹어야 제맛이지.
- 데데: 당연하지!
- 마리우스: 어, 웃기지마, 그녀가 펜넬을 좋아한다면, 레시피가 뭐래도 상관없잖아!
- 데데: 래디시만이라도 좀 주면 되는데!

프로방스식 아이올리 상차림

에두아르 루베 Edouard Loubet*

프로방스의 전통과 재능 넘치는 셰프의 자유로움이 완벽한 조화를 이루고 있는 레시피.

6인분

소금 빼기
염장 대구: 24시간
고둥 해감하기: 1시간
준비 시간: 2시간 30분

재료

염장 대구 1.5kg
고둥 750g
부케가르니 1개
통후추 6알
정향 2개 꽂은 양파 1개
파스티스* 40ml
달걀 6개
감자 6개
햇당근 6개
신선한 그린빈스 500g
주키니 호박 작은 것 3개
펜넬 작은 것 3개
콜리플라워 작은 것 1개

올리브오일 2테이블스푼
굵은 소금 한 줌
소금, 통후추 간 것
꼴뚜기 800g

아이올리
올리브오일 350ml
마늘 6쪽
달걀노른자 1개
사프란 꽃술
레몬즙 1/2개분
소금

만드는 법

염장 대구

염장 대구를 토막으로 잘라 거름체에 담은 상태로 찬물에 담가 소금기를 뺀다. 24시간 동안 염분을 빼면서 중간에 3번 정도 물을 갈아준다. 고둥은 아이올리를 준비하기 2시간 전에 굵은 소금을 뿌려 놓는다. 1시간 정도 해감한 고둥을 잘 헹군 후, 물 3리터에 통후추, 부케가르니, 정향 박은 양파, 파스티스와 함께 넣고 25분간 익힌다. 건져놓는다. 달걀은 10분간 완숙으로 삶아놓는다. 감자와 당근은 씻어서 염장 대구의 소금을 뺀 물에 15분간 삶아 익힌다. 그린빈스는 끝을 따 다듬고, 주키니 호박은 녹색 부분을 한 줄씩 교대로 남겨놓으며 껍질을 벗긴 후 먹기 좋은 크기로 썬다. 펜넬은 한 장씩 떼어놓는다. 이 채소들을 감자와 당근 삶는 데 넣고 10분간 익힌다. 모두 건진다. 콜리플라워는 작은 크기로 송이를 떼어놓은 후 소금을 넣은 끓는 물에 15분간 따로 익힌다.

아이올리

마늘은 껍질을 벗긴 후 절구에 찧는다. 달걀노른자와 소금을 넣고, 올리브오일을 가늘게 조금씩 넣으며 공이를 한 방향으로 원을 그리듯 돌려 빻아준다. 올리브오일을 50ml 쯤 넣었을 때, 물 1티스푼과 레몬즙을 넣는다. 나머지 오일을 넣어가며 계속 잘 저어 아이올리 소스를 완성한다.

마무리와 플레이팅

소금기를 뺀 대구를 건져 냄비에 담고 찬물을 채운다. 거의 끓을 정도로 가열한 후 불에서 내린다. 그 상태로 뚜껑을 덮고, 약 5~8분간 익힌다. 꼴뚜기는 먹물주머니를 제거하고 깨끗이 씻는다. 센 불에서 (차가운 오일과 함께 익히기 시작) 5분간 만 재빨리 익혀 질겨지지 않도록 한다. 염장 대구의 껍질을 벗기고 가시를 제거한다. 큰 서빙 플레이트에 생선살을 먹기 좋게 떼어 담고 달걀을 사이사이 놓는다. 준비한 채소를 빙 둘러 담고, 고둥과 꼴뚜기도 곁들여 낸다.

* pastis: 아니스 향이 나는 프랑스의 식전주로 알코올 도수가 대개 40도 정도이다.

* Edouard Loubet : 도멘 드 카프롱그 (Domaine de Capelongue, Bonnieux)의 셰프.
  레시피는 그의 저서 『프로방스의 요리사, 놓쳐서는 안 될 요리 100선 (Cuisinier provençal. Les 100 recettes incontournables)』 에서 발췌. éd. Skira 출판.

숨겨진 아지트에서 누리는 행복한 식사

장 클로드 리보*

오랜 세월 장수한다는 것은 그만큼 품질 면에서 인정받았다는 것이다. 이 분야를 꿰고 있는 전문가가 살짝 공개하는 파리의 작은 맛집들.

우리의 가이드

여기 소개된 식당들은 파리의 지도에서 눈에 잘 띄지 않는 곳에 숨어 있으며, 미식 평론가의 레이더에도 잘 잡히지 않는 곳들이다. 아마도 백 년이 넘는 동안 거의 같은 음식을 내는 곳이기 때문이다. 심지어 어떤 특별했던 고객은 이 작은 식당에 자신만의 냅킨 홀더도 있었다. 이 숨은 보석들을 소개하는 안내자인 장 클로드 리보는 건축가이며 미식 전문가로 23년간 르 몽드지의 미식 와인 칼럼을 담당했으며, 『미식가의 파리 여행 (Voyage d'un gourmet a Paris)』(ed. Calmann-Levy 출판)의 저자다.

오 프티 바 Au Petit Bar

7, rue du Mont Thabor, 파리 1구

"이 식당은 마요네즈 달걀, 로스트 비프와 홈메이드 프렌치프라이, 홈메이드 과일 타르트 등, 가족적이고 매력 넘치는 메뉴들이 아주 마음에 든다. 게다가 주인장이 내놓는 와인 한 병은 고작 담배 두 갑 가격이다!"

개업: 1966년
식사 예산: 20유로

르 부갱빌 Le Bougainville

5, rue de la Banque, 파리 2구

"창업자인 모렐 여사가 은퇴한 이후 그 아들이 이어오고 있는 이 작은 식당은 그 어느 때보다도 인근 AFP 통신사 언론인들에게 인기가 높다. 라드를 채운 앙두이예트를 바에 앉아서 먹고 있노라면 더 이상 행복할 수 없다."

개업: 1962년
식사 예산: 20~35유로

로베르주 생 제르맹 L'Auberge Saint-Germain

204, boulevard Saint-Germain, 파리 7구

"이곳의 대표 메뉴는 파테 드 캉파뉴, 프렌치 어니언 수프, 필로 페이스트리에 싼 달걀, 베르베르식 쿠스쿠스 등이다. 볼랭스키*가 예전에 즐겨 찾던 식당이다."

개업: 1978년
식사 예산: 30유로

*Georges Wolinski: 프랑스의 만화가, 풍자 잡지 「샤를리 에브도」에서 2015년 1월 발생한 테러 충격 사건으로 사망.

폴리도르 Polidor

41, rue Monsieur-le-Prince, 파리 6구

"초창기의 이곳은 주머니가 가벼운 학생들이 주로 찾던 허름한 간이식당이었다. 쥘 발레 (Jules Vallès), 프랑시스 카르코 (Francis Carco), 제임스 조이스 (James Joyce), 폴 레오토 (Paul Léautaud) 등의 문인들이 드나들던 이 역사적인 식당은 당시 파리의 활발했던 시민 생활을 찾아볼 수 있는 귀한 마지막 증거 중 하나가 되었다. 생생한 역사 속에 살아 있는 이곳에서 우리는 아직도 맛있는 식사를 즐긴다."

개업: 1845년
식사 예산: 25~35유로

폴 셴 Paul Chêne

123, rue Lauriston, 파리 16구

"영화배우 장 가뱅은 이곳에 개인용 냅킨 홀더까지 두고 있었다. 이 식당은 누벨 퀴진의 물결이 휘몰아치기 이전의 아주 옛날식 음식을 내는 곳이다. 얼마나 더 오래 이어져 갈 수 있을지 의문이 들긴 하다. 사라지기 전에 얼른 가서 맛보길!"

개업: 1959년
식사 예산: 40유로

르 코크 드 라 메종 블랑슈 Le Coq de la maison blanche

37, boulevard Jean-Jaurès, 93400 Saint-Ouen

"매주 수요일이면 이곳에서는 뼈째 통으로 익힌 송아지 머리 요리를 먹을 수 있다. 코코뱅도 훌륭하고, 주인장이 애착을 갖고 선별한 와인 리스트도 좋다."

개업: 1850년
식사 예산: 50유로

르 리탈 Le R-ital

25, rue Pierre-Demours, 파리 17구

"1920년대 이탈리아에서 프랑스로 대거 이주해온 노동자들의 신분증에는 이탈리아 출신임을 나타내는 R-Ital 표시가 되어 있었다. 이름만 봐도 이탈리아 출신의 주인장이 운영하는 것임을 금방 알아챌 수 있는 이 식당은 파리에서 가장 맛있는 오소부코를 먹을 수 있는 곳이다. 셰프 이바노 지오르다니가 매일매일 정성을 다해 만든다."

개업: 2008
식사 예산: 40유로

라 포르주 La Forge

14, rue Pascal, 파리 14구

"무프타르 거리 아래쪽에 위치한 페리고르 전통 음식점으로 정성을 다해 오래 익힌 스튜 종류를 추천할 만하다. 특히 장 프랑수아 르 기유 셰프가 만드는 카술레를 4계절 내내 맛볼 수 있다."

개업: 2011년 재개업
식사 예산: 30유로

레스카르비유 L'Escarbille

8, rue de Vélizy , 92190 Meudon

"옛 뫼동 (Meudon) 기차 역사 안에서 맛볼 수 있는 셰프 레지스 두이세의 훌륭한 음식과 네오 부르주아식 분위기, 그리고 그늘진 멋진 테라스가 있는 곳."

개업: 2005년
식사 예산: 60유로

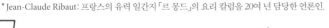
*Jean-Claude Ribaut: 프랑스의 유력 일간지 「르 몽드」의 요리 칼럼을 20여 년 담당한 언론인.

비스트로의 기원
LES ORIGINES DU MOT BISTRO(T)

비스트로 스펠링에 't'를 붙일 것인가 말 것인가? 그 누구도 딱 잘라 대답하기 힘들 것이다.

프랑스어에서는 't'를 붙인 bistrot가 더 많이 사용된다 (아마도 bistroter 라는 동사로 쓰기 편하기 때문이 아닐까 한다). 이와 반대로 영어는 't'가 없는 bistro를 쓴다. 비스트로가 프랑스에서 처음 탄생해 전 세계에 퍼진 식당의 형태라고는 하지만, 그 기원을 명확하게 풀어내기는 간단해 보이지 않는다.

몽마르트 언덕에 자리한 오래된 비스트로 라 메르 카트린 (La Mère Catherine)에 붙어 있는 설명에 따르면 '비스트로 (bistrot)'라는 말은 '빨리'라는 뜻을 가진 러시아어에서 왔다고 한다. 1814년 파리 전투 패배 후 러시아 점령군이 주둔하고 있을 당시, 술을 마실 권한이 없었던 러시아 병사들은 이곳에 들어와 상관에게 적발될까 두려워 "빨리" 달라고 주문했다고 한다. 이 단어가 정식으로 인정된 것은 한참 뒤인 1884년 조르주 모로(Georges Moreau) 신부의 『로케트 교도소의 추억 (Les Souvenirs de la Roquette)』이 출판되고 나서부터이다.

이것 말고도 또 신빙성 있는 설들이 여럿 있다. 선술집을 뜻하는 프랑스 북부 도시 푸아티에 (Poitiers) 사투리 비스트로(bistraud)에서 왔다고 하는 주장도 있고, 남프랑스에서는 본래 종업원이란 뜻에서 와인 가게 종업원, 와인 가게 주인으로 의미가 변한 단어인 비스트로케 (bistroquet)를 그 원조라고 우기는 사람들도 있다. 또한 프랑스 북부 노르 파드 칼레 (Nord-Pas-de-Calais)에서는 커피와 알코올을 섞은 음료를 뜻하는 비스투이유 (bistouille)에서 유래한 말이라는 주장도 있다.

미식 마니아들의 다양한 모임

프랑스에는 특정 음식과 관련된 협회만 무려 2000개 가까이 된다. 단체 복장과 망토는 물론이고, 심지어 깃발과 노래도 있는 이 협회들은
자신들의 테루아에서 생산되는 먹거리와 오랜 전통을 지켜 나가기 위한 모임을 결성하여 활발히 활동하고 있다. 프랑스 각지의 모임들을 살펴보자.

송아지 머리 기사단 총연합
Académie universelle de la tête de veau

특산 먹거리: 송아지 머리
본부: 페삭 (Pessac, Gironde)
창립: 1992년

로트렉 핑크 마늘 기사단 협회
Confrérie de l'ail rose de Lautrec

특산 먹거리: 줄기를 묶어
다발로 만든 핑크색 마늘
본부: 로트렉 (Lautrec, Tarn)
창립: 2000년

카카스 아 퀴 뉘 기사단 협회
Confrérie de la cacasse à cul nu

특산 먹거리: 감자와 돼지비계,
양파를 넣고 만든 프리카세
본부: 애글르몽 (Aiglemont, Ardennes)
창립: 2001년

로스코프 양파 기사단 협회
Confrérie de l'oignon de Roscoff

특산 먹거리: 핑크색 양파
본부: 로스코프 (Roscoff, Finistère)
창립: 2010년

노르망디 퇴르굴과 팔뤼 기사단 협회
Confrérie de la teurgoule et
de la fallue de Normandie

특산 먹거리: 오븐에 5시간 익힌 계피향의
라이스푸딩(퇴르굴)과 브리오슈 (팔뤼)
본부: 도쥘레 (Dozulé, Calvados)
창립: 1978년

카망베르 기사단 협회
Confrérie des chevaliers du camembert

특산 먹거리: 소의 생젖으로 만든 흰색
외피의 연성 치즈인 카망베르.
본부: 비모티에 (Vimotiers, Orne)
창립: 1985년

사르트식 리예트 기사단 협회
Confrérie des chevaliers des
rillettes sarthoises

특산 먹거리: 돼지고기를 기름에 넣고
익힌 리예트
본부: 마메르 (Mamers, Sarthe)
창립: 1968년

카바이용 멜론 기사단 협회
Confrérie des chevaliers de l'ordre du
melon de Cavaillon

특산 먹거리: 남 프랑스의 멜론
본부: 카바이용 (Cavaillon, Vaucluse)
창립: 1988년

청어 수산 기사단 협회
Confrérie du hareng côtier

특산 먹거리: 청어
본부: 베르크 쉬르 메르
(Berck-sur-Mer, Pas-de-Calais)
창립: 1991년

앙두이예트 기사단 협회
Confrérie des chevaliers du goûte-andouille

특산 먹거리: 자르조 앙두이예트
본부: 자르조 (Jargeau, Loiret)
창립: 1971년

클로 몽마르트르 와이너리
기사단 협회
Commanderie du clos Montmartre

특산 먹거리: 몽마르트르 언덕
포도밭의 와인
본부: 파리 (Paris)
창립: 1983년

정통 플람쿠헨 협회
Confrérie du véritable flammekueche

특산 먹거리: 불에 직접 구운 알자스식
타르트(타르트 플랑베)
본부: 새솔스하임
(Saessolsheim, Bas-Rhin)
창립: 1979년

블랙 다이아몬드 기사단 협회
Confrérie du diamand noir

특산 먹거리: 블랙 트러플 (검은 송로 버섯)
본부: 리슈랑슈 (Richerenches, Vaucluse)
창립: 1982년

생트 모르 치즈 기사단 협회
Commanderie du fromage de Sainte-Maure

특산 먹거리: 생 염소젖 치즈
본부: 생트 모르 드 투렌(Sainte-Maure-de-
Touraine, Indre-et-Loire)
창립: 1972년

돼지 간 테린 기사단 협회
Confrérie de la terrine de foie de porc

특산 먹거리: 돼지 간 테린
본부: 쿠솔르 (Cousolre, Nord)
창립: 1986년

아리에주 에스카르고 기사단 협회
Confrérie de l'escargot ariégeois

특산 먹거리: 식용 달팽이
본부: 라 투르 뒤 크리외
(La Tour-du-Crieu, Ariège)
창립: 2001년

콩플랑 지방 카탈루냐 부댕 기사단 협회
Confrérie Jubilatoire des Taste-Boutifarre du Conflent

특산 먹거리: 카탈루냐 부댕
본부: 프라드
(Prades, Pyrénées-Orientales)
창립: 2009년

블라예 아스파라거스 기사단 협회
Confrérie de l'asperge du Blayais

특산 먹거리: 화이트 아스파라거스
본부: 레냐 드 블라이
(Reignac-de-Blaye, Gironde)
창립: 1973년

익사수 체리 기사단 협회
Confrérie de la cerise d'Itxassou

특산 먹거리: 블랙 체리
본부: 익사수
(Itxassou, Pyrénées-Atlantiques)
창립: 2007년

아미엥식 피셀 피카르드 기사단 협회
Confrérie de la ficelle picarde amiénoise

특산 먹거리: 햄과 버섯을 넣은 크레프를 돌돌 말아 오븐에 구운 전통 음식.
본부: 브르퇴이유 (Breteuil, Somme)
창립: 2013년

비고르식 전통 수프 기사단 협회
Confrérie de la garbure bigourdane

특산 먹거리: 흰 강낭콩과 채소를 넣고 끓인 수프
본부: 아르젤 가조스트
(Argèles-Gazoste, Pyrénées-Orientales)
창립: 1997년

개구리 뒷다리 기사단 협회
Confrérie des taste-cuisses de grenouilles

특산 먹거리: 식용 개구리
본부: 비텔 (Vittel, Vosges)
창립: 1972년

로렌식 파테 기사단 협회
Confrérie du pâté lorrain

특산 먹거리: 파테 앙 크루트
본부: 샤트누아 (Châtenois, Bas-Rhin)
창립: 1990년

타스트뱅 기사단 협회
Confrérie des chevaliers du tastevin

특산 먹거리: 부르고뉴 와인
본부: 뉘 생 조르주
(Nuits-Saint-Georges, Côtes-d'Or)
창립: 1934년

부르보네 감자 파테 기사단 협회
Confrérie du pâté aux pommes de terre bourbonnais

특산 먹거리: 감자로 만든 투르트 파이
본부: 몽마로 (Montmarault, Allier)
창립: 2004년

피아돈 케이크 기사단 협회
Confrérie du fiadone

특산 먹거리: 브로치우 치즈로 만든 코르시카의 전통 케이크
본부: 아작시오 (Ajaccio, Corse-du-Sud)
창립: 2013년

르블로숑 치즈 기사단 협회
Confrérie du reblochon

특산 먹거리: 소의 생젖으로 만든 연성 치즈인 르블로숑
본부: 톤 (Thônes, Haute-Savoie)
창립: 1994년

포르치니 버섯, 어미 젖을 먹고 자란 송아지 기사단 협회
Confrérie du cèpe et du veau sous la mère

특산 먹거리: 유명한 지역 특산 버섯과 송아지고기
본부: 생 소 라쿠시에르 (Saint-Saud-Lacoussière, Dordogne)
창립: 1996년

로얄 엘로 와인 기사단 협회
Confrérie du royal vin jaune

특산 먹거리: 쥐라 특산 화이트와인 뱅 존
본부: 아르부아 (Arbois, Jura)
창립: 1989년

창자 요리 기사단 협회
Confrérie des mange-tripes

특산 먹거리: 알레스풍의 창자 요리
본부: 알레스 (Alès, Gard)
창립: 1999년

솔레즈 블루 리크 기사단 협회
Confrérie du bleu de Solaize

특산 먹거리: 푸른빛이 도는 서양 대파
본부: 솔레즈 (Solaize, Rhône)
창립: 1997년

브레조드 수프 기사단 협회
Confrérie des compagnons de la bréjaude

특산 먹거리: 감자와 베이컨을 넣어 만드는 리무쟁의 전통 수프
본부: 생 쥐니엥
(Saint-Junien, Haute-Vienne)
창립: 1989년

마렌 녹색 굴 기사단 협회
Confrérie des galants de la verte marennes

특산 먹거리: 마렌 올레롱의 녹색 빛이 도는 핀 드 클레르 (fine de claire) 굴
본부: 마렌 (Marennes, Charente-Maritime)
창립: 1954년

피페리아 갈레트 기사단 협회
Confrérie Pipéria la galette

특산 먹거리: 메밀 갈레트
본부: 피프리악
(Pipriac, Ile-et-Vilaine)
창립: 1998년

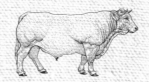

샤토브리앙 협회 기사단
L'académie du châteaubriant

특산 먹거리: 소고기
본부: 라 마쥐르
(La Mazure, Loire-Atlantique)
창립: 1994년

페네스탱 홍합 양식 기사단 협회
Confrérie des bouchoteurs de Penestin

특산 먹거리: 양식 홍합
본부: 페네스탱 (Penestin, Morbihan)
창립: 2009년

녹아 흘러내리는 치즈 총집결

치즈가 길게 실처럼 녹아내리는 것이 우리에게 주는 심리적 진정 작용에 대해 언젠가 연구해보아야 할 것이다.
특히 이것이 빵, 쌀, 또는 감자 등의 탄수화물과 함께할 땐 그 효과가 배가된다. 더 진하고 느끼할수록 더 맛있다!
오베르뉴 지방의 알리고 (aligot)부터 치즈를 넣은 라이스 크로켓인 로마식 수플리 (suppli romain)에 이르기까지 쭉쭉 늘어나는 맛있는 치즈 음식을 전부 모아보았다.

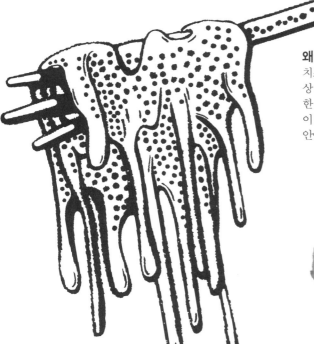

왜 치즈는 녹으면 늘어날까?

치즈에는 긴 사슬 구조의 단백질 입자(아미노산 100개 이상 포함한 단백질)가 들어 있는데, 이는 불규칙한 모양을 한 지방 입자에 말려 있다. 열을 가하면 이 지방과 단백질이 녹으면서 긴 사슬구조의 단백질은 녹은 치즈 덩어리 안에서 실 같은 형태를 만들어낸다.

포크로 잡아당기면 이 녹은 치즈는 수많은 실 조직으로 쭉 늘어난다. 녹은 치즈의 한 끝을 잡아당기면 마치 천연 목화에서 실을 뽑아내듯이 실 같은 치즈를 한 줄 뽑아낼 수 있다. 이는 비닐 봉투에 열을 가했을 때 폴리에틸렌이 녹아 길게 늘어나는 것과 마찬가지이다. 물론 맛을 본다면 치즈가 훨씬 낫겠지만!

1 수플리 알 텔레포노 SUPPLI AL TELEFONO
이탈리아, 로마

치즈 : **모차렐라** (mozzarella)
레시피: 남은 리소토 안에 모차렐라를 넣고 크로켓을 만든 다음 빵가루를 묻혀 튀긴다. 반으로 자르면 가운데 치즈가 녹아 늘어나면서 마치 어린 시절, 혹은 부모님 세대의 어린 시절의 전화놀이를 떠올리게 한다.
늘어나는 정도: **100%**
꼭 모차렐라 치즈여야 한다. 이보다 더 쭉쭉 늘어나는 것은 없다. 수플리를 우아하게 얌전히 먹을 생각은 아예 하지 않는 것이 좋다.

2 베르투 BERTHOUD
프랑스, 오트 사부아

치즈 : **아봉당스** (abondance)
레시피: 마늘을 문지른 토기에 가늘게 갈거나 잘게 썬 아봉당스 치즈를 넣고 사부아 지방의 드라이한 화이트 와인을 뿌린 뒤 오븐에 그라탱처럼 녹여 먹는다.
늘어나는 정도: **30%**
치즈가 늘어나긴 하지만 모형 케이블카의 줄로 쓸 정도로는 안 된다.

3 타르티플레트 TARTIFLETTE
프랑스, 사부아

치즈 : **르블로숑** (reblochon). 각기 숙성기간이 다른 두 종류의 르블로숑 치즈를 섞어 쓰면 더욱 좋다. 주의! 대형 매장에서 '타르티플레트용 치즈'라고 파는 제품들은 흉내만 낸 것들이 대부분이다.
레시피: 익힌 감자와 완전히 볶아놓은 양파, 베이컨, 르블로숑 치즈를 교대로 담는다. 그라탱처럼 구워질 맨 윗면은 르블로숑 치즈 반 자른 것으로 마무리한다.
늘어나는 정도: **10%**
이것은 치즈가 쭉쭉 늘어난다기 보다는 녹아내린다고 하는 게 더 정확하다. 좀 더 늘어나는 치즈를 원한다면 그뤼예르나 에멘탈을 조금 섞어 넣으면 좋다.

4 사부아식 퐁뒤 FONDUE SAVOYARDE
프랑스, 사부아

치즈 : **콩테** (comté), **보포르** (beaufort), **그뤼예르** (gruyère), **에멘탈** (emmental) 등…
레시피: 비교적 단단한 여러 가지 경성 치즈에 화이트 와인과 마늘을 넣고 약한 불로 천천히 녹인다. 빵을 긴 퐁뒤용 꼬챙이에 꿰어 치즈를 찍어 먹는다.
늘어나는 정도: **100%**
농담을 섞어 마치 치실처럼 200%까지 길게 늘어난다고도 한다. 중간에 화이트와인을 추가로 넣으면 길게 늘어지는 성질이 좀 약해진다.

5 라클레트 RACLETTE
프랑스, 스위스

치즈 : **라클레트 치즈**. 법령으로 명시되어 보호되고 있다. 유지방은 최소 45% 이상 함유하고 있어야 하고, 8주 이상 숙성되어야 한다. 사부아 지방에서는 일반적으로 4~5개월 동안 숙성한다.
레시피: 반으로 자른 라클레트 치즈의 단면을 특수기구를 사용해 가열한 뒤, 녹은 부분을 긁어내린다.
가정에서는 미니팬 라클레트 전기 그릴을 사용하면 간편하다.
늘어나는 정도: **20~40%**
좋은 라클레트 치즈는 질감이 균일하고 부드럽게 녹아내리는 반면, 질이 안 좋은 것은 마지막에 기름 범벅이 된다.

6 알리고 ALIGOT
프랑스, 오브락

치즈 : **오베르뉴산 프레시 톰** (tomme fraîche d'Auvergne)

레시피: 감자 퓌레와 얇게 썬 치즈, 마늘, 크림을 섞어 녹인다. 만드는 과정이 중요한데, 나무주걱으로 8자 모양을 그리며 최소 20분간 계속 저어준다.

늘어나는 정도: 90%

물론 알리고는 1m도 넘게 늘어나지만, 끈적거리며 들러붙을 정도가 되서는 안 된다. 보기보다 은근히 까다롭다.

7 모차렐라 인 카로자 MOZZARELLA IN CARROZZA
프랑스, 이탈리아(캄파니아)

치즈 : **물소젖 모차렐라** (mozzarella di bufala)

레시피: 식빵 사이에 모차렐라 치즈를 끼워 넣고 우유에 담갔다가 밀가루를 묻힌 다음, 풀어 놓은 달걀을 입혀 튀긴다.

늘어나는 정도: 100%

치즈가 팔 하나 길이만큼 늘어난다.

8 치즈 크러스트 피자 CHEESY CRUST
전 세계 어디서나 볼 수 있다…

치즈 : **모조 치즈**

레시피: 피자 도우 반죽을 짧은 소시지 모양으로 만들고 속에 치즈를 넣은 다음 피자의 가장자리에 빙 둘러 붙인다. 피자헛이 개발한 메뉴.

늘어나는 정도: 50%

피자 자체의 치즈보다 이 크러스트의 치즈는 늘어나는 정도가 덜하다.

9 푸틴 POUTINE
캐나다, 퀘벡

치즈 : **체다** (cheddar)

레시피: 프렌치프라이와 치즈 위에 그레이비 소스를 뿌린다. 푸틴의 종류는 매우 다양한데, 올 드레스드 푸틴 (poutine all dressed)에는 녹색 피망과 버섯이 들어간다. 먹을 수 있는 것부터 도저히 먹을 수 없을 정도인 것까지 그 폭은 매우 넓다.

늘어나는 정도: 20%

체다 치즈는 그리 많이 늘어나지는 않는다.

10 맥 앤 치즈 MAC'N'CHEESE
미국

치즈 : **체다** (cheddar)

레시피: 마카로니 그라탱의 미국식 버전. 건조 치즈 분말이 들어 있는 인스턴트 마카로니 치즈도 있다. 그 맛은… 맛있게… 역겹다!

늘어나는 정도: 20~30%

체다 치즈를 사용해서 그다지 쭉쭉 늘어나지는 않는다. 희한하게도 공장에서 만든 가공 치즈일수록 더 잘 늘어난다.

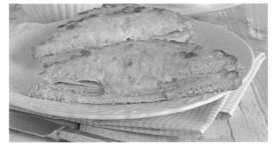

11 크로크 무슈 CROQUE-MONSIEUR
프랑스

치즈 : **에멘탈** (emmental)

레시피: 두 장의 식빵 사이에 햄과 치즈를 넣고 오븐에 노릇하게 굽는다.

늘어나는 정도: 30%

대개 나이프와 포크를 사용해 먹기 때문에 치즈는 끊어진다. 손으로 들고 먹어보자.

12 웰쉬 레어빗 WELSH RAREBIT
영국, 웨일즈

치즈 : **체다** (cheddar)

레시피: 전통적인 방법으로는, 우선 작은 냄비에 맥주를 넣고 끓인 다음 체다 치즈를 넣어 녹인다. 여기에 머스터드 한 스푼을 넣기도 한다. 식빵을 구운 다음 햄을 얹고 녹인 치즈를 붓는다. 브로일러에 구워낸다.

늘어나는 정도: 20%

이 레시피에서는 맥주가 들어감에 따라 치즈가 늘어지는 성질이 감소한다.

13 치즈 케사디아 QUESO QUESADILLA
멕시코

치즈 : **오하카 치즈** (queso de Oaxaca)

레시피: 소프트 토티아 안에 원하는 재료를 채운다 (강낭콩, 돼지고기, 닭고기, 사워크림, 양파, 그리고 치즈).

늘어나는 정도: 80%

오하카 치즈는 모차렐라만큼이나 실처럼 잘 늘어나는 스트링 치즈이다. 단점은 멕시코 이외의 지역에서는 좀처럼 구하기 힘들다는 점이다.

14 소고기 치즈 꼬치구이 YAKITORI BOEUF-FROMAGE
일본, 미국

치즈 : **에멘탈** (emmental)

레시피: 얇게 저민 소고기 안에 에멘탈 치즈를 넣고 말아 꼬치에 꿰어 구운 일본식 꼬치. 야키도리용 간장에 찍어 먹는다.

늘어나는 정도: 90%

고기와 치즈를 동시에 먹어야 그 참맛을 즐길 수 있는데 너무 세게 당겨 먹다보면 치즈만 쏙 빠진다는 애로사항이 있다.

가스파초

알베르토 에라이즈 Alberto Herraiz[*]

슈퍼마켓의 냉장식품 코너에서 차가운 수프 종류 판매가 성공을 거두고 있는 것으로 보아
의심할 여지없이 우리는 안달루시아의 차가운 수프인 가스파초와 사랑에 빠진 시대에 살고 있음을 알 수 있다.
여름 음식의 대표주자인 이 수프를 좀 더 꼼꼼히 짚어보고, 또 무엇이 들어가면 안 되는지도 알아보자.

개요

우리가 알고 있는 고정관념은 버리자. 라루스 요리사전에는 다음과 같이 명시되어 있다.
가스파초는 오이, 토마토, 양파, 피망, 식빵에 올리브오일과 마늘을 넣고 만든 스페인의 수프로 차갑게 먹는다.
이 정의에는 3가지의 오류가 있다.

1. 가스파초를 언제나 토마토 베이스로 만들었던 것은 아니다.
세비야의 가스파초가 붉은색을 띠게 된 것은 16세기 신대륙 발견과 함께 들어온 유명한 과일인 토마토를 넣기 시작한 이후다. 그 이전엔 전날 먹다 남은 마른 빵을 절구에 넣고 식초, 마른 과일, 마늘과 함께 빻아 먹었던 가난한 사람들의 음식이었다.

2. 가스파초는 차갑게 먹는 수프라기보다는 익히지 않은 수프라고 표현하는 게 더 정확하다.
빵을 제외한 모든 재료는 익히지 않은 생 채소이다.

3. 이 프랑스 사전의 정의에서는 중요한 재료가 한 가지 빠졌다. 바로 식초다.
흔히들 식초가 빠지면 가스파초가 아니라고 말한다. 물론 셰리와인 식초다.

안달루시아식 가스파초 레시피

카탈루냐 출신의 셰프 알베르토 에라이즈는 "프랑스 사람들은 가스파초에 대해 아무것도 모른다."고 딱 잘라 말한다. 정확한 계량도, 조리시간도 없는 (이미 아시다시피 이것은 생으로 먹는 음식이다) 그의 레시피는 식은 죽 먹기만큼이나 쉽다.

"온 가족이 함께 먹을 가스파초 3리터를 만들려면, 잘 익은 신선한 토마토 1kg, 오이 작은 것 한 개, 양파 한 개, 녹색 피망 한 개, 마늘 한 톨을 준비한다. 채소를 모두 굵직하게 썬 다음 밀폐용기에 담고 올리브오일을 넉넉히 한 바퀴 두른다. 약간 굳은 식빵 2장을 셰리와인 식초에 적셔서 소금, 후추와 함께 넣는다. 뚜껑을 잘 닫은 뒤 냉장고에 하룻밤 넣어둔다. 다음 날 재료를 모두 푸드 프로세서에 넣은 뒤, 올리브오일과 물 1리터를 넣고 간다. 체에 거른 후 즉시 서빙한다."

가스파초를 만들 때 알아두어야 할 4가지 팁

가스파초는 대지에서 태양을 듬뿍 받고 자라 달콤하고 향이 진한 제철 토마토를 넣어 만드는 **여름 음식**이다. 겨울엔 굳이 가스파초를 만들려고 하지 않는 편이 좋다. 알메리아[*] 밭의 하우스 토마토로는 그 어떤 맛도 낼 수가 없다.

*Almeria: 스페인 안달루시아의 도시로, 이곳에서는 대규모 비닐하우스 농사를 짓는다.

가스파초는 수프가 아니라 오일과 식초로 양념한 **생 채소 샐러드의 액체 상태**라고 볼 수 있다.

가스파초는 너무 곱게 갈아서는 안 된다. 이름만 들어서는 별로 식욕이 생기지 않는 그 어원처럼 **약간 입자가 있도록 갈아 만드는 것**이 중요하다. 가스파초의 어원은 카스포소(casposo)로 문자 그대로 직역하자면 "껍질과 찌꺼기가 많다."는 뜻이다. 본 아페티!

결정적인 비법: **재료를 모두 넣고 미리 재워두는 것**이다. 갈아서 서빙하기 하루 전날, 미리 모든 재료를 한데 넣고 서로 맛이 어우러지도록 하룻밤을 재운다.

* Alberto Herraiz: 레스토랑「Fogon」의 셰프. 45, quai des Grands-Augustins, 파리 6구.

카탈루냐 출신 셰프가 제안하는 다양한 가스파초의 변신

흰 마늘 가스파초
GASPACHO AJO BLANCO

이것은 토마토가 스페인에 들어오기 이전
소박한 농민들의 음식이었던 오리지널
가스파초에 가장 가까운 레시피다.

가스파초 2리터
준비 시간: 20분
휴지 시간: 12시간
조리는 필요 없어요 !

재료
물 1.2리터
껍질 벗긴 아몬드 350g
하루 지난 식빵 200g
마늘 1톨
버진 올리브오일 350ml
셰리와인 식초 100ml
플뢰르 드 셀, 후추

만드는 법
밀폐용기에 마늘, 아몬드, 식초, 잘게 뜯은 식빵,
후추와 소금(플뢰르 드 셀)을 넣고 냉장고에
12시간 넣어둔다. 블렌더에 넣고 빠른 속도로 돌려
재료를 곱게 간 다음, 속도를 낮추고 올리브오일과
물을 넣고 갈아 걸쭉하게 만든다. 즉시 서빙한다.

샐러드용 상추와 처빌을 넣은 가스파초
GASPACHO AUX LAITUES ET AU CERFEUIL

그린 샐러드를⋯ 믹서에 간 것!

가스파초 2리터
준비 시간: 20분
휴지 시간: 30분
조리는 필요 없어요 !

재료
물 1.5리터
로메인 양상추 1송이
치커리 1송이
줄기 양파 80g
마늘 1톨
처빌 1단
블랙 올리브 빵 300g
버진 올리브오일 350ml
카바* 비네거 150ml
소금, 후추

만드는 법
양상추와 치커리는 깨끗이 씻고 맨 겉쪽 잎을
떼어 버린 다음, 잘게 썬다. 줄기 양파와 처빌을
씻어서 줄기와 질긴 부분은 다듬어 잘라낸다.
끓는 물에 양상추, 치커리와 처빌을 10초 정도
살짝 데친 후 건져 얼음물에 재빨리 넣어 식힌다.
식초에 담가 적신 빵과 양상추, 치커리, 줄기 양파,
처빌, 마늘, 소금, 후추를 모두 밀폐용기에 넣고
올리브오일 분량의 반을 넣어준다.
냉장고에 30분간 넣어둔다.
블렌더에 재료를 갈고 난 후, 나머지 올리브오일을
넣으며 저속으로 갈아 걸쭉하게 만든다. 물을 넣어
희석시키며 혼합한다. 완성된 가스파초를 서빙
하기 직전까지 냉장고에 보관한다.
<u>셰프의 팁</u>: 샐러드용 상추류와 허브를 넣어 만든
가스파초는 체에 거르지 않는 것이 중요하다.
스테인리스 재질이라고 하더라도 금속과 접촉하면
급속히 산화될 수 있고, 따라서 색이 변할 수
있기 때문이다.

딸기 가스파초
GASPACHO AUX FRAISES

달콤한 맛의 가스파초

가스파초 3리터
준비 시간: 20분
휴지 시간: 12시간
조리는 필요 없어요 !

재료
과육이 탱탱하고 향이 진한 잘 익은 딸기 1kg
물 1리터
줄기 양파 100g
식빵 300g
버진 올리브오일 450ml
딸기 식초 150ml
플뢰르 드 셀, 후추
빵 1인당 1쪽
민트 잎 30g

만드는 법
딸기를 깨끗이 씻어 건져 물기를 제거한 후 반으로
자른다. 줄기 양파의 껍질을 벗기고 찬물에
30분간 담가둔다. 식빵은 뜯어 식초에 담가
적신다. 밀폐용기에 딸기 분량의 반, 줄기 양파,
올리브오일 분량의 반, 식초에 적신 식빵, 소금,
후추를 넣고 냉장고에 12시간 보관한다.
블렌더에 옮겨 담고 가장 빠른 속도로 회전하여
재료를 간다. 나머지 올리브오일을 넣으며
저속으로 돌려 걸쭉하게 혼합한다. 간을 맞춘다.
물로 희석하여 원하는 농도를 만든다. 잘게 자른
민트 잎을 넣는다. 우묵한 접시에 남겨둔 분량의
딸기를 나누어 담고 가스파초를 붓는다.
<u>서빙</u>: 구운 빵에 딸기를 문질러 향을 낸 후
올리브오일을 뿌리고 플뢰르 드 셀을 얹어
함께 서빙한다.
<u>셰프의 팁</u>: 딸기 식초는 직접 만들 수 있다. 와인
식초 1리터에 후추, 씻어서 물기를 완전히 닦은
딸기를 넣고 15일간 재워둔다.

*cava: 스페인의 스파클링 와인.

가스파초와 낯선 재료의 만남

겨울용 가스파초
비트 가스파초 Gaspacho de betterave

별로 환대받지 못하는 덩이줄기 채소인 비트를 이용해 만든 이 가스파초는 모든 사람의 마음을
녹이기에 충분하다. 평소에 비트를 싫어하는 사람들도 모두 포용할 수 있는 마법 같은 맛이다.

4인분

준비 시간: 25분
냉장: 2시간

재료

비트 익힌 것 1개
완숙 토마토 6개
오이 반 개
굳은 식빵 3쪽
마늘 1톨
세리와인 식초 2테이블스푼
올리브오일 2테이블스푼
휘핑크림 120ml
닭 육수 750ml
소금, 후추

만드는 법

그릇에 닭 육수를 조금 넣고 빵을 담가
적신다. 마늘은 껍질을 벗기고, 비트도
껍질을 벗겨 두툼하게 자른다. 토마토는
씻어서 껍질에 십자로 칼집을 낸 다음,
끓는 물에 넣어 5분간 데친다. 건져서
껍질을 벗기고 속을 제거한다. 오이의
껍질을 벗긴 후, 굵직하게 자른다.
블렌더에 오이, 비트, 토마토, 빵, 마늘과
닭 육수를 조금 넣고 걸쭉한 농도가
되도록 간다. 육수를 넣어가며 원하는
농도로 조절한다. 여기에 올리브오일,
식초, 크림을 넣고 잘 섞은 후 소금, 후추로
간을 맞춘다. 냉장고에 2시간 보관한다.

야생의 맛을 내는 가스파초
어수리 새순 가스파초
Gaspacho de pousses de grande berce

조르주 옥슬레 (George Oxley)*

음식에 관심이 많은 한 생화학자가 들판에서 야생 식물을 채집하다가 고안해낸 가스파초 레시피.

1인분

재료

어수리** (호그위드 풀) 새순 1움큼
적양파 1/4개
세리와인 식초
올리브오일
소금

그의 레시피

"재료에 소금, 올리브오일 2테이블스푼,
식초 2티스푼을 넣고 모두 믹서로 간다.
원하는 농도나 간, 산미는 취향에 맞게
조절한다. 야생 식물의 스파이스향과
시트러스 맛이 나는 이 가스파초에는
한국식 멸치볶음을 곁들여 단맛과 짠맛을
동시에 즐기거나, 또는 살짝 훈제한 작은
청어를 곁들여도 좋다."

호그위드, 사랑의 씨앗

호그위드(어수리 풀의 일종)는 같은 속에 속하는 큐민과 아니스의 중간쯤 되는
맛을 갖고 있다. 이들 향신료는 중세 이후 도입된 데 반해, 이 야생풀은 들판
어디서나 흔하게 자라고 있었다. 신기한 일일까 아니면 국제교역의 상술일까?
이것을 진즉에 감지한 이들은 고대부터 이루어진 교역활동을 통해 지혜를 쌓은
이란인들이었다. 그들은 이것을 골파르 (golpar)라고 부른다. 중세 대 서정시인
하페즈 (Hapez)의 나라 국민들은 이 식물을 사랑의 시처럼 재배한다. 이것은
쌀에 넣어 향을 내거나, 야생 난초에서 추출한 전분인 살렙 (salep)을 넣어
걸쭉하게 한 석류잼 등에 넣어 향을 더하는 데도 쓰인다. 또한 빛의 신 미트라
(Mithra)의 탄생과 연관되기도 한다. 밤이 가장 긴 동짓날에는 노래와 사랑의
시로 축하하는 풍습이 있다. 이 전통 덕에 호그위드 씨앗은 이란 향신료 상점
어디에서나 찾아볼 수 있다. 이것을 맛보면 꿈을 꾸게 하는 천사의 씨앗이라는
느낌을 받을 수 있을 것이다.

---

* George Oxley : 『허브를 활용한 미식. 야생 식물로 만드는 건강한 요리 (Manifeste gourmand des herbes folles. Se faire du bien en cuisinant les plantes sauvages)』의 저자. éd. du Toucan 출판.
** hogweed, 프랑스어로는 grande berce 라고 하며 학명은 Heracleum mantegazzianum. 높이가 2m 정도 자라는 미나리과에 속하는 다년초로 봄에 어린 순을 뜯어 사용한다.

두 가지 방법으로 만드는 연어 그라블락스

그라블락스 연어 — LE SAUMON GRAVLAX
마리 클레르 프레데릭*

'양념에 재운 연어 (saumon mariné)'라고 잘못 해석되어 쓰이고 있는 그라블락스 연어는
정확히 말하면 '파묻은 연어 (saumon enterré)'라는 의미다.
발효 생선의 현대식 버전인 이것은 맛도 그만이고 만들기도 어렵지 않다.

6인분
휴지 시간: 48시간

재료
연어 1마리
굵은 천일염 70g
설탕 50g
딜 1단
부순 통후추 1티스푼
<u>소스</u>
마요네즈 200ml
맵지 않은 머스터드 1테이블스푼
꿀 1티스푼
애플사이더 식초 (vinaigre de cidre) 1테이블스푼
잘게 썬 딜 1테이블스푼

만드는 법
생선을 구입할 때, 연어의 껍질을 그대로 둔
채로 살만 필레로 떠온다. 생선용 핀셋으로
가시를 꼼꼼히 제거한다. 소금, 설탕, 후추,
잘게 썬 딜을 섞는다. 첫 번째 필레의 껍질
이 아래로 가게 평평히 놓고, 혼합물을 덮어
준다. 두 번째 연어 필레로 껍질이 위로 오게
하여 덮는다. 도마를 얹고 무거운 것을 올린
상태로 48시간 동안 냉장고에 넣어둔다.
<u>서빙</u>: 소금 혼합물을 긁어낸 다음 연어를
얇게 슬라이스한다. 소스 재료를 모두
혼합한다. 호밀빵에 버터를 발라 곁들여
먹는다.

* Marie-Claire Frédéric : 『날것도 아니고 익히
지도 않은 것. 발효 음식의 역사와 문화 (Ni cru,
ni cuit. Histoire et civilisation de l'alimentation
fermentée)』의 저자. éd. Alma 출판.

에르네르 스타일 연어 SAUMON ERNER
기욤 에르네르*

사회학자이고 라디오 방송국 프랑스
앵테르 (France Inter)의 제작자이자 시티
다이닝 주최자이기도 한 기욤 에르네르가
보여주는 실패하지 않는 확실한 테크닉.
소금을 아주 많이 넣고 단 24시간 만에
발효를 끝낸다. 결과는 놀라우리만큼
맛있고 확실하다.

*Guillaume Erner: 전 프랑스 앵테르 라디오
공영 부문 제작자. 프랑스 퀼튀르 라디오 방송국
(France Culture)의 저널리스트

6인분
휴지 시간: 24시간

재료
연어 1마리
설탕 100g
굵은 천일염 1kg
딜 1단
<u>그라블락스 소스</u>
꿀
마요네즈
케이퍼

그의 레시피
"만드는 방법은 너무 쉽습니다! 생선을
살 때 1kg의 연어 필레를 뜨고, 껍질과
가시를 모두 제거해 옵니다. 설탕 100g으로
연어 필레를 문지른 다음, 소금 1kg으로
완전히 덮어줍니다.
쟁반이나 도마에 생선을 놓고 랩으로 꽁꽁
잘 싸맨 후에 냉장고에 넣고, 24시간
동안은 잊어버려도 됩니다. 먹기 전,
차가운 물에 생선을 넣고 30분 정도 담가
소금기를 어느 정도 빼줍니다. 안 그러면
너무 짜요!

생선을 얇게 슬라이스합니다. 아주 잘 드는
나이프는 필수지요. 꿀과 마요네즈를 반반
씩 섞고 케이퍼를 넣어 만든 그라블락스
소스를 곁들여 먹습니다. 맛있는 빵도 필요
하겠죠?"

알랭 파사르
ALAIN PASSARD

감동을 주는 셰프

"나이가 50이 되어서야 내가 진짜 요리사라고 느꼈다." 이미 1986년에 독립, 레스토랑 아르페주 (L'Arpège)를 오픈하여 미슐랭의 별을 받고 그릴 요리의 대가에서 채소 요리의 명인에 이르기까지 최고의 찬사를 누려온 이 거장 셰프의 이 말은 조금 의외다. 브르타뉴 출신으로 파리의 단 하나의 레스토랑만을 책임지는 셰프로서, 그가 거쳐 온 스승들의 완벽주의를 고스란히 재현하고 있는 알랭 파사르는 애써 겸손함을 나타내기보다는 오히려 매우 현명하고 신중하게 보인다. 허황된 거품을 없애고 진정한 감동을 주는 요리를 위해 그는 주방에서 삶을 보내고 있다. 그의 유일한 관심은 채소, 생선, 가금류 식재료가 가진 자연 본연의 은밀한 매력을 어떻게 하면 더 완벽하게 재현해낼 수 있는가에 있다.

그의 스승들

미셸 케레베르 (Michel Kéréver, Hôtellerie du Lion d'or, Liffré), 가스통 부아예 (Gaston Boyer, La Chaumière, Reims), 알랭 상드랭스 (Alain Senderens, L'Archestrate, Paris).

그의 요리 세계

그가 "요리하는 곳 (maison de cuisine)"
아르페주 (L'Arpège), 84, rue de Varenne, 파리 7구. 메뉴는 전날 결정해 준비되며, 당일 아침 메뉴판을 인쇄한다. 제철 식품을 우선적으로 선보인다.

그의 채소 텃밭 세 곳
- 피에 쉬르 사르트 (Fillé-sur-Sarthe, Sarthe)
- 뷔 쉬르 당빌 (Buis-sur-Damville, Eure)
- 즈네 (Genêts, Manche)
모든 작물을 바이오다이내믹* 농법으로 재배한다.

그가 획득한 타이틀 및 수상 경력
- 미슐랭 가이드 3스타.
- 고미요(Gault & Millau) 가이드 모자 5개
- 프랑스 예술 인문 2급 훈장 (Officier des Arts et des Lettres)
- 레지용 도뇌르 기사 훈장 (Chevalier de la Légion d'honneur)
- 베니스 카발치나 어워드 수상 (Cavalchina Award à la Fenice de Venise)
- 그의 레스토랑 아르페주는 월드베스트 레스토랑 50 리스트에서 12위에 올랐다 (2015년 기준).

그의 저서
『꼬마 친구들의 엉뚱한 레시피 (Les Recettes des drôles de petites bêtes)』어린이 만화 작가이자 일러스트레이터인 앙통 크링스 (Antoon Krings)와 협업으로 출간. éd. Gallimard Jeunesse 출판.
『알랭 파사르와 함께 하는 주방 (En cuisine avec Alain Passard)』만화가 크리스토프 블랭 (Christophe Blain)과의 협업으로 출간. éd. Gallimard 출판.

그의 예술 활동
- 색소폰. 재즈 색소폰 연주자 리오넬 벨몽도 (Lionel Belmondo)와 협주.
- 조각 (쇼제에서의 탱고 Tango à Chausey, 브론즈. 높이 2,50m)
- 콜라주 (Les Collages). 그의 요리책『콜라주와 레시피 (Collages & recettes)』에 수록된 48개 레시피의 일러스트레이션을 직접 그림. éd. Alternatives 출판.

> "이 모든 것은 자연이 썼다."
> (1956년 출생)

쥐라산 와인 소스의 랍스터
Les aiguillettes de homard aux côtes du Jura

4인분

재료
600g짜리 랍스터 4마리
쥐라 (Jura)산 뱅 존 와인 (savagnin 품종) 350ml
신선한 사보이 양배추 잎 8장
헤이즐넛 오일 2테이블스푼
무염 버터 200g
가염 버터 20g
플뢰르 드 셀
통후추 간 것

만드는 법
4분간 데쳐 익힌 랍스터에 쥐라 와인을 붓고 뚜껑을 닫은 채로 230℃ 오븐에서 7분간 익힌다. 그대로 레스팅한다. 익힌 국물을 체로 걸러 알코올기가 날아가게 데운 다음, 무염 버터를 넣고 거품기로 잘 섞는다. 여기에 헤이즐넛 오일을 넣고 잘 혼합해 소스를 만든 다음 소금으로 간을 맞춘다. 소테팬에 가염 버터를 녹이고 양배추 잎을 몇 분간 재빨리 볶아낸다. 통후추를 한 번 돌려 갈아 뿌린다. 랍스터를 다시 데운 뒤, 길쭉한 모양으로 자른다. 따뜻한 접시에 양배추와 랍스터를 담고 쥐라산 뱅 존 (vin jaune) 와인 소스를 뿌린다.

그의 주요 약력

1956 게르슈 드 브르타뉴(Guerche-de-Bretagne, Ille-et-Vilaine) 출생.
1980년대 뒥 당갱 (Duc d'Enghein, Casino d'Enghein-les-Bains) 및 브뤼셀 칼튼 (Carlton) 호텔의 주방을 총괄했다. 26세에 미슐랭 가이드 사상 최연소 2스타 셰프가 되었다.
1986 자신의 멘토인 알랭 상드랭스 셰프의 레스토랑 아르케스트라트 (L'Archestrate)를 인수하여 현재의 아르페주를 오픈했다.
1996 아르페주 오픈 10년 만에 미슐랭 가이드 별 3개를 받았다.
2001 셰프에게 전환점이 되는 시기. '동물성 조직과의 결별'을 선언하고 채식 위주의 메뉴만으로 전환했다. 피에 쉬르 사르트의 채소밭을 매입했고 이어서 외르 (Eure)와 망슈 (Manche)의 텃밭도 매입해 직접 재배한 채소로 만드는 요리를 선보인다.
그의 꿈은? 80세가 넘어서까지 계속 요리하는 것.

그의 대표 요리

랍스터 요리
La cuisine du homard
랍스터는 오그라들지 않게 익혔고 끝부분이 살짝 휘어 있으며 아주 연하고 촉촉하다. 세로로 길게 잘라 쥐라산 뱅 존 와인 소스를 뿌린다.

세로로 익힌 아스파라거스
Les asperges dorées à la verticale
아스파라거스를 단으로 묶은 뒤 냄비에 세워 넣고 약한 불로 3시간 이상 버터에 천천히 구워 익힌다. 줄기 밑 부분은 부드럽게 익고 약간 캐러멜라이즈된 상태인 반면, 위쪽 머리 부분은 살캉한 상태를 유지한다.

소금 크러스트로 덮어 익힌 채소
La cuisson des légumes en croûte de sel
소금 크러스트를 덮어 익힌 농어 요리는 들어보았을 것이다. 파사르 셰프는 이 방법을 생선 대신 비트 같은 채소에 적용했다. 채소가 부드럽게 익으면서도 그 고유의 풍미를 온전히 지켜내고 있다.

장미 부케 모양의 감자 요리
Les pommes de terre comme des bouquets de roses
감자를 얇은 띠 모양으로 자른 다음 나선형으로 돌돌 말아 파트 푀이유테 위에 세로로 세워 놓고 굽는다. 섬세한 테크닉이 요구되는 시적이고 아름다운 요리다.

오리와 닭을 반씩 접목한 요리
La greffe d'un canard et d'un poulet
아마도 미식사에서 가장 높은 수준의 바느질 기술이 요구되는 결합일 것이다. 닭과 오리를 각각 반 마리씩 마치 외과 수술을 하듯 정교하게 붙여 꿰맨 후, 소금 크러스트로 덮어 익힌 요리다. 한입 먹을 때마다 각각의 풍미를 고루 느낄 수 있다.

*biodynamic agriculture: 생명 활성 농업. 자연의 순환 원리에 맞춰 농사를 짓는 방식으로 화학 비료나 살충제를 쓰지 않고 유기물이 분해된 부식토를 사용해 농사를 짓는다. 순환 경작으로 흙을 건강하게 할 뿐 아니라 태양과 달을 포함한 천체 운행에 따른 농사력에 입각하여 씨를 뿌리고 수확한다.

파르미지아노 레지아노 치즈를 넣은 세벤산 스위트 양파 그라탱
LE GRATIN D'OIGNON DOUX DES CÉVENNES AU PARMIGIANO REGGIANO

4인분
조리 시간: 20~30분

재료

세벤 (Cévennes)산 스위트 양파 600g
가염 버터 80g
물 8테이블스푼
파르미지아노 레지아노 치즈 80g
사라왁 후추* 8번 돌려 간 분량
샐러드용 어린 잎채소 200g
플뢰르 드 셀
레몬즙

만드는 법

양파의 껍질을 벗기고 중앙의 심을
제거하면서 아주 가늘게 썬다. 소테팬에
가염 버터를 넣고 약한 불에 녹인다. 양파와
물을 넣고 잘 섞은 다음, 유산지로 뚜껑을
만들어 덮는다.
중불에서 20~30분간 색이 나지 않게 익힌
다음 레몬즙을 넣어준다. 스푼을 사용해
그라탱용 용기에 옮겨 담고, 약 5mm 두께로
얇게 펴 놓는다. 가늘게 간 파르미지아노
레지아노 치즈를 뿌리고 오븐 브로일러에
노릇한 색이 나도록 굽는다.
서빙 바로 전에 플뢰르 드 셀, 레몬즙,
사라왁 후추를 뿌리고 샐러드용 잎채소를
곁들여 낸다.

* poivre Sarawak: 말레이시아산 검은 후추로 세계 최고의
후추 가운데 하나로 꼽힌다. 신선한 과일향과 강한 스파이
스향이 난다.

알랭 파사르의 제자들

2011년 프랑수아 레지스 고드리 (François-Régis Gaudry)는 프랑스의 유력 주간지 엑스프레스에 발표한 기사를 통해
"파사르, 살아 있는 신일까?"라는 질문을 던졌다. 이 기사에 실린 프레데릭 스튀생 (Frédéric Stucin)의 사진은 레오나르도
다빈치의 그림 '최후의 만찬'을 재현하고 있다. 그리스도 알랭 파사르가 중앙에 있고, 그 양쪽에 자리한 아르페주 출신의 그의
제자 셰프들과 성찬을 나누는 모습이다. 이 장면을 보면 다음 세대를 이끌고 나갈 셰프들의 모습을 한눈에 알아챌 수 있을
것이다. 스타일, 태도, 노하우를 잘 전수하는 능력에 있어서 이 위대한 셰프를 능가할 사람은 없을 듯하다.

왼쪽부터 오른쪽. 현재 셰프가 된 그의 제자들 :

베르트랑 그레보 Bertrand Grébaud
Septime, 파리 11구.
자크 데코레 Jacques Décoret
Maison Décoret, Vichy.
시릴 리냑 Cyril Lignac
Le Quinzième, 파리 15구.
스벤 샤르티에 Sven Chartier
Saturne, 파리 2구.
파스칼 바르보 Pascal Barbot
L'Astrance, 파리 16구.

앙투안 에라 Antoine Heerah
Le Chamarré Montmartre, 파리 18구.
바티스트 푸르니에 Baptiste Fournier
La Tour, Sancerre
클로드 보지 Claude Bosi
Hibiscus, 런던.
마우로 콜라그레코 Mauro Colagreco
Le Mirazur, Menton
다비드 투탱 David Toutain
파리 7구.

"다른 곳에서라면 3배 이상 시간이
걸려 배웠을 모든 것을 아르페주에서
1년에 습득했다. 다른 곳은 강하고,
빠르고, 실력으로 무장한 요리사를
키워내지만 아르페주는 아주 섬세하고
예민한 셰프를 만들어낸다."
베르트랑 그레보
Septime, 미슐랭 1스타.

그 밖에… 불랑제 **공트랑 셰리예 Gontran Cherrier** (파리 18구)
셰프 **알리스 디 카뇨 Alice di Cagno** (Chatomat, 파리 20구)
요리 연구가 **후미코 코노 Fumiko Kono** (도쿄)
셰프 **귄터 위브레흐센 Gunther Hubrechsen** (Gunther's, 싱가포르)
셰프 **비요른 프란첸 Björn Frantzen** (Frantzen/Lindeberg, 스톡홀름)
셰프 **마그너스 닐슨 Magnus Nilsson** (Fäviken Magasinet, 야르펜, 스웨덴)

"이곳에서 일을 배우고 나올 때 우리가
들고 나오는 것은 단순히 요리 레시피
수첩이 아니다. 우리가 배워 얻는 것은
이것을 훨씬 뛰어넘는 정신, 행동과
태도의 품격, 익히기, 자르기, 간하기
등에 있어서 언제나 완벽함을 추구하는
노력이다. 이것들은 다른 그 어느
곳에서도 배울 수 없는 것이다.
특히 요리 학교에서는 불가능하다."
파스칼 바르보
L'Astrance, 미슐랭 3스타.

게랑드 천일염 크러스트로 익힌 비트
La betterave en croûte de sel gris de Guérande

4인분
조리 시간: 2시간

재료

붉은 비트 큰 것 (약 400g짜리) 1개
게랑드산 굵은 회색 천일염 2kg
신선한 버터 50g
여러 종류의 신선한 허브 1단
모데나 (Modena)산 빈티지 발사믹 식초

만드는 법

약 400g 짜리 싱싱한 비트를 준비한다. 부드러운 솔로 살살 문질러 흙을 제거하며 흐르는
물에 껍질째 씻는다. 오븐용 팬에 소금을 두껍게 깔아 비트가 움직이지 않도록 놓고
나머지 소금을 피라미드 모양으로 쌓아 비트를 완전히 덮는다. 140℃ 오븐에서 2시간
동안 익힌다. 오븐에서 꺼낸 후 그대로 40분간 따뜻한 온도로 식힌다. 버터를 녹여 잘게
썬 허브를 넣고 향을 우린다. 처빌, 타라곤, 파슬리, 고수 등의 허브를 사용하면 좋다. 소금
크러스트 비트를 그대로 식탁에 낸 후, 그 자리에서 크러스트를 깨고 조심스럽게 비트를
꺼낸 다음 세로로 4등분한다. 따뜻한 접시에 비트를 담고, 허브 버터를 곁들여 낸다.
통후추를 살짝 갈아 뿌린 다음, 뜨거운 비트 위에 모데나산 발사믹 식초를 조금 뿌려 먹는다.

돼지비계, 라드

프레데릭 E. 그라세 에르메 Frédéric E. Grasser Hermé

자칭 '먹거리를 생각하는 여자' 또는 '펑키 요리사'라고 부르는 프레데릭 E. 그라세 에르메(FeGH)는 용기를 내어 과감하게 '기름 친목회(L'Amicale du gras)'를 결성했다. 요리사, 언론인, 와인 생산업자 등 먹거리 장인들로 이루어진 이 모임은 일반적인 지방, 특히 돼지기름의 맛을 알리고 이것을 올바르게 섭취하도록 홍보하는 데 그 목표를 두고 있다. 먹는 즐거움을 제대로 아는 이 쾌락주의자들은 매년 생산자, 레스토랑, 시식자들을 대상으로 영예의 '기름 대상'을 선발해 상을 수여하기도 한다. 여러 기름 중에서 그녀가 최고로 꼽는 것은 돼지의 흰 비계이다. 예술의 경지에 오른 대표적인 돼지기름 여섯 가지를 소개한다.

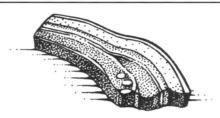

라드 선언문

알고 보면 좋은 맛으로 막강한 지배력을 갖고 있는 기름. 제대로 먹는 법을 배우기 위해서는 실제 확실한 경험을 통해 그 맛에 접근해야 한다. 처음에는 좀 꺼려지지만, 일단 그 맛을 알게 되면 아무 거리낌 없이 입안 한가득 넣고 먹고 있는 모습을 발견하게 될 것이다. 왜냐고? 맛있으니까, 그리고 기름이 거기에 있으니까! 고체인 기름 덩어리는 금방 입안에서 스르르 녹게 될 것이다. 우리의 뇌는 인체에서 가장 지방질이 많이 함유된 부분이다. 이곳은 우리의 감정, 지적 능력, 맛과 기쁨의 전달이 모두 이루어지는 본부다.

지방질이 없다면 이 뇌의 기능은 쇠약해질 것이라는 생각이 들지 않는가? 어쨌든 우리 머릿속의 회색질은 지방질로 이루어져 있으므로, 훌륭한 신경생물학자인 장 마리 부르(Jean-Marie Bourre) 박사의 권고대로 적어도 하루에 12g의 돼지기름을 섭취하여 뇌에 공급하도록 하자. 돼지 가공육인 샤퀴트리를 비롯한 여러 형태의 기름을 섭취함으로써 뇌의 활력을 유지하고 나아가 행복한 삶을 영위할 수 있을 것이다. 기름 만세! 단, 너무 많이는 말고 적당량만 먹자.

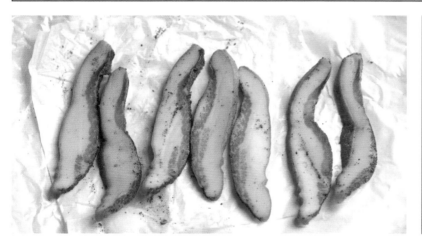

구안치알레 GUANCIALE
돼지 볼살
원산지: 이탈리아

볼살
Bajoue

사히 SAGÍ
돼지의 지방 (돼지 콩팥을 둘러싸고 있는 지방층)
원산지: 카탈루냐

뒷다리 윗부분
(콩팥 주위)
jambon

일단 한번 보기만 해도 그 매력에 굴복할 수밖에 없다. 기름이 입안에서 녹으면서 형언할 수 없는 향을 뿜어낸다. 이것은 이탈리아 중부지방의 대표적인 샤퀴트리로, 아브루초, 움브리아, 토스카나 등지에서는 각각 다른 이름을 붙인 구안치알레를 흔하게 찾아볼 수 있다. 이들 중 가장 유명한 것은 라치오주의 것이다. 구안치알레는 우선 건조시킨 다음, 타임으로 향을 입히고 소금으로 문지른 후 레드 페퍼로 마사지해준다. 고춧가루와 마늘을 첨가하기도 한다. 이렇게 준비를 마친 후 다시 3주 동안 건조시켜 만든다. 사용되는 부위는 돼지의 볼과 눈에서부터 턱까지 늘어진 살 부분으로 살코기가 아주 소량 나뭇잎 모양으로 분포되어 있는 단단한 비곗살이다. 삼겹살과 아주 흡사한 이 부위 비계는 질감이 더 단단하고, 보통 훈제하지 않는다. 팬에 지지면 그 부드러운 정수가 녹아나오면서 함께 어우러진 민들레 잎 샐러드의 비네그레트 드레싱을 압도할 정도로 놀라우리만큼 미묘한 기름의 풍미를 낸다. 이것은 카르보나라와 아마트리치아나 스파게티에 꼭 필요한 재료다. 기름이 너무 빠져나가지 않도록, 익힐 때 너무 센 불은 피하고, 또 너무 오래 지져서도 안 된다.
선호도 지수: 3/5

사람들이 이 냄새를 좋아하지 않는다니 좀 안타깝다. 나는 마치 고약한 냄새의 북아프리카의 발효 버터 스멘(smen)처럼 썩은 듯한 향을 풍기는 사히의 냄새를 좋아한다. 카탈루냐의 샤퀴트리 상점에 자랑스럽게 매달려 있는 이 사히는 일일이 수작업으로 만드는 장인의 생산품이다. 과연 이것은 어떤 것일까? 특별한 방법으로 염장한 돼지의 피하지방을 묶어서 정육점용 갈고리에 매달아 노르스름하게 산패될 때까지 건조시켜 만든다. 보자마자 이게 뭐지 하는 생각이 드는, 뭐라 정확히 설명할 수 없는 소시지 종류 같기도 한 이것은 공중에 가벼운 듯 존재를 뽐내며 매달려 있는, 살코기라고는 단 한 점도 없는 밀랍색의 기름 덩어리다. 이것의 특징은 산패된 향이 독특한 풍미를 지니고 있고, 농장, 외양간, 돼지 우리를 연상시키는 '와일드한' 맛을 낸다는 것이다. 그렇다면 이 기름 덩어리를 어떻게 사용할까? 노르망디 지방의 오래된 전통음식인 기름진 수프에 녹여 독특한 맛을 내기도 하고, 마치 미셸 브라스의 채소 요리 가르구이유(gargouillou)를 흉내 낸 듯한 각종 채소모둠에 사히를 몇 조각 얇게 썰어 넣으면, 기름진 식욕을 증대시키기에 충분할 것이다.
선호도 지수: 2/5

라르도 디 콜로나타
LARDO DI COLONNATA
돼지 껍데기 기름
<u>원산지</u>: 이탈리아

④
등심쪽 껍질
Carré

세계 최고라고 일컬어지는 이 흰색 라드는 아득한 옛날부터 이탈리아 중부와 북부지방
에서 자라온 특별한 돼지 품종의 껍질에 붙어 있는 기름이다. 라르도 디 콜로나타라는
이름으로 더욱 잘 알려진 이 진줏빛의 기름 덩어리는 대리석으로 된 틀에서 6개월간
숙성을 거쳐 직사각형 모양으로 만들어진다. 토스카나 지방에서는 직접 이것을 만들고
판매도 하는 라르다리움 (Lardarium)에서 최상의 라르도 디 콜로나타를 맛볼 수 있다.
이 라드의 아랫부분은 돼지껍질이 그대로 있고, 윗면은 천일염과 검은 후추, 로즈마리,
생 마늘로 덮여 있다. 나는 1989년 모나코의 루이 캉즈 (Loius XV) 레스토랑에서 알랭
뒤카스가 처음으로 선보였던 이 음식을 맛보았을 때의 환상적인 기억을 잊을 수가 없다.
라르도 디 콜로나타는 고급스럽고, 단맛마저 도는 최고의 기름이라 할 수 있다. 이것을
날로 먹을 용기가 있다면, 적극 추천한다. 입에 들어가는 순간 혀에서 녹는다. 가장
맛있게 먹는 방법은 따뜻하게 구운 크로스티니 위에 얹어 먹는 것이다. 또한 찐 감자를
볶을 때 이것만큼 좋은 기름도 없다. 이것을 넣고 감자를 뜨겁게 볶으면, 겉 표면에 마치
레이스와 같은 얇고 바삭한 층을 형성해주어, 그 식감과 맛이 배로 증가된다.
아스파라거스를 볶을 때도 콜로나타를 얇게 썰어 한 장 넣어주면 마치 양피지처럼
녹으면서 기름이 흘러나와 채소와 맛있게 어우러진다.

선호도 지수: 5/5

스말레츠 SMALEC
돼지 라드 기름
<u>원산지</u>: 폴란드

①
라드 기름

빵에 발라 먹는 이 라드 기름은 폴란드인들에게는 군침이 도는 음식이다. 호밀 빵을 썰어
스말레츠를 바르고 플뢰르 드 셀을 살짝 뿌린 다음, 아삭한 코르니숑 오이 피클 한 쪽을
곁들이면, 오후의 완벽한 간식으로 손색없다. 라드 기름의 폴란드 버전인 이것은 보통
마조람향을 입히는데, 새콤한 사과를 갈아 넣거나 건자두를 넣어 단맛을 더하기도 하고,
양파나 마늘을 넣은 스말레츠도 볼 수 있다. 만드는 방법은 아주 쉽다. 팬에 유기농 농가
에서 키운 돼지의 스말레츠를 녹이고 양파나 마늘을 넉넉히 넣는다. 돼지 살코기를 조금
섞어도 좋다. 여기에 원하는 향을 첨가하고 후추를 뿌린다. 폴란드에서는 종종 큐민을
넣기도 한다. 모두 녹아서 잘 섞이면 도기로 된 병에 담아 굳힌다. 매우 시골스러운 이
음식은 내 입맛에 딱 맞는다. 도시의 젊은이들은 고개를 돌릴지도 모르나, 농촌의 젊은이
들은 이 스말레츠를 바른 폴란드식 아페리티프 스낵을 아무런 반감 없이 즐겨먹는다.

선호도 지수: 1/5

이베리코 판체타 PANCETTA IBERICO
돼지 삼겹살
<u>원산지</u>: 스페인

⑥
삼겹살

생각만 해도 입에 침이 고인다! 소금에 절인 이 돼지 삼겹살은, 특히 이베리코 돼지로
만든 경우는 더욱 더 마음을 사로잡는다. 이것을 만드는 데는 숙성하는 공정 또한 매우
중요하다. 천일염에 염장한 다음, 헹구어서 건조실에 매달아 숙성한다.
얇게 썰어 먹으면 은은히 감도는 고소한 너티 향과 날카로우면서도 섬세한 그 맛이 가히
황홀하다. 이 판체타는 고급 와인처럼 보관하고 먹을 수 있다. 가장 이상적인 시식 온도는
25℃이다. 칼로 자르면 밀랍과 같은 흰색의 지방층과 살코기층이 나타난다. 얇게 썰어
한 면만 구운 빵에 얹어 먹는다.

선호도 지수: 3/5

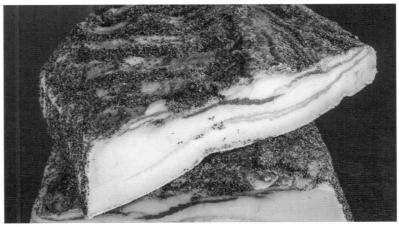

비고르 흑돼지 삼겹살
LA VENTRECHE PLATE DU NOIR DE BIGORRE
돼지 삼겹살
<u>원산지</u>: 프랑스

⑥
삼겹살

비고르 흑돼지는 기름기가 너무 많고, 사육 기간이 오래 걸리며, 번식력도 너무 약해 양돈
주력 품종으로는 적합하지 않다. 그러니 이 삼겹살 라드의 생산량을 한번 상상해보시라!
1981년 통계를 보면 20개의 양돈 농가에서 이 재래종 암돼지 34마리와 수돼지 2마리만
을 키우고 있는 것으로 나타났다. 이 돼지는 품종 현대화에 제대로 적응하지 못했다.
그저 불필요한 재래 돼지종으로 남게 된 것이다. 그런데, 지방 함량이 너무 많아서 사라질
위기에 놓였던 비고르 흑돼지가 역설적으로 이 특유의 맛있는 지방 때문에 부활하게
되었다. 이 샤퀴트리는 지방이 풍부한 비고르 흑돼지의 삼겹살에서 뼈를 발라낸 다음
살리스 드 베아른 (Salies-de-Béarne, 대대로 이어져 내려오는 소금 산지)의 최상급
소금으로 염장한다. 숙성을 거치는 동안(6개월), 삼겹살 지방 덩어리는 굵게 빻은 검은
후추로 덮어준다. 삼겹살 사이에 조금씩 분포된 살코기 부분은 어두운 붉은색이고 흰색
기름 부분은 때에 따라 연한 핑크빛을 띠기도 한다. 이 지방은 아주 심하게 짜지 않고
말랑말랑하며 숲의 향기 또는 견과류의 향과 함께 약간 달콤한 풍미를 지닌다. 연하고
부드러우며, 그 식감은 입에서 사르르 녹는다.

선호도 지수: 4/5

병아리콩

언뜻 생각해보면 별것 아닌 듯하지만, 요리로 만들어진 이 콩은 아주 장점이 많은 기특한 식재료다.
영양학적으로 매우 우수한 이 작은 콩과(科) 식물은 우리를 동양의 맛, 지중해의 미식세계로 이끌어준다.

계열
학명이 *Cicer arietinum*인 이 식물은 완두콩과 마찬가지로 콩과(fabaceae)에 속한다.

구매 요령
병아리콩은 통조림보다 말린 콩을 구입하는 게 더 좋지만, 이 경우 익히기 전에 10여 시간 물에 담가 불려야 한다.

껍질의 유무
병아리콩의 반투명한 얇은 껍질을 제거해야 할까? 콩을 믹서에 갈아 사용하는 조리법의 경우는 굳이 제거할 필요가 없다. 반대로 샐러드와 같이 콩알 그대로 요리에 쓸 경우는 껍질을 제거하는 편이 좋다. 마른 콩을 불릴 때 베이킹소다를 한 테이블스푼 물에 넣어주면 이 얇은 껍질이 잘 분리되어 물에 뜬다. 망국자로 건지기만 하면 된다.

악취 가스가 잘 나오나?
병아리콩을 먹으면 방귀가 잘 나오나? (좀 유식한 표현으로는 가스 배출을 유발하나?) 불행하게도 답은 예스다. 이는 콩에 함유된 당 성분 때문인데, 물에 담가 불리면 이 당성분이 희석되므로 냄새나는 가스 배출을 줄이는 데 도움을 줄 수 있다.

재미있는 일화
로마의 정치가이자 웅변가였던 키케로는 콧등에 난 무사마귀 때문에 병아리콩이라는 별명으로 놀림을 받았다고 한다.

인용구
"이론의 여지가 없는 여러 장점을 갖고 있음에도 불구하고, 병아리콩이 문학작품이나 신화에서 언급되는 경우는 거의 없었다. (…) 프랑스에서 병아리콩은 마른 콩류 중 가장 관심도가 낮고 제대로 대우받지 못하는 소외된 식재료다."
파루크 마르담 베 (Farouk Mardam-Bey)[*],
『프티 지리얍, 아랍 세계의 음식 레시피 (*Le Petit Ziryâb, Recettes gourmandes du monde arabe*)』, éd. Actes Sud 출판.

[*] Farouk Mardam-Bey: 시리아 출신의 프랑스 학자, 역사가, 작가. 아랍 문화 전문가로 파리 아랍문화 회관 (Institut du Monde Arabe) 관장을 역임했으며, 여러 저서를 집필했다.

전 세계의 병아리콩 요리

프랑스

튀김

파니스 Panisse
(마르세유)
병아리콩 반죽을 도톰하고 동글납작한 모양으로 만들어 튀긴 것.

카드 Cade
(툴롱)
파니스와 비슷하다.

갈레트

소카 Socca
(니스)
바싹 구운 얇은 전병

파니스 Panisse
(마르세유)

카드 Cade
(툴롱)

중동 지역

퓌레

후무스 Houmous
Kamel Mouzawak 레시피 참조

튀김

팔라펠 Falafel
후무스처럼 간 병아리콩에 튀김옷을 입혀 튀긴 것으로, 뜨거울 때 화이트소스를 곁들여 먹는 이스라엘의 국민 간식이다. 레바논에서는 100% 병아리콩만 사용하고, 이집트에서는 잠두콩으로 만든다. 팔라펠을 넣은 샌드위치는 중동 지방의 햄버거라고 할 수 있다.

북아프리카 마그레브 지역

수프

하리라 Harira
(모로코)
전통 음식인 이 수프는 병아리콩, 렌틸콩, 토마토, 양파, 고기 등을 넣고 만든다.

퓌레

클라네티카 Clanetica
(알제리)
오란 (Oran) 지방의 전통 길거리 음식으로 달걀을 넣기도 한다. 플랑의 식감과 비슷한 이 음식엔 매콤한 맛이 강한 붉은색의 하리사 소스[*]를 곁들인다

[*] harissa: 마그레브 지역에서 주로 먹는 중동식 칠리 페이스트.

인도

수프

차나 마살라 Chana masala
만드는 방법은 수백 가지에 이른다.

튀김

파코라 Pakoras
감자, 양파, 가지 등의 재료를 병아리콩 가루로 만든 반죽에 섞어 튀긴 것.

갈레트

차파티 Chapatis
이스트를 넣지 않고 밀가루 또는 병아리콩 가루로 만든 얇고 둥근 빵.

푸다 Puda
양파, 고추, 고수 등을 넣고 만드는 인도 구자라트 (Gujarat)주의 전병.

이탈리아

파스타

라가네 에 체치 Lagane e ceci
(바실리카타)

트리아 에 체치 Tria e ceci
(풀리아)
튀긴 탈리아텔레와 삶아 익힌 탈리아텔레를 섞고 병아리콩을 넣은 파스타. 서빙하기 직전에 얇게 썬 마늘을 튀겨 향을 낸 오일을 넣고 함께 잘 섞어준다.

이탈리아 남부에는 각 지역마다 다양한 병아리콩 파스타 요리들이 있다.

수프

로즈마리 병아리콩 파스타 수프
Pasta e ceci al rosmarino
(로마)

움브리켈리 아라비아타
Umbrichelli all'arrabiata
(움브리아)
병아리콩과 밤을 넣은 수프

병아리콩 채소 수프
Minestra de ceci
(토스카나)

튀김

파넬레 Panelle
(시칠리아)
마르세유의 파니스보다 좀 얇은 두께의 갈레트 튀김.

파리나타 Farinata
(리구리아)
소카와 비슷한 얇은 전병
(레시피 참조)

후무스 Houmous
카말 무자왁*

4~6인분

재료
마른 병아리콩 200g
 (물에 담가 하룻밤 불린다)
베이킹소다 1티스푼
마늘 1톨
타히니 140g
 (Tahini: 참깨 페이스트. 중동 향신료 상점이나 유기농 식품점 등에서 구입 가능)
레몬즙 2개분
올리브오일

만드는 법
병아리콩은 헹궈서 건진다. 냄비에 넣고 찬물을 부은 다음 베이킹소다를 넣고 끓인다. 부르르 끓어오르면 불을 제일 약하게 낮추고, 콩이 완전히 익을 때까지 1시간 정도 끓인다. 삶은 콩을 건지고, 삶은 물 125ml와 삶은 콩 1테이블스푼은 따로 보관한다. 콩을 믹서에 갈아 퓌레를 만든 다음, 잘게 썬 마늘과 타히니 소스, 레몬즙을 넣고 잘 섞는다. 후무스의 농도가 너무 되면 삶은 물을 조금 넣어 농도를 조절한다(식으면 농도가 좀 되진다). 따로 남겨둔 삶은 콩을 얹고, 올리브오일을 두른 다음 서빙한다.

* Kamal Mouzawak : 베이루트의 레스토랑 「Tawlet」의 오너. 이곳에서는 매일 다른 여성 요리사가 한 명씩 와서 레바논 전통요리를 만든다. 오너는 또한 수크 엘 타예브 (Souk el-Tayeb) 모임을 결성해 내전 중인 이 나라의 여성들에게 함께 모여 요리함으로써 다시 재기할 수 있도록 돕는 활동을 하고 있다.

팔라펠 Falafels
후미코 코노*

20개분 (일 인당 5개)

재료
마른 병아리콩 또는 마른 녹색 완두콩 100g
올리브오일 1테이블스푼
다진 양파 1개
소금 1 꼬집
다진 마늘 1톨
큐민 1티스푼
포 스파이스 (quatre-épices) 가루 칼끝으로 조금
간장 1테이블스푼
참기름 약간
고수 다진 것 5줄기
단단한 두부 (물기 짠 것) 120g
낙화생 기름 (선택사항)

만드는 법
팔라펠
마른 병아리콩은 전날 밤 찬물에 담가 불린다(최소 12시간 이상). 건져서 헹군다. 팬에 올리브오일을 두르고 다진 양파를 볶는다. 소금을 한 꼬집 넣어준 다음 다진 마늘을 넣는다. 반투명하게 익으면 큐민을 넣고 잘 섞는다. 병아리콩을 믹서에 갈아 샐러드 볼에 쏟는다. 볶은 양파를 넣고 포 스파이스 가루 아주 조금, 간장, 참기름을 넣고 잘 섞는다. 그 상태로 30분간 휴지시킨다. 미리 거품기로 잘 저어 으깨 놓은 두부를 넣고 섞는다. 다진 고수를 넣는다. 숟가락을 이용하여 한 개당 약 40g 정도로 둥글게 빚은 뒤 살짝 납작하게 눌러준다.
익히기: 180℃의 튀김용 기름에 팔레펠을 넣고 3~4분간 튀겨낸다. 중간에 뒤집어 골고루 익게 한다. 노릇한 색이 진하게 나야 한다. 건져서 키친타월에 놓고 기름을 뺀다.

곁들임
요거트 소스
플레인 그릭 요거트 60g
레몬 제스트와 레몬즙 1/4개분
플뢰르 드 셀

모든 재료를 넣고 믹서로 균일하게 혼합한다.

적채 피클
채칼로 가늘게 썬 적채 60g
플뢰르 드 셀

비네그레트
머스터드 1테이블스푼
셰리와인 식초 2테이블스푼
꿀 2테이블스푼
포도씨유 4테이블스푼
플뢰르 드 셀

볼에 포도씨유를 제외한 모든 재료를 넣고 잘 섞은 후, 오일을 가늘게 조금씩 넣어주며 거품기로 잘 혼합한다. 냄비에 물을 끓인 후, 채 썬 적채를 2초간 넣었다가 재빨리 건져 물기를 털어내고 다시 한번 키친타월로 물기를 제거해준다. 즉시 비네그레트로 잘 버무린 다음 소금으로 간을 맞춘다.

* Fumiko Kono: 알랭 파사르를 사사한 도쿄 출신의 요리사. 병아리콩으로 만든 유명한 팔라펠을 퓨전식으로 변형한 레시피를 선보인다. 요거트 소스와 적채 피클을 곁들여 채식 위주의 건강하고 균형 잡힌 메뉴를 구성하였다. 한번 만들어보면 분명 오래도록 애용하는 레시피가 될 것이다.

가족의 음식, 미트볼

엄마가 딸에게 전해주는 레시피, 또는 어린 시절 추억이 깃든 음식, 이것은 무엇보다도 제일 맛있는 음식이다.

에바 마송의 스웨덴식 미트볼
(쇠트불라르 KÖTTBULLAR)

금발의 엘비라 마송(Elvira Masson)은 「옹 바 데귀스테」 프로그램의 전천후 리포터 겸 출연자이다. 그녀는 스웨덴 출신 어머니 에바 마송의 스웨덴식 미트볼을 먹으며 자랐다. 그녀는 세상에서 제일 맛있는 음식이라고 말한다. 우리도 그렇게 믿고 싶다.

4인분

준비 시간: 25분
조리시간: 팬에 한 켜 익히는 분량마다 매 10분

재료

돼지고기 다짐육 150g
송아지 다짐육 150g
소고기 다짐육 200g
　(또는 세 종류의 고기를 1/3씩 동량으로 섞는다)
다진 양파 1개 (미리 살짝 볶아둔다)
소고기 육수 200ml
빵가루 1테이블스푼
달걀 1~2개
넛멕, 소금, 후추

만드는 법

육수와 빵가루를 우선 섞은 후, 나머지 재료를 모두 넣고 섞는다. 지름 1.5cm 크기의 작은 미트볼을 만든다. 중간중간 손을 찬물에 적셔가며 빚으면 손에 붙지 않는다. 버터와 (스웨덴에서는 아직도 마가린을 쓴다) 기름(낙화생유 또는 해바라기유)을 섞어 달군 후, 뜨거운 팬에 미트볼을 10개 정도씩 한 켜로 놓고 흔들어 굴려가며 익힌다.
서빙: 크랜베리 잼을 곁들인다.

허브를 넣은 양고기 케프타
Les keftas d'agneau aux herbes
앙드레 자나 뮈라*

튀니지의 모든 가정이 그렇듯이 요리 비법은 엄마에게서 딸로 이어져 내려온다. 앙드레 자나 뮈라가 맛있는 양고기 미트볼 만드는 비법을 소개한다.

미트볼 40개

준비 시간: 25분
조리 시간: 45분

재료

양 어깨살 굵게 다진 것 500g
잘게 다진 양파 (큰 것) 1개
잘게 썬 민트 잎 30장
잘게 썬 이탈리안 파슬리 1/2송이
레몬
올리브오일
소금, 후추

만드는 법

재료를 모두 혼합한다. 호두 크기 정도로 미트볼을 만들거나 또는 나무 꼬치에 꿰어 잘 붙인다. 겉면에 오일을 바르고 센 불에서 직화 바비큐로, 또는 오븐 브로일러에 굽는다. 혹은 아주 뜨겁게 달군 무쇠팬에 굽고 중간에 한 번 뒤집어준다. 겉면이 살짝 익으면 된다.

그녀의 비법: 보다 촉촉하고 부드러운 케프타를 만들려면, 마른 빵가루를 물에 적신 다음 꼭 짜서 넣고, 달걀도 한 개 넣어준다. 마늘, 포 스파이스, 큐민과 하리사를 넣어 향과 매콤함을 더한다. 민트 대신 고수를 넣어도 좋고, 딜, 파슬리, 고수, 민트를 섞어 넣어도 맛있다. 미트볼에 밀가루 또는 빵가루를 묻혀 튀긴다. 타진 (tajine)을 만들 경우에는 민트 대신 고수를 넣고, 미트볼을 좀 더 작은 사이즈로 빚는다. 양파 3개를 잘게 다져 올리브오일에 색이 나지 않게 볶는다. 여기에 큐민, 생강, 파프리카와 사프란을 넣고 물을 한 컵 부은 다음 뚜껑을 닫고 15분간 익힌다. 미트볼과 잘게 썬 이탈리안 파슬리 1송이, 고수를 넣고 뚜껑을 닫은 채로 다시 30분간 익힌다. 레몬즙을 넣은 뒤 마지막으로 뚜껑을 열고 소스가 시럽 농도가 되도록 졸여 완성한다. 쌀밥과 함께 서빙한다.

* 『미트볼 레시피 (Les Boulettes: dix façons de les préparer)』, Andrée Zana-Murat 지음. éd. de l'Epure 출판.

피시볼
LES BOULETTES DE POISSON
앙드레 자나 뮈라*

피시볼 20개

준비 시간: 25분
조리 시간: 15분

재료

명태 (merlan) 살 필레 4장
달걀 1개
딱딱해진 바게트 빵 1/3개
잘게 다진 양파 (큰 것) 2개
잘게 썬 이탈리안 파슬리 1송이
튀김용 기름
소금, 후추

만드는 법

굳은 바게트를 물에 담가 적신다. 생선살을 칼로 다진다. 파슬리, 으깬 마늘, 양파와 물을 꼭 짠 빵가루를 잘 섞은 다음, 다진 생선살과 혼합한다. 간을 맞춘 다음, 달걀을 한 개 넣고 잘 섞는다. 손에 물을 묻혀가며 섞어 붙지 않도록 한다. 달걀 크기 정도로 동그랗게 빚은 뒤 살짝 눌러 납작하게 한다. 냄비에 튀김 기름을 반쯤 채운 후 튀겨내고, 건져서 키친타월에 기름을 뺀다.
서빙: 그린 샐러드 또는 다른 채소를 곁들여 먹는다.

노에미의 미트볼 LES BOULETTES DE NOÉMIE
피에르 브리스 르브룅*

미식 작가인 피에르 브리스 르브룅 (Pierre-Brice Lebrun)은 미트볼에 관한 한 스스로 상당한 보편주의자라고 여긴다. 그가 특별히 아끼는 비밀 레시피가 있다면 그것은 벨기에인 할머니의 미트볼이다.

"할머니는 우리한테 어떤 고기로 해줄까 하고 물어보시곤 했습니다. 그리고는 다양하게 여러 가지 미트볼을 만들어주셨어요. 돼지고기, 송아지 고기, 소고기 모두 가능합니다. 혹은 이 세 가지 고기를 동량으로 섞어서 해도 좋아요. 제가 특히 좋아했던 것은 돼지고기, 송아지 고기에 소고기 육수를 끓이고 난 뼈에 붙은 살을 섞어 만든 것입니다. 닭 육수를 끓이고 남은 뼈의 자투리 살과 먹고 남은 닭고기 살을 섞어 만들어도 됩니다(낭비 없이 남은 재료를 재활용하는 좋은 방법이지요). 심지어 먹고 남은 토끼고기,

칠면조, 오리, 양 뒷다리 등 모든 재료 전부 가능합니다. 소고기 육수를 만드는 뼈에는 사실 살도 많이 붙어 있습니다. 우선 이 뼈를 끓여서 그 육수에 각종 채소를 넣고 수프를 만듭니다(물, 감자 6개, 리크 3줄기, 원하는 녹색 채소 한 두 종류, 단 완두콩은 피할 것, 허벅지 뼈를 고아 국물을 내는 것이 좋습니다). 뼈에서 맛이 우러나와 수프의 풍미가 진해지고, 살도 흐물거리며 분리되어 국물에 섞이게 됩니다. 정육점에 특별히 부탁해서 살코기가 많이 붙어 있는 뼈를 준비한다면, 수프를 다 완성하고 난 후에도 아직 자투리 고기가 많이 남아 있을 겁니다. 요즘 시중에서 파는 사골 뼈는 작게 잘려서 마치 하나씩 보면 냅킨 홀더링 모양을 하고 있지요. 이런 뼈들은 끓이고 나면 강아지들 차지가 되겠지만, 제가 지금 말하고 있는 사골 뼈는 영화 「불을 찾아서 (La Guerre du feu)」에서 마치 원시인들이

들고 있었을 법한 통뼈 전체랍니다. 개들도 이 어마어마한 뼈를 보면 도망가겠죠?
준비한 고기를 다집니다. 저희 할머니는 손수 분쇄기를 돌려 갈아 사용하셨습니다. 송아지 고기, 소고기, 돼지고기, 먹다 남은 닭고기, 뭐든지 다 갈았어요. 심지어 말라서 단단해진 빵을 우유에 담갔다가 꼭 짜서 함께 넣고 갈기도 하셨습니다. 샬롯은 미리 버터에 볶아둡니다. 재료를 모두 갈아서 잘 혼합한 다음 주먹만 한 미트볼을 만들어, 풀어 놓은 달걀흰자에 담갔다 빵가루를 묻혀, 버터를 칠해둔 오븐용 파이렉스 용기에 일렬로 놓습니다. 오븐에 넣어 익히면 됩니다. 다 익으면 노래 소리가 납니다!"

* 『미트볼 이야기(Le Petit traité de la boulette)』, Pierre-Brice Lebrun 지음. éd. Le Sureau 출판.

영화도 감상하고, 살찔 염려 없이 미식 문화도 즐길 수 있으니 일석이조!
음식을 사랑하는 당신이 꼭 소장해야 할 영화 12편을 소개한다.

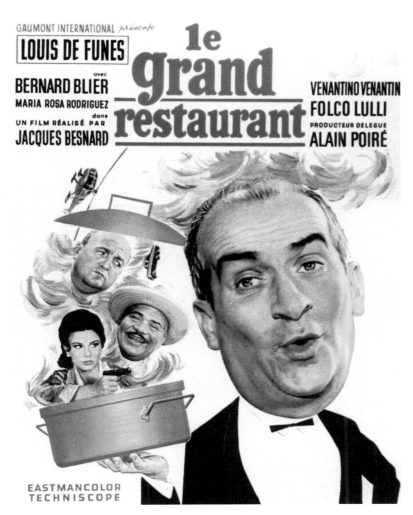

파리의 레스토랑
AU PETIT MARGUERY
로랑 베네기 감독
Laurent Bénégui (1994)
프랑스
맛있는 장면: 주인공 이폴리트(미셸 오몽 분)의 마지막 디너 서비스.

음식남녀
SALÉ, SUCRÉ
이안 감독
Ang Lee (1994)
대만/미국
맛있는 장면: 주 사부(랑스웅 분)가 세 딸들을 위해 식사를 준비하는 장면.

그랑 부프
LA GRANDE BOUFFE
마르코 페레리 감독
Marco Ferreri (1973)
이탈리아/프랑스
맛있는 장면: 시골의 미식 파티에 참석한 네 친구가 벌이는 광란의 식사 장면.

금옥만당
LE FESTIN CHINOIS
서극 감독
Tsuis Hark (1995)
홍콩
맛있는 장면: 소고기 볶음면과 탕수육의 불꽃 튀는 요리대결.

런치 박스
THE LUNCHBOX
리테쉬 바트라 감독
Ritesh Batra (2013)
인도/프랑스/독일
맛있는 장면: 주인공 사잔(이르판 칸 분)이 처음으로 칸칸이 음식이 들어 있는 도시락 통을 열어보는 장면.

빅 나이트
LA GRANDE NUIT
캠벨 스코트, 스탠리 투치 감독
Campbell Scott Michael & Stanley Tucci (1997)
미국
맛있는 장면: 주인공 프리모(토니 살호브 분)를 위한 연회에 서빙할 대형 팀파노 (Timpano:이탈리아 식 베이크드 파스타)를 틀에서 꺼내 멋지게 자르는 장면.

빅 레스토랑
LE GRAND RESTAURANT
자크 베나르 감독
Jacques Besnard (1966)
프랑스
맛있는 장면: 홀 지배인 세팀(루이 드 퓌네스 분)이 히틀러 흉내를 내며 독일어로 감자 수플레 레시피를 읊어주는 장면.

담포포
TAMPOPO
주노 이타미 감독
Juno Itami (1985)
일본
맛있는 장면: 흰 전통의상을 입은 장인 (코지 야쿠쇼 분)이 라멘 먹는 법을 가르쳐 주는 장면.

바베트의 만찬
LE FESTIN DE BABETTE
가브리엘 악셀 감독
Gabriel Axel (1987)
덴마크
맛있는 장면: 1860년산 뵈브클리코 샴페인과 함께 바베트(스테파니 오드런 분)의 폭신하고 부드러운 데미도프 블리니 (blinis Demidoff)를 맛보는 장면.

그린 파파야 향기
L'ODEUR DE LA PAPAYE VERTE
트란 안 홍 감독
Tran Anh Hung (1993)
베트남/프랑스
맛있는 장면: 주인공 무이(트란 누 엔케 분)가 그린 파파야 샐러드를 만드는 장면.

맛있게 드세요
L'AILE OU LA CUISSE
클로드 지디 감독
Claude Zidi (1976)
프랑스
맛있는 장면: 파리의 한 데판야키 식당에서 샤를르 뒤슈맹(루이 드 퓌네스 분)이 식사를 하면서 눈이 휘둥그레지는 장면.

라타투이
RATATOUILLE
브래드 버드 감독
Brad Bird (2007)
미국
맛있는 장면: 미식 평론가 안톤 에고가 라타투이를 한입 먹고는 과거의 추억을 회상하는 장면.

내장과 곱창도 맛있게 먹을 수 있어요!

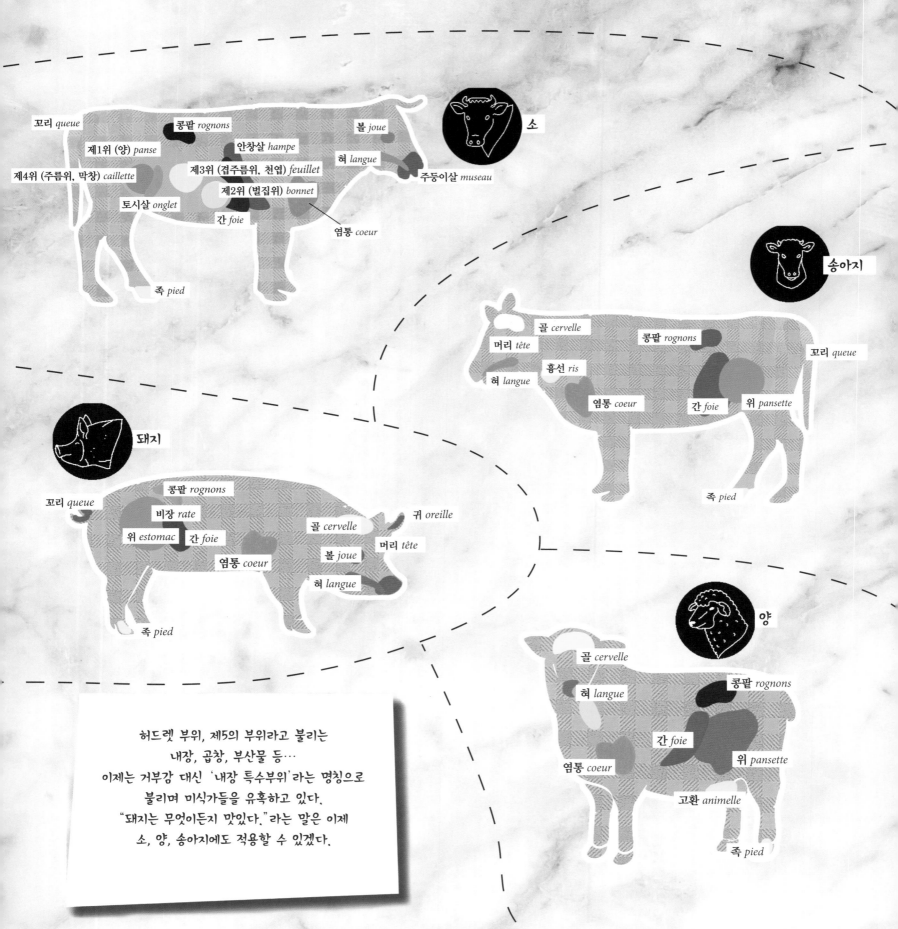

소

꼬리 *queue*
콩팥 *rognons*
볼 *joue*
제1위 (양) *panse*
안창살 *hampe*
혀 *langue*
제4위 (주름위, 막창) *caillette*
제3위 (겹주름위, 천엽) *feuillet*
주둥이살 *museau*
토시살 *onglet*
제2위 (벌집위) *bonnet*
간 *foie*
염통 *coeur*
족 *pied*

송아지

골 *cervelle*
콩팥 *rognons*
머리 *tête*
꼬리 *queue*
흉선 *ris*
혀 *langue*
염통 *coeur*
간 *foie*
위 *pansette*
족 *pied*

돼지

꼬리 *queue*
콩팥 *rognons*
비장 *rate*
귀 *oreille*
위 *estomac*
골 *cervelle*
간 *foie*
머리 *tête*
염통 *coeur*
볼 *joue*
혀 *langue*
족 *pied*

양

골 *cervelle*
혀 *langue*
콩팥 *rognons*
간 *foie*
위 *pansette*
염통 *coeur*
고환 *animelle*
족 *pied*

허드렛 부위, 제5의 부위라고 불리는
내장, 곱창, 부산물 등…
이제는 거부감 대신 '내장 특수부위'라는 명칭으로
불리며 미식가들을 유혹하고 있다.
"돼지는 무엇이든지 맛있다."라는 말은 이제
소, 양, 송아지에도 적용할 수 있겠다.

시대가 바뀌고 있다. 오늘날의 소비자는 내장이나 골, 그 밖의 다른 먹기 힘든 부위를 꺼리는 추세다. 프랑스는 허드렛 부위도 요리로 재활용해 먹는 것으로 둘째가라면 서러워할 나라였다는 사실이 너무나 빨리 잊힌 것은 아닐까? 프랑스 전국의 토속 먹거리를 자세히 조사해보았다. 그 어느 한 곳도 그들만의 내장 요리가 없는 곳은 없었다. 각 지방마다 대표적인 특별요리를 찾아 떠나보자.

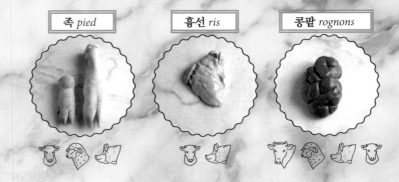

족 *pied* | 흉선 *ris* | 콩팥 *rognons*

노르 파 드 칼레 (NORD-PAS-DE-CALAIS)
- 소꼬리 스튜
- 돼지 족발
- 캉브레식 위막, 천엽 요리
- 우설 요리

노르망디(NORMANDIE)
- 캉의 곱창, 위막 요리
- 페르테 마세의 곱창 꼬치 요리

망슈 (Manche) :
쿠탕스 곱창, 위막 요리

피카르디 (PICARDIE)
- 마루왈 치즈를 넣은 곱창, 위막 요리
- 중세식 곱창, 위막 요리

로렌 (LORRAINE)
- 송아지 족발
- 랑베르빌리에식 송아지 머리 요리

페르슈 (Perche) :
오통 뒤 페르슈 곱창, 위막 요리

일 드 프랑스 (ILE-DE-FRANCE)
- 베르시 소스의 송아지 콩팥 요리
- 라비고트 소스의 송아지 머리 요리

브르타뉴(BRETAGNE)
- 포르닉식 소 위막 요리
- 브르타뉴식 천엽 내장 요리
- 생 말로식 송아지 족, 위막 요리
- 반식 송아지 곱창, 위막 요리
- 퐁 라베식 소 족, 송아지 족, 양의 위막 요리

페이 드 라 루아르 (PAYS-DE-LA-LOIRE)
- 보제식 송아지 콩팥 요리

알자스 (ALSACE)
- 속을 채운 돼지 위 요리

투렌 (Touraine) : 리옹(깍뚝 썬 돼지 삼겹살 요리)

상트르 (CENTRE)
- 부르주식 양 콩팥 요리
- 뵈셸 (Beuchelle: 송아지 콩팥, 흉선 요리)

프랑슈 콩테 (FRANCHE-COMTE)
- 콩테식 적포도주 소스 천엽 요리
- 훈제 우설 요리

앙주 (Anjou) :
껍질째 요리한 돼지 삼겹살 요리

부르고뉴 (BOURGOGNE)
- 부르기뇽식 송아지 허파 요리
- 니베르네식 곱창 요리
- 곱창 튀김 요리

푸아투 샤랑트 (POITOU-CHARENTES) :
- 앙굴렘식 곱창, 위막 요리

오베르뉴 (AUVERGNE)
- 오리악식 송아지 곱창, 위막 요리
- 생 플루르식 송아지 곱창, 위막 요리
- 모르식 송아지 곱창, 위막 요리

리무쟁 (LIMOUSIN)
- 그리비슈 소스의 송아지 머리 요리
- 양 고환 요리

리옹 (Lyon) : 바삭하게 익힌 돼지껍질, 그라통

퓌 드 돔 (Puy de dome) : 제르자르식 양 곱창 요리

아키텐 (AQUITAINE)
- 보르도식 천엽 요리
- 돼지 소창 요리, 트리캉디유

론 알프 (RHONE-ALPES)
- 소 벌집 위막 튀김
- 리옹식 천엽 요리
- 돼지 주둥이살 샐러드
- 비네그레트 소스를 뿌린 양 족, 또는 돼지 족발

미디 피레네 (MIDI-PYRENEES)
- 루에르그식 송아지 곱창, 위막 요리

미요(Millau) : 미요식 양 곱창 요리 (trenels de Millau)

**프로방스 알프 코트 다쥐르
(PROVENCE-ALPES-COTE-D'AZURE)**
- 프로방스식 곱창, 위막 스튜
- 시스테롱 또는 마르세유식 양 곱창, 족 요리

니스 (Nice) :
니스식 곱창, 위막 요리

랑그독 루시용 (LANGUEDOC-ROUSSILLON)
- 로제르식 양 족과 곱창, 위막 요리

코르시카 (CORSE)
- 코르시카식 송아지 위막 요리
- 돼지 위막에 돼지 피, 비계, 자투리 살을 넣어 만든 테린, 방트뤼

염통 *coeur*

간 *foie*

귀 *oreille*

설도(삼각살) *araignée*
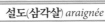

골 *cervelle*

고환 *animelle*

샬롯을 곁들인 토시살 Onglets aux échalotes

스테판 레노 (Stéphane Reynaud)

몽트뢰이의 레스토랑 「빌라 9 트루아 (Villa 9 Trois, Montreuil sous Bois)」의 셰프이자 내장 요리를 다룬 『리브르 드 라 트리프 (Livre de la Tripe, Marabout)』 등
여러 권의 베스트셀러 요리책의 저자인 스테판 레노는 이 마을의 푸주간 겸 샤퀴트리 운영자의 아들로 태어났다.
당연히 고기의 내장이나 허드렛 부위를 구석구석 꿰고 있는 이 셰프가 제안하는 실패하지 않는 두 가지 레시피를 소개한다.

6인분

준비 시간: 15분
조리 시간: 20분

재료

껍질을 벗기고 힘줄을 제거한 소 토시살 1.2kg
버터 100g
송아지 육수 200ml
코냑 50ml
토마토 페이스트 1티스푼
당근 3개
셀러리 1줄기
길쭉한 모양의 샬롯 (échalotes cuisse de poulet) 6개
해바라기유 1테이블스푼
소금, 후추

만드는 법

채소

샬롯은 통째로 180℃ 오븐에 넣어 20분간 익힌다.
당근의 껍질을 벗기고 작은 큐브 모양의 브뤼누아즈 (brunoise)로 썬다.
셀러리도 같은 크기로 썬다.

토시살

뜨겁게 달군 팬에 버터 50g과 해바라기유를 넣고 토시살을 센 불에서 원하는 익힘
정도에 따라 약 5~10분간 덩어리째 골고루 지진다. 간을 한 다음 꺼내서 알루미늄
포일을 덮어 따뜻하게 레스팅한다.

소스

고기를 지진 팬에 코냑을 넣고 플랑베하여 알코올을 날린다. 잘게 썰어둔 채소와 송아지
육수, 토마토 페이스트를 넣고 5분간 끓인다. 나머지 버터를 넣고 거품기로 잘 혼합한다.
토시살을 적당한 두께로 슬라이스해 접시에 담고 소스를 끼얹은 다음, 오븐에 구운
샬롯을 반으로 갈라 올려 서빙한다.

송아지 간 요리 Le foie de veau
스테판 레노

6인분
준비 시간: 10분
조리 시간: 5분

재료
송아지 간 슬라이스 6조각
샬롯 4개
라즈베리 식초 2테이블스푼
밀가루 2테이블스푼
버터 150g
소금, 후추

송아지 간은 너무 넓은 것보다 좁고 도톰한 슬라이스로 준비한다. 그래야 속을 핑크색으로 유지하며 익히기 좋다. 송아지 간에 밀가루를 묻히고 소금, 후추로 간을 한다.

익히기
샬롯의 껍질을 벗기고 잘게 썬다. 큰 무쇠 팬에 버터를 녹여 거품이 일기 시작하면 샬롯과 슬라이스한 송아지 간을 넣고 앞뒷면 각각 2~3분씩 지진다. 서빙하기 바로 전에 라즈베리 식초를 넣고 디글레이즈한다.

서빙 시 곁들임
감자 퓌레에 송아지 간을 익히고 남은 버터를 뿌려 같이 서빙한다.

가염 버터에 익힌 송아지 흉선과 지롤 버섯
Ris de veau de Corrèze rôtis au beurre demi-sel et girolles au jus

브뤼노 두세 (Bruno Doucet)*

이 음식은 그의 레스토랑 라 레갈라드 (La Regalade) 여러 지점들을 통해 널리 사랑받고 있는 파리 비스트로노미의 대표적인 메뉴중 하나이다.
그의 메뉴판에서 흔히 제5의 부위라고 일컫는 내장을 이용한 요리를 찾아보는 것은 어렵지 않다.

4인분
준비 시간: 30분
조리 시간: 약 45분

재료
신선한 송아지 흉선 (각 200g 짜리) 4개
지롤 버섯 (꾀꼬리 버섯) 600g
올리브오일 3테이블스푼
가염 버터 100g
샬롯 3개
마늘 1통
이탈리안 파슬리 1단
고기 육즙 소스(고기 굽고 난 후에 만든 소스 사용 가능)
소금, 통후추 간 것

만드는 법
냄비에 찬물과 송아지 흉선을 넣고 끓인다. 1분간 끓인 후 흉선을 건져 얼음물에 담가 5분 정도 식힌다. 다시 건져 작은 칼로 얇은 껍질막을 벗긴 다음 냉장고에 넣어둔다. 지롤 버섯은 살살 껍질을 벗겨 찬물에 2~3번 헹궈 씻는다. 바닥에 더 이상 흙이 가라앉지 않을 때까지 깨끗이 씻은 후 건져 물기를 뺀다.
팬에 올리브오일을 달구고 지롤 버섯을 볶는다. 소금을 조금 넣고 버섯즙이 나올 때까지 볶는다. 버섯은 건지고, 나온 즙은 따로 보관한다. 기름기를 제거한 후, 이 즙을 소스팬에 넣고 반으로 졸인다.
송아지 흉선 앞뒷면에 골고루 소금, 후추로 간을 한다. 센 불에 소테팬을 올리고 달군 후 깍둑 썬 가염 버터를 녹여 거품이 일면 준비한 송아지 흉선을 넣고 앞뒷면 각각 5~6분씩 노릇한 색이 나도록 지진다. 건져서 따뜻하게 보관한다.
샬롯은 껍질을 벗겨 4mm 두께로 세로로 썰기하고, 마늘은 다진다. 이탈리안 파슬리는 씻어서 잘게 썰어둔다. 흉선을 익힌 팬의 기름을 3/4 정도만 남기고 제거한 다음, 여기에 샬롯과 마늘을 넣어 5분간 색이 나지 않게 볶는다. 지롤 버섯을 넣고 불을 살짝 올린 다음 다시 5분간 흔들며 볶아준다. 여기에 고기 육즙과 버섯즙을 넣고 4~5분간 졸이듯이 약한 불에 끓인다. 잘게 썬 파슬리를 뿌린다. 접시에 버섯을 깔고 그 위에 송아지 흉선을 얹어 즉시 서빙한다.

* 레시피는 Brunot Doucet 의 『친구들과 함께하는 진수성찬 (Régalade entre amis)』에서 발췌. Larousse 출판.

조리 팁

이 요리를 성공하는 가장 큰 관건은 송아지 흉선의 신선도이다. 센 불에 재빨리 흉선을 익히는 것은 고도의 집중을 요한다. 흉선이 바닥에 눌어붙지 않아야 하고 함께 익히는 버터가 너무 타 검게 변하면 절대 안 된다. 고기 육즙을 항상 비치해 놓으려면, 평상시 로스트 비프나 로스트 치킨을 만들 때, 디글레이즈해서 육즙 소스 (jus)를 만들어 냉동실에 보관하면 된다. 필요할 때마다 손쉽게 사용할 수 있다.

셰프의 조언
육즙의 기름을 제거한다는 것은 (dégraisser), 작은 국자로 액체 표면 위에 떠 있는 기름 층을 떠내는 것을 말한다. 내장과 특수부위를 이용한 음식은 겨울 메뉴로 온가족이 함께하기 아주 좋다.
소 볼살 대신 부채살을 사용해도 되는데 단, 이때는 덩어리째 조리한다.

초콜릿 무스 Mousse au Chocolat (6인분)

미셸 올리베르 Michel Oliver

큰 샐러드 볼을 냉동실에 넣어  둔다.

다른 볼에 달걀노른자 5개를 넣는다.

상온의  부드러운 버터 80g과

아카시아 꿀 250g (반 병)을 넣고

전동 거품기로 3분간 잘 섞는다.

오븐용 그라탱 용기에 **아주 아주** 뜨거운

물을 반쯤 채워, 몇 겹으로 접은 행주 위에 놓는다.

달걀노른자와 버터, 꿀을 넣은

볼을 이 뜨거운 물에 넣고

계속해서 10분간 거품기로 혼합한다.

혼합물의 부피가 두 배로

늘어난다.

* Michel Oliver: 파리의 전통 깊은 미슐랭 3스타 레스토랑 「르 그랑 베푸르 (Le Grand Véfour)」의 셰프였던 Raymond Oliver의 아들로, 이 식당에 합류하여 홀에서 경력을 쌓은 후, 파리에 여러 곳의 비스트로를 오픈했다. 일찌기 1950, 60년대에 TV 프로그램에 출연한 요리사 1세대이며, 장 콕토가 서문을 쓴 그의 요리책 『요리는 아주 쉬워요 (La cuisine est un jeu d'enfants, 1963)』는 무려 300만 부나 팔리는 시대를 초월한 베스트셀러가 되었다. 여기 제시된 레시피는 그의 책의 수록된 레시피를 지면 그대로 소개한 것이다.

TV 요리 프로그램의 스타였던 미셸 올리베르는 1963년 펴낸 요리책 『요리는 아주 쉬워요 (La cuisine est un jeu d'enfants)』(Plon 출판)가 300만 부 이상 판매되는 큰 성공을 거둔다. 이 레시피북에서는 그의 요리 재능뿐 아니라 동심으로 돌아간 듯한 정겨운 그림이 곁들여져 있다. 오랜 전통을 지닌 파리의 레스토랑 「르 그랑 베푸르 (Le Grand Vefour)」의 미슐랭 3스타 셰프였던 레몽 올리베르 (Raymond Oliver) 의 아들인 83세의 미셸은 그의 오래된 요리책 속의 이 쉬운 초코릿 무스 레시피를 즐거운 마음으로 우리와 함께 나누고자 한다. 그의 딸 클레망틴은 이 맛있는 디저트를 한 볼 전부 먹을 수 있다고 말한다.

용기에 물을 넣고 아주 약한 불에 올려 따뜻하게 유지한 다음, 카카오 90% 초콜릿 200g을 잘게 썰어 넣은 볼을 그 안에 넣어 서서히 녹인다.

냉동실에 넣어둔 볼을 꺼내 아주 차가운 생크림 600ml를 넣고, 소금을 한 꼬집 넣어준다.

깨끗이 씻어 물기를 완전히 닦은 전동 거품기로 휘핑하여 크렘 샹티이를 만든다.

녹은 초콜릿을 달걀노른자와 꿀 혼합물에 넣고 재빨리 잘 섞는다.

이 혼합물을 크렘 샹티이에 넣고 주걱으로 떠 올리며 한참을 잘 섞는다.

냉장고에 최소한 3시간 이상 보관했다가 먹는다.

유대교의 축일 음식

유대인들의 속담에 천주교는 성당에서, 이슬람교는 사원에서, 유대교는 식탁에서 의식을 행한다는 말이 있다.
동유럽 출신 유대인들의 식탁은 그 소박함과 시골 같은 투박함으로, 지중해 연안 쪽 유대인들의 음식은 그 섬세하고도 컬러풀한 아름다운 자태로
전 세계의 유대 미식 전통을 고스란히 잇고 있다. 축일을 기념할 때 그들이 즐겨먹는 맛있는 음식들을 함께 알아보자.

축일	특별 음식	동구 출신 유대인	지중해 연안 유대인
샤바 SHABBAT (유대교의 안식일)			
오르되브르·············	폴란드어로 자카스키 (zakaski), 러시아어로 자쿠스키 (zakouski)라고 부른다. 북아프리카의 유대인들은 **케미아 (kemia)**라고 부른다. 그 밖에 전 세계적으로는 **메제 (mezze)**라고 부르는 이 모둠 전채 요리는 보통 유대교 풍습에서 풍요와 출산의 상징인 생선을 주재료로 만든다. 신의 보호 덕택에 나쁜 기운이 미치지 않는다고 믿었다.	**게필테 피시 (geffilte fisch)**는 안식일 식사에 빠지지 않는 전통적 애피타이저다. 민물 생선의 살을 다져 동그랗게 빚은 후, 쿠르부이용 (court-bouillon: 물과 식초, 와인, 향신료를 넣고 끓인 국물로, 생선이나 갑각류를 데쳐 익힐 때 사용한다)에 데쳐 익힌다. 지역에 따라 달콤한 맛을 더하기도 하고, 차갑게 또는 따뜻하게 먹는다. 유대 음식을 파는 델리에서 가장 인기가 좋은 차가운 전채 요리다.	**우에보스 하미나도스 (uevos haminados)** 유대교식 달걀: 아주 맛있는 오르되브르인 이 삶은 달걀은 은근하게 몇 시간 동안 혹은 밤새도록 익혀 만들어, 달걀흰자는 마치 구운 듯한 갈색을 띠고, 노른자는 마치 버터처럼 크리미한 식감이 일품이다. **가지:** 유대교인들이 좋아하는 채소인 가지는 퓌레, 튀김, 가지 캐비아 (caviar d'aubergine: 가지를 익힌 후 속을 긁어내 양념한 퓌레) 또는 샐러드로 다양하게 먹는다. **참치:** 필로 페이스트리로 감싸 굽거나, 파테, 쇼송으로 만들어 특히 튀니지에서 즐겨 먹는다.
안식일의 냄비 요리·············	토요일에 먹는 유일한 더운 요리로 전날 미리 준비해 밤새도록 오랜 시간 끓인다. 원래는 냄비의 가장자리에 밀가루 반죽을 붙여 밀봉했다. 송아지나 소 정강이, 양 어깨살이나 삼겹살 등을 넣어 뭉근히 오래 익힌 스튜 요리다.	**숄랑 (tcholent):** 고기, 감자, 보리, 콩 등을 넣고 끓인다. 같은 냄비에 넣고 함께 익힌 키슈크 소시지 (kishke: 밀가루와 양파를 넣은 소시지)나 다른 종류의 미트볼을 곁들여 먹기도 한다. 흔히들 이 숄랑은 너무 기름지고 든든한 음식이라 일요일에 이것을 먹고 난 후에는 반드시 교회에 가야 소화가 된다고 말한다.	**트피나 (dafina):** 북아프리카의 대표적 유대 음식으로(익힌다는 의미), 쿠스쿠스, 쌀, 빵, 고기, 단 음식을 넣고 잘 싼 다음 냄비에 넣고 익힌다. 지역마다 조리법이 조금씩 다르며, 모로코에서는 하민 (hamin) 또는 슈크나 (shkena)라고 부르고, 이란에서는 칼레비비 (Khalebibi), 쿠르디스탄에서는 마보트 (Mabote)라고 부른다.
로쉬 하샤냐 ROCH HA-SHANA (유대교의 신년)			
(9월말~10월초)	이때는 **달콤한 음식**을 먹는 시즌이다. '꿀과 같이 달콤한' 한 해를 기원한다. **할라 (hallah):** 안식일에 먹는 특별한 빵인 할라를 왕관 모양으로 꼬아서 만든다. 한 해의 순환과 하나님의 왕관을 의미한다.	**당근 치미스 (tzimmès):** 이디시 전통 음식이며, 부와 번영의 상징인 금화 모양으로 동그랗게 썬 당근으로 만든다. 꿀은 희망을 상징한다.	녹색을 띤 식재료들이 주를 이룬다. 왜냐하면 녹색은 새로운 시작을 의미하기 때문이다. 따라서 카르둔, 시금치, 잠두콩, 완두콩, 그린빈스, 주키니 호박를 주재료로 한 음식이나 녹차를 선호한다. 쿠스쿠스에도 이때에는 블랙 올리브나 가지는 넣지 않고, 모과, 고구마, 골든 건포도 등 단맛이 나는 재료를 평소보다 더 많이 넣는다.
욤 키푸르 YOM KIPPOUR (유대교의 속죄일)			
(로쉬 하샤냐 이후 10일째)	가금류를 한 가지 정해 가족 한 사람 한 사람마다 기도 주문을 외우는 회개 의식 (kapparoth) 전통에 따라, 이날은 닭 요리를 먹는다.	**골덴 요이슈 (goldene yoïch):** 이 닭 수프는 축일 음식의 가장 기본이 된다. 특히 속죄일의 대표 음식이라고 할 수 있다. 사프란을 조금 넣어 색을 더해 더욱더 황금빛이 도는 국물을 만든다. 홀스래디시와 피클 등을 곁들여 먹는다.	닭고기 쿠스쿠스: 지중해 지역 유대인들이 아주 좋아하는 닭고기 미트볼을 넣어 만든 특별한 요리다. 이것은 욤 키푸르뿐 아니라 수코트 (soukkhot: 초막절)를 대표하는 음식이며, 이때에도 수프에 고구마와 건포도를 넣어 먹는다.
페사 PESSAH (유대교의 유월절, 부활절)			
(4월중 8일간)	헤브루인들이 출애굽 당시에 발효시키지 않은 무교병만 먹었던 7일을 기리는 축일이다. 이때 곡식 낟알과 효모가 든 음식은 금지되었다. 유월절 상차림인 세더 (Seder)에는 양의 뼈, 구운 달걀, 쓴맛의 허브, 녹색 채소, 과일 젤리와 대추야자, 호두가 꼭 올라간다.	중부 유럽에서는 **무교병과 달걀을 넣어 만든 완자** (matzah balls, 미국의 유대인들이 많이 먹는다)를 닭 수프에 국수 대신 넣어 먹는다.	동유럽 유대인들과는 달리 지중해 지역의 유대인들은 쌀, 말린 옥수수, 마른 콩과 렌틸콩을 먹는다. 쿠스쿠스 대신 무교병 (matzah)을 동유럽보다 더 두툼하고 둥글게 만들어 접어 먹는다.
하누카 HANOUKKA (유대교의 성전 봉헌 축일, 빛의 축일)			
(11월 또는 12월)	유다 마카베오가 이끄는 군사들이 봉기하던 8일간 타오르던 등잔불의 기적을 기리는 **빛의 축제**이다. 마카베오의 승리를 기념하게 하기 위하여 오일 베이스로 만든 간식과 페이스트리를 먹는다.	**라트커 (latkes):** 작은 크기의 감자 팬케이크로, 감자를 코냑에 담가 절여 사용하면 한결 더 맛있다. 일 년 내내 이 팬케이크에 소금, 후추, 생크림을 넣은 짭짤한 전병으로 만들어 먹기도 한다.	이들은 여러 가지 **튀김과자**를 시럽에 절여 먹는 전통을 갖고 있다. 이름도 잘라비아 (zalabias), 쿠쿠마데 (koukoumades), 스펜지 (sfenj) 또는 요요 (yoyos) 등 종류가 매우 다양하다.

프랑스의 사탕, 봉봉

무척이나 시적인 이름을 가진 사탕도 있고, 덤불 속 풀의 향기를 띤 것들도 있다. 잊혀 가는 추억의 사탕들이 몇몇 장인들과 단맛을 사랑하는 미식가들에 의해 부활하고 있다. 이들이 꼽은 10가지 사탕은 어떤 것들인지 알아보자.

보리사탕 (대맥당), 모레 쉬르 루엥
SUCRE D'ORGE DE MORET-SUR-LOING
이 14세 시절 베네딕틴 수녀들이 처음 만든
 보리사탕을 옛 방식 그대로 생산하고 있으
, 만드는 법은 공개되지 않고 있다.
식: 막대 모양으로 만든 단단한 사탕.
는 법: 최대한 오래 빨아 먹는다.
단한 정도: 5/5
아에 붙는 정도: 1/5
어 먹는 시간: 6분 19초

NHIR DE BRETAGNE
작은 절돌 모양의 초콜릿 과자. 아몬드와
이즐넛 프랄리네를 초콜릿 가나슈로 감
고, 카카오 파우더를 묻혀 만든다)

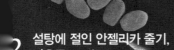

2 설탕에 절인 안젤리카 줄기, 니오르 ANGÉLIQUE DE NIORT
오르산'이라는 명칭을 붙이기 위해서는
레 푸아트뱅 (marais poitevin)의
오르 (Niort) 안에서 재배한 안젤리카
브만을 사용하고, 현지에서 설탕에
인 것이어야만 한다.
식: 식물의 줄기인 이 당과류는 식물의
이 강하면서도 아주 섬세한 풍미가 있다.
는 법: 조금씩 천천히 빨아 먹다가 씹어…
는다.
단한 정도: 0/5
아에 붙는 정도: 1/5
어 먹는 시간: 1분 50초

3 부숑 드 보르도
BOUCHON DE BORDEAUX
976년 자케 푸케 (Jacquet Pouquet) 라는 사람이
안해낸 것으로 와인 코르크 마개를 본뜬 모양의
프레트 (gaufrette: 웨하스와 같이 파삭하고 얇
 과자)안을 아몬드와 포도로 채워 만들었다.
식: 설탕에 반쯤 콩피한 포도를 아몬드
이스트에 넣어 섞고, 보르도 와인으로 향을 더한
을 버터 고프레트로 감싸 말았다.
는 법: 한꺼번에 아삭 깨물어 먹는다.
단한 정도: 3/5
아에 붙는 정도: 2/5
어 먹는 시간: 1분 25초

10 플로콩 다리에주
FLOCON D'ARIÈGE
980년대 과자점 주인 클로드 로랑
(Claude Laurent)이 당과류의 불모지였던
 지역을 위해 개발해 낸 사탕 과자.
식: 겉은 부서지기 쉬운 머랭으로 감싼
꽃송이 모양을 하고 있고, 안에는
초콜릿 프랄리네가 들어 있다.
는 법: 깨물어 먹는다.
단한 정도: 1/5
아에 붙는 정도: 0/5
어 먹는 시간: 36초

피캉탱 드 콩피엔
PICANTIN DE COMPIÈGNE
(누가틴과 초콜릿으로 만든 콩피엔의 대표 봉봉)

퐁당 드 센 생 드니
FONDANT DE SEINE-SAINT-DENIS
(센 생 드니의 각종 과일 맛 캔디)

리골레트 드 낭트
RIGOLETTE DE NANTES
(안에 과일 마멀레이드를 넣은 단단한 캔디)

케르농 다르두아즈 덩제
QUERNON D'ARDOISE D'ANGER
(아몬드와 헤이즐넛으로 만
든 캐러멜라이즈드 누가틴을
푸른색의 초콜릿으로 감싸 만
드는 앙제의 특산물. 아티장
초콜릿 전문점 라 프티트 마
르키즈의 대표 상품이다.)

포레스틴 드 부르주
FORESTINE DE BOURGES
(실크처럼 광택 나는 아름다운 색깔
의 얇은 사탕을 아삭 깨물면, 안에는
아몬드 헤이즐넛 프랄리네와 초콜릿
이 들어 있다. 1900년 파리 만국 박람
회에서 은상을 수상한 전통의 봉봉)

기모브 프레쉬 드 툴루즈
GUIMAUVE FRAÎCHE DE TOULOUSE
(여러 가지 과일 맛의 수제 마시멜로우)

4 루두두
ROUDOUDOU
가수 르노 (Renaud)의 상송 가사에도
나오는 이 사탕은 정확히 어디에서
처음 만들어졌는지 알려지지 않았다.
시식: 플라스틱 조개껍질에 들어 있는
단단한 캔디.
먹는 법: 핥아 먹는 수밖에 없다.
단단한 정도: 5/5
치아에 붙는 정도: 0/5
씹어 먹는 시간: 씹어 먹지 못함.
끝까지 모두 핥아 먹으려면 1시간~ 3일.

카시신 드 디종
CASSISSINE DE DIJON
(짙은 보라색 타원형의 과일
젤리로 안에는 블랙커런트
리큐어가 들어 있다.)

5 막대사탕, 시크 드 페즈나
CHIQUE DE PÉZENAS
1968년 페즈나에 정착한 크리스티앙 부데
(Christian Boudet)는 그 유명한 베를링고
페즈나 사탕 (berlingot de Pézenas)을 만
들어 선보인다. 그것을 변형해 만든 막대
사탕이 시크다.
시식: 콜라, 사과, 멜론, 딸기, 라즈베리,
바이올렛, 패션프루트, 복숭아, 개양귀비,
초콜릿, 레몬 맛의 다양한 막대사탕.
먹는 법: 최대한 끝까지 빨아먹는 다음
마지막에 깨트려 먹는다.
단단한 정도: 4.5/5
씹어 먹는 시간: 6분

6 네귀스 드 느베르
NEGUS DE NEVERS
1902년 에티오피아의 통치자 네귀스의 느
베르시 방문 이후, 메종 그렐리에 (Maison
Grelier)에서 처음 만든 캐러멜 사탕.
시식: 초콜릿 또는 커피 맛의 말랑한 캐러
멜을 딱딱한 사탕이 감싸고 있다.
먹는 법: 치아에 들러붙는 것이 두렵지 않
다면, 조금 빨아먹다가 깨물어 먹는다.
단단한 정도: 3/5
치아에 붙는 정도: 5/5
씹어 먹는 시간: 2분 40초

9 베르가모트 드 낭시
BERGAMOTE DE NANCY
그 기원은 확실하지 않으나, 19세기에
낭시의 과자점들이 이 당과류를 특산품으로
만들어 팔았다고 전해진다.
시식: 납작한 네모 모양의 새콤한 맛을 내는
사탕. 베르가모트 에센스 오일로 향을
냈으며, 반투명한 황금빛을 하고 있다.
먹는 법: 한참 빨아먹다가 베르가모트의
향이 더 이상 향기롭지 않으면 깨물어 먹는다.
단단한 정도: 5/5
치아에 붙는 정도: 2/5
씹어 먹는 시간: 9분 40초!

7 자클린 드 디종
JACQUELINE DE DIJON
1926년 디종의 유명한 파티시에 앙토냉
미슐랭 (Anthonin Michelin)이 처음 만든
파스텔 컬러의 당과류.
시식: 마치 분필같이 부서지는 머랭의
식감을 지녔고, 새콤한 맛도 난다 (안에 든
블랙커런트 맛)
먹는 법: 빨아 먹다가 깨물어 먹는다.
단단한 정도: 2/5
치아에 붙는 정도: 1/5
씹어 먹는 시간: 27초

쿠생 드 리옹 COUSSIN DE LYON
(쿠르쏘로 향을 낸 초콜릿 가나슈를 녹색의 아몬드
페이스트로 감싼 리옹의 전통 봉봉)

8 칼리송 덱스
CALISSON D'AIX
르네 왕의 요리사가 까다롭기로 유명
했던 잔 왕비에게 만들어 올린 아몬드
과자로, 그녀의 측근에게 "마치 애무같이
달콤하다 (Di calin soun)."라는 칭찬을
받았다고 전해진다.
시식: 멜론 맛의 아몬드 페이스트에
오렌지 껍질 콩피를 섞어 매끈하고 하얗게
슈거 코팅한 것.
먹는 법: 한입에 쏙 넣는다.
단단한 정도: 0/5
씹어 먹는 시간: 48초

봉봉의 천국, 르 봉봉 오 팔레
추억의 사탕류 팬이라면, 열정적인
봉봉 마니아 조르주 마르크가 운영
하고 있는 르 봉봉 오 팔레 (Le Bon-
bon au Palais)를 놓치지 말아야
한다. 그의 미션은 프랑스 전통
당과류를 다시 부활시켜, 하마터면
사라질 위기에 처했던 오랜 역사의
봉봉을 오늘날을 살아가는 현대인
에게 알리고 맛보게 하는 것이다.
이곳의 유리병 진열대에는 최소
200가지가 넘는 각 지방의 특산
봉봉들이 당신을 기다리고 있다.
19, rue Monge, 75005 Paris.
www.bonbonsaupalais.fr

니스의 요리

니스는 프로방스와 이탈리아를 잇는 미식의 도시다. 마르셀 파뇰의 고향인 프로방스의 라타투이나 피스투는 물론이고, 이탈리아 리구리아의 포카치아를 닮은
푸가스 빵과 파리나타 (farinata)의 사촌격인 소카 (socca)도 모두 니스의 대표적 먹거리다. 니스 음식에 흠뻑 빠진 두 전문가가 소개하는 지중해식 요리의 정수를 맛보자.

쇼피 아그로폴리오의 레시피

앙티브에서 태어나 니스와 리구리아 두 곳의 음식을 먹고 자란 쇼피 아그로폴리오(Sophie Agrofoglio)는 어릴 때부터 올리브오일에 매료되었다. 가족과 함께 하는 식탁에는
언제나 테루아의 장점을 살린 균형 있고 풍성한 음식들이 있었다. 그녀가 아주 자신 있게 만들어내는 이 유명한 피스투 수프도 바로 그 음식들 중 하나다.
그녀의 작은 식당「아 부테기나 (A Buteghinna)」(11, rue du Marché, Vieux Nice)에 가면 언제든지 맛볼 수 있다.

트루시아 Trouchia

트루시아는 근대의 녹색 잎만 넣어 만든 오믈렛을 말한다.
그린 샐러드를 곁들여 차갑게 먹는다. 피크닉 음식으로 그만이다.

4~6인분

재료

어린 근대 잎 2팩
 (또는 일반 근대 1팩)
달걀 6개
양파 2개
파슬리 1단
처빌 1단
파르메산 치즈 간 것 한 움큼
소금, 후추
넛멕 가루 칼끝으로 아주 조금
으깬 마늘 1톨
올리브오일

만드는 법

파슬리와 처빌을 다진다. 얇게 썬 양파를 올리브오일에 볶아둔다. 근대는 줄기를 따고 다듬어 잎만 가늘게 썬다. 근대를 물에 씻어 쓴맛을 없앤 후 털어 물기를 완전히 제거한다.

큰 볼에 달걀을 풀고 가늘게 간 파르메산 치즈를 넣고 섞는다. 근대 잎과 양파, 다진 파슬리와 처빌, 넛멕, 으깬 마늘, 소금, 후추를 넣고 잘 혼합한다. 팬에 오일을 넉넉히 두르고 달군 뒤, 혼합물을 넣어 평평하게 해준다. 오믈렛의 두께가 3cm 정도 되도록 한다. 뚜껑을 덮고 약한 불에서 15분간 익힌다. 오믈렛을 뒤집을 때도 뚜껑을 이용한다. 오믈렛의 가장자리를 살짝 들어 아랫면이 잘 익었는지를 확인하고 뚜껑 (없으면 큰 접시) 위에 조심스러우면서도 재빠른 동작으로 뒤집어준다. 뚜껑을 쥔 쪽 팔 위에 행주를 덮어 기름이나 오믈렛이 튀어 화상을 입지 않도록 주의한다. 팬에 기름을 조금 더 넣고, 오믈렛을 살짝 밀어 다시 넣는다. 다시 15분간 익힌다.
조리팁: 생채소가 들어갔기 때문에 익히는 것이 제일 까다롭다. 충분한 시간을 두고 타지 않게 익히는 것이 관건이다.

피스투 수프 Soupe au pistou

6인분

채소
재료

양파 1개
리크 (서양 대파) 1대
셀러리 1줄기
울타리 콩 1줌
흰 강낭콩 1줌
납작한 그린빈스 1줌
감자 (중간 크기) 1개
당근 2개
니스산 주키니 호박 1개
토마토 2개
마카로니 파스타 1컵
 (dinatalini rigatti: 홈이 파인 곧고 짧은 튜브
 모양의 파스타)
올리브오일 1컵

만드는 법

강낭콩의 깍지를 모두 깐다. 그린빈스는 양끝을 다듬고 균일한 크기로 송송 썬다. 감자, 당근, 주키니 호박은 굵직한 큐브 모양으로 썬다. 양파, 리크, 셀러리는 굵직하게 다진다.

냄비에 올리브오일 1컵을 넣고, 다진 재료를 먼저 몇 분간 약한 불에 볶는다. 큐브 모양으로 썰어둔 나머지 채소를 넣고 물을 붓는다(약 2.5리터와 굵은 소금). 45분간 익힌 후, 큐브 모양으로 자른 토마토와 파스타를 넣고 다시 15분간 끓인다.

피스투
재료

바질 1단
마늘 2톨
파르메산 치즈 50g
올리브오일 반 컵

만드는 법

절구에 마늘와 바질을 넣고 곱게 찧는다. 파르메산 치즈를 넣고 올리브오일을 조금씩 부어가며 부드러운 페이스트 농도를 만든다. 피스투는 절대 익히지 않는다.

수프

수프를 담고 피스투 1티스푼을 얹은 다음 올리브오일을 한 바퀴 두르고 파르메산 치즈를 올려 서빙한다. 이 따뜻한 수프는 상온으로 식혀 먹어도 아주 맛있다. 오히려 그 풍미가 더 살아난다.

앙드레 지오르당의 레시피

니스 출신의 대학 교수이자 연구소장, 국제적으로 명망이 높은 국제 엑스포 조직위원인 앙드레 지오르당 (André Giordan)은 그 무엇보다도 니스의 전통 문화와 유산 지킴이자, 열정적인 니스 음식 애호가다. 그는 지오르당 드 라 페파 (Giordan de la Peppa)라는 필명으로 전통을 보존하면서도 새로움을 더한 니스 음식에 관한 책을 내기도 했다.

피살라디에르 Pissaladière

준비 시간: 30분
반죽 휴지 시간: 1시간
조리 시간: 1시간

재료

밀가루 500g
베이킹파우더 1/2 작은 봉지
올리브오일 200ml
물 300ml
양파 2kg
니스산 올리브 100g
염장한 안초비 100g
월계수 잎, 타임, 로즈마리, 소금, 후추

68 – NICE · Une Marchande de Socca

만드는 법

양파의 껍질을 까서 씻은 다음 얇게 링으로 썬다. 팬에 올리브오일과 월계수 잎, 타임, 로즈마리를 넣고 양파를 볶는다. 소금과 후추로 간하고 뚜껑을 닫아 약한 불에서 30분간 익힌다. 그동안 반죽을 준비한다. 큰 볼에 밀가루, 베이킹파우더와 물을 섞고 소금을 조금 넣는다. 올리브오일 2테이블스푼을 넣고 잘 섞어 반죽한다. 행주로 덮어 1시간 발효시킨다. 베이킹 팬에 기름을 바른다. 서빙용 접시 크기에 맞추어 반죽을 민다(두께는 2~3mm 정도). 양파 볶음에서 허브를 건져 내고, 양파를 반죽 위에 펼쳐 놓는다. 올리브와 안초비(미리 헹궈 준비한다)를 골고루 얹는다. 250℃로 예열한 오븐에서 20~30분간 굽는다. 먹기 전에 후추를 뿌린다.

유용한 조언

전통적으로 이것은 기름을 넣지 않고 오로지 밀가루와 효모(제빵용 생 이스트), 물과 소금만 넣어 만드는 빵 반죽이었고, 나무로 된 도마 위에서 만들었다. 우선 밀가루를 높이 쏟아 붓고, 이스트와 소금을 잘 혼합한다. 가운데 우묵하게 우물을 파고, 물을 조금씩 넣어주고, 포크로 원 모양을 만들며 천천히 반죽한다. 둥그런 반죽이 완성되면 도기에 넣어 행주로 덮은 다음 발효시킨다. 피살라디에르가 처음 만들어진 것은 20세기 초 피살라 (pissala)로부터 출발한다. 이름도 바로 여기서 유래되었다. 피살라는 원래 안초비의 내장으로 만들었다. 오늘날에는 이 방법보다는 다음과 같은 레시피를 더 선호한다. 유리나 도기로 된 병에 굵은 소금을 한 켜 깔고, 그 위에 로즈마리, 타임, 월계수 잎 등의 향신 허브를 짓이기거나 갈아서 넣는다. 그 위에 생선을 넣고, 이 순서로 반복하여 차곡차곡 쌓는다. 맨 위에는 소금과 허브 켜로 마무리한다. 무겁고 넙적한 돌로 꾹 눌러놓은 다음 선선한 곳에 한 달간 보관한다. 한 달 후에 이것을 절구에 넣고 모두 찧어 준다(또는 전통방식을 거부한다면 믹서로 갈아도 된다). 다시 병에 담고 위에 소금을 한 켜 덮어준다. 피살라가 완성되었다. 생선은 작은 것이 더 좋다. 튀김용 멸치, 작은 망둥어, 작은 안초비, 또는 값이 비싸지 않다면 실치(정어리 등의 치어)도 좋다. 옛날 니스 사람들은 여기에 작은 갑각류의 곤이나 성게알, 심지어 생선 창자도 넣었다.

초콜릿 파니스 Panisses au chocolat de la rue Droite

준비 시간: 25분
조리 시간: 30분

재료

병아리콩 가루 100g
해바라기유 200ml
물 250ml
초콜릿 100g
슈거파우더 50g
민트 잎 12장

만드는 법

냄비에 물 250ml 와 슈거파우더 10g을 넣고 끓인다. 병아리콩 가루 100g을 천천히 넣고 덩어리가 생기지 않도록 재빨리 저어 섞는다. 더 좋은 것은 혼합물을 체에 한 번 거르는 것이다. 약 10분간 혼합물을 익혀 되직한 농도가 되게 한다.

혼합물을 차가운 쟁반이나 접시에 쏟아 붓고 최소 1시간 동안 식힌다. 반죽이 식으면 길쭉한 스틱 모양이나 사각형 모양으로 자른다. 기름에 10분 정도 튀겨낸 후, 슈거파우더를 솔솔 뿌린다. 초콜릿은 중탕으로 녹인다(약 10분간). 튀겨낸 파니스를 집게나 꼬치를 이용해 초콜릿에 담갔다 뺀 후 식혀 초콜릿을 입힌 민트 잎과 함께 서빙한다.

조리팁

'시간을 절약하기 위해서' 이미 만들어 놓은 파니스를 사용해도 된다. 파니스에 설탕이나 잼을 뿌려 먹으면 된다. 초콜릿을 좋아한다면, 다크 초콜릿을 이용해보자. 다크 초콜릿의 쓴맛을 좋아하지 않는다면 화이트 초콜릿을 사용해도 좋을 것이다.

---

* 레시피는 『다양하게 고르는 니스 요리 (La cuisine niçoise à la carte)』에서 발췌. Giordan de la Peppa, José Maria 공저. éd. Au pays rêvé 출판.

알고 계신가요?

푸틴 (poutine 실치)?

이것은 러시아 대통령 이름도, 몬트리올의 대표적 간식 이름도 아니다. 니스에서 이것은 정어리나 멸치의 새끼 치어들을 지칭하는 말이다. 올리브오일과 레몬을 뿌려 날것으로 먹으면 그 맛이 일품이다.

올리브 페이스트(pâte d'olive)?

니스산 AOP 올리브의 과육만을 간 페이스트. 안초비와 케이퍼를 넣은 타프나드와 혼동해서는 안 된다.

라 메렌다 (La Merenda), 세계 최고의 비스트로!

이곳은 내가 니스에 갈 때면 꼭 들르는 식당이다. 값싸고 소박한 비스트로지만 맛을 찾아다니는 사람들에겐 성지와도 같은 곳이다. 이곳은 주방과 화장실을 합해도 28제곱미터밖에 되지 않는 작은 비스트로다. 전화도 없고, 신용카드도 받지 않으며, 와인 리스트도 따로 없고, 아페리티프용 술, 식후주도 없다. 이 작은 식당에는 테이블이 다닥다닥 붙어 있고, 의자도 등받이가 없어 불편하기 짝이 없다. 하지만 카트린 드뇌브나 로버트 드니로도 불평하는 기색이 없고, 에두아르 바에르 (Edouard Baer: 프랑스의 배우, 영화감독)도 니스에 도착하면 으레 이곳부터 찾았다. 니스 시장은 망통 (Menton) 타르트를 니스 타르트라고 이름을 바꿔야 한다는 셰프의 지적에 아주 만족한 반응을 보였다. "망통 타르트는 안초비를 넣지 않은 피살라디에르이며, 이것은 같은 것이라고 볼 수 없지요. 이 사실을 지난번에 크리스티앙 에스트로지(Christian Estrosi: 니스 시장)에게 알려줬어요." 미슐랭 스타 레스토랑 출신 셰프인 도미니크 르 스탕크 (Dominique Le Stanc)는 니스의 특별한 음식들을 아주 훌륭히 만들어내고 있다. 니스식 곱창, 천엽 요리, 근대 파이, 스톡피쉬 (말린 대구 요리) 등 많은 요리가 있지만 꼭 놓치지 말아야 할 것은 바로 피스투 파스타이다.

조언: 이곳에서 확실히 테이블을 차지하기 위해서는 오전 10시쯤 한 번 들러서 점심 식사 테이블을 맡아 놓는 것이 안전하다. 그리고 나와서 살레야 광장 노천시장이 설 때까지 기다리며 산책하면서 식욕을 열어둘 준비를 하면 된다.

4, rue Raoul-Bosio 36~50유로.
토요일, 일요일 휴무.

애플 타르트

필립 콩티치니 Philippe Conticini

세상에서 가장 위대한 파티시에 중 한 사람인 필립 콩티치니는 간단한 애플 타르트를 자유자재로 만드는데,
심지어 여기서 그가 제시하는 것은 슈퍼에서 파는 페이스트리 반죽을 사다가 만드는 애플 타르트 레시피다. 아마 깜빡 속을지도 모른다.

셰프의 레시피

8인분
조리 시간: 40~50분

재료
타르트
시판용 퍼프 페이스트리 반죽 1장
가염 버터 60g
황설탕 30g
사과 (golden) 크기에 따라 6~8개
계피 가루
코코넛 간 것 약간
슈거파우더

콤포트
(콤포트 250~300g 분량)
사과 (golden) 4개
사과 (Pink Lady®) 4개
청사과 주스
계피 스틱 2개
바닐라 빈 3줄기
라임 1/2개
오렌지 1/2개
황설탕
소금 (플뢰르 드 셀)

글라사주
시판용 나파주 (nappage) 가루 1팩
청사과 주스 (나파주 만들 때 물 대신 사용)
바닐라 빈 1줄기
플뢰르 드 셀 한 꼬집

만드는 법

타르트 시트
논스틱 타르트 틀(지름 24cm)에 붓으로 상온의 버터를 넉넉히 바른다. 황설탕 (또는 백설탕)을 골고루 뿌린 다음, 냉장고에 10분간 넣어둔다. 타르트 틀과 퍼프 페이스트리 반죽을 냉장고에서 꺼낸다. 페이스트리를 타르트 팬에 깔아 준다. (절대로 포크로 찍지 않는다!) 다시 냉장고에 넣어둔다.

콤포트
사과 (Pink lady)를 잘게 썰어 청사과 주스에 넣고 끓인다. 사과가 익으면 체에 거른다. 즙은 잘 보관하고 사과 건더기는 다시 냄비에 넣는다. 여기에 신선한 골덴 사과를 잘게 썰어 넣는다. 체에 거른 청사과 주스 200ml와 반으로 깨트린 계피 스틱, 길게 갈라 긁은 바닐라 빈, 오렌지 한조각 껍질째, 골덴 사과 2조각을 모두 넣고, 중불 또는 약불로 뭉근히 익혀

콤포트를 만든다.
콤포트가 익으면 맛을 본 다음 사과의 산도, 개인적 기호에 따라 황설탕을 넣어가며 당도를 조절한다. 라임즙을 넣어 산뜻한 맛의 킥을 살리고, 플뢰르 드 셀을 두 꼬집 정도 넣어준다. 맛의 조절이 끝나면 콤포트를 다시 불 위에 올리고 저으며 수분을 증발시킨다. 부드럽고 너무 묽지 않은 콤포트를 완성한다.

글라사주
청사과 주스에 길게 갈라 긁은 바닐라 빈, 플뢰르 드 셀을 넣고 끓인다. 끓으면 불을 끄고 그대로 향이 우러나게 둔다.

타르트 충전물 넣기
골덴 사과의 껍질을 벗기고 반으로 잘라 속과 씨를 제거한 다음, 0.5cm 두께로 저며 썬다. 레몬을 넣은 물에 담가 갈변되지 않도록 한다. 냉장고에 준비해 둔 타르트 틀을 꺼낸다.

식힌 사과 콤포트를 타르트 틀 높이의 2/3 까지 채운다. 저며 놓은 사과를 중앙부터 빙 둘러 놓는다. 계피 가루와 황설탕을 넉넉히 뿌리고, 차가운 버터를 군데군데 몇 조각 얹는다. 180℃ 오븐에서 40~50분 굽는다. 꺼내서 10~15분간 식힌다.

마무리하기
향이 우러난 사과 주스에 글라사주 가루를 넣어 섞은 다음, 붓으로 타르트 위에 발라 준다. 그 위에 플뢰르 드 셀을 몇 알갱이 뿌린다. 타르트의 가장자리에만 빙 둘러 코코넛 간 것을 뿌리고, 그 위에 슈거 파우더를 체에 쳐 뿌린다. 바닐라 빈 줄기를 씻어서 타르트 가운데 놓아 장식한 뒤, 글라사주를 발라 윤기나게 한다.

*『콩티치니의 베스트 레시피 (*Best of Conticini*)』, Alain Ducasse Editions 출판.

타불레

카말 무자왁 Kamal Mouzawak*

중동의 샐러드인 타불레 (taboulé)는 오아시스와 같다.
길을 잃지 않도록 우리를 잘 안내하는 일등 가이드는 바로 베이루트의 엘 타예브 (El Tayeb) 파머즈 마켓의 카말 무자왁이다.

개요

슈퍼마켓 냉장 코너에서 흔히 보는 축축하고 끔찍한 모습의 그 타불레가 아니다. 진짜 타불레는 향기를 물씬 뿜어 내는 허브 샐러드라고 보는 것이 맞다. 우리를 안내할 가이드의 고향인 레바논에서는 전통 상차림의 애피타이저 (mezze)나 파티 메뉴에 이 아름다운 음식의 녹색 터치가 절대로 빠지지 않는다.

타불레 만들 때 주의할 점

- 쿠스쿠스와 같은 밀가루 세몰리나 (semoule de blé)는 절대로 쓰지 않고, 반드시 벌거 (boulgour)로 만든다. 물론 이것도 밀을 쪼개 부순 것이긴 하지만, 다르다.
- 파슬리는 반드시 꼬불꼬불한 파슬리가 아닌 잎이 납작한 이탈리안 파슬리를 사용한다.
- 새우, 생선 등 그 어떤 동물성 재료도 넣지 않는다.
- 허브는 금속 날의 열에 손상될 수 있으므로 절대로 믹서에 갈지 않는다. 잘 드는 칼로 잘게 썬다.

3가지 원칙

파슬리를 아주아주 많이 넣는다. 단순히 향신 허브가 아니라 샐러드의 주재료라는 생각이 들 정도로 많이 넣는다.

타불레는 질척한 음식이 아니라 신선하고 아삭한 샐러드다.

레바논 식탁에서 절대 빠지지 않는 아니스 향의 오드비, 아라크 (arack) 한 잔을 곁들이면 금상첨화다.

4인분

준비 시간: 25분
휴지 시간: 30분

재료

이탈리안 파슬리 2단 (한 단 150g 기준)
민트 작은 한 단 (75g)
줄기 양파 (또는 쪽파) 4개
완숙 토마토 큰 것 1개
가는 크기의 벌거* 1/2컵
레몬즙 2개분
올리브오일 4~6테이블스푼
소금, 너무 맵지 않은 후추
로메인 양상추 또는 양배추 잎

── 타불레 레시피 ──

만드는 법

파슬리와 민트를 씻어서 물기를 제거한 후 잎만 떼어내고 굵은 줄기는 제거한다. 토마토와 줄기 양파를 씻어 물기를 제거한다. 벌거를 씻어 건진 다음 샐러드 볼에 넣고, 잠길 정도만 물을 넣어 30분 정도 불린다. 토마토를 작은 큐브 모양으로 썰어 벌거와 섞는다. 파슬리와 민트를 칼로 잘게 다져 넣는다. 줄기 양파에 소금과 후추를 조금 뿌려 문지른 다음 잘게 다져 섞어준다. 서빙 바로 전에 레몬즙, 올리브오일을 넣어 잘 섞고, 소금을 약간 넣어 간을 맞춘다. 소스가 재료에 골고루 섞여야 하지만, 너무 흥건하게 젖으면 안 된다.
<u>서빙</u>: 신선하고 연하며 아삭한 로메인 상추 또는 양배추와 함께 서빙한다.

---

*Kamal Mouzawak: 레바논 스트리트 푸드와 농산물을 선보이는 베이루트의 유명한 파머즈 마켓인 엘 타예브 (El Tayeb) 창립자.

*boulgour: 겨 껍질을 벗긴 듀럼밀을 증기에 쪄 익힌 후 건조시켜 부순 것.

마르셀 파뇰
MARCEL PAGNOL

남프랑스의 소년이 사랑한 맛의 세계

마르셀 파뇰의 책과 영화에는 남프랑스의 수많은 미식 장면과 묘사가 가득하고, 프로방스의 향기가 넘친다. 그가 사랑한 소박하고 향기로운 진짜 프로방스 음식을 만나보자.

바닷가 바에서의 일상

식사 전에 한잔하며 시작하는 것은 당연하다. 당연히 파스티스는 기본이고, 압생트, 피콩, 오드비, 캄파리, 제네피 등 그 약효가 좋다고 소문난 이 독한 알코올 한잔으로 우선 입맛을 돋운다.
"리큐어는 혀 위에서 그 향이 피어나야 해. 혀끝을 자극하지만 곧이어 잇몸을 쓰다듬으며 부채처럼 맛이 확 열리지. 그리고는 마치 벨벳처럼 목구멍을 부드럽게 감싸는 느낌이야."
– 알퐁스 도데의 단편소설『물방앗간의 편지(Les Lettres de mon moulin)』를 각색한 영화 중에서.

마르세유 비유 포르 (Vieux-Port), 지중해의 선물

어부들의 낚시망에서 갓 꺼낸 엄청난 양의 싱싱한 생선과 해산물을 만날 수 있다. 굴, 홍합, 성게, 대합조개, 무명조개, 염장 대구, 아귀, 쏨뱅이, 붕장어, 날개횟대, 달고기 등 그 종류도 다양하다.

마을 시장에서는 햇볕을 흠뻑 머금은 채소들이 기다리고 있다. 남프랑스에서 놓쳐서는 안 되는 대표 요리 라타투이의 재료인 가지, 피망, 주키니 호박, 토마토는 물론이고 이 밖에도 다양한 채소와 과일이 풍성하다.

오바뉴 (Aubagne)는 어린 시절 추억의 맛이 있는 곳이다. 아버지가 사냥해 온 붉은 자고새 요리, 어머니가 만들어주신 아몬드 크림 (frangipane)과 맥아당을 넣은 타르트는 어린 시절을 떠오르게 하는 음식이다.

덤불숲에서 혹은 바위로 둘러싸인 작은 만(灣)에서는 어디서나 프로방스 허브의 향기가 난다. 타임, 로즈마리, 야생 쑥, 마조람, 세이지, 월계수, 타라곤, 민트, 라벤더, 세이보리(프로방스에서는 페브르 다이 pèbre d'aï라고 부른다) 등의 허브는 언덕의 그늘에서 향기를 내며 꽃을 피운다.

고향 프로방스의 보물 같은 아름다움을 마음껏 피력한 작가, 영화감독
(1895–1974)

아주 똑똑한 4/3 레시피, 피콩–레몬–큐라소

세자르가 병 세 개를 들고 홈 메이드 아페리티프 칵테일의 배합 비율을 마리우스에게 설명하고 있다. – 영화「마리우스(Marius)」(1931) 중에서.

세자르: 하지만 이게 그렇게 어렵진 않다구, 잘 봐. 우선 큐라소를 삼분의 일 넣어야 해, 잊지 마, 정말 아주 적은 양의 삼분의 일이야! 그런 다음 레몬즙 삼분의 일, 알겠지? 그리고 피콩을 넉넉히 삼분의 일 넣어줘. 마지막 삼분의 일은 물로 충분히 채워주는 거지. 다 됐어.
마리우스: 그러면 삼분의 일이 네 개 아닌가요?
세자르: 그래서?
마리우스: 한 잔에 삼분의 일이 세 개여야 맞는 거잖아요.
세자르: 이 바보야, 삼분의 일도 그 양에 따라 다른 거지!
마리우스: 아니 그게… 양에 따라 다른 게 아니죠. 이건 수학 계산이라구요.

맛있는 남프랑스어

카스카이예 (Cascailler) : 흔들다, 젓다.

쿠쿠르드 (Coucourde): 늙은 호박, 단호박

데고베 (Dégover): 콩 깍지를 까다

에스투파 카스타뉴 (Estouffa castagne): 배부르게 하는, 질식할 것 같은

에스트라스 (Estrasse): 쉬폰, 옷, 행주

가부이 (Gaboui): 노하우

가르가멜 (Gargamelle): 목구멍, 인후

갈라바르 (Galavard): 식도락, 구르망

구스타롱 (Goustaron): 간식

마스테게 (Mastéguer): 씹다

파스티세 (Pastisser): 펼쳐 놓다.

피스테 (Pister): 올리브 나무 절구에 찧다. 빻다.

피스투 (Pistou): 바질 퓌레 (동사 '피스테'에서 온 말)

피추 (Pitchou): 어린아이

루스티르 (Roustir): 볶다. 지지다.

아카데미 프랑세즈 회원이었던 마르셀 파뇰의 손꼽히는 명문장들

물만 많이 마셔도 죽을 수 있어요!
– 증거? 물에 빠진 사람들을 보라구요!
Même trop d'eau, ça peut vous tuer!
- La preuve, les noyés!
– 율리스와 조아킴이 아페리티프 술에 대해 나눈 대화중에서,『물방앗간의 편지(Les Lettres de mon moulin)』(1954)

생테밀리옹, 생갈미에, 생마르슬랭…
이것들 모두 마시거나 먹을 수 있는 것들인데, 그래도 전부 성인의 이름이네요.
Saint-émillion, saint-galmier, saint-marcellin...Ils sont buvables et comestibles, mais ce sont des saints tout de même.
– 바티스트 아저씨의 대사,『슈푼츠 (Les Schpountz)』(1938)

페뉘즈 부인, 살라미 소시지는 가장 맛있고도 가장 싼 고기랍니다. 왜냐하면 유일하게 뼈가 없는 고기니까요.
Le saucisson, Madame Fenuze, c'est la viande la meilleure et la moins chère parce que c'est la seule viande où il n'y a pas d'os.
– 바티스트 아저씨의 대사,『슈푼츠』

빵이라고 다 같은 빵은 아니죠.
Il y a pain et pain.
– 푸줏간 주인의 대사,『빵집 마누라 (La Femme du Boulanger)』(1938)

세탁소 주인이야 노력하면 될 수 있지만, 요리사는 타고나야 합니다!
On peut devenir blanchisseuse, mais il faut naître cuisinière!
–『시갈롱 (Cigalon)』(1935)

오로지 자신의 살에 영양을 공급하려는 사람은 단지 좀 더 무거운 시체를 준비하고 있을 뿐이다.
Celui qui ne pense qu'à nourrir sa chair ne prépare qu'un plus gros cadavre.
–『유다 (Juda)』(1955)

송어는 자로고 신선함이 최우선이다. 강에서 직접 냄비로 뛰어온 것처럼 싱싱해야 한다.
La truite, le principal c'est qu'elle soit fraîche: il faut qu'elle saute de la rivière dans la casserole.
–『물방앗간의 편지』

맛난 것을 탐닉하는 죄는 우리가 더 이상 배고프지 않을 때 비로소 시작된다.
Le péché de gourmandise ne commence que quand on n'a plus faim.
– 아베 신부님의 대사,『물방앗간의 편지』

마치 북극의 포도밭에서 만든 것 같군요.
On dirait que ça vient des vignobles du pôle Nord.
– 차가운 화이트와인을 가리키며 한 세자르의 대사,『마리우스 (Marius)』(1931)

손님들에게 진실을 전부 다 말해야 한다면, 장사 못합니다.
S'il faut toujours dire la vérité à la clientèle, il n'y a pas de commerce possible.
『세자르 (César)』(1936)

그의 작품에 등장한 남프랑스 풍미의 메뉴들

장 드 플로레트 *Jean de Florette*
(1952)
로즈마리 오일에 저장한 맛젖버섯 병조림
(Les sanguins en conserve à l'huile de romarin)

마르셀의 여름 *La Gloire de mon père*
(1957)
**이모부 쥘의 세이보리를 넣은
붉은 자고새 요리**
(Les bartavelles à lou pèbre d'aï de l'oncle Jules)

빵집 마누라 *La Femme du Boulanger*
(1938)
올리브와 로즈마리를 넣은 푸가스 빵
(La fougasse aux olives et au romarin)

우물 파는 인부의 딸 *La Fille du puisatier*
(1940)
소고기 스튜와 오븐에 구운 폴렌타
(La daube et sa polenta gratinée)

마르셀의 추억 *Le Château de ma mère*
(1958)
**알베르틴의 마롱 글라세 무스와
여러 가지 디저트**
(La mousse aux marrons glacés et
autres desserts d'Albertine)

마농의 샘 *Manon des sources*
(1952)
야생 아스파라거스 오믈렛 수플레
(L'omelette soufflée d'asperges
sauvages)

마리우스 *Marius*
(1929)
성대를 넣은 부이야베스
(La bouillabaisse du trousseau de la mariée
avé les gallinettes)

슈푼츠 *Les Schpountz*
(1938)
페르낭델의 열대풍 앙슈아야드
(L'anchoïade des tropiques de
Fernandel)

올리브와 로즈마리를 넣은 푸가스 빵
빵집 마누라 (1938)

푸가스 1개분
휴지 시간: 1시간
조리 시간: 25분

재료
제빵용 생 이스트 20g + 따뜻한 물 30ml
밀가루 (다목적용 중력분) 500g
물 250ml
올리브오일 2테이블스푼
소금 한 꼬집
블랙 올리브 다진 것 40g
로즈마리 잎만 떼어 잘게 썬 것

만드는 법
생 이스트를 따뜻한 물에 풀어 15분가량 둔다. 볼에 밀가루와 올리브오일, 물, 소금 한 꼬집을 섞는다. 물에 푼 생 이스트를 넣고 섞어 반죽한다. 고루 혼합되어 볼에 달라붙지 않을 정도로 반죽이 되면, 밀가루를 뿌린 작업대에 반죽을 꺼내 놓고 손바닥으로 넓적하게 눌러준다. 15분 정도 휴지시킨다. 다시 반죽해 공 모양으로 만든 다음 행주로 덮고 부피가 2배로 팽창할 때까지 약 1시간 동안 따뜻한 곳에서 발효시킨다.
오븐을 210℃로 예열한다.
부푼 반죽을 꺼내 다시 눌러 반죽한 다음, 다진 올리브와 로즈마리를 넣어 섞는다. 베이킹 팬에 기름을 바른 후, 원하는 모양으로 반죽을 펴 놓는다. 군데군데 칼집을 낸 다음 손가락으로 살짝 벌려준다. 굽는 동안 너무 건조해 마르지 않도록 작은 용기에 물을 담아 오븐에 함께 넣은 다음, 빵을 25분간 굽는다. 식힘망 위에 올려 김을 날린 후 따뜻한 온도로 먹는다.
조리팁: 빵 크러스트가 생기게 하려면 일반 빵을 구울 때와 마찬 가지로 굽기 전에 표면에 물을 살짝 바른다.

피스투 수프 La soupe au pistou
장 드 플로레트 (1952)

6~8인분
준비 시간: 1시간 30분

재료

_수프_
신선한 흰 강낭콩 300g
 (붉은 깍지의 blason, 또는 coco 품종)
그린빈스 250g
작은 주키니 호박 4개
당근 2개
스위트 양파 2개
토마토 4개
부케가르니 1개 (월계수 잎과 타임)
마카로니 80g
파르메산 치즈 또는 그뤼예르 크림치즈
 (crème de gruyère) 60g
소금, 굵게 부순 통후추

피스투
바질 1송이 (잎만 따서 준비한다)
햇마늘 4톨
엑스트라 버진 올리브오일 150ml

만드는 법
강낭콩은 깍지를 까 놓고, 그린빈스는 끝을 따 다듬은 뒤 먹기 좋게 자른다. 주키니 호박은 길게 반으로 자른 다음, 반달 모양으로 썰고, 당근은 동그랗게, 토마토는 모양대로 세로로 등분해 썬다. 양파는 링 모양으로 썬다.
냄비에 우선 양파를 볶아 색이 나면 나머지 채소와 마늘 한 톨, 부케가르니를 모두 넣고 소금, 후추로 간한다. 재료의 높이까지 물을 붓고 뚜껑을 닫은 상태로 약한 불에 40분간 익힌다. 중간에 물이 졸아 없어지면 끓는 물을 보충해준다. 부케가르니를 건져내고, 다시 끓인 다음 마카로니를 넣는다. 바질과 나머지 마늘을 절구에 넣고 짓이겨 빻아 페이스트를 만든 뒤 올리브오일을 조금씩 넣고 섞으며 농도를 조절한다. 매끈한 질감으로 고르게 혼합되면 피스투가 완성된 것이다.
수프에 치즈를 넣고 잘 저어 섞어 마무리한다. 서빙하기 바로 전 피스투를 넣는다.
니스 할머니들의 노하우: 시중에 판매하는 삼각형 포션 치즈 3개를 섞어 그뤼예르 치즈 크림을 만들어 넣으면 부드러운 농도와 맛을 한층 더해줄 것이다.

* 레시피는 『마르셀 파뇰과 함께 하는 식탁 (À table avec Marcel Pagnol: 65 recettes du pays des collines)』에서 발췌. Frédérique Jacquemin 지음. éd. Agnès Viénot 출판.

잊혀가는 프랑스 치즈 12가지

이 치즈들은 은밀히 아는 사람들에 의해서만 소비되거나 점점 사라지고 있다. 프랑스의 전통 농가가 만들어내는 이 훌륭한 치즈들을 보존해야 할 것이다. 카망베르, 로크포르, 콩테 등에 밀려 점점 만나기 힘들어지는 치즈들을 안 로르 팜*과 마티유 플랑티브**가 소개한다.

바농
Banon

염소 알프 드 오트 프로방스 (Alpes-de-Haute-Provence), 보클뤼즈 (Vaucluse), 드롬 (Drôme)
형태: 지름 7.5~8.5cm 크기의 원반형
평균 중량: 100g
아름다운 밤나무 잎으로 싸 숙성시킨 후, 라피아 끈으로 묶어 포장한다.
생산: 생 염소젖으로 만드는 이 치즈는 20여 개 농가에서 생산하고 있다. 염소(알핀, 코뮌 프로방살, 로브 품종)는 일 년 중 최소 7개월 이상 풀을 뜯어 먹도록 초장에 방목한다.
애호가 층: 흐르는 듯 말랑한 식감과 숲의 풀향기, 염소 특유의 향미를 좋아하는 사람들.
알아 두세요: 이 치즈는 늦은 봄 또는 초가을에 가장 맛이 좋다.

블루 드 테르미뇽
Bleu de Termignon

소 론 알프 (Rhône-Alpes)
형태: 지름 28cm, 두께 10~12cm 크기의 넓적한 원통형
중량: 약 7kg
부서지기 쉬운 질감으로 전체적으로 흰색을 띠고 있으며, 여타 블루치즈들이 푸른 곰팡이 (pénicillium)를 주입하여 만든 것과는 달리, 푸른 회색의 천연 생성 곰팡이가 사이사이 보인다.
생산: 사부아 지방의 이 치즈는 7곳의 농가에서 60마리의 소젖으로 연간 약 20톤을 생산하고 있으며, 11월에서 3월까지 맛볼 수 있다.
애호가 층: 흔하지 않은 귀한 것을 맛보고자 하는 식도락들은, 옛날 샤를마뉴 대제가 알프스를 넘던 중 발견한 이 치즈를 좋아하여 궁궐로 갖고 갔다는 일화를 되새기며 그 자취를 밟는다.
알아 두세요: 이 치즈는 발누아즈 목장에서 풀을 먹는 타린 (Tarine) 또는 아봉당스 (Abondance) 품종 소의 생우유로 만든다.

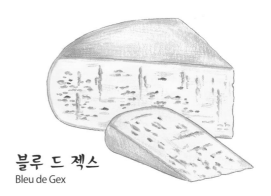

블루 드 젝스
Bleu de Gex

소 앵 (Ain), 쥐라 (Jura)
형태: 지름 31~35cm의 맷돌 모양.
중량: 6~9kg
몽벨리아르드 (monbéliarde), 또는 시망탈 (simmental) 품종 소의 생우유로 만드는 이 치즈는 단단한 질감을 갖고 있으며, 중간중간에 푸른 곰팡이가 있다. 흰색 부분은 단단해서 부서지기 쉽고, 노란 부분은 비교적 쫀득하다.
생산: 네 곳의 생산자와 두 곳의 조합, 그 밖에 두 곳의 개인 치즈 제조 공방에서 만들고 있다.
애호가 층: 블루 치즈 원조의 맛이 궁금한 사람들 또는 이 치즈로 라클레트 (raclette:녹인 치즈를 긁어내 감자, 코르니숑 등을 곁들여 먹는 스위스 음식)를 만들어 먹고자 하는 사람들.
알아 두세요: 이 치즈의 숙성을 위해 주입된 푸른 곰팡이 (pénicillium glaucum)는 로크포르의 곰팡이 (pénicillium roqueforti) 만큼 냄새가 강하지 않기 때문에 로크포르보다 맛이 더 순한 편이다. 블루 드 세트몽셀 (Septmoncel) 또는 블루 뒤 오 쥐라 (Haut-Jura)라고도 부른다.

불레트 다벤
Boulette d'Avesnes

소 북부 지방 노르 (Nord)
형태: 흰색 또는 오렌지색 원뿔 모양
중량: 200~300g
타라곤향, 때로는 약간 매운맛도 나는 독특한 크림 형태의 흰색 치즈.
생산: 한때 버터 밀크 (babeurre)를 베이스로 하여 만들던 이 치즈는 현재는 숙성 단계에서 실격된 마루알 (maroilles) 치즈에, 허브와 소금을 첨가해 만든다. 약 15개의 생산자들이 연간 80톤의 소량만 만들고 있다.
애호가 층: 특이한 모양의 치즈를 좋아하는 사람들.
알아 두세요: 맥주로 치즈 외피를 세척해 만드는 방법을 사용하는 농가도 있다.

푸름 드 몽브리종
Fourme de Montbrison

소 루아르 (Loire), 퓌 드 돔 (Puy-de-Dôme)
형태: 높이 17~21cm, 지름 11~14cm 크기의 원통형.
중량: 2~2.7kg
건조한 흰색 외피를 갖고 있고, 속은 오렌지빛을 띠며 흰 곰팡이가 보이기도 한다. 크림색의 블루 치즈 (pâte persillée)로 밝은 푸른색의 곰팡이가 군데군데 눈에 띈다. 질감은 약간 단단하며, 입안에서 부드럽게 녹는다.
생산: 포레 (Forez)산 언덕 목장에서 5곳의 생산자들이 연간 500톤을 만든다.
애호가 층: 쌉쌀한 맛과 블루 치즈 특유의 맛을 지닌 과일향의 유제품을 찾는 사람들.
알아 두세요: 푸름 당베르 (fourme d'Ambert)와 푸름 드 몽브리종이 각각 따로 분리되어 AOP(원산지 명칭 보호) 인증을 받게 된 것은 2002년부터이다.

브루스 뒤 로브
Brousse du Rove

염소 부슈 뒤 론 (Bouches-du-Rhône), 보클뤼즈 (Vaucluse), 바르 (Var)
형태: 길이 12cm
중량: 100g
흰색의 무염 프레시 치즈로 물기가 빠지도록 고안된 길쭉한 원뿔형 통에 넣어 판매한다. 로브 (Rove) 품종 염소의 생젖으로 만든다.
생산: 불과 10여 개뿐인 생산자들은 AOP 인증을 간절히 기다리고 있다. 그만큼 이를 본뜬 소젖 치즈가 많이 생겨나고 있기 때문이다.
애호가 층: 로브종 염소들이 최소 하루에 6시간씩은 초원에서 뜯어 먹었을 로즈마리, 암연지 참나무 등의 야생 식물과 풀의 향기를 치즈를 통해 느끼고 싶어 하는 예민한 미각의 소유자들.
알아 두세요: 이 염소는 아주 소량의 젖을 생산하여 그 양이 연간 250~400리터밖에 안 된다. 하지만 단백질과 유지방이 풍부해 아주 질 좋은 치즈를 만들기에 적합하다.

* Anne-Laure Pham: 기자, 작가이며 「옹 바 데귀스테 (On va déguster)」 프로그램의 패널을 맡고 있다.
** Mathieu Plantive: 치즈 판매점 운영. fromagerie Laurent Dubois, 2, rue de Lourmel, 75015 Paris.

뇌샤텔
Neufchâtel

소 센 마리팀 (Seine-Maritime), 우아즈 (Oise)
형태: 10 x 8cm 크기의 각진 하트 형태. 두께 3cm.
또한 평행육면체, 원통형, 정사각형, 벽돌 모양도 있다.
중량: 200g
흰색 외피의 연성 치즈로 표면에 약간 솜털이 난 것 같은
질감을 갖고 있다. 소의 생우유로 만드는 이 치즈는
크리미하고 부드러운 맛이 특징이며 샤우르스
(chaource)와 비슷한 풍미를 낸다.
생산: 약 20여 개의 생산지에서 연간 1600톤을 생산하고
있으며, 1969년 AOC 인증을 받았다.
애호가 층: 치즈의 신선하고도 짭짤한 제맛을 즐기려는
사람들.
알아 두세요: 노르망디 지방에서 가장 오래된 것으로
알려진 치즈 중 하나다.

종세 니오르테즈
Jonchée niortaise

소 푸아투 샤랑트 (Poitou-Charentes)
형태: 길이 20cm
중량: 120g. 긴 방추형으로 응고시킨
프레시 치즈로 껍질이 따로 없고, 갈대나
버드나무로 만든 발에 놓고 건진 후 물에
행군다. 맛이 아주 순하며 겉은 단단하고
안은 마치 플랑처럼 부드러운 식감을 갖고
있다. 비터 아몬드 워터를 뿌려 먹는다.
생산: 샤랑트 마리팀의 아주 극소수의
생산자가 만들고 있으며, 지역 시장에서
6월부터 11월까지 만나볼 수 있다.
애호가 층: 살짝 쌉싸름한 맛이 나는
프레시 치즈를 좋아하는 사람들.
알아 두세요: 19세기에는 월계수 귀룽
나무 (cherry laurel) 잎으로 향을 냈다고
하는데, 이는 독성이 있어 오늘날에는
금지되었다.

푸름 드 로슈포르 몽타뉴
Fourme de Rochefort-Montagne

소 퓌 드 돔 (Puy-de-Dôme)
형태: 지름 30cm의 둥근 맷돌 모양
중량: 6~8kg
회갈색 외피의 비가열 압축 반경성 치즈.
말랑말랑하고 부드러운 밝은 노란색의 이 치즈는
산미와 건과류의 향을 갖고 있다.
생산: 12개의 농가에서 연간 100톤 이상
생산하고 있다.
애호가 층: 캉탈 (cantal), 살레르스 (salers),
라기욜 (laguiole) 치즈를 좋아하는 사람들.
알아 두세요: 이 치즈는 곧 AOP 인증을 받을
예정이다.

수맹트랭
Soumaintrain

소 오브(Aube), 욘 (Yonne), 코트 도르
(Côte-d'Or)
형태: 지름 9~13cm의 납작한 원반 모양.
나무 케이스에 포장되어 있는 것도 있다.
중량: 180~600g
소금물로 외피를 세척한 연성 치즈로
크리미한 식감을 내며, 상아색부터 연한
갈색을 띤다. 에푸아스보다 우유의 향이
짙고 특유의 강한 냄새가 나지만, 맛은 놀
랄 만큼 부드러운 풀숲의 뉘앙스를
풍긴다.
생산: 연간 130톤이 생산된다. 80년대에
극소수의 치즈 제조 농가(현재는 8곳)가
이 치즈를 다시 만들기 시작하였고,
90년대에는 2곳의 대규모 에푸아스
생산자가 여기에 합류했다.
애호가 층: 시골 농가나 지역 시장에서
이 치즈를 만나도 얼굴을 찌푸리지 않을
치즈의 고수들. 그만큼 프랑스의 일반 치즈
매장에서는 찾아보기 힘들다.
알아 두세요: 이 치즈는 IGP 인증을 받기
위한 심사 중에 있다.

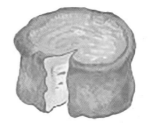

랑그르
Langres

소 샹파뉴 아르덴 (Champagne-Ardennes)
형태: 원통형. 150g에서 1.3kg에 이르기까지 3가지
크기로 판매된다.
노란색, 주황색 혹은 붉은 갈색에 흰색이 드문드문 섞인
주글주글한 외피를 갖고 있다. 크리미하고 나무향이
나는 연성 치즈로 위 표면이 움푹 팬 특징이 있는데,
이는 숙성 과정(40일~3개월) 중 생긴 것이다.
로쿠(rocou: 빅사나무에서 추출되는 황적색의 식품염료.
아나토라고도 불린다)를 넣은 소금물로 여러 번 씻어주는
과정에서 이 오렌지색 물이 든다.
생산: 19명의 목축업자와 3곳의 생산자가 연간 550톤을
만들어낸다.
애호가 층: 뭔가 새로운 것이 없나 고심하는 에푸아스
(époisse) 애호가들.
알아 두세요: 1991년에 AOP 인증을 받았다.
레미에 (Rémillet, Gaec des Barraques) 가문에서
유일하게 생우유로 토종 랑그르 치즈를 제조하고 있다.

페라이
Pérail

양 아베롱 (Aveyron), 로제르 (Lozère), 오드 (Aude),
에로 (Hérault), 타른 (Tarn), 갸르 (Gard)
형태: 지름 8~10cm 크기의 원반 모양.
중량: 100~150g. 외피는 베이지색, 속은 아이보리색을
띤 양젖 치즈. 계절에 따라 꽃향기, 고소한 헤이즐넛향,
또는 동물성 풍미를 내기도 한다.
생산: 약 15개 정도의 생산자들이 연간 1000톤을
만들어 내고 있다.
애호가 층: 마시프 상트랄 (Massif Central) 지역에서
이 지역의 골리앗과 같은 존재인 로크포르와 맞서며
AOC 인증을 기다리고 있는 이 작은 규모의 전통 치즈를
장려하고자 하는 사람들.
알아 두세요: 80년대에는 거의 사라질 뻔한 위기에
처하기도 했으나, 현재는 일본에서 퀘벡에 이르기까지
활발히 수출되고 있다.

생선 알

캐비아가 물론 검은색 황금이라고 불릴 만큼 최고의 대우를 받고 있긴 하지만, 다른 생선 알들 역시 제각기 색다른 맛이 있다.
짭짤한 바다향의 이 진주들은 그냥 먹어도 좋지만 양념으로서 훌륭한 역할을 해내기도 한다. 여러 가지 생선 알에 대해 자세히 알아보자.

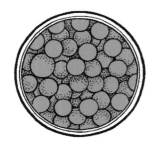

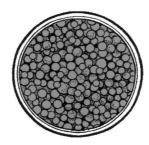

도치알 (lumpfish roe) 은 어떤 것?

특별한 맛이 없고 어두운 회색을 띤 이 생선 알에 첨가물과 붉은색 혹은 검정색 식용색소를 넣는다. 이것은 북해에서 산란하는 도치(학명 *Cyclopterus lumpus*) 의 알로, 이 생선의 살은 식용으로 소비되지 않는다.

연어알

성어: 태평양의 연어
학명 *Oncorhynchus keta*.
서식지: 태평양, 알래스카해
특징: 16세기에는 연어알을 정어리 낚시의 미끼로 사용했다. 지금은 붉은 캐비아라고 불린다. 선명한 오렌지색을 띠고 있으며, 입안에서 톡 터져 섬세한 바다향을 뿜어낸다.
시식 팁: 스크램블드 에그에 그대로 올려 먹는다.

명란

성어: 명태
학명 *Theragra chalcogramma*
서식지: 태평양
특징: 일본에서 대량 소비되는 명란은 건조 후 소금물에 절이고 맛술 또는 고춧가루로 양념해 만든다.
시식 팁: 일본 주먹밥인 오니기리 속에 명란을 넣고 김으로 겉을 싼다.

날치알

성어: 날치
학명 *Exocoetus volitans*
서식지: 난류성 바다
특징: 주황색의 작은 생선 알로 와사비향 (녹색), 생강향 (주황색), 또는 유자향 (노란색)이나 오징어 먹물을 입힌 것 (검정색) 등 종류가 다양하다.
시식 팁: 날로 먹는 새우나 갑각류 살 위에 얹어 먹는다.

막내둥이 생선, 치어

곤충의 애벌레에 해당하는 단계인 치어는 다 자라기 전 상태의 생선이다. 어종의 번식과 영속을 위해, 치어의 어획은 아주 엄격하게 제한되고 있다. 프랑스에서 필리핀에 이르기까지 치어들은 계절에 따라 다르고, 서식지대는 통제된다. 접시에 올라오는 치어도 나라마다 다양하다.

피발 (pibale), 대서양 연안의 유럽산 뱀장어 치어. 유럽쪽 연안으로 오기 전 북대서양 사르가소해에서 산란한 뱀장어의 새끼다.

푸틴 (poutine), 지중해(니스)의 특산 음식으로, 멸치, 줄망둑, 정어리의 치어를 말한다. 바닷가부터 낚시망을 드리워 어린 생선들을 포위하듯 잡아 올리는 기술인 예망 낚시법을 사용한다. 이 방식의 낚시가 허용된 바닷가는 망통 (Menton), 니스 (Nice), 크로드 카뉴 (le Cros-de-Cagnes)와 앙티브 (Antibes)뿐이다. 이 작은 치어는 올리브오일과 레몬즙을 뿌려 날것으로 먹는다.

지안케티 (gianchetti), 리구리아 지방의 특선 요리로 푸틴의 이탈리아 버전이라고 볼 수 있다.

시라스 (Shirasu), 일본 태평양 연안 (시즈오카) 멸치와 정어리의 치어. 스라가만(灣)에서 잡히며, 날 회로 먹는다.

둘롱 (dulong), 필리핀해의 특산물로, 푸틴과 마찬가지인 멸치, 정어리의 치어를 말한다.

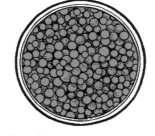

송어알

성어: 무지개송어
학명 *Oncorhynchus mykiss*
서식지: 대부분의 양어장
특징: 송어 양식 과정에서 나오는 오렌지색 작은 알. 비슷한 종류인 연어 송어의 알보다 질감이 더 부드럽다.
시식 팁: 삶은 감자 위에 얹어 먹는다.

열빙어알

성어: 열빙어
학명 *Mallotus villosus*
서식지: 아이슬란드, 뉴펀들랜드 연안
특징: 바다빙어의 사촌격인 열빙어의 알로 주로 와사비를 넣어 섞어 먹는다.
시식 팁: 생선초밥에 얹으면 훌륭한 고명이 된다.

보타르가

성어: 숭어
학명 *Mugil cephalus*
서식지: 지중해 연안, 북아프리카해 연안
특징: 숭어의 알을 껍질막째 통으로 소금에 절인 후 건조시킨 어란.
시식 팁: 갈아서 파스타에 뿌리고, 올리브오일을 살짝 둘러 먹는다.

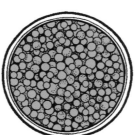

청어알

성어: 청어
학명 *Clupea harengus*
서식지: 한류성 바다
특징: 검은색의 작은 알로 주로 훈연해서 먹는다.
시식 팁: 달걀 반숙 위에 조금 얹어 먹는다.

대구알

성어: 대구
학명 *Gadus morhua*
서식지: 아이슬란드
특징: 대구알을 껍질째 통으로 소금에 절인 후 훈연한 것.
시식 팁: 우유, 빵가루, 대구알에 오일을 넣고 잘 혼합하면 진정한 타라마 (tarama) 를 만들 수 있다.

강꼬치고기 알

성어: 강꼬치고기 (brochet 민물 농어의 일종)
학명 *Esox lucius*
서식지: 볼가강
특징: 노르스름한 호박색을 띤 이 작은 알은 아주 부드러운 깊은 맛을 낸다.
시식 팁: 조개류에 얹어 먹는다.

검은 진주, 캐비아

개요

벨루가, 오세트라, 세브루가의 알인 캐비아는 귀한 것으로 여겨졌다. 이 세 종류의 자연산 철갑상어는 우랄강과 볼가강부터 카스피해에 걸쳐 서식한다. 철갑상어의 개체수가 급격히 감소하자 멸종위기 동식물종 국제 무역위원회 (Convention on International Trade in Endangered Species of Wild Fauna and Flora)는 2008년 철갑상어의 어획을 금지했다. 캐비아 양식 산업은 급속도로 발전해 황금알을 낳는 거위가 되었다. 2000년부터 2013년까지 캐비아 생산량이 500kg에서 160톤으로 증가했다. 캐비아 양식장은 프랑스, 불가리아, 러시아, 미국, 이탈리아, 스위스, 중국, 우루과이 등지에 널리 분포되어 있다.

캐비아를 맛볼 수 있는 파리의 명소

키오코 (Kioko), 46, rue des Petits-Champs, 파리 2구.
페트로시안 (Petrossian), 18, boulevard de la Tour-Maubourg, 파리 7구.
코스카스 에 피스 (Koskas et fils), 169, avenue Victor-Hugo, 파리 16구.
오투르 뒤 소몽 (Autour du saumon), 116, rue de la Convention, 파리 15구.
라메종 노르디크 (La Maison nordique), 125, boulevard de Grenelle, 파리 15구.
카비아리 (Kaviari), 13, rue de l'Arsenal. 파리 4구.
파이 파리 (Faye Paris), 76, avenue Paul-Doumer, 파리 16구.

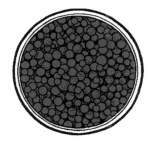

벨루가 béluga
어종: 철갑상어 중 가장 큰 종류인 벨루가는 도나우강에서 서식하고, 양식장은 매우 드물다. 이 철갑상어가 첫 번째 산란을 할 수 있는 성어가 되기 위해서는 15년간 자라야 한다.
캐비아: 캐비아 중 가장 고급으로 친다. 밝은 회색 또는 어두운 회색을 띠고 있으며 섬세한 버터 맛을 낸다.

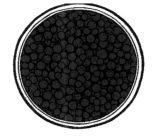

오세트라 osciètre
어종: 중간 크기의 철갑상어이며, 양식할 경우, 8년간 자라 성어가 되어야 첫 번째 산란이 가능하다.
캐비아: 반짝이는 어두운 회갈색을 띠고 있으며 고소한 너트향이 특징이다.

세브루가 sévruga
어종: 가장 작은 크기의 철갑상어이다. 비교적 일찍 산란을 시작하는 편으로 약 7년 정도 걸린다. 양어장은 그리 많지 않다.
캐비아: 어두운 회색을 띠고 있으며 풍미가 진하다.

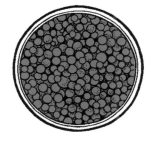

슈렌키 schrenki
어종: 아무르강의 중국 양어장에서 많이 양식되고 있다.
캐비아: 고급 식당 요리에서 많이 선보이고 있다. 회색 빛이 도는 황금색의 알이며, 입안에 넣으면 아몬드향이 난다.

배리 baeri
어종: 시베리아가 원산지인 이 철갑상어는 프랑스에서 가장 많이 접할 수 있는 종류이다. 양식에 최적화된 어종으로 첫 산란은 7년 이후부터 가능하다.
캐비아: 우디향 노트를 지닌 가벼운 맛이 특징이다.

트랜스몬태너스 transmontanus
어종: 흰색의 비늘을 가진 특징 때문에 흰 철갑상어라고 불린다. 미국과 이탈리아에서 주로 양식하는 어종이다.
캐비아: 알은 흰색과 전혀 상관없으며, 프레시한 너트향과 짭조름한 바다의 풍미를 갖고 있다.

캐비아를 얹은 농어 Bar de ligne au caviar
안 소피 픽 Anne-Sophie Pic*

8인분
재료
샴페인 소스
생선 육수 50g
샴페인 220ml
생크림 500g
저지방 우유 250ml
버터 5g
잘게 썬 샬롯 5g
펜넬 1/3개
양송이 버섯 1개
소금
농어
줄낚시로 잡은 농어 1마리
(2.5 ~ 3kg)
캐비아 60g (일인당 10g)

만드는 법
샴페인 소스
소스팬에 버터 5g을 녹인 다음, 얇게 썬 펜넬과 잘게 썬 샬롯, 껍질을 벗기고 얇게 썬 양송이 버섯을 넣고 수분이 나오도록 볶는다. 샴페인을 붓고, 반으로 졸인다. 생선 육수를 넣고 다시 반으로 졸인다. 생크림과 우유를 넣은 다음 졸이지 않고 데운다. 15분간 그대로 두어 향이 우러나게 한 다음 체에 거른다. 소금으로 간을 맞추고, 필요하면 샴페인을 추가로 넣는다.

농어
농어 살 토막에 소금으로 간을 한 다음, 100℃로 맞춘 스티머에서 2~3분간 증기로 쪄 익힌다. 스티머에서 꺼냈을 때 생선의 심부 온도는 38℃가 되어야 한다. 2분간 레스팅한다. 레스팅 후의 심부 온도는 50℃이다.

완성하기
유산지 위에 준비한 틀을 놓고 그 안에 캐비아를 펼쳐 간다. 우묵한 접시에 농어를 담고, 에멀전화하여 거품을 낸 소스로 덮어준다. 틀 모양대로 캐비아를 생선 위에 얹고, 생선을 다시 에멀전 소스로 덮는다. 서빙하기 전에 생선의 중심 온도를 꼭 확인한다.

* Anne-Sophie Pic, 미슐랭 3스타 레스토랑 「Maison-Pic」의 셰프. 285, avenue Victor-Hugo 26000 Valence.

보타르가를 얹은 꾀꼬리 버섯 요리
LES CHANTERELLES À LA POUTARGUE

필립 엠마뉘엘리 Philippe Emanuelli*

4인분
재료
회색 꾀꼬리 버섯 400g
보타르가 어란 50g
(갈거나 얇게 저민다)
레몬 1개
올리브오일

만드는 법
꾀꼬리 버섯은 싱싱한 것으로 골라 속까지 깨끗하게 씻는다. 큰 것은 솔로 살살 문질러 씻는다. 팬에 올리브오일을 조금 두르고, 버섯에서 나온 물이 다시 흡수될 때까지 볶는다. 필요하면 오일을 조금 더 둘러준 다음, 보타르가 어란을 뿌린다. 레몬을 곁들여 서빙한다.

* 레시피는 『버섯 요리 입문 (Une initiation à la cuisine du champignon)』에서 발췌. éd. Marabout 출판.

베스트 시판 소스 모음

설탕, 소금, 첨가물 및 방부제로 가득한 공산품 소스 총집결. 하지만, 우리가 너무 좋아하는 것들임은 부인할 수 없다!

브랜스톤 피클 BRANSTON ORIGINAL
제품 설명
당근, 양파, 콜리플라워, 피클 오이, 식초, 토마토, 사과, 대추야자, 머스터드, 마늘, 계피, 코리앤더 씨, 넛멕, 설탕 등으로 만든 짙은 갈색의 피클 소스. 영국에서 연간 1,700만 병 판매된다.
의심 성분
100g당 설탕 23.9g 함유.
캐러멜 색소(E 150D)
용도
빵에 바르고, 체다 치즈, 오이를 얹어 먹는다.

마마이트 MARMITE
제품 설명
진한 갈색의 점성이 강한 이 페이스트는 이스트향이 난다. 당연하다. 이것은 맥주 발효에 사용되는 이스트 추출물이다. 호불호가 강하게 갈리는 이것은 나라마다 다른 이름의 제품으로 생산된다.
세노비스 (cenovis, 스위스),
베지마이트 (vegemite, 호주),
비탐-R (vitam-R, 독일).
의심 성분
함유된 성분 대부분이 의심스러우며, 특히 비타민 B1의 과다 함유로 덴마크에서는 판매 금지되었다.
용도
버터나 크림치즈를 바른 토스트 위에 발라 먹는다.

에이치피 소스 HP SAUCE
제품 설명
HP는 상표에 있는 그림인 국회의사당 건물(House of Parliament : 영국 런던 소재의 웨스트민스터 궁전. 국회의사당으로 쓰인다)의 약자를 딴 것이다. 말린 토마토, 양파와 향신료를 베이스로 만든 갈색 케첩과 비슷한 소스이다. 특히 바비큐 소스 제품이 아주 맛있다.
의심 성분
100g당 설탕 23.1g 함유. 인공 향료
용도
소시지와 매시포테이토 요리에 이 '브라운 소스'는 필수이다. 로스트 비프 샌드위치에도 넣어 먹는다.

매기 시즈닝 소스 AROME MAGGI
제품 설명
물, 시즈닝 향료(밀의 단백질), 소금 등으로 만든 조미료.
의심 성분
모두! 물을 제외하고 이 소스의 성분 중 천연 재료는 하나도 없다. 특히 향미 증진제인 글루탐산나트륨 (MSG, E621)과 이노신산 나트륨 (E631)이 함유되어 있다.
용도
식초, 머스터드, 오일에 이것을 조금 넣으면 아주 맛있는 비네그레트 소스를 만들 수 있다. 특히 엔다이브 샐러드에 잘 어울린다.

비앙독스 VIANDOX
제품 설명
소량의 고기 농축액과 향신료를 넣어 만든 짭짤한 양념으로, 프랑스 비스트로에서 지금은 자취를 감춘 클래식 소스.
의심 성분
캐러멜 색소 (E 150C),
향미 증진제 (E621, E631)
용도
옛날에 사용하던 방식대로 육수, 수프 등에 첨가하거나, 비네그레트 소스를 만들 때 넣는다.

불독 돈카츠 소스 BULLDOG
제품 설명
갈색의 일본 소스. 일명 돈카츠 소스로 통하며, 달콤하고 향신료의 맛이 강하다. 채소(토마토, 양파, 당근, 마늘)와 과일 (사과, 자두, 살구) 베이스에 향신료(계피, 정향, 월계수 잎, 타임, 세이지, 고추)와 식초를 넣어 만든다.
의심 성분
글루탐산나트륨 (E621)
용도
햄버거, 야키소바, 오믈렛 등 대부분의 음식에 두루 곁들인다.

하인즈 케첩 KETCHUP HEINZ
제품 설명
토마토, 설탕, 식초로 만든 이 소스는 전 세계에서 매 초당 20개 이상 팔려나간다.
의심 성분
색소, 방부제, 농후제는 함유하고 있지 않지만, 좀 과도한 양의 설탕이 들어 있다.
용도
미국식 바비큐용 포크립을 재우는 양념으로 이 케첩과 간장 이상의 선택은 없다.

피카릴리 피클 PICCALILLI
제품 설명
피클 채소와 향신료에 식초를 넣어 만든 노란색(사프란) 양념 소스.
의심 성분
방부제로 첨가된 아황산염
용도
영국식 펍의 대표적인 메뉴인 플라우맨즈 런치(체다치즈, 햄, 샐러드, 피클)에 곁들인다.

잭 다니엘 바비큐 소스
BBQ JACK DANIEL'S
제품 설명
케첩과 비슷한 종류의 갈색 소스로 위스키와 머스터드, 마늘을 넣어 만들며, 매우 '스모키'한 불 맛이 난다.
의심 성분
스모키한 훈연의 맛을 내는 인공향.
용도
카우보이 스타일의 포크립 바비큐 양념에 필수이며, 그 밖에 바비큐용 모든 육류에 사용한다.

타바스코 TABASCO
제품 설명
특허출원을 한 매운 액체 소스로 완숙된 붉은 고추를 발효시킨 후 식초와 소금을 첨가해 만든다.
의심 성분
없음. 그러나 타바스코 중 특히 가장 매운맛을 내는 녹색 소스는 매운 척도를 나타내는 스코빌 지수가 무려 2500~5000에 이른다.
용도
블러디 메리 칵테일, 구아카몰레, 스테이크 타르타르, 칠리 콘 카르네 등에 몇 방울 뿌려 먹는다.

우스터 소스 WORCESTERSHIRE
제품 설명
몰트 비네거, 물, 당밀, 발사믹 식초, 간장, 안초비, 타마린, 마늘, 라임즙, 향신료 등을 넣어 만든 갈색 액체 소스.
의심 성분
벤조산나트륨, 아황산염
용도
칠리 콘 카르네, 스테이크 타르타르 또는 비네그레트 소스에 몇 방울 넣는다.

알렉상드르 뒤마

ALEXANDRE DUMAS

요리대사전 LE GRAND DICTIONNAIRE DE CUISINE (1872)

3000여 종의 식재료와 향신료, 음료 그리고 프랑스뿐 아니라 세계 각국의 요리법을 엮은 책으로, 뒤마는 여기에 먹을 수 있는 모든 것을 총망라하고자 했다. 소고기를 요리하는 모든 방법은 물론, 굴을 넣은 오믈렛, 개구리 포타주, 곰 고기, 상어 고기, 심지어 코끼리 고기 요리법까지 열거하고 있다. 기술적 설명을 자세히 넣었을 뿐 아니라, 개인적인 에피소드나 해당 분야 전문가의 이야기, 요리를 둘러싼 역사적, 어원적, 식물학적, 동물학적 배경 설명을 자세히 곁들인 이 박학다식한 대작은 전문가와 초심자를 막론한 모든 미식가들에게 훌륭한 교본이 되었다. 익살스럽고, 열정적이며 극도로 공상가적 기질을 가진 그는 이 책을 통하여 식욕뿐 아니라 호기심을 자극하고 있다. 미식 문학의 기념비가 된 이 위대한 책을 자세히 탐구해보자.

대식가였던 문학가
(1802–1870)

문학에서 요리로

여관 주인의 손자이자 사냥꾼의 아들로 태어난 알렉상드르 뒤마 (1802-1870)는 대식가였고, 항상 음식에 대한 호기심을 갖고 있었다. "그가 소설에 열중하고 있지 않고 있다면, 부엌에서 작은 양파를 볶고 있는 것이다."라는 유명한 일화도 있다. 요리와 관련한 자신에 대한 평판이 언젠가는 문학가로서의 명성을 뛰어넘을 것이라고 확신한『삼총사』의 작가 뒤마는 자신의 웅장한 체격에 걸맞는 요리책을 유작으로 후손에 남겼다. 1869년 피니스테르의 로스코프에서 은퇴한 뒤, 자신의 요리사였던 마리와 함께 무려 3000여 개의 레시피를 모아『요리대사전 (Grand Dictionnaire de cuisine)』을 집필하였다. 그는 1870년 완성한 원고를 출판사에 넘기고 몇 달 후에 세상을 떠났다. 이 책은 프로이센-프랑스 전쟁이 끝난 바로 이듬해인 1872년에 출간되었다.

(지극히 주관적인) 베스트 해설 셀렉션*

가장 이국적인 해설
바나나
"동양에서는 바나나를 태초에 이브가 따 먹었던 금지된 과일로 여긴다. 우리에게 감자가 노동자의 음식이듯이, 바나나는 가난한 사람들이 손쉽게 구해 배불리 먹을 수 있는 음식이다."

가장 세심하고 친절한 해설
화상
"화상은 성실하고 열심히 일하는 요리사에게 일어날 수 있는 가장 흔한 사고 중 하나이다. 로랭 (M. Lorrain)의 조리준비 개론에서는 화상을 미연에 방지하기 위한 적절한 방법 및 효과적인 치료 요령에 대한 설명을 찾아볼 수 있다."

가장 기상천외한 해설
대구
"만일 대구 알의 부화를 저해하는 그 어떤 사고도 일어나지 않고 모든 대구가 제 크기로 온전히 자란다는 가정을 한다면, 단 3년 만에 바다는 대구로 꽉 채워져 대구의 등을 밟고 대서양을 건널 수 있게 될 것이라는 계산이 나왔다."

가장 까다로운 해설
식사하다
"영혼을 가진 사람들만에 의해 그에 상응하게 매일 행해지는 중요한 행위. 식사한다는 의미에는 단순히 먹는 행위만 포함되는 것이 아니다. 차분하면서도 고상하고 유쾌함을 담은 말들이 오고 가야 한다. 대화는 식사 중에 마시는 와인의 루비색과 함께 빛나야 하고, 달콤한 디저트와 함께 할 때는 부드럽고 감미로워야 하며, 커피를 마실 때는 진정한 깊이감을 지녀야 한다."

가장 단순한 해설
물
"내가 살아온 50~60년 동안 나는 오로지 물만 마셔왔다. 그랑 라피트 (Grand-Laffite)나 샹베르탱 (Chambertin) 같은 그 어떤 와인이라도 내가 시원한 샘물 한 잔에서 느끼는 기쁨만큼 애주가에게 큰 만족감을 주지는 못할 것이다. 게다가 그 어떠한 토양의 소금기도 물의 순수함을 변질시키지 않는다."

가장 논란의 여지가 많은 해설
케이크, 갸토
"갸토 (gâteau)라는 이름은 아마도 어린아이들에게 칭찬이나 상으로 케이크를 주면서 버릇없게 만드는 (gâter) 습성에서 나왔을 것이다. "

가장 속담 같은 해설
빵
"우리는 일반적으로 빵이 맛있으려면 하루가 지나야 하고, 반죽하는 밀가루가 한 달 묵은 것이어야 하며, 밀알은 1년은 두었다가 가루로 빻아 사용해야 한다고 말한다."

가장 엉뚱한 해설
병아리콩
"병아리콩을 로스팅하고 가루로 분쇄해서 커피를 대신해 보려고 온갖 시도를 다 해보았지만, 결국 그 어떤 좋은 결과도 얻지 못했다."

가장 애국적인 해설
포타주
"그 어디에서도 프랑스만큼 맛있는 국물요리를 먹을 수 없다는 사실을 인정한다. 여행을 하면서 이것을 새삼 확인할 수 있었다. 이러한 결과는 놀라운 일이 아니다. 왜냐하면 부이용이야말로 프랑스 국민 식사의 기본이고, 몇 세기에 걸쳐 완벽해져 왔기 때문이다."

가장 시적인 해설
연어
"연어는 봄철이면 바다를 떠나 무리를 지어 산란하기 위한 여행에 나선다. 2열로 무리를 지은 이 방랑객들은 완벽한 질서를 이루며 강 어귀에 이르러 한 구석에 자리를 튼다. 철새들이 공중에서 지켜보고 있다. 연어는 물속을 유영하며 천천히 거슬러 오른다. 이는 큰 소리를 동반한다. 그러나 새들로부터 위협을 느끼기 시작하면 눈으로 따라갈 수 없을 정도의 빛의 속도로 움직인다. 제방둑도 작은 폭포들도 그들을 막을 수 없다. 그들은 돌 위에 누워 있기도 하고, 활처럼 몸을 구부렸다가 다시 힘차게 튀어 오르기도 한다. 장애물을 뛰어 넘으며 강을 거슬러 올라간다. 많게는 800해리를 넘는 긴 여행을 한다."

가장 잔인한 해설
거북
"사다리 판에 거북이를 고정시키고, 25kg 되는 무게로 눌러 묶어 놓는다. 잘 드는 큰 칼로 목을 자른 다음 5~6시간 동안 피를 뺀다. 거북이의 등이 아래로 가게 테이블에 놓은 다음, 가슴받이 껍질을 떼어내고 내장을 모두 빼낸다. 칼을 몸통 뼈 쪽으로 밀면서 지느러미와 껍질도 제거한다."

가장 찬사로 가득한 해설
송로 버섯
"자, 우리는 이제 이 신성한 것을 앞에 두고 있다. 시대를 막론하고 모든 미식가들이 손을 모자에 얹지 않고는 감히 그 이름을 부르지 조차 못했던 송로 버섯, 트뤼프… 당신이 트뤼프에게 질문을 던졌다면, 트뤼프는 당신에게 이렇게 대답했을 것이다. -나를 먹고, 신을 열렬히 숭배하라."

---

*『뒤마의 요리대사전 (Le grand dictionnaire de cuisine)』, Alexandre Dumas 지음. 서문 Pascal Ory, Menu Fretin 출판. 2008.

시저 샐러드

캐리 솔로몬 Carrie Solomon

누구나 좋아하는 인기 메뉴이지만 시저 샐러드는 안타깝게도 미국에서조차 많이 변형되었다.
다행히 우리의 미국 요리사가 제시하는 실패하지 않는 확실한 레시피 덕에 제대로 된 시저 샐러드를 만들어 먹을 수 있게 되었다.

절대 안 돼요!

- 블루치즈는 절대 넣지 않는다. 소스로도, 조각으로도 안 된다. 시저 샐러드용 치즈의 왕은 가늘게 간 파르메산 치즈로, 소스에도, 샐러드에 얹는 용도로도 이것을 사용한다.
- 시금치, 루콜라, 오크잎 상추, 꽃상추, 마타리 상추는 피한다. 시저 샐러드에 사용되는 유일한 상추는 로메인 레터스다(시저는 로마인이다).
- 시저 샐러드는 드물게 그 자신만의 소스를 갖고 있다. 클래식 비네그레트 드레싱이나 기타 응용 소스, 블루치즈 소스 등 다른 변형 소스는 사용하지 않는다.
- 체리 토마토, 익힌 햄, 올리브, 옥수수, 아보카도, 양파, 팜 하트(야자순)를 넣는 사람은 시저 황제의 명령에 따라 사자밥이 될지도 모른다.

베이컨을 넣는가?

오리지널 레시피에는 베이컨이 없다. 하지만 솔직히 말하면 바삭하게 구운 베이컨을 몇 조각 넣었을 때 이 요리가 더 맛있으면 맛있었지 해가 되지는 않는다. 캐리 솔로몬도 베이컨을 사용하곤 한다.

달걀을 넣는가?

정통 레시피에는 완숙 또는 반숙 달걀이 들어간다. 우리는 소스에 달걀노른자를 사용하는 편을 더 선호한다.

안초비를 넣는가?

안초비는 결정적으로 꼭 넣어야 하는 재료다. 원래 레시피에 안초비는 없었지만, 희미하나마 느껴지는 안초비향은 우스터 소스에서 온 것이었다.

처음 만든 사람은?

이 샐러드를 처음 만든 사람에 대해서는 여러 셰프들의 의견이 분분하여 명백히 단정하기 어렵다. 이 메뉴가 처음 개발된 시기는 20세기 초로 추정되며 장소는 미국 남부가 가장 유력하다.

세자르 카르디니 (Caesar Cardini): 마지오레 호수 지방 출신의 이탈리아 셰프인 그는 1924년 7월 4일 멕시코 티후아나의 자신의 레스토랑에서 처음으로 이 메뉴를 급조해 선보였다고 한다. 주말을 즐기러 온 할리우드 스타들의 대규모 방문으로 식재료가 다 떨어졌었다고 한다.

리비오 산티니 (Livio Santini): 세자르 카르디니와 함께 일했던 이탈리아 이민 출신인 이 요리사가 1925년 자신의 어머니 레시피를 응용해 시저 샐러드를 처음 만들었다는 주장도 있다.

지아코모 주니아 (Giacomo Junia): 시카고의 「뉴욕 카페」의 이탈리아 셰프인 그는 1903년 자신이 이 메뉴를 처음 개발했다고 주장했다.

캐리 솔로몬의 레시피*

4인분

준비 시간: 30분
조리 시간: 20분

재료

닭 가슴살 500g
쉬크린 양상추 또는 로메인 양상추 600g

시저 샐러드 소스

오일 저장 안초비 필레 8개
마늘 1톨
달걀노른자 4개분
마요네즈 100g
가늘게 간 파르메산 치즈 200g
올리브오일 50ml
레몬즙 반 개분
소금 1티스푼
검은 통후추 간 것 1/2티스푼

크루통

빵 200g
가염 버터 50g
올리브오일 50ml
얇게 썬 마늘 반톨
소금 1/2티스푼

만드는 법

닭 가슴살 삶기: 냄비에 물 1리터와 소금을 넣고 닭 가슴살을 넣어 끓인다. 끓기 시작하면 불을 줄이고 약하게 10분 정도 익힌다. 뚜껑을 덮고 불에서 내린 후 그대로 15분간 둔다. 닭 가슴살을 건져 물기를 털고 냉장고에 넣어둔다. 오븐을 210℃로 예열한다. 오븐의 브로일러를 켜고, 컨벡션 모드로 설정한 다음, 크루통 구울 준비를 한다.

시저 샐러드 소스 만들기: 안초비와 마늘을 다져 볼에 넣고 달걀노른자, 마요네즈, 파르메산 치즈 분량의 반과 섞는다. 올리브오일을 조금씩 넣어가며 거품기로 잘 저어 섞고, 레몬즙, 소금, 후추를 넣고 잘 혼합한다. 소스를 냉장고에 넣어둔다.

크루통 만들기: 빵을 1cm 크기의 큐브 모양으로 자른다. 버터와 올리브오일을 녹이고 마늘과 소금을 넣는다. 빵을 넣고 살살 골고루 섞는다. 베이킹 팬에 빵을 한 켜로 깔고 오븐 중간에 넣는다. 중간에 두 번 정도 흔들어 주면서 7분간 굽는다.

닭 가슴살을 얇게 저며 썬다. 양상추를 깨끗이 씻어 물기를 뺀 다음 굵직하게 찢어 큰 샐러드 볼에 담는다. 크루통과 닭 가슴살, 소스를 넣고 골고루 잘 섞는다. 나머지 반의 파르메산 치즈를 뿌려 즉시 서빙한다.

*『파리의 미국인, 100가지 정통 레시피 (Une Américaine à Paris. 100 recettes authentiques)』, Carrie Solomon 지음. éd. La Martinière 출판.

건조 소시지, 살라미

요리 전문 기자인 엘리자베트 드 외르빌 (Elisabeth de Meurville)은 그녀의 저서 『미식가를 위한 안내서 (Guide des Gourmands)』에서
프랑스의 테루아를 잘 보여주는 맛있는 먹거리인 건조 소시지 (saucisson)를 자세히 소개하고 있다.
샤퀴트리의 최고봉이라고 할 수 있는 이들 중 그녀가 선별한 프랑스 건조 소시지 베스트 10가지를 만나보자.

알레 르투르 L'ALLER-RETOUR
생산자: 피에르 오테이자 (Pierre Oteiza)
장소: 레 잘뒤드
(Les Aldudes, Pyrénées-Atlantiques)
돼지 품종: 킨토아 (Le Kintoa). 도토리와
밤을 먹고 자란 바스크 돼지 품종으로
살에 지방이 촘촘히 분포되어 있다.
선택: 알레 르투르. 에스플레트 칠리가루
를 넣어 만든 건조 소시지로 고소한 너트
풍미가 난다.
www.pierreoteiza.com

초리조 LE CHORIZO
생산자: 에릭 오스피탈 (Eric Ospital)
장소: 아스파랑
(Hasparren, Pyrénées-Atlantiques)
돼지 품종: 이바이아마 (L'Ibaïama).
곡류를 먹고 자란 돼지 품종.
선택: 초리조, 매콤한 맛을 가미하여 염장
했으며, 기름기가 적다.
www.louis-ospital.com

유니크 L'UNIQUE
생산자: 프랑수아 샤브레
(François Chabré)
장소: 앙비에를르 (Ambierle, Loire)
돼지 품종: 피에트레인과 라지화이트의
교배종. 산에서 곡류를 먹고 자란다.
선택: 유니크. 레드와인을 넣고 만든 건조
소시지로 2개월간 숙성실에서, 그리고
산에서 불어오는 바람에 건조시킨다.
www.gilleschabre.typepad.com

소시송 드 토로
SAUCISSON DE TAUREAU
생산자: 메종 비날레 (Maison Bignalet)
장소: 아바스 (Habas, Landes)
황소 품종: 스페인의 투우용 소인
코리다(corrida) 황소의 한 종류이며,
기름기가 매우 적은 육질을 갖고 있다.
선택: 마늘, 흰 후추, 일반 후추를 가미해

6주간 건조 숙성을 거친 황소 건조 소시지.
www.bignalet.com

제쥐 LE JÉSUS
생산자: 샤퀴트리 푸지
(Charcuterie Puzzi)
장소: 라나르스 (Lanarce, Ardèche)
돼지 품종: 랜드레이스와 라지화이트의
교배종. 이 지역에서 길러 도축한다.
선택: 제쥐. 마늘을 넣어 만든 큰 덩어리
소시지로 최소 3개월 이상 건조 숙성된다.
www.charcuterie-puzzi.com

소시스 세슈 코르동 루즈
SAUCISSE SÈCHE CORDON ROUGE
생산자: 라보리 에 피스 염장 식품.
(Salaisons Laborie & Fils)
장소: 파를랑 (Parlan, Cantal)
돼지 품종: 이미 새끼를 출산한 암퇘지.
살이 짙은 색을 띠고 있다.
선택: 코르동 루즈 건조 소시지. 뒷다리와
안심살로 만들며 비교적 기름기가 적다.
끈으로 묶어 숙성하는 건조 기간 동안
두 차례 닦아준다.
www.maison-laborie.com

소시송 퓌메 SAUCISSON FUMÉ
생산자: 샤퀴트리 피노
(Charcuterie Pineau, M.& Mme. Revuz)
장소: 마글랑 (Magland, Haute-Savoie)
돼지 품종: 부르 앙 브레스 (Bourg-en-
Bresse)와 샹베리 (Chambéry) 부근에서
자란 샤퀴트리용 지역 토종 돼지 품종.
선택: 훈제 건조 소시지(소시송 퓌메).
가문비나무 톱밥과 너도밤나무 연기에 13
일간 훈연한다.

소시스 세슈 오 로크포르
SAUCISSE SÈCHE AU ROQUEFORT
생산자: 메종 콩케 (Maison Conquet)
장소: 라기올 (Laguiole, Aveyron)

돼지 품종: 라지화이트와 랜드레이스의
교배종으로 아마씨를 먹고 자라며
무항생제 사육 인증을 받은 돼지.
선택: 로크포르 치즈 건조 소시지. 가장
얇은 창자를 사용하였고, 돼지살과 치즈의
균형을 살려 15일간 건조 숙성된다.
www.maison-conquet-boutique.fr

살시치아 SALSICCIA
생산자: 파스칼 플로리 (Pascal Flori)
장소: 뮈라토 (Murato, Corse)
돼지 품종: 일반 암퇘지와 흑돼지의
교배종.
선택: 살시치아. 밤나무 연기로 약하게
훈연한 건조 소시지. 시멘트로 된
건조실에서 8개월간 건조 숙성된다.

1 알레 르투르 L'aller-retour
2 초리조 Le chorizo
3 유니크 L'unique
4 소시송 드 토로 Saucisson de taureau
5 제쥐 Le jésus
6 소시스 세슈 코르동 루즈 Saucisse sèche
   cordon rouge
7 소시송 퓌메 Saucisson fumé
8 소시스 세슈 오 로크포르 Saucisse sèche
   au roquefort
9 살시치아 Salsiccia

건조 소시지 5계명

소시지가 잘 숙성되기 위해서는
최소 4~10주간 건조시켜야 한다.

건조 소시지는 천연 창자에 속을
넣어 만들어야 한다.

건조 소시지는 만져 보아 단단해야
하고 특히 습기가 없어야 한다.

건조 소시지는 겉면이 '꽃(fleur: 표면을
덮고 있는 흰 가루)"으로 덮여 있어야
한다. 이것은 발효가 잘 되었다는
증거다(단, 쌀가루 등으로 덮여 있는
것은 공장 생산품이라는 표시이다).

건조 소시지는 얇게 슬라이스해서
먹어야 풍미를 더욱 잘 느낄 수 있다.

크레프

베르트랑 라르셰 Bertrand Larcher

도쿄에도 지점이 있는 생말로 (St. Malo)의 브레즈 카페 (Breizh Café)에서는 브르타뉴 출신의 셰프가
완벽한 크레프와 갈레트 반죽을 만든다. 그 안에 먹고 싶은 재료를 채워 넣기만 하면 된다.

밀가루 크레프 반죽 Pâte à crêpes de froment

크레프 약 25장 분량

준비 시간: 15분
냉장 휴지 시간: 1시간

재료

브르타뉴 산 유기농 밀가루 1kg
백설탕 또는 황설탕 300g
유기농 달걀 12개 (달걀흰자 3개분은 따로 보관)
우유 2리터
옵션 1: 갈색이 날 때까지 녹여 데운 브라운 버터 (beurre noisette) 30g
옵션 2: 바닐라 빈 1/2줄기 (뜨거운 우유 250ml에 넣고 향을 우려내 사용)
주의할 점: 반죽에 섞기 전에 반드시 우유를 식혀 사용한다.
옵션 3: 오렌지 껍질 제스트 (반죽에 섞는다)
옵션 4: 다크 럼 1테이블스푼 (반죽에 섞는다)

만드는 법

달걀과 설탕을 거품기로 잘 섞는다(밀가루가 아주 예민하므로 전동 믹서기는 사용하지 않는다). 우유 1.5리터를 넣는다.
밀가루를 넣고 나무 숟가락으로 조심스럽게 섞는다. 옵션들 중 한 가지를 선택해 넣는다. 반죽을 체에 거른 후 냉장고에
1시간 넣어둔다. 꺼내서 크레프를 부치기 전에 나머지 우유를 국자로 넣어 살살 섞는다. 거품 올린 달걀흰자 3개를
국자로 넣고 조심스럽게 섞어준다. 크레프 반죽이 완성되었다.

크레프를 부치는 도구

논스틱 무쇠 프라이팬, 크레프 전용 전기팬 등 선택은 자유다. 단 크레프 애호가들은 받침 위에 무쇠로 된 평평한 팬이
얹혀 있는 전기 또는 가스 '빌리그 (billig: 크레프 또는 갈레트 전용팬이라는 뜻의 브르타뉴어)'를 하나씩 갖고 있을 것이다.
나무로 된 작은 고무래를 한 바퀴 돌려 반죽을 얇게 펴고, 나무주걱으로 뒤집어준다. 팬을 닦거나
기름을 바를 때는 기름을 묻힌 형겊을 사용한다. 맨 마지막 한 장은 아주 바싹 구워 바삭하게 먹는 재미를 놓치지 말자 !

 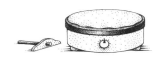

두 가지 레시피의 달콤한 크레프

레몬과 꿀 크레프 CRÊPE CITRON ET MIEL

준비 시간: 5분
조리 시간: 크레프 한 장당 2분

재료 (크레프 1장 분량)

크레프 반죽 80g
사과나무 꿀 12g
레몬즙 약간
레몬 슬라이스 1개

만드는 법

뜨겁게 달군 크레프 전용 팬에 반죽을 얇게 편다.
크레프가 익으면 삼각형 모양으로 접어 접시에 놓는다.
사과나무 꿀을 크레프 위에 바르고 레몬즙을 뿌린다.
레몬 슬라이스로 장식한다.

럼 캐러멜 소스를 곁들인 바나나 크레프
CRÊPE BANANE SAUCE CARAMEL AU RHUM

준비 시간: 20분
조리 시간: 크레프 한 장당 2분

재료 (크레프 1장 분량)

크레프 반죽 80g
바나나 150g
황설탕 6g
가염 버터 10g
럼 캐러멜 소스* 25g

도구: 토치

* 럼 캐러멜 소스
500g 짜리 1병 분량
설탕 300g
생크림 40g
다크 럼 18ml
가염 버터 135g

럼 캐러멜 소스 만들기: 설탕과 물 150ml를 작은
소스팬에 넣고 끓여 캐러멜을 만든다. 불에서 내린 후
물 40ml를 더 넣고, 크림을 조금씩 넣으며 거품기로
잘 섞는다. 럼을 넣고 다시 불에 올려 잠깐 익힌다.
불에서 내린 후 버터를 넣고 잘 섞는다. 병에 넣고
밀폐해 보관한다. 바나나의 껍질을 벗기고
5~6조각으로 자른다. 자른 단면에 황설탕을 뿌리고
토치로 그슬려 캐러멜라이즈한 다음, 가염 버터를
녹인 팬에 넣고 지진다. 뜨겁게 달군 크레프 전용 팬에
반죽을 얇게 펴고, 크레프가 익으면 삼각형 모양으로
접는다. 바나나를 얹고 럼 캐러멜 소스를 뿌린다.

* 레시피는『브레즈 카페(Breizh Café)』에서 발췌. éd. La Martinière 출판.

메밀가루 갈레트 반죽 Pâte à galettes de sarrasin

갈레트 약 25장 분량
준비 시간: 15분
냉장 휴지 시간: 냉장고에서 12시간. 최소 3시간 이상

재료
돌로 간 유기농 메밀가루 1kg
전기 크레프 팬을 사용할 경우는 밀가루를 10~20%(최대) 섞는다.
생수 1.5리터
게랑드산 굵은 천일염 30g
옵션 1: 달걀 1개
옵션 2: 탄산수, 맥주 또는 애플사이더 (cidre: 사과 발효주) 약간
또는 반죽에 공기층을 넣어 주기 위한 모든 종류의 발효 음료.
물 대신 소량만 넣는다.

만드는 법
메밀가루와 물 1리터, 소금을 섞어 공기를 불어넣어 주면서 부드러운 반죽을 만든다.
표면에 기포가 생겨야 한다. 균일한 반죽이 완성되면 옵션 중의 하나(달걀 또는 탄산수)를 넣고 다시 잘 섞은 다음,
냉장고에 넣어 12시간 휴지시킨다(최소 3시간 이상). 다음 날 나머지 물 500ml를 넣고 다시 잘 섞는다.
가능하면 반죽을 사용하기 1시간 전에 냉장고에서 꺼내둔다. 상온의 상태에서 갈레트를 부치는 것이 좋다.

메밀 갈레트와
검은 밀 크레프 명칭 대결

**갈로어를 쓰는 지방인 오트 브르타뉴
Haute-Bretagne**
이 지방 사람들은 '갈레트 드 사라쟁
(galette de sarrasin: 메밀 전병)'이라
고 부르며, 순메밀로 만든다. 따뜻하게
데우면 꽤 얇고 말랑말랑하다.

**바스 브르타뉴
Basse-Bretagne**
'크레프 드 블레 누아르(crêpe de
blé noir: 검은 밀 크레프)'라고
부르며, 이 또한 메밀가루로
만든 것이다. 이곳 사람들은
밀가루를 섞거나 달걀을 넣은
좀 더 바삭한 갈레트를 선호한다.

**브르타뉴어로 '크람푸젠
(krampouzhenn)'**은 달콤한
밀가루 크레프와 짭짤한 메밀
크레프를 통칭하는 단어다.
1세기 전까지만 해도 브르통
언어가 사용되던 브르타뉴 서쪽
지방에서는 비스퀴 (biscuit)
처럼 도톰한 반죽을 지칭한다.

* 레시피는 『브레즈 카페(*Breizh Café*)』에서 발췌. éd. La Martinière 출판.

두 가지 레시피의
짭짤한 크레프

갈레트 콩플레트 GALETTE COMPLÈTE
달걀, 햄, 치즈

준비 시간: 10분
조리 시간: 3분

재료 (갈레트 1장 분량)
메밀 갈레트 반죽 150g
보르디에 가염 버터 (beurre demi-sel Bordier)
15g + 15g (마무리용)
유기농 달걀 1개
6개월 숙성한 콩테 치즈 가늘게 간 것 50g
햄 (색소 및 방부제 없는 것)

만드는 법
뜨겁게 달군 크레프 전용 팬에 반죽을 놓고 돌려 얇게
편다. 갈레트 위에 버터를 바른다. 달걀을 깨트려
가운데 놓고 흰자를 노른자에서 분리하며 넓게 편다.
콩테 치즈와 햄을 올린다. 갈레트의 네 귀퉁이를 접어
사각형을 만들고 3분간 구워 익힌다. 나머지 버터를
올리고 접시에 서빙한다.

갈레트 앙두이유
GALETTE ANDOUILLE
시드르 양파 콩포트,
달걀, 머스터드 크림

준비 시간: 5분

재료 (갈레트 1장 분량)
메밀 갈레트 반죽 150g
달걀 1개
가늘게 간 그리에르 치즈 35g
가염 버터 10g
얇게 슬라이스한 앙두이유
(돼지 창자에 소를 넣어 만든 순대의 일종) 30g
애플사이더에 졸인 양파 25g
머스터드 크림 15g
(헤비크림 1테이블스푼 + 생크림 1테이블스푼 +
홀그레인 머스터드 1티스푼)

만드는 법
머스터드 크림 만들기: 볼에 헤비크림, 생크림,
머스터드를 넣고 거품기로 잘 혼합한다.
갈레트 만들기: 뜨겁게 달군 크레프 전용 팬에 반죽을
놓고 돌려 얇게 편다. 갈레트 중앙에 버터를 바른다.
달걀을 깨트려 가운데 놓고 흰자를 노른자에서 분리
하며 넓게 펴 빨리 익도록 해준다. 가늘게 간 그리에르
치즈를 뿌린다. 양파 콩포트를 얹는다. 팬에 살짝 구운
앙두이에트 슬라이스를 갈레트에 얹어준다. 갈레트를
사각형 모양으로 접고 가장자리에 버터를 바른다.
머스터드 크림을 얹어 서빙한다.

블랑케트의 모든 것

송아지 크림 스튜인 블랑케트 드 보 (*blanquette de veau*)는 프랑스인들이 가장 좋아하는 음식 순위에 자주 오른다.
블랑케트 드 보라는 이름이 붙은 것은 18세기부터이며, 일반 가정 요리로 정착되기 이전, 이 하얀 소스의 음식은 부르주아 계층에서 즐겨 먹는 대표적인 음식이었다.
프랑스인들이 사랑하는 블랑케트는 과연 어떤 음식인지 살펴보자.

간략한 역사

이 음식의 기원은 정확히 알 수 없다. 하지만 남은 송아지 고기를 활용하여 요리를 만드는 것은 당시 중산층에서 흔히 행해지던 일이었고, 그중 하나인 이 요리는 그 흰색 크림소스에서 '블랑케트'라는 이름이 붙은 것으로 전해진다.

블랑케트 드 보는 구워먹고 남은 송아지 고기에 양송이 버섯과 양파를 넣어 만든 음식이다. 블랑케트가 처음 그 모습을 보인 것은 1735년『현대의 요리사(*Le Cuisinier Moderne*)』라는 요리책에서 저자 뱅상 라샤펠(Vincent La Chapelle)이 체계적으로 설명해 놓은 레시피를 통해서다. 송아지 생고기를 이 요리에 넣기 시작한 것은 그 이후 1세기가 지나서 쥘 구페 (Jules Gouffé)가 처음 시도했다. 이 유명한 셰프는 소금 간을 한 물에 부케가르니로 향을 낸 후 송아지 고기를 넣어 끓였고, 다 익은 후 마지막에 크림을 섞은 루를 넣어 국물을 걸쭉하게 리에종했다. 블랑케트는 이렇게 탄생했다.

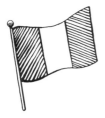

국가적 관심

로랑 파비우스 외교부 장관은 이 문제를 아주 진지하게 다룬다. 그는 국회의원과 고위 공무원, 레스토랑 운영자, 셰프, 기자들로 구성된 관광 진흥 위원회에 매달 참석한다.

2014년 12월 위원회 모임에서 미식계를 대표하는 참가자들은(알랭 뒤카스, 기 사부아, 조엘 로뷔숑) 한 예로 유명한 블랑케트 요리를 들어, 블랑케트 드 보의 레시피를 표준화해야 하는 필요성을 언급했다. 송아지의 어느 부위 고기를 사용하는가, 왜 신선식품을 사용하는가? 이 음식을 국가의 상징적 요리로 개발하기 위한 방안은 무엇인가 등 토론의 장은 열려 있다.

 블랑케트는 그 흰색을 유지하기 위하여 법랑 코팅된 냄비에 끓인다.

블랑케트의 5가지 공식

 크레올식 흰쌀밥을 곁들여 먹는다.

 재료를 미리 익히는 과정에서 절대로 색이 나면 안 된다.

 달걀노른자로 블랑케트를 리에종한다.
(liaison: 걸쭉하게 농도 맞추기)

 완성된 소스는 절대 끓이지 않는다. 덩어리가 생겨 뭉칠 수 있기 때문이다.

블랑케트용으로 적합한 송아지 고기 부위

목심 COLLIER
목 부위의 살로 오래 뭉근히 끓이는 조리법에 가장 적합하다.

삼겹살, 뱃살 TENDRON
송아지의 복부 벽 층층이 비계가 분포되어 있고 연골이 있다. 살 자체는 기름기가 적은 부위다.

양지 FLANCHET
송아지 복부 벽 아래쪽에 위치한 부위로 연하고 젤라틴이 함유되어 있다. 블랑케트용으로 가장 좋은 부위 중 하나다.

어깨살 EPAULE
사지 중 앞부분에 속하는 어깨살은 로스트, 스튜, 소테 등 모든 조리법에 두루 사용된다.

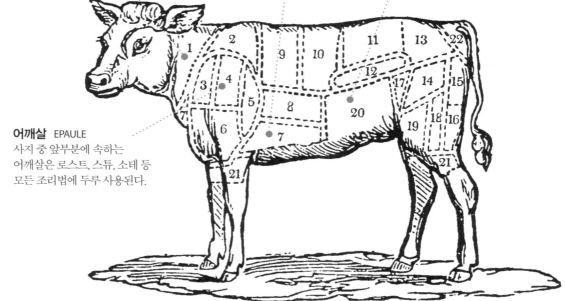

송아지는 부위별로 익히는 시간이 다르므로 구분해서 조리하는 것이 중요하다.

오래 익히는 부위
Cuisson longue
1. 목심 Le collier
2. 윗갈비 Les côtes premières
(* 송아지 갈비라고 지칭하는 부위는 정확히 따지면 뼈가 붙은 꽃등심 부위다)
3. 앞다리 꾸리살 Le jumeau
4. 부채살 또는 어깨 덮개살
Le paleron, le couvert d'épaule
5. 부채살, 낙엽살 La macreuse
6. 어깨살 Le gras d'épaule

7. 삼겹살 La poitrine
8. 옆구리 갈비살 Les plates côtes
13. 엉치 우둔살 Le chapeau
15. 설깃살 Le filet d'Anvers
20. 양지, 치마살 Le flanchet ou bavette
21. 정강이살 Le jarret
22. 꼬리 La queue

빨리 익히는 부위
Cuisson rapide
9. 꽃등심 L'entrecôte
10. 채끝등심 Le faux-filet
11. 우둔살 Le rumsteack
12. 안심 Le filet
14. 볼기살 Le quasi
16. 등심 La longe
17. 설깃살 L'aiguillette baronne
18. 뭉치사태 Le gîte
19. 사태 La noix

영화에 등장한 블랑케트

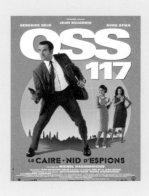

블랑케트를 사랑한 사람들

Les Grands Blanquettovores

문학작품이나 영화를 보면 블랑케트는 주인공이 좋아하는 음식으로 종종 등장한다.

매그레 경찰서장
소설가 조르주 심농의 「매그레와 게으른 도둑 (Maigret et le Voleur paresseux)」, 1961.
브라스리 도핀의 블랑케트 애호가인 매그레 경찰서장은 "딱 알맞게 걸쭉한 농도에, 황금빛 소스의 풍미가 가득하다."며 칭찬을 한다.

산 안토니오 경찰서장
작가 프레데릭 다르의 「계산해 주세요 (Réglez-lui son compte)」, 1949.
어느 일요일 산 안토니오는 그의 어머니 펠리시를 방문한다. "엄마, 텔레파시가 통했나 봐요. 어떻게 제가 오는 줄 아시고, 특별한 때만 만들어주시던 송아지 블랑케트를 끓이셨어요!"

OSS 117 요원
미셸 하자나비시우스 감독의 영화 OSS 117 시리즈
「카이로, 스파이의 둥지 (La Caire, nid d'espions)」, 2006.
"블랑케트 어떻게 만드세요?
- 네?
- 고기로 만드는 요리들, 좋은 고기 쓰시나요?
- 아, 네…
- 송아지 고기요?
- 아닙니다. 양고기를 주로 쓰고, 닭고기도 씁니다.
- 그럼 송아지 고기 요리는 하나도 없나요? 양송이 버섯과 감자를 넣은 것 말이에요!"

매그레의 옛날풍 블랑케트 드 보

La blanquette de veau à l'ancienne pour Maigret

프레데릭 에르네스틴 그라세 에르메*

4인분
준비 시간: 3시간

재료
송아지 삼겹살 1.2kg
송아지 뼈 2개 (반으로 자른다)
월계수 잎 1장
정향을 박은 양파 1개
고추씨 5알
흰색 통후추 5알
버터 20g
밀가루 20g
굵직하게 썬 재래식 돼지 삼겹살 200g
(poitrine paysanne: 삼겹살에 향신료를 더해 풍미를 살린 것)
방울 양파 150g
굵직하게 라르동 모양으로 썬 염장 돼지 삼겹살 150g
작은 양송이 버섯 갓 부분만 150g
우유 100ml
헤비크림 100g
레몬즙 반 개분
바스마티 쌀 (basmati) 200g
플뢰르 드 셀 3g
굵게 부순 흰색 통후추 2g
낙화생유 1테이블스푼

만드는 법
송아지 삼겹살을 무쇠냄비나 압력솥에 넣고 찬물을 붓는다. 뼈와 월계수 잎, 정향 꽂은 양파를 넣고 소금과 향신료 알갱이들을 모두 넣는다. 계속 거품을 건지며 약한 불로 2시간 정도 끓인다. 밀가루와 버터로 화이트 루를 만들고 소금, 후추로 간을 맞춘 다음, 고기 익히는 국물을 3국자 정도 넣고 잘 개어준다. 약한 불에 끓여 익힌 후 소스를 체에 걸러 매끈하게 한다.
팬에 기름을 조금 두르고 향신 양념이 된 재래식 삼겹살을 넣고 20분간 볶는다. 고기 익히는 국물을 2테이블스푼 넣고 디글레이즈한 다음, 볶은 삼겹살은 건져내고 남은 육즙은 체에 걸러 흰색 루 소스에 넣어 맛을 더한다.
방울 양파와 염장 삼겹살 라르동, 양송이 버섯을 끓는 물에 데친 후 건진다. 우유와 크림을 데우고 레몬즙을 뿌린 다음, 준비한 루에 넣고 잘 섞는다. 바스마티 쌀을 필라프 라이스식으로 익히고, 블랑케트를 데운다.
서빙: 우묵한 접시에 밥과 송아지 고기를 놓고 양파, 양송이, 라르동 등 옛날식 가니시를 얹는다. 양송이 버섯 위에 플뢰르 드 셀을 조금 뿌리고, 굵게 부순 후추를 뿌린다. 걸쭉한 화이트 소스를 넉넉히 덮어준다. 뱅존 (vin jaune) 와인을 한 테이블스푼 살짝 뿌린 후 서빙한다.

블랑케트와 어울리는 와인은?
레드와인은 일단 접어두시라. 와인은 고기가 아닌 소스에 맞춘다.
부르고뉴의 샤르도네 중에서 골라보자. 와인의 산미와 묵직함(에탄올, 글리세롤, 잔여 설탕)이 잘 균형을 이루고 있는 뫼르소는 블랑케트와 좋은 궁합이다.

---

* 레시피는 『요리사의 여자 요리사(La cuisinière du cuisinier)』에서 발췌. Frédérick Ernestine Grasser-Hermé 지음. éd. Alain Ducasse 출판.

치즈 퐁뒤
LES FONDUES
au fromage

1950년대부터 겨울 스포츠가 대중적으로 인기를 끌면서, 녹인 치즈에 빵을 찍어 먹는 이 요리의 소비는 산악지대 스키장을 중심으로 급속도로 증가했다. 궁금한 점은 과연 어떤 치즈를 사용하나? 어느 지역 레시피를 따르나? 프랑스와 스위스 중 종주국은 어디인가? 등이다. 냄비의 전쟁이라고 하겠다. 4인 기준 퐁뒤의 레시피들을 모아보았다.

무아티에 무아티에 LA MOITIÉ-MOITIÉ
쭉쭉 늘어지는 치즈와 크리미한 치즈를 반반씩

팡당 뒤 발레 (Fendant du Valais, Chasselas 품종 포도로 만든 화이트와인) 500ml

바슈랭 드 프리부르 치즈 (Vacherin de Fribourg) 500g

그뤼예르 스위스 치즈 (Gruyère Suisse) 500g

지방 함량이 높은 크리미한 치즈와 짭짤하고 수분이 적은 반경성 치즈의 완벽한 조합.

사부아야르드 LA SAVOYARDE
크리미하고 진한 맛

사부아 지방의 화이트와인 아프르몽 (Apremont) 또는 쉬냉 베르주롱 (Chignin Bergeron) 500ml

보포르 치즈 (Beaufort) 350g
그뤼예르 사부아야르 치즈 (Gruyère savoyard) 350g

콩테 치즈 (Comté) 350g

르블로숑 치즈 (reblochon) 1/2개를 넣으면 더욱 진한 맛을 낸다.

프리부르주아즈 LA FRIBOURGEOISE
섬세하고 부드러운 진한 맛

샤슬라 프리부르주아 (Chasselas Fribourgeois) 화이트와인 500ml

바슈랭 드 프리부르 치즈 (Vacherin de Fribourg) 800g

빵 이외에 껍질째 찐 감자를 곁들여 먹어도 맛있다. 퐁뒤가 분리될 수 있으므로 절대 끓이지 않도록 주의한다.

상트랄 LA CENTRALE
강하고 진한 맛

샤슬라 (Chasselat) 화이트와인 500ml

그뤼예르 (Gruyère) 치즈 350g
스브린츠 치즈 (Sbrinz) 350g

에멘탈 치즈 (Emmental) 350g

스브린츠 치즈는 파르메산과 비슷한 텍스처의 경성 치즈로 깊은 풍미를 더해준다.

뇌샤틀루아즈 LA NEUCHÂTELOISE
쭉쭉 늘어나면서 부드러운 맛

뇌샤텔 (Neuchâtel) 화이트와인 500ml

그뤼예르 치즈 (Gruyère) 500g

에멘탈 치즈 (Emmental) 500g

키르슈 (kirsch: 체리 증류주)를 조금 넣어 향을 낸다.

보두아즈 LA VAUDOISE
쭉 늘어나면서 강한 맛을 내는 치즈

샤블레 보두아 (Chablais Vaudois, Chasselat 품종 포도로 만든 화이트와인) 500ml

그뤼예르 스위스 치즈 (Gruyère Suisse)

와인에 레몬즙을 몇 방울 넣는다.

폰두타 발도스타나
LA FONDUTA VALDOSTANA

폰티나 치즈 (Fontina) 1개

우유와 달걀노른자 1개를 넣는다.

그 밖의 다양한 퐁뒤

부르고뉴식 퐁뒤 (fondue bourguignonne)
끓는 기름에 큐브 모양으로 썬 소고기를 넣어 익혀 먹는다.

와인 퐁뒤 (fondue Vigneronne)
화이트와인에 큐브 모양으로 로 썬 소고기, 닭고기를 넣어 익혀 먹는다.

베트남식 퐁뒤 (fondue vietnamienne)
작게 썬 소고기, 새우, 오징어, 버섯 등의 재료를 누들 수프에 넣어 익혀 먹는다.

중국식 퐁뒤 (fondue chinoise)
얇게 썬 소고기, 채소 등을 육수에 넣어 익혀 먹는다. 몽골식 퐁뒤는 생선과 해산물을 익혀 먹기도 하고, 사천식은 고추를 넣은 매운 육수에 재료를 익혀 먹는다.

사부아와 스위스 퐁뒤의 장점만을 모은 레시피를 소개한다. 길게 쭉 늘어나면서도
크리미한 치즈의 질감과 진한 맛을 내는 이 스위스와 사부아 지방의
최고의 조합 레시피는 솔직히 거부하기 어렵다.

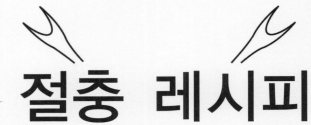

절충 레시피
LA RECETTE DE L'ARMISTICE

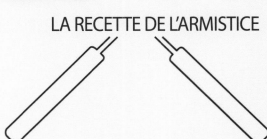

4인분

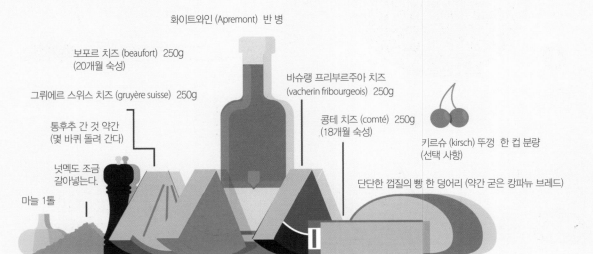

화이트와인 (Apremont) 반 병

보포르 치즈 (beaufort) 250g
(20개월 숙성)

그뤼에르 스위스 치즈 (gruyère suisse) 250g

통후추 간 것 약간
(몇 바퀴 돌려 간다)

넛멕도 조금
갈아넣는다.

마늘 1톨

바슈랭 프리부르주아 치즈
(vacherin fribourgeois) 250g

콩테 치즈 (comté) 250g
(18개월 숙성)

키르슈 (kirsch) 뚜껑 한 컵 분량
(선택 사항)

단단한 껍질의 빵 한 덩어리 (약간 굳은 캉파뉴 브레드)

주의: 소금을 따로 넣지 않는다. 치즈의 염도로 충분하다.

빵을 주사위 모양으로 썰어둔다.
치즈를 모두 작게 깍둑썬다. 퐁뒤용 냄비
안쪽을 껍질 벗긴 마늘로 문지른 다음,
중불에 올리고 와인을 붓는다.
와인이 아주 약하게 끓기 시작하면
단단한 경성 치즈부터 먼저 넣고,
나무 숟가락으로 저으며 녹인다.
바슈랭 치즈를 넣고 키르슈도 넣어준다.
후추를 뿌리고 계속 잘 저으며 녹인다.
테이블에 보온용 워머를 넣고
그 위에 퐁뒤 냄비를 올린다.
그 다음은… 잘 아시리라 믿는다.

추가로 더 넣으면 좋아요.

라클레트 치즈
소젖 치즈인
라클레트를
넣은 스위스
퐁뒤는
'발레잔
(Valaisanne)'
이라고도 불린다.

넛멕 간 것
좋은 아이디어다.
넛멕을 넣으면
밋밋한 치즈
맛에 특색을
줄 수 있다.

말린 포치니 버섯
화이트와인을
끓일 때 한 줌
넣어준다.
치즈와의 궁합이
환상적이다.

검은 송로 버섯
1734년 뱅상 라 샤펠
(Vincent La Chapelle)
셰프가 이 고급 버전을
처음으로 제안했다.
현재는 트뤼프를
가늘게 채 썰어 먹기
바로 전에 넣는다.

달걀
퐁뒤를 다 먹은 후
마지막에 달걀
한 개를 깨트려
냄비 바닥에 넣어
익히면 아주
맛있다.

**옥수수 전분 또는
감자 전분**
퐁뒤 치즈가 너무
묽다고 생각되면 전분
1티스푼을 넣어
농도를 맞춰주는 것도
나쁘지 않다.

베이킹소다
퐁뒤에 베이킹소다
1티스푼을 넣으면
소화를 돕는다고
알려져 있다.
그렇다고 채 썬
당근을 먹은 것처럼
속이 가벼울 것
이라고는 기대하지
않는 게 좋다.

1인당 치즈를 얼마나 넣나요?
보통 1인당 200g의 치즈를 준비한다. 넉넉히 250g까지 잡아도 좋다.
대식가들은 언제나 치즈가 모자란다고 투덜대기 마련이다.

벌칙 게임
퐁뒤 냄비에 빵을 빠트린 사람이 벌칙을 받는 이 게임은 프랑스어권 스위스에서 온
것으로, 퐁뒤에 빵을 빠트린 사람이 와인값을 내도록 하는 일종의 풍습이다. 이것은 만화
『스위스에 간 아스테릭스 (Astérix chez les Helvètes)』에도 나온다. 로마인들은 퐁뒤
파티를 할 때, 빵을 놓쳐 치즈에 빠트리는 식사 일행에게 가혹한 벌칙(몽둥이, 회초리,
또는 호수에 뛰어들기 등)을 내리기도 했다.

생선 퐁뒤 (fondue marinière)
화이트와인에 작게 자른 생선을 넣어 익혀 먹는다.

생선 육수 퐁뒤 (fondue océane)
생선 육수에 작게 자른 생선을 넣어 익혀 먹는다.

브레스식 퐁뒤 (fondue bressane)
칠면조 고기 살을 작게 잘라
달걀노른자에 담그고 빵가루를 묻혀
뜨거운 기름에 익혀 먹는다.

**레드와인 퐁뒤 또는 바쿠스 퐁뒤
(fondue au vin rouge, fondue Bacchus)**
작게 자른 소고기를 레드와인에
넣어 익혀 먹는다.

**일본식 퐁뒤 샤브샤브
(fondue japonaise, shabu-shabu)**
얇게 썬 소고기와 채소를 끓는
다시 육수에 넣어 익혀 먹는다.

깡통 속의 작은 보석, 정어리

탄생한 지 2세기를 거쳐오며 진정한 고급 식재료가 된 정어리 통조림.
우리는 이 통조림을 쟁여두기도 하고, 예쁜 깡통을 수집하기도 하며, 머리부터 발끝까지 전부 먹는다. 이 소중한 생선에 대해 자세히 알아보자.

정어리의 일생

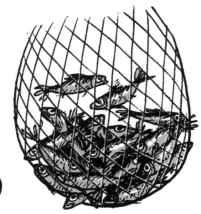

① 어획: 5월에서 10월 사이. 이때가 정어리에 기름이 가장 많이 오르는 시기다.

② 염수에 담그기: 정어리를 소금물에 담가 놓는다.

화났어?

③ 내장 제거: 이 단계는 가장 꼼꼼한 손질을 요하는 과정이다. 대가리를 잘라낸 다음 손으로 내장을 꺼내고 민물로 씻는다.

④ 건조: 통풍시스템을 이용해 정어리를 건조시킨다.

⑤ 튀기기: 해바라기유에 넣어 튀긴다.

⑥ 기름 빼기: 정어리를 망에 얹어 천천히 기름을 뺀다.

⑦ 향신료 넣기: 정어리를 넣기 전에 깡통에 각종 향신료를 담아 놓는다.

⑧ 통조림에 넣기: 정어리의 목 부분과 꼬리를 깔끔하게 자른 뒤, 머리와 꼬리 부분을 엇갈리게 해서 깡통에 채워 넣는다.

⑨ 보존 액체 붓기: 레시피에 따라 올리브오일, 낙화생유 또는 해바라기유를 붓는다

⑩ 뚜껑 닫아 고정하기: 깡통의 뚜껑이 밀폐되고, 보존이 시작된다.

정어리의 간략한 역사
(학명: sardina pilchardus)

프랑스의 제과업자였던 니콜라 아페르 (Nicolas Appert)는 1795년 처음으로 통조림 보관방법을 고안해냈다. 이 방식을 토대로 피에르 조제프 콜랭 (Pierre-Joseph Colin)은 1820년 낭트에 최초의 통조림 제조 공장을 세운다. 이로써 정어리는 깡통에 넣어 보존이 가능하도록 공장에서 대량 생산하는 최초의 생선이 된다. 이후, 두아르느네 (Douarnenez)에서 콩카르노 (Concarneau)에 이르는 브르타뉴 해안 지방에는 통조림 제조업체 가 우후죽순 생겨났다. 2세기 동안 이 은빛 나는 푸른색의 작은 생선은 특히 전쟁 중 에 공급되는 중요한 식량의 역할을 해냈 고, 이후에는 전 세계로 뻗어나가는 길을 개척하기에 이르렀다. 프랑스는 정어리 통조림 수출 1위의 나라다. 20세기 초에 고급 음식으로 대접받던 이 정어리는 이제 누구나 즐기는 대중적인 식품이 되었다.

빈티지 정어리?
생산연도, 새로운 유행

정어리 통조림이 탄생함으로써, 이제 찬장 에 넣고 몇 년 동안이라도 보관했다 먹을 수 있게 되었다. 깡통에 표기된 날짜는 정어리를 통조림에 넣은 날짜를 말한다. 5년, 10년, 어떤 것은 무려 20년 된 것도 있다. 오래될수록 정어리는 더 맛있어진다. 통조림 안의 오일이 숙성효과를 내기 때문이다. 그 결과 정어리의 살은 더 부드러워지고, 가시마저 부스러질 정도로 삭아서 연해진다. 골고루 숙성되도록 깡통을 뒤집어주는 것이 좋다.

유럽과 북아프리카의 정어리 통조림 제조업체 분포 현황

브르타뉴
두아르느네 (Douarnenez)
콩카르노 (Concarneau)
키브롱 (Quiberon)

방데
생 질 크루아 드 비 (Saint-Gilles-Croix-de-Vie)

스페인
갈리시아

포르투갈
리스본

모로코
에사우이라 (Essaouira) 대서양 연안

〜〜〜 아티장 통조림 제조사에서 만든 정어리 캔 〜〜〜

프랑스에 아직 전통 방식으로 생산하는 아티장 통조림 제조업체들이 몇몇 남아 있긴 하지만, 현재 고급 품질의 정어리 캔은 대부분 스페인과 포르투갈에서 만들어진다. 현대적인 그래픽 디자인, 혹은 매력적인 복고풍 포장 등 각 캔마다 독특한 스타일을 자랑한다.

트리카나 Tricana
국가: 포르투갈
지역: 리스본

조제 구르메 José gourmet
국가: 포르투갈
지역: 리스본

라 키브로네즈 La Quiberonnaise
국가: 프랑스
지역: 브르타뉴

라몬 페나 Ramon Pena
국가: 스페인
지역: 갈리시아

다포르타 Daporta
국가: 스페인
지역: 갈리시아

레알 콘세르바 에스파뇰라
Real Conserva Española
국가: 스페인
지역: 갈리시아

라 페를 데 디외 La Perle des dieux
국가: 프랑스
지역: 페이 드 루아르

콘세르바스 데 캄바도스
Conservas de Cambados
국가: 스페인
지역: 갈리시아

로사 라푸엔테 Rosa Lafuente
국가: 스페인
지역: 갈리시아

레 무에트 다르보르
Les Mouettes d'Arvor
국가: 프랑스
지역: 브르타뉴

라 콩파니 브르통 뒤 푸아송
La Compagnie bretonne du poisson
국가: 프랑스
지역: 브르타뉴

라 벨 일루아즈 La Belle-iloise
국가: 프랑스
지역: 브르타뉴

정어리 요리

이 작은 생선의 활용도는 깜짝 놀랄 만큼 다양하다. 소박한 식재료로, 짭짤한 맛이나 달콤한 맛의 음식으로 모두 응용 가능하고, 보기에도 훌륭한 아페리티프로 멋지게 변신한다. 아래 제시한 3가지 레시피를 보면 입증될 것이다.

정어리 파테 데프로즈* 스타일
LE PÂTÉ DE SARDINES à la Desprogienne

"이 요리는 대성공이었다.
이것이 그다지 고급스럽거나 우아한 요리는 아니었기에
대수롭지 않다고 생각했지만, 사실 아주 맛있고 근사한 음식이다."

Pierre Desproges
『국수 더 주세요 (Encore des nouilles)』, 요리 평론집, éd. Les Échappés 출판.

4인분

재료
정어리 캔 (Dieux de Saint-Gilles-Croix-de-Vie) 2개
방데 (Vandée)산 무염 버터 150g
(이 지역의 정어리와 익숙한 궁합이다.)
토마토 페이스트 넉넉히 1테이블스푼
토마토 케첩 넉넉히 1테이블스푼
레몬즙 1개분
타라곤 잎 10장
소금 약간
후추
고추 퓌레로 간 것
펜넬 씨 으깬 것 약간
파스티스 (pastis: 아니스향이 나는 프랑스의 식전주) 1티스푼
차이브 (서양 실파) 몇 줄기

만드는 법
정어리 살을 으깨고, 모든 재료와 잘 섞는다.
테린 용기에 넣고 냉장고에 보관한다.

콜라로 글레이즈한 정어리 Sardines en boîte laquées au Coca-Cola
소니아 에즈귈리앙 (Sonia Ezgulian)

아페리티프 또는 전채용
2인분
준비 시간: 20분
조리 시간: 10분

재료
코카콜라 250ml
정어리 캔 (Ramon Pena) 1개
잘게 썬 (brunoise) 적양파 1테이블스푼
굵게 다진 피스타치오 1티스푼
다진 생강 1티스푼
검은 통후추 굵게 부순 것 2 꼬집

만드는 법
정어리 캔을 따서 기름은 작은 냄비에 옮겨 담고, 정어리 살은 건져 둔다. 팬에 콜라를 붓고, 굵게 부순 후추를 넣은 후 시럽 농도가 될 때까지 졸인다. 냄비에 덜어 놓은 오일에 생강과 양파를 넣고 수분이 나오게 잠깐 동안 볶으며 색이 나지 않게 익힌다. 둥근 깡통은 깨끗이 헹궈 닦아둔다. 정어리 살을 팬에 넣고, 조심스럽게 콜라 시럽을 묻히며 섞는다. 윤기 나게 골고루 글레이즈 되면 팬에 그대로 둔 채로 한 김 식힌 후에, 깡통 안에 다시 넣어준다. 양파와 생강을 뿌리고, 굵게 다진 피스타치오도 얹는다. 구운 빵을 곁들여 먹는다.

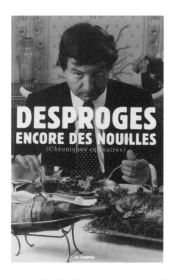

메밀가루 정어리 튀김 Les frits de sardines au sarrasin

정어리 튀김의 럭셔리 버전

4인분
준비 시간: 40분

재료
중간 크기의 정어리 20마리
달걀 3개
밀가루 200g
메밀 알갱이 200g
상온의 가염 버터 50g
메밀가루 10g
생강 1조각
올리브오일
소금, 에스플레트 칠리가루

만드는 법
정어리의 수염과 지느러미를 잘라 다듬고, 비늘을 제거한다. 대가리를 잡고 중앙의 가시를 잡아 뺄 수 있도록 배 쪽으로 살살 잡아당긴다. 정어리는 이제 몸이 열려 가시가 빠지고, 대가리가 제거된 상태다. 생선용 핀셋을 사용하여 남은 잔 가시를 제거한다.
버터를 잘 휘저어 크리미한 질감으로 만든 다음, 메밀가루와 곱게 다진 생강을 넣어 섞는다. 냉장고에 보관한다. 튀김기는 180℃로 예열한다.
접시에 달걀을 풀고 올리브오일을 한 바퀴 둘러 넣는다. 소금과 칠리가루를 넣는다.
메밀 알갱이를 믹서에 대충 갈아 빵가루처럼 만든다. 두 개의 접시를 준비해 각각 밀가루와 메밀 알갱이 가루를 담는다. 정어리를 밀가루, 달걀, 메밀 알갱이 가루에 순서대로 묻힌 다음, 노릇한 색이 나게 튀긴다. 건져서 키친타월에 기름을 제거한 뒤, 메밀 버터와 함께 즉시 서빙한다.

인기 만점 토마토

어디서나 구할 수 있고, 아름답고, 모든 사람들이 압도적으로 지지하는 토마토는 전혀 건방지지 않은 스타이다.
채소이면서도 과일인 토마토는 붉게 익을수록 장점이 많다. 토마토의 신상 명세서를 낱낱이 파헤쳐보자.

간략한 역사

토마토의 기원은 페루 안데스 산맥에서 찾아볼 수 있다. 체리보다 크지 않은 작은 야생 과일이었던 이것은 잉카족에 의해 12세기경부터 재배되었으며, 이후 멕시코로 퍼져 나갔고, 이것을 발견한 정복자 에르난 코르테스가 16세기에 유럽으로 들여왔다. 토마토는 스페인에 처음으로 선보였고 이어서 그 당시 스페인 치하에 있던 나폴리를 통해 이탈리아에도 퍼졌다. 프랑스에서 식용 불가 판정을 받았던 이 식물은 의약품 또는 장식용으로나 쓰일 정도의 관심밖에는 불러일으키지 못했다. 1790년 연합 축제를 위해 파리로 올라온 프로방스 사람들에 의해서 이 과일은 파리 지앵들에게 비로소 알려지게 되었다 .

누구나 좋아하는 "사랑의 사과"

'토마토'라는 단어는 1835년에 이르러서야 아카데미 프랑세즈(프랑스 최고 권위의 학술원)의 사전에 등재된다. 스페인어 토마테 (tomate)에서 온 것이며, 본래 아즈텍어 xictomatl에서 파생된 단어로, 학명은 *Lycopersicum esculentum*이다. 신대륙에서 건너온 토마토는 그 밖에도 다양한 이름을 갖고 있는데, 유럽인들은 그 원산지를 명시해 '페루의 사과 (pomme du Pérou)', 이탈리아인들은 그 당시의 토마토가 노란색 품종 이었던 이유로 '황금 사과 (pomme d'or)', 또 토마토에 처음 효과가 있다고 믿었던 프로방스인들은 '사랑의 사과 (pomme d'amour)'라고 제각각 불렀다.

그러나 결과적으로 통일된 명칭을 보면, 유럽 각 나라 언어의 발음이나 철자에서 그리 큰 차이를 보이지 않는다. 그 유명한 황금 사과라는 의미의 이탈리아어 포모도로 (pomodoro)와 폴란드어 포미도르 (pomidor)를 제외하고는 나라마다 거의 비슷한 이름을 갖고 있다(스페인어, 독일어, 프랑스어, 포르투갈어는 모두 tomate, 영어는 tomato, 스칸디나비아 국가에서는 tomat, 터키에서는 domates라고 부른다). 토마토가 식탁에 등장하면서 유럽 남부의 식생활에는 큰 변화가 일어났다.

프로방스인들의 대표 음식인 부이야베스는 붉은색을 띠기 시작했고, 스페인 안달루시아의 가스파초도 기존의 마른 빵, 식초, 마늘, 견과류 등으로 만든 흰색에서 탈피하여, 붉은색으로 변신하였다. 원래는 흰 반죽 (bianca)을 소박하게 구워냈던 이탈리아의 피자가 토마토 소스를 발라 붉은색의 로사 (rossa) 피자가 된 것은 말할 나위도 없다.

다양한 종류의 토마토

과일이자 채소인 토마토는 그 종류가 매우 다양해 어떤 것을 선택해야 할지 쉽지 않다. 다행히 여기 소개된 16종류의 토마토 중 용도에 맞게 고르면 웬만한 음식을 만드는 데는 무리가 없을 것이다. 단, 한 가지 꼭 지켜야 할 점은 반드시 제철에 먹어야 한다는 것이다. 무미의 토마토는 매력이 없다. 5월에서 9월 사이, 토마토가 한창 제맛을 발휘할 때 사용하기를 권한다.

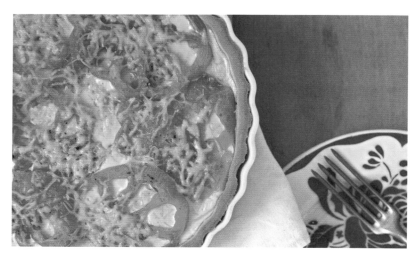

토마토 타르트 La tarte à la tomate
드니즈 솔리에 고드리 Denise Solier-Gaudry

재료

순 버터를 넣어 만든 타르트 시트 반죽 1장
완숙 토마토 3개
 (coeur-du-boeuf 또는 noire de Crimée 품종)
달걀 1개
생크림 150ml
디종 머스터드 넉넉히 1테이블스푼
가늘게 간 에멘탈 치즈 70g
소금, 후추

만드는 법

오븐을 180℃로 예열한다. 타르트용 팬이나 용기에 타르트 시트 반죽을 펴 넣는다. 바닥에 붓으로 머스터드를 바른다. 에멘탈 치즈 분량의 반을 골고루 뿌린다. 토마토를 0.5cm 두께로 동그랗게 썰어 타르트 시트 위에 아주 조금씩 겹쳐가며 깔아준다. 소금, 후추를 뿌린다. 볼에 달걀과 생크림을 넣고 소금, 후추를 조금 넣어 잘 풀어 섞은 뒤, 타르트에 붓는다. 나머지 에멘탈 치즈를 얹고 오븐에서 약 25분간 굽는다. 루콜라 샐러드를 곁들여 따뜻할 때 먹는다.

속을 채운 토마토 Les tomates farcies
실비 볼프 Sylvie Wolff

6인분
재료

토마토 6개
 (coeur-de-boeuf 품종)
소고기 다짐육 200g
송아지 다짐육 200g
돼지고기 다짐육 200g
식빵 150g
탈지 우유 500ml
달걀노른자 1개
올리브오일 1테이블스푼
발사믹 식초 1티스푼
마늘 2톨
샬롯 3개
적양파 1개
파슬리 1송이
차이브 1송이
각설탕 1개
소금, 후추

만드는 법

식빵은 가장자리를 잘라낸 다음 볼에 넣고 우유를 부어 적신다. 토마토를 깨끗이 씻어 꼭지를 따고 윗부분을 모자처럼 잘라낸다. 속의 살을 파내고 살과 즙은 따로 보관한다. 적양파와 마늘 한 톨을 얇게 썰어 올리브오일을 두른 무쇠냄비에 볶는다. 노릇하게 익으면 토마토 살과 즙을 넣고(굵은 심지는 넣지 않는다) 설탕을 한 조각 넣은 후, 약한 불에서 15분 정도 익힌다. 볼에 고기 3종류를 모두 넣고 섞는다. 식빵을 꼭 짜서 넣은 다음, 소금, 후추로 간한다. 파슬리와 차이브는 잘게 썰어 넣고, 달걀노른자와 샬롯, 나머지 마늘도 넣어 준다. 포크나 손으로 잘 혼합해 균일한 반죽을 만든다. 올리브오일과 발사믹 식초를 넣고 계속해서 잘 휘저어 섞는다. 냄비에 준비한 토마토 소스에 속을 파 낸 토마토를 놓고, 고기 소를 채운 다음, 약한 불에서 1시간 15분 동안 익힌다. 완성하기 15분 전에 토마토 모자 뚜껑을 덮고 계속 익혀 마무리한다.

<u>조리팁</u>: 매 15분마다 냄비의 토마토 소스를 끼얹어주며 익히면 건조해지는 것을 막을 수 있다.

아나나스 L'ANANAS
색깔: 오렌지빛 붉은색 등 여러 색이 섞임.
형태: 통통하고 둥근 모양
살: 단단하고 즙이 많으며 단맛이 난다.
중량: 250 ~ 400g
원산지: 이탈리아
조리 예: 샐러드, 카르파초

블랙 체리 LA BLACK CHERRY
색깔: 보랏빛이 도는 붉은색
형태: 체리처럼 동그란 모양
살: 단단하며 달콤하고 신선한
과일 맛이 난다.
중량: 20 ~ 25g
원산지: 미국
조리 예: 아페리티프, 샐러드

쾨르 드 뵈프 LA COEUR-DE-BOEUF
색깔: 붉은색
형태: 울퉁불퉁 홈이 팬 배 모양
살: 살의 단단한 정도는 중간.
즙이 많아 시원하고 달콤한 맛.
중량: 200 ~ 250g
원산지: 프랑스
조리 예: 속을 채운 토마토, 샐러드

안데스 뿔 토마토 LA CORNUE DES ANDES
색깔: 붉은색
형태: 고추처럼 길쭉한 모양
살: 단단하고 달콤한 과일 맛이 난다.
중량: 150 ~ 200g
원산지: 남미
조리 예: 소스, 피자, 타르트

골드 너겟 LA GOLD NUGGET JAUNE
색깔: 황금빛 노란색
형태: 작고 동그란 모양
살: 단단하고 단맛이 난다.
중량: 20 ~ 25g
원산지: 미국
조리 예: 아페리티프, 샐러드

그린 지브라 LA GREEN ZEBRA
색깔: 녹색 바탕에 오렌지빛 노란색이
얼룩덜룩 섞임.
형태: 통통하고 둥근 모양
살: 에메랄드 빛 녹색의 살은 단맛과
약간 새콤한 맛을 낸다.
중량: 60 ~ 150g
원산지: 미국
조리 예: 샐러드, 처트니, 튀김

레몬 보이 LA LEMON BOY
색깔: 오렌지빛 노란색
형태: 약간 납작한 둥근 모양
살: 단단하고 달콤한 과일 맛이 난다.
중량: 100 ~ 200g
원산지: 남미
조리 예: 샐러드, 타르트

누아르 드 크리메 LA NOIRE DE CRIMÉE
색깔: 짙은 자주색
형태: 약간 납작하고 울퉁불퉁 홈이 팬
둥근 모양
살: 찰진 식감에 부드러운 단맛이 난다.
중량: 200 ~ 400g
원산지: 우크라이나
조리 예: 샐러드, 타르트

푸아르 존 LA POIRE JAUNE
색깔: 노란색
형태: 배 모양
살: 연하고 약간 푸석한 식감.
중량: 15 ~ 18g
원산지: 남미
조리 예: 아페리티프, 샐러드, 타르트

로마 LA ROMA
색깔: 붉은색
형태: 길쭉한 모양
살: 단단하고 단맛이 난다.
중량: 50 ~ 100g
원산지: 이탈리아
조리 예: 선 드라이드 토마토, 소스

로즈 드 베른 LA ROSE DE BERNE
색깔: 핑크빛이 도는 붉은색
형태: 둥근 모양
살: 즙이 많고 달콤한 맛.
중량: 120 ~ 180g
원산지: 프랑스
조리 예: 샐러드, 카르파초, 주스

생 피에르 LA SAINT-PIERRE
색깔: 붉은색
형태: 둥글고 매끈한 모양
살: 단단하고 살이 통통하며 즙이 많다.
중량: 180 ~ 300g
원산지: 중미
조리 예: 소스를 곁들인 요리, 샐러드

산 마르자노 LA SAN MARZANO
색깔: 붉은색
형태: 길쭉한 모양
살: 살이 찰지고 단단하며 신맛이 난다.
중량: 90 ~ 120g
원산지: 이탈리아
조리 예: 선 드라이드 토마토, 소스

테통 드 베뉘스 LA TÉTON DE VÉNUS
색깔: 붉은색
형태: 끝이 뾰족하게 나온 타원형
살: 살이 차지고 단단하며 즙이 많다.
중량: 70 ~ 120g
원산지: 남미
조리 예: 선 드라이드 토마토, 샐러드, 쿨리

토늘레 LA TONNELET
색깔: 노란색 줄무늬가 있는 붉은색
형태: 타원형
살: 단단하고 단맛이 난다.
중량: 60 ~ 100g
원산지: 벨기에
조리 예: 선 드라이드 토마토, 토마토 콩피

부아야주 LA VOYAGE
색깔: 붉은색
형태: 울퉁불퉁하고 여러 개의
불규칙한 주머니가 달린 모양
살: 살이 두툼하고 즙이 많으며 단맛이 난다.
중량: 80 ~ 100g
원산지: 과테말라
조리 예: 아페리티프, 샐러드

어머니의 레시피

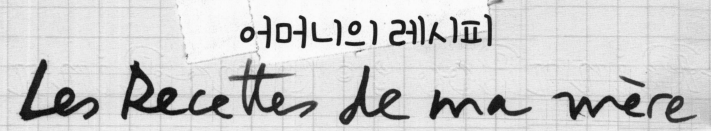

Les Recettes de ma mère

"나의 어머니는 이 세상에서 가장 훌륭한 요리사다. 이것은 나의 생각일 뿐이겠지만, 이 생각을 여러분과 나누고자 한다. 엄청난 요리 실력의 소유자였던 어머니와 할머니를 둔 바스티아 (Bastia: Haute-Corse의 지명) 출신의 리옹 이주자인 나의 어머니가 훌륭한 요리사가 될 수밖에 없었던 것은 어쩌 보면 너무도 당연한 일이다. 어머니는 마치 숨 쉬듯 요리하신다. 너그러운 천성과 하나도 힘들이지 않는 듯한 자연스러움 그 자체이다. 홈메이드 라자냐를 만들기 위해 파스타 기계로 반죽을 눌러 미는 과정에도 힘든 기색은 보이지 않는다. 사실 이것은 손이 가는 꽤 고된 작업이다… 어머니는 코르시카의 커다란 국자를 사용해 이탈리아식으로 넉넉하게 계량하고, 리옹 출신 여성 요리사들의 레시피 비법도 살짝 들여다보고, 유명 셰프들의 요리 팁도 매우 지혜롭게 응용한다. 해안의 작은 생선으로 만든 수프, 라타투이, 쉬프렘 소스의 닭고기 냄비 요리, 타진, 아티초크 요리, 카르둔 그라탱, 크렘 카라멜 등 어머니는 못하는 음식이 없고, 그 맛은 모두 훌륭하다. 하지만 내가 가장 좋아하는 어머니의 요리는 만들기 복잡한 것들이 아니다. 가장 멋진 나의 맛있는 음식 추억은 바로 일상의 요리들이다…"

– 프랑수아 레지스 고드리*

*François-Régis Gaudry : 이 책의 저자이며 「옹 바 데귀스테 On va déguster」 프로그램 진행자.

Son Poulet Calvi 칼비식 닭 요리

"이 요리는 코르시카의 지명인 '칼비'라는 이름이 붙어 있지만, 정말 칼비의 음식인지는 확실하지 않다. 한 가지 확실한 것은 코르시카 바스티아 출신인 나의 어머니가 이 레시피를 할머니에게 전수받아 놀랍도록 간단한 방법으로 아주 근사한 닭 요리를 만든다는 것이다. 토마토, 라르동, 올리브가 멋진 트리오를 이루어 만들어내는 소스는 그 풍미가 대단히 깊다. 홈메이드 프렌치프라이를 곁들이면, 이것은 가히 환상이다!"

4인분

닭 (1.2kg 정도) 1마리
라르동 (도톰하게 자른 베이컨) 150g
씨를 제거한 그린 올리브 200g
체리 토마토 또는 질 좋은 이탈리아산 토마토 통조림 250g
마늘 1통
올리브오일 2테이블스푼
코냑 또는 위스키 1리큐어 잔
소금, 후추

만드는 법

두꺼운 냄비에 기름을 달군 후 닭을 넣고 모든 면이 골고루 노르스름해지도록 겉을 지진 다음, 코냑이나 위스키를 넣고 불을 붙여 플랑베한다. 소금, 후추로 간한다. 으깬 마늘과 라르동, 올리브와 체리 토마토를 넣고 뚜껑을 닫은 뒤 중불에서 40~45분간 익힌다.

포치니 버섯을 넣은 감자 그라탱

Son Gratin de Pommes de Terre aux Cèpes

"가을에 통통하고 싱싱한 포치니 버섯을 리옹 셀레스탱 시장에서 사오실 때면, 어머니는 그라탱 도피누아에 이것을 넣어 숲의 향미 가득한 감자 그라탱을 만들어주셨다. 그라탱이 익는 동안 크림에 스며드는 버섯의 향은 대단히 매력적이었다. 우리는 그라탱 그릇 바닥을 서로 핥아 먹겠다고 다툴 정도였다. 일요일 식사 때 먹는 로스트 비프의 육즙과 이것이 만나면 어떠했는지는 굳이 이야기하지 않겠다…"

4인분

신선한 (또는 냉동)
 포치니 버섯 300g
마늘 1톨
파슬리 4줄기
올리브오일 1테이블스푼
살이 단단한 감자 1kg
생크림 750ml
버터 30g
소금, 후추

만드는 법

버섯은 물에 씻지 않고 살살 문질러 닦아 얇게 썬다. 파슬리는 깨끗이 씻고, 마늘은 껍질을 벗긴다. 파슬리와 마늘을 모두 곱게 다진다. 냄비에 기름을 달구고 버섯을 넣어 저어주며 10분간 볶는다. 버섯에서 나온 수분이 모두 증발해야 한다. 여기에 파슬리와 마늘 다진 것을 넣어준다. 감자는 껍질을 벗기고 씻어서 물기를 잘 닦는다. 얇고 동그랗게 썬다음, 소금을 넣고 고루 섞는다. 오븐을 180℃로 예열한다. 가장자리가 높은 그라탱 용기 안쪽에 버터를 바른다. 준비한 감자 분량의 1/3을 바닥에 깔고 버섯의 1/2를 넣은 다음 다시 감자, 버섯 순으로 넣고 맨 위는 감자로 마무리한다. 크림을 붓고, 버터를 조금씩 잘라 군데군데 놓는다. 오븐에 넣고 1시간 30분간 익힌다. 그라탱의 표면이 노르스름해지고, 감자가 부드럽게 익었으며 크림이 대부분 스며들었거나 증발하였으면 완성된 것이다.

Son Velouté de Cresson 크레송 크림 수프

"어렸을 때는 키가 크고 싶어서 이 수프를 먹어야 했지만, 나는 의외로 이것을 좋아했다. 심지어 어머니에게 이 녹색 수프를 해달라고 조르기도 했다. 이 음식은 부엌의 붉은색 식탁 위에 놓으면 그 선명한 색이 터질 듯한 존재감을 과시했다. 크레송하면 나는 언제나 이 걸쭉한 크림 수프의 맛이 떠오른다. 지금 생각해보면, 크림과 혼합된 달걀노른자의 농축된 부드러움이 바로 이 수프 맛의 매력이 아니었나 싶다."

4인분

크레송 1단
신선한 양파 2개
수프용 감자 (bintje 품종) 600g
물 1.5리터
달걀노른자 2개
헤비크림 2테이블스푼
레몬즙 1테이블스푼
올리브오일, 소금, 후추

만드는 법

크레송의 굵은 줄기는 떼어내고 다듬은 뒤 씻어둔다. 양파는 껍질을 벗기고 얇게 썬다. 감자의 껍질을 벗기고 씻어서 굵직한 큐브 모양으로 썬다. 냄비에 올리브오일을 두르고 양파를 넣어 중불에서 수분이 나오게 천천히 볶는다. 양파가 반투명해지면 찬물을 붓고 끓인다. 감자와 소금을 넣고 중불에서 20분간 익힌다. 크레송을 넣고 10분 정도 더 끓인다. 핸드 블렌더로 수프를 간다. 이제 부터는 작은 디테일이 아주 중요하다. 커다란 서빙용 수프 용기에 달걀노른자와 크림, 레몬즙을 넣고 잘 혼합한다. 통후추를 두 바퀴 갈아 뿌린 후, 아주 뜨거운 수프를 부으면서 잘 저어 섞어준다. 즉시 서빙한다.

Son Gratin d'aubergines à la Mozza
모차렐라 치즈 가지 그라탱

"이 요리는 유명한 셰프의 레시피도 아니고, 이탈리아 주부의 특별 요리도 아닌,
단지 나의 어머니가 여름이면 만들어주시던 아주 맛있는 가정 음식이다.
파르미치아나*의 초간단 버전이라고 말할수 있겠다. 내 말을 믿어보시라.
당신도 이것에 푹 빠지게 될 것이다."

*parmigiana di melanzane 라고도 불리며, 올리브오일에 구운 가지와 치즈, 토마토소스를 층층이 넣고
오븐에 익힌 이탈리아 요리.

4인분
가지 큰 것 2개, 또는 중간 크기 3개
토마토 콩카세 통조림 1캔
(가능하면 Mutti®로 선택)
설탕 1티스푼
마늘 1톨
신선한 양파 작은 것 1개
파슬리 3줄기
바질 잎 약간
물소 젖 모차렐라 2개
파르메산 치즈 가늘게 간 것 100g
올리브오일 200ml
소금, 후추

만드는 법
기름기 없는 토마토 소스 만들기: 냄비에 토마토 콩카세를 넣고, 으깬 마늘과 잘게 썬 양파, 설탕, 파슬리,
바질을 넣는다(파슬리와 바질은 줄기째 그대로 넣고, 다 끓이고 난 후에 건져낸다). 소금, 후추로 간하고
중불에서 약 20분간 뭉근히 끓인다.

가지
씻어서 물기를 닦고 만돌린 슬라이서나 잘 드는 칼을 이용해 3mm 두께로 얇게 썬다. 팬에 올리브오일을
달구고 가지를 노릇하게 지져낸 후 키친타월에 놓고 기름을 뺀다. 모차렐라 치즈를 슬라이스해 놓는다.
오븐은 180℃로 예열한다.

완성하기
오븐용 그라탱 용기에 토마토 소스를 조금 깔고 가지 한 켜, 모차렐라 치즈 한 켜를 놓은 후 파르메산 치즈를
뿌린다. 재료가 전부 소진될 때까지 이 순서로 켜켜이 쌓아준다. 맨 위에 다시 토마토 소스를 붓고,
파르메산 치즈를 뿌려 마무리한 후, 오븐에 넣어 30분간 굽는다.

parmesan
aubergines
Concentré de tomates
mozzarella

CONCENTRÉ DE TOMATE →

MUTTI POLPA

3 mm d'épaisseur

2 AUBERGINES

2 mozzarelle DE BUFFLONE

Son Soufflé au Fromage — 치즈 수플레

"나의 어머니가 만들어 주신 수플레는 공기 같이 가벼운 텍스처로, 부드러운 맛에 있어서 그 어느 것 하나 빠지지 않는다. 아마도 어머니의 친구들이 가장 많이 만들어달라고 했던 음식이 아니었나 생각된다."

4인분

버터 50g
밀가루 50g
따뜻한 우유 330ml
달걀 4개
가늘게 간 치즈 (콩테, 에멘탈, 미몰레트) 100g
빵가루 1테이블스푼
넛멕
소금, 후추

만드는 법

오븐을 180℃로 예열한다. 수플레 용기 안쪽에 버터를 바르고 빵가루를 묻힌다. 냄비에 버터를 녹인 후, 밀가루를 넣고 잘 섞어 루를 만든다. 우유를 조금씩 나누어 부으면서 거품기로 힘차게 잘 섞어준다. 소금, 후추로 간하고, 넛멕을 조금 갈아 넣는다. 냄비를 불에서 내리고 1~2분 지난 후, 달걀노른자를 한 개씩 넣으며 재빨리 잘 섞는다. 이어서 치즈를 넣고 잘 섞어준다. 달걀흰자는 거품을 단단하게 올려 혼합물에 넣고 조심스럽게 돌려가며 살살 섞는다. 혼합물을 수플레 용기에 담고 오븐에 넣어 30~35분 익힌다. 중간에 오븐 문을 열지 않는다.

Ses Straglie d'Aubergines — 토마토 소스 가지 스트링 요리

"4대가 넘게 코르시카에 살아온 나의 외갓집 여인들은 모두 이 가지 '끈'을 묶고 푸는 일에 능숙하다. 내가 여름 채소를 맛있게 먹는 방법 중 특별한 하나인 이 음식은 채소의 살보다 껍질이 더 매력적이다. 가지의 껍질을 스트링처럼 길게 잘라 만드는 이 음식은 차갑게, 또는 따뜻하게 먹을 수 있는 지중해식 특별 요리이다."

4인분

긴 모양의 가지 3개
마늘 1톨
올리브오일 2테이블스푼
걸쭉한 토마토 소스 2테이블스푼
토마토 페이스트 1테이블스푼
말린 네페타* 또는 타임 몇 꼬집
(*nepeta: 개박하속 허브로 야생 마조람과 비슷하다)
소금, 후추

만드는 법

가지는 썰어 물기를 닦고, 꼭지를 잘라낸다. 길게 4등분한 뒤, 껍질을 1cm 두께로 남기고 속을 긁어 낸다(속은 가지 퓌레 등으로 활용할 수 있다). 껍질을 도마에 놓고 0.5cm 폭의 긴 끈처럼 자른다. 냄비에 올리브오일을 달군 뒤 길게 자른 가지를 넣고 중불에서 저어가며 볶는다. 얇게 저민 마늘을 넣고 약 10분간 더 익힌다. 토마토 소스, 토마토 페이스트, 물을 잘 섞어 가지에 넣고 잘 저어 골고루 소스가 묻게 한다. 말린 네페타를 뿌리고, 통후추를 두 번 돌려 갈아 넣는다. 잘 섞어주며 10분간 더 익힌다. 소스의 대부분이 졸아들어 물기가 거의 없어지면 완성된 것이다. 이 가지 요리는 차갑게 해서 구운 캉파뉴 브레드에 곁들여 먹어도 아주 맛있다.

La Pavlova
파블로바

4~6인분

달걀 (큰 것) 흰자 3개분
설탕 170g
옥수수 전분 (Maïzena®) 수북하게 1티스푼
애플사이더 식초 1티스푼
(vinaigre de cidre: 노르망디 지방의 사과 발효주인 시드르로 만든 식초)
마스카르포네 330ml
바닐라 슈거 소포장 1팩
베리류 과일 (딸기, 라즈베리, 블루베리 등) 500g

만드는 법

오븐을 140℃로 예열한다. 달걀흰자를 단단하게 거품 내어 머랭을 만든 후, 설탕과 옥수수 전분, 식초를 넣고 계속
거품기를 몇 초 더 돌려 섞는다. 오븐용 베이킹 팬에 유산지를 깔고 머랭을 가운데가 약간 움푹한 둥근 왕관 모양으로
펴 놓는다. 이 상태로 오븐에 넣어 1시간을 구운 뒤 오븐을 끄고 그대로 완전히 식을 때까지 둔다. 이 머랭은 전날
미리 구워 습기가 없고 서늘한 곳에 보관해두어도 된다. 베리류 과일을 준비한다.
아주 차가운 볼에(미리 냉장고에 1시간 보관해둔다) 마스카르포네 크림을 넣고 단단해질 때까지 거품기로 휘핑한다
(약 2~3분). 여기에 바닐라 슈거를 넣고 잘 섞는다. 마스카르포네 크림은 단단한 휘핑크림을 만들기에 아주 좋을 뿐
아니라, 사용하기 2시간 전에 미리 만들어 놓아도 된다.

서빙

둥근 머랭 위에 마스카르포네 크림을 펴 얹은 다음, 그 위에 베리류 과일을 골고루 올린다.

La Crème Caramel
크렘 카라멜

4인분

우유 500ml
달걀 3개 + 달걀노른자 3개
설탕 100g + 50g (캐러멜 용)
바닐라 빈 1줄기

만드는 법

오븐을 180℃로 예열한다. 작은 소스팬에 캐러멜을 만든 다음, 직사각형 파운드 케이크 틀 또는 원형틀 바닥에 부어
깐다. 우유에 바닐라 빈을 길게 갈라 알갱이를 긁어 넣고 데운다. 그동안 달걀과 달걀노른자, 설탕을 거품기로
휘저어 잘 혼합한다. 데운 우유를 넣고 잘 섞는다. 혼합물을 체에 걸러 케이크 틀에 넣는다. 중탕으로 오븐에 넣고
30분간 익힌다. 완전히 식힌 후 랩을 씌워 냉장고에 보관한다. 우묵한 그릇에 놓고 틀에서 분리해 서빙한다.

세상의 모든 피클

이것이 없거나 혹은 깜빡하고 접시에 안 올려 놓으면 금방 티가 나고 아쉽다. 작은 것부터 큰 것까지, 달콤한 것부터 아주 매운 것까지
피클은 음식의 맛을 일깨우거나 불을 지피는 역할을 톡톡히 해내는 재주를 갖고 있다. 한 번 빠지면 계속 찾게 되는 피클의 세계로 안내한다.

개요

네덜란드어로 소금물라는 뜻을 가진 페클 (pekel)에서 유래한 피클은 채소 또는 아주 드물게는 과일을 소금 또는 식초물에 저장해 발효시켜 만드는 일종의 반찬 또는 양념이다. 조상 대대로 내려오는 전통 저장법을 바탕으로 만드는 피클은 음식에 신선함과 산뜻한 자극을 더해주는 역할을 하며, 저렴한 가격으로 누구나 쉽게 만들 수 있다. 영양 면에서나 맛에 있어서 가치가 높은 이것은 전 세계 모든 미식 문화에 등장하고 있으며, 특히 새콤한 맛을 연출하는 재료로 각광받고 있다.

피클의 산도 레벨

달콤	새콤달콤	새콤 +
sucré	aigre-doux	acide +

말로솔 Le malossol
중부 유럽
재료: 굵은 피클 오이, 방울 양파, 피망, 당근, 비트, 순무, 콜리플라워 또는 버섯.
절임액: 저염도의 소금물 (러시아어 malossol은 소금을 적게 넣었다는 뜻), 마늘, 딜, 펜넬 또는 월계수 잎.
특징: 굵은 오이 사이즈와 약간 달콤한 맛.
서빙: 애피타이저 또는 보드카의 강한 맛을 부드럽게 해주는 아페리티프용.
산도: ▶▶▶

피클 Le pickle
미국, 영국
재료: 피클 오이, 양파, 비트.
절임액: 중간 염도의 소금물, 월계수 잎, 생강, 칠리 플레이크.
특징: 아주 대중적인 음식으로 말로솔보다 더 새콤하고 아삭하며, 최근에는 인기가 더욱 높아져 유명 셰프들도 요리에 사용하는 추세다.
서빙: 버거에 필수로 들어가며, 육류의 콜드 컷에 종종 곁들이기도 한다. 또한 샌드위치에 넣으면 산뜻한 맛을 더해 준다. 브레드 앤 버터 피클*의 경우는 그 맛이 아주 달다.
산도: ▶▶

* bread and butter pickle: 슬라이스한 오이에 양파, 머스터드 씨, 셀러리 씨 등을 넣어 만드는 새콤달콤한 피클.

코르니숑 Le cornichon
프랑스
재료: 피클 오이. 프랑스에서 전통적으로 재배하던 오이 종류로 현재는 대부분이 인도에서 경작된다.
절임액: 기본 식초물에 타라곤, 머스터드 씨, 통후추, 코리앤더 씨를 넣는다.
특징: 아주 작은 사이즈의 오이 피클로 아삭하고 신맛이 매우 강하다.
서빙: 햄, 버터 샌드위치에 넣기도 하고, 리예트 (rillette)나 파테 앙 크루트 (pâté en croûte)와도 아주 잘 어울린다.
산도: ▶▶▶

라펫 Le lahpet
미얀마
재료: 녹차 잎.
절임액: 참기름과 땅콩 기름, 생강, 코코넛 과육 간 것.
특징: 약간 쌉싸름하고 신맛이 나며, 본래 찻잎이 지닌 맛과는 다른 풍부하고 깊은 독특한 풍미를 낸다.
서빙: 샐러드, 아페리티프 또는 식사 후 차와 곁들이기도 한다. 결혼식이나 공식 행사에 빠지지 않는 사회적 상징성을 갖고 있는 음식이다.
산도: ▶▶

찬 무호이 chanh muhoi
베트남
재료: 레몬, 라임.
절임액: 커다란 병에 레몬을 썰어 담고 소금을 덮어 햇볕에 보관한다.
특징: 햇볕의 열기로 인해 레몬에서 즙이 나오고 숙성되면서 과일의 산도가 (조금!) 중화된다.
서빙: 물과 얼음을 넣으면 베트남에서 즐겨 먹는 시원한 음료로 즐길 수 있다.
산도: ▶▶

아샤르 Les achards
앙티유
재료: 그린빈스, 당근, 양배추, 또는 레몬이나 열대 과일.
절임액: 식초를 넣은 소스에 사프란, 강황, 큐민, 생강, 레몬즙 등으로 향을 낸다.
특징: 이 피클의 레시피는 인도양과 태평양 연안 국가에 널리 퍼져 있으며, 동남아에서도 같은 이름의 피클을 찾아 볼 수 있다.
서빙: 빵에 발라 아페리티프로, 또는 볶은 채소에 넣거나 비네그레트 드레싱에 넣는다. 또한 오래 끓이는 스튜와 같은 요리에 넣으면 맛을 한층 더 끌어올려 준다.
산도: ▶▶

츠케모노 Le tsukemono
일본
재료: 흰 무, 매실, 순무, 배추, 생강 또는 당근.
절임액: 쌀 식초, 청주, 간장 등 새콤한 맛을 베이스로 한 다양한 절임액을 사용한다.
특징: 쿄토의 오신코 등 그 재료와 사용된 혼합물에 따라 이름이 다양하다.
서빙: 전통 요리의 한 부분을 차지하고 있으며, 재료의 색깔도 일본식 상차림에서 중요한 역할을 담당할 뿐 아니라, 소화를 돕는 기능도 있다.
산도: ▶▶

김치 Le kimchi
한국
재료: 배추, 무, 양파, 파, 오이.
절임액: 소금물에 절인 재료와 적당량의 붉은 고추, 마늘, 생강, 생선 액젓을 섞어 만들어 장독에 보관한다.
특징: 매운맛이 강하니 주의! 김치의 선명한 붉은색은 고춧가루에서 온 것이다.
서빙: 우리가 빵을 먹듯이, 김치는 모든 식사에 곁들여 먹는다.
산도: ▶▶ + 🌶

피클리즈 Les pikliz
아이티
재료: 당근, 양배추, 피망, 양파 등을 가늘게 채썰어 섞는다.
절임액: 흰 식초, 레몬즙, 하바네로 고추 (scotch bonnet pepper라고도 한다).
특징: 레몬의 신맛과 하바네로 고추의 매운맛이 어우러짐.
서빙: 이 지역 전통의 프라이드 바나나를 비롯한 튀김 요리에 곁들여 먹는다.
산도: ▶▶

쿠르티도스 Les curtidos
중남미, 라틴 아메리카
재료: 당근, 줄기 양파, 사보이 양배추, 적채 등을 썰어서 섞는다.
절임액: 식초물에 오레가노와 큐민을 넣어 향을 낸다.
특징: 최소 3일간 절여 숙성해야 특히 적채의 맛이 잘 우러난다. 튀김으로 먹기도 한다.
서빙: 엘살바도르에서는 옥수수가루로 만든 작은 전병인 파푸사스 (papusas)에 얹어 먹으며, 멕시코에서는 거의 모든 타코 전문 식당에서 이것을 판다.
산도: ▶▶▶

투르서스 Les tursus
터키, 발칸반도
재료: 당근, 양배추, 그린 토마토, 자두, 레몬, 마늘, 비트, 가지, 속을 채운 피망.
담금액: 식초물에 마늘을 넣는다.
특징: 원하는 재료를 섞어 무게에 달아 판다. 재료의 식감, 색깔, 매운 정도에 따라 무궁무진한 조합을 만들어낼 수 있다.
서빙: 반찬으로 조금씩 곁들여 먹는다.
산도: ▶▶

카비스 엘 리프트 Les kabees el lift
레바논
재료: 막대 모양으로 길쭉하게 자른 순무.
절임액: 애플사이더 식초와 붉은 식초를 섞은 염수에 세이보리를 넣어 향을 낸다.
특징: 비트에서 나온 붉은 핑크색.
서빙: 샤와르마 (shawarma: 고기와 채소를 넣어 말아 썬 중동식 랩 샌드위치), 팔라펠, 후무스 등의 음식 사이사이에 곁들여 먹으면 상큼하고 개운하다.
산도: ▶▶

보스톤구르카 Le bostongurka
스웨덴
재료: 피클 오이, 양파, 피망, 머스터드 씨.
절임액: 중간 염도(12%)의 소금물에 설탕, 머스터드 씨를 넣는다 (이 유명한 피클은 Felix 상표가 거의 독점 생산하고 있다).
특징: 스웨덴에서는 누구나 한눈에 알 수 있는 병조림으로 판매되고 있으며, 여러 종류의 피클을 잘게 다져 혼합한 랠리쉬 (relish) 형태로 비교적 고운 질감의 피클 페이스트라고도 할 수 있다.
서빙: 스웨덴 사람들은 육류 요리, 특히 소시지에 이 피클을 듬뿍 얹어 먹는다.
산도: ▶▶▶

케이크에 기름을 넣으세요

디저트에 올리브오일을 넣는다? 어떻게? 오일은 밀도가 높은 모든 반죽에 잘 어울린다. 시트러스류 과일과의 궁합도 좋다.
로즈마리나 바질을 조금 첨가하면 그것도 꽤 괜찮다. 더 놀라운 것은 초콜릿 케이크에 넣어도 완전 성공적이라는 사실이다.

아몬드 케이크
LE GÂTEAU AUX AMANDES
도미니크 발라디에
Dominique Valadier *

4~6인분
조리 시간: 30분

재료

아몬드 200g
설탕 200g
달걀 5개
올리브오일 100g
밀가루 30g

만드는 법

설탕과 달걀을 섞어 흰색이 될 때까지
거품기로 혼합한다. 올리브오일,
아몬드, 밀가루를 넣고 살살 섞는다.
스프링폼 팬 바닥에 유산지를 깔고
안쪽 벽에도 둘러 준비해둔다. 반죽을
틀에 붓고 160℃로 예열한 오븐에 넣어
30분간 굽는다. 케이크가 말랑하며
탄력이 있어야 한다.

* 살롱 드 프로방스(Salon-de-Provence)에
있는 리세 앙페리 (lycée L'Empéri)의 조리
셰프를 역임한 도미니크 발라디에는 지역
미식 문화 발전을 위하여 힘쓰고 있으며,
곧 파라두 (Paradou, Bouches-du-Rhône)에
비스트로를 오픈할 계획을 갖고 있다.

오렌지 케이크 Le gâteau à l'orange
앙드레 자나 뮈라 (Andrée Zana-Murat)

터키 출신의 유대인인 앙드레 자나 뮈라(일명 '자나')는 남편 베르나르 뮈라 (Bernard Murat)가
관장을 맡고 있는 에두아르 7세 극장 (théatre Edouard-VII)에서 홍보를 담당하고 있다.
그녀는 극장 내의 카페 기트리 (Café Guitry)를 운영하고 있으며, 요리책을 내기도 했다.

4~6인분
조리 시간: 40분

재료

밀가루 250g
설탕 200g
유기농 오렌지 (반드시 유기농으로 준비) 2개
달걀 3개
이스트 소포장 3/4팩
질 좋은 올리브오일 250ml
소금 한 꼬집

만드는 법

오븐을 180~210℃로 예열한다.
오렌지 두 개의 껍질을 제스터로 갈고, 과육은 즙을 짜둔다.
다음 순서대로 혼합한다. 한 가지 재료가 완전히 섞인 후에 그 다음 재료를
넣어야 한다. 달걀, 설탕(2테이블스푼은 따로 남겨둔다), 레몬즙과 제스트,
체에 친 밀가루와 이스트, 마지막으로 오일과 소금 순으로 넣는다.
케이크 틀(파운드케이크 틀, 스프링폼 팬, 또는 직사각형 틀 모두 가능)
안에 오일을 바르고, 남겨둔 설탕을 뿌려 묻힌다. 준비한 반죽 혼합물을
붓고, 오븐에 넣어 40분간 굽는다.
오일 대신 버터를 사용할 경우에는(안타깝다) 오일과 동량의 버터를
사용하고, 틀 안쪽에도 오일 대신 버터를 발라주면 된다.

* 『1500가지 레시피 요리책 (Le Livre de cuisine. 1500 recettes)』, Andrée Zana-Murat 지음. éd. Albin Michel 출판.

부드럽고 촉촉한 초콜릿 케이크
LE MOELLEUX AU CHOCOLAT
엘리자베스 스코토*

4인분
조리 시간: 35분

재료
다크 초콜릿 100g (Valrhona® guanaja)
무가당 코코아 가루 40g
설탕 50g
생크림 50g
옥수수 전분 25g
향이 좋은 올리브오일 4테이블스푼
달걀 3개

만드는 법
오븐을 180~210℃로 예열한다. 초콜릿을
잘게 썰어 전자레인지나 중탕으로 녹인다.
주걱으로 잘 저어 매끈하게 해둔다.
달걀을 깨트려 흰자와 노른자를 분리한다.
달걀노른자와 설탕을 섞어 부피가
두 배로 될 때까지 거품기로 잘 혼합한다.
생크림과 오일을 넣고 코코아 가루와
옥수수 전분을 체에 쳐서 넣는다.
녹인 초콜릿을 넣고 잘 섞는다.
달걀흰자는 단단하게 거품을 낸 후,
혼합물에 넣고 살살 돌려 떠내듯 섞는다.
혼합물을 논스틱 스프링폼 팬(지름 22cm)
에 붓고 오븐에 넣어 35분간 굽는다.
케이크는 아주 부드럽고 촉촉해야 한다.
오븐에서 꺼낸 후 그대로 10분 정도
둔 다음 틀에서 분리한다.
따뜻하게 또는 상온의 온도로 먹는다.
팁: 맛이 진한 초콜릿을 선택하되 산미나
쓴맛이 너무 강하지 않고 밸런스가
좋은 것을 고른다.

애플 피스타치오 파운드케이크 Le cake pommes-pistache
엘리자베스 스코토 (Elisabeth Scotto)*

4~6인분
조리 시간: 45분

재료
사과 1kg (idared, reine des reinettes, jonagold)
달걀 4개
설탕 100g
밀가루 75g
피스타치오 50g
생크림 6테이블스푼
향이 좋은 올리브오일 (fruité vert) 8테이블스푼
베이킹파우더 소포장 1/2팩
바닐라파우더 6~8꼬집
계피가루 6~8 꼬집
왁스처리 하지 않은 레몬 껍질 제스트 1개분

만드는 법
오븐을 180℃로 예열한다. 사과의 껍질을 벗기고 4등분으로 자른 뒤 속을
잘라 제거한다. 각 조각을 4장으로 저며 썬다. 달걀과 설탕을 저어 부피가
두 배 될 때까지 거품기로 잘 혼합한다. 크림과 올리브오일을 넣고 계속
저어 섞는다. 밀가루와 베이킹파우더, 향신료 가루를 체에 쳐서 넣고
혼합한다. 레몬 제스트, 피스타치오, 사과를 넣고 마지막으로 잘 섞어준다.
논스틱 코팅된 파운드케이크 틀(20 x 10cm)에 반죽을 넣고 예열된
오븐에 넣는다. 45분간 구운 후 오븐에서 꺼내 10분 정도 그대로
기다렸다가 틀에서 분리한 후, 망에 올려 식힌다.

* 레시피는 『올리브오일, 프로방스의 황금 (L'Huile d'olive, l'or de la Provence)』에서 발췌.
Elisabeth Scotto, Olivier Baussan 공저, éd. du Chêne 출판.
엘리자베스 스코토는 엘르 잡지에 레시피를 소개하고, 요리 섹션에 글을 기고하고 있다.

이 세상의 모든 후추

에르완 드 케로스 Erwann de Kerros

후추는 소금의 단짝이고 찬장 속의 검은 황금이자 향신료 중의 향신료다. 하지만 테이블마다 놓인 그저 흔한 후추통만 본다면 이 향신료가
어떤 자연 환경에서 재배된 것인지, 어떤 품종인지, 어떤 색깔인지 맛의 특징은 무엇인지에 대한 생각은 거의 하지 않는다.
인디아나 존스 같은 모습으로 향신료를 찾아 발로 뛰는 전문가를 따라 다양한 후추의 세계로 들어가 보자.

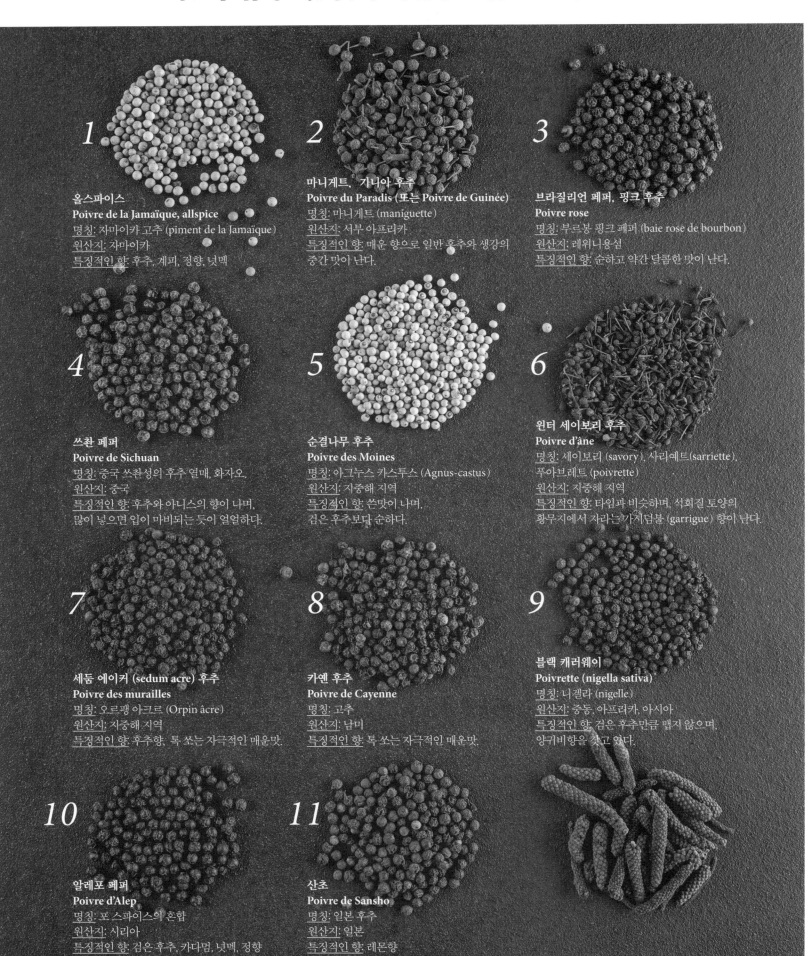

1

올스파이스
Poivre de la Jamaïque, allspice
명칭: 자마이카 고추 (piment de la Jamaïque)
원산지: 자마이카
특징적인 향: 후추, 계피, 정향, 넛맥

2

마니게트, 가니아 후추
Poivre du Paradis (또는 Poivre de Guinée)
명칭: 마니게트 (maniguette)
원산지: 서부 아프리카
특징적인 향: 매운 향으로 일반 후추와 생강의
중간 맛이 난다.

3

브라질리언 페퍼, 핑크 후추
Poivre rose
명칭: 부르봉 핑크 페퍼 (baie rose de bourbon)
원산지: 레위니옹섬
특징적인 향: 순하고 약간 달콤한 맛이 난다.

4

쓰촨 페퍼
Poivre de Sichuan
명칭: 중국 쓰촨성의 후추 열매, 화자오.
원산지: 중국
특징적인 향: 후추와 아니스의 향이 나며,
많이 넣으면 입이 마비되는 듯이 얼얼하다.

5

순결나무 후추
Poivre des Moines
명칭: 아그누스 카스투스 (Agnus-castus)
원산지: 지중해 지역
특징적인 향: 쓴맛이 나며,
검은 후추보다 순하다.

6

윈터 세이보리 후추
Poivre d'âne
명칭: 세이보리 (savory), 사리에트(sarriette),
푸아브레트 (poivrette)
원산지: 지중해 지역
특징적인 향: 타임과 비슷하며, 석회질 토양의
황무지에서 자라는 가시덤불 (garrigue) 향이 난다.

7

세둠 에이커 (sedum acre) 후추
Poivre des murailles
명칭: 오르팽 아크르 (Orpin âcre)
원산지: 지중해 지역
특징적인 향: 후추향, 톡 쏘는 자극적인 매운맛.

8

카옌 후추
Poivre de Cayenne
명칭: 고추
원산지: 남미
특징적인 향: 톡 쏘는 자극적인 매운맛.

9

블랙 캐러웨이
Poivrette (nigella sativa)
명칭: 니겔라 (nigelle)
원산지: 중동, 아프리카, 아시아
특징적인 향: 검은 후추만큼 맵지 않으며,
양귀비향을 갖고 있다.

10

알레포 페퍼
Poivre d'Alep
명칭: 포 스파이스의 혼합
원산지: 시리아
특징적인 향: 검은 후추, 카다멈, 넛맥, 정향

11

산초
Poivre de Sansho
명칭: 일본 후추
원산지: 일본
특징적인 향: 레몬향

후추나무는 어떻게 생겼을까?

피페르 네그룸 (piper negrum)이라는 학명을 가진 특이한 모양의 덩굴 식물인 후추나무는 인도 말라바 (Malabar) 연안을 따라 펼쳐진 서고츠산맥이 그 원산지이다. 잎맥이 많은 잎은 스페이드 모양을 하고 있고, 갈고리처럼 생긴 뿌리는 종려나무, 망고나무, 아카시아나무 등을 타고 올라가기 쉬운 모양을 하고 있으며, 줄기에 달린 후추 열매는 녹색에서 붉은색으로 변해간다. 초창기 식물학자들은 이 후추 알갱이가 열리는 나무를 '불의 포도나무'라고 불렀다. 또 옛 인도사람들은 이미 5000년 전 이 식물의 성질을 파악하고, 최음제로 사용하기도 했다고 전해진다. 누구나 아는 것처럼, 모든 것은 생각지도 못한 다른 방향으로 영향을 미칠 때가 많다. 바로 이 후추는 전 세계의 음식 문화를 바꿔놓았다. 시간이 흐름에 따라 후추나무는 지구상의 모든 열대 지역을 장악하게 되었다.

진짜 후추!

식물학적으로 보자면 후추는 피페르 네그룸이라는 학명의 덩굴 식물로부터 생겨난다. '후추'라고 명명할 수 있는 것은 녹색, 흰색, 붉은색, 또는 검은색 열매를 맺는 검은 후추나무 (piper nigrum)의 열매, 길쭉한 모양의 후추 롱굼이 열리는 피페르 롱굼 (piper longum) 나무의 열매, 꼬리가 달린 모양의 쿠베바 후추를 맺는 피페르 쿠베바 (piper cubeba)의 열매, 그 밖에 마다가스카르의 야생 향신료로 쓰이는 후추 (poivre de Voatsiperifery) 나무인 피페르 보르보넨세 (piper borbonense)의 열매를 들 수 있다. 나머지는 후추와 가까운 종이거나 의외로 아주 먼 다른 종류의 열매이다. 그 모양이나 향미가 제각각인 이것들을 모두 후추라고 뭉뚱그려 부르는 것은 엄밀히 따지면 적합하지 않다.

후추의 색과 매운 강도

후추나무 열매가 달린 줄기는 그 익은 정도에 따라 여러 단계로 수확된다. 색깔에 따라서 그 매운맛도 달라진다.
출처: 테르 에그조티크 (Terre Exotique)

녹색 후추	검은 후추	붉은 후추	흰색 후추
덜 익은 열매	약간 덜 익은 열매	최적의 상태로 익은 열매	최적의 상태로 익은 열매
매운맛 강도	매운맛 강도	매운맛 강도	매운맛 강도
●○○	●●●	●●○	●○○
약함	강함	중간	약함

붉은 후추: 열매를 감싸고 있는 과피를 벗기기 위하여 알갱이를 물에 담그고 문질러 비비는 과정을 거치면 후추 알갱이는 붉은색을 띠게 된다.

흰색 후추: 열매의 과피를 벗기기 위해 붉은 후추와 같은 방법을 사용한다.

바스쿠 다 가마와 불의 포도나무
VASCO DE GAMA ET "VIGNE DE FEU"

그가 후추를 제일 먼저 발견한 것은 아니었지만, 유럽에 후추를 널리 알리는 데는 바스쿠 다 가마의 공이 컸다. 인도 남부 케랄라 지방에는 카파드 비치라는 곳이 있다. 코코넛 나무 숲으로 둘러싸인 황금빛 모래사장이 있지만, 이곳은 관광객들에겐 잊힌 곳이다. 바닷가에서 몇 발자국 떨어지지 않은 길가에, 열대 계절풍에 부식된 뭔지 모를 돌기둥이 하나 서 있다. 하얀 대리석판 위에는 다음과 같이 기록되어 있다. "바스쿠 다 가마 1498년 이곳에 상륙하다." 그리스도 기사단의 붉은 십자가가 새겨진 흰 깃발을 달고 수평선을 가르며 항해하는 4척의 포르투갈 범선을 상상해보라. 포르투갈의 항해사인 그는 멀리서 보이는 이곳을 발견하고는 "그리스도를 위하여, 향신료를 위하여"라고 소리쳤다. 대서양을 출발해 아프리카 대륙 남단 끝의 희망봉을 거쳐 인도양까지 이르는 10개월에 걸친 대장정은 큰 모험이었다. 이 엄청난 여행을 하는 동안 그 얼마나 많은 폭풍과 반란과 괴혈병의 위기와 죽음의 고비가 있었겠는가. 그는 이로써 유럽에 처음으로 향신료를 소개하는 길을 열었고, 특히 후추 교역에 있어서 아랍의 독점을 깨트리는 계기를 마련하게 되었다.

검은 보석이라는 별명이 붙은 후추는 이미 유럽에서 사람들이 가장 갖고 싶어 하는 비싼 향신료 중의 향신료로 인기를 끌었다. 귀족들이 먹는 고급 음식에 넣는 양념이 되었고, 세금을 후추로 대신해 납부하기도 하였으며, 뇌물이나 몸값으로도 거래되었다. 프랑스에서는 "후추처럼 비싸다"라는 표현이 중세에 쓰이기 시작했다. 이렇듯 후추의 중요성이 높아지면서 후추 상인들은 13세기에 향신료 판매업 조합과는 별도로 그들만의 조합을 결성하기로 하였다. 단, 유럽인들은 인도로부터 선박 또는 대상 등을 통해 들어오는 후추 원료를 지중해의 알렉산드리아, 베이루트, 알렙항에서만 공수를 받을 수 있도록 정해놓았다. 바스쿠 다 가마가 아랍의 루트를 제한하여 그들의 독점을 깬 업적이 큰 의미를 갖는다. 당시 리스본보다 더 발전했던 도시인 인도의 코지코드 (옛 지명은 캘리컷)를 통치하던 지도자는 새로 나타난 유럽인에게 안 좋은 품질의 후추만을 팔려고 했다. 그것도 가격을 제대로 다 쳐서 끝까지 받으려고 했다. 포르투갈의 항해사는 다시 떠나며 재협상을 시도했다. 후추나무 한 그루를 가져가겠다고 제안한 것이다. "당신이 우리 후추나무를 가져갈 순 있어도 우리의 빗물은 절대로 가져갈 수 없소."라고 인도의 통치자는 응수했다.

후추를 많이 사용하는 세계의 음식들

페퍼 스테이크 Le steak au poivre (프랑스)
구운 스테이크 조각에, 고기를 굽고 팬에 남은 육즙과 알코올 (코냑, 포트와인 등), 크림, 그리고 굵게 부순 통후추를 넣어 만든 소스를 곁들인다.

소스 푸아브라드 La sauce poivrade (프랑스)
당근, 양파, 셀러리, 버터, 라르동, 타임, 월계수 잎, 식초, 화이트와인, 송아지 육수, 그리고 당연히 검은 후추를 넣어 만든 유명한 소스.

스파게티 카초 에 페페
Les spaghetti cacio et pepe (이탈리아)
로마의 특별 메뉴인 이 파스타는 수분이 적은 양젖 치즈 (페코리노 로마노)와 후추만 넣고 섞어 버무린다 (pepe는 이탈리아어로 후추).

그린 페퍼 소스 오리 가슴살 요리 (미셸 게라르, 프랑스)
Le magret de canard sauce au poivre vert de Michel Guérard
누벨 퀴진을 지향하던 요리사들은 녹색 후추를 즐겨 사용했다. 외제니 레 뱅 (Eugénie-les-Bains)의 셰프인 미셸 게라르는 이것을 이용하여 그의 유명한 오리 가슴살 레시피를 선보였다.

마늘 후추 소고기 볶음
Le neua prik thai khratiem (태국)
마늘과 후추로 맛을 낸 소고기 볶음 요리. 마늘과 후추의 조합은 타이 음식에서 돼지고기, 새우, 닭고기 등에 두루 이용되는 양념이다.

* www.terreexotique.com

	펀자 Penja	사라왁 Sarawak	캄폿 Kampot	벨렘 Belem	텔리체리 Tellichery	캄폿 Kampot	마다가스카르 Madagascar	말라바르 Malabar	캄폿 Kampot	자바 롱 페퍼 Poivre long de Java	쿠베브 Poivre de Cubebe	마니게트 Poivre Maniguette
원산지	카메룬	말레이시아	캄보디아	브라질	인도	캄보디아	마다가스카르	인도	캄보디아	인도	인도	에티오피아
색깔	흰색	흰색	흰색	흰색	검은색	검은색	검은색	검은색	붉은색	-	-	-
모양	크림색을 띤 작은 알갱이	베이지, 회색의 중간 크기 알갱이	회색에서부터 짙은 갈색을 띠는 굵은 알갱이	아이보리색을 띤 굵은 알갱이	갈색을 띤 굵고 쭈글쭈글한 알갱이	짙은 색의 굵은 알갱이	짙은 흑갈색을 띤 중간 크기의 알갱이	붉은 기가 도는 갈색의 작은 알갱이	붉은색, 짙은 적색을 띤 쭈글쭈글한 알갱이	짙은 갈색의 길쭉한 열매	거칠거칠한 꼬리가 달려 있고, 홈이 팬 작은 열매	적갈색의 타원형을 한 작은 알갱이
향	강한 향. 멘톨향과 동물의 사향을 띤다.	아주 톡 쏘는 매운 향. 강한 동물 사향	중간 강도의 향. 버터향이 도는 따뜻한 스파이스향	펀자와 비슷한 동물 사향 노트	장뇌수 노트의 쿠르브이용을 연상시키는 식물성향.	밀크캬라멜 또는 바닐라를 연상시키는 들척지근한 꽃향기	정향이나 불의 향을 피우는 향 냄새, 달콤하고 따뜻한 스파이스향	통카 빈, 카카오 계열의 달콤한 로스팅한 향.	송진, 유칼립투스 노트의 구운 듯한 냄새.	숲의 향기, 초콜릿, 계피향	유칼립투스, 멘톨향이 감도는 흙냄새의 신선한 향.	녹색 아니스와 생강향이 강하고, 콩피한 시트러스 향이 난다.
맛	섬세하고 상큼한 맛. 입안에서 맛이 오래 남는다. 유칼립투스 맛.	페 매운맛이 나고 동물의 사향 맛이 있다.	화끈하고 강한 맛, 스파이스, 약간의 멘톨 맛이 난다.	아니스와 고수의 달콤함이 강하고 화끈한 맛.	강한 맛이 섬세하게 조화를 이루는 맛.	약간 짠맛과 매운맛을 섬세하게 느껴지는 맛.	강한 매운맛 이면에 우디향과 과일 맛이 느껴지는 섬세하고 우아한 맛.	섬세하고 세련된 단맛. 맵지 않다.	달콤한 맛, 과일 맛, 바닐라향.	레몬과 장뇌수 노트가 감도는 상큼한 맛.	강렬하게 톡 쏘는 맛. 생강, 라임 맛.
요리	돼지, 수렵육, 소, 생선, 머스크 풍미	염소젖 치즈 또는 프레시 양젖 치즈, 생선, 오리 가슴살, 푸아 그라	생선, 갑각류, 딸기, 과일 샐러드	스튜 등 오래 익히는 요리, 붉은살 육류, 초콜릿 케이크에 넣으면 살짝 감초향이 난다.	로스트 비프, 정어리 파피요트, 소스에 익힌 연어	붉은살 육류, 수렵육	흰살 육류, 그라탱, 파스타	가리비, 주키니 호박 탈리아텔레, 양배추 샐러드, 가스파초, 디저트	짠맛과 단맛이 동시에 나는 요리, 소고기 탕수육, 디저트	양고기, 토마토 소스, 크리미한 디저트류	소스에 익힌 엔다이브, 양 뒷다리 요리, 오리, 달걀반숙, 멜론, 퐁당 오 쇼콜라	수렵육, 붉은살 육류, 바닐라 아이스크림

외제니 브라지에

EUGÉNIE BRAZIER

메르 브라지에 LA MÈRE BRAZIER

이름: 외제니, 성: 브라지에
이름에 제니 (génie는 프랑스어로 천재적인
재능을 뜻한다)라는 글자가 들어 있고, 성에
도 무언가 열렬히 빛나는 의미가 포함되어
있듯이, 그녀의 전설은 꺼지지 않고 있다.
리옹에는 그녀의 이름을 딴 거리가 있을
정도다. '메르 브라지에'라는 이름에는
엄청난 명성이 계속 이어지고 있고, 그녀의
부엌에서는 아직 연기가 피어오른다. 드미
되이유 닭 요리 (poularde demi-deuil),
푸아그라를 곁들인 아티초크(artichaut au
foie gras), 벨 오로르 가재 요리 (langoustes
belle Aurore) 등, 1895년 6월 12일 한 시골
농가에서 태어나 미슐랭 가이드의 별을
받기까지 그녀가 공들여 만들어낸 많은
요리들은 우리 기억 속에 오래도록 남아
있다.

그녀의 유명인사 고객들

샤를 드골 전 대통령, 에두아르 에리오 전
리옹 시장, 영화배우 마를레네 디트리히 등.

미슐랭 3스타 셰프가 된 그녀의 제자들

폴 보퀴즈 (L'Auberge du Pont de
Collonges, Mont-d'Or)
알랭 샤펠 (Mionnay)
베르나르 파코 (L'Ambroisie, Paris)

미슐랭 3스타를 받은 최초의 여성
(1895–1977)

그녀의 요리 인생

1915년 당시 유명했던 메르 필리우
(Mère Fillioux, 73, rue Duquesne, Lyon)
에 고용되어 수습 생활을 시작한다.
1921년 15인석 규모의 그녀의 첫 번째
부숑을 리옹 1구에 오픈한다 (12, rue
Royale). 이 식당은 얼마 안 가 리옹에서
가장 인기 있는 레스토랑 반열에 오른다.
당시 리옹 시장이었던 이 식당의 단골
에두아르 에리오 (Edouard Herriot)는
그녀에 대해 "메르 브라지에가 리옹 시를
위해 나보다 더 큰 공을 세웠다."고 말했다.
1933년 리옹 시내와 리옹 서쪽 콜 드 라
뤼에르 (col de La Luère)에 있는 그녀의
레스토랑 두 곳에서 모두 미슐랭 별점
3개를 획득한다. 이 놀라운 업적은 알랭
뒤카스, 마크 베라 또는 미국인 셰프인
토마스 켈러와 견줄 만한 획기적인 것이다.
1946년 콜 드 라 뤼에르의 레스토랑에서
폴 보퀴즈라는 요리사를 키워낸다.
1968년 73세의 그녀는 아들 가스통에게
일을 물려주었고, 이어서 손녀인 자코트가
1971년 그 뒤를 잇게 된다. 레스토랑 라
메르 브라지에 (La Mère Brazier)는
2008년 마티유 비아네 (Mathieu Viannay,
2004년 MOF, 프랑스 요리 명장) 가 인수
했고, 그의 탁월한 재능으로 이 위대한
여성 요리사의 불꽃을 잘 이어가고 있다.
그가 식당을 인수한 이후 곧 미슐랭 별
2개를 획득했다.

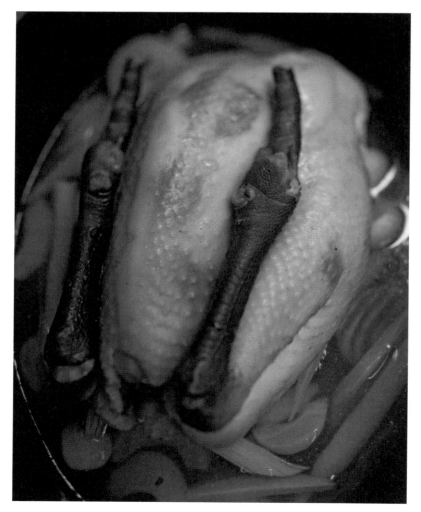

그녀의 시그니처 메뉴

– 드미 되이유 닭 요리 (Volaille demi-deuil)
– 푸아그라를 곁들인 아티초크 (Fonds d'artichaut au foie gras)
– 커리 필라프와 아귀 오븐 구이 (Lotte rôtie au curry)

드미 되이유 닭 요리 Volaille demi-deuil

마티유 비아네 (Mathieu Viannay) *

4~6인분
준비 시간 : 30분
조리 시간 : 45분

재료

브레스산 닭 (약 1.8kg) 1마리
블랙 트러플 (검은 송로 버섯) 40g
당근 4개
리크 (서양 대파) 4대
굵은 소금 1 움큼
통후추
곁들임: 코르니숑 (작은 오이 피클),
머스터드, 식초에 절인 체리
(griottes au vinaigre)

만드는 법

송로 버섯을 3 ~ 4mm 두께로 얇게 슬라이
스한다. 닭의 가슴과 다리에 살짝 칼집을
낸 뒤 얇게 썬 송로 버섯을 껍질과 살
사이에 조심스럽게 끼워 넣는다. 닭의
날개와 다리를 고정시켜 실로 묶는다.
얇은 면포 주머니에 넣고 꼭 묶는다.
당근의 껍질을 벗기고, 리크는 깨끗이
씻는다. 큰 냄비에 채소를 넣고 소금과
통후추 10알을 넣어준다. 물을 붓고
끓인다. 끓기 시작한 지 5분이 지난 후에
닭을 넣는다(닭이 물에 딱 잠길 정도가
좋다). 중불에서 45분간 끓인다. 불을 끄고
그 상태로 30분간 둔다. 닭과 채소를 건져
서빙한다. 코르니숑 피클, 머스터드, 굵은
소금, 식초에 절인 체리 등을 곁들인다.
그 밖에 초석잠, 돼지감자나 소테한 작은
감자 등 다른 채소를 곁들여도 좋다.

* 마티유 비아네는 2008년부터 레스토랑 「La Mère Brazier」의 셰프를 맡고 있다. 리옹 1구.

커리 필라프와 아귀 오븐구이 Lotte rôtie au curry

4인분

준비 시간: 30분
조리 시간: 50분

재료

껍질을 벗긴 아귀 꼬리살 800g
홍합 1리터
드라이 화이트와인 400ml
샬롯 1개
쌀 250g
양파 1개
향이 강한 커리 가루 1테이블스푼
버터 100g
밀가루 1티스푼
달걀노른자 2개

만드는 법

냄비에 홍합과 화이트와인 100ml, 다진 샬롯을 넣고 센 불에서 10분간 익힌다. 익힌 후 국물을 체에 걸러 따로 보관한다. 다른 소스팬에 버터 20g을 녹인 후 밀가루를 넣고 잘 섞어 뵈르 마니에 (beurre manié)를 만들어 놓는다. 이것은 나중에 소스의 농도를 조절하는 리에종(농후제)으로 사용한다.
그라탱 용기에 먹기 좋은 크기로 자른 아귀 살을 놓고 화이트와인 300ml와 물 200ml를 붓는다. 그 위에 버터 30g을 골고루 잘라 얹고, 소금, 후추로 간을 한다. 180~210℃로 예열해 둔 오븐에 넣고 약 30분간 익힌다. 익히는 동안, 냄비에 버터를 조금 달군 후 다진 양파를 볶는다. 여기에 쌀을 넣고 골고루 저어 버터가 쌀

알갱이에 골고루 코팅되도록 한다. 커리 가루를 넣고 잘 섞은 뒤 물 400ml를 넣어 준다. 유산지를 냄비 모양으로 잘라 덮은 후 냄비 뚜껑을 다시 덮어 오븐(180~210℃)에서 18~20분간 익힌다. 중간에 포크로 한 번 쌀을 골고루 섞어준다. 아귀를 오븐에서 꺼낸다. 익힌 국물 200ml를 체에 걸러 냄비에 넣고, 미리 걸러 준비해둔 홍합 국물과 합한다. 반으로 졸인 후 뵈르 마니에를 넣고 거품기로 잘 휘저으며 소스를 리에종하여 농도를 맞춘다. 불에서 내린 다음, 달걀노른자 2개를 넣고 거품기로 재빨리 저어 섞은 후 나머지 버터를 전부 넣고 잘 혼합한다. 이때 소스를 절대로 다시 끓이면 안 된다. 필라프 라이스와 생선을 담고 소스를 곁들여 서빙한다.

시골풍의 갈레트 데 루아
LA GALETTE DES ROIS À LA PAYSANNE

6~8인분

준비 시간: 30분
조리 시간: 30~40분
휴지 시간: 하룻밤

재료

퍼프 페이스트리 반죽 300g
크렘 파티시에 250g
(시중 판매용을 구입할 경우는 무방부제 제품을 선택한다)
아몬드 가루 150g
슈거파우더 125g
달걀 4개 + 달걀노른자 1개
버터 100g
밀가루 50g

만드는 법

볼에 설탕과 아몬드 가루를 넣고 달걀 4개와 잘 섞는다. 여기에 녹인 버터와 밀가루를 넣고 섞은 뒤 크렘 파티시에를 넣고 균일하게 잘 섞어 프랑지판 (frangipane: 아몬드 크림 필링)을 만든다. 퍼프 페이스트리 반죽을 5~6mm 두께로 밀고 두 개의 원형(각각 지름 25cm)으로 잘라 낸다. 한 장의 반죽에 아몬드 크림을 펴 바른다. 가장자리 둘레는 2cm 정도 남겨둔다. 가장자리에 물을 살짝 묻힌 다음, 다른 한 장의 반죽으로 덮어 꼭꼭 눌러 붙인다. 갈레트 표면에 달걀노른자를 붓으로 발라준다. 칼끝으로 그어 모양을 내어준 다음 180~210℃로 예열한 오븐에 넣어 30분간 굽는다. 따뜻하게 서빙한다.

푸아그라를 곁들인 아티초크 Fonds d'artichaut au foie gras
마티유 비아네

4인분

준비 시간: 30분
조리 시간: 10분

재료

신선한 아티초크 4개
또는 냉동 아티초크 속살 4개
20g 짜리 송로 버섯 1개

껍질 깐 호두살 50g
한번 익힌 푸아그라 150g
레몬 1개
파슬리 2줄기
오일 4테이블스푼
식초 2테이블스푼
샐러드용 잎채소
소금, 후추

만드는 법

신선한 아티초크를 사용할 경우, 줄기를 손으로 꺾어 떼어내고, 아래쪽과 옆면의 잎을 잘 드는 칼로 도려낸다. 살 가운데 있는 속털을 숟가락으로 파내고 재빨리 레몬물에 담가 갈변을 막는다. 냄비에 소금을 푼 찬물을 넣고, 아티초크 속살을 넣은 다음 끓인다. 약한 불에서 10분정도 끓여 익힌다. 냉동 아티초크 속살을 사용할 경우에는 소금물에 10분간 삶아 익히면 된다. 삶은 물에 그대로 식힌다.
송로 버섯은 가늘게 채 썰고, 호두와 파슬리는 각각 굵직하게 채썰어둔다. 오일, 식초, 소금, 후추를 섞어 비네그레트 드레싱을 만든다. 아티초크 속살을 건져 물기를 꼭 짜낸 후, 샐러드 볼에 넣고 비네그레트를 뿌려 잘 섞는다. 각각의 접시에 샐러드용 채소를 깔고 그 위에 아티초크를 얹어 놓는다. 호두와 송로 버섯 채를 골고루 얹는다. 다진 파슬리를 뿌리고, 푸아그라 슬라이스를 한 장 얹어 서빙한다.

메르 브라지에식 푸딩 LE PUDDING FAÇON MÈRE BRAZIER

4~6인분

준비 시간: 20분
조리 시간: 45분
휴지 시간: 하룻밤

재료

우유 1리터
설탕 400g
달걀노른자 8개
바닐라 빈 1줄기
프티푸르 종류 과자 500g
(틸, 롤 비스킷, 필링을 넣지 않은 마카롱 등)

만드는 법

캐러멜: 설탕 100g과 물 50ml로 캐러멜을 만들어 스프링 폼 팬에 붓고 바닥과 옆면에 골고루 묻게 한 다음 식힌다.

크렘 앙글레즈: 냄비에 우유를 넣고 바닐라 빈 줄기를 길게 갈라 긁어 넣은 후 끓인다. 달걀노른자와 나머지 분량의 설탕을 볼에 넣고 거품기로 세게 저어 흰색이 될 때까지 혼합한다. 우유가 끓으면 이 혼합물에 붓고 재빨리 섞은 후 다시 우유 냄비로 옮겨 붓는다. 나무주걱으로 계속 저어가며 약한 불에서 6~8분 정도 익혀 걸쭉한 농도의 크림을 완성한다. 볼에 쏟아 식힌다. 프티푸르 과자들과 크렘 앙글레즈를 혼합하여, 캐러멜을 부어 식혀 놓은 스프링폼 팬에 붓는다. 210℃로 예열한

오븐에 넣고 45분간 중탕으로 익힌다. 냉장고에 하룻밤 넣어둔다.

서빙: 틀에 살짝 열을 가해 푸딩을 틀에서 분리한다. 과일조림 (fruits confits)을 곁들여 먹으면 좋다.

배고파지는 이름, 카르보나라

우리는 이 음식에 중독되었음을 인정한다. 단, 이 로마식 파스타의 원칙을 제대로 존중한다는 조건하에서다. 한 가지 꼭 기억할 것！
카르보나라에 크림 (cream)은 크라임 (crime: 범죄 행위)이다. 당신의 친구들을 모두 카르보나라 마니아로 만들게 될 팁과 맛집을 공개한다.

개요

식당 메뉴에서 카르보나라를 가장 마지막 보았던 것은 아마도 골목 안 어디쯤, 네온사인이 들어오는 작은 비스트로에서였을 것이다. 9.5유로짜리 점심 세트 메뉴에 구운 염소 치즈 샐러드, 감자튀김과 소시지 등의 음식과 나란히 메뉴에 올라와 있었다. 결과는 수치스러울 만큼 충격적이었다. 탈리아텔레 파스타면은 생크림, 그뤼에르 치즈 간 것, 그리고 시판용 베이컨으로 범벅이 된 상태였다. 요리에 있어, 프랑스인들은 이탈리아 음식을 가장 형편없이 하는 걸로 알려져 있다. 하지만 원래 진짜 카르보나라는 시골풍의 투박하면서도 권위가 있는 웅장한 음식이다. 로마의 베스트 오스테리아에서 훔쳐온 몇 가지 원칙과 팁을 잘 존중해서 만들어보자.

카르보나라 10계명

 스파게티, 스파게티니, 부카티니, 링귀네 등 긴 모양의 건조 파스타만을 사용한다.

 탈리아텔레를 비롯해 반죽에 달걀이 들어가는 생 파스타는 사용하지 않는다. 소스에 이미 달걀이 충분히 들어간다.

 어떠한 상황과 이유를 막론하고, 크림은 절대 넣지 않는다. 걸쭉한 농도의 소스는 달걀과 치즈를 섞어 에멀전화하여 만든다.

 파스타 삶은 물은 버리지 말고 조금 남겨서 소스를 만들 때 넣어준다. 소스 농도를 조절할 때 요긴하게 쓰인다.

 파르메산 치즈보다 라치오주의 경성 양젖 치즈인 페코리노 로마노 (pecorino romano) 치즈를 사용하는 것이 더 좋다. 파르메산은 짠맛이 덜하고, 로마의 양젖 치즈의 강한 향보다는 냄새가 좀 순하다.

 베이컨으로는 구안치알레 (guanciale: 건조시킨 돼지 볼살)가 가장 좋으며, 판체타 (pancetta)도 좋은 선택이 될 수 있다. 저품질의 베이컨 라르동은 물론 추천하지 않는다. 훈제연어는? 테러 수준이다.

 올리브오일을 넣지 않는다. 돼지 베이컨에서 나오는 기름 이외에 그 어떤 기름도 필요하지 않다

 마늘과 양파를 넣지 않는다.

 소금을 따로 넣지 않는다. 치즈와 구안치알레의 염분으로 충분하다.

 먹기 바로 전에 후추를 넉넉히 뿌린다.

진짜 카르보나라 레시피

살루메리아 로치올리 (Salumeria Roscioli, Rome)

감베로 로소 (Gambero Rosso : 이탈리아의 미식 가이드) 선정
2008년 이탈리아 최고의 카르보나라

4인분

아티장 (artisan: 소규모 공방생산) 스파게티 또는 스파게티니 400g
구안치알레 200g
페코리노 로마노 치즈 250g
파르메산 치즈 40g
유기농 달걀노른자 4개 + 유기농 달걀 1개
통후추 간 것

만드는 법

볼에 달걀노른자 4개와 달걀 1개를 모두 넣고 페코리노 치즈 150g과 파르메산 치즈를 넣어 거품기로 잘 섞는다. 통후추를 두 번 돌려 갈아 넣고 잘 섞은 뒤 5분간 둔다. 구안치알레의 껍질과 후추가 묻은 얇은 층 (익히면 쓴맛이 난다)을 잘라낸 다음, 사방 1cm 큐브 모양으로 썬다. 팬에 넣고 센 불에서 겉면이 갈색이나고 바삭해질 때 까지 볶는다. 불을 끄고, 나온 기름의 반을 떠내 제거한다. 스파게티는 끓는 소금물에 알 덴테 (al dente)로 삶는다. 파스타 삶은 물은 한 컵 정도 따로 보관한다. 볼에 스파게티를 넣고 달걀, 치즈 혼합물과 잘 섞은 다음, 구안치알레와 기름을 조금씩 넣어준다. 특히 달걀이 열기에 응고되지 않도록 재빨리 저어 섞어야 하며, 중간에 파스타 삶은 물을 조금씩 넣어가며 크리미한 소스의 농도가 스파게티에 고루 묻도록 섞어준다. 나머지 치즈를 뿌리고, 통후추를 갈아 뿌려 즉시 먹는다. 카르보나라는 기다리지 않는다.

Alessandro와 Pierluigi Rosciolo, 그리고 셰프 Nabil Hadj Hassen에게 감사의 말을 전한다.

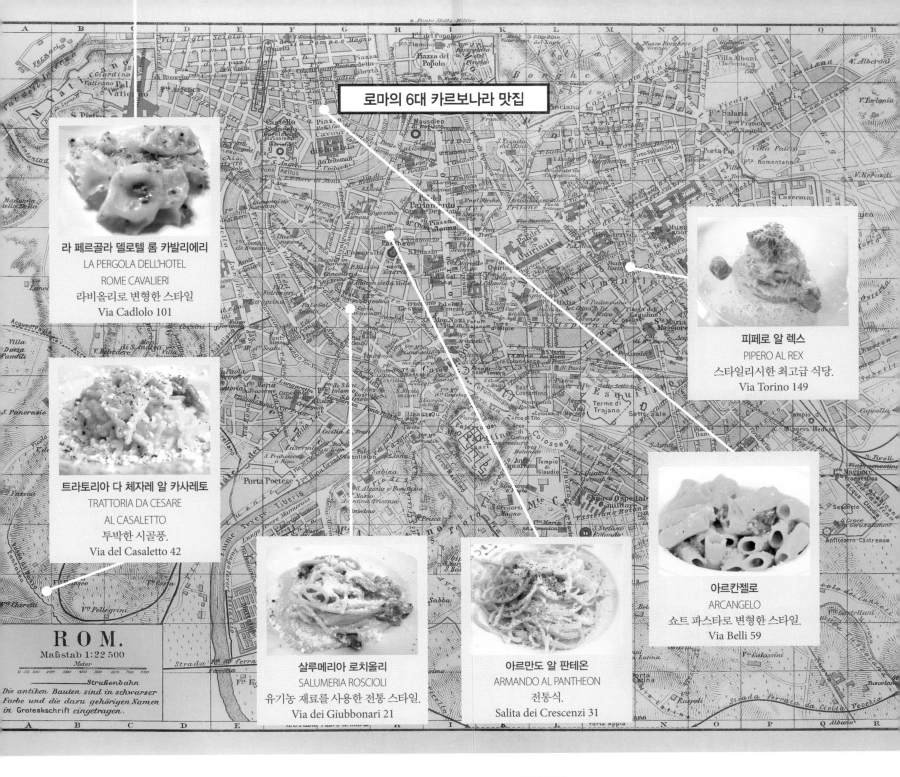

로마의 6대 카르보나라 맛집

라 페르골라 델로텔 롬 카발리에리
LA PERGOLA DELL'HOTEL
ROME CAVALIERI
라비올리로 변형한 스타일
Via Cadlolo 101

트라토리아 다 체자레 알 카사레토
TRATTORIA DA CESARE
AL CASALETTO
투박한 시골풍.
Via del Casaletto 42

피페로 알 렉스
PIPERO AL REX
스타일리시한 최고급 식당.
Via Torino 149

아르칸젤로
ARCANGELO
쇼트 파스타로 변형한 스타일.
Via Belli 59

살루메리아 로치올리
SALUMERIA ROSCIOLI
유기농 재료를 사용한 전통 스타일.
Via dei Giubbonari 21

아르만도 알 판테온
ARMANDO AL PANTHEON
전통식.
Salita dei Crescenzi 31

ROM.
Maßstab 1:22 500
Meter
0 50 100 200 300 400 500
Straßenbahn
Die antiken Bauten sind in schwarzer
Farbe und die dazu gehörigen Namen in
in Groteskschrift eingetragen.

카르보나라의 간략한 역사

카르보나라라는 이름은 어디서 왔나?

카르보나리 (Des Carbonari). 19세기 초 한 정치적 성향의 비밀 단체 멤버들을 말한다. 그러나 이것과 파스타와의 연관성은 좀 모호하다.

카르보나리 (carbonari: 이탈리아어로 석탄 제조인). 아펜니노 산맥 숲에서 석탄을 제조하는 사람을 뜻한다. 그들이 산에서 가장 쉽게 구할 수 있는 식재료인 달걀, 라드, 치즈를 넣어 만들 수 있는 든든한 일품 요리를 개발했을 것으로 추정한다.

석탄 (카르본: carbone). 파스타에 검은 후추를 듬뿍 뿌리는 데서 나온 가설.

미군들의 발명품일까?

이탈리아 연구가들은 2차 세계대전의 끝 무렵 로마에서 이 요리가 탄생했다는 이 가설을 지지하고 있다. 로마에 주둔해 있던 동맹군 미군 병사들은 현지 주민들과 친해져 사이가 좋았다. 그들은 군용식량 중 달걀, 베이컨 등을 선물로 내놓고 먹을 것을 만들어달라고 부탁했다. 로마 주민들이 스파게티와 치즈를 가져와 부엌에 들어가서 이 유명한 요리를 처음 만들어냈다고 전해진다.

카르보나라 소스 연대기

중세
카초 에 페페 Cacio e pepe
페코리노 로마노 치즈와 후추
라치오주 시골의 투박한 스타일 파스타였다.

+ 구안치알레 (돼지 볼살) = 그리치아 Gricia
라치오주의 그리치아노 마을에서 처음 선보였으며,
흰색 아마트리치아나(토마토가 안 들어감)라고도 불린다.

16세기
+ 토마토 = 아마트리치아나
Amatriciana
라치오주의 아마트리치 마을에서
처음 선보임.

20세기
+ 달걀 =
카르보나라 Carbonara

이 책을 만드는 데 도움을 주신 분들

18세에서 84세에 걸친 총 156명이 이 미식 잡학 사전을 만드는 데 각자의 재능을 불어넣어 주었다.

도미니크 위탱
Dominique Hutin
와인 평론가

엘비라 마송 Elvira Masson
전천후 리포터
엑스프레스 스타일(L'Express Styles) 편집장
파리 프르미에르 방송프로그램
「**트레 트레 봉 (Très Très Bon)**」
디저트 담당 리포터

후미코 코노
Fumiko Kono
파리와 도쿄를 잇는
요리 연구가

에스텔 레나르토빅스
Estelle Lenartowicz
미식-문학 저널리스트

마리엘 고드리
Marielle Gaudry
여동생, 미식가

이 프로그램의 핵심인물

안 로르 팜
Anne-Laure Pham
전천후 리포터

조르당 무알랭
Jordan Moilin
팀의 막내. 18세의
애송이긴 하지만
누구에게도 지지 않는
미각의 소유자.

프랑수아 레지스 고드리의 친구들

스테판 솔리에
Stéphane Solier
고전 문학 교수,
이탈리아 전문가

데보라 뒤퐁
Déborah Dupont
요리 전문서점 운영,
미식 문학 평론가

샤를 파탱 오코옹
Charles Patin O'Coohoon
엑스프레스 미식 전문기자,
파리 프르미에르 방송 프로
그램 「**트레 트레 봉 (Très
Très Bon)**」 편집장

미나 순디람
Mina Soundiram
엑스프레스 기자.
파리 프르미에르 방송 프로
그램 「**트레 트레 봉 (Très
Très Bon)**」 스트리트 푸드
담당 리포터

나디아 슈기
Nadia Chougui
제작 담당

미셸 비유
Michèle Billoud
연출가, PD

장 클로드 리보
Jean-Claude Ribaut
작가, 전 **르몽드**
미식 전문기자

쥘리 앙드리외
Julie Andrieu
미식 저널리스트,
방송인

쥘리아 사뮈
Julia Sammut
지중해, 특히 마르
세유 전문 미식가

니콜라 샤트니에
Nicolas Chatenier
작가, 다큐멘터리 작가,
**타블르 롱드
(Table Ronde)**
창립자

엘리자베트 드 뫼르빌
Elizabeth de Meurville
미식가를 위한 안내서
(Guide des Gourmands)
창립자

로랑 세미넬
Laurent Seminel
출판사
Menu Frétin
창립자

엠마뉘엘 뤼뱅
Emmanuel Rubin
피가로, BFM TV
미식 평론가

관련 업계의 친구들

실비 볼프
Sylvie Wolff
엑스프레스
기자

자크 브뤼넬
Jacques Brunel
전 고미요
(Gault et Millau),
피가로스코프
(Figaroscope) 기자

프랑수아 시몽
François Simon
작가, **피가로** 음식
평가단, **M 르몽드**
(M Le Monde)
음식 평론가

장 프랑수아 말레
Jean-François Mallet
미식 전문 사진기자,
작가

엠마뉘엘 지로
Emmanuel Giraud
기자, 작가, 아티스트,
미식 전문가

마리 뤼스 리보
Marie-Luce Ribot
일간지
쉬드 우에스트
(Sud-Ouest)
기자

기욤 에르네르
Guillaume Erner
사회학자, **라디오
프랑스**(Radio France)
제작자

마리아 카나발
Maria Canabal
스페인 전문 미식가,
저널리스트,
미식 작가, 편집인

324

소니아 에즈길리앙
Sonia Ezgulian
언제나 특별한 요리 팁을
갖고 있는 리옹의 신세대
여성 요리사

엘렌 다로즈
Hélène Darroze
랑드(Landes)출신으로
파리와 런던에서
활약하는 요리사

블랑딘 부아예
Blandine Boyer
요리 연구가,
푸드 스타일리스트

프레데릭 그라세 에르메
Frédérick E. Grasser-Hermé
음식 연구가

수지 팔라탱
Suzy Palatin
프렌치프라이부터 앙티유
요리뿐 아니라 초콜릿 케이크에
이르기까지 그녀가 만들어내는
요리는 모두 멋지고
맛있는 별미로
변신한다.

**내 마음 속의
요리사들**

케다 블랙
Keda Black
천재적인 감각을 가진
앵글로 색슨 혈통의
재주꾼

엘리자베트 스코토
Elisabeth Scotto
스코토 자매들 중 막내인
그녀는 이탈리아 음식을
비롯해 여러 방면에서
재능 100%를
발휘한다

앙드레 자나 뮈라
Andrée Zana-Murat
무엇이든지 만들 줄
아는 특별한 요리사
(특히 쿠스쿠스와
미트볼)

드니즈 솔리에 고드리
Denise Solier-Gaudry
물론 세상에서 가장
훌륭한 요리사 !

라우라 자반
Laura Zavan
내가 가장 좋아하는
이탈리안 요리사

제라르 데크랑브
Gérard Descrambe
포도 재배자
(Saint Emillion)

피에르 게
Pierre Gay
MOF(프랑스 명장)을
획득한 치즈 장인
(Annecy, Haute Savoie)

리즈 비에네메
Lise Bienaimé
잼 전문점 샹브르
오 콩피튀르 (Chambre
aux confitures)
창립자

카트린 베르나르
Catherine Bernard
포도 재배자 (Saint-
Drézéry, Hérault)

프랑시스 미오
Françis Miot
수제 잼 제조 장인
(Uzos, Pyrénées-
Atlantiques)

얀 브리스
Yann Brys
파티시에, MOF
(프랑스 제과 명장)

크리스텔 브뤼아
Christelle Brua
셰프 파티시에
(Pré Catelan,
Paris)

리샤르 세브
Richard Sève
파티시에, 쇼콜라티에
(Lyon)

아티장 생산자들

다비드 아크파막보
David Akpamagbo
퐁클레 농장 (Ferme du
Ponclet) 버터 제조자
(Locmélar, Finistère)

에릭 존탁
Eric Sontag
파티시에
(Reims, Marne)

셰프 파티시에

세바스티앙 고다르
Sébastien Gaudard
파티시에, 쇼콜라티에
(Paris)

티에리 그랭도르주
Thierry Graindorge
그랭도르주
치즈 제조사 대표
(Livarot, Calvados)

파브리스 르 부르다
Fabrice Le Bourdat
불랑제, 파티시에
(Blé Sucré, Paris)

피에르 에르메
Pierre Hermé
파티시에,
쇼콜라티에

프레데릭 메나제
Frédéric Ménager
가금류 사육자, 셰프
(Ferme-table d'hôte de
la Ruchotte, Bligny-sur-
Ouche, Côte d'Or)

**베네딕트와
미셸 바셰스**
Bénédicte & Michel Bachès
시트러스류 과일 전문
재배자 (Eus, Pyrénées-
Orientales)

**마리오와
파비엔 갈루치**
Mario et Fabienne Gallucci
아티장 정육점,
육가공 식품 (La Bonne
Renommée, Belfort)

자크 제냉
Jacques Génin
파티시에, 쇼콜라티에
(Paris)

필립 콩티치니
Philippe Conticini
파티시에, 파티스리 데
레브(Pâtisserie des
Rêves)공동 창업자

크리스틴 페르베르
Christine Ferber
파티시에
(Niedermorschwihr,
Haut-Rhin)

에릭 오스피탈
Eric Ospital
양돈업자, 샤퀴트리
제조자 (Hasparren,
Pyrénées-
Atlantiques)

디미트리 로고프
Dimitri Rogoff
가리비 조개 전문 어부
(Port-en-Bessin)
노르망디 수협회장
(Calvados)

베르나르 로랑스
Bernard Laurence
여행가, 블로거,
디저트 요리사

마티유 플랑티브
Mathieu Plantive
치즈 전문점, 파리

에릭 사페
Eric Sapet
라 프티트 메종
(La Petite Maison,
Cucuron, Vaucluse)

에두아르 루베
Edouard Loubet
라 도멘 드 카플롱그
(La Domaine de
Capelongue, Bonnieux,
Vaucluse)

조제프 비올라
Joseph Viola
MOF(프랑스 요리 명장).
다니엘 에 드니즈
(Daniel et Denise,
Lyon)

필립 아르디
Philippe Hardy
르 마스카레
(Le Mascaret, Blainville-
sur-Mer, Manche)

쥘리앙 르마리에
Julien Lemarié
라 코크리
(La Coquerie, Rennes,
Ille-et-Vilaine)

에릭 트로숑
Eric Trochon
MOF, 세미야,
프레디즈 등 셰프
(Semilla, Freddies...
Paris)

소피 아그로폴리오
Sophie Agrofoglio
아 부테지나
(A Butheginna, Nice,
Alpes Maritimes)

윌리암 르되이유
William Ledeuil
더 키친 갤러리
(Ze Kitchen Gallery,
Paris)

프레데릭 앙통
Frédéric Anton
르 프레 카탈랑
(Le Pré Catalan,
Paris)

이브 캉드보르드
Yves Camdeborde
(Paris)

플로리앙 위고
Florian V. Hugo
미국

호안 로카
Joan Roca
엘 세예 데 칸 로카
(El Celler de Can Roca,
Girona, Spain)

앙토니 카이요
Anthony Caillot
아 콩트르 상스
(A contre sens,
Caen)

레지스 마르콩
Régis Marcon
로베르주 데 심
(L'Auberge des Cimes,
Saint-Bonnet-le-Fond,
Haute Loire)

실뱅 기유모
Sylvain Guillemot
로베르주 뒤 퐁 다시녜
(L'Auberge du Pont
d'Acigné, Noyal-sur-
Vilaine, Ille-et-Vilaine)

안 소피 픽
Anne-Sophie Pic
메종 픽
(Maison Pic, Valence,
Drôme)

미셸 트루아그로
Michel Troisgros
Ouches (Auvergne-
Rhône-Alpes)

크리스토프 생타뉴
Christophe Saintagne
전 르 뫼리스 (Le Meurice)
셰프. 현재 파피용 셰프
(Papillon, Paris)

미셸 브리앙스
Michel Briens
르 사르투이유
(Le Sartouille, Cher-
bourg, Manche)

마티유 비아네
Mathieu Viannay
MOF (프랑스 요리 명장),
라 메르 브라지에
(La Mère Brazier,
Lyon)

장 폴 라콩브
Jean-Paul Lacombe
전 레옹 드 리옹
(Léon de Lyon) 셰프,
비스트로 셰프 (Lyon)

피에르 갸니에르
Pierre Gagnaire
르 발작
(Le Balzac, Paris)

베르트랑 그레보
Bertrand Grébaut
셉팀(Septime, Paris)

기 사부아
Guy Savoy
라 모네 드 파리
(La Monnaie de Paris,
Paris)

야닉 알레노
Yannick Alleno
르두아옝
(Ledoyen, Paris)

크리스틴 프레데릭
Kristine Frederick
푸드트럭 카미용 키 퓜
(Le Camion qui Fume)
창업자.

에릭 프레숑
Eric Fréchon
르 브리스톨
(Le Bristol, Paris)

브뤼노 두세
Bruno Doucet
라 레갈라드
(La Régalade,
Paris)

요리 셰프들

프랑수아 파스토
François Pasteau
에피 뒤팽
(L'Epi Dupin, Paris)

미셸 게라르
Michel Guérard
르 프레 되제니
(Les Près d'Eugénie,
Eugénie-Les-Bains,
Landes)

필립 에마뉘엘리
Philippe Emanuelli
미식 작가. 크랩 클럽
(Crab Club, Bruxelles)
창업자.

렌 사뮈
Reine Sammut
라 프니에르
(La Fenière, Lourmarin,
Vaucluse)

조르지아나 비우
Georgiana Viou
셰 조르지아나
(Chez Georgiana,
Marseille)

마티유 로스탱 타야르
Mathieu Rostaing-Tayard
카페 시용
(Café Sillon, Lyon)

도미니크 발라디에
Dominique Valadier
전 앙페리 스쿨 셰프
(lycée L'Empéri, Salon de
Provence, Bouches-du-
Rhône)

스테판 레노
Stéphane Reynaud
빌라 9-3
(Villa 9-3, Montreuil,
Seine-Saint-Denis)

플로라 미쿨라
Flora Mikula
오베르주 드 플로라
(L'Auberge de Flora,
Paris)

미셸 올리베르
Michel Oliver
전 방송인

베아트리즈 곤잘레스
Beatriz Gonzales
네바 에 코레타
(Neva et Coretta, Paris)

알랭 파사르
Alain Passard
아르페주
(L'Arpège, Paris)

크리스토프 프랑수아
Christophe François
레 샹 다브릴
(Les Chants d'Avril,
Nantes)

로돌프 파캥
Rodolphe Paquin
르페르 드 카르투슈
(Le Repaire de Cartou-
che, Paris)

올리비에 룈랭제
Olivier Roellinger
메종 드 브리쿠르
(Les Maisons de Bri-
court, Cancale, Ille-et-
Vilaine)

에릭 브리파르
Eric Briffard
전 르 생크
(Le Cinq, Paris)
셰프.

조엘 로뷔숑
Joël Robuchon
MOF. 여러 곳의
레스토랑에서
다수의 미슐랭
별을 획득.

세르주 슈네
Serge Chenet
비뉴 에 가리그
(Vigne et Garrigue,
Pujaut, Gard)

자크 막시맹
Jacques Maximin
비스트로 드 라 마린
(Bistrot de la Marine,
Cagnes-sur-Mer)

빅토르 가르니에
Victor Garnier
수제 햄버거 전문점
블렌드 창업자
(Blend, Paris)

아르튀르 르 캔
Arthur le Caisne
작가, 폭넓은 미식가

뮈리엘 라크루아 &
파스칼 프랭가르드
Muriel Lacroix et
Pascal Pringarde
조르주 상드 전문가

나디아 아맘
Nadia Hamam
저널리스트,
쿠스쿠스 전문가

제레미 르페브르
Jérémie Lefèvre
의학박사,
외과 전문의

로라 비달
Laura Vidal
소믈리에, 더 파리 팝업
(The Paris Pop Up)
창업자

엘리자베트 피에르
Elisabeth Pierre
맥주 전문가

쥘리엥 앙리
Julien Henry
꿀 전문점 라 메종 뒤
미엘 (La maison
du miel, Paris)
대표

실비 지오노
Sylvie Giono
미식 작가,
장 지오노의 딸이자
장 지오노 전문가

앙토니 칼베
Anthony Calvez
카페 리샤르 바리스타
(Café Richard)

각 분야 전문가들

가리 도르
Gary Dorr
굴 전문가, 르 바르 아
위트르(Le Bar à
Huitres)
대표

알레산드라 피에리니
Alessandra Pierini
파리 최고의 이탈리아
식료품점 운영

조르주 옥슬레
George Oxley
생화학자,
야생 식물 전문가

프레데릭 자크맹
Frédérique Jacquemin
조형 예술가, 작가,
마르셀 파뇰 전문가

안 마르티네티
Anne Martinetti
편집자, 미식 작가

앙드레 지오르당
André Giordan
대학 교수,
니스 음식 전문가

파스칼 오리
Pascal Ory
문화 사학자, 미식 문화
역사 전문가

마리 클레르 프레데릭
Marie-Claire Frédéric
미식 작가,
발효 전문가

호세 루이스 빌바오
José-Luis Bilbao
그랑 데스파뉴 대표
(Grands d'Espagne)
이베리코 하몽
전문가

조르주 마르크
Georges Marques
사탕류 전문가,
봉봉 오 팔레
(Bonbons au Palais)
창립자

베르트랑 라르셰르
Bertrand Larcher
크레프 전문가.
브레즈 카페 창업자
(Breizh Café,
Cancale, Paris)

에르완 드 케로스
Erwann de Kerros
맛 전문가, 향신료 전문점
테르 에그조티크 (Terre
Exotique) 창립자
향신료, 소금, 설탕 전문가

앙젤 페뢰 마그
Angèle Ferreux-Maeght
디톡스 전문가.
콩투아 당젤
(Le Comptoir
d'Angèle, Paris)

니키 세그니트
Niki Segnit
맛 연구가

피에르 브리스 르브룅
Pierre-Brice Lebrun
벨기에 출신 작가,
미식가, 미트볼 전문가

파트릭 뒤발
Patrick Duval
일본 레스토랑 및 잡지
와사비(Wasabi) 오너,
스시 스쿨 와사비
창립자

알렉상드르 드루아르
& 사뮈엘 나옹
Alexandre Drouard et
Samuel Nahon
테루아 다브니르
(Terroirs d'avenir)

알베르토 에라이즈
Alberto Herraiz
카탈루냐 출신 요리사,
엘 포공의 셰프
(El Fogon, Paris)

캐리 솔로몬
Carrie Solomon
미국의 요리 사진작가,
요리 연구가

셀린 팜
Céline Pham
프랑스 베트남 요리사

린 레
Linh Lê
베트남 출신의 요리사,
작가

카말 무자왁
Kamal Mouzawak
레바논의 요리사,
베이루트의 엘 타예브
(el Tayeb) 마켓
창립자

**세계 각국
요리 전문가들**

알렉상드르 벨라 올라
Alexandre Bella Ola
아프리카 레스토랑 리오
도스 카마라오스
(Rio dos Camaeaos,
Montreuil, Seine-Saint-
Denis) 셰프

마리오 디 카스트로
Mario di Castro
미식 전문 기자, 작가,
포르투갈 음식
전문가

마크 그로스먼
Marc Grossman
미식 작가, 밥스 주스 바,
밥스 키친 창업자
(Bob's Juice, Bob's
Kitchen)

요탐 오토렝기
Yotam Ottolenghi
런던

마르탱 쥐노
Martin Juneau
파스타가
(Pastaga, Montreal)
셰프

디디에 코를루
Didier Corlou
라 베르티칼
(La Verticale, Hanoi)
셰프

엘로이자 바셀라르
Heloisa Bacellar
브라질 요리사.
상파울루의 라 다 벤다
(La Da Venda)의
셰프.

라우라 베스트루치
Laura Vestrucci
미식 작가, 모차렐라
전문가

비르지니 타
Virginie Ta
파리에서 활동 중인
베트남 요리사,
작가

파테마 알
Fatema Hal
모로코 레스토랑
만수리아 셰프
(Mansouria, Paris)

알바 페조네
Alba Pezone
요리사, 미식 작가

레시피별 찾아보기

찾아보기 INDEX

COPYRIGHTS

일러스트

Moshi Moshi Studio : p. 8, 10-12, 14, 16, 21-25, 28, 29, 31, 33, 34, 36, 38, 44-47, 55-56, 58-60, 62, 69, 70-74, 76-79, 81, 83-86, 94, 96, 98-99, 104-109, 116-117, 122, 123, 125-127, 141, 144, 151-155, 159, 162-167, 169, 171, 184, 187, 190-191, 196-197, 203, 205, 210-211, 218, 227-228, 236, 244-245, 253-254, 256-257, 260-262, 272, 274, 298-299, 317, 322. Djohr : p. 13, 65, 252, 276-277. José Reis de Matos : p. 32, 39, 156, 232, 304. Lucile Prache : p. 42-43, 75, 80, 82, 119, 138, 176, 212-214, 250-251 (cerises, figues), 286, 312-316. Junko Nakamura : p. 51-52, 134-135, 240-242. Fabien Mahé : p. 97, 203-303. Jane Teasdale : p. 160, 207. Yannis Varoutsikos : p. 179- 183, 192-196. Zeina Abirached : p. 132-133, 189, 216-217, 259. Michel Olivier : p. 280-281. Comité National de la Conchyliculture : 246 (anatomie). Hachette Collection : p. 33 : Isabelle Arslanian (vaches) ; p. 100, 200, 233, 290-291 : Sophie Surber. Archives Hachette Livre : p. 47 (gravures extraites de Louis Figuier, *La vie et les mœurs des animaux. Les poissons, les reptiles et les oiseaux*, 1869), 208-209 (illustrations de H. Isabel Adamas, extraites de H. Coupin, Fleurs sauvages de France, 1910). Reiser, Wolinski : p. 102. Cavanna, Tignous, Charb, Gébé : p. 103, Shutterstock : p. 9 : DarkBird (carte postale), Anthonycz (paquebot) ; 106 : jdrv (drapeaux) ; 119 : Kedsirin. J (drapeaux) ; 142-143 : Sociologas (fond) ; 236 : The last Word (vespa) ; 305 : perunika (sardina pechardus).

초상화

Moshi Moshi Studio : p. 8, 24, 56, 59, 76, 86, 98, 116, 141, 154, 190, 244, 268, 288, 295, 322. Photothèque Hachette - Hachette Livre : p. 12 (Proust), 36 (Stanislas Ier Leczinski par Jean-Baptiste Van Loo), 191 (Chopin, Balzac, Gautier, Flaubert). Rue des Archives / RDA : p. 191 (Tourgueniev). Bridgeman Images / Rue des Archives : p. 191 (Liszt). Mary Evans / Rue des Archives : p. 191 (Delacroix). Rue des Archives / Tallandier : p. 191 (Dumas Fils). Getty / The LIFE Picture Collection / Eliot Elisofon : p. 203 (Alexandre Dumaine). Shutterstock : p. 56 : Everett Historical (Edouard VII, Nicolas II, Aristide Briand), Oleg Golovnev (Léopold II, Édmond Rostand).

지도

Moshi Moshi Studio : p. 9-10, 15, 24, 33, 38, 71, 77, 99, 121, 124, 126-127, 168, 177, 219-220, 226-227. Lucile Prache : p. 138. José Reis de Matos : p. 156. Yannis Varoutsikos : p. 192-193. Shutterstock : p. 81 : Carolyn M Carpenter ; 110, 325 : Nicku. Getty / Dorling Kindersley : p. 150.

사진

Richard Boutin, stylisme culinaire de Jessie Weiner Kanelos : p. 16-17, 21, 23, 25-26, 30, 37, 54, 57-58, 60, 62-64, 68, 72-74, 76, 78, 83-84, 87 (fraises), 93, 95 (riz sucré), 105-106, 109, 115, 120, 136, 141, 150-152 (nems), 155, 157, 159, 165, 185, 186 (tartes fines), 187-188, 196, 197 (œuf cocotte), 199, 201 (purée), 204, 211, 222-223, 231, 245, 249, 254, 264, 268, 269, 274, 287, 301, 307, 318-319. Sandra Mahut : p. 10, 66-67, 87 (parmentier), 95 (riz outre-noir), 98-99, 111 (salade), 117, 132-133, 198-199, 201 (pommes soufflées), 265, 273, 308. Akiko Ida : p. 8, 139-140, 298-299. Richard Boutin : p. 12, 32 (baratte du crémier, beurre de la Viette), 263 (yakitori). Pierre Javelle : p. 18-19, 41 (ravioli, ruote, orecchiette), 44, 55 (tartes), 89, 114, 137, 148-149, 158, 162, 234-235, 243, 283, 294, 297, 320-321. Charlotte Lascève : p. 33, 54 (citron confit), 55 (lemon curd), 206-207, 255. Émile Guelpa : p. 34-35. Grégoire Kalt : p. 41 (lasagnes). David Japy : p. 108, 251. Jean-François Mallet : p. 111 (cervelle de canut), 112, 322-323. Yuki Sugiura : p. 124. Clive Bozzard-Hill : p. 152 (art du pliage). Amélie Roche pour Flammarion : p. 164. Marie-Pierre Morel : p. 177, 197 (salade de langue de veau), 238-239, 253 (poisson), 277-279. Di Laurence Mouton : p. 172-173. Frédéric Raevens : p. 184, 186 (St-Jacques sur la tranche). Frédéric Lucano : p. 253 (découpe légumes). Deirdre Rooney : p. 267. Frédéric Stucin / Pasco : p. 269. L. Seminel : p. 309. François-Régis Gaudry : p. 20, 61, 79 (œufs de mouette), 85, 94 (paella), 118, 153, 230, 237, 247, 258, 266, 325. Romulo Fialdini : p. 22 (coco, maïs). Ana Bacellar : p. 22 (palmier, fromage, caïpirinha). Bordier : p. 32. Le Ponclet : p. 32. Stohrer : p. 36. Les grands d'Espagne : p. 38 (races, découpe, pata negra). Chez Fonfon : p. 46, 48. David Gentili/Le Miramer, Richard Tucita/Restaurant du cercle de l'aviron de Marseille : p. 48. ArchiFoodRock par Cyril Zekser/Anctoine, Didier Haye/Le Dôme, Xavier Béjot/La Marée Jeanne : p. 49. Artmalté (Blanche noire/Artmalté), Bière Mandrin (Triple houblon/Bière Artisanale du Dauphiné), Brasserie Artzner (Perle

dans les vignes), Brasserie d'Orgemont (Valmy blanche), Brasserie Grizzly (Visage Pâle Grizzly), Brasserie Les Trois Loups, Brasserie Saint Germain (Pale Ale), Brasserie Thiriez (Vieille brune millésime), David Guillaume (Gose'illa), Erwan Andrieux (Blanche Térénez), Gachwell (Teckel bull), Image et Associés (Mandubielnne brune/Trois fontaines), Élisabeth Pierre (Triple Buse/Gilbert's, Saint George blonde, Kerzu/Alarc'h, Jolie rouge ambrée cynorhodon Insomnuit/La rente rouge, Griottines/Rougests-de-Lisle, Caussenarde Stout, Avalanche Hefe Weizen/Valloire) : p. 128-131. Grilled cheese factory : p. 147. www.pectensite.com/Arne Ghys : p. 185 (collection de coquilles). Fred Laures (Lucas carton), Archives Pierre Cardin (Maxim's), Heminie Philippe (La Tour d'argent), Inside 360 (Brasserie Lipp), Marine Bernier (Le rocher de Cancale), Pascal Soulagnet (Le Grand Véfour), Raoul Dobremel (Le Procope), société A6Net (La Petite Chaise), Studio 1+1 (Bofinger, Julien, La Coupole), Train bleu (Le Train bleu) : p. 220-221. 5 Napkin, Burger joint, Peter Mauss/ESTO (Shake shack), The Fat Radish : p. 226. Big Fernand, Pierre Monetta (Le Dali au Merurice), Cantine California, Le Camion qui Fume, Victor Garnier (Blend), David Foessel (Paris New York) : p. 227. Le Camion qui Fume, KFC, Evan Sung (Shake Shack), Quick, McDonald's, Burger King, Julien Lacheray (bao burger), Minsk-studio (sauces) : p. 228. Auberge des deux tonneaux, Antoine Westermann/le Coq Rico, La ferme de la Ruchotte : p. 232. Le Mascaret : p. 247 (moules au curry). Site web Observatiore de cuines polulaires : p. 270 (sagi). Porc noir de Bigorre : p. 271 (ventrèche plate). Buteghinna/Sophie Agrofoglio : p. 284. Collection José Maria (cartes postales) : p. 285. Conserveira de Lisboa Pictures/joanaviana (Tricana), José Gourmet, La Quiberonnaise, Ramón Peña, Real Conservera Española, La Perle des Dieux, Rosa Lafuente, Conserverie Gonidec (Les Mouettes d'Arvor), Conserverie Furic (La Compagnie bretonne du poisson), Ets G. & B. Hillet (La Belle-îloise) : p. 305. Emmanuel Auger : p. 306. Aromicreativiti : p. 324.

Shutterstock : p. 14 : ermess (flaquer), Olaf Speier (dessaler) ; 28-29 : giovanni boscherino (bagel), Brent Hofacker (banh mi, hot-dog, reuben), Carla Nichiata (bauru), nito (bocadillo), aquariagirl1970 (broodje kroket, pistolet), bonchan (choripan), Ronald Sumners (club sandwich), smartfoto (croque-monsieur), MaraZe (doner kebab), Ana del Castillo (francesinha), Shaiith (hamburger), Ahturner (jambon beurre), sasaken (katsh-sando), Mariemily Photos (pan bagnat), Robyn Mackenzie (Panini), Gandolfo Cannatella (panino con la milza), Joshua Resnick (pulled pork), HLPhoto (tramezzino) ; 38 : FCG (serrano) ; 70 : D7INAMI7S ; 79 : Coprid (œuf de poule) ; 91 - Alena Kaz (raifort), andrey oleynik (agneau), Nikiparoak (pastèque), Canicula (fruits de mer), itVega (fraise), borsvelka (concombre), Liliya Shlapak (rose), gerarua (avocat), La Gorda (fromage bleu, cheddar), Natalya Levish (mangue, myrtilles, banane) ; 118 - Madlen (graines de couscous) ; 177 : thodona188 (frappe), nito (churros), Bryan Solomon (beugnon), MAHATHIR MOHD YASIN (croustillon) ; 200 : Monkey Business Images (pommes Anna), Jean-Louis Visgien (râpée), Paul Cowan (rösti) ; 202 :andreay Oleynik (oie), Dn Br (merle), DoubleBubble (canards), geraria (oeufs durs), Hein Nouwens (bécasse, faisan), La puma (veau, porc), Morphart Creation (poule Houdan) ; 224-225 ; Andrew Pustiakin (blue lagoon), Elena Elisseeva (margarita), Evgeney Karandaew (negroni), KSM photography (Moscow mule), Maxsol (mojito), stockreations (tequila sunrise), stockphoto-graf (pina colada) ; 262-263 : bonchan (poutine), D. Pimborough (croque-monsieur), d8nn (queso quesadilla), Elena Shashkina (cheesy crust, mac'n'cheese), Fanfo (Welsh rarebit), margouillat photo (fondue savoyarde, raclette, tartiflette), Mariontxa (berthoud), Marzia Giacobbe (mozarella in carozza, suppli al telefona) ; 271 : Authentic Creations (smalec).

Sucré-Salé : p. 28-29 : Czerw (bokit), Lawton (cemita, chivito) ; 263 : H et M (aligot) ; 270-271 : StockFood_France (guanciale), Sudres (lardo del colonnata), StockFood_France (pancetta ibérique).

Collection Christophel © Gaumont distribution / SNE Gaumont / DR : p. 31 (affiche des Tontons Flingueurs). Collection Christophel : p. 31 (affiche de Indiana Jones), 77 (affiche de Que la bête meure). Collection Christophel © Cite Films / Protis Films / DR : p. 49 (Fernandel). Rue des Archives/Everett : p. 257 (affiche de *Marius et Jeanette*). Collection Christophel : p. 275 (affiche de *La Grande Bouffe*). Collection Christophel © Gaumont International / DR : p. 275 (affiche du *Grand Restaurant*). Collection Christophel / DR : p. 289 (affiche de *La Gloire de mon père* et du *Château de ma mère*). Photo 12 / Archives du 7ème Art : p. 289 (affiches hors *La Gloire de mon père* et du *Château de ma mère*). Collection Christophel © Gaumont / Mandarin Films / DR photo Émile de la Hosseraye : p. 301 (affiche de *OSS 117*).

저자 소개

프랑스의 종합 시사 주간지인 엑스프레스 (L'Express)의 미식 전문기자이며 이 책의 저자인 프랑수아 레지스 고드리 (François-Régis Gaudry)는 매주 일요일 오전 11시 프랑스 앵테르 (France Inter)의 라디오 프로그램 「옹 바 데귀스테 (On va déguster)」('맛 좀 봅시다'라는 뜻의 프랑스어)와 파리 프리미에르 (Paris Première) TV의 음식 정보 프로그램 「트레 트레 봉 (Très Très Bon)」을 진행하고 있다. 이 책을 만드는 데 80여 명의 미식 관련 전문가가 참여했다.

역자 소개

강현정은 이화여자대학교에서 프랑스어를 전공하고 한국외대통역대학원 한불과를 졸업한 후 동시통역사로 활동했다. 르 꼬르동 블루 파리에서 요리 디플로마와 와인 코스를 수료했으며 알랭 상드랭스(Alain Senderens)의 미슐랭 3스타 레스토랑 「뤼카 카르통(Lucas Carton)」에서 한국인 최초로 견습생으로 일한 경험이 있다. 그 후 베이징과 상하이에서 오랜 기간 생활하면서 다양한 미식 경험을 쌓았고, 귀국 후 프랑스어와 음식 문화 전반에 대한 사랑과 관심을 토대로 미식 관련 서적을 꾸준히 번역해 소개하고 있다. 역서로는 『역사는 식탁에서 이루어진다』 『세드릭 그롤레의 과일 디저트』 『페랑디 요리 수업』 『페랑디 파티스리』 『디저트에 미치다』 『심플리심, 세상에서 가장 쉬운 프랑스 요리책』 『초콜릿의 비밀』 『피에르 에르메의 프랑스 디저트 레시피』 등이 있다. 2017년 월드 구르망 쿡북 어워드(World Gourmand Cookbook Awards 2017)에서 『페랑디 요리 수업 (Le Grand cours de cuisine Ferrandi)』으로 출판 부분 최우수 번역상을 받았다.

On va déguster

© 2015, Hachette Livre (Marabout), Paris.

Author : François-Régis Gaudry

Korean edition arranged through Bestun Korea Agency

Korean Translation Copyright © ESOOP Publishing Co., Ltd., 2017

All rights reserved.

이 책의 한국어판 저작권은 베스툰 코리아 에이전시를 통한 저작권자와의 독점 계약으로 이숲(시트롱 마카롱)에 있습니다. 저작권법에 의해 한국 내에서 보호를 받는 저작물이므로 무단전재와 무단복제를 금합니다.

미식 잡학 사전

1판 1쇄 발행일 2017년 11월 13일

1판 3쇄 발행일 2019년 2월 1일

저　자 : 프랑수아 레지스 고드리

번　역 : 강현정

디자인 : 김미리, 박혜림

편집주간 : 이나무

발행인 : 김문영

펴낸곳 : 시트롱 마카롱

등　록 : 제2014-000153호

주　소 : 서울시 중구 장충단로 8가길 2-1

페이스북 : facebook.com/CimaPublishing

이메일 : macaron2000@daum.net

ISBN : 979-11-953854-4-7 03590

이 도서의 국립중앙도서관 출판예정도서목록(CIP)은 서지정보유통지원시스템 홈페이지(http://seoji.nl.go.kr)와 국가자료공동목록 시스템(http://www.nl.go.kr/kolisnet)에서 이용하실 수 있습니다. (CIP제어번호 : CIP2017026680)